国家科技重大专项

大型油气田及煤层气开发成果丛书

（2008—2020）

卷 15

陆上宽方位宽频高密度地震勘探理论与实践

张少华　詹仕凡　何永清　宋强功　张慕刚　邓志文　等编著

石油工業出版社

内容提要

本书是国家科技重大专项关于宽方位宽频高密度地震方向的研究成果，从地震勘探的空间采样基本原理出发，较为全面细致地介绍了陆上宽方位宽频高密度地震勘探技术的基本原理，实现方法及配套的高效采集、重大装备和软件技术，并提供了技术应用的一些实例和效果。内容包括宽方位宽频高密度地震勘探技术理念、宽方位高密度地震采集设计技术、宽频激发与接收技术、高效地震采集技术、宽方位宽频地震资料处理技术、宽方位宽频地震资料解释技术、石油物探重大装备与软件技术等。

本书适合石油勘探开发工作者及大专院校相关专业师生参考使用。

图书在版编目（CIP）数据

陆上宽方位宽频高密度地震勘探理论与实践 / 张少华等编著 .—北京：石油工业出版社，2023.9

（国家科技重大专项 · 大型油气田及煤层气开发成果丛书：2008—2020）

ISBN 978-7-5183-6220-2

Ⅰ . ①陆… Ⅱ . ①张… Ⅲ . ①地震勘探 – 研究 Ⅳ . ① P631.4

中国国家版本馆 CIP 数据核字（2023）第 188698 号

责任编辑：王长会　葛智军
责任校对：罗彩霞
装帧设计：李　欣　周　彦

出版发行：石油工业出版社
（北京安定门外安华里 2 区 1 号　100011）
网　址：www.petropub.com
编辑部：（010）64523757　图书营销中心：（010）64523633
经　　销：全国新华书店
印　　刷：北京中石油彩色印刷有限责任公司

2023 年 9 月第 1 版　2023 年 9 月第 1 次印刷
787×1092 毫米　开本：1/16　印张：33.25
字数：810 千字

定价：300.00 元

ISBN 978-7-5183-6220-2

《国家科技重大专项·大型油气田及煤层气开发成果丛书（2008—2020）》

编委会

《陆上宽方位宽频高密度地震勘探理论与实践》

编写组

组　长： 张少华

副组长： 詹仕凡　何永清　宋强功

成　员： 张慕刚　邓志文　陶知非　钱忠平　冯许魁　李明杰
宁宏晓　王新全　王文闯　王梅生　张延庆　蔡锡伟
夏建军　夏　颖　李伟波　王井富　张翊孟　王　霞
肖　虎　张建磊　王狮虎　尚永生　李　丰　刘志刚
周义军　梁　虹　邓　勇　刘永雷　何宝庆　白志宏
罗兰兵　杨　剑　詹　毅　雷云山　黄　磊　张军勇
王秋成　郭振波　王宝彬　耿伟峰　王志勇　王　磊
武　威　周　赏　喻　林　覃素华　刘　军　方　勇
李相文　袁　燎　徐　博　高现俊　周丽萍　安佩君
石双虎　熊定钰　门　哲　魏小东　李幸运　邓　雁
彭　才　安　鹏　汪关妹　钱丽萍　耿　玮　赵　君
聂伟华

丛书·序

能源安全关系国计民生和国家安全。面对世界百年未有之大变局和全球科技革命的新形势，我国石油工业肩负着坚持初心、为国找油、科技创新、再创辉煌的历史使命。国家科技重大专项是立足国家战略需求，通过核心技术突破和资源集成，在一定时限内完成的重大战略产品、关键共性技术或重大工程，是国家科技发展的重中之重。大型油气田及煤层气开发专项，是贯彻落实习近平总书记关于大力提升油气勘探开发力度、能源的饭碗必须端在自己手里等重要指示批示精神的重大实践，是实施我国“深化东部、发展西部、加快海上、拓展海外”油气战略的重大举措，引领了我国油气勘探开发事业跨入向深层、深水和非常规油气进军的新时代，推动了我国油气科技发展从以“跟随”为主向“并跑、领跑”的重大转变。在“十二五”和“十三五”国家科技创新成就展上，习近平总书记两次视察专项展台，充分肯定了油气科技发展取得的重大成就。

大型油气田及煤层气开发专项作为《国家中长期科学和技术发展规划纲要（2006—2020 年）》确定的 10 个民口科技重大专项中唯一由企业牵头组织实施的项目，以国家重大需求为导向，积极探索和实践依托行业骨干企业组织实施的科技创新新型举国体制，集中优势力量，调动中国石油、中国石化、中国海油等百余家油气能源企业和 70 多所高等院校、20 多家科研院所及 30 多家民营企业协同攻关，参与研究的科技人员和推广试验人员超过 3 万人。围绕专项实施，形成了国家主导、企业主体、市场调节、产学研用一体化的协同创新机制，聚智协力突破关键核心技术，实现了重大关键技术与装备的快速跨越；弘扬伟大建党精神、传承石油精神和大庆精神铁人精神，以及石油会战等优良传统，充分体现了新型举国体制在科技创新领域的巨大优势。

经过十三年的持续攻关，全面完成了油气重大专项既定战略目标，攻克了一批制约油气勘探开发的瓶颈技术，解决了一批“卡脖子”问题。在陆上油气勘探、陆上油气开发、工程技术、海洋油气勘探开发、海外油气勘探开发、非常规油气勘探开发领域，形成了6大技术系列、26项重大技术；自主研发20项重大工程技术装备；建成35项示范工程、26个国家级重点实验室和研究中心。我国油气科技自主创新能力大幅提升，油气能源企业被卓越赋能，形成产量、储量增长高峰期发展新态势，为落实习近平总书记“四个革命、一个合作”能源安全新战略奠定了坚实的资源基础和技术保障。

《国家科技重大专项·大型油气田及煤层气开发成果丛书（2008—2020）》（62卷）是专项攻关以来在科学理论和技术创新方面取得的重大进展和标志性成果的系统总结，凝结了数万科研工作者的智慧和心血。他们以“功成不必在我，功成必定有我”的担当，高质量完成了这些重大科技成果的凝练提升与编写工作，为推动科技创新成果转化为现实生产力贡献了力量，给广大石油干部员工奉献了一场科技成果的饕餮盛宴。这套丛书的正式出版，对于加快推进专项理论技术成果的全面推广，提升石油工业上游整体自主创新能力和科技水平，支撑油气勘探开发快速发展，在更大范围内提升国家能源保障能力将发挥重要作用，同时也一定会在中国石油工业科技出版史上留下一座书香四溢的里程碑。

在世界能源行业加快绿色低碳转型的关键时期，广大石油科技工作者要进一步认清面临形势，保持战略定力、志存高远、志创一流，毫不放松加强油气等传统能源科技攻关，大力提升油气勘探开发力度，增强保障国家能源安全能力，努力建设国家战略科技力量和世界能源创新高地；面对资源短缺、环境保护的双重约束，充分发挥自身优势，以技术创新为突破口，加快布局发展新能源新事业，大力推进油气与新能源协调融合发展，加大节能减排降碳力度，努力增加清洁能源供应，在绿色低碳科技革命和能源科技创新上出更多更好的成果，为把我国建设成为世界能源强国、科技强国，实现中华民族伟大复兴的中国梦续写新的华章。

中国石油董事长、党组书记

中国工程院院士

戴厚良

丛书·前言

石油天然气是当今人类社会发展最重要的能源。2020年全球一次能源消费量为134.0×10^8t油当量，其中石油和天然气占比分别为30.6%和24.2%。展望未来，油气在相当长时间内仍是一次能源消费的主体，全球油气生产将呈长期稳定趋势，天然气产量将保持较高的增长率。

习近平总书记高度重视能源工作，明确指示“要加大油气勘探开发力度，保障我国能源安全”。石油工业的发展是由资源、技术、市场和社会政治经济环境四方面要素决定的，其中油气资源是基础，技术进步是最活跃、最关键的因素，石油工业发展高度依赖科学技术进步。近年来，全球石油工业上游在资源领域和理论技术研发均发生重大变化，非常规油气、海洋深水油气和深层—超深层油气勘探开发获得重大突破，推动石油地质理论与勘探开发技术装备取得革命性进步，引领石油工业上游业务进入新阶段。

中国共有500余个沉积盆地，已发现松辽盆地、渤海湾盆地、准噶尔盆地、塔里木盆地、鄂尔多斯盆地、四川盆地、柴达木盆地和南海盆地等大型含油气大盆地，油气资源十分丰富。中国含油气盆地类型多样、油气地质条件复杂，已发现的油气资源以陆相为主，构成独具特色的大油气分布区。历经半个多世纪的艰苦创业，到20世纪末，中国已建立完整独立的石油工业体系，基本满足了国家发展对能源的需求，保障了油气供给安全。2000年以来，随着国内经济高速发展，油气需求快速增长，油气对外依存度逐年攀升。我国石油工业担负着保障国家油气供应安全，壮大国际竞争力的历史使命，然而我国石油工业面临着油气勘探开发对象日趋复杂、难度日益增大、勘探开发理论技术不相适应及先进装备依赖进口的巨大压力，因此急需发展自主科技创新能力，发展新一代油气勘探开发理论技术与先进装备，以大幅提升油气产量，保障国家油气能源安全。一直以来，国家高度重视油气科技进步，支持石油工业建设专业齐全、先进开放和国际化的上游科技研发体系，在中国石油、中国石化和中国海油建立了比较先进和完备的科技队伍和研发平台，在此基础上于2008年启动实施国家科技重大专项技术攻关。

国家科技重大专项“大型油气田及煤层气开发”（简称“国家油气重大专项”）是《国家中长期科学和技术发展规划纲要（2006—2020年）》确定的16个重大专项之一，目标是大幅提升石油工业上游整体科技创新能力和科技水平，支撑油气勘探开发快速发展。国家油气重大专项实施周期为2008—2020年，按照“十一五”“十二五”“十三五”3个阶段实施，是民口科技重大专项中唯一由企业牵头组织实施的专项，由中国石油牵头组织实施。专项立足保障国家能源安全重大战略需求，围绕“6212”科技攻关目标，共部署实施201个项目和示范工程。在党中央、国务院的坚强领导下，专项攻关团队积极探索和实践依托行业骨干企业组织实施的科技攻关新型举国体制，加快推进专项实施，攻克一批制约油气勘探开发的瓶颈技术，形成了陆上油气勘探、陆上油气开发、工程技术、海洋油气勘探开发、海外油气勘探开发、非常规油气勘探开发6大领域技术系列及26项重大技术，自主研发20项重大工程技术装备，完成35项示范工程建设。近10年我国石油年产量稳定在2×10^8t左右，天然气产量取得快速增长，2020年天然气产量达$1925\times10^8m^3$，专项全面完成既定战略目标。

通过专项科技攻关，中国油气勘探开发技术整体已经达到国际先进水平，其中陆上油气勘探开发水平位居国际前列，海洋石油勘探开发与装备研发取得巨大进步，非常规油气开发获得重大突破，石油工程服务业的技术装备实现自主化，常规技术装备已全面国产化，并具备部分高端技术装备的研发和生产能力。总体来看，我国石油工业上游科技取得以下七个方面的重大进展：

（1）我国天然气勘探开发理论技术取得重大进展，发现和建成一批大气田，支撑天然气工业实现跨越式发展。围绕我国海相与深层天然气勘探开发技术难题，形成了海相碳酸盐岩、前陆冲断带和低渗—致密等领域天然气成藏理论和勘探开发重大技术，保障了我国天然气产量快速增长。自2007年至2020年，我国天然气年产量从$677\times10^8m^3$增长到$1925\times10^8m^3$，探明储量从$6.1\times10^{12}m^3$增长到$14.41\times10^{12}m^3$，天然气在一次能源消费结构中的比例从2.75%提升到8.18%以上，实现了三个翻番，我国已成为全球第四大天然气生产国。

（2）创新发展了石油地质理论与先进勘探技术，陆相油气勘探理论与技术继续保持国际领先水平。创新发展形成了包括岩性地层油气成藏理论与勘探配套技术等新一代石油地质理论与勘探技术，发现了鄂尔多斯湖盆中心岩性地层大油区，支撑了国内长期年新增探明 10×10^8t 以上的石油地质储量。

（3）形成国际领先的高含水油田提高采收率技术，聚合物驱油技术已发展到三元复合驱，并研发先进的低渗透和稠油油田开采技术，支撑我国原油产量长期稳定。

（4）我国石油工业上游工程技术装备（物探、测井、钻井和压裂）基本实现自主化，具备一批高端装备技术研发制造能力。石油企业技术服务保障能力和国际竞争力大幅提升，促进了石油装备产业和工程技术服务产业发展。

（5）我国海洋深水工程技术装备取得重大突破，初步实现自主发展，支持了海洋深水油气勘探开发进展，近海油气勘探与开发能力整体达到国际先进水平，海上稠油开发处于国际领先水平。

（6）形成海外大型油气田勘探开发特色技术，助力“一带一路”国家油气资源开发和利用。形成全球油气资源评价能力，实现了国内成熟勘探开发技术到全球的集成与应用，我国海外权益油气产量大幅度提升。

（7）页岩气、致密气、煤层气与致密油、页岩油勘探开发技术取得重大突破，引领非常规油气开发新兴产业发展。形成页岩气水平井钻完井与储层改造作业技术系列，推动页岩气产业快速发展；页岩油勘探开发理论技术取得重大突破；煤层气开发新兴产业初见成效，形成煤层气与煤炭协调开发技术体系，全国煤炭安全生产形势实现根本性好转。

这些科技成果的取得，是国家实施建设创新型国家战略的成果，是百万石油员工和科技人员发扬艰苦奋斗、为国找油的大庆精神铁人精神的实践结果，是我国科技界以举国之力团结奋斗联合攻关的硕果。国家油气重大专项在实施中立足传统石油工业，探索实践新型举国体制，创建“产学研用”创新团队，创新人才队伍建设，创新科技研发平台基地建设，使我国石油工业科技创新能力得到大幅度提升。

为了系统总结和反映国家油气重大专项在科学理论和技术创新方面取得的重大进展和成果，加快推进专项理论技术成果的推广和提升，专项实施管理办公室与技术总体组规划组织编写了《国家科技重大专项 · 大型油气田及煤层气开发成果丛书（2008—2020）》。丛书共 62 卷，第 1 卷为专项理论技术成果总论，第 2～9 卷为陆上油气勘探理论技术成果，第 10～14 卷为陆上油气开发理论技术成果，第 15～22 卷为工程技术装备成果，第 23～26 卷为海洋油气理论技术装备成果，第 27～30 卷为海外油气理论技术成果，第 31～43 卷为非常规油气理论技术成果，第44～62卷为油气开发示范工程技术集成与实施成果（包括常规油气开发7卷，煤层气开发5卷，页岩气开发4卷，致密油、页岩油开发3卷）。

各卷均以专项攻关组织实施的项目与示范工程为单元，作者是项目与示范工程的项目长和技术骨干，内容是项目与示范工程在2008—2020年期间的重大科学理论研究、先进勘探开发技术和装备研发成果，代表了当今我国石油工业上游的最新成就和最高水平。丛书内容翔实，资料丰富，是科学研究与现场试验的真实记录，也是科研成果的总结和提升，具有重大的科学意义和资料价值，必将成为石油工业上游科技发展的珍贵记录和未来科技研发的基石和参考资料。衷心希望丛书的出版为中国石油工业的发展发挥重要作用。

国家科技重大专项“大型油气田及煤层气开发”是一项巨大的历史性科技工程，前后历时十三年，跨越三个五年规划，共有数万名科技人员参加，是我国石油工业史上一项壮举。专项的顺利实施和圆满完成是参与专项的全体科技人员奋力攻关、辛勤工作的结果，是我国石油工业界和石油科技教育界通力合作的典范。我有幸作为国家油气重大专项技术总师，全程参加了专项的科研和组织，倍感荣幸和自豪。同时，特别感谢国家科技部、财政部和发改委的规划、组织和支持，感谢中国石油、中国石化、中国海油及中联公司长期对石油科技和油气重大专项的直接领导和经费投入。此次专项成果丛书的编辑出版，还得到了石油工业出版社大力支持，在此一并表示感谢！

中国科学院院士 贾承造

《国家科技重大专项·大型油气田及煤层气开发成果丛书（2008—2020）》

分卷目录

序号	分卷名称
卷 1	总论：中国石油天然气工业勘探开发重大理论与技术进展
卷 2	岩性地层大油气区地质理论与评价技术
卷 3	中国中西部盆地致密油气藏“甜点”分布规律与勘探实践
卷 4	前陆盆地及复杂构造区油气地质理论、关键技术与勘探实践
卷 5	中国陆上古老海相碳酸盐岩油气地质理论与勘探
卷 6	海相深层油气成藏理论与勘探技术
卷 7	渤海湾盆地（陆上）油气精细勘探关键技术
卷 8	中国陆上沉积盆地大气田地质理论与勘探实践
卷 9	深层—超深层油气形成与富集：理论、技术与实践
卷 10	胜利油田特高含水期提高采收率技术
卷 11	低渗—超低渗油藏有效开发关键技术
卷 12	缝洞型碳酸盐岩油藏提高采收率理论与关键技术
卷 13	二氧化碳驱油与埋存技术及实践
卷 14	高含硫天然气净化技术与应用
卷 15	陆上宽方位宽频高密度地震勘探理论与实践
卷 16	陆上复杂区近地表建模与静校正技术
卷 17	复杂储层测井解释理论方法及 CIFLog 处理软件
卷 18	成像测井仪关键技术及 CPLog 成套装备
卷 19	深井超深井钻完井关键技术与装备
卷 20	低渗透油气藏高效开发钻完井技术
卷 21	沁水盆地南部高煤阶煤层气 L 型水平井开发技术创新与实践
卷 22	储层改造关键技术及装备
卷 23	中国近海大中型油气田勘探理论与特色技术
卷 24	海上稠油高效开发新技术
卷 25	南海深水区油气地质理论与勘探关键技术
卷 26	我国深海油气开发工程技术及装备的起步与发展
卷 27	全球油气资源分布与战略选区
卷 28	丝绸之路经济带大型碳酸盐岩油气藏开发关键技术

序号	分卷名称
卷 29	超重油与油砂有效开发理论与技术
卷 30	伊拉克典型复杂碳酸盐岩油藏储层描述
卷 31	中国主要页岩气富集成藏特点与资源潜力
卷 32	四川盆地及周缘页岩气形成富集条件、选区评价技术与应用
卷 33	南方海相页岩气区带目标评价与勘探技术
卷 34	页岩气气藏工程及采气工艺技术进展
卷 35	超高压大功率成套压裂装备技术与应用
卷 36	非常规油气开发环境检测与保护关键技术
卷 37	煤层气勘探地质理论及关键技术
卷 38	煤层气高效增产及排采关键技术
卷 39	新疆准噶尔盆地南缘煤层气资源与勘查开发技术
卷 40	煤矿区煤层气抽采利用关键技术与装备
卷 41	中国陆相致密油勘探开发理论与技术
卷 42	鄂尔多斯盆缘过渡带复杂类型气藏精细描述与开发
卷 43	中国典型盆地陆相页岩油勘探开发选区与目标评价
卷 44	鄂尔多斯盆地大型低渗透岩性地层油气藏勘探开发技术与实践
卷 45	塔里木盆地克拉苏气田超深超高压气藏开发实践
卷 46	安岳特大型深层碳酸盐岩气田高效开发关键技术
卷 47	缝洞型油藏提高采收率工程技术创新与实践
卷 48	大庆长垣油田特高含水期提高采收率技术与示范应用
卷 49	辽河及新疆稠油超稠油高效开发关键技术研究与实践
卷 50	长庆油田低渗透砂岩油藏 CO_2 驱油技术与实践
卷 51	沁水盆地南部高煤阶煤层气开发关键技术
卷 52	涪陵海相页岩气高效开发关键技术
卷 53	渝东南常压页岩气勘探开发关键技术
卷 54	长宁—威远页岩气高效开发理论与技术
卷 55	昭通山地页岩气勘探开发关键技术与实践
卷 56	沁水盆地煤层气水平井开采技术及实践
卷 57	鄂尔多斯盆地东缘煤系非常规气勘探开发技术与实践
卷 58	煤矿区煤层气地面超前预抽理论与技术
卷 59	两淮矿区煤层气开发新技术
卷 60	鄂尔多斯盆地致密油与页岩油规模开发技术
卷 61	准噶尔盆地砂砾岩致密油藏开发理论技术与实践
卷 62	渤海湾盆地济阳坳陷致密油藏开发技术与实践

本卷·前言

21 世纪以来，随着国民经济的快速发展，国家对石油天然气这一基础资源的需求量不断增加，我国能源安全问题更加凸显，加大油气勘探开发力度成为国家重大战略。我国陆上油气勘探的重点迅速向复杂构造油气藏、地层—岩性油气藏、碳酸盐岩油气藏和非常规油气藏等领域转移，地震勘探的目标朝着储层薄且破碎、微小断裂发育的方向发展，对地震资料的纵、横向分辨率要求越来越高。这使得我国的油气勘探行业需要探索更高精度的勘探方法，获得更加清晰的地下地质图像，才能发现和开采出更多隐蔽油气。

从地震勘探采集作业条件看，我国东部平坦区的油气勘探已经成为勘探高成熟区，而西部的山地、沙漠、黄土塬及城区、水网区等成为主要的勘探作业区域，地震数据采集工程实施的地表条件越来越恶劣，带来了能量很强的各种干扰，地震资料信噪比越来越低。

针对地震勘探目标和地表条件的变化，“十一五”以来，依托三期国家科技重大专项“大型油气田及煤层气开发”，经过 10 多年技术攻关和系统研究，东方地球物理勘探有限责任公司逐步形成了适合我国实际地质环境的高精度地震勘探技术——陆上宽方位宽频高密度地震勘探技术。与传统的三维地震勘探技术相比，该技术突破了波场科学观测、宽频激发装备、海量数据采集、高精度成像及技术经济可行等难题，具有更宽的接收方位角、更宽的信号频带和更高的激发接收密度，在国内外得到了大规模的产业化应用。本书是该技术成果的系统总结。

全书共分十章。第一章由张少华、王梅生、詹仕凡编写，从回顾地震勘探技术发展历程出发，指出新形势下油气勘探面临的新挑战，阐明了高精度地震勘探技术发展途径和必然性，提出了宽方位宽频高密度地震勘探技术的构成。第二章由张少华、蔡锡伟、夏建军、王梅生、王新全、何永清编写，提出了“充分采样、均匀采样、对称采样”的高密度空间采样三维观测技术理念，分别对高密度、宽方位、宽频地震勘探的内涵和意义进行了深刻阐述，明确了宽方位宽频高密度地震勘探技术的核心是通过高密度空间采样来得到高信噪比、高分辨率和高保真的地震成像结果。第三章由张少华、何永清、夏建军、何宝庆、李伟波编写，重点讨论了宽方位宽频高密度地震资料采集设计技术的实现方法，即面向成像的观测系统设计方法；从成像对地震勘探观测系统的要求出发，分别介绍了基于波动照明分析的观测系统设计方法、观测系统有效带宽定量计算和压制噪声能力估算方法等，全面论述了如何设计一套科学合理的高保真三维地震勘探观测系统。第四章由王梅生、王井富、张翊孟编写，论述了炸药、可控震源宽频激发、宽频检波器接收与高低频补偿技术，为采集宽频地震数据奠定了基础。第五章由张慕刚、肖虎、王井富、雷云山、夏颖、黄磊、王秋成、白志宏编写，全面梳理和介绍了高效地震资料采集技术及其质控技术，提高了宽方位宽频高密度地震勘探技术的经济可行性，从工程实施的角度为其工业化应用提供了保障。第六章由宋强功、钱忠平、王文闯、熊定钰、郭振波、王宝彬、王狮虎、张建磊、耿伟峰、王磊、武威编写，介绍了宽方位宽频高密度地震资料的 OVT 处理、宽频处理、宽方位速度建模及高精度叠前偏移等相关偏移成像技术，为地质目标的高精度成像提供了技术手段。第七章由张延庆、王霞、李丰、钱丽萍、安鹏、汪关妹、钱丽萍、耿玮编写，从多个方面论述了如何充分发挥宽方位宽频高密度地震资料的高精度、高分辨率优势，挖掘油气储层的相关地质信息，为精准的钻探和油气开发提供资料和技术支撑。第八章由宋强功、陶知非、刘志刚、罗兰兵、尚永生、杨剑、詹毅编写，介绍了宽方位宽频高密度地震勘探技术的重大装备和软件技术，包括 EV-56 高精度可控震源、G3iHD 大道数地震仪器、eSeis 节点地震仪器、KLSeis Ⅱ 地震资料采集工程软件系统及 GeoEast 地震资料处理解释一体化软件系统。第九章由冯许魁、李明杰、王志勇、刘军、方勇、张军勇、邓勇、梁虹、周义军、刘永雷、周赏、李相文、袁燎、徐博、高现俊、覃素华、喻林、周丽萍、魏小东、李幸运、邓雁、彭才等编写，介绍了陆上宽方位宽频高密度地震勘探技术在前陆冲断带复杂构造油气藏、碳酸盐岩油气藏、岩性油气藏、火山岩油气藏、页岩油气藏、潜山油气藏等领域的应用实例，展现了针对性的技术应用和效果，取得了丰富的油气勘探效果。第十章由张少华、宋强功、宁宏晓、宋建军、何永清、门哲编写，展望了地震勘探技术未来的发展方向。全书由张少华、石双虎、安佩君、何永清统稿，经张少华、詹仕凡、何永清、宋强功、张慕刚、邓志文、陶知非、钱忠平审阅定稿。

本书从地震勘探的空间采样基本原理出发，较为全面细致地介绍了陆上宽方位宽频高密度地震勘探技术的基本原理，实现方法及配套的高效采集、重大装备和软件技术，并提供了技术应用的一些实例和效果。希望本书能成为我国油气勘探行业及高等院校相关专业师生的比较翔实的、理论与实践相结合的参考用书，也希望本书能够成为从事地震勘探技术研究的同行的参考资料。

贾承造、滕吉文、李庆忠等院士对地震勘探技术的发展非常重视，长期对本技术的攻关和发展给予指导；在本书的编写过程中，中国石油天然气股份有限公司各油气田分公司的领导和专家提供了相关的图件和素材，苟量、赵邦六、郝会民、杨举勇、杨茂君、陈国胜、倪宇东等给予了大力的支持和指导，赵化昆、钱荣钧、张玮、姚逢昌、唐东磊等专家进行了精心指导和审核。在此一并表示衷心的感谢。

由于笔者水平所限，难免存在不足之处，恳请读者批评指正！

目 录

第一章　绪　论

地震勘探指采用人工激发地震波，通过一条或多条测线布设检波器接收地下反射地震波的振动信息来获取地下岩层物性和形态的地球物理勘探方法。地震波在介质中传播时，其路径、振动强度和波形将随所通过介质的弹性性质及几何形态的不同而变化。如果掌握了这些变化规律，根据地震波的旅行时间、振幅、频率和速度资料，可推断波的传播路径，得到地下介质的结构和性质，从而达到勘探的目的。其广泛应用于油气勘探中，同时还被用于煤田、岩盐矿床、城市建设等近地表勘测中，是一种勘探精度高、探测深度大的地球物理勘探方法。

地震勘探可划分为地震资料采集、处理和解释三大环节。采集是基础，主要负责人工地震信号的激发、接收、记录等；处理是关键，针对野外记录的地面振动数据，根据地震波的传播理论和地震勘探的基本原理、信号分析等多种方法，经过“去粗取精、去伪存真”的处理，将其恢复为高信噪比、高分辨率的地下地层的图像及高保真度的波场信息和地层的速度供解释使用；解释是核心，在处理提供的地层图像及波场信息的基础上，综合地质、测井、钻井等资料，将地震信息转换为地质信息，识别出可能的储层位置，并进行储量预测分析、提供钻探井位指导。虽然地震资料采集、处理、解释三大环节各具独立性和特色，但在实际勘探中三个环节是一个有机结合的系统工程。

第一节　地震勘探发展历程

人类对天然地震的观测可追溯到2000年前甚至更早，但是利用人工激发地震波进行勘探，是从19世纪中叶开始的。1845年，马利特（R. Mallet）曾用人工激发的地震波来测量弹性波在地壳中的传播速度，这是用人工爆炸所激发的地震来进行科学实验的萌芽。1913年，Beno Gutenberg用地震波测量了地核直径。在第一次世界大战期间，交战双方都曾利用重炮后坐力产生的地震波来确定对方的炮位。此后，人工地震技术逐渐成熟，并逐步运用于石油勘探中，最早用于石油勘探的地震方法是折射法。20世纪20年代，在墨西哥湾用扇形排列折射法在海湾沿岸发现了被盐丘圈闭的大量石油。随着人类对石油天然气资源需求的提高，作为寻找油气重要手段的地震勘探技术的发展进入了快车道。从油气勘探角度概括起来讲，地震勘探技术经历了5次大的飞跃（张德忠，2000）。

（1）第一次飞跃：以20世纪30年代由折射地震法改进为反射法为标志。

反射法地震勘探最早起源于1913年前后R.Fessenden的工作，但当时的技术尚未达到能够实际应用的水平。1921年，J.C.Carcher将反射法地震勘探投入实际应用，在美国俄克拉何马州首次记录到人工地震产生的清晰的反射波。1930年，通过反射法地震勘探工作，在该地区发现了3个油田，从此，反射法进入了工业应用阶段。

该时期以采用光点照相方式记录地震反射信号和资料的人工处理解释为特点，每个反射点只观测一次，只能产生单次覆盖记录，记录的动态范围小、频带窄、信噪比低，资料处理手段少、效率低。

（2）第二次飞跃：以20世纪50年代出现的多次覆盖技术为标志。

多次覆盖技术通过在不同接收点上接收来自地下同一反射点上的反射波，即对地下界面上的每个点进行多次观测得到多张地震记录，再将这些记录叠加在一起，可削弱或压制多种干扰波、增强需要的有效波。模拟磁带地震仪的问世为推广多次覆盖技术创造了条件，从而可选用不同因素进行多次回放处理，地震勘探工作有了质的飞跃。

（3）第三次飞跃：以20世纪60年代出现的数字地震仪及数字处理技术为标志。

20世纪60年代，模拟磁带记录被数字磁带记录所取代，形成了以电子计算机为基础的数字记录、多次覆盖技术、地震数据数字处理技术相互结合的完整技术系统，大大提高了记录精度和解决地质问题的能力。同期出现的可控震源亦具有重大意义，它采用连续信号激发，在信号特征上显著区别于采用脉冲信号激发的炸药震源，不但其相关子波更接近零相位从而具有较高的分辨率，而且可以通过对激发信号的设计实现一定程度的对子波频谱的控制。

该时期的成像技术仍以水平叠加为主。水平叠加剖面同相轴的展布及其形态与地下地质体的几何结构有一定的关联关系，当水平叠加剖面质量较好时可以识别出诸如背斜、向斜、断层、刺穿、礁体、砂体等构造或地质体。但由于水平叠加剖面是在水平层状介质模型假设下获得的，该剖面反映的地下地质体的几何结构在多数情况下是被畸变的，尤其是具有倾斜构造的地质体。

（4）第四次飞跃：以20世纪70年代初期出现的偏移归位成像技术为标志。

基于波动方程的偏移成像能够大大减轻水平叠加对地层构造的畸变早已为人们所认识，但限于计算能力及缺少实现方法，一直未能实现工业化应用。20世纪70年代初，D.L.Loewenthal提出“爆炸界面”模型、J.F.Claerbout提出标量波动方程的有限差分近似解，解决了波动方程偏移方法成像和波场延拓（外推）的基本问题，随着计算机能力的发展，单程波法、相移法与积分法等偏移方法相继提出和实现，偏移成像技术逐渐得到广泛应用，显著提高了地质体的成像精度，并出现了采用地震资料研究岩性和岩石孔隙所含流体成分的技术，同时地震地层学、层序地层学也逐渐发展起来。

但该时期的处理理念和技术仍以二维为主，对于来自侧面的干扰没有有效的技术手段进行压制，也不能解决构造的横向归位问题，因此采集施工也要求按线状设计，并尽可能垂直于构造的走向，严重影响了对复杂目标、复杂地区的勘探和认识。

（5）第五次飞跃：以20世纪80年代出现的三维地震勘探技术为标志。

三维地震勘探技术包括三维地震资料采集、三维地震资料处理和三维地震资料解释。通常，按面积布设的三维地震资料观测系统比二维方法在空间上扩展了一个维度，提供了更多的地下界面反射信息，增加了记录道的密度和对地下地层的覆盖次数，因此获得的信息量更丰富，能较精确地描绘地下非均匀介质的结构，并使干扰波受到更好的压制，尤其是三维偏移成像技术较好地解决了侧面干扰及大倾角反射界面的准确归位问题；在三维地震解释方面，出现了交互解释工作站，利用处理后得到的三维数据体，不但可以制作标准二维剖面，而且可以得到任意时间切片图，或平剖结合的椅状投影图，利用这些新的手段可更详细地了解地层结构和细微的局部构造。

回顾地震勘探发展历程可以发现：每次地震勘探技术进步，都为油气发现提供了有力支撑，特别是三维地震勘探技术的应用，大幅度提高了油气勘探精度，确保了油气的持续发现与油气产量的稳定。但随着油气勘探开发的深入，常规三维地震勘探技术对解决“小、低、薄、深、隐、非”等油气藏勘探与开发问题，面临越来越多的挑战，需要探索更高精度的地震勘探技术。

第二节　地震勘探面临的挑战

21 世纪以来，随着勘探开发程度的不断提高，构造较简单或埋藏较浅的构造型常规油气资源已基本被发现，勘探目标日益转向复杂构造油气藏、地层岩性油气藏及剩余油气藏等，对勘探目标刻画的要求由构造为主转向构造与物性并重，对勘探精度的要求也越来越高。

就我国而言，油气勘探开发主要面临五个方面的挑战。

（1）地表地下双复杂：地表条件恶劣，包括复杂山地、沙漠、黄土塬、城区、水网区等，地表高差大、低降速带变化大，造成地震资料信噪比低。地下构造越来越复杂，高陡构造、盐下构造、逆推构造、走滑大断裂等使波场复杂、成像困难，地质目标非均质性强、储层识别困难。

（2）目标小、埋深大：在油气勘探初期，地震勘探所要识别的油气构造面积在几百平方千米甚至上千平方千米，而现在普遍要找的构造面积只有几平方千米，甚至只有零点几平方千米。目标的构造幅度过去可达几百米，而现在十几米、几米甚至更小。所寻找的储层厚度也由上百米变为几十米，再变为几米。而目的层的深度也由过去的 3000m 左右，逐步扩大到 5000～6000m，甚至更深。

（3）隐蔽油气藏勘探：从所寻找的油气类型来说，过去主要是构造油气藏，而现在岩性、裂缝油气藏成为重要目标。岩性油气藏，主力砂岩体厚度薄、目前的分辨率尚不能满足薄储层预测的需要、特殊岩性体的有效识别、描述困难；低渗透油气藏，相带复杂、储层非均质性强、尺度小、目标隐蔽；裂隙油气藏的发现识别困难；缝洞储层定量雕刻技术还不成熟等。

（4）非常规油气勘探：非常规资源的勘探开发，包括煤层气、页岩气、油砂矿、油页岩、天然气水合物、水溶气等，对促进资源的增长具有重要意义。非常规油气藏，具有非均质性强、低孔低渗透、油气藏关系复杂、烃类检测困难、“甜点”难以预测、地应力预测难度大等特点。

（5）油气有效开发：勘探目标进入油气开发，需要能够识别油气水的边界及其随时间的变化情况，但由于物性差异小、反射系数低，要做到有效识别十分困难。

解决这些挑战，不仅需要地震成像精度的提高，还需要对物性变化识别精度的提高。

第三节　提高地震勘探精度的途径

从找油找气需求角度考虑，提高地震勘探精度是永恒的追求目标。要实现高精度地震勘探，必须明晰什么样的地震勘探是高精度的，以及如何度量地震勘探的精度，在此基础上再研究如何提高地震勘探精度。

高精度勘探是一个相对的概念，主要指使地震勘探分辨率、成像精度及保真度得到不断的提高。对勘探精度的追求在勘探地震中一直起着引领技术向前发展的作用，其中，高分辨率地震波成像是油气地震勘探的核心，也是进行精细油藏描述的基础。

一、地震分辨率的影响因素分析

影响获得高分辨率资料的环节很多，包括地震波的激发、传播、接收以及处理、解释全过程，涉及一系列问题。对于一个静态的成像记录而言，其主要因素包括记录的信噪比、子波频带的宽度、子波的相位、子波边峰的振幅值与主瓣振幅值的比值，以及边峰以外震荡波形的振幅等。

地震子波指人工激发产生的地震波，在地下介质中传播并发生反射、折射等，然后被布设于地面上的检波器所接收到的脉冲信号。地震子波是一个非常重要的概念，且地震分辨率的大小主要体现在子波的形状与特征上。地震子波具有有限的能量和确定的起始时间，并且有 1～2 个非周期的振动。根据反射地震学的基本原理，反射地震记录是地震子波经一系列地震反射界面反射后叠合而成的，因此，地震剖面的分辨率等价于分辨两个相邻反射子波的能力。研究表明，地震分辨率的高低与地震子波的形态、振幅谱和相位谱密切相关。

对于垂向分辨率，学者已经进行了大量的研究，取得了许多一致的观点和准则。而对于横向分辨率还没有严格的准则。垂向分辨率就是分辨薄层顶、底反射的能力，即可分辨的顶、底反射界面的时间差。对于顶、底反射界面的到达时差大于子波延续长度的较厚地层，很容易利用反射记录识别其顶、底反射界面。但当地层较薄时，其顶、底反射界面产生的相邻两个反射子波彼此重叠，地层就难以分辨。对不考虑噪声影响的分辨率极限问题，不同学者提出不同判别准则，但相差不大，基本是将子波的 1/2 视周期的时差作为两个子波波形可分辨的极限值。两个子波时差在 1/4～1/2 视周期时，从波形角度难以分辨，但可以通过振幅值的变化进行估算。因此可以很直接地推论，只要缩小子波视主周期，即缩短子波的时间延续度，就可以提高垂向分辨率。按照 Fourier 分析理论，在时间域缩短延续度，变换到频率域就是要增加频带宽度，即提高垂向分辨率就必须提高子波的频带宽度。

地震资料在水平方向上所能分辨的最小地质体或地质异常的尺寸称为横向分辨率（空间分辨率）。它与地震波的频带宽度、主频、子波类型、信噪比等特性密切相关，也与采样率、资料处理方法有关。横向分辨率的极限可用菲涅耳带的大小来计算，也可用横向波数来计算。从两个子波的时差考虑，横向分辨率与纵向分辨率的意义是一致的。像用$\lambda/4$作为垂向分辨率的极限一样，用菲涅耳带作为横向分辨率的极限不一定很严格，但可作为一个统一的参考标准，用菲涅耳带衡量横向分辨能力还是合理的。用菲涅耳带作为横向分辨率的极限，表明当一个地质体小于一个菲涅耳带时就很难确定它的尺寸。如果地质体的宽度比第一菲涅耳带小，则该反射表现出与点绕射相似的特征，故无法识别地质体的实际大小，只有当地质体的延续度大于第一菲涅耳带时，才能分辨其边界。当然由于信噪比和地下构造等方面的差异，可识别的地质体的大小或间隔也可能突破这一极限，也可能达不到这一极限。

一般认为，对于叠加地震剖面，横向可分辨的尺度是菲涅耳半径，但偏移可以提高横向分辨率，使可分辨的尺度减小，提高分辨率的幅度与偏移的质量有关。

偏移可以提高空间分辨率，但对其作用的机理也有不同的观点。有的认为偏移可缩小菲涅耳带的大小，所以提高了横向分辨率；有的则认为偏移是通过压缩水平方向的空间子波达到提高横向分辨率的效果；还有的认为可用绕射波归位后水平方向子波的波数来衡量横向分辨率。钱荣钧（2010）对此做了比较细致的对比分析，并认为偏移提高横向分辨率的作用，主要体现在对复杂波场的归位、恢复小地质体的形态和消除绕射波等方面，并提出偏移剖面上纵、横向的波数和反射波的纵向波数及反射界面的倾角是互相联系的，它们是同一问题的不同方面，应把它们归为一类而不能把它们割裂开研究，其中反射波的纵向波数或纵向分辨率是问题的核心。

理想情况下，偏移后横向分辨率可以等于垂向分辨率。另外，横向分辨率不可能小于道间距，因此，对横向分辨率的追求必然引起对小面元的要求。

前面的分析均是基于无噪声的理想地震记录，但在实际地震记录中存在多种类型的干扰和噪声，如果地震资料噪声强、干扰背景大，以至于反射波的追踪对比都很困难，就不可能解决任何地质问题，更谈不上什么分辨率了。因此可以说，提高地震分辨率必须以提高信噪比为基础，离开信噪比谈分辨率没有太大的价值。

高分辨率地震成像一定是高信噪比的成像结果，这个高信噪比应该是各种频率（波数）成分的信号都具有的。在地震资料解释中，无论地震信号的频带有多宽，但能够被解释人员所使用的信号一定是比噪声要强数倍的一段连续频率（波数）成分。只有在信噪比高的这一段频率（波数）成分中，解释人员才能较清楚地识别出地下地质信息。若把具有一定信噪比、能够为解释人员所用的一段连续频率（波数）成分的宽度定义为有效带宽，则有效带宽越大，解释人员能够使用的地震成果资料的频率（波数）成分越多，越容易识别地下地质目标。对于时间剖面纵向分辨率，有效带宽是频带宽度；对于横向分辨率，有效带宽是波数宽度。

地震资料中的噪声可分随机噪声和规则噪声，这些噪声可能来自野外环境及激发、接收环节，也可能来自地震资料处理过程。根据噪声的性质不同，可采用不同的衰减方法，某种很强的规则噪声，经衰减后可能变为另一种波数的规则噪声或随机噪声；有的随机噪声经处理后，可能产生规则噪声。处理过程中的振幅恢复方法可以改变振幅谱，使用脉冲或小预测步长的预测反褶积同样会拓宽振幅谱。由于处理带来的高低频噪声会使子波的总能量增加，同时降低了子波的主极值，故不能简单地认为振幅谱宽分辨率就高。大时窗的单道频谱分析的频宽，不能真正代表分辨率的高低，也无法区分信号和噪声的频带范围，需要结合频率扫描或 f—k 分析找出优势频率及其频宽、有效波的弱波。信噪比高的优势波容易处理，再提高它的信噪比意义不大，重点是提高弱波的信噪比。弱波处理难度很大，实际上弱波往往是高频成分，它的信噪比低，尤其是中深层反射波更是如此。

基于单检波器、无组合采集方式的高密度地震采集，虽然失去了利用野外排列组合的方向特性压制规则干扰和随机干扰的机会，导致原始采集高密度地震数据中线性干扰和随机干扰异常发育，但小检波点距采集对有效波充分采样的同时也全面记录了各种噪声，处理时可以根据噪声特点采用针对性压制技术，对提高地震资料信噪比十分重要。

二、观测方位与成像精度的关系

在三维地震勘探中，人们习惯用地震观测系统模板中炮检距的横纵比来表述三维地震观测系统的方位宽窄。当采用窄方位观测时，数据中的规则噪声、散射噪声分布在炮集记录三角区域内（近似线性特征），窄方位观测的炮检距线性分布通常能较好地适应二维 f—k 滤波或者 τ—p 变换。但实际上规则噪声、散射噪声在三维空间上是以圆锥状分布的，要衰减规则噪声或者线性噪声就需要在两个正交方向上都要有足够的采样，也要求空间上每个共中心点（CMP）炮检距分布规则。因此，在窄方位观测情况下，用 f—k 滤波等噪声衰减技术可能会在压制噪声时产生假象，同时也难以消除来自侧面的反射波。而宽方位观测因具有较大的横向偏移距和更多的横向覆盖次数，可采用三维 f—k 等噪声衰减技术，对压制规则噪声、散射噪声更为有效。因此，相比窄方位观测，宽方位观测在压制规则噪声方面更为有利，从而提高地震资料的信噪比和分辨率。

地震偏移是一种将所采集到的地震信息进行重排的反演运算，以使地震波能量归位到真实空间位置而获取地下的真实构造特征及图像。从理论上来说，地震波反演成像要求叠前地震数据采集系统对地下任何一个绕射点（反射点）都有广角度的、角度间隔均匀的、不产生采样假频的照明。同时期望每个角度的数据中仅仅有高斯白噪声，并期望各角度之间的子波特征保持一致。

通常将介质的某种属性随方向而变化的特性称为各向异性。地震勘探中所涉及的各向异性主要指地层速度的各向异性，是因岩石内部构造的不均匀性、有方向排列的裂缝或者岩性变化产生的薄层引起的，在沉积岩层中是普遍存在的。精确考虑地下复杂介质各向异性特征的地震偏移成像理论可带来更加清晰的地下地层结构影像。当地下介质存在裂缝等各向异性现象时，可通过对均匀介质的振幅随着偏移距变化（AVO）方法进行扩展，以应用纵波属性（反射振幅或群速度）随方位与炮检距的变化关系检测出裂缝方位、密度及分布范围；也可根据横波分裂现象推测介质各向异性的方向和强度。从复杂介质偏移成像和检测裂缝的需求考虑，不但要求尽可能大或尽可能全的观测方位以外，还要求在不同的观测方位上有足够的偏移距信息和覆盖次数。

由于宽方位地震资料具有更丰富的方位信息，借助地震各向异性基本理论，利用宽方位地震资料方位各向异性信息，可更好地分析地震波在地下介质中传播的旅行时、速度、振幅、频率和相位等地震属性的方位差异性，进而识别地层的各向异性特征。

三、采样密度与成像精度的关系

采样率是影响分辨率的重要因素，时间采样率决定了可正确恢复的最高频率信号。对于高频信号，如果采样不足，将会出现假频，所以时间采样率与垂向分辨率密切相关。对于空间采样率，它在波数域对地震信号的影响与时间采样率对频率的影响相同。

地震波是在三维空间传播的波，时间和空间采样率是互相联系互相影响的，它们对偏移成像后地震数据的垂向和空间分辨率都有影响。通常时间采样率都高于空间采样率，如一般时间采样率为2ms，当速度为4000m/s时，相当于采样距离为4m，而空间采样的检波点距目前常用的为25～50m，因此实际工作中应更加关注空间采样率的影响。

空间采样率又称为空间采集密度，包括激发（炮）密度、接收（道）密度和覆盖（炮道）密度三个方面。

在面元一定的情况下，较高的覆盖次数意味着较高的空间采样密度。对于随机干扰，采用多次覆盖的简单叠加技术，N次覆盖信噪比可提高$\sqrt{N}$倍。加密空间采样有利于对规则噪声的压制，如：经典的f—k等规则干扰压制方法，最大的难题就是空间采样不足带来的假频问题。高密度接收对噪声波场具有充分的采样，与波数响应相对应的期望时间和频率可以在测量到的波场上被有效利用。去假频滤波是时间域数字记录的常规技术，使用高密度接收将基本采样定理扩展到了空间域。高密度采集方式大大提高了空间采样精度，能够对地震波场进行无假频采样，获得的干扰波波场更连续，使其在地震剖面上特征更加明显，有利于噪声压制与波场分离。同时，空间采样率的提高，可有效消除采集脚印现象。另外，小检波点距数据提高了各种数学变换精度，使去噪方法更加有效。

偏移的主要目的在于提高资料的横向分辨率，这与两个方面有关。一方面是希望分辨的地下目标地质体的大小，如果两个地质点的距离是1m，而道采样间隔是10m，这就会因为采样不足导致丢失有效信息；另一方面，如果空间采样不足，偏移过程会产生假频，假频会降低信噪比和分辨率。叠前偏移成像的点脉冲响应是一个以炮点和检波点为焦点半椭球弧，如果道密度太稀疏，相邻两道的椭圆弧就不能相互抵消，导致采样不足产生画弧假象，从这个角度看，也需要足够的采样密度才行。

现行的偏移方法可简单地理解为把和绕射曲线相切处的反射波归位到绕射极小点，实际上是把反射波按绕射波时距曲线进行校正，叠加后放到绕射极小点。这样对于反射波来说，偏移实际上是不同相叠加，因此，地震道空间采样密度和分布的均匀性就会影响偏移叠加效果。如果道密度分布不均匀，在密度变化点或地震道的缺失处，叠加后都会出现较强的振幅波动，即偏移噪声或通常所说的画弧干扰。由于现行偏移方法并非使反射波同相叠加，因此偏移噪声不可避免，只是空间采样密度越大、分布越均匀，偏移噪声就越小。

高密度、宽方位数据的处理和解释一般基于方位角矢量片（offset vector tiles，OVT）

面元。如果地震道在炮检距及方位角上分布不均匀，形成的 OVT 数据体中将会出现地震道数巨大差异，从而影响基于 OVT 数据体的处理解释，也难以获得精确的方位各向异性信息。

综上所述，可以得出如下结论：宽频带是提高分辨率的核心，而宽方位、高密度观测数据是提高地震成像精度所必需的；获取宽频带、宽方位、高密度观测数据是提高地震勘探精度的基础。

第四节　宽方位宽频高密度地震勘探技术构成

“十一五”以来，针对复杂油气目标勘探的需要，以精确偏移成像和基于方位信息的物性参数反演为目标，根据地震波场的“充分、均匀、对称”空间采样理论和采集处理解释一体化的要求，历经十多年攻关，在地震勘探理论、配套技术、施工方法及软件装备等方面实现重大技术突破，创新形成了一整套以“宽方位、宽频、高密度”为主要特征的从采集设计、勘探施工、资料处理到解释的系列技术和施工方法，称为宽方位宽频高密度（简称“两宽一高”）地震勘探技术。因此，“两宽一高”地震勘探技术不是特指某个单一技术，而是一个技术系列，包括面向叠前偏移成像的观测方案设计技术、基于时空规则的可控震源高效采集技术、宽频激发和高精度大道数接收技术、基于叠前炮检距—OVT 方法的五维处理解释技术、海量数据处理解释技术等。

“宽方位、宽频、高密度”三者缺一不可。其中高密度是“充分”的基础要求；宽方位是“均匀、对称”的基础保障；宽频带则是高分辨的核心要求。宽频带的实现主要来自两个方面：一方面，在采集时采用宽频激发以保证记录的原始品质，同时尽量减少组合的使用以避免对高频信号的损伤；另一方面，在处理解释时通过拓频等技术手段延展信号带宽，同时使用高精细的方位校正进行同相处理以减小高频的损失。

显然，相较于常规的三维勘探，“两宽一高”地震勘探必然要求更小的面元、更多的激发点数与接收道数，必然导致需要动用更多的震源、检波器等勘探专用装备，以及采集数据量爆炸式的增长，同时要求采集工期及成本不能显著增加。“两宽一高”地震勘探技术以技术有效、经济可行为目标，破解了如何创新施工方法以提高工效、降低采集成本，如何实现复杂环境下海量数据的传输、记录，以及如何充分利用高密度宽方位数据进行信息挖掘等难题。这些技术的集成，实现了勘探精度、工期、成本的合理平衡，是当前最有市场竞争力的可大规模工业化应用的勘探技术，得到了勘探市场的广泛认可。

面向叠前偏移成像的观测方案设计技术，以勘探目标的精确成像为目标，由经典的以水平叠加为中心的设计理念，转向对噪声和信号的最大限度保真采样的追求，使其有利于特定噪声衰减，有利于表征地质目标的各向异性。在设计过程中，更加注重覆盖密度的衡量，以定量分析观测方案的均匀性、连续性和叠前脉冲响应为主，通过对地下目标体进行基于波动照明技术，来优选观测系统的检波点距、炮检距，辅助避障、变观，从而有利于提高叠前偏移成像的精度及其叠前道集的保真度。

“两宽一高”地震资料采集的一个显著特点是激发点数与接收道数的大幅增加，从而带来采集数据量爆炸式的增长。新变化给地震仪器在满足大道数接收、高效作业方面提出了新的挑战。通过采用交替扫描（flip-flop sweep）、滑动扫描（slip sweep）、独立同时扫描（independent simultaneous sweep，ISS）、距离分离同步扫描（distance separated simultaneous sweep，DSSS）和动态扫描（dynamic slip sweep，DSS）等基于时空规则的可控震源高效采集技术，在数字化地震队和高效采集现场质控系统的配合下，利用更多的震源同时采集，有效地提高采集效率。通过采用纯相移滤波方法、谐波预测方法和反褶积滤波方法等技术压制高效采集时出现的各种干扰。从而实现在不影响勘探效果的前提下，大幅压缩采集周期、有效控制成本，实现大规模宽方位、高密度地震勘探。

宽频可控震源技术突破了低频信号激发的难题，有效扩展了原始激发信号的低频成分，为获得宽频记录奠定了重要基础。

高精度大道数地震仪独创了海量地震数据高速冗余传输技术，实现了节点与有线混合模式下的精准同步采集及超大道数排列状态自动管理，实时道能力达 20 万道级，能够充分支持高密度、大道数的地震数据采集，从而可以有效地提高地震作业的效率，降低采集施工成本，为“两宽一高”地震勘探提供了装备技术支撑。

在“两宽一高”地震数据处理技术方面，基于高密度、宽方位数据的无假频采样、方位波场信息丰富的优势，深入研究了高保真噪声压制、基于叠前炮检距—OVT 的处理、基于正交晶系介质的叠前深度偏移处理、基于品质因子（Q）的子波频带拓展尤其是低频成分补偿等方法，形成了高密度数据叠前去噪、宽方位资料处理以及宽频带数据保真处理等技术系列。

在“两宽一高”地震资料解释技术方面，基于 OVT 道集数据的地震属性在不同炮检距及方位角上的响应特征，进行变方位 AVO、多尺度 / 多方位敏感属性等分析，从而实现对储层、裂缝的预测及对物性参数的估计，可为缝洞型油气藏、砂岩油气藏和非常规油气藏高效开发提供强有力的技术支撑。

第二章　宽方位宽频高密度地震勘探技术理念

“两宽一高”地震勘探技术是近年来发展起来的勘探技术，包括装备制造技术和采集、处理、解释及其配套技术。它遵循“充分、均匀、对称”的空间采样三维观测系统的设计理念，通过高密度、宽方位观测和宽频激发，获得高信噪比、高分辨率和高保真的地震数据。实践证明，该技术是一种经济可行、技术有效的地震勘探方法。本章首先讨论“充分、均匀、对称”的空间采样理念，然后阐述高密度、宽方位和宽频带地震勘探的内涵和意义。

第一节　“充分、均匀、对称”的空间采样理念

高密度地震勘探的目的是得到高信噪比、高分辨率和高保真的地震成像结果。在进行理论研究和实际资料分析的基础上，提出高密度空间采样三维观测系统的设计理念，即“充分采样、均匀采样、对称采样”的理念。

一、充分采样的理念

充分采样是按照期望信号无假频的原则，把一个连续的三维波场采样转换为离散波场。满足充分采样的离散波场最大限度地包含了期望的地震信号频率成分。对于地震数据采样来说，应最大限度地保护期望地震信号的频率成分，增加地震波场的高波数成分，使采集波场含有丰富的小绕射信息，保持地震信息的原始性。对于高密度三维地震采集而言，应在时间域和空间域同时满足线性噪声和有效信号的充分采样。对噪声波场充分采样是高密度地震采集的突出特点之一。

Nyquist 频率 f_N 和 Nyquist 波数 k_N 分别决定了时间域和空间域采样率的大小，即时间域采样间隔满足 $\Delta t \leqslant \frac{1}{2} f_N$，空间域采样间隔满足 $\Delta x \leqslant \frac{1}{2} k_N$。

在地震数据采集中，要实现对信号和噪声全部波场充分采样，代价是相当昂贵的。因此，地震采样的充分性需要根据不同原则选择折中方案，应遵循以下五条原则。

1. 全部波场的无假频采样原则

全部波场指由激发引起的所有地震波，包括信号和噪声。全部波场的无假频采样要求对波场中最短波长的地震波要达到充分采样。这一原则对激发引起的任何源致噪声在野外采集阶段不做任何压制，所有源致噪声均在资料处理阶段进行压制。全部波场中一般噪声的波长较短，只要对波长较短的噪声达到无假频采样，全部波场就能达到无假频采样，即

$$\Delta s = \Delta r < v_{\min,N} / (2 f_{\max,N}) \tag{2-1-1}$$

式中 Δs——激发点距，m；

Δr——接收点距，m；

$v_{min,N}$——噪声的最低速度，m/s；

$f_{max,N}$——最低视速度噪声的地震波所具有的最高频率，Hz。

按照这一原则采集地震数据带来的最大好处就是有利于室内资料处理中通过速度滤波去除规则干扰。对于成像精度和分辨率的改善能力有多大，没有一套理论或实际资料能够完全说明清楚。采用该原则设计的采集方案成本极其昂贵，除非有充分证据证明能够显著提高地震勘探能力和充足经费支持这一方案，否则，这一原则只能作为理想参数的设计方法。

2. 有用波场无污染采样原则

有用波场指炮集数据中所有有效信号构成的地震波场，这里的有效信号包括反射波和绕射波。有用波场无污染采样是对全部波场的无假频采样做出的折中，应该是首选的原则。这一原则允许产生一些空间假频，一般是针对能量极强的多组不同速度的低频面波，将此类假频成分的干扰控制在能够容忍的程度，通过采集阶段的检波器组合和室内资料处理手段进行压制。有用波场的无污染采样的设计准则为

$$\Delta s = \Delta r < \frac{v_{min,N} v_{min,S}}{f_{max,N}\left(v_{min,N} + v_{min,S}\right)} \qquad (2\text{-}1\text{-}2)$$

式中 $v_{min,S}$——在共炮道集中有效信号的最低视速度。

当式（2-1-2）中的有效信号的最低视速度 $v_{min,S}$ 等于噪声的最低速度 $v_{min,N}$ 时，式（2-1-2）变为式（2-1-1）的形式，有用波场无污染采样原则变成全部波场的无假频采样原则。一般有效信号的最低视速度远大于噪声的最低速度，因此，通过式（2-1-2）计算的检波点距要大于式（2-1-1）计算的检波点距，如图 2-1-1 所示。而当有效信号的最低视速度与噪声的最低速度一致时，式（2-1-2）就变为了式（2-1-1）。

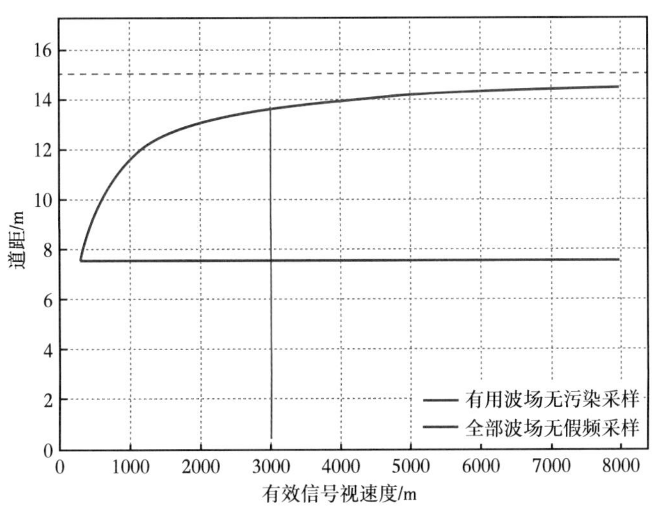

图 2-1-1 基于有用波场无污染采样的设计检波点距与有效信号视速度关系

3. 有用波场无假频采样原则

当第二条原则对应的采集设计方案也需要昂贵的成本时，可以考虑有用波场无假频采样原则。这要求 Δs 和 Δr 应该等于基本信号的采样间隔，即

$$\Delta s=\Delta r<v_{\min,S}/(2f_{\max}) \tag{2-1-3}$$

有用波场之外的部分，如地滚波、转换波和横波可能会造成假频，可以考虑在野外通过组合加以压制，从本条到最后一条原则都要考虑组合对假频噪声的压制。组合能够消除部分假频干扰，但同时也会伤害有效波，要慎重选择组合参数。

4. 最小视速度的绕射波无假频原则

用于拾取 $v_{\min,S}$ 的共炮道集受到 NMO 效应的控制，而 NMO 校正对陡同相轴有去假频的作用。因此，更通常的做法是在零炮检距域或在叠加剖面上确定最小视速度，而不是在野外数据中寻找最小视速度。在这些零炮检距域或叠加剖面中最小视速度是用绕射波确定的。于是式（2-1-3）修改为

$$\Delta m_x=\Delta m_y<v_{\min,m}/(2f_{\max}) \tag{2-1-4}$$

式中 Δm_x——x 方向的 CMP 面元尺寸长度；

Δm_y——y 方向的 CMP 面元尺寸长度；

$v_{\min,m}$——绕射波的最小视速度。

由式（2-1-4）确定采样间隔，就是测量在未偏移叠加数据上绕射波的视速度，得到 $\Delta r=2\Delta m_x$ 和 $\Delta s=2\Delta m_y$。

5. 偏移孔径内的绕射波无假频原则

按式（2-1-4）进行点距设计是很困难的，因为要从头到尾地去寻找视速度的最小值。通常，浅层绕射波的翼部最陡。作为折中方案，可在浅层接收一些假频并放松对目的层位无假频采样的要求；更进一步的折中方案是接受绕射波的最陡部分有一些假频，并且仅仅以偏移孔径所包括的绕射的无假频采样为目标。

如果上覆岩层能用水平层状来近似，引用斯奈尔定律，各个目的层的 $v_{\min,m}$ 就能够依据层速度 v_{int} 和出射角 θ 估算出来，得到

$$\Delta m_x=\Delta m_y=4v_{\text{int}}f_{\max}\sin\theta \tag{2-1-5}$$

式（2-1-5）中的角度 θ 应解释为最大倾角和偏移孔径中的最大值。根据经验，30° 的偏移孔径是能满足要求的，因其能使用 95% 的绕射能量。因此，在地质倾角较低的地区，绕射波控制着采样间隔；在倾角大于 30° 的地区，地层倾角决定着采样间隔。如果在地层倾角较缓的地区，是用最陡反射的倾角来确定采样间隔而不是用偏移孔径，则由式（2-1-5）能得到一个相对较大的采样间隔，就会产生许多偏移噪声，且噪声的多少和偏移算子陡度有关。为了避免产生偏移噪声，应该将偏移算子陡度考虑在内并用于式（2-1-5）。通过对

偏移算子应用反假频滤波也可以减小偏移噪声；但当全都应用时，这会降低分辨率，它应被限制在只对大于 30° 的倾角进行滤波。在地质情况复杂的地区，有必要利用射线追踪去求取不同层位的层速度。如果式（2-1-5）中的角度 θ 解释为最大倾角，它就变成常规采集设计方法。

二、均匀采样的理念

均匀采样是为了确保叠前偏移波场均匀。工业界使用的偏移方法很多，无论哪种方法都有一些假设条件，其中对于地震数据的要求就是采样的充分性和均匀性。因数据处理要在共炮点域、共检波点域、共 CMP 域等不同域进行，所以要求采集数据在这几个域都是均匀的。要实现数据在各个域都均匀，需要炮点和检波点在纵、横两个方向上都满足空间充分采样要求，即炮点距、炮线距、检波点距和检波线距均相等。目前，这种均匀性要求从经济角度无法实现，只能在 Inline 和 Crossline 方向分别做到检波点和炮点的充分采样。这种折中的方法，必然会造成其他域内数据采样稀疏、偏移算子所用的地震道分布不均匀。比如用正交观测系统采集的三维地震数据，由于接收线距为接收点距的数倍，造成共炮点道集在 Inline 方向上空间采样充分，但在 Crossline 方向上空间采样不充分；而炮线距为炮点距的数倍，会造成共检波点道集在 Crossline 方向上空间采样充分而在 Inline 方向上空间采样不充分，致使共炮检距域剖面出现周期性的跳跃变化［图 2-1-2（a）］，这就是共炮检距波场不均匀。在共炮检距域减小不均匀性的方法有两种，一是划分共炮检距剖面时用较大的炮检距间隔［图 2-1-2（b）］，二是通过插值使地震数据规则化。但是增大炮检距间隔就会减少偏移后 CRP 道集中的道数（偏移成像次数），带来一些不利影响，如减弱对偏移噪声的压制，降低速度分析的准确性，不利于 CRP 道集上做 AVO 分析，降低优势频率等影响。第二种方法近年来发展了许多具体的算法，基本可分为 3 类：数据映射法、PEF 方法（预测误差滤波方法）、傅里叶变换法。虽然各种地震数据插值方法可以得到

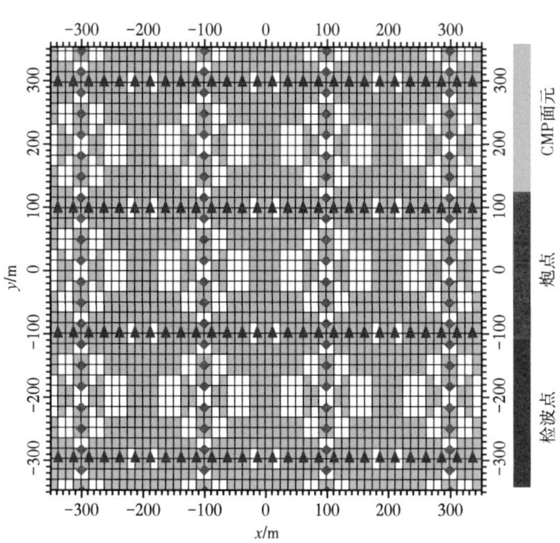

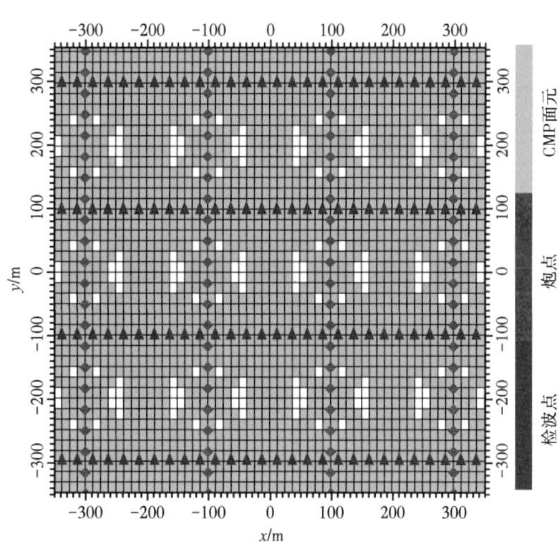

图 2-1-2　三维观测系统检波点距为 25m 和 50m 时共炮检距域的地震道分布

分辨率更高的模型空间和数据插值结果，但是如果数据采样过于稀疏，再好的插值方法也很难重建原始波场，因此通过设计合理观测系统参数，提高偏移波场均匀性才是最根本的方法。

虽然目前还无法做到完全的充分均匀采样，但是观测系统设计还是要尽量向这个方向发展。均匀性可通过计算炮点距 / 炮线距、检波点距 / 检波线距、检波点距 / 炮点距、检波线距 / 炮线距的比值进行分析。比值越接近于 1，说明均匀性越好；如果比值都等于 1，就是完全均匀。

为了进行各向异性速度分析或 AVO 分析，需进行分方位处理。从分方位资料处理考虑，覆盖次数和炮检距需要在不同的方位上分布均匀，要做到这一点，不仅需要所设计的观测系统覆盖次数分布均匀，观测系统面元属性在空间具有较好的连续性，还要求观测系统具有宽方位或全方位的特性，这样才能做到分方位角后不同方位道集的覆盖次数和炮检距分布均匀，从而避免面元变化引起的方向异性，使所求的方向异性真正反映地层的变化。

三、对称采样的理念

对于二维地震采集而言，对称采样的基本要求是炮点距等于检波点距，炮点组合等于检波点组合。只有炮点距等于检波点距时，共炮点域与共检波点域才基本一致，便于进行去噪等处理。在常规采集时，二维地震通常使用的炮点距为检波点距的数倍，这种观测系统适合在共炮点域进行去噪等处理，而不需要在共检波点域做相应处理。如果勘探区域比较复杂，需要在检波点域进行相应的处理工作，这样炮点距远大于检波点距就不适合，需要考虑对称采样的要求，使炮点距等于检波点距。常规采集中检波点通常采用组合接收，而炮点一般为单点激发。从经济性考虑，这是一种好的方法，因为炮点组合的成本往往远大于检波点组合的成本。但是对于一些复杂区的勘探，如果检波点采用组合，而炮点不采用组合，就会导致在一个 CMP 道集内上倾激发、下倾接收的地震道组合与下倾激发、上倾接收的地震道组合时差明显不同，从而造成组合效果明显不同。CMP 道集内数据的连续性出现问题，对速度分析、叠加和偏移都会产生不良影响。因此，对于复杂区地震采集，需要基于对称采样理念，炮点和检波点采用相同的组合方式。如果炮检点空间的采样密度能够达到对有效信号和主要规则干扰的无假频采样，可以采用单点激发、单点接收的方式。

三维采集如果达到对五维波场的充分采样，那么在炮点、检波点、CMP 等域中完全充分均匀，对提高地震勘探的信噪比、分辨率、保真度和地震成像精度十分有利，但是这需要用密集的炮点和密集的检波点填满整个工区，其成本将十分昂贵，目前从投资成本考虑是不可实现的。

对称采样既满足了充分采样与均匀采样的最重要需求，又兼顾了经济可行性。一般来说，对称采样理念要求炮点距等于检波点距、炮线距等于接收线距、横向最大炮检距等于纵向最大炮检距、炮点组合等于检波点组合、中心点放炮，以及横纵比为 1。对称采样要求在接收线方向上对检波点进行密集采样，而在炮线方向上对炮点进行密集采样。

对称采样的目的是达到各个域中地震波场特征分布的一致性。只要在无假频采样的共炮集数据的基础上做到对称采样，就可以达到地震波场有相同的地震数据特性，依据互逆原理，共检波点道集和共炮点道集应有相同的地震数据特性，则地震数据共检波点域就不会出现假频。只要做到地震数据在各个域中无假频，则偏移时所用的地震波场就是一个连续的波场。

依据对称采样设计的观测系统，面元内的炮检距与方位角等属性分布更好，方位角分布更均匀，在不同方向上相同角度范围内的覆盖次数基本是相同的，因此更利于进行分方位角处理。同样，炮检距变化更均匀，在进行不同炮检距的限偏分析时，不同面元覆盖次数分布也更均匀。图 2-1-3 对比了对称采样与非对称采样的面元属性分析，可以看出对称采样的面元属性分布明显好于非对称采样。同时还利于构建数据处理中所需的各种最小数据集。例如，由检波点线与炮点线十字交叉布设形成的“十字子集”，通过炮检互换原理，可以等效为一个炮点激发、四周布满检波点的共炮集数据。如果炮检点密度能够满足空间采样定理，则有效波和干扰波在这个子集中可清楚识别。有效波在 *XYT* 三维域中为曲率平缓的双曲面，而线性干扰为曲率大的圆锥曲面（图 2-1-4），不同曲率面对应的视速度和波数差异较大，这对信噪分离和线性噪声压制均具有十分重要的意义。“十字子集”是 OVT 数据处理的基础，对地震数据各向异性预测十分重要。

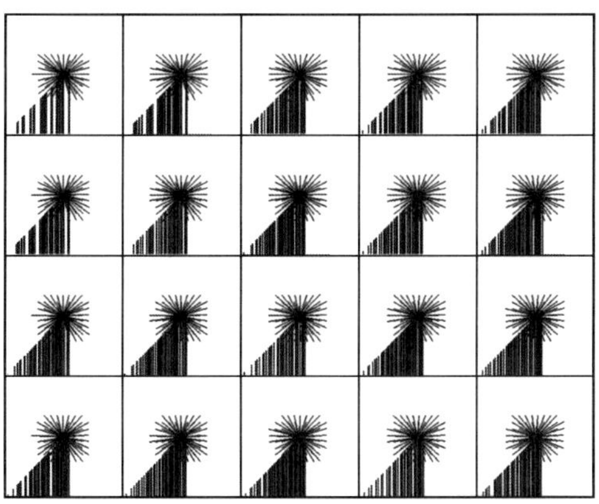
(a) 道距=炮点距=25m，接收线距=炮线距=150m

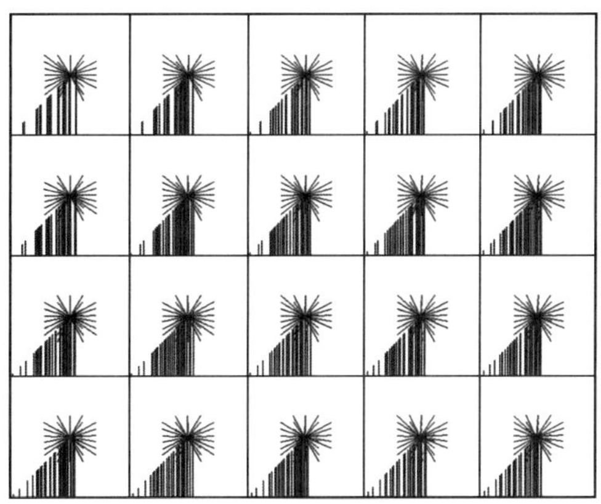
(b) 道距=炮点距=25m，接收线距=炮线距=300m

图 2-1-3　对称无假频采样与面元属性分布关系

在三维地震采集时，采用检波点组合与炮点组合相同的对称采样的组合方式，虽然能够很大程度地减小地层倾角等带来的组合时差不一致的后果，但由于同一个 CMP 面元内的各道数据来自不同方位，如果简单采用线性组合，道间的组合响应不同仍是个较大的问题。为解决这个问题，设计的组合方式要尽量减少方向效应，如采用正方形或圆形的组合方式。在满足对有效波和主要规则干扰波充分采样的基础上，采用单点激发、单点接收的方式，也是避免组合方向异性的最好方法。

基于充分、均匀和对称采样的高密度采集观测系统设计，可有效改善 CMP 面元属性的分布，有利于地震数据处理和成像质量提高，是高密度地震勘探所需遵循的重要原则之一。

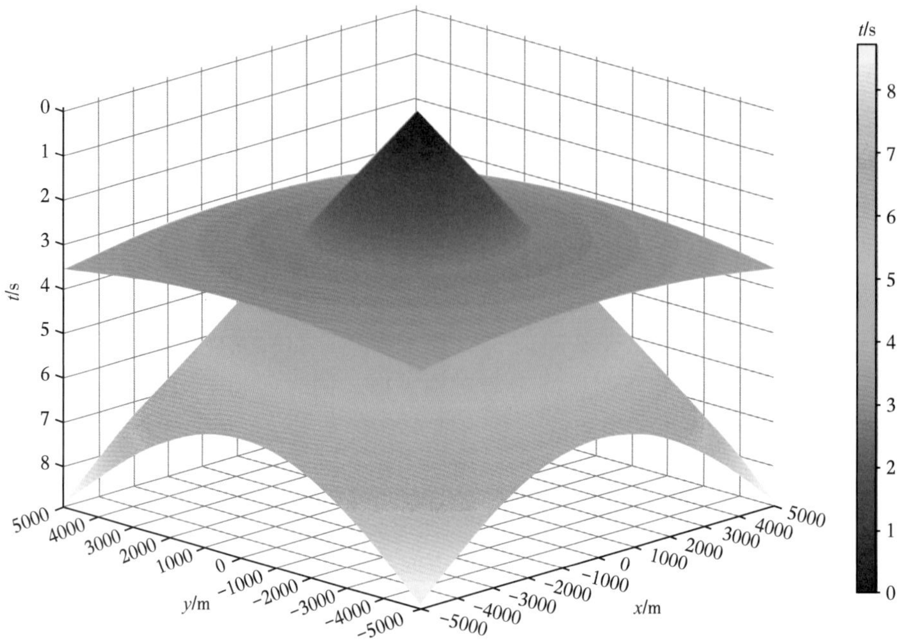

图 2-1-4　十字子集域线性干扰与有效波时距曲面

第二节　高密度地震勘探的内涵与意义

油气勘探目标越来越复杂，对勘探精度的要求也越来越高，高密度地震勘探技术就是在这种情况下应运而生的。高密度地震勘探以高密度空间采样地震采集数据为基础，以高精度反演成像结果为载体，以提高油气藏定位、形态描述、岩石物理刻画、岩性和流体预测能力为目的的油气勘探方法。从技术进展现状和地震数据采集的基础性来看，高密度地震勘探技术内涵的核心是高密度空间采样，由此达到改善地震波成像质量、提高地质解释精度和油气勘探效益的目的。

一、高密度地震勘探的内涵

2000 年以来，油气勘探目标发生了显著变化，由构造油气藏勘探向、隐蔽油气藏勘探转变；由横向缓变介质为主的简单构造向横向剧变介质为主的复杂构造勘探转变；由大尺度构造油气藏向小尺度油气藏勘探转变。油气勘探目标的变化必然使地震勘探面对更复杂的近地表条件、更复杂的地下介质、更复杂的构造和更复杂储层类型，这促使地震波成像的思想与方法也发生变化。王华忠（2019）认为地震波成像的变化由定位反射、散射点位置的偏移成像向估计反射系数和弹性参数扰动量的反演成像转变；由针对带限反射系数的反演成像向全波数带或宽波数带的弹性参数估计转变；由线性高斯假设下的反演成像向非线性、非高斯假设下的反演成像转变。地震波成像进入以估计地下介质弹性参数为目标的反演成像阶段，理论上完备的地震数据体要求采集到关于相干噪声和各种波现象对应波场的完整连续值。

1. 油气目标勘探的基本要求

进入 21 世纪后，油气勘探目标越来越复杂，使得地震勘探进入了一个以现代信号分析为核心理论框架的技术发展时代。信号预测理论和 Bayes 框架下的参数估计理论是现代信号分析学科的两项基本任务，地震勘探中地震数据采集和地震数据处理的核心任务也是这两项。油气地震勘探的根本目的是利用地震数据通过反演成像方法获取宽波数带的弹性常数场，与岩石物理结合对含油气储层实现尽可能精确的描述，其中关键问题是如何获取宽波数带的弹性常数场。

把一个具体油气勘探目标的探区视为一个要研究的物理系统，用系统的观点看待地震数据采集、地震数据处理和弹性参数估计问题。在地面进行激发和接收的地震采集数据与探区内地下介质的弹性参数场构成了信号与物理系统的关系，信号是随机的，且总是物理系统的输出，研究它们之间的关系是地震勘探的根本任务，也是现代信号分析学科的任务。现代信号分析本质上包含信号的表达（或建模）与系统参数估计两部分研究内容，其中信号的建模是基础，期望建立的模型能对信号进行准确预测。地震勘探的核心问题可以描述为：把地表采集的地震数据视为随机信号，已知一定的数学物理方程就可以预测地震采集数据中的（部分）地震波现象，且预测误差满足一定的概率分布，基于 Bayes 估计理论框架获得要估计的地下介质弹性参数场满足的后验概率密度函数，当后验概率密度函数最大时对应的地下介质弹性参数场估计结果就被认为是地震波反演成像的解。

地震数据采集仅仅是在地表观测了油气勘探目标这个实际物理系统的部分输出，而且观测是孔径受限的和频带（波数）受限的；采样是稀疏的，不满足香依采样定理，采样往往是不规则的；地震数据中还包含很多非激发引起的噪声，这一系列缺陷表明实际采集的地震数据非常不完备和不完美。地表高程剧烈变化和地下介质剧烈空变使得要反演的弹性常数场包含了宽波数带成分。依据勘探尺度，它们从几厘米、几米的级别到数千米和数十千米的级别之间变化，地震波在如此复杂变化的介质中传播，使得地震数据采集的波场变化与不同尺度的介质弹性参数变化之间的关系是高度非线性的。对于这种非常不完备和不完美并且信号与物理系统之间高度非线性的信号参量估计问题，必须提高估计的性能，才能保证估计值的准确性。

高密度地震勘探正是从提高无偏性、一致性、充分性和有效性这四个常用信号参量估计性能的角度采取的地震数据采集方法，力求减少地震数据的受限性、稀疏性和非规则性。高密度地震数据是一个多次观测的随机变量，每次观测得到的地下介质弹性参数估计值可能不同，所以最终得到的是多次观测的均值，为了提高估计性能就必须提高空间采样密度和覆盖次数。

下面基于张明友等（2005）的信号参量估计性能，阐述复杂油气勘探目标条件下高密度地震采集的内涵。

1）油气目标勘探的无偏性要求

$\boldsymbol{n}$ 维观测向量 $\boldsymbol{x}=(x_1, x_2, \cdots, x_n)$ 由 $\boldsymbol{n}$ 个随机变量构成，由 $\boldsymbol{x}$ 构成的某个参数 α 的估计

量 $\hat{\alpha}$ 是一个随机变量。若一个估计量 $\hat{\alpha}$ 的均值等于待估计参量的真值，即对所有 α 恒有

$$E[\hat{\alpha}]=\alpha \tag{2-2-1}$$

则称 $\hat{\alpha}$ 为 α 的无偏估计量。若 $\hat{\alpha}$ 满足关系式

$$\lim_{n\to\infty} E[\hat{\alpha}]=\alpha \tag{2-2-2}$$

则称 $\hat{\alpha}$ 为渐近无偏估计。"渐近"一词指样本数 n 趋向无限大时的极限性能。若式（2-2-1）不成立，则 $\hat{\alpha}$ 是 α 的一个偏估计量，而且

$$b[\hat{\alpha}]=E[\hat{\alpha}]-\alpha \tag{2-2-3}$$

式中　$b[\hat{\alpha}]$——估计量偏差。

由此可见，估计量的无偏性保证估计值分布在被估计参量的均值附近，是估计量的一种良好性质。

无偏性是从观测次数来评价估计值的性质，观测系数越多估计值的无偏性越好，尽可能多的观测次数是获得估计值真值的有效手段。以油气勘探为目标的地震采集具有多次观测的性质，一次观测相当于地震采集的一次覆盖，多次观测相当于地震采集的多次覆盖，观测次数相当于地震采集观测方案的覆盖次数。由于地震采集观测方案的每一次覆盖具有不同炮检距性质，因此每一次观测具有随机性，每次观测采集的地震数据样本一般都不会相同，根据样本值得到的地下介质弹性参数估计的值也不尽相同。很显然单凭某一次观测的地震数据样本是不具有说服力的，必须要通过很多次观测的样本来衡量。同时，每次观测数据含有大量噪声，使得目前观测方案很难获得无偏的地下介质弹性参数，大多数情况下只能获得渐近无偏的参数估计量。因此，最容易能想到的就是尽可能增加抽样次数，也就是观测方案的覆盖次数，将所有估计值平均起来，也就是取期望值，这个期望值应该接近待求取的弹性参数，这是油气勘探目标对地震采集提出的基本要求之一。

2）油气目标勘探的一致性要求

当用以构成一种估计量 $\hat{\alpha}$ 的观测样本数 n 增大时，估计量的密度函数在真值附近越来越集中，即方差越来越小。具体地说，若当 $n\to\infty$ 时，估计量 $\hat{\alpha}$ 的估值趋向于参量真值 α，则称 $\hat{\alpha}$ 为参量 α 的一致估计量。所以，当 $\hat{\alpha}$ 是一致估计量，则对任意小正数 δ 有

$$\lim_{n\to\infty} P(|\hat{\alpha}-\alpha|>\delta)=0 \qquad (\delta>0) \tag{2-2-4}$$

可见，$\hat{\alpha}$ 依概率收敛于 α。估计的一致性是与极限性能相联系，仅当样本数 n 很大时才适用。若随着样本数 n 增加，估计均方差的极限等于 0，即

$$\lim_{n\to\infty} E\left[(\hat{\alpha}-\alpha)^2\right]=0 \tag{2-2-5}$$

则称 $\hat{\alpha}$ 是均方一致的。若 $\hat{\alpha}$ 是无偏的，则

$$E[\varepsilon]=E[\hat{\alpha}-\alpha]=E[\hat{\alpha}]-E[\alpha]=0 \tag{2-2-6}$$

式中 E——估计均方差。

估计误差 ε 是零均值，均方误差 $E\left[\varepsilon^2\right]=E\left[(\hat{\alpha}-\alpha)^2\right]$ 就是 ε 的方差。式（2-2-5）表明随着样本数 n 的增加，一致估计量估计误差的方差减小并趋近于 0。

地震采集获得的地下油气勘探目标是对这个目标的离散采样，无论采样密度多高也无法获得对这个目标的精确描述。但一致性表明，随着样本容量的增大，估计量的值越来越接近被估计的总体参数，所以采样密度越大估计目标越接近勘探目标。从无偏性和一致性的定义及其性质可以看出，无偏性要求从提高地震采集观测次数提高地震勘探精度，每观测一次相当于地震采集每激发一炮，提高观测次数就是增加激发炮次，对于地震采集观测方案来说就是提高炮密度，即增加单位面积的激发炮次。一致性要求从提高每次观测的样本容量提高地震勘探精度，每次观测的样本容量相当于每炮的接收道数，提高每次观测的样本容量就是提高每炮的接收道数，对于地震采集观测方案来说就是提高道密度，即增加单位面积的接收道数量。道密度取决于道距和接收线距的大小，炮密度取决于炮点距和炮线距的大小，这四个参数决定了地震采集观测方案的面元大小和覆盖次数高低，用覆盖次数除以面元面积就得到单位面积的覆盖次数，即覆盖密度。覆盖密度是衡量地震采集观测方案是否强化的一个指标，其值越高代表地震采集观测方案越强化，对地下地质构造属性的刻画就越清楚和真实。

3）油气目标勘探的充分性要求

设未知参量的估计量 $\hat{\alpha}=\hat{\alpha}(x)$，如果存在观测向量 $\boldsymbol{x}$ 的一个估计量 $\hat{\alpha}(x)$，使得似然函数 $p(x/\alpha)$ 分解成

$$p(x/\alpha)=g(\hat{\alpha}/\alpha)\cdot h(x) \quad (h(x)\geqslant 0) \tag{2-2-7}$$

式中 $p(\hat{\alpha}/\alpha)$——α 已知条件下的一个估计量 $\hat{\alpha}$ 的概率密度；

g、x——由 p 分解出的函数。

函数 $h(x)$ 与 α 无关，则称 $\hat{\alpha}(x)$ 是 α 的一个充分估计量。充分估计量的意义是没有别的估计量可以提供比充分估计量更多的有关参量 α 的信息，或者说，估计量 $\hat{\alpha}(x)$ 体现了含在观测数据 x 中有关参量 α 的全部有用信息。

无偏性和一致性要求大幅提高地震采集的覆盖次数和空间采样密度。但是，一方面，无论地震采集覆盖次数和空间采样密度多高都无法克服地震数据不完备和不完美这一系列缺陷；另一方面，存在一个问题就是“地震采集覆盖次数和空间采样密度需要达到多高才能满足无偏性和一致性的要求”。对于这一问题不能通过一个具体的数值给定答案，而是要从地震勘探对勘探目标估计的充分性给出回答。具体的方法可以根据具体的勘探目标拟定待选观测方案，调查和加入探区典型噪声，通过正演模拟进行论证求解。这个求解不一定是确定最优的观测方案，而是确定为完成地震勘探任务中地震采集需要的覆盖密度。这里的覆盖密度指单位面积的覆盖次数，是覆盖次数（无偏性）和面元面积（一致性）的比值。

4）油气目标勘探的有效性要求

一个无偏估计量的均值等于参量真值，如果估计量的方差越小，则它取其均值附近数值的概率越大。因此总希望估计量的方差尽可能地小，所以有效估计量就是具有最小方差的估计量，最小方差将由克拉美—罗不等式给出。然而若一个估计量是有效估计量，则它必定是充分估计量。然而有效估计量不存在，充分估计量仍然可以存在。因此，与有效性相比，充分性是受限较少的一种性质。

达到有效性是地震勘探的终极目标，对于大尺度的简单构造，地震勘探达到有效性相对容易，但对于小尺度复杂构造却很难达到，因此，在现阶段地震勘探应以充分性为目标。

2. 地震波成像的基本要求

当前的地震波成像已经逐渐进入以估计地下介质弹性参数为目标的反演成像阶段。在激发、接收为宽带的情况下，从五维空间［即中点坐标（m_x, m_y）、半偏移距（h_x, h_y）、双程旅行时 t］看，采集到关于相干噪声和各种波现象对应波场的完整连续值是理论上完备的地震数据体。Amine Ourabah 等（2015）提出高精度的地震波成像对叠前数据采集的基本要求如下：

（1）对目标地质体有宽角度的、均匀的照明需要宽方位和长偏移距的观测；

（2）对目标地质体有能量足够的照明需要足够多的激发炮点且足够强的单炮激发能量；

（3）观测到的反（散）射子波在多域中（单炮域、CMP 域、OVT 域等）存在一致性，即要求炮与炮、道与道的反（散）射子波在振幅、相位和频带上保持一致性，这是线性高斯假设下的去噪声方法和地震波成像方法对数据的本质要求；

（4）观测到的反（散）射子波具有较宽的频带范围，如期望具有 5 个以上的倍频程；

（5）能对波场和相干噪声进行无假频采样，即要求进行高密度的接收端采样，共接收点道集也期望能实现无假频采样。

二、高密度地震勘探的意义

空间采样密度是三维地震采集观测的基本属性，是影响地震采集作业成本和资料处理偏移成像效果的重要因素。任何一个观测系统参数发生变化都可能会引起空间采样密度的变化，但都可从炮密度、道密度和覆盖密度三个角度描述其变化，因此空间采样密度是否足够均匀可从这三个密度参数进行衡量。炮密度也叫激发密度，是单位面积内激发的炮点数，用每平方千米的激发点数表示；道密度也叫接收密度，是单位面积内的接收点数，用每平方千米的接收点数表示；覆盖密度也叫炮道密度，是单位面积的覆盖次数，用每平方千米的记录道数表示。覆盖密度概念，在采集阶段表示采集工作量强度，在资料处理阶段用以估计成像点位置偏移叠加的道数。在衡量空间采样密度的三个参数中，炮密度和道密度都是独立参数，而覆盖密度是关联参数，炮密度和道密度变化必然会引起覆盖密度的变化。因此，覆盖密度是把炮密度、道密度、面元尺寸和覆盖次数等多种观测系统属性指标综合在一起的一个密度指标。在某个具体地震采集项目的观测系统设计中，在已知完成地质任务所需要的覆盖密度指标要求下，可按照野外作业经济可行性的实际情况，选择如何优化炮密度或道密度。若激发代价高于接收代价，可强化道密度减小炮密度；若接收代价高于激发代价，可强化炮密度减小道密度。无论强化炮密度还是道密度，都是提高完成地质任务所需要的覆盖密度，只有这样才能提高地震勘探的分辨率、信噪比和保真性，从而提高地震勘探的油气勘探能力。

1. 噪声压制能力提高的要求

三维地震采集观测方案的空间采样密度、采样点分布的均匀性和观测范围决定了叠前偏移成像信噪比和分辨率，这是由偏移成像算法决定的。从数学计算的角度来说，地震资料偏移成像剖面上任何点的反射系数均可通过分布在合适的绕射双曲面上样点的加权求和计算出来，这是克希霍夫偏移的方法，但实际上也适用于其他偏移方法。理论上，只有当偏移孔径无限和地表记录的地震波场采样具有足够高的密度时求和才有效。如果这些条件不满足，偏移结果就会被“弧状”的偏移噪声所干扰而限制其横向和纵向分辨率（Etienne Robein，2010）。虽然受采集成本限制无法使地震采集空间采样密度无限高，但是在观测系统设计时，总是期望对成像无贡献的信息沿偏移算子叠加后能够趋近于 0，而对成像有贡献的信息沿偏移算子叠加后能越大越好。实际资料偏移噪声总是无法趋近于 0，成像点的反射系数总是不够强的原因有两个：一是沿绕射双曲面加权求和的信息中对偏移成像有贡献的信息远远少于无贡献的信息；二是足够的空间采样密度和均匀度是通过求和压制对成像无贡献作用的信息的决定因素。

图 2-2-1 是这两个方面原因的图示解释，图中 *A*、*B* 分别是两个成像点，它们分别是两个双曲线的顶点，其中 *A* 点是水平层状位置的成像点，*B* 点是有略微倾斜层位置的成像点。可以看出，沿着双曲线求和时，图 2-2-1（a）高密度地震采集的共炮检距截取的样点数远远多于图 2-2-1（b）的样点数，因此图 2-2-1（a）偏移成像信噪比要远高于图 2-2-1（b）。

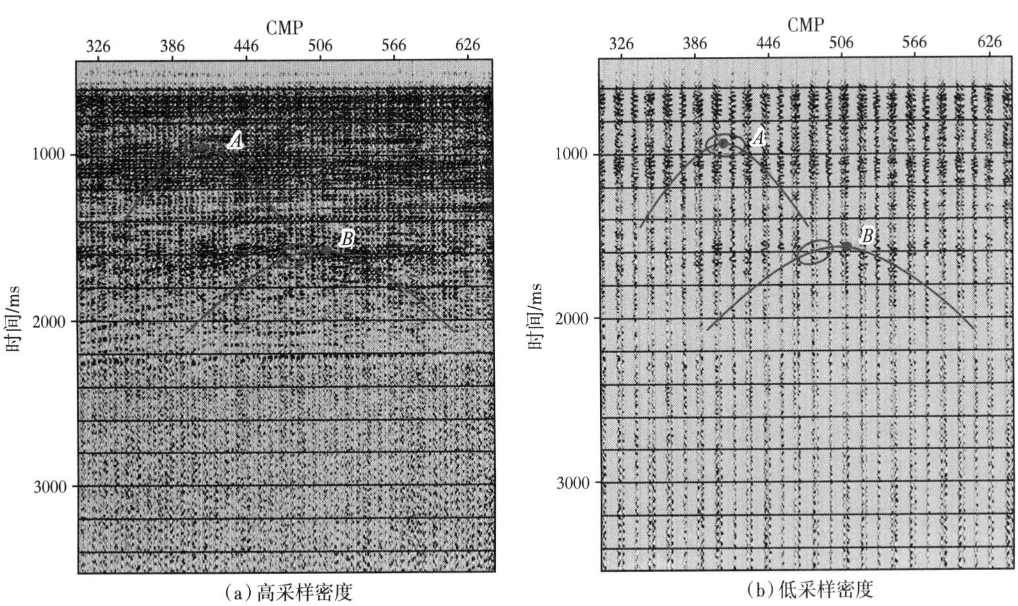

图 2-2-1 空间高低采样密度的共炮检距道集对比

图 2-2-2 是这两种观测方案采集资料的叠前偏移成像道集，明显可以看出高密度空间采样的信噪比高于低密度空间采样。偏移就是沿着图 2-2-1 所示的双曲线提取样点后加权求和，在这个求和过程中无法确定哪个样点是对成像有贡献或无贡献。只能期望无贡献的样点与沿双曲线提取求和的样点值是不同相叠加，并且叠加后趋近于 0；有贡献的样点沿双曲线截取求和的样点值是同相叠加，这样叠加后得到加强。对于水平界面的反射波偏移成像（图中 *A* 点），沿双曲线截取求和的有贡献样点就是双曲线与水平界面的反射波相切位置及周围的信息。对于倾斜界面的反射波偏移成像（图中 *B* 点），沿双曲线截取求和的有贡献样点就是双曲线与倾斜界面的反射波相切位置及周围的信息。对于类似断点的绕射波偏移成像，沿双曲线截取求和的所有样点都是有贡献的信息。对于图中 *A*、*B* 两个成像点来说，有贡献的信息就是双曲线上椭圆内的信息。从上述偏移成像的计算过程和地震数据中所包含信息内容来看，只要对成像点没有贡献的反射波、折射波、面波、多次波和环境噪声等求和不等于 0，都会形成偏移成像的噪声，降低了偏移成像的信噪比。因此偏移成像的噪声应该包括偏移输入数据中对成像点没有贡献的反射波、折射波、面波、多次波和环境噪声等各种信息。

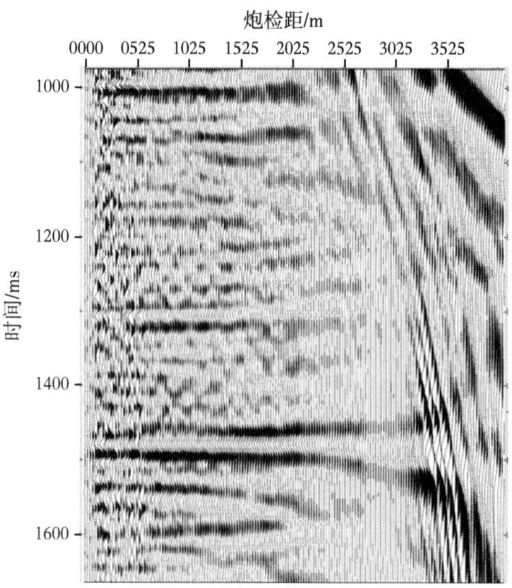

(a) 高采样密度

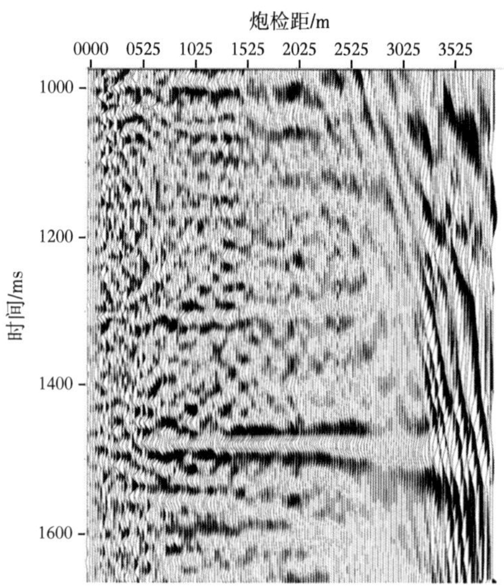

(b) 低采样密度

图 2-2-2　空间高低采样密度的叠前偏移道集

从组成偏移噪声的信息成分来看，偏移噪声是无法避免的。偏移噪声的信息成分根据形成机制可分为三类：第一类信号主要是在地下传播的反射波信号，包括地下反射界面产生的一次反射波和多次反射波；第二类信号主要是源致线性信号，主要为在近地表传播的面波和折射波，包括地震采集激发引起的次生干扰和多次折射；第三类信号主要是环境信号，包括所有非地震采集激发引起的被检波器接收并与地震采集资料一同记录的各种随机和非随机信号。第一类和第二类信号均为地震采集激发后通过大地传播形成的信号，第三类是各种地面振动产生的信号。地震采集期望采集到的第一类信号越强越好，第二类信号和第三类信号越弱越好，但受地震采集激发技术、激发设备和近地表条件的制约，实际地震采集中尤其在以可控震源高效采集为代表的地震采集中，第二类信号和第三类信号的能量远远强于第一类信号。通常地震采集激发的能量中只有不到5%的能量转化为第一类信号，而大于95%的激发能量转化为第二类信号和其他类型的地震波。地震资料主要是由这三类信号组成，其中第一类信号是地震采集要得到的信号，从偏移成像的角度来说它既是有效信号又是噪声，对于来自某个成像点的反射波对该成像点来说是有效信号，对其他成像点则是噪声，需在偏移成像中通过多次叠加进行压制；第二类信号和第三类信号无论对任何一个成像点都是噪声，对这两类噪声需通过噪声压制和偏移成像的多次叠加进行压制。尽管资料处理中各种处理手段可对第二类信号和第三类信号噪声进行有效去除，但再先进的噪声压制技术也无法对这两类噪声实现100%的去除，总是或多或少地存在残余噪声。

如图2-2-1和图2-2-2所示，叠前偏移成像压制第一类信号残余噪声、第二类信号残余噪声和第三类信号残余噪声的效果与空间采样密度密切相关，这种相关性体现在观测方案的覆盖密度参数上。三维叠前偏移是沿双曲面取出样点求和的过程，求和的样点个数就是偏移孔径中的总道数，其值等于偏移孔径中的面元个数乘以覆盖次数。假定某一个成像点沿双曲面截取的面元个数为 N_c，三维观测方案的覆盖次数为 N_f，则该成像点沿双曲面截取的总道数 N_I 为

$$N_I = N_c N_f = \pi R^2 \frac{N_f}{S} = \pi R^2 D \tag{2-2-8}$$

其中

$$D = N_f / S$$

式中　R——半偏移孔径；

S——面元面积；

D——覆盖密度。

因此，偏移时沿着绕射曲线求和的信息中，只有绕射曲线与反射波相切位置的信息和与相切位置地震波时差小于1/4周期邻域内的信息对反射波能够同相叠加，而其他不同相的信息叠加形成偏移噪声，沿绕射曲线求和的道数越多，即覆盖密度越大，偏移噪声越小。所以提高噪声压制能力的原则就是确定一个合适覆盖密度，使偏移噪声尽量接近于0。

2. 振幅一致性的要求

采集脚印是因为观测系统引起的振幅、相位变化，最终残留在数据体上的印迹，其会引起地震偏移成像中出现地层结构模式发生规律性变化的假象，它通常以条带状出现在较浅的时间切片或反射层振幅图上，会掩盖真实的振幅异常，影响储层预测、油藏描述和AVO研究。产生观测系统采集脚印有两个方面的因素，即炮线和检波线采样间隔及排列滚动方式。Andreas Cordsen（2004）提出观测系统采集脚印的最简单的表现形式是覆盖次数随炮检距变化，每个炮检距对覆盖次数有不同的贡献，因此，每一个独立的三维面元是不同炮检距的综合贡献，面元内所有道的CMP叠加图显示出面元间的振幅变化（图2-2-3）。

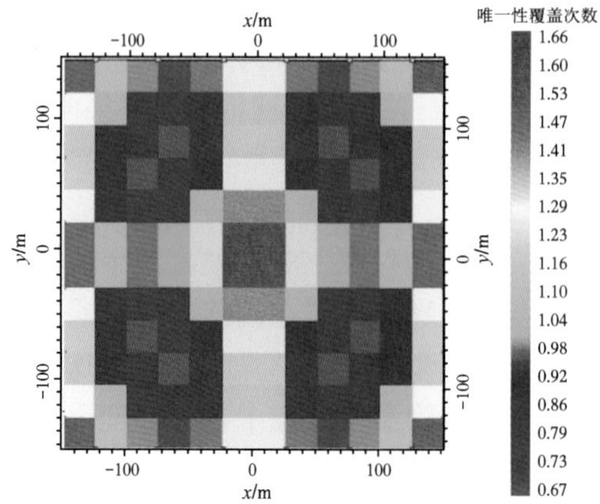

图 2-2-3　一个子区内唯一覆盖次数的变化

由观测系统产生的采集脚印取决于炮线和接收线的间距和方向，线间距离过大会产生较严重的采集脚印。在采集时，通常炮线和接收线距很规则，每一个子区（两条炮线和两条接收线围成的方块）内的唯一覆盖次数、振幅等出现变化，在整个工区中会出现规律性的变化，很容易辨认。如果观测系统是规则的，那么采集脚印也呈周期性的变化。排列片滚动间距是形成采集脚印的另一个原因，每次排列滚动距离过大（即滚动线数过多），会加剧 Crossline 方向覆盖次数和振幅的变化。图 2-2-4 显示的是相邻两个子区叠前时间偏移振幅响应，可以看出偏移振幅响应大小是有变化的。如果观测系统设计不合理，即便是再小的横向滚动距离，也同样会产生严重的采集脚印现象。总的来说，由观测系统产生的采集脚印在形成机理、表现形式和对资料的影响等方面的特点有 3 个：（1）在观测系统设计时，炮线和接收线间隔采样及滚动排列方式的变化都可产生一定程度的采集脚印；（2）在微震扰动背景下，采集脚印的振幅水平与背景振幅属于同一数量级，因而，可以观测到与理论分析相吻合的各种特征的采集脚印图像；（3）采集脚印噪声水平对强反射信号影响不大，但它足以影响中、弱反射信号的振幅和相位，从而影响中、深层较小地质目标的地震成像质量，影响对弱反射特征的构造、岩性体和薄储层等有利地

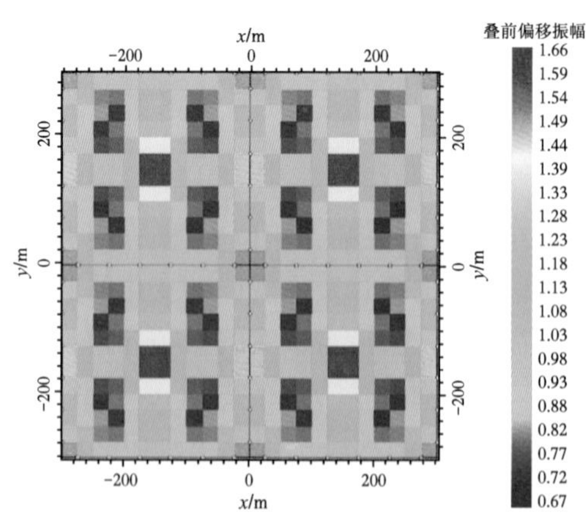

图 2-2-4　相邻两个子区叠前时间偏移振幅响应

质目标的识别。因此，在以岩性、储层预测等目标的地震采集观测系统设计中，必须保持叠前偏移振幅的一致性。

第三节 宽方位地震勘探的内涵与意义

宽方位地震勘探技术是随着地震勘探硬件设备、地震资料采集技术、地震资料处理技术、地震资料解释技术等进步而发展起来的一种三维地震勘探技术。宽方位地震勘探指采用较宽方位的三维观测系统获取较完整的地球物理数据，即每个面元（或地下成像点）在每个方位上包含分布均匀不同偏移距的地震信息，最大限度地保留油气地质目标的各向异性信息；通过叠前时间偏移技术得到具有振幅保真度、分辨率、各向异性等特点的成像数据，根据不同成像数据（成像点道集、螺旋道集或分方位角偏移数据体）的自身特点，采用方位各向异性分析、多方位属性分析、五维 AVO 分析、五维裂缝预测等解释方法，识别断裂和裂缝发育带，识别储层平面与空间展布，达到解决实际地质问题的目的。

一、宽方位角的概念

1. 方位角的定义

通常所说的方位角是从某点的指北方向线起，依顺时针方向到目标方向线之间的水平夹角。在油气地震勘探领域，方位角指以三维观测系统排列片方向（检波线方向）为纵向，在纵向上的最大炮检距与横向上的最大炮检距的比值，也可以指一个面元（成像点网格）内以三维观测方向（检波线）为纵向，在纵向上的最大炮检距与横向上的最大炮检距的比值。因此，人们习惯用三维观测系统模板炮检距的横纵比来表述三维地震观测系统的方位大小（图 2-3-1）。一般要求横纵比小于或者等于 1，如果横纵比大于 1 时，用倒数来表示横纵比的大小，即纵横比的大小。

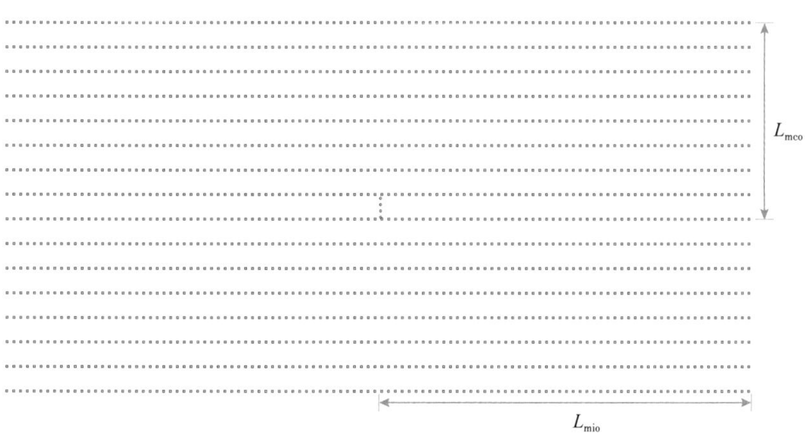

图 2-3-1 三维观测系统示意图

2. 宽、窄方位的定义

三维观测系统的宽、窄方位是通过横纵比的大小来描述的。通常认为当观测系统的横纵比小于 0.50 时为窄方位角地震观测系统，这种观测方式为窄方位角勘探；当观测系统的横纵比大于 0.50 时为宽方位角地震观测系统，这种观测方式为宽方位角勘探。也有人进一步将其细化为当排列片的横纵比小于 0.50 时为窄方位地震观测系统；当排列片的横纵比在 0.50～0.60 时为中等方位地震观测系统；当排列片的横纵比在 0.60～0.85 时为宽方位地震观测系统；当排列片的横纵比在 0.85～1.0 时为全方位地震观测系统。

牟永光（2005）综合考虑了不同方向上的炮检距、覆盖次数的大小和观测系统的接收方式等因素，提出了宽度系数概念，用于衡量三维地震观测的宽窄。宽度系数计算公式如下：

$$\gamma=\frac{\theta}{2\pi}\left(C_1\gamma_t+C_2\gamma_n\right) \tag{2-3-1}$$

式中 γ——三维观测宽度系数；

θ——半炮检线的张角；

γ_t——纵向覆盖次数与横向覆盖次数之比；

γ_n——横向覆盖次数与纵向覆盖次数之比；

C_1、C_2——与 γ_t、γ_n 有关的系数，$C_1<1$、$C_2<1$，且 $C_1+C_2=1$，一般情况下 $C_1=C_2=0.50$。

同时约定，当 $\gamma<0.50$ 时为窄方位角观测系统；当 $0.85\geqslant\gamma\geqslant0.50$ 时为宽方位角观测系统；当 $\gamma\geqslant0.85$ 时为全方位角观测系统。如图 2-3-2 所示，窄方位角观测系统无法得到横向上的大炮检距的数据信息，而宽方位观测系统在不同方位上都能均匀接收到不同炮检距的数据信息。

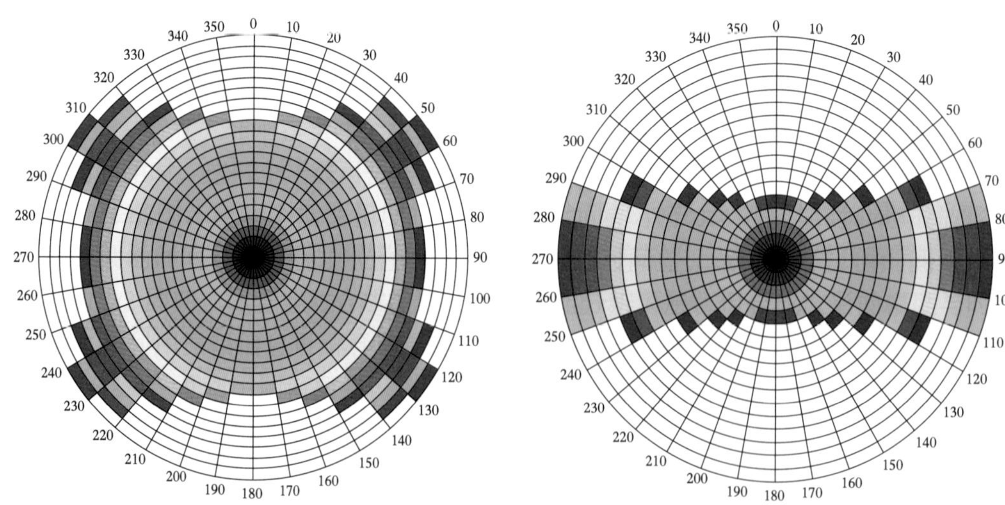

（a）宽方位　（b）窄方位

图 2-3-2　宽、窄方位的观测炮检距—方位角分布图

窄方位地震勘探的炮检对较少，勘探成本较低，并且对落实大型的简单构造油气藏不会存在什么问题。但是在落实较小的裂缝型油气藏的时候，窄方位角勘探的预测准度就会大大地降低，无法准确地定位油气藏的位置，这也变相地增加了开采的成本。

在宽方位角地震勘探发展的初期，受采集设备制约，覆盖次数较低，也存在着明显的缺陷，同时宽方位地震勘探的炮检对数量大幅增加，勘探成本居高不下。但随着万道地震仪和采集技术的迅猛发展，随着岩性油气藏、裂缝型油气藏、地层油气藏以及小幅度构造油气藏等勘探开发的客观需求增加，宽方位角勘探成本大大降低了，宽方位地震勘探的优势得到了充分发挥。

相对于常规（窄方位）勘探而言，宽方位地震勘探具有很多优势：（1）随横向覆盖次数的增加，其覆盖次数也随之增加，并且减弱了采集脚印的影响；（2）相对于窄方位的横向排列宽度增大，增加了对目标地质体的观测宽度和照明；（3）对于方位各向异性介质，宽方位地震资料的各种属性随炮检距和方位角的变化更容易识别介质的方向性；（4）宽方位地震资料相对于窄方位地震资料而言，成像分辨率更高；（5）相比较而言，宽方位成像的空间连续性更好；（6）宽方位角能够衰减一些人为干扰和一些规则干扰，可很好地衰减相干噪声并更有效地衰减多次波。但要实现真正意义的宽方位观测，需在炮点域、共检波点域、共中心点域的不同观测方位都有足够的近中远炮检距且分布均匀，并且不同观测方位都有满足成像需要的覆盖次数，也就是说在不同观测方位的覆盖次数要足够高且不同观测方位的炮检距分布均匀合理。因此，宽方位地震勘探要与高密度相结合，才能凸显宽方位地震勘探的意义。

二、宽方位设计的关键要素分析

1. 炮检距均匀度分析

为了说明宽、窄方位观测系统的炮检距和方位角分布情况，设定一个 32 线 12 炮 480 道，面元为 10m×10m、覆盖次数为 320 次、炮线距为 240m 的基础三维观测系统，通过将接收线距从 240m 变为 80m，形成一个宽方位观测系统和一个窄方位观测系统（表 2-3-1）。由于受观测方位角的影响，两个观测系统的最大炮检距、最大非纵距不同，对炮检距与方位角的分析会有细微的影响，但不影响分析结果。

表 2-3-1　宽方位与窄方位的观测系统参数对比表

项目名称	宽方位观测	窄方位观测
观测系统类型	32L12S480R 正交	32L4S480R 正交
面元大小 /（m×m）	10×10	10×10
覆盖次数	20（纵）×16（横）=320 次	20（纵）×16（横）=320 次
接收道数	15360	15360
检波点距 /m	20	20

续表

项目名称	宽方位观测	窄方位观测
炮点距 /m	20	20
接收线距 /m	240	80
炮线距 /m	240	240
横向最大炮检距 /m	3830	1270
最大最小炮检距 /m	325	240
最大炮检距 /m	6133	4956
横纵比	0.8	0.27
覆盖密度 /（万道 /km^2）	320	320

图 2-3-3 为一个面元内宽方位与窄方位的炮检对分布，横轴为炮检距，纵轴为炮检距相对长度，颜色为观测方位角；虽然每个面元内炮检对出现在不同炮检距的位置有所不同，但总的来说宽方位观测系统炮检对在炮检距上分布比较均匀的，且中炮检距的分布偏多、分布的方位角较宽；窄方位观测系统在近炮检距的分布偏多，远炮检距呈现条带状，且方位角分布较窄。

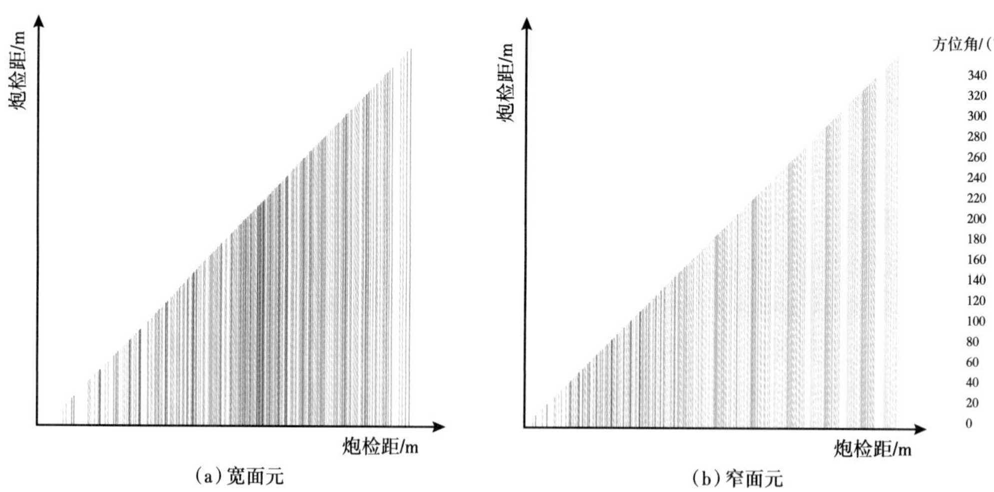

图 2-3-3　宽、窄面元炮检距分布图

将上面所述的两个观测系统在纵横向均滚动 9600m，这样形成总激发点数与总接收点数都一样的观测区域。如图 2-3-4 所示，按 100m 炮检距间隔统计炮检对数量，横轴为炮检距，纵轴为炮检对数量；宽、窄方位观测系统的炮检对数量峰值均出现在横向最大炮检距附近；而窄方位的横向最大炮检距较小（1270m），因此，炮检对数量峰值出现在近炮检距处；宽方位的炮检对数量峰值位于中、远炮检距处，也就是说宽方位观测时，横向炮检距在炮检距计算中起作用的炮检对比窄方位起作用的炮检对多。对于窄方位来说，当纵向炮检距大于横向最大炮检距时，对炮检距的贡献主要来自炮检对的纵向炮检距，此时炮检距基本呈水平线分布（类似于二维）。

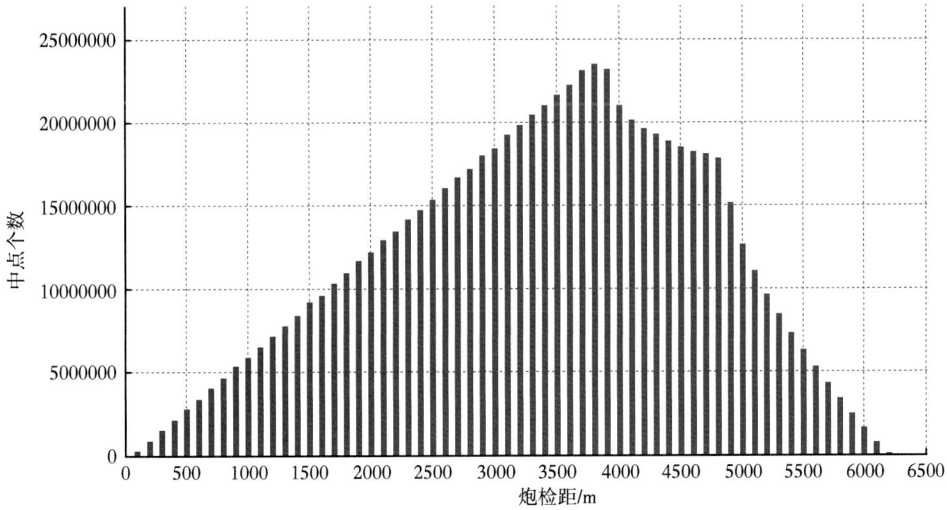

(a) 宽方位

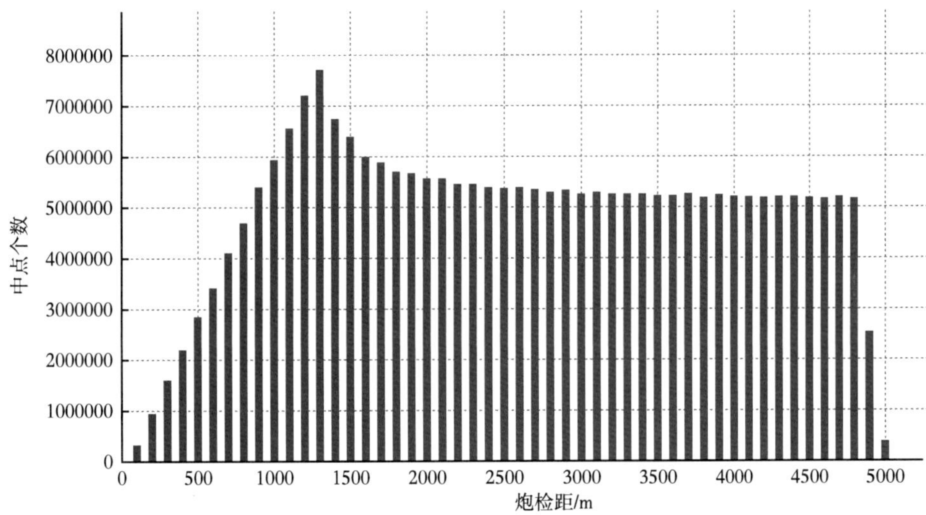

(b) 窄方位

图 2-3-4　宽、窄方位炮检距与接收道数的分布图

如图 2-3-5 所示，按照方位角间隔 15°、偏移距间隔为 200m 绘制的宽、窄方位的面元玫瑰图，受观测系统本身的制约，并不是每个方位、每个偏移距都有地震数据信息，但可以清楚地看到，窄方位的炮检对分布主要集中在沿主测线（Inline）两侧较小方位角范围内，而宽方位的炮检对则比较均匀分布在 0°～360° 范围内。

为满足分方位处理和 OVT 处理，度量宽方位的炮检距分布均匀度是宽方位观测的一个关键要素，宽方位观测不仅需要炮检对的方位角分布均匀，而且需要每个方位角内的炮检距分布均匀。受观测系统本身、野外复杂地表和障碍物的影响，实际的炮点和检波点分布是不均匀的，这造成了不同面元相同分方位的不均匀性。因此，针对宽方位地震勘探引进了均值、方差及加权因子等概念，提出了单个面元不同方位炮检距均匀度、单个面元不同方位覆盖次数均匀度、满覆盖区域内所有面元炮检距均匀度等判别标准，作为评价宽方位观测系统的优劣原则之一。

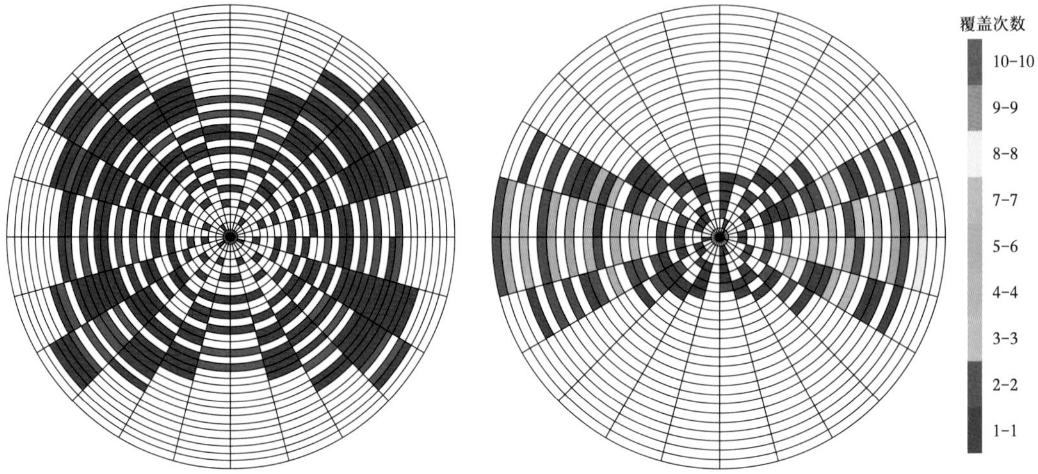

(a) 宽方位　　(b) 窄方位

图 2-3-5　宽、窄方位面元玫瑰图

方位炮检距均匀度指各方位炮检距均值的均方差与所有方位炮检距均值的平均值的比值，用 U_1 表示，炮检距均匀度值（U_1）越小，说明方位炮检距分布越均匀：

$$U_1 = \frac{\sqrt{\frac{1}{M}\sum_{i=1}^{M}(\overline{x}_i - \overline{x})}}{\overline{x}} \qquad (2\text{-}3\text{-}2)$$

其中

$$\overline{x} - \frac{1}{M}\sum_{i=1}^{M}\overline{x}_i$$

式中　$\overline{x}_i$——第 i 个方位的所有炮检距均值；

$\overline{x}$——所有方位炮检距均值的平均值；

M——分方位角个数。

方位覆盖次数均匀度指各方位覆盖次数的均方差与各方位覆盖次数平均值的比值，用 U_2 表示。各方位覆盖次数均匀度（U_2）越小，说明各方位的覆盖次数越均匀：

$$U_2 = \frac{\sqrt{\frac{1}{M}\sum_{i=1}^{M}(f_i - \overline{f})}}{\overline{f}} \qquad (2\text{-}3\text{-}3)$$

其中

$$\overline{f} = \frac{1}{M}\sum_{i=1}^{M} f_i = \frac{F}{M}$$

式中 f_i——各方位的覆盖次数；

$\bar{f}$——所有方位覆盖次数的平均值；

M——方位角个数；

F——观测系统覆盖次数。

观测系统确定以后，最大炮检距和最小炮检距就可确定，面元内实际炮检距与理论炮检距相对误差的绝对值之和就是实际炮检距与理想炮检距的偏离程度，满覆盖区炮检距空间分布特征的定量计算方法如下：

$$U(X_{ti})=\frac{1}{m}\sum_{k=1}^{m}u_k(X_{ti}) \tag{2-3-4}$$

式中 m——选定满覆盖区域的面元个数；

k——选定满覆盖区域的面元号；

X_{ti}——对应第 i 个理论炮检距值；

$u_k(X_{ti})$——第 k 面元号的第 i 个理论炮检距值 X_{ti} 出现的频次；

$U(X_{ti})$——满覆盖区域的第 i 个理论炮检距值 X_{ti} 出现的平均频次。

在理论情况下 $u(X_{ti})=U(X_{ti})=1$，在实际情况下，$U(X_{ti})$ 越接近 1，说明炮检距空间分布特征均匀性越好。

2. 叠前偏移响应分析

为了科学地分析观测系统方位角宽度与叠前偏移响应的关系，提出了通过炮点（x_s, y_s）、检波点（x_r, y_r）的空间坐标和时间点（t）等参数描述地震波场的方法，地震波场函数可以写为 $w(t, x_s, x_r, y_s, y_r)$，地震波场的合理采样程度取决于覆盖密度、观测方位宽度，而覆盖密度、观测方位宽度与检波点距、炮点距、接收线距、炮线距等 4 个采集参数密切相关。地震波场合理采样程度的判别标准是叠前时间偏移振幅响应，以减小叠前时间偏移振幅响应的采集脚印为目的，建立一个判别标准：

（1）选择覆盖密度、观测方位宽度时，必须保证空间波场无假频采样的基本要求，即空间物理点距应保持不变，由增加排列片的检波线条数来增加覆盖密度和观测方位宽度；

（2）在覆盖密度和观测宽度共同作用下，叠前时间偏移的振幅响应趋于稳定，为最优选择。

为实现这种判别，构造一个趋势函数：

$$T=W\left(A_{\mathrm{pstm}}, D_{\mathrm{trace}}\times R_{\mathrm{aspect}}\right) \tag{2-3-5}$$

式中 A_{pstm}——PSTM 振幅响应值；

D_{trace}——覆盖密度；

R_{aspect}——横纵比。

函数 T 趋于稳定，即其不再随 $D_{\mathrm{trace}}\times R_{\mathrm{aspect}}$ 而变化。在这里，遵循上述判别标准，

表 2-3-2 是不同观测系统的覆盖密度和纵横比与叠前偏移响应振幅的关系，利用此结果拟合出一条曲线（图 2-3-6），可以看到随覆盖密度和横纵比之积的增大，叠前时间偏移的振幅离散度趋向一个较稳定的区域，当 PSTM 振幅均值在 6.2 左右时趋于稳定。综上所述，叠前偏移响应分析表明：横纵比大于 0.5、接近 0.6，覆盖密度大于 180 万道 / km^2 时，子区 PSTM 振幅响应均值趋于稳定。

表 2-3-2　覆盖密度—横纵比和 PSTM 振幅均值关系

序号	观测系统	覆盖密度 /（万道 /km^2）	横纵比	覆盖密度 × 横纵比 /（万道 /km^2）	PSTM 振幅均值
1	8L6S360T	53	0.18	9.38	7.90
2	12L6S360T	80	0.28	22.12	7.82
3	16L6S360T	107	0.38	40.21	7.45
4	20L6S360T	133	0.48	63.67	6.51
5	24L6S360T	160	0.58	92.49	6.23
6	28L6S360T	187	0.68	126.67	6.20
7	32L6S360T	213	0.78	166.21	6.20
8	36L6S360T	240	0.88	211.11	6.20
9	40L6S360T	267	0.98	261.38	6.20

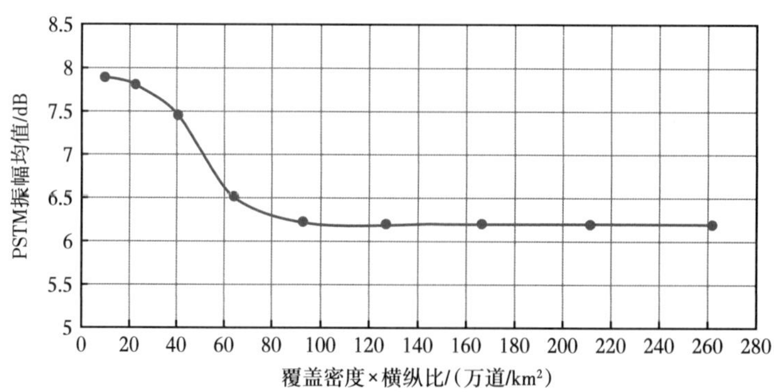

图 2-3-6　覆盖密度—横纵比和 PSTM 振幅均值关系

为了验证不同横纵比对实际资料影响，选择了某区三维资料进行叠加成像分析，采用 16L6S360T 观测系统分别对比窄方位观测（横纵比 0.38）和宽方位观测（横纵比 0.78），覆盖次数相同，如图 2-3-7 所示，宽方位有利于改善中深层信噪比。

宽方位地震勘探的目的是获取观测方位宽、炮检距和覆盖次数分布尽可能均匀的三维数据体，在实际应用中，只有在炮点域、共检波点域、共中心点域的不同观测方向有足够的远中近炮检距且分布比较均匀，并且保证每个观测方向都有满足成像基本需要的覆盖次数。也就是说，在每个方位的覆盖次数要足够高并且每个方位的炮检距分布比较均匀合理，才是真正意义上的宽方位地震勘探。宽方位地震勘探与高密度相结合，必然会带来地震采集成本的增加，在实施宽方位地震勘探时要考虑其经济可行性。因此，研究相应的经济有效的宽方位采集模式和配套高效采集技术是同样重要的课题。

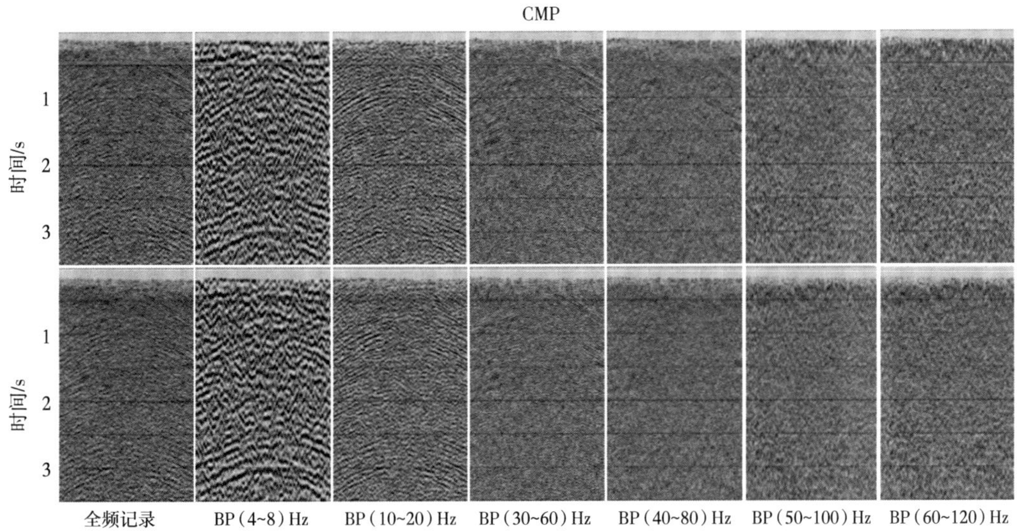

图 2-3-7　相同覆盖次数不同横纵比分频扫描剖面（上图横纵比 0.38，下图横纵比 0.78）

三、宽方位地震勘探意义

宽方位角地震勘探获得的原始资料包含很多有用信息，如方位各向异性信息。常规处理方法已经无法满足宽方位采集数据的处理，它们忽略了宽方位地震勘探带来的方位和炮检距信息，无法充分展现宽方位所带来的优势。OVT 技术的兴起是基于宽方位数据的一种全新配套处理技术，该技术能够对宽方位数据的偏移距和方位角信息进行处理，有效保留方位角信息，从而利用 OVT 处理资料进行方位各向异性分析及裂缝检测。通过方位各向异性叠前偏移，叠后成像质量将会获得更好的效果。

1. 有利于噪声压制

地震资料采集噪声按照类型可分为规则噪声、散射噪声和随机噪声。规则噪声以一定视速度、视频率、视波长沿地面附近传播，在二维观测时规则噪声呈线性特征。因此，在不同数据域内使用 f—k 滤波的方法对规则噪声进行压制或衰减；就满足 f—k 滤波的需求而言，要求数据规则且有一定长度的采样，地震数据采集时尽量要求 CMP 道集中炮检距分布均匀。就三维勘探而言，规则噪声、散射噪声在空间上是以圆锥状分布的，压制规则噪声或者线性噪声需在两个正交方向上都要有足够的采样，也需在空间上 CMP 炮检距分布规则。窄方位勘探的炮检距线性分布通常能较好地适应二维 f—k 滤波或者 τ—p 变换，对于三维勘探中在空间上以圆锥状分布的规则噪声和散射噪声，可能因压制噪声而产生假象；而宽方位观测适应三维噪声衰减，其中较长的横向偏移距对压制规则噪声、散射噪声较有利，从而可以提高地震资料的信噪比和分辨率。

2. 满足各向异性观测的需求

通常将介质的某种属性随方向而变化的特性称为各向异性。近年来随着宽方位地震勘探的发展，方位各向异性处理技术和属性预测方法也迅猛发展。地震勘探中所涉及的各向异性主要指地层速度的各向异性，这是由于岩石内部构造的不均匀性、有方向排列的裂缝或者岩性变化产生的薄层引起的，其在沉积岩层中是普遍存在的。各向异性有多种分类方法，当对称轴垂直时，称为极化各向异性，也称“垂直横向各向同性”；当对称轴不垂直时，速度依赖于方位方向，称为方位各向异性。

各向异性对地震波的影响主要有以下几点。

（1）薄互层效应：由于地层内传播的地震波频带范围的限制，可分辨的地层绝大部分为小厚度的薄互层组合。此时，地震波传播的水平速度与垂直速度具有明显的各向异性。

（2）裂缝定向排列效应：在应力场作用下，裂缝、裂隙多呈定向排列，在该类介质中传播的地震波具有明显的方向异性，在一定的炮检距时，当平行于裂隙时，其振幅出现极大，在垂直于裂隙时，其振幅出现极小，而且裂隙内所含的油、气、水对速度和衰减各向异性具有重要的影响。

（3）裂缝与薄互层组合效应：地球内部的介质经常是经历过多期运动的结果，此时，既可能存在薄互层组合的特性，还可能出现优势排列的裂缝效应的叠合，地震波在此类介质中传播时同样会显示出地震各向异性效应。

（4）应力场作用的结果：在地球内部应力场作用下，地球内部物质会显现出明显的方向性，导致地震波传播速度具有明显的各向异性效应。

（5）晶体矿物的定向排列：绝大部分矿物晶体存在不同类型、强度很大的速度各向异性。在地球的内部，由于应力场的作用，晶体矿物定向排列，势必引起强烈的地震各向异性效应。

（6）岩性相变：在河流相或相变剧烈地区，沉积环境的变化也表现为岩性在各个方向上的差异，从而也产生各向异性。

各向异性对于地震数据处理分析，特别是对于偏移成像精度的影响是十分明显的。散射势的波数不但与观测方位有关，还与观测方位上的波场传播速度有关，若不能准确地给出与方位有关的速度，则将严重影响偏移成像的效果。在最简单的具有垂直对称轴的各向同性介质（VTI 介质）各向异性假设条件下，仅通过修正地震波旅行时就可收到明显的效果。事实上，地下介质的对称特征十分复杂，精确考虑地下复杂介质各向异性特征的地震偏移成像理论可带来更清晰的地下地层结构影像。

各向异性处理与分析的理论相当复杂，此处仅以各向异性分析中最主要方法之一——方位 AVO 分析为代表进行说明。

在地震数据解释中，AVO 分析起着十分重要的作用，其最终目标是从地震反射信息中获取目的层的弹性参数及相关特性。AVO 技术一般可以应用于三个方面：（1）识别亮点、平点和暗点；（2）在薄互层情况下，用含油气砂岩的 AVO 特征来预测油气；（3）预测碳酸盐岩储层的孔隙度和流体性质等。

AVO 技术已经在勘探实践中取得了巨大的成功，但当地下介质存在裂缝等各向异性现象时，就需要对均匀介质的 AVO 方法进行扩展，以应用纵波属性（反射振幅或群速度）随方位与炮检距的变化关系检测裂缝方位、密度及分布范围。

基于弱各向异性理论假设的 Rüger 公式描述了方位各向异性介质中纵波的反射系数 R 随入射角 i 和方位角 φ 的变化关系，该公式在入射角较小时可简化为

$$R(i,\varphi)=\frac{1}{2}\frac{\Delta Z}{\bar{Z}}+\frac{1}{2}\left[\frac{\Delta\alpha}{\bar{\alpha}}-\left(\frac{2\bar{\beta}}{\bar{\alpha}}\right)^{2}\frac{\Delta G}{G}\right]\sin^{2}i+\frac{1}{2}\left[\Delta\delta^{V}+\left(\frac{2\bar{\beta}}{\bar{\alpha}}\right)^{2}\Delta\gamma\right]\cos^{2}\varphi\sin^{2}i \quad (2\text{-}3\text{-}6)$$

其中
$$Z=\rho\alpha,\ G=\rho\beta^{2}$$

式中 δ^{V}、ε^{V}、γ——Thomsen 参数；

i——入射角，(°)；

φ——方位角，(°)；

α——纵波速度，m/s；

β——横波速度，m/s。

Z——垂直入射时的纵波波阻抗；

G——横波切向模量；

$\Delta[\cdot]$——某参数在界面以上和界面以下的参数值之间的差值；

$\overline{[\cdot]}$——某参数在界面以上和界面以下参数值之间的均值。

以纵波速度为例，设界面以上的纵波速度为 α_1，界面以下的纵波速度为 α_2，则纵波速度差值为 $\Delta\alpha=\alpha_2-\alpha_1$，纵波速度均值 $\bar{\alpha}=(\alpha_2+\alpha_1)/2$。式（2-3-6）中其他参数以此类推。

式（2-3-6）中的等号右侧第一项表示垂直入射时的反射振幅变化率；等号右侧第二项表示反射系数随入射角 i 的变化率；等号右侧第三项表示反射系数随入射角 i 和观测方位角 φ 的变化率。众所周知，影响入射角的主要因素是目的层的埋深和观测的偏移距；影响观测方位角的主要因素是野外采集的观测方位宽度。因此，要获得好的各向异性 AVO 分析效果，不但要求尽可能宽或尽可能全的观测方位，还要求在不同的观测方位上有足够的偏移距信息和覆盖次数。以往的观测系统下采集的数据观测方位通常是窄方位的，只能在一个很窄的方位角内分析 AVO 响应，无法获得其他方位角上的各向异性特征。

常规地震勘探以构造和储层研究为主，而宽方位地震勘探则是构造、储层和流体分析并重，由于宽方位地震资料具有更丰富的方位信息，借助地震各向异性基本理论，利用宽方位地震资料的各向异性信息，可更好地分析地震波在地下介质中传播的旅行时、速度、振幅、频率和相位等地震属性的方位差异性，进而识别地层的各向异性特征，因而针对各向异性、裂缝方向研究时应该采用宽方位、高密度的观测方式。

3. 微小断裂识别的要求

随着宽方位地震勘探的发展，方位各向异性裂缝预测方法也迅猛发展，纯纵波方位

各向异性预测裂缝方法是利用子方位道集或部分方位叠加后的道集，易受采集脚印影响而得到虚假的结果。在 OVT 域的偏移有一种快速计算纯纵波方位角特性的方法，即把 OVT 偏移后形成的 OVG 道集按炮检距和方位角分选成蜗牛道集后，利用旅行时和速度的方位各向异性预测裂缝方向和密度。最小旅行时方向指示裂缝发育方向；最大旅行时和最小旅行时之间的时差可用于确定裂缝密度，时差越大表示裂缝密度越大。

方位各向异性变化的纵波属性众多，选择何种属性进行裂缝预测是需要考虑的关键问题之一。利用纵波速度方位各向异性进行裂缝预测的方法比较稳定，但只能识别大套储层，其分辨率不足以识别薄储层。物理模型研究表明：具有水平对称轴横向各向同性介质（HTI 介质）中振幅方位各向异性大于旅行时和速度方位各向异性（AVAZ），即可描述目的层附近的方位属性，而旅行时和 AVAZ 方法均有上覆地层的积累效应；AVAZ 方法的不足之处在于振幅信息容易受动校正、静校正、振幅恢复和噪声的影响，稳定性较差。因此，在某些构造复杂、上覆各层性质特殊的地区，AVAZ 分析结果可能误差较大，甚至是错误的。利用射线追踪和反射率法对比、分析振幅和 AVO 梯度等属性随观测方位的变化规律，与 AVAZ 相比，方位 AVO 梯度变化关系更为简单，也更为稳定，可以更加方便地在实际资料中应用。在垂直定向排列的裂缝介质中，方位 Q 值变化较其他属性要大，因此，衰减方位各向异性是继利用旅行时、速度、振幅和 AVO 梯度之后预测裂缝的重要发展方向。此外，物理模型研究表明，裂缝张开度和裂缝倾角对纵波方位各向异性特征有较大影响，裂缝张开度的大小影响着裂缝介质的方位各向异性程度，当给裂缝加压时，裂缝张开度减小，方位各向异性程度减弱；当压力足够大时，裂缝介质近乎刚性体，呈现不出方位各向异性特征；裂缝倾角对裂缝介质的纵波方位各向异性程度有着强烈的影响，当其他条件相同时高角度裂缝（倾角大于 70°）介质的方位各向异性时差比完全垂直裂缝介质的方位各向异性时差要小。因此，在利用方位属性预测裂缝密度时需要考虑裂缝倾角和裂缝张开度等因素对方位各向异性程度的影响。

玛湖地区主要目的层断裂较为发育，断裂一般为垂向断距小、断面陡直。从新老资料的地震剖面对比可以看出，玛湖凹陷的常规窄方位三维资料中浅层断距较大，比较容易识别和确定断点位置，但三叠系及以下地层同向轴错断现象不明显，与浅层的断裂延伸关系不清楚，因此准确落实断层的位置及样式较为困难［图 2-3-8（a）］；而在新采集的宽方位（高密度）三维（玛湖 1 井区先导试验三维）地震资料上不但断面比较清晰，而且目的层同向轴错断现象及走滑断层在剖面上的扭动现象都比较明显，可以快速确立研究区的断层样式［图 2-3-8（b）］。同时，从目的层附近的时间切片（图 2-3-9）也可以看出，与老资料相比，宽方位（高密度）三维地震资料分辨率和信噪比都得到了较大幅度提高，断裂识别能力明显增强，平面展布规律及组合关系更加清晰。

总之，与常规三维地震数据相比，高密度采集的全方位数据体不但地震反射波组层次清晰、纵向分辨率明显提高，而且砂体横向叠置关系清楚，砂体识别能力得到较大提升。这类数据分辨率高、保幅性好，可用于构造解释和叠后优质储层预测。需要注意的是，这里的全方位数据体一定是方位各向异性校正（各向异性偏移）后的全方位偏移叠加数据体，这样的数据体由于去除了方位各向异性对偏移叠加的影响，成像精度更高。

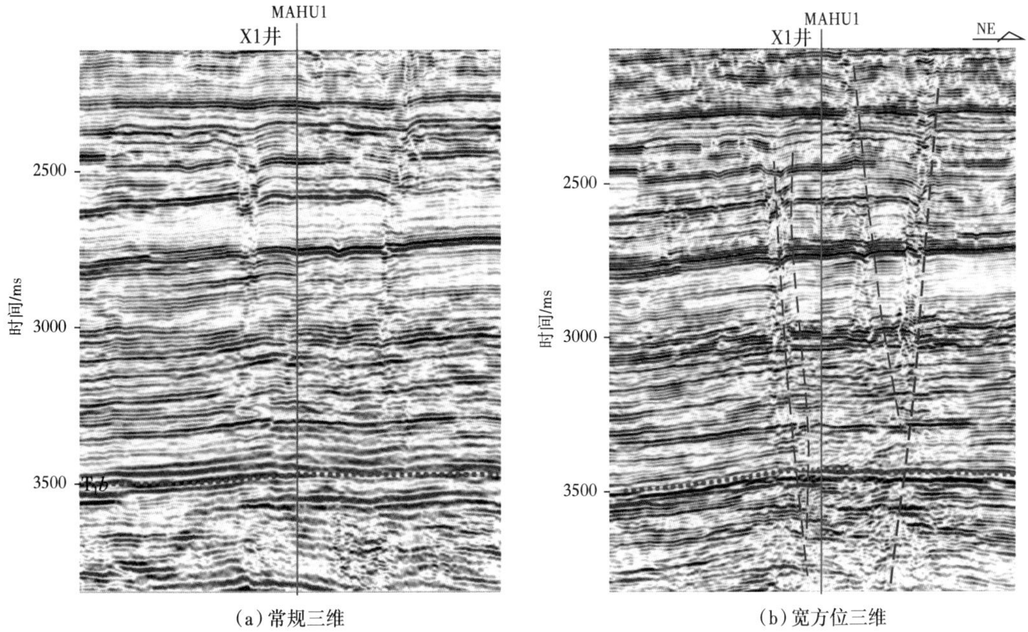

图 2-3-8　常规三维与宽方位三维断裂识别效果对比图

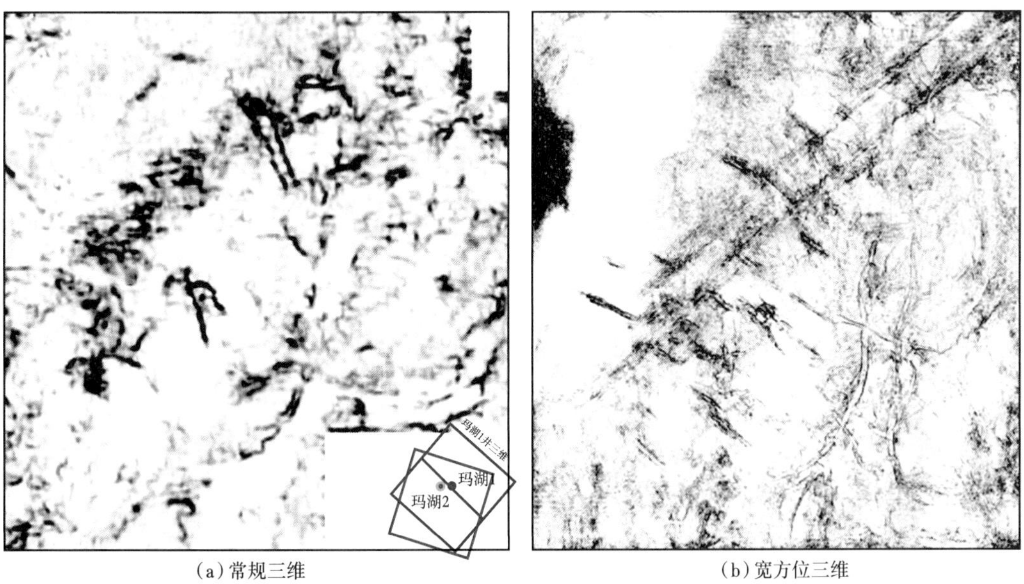

图 2-3-9　常规三维与宽方位三维相干体切片对比图（时间 2600ms）

4. 有利于方位各向异性分析

宽方位地震数据在共炮检距数据上方位角分布比较宽，不同方位的地震数据含有地下介质各向异性的运动学和动力学特征等地震信息，并且存在较大差异。而在 OVT 数据体上进行数据规则化处理，既考虑了不同方位的差异，又很好地保存其所在方位的特征。

而常规勘探，缺失横向炮检距的地震数据信息，不能很好地反映地下介质的各向异性。

OVT 道集是单个十字排列内一些具有相邻 CMP 组成的数据集。单个 OVT 片的定义由图 2-3-10 给出，OVT 块的大小一般为炮线距 × 检波线距。在十字排列子集上，两倍炮线距内的检波点和两倍检波点线距内的炮点所形成的一个共中心点区域，定义为一个 OVT 片，在一个 OVT 片内所有 CMP 具有相近的炮检距和方位角。因为十字子集包含了所有炮检距和方位角的规则分布，从工区内所有十字排列中把相同位置的 OVT 片取出并组合到一起形成的单次覆盖的数据体，形成 OVT 道集。理想情况下，每个满覆盖面元必定包含每个 OVT 片中的一个炮检距，因此一个 OVT 道集就是满足对地下一次覆盖的最小数据子集。由于这些单一的 OVT 在每个十字排列中具有相同的相对位置，所以每一个 OVT 数据体具有相似的方位角和炮检距。

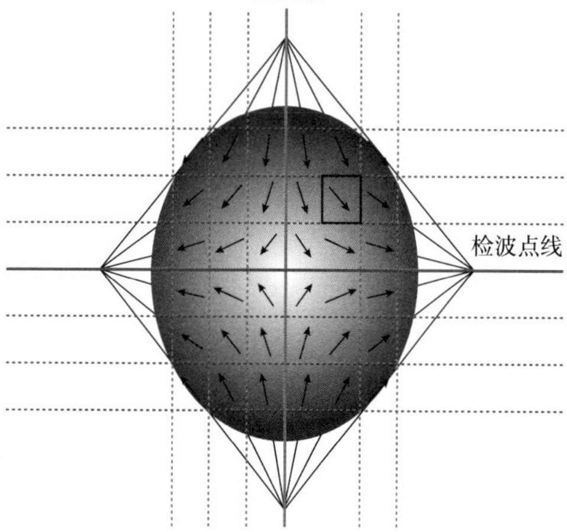

(a) 一个十字排列内的OVT

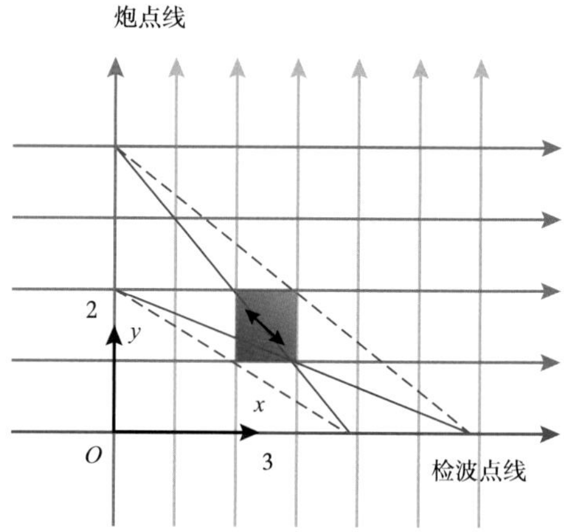

(b) 抽取的OVT道集示意图

图 2-3-10　十字排列及 OVT 片的定义

而五维道集，可简单看作是在经典的三维叠前 CMP 道集数据的基础上，增加方位角变量，并按方位角进一步细分的 OVT 道集数据。图 2-3-11 清晰地表达出五维地震数据的地震反射形态和特征。

十字排列中每一个固定位置的 OVT 块可组成一个 OVT 数据体。所有的 OVT 数据体偏移后可以得到同时反映地震反射信号随炮检距和方位角变化特征的五维成像点数据集（称为螺旋道集）。图 2-3-12 是同一个三维叠前共成像点道集数据分别按经典剖面方式显示与按螺旋道集剖面方式显示的对比，在螺旋道集剖面上可以明显地观察到因方位各向异性造成的同相轴的周期性扭曲。

利用在螺旋道集中不同方位的地震走时差异，可计算出随方位变化的速度函数；对螺旋道集每个方位利用各自的速度进行校正，可消除方位各向异性的时差、提高叠加成像质量。当然，利用不同方位和不同炮检距（反射角）的地震走时和振幅两种属性，还可进行方位 AVO 分析及介质裂缝预测。

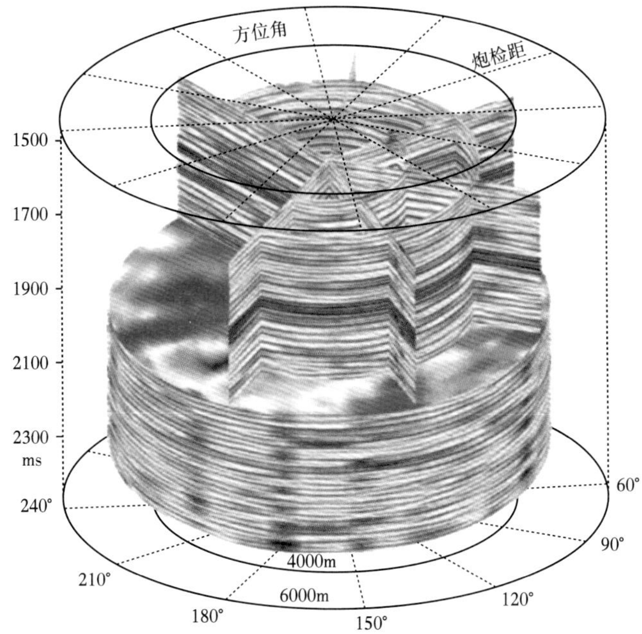

图 2-3-11　五维道集柱状显示（据王霞等，2019）

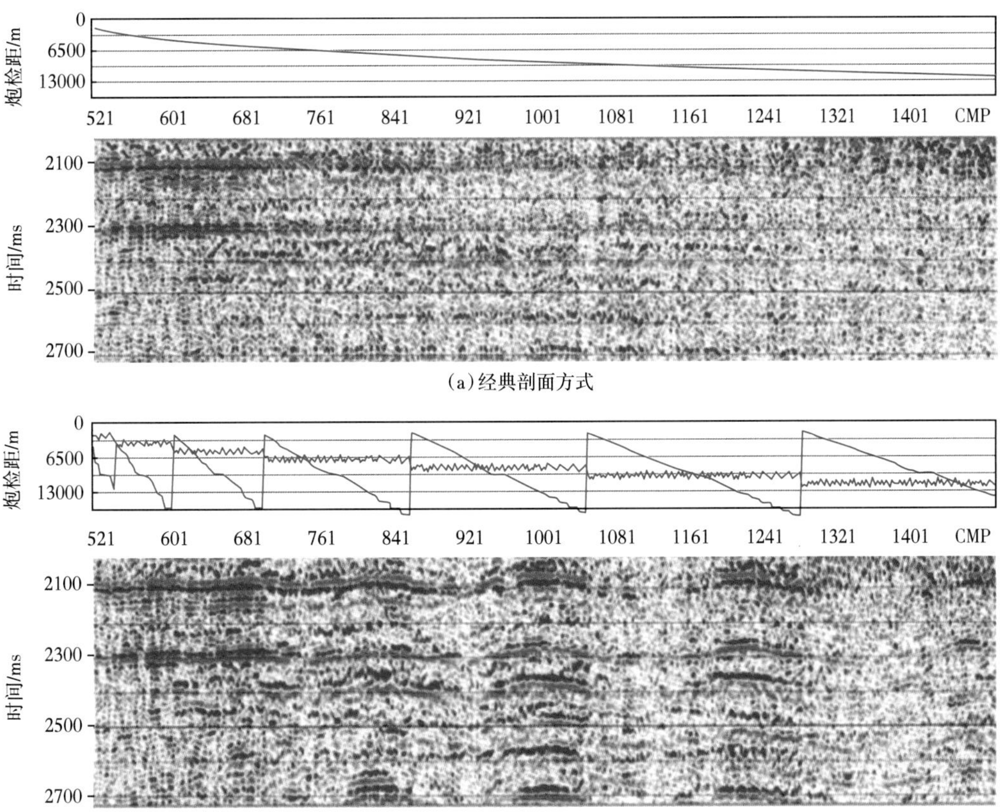

(a)经典剖面方式

(b)螺旋道集剖面方式

图 2-3-12　同一个三维叠前共成像点道集数据典剖面方式与螺旋道集剖面方式显示对比图

OVT 道集内各道的炮检距和方位角分布范围较小，所以偏移后可保留炮检距和方位角信息，炮检距和方位角的值分别是 OVT 道集的平均炮检距和方位角。将 OVT 偏移后的成像点道集按照炮检距、方位角的先后顺序进行分选，就可得到当前成像点的螺旋道集。整个 OVT 叠前偏移和螺旋道集分选的过程如图 2-3-13 所示，图中左侧灰色代表多

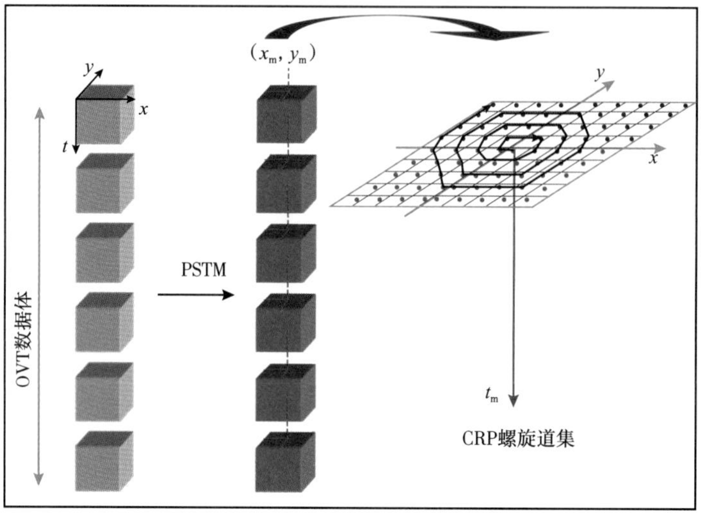

图 2-3-13 OVT 叠前时间偏移及螺旋道集分选

x，y—x，y 方向的偏移距；x_m，y_m—单个 OVT 片输出到螺旋道集的 x 和 y 方向位置；t—时间

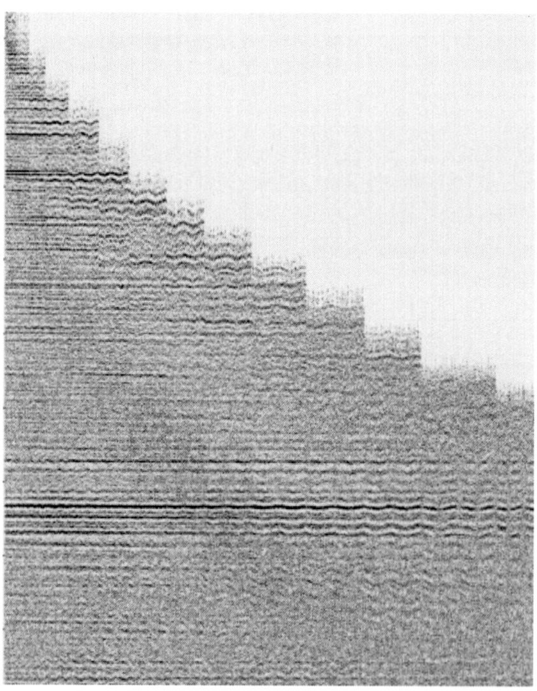

图 2-3-14 实际数据 OVT 叠前偏移后的螺旋道集

个 OVT 数据体，x 代表 x 方向的偏移距，y 代表 y 方向的偏移距，t 代表时间，中间灰蓝色代表经过 PSTM 后的 OVT 数据体，x_m 代表单个 OVT 片输出到螺旋道集道集的 x 方向位置，y_m 代表单个 OVT 片输出到螺旋道集道集的 x 方向位置，右侧图代表一个 CRP 螺旋道集。图 2-3-14 是高密度、宽方位实际数据的螺旋道集，图中的道头曲线分别是炮检距和方位角，由图可见，在一个炮检距分组内方位角是按从小到大进行排序的。此外，随着炮检距的增大，同相轴有随方位变化的类似于正弦曲线的抖动，这是典型的方位各向异性特征。所以，OVT 偏移后的螺旋道集是叠前裂缝预测的理想数据。相对于传统处理，OVT 处理不但可改善成像效果，还可获得更精确的裂缝预测结果。

第四节 宽频地震勘探的内涵与意义

从寻找剩余油气与发现新目标的角度考虑，人们总希望地震勘探的精度更高一些，以查明更小的含油气构造、发现更薄的油气储层，这就需要进行宽频地震勘探以获得分辨率更高的地震资料。

一、宽频地震勘探的内涵

首先需要明确什么样的地震勘探是高精度的，以及如何度量地震勘探的精度。高精度地震勘探是一个相对的概念，主要指地震勘探分辨率、成像精度及保真度得到不断的提高。其中，高分辨率地震波成像是油气地震勘探的核心，也是进行精细油藏描述的基础。

地震分辨率的大小主要体现在子波的形状与特征上，其高低与地震子波的形态、振幅谱和相位谱密切相关，等价于分辨两个相邻反射子波的能。从两个子波的时差考虑，横向分辨率与纵向分辨率的意义是一致的，但是从区别的尺度讲，横向可分辨的尺度的计算比较复杂。尽管对于垂向分辨率，人们已经进行了大量的研究，取得了许多一致的观点和准则，但因地震记录并非纯空间的观测，而是基于地震子波的空间—时间域记录，因此关于横向分辨率还没有严格的准则。一般认为，对于叠加地震剖面，横向可分辨的尺度是菲涅耳半径，但通过偏移可使可分辨的尺度减小，这与偏移的质量有关，其极限等于纵向分辨率，且不小于道间距。

从反射地震学的观点，单一地层的反射记录应与地震子波相对应，其理想状态为尖脉冲，但由于以下几点原因，实际上不可能得到理想的脉冲型子波：

（1）在爆炸的破碎带及塑性变形带之外，地层的形变及位移终将消失，即子波的均值为 0，因此其振幅必然有正值与负值，且正值部分的和与负值部分的和数值相等；

（2）在爆炸的破碎带及塑性变形带之外，波动实际上是地层的自然过程，因此子波是一个能量有限、有确定的起始时间且在很短时间内衰减消失、波形平滑的非周期振动过程，即子波的频带宽度是有限的，与介质的物性有关；

（3）地层不是完全弹性的，波在传输过程中因地层的吸收会逐渐衰减，尤以高频为甚，即子波高频成分的吸收衰减强度大于低频成分。

不论垂向分辨率还是横向分辨率，讨论的方法都是基于地震信号的叠加理论。影响分辨率的环节很多，包括地震波从激发、传播、采集接收到处理、解释的全过程，涉及一系列问题。但对于一个静态的成像记录而言，其主要因素包括记录的信噪比、子波频带的宽度、子波的相位、子波边峰的振幅值与主瓣振幅值的比值，以及边峰以外震荡波形的振幅等。

可以很直接地推论，提高勘探精度的核心是提高分辨率，而提高分辨率的核心是缩小子波视主周期，即缩短子波的时间延续度。

二、分辨率的极限

1. 垂向分辨率及其判别准则

通常认为反射地震记录是地震子波经一系列地震反射界面反射后叠合而成，因此，对于顶底反射界面的到达时差大于子波延续长度的较厚地层，很容易利用反射记录识别其顶底反射界面，但实际上绝大部分情况下并非如此。当地层较薄时，其顶底反射界面产生的相邻两个反射子波肯定彼此重叠，从而影响对地层的分辨。垂向分辨率就是分辨薄层顶底反射的能力，即可分辨时的顶底反射界面的时间差。

对不考虑噪声影响的情况下分辨率的极限问题，主要有以下几种，其中 λ 表示子波的视主周期或视主波长。

Rayleigh（瑞利）准则：当两个相邻子波的时差大于或等于子波的半个视周期，则两个子波是可分辨的，否则是不可分辨的。半个视周期指子波的主极值与相邻反符号次极值的时间间隔，如图 2-4-1 所示。

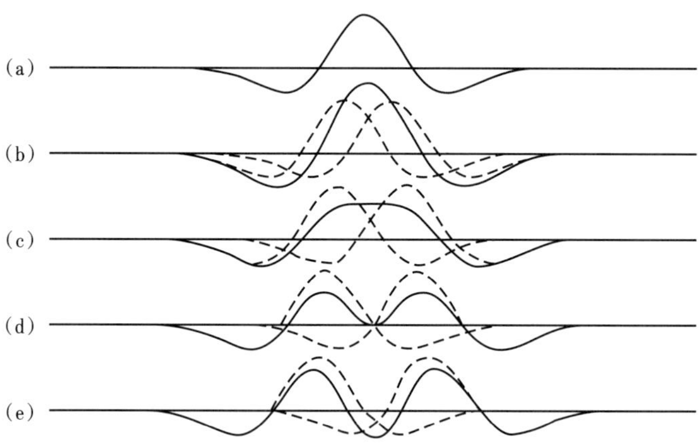

图 2-4-1　Rayleigh 准则和 Ricker 准则

（a）子波；（b）不能分辨；（c）Ricker 极限；（d）Rayleigh 极限；（e）易分辨

Ricker（雷克）准则：当两个相邻子波的时差大于或等于子波主极值两侧的两个最大陡度点的间距时，这两个子波可分辨，否则是不可分辨的。

Widess 准则：当两个极性相反的子波到达时间差小于 1/4 视周期时，合成波形非常接近于子波的时间倒数，极值位置不能反映到达的时间差，两个异号极值的间距始终等于子波的 1/2 周期。尽管此时合成波形的时差不能分辨薄层，但合成波形的幅度与时差近似于正比，利用振幅信息可解释薄层厚度。由于所获取地震波的双程时差，因此薄层厚度在 $\lambda/8$～$\lambda/4$，可利用调谐振幅识别薄层。Widess 还提出了基于子波主极值的能量 b_M 与子波总能量 E 之比的分辨能力指标 P：

$$P=b_M{}^2/E \tag{2-4-1}$$

按此定义，对于具有相同能量的两类极端子波——具有无限宽频谱的尖脉冲子波与无限长度的单频波子波，前者具有无限大的分辨率而后者的分辨率为 0。

从上述分辨率准则可以看出，不同准则虽有区别，但相差不大，基本是将子波的 1/2 视周期的时差作为两个子波波形可分辨的极限值。两个子波时差在 1/4～1/2 视周期时，从波形角度难以分辨，但可以通过振幅值的变化进行估算。

垂向分辨率主要是分辨地层的厚度，对于一个地层而言，上下反射界面的时差是由双程时形成的，因此从波形解释的角度可分辨地层厚度的极限就是 $\lambda/4$，在地层尖灭的位置，可以利用振幅的变化预测厚度的变化，其极限是 $\lambda/8$。

2. 横向分辨率及其判别准则

地震资料在水平方向上所能分辨的最小地质体或地质异常的尺寸称为横向分辨率或空间分辨率。它与地震波的频带宽度、主频、子波类型、信噪比等性质密切相关，也与采样率、资料处理方法有关。但在横向分辨率的定义上还存在不同的认识，由此也产生了不同的计算方法。传统的横向分辨率的定义指分辨地质体大小或两个地质体距离的能力，用菲涅耳带的大小来计算；另一定义是横向上分辨反射界面间隔的能力，用横向波数来计算。

正像用 $\lambda/4$ 作为纵向分辨率的极限一样，用菲涅耳带作为横向分辨率的极限不一定很严格，但作为一个统一的参考标准，用菲涅耳带衡量横向分辨能力还是合理的。用菲涅耳带作为横向分辨率的极限表明，当一个地质体小于一个菲涅耳带时就很难确定它的尺寸。如图 2-4-2 所示，如果地质体的宽度比第一菲涅耳带小，则该反射表现出与点绕射相似的特征，故无法识别地质体的实际大小，只有当地质体的延续度大于第一菲涅耳带时，才能分辨其边界。当然由于信噪比和地下构造等方面的差异，可识别的地质体的大小或间隔也可能突破这一极限，也可能达不到这一极限。

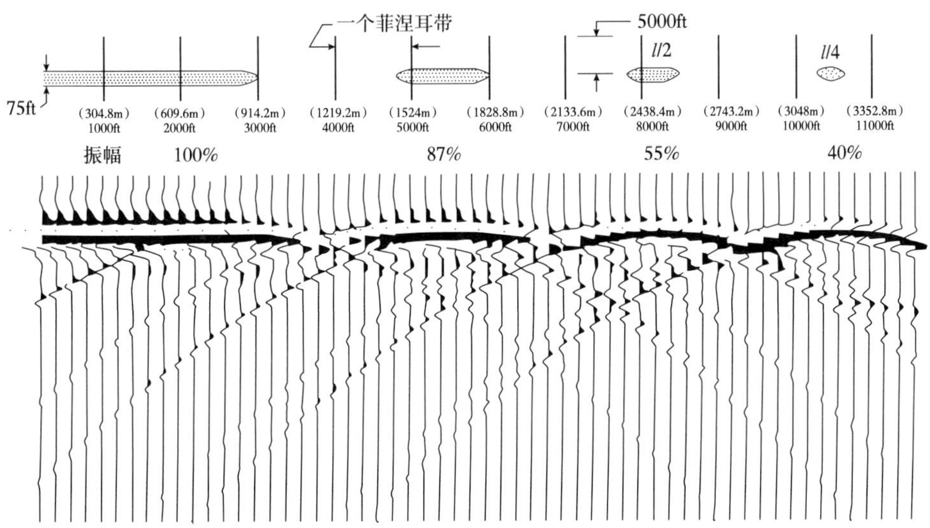

图 2-4-2　不同尺度地质体自激自收地震正演记录（据 Neidell，1997）

按照菲涅耳带准则，对于零偏移距的自激自收剖面（即叠加剖面），视波长为λ的子波在深度为h的反射界面上的菲涅耳带半径为

$$r_1=\sqrt{\left(h+\frac{\lambda}{4}\right)^2-h^2} \tag{2-4-2}$$

当子波的波长λ远小于地层的垂直深度h时，横向分辨率一般由第一菲涅耳带的大小决定：

$$r_1\approx\sqrt{\frac{h\lambda}{2}}=\frac{v}{2}\sqrt{\frac{t_0}{f}} \tag{2-4-3}$$

式中 v——反射界面以上介质的平均速度；

h——反射界面深度；

t_0——双程反射时间；

f——地震波的主频；

λ——波长。

式（2-4-3）说明，除频率因素外，横向分辨率还与地层的速度和深度有关，速度越大分辨率越低、深度越大分辨率也越低。

式（2-4-3）为近似公式，只能用于计算叠加剖面上较深反射层的菲涅耳带半径，不能用于计算偏移剖面上的空间分辨率。对偏移剖面来说，由于偏移过程是使波场不断向下延拓，直到t=0为止，即使之接近地质体，所以菲涅耳带变小，因此偏移是提高横向分辨率的有效方法。当“0”点延拓到反射界面上时，即当h=0时，由式（2-4-2）可得

$$r_1=\lambda/4 \tag{2-4-4}$$

这说明在偏移剖面上，菲涅耳带的半径为反射波的$\lambda/4$，和通常的纵向分辨率相同。一般认为横向分辨率是菲涅耳带的直径，所以在理想情况偏移剖面上的空间分辨率应是$\lambda/2$，这也表明地震子波的主频直接影响空间分辨率。

尽管从理论上讲，偏移后菲涅耳带半径为零，即偏移剖面的横向分辨率可以任意高，实际上是达不到的，偏移效果的好坏不但受到横向采样间隔（检波点距）、偏移速度、信噪比、算法的精度等因素的影响，而且受到垂向分辨率的限制。当仅考虑垂向分辨率影响时，横向分辨率与垂向分辨率有以下关系：

$$\Delta H=\Delta Z/\sin\alpha \tag{2-4-5}$$

式中 ΔH——横向分辨率；

ΔZ——垂向分辨率；

α——偏移角。

无论如何，横向分辨率不可能小于道间距，因此，对横向分辨率的追求必然引起对小面元的要求。

在叠加剖面上横向分辨率的极限就是一个菲涅耳带，偏移可以提高空间分辨率，但

对其作用的机理也有不同的观点。有专家认为偏移可缩小菲涅耳带的大小，所以提高了横向分辨率；另一种观点认为偏移是通过压缩水平方向的空间子波达到提高横向分辨率的效果；还有的认为可用绕射波归位后水平方向子波的波数来衡量横向分辨率。钱荣钧（2010）提出偏移剖面上纵、横向的波数和反射波的纵向波数及反射界面的倾角是互相联系的，它们是同一问题的不同方面，应把它们归为一类而不能把它们割裂开研究，其中反射波的纵向波数或纵向分辨率是问题的核心。横向极限空间分辨率应是 $\lambda/2$，并且不可能小于道间距。

三、频带宽度和形态与分辨率的关系

从分辨率准则中了解到，地震勘探的分辨率主要与子波的视主周期相关。按照 Fourier 分析理论，在时间域缩短子波延续度，变换到频率域就是要增加频带宽度。

按 Widess 分辨能力指标 P 的定义，主频为 f_c 的 Ricker 子波的 P 约为 $3.34f_c$；频带范围为 f_1～f_2，从而频带宽度为 f_2-f_1、中心频率为 $f_c=(f_1+f_2)/2$ 的零相位带通子波的 P 为 $2(f_2-f_1)$ 或 $4(f_c-f_1)$。可见，分辨能力不但与子波的主频（或中心频率）及频带宽度成正比，对于带通型子波还与其低截频 f_1 有关系。

带通型子波是地震勘探中最具有典型意义的代表性子波。通常将带通子波通频带的下限称为 f_1，上限为 f_2，将 f_2-f_1 称为绝对频宽 B，即 $B=f_2-f_1$；将 f_2 与 f_1 之比称为相对频宽 R，即 $R=f_2/f_1$，并通常以 2 的对数为单位，称为倍频程 R_{OCT}，即 $R_{OCT}=\log_2(f_2/f_1)$，例如，当 $f_2=32$、$f_1=4$ 时，$R_{OCT}=3$，称为 3 个倍频程。

李庆忠（1993）对带通地震子波的包络与子波振幅谱的宽度的关系进行了较为深入的分析。其研究表明，对于零相位子波，绝对频宽决定了子波包络的形态，即其胖瘦程度，相对频宽决定了子波的振动相位数。也就是绝对频宽相同的两个零相位子波具有相同的子波包络，相对频宽相同的两个零相位子波具有相同的振动相位数。当绝对频宽一定后，无论子波频带向高频端或低频端移动时，尽管因相对频宽变化而引起子波振动相位数的变化，但因子波的包络不变故分辨率不变。

这一问题上，俞寿朋（1993）也进行了深入研究，并进一步证明，该零相位带通子波的振幅包络为 $\left|\frac{2}{\pi t}\sin B\right|$，其主瓣宽度为 $W=2/B$，主频为 $f_p=(f_1+f_2)/2$，子波的周期数为 $N_c=(f_1+f_2)/(f_2-f_1)$，对于具有 k 个倍频程的子波，即 $f_2=2^k f_1$，则有 $N_c=(2^k+1)/(2^k-1)$，相应的关系曲线如图 2-4-3 所示；并认为“起作用的周期数大约为 $0.8N_c$”“决定分辨率的是振幅谱的绝对宽度，而相对宽度决定子波的相位数，与分辨率没有直接关系”。

以上的讨论均是在假定子波的振幅谱为理想带通状态下进行的，且仅基于 Widess 分辨能力指标 P 考虑的结果，与生产实际中人们的感受与认识是有一定出入的。由图 2-4-3 可以看出，频带向高频端移动时，子波的旁瓣显著增大，反映到地震剖面上时：一方面会与上下相邻的子波主峰产生混叠从而产生干扰；另一方面，较强的旁瓣以平行于主瓣的阴影方式存在，产生虚假构造，严重影响对真实地质现象的判断。

很显然，简单地利用地震子波主频（包括频宽）及其对应的波长定义分辨率，已经远远无法满足当前复杂地表、复杂构造和复杂储层情况下地震勘探的实际需求。为此，引入“清晰度”作为波形是否突出的衡量指标。清晰度定义为相关子波最大波峰值与相邻波峰值的比，清晰度越大，则波形越突出。如图 2-4-3 所示，对绝对频宽一定的带通子波，频带向高频端或低频端移动时还会引起旁瓣的变化，相对频宽越大旁瓣幅度越小，从而具有更高的清晰度，亦即频带向低频端移动时随着相对频带宽度的增加而清晰度增大。

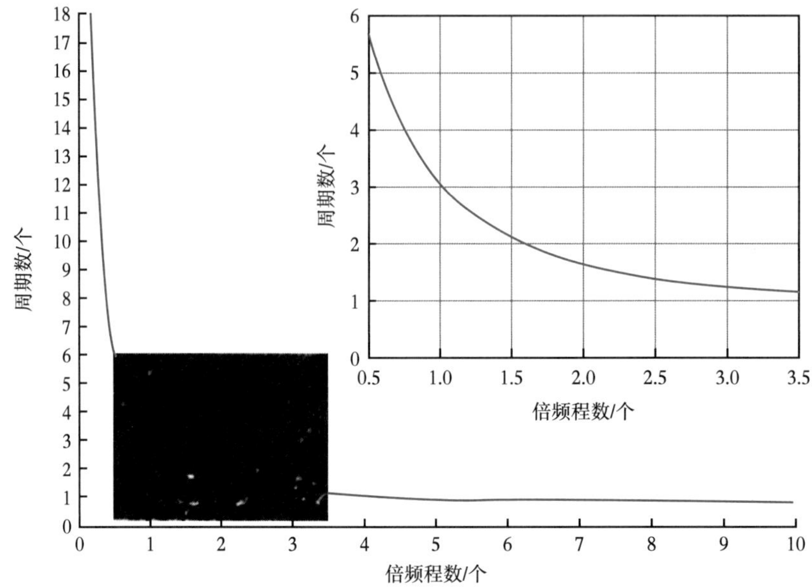

图 2-4-3 子波周期数与振幅谱相对宽度的关系曲线（据俞寿朋，1993）

实际上，子波的延续时间及旁瓣以外延续相位的强度对分辨率同样有非常大的影响。

研究表明，在影响子波分辨率的三大因素中，主波峰的宽度越窄分辨力越好、旁瓣的振幅值与主瓣振幅值的比值越小越有利于分辨力、旁瓣以外震荡波形的振幅越小越有利于分辨率。但犹如物理学中的“测不准原理”一样，三者同时达到最小是不可能的，即调整其中一个因素必然影响另外两个因素的变化。

如图 2-4-4 所示，对四个具有相同能量、频带均为 5～95Hz 但频谱形态不同的零相位子波的对比分析。图 2-4-4（a）为矩形、等腰三角形、偏向低频的三角形和偏向高频的三角形频谱对比；图 2-4-4（b）为其对应的子波形态。

由图 2-4-4 可以得出以下结论：

（1）偏高频三角形谱子波尽管主波峰最窄，但旁瓣幅度、子波的延续时间及旁瓣以外延续相位的强度非常强；

（2）等腰三角形谱子波的主波峰宽度大于偏高频三角形谱子波，但旁瓣幅度较小，尤其是子波的延续时间及旁瓣以外延续相位的强度大幅下降；

（3）矩形谱子波的主波峰宽度与等腰三角形谱子波相当，且旁瓣幅度最小，但子波的延续时间及旁瓣以外延续相位的强度也非常强；

（4）偏低频三角形谱子波尽管主波峰最宽、旁瓣幅度略大于矩形谱子波，但子波的延续时间及旁瓣以外延续相位的强度最小，且比较平滑，更易于识别相邻子波的主峰。俞氏子波（宽带 Ricker 子波）的谱与偏低频三角形谱基本类似但更光滑，因此其对应的子波比偏低频三角形谱子波更为平顺。

如果按照主波峰宽度、清晰度及旁瓣以外延续相位的强度三大因素对子波分辨力的影响大小进行排序，可得到以下结论。

（1）按子波主峰的宽度大小排序：子波主峰宽度越小则分辨力越好，即偏高频三角形谱、等腰三角形谱、矩形谱、偏低频三角形谱的分辨力依次增高，其中等腰三角形谱与矩形谱的分辨力相当；

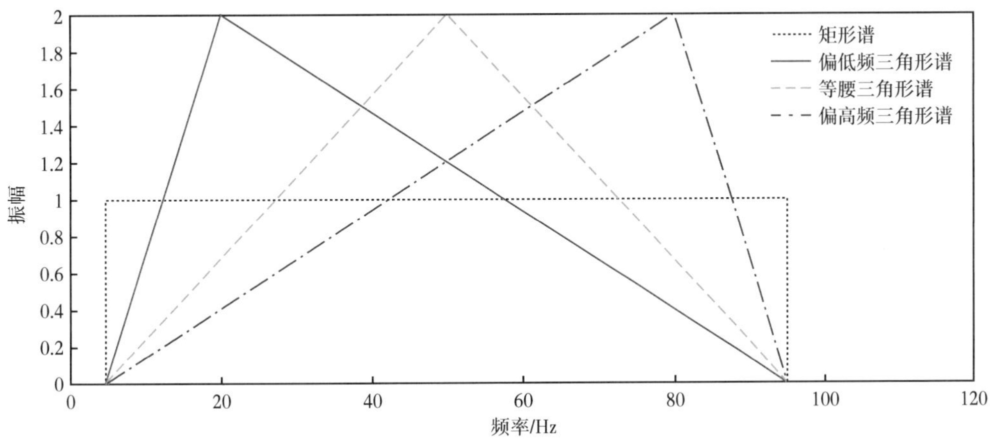

(a) 具有相同能量但形态不同的四种频谱

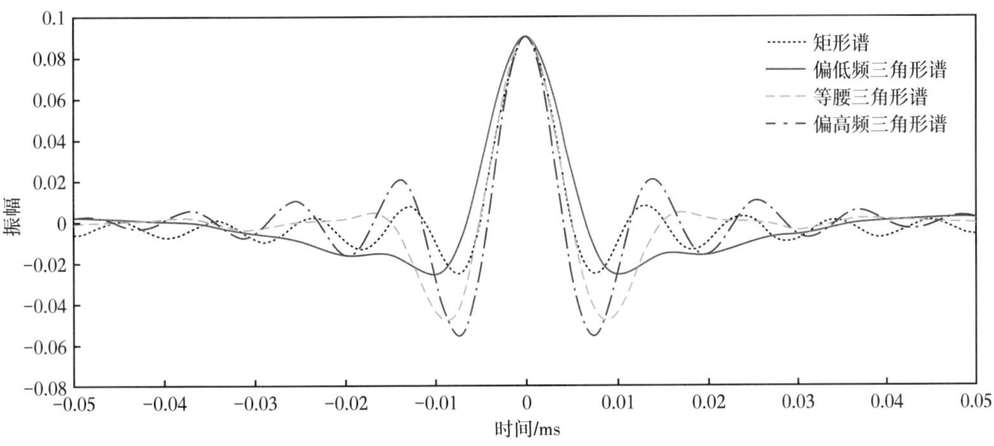

(b) 对应的子波

图 2-4-4　具有矩形、等腰三角形、偏低频及偏高频三角形谱的子波对比

（2）按子波清晰度排序：子波清晰度越大则分辨力越好，即矩形谱、等腰三角形谱、偏高频三角形谱分辨力依次降低，其中，矩形谱与片低频三角形谱分辨力相当；

（3）按子波延续时间及旁瓣以外延续相位的强度：子波延续时间及旁瓣以外延续相位的强度越小则分辨力越好，即偏低频三角形谱、等腰三角形谱、矩形谱、偏高频三角形谱依次增加。

对可控震源相关子波的分析同样显示了相对频宽与绝对频宽对自相关子波形态的影响。图2-4-5中的4个扫描信号虽然它们的绝对频宽不同，但相对频宽相同（2个倍频程），由图可见，它们的自相关子波的清晰度一样，只是相关子波频率不同或者周期不同；图2-4-6则说明绝对频宽相同（B=24Hz）、相对频宽不同的扫描信号对自相关子波形状的影响，由图可见，随着频率向高频移动，主脉冲频率提高了，但旁瓣明显增大，即子波的清晰度变差了。

由分析可见，零相位子波的绝对频宽和相对频宽都很重要，如果只考虑相对频宽，而不考虑绝对频宽，则子波时间延续度不会缩小；如果只考虑绝对带宽，而不考虑相对带宽，则可能造成旁瓣能量很强，在地震数据上出现假同相轴或成为影响其他层位同相轴的噪声。

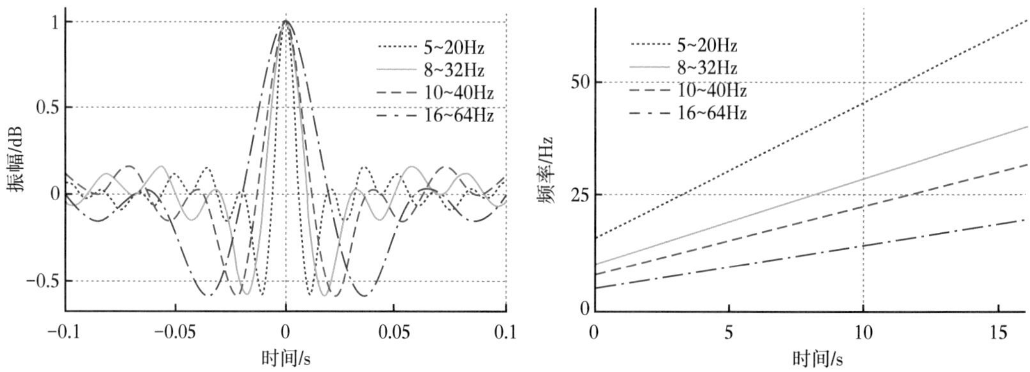

图2-4-5 相对频宽相同的自相关子波

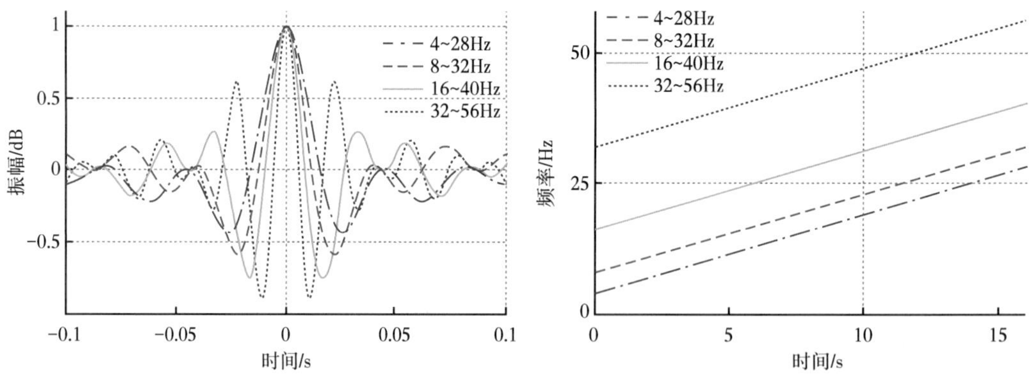

图2-4-6 扫描信号的绝对频宽一样的自相关结果

因此，对于零相位子波，提高分辨率的方法可以是在相对频宽一定的条件下，拓展绝对频宽，也可是在绝对频宽一定的条件下，拓展相对频宽，即扩大地震子波的倍频程，当然最好是二者同时提高。相对而言，拓展低频对增加相对频宽的作用更大。其他相位的子波虽然与零相位子波不尽相同，但提高分辨率的原则是一致的。

图2-4-7是相同地点在其他参数都相同的情况下采用不同起始频率的进行全波形反演的速度建模的结果对比，明显地显示采用1.5Hz起始频率较4.6Hz起始频率反演的速度

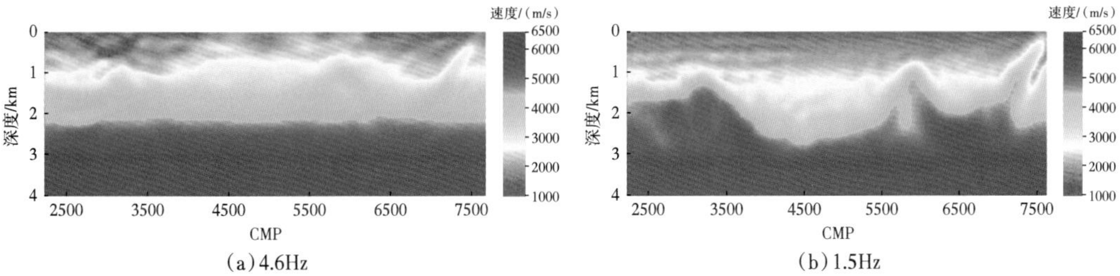

图 2-4-7　起始频率 4.6Hz 及 1.5Hz 全波形反演速度模型结果对比

模型更为精确。研究与实践结果表明，低频信息对石油天然气等烃类赋存有特殊的响应，如低频伴影指示。图 2-4-8 是不同频率剖面显示对比。宽频带剖面相对应的 10Hz 共频率剖面，明显的低频能量出现在储层的下方，其他地方则难以看到；宽频带剖面相对应的 30Hz 共频率剖面低频阴影区消失，在储层正下方的反射层能量有些减弱。

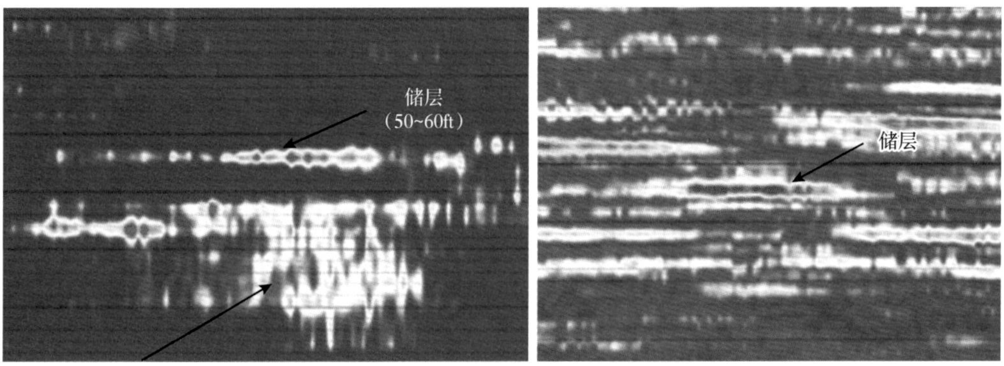

(a) 10Hz　(b) 30Hz

图 2-4-8　10Hz 及 30Hz 共频率剖面显示对比

由此可见，分辨率因素各有利弊，只能在使用中根据实际情况选择子波振幅谱：

（1）在强反射附近想观测弱反射，最好选择边侧振动小的子波；如果想分辨很近且振幅差不多大的两个反射，最好选择主瓣宽度小一些的子波，而不去管边侧峰值的大小。

（2）在子波振幅谱的通带已定的情况下，低频谱丰富的子波分辨率更高。在以岩性油气藏为主要勘探目标的阶段，增加低频成分对于改善成像精度的意义更大。从以上分析可以得出这样的结论，即拓展地震资料的频带主要是拓展低频成分，而拓展低频成分的途径主要有两个：一个是改进激发技术，增加原始信号的低频能量，这是根本方法；二是在处理解释过程中，利用各种技术手段对低频成分进行补偿，但这种办法通常难以改变信噪比谱，尤其是基于单道的技术手段。

就炸药震源而言，在塑性圈之外的振动基本上是地层的自由运动，因此其频带成分只与地层的物性有关，人工难以改变；而可控震源为改变这一状况带来了希望。在实践中，通过适当的信号设计，能够驱动地层产生所期望的信号形态，尤其是在增加低频能量上成效显著。

四、宽频地震勘探的意义

宽频地震勘探技术是实现高精度地震勘探的重要方法之一，能够获得薄层和小型沉积圈闭的高分辨率图像，并实现深部目标体的清晰成像，提供更多的地层结构及细节信息，提高地震资料的解释水平，同时提供更加稳定的反演结果。

高分辨率地震成像一定是高信噪比的成像结果，这个高信噪比应该是各种频率成分的信号都具有的。在地震资料解释中，无论地震信号的频带有多宽，但能被解释人员所使用的信号一定是比噪声要强数倍的一段连续频率成分。若把具有一定信噪比能够为解释人员所用的一段连续频率成分的宽度定义为有效带宽，则有效带宽越宽，解释人员可使用的地震成果资料的频率成分越多，越容易识别的地下地质目标。对于垂向分辨率，有效带宽是频带宽度。对于横向分辨率，有效带宽是波数宽度。

在采集中基于单检波器、无组合采集方式的高密度地震采集，利用小检波点距采集对有效波充分采样的同时也全面记录了各种噪声，虽然原始数据信噪比有所降低，但是由于覆盖密度增加，在处理中噪声更易识别和压制。因此，经过处理后有效频带会加宽、分辨率将得到提高。当然，原始数据信噪比的降低会使数据处理难度更大，给处理工作带来更大的挑战。因此，需要在地震勘探的各个环节更关注有效频带宽度。

第三章　宽方位高密度地震资料采集设计技术

随着我国油气勘探开发的不断深入，复杂油气藏勘探普遍面临3个方面的技术挑战：（1）油气资源条件越来越复杂，发现新目标落实规模储量难度越来越大，对地震资料保真度的要求越来越高；（2）地表条件越来越复杂，人文干扰显著增加，地震资料信噪比越来越低；（3）倡导绿色勘探概念，勘探成本控制压力越来越大，传统观测方式无法满足高效高精度勘探需要。宽方位、高密度地震采集设计技术就是针对这三方面挑战形成的用以提高地震资料保真度、信噪比、分辨率的系列技术。本章重点讨论了宽方位高密度地震采集技术的实现方法，即面向成像的观测方案设计方法。从成像对地震勘探观测方案的要求出发，分别介绍了基于波动照明分析的观测系统设计方法、观测系统有效带宽计算和压制噪声能力估算方法等，全面论述了如何设计一套科学合理的高保真三维地震勘探观测方案。

第一节　高保真观测设计技术

为保证"两宽一高"地震勘探采集技术的经济可行性，在设计阶段就要考虑4个方面难题：（1）科学设计观测方式，保证地震波场高保真空间采样；（2）宽频信号激发接收，拓宽稳定均匀的观测频带；（3）宽方位超大道数快速接收，获取海量观测数据；（4）降低采集作业成本，提高数据采集效率。高保真观测设计的总体技术思路为：可控震源宽频激发、单点高灵敏度宽频检波器接收、高密度宽方位观测，包括基于表层调查的激发设计、可控震源宽频扫描信号设计、单点高灵敏度宽频检波器接收、高密度观测系统设计等四项标志性技术。实践证明，高保真观测设计技术是"两宽一高"地震采集的关键性技术之一。

一、基于表层调查的井炮激发设计技术

炸药震源激发的地震波具有频带宽、勘探深度大等优点。李庆忠（1993）指出，激发是高分辨率地震勘探"链条"中的第一个环节，或者说是高分辨率系统工程中的第一个子系统。它包括激发井深、激发岩性、激发方式、药量大小、炸药爆速、药包形状、炸药与介质耦合条件等因素。激发岩性和井深的合理选择，是确保获得高品质地震资料的基础。多年来形成的"基于岩性、含水性"的逐点井深设计方法，可以保证激发子波的能量和激发频带。

1. 精细表层调查及建模技术

利用微测井、小折射、大炮初至解释等技术，对近地表结构进行精细调查；再利用

三次样条插值函数，建立二维近地表结构模型；最后应用协克里金（Co-Kriging）函数建立三维近地表结构模型。目前，塔里木、准噶尔、鄂尔多斯等盆地沙漠区均建成了沙漠区近地表结构基础数据库，为地震采集参数设计、技术方案优化、地震数据连片处理提供了数据支撑，保障了地震资料品质的综合提升。

2. 激发参数逐点设计技术

利用精细近地表结构基础数据库，逐点设计激发井深，目标是获得频带宽、能量高、次生干扰小的单炮资料。在潜水面以下的高速层中优选炮点激发，一般采用单井 / 小药量，减少震源能量散失，削弱由震源产生的次生干扰，从而保证震源下传能量；在局部低降速层较厚区，单深井钻遇高速层经济性差，可实施性低，一般选择在潜水面以下激发，采用少井 / 较小药量，可获得较好的激发效果，同时不破坏潜水面；在低降速层巨厚区，无法打到潜水面或高速层，首先需进行浅层岩性或含水性调查，将微测井取心结果作为控制点，制作最佳激发层位剖面图，利用线性插值逐点设计激发井深和药量，一般采用多井 / 适中药量，能明显改善单炮品质。

鄂尔多斯盆地黄土巨厚、地表起伏、沟壑纵横、激发质量不佳，基于表层调查的激发参数逐点设计技术不断发展完善，单炮信噪比、分辨率大幅度提升，地震资料一致性增强，储层预测精度大幅度提高。

二、可控震源宽频扫描信号设计技术

常规可控震源扫描信号的低频极限频率普遍在 6Hz 左右。随着“两宽一高”地震勘探技术的推广应用，可控震源信号设计不断向拓低频、展高频、宽频带方向发展。低频信号由于其波长属性，对高速地质体具有良好的穿透性，其频带宽度对地质目标分辨率与信噪比的改善具有重要意义。此外低频信息也是弹性波全波场反演中的重要组成部分。

可控震源采用低频扫描信号时，为了满足震源的重锤行程和系统液压流量的限制，同时得到更加优化的振幅谱和能够更好地保护震源免于自身机械结构受损，实现低频信号设计，一般采用以下思路：

（1）获取常规可控震源低频输出特性。采用定频扫描，以等间隔逐渐增加震源出力进行激发，记录每次实测的低频段样点出力，确定可控震源低频段样点实际输出最大出力。

（2）精确拟合可控震源低频段输出曲线。一般重锤最大位移曲线采用二次拟合，系统流量曲线采用一次拟合。若采用多项式拟合，拟合的震源振动限制曲线更符合震源的实际输出。

（3）精准推导低频扫描信号功率谱密度与扫描频率变化率的关系，使得设计的扫描信号既有效保证低频段的激发能量，又兼顾中高频段的激发能量。

（4）采用泰勒多项式精确计算低频扫描信号样点相位和振幅，既能保证低频段相位的准确性连续性，又能减少可控震源输出畸变。

相比于“十二五”期间，可控震源起始频率由原来的 3Hz 降低到 1.5Hz，满幅出力最低频率小于 4Hz，拓展了扫描信号倍频，增加了低频部分能力，保证了可控震源始终处于畸变小、状态稳、频带宽的良好工作状态。

在吐哈盆地沙漠区，可控震源分别采用常规和低频两种扫描信号进行激发，接收排列完全相同，如图 3-1-1 所示，常规信号 2～5Hz 在 40dB 以下，而低频信号则超过了 30dB，频谱更加平滑，两者在高频段几乎一致，低频激发的目的层信噪比有明显提高。

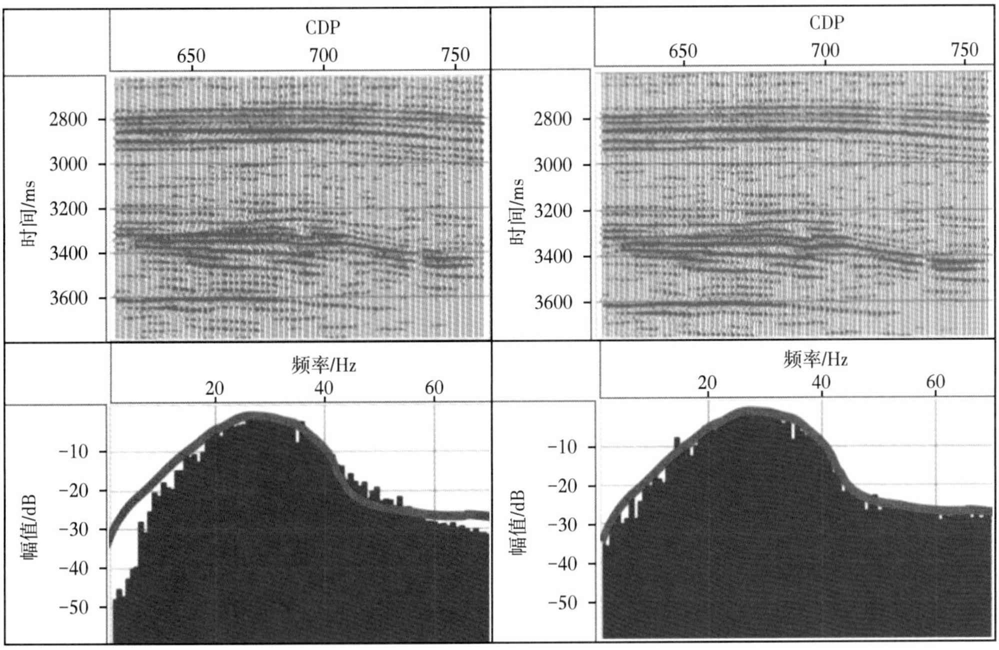

(a) 常规6~84Hz扫描，扫描长度16s　　(b) 低频1.5~84Hz，扫描长度16s

图 3-1-1　不同频率叠前时间偏移剖面（上）及相应的频谱图（下）对比

三、单点高灵敏度宽频检波器接收技术

检波器作为地震波场的核心传感部件，其性能质量和技术水平直接决定了地震数据品质。为了压制干扰波提高单炮信噪比，通常采用检波器组合来接收地震波。实践证明，组合是较低覆盖密度条件下提高信噪比的有效手段。近年来，随着高精度地震采集技术的规模化应用，地震资料信噪比大幅度提升，地震频带明显拓宽。

相比组合检波器技术，单点采集具有以下优势：

（1）对信号和噪声无压制作用，野外采集的资料忠实于原始面貌，不损失信号频率、相位、振幅特性，具有野外原始资料保真的优势；

（2）消除了由于地形高差变化或近地表速度变化所造成的旅行时差异，克服了检波器组合时组内地震道叠加所造成的地震信号畸变、地震属性失真等问题；

（3）轻便易施工，降低野外员工劳动强度，有利于野外生产组织和作业效率提高；

（4）检波器技术性能指标更高，耦合情况方便检测，能够有效控制埋置质量。

当然，也存在天然的不足：

（1）野外记录视觉信噪比较低，特别是在强面波和强背景噪声时，较难识别到连续的反射同相轴；

（2）对检波器性能和埋置要求高，单只检波器性能或工作状态不正常，会影响整道数据。

围绕单点和组合的适用性问题，通过大量的理论分析与对比试验、系统的总结与分析，创新提出单点宽频、高密度地震勘探技术，采用更高密度、更宽方位的观测系统，保障地震数据的信噪比；采用小组合或单点高灵敏度宽频接收，保障地震数据的宽频带，从而极大地提高了地震资料的保真度和分辨率。

通过在我国不同盆地不同地表开展大量的单点与组合接收试验对比研究，找到了不同区域单点采集与成像道密度之间的适用关系，认识到优选单点宽频检波器是提升地震采集质量的关键，同时强化检波器耦合质量是野外施工管理的重要环节。

四、宽方位高密度观测系统设计技术

宽方位高密度地震采集观测系统设计流程主要包括资料收集与分析、观测系统参数分析和观测系统优化三个阶段。其中前两个阶段与常规三维观测系统设计流程一致，仅技术指标更高、更强。与常规三维观测系统设计相比，高密度、宽方位的主要区别是在第三阶段。

1. 覆盖密度概念与指标

覆盖密度概念，即每平方千米范围内包含的炮点、检波点对总和，也称地震道密度。相对于常规采集，高密度地震采集最主要的优势在于提高地震资料的信噪比和成像精度，同时能够降低采集脚印，提高资料成果的保真性。但是，覆盖密度对地震资料质量的影响是相对的，它还受勘探目标、激发接收方式、勘探区域信噪比、地表和近地表条件等因素的影响。

2. 观测方位概念与指标

地震勘探中，地震波的激发点与接收点的相互位置关系构成了地震观测系统，而激发点与接收点连线的方位角即为观测方位。随着地震、地质勘探要求的不断提高，宽方位地震勘探已成为地震勘探的必备手段之一。宽方位地震采集的目的是获取观测方位、炮检距和覆盖次数分布尽可能均匀的三维数据体，但是宽方位观测必然会带来地震采集成本的大量增加。因此，陆上宽方位采集多通过采用多炮少道、以炮代道结合可控震源高效采集技术来降低成本。针对各向异性问题、裂缝预测、致密油勘探，多选择宽方位观测。对覆盖次数、最大炮检距、最大非纵距等参数要针对各自目标层位分别进行针对性论证选择，从而形成各自的观测系统。“两宽一高”观测系统横纵比应不低于0.6，同时目的层横纵比应不低于0.8。

3. 观测方案叠前属性分析与评价

观测方案叠前属性分析与评价是宽方位、高密度采集的技术重点，包括叠前偏移属性评价、波场连续性评价和观测系统压噪能力评价三个部分，下面分别进行介绍。

第二节 基于叠前偏移子波均匀性观测技术

常规观测系统设计主要考虑叠加剖面效果，侧重定性评价炮检距、方位角、覆盖次数是否均匀；叠前偏移对原始数据体要求更高，需考虑叠前偏移成像道集的均匀性、连续性和对称性。“十三五”期间，开展了系统的基础研究、理论攻关与勘探实践，创新提出基于叠前偏移处理的观测系统设计技术，通过对简化的地质目标（单曲面、绕射点等）进行模拟处理（叠加、叠前时间偏移、速度分析等），再进行均匀性、波场连续性、叠加响应、PSTM脉冲响应、压噪能力等多方面评价，迭代优化观测方案，进而满足资料叠前处理的需求，达到准确落实构造的目标。该技术推动了观测系统设计方法从叠后向叠前、从定性向定量的转变，大幅度提高复杂构造地震成像精度，为高精度地震勘探提供了重要的技术支撑。

一、基于叠前偏移的观测技术设计

1. 叠前偏移的优势

目前，油气勘探对象变得日趋复杂，面临“低、深、薄、隐”的问题日益突出，对地震采集技术提出了更高的要求。野外采集获取的地震资料要具有较高的信噪比、分辨率和保真度，才能够精细刻画复杂构造，准确预测复杂储层、复杂油气及油气藏的空间展布特征，解决非常规油气藏的目标优选与高效开发。

为了有效解决复杂油气藏的勘探和开发难题，就必须依靠优秀的地震偏移成像算法，为处理和解释人员提供精确的地质构造。常规偏移（即叠后时间偏移）在以往的油气勘探过程中起到了重要作用，但随着勘探难度的提高，在构造较为复杂的地区，基于常规偏移的处理方法再也难见成效。究其原因，主要是由于常规处理是先叠加后偏移，水平叠加过程受层状介质假设制约，在复杂地质构造条件下，这种叠加过程很难实现同相叠加，这样会破坏真实的波场信息，所以用这种失真的叠后数据去进行偏移处理难以取得好的成像效果。

叠前偏移是复杂构造成像和速度分析的重要手段，它可以有效地克服常规动校正（NMO）、倾角时差校正（DMO）和叠后偏移的缺点，实现真正的共反射点叠加。与叠加相比，它具有以下优点：

（1）符合斯奈尔定律，成像准确，适用于复杂介质；

（2）消除了叠加引起的弥散现象，使得大倾角地层信噪比和分辨率有所提高；

（3）能够综合利用地质、钻井和测井等资料来约束处理结果，还可以直接利用得到的深度剖面进行构造解释方便与实际的钻井数据进行对比。

因此，叠前偏移，特别是叠前深度偏移是地质体成像的最理想方法，尤其是对于逆掩推覆、高陡构造、地下高速火成岩体等复杂地质目标可以取得较满意的成像效果。

2. 叠前偏移对观测属性的要求

1）空间采样满足叠前偏移空间采样准则要求

常规采集设计的主要目的是得到充分、规则采样的叠加数据体，用叠后偏移得到精确成像。在常规的叠后偏移中，动校正本身对数据的要求比偏移对数据的要求低，且通过叠加可大幅提高资料的信噪比。叠后偏移要求叠后数据具有足够的中心点采样，当中心点采样不足时，用内插后的叠加数据进行偏移一般也不存在什么问题。然而，叠前偏移成像对三维地震观测系统提出了更高的要求。当对地下数据的采样不足时，叠前偏移很容易产生假频，这可能会很大程度上抵消叠前偏移方法本身的优越性。

通过测井信息与提取的地震子波进行褶积得到模拟地震记录，再根据以往地震剖面分析最大优势频率f_{max}、层速度、倾角、埋深等地球物理参数，最后根据 Biondo（2003）给出的叠前偏移空间采样准则公式计算观测系统的基本空间采样：

$$\Delta\rho \leqslant \frac{v^2}{2f_{max}}\left(\frac{\rho_s}{t_s}+\frac{\rho_r}{t_r}\right)^{-1} \tag{3-2-1}$$

式中 $\Delta\rho$——对地下旅行时的采样间隔，也就是面元中心点距离。

对于叠前偏移，不满足式（3-2-1）的空间采样准则、采样间隔太大会导致偏移中产生强烈假频。

首先，从对称采样角度考虑，激发点距要等于检波点距。为保证 Inline 和 Crossline 方向的采样率相同，对激发点距和接收点距采用相同的设计方法。空间采样可以看作是一种表示偏移公式中被积函数的方法，因此，偏移结果与采样质量有关，并且理论上讲只有对被偏移的数据进行了合理的采样方能得到最可能好的分辨率。其次，采样还须考虑信噪比的问题，波场充分采样对提高信噪比是非常有效的，滤波算法是仅次于偏移的另一个容易受到输入数据假频影响的多道处理方法。采样间隔越小，信号和噪声在滤波域中被分离的就越好，噪声滤除得越彻底。因此，在低信噪比地区，小的采样间隔是必不可少的。

2）采样均匀及面元属性一致要求

空间采样与地下偏移成像子波特征的均匀性密切相关，空间采样的不均匀性通常表现为叠加剖面或偏移剖面的振幅切片上出现条带状痕迹，称为“采集脚印”。随着勘探目标从构造到岩性的转变，对地震资料精度的要求也越来越高。这要求在采集阶段就应设法保护真实的地震信息、减少采集脚印对地震振幅的影响。

采样均匀指面元内炮检距和方位角采样分布均匀，而面元属性一致指面元之间覆盖次数、炮检距和方位角的分布要基本一致。在符合叠前偏移采样准则情况下，采样均匀且面元属性一致的观测系统才适合于叠前偏移，才能使偏移噪声最小和采集脚印最弱。

3）适应 OVT 处理要求

宽方位地震数据在一个共炮检距数据上方位角分布比较宽，由于地下介质的各向异性问题，不同方位地震数据运动学和地震学特征存在较大差异。在数据规则化时，需要考虑不同方位的差异，保证插值所用的数据来自一个近似的方位，使得插值后的地震数据更好地保持其所在方位的特征。实现这一思路的技术是在 OVT 数据体上进行数据规则化处理，而不是在共炮检距数据体中进行。

从工区内所有可能的十字排列中把单一的向量片取出并组合到一起，这些单一的 OVT 在每个十字排列中具有相同的相对位置，抽取后形成单次覆盖的数据体，这个数据体具有相似的方位角和炮检距。在 OVT 域内，计算插值因子所用的区域内的地震数据来自一个固定方位（或一个窄的方位范围），因而数据的相似性更好，插值因子求取更合理。

随着炮检距的增大，同相轴有随方位变化的类似于正弦曲线的抖动，这是典型的方位各向异性特征。所以，OVT 偏移后的螺旋道集是叠前裂缝预测的理想数据。OVT 处理技术在国内外多个宽方位、高密度数据应用结果表明，相对于传统处理，OVT 处理不但可以改善成像效果，还可以得到更精确的裂缝预测结果。

3. 基于叠前偏移的观测技术设计流程

按照“充分、均匀、对称”的空间采样理念，宽方位、高密度采集设计技术更多强调三维地震数据在地震资料处理、叠前偏移成像中的空间连续性，旨在提高以精细构造、岩性、油藏描述和时间推移为目标的地震勘探的能力和精度。从叠前资料处理的需求考虑，无假频、全方位采样是最理想的采集观测系统，但受设备条件及经济费用的限制，这种理想的采集方法目前是无法实现的。因此，如何在现有设备条件和经济可行的前提下，优化设计观测方案，使之满足波场采样充分性、均匀性和联合压噪的原则，进而满足资料叠前处理的需求，是观测系统优化设计所要考虑的重要因素。

通常基于叠前偏移的三维观测系统设计流程可划分为以往资料搜集与分析、观测系统参数分析、观测方案属性评价三个阶段，具体流程如图 3-2-1 所示。前两个阶段与常规流程没有区别，本节重点介绍均匀性定量评价、波场连续性评价、叠加响应分析、PSTM 脉冲响应分析等多种观测方案属性评价技术。

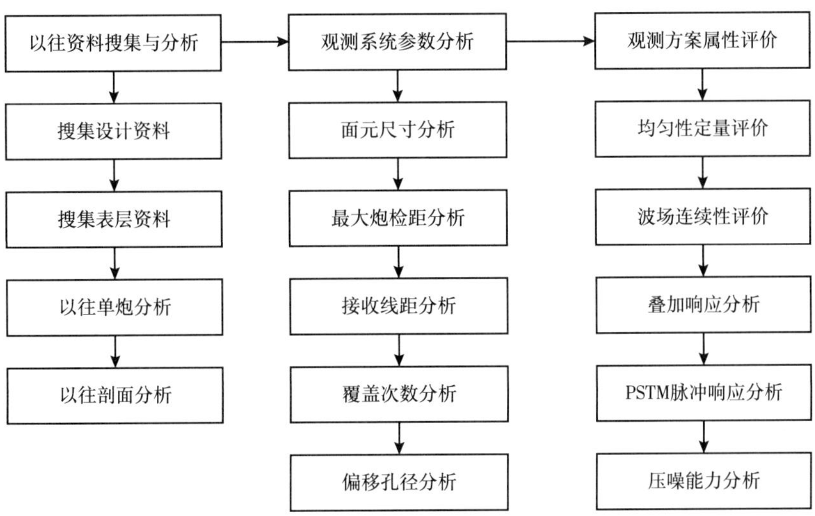

图 3-2-1 基于叠前偏移的观测技术设计流程图

4. 观测方案属性评价准则

观测系统设计一般需要通过采集参数论证提出几套候选方案，如果对所有方案均进行评价，时间周期较长，势必会影响野外施工。为了快速选择出适合地质任务要求的观测系统，需建立相应评价准则对候选观测系统做出快速评价。

目前，针对观测系统属性的定量分析方法大多是基于对面元内炮检距、方位角的分布情况进行评估，忽略了面元间属性分布的相似性。实际上，定量化评价不仅要求面元内炮检距、方位角均匀分布，还要求面元间炮检距、方位角分布也应该尽可能保持一致。本节从均匀性和相似性两方面出发，对候选观测系统进行综合评价。

均匀性从 CMP 角度进行空间充分采样、均匀采样分析，采用满覆盖子区内炮检距（或方位角）变化率的均方差来衡量，具体公式为

$$H=\frac{1}{M}\sum_{j=1}^{M}\frac{\sqrt{\dfrac{\sum_{i=2}^{N}\left(\Delta X_{ji}-\Delta\bar{X}\right)^{2}}{N-1}}}{\Delta\bar{X}} \tag{3-2-2}$$

式中 X——炮检距（或方位角）；

ΔX_{ji}——子区内第 j 个面元内第 i 个与第 i–1 个炮检距（或方位角）的差；

$\Delta\bar{X}$——炮检距（或方位角）差的均值；

N——满覆盖次数；

M——子区内面元个数；

H——均匀性均方差，H 值越接近零，表明面元内属性分布越均匀。

为了减小面元间炮检距（或方位角）分布不一致带来的采集脚印问题，不同面元内的属性分布应尽可能保持一致。为此，应该选择道集内炮检距（或方位角）相似性较好的观测系统，以使采集脚印最弱化。相似性可采用满覆盖子区内炮检距（或方位角）与理想炮检距（或方位角）的均方差来衡量，具体公式为

$$S=\frac{1}{M}\sum_{j=1}^{M}\sqrt{\frac{\sum_{i=1}^{N}\left(X_{ji}-\overline{X_i}\right)^{2}}{N}} \tag{3-2-3}$$

式中 X_{ji}——子区内第 j 个面元内第 i 个炮检距（或方位角）；

$\overline{X_i}$——理想炮检距（或方位角）分布；

S——相似性均方差，S 越接近 0，表明面元间属性分布越相近。

二、观测系统属性评价方法

1. 均匀性定量评价

按照“两宽一高”地震勘探的要求，三维观测系统设计必须尽量满足面元内炮检距、

方位角分布均匀，理想的炮检距分布应该是自近到远均匀分布。炮检距分布不均会在三维数据体上产生严重的采集脚印，引起倾斜信号、震源噪声甚至一次波发生混叠，严重时会使速度分析精度降低，从而严重影响成像精度。采集脚印通常以条带状出现在较浅的时间切片或反射层振幅图上，掩盖了真实的振幅异常，影响后续的地震资料解释和综合研究。在三维观测系统设计中，为了减少采集脚印，需优化观测系统参数，以确保覆盖次数均匀、炮检距均匀和方位角均匀。对覆盖次数均匀性进行分析的方法较多且较成熟；而对炮检距均匀性和方位角均匀性的分析以往多采用定性分析图的方式。在借鉴已有方法基础上，引入了均值、方差、加权叠加等概念，改进了三维观测系统均匀性的定量分析方法，提出了一种面元内炮检距均匀度的定量估算方法，即计算满覆盖区域内所有面元炮检距均匀度标准方差（即为整个观测方案均匀度），该方法能有效分析和评价三维观测系统属性均匀性。

1）面元内炮检距均匀度定量估算方法

观测系统参数确定后，最大炮检距和最小炮检距就已确定，理想炮检距分布应自最小炮检距到最大炮检距均匀分布，如图 3-2-2（a）所示，但这种理想分布在二维观测中比较容易实现，而在陆上三维地震勘探中，出于经济性的考虑，通常采用束线方式施工，所以实际面元内炮检距分布受观测系统参数、观测系统形式、滚动距离等影响，自小向大呈一定规律分布，基本无法实现实际炮检距均匀分布，如图 3-2-2（b）所示。

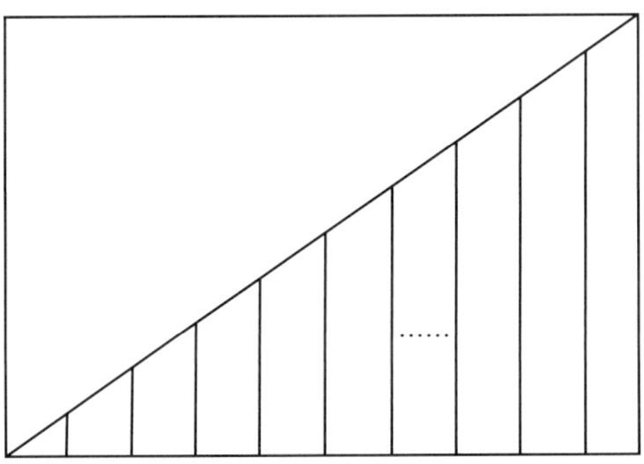

（a）面元内理想炮检距

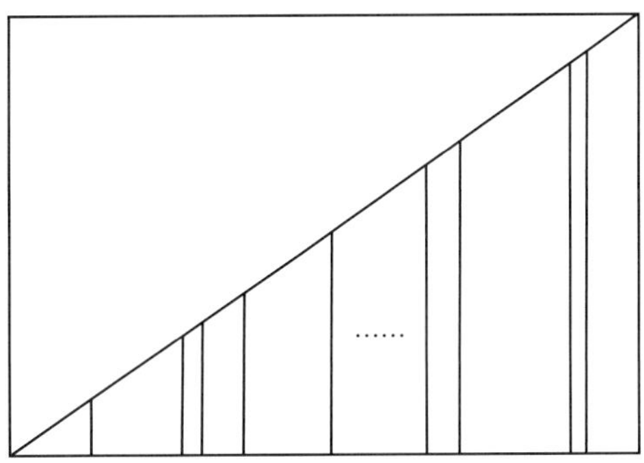

（b）实际炮检距

图 3-2-2　面元内理想炮检距和实际炮检距分布示意图

为度量面元内实际炮检距分布情况与理想分布差异的程度，提出了面元炮检距均匀性量化指数 U，定义如下：

$$U=\frac{1}{N}\sum_{i=1}^{N}\frac{1}{W_i}\left[1-\left(\frac{X_{ri}-X_{ti}}{W_i\times\Delta X}\right)^2\right] \tag{3-2-4}$$

其中

$$X_{ti}=\Delta X\left(i-1\right)+X_{r\min}$$

$$\Delta X=\frac{X_{r\max}+X_{r\min}}{N-1}$$

$$X_{ti}=\frac{X_{\max}+X_{\min}}{N}i+X_{\min}$$

$$W_i=\text{INT}\left(1.5+\frac{\left|X_{ri}-X_{ti}\right|}{\Delta X}\right)$$

式中 U——面元内炮检距分布均匀度；

N——覆盖次数；

ΔX——理想炮检距变化增量的一半；

X_{ri}——对应第 i 个实际炮检距；

X_{ti}——对应第 i 个理想炮检距值。

INT 表示对小数取整，函数返回小于或等于该参数的最大整数，即 W_i 是用理想炮检距增量的整倍数表示的面元内实际炮检距与理想炮检距之差，其值越大，对面元均匀性的有效贡献就越小（图 3-2-3）。当实际炮检距与理想炮检距之差的绝对值小于或等于 ΔX，则称为有效炮检距，系数为 1，其对面元均匀性的贡献最大，而若实际炮检距与理想炮检距之差绝对值过大，则该实际炮检距对面元贡献作用变小。用加权系数表征炮检距对面元的有效贡献，从而更客观评价炮检距均匀性的定量分析方法。式（3-2-4）计算的炮检距分布均匀度 U 在 0～1 之间，其值越接近 1，表示该面元内的炮检距分布越均匀。

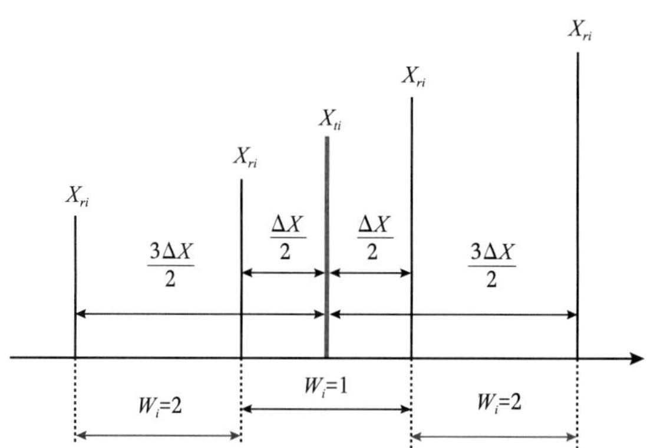

图 3-2-3 面元内实际炮检距和理想炮检距分布与加权系数关系示意图

2）炮检距空间分布特征定量分析方法

通常炮检距空间分布特征定性分析以方位角、炮检距和炮检对个数（中点个数）为变量参数，可用柱状图、折线图、玫瑰图表示。通过式（2-3-4）满覆盖区炮检距空间分布特征的量化。

3）观测系统整体均匀度计算方法

尽管满覆盖区内各面元的覆盖次数相同，但炮检距分布会存在差异，因此某一面元内炮检距分布的均匀性并不能代表整个观测系统整体的炮检距分布。为了能够定量分析观测系统整体炮检距分布，引入标准方差表征观测系统整体炮检距分布的均匀度，则有

$$U_{geo} = \sqrt{\frac{1}{m-1}\sum_{k=1}^{m}\left(U_k - \overline{U}\right)^2} \quad (3\text{-}2\text{-}5)$$

式中　U_k——编号为 k 的面元炮检距均匀度；

$\overline{U}$——选定满覆盖区内平均面元炮检距均匀度；

U_{geo}——观测系统各面元炮检距分布均匀度。

标准方差越小，说明这些值偏离平均值就越少，表明成像面元间炮检距分布更均匀。

2. 观测波场连续性评价

地震资料中去噪和偏移成像等多种处理都要求地震数据具有空间波场的连续性，如何确定地震资料波场连续性的优劣是一个关键环节。波场连续性与地震资料采集使用的观测方案密切相关，需要正确地估算某种观测方案的空间波场连续性，从而判断地震资料质量，合理选择采集参数，为采集观测系统设计优化提供参考。具体步骤如下。

1）最终采样地震波长参数确定与观测系统布设

根据以往采集的地震资料、表层调查资料和当前地质任务等，确定需要采集资料的反射地震波优势波长，同时根据噪声压制技术的要求确定需要保护的干扰波优势波长，把以上两者的最小值作为最终采样地震波长。

2）数据采样网格尺寸划分

根据离散数字采样定理可知，要使某一简谐波能够正确恢复，需保证在一个波长内至少有两个采样点，故采样网格尺寸为最终采样地震波长的一半。在分析处理数据时，采样网格尺寸一般等于面元尺寸。沿接收线方向与垂直接收线方向，以采样网格尺寸为步长建立网格。

3）选择计算区域

对于当前使用反射地震勘探以及多次覆盖技术，要在三维工区的满覆盖区域上分析评价波场连续性。对于理论设计方案一般选择若干个相邻“子区”，区域尽量大。对于野外实际观测系统，常常存在炮检点偏移，所以应该选择整个满覆盖区域进行计算。

4）观测系统空间波场连续性计算

把炮检对的中点位置作为反射波的采样位置，理论上可认为该位置所在的网格就能得到反射地震资料。若观测系统设计不好或采样网格过小，会有一部分网格内没有地震资料，造成空间波场不连续。将整个工区内所有炮检对都计算一遍，可得到观测系统的数据采样分布，如果只考虑某一偏移距或某一方位角，可得到共炮检距道集或共方位角道集。

引入空间波场连续性量度：

$$D = 1 - M_1 / M_2 \quad (3\text{-}2\text{-}6)$$

式中　M_1——选择区域内无资料处的面积；

M_2——选择区域的面积。

D 的最大值为 1，表示空间波场连续；D 的最小值为 0，表示没有被覆盖；D 越大，波场连续性越好。

5）观测系统空间波场连续性对比

通过以上计算，可以得出不同观测系统不同道集类型的波场连续性分布。为了对比不同观测系统的波场连续性，可以将地震波长设置一致，然后计算观测系统的空间波场连续性，数值大者为优。如图 3-2-4 所示，图 3-2-4（c）方案的观测系统波长连续性最好。

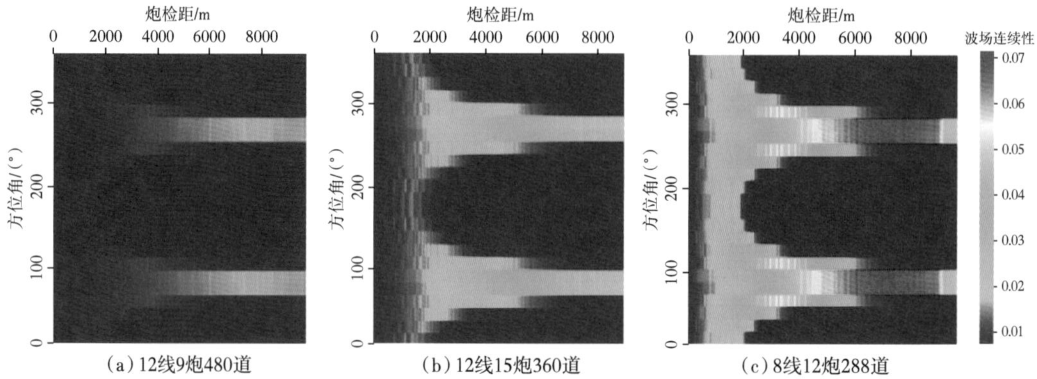

图 3-2-4　不同观测系统空间波场连续性对比图

3. 叠加响应分析

叠加响应分析是分析观测系统在资料处理时对噪声的压制能力。其方法是选取工区里较为典型的 CMP 道集，或根据工区模型正演模拟出 CMP 道集作为模型道。选取的模型道偏移距要均匀分布，经过能量均衡和动校拉伸切除后，对最小循环子区内的某一面元内的所有偏移距抽取对应模型道，加权叠加得到面元的叠加响应，求取最小循环子区内的平均振幅值和振幅标准偏差，比较振幅标准偏差大小确定观测系统优劣。

4. PSTM 脉冲响应分析

PSTM 脉冲响应分析是对输入数据道上地下某点的绕射曲面进行叠前时间偏移归位的处理。绕射波能量脉冲被认为是来自于通过该绕射点并聚焦于激发点和接收点的 PSTM 椭球上任何一点，因此，叠前时间偏移形成的数据道是对所有通过给定输出点的 PSTM 椭球求和的结果，三维观测系统炮检点的布设将直接影响 PSTM 的输出。

第三节　观测系统有效带宽定量计算方法

地震资料采集观测系统与地震成像分辨率的关系是地震资料采集的一个热点。关于这一关系目前已取得一些认识，为提高地震勘探成像分辨率的采集观测系统设计提供了重要的指导思想。但因这些方法没有考虑噪声影响造成噪声干扰存在时优选观测系统方案的困难，为此提出“有效带宽”的概念，并给出了定量计算有效带宽的方法，通过有效带宽的计算来评价给定观测系统完成地质任务的能力，进而优选经济可行的观测方案。

一、有效带宽的概念

这里的有效带宽是一种石油地球物理勘探的地震采集观测方案分析技术，具体来说就是在地震资料采集作业前对观测系统进行优化分析的方法，以提高地震采集观测系统的技术有效性和经济可行性。地震成像分辨率是地震勘探永恒的主题。影响地震成像分辨率的因素很多，除了处理解释技术能力之外，地震采集方案是最基本的因素。一个好的采集方案除了选取合适的激发和接收参数外，最重要的是观测系统。

许多经典文献中讨论了观测系统与地震成像分辨率的关系。地震成像的空间分辨率概念是由 Beylkin（1985）等首先提出的。他们说明成像分辨率是与所有用来建立地震像点的观测数据的空间频率覆盖区域相关联。Wu 等（1987）也给出了地面地震、VSP 和井间观测地震数据的成像空间分辨率与空间频率覆盖区域之间的关系。研究的方法采用了地震层析成像和多源信息成像。Safar（1985）通过对点散射的积分法偏移讨论了限制横向分辨率的因素。他指出横向分辨率不仅受到孔径和频率的限制，同时也受到加权因子、偏移速度误差和空间采样间隔等因素的影响。Vermeer（1998）也分析了影响地震成像横向分辨率的因素。Seggern 等（1991，1994）用实际计算的结果给出了三维偏移数据体的分辨率。Chen 等（1999）导出了二维和三维偏移的水平分辨率的极限。Ma 等（2002）和马在田（2004）给出了叠前偏移和叠后偏移成像分辨率的定量估算公式。

上述文献为提高地震勘探成像分辨率的采集观测系统设计提供了重要的指导思想，但是这些方法没有考虑噪声的影响。因此，在三维观测系统设计优化阶段，设计人员很难确定出当有噪声影响时待选观测系统之间的地震成像分辨率差异。

高分辨率地震成像一定是高信噪比的成像结果，这个高信噪比应该是各种频率（波数）成分的信号都具有的。在地震资料解释中，无论地震信号的频带有多宽，但是能够被解释人员所使用的信号一定是比噪声要强数倍的一段连续频率（波数）成分。只有在信噪比高的这一段频率（波数）成分中，解释人员才能较清楚地识别出地下地质信息。如果解释人员能够使用的频率（波数）成分越多，越容易识别的地质目标。把具有一定信噪比能够为解释人员所用的一段连续频率（波数）成分的宽度称之为有效带宽。有效带宽越大，解释人员能够使用的地震成果资料的频率（波数）成分越多，越容易识别的地下地质目标。对于垂向分辨率，有效带宽是频带宽度；对于横向分辨率，有效带宽是波数宽度。

评价一个观测方案的分辨率高不高，实际上就是看用该观测方案得到的地震成像有效带宽宽不宽。这里通过点散射的积分法偏移，模拟出给定观测系统的信号和线性噪声的地震成像频率（波数）谱，然后根据信号与线性噪声的频率（波数）谱之比估计有效带宽。

二、有效带宽估算方法

从有效带宽这个角度来说，地震成像分辨率取决于信号和噪声在频率（波数）域的振幅比值，也就是频率（波数）域的信噪比。

假定地震成像随频率f变化信噪比为R（f），则有效带宽B为

$$B=\max\left\{R^{-1}\left[R(f)>\eta\right]\right\}-\min\left\{R^{-1}\left[R(f)>\eta\right]\right\} \tag{3-3-1}$$

式中 max{·}和min{·}——取最大和最小值；

η——地质任务要求的信噪比。

假定信号和噪声的频率谱分别为$A_s(f)$和$A_n(f)$，则

$$R(f)=A_s(f)/A_n(f) \tag{3-3-2}$$

式（3-3-1）和式（3-3-2）计算的结果是频率域的有效带宽和信噪比，频率域的有效带宽代表了地震成像垂向分辨率。若将频率参数改为波数，就得到波数域的有效带宽和信噪比，波数域的有效带宽代表了地震成像横向分辨率。

图3-3-1是一个计算频率域有效带宽的示意图，可见：若地质任务要求的信噪比为10dB，有效频带宽约为25Hz；若地质任务要求信噪比为5dB，有效频带宽约为32Hz。

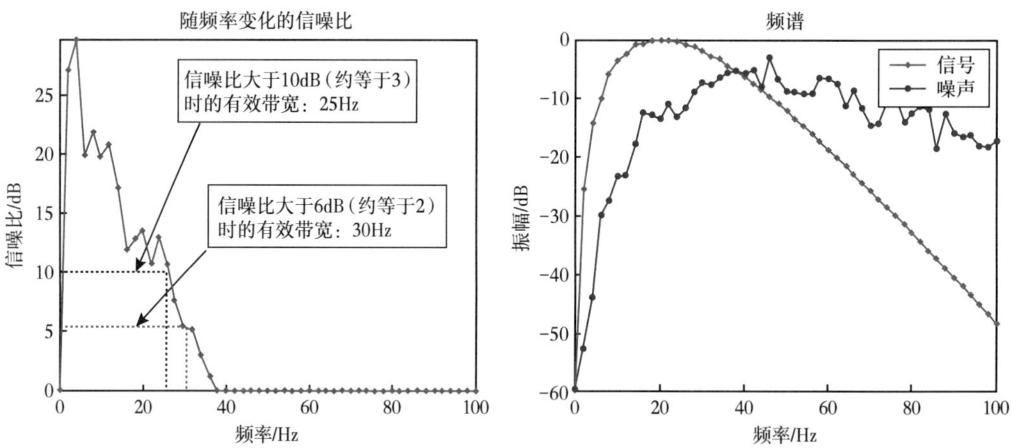

（a）以分贝显示的信噪比谱 （b）归一化的信号与噪声频谱

图3-3-1 估算有效带宽的示例

估算有效带宽需信号和噪声的频率（波数）谱。对于给定的地质模型和观测系统，根据地震波的传播机理模拟出信号和线性噪声。然后按照偏移原理对信号和噪声分别进行地震成像。最后用信号和线性噪声的地震成像计算频率波数谱，进而估计有效带宽，根据有效带宽优选观测系统（图3-3-2）。

如图3-3-2所示，有效带宽研究是通过建立模型，对地震波在地下传播过程中的信号和噪声进行模拟，进而计算出偏移成像结果的信噪比，依此估算出不同观测系统的有效带宽。

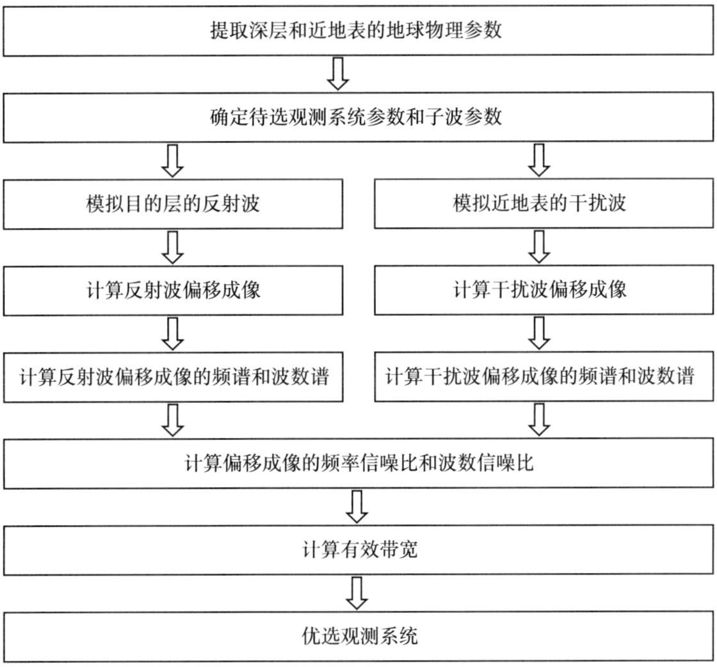

图 3-3-2　基于有效带宽的观测系统优化流程示意图

三、信号和线性噪声的模拟

地震波从激发点传播到绕射点，然后从绕射点再传播到接收点，相当于对震源激发的地震子波做时移后用吸收衰减滤波器做滤波的结果。假定地震波在大地传播过程按照 Futterman 的吸收原理进行吸收衰减。若震源激发的地震波振幅为 $W(f)$，相位为 $\phi(f)$，则根据时延定理以及滤波器原理，从第 s 个激发点传播到绕射点 p 后传播到第 g 个接收点的信号 $x_{sg}(f)$ 为

$$x_{sg}(f)=K^{\mathrm{S}}W(f)\exp\left\{\frac{-\pi f t_{spg}^{\mathrm{S}}}{Q}+\mathrm{i}\left[\phi(f)-2\pi f t_{spg}^{\mathrm{S}}\right]\right\} \tag{3-3-3}$$

式中　K^{S}——激发的地震波能量转化为向下传播信号的比例系数；

Q——地层的品质因子；

f——震源子波的频率；

t_{spg}^{S}——地震波从第 s 个激发点传播到绕射点 p 后传播到第 g 个接收点的绕射旅行时。

震源激发产生的地震波除了转换为向下传播的信号，还有相当大的部分能量转化为在近地表传播的线性噪声，如图 3-3-3 所示的共炮点道集中的面波、折射等线性噪声，这些噪声的能量远大于反射波。

在接收点接收到的线性噪声表达式在形式上与式（3-3-3）相同，不同之处是旅行时。近地表的线性噪声可能有多种，每一种都以不同的速度传播。若近地表传播的线性

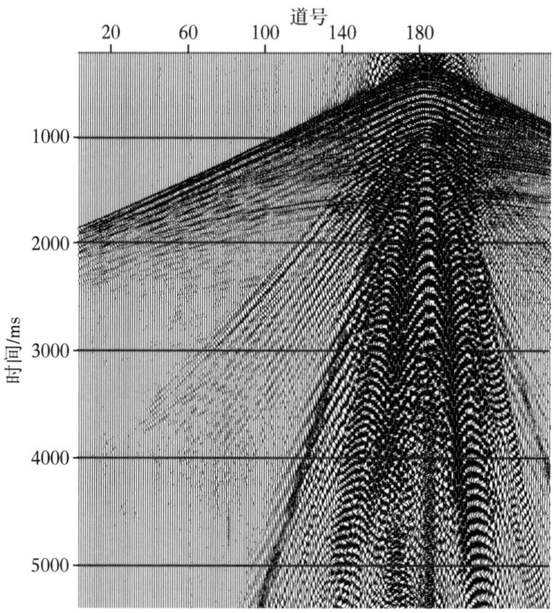

图 3-3-3 共炮点道集中的线性噪声

噪声总计有 M 种，从第 s 个激发点传播到第 g 个接收点的近地表线性噪声 n_{sg} 是 M 种线性噪声之和，即

$$n_{sg}(f)=\frac{K^N W(f)}{M}\sum_{m=1}^{M}\exp\left\{\frac{-\pi f t_{sg,m}^N}{Q}+\mathrm{i}\left[\phi(f)-2\pi f t_{sg,m}^N\right]\right\} \tag{3-3-4}$$

式中 K^N——激发地震波能量转化为 M 种线性噪声的比例系数；

m——线性干扰的序号，m=1，2，…，M；

$t_{sg,m}^N$——第 m 种线性噪声从第 s 个激发点传播到第 g 个接收点的旅行时。

式（3-3-4）是假定转换为每种线性噪声的能量相同时的情况下得到的。

四、信号和线性噪声的偏移

偏移成像就是把接收的信号和噪声分别乘以相同的加权因子放到成像点位置。这个过程相当于把接收的信号和噪声乘以加权因子后做时移作为成像点的一个输入。若信号 $x_{sg}(f)$ 输入到成像点 z 的信号为 $y_{sg}(z,f)$，则

$$y_{sg}(z,f)=\frac{x_{sg}(f)}{l_{szg}}\exp\left(-\mathrm{i}2\pi f\Delta t_{szg}\right) \tag{3-3-5}$$

$$\Delta t_{szg}=\frac{2h}{v^{\mathrm{S}}}-t_{szg}^{\mathrm{S}} \tag{3-3-6}$$

式中 l_{szg}——偏移成像加权因子，与激发点 s 到 z，然后从 z 到接收点 g 的地震波传播路径长度有关；

Δt_{szg}——偏移成像校正时间；

h——z 的深度；

v^{S}——地震波的传播速度；

t_{szg}^{S}——通过路径 l_{szg} 的旅行时。

输入 z 的信号 $y_{sg}(z,f)$ 有多个。若偏移孔径内总炮数为 M'，每炮道数为 M''，则 z 的信号的地震成像结果为

$$I^{S}(z,f)=\sum_{s=1}^{M'}\sum_{g=1}^{M''}\frac{x_{sg}(f)}{l_{szg}}\exp\left(-\mathrm{i}2\pi f\Delta t_{szg}\right) \tag{3-3-7}$$

将式（3-3-3）和式（3-3-6）代入式（3-3-7），z 的地震成像结果变为

$$\begin{cases} I^{S}(z,f)=K^{S}W(f)\sum_{s=1}^{M}\sum_{g=1}^{M''}\frac{\Phi^{S}(f)}{l_{szg}}\exp\left\{\frac{-\pi f t_{spg}^{S}}{Q}\right\} \\ \Phi^{S}(f)=\exp\mathrm{i}\left[\phi(f)+2\pi f\left(t_{szg}^{S}-t_{spg}^{S}-2h/v^{S}\right)\right] \end{cases} \tag{3-3-8}$$

当成像点与绕射点重合时，输入到成像点所有信号是同相叠加的；当成像点与绕射点不重合时，输入到成像点的信号是不同相叠加的。若叠加结果是不为零的成像值，则该成像值就是绕射点对成像点产生的偏移噪声。

同理，对于 z 的噪声的地震成像结果为

$$I^{N}(z,f)=K^{N}W(f)\sum_{s=1}^{M'}\sum_{g=1}^{M''}\frac{n_{sg}(f)}{l_{szg}}\exp\left(-\mathrm{i}2\pi f\Delta t_{szg}\right) \tag{3-3-9}$$

将式（3-3-4）代入式（3-3-9）即可计算出噪声的地震成像。由于线性噪声总是在近地表传播，线性噪声旅行时 $t_{sg,m}^{N}$ 与成像路径的旅行时 t_{szg}^{S} 并不相等，因此不能同向叠加。若叠加的值为零，则线性噪声不对成像点的地震成像产生影响；若叠加结果是不为零的值，则线性噪声对成像点的地震成像产生影响。线性噪声对地震成像的影响程度与偏移叠加的总道数和地震道的分布有关。

五、旅行时与频率波数谱计算

若地质模型为均匀介质，则地震波从激发点 s 出发到达绕射点 p，然后从绕射点 p 传播接收点 g 的旅行时间 t_{spg}^{S} 为

$$t_{spg}^{S}=\frac{1}{v^{S}}\left(\left|\bar{x}_{s}-\bar{x}_{p}\right|+\left|\bar{x}_{p}-\bar{x}_{g}\right|\right) \tag{3-3-10}$$

式中　$\bar{x}_{s}$、$\bar{x}_{g}$ 和 $\bar{x}_{p}$——激发点 s、接收点 g 和绕射点 p 的空间坐标。

同理，对于从 s 出发到 z，然后从 z 到 g 的旅行时间为

$$t_{szg}^{S}=\frac{1}{v^{S}}\left(\left|\bar{x}_{s}-\bar{x}_{z}\right|+\left|\bar{x}_{z}-\bar{x}_{g}\right|\right) \tag{3-3-11}$$

式中 $\bar{x}_z$——成像点 I_z 的空间坐标。

对于线性干扰的旅行时 $t_{sg,m}^N$ 为

$$t_{\mathrm{sg},m}^N = \left|\bar{x}_s - \bar{x}_g\right| / v_m^N \tag{3-3-12}$$

式中 v_m^N——第 m 种线性噪声的传播速度。对于非均匀介质，其计算可通过射线追踪得到。

对空间上每一成像点的都按照式（3-3-8）和式（3-3-9）进行偏移，就得到频率域的偏移成像结果，若对该结果做傅里叶反变换，就得到时间空间域的偏移剖面。若对偏移成像结果进行空间傅里叶变换，就得到频率波数域偏移成像结果。记频率域波数域信号的偏移结果为 $\tilde{Y}(k,f)$，噪声的偏移结果为 $\tilde{N}(k,f)$，这里 k 为波数，则

$$\tilde{I}^{\mathrm{S}}(k,f) = \int I^{\mathrm{S}}(z,f))\exp(\mathrm{i}kz)\mathrm{d}z \tag{3-3-13}$$

$$\tilde{I}^{\mathrm{N}}(k,f) = \int I^{\mathrm{N}}(z,f)\exp(\mathrm{i}kz)\mathrm{d}z \tag{3-3-14}$$

将式（3-3-8）代入式（3-3-13）得到信号的频率波数域成像结果，对式（3-3-13）进行频率和波数求和，得到信号的频率谱和波数谱：

$$A_s(f) = \int\left|\tilde{I}^{\mathrm{S}}(k,f)\right|\mathrm{d}k \tag{3-3-15}$$

$$A_s(k) = \int\left|\tilde{I}^{\mathrm{S}}(k,f)\right|\mathrm{d}f \tag{3-3-16}$$

将式（3-3-9）代入式（3-3-14）得到噪声的频率波数域成像结果，对式（3-3-14）进行频率和波数求和，得到噪声的频率谱和波数谱：

$$A_n(f) = \int\left|\tilde{I}^{\mathrm{N}}(k,f)\right|\mathrm{d}k \tag{3-3-17}$$

$$A_n(k) = \int\left|\tilde{I}^{\mathrm{N}}(k,f)\right|\mathrm{d}f \tag{3-3-18}$$

将式（3-3-15）至式（3-3-18）的计算结果代入式（3-3-2）得到频率域和波数域的信噪比谱，然后根据式（3-3-1）得到有效带宽。

六、有效带宽应用分析

1. 二维模型试验分析

观测系统的检波点距、线距、炮检距、覆盖次数和观测范围等因素都影响地震成像的信噪比谱，进而影响有效带宽。有效带宽是从地震成像中计算出来的一个量，因此，有效带宽与观测系统的关系应该和地震成像与观测系统的关系一致。这里通过一个二维模型来验证这种关系的一致性。地质模型按照该区地下地质结构和地质任务简化为点绕射模型，绕射点深度为3000m，地层吸收衰减的品质因子为100，绕射点的地震波传播速

度为 3000m/s。近地表线性噪声有三组，传播速度分别为 300～600m/s、900～1200m/s 和 1500～2500m/s。震源激发的地震波为宽带 Ricker 子波，频率为 30～80Hz。震源激发的地震波能量转化为向下传播的信号能量的比例系数是 5%；转化为近地表传播的线性干扰的能量为 50%。

观测系统方案有 3 种：

方案 1——检波点距 100m，炮点距 400m，覆盖次数 23 次，观测范围 2000m；

方案 2——检波点距 100m，炮点距 100m，覆盖次数 92 次，观测范围 2000m；

方案 3——检波点距 100m，炮点距 100m，覆盖次数 92 次，观测范围 12000m。

图 3-3-4 是 3 种观测系统方案的频率域信噪比谱。从图中可以看出，当以信噪比大于 10dB 作为解释能够使用的频率成分时，方案 1、方案 2 和方案 3 的有效带宽分别约为 15.0Hz、35.5Hz、38.5Hz。方案 1 与方案 2 的差别是覆盖次数不同，因此随着覆盖次数增加，频率域有效带宽明显增加、垂向分辨率提高。方案 2 与方案 3 的差别是观测范围不同，即偏移孔径不同，可以看出，随着偏移孔径增加频率域有效带宽有增加，但增加的程度不明显，这表明随着偏移孔径增加垂向分辨率有轻微的提高。

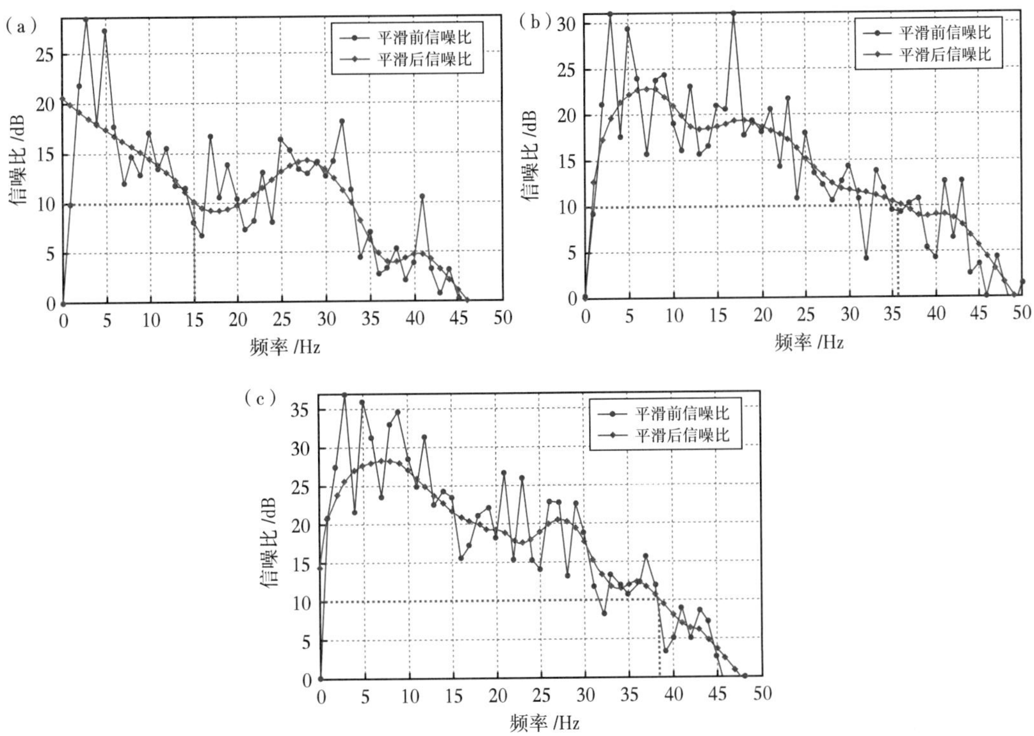

图 3-3-4　二维观测系统的频率域信噪比谱

图 3-3-5 是 3 种观测系统方案的波数域信噪比谱。通过与图 3-3-4 类似的分析可以得出两点认识：随着覆盖次数增加，波数域有效带宽增加，横向分辨率提高；随着偏移孔径增加，波数域有效带宽增加，横向分辨率提高。

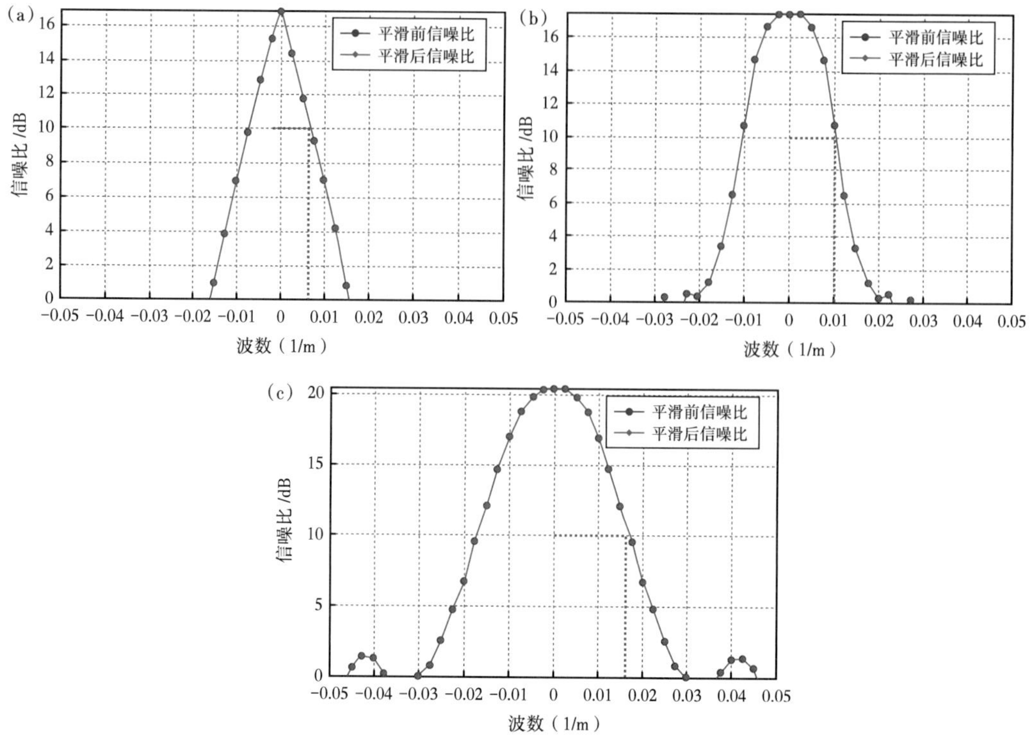

图 3-3-5　二维观测系统的波数域信噪比谱

2. 三维模型分析及应用

在三维地震采集方案设计阶段，设计人员要在地震勘探需求和采集费用之间取得平衡，选择一个折中的观测方案。在所有可选择的观测系统中，它们的有效带宽可根据本书描述的方法进行计算，进而选择优化的观测系统方案。

1）模型与观测系统参数

这里以西部探区某三维先导试验为例。地质模型采用点绕射模型，绕射点深度取目的层的深度 3500m，其空间坐标为（0，0，3500），地层吸收衰减品质因子为 80，绕射点的地震波传播速度取目的层深度的平均速度 2800m/s，线性噪声的范围按照该区线性干扰传播速度取 300～2000m/s。震源激发的宽带 Ricker 子波频率为 3～90Hz。转化为向下传播的信号能量的比例系数是 5%，传播过程中的反射损失系数是 0.1；转化为线性噪声能量的比例系数为 95%。观测系统的主要差别是面元尺寸和覆盖次数（表 3-3-1），主要目的是分析三种方案的分辨率差别，选择优化的观测系统。

方案 4 为小面元低覆盖，面元大小为 12.5m×12.5m，覆盖次数是 280 次；方案 5 为大面元高覆盖，面元大小为 25m×25m，覆盖次数是 1120 次；方案 6 为小面元高覆盖，面元大小为 12.5m×12.5m，覆盖次数是 1120 次。显然方案 6 的地震成像效果应该最好，但是它的采集成本也是最高的；方案 4 和方案 5 的道密度是相同的，它们的采集成本基本相同。

表 3-3-1 西部探区某块三维观测系统对比方案

名称	方案 4（小面元低覆盖）	方案 5（大面元高覆盖）	方案 6（小面元高覆盖）
观测系统类型	14L10S400R	28L5S200R	28L10S400R
面元大小 /（m×m）	12.5×12.5	25×25	12.5×12.5
覆盖次数	14 横 ×20 纵 =280	14 横 ×20 纵 =1120	28 横 ×40 纵 =1120
检波点距 /m	25.0	50.0	25.0
炮点距 /m	25.0	50.0	25.0
接收线距 /m	250.0	125.0	125.0
炮线距 /m	250.0	125.0	125.0
覆盖密度 /（万道 /km^2）	179.2	179.2	716.8
纵向排列方式	4987.5—12.5—25—12.5—4987.5		
最大非纵距 /m	3487.5		
最大炮检距 /m	6086		
横纵比	0.7		

2）频率—波数域成像分析

图 3-3-6 与图 3-3-7 分别是用式（3-3-8）与式（3-3-9）计算的频率—波数域信号和噪声的成像结果。为了比较偏移孔径对分辨率的影响，同时对三种观测系统计算了 500m、3500m 和 6000m 3 种偏移孔径的成像结果。从偏移孔径的变化来看，无论哪一种观测系统，随着偏移孔径的增加，信号和噪声的波数都变宽。信号的波数变宽，说明识别空间小地质体的能力增加，噪声的波数变宽，说明识别空间小地质体能力增加的同时也增加了噪声的影响。固定偏移孔径，不同观测系统的成像结果在频率—波数域的分布范围及形态基本相同，说明观测系统参数的变化不影响识别地质体形态。不同之处在于不同观测系统的信号和噪声成像值在频率—波数域不同，说明不同观测系统参数对地质体成像的贡献程度不同，对噪声的压制也不同。

3）频率谱与波数谱分析

按照式（3-3-13）与式（3-3-14）计算频率谱和波数谱，也就是对图 3-3-6 和图 3-3-7 沿着波数求和得到图 3-3-8 中的信号频谱（红色曲线）和噪声频谱（蓝色曲线），对图 3-3-6 和图 3-3-7 沿着频率求和得到图 3-3-9 中的信号频谱（红色曲线）和噪声频谱（蓝色曲线）。图 3-3-8 与图 3-3-9 中的黑色曲线是信号与噪声叠加混合在一起的频谱和波数谱。实际资料分析中经常看到频谱就是信号和噪声叠加混合在一起的频谱或波数谱。分析图 3-3-8 和图 3-3-9 之前需明确一个前提条件，那就是进行叠前偏移的输入子波是宽带 Ricker 子波频谱，峰值频率为 3～90Hz，无论噪声还是信号，输入数据的谱

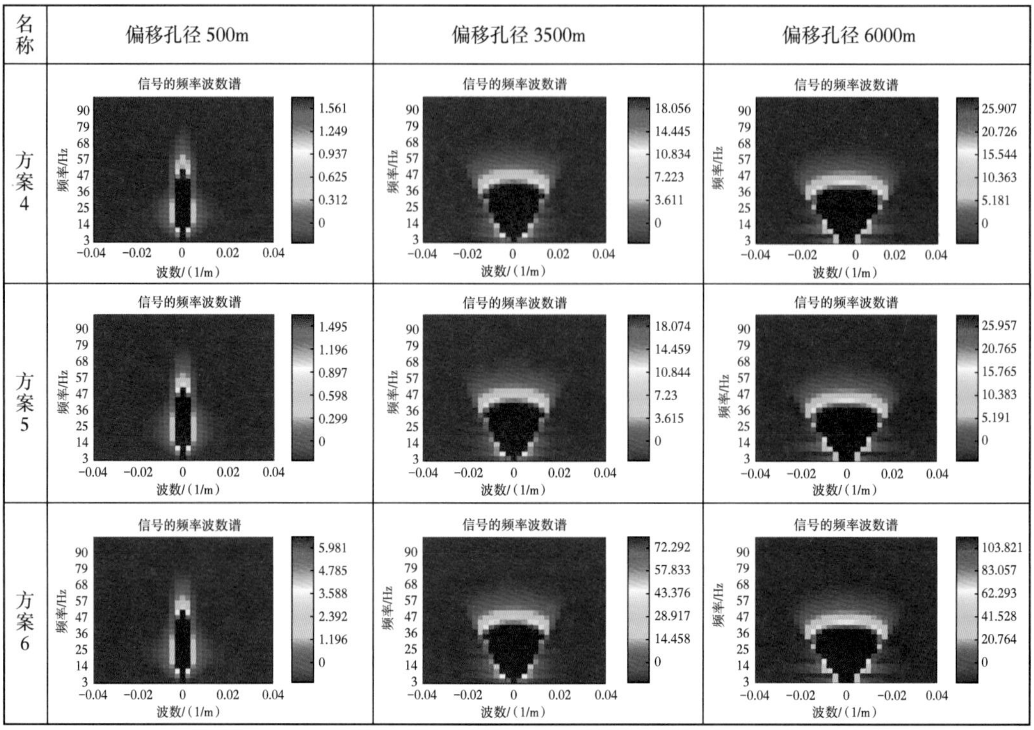

图 3-3-6 信号的频率波数域成像结果

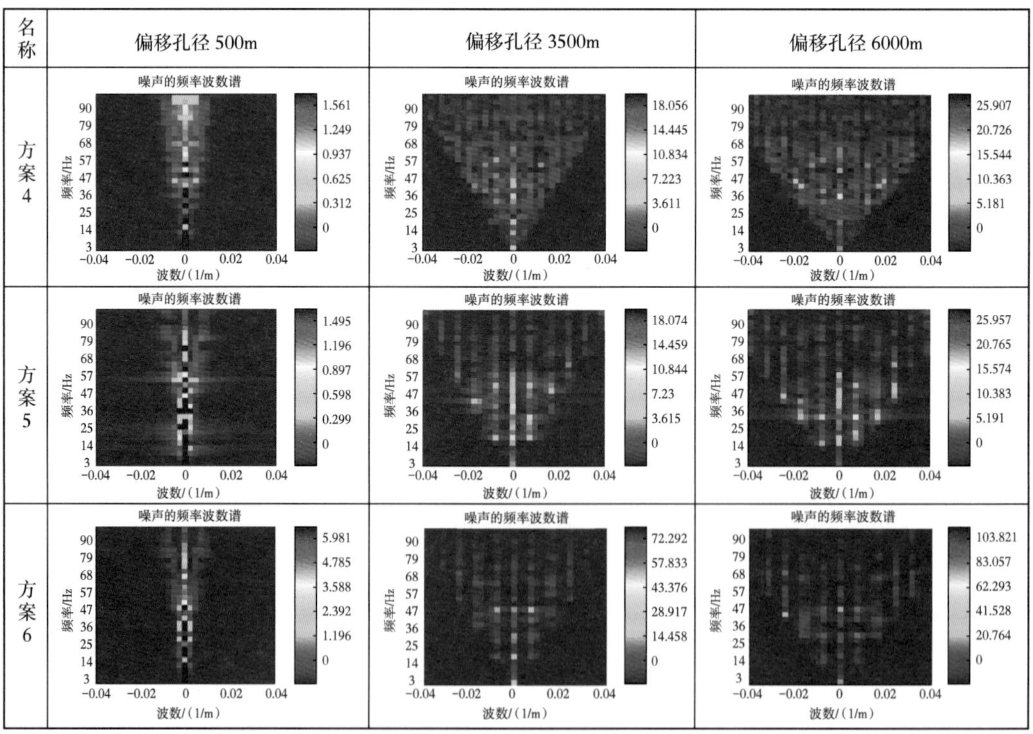

图 3-3-7 噪声的频率波数域成像结果

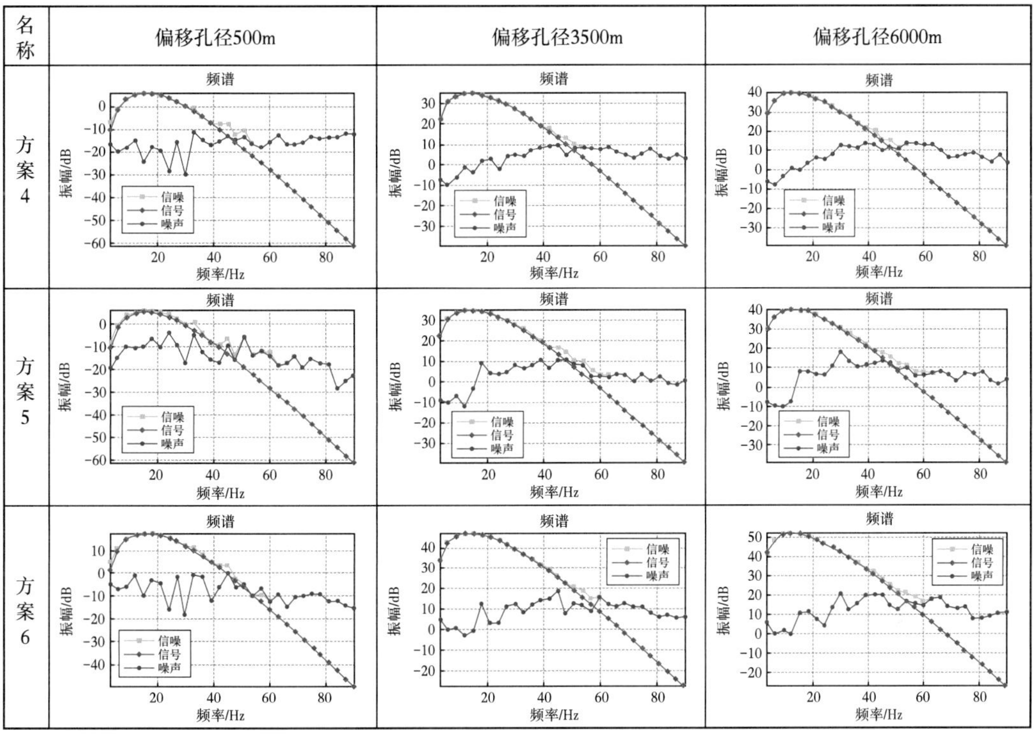

图 3-3-8 信号与噪声的频谱

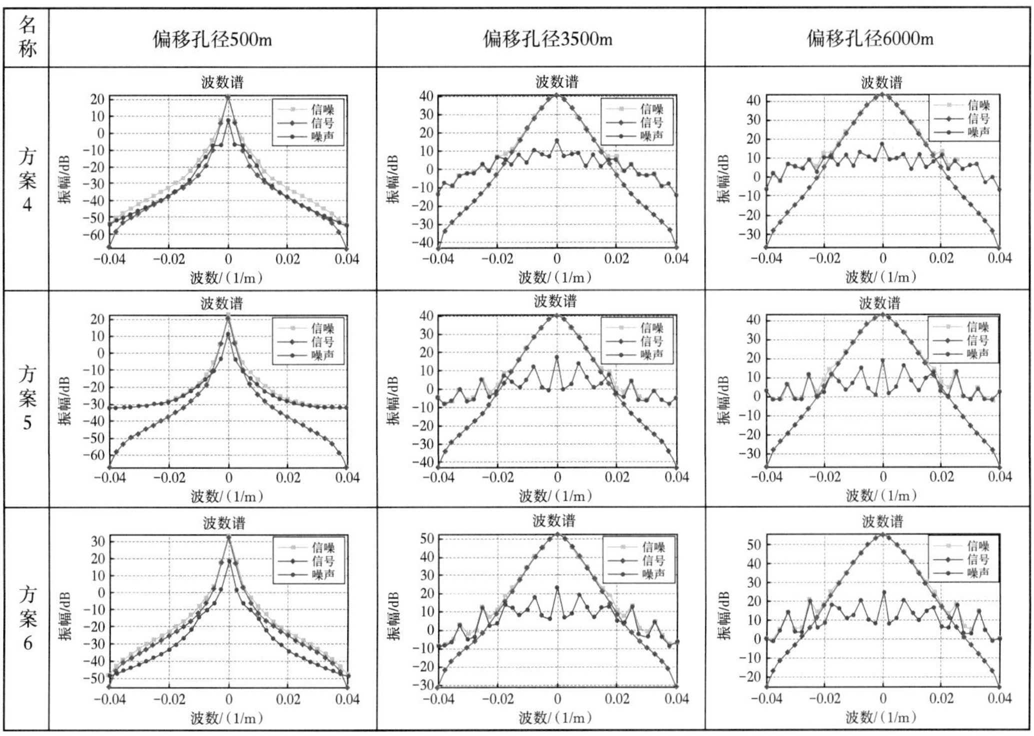

图 3-3-9 信号与噪声的波数谱

形态是一样的。偏移后信号的谱形态变化不大，但是噪声的谱形态变成了白色的谱形态，换句话说规则噪声在偏移后在偏移剖面上以随机噪声的形式存在，这说明规则噪声虽然在共炮点道集上表现有规律性，但在偏移时相对于偏移校正的时差是随机的，因此偏移后变成随机噪声。

从偏移孔径的变化来看，无论哪一种观测系统，随着偏移孔径的增加，信号和噪声的谱都增强，但是信号的谱增强程度大于噪声，因此，在高频端和高波数端大于噪声的频率成分和波数成分增多，说明随着偏移孔径增加纵向分辨率和横向分辨率均得到提高。固定偏移孔径，不同观测系统的成像结果的频谱和波数谱形态基本是相同的，不同之处在于不同观测系统的在高频端和高波数端大于噪声的频率成分不同。

4）信噪比谱与有效带宽分析

虽然通过图 3-3-8 和图 3-3-9 能够看到不同观测系统之间的分辨率差异，但是这种差异是定性的，不具有定量对比的依据。按照式（3-3-2）和式（3-3-1）计算不同观测系统的信噪比谱和有效带宽，其计算结果如图 3-3-10 和图 3-3-11 所示。

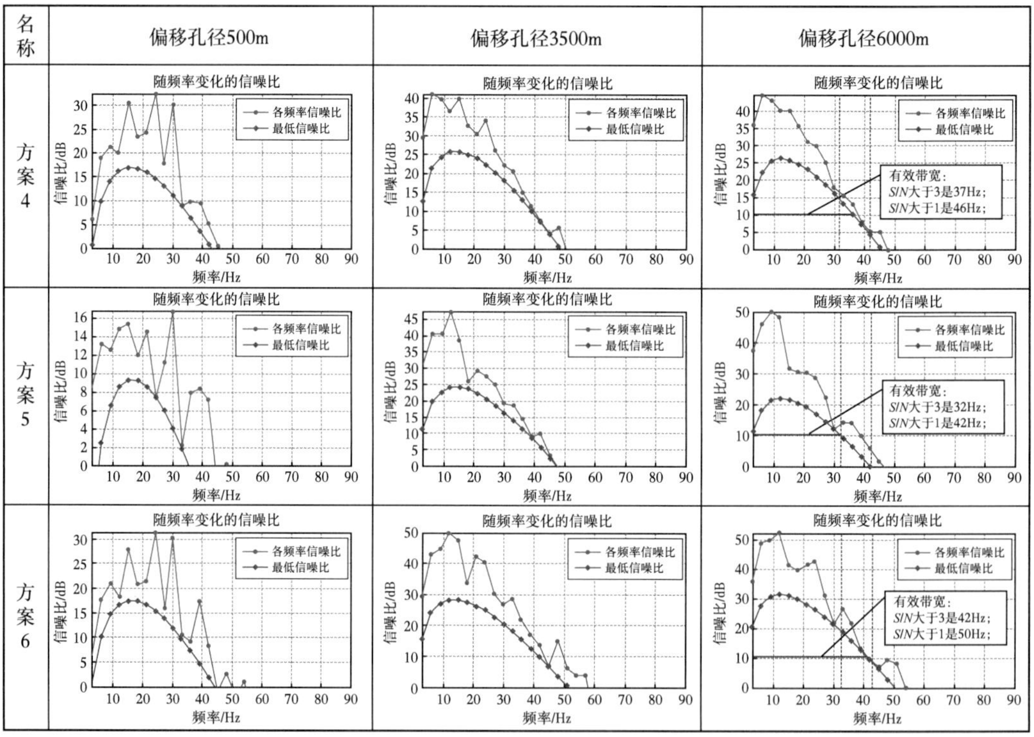

图 3-3-10　频率域信噪比谱与有效带宽

图 3-3-10 是不同观测系统的频率域信噪比谱与有效带宽，反映的是纵向分辨率，能够说明分辨薄储层的能力。图中的红色曲线是最低信噪比谱，是用各频率信号的振幅除以最强的噪声振幅得到的结果；蓝色曲线代表各频率的信噪比，是用各频率信号的振幅除以各频率的噪声振幅得到的结果。为了保证分析结论的充分性，只分析最低的信噪比谱。从偏移孔径的变化来看，无论哪一种观测系统，随着偏移孔径的增加，信噪比谱变

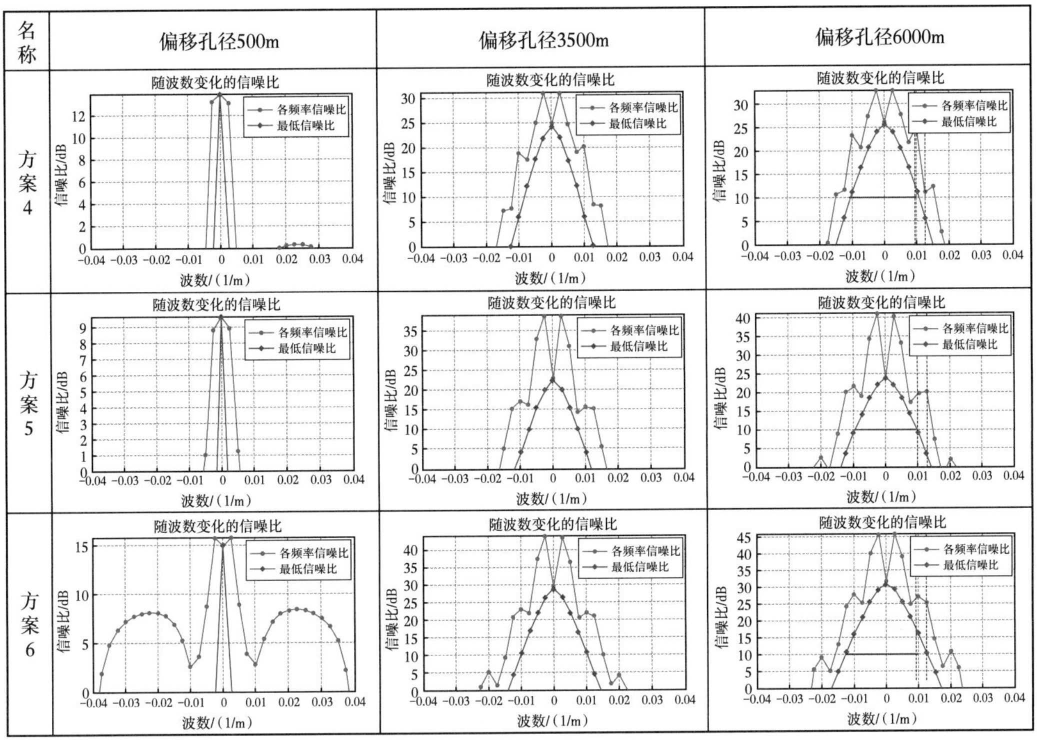

图 3-3-11 波数域信噪比谱与有效带宽

宽；从解释角度来说相当于增加了能够用于解释的高频成分；从资料处理角度来说相当于拓宽的频带；从分辨率角度来说提高了纵向分辨率。偏移孔径对纵向分辨的贡献作用表明，在部署三维地震采集时，为了提高纵向分辨率需要部署比勘探目标大的部署面积。固定偏移孔径，不同观测系统的信噪比谱宽度是有差别的。从偏移孔径 6km、信噪比大于 10dB（信噪比大于 3dB，满足岩性勘探的具备的信噪比要求）的有效带宽来看，方案 6 的有效带宽最宽，达到 42Hz；方案 5 的有效带宽最窄，只有 32Hz；方案 4 介于二者之间是 37Hz。三种观测系统的有效带宽清楚地表明了在提高纵向分辨率能力上的差别。方案 6 是小面元高覆盖的观测系统，是覆盖密度最高的观测系统，它的有效带宽最宽，说明增加空间采样密度和提高覆盖次数（都是提高覆盖密度）对提高纵向分辨率具有重要的作用。方案 4 是小面元低覆盖，方案 5 是大面元高覆盖，这两种观测系统的覆盖密度相同，但比方案 6 低 4 倍，因此方案 4 和方案 5 的有效带宽都比方案 6 窄。但是方案 4 的有效带宽比方案 5 要高 5Hz，说明增加空间采样密度要比增加覆盖次数更容易提高纵向分辨率，也就是说小检波点距的观测系统要比小线距的观测系统分辨率高。这一认识仅考虑了纵向分辨率，从采集脚印和偏移振幅的空间一致性来说小线距的观测系统比小检波点距的观测系统更具有优势。另外从图 3-3-10 还可以看到一个方面的差别，那就是固定偏移孔径，各种方案之间的信噪比谱的峰值大小是不同的。以偏移孔径 6km 为例，方案 6 的信噪比谱峰值是 31dB（信噪比约为 35dB，换算为含信比是 97%），方案 4 的信噪比谱峰值是 26dB（信噪比约为 19，换算为含信比是 95%），方案 5 的信噪比谱峰值是

22dB（信噪比约为 12，换算为含信比是 92%），从信噪比谱的峰值来看，各方案之间的成像效果差别与频率域有效带宽分析的结论一致。

图 3-3-11 是不同观测系统的波数域信噪比谱与有效带宽，反映的是横向分辨率，能够说明识别地质体大小的能力。图中的红色曲线代表最低信噪比谱，是用各波数信号的振幅除以最强的噪声振幅得到的结果；蓝色曲线代表各波数的信噪比谱，是用各波数信号的振幅除以各波数的噪声振幅得到的结果。为了保证分析结论的充分性，只分析最低的信噪比谱。从偏移孔径的变化来看，无论哪一种观测系统，随着偏移孔径的增加，信噪比谱明显变宽，横向分辨率的提高明显。比较图 3-3-10 和图 3-3-11 可以看出，增加偏移孔径对波数域信噪比谱拓宽作用远大于频率域的信噪比谱拓宽作用，从解释角度来说相当于增加了识别小地质体的能力。偏移孔径对横向分辨的贡献作用表明，在部署三维地震采集时，为了提高增加识别小地质体的能力更需要部署比勘探目标大的部署面积。固定偏移孔径，不同观测系统的波数域信噪比谱宽度是有差别的，但差别没有频率域信噪比谱宽度明显。从偏移孔径 6km、信噪比大于 10dB（信噪比大于 3dB 满足岩性勘探具备的信噪比要求）的有效带宽来看，方案 6 的有效带宽达到 $0.013m^{-1}$，表明能够分辨大于 77m 的地质体；方案 4 的有效带宽是 $0.011m^{-1}$，表明能够分辨大于 91m 的地质体；方案 5 的有效带宽是 $0.0095m^{-1}$，表明能够分辨大于 105m 的地质体。三种观测系统的波数域的有效带宽表明了在提高横向分辨率能力上的差别。方案 6 的有效带宽最宽，分辨地质体的大小最小，说明提高覆盖密度对提高横向分辨率都具有一定作用；方案 4 比方案 5 的有效带宽略高，分辨的地质体比方案 6 大 14m，但比方案 5 小 14m，说明减小检波点距比提高覆盖次数容易提高横向分辨率。另外，从图 3-3-11 还可以看到一个与频率域信噪比谱类似的结论，那就是固定偏移孔径，各种方案之间的信噪比谱的峰值大小是不同的。以偏移孔径 6km 为例，方案 6 的信噪比谱峰值是 30dB（信噪比约为 32，换算为含信比是 97%）；方案 4 的信噪比谱峰值是 25dB（信噪比约为 18，换算为含信比是 95%）；方案 5 的信噪比谱峰值是 23dB（信噪比约为 14，换算为含信比是 93%）。从信噪比谱的峰值来看，各方案之间的成像效果差别与波数域有效带宽分析的结论一致。

通过上面分析可以看出，减小检波点距比增加覆盖次数更容易提高分辨率，也就是小面元低覆盖比大面元高覆盖更容易提高分辨率。此外，从资料处理角度来说，减小检波点距在处理中更容易去除更多的线性噪声。当然，只减小检波点距而不减小线距会引起观测系统的均匀性变差，使得观测系统脚印增强，削弱了叠前偏移振幅的空间一致性。因此，在要确保叠前偏移振幅的一致性的前提下，也就是确保线距合理和覆盖次数合适的基础上，减小检波点距能够提高高密度地震采集的分辨率。

5）实际数据的成像效果分析

玛湖 1 井高密度、宽方位试验资料采集使用可控震源 1 台 1 次激发、小组合接收的高覆盖采集方法，单点激发能量及接收方式对噪声的压制作用减弱，单炮资料的噪声非常发育，噪声的能量明显高于有效信号。试验区的主要噪声有面波、多次折射、可控震源谐振、抽油机、大钻、泵站等工业干扰。该区的主要目的层在 2～4s 之间，在该深度的噪声严重影响了有效波的识别。处理中可对这类噪声进行针对性的压制，但是由于噪声频带范围宽，很难将这些噪声完全去除，因此绝大部分噪声尤其是高频噪声需要依靠叠加和偏移进行压制。在叠加和偏移过程中，若观测系统不同，那么对这些噪声的压制效果也是不同的，因此，按照表 3-3-1 所列的三种观测系统的叠前偏移效果是有所不同的。

图 3-3-12 是三种观测系统方案的叠前偏移剖面在 2.5s 的信噪比平面图。比较实际数据的信噪比可以看出，方案 6 整体信噪比明显好于方案 4 和方案 5，方案 4 的信噪比略高于方案 5。图 3-3-13 是三种观测系统方案的叠前偏移剖面高通滤波的结果，滤波剖面清楚表明方案 6 的高通滤波的效果明显好于方案 4 和方案 5，方案 4 的略好于方案 5。方案

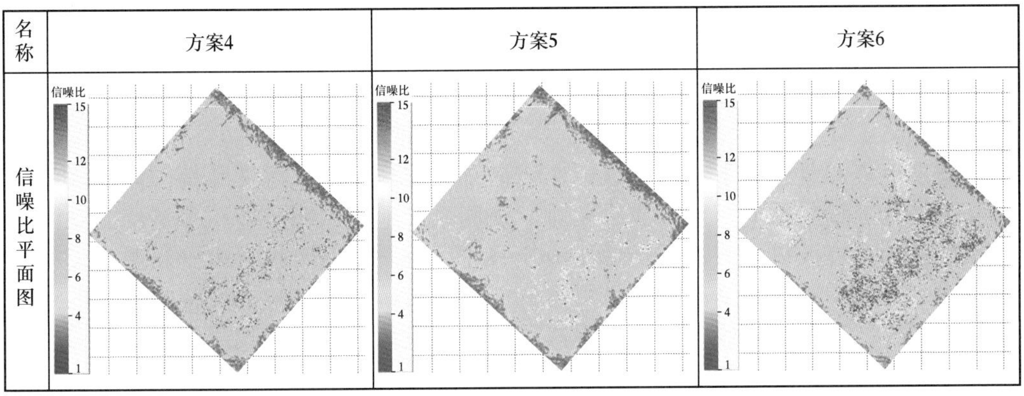

图 3-3-12　玛湖 1 井不同观测系统的叠前偏移信噪比

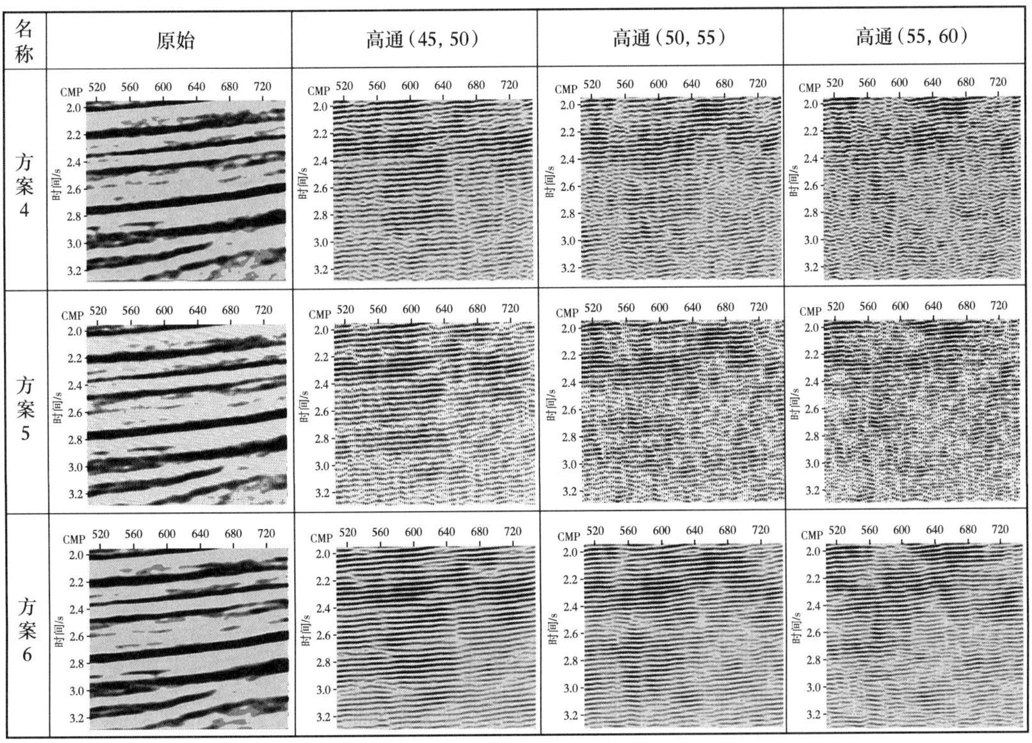

图 3-3-13　玛湖 1 井不同观测系统的叠前偏移高通滤波剖面

5的高通（45，50）效果同方案6接近，说明方案6的高频端比方案5高10Hz左右。方案4的高通（50，55）效果同方案6的高通（55，60）效果相当，说明方案6的高频端比方案4高5Hz左右。实际资料的信噪比与分频扫描关系表明，方案6的有效带宽最宽，方案5最窄，方案4介于二者中间，这一结果与理论计算结果一致，表明用理论计算的有效带宽可用来衡量实际地震采集观测系统的纵向分辨率差异。方案4有效带宽略高于方案5，表明小面元低覆盖观测系统比大面元高覆盖观测系统在提高纵向分辨率方面略有优势。因此，针对以识别薄互层等提高纵分辨率为主要目标的地震勘探采集应选用小面元、低覆盖的高密度观测系统。

第四节　基于波动照明分析的观测系统优化技术

在复杂地表和复杂地下构造地区，由于散焦、聚焦及高速层屏蔽等因素的影响，导致地震采集资料信噪比低、地震成像困难。观测系统地震照明分析技术是研究观测系统对勘探目标的地震波振幅或波场的模型分析技术。地震照明不仅可得到震源激发的地震波场在地下介质中的分布情况，而且可得到能反映震源激发和检波点接收效应的照明分布情况。因此，基于地震照明分析的观测系统优化设计，可提高观测系统对勘探目标的探测能力，进而改善其成像质量。

一、基于波动方程的照明基本原理

基于射线理论的计算方法虽然特征显示直观、计算快捷，但反射波场的能量变化情况难以获得，并且在复杂地质模型上容易产生路径畸变、偏折，所得效果不甚理想；而基于地质目标的波动方程照明分析，可以更精确地得到地下波场的能量信息，更准确地描述目的层的能量分布，能为观测系统的优化提供指导。

根据波动方程解法分类，波动方程数值模拟可以分为单程波和双程波波动方程数值模拟。双程波波场包含上行波和下行波的信息，但数值模拟效率较低，相对而言，单程波波动方程数值模拟仅考虑传播过程中的上行波或下行波，算法简单易实现，计算效率高，适合工业化应用。

1. 地震波波动方程

由弹性理论可知，在外力作用下，介质内部质点的位置发生相对变化而导致物体形态改变，这种改变称为弹性应变，简称应变。应变又分为表示物体压缩和拉伸量的正应变和表示物体旋转或体元侧面错动量的切应变。应变可通过弹性体内部质点的位移的不均衡性来表示：

$$
\begin{cases}
\varepsilon_{xx}=\dfrac{\partial u}{\partial x},\varepsilon_{yx}=\varepsilon_{xy}=\dfrac{\partial v}{\partial x}+\dfrac{\partial u}{\partial y}\\
\varepsilon_{yy}=\dfrac{\partial v}{\partial y},\varepsilon_{zy}=\varepsilon_{yz}=\dfrac{\partial v}{\partial z}+\dfrac{\partial w}{\partial y}\\
\varepsilon_{zz}=\dfrac{\partial w}{\partial z},\varepsilon_{zx}=\varepsilon_{xz}=\dfrac{\partial w}{\partial x}+\dfrac{\partial u}{\partial z}
\end{cases}
\tag{3-4-1}
$$

式中 u、v、w——质点位移在坐标 x、y、z 轴三个方向上的分量；

ε_{xx}、ε_{yy}、ε_{zz}——x、y、z 轴方向上的正应变；

ε_{xy}、ε_{yz}、ε_{zx}——切应变分量，下标为侧面角错动所在的坐标平面。

式（3-4-1）在弹性力学中称为柯西方程或几何方程，表示的是位移与应变之间的关系。当弹性体在外力作用下发生形状改变时，弹性介质内部会产生与外力对应的反作用力，它是分布在弹性介质内任一截面上的，故称为面力。作用在截面单位面积（即面元）上的面力称为应力，包括方向与面元垂直的正应力和与面元相切的切应力。通过应力和应变分析可以得出，弹性介质的胀缩正应变与正应力相关，弹性介质的旋转切应变与切应力相关。根据广义胡克定律得到的均匀各向同性完全弹性介质中的应力应变关系为

$$\begin{cases}\sigma_{xx}=\lambda\theta+2\mu\varepsilon_{xx}\\ \sigma_{yy}=\lambda\theta+2\mu\varepsilon_{yy}\\ \sigma_{zz}=\lambda\theta+2\mu\varepsilon_{zz}\end{cases} \tag{3-4-2}$$

$$\begin{cases}\sigma_{xy}=\sigma_{yx}=\mu\varepsilon_{xy}\\ \sigma_{zy}=\sigma_{yz}=\mu\varepsilon_{yz}\\ \sigma_{xz}=\sigma_{zx}=\mu\varepsilon_{xz}\end{cases} \tag{3-4-3}$$

式中 λ、μ——拉梅系数，反映正应力与正应变的比例系数的一种形式；

θ——体应变，$\theta=\varepsilon_{xx}+\varepsilon_{yy}+\varepsilon_{zz}$；

σ_{ij}——应力分量，$i,j=x,y,z$。

式（3-4-2）和式（3-4-3）也称为本构方程或物理方程，描述的是应力与应变之间的关系。

为描述弹性介质中质点的运动规律，利用力学中的牛顿第二定律可以得到弹性体运动平衡方程：

$$\begin{cases}\dfrac{\partial\sigma_{xx}}{\partial x}+\dfrac{\partial\sigma_{xy}}{\partial y}+\dfrac{\partial\sigma_{xz}}{\partial z}+f_x=\rho\dfrac{\partial^2u}{\partial t^2}\\ \dfrac{\partial\sigma_{yx}}{\partial x}+\dfrac{\partial\sigma_{yy}}{\partial y}+\dfrac{\partial\sigma_{yz}}{\partial z}+f_y=\rho\dfrac{\partial^2v}{\partial t^2}\\ \dfrac{\partial\sigma_{zx}}{\partial x}+\dfrac{\partial\sigma_{zy}}{\partial y}+\dfrac{\partial\sigma_{zz}}{\partial z}+f_z=\rho\dfrac{\partial^2w}{\partial t^2}\end{cases} \tag{3-4-4}$$

式中 f_i——外力（体力）在坐标 x、y、z 轴上的分量，$i=x,y,z$；

σ_{ij}——应力分量；u、v、w 分别为质点位移在坐标 x、y、z 轴三个方向上的分量，$i,j=x,y,z$；

t——时间；

ρ——密度。

根据式（3-4-4），分别将弹性介质中的质点振动速度在 x、y、z 三个坐标轴方向上的

分量记为 v_x、v_y、v_z。当外力停止作用或没有外力作用时，即 $f_x=f_y=f_z=0$，弹性介质中质点的运动平衡方程可表示为

$$
\begin{cases}
\dfrac{\partial\sigma_{xx}}{\partial x}+\dfrac{\partial\sigma_{xy}}{\partial y}+\dfrac{\partial\sigma_{xz}}{\partial z}=\rho\dfrac{\partial v_x}{\partial t}\\
\dfrac{\partial\sigma_{yx}}{\partial x}+\dfrac{\partial\sigma_{yy}}{\partial y}+\dfrac{\partial\sigma_{yz}}{\partial z}=\rho\dfrac{\partial v_y}{\partial t}\\
\dfrac{\partial\sigma_{zx}}{\partial x}+\dfrac{\partial\sigma_{zy}}{\partial y}+\dfrac{\partial\sigma_{zz}}{\partial z}=\rho\dfrac{\partial v_z}{\partial t}
\end{cases}
\tag{3-4-5}
$$

式中 v_x、v_y、v_z——质点振动速度在 x、y、z 三个坐标轴方向上的分量。

针对柯西方程（3-4-1）和本构方程式（3-4-2）、式（3-4-3）分别对 t 求偏导数，然后将柯西方程代入本构方程消去应变分量，得到的一阶微分方程组为

$$
\begin{cases}
\dfrac{\partial\sigma_{xx}}{\partial t}=(\lambda+2\mu)\dfrac{\partial v_x}{\partial x}+\lambda\left(\dfrac{\partial v_y}{\partial y}+\dfrac{\partial v_z}{\partial z}\right)\\
\dfrac{\partial\sigma_{yy}}{\partial t}=(\lambda+2\mu)\dfrac{\partial v_y}{\partial y}+\lambda\left(\dfrac{\partial v_x}{\partial x}+\dfrac{\partial v_z}{\partial z}\right)\\
\dfrac{\partial\sigma_{zz}}{\partial t}=(\lambda+2\mu)\dfrac{\partial v_z}{\partial z}+\lambda\left(\dfrac{\partial v_x}{\partial x}+\dfrac{\partial v_y}{\partial y}\right)\\
\dfrac{\partial\sigma_{xy}}{\partial t}=\mu\left(\dfrac{\partial v_y}{\partial x}+\dfrac{\partial v_x}{\partial y}\right)\\
\dfrac{\partial\sigma_{yz}}{\partial t}=\mu\left(\dfrac{\partial v_y}{\partial z}+\dfrac{\partial v_z}{\partial y}\right)\\
\dfrac{\partial\sigma_{zx}}{\partial t}=\mu\left(\dfrac{\partial v_x}{\partial z}+\dfrac{\partial v_z}{\partial x}\right)
\end{cases}
\tag{3-4-6}
$$

组合式（3-4-5）和式（3-4-6）可得各向同性介质中的弹性波波动方程的一阶速度—应力方程：

$$
\begin{cases}
\dfrac{\partial\sigma_{xx}}{\partial x}+\dfrac{\partial\sigma_{xy}}{\partial y}+\dfrac{\partial\sigma_{xz}}{\partial z}=\rho\dfrac{\partial v_x}{\partial t}\\
\dfrac{\partial\sigma_{yx}}{\partial x}+\dfrac{\partial\sigma_{yy}}{\partial y}+\dfrac{\partial\sigma_{yz}}{\partial z}=\rho\dfrac{\partial v_y}{\partial t}\\
\dfrac{\partial\sigma_{zx}}{\partial x}+\dfrac{\partial\sigma_{zy}}{\partial y}+\dfrac{\partial\sigma_{zz}}{\partial z}=\rho\dfrac{\partial v_z}{\partial t}\\
\dfrac{\partial\sigma_{xx}}{\partial t}=(\lambda+2\mu)\dfrac{\partial v_x}{\partial x}+\lambda\left(\dfrac{\partial v_y}{\partial y}+\dfrac{\partial v_z}{\partial z}\right)\\
\dfrac{\partial\sigma_{yy}}{\partial t}=(\lambda+2\mu)\dfrac{\partial v_y}{\partial y}+\lambda\left(\dfrac{\partial v_x}{\partial x}+\dfrac{\partial v_z}{\partial z}\right)
\end{cases}
$$

$$\begin{cases}\dfrac{\partial\sigma_{zz}}{\partial t}=(\lambda+2\mu)\dfrac{\partial v_z}{\partial z}+\lambda\left(\dfrac{\partial v_x}{\partial x}+\dfrac{\partial v_y}{\partial y}\right)\\ \dfrac{\partial\sigma_{xy}}{\partial t}=\mu\left(\dfrac{\partial v_y}{\partial x}+\dfrac{\partial v_x}{\partial y}\right)\\ \dfrac{\partial\sigma_{yz}}{\partial t}=\mu\left(\dfrac{\partial v_y}{\partial z}+\dfrac{\partial v_z}{\partial y}\right)\\ \dfrac{\partial\sigma_{zx}}{\partial t}=\mu\left(\dfrac{\partial v_x}{\partial z}+\dfrac{\partial v_z}{\partial x}\right)\end{cases}\tag{3-4-7}$$

2. 单程波动方程波场延拓理论

对于一个复杂模型的采集观测系统，全波有限差分方法是众多精确数值化求解方法中的一种，但是由于其计算量十分庞大，多数情况下都不采用这种方法。而且基于照明分析的目的，它往往仅提供了总的照明，而丢失了波传播的方向信息，这也妨碍了它在照明分析方面的实际应用。单程波动方程解法是一种近似方法，具有计算效率高和模拟记录信噪比高等特点。单程波动方程数值模拟的核心是波场延拓算子，其数值模拟的方法主要是基于傅里叶变换的方法，包含频率—波数域和频率—空间域的方法，如相位移法（PS）、相移加插值（PSPI）、分步傅里叶（SSF）及傅里叶有限差分（FFD）等方法，特别是分步傅里叶、傅里叶有限差分法已经成为单程波动方程波场外推和偏移成像的有利工具。

使用波动方程公式进行波场延拓，首先要将波动方程分解为上行波方程和下行波方程。在进行零偏移距数值模拟时，使用的是上行波方程正向延拓；在进行非零偏移距数值模拟时，要使用下行波方程正向延拓和上行波方程正向延拓。

因现在地震勘探主要应用纵波，所以用声波方程代替弹性波方程。已知在外力作用下的二维声波一阶速度—应力方程为

$$\begin{cases}\dfrac{\partial p}{\partial t}=-K\left(\dfrac{\partial v_x}{\partial x}+\dfrac{\partial v_z}{\partial y}\right)+s(x,z,t)\\ \dfrac{\partial v_x}{\partial t}=-\dfrac{1}{\rho}\dfrac{\partial p}{\partial x}\\ \dfrac{\partial v_z}{\partial t}=-\dfrac{1}{\rho}\dfrac{\partial p}{\partial y}\end{cases}\tag{3-4-8}$$

式中 v_x、v_z——质点振动速度在 x，z 两个坐标轴方向上的分量；

p——压力；

ρ——介质密度；

s——外力。

根据傅里叶变换后的推导，得到上行波方程为

$$\frac{\partial \tilde{u}}{\partial z}=\mathrm{i}k_z\tilde{u}=\mathrm{i}\sqrt{\frac{\omega^2}{v^2}-k_x^2}\tilde{u} \tag{3-4-9}$$

下行波方程为

$$\frac{\partial \tilde{d}}{\partial z}=-\mathrm{i}k_z\tilde{d}=-\mathrm{i}\sqrt{\frac{\omega^2}{v^2}-k_x^2}\tilde{\tilde{d}} \tag{3-4-10}$$

式中 v——介质的纵波速度；

$\tilde{u}$、$\tilde{d}$——频率域上、下行波波场；

k_x、k_z——水平波数和垂向波数；

ω——角频率。

在波场延拓中，选择合适的延拓步长，就可使每一个步长上的介质在深度上变化是均匀的，上、下行波方程是解耦的。延拓的方向可正可负。正向延拓是根据波在当前位置上的振动情况在波的自然传播方向用计算手段预测出波场；反向延拓是在波的自然传播方向的反方向上重建原来的波场。不论是上行波还是下行波均可进行正向和反向延拓。

上行波正向延拓公式为

$$\tilde{u}(z)=\tilde{u}(z+\Delta z)\mathrm{e}^{-\mathrm{i}\sqrt{\frac{\omega^2}{v^2}-k_x^2}\Delta z} \tag{3-4-11}$$

根据式（3-4-11）可以计算反射波的地震记录。上行波反向延拓公式为

$$\tilde{u}(z+\Delta z)=\tilde{u}(z)\mathrm{e}^{\mathrm{i}\sqrt{\frac{\omega^2}{v^2}-k_x^2}\Delta z} \tag{3-4-12}$$

根据式（3-4-12）可以将地震记录反向延拓，求出地下任一点的波场，实现偏移的目的。下行波正向延拓公式为

$$\tilde{d}(z+\Delta z)=\tilde{d}(z)\mathrm{e}^{-\mathrm{i}\sqrt{\frac{\omega^2}{v^2}-k_x^2}\Delta z} \tag{3-4-13}$$

根据式（3-4-13）可以模拟入射波的地震记录。下行波的反向延拓公式为

$$\tilde{d}(z)=\tilde{d}(z+\Delta z)\mathrm{e}^{\mathrm{i}\sqrt{\frac{\omega^2}{v^2}-k_x^2}\Delta z} \tag{3-4-14}$$

根据式（3-4-14）可以进行下行波场的反向求源。

单程波的延拓算子在偏移成像中已经得到广泛的应用，下面用偏移成像中的延拓算子来推导出用于正演的算子表达式。

1）相位移（PS）波场延拓算子

不考虑介质密度的变化时，声波方程变为标量波方程：

$$\frac{\partial^2 p}{\partial x^2}+\frac{\partial^2 p}{\partial y^2}-\frac{1}{v^2}\frac{\partial^2 p}{\partial t^2}=0 \tag{3-4-15}$$

经过傅里叶变换，已知在水平层状模型中，每一个空间步长中的速度都是不变的，但不要求每个空间步长中的速度一样，则在各个深度间隔之中，频率—波数域中声波方程上行波反向延拓公式为

$$\tilde{p}(k_x,z_i+\Delta z_i,\omega)=\tilde{p}(k_x,z_i,\omega)\mathrm{e}^{\mathrm{i}k_{z_i}\Delta z_i} \tag{3-4-16}$$

式中　k_x——水平波数；

k_{z_i}——z_i 深度处的波数；

Δz_i——空间步长。

对于零炮检距数值模拟，采用上行波方程进行延拓；非零炮检距数值模拟采用下行波方程进行正向延拓。同理可以得到频率—波数域中标量波方程上行波正向延拓或下行波正向延拓公式为

$$\tilde{p}(k_x,z_i+\Delta z_i,\omega)=\tilde{p}(k_x,z_i,\omega)\mathrm{e}^{-\mathrm{i}k_{z_i}\Delta z_i} \tag{3-4-17}$$

式中　ω——角频率。

相位移波场延拓算子是单程波方程的解析解，如果每一个延拓深度上速度均匀，横向上无变化，则波场延拓就是准确的。

2）分步傅里叶（SSF）波场延拓算子

针对稍复杂的地质构造，速度在横向上变化较缓的介质，相位移延拓算子就不再适用，从而引入了分步傅里叶波场延拓算子。这个方法对相位移方法做了速度扰动的校正，适用于速度横向变化缓慢的介质。

常密度声波介质中的标量波传播方程为

$$\nabla^2 p-\frac{\partial^2 p}{\partial t^2}=0 \tag{3-4-18}$$

式中　p——标量波波场；

t——时间，s。

经过推导得到分步傅里叶上行波的反向延拓算子为

$$\begin{cases}\tilde{p}(k_x,z_{n+1},\omega)=\tilde{p}(k_x,z_n,\omega)\mathrm{e}^{\mathrm{i}k_{z_0}\Delta z}\\ \overline{p}(x,z_{n+1},\omega)=\overline{p_0}(x,z_{n+1},\omega)\mathrm{e}^{\mathrm{i}\omega\Delta u(x)\Delta z}\end{cases} \tag{3-4-19}$$

式中　$\overline{p}$——频率域波场；

$\tilde{p}$——对 $\overline{p}$ 做空间傅里叶变换得到的波场；

$\overline{p_0}$——背景慢度产生的波场；

Δu——慢度扰动量。

式（3-4-19）第一个公式为对背景慢度的相位移处理，在频率—波数域实现；第二个公式为针对慢度扰动引起的二次震源波场的二次相移，在频率—空间域实现。由于推

导过程中忽略了二阶扰动项，所以要求波的传播角度较小。同理可得上行波或下行波正向延拓公式为

$$\begin{cases}\tilde{p}\left(k_x,z_{n\pm1},\omega\right)=\tilde{p}\left(k_x,z_n,\omega\right)\mathrm{e}^{-\mathrm{i}k_{z_0}\Delta z}\\ \overline{p}\left(x,z_{n\pm1},\omega\right)=\overline{p_0}\left(x,z_{n\pm1},\omega\right)\mathrm{e}^{-\mathrm{i}\omega\Delta u(x)\Delta z}\end{cases}\tag{3-4-20}$$

3）傅里叶有限差分（FFD）波场延拓算子

分步傅里叶方法没有考虑速度场二阶以上的速度扰动，因此对于横向速度变化剧烈的地质模型，无法准确描述波场。单程波有限差分方法可以较好地适应速度的任意变化，但是受地质构造倾角限制，而这种倾角限制可以通过基于频散关系的平方根做高阶近似处理加以改善。傅里叶有限差分法增加了对二阶扰动的补偿，可以解决横向速度变化剧烈和陡倾角等情况。

经过推导可以得到上行波方向延拓算子：

$$\begin{cases}\tilde{p}_1\left(k_x,z_{n+1},\omega\right)=\tilde{p}\left(k_x,z_n,\omega\right)\mathrm{e}^{\mathrm{i}\sqrt{\frac{\omega^2}{c^2}-k_x^2}\Delta z}\\ \overline{p_2}\left(x,z_{n+1},\omega\right)=\overline{p_1}\left(x,z_n,\omega\right)\mathrm{e}^{\mathrm{i}\omega\Delta u(x,z)\Delta z}\\ \overline{p}\left(x,z_{n+1},\omega\right)=\overline{p_2}\left(x,z_n,\omega\right)\mathrm{e}^{\mathrm{i}A\Delta z}\end{cases}\tag{3-4-21}$$

其中

$$\begin{cases}A=\dfrac{\omega}{v}\left(1-\dfrac{c}{v}\right)\left(\dfrac{\dfrac{v^2}{\omega^2}\dfrac{\partial^2}{\partial x^2}}{2+b\dfrac{v^2}{\omega^2}\dfrac{\partial^2}{\partial x^2}}\right)\\ b=\dfrac{1}{2}\left(r^2+r+1\right)\\ r=c/v\end{cases}$$

式中 c——背景速度；

b——系数；

k_x——水平波数。

式（3-4-21）第一个公式为频率—波数域相位移处理，第二个公式为频率—空间域时移处理，第三个公式为频率—空间域有限差分补偿处理。

同理可以得到上行波或下行波正向延拓公式为

$$\begin{cases}\tilde{p}_1\left(k_x,z_{n\pm1},\omega\right)=\tilde{p}\left(k_x,z_n,\omega\right)\mathrm{e}^{-\mathrm{i}\sqrt{\frac{\omega^2}{c^2}-k_x^2}\Delta z}\\ \overline{p_2}\left(x,z_{n\pm1},\omega\right)=\overline{p_1}\left(x,z_{n\pm1},\omega\right)\mathrm{e}^{-\mathrm{i}\omega\Delta u(x,z)\Delta z}\\ \overline{p}\left(x,z_{n\pm1},\omega\right)=\overline{p_2}\left(x,z_{n\pm1},\omega\right)\mathrm{e}^{-\mathrm{i}A\Delta z}\end{cases}\tag{3-4-22}$$

SSF 波场延拓算子与 FFD 波场延拓算子的相对误差随速度扰动 r 增大而增大，并且 SSF 波场延拓算子误差对扰动值更敏感。

3. 基于复杂模型波动方程照明分析的基本原理

地震照明不同于通常意义的照明。虽然照明分析是针对地下反射层进行的，但它依赖于通过整个系统在地表得到反射能量的能力。它不仅取决于震源的能力能否到达成像目标，而且取决于目标反射的能力能否回到地面并被接收到，二者缺一不可（谢小碧等，2013）。如果反射面能够将地震波反射到地表并被接收到，则可以得到地震记录；如果反射面能够将地震波反射到地表但是没有被接收到，则不能得到来自反射面的反射信息，因此也不能对该位置成像，如图 3-4-1 所示。

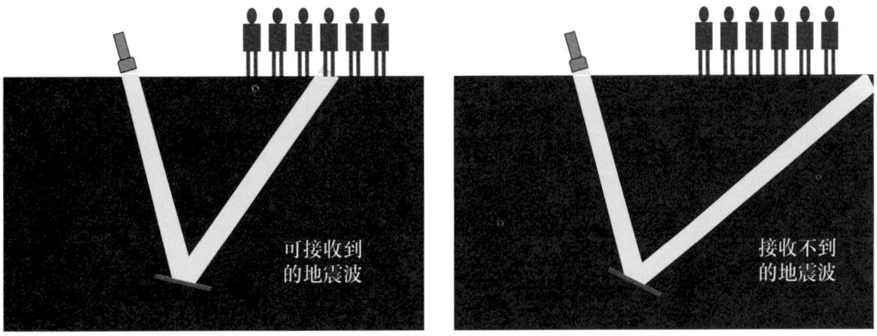

图 3-4-1 地震照明的示意图

地震波单向照明指只考虑震源或接收点的地震照明。它是通过采用正演得到地下介质或目的层上的波场照明能量和地表或接收点位置的波场照明能量。在地表布设震源得到目的层上的单向照明能量，或者在目标位置布设震源得到接收点的单向照明能量，可以用来评价和优化观测系统方案。也可以评价目标反射层的初始反射能量水平，从而确定地表采集数据的可靠性和均匀性。

地震波双向照明同时考虑了地震观测系统中的地震激发和接收点的接收，是上面所说的真正意义上的地震照明。单向照明只能反映观测系统中某一个因素对地下介质的响应，双向照明则可反映出观测系统中震源和接收点对地下介质的综合响应。

波动方程双向照明方法可用于分析特定观测方案下地下目标层处的波场能量分布，也可用于分析不同观测方案中炮检点变化对目的层的照明影响。波动方程类的照明方法能够广泛适应于横向速度变化的介质。在基于复杂模型的观测方案设计与优化过程中，可以使用层照明方法对主要目标层进行快速有效的照明计算，通过分析选用合理的观测方案，使得目标层位处的照明能量分布更加合理、准确。

这里以激发点的位置在 $\boldsymbol{r}_s$、接收点的位置在 $\boldsymbol{r}_g$ 组成的简单观测系统来研究地下位置 $\boldsymbol{r}$ 附近的目标区域 $V(\boldsymbol{r})$ 的波场，如图 3-4-2 所示。激发点向目标体发出地震波，在目标区域内，入射波和反射体相互作用并且产生了由目标体到接收点的反射波或散射波。使用多次向前散射或者单次向后散射近似，传播到 $\boldsymbol{r}$ 处波场的数学表达式为

$$u(\boldsymbol{r},\boldsymbol{r}_s)=2k_0^2\int_V m(\boldsymbol{r}')G(\boldsymbol{r}';\boldsymbol{r}_s)\mathrm{d}v' \tag{3-4-23}$$

从目标区域 $\boldsymbol{r}$ 处，再传播到检波点处的波场则为

$$u\left(\boldsymbol{r},\boldsymbol{r}_{\mathrm{s}},\boldsymbol{r}_{\mathrm{g}}\right)=2k_0^2\int_V^{\Omega}m\left(\boldsymbol{r}'\right)G\left(\boldsymbol{r}';\boldsymbol{r}_{\mathrm{s}}\right)G\left(\boldsymbol{r}';\boldsymbol{r}_{\mathrm{g}}\right)\mathrm{d}v' \tag{3-4-24}$$

其中

$$m\left(\boldsymbol{r}'\right)=\delta c/c\left(\boldsymbol{r}'\right)$$

$$k_0=\omega/c_0\left(\boldsymbol{r}\right)$$

式中 $\boldsymbol{r}'$——V（$\boldsymbol{r}$）内的局部坐标；
v'——包围 $\boldsymbol{r}'$ 的局部体积；
m（$\boldsymbol{r}'$）——速度扰动；
c（$\boldsymbol{r}'$）——速度；
k_0——背景波数；
c_0（$\boldsymbol{r}$）——V（$\boldsymbol{r}$）处的背景速度；
ω——角频率（角速度）；
G（$\boldsymbol{r}'$；$\boldsymbol{r}_{\mathrm{s}}$）和 G（$\boldsymbol{r}'$；$\boldsymbol{r}_{\mathrm{g}}$）——$\boldsymbol{r}_{\mathrm{s}}$ 和 $\boldsymbol{r}_{\mathrm{g}}$ 处的格林函数。
Ω——模型空间。

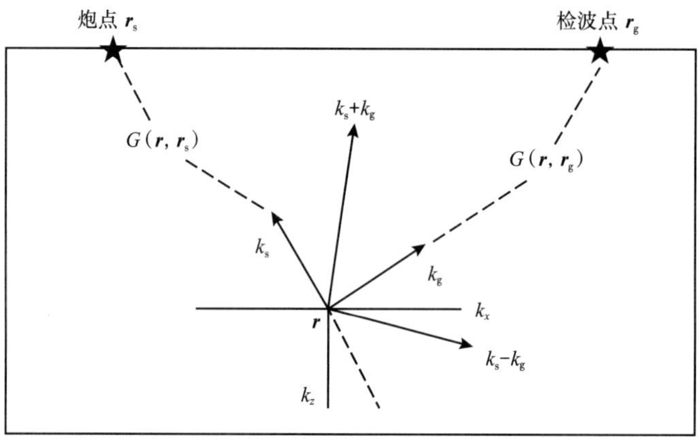

图 3-4-2 照明分析中使用的坐标系示意图

在 V（$\boldsymbol{r}$）内应用局部平面波分解，格林函数可以分解为

$$\begin{cases}G\left(\boldsymbol{r}';\ \boldsymbol{r}_{\mathrm{s}}\right)=\int G\left(\boldsymbol{K},\ \boldsymbol{r}',\ \boldsymbol{r}_{\mathrm{s}}\right)\mathrm{e}^{\mathrm{i}\boldsymbol{k}\boldsymbol{r}'}\mathrm{d}\boldsymbol{K}\\ G\left(\boldsymbol{r}';\ \boldsymbol{r}_{\mathrm{g}}\right)=\int G\left(\boldsymbol{K},\ \boldsymbol{r}',\ \boldsymbol{r}_{\mathrm{g}}\right)\mathrm{e}^{\mathrm{i}\boldsymbol{k}\boldsymbol{r}'}\mathrm{d}\boldsymbol{K}\end{cases} \tag{3-4-25}$$

将式（3-4-25）代入式（3-4-24），得到

$$u\left(\boldsymbol{r},\boldsymbol{r}_{\mathrm{s}},\boldsymbol{r}_{\mathrm{g}}\right)=2k_0^2\iint G\left(\boldsymbol{K}_{\mathrm{s}},\boldsymbol{r},\boldsymbol{r}_{\mathrm{s}}\right)G\left(\boldsymbol{K}_{\mathrm{g}},\boldsymbol{r},\boldsymbol{r}_{\mathrm{g}}\right)m\left(\boldsymbol{r},\boldsymbol{k}_{\mathrm{g}}+\boldsymbol{k}_{\mathrm{s}}\right)\mathrm{d}\boldsymbol{K}_{\mathrm{g}}\mathrm{d}\boldsymbol{K}_{\mathrm{s}} \tag{3-4-26}$$

其中

$$m\left(\boldsymbol{r},\boldsymbol{k}_{\mathrm{g}}+\boldsymbol{k}_{\mathrm{s}}\right)=\int_V m\left(\boldsymbol{r}'\right)\mathrm{e}^{\mathrm{i}\left(\boldsymbol{k}_{\mathrm{g}}+\boldsymbol{k}_{\mathrm{s}}\right)}\mathrm{d}v'$$

$$\boldsymbol{k}_{\mathrm{s}}=\boldsymbol{K}_{\mathrm{s}}+\boldsymbol{k}_{\mathrm{sz}}\hat{\mathrm{e}}_{\mathrm{z}},\ \boldsymbol{k}_{\mathrm{g}}=\boldsymbol{K}_{\mathrm{g}}+\boldsymbol{k}_{\mathrm{gz}}\hat{\mathrm{e}}_{\mathrm{z}}$$

式中　$\boldsymbol{k}_{\mathrm{s}}$、$\boldsymbol{k}_{\mathrm{g}}$——相对于 $\boldsymbol{r}$ 的局部变换；

$\boldsymbol{k}_{\mathrm{sz}}$ 和 $\boldsymbol{k}_{\mathrm{gz}}$——$\boldsymbol{k}_{\mathrm{s}}$ 和 $\boldsymbol{k}_{\mathrm{g}}$ 的垂直分量；

$\boldsymbol{K}$——水平波数；

$\boldsymbol{k}_{\mathrm{z}}$——垂向波数；

$\hat{\mathrm{e}}_{\mathrm{z}}$——垂直单位矢量；

式（3-4-26）表明了震源、观测系统和地下目标点的关系，它是许多地震方法的基础参数。该式同样说明，如果给定一个速度模型，目标体 $\boldsymbol{r}$ 处在观测炮检对（$\boldsymbol{r}_{\mathrm{s}}$，$\boldsymbol{r}_{\mathrm{g}}$）下可以被"照明"到何种程度。该式的被积函数描述的是从 k_{s} 方向来的入射波和从目标点沿 k_{g} 方向离开的散射波。为了把它推广到一个任意的非水平的反射层，替换 m（$\boldsymbol{r}$，$\boldsymbol{k}_{\mathrm{g}}+\boldsymbol{k}_{\mathrm{s}}$），它被认为是波数域内的一个局部反射率和它的归一化振幅谱。这样，目标体照明响应函数就被定义为

$$D\left(\boldsymbol{r},\boldsymbol{r}_{\mathrm{s}},\boldsymbol{r}_{\mathrm{g}}\right)=\iint A\left(\boldsymbol{r},\boldsymbol{K}_{\mathrm{s}},\boldsymbol{K}_{\mathrm{g}};\boldsymbol{r}_{\mathrm{s}},\boldsymbol{r}_{\mathrm{g}}\right)M\left(\boldsymbol{r},\boldsymbol{k}_{\mathrm{g}}+\boldsymbol{k}_{\mathrm{s}}\right)\mathrm{d}\boldsymbol{K}_{\mathrm{g}}\mathrm{d}\boldsymbol{K}_{\mathrm{s}} \tag{3-4-27}$$

其中

$$\begin{cases}M\left(\boldsymbol{r},\boldsymbol{k}\right)=\left|m\left(\boldsymbol{r},\boldsymbol{k}\right)\right|\\A\left(\boldsymbol{r},\boldsymbol{K}_{\mathrm{s}},\boldsymbol{K}_{\mathrm{g}};\boldsymbol{r}_{\mathrm{s}},\boldsymbol{r}_{\mathrm{g}}\right)=2k_0^2I\left(\boldsymbol{K}_{\mathrm{s}},\boldsymbol{r}',\boldsymbol{r}_{\mathrm{s}}\right)I\left(\boldsymbol{K}_{\mathrm{g}},\boldsymbol{r}',\boldsymbol{r}_{\mathrm{g}}\right)\\I\left(\boldsymbol{K}_{\mathrm{s}},\boldsymbol{r}',\boldsymbol{r}_{\mathrm{s}}\right)=G\left(\boldsymbol{K}_{\mathrm{s}},\boldsymbol{r}',\boldsymbol{r}_{\mathrm{s}}\right)G^*\left(\boldsymbol{K}_{\mathrm{s}},\boldsymbol{r}',\boldsymbol{r}_{\mathrm{s}}\right)\\I\left(\boldsymbol{K}_{\mathrm{g}},\boldsymbol{r}',\boldsymbol{r}_{\mathrm{g}}\right)=G\left(\boldsymbol{K}_{\mathrm{g}},\boldsymbol{r}',\boldsymbol{r}_{\mathrm{g}}\right)G^*\left(\boldsymbol{K}_{\mathrm{g}},\boldsymbol{r}',\boldsymbol{r}_{\mathrm{g}}\right)\end{cases} \tag{3-4-28}$$

式中　M（$\boldsymbol{r}$，$\boldsymbol{k}$）——震源和接收点的局部照明矩阵；

上角标 *——复共轭。

式（3-4-28）是格林函数的平均数的平方，它与从震源和接收点到目标点的能流成正比。对于由多个炮检对组成的观测系统，通过叠加所有炮检对可以得到总体照明为

$$D\left(\boldsymbol{r}\right)=\sum\nolimits_{\boldsymbol{r}_{\mathrm{s}}}\sum\nolimits_{\boldsymbol{r}_{\mathrm{g}}}D\left(\boldsymbol{r},\boldsymbol{r}_{\mathrm{s}},\boldsymbol{r}_{\mathrm{g}}\right)=\iint A\left(\boldsymbol{r},\boldsymbol{K}_{\mathrm{s}},\boldsymbol{K}_{\mathrm{g}}\right)M\left(\boldsymbol{r},\boldsymbol{k}_{\mathrm{g}}+\boldsymbol{k}_{\mathrm{s}}\right)\mathrm{d}\boldsymbol{K}_{\mathrm{g}}\mathrm{d}\boldsymbol{K}_{\mathrm{s}} \tag{3-4-29}$$

其中

$$A\left(\boldsymbol{r},\boldsymbol{K}_{\mathrm{s}},\boldsymbol{K}_{\mathrm{g}}\right)=\sum\nolimits_{\boldsymbol{r}_{\mathrm{s}}}\sum\nolimits_{\boldsymbol{r}_{\mathrm{g}}}A\left(\boldsymbol{r},\boldsymbol{K}_{\mathrm{s}},\boldsymbol{K}_{\mathrm{g}};\boldsymbol{r}_{\mathrm{s}},\boldsymbol{r}_{\mathrm{g}}\right)$$

对于给定的观测系统和背景速度模型，矩阵 A（$\boldsymbol{r}$，$\boldsymbol{K}_{\mathrm{s}}$，$\boldsymbol{K}_{\mathrm{g}}$）由所有可能对目标体照明做出贡献的局部散射（$\boldsymbol{k}_{\mathrm{s}}$，$\boldsymbol{k}_{\mathrm{g}}$）部分组成。

对一个特殊的局部目标体结构，M（$\boldsymbol{r}$，$\boldsymbol{k}$）是入射波和散射波的一个关系，并且可以在局部照明矩阵内处理能量。对有贡献的特殊目标体积分求和，可以得出在 r 点处的照明响应。采集结构的影响、模型的背景速度和目标体的几何形状都包含在计算当中，使用振幅的平方平均数来计算照明响应函数，当振幅首选时，就要使用 D（$\boldsymbol{r}$）的均方根速度来计算。

对于一个由 m（$\boldsymbol{r}'$）～δ（$\boldsymbol{r}'\cdot\boldsymbol{n}$）给出的局部平面几何结构，已知 M（$\boldsymbol{k}$）δ（$\boldsymbol{k}-C\boldsymbol{n}$）和 $\boldsymbol{k}_{\mathrm{g}}+\boldsymbol{k}_{\mathrm{s}}=C\boldsymbol{n}$，这里 $\boldsymbol{n}$ 是反射面的正交向量，因为 $|\boldsymbol{k}_{\mathrm{g}}|=|\boldsymbol{k}_{\mathrm{s}}|=k_0$，$\boldsymbol{n}$ 是 $\boldsymbol{k}_{\mathrm{g}}$ 和 $\boldsymbol{k}_{\mathrm{s}}$ 的角平分线，

$C=2\boldsymbol{k}_g\cdot\boldsymbol{n}=2\boldsymbol{k}_s\cdot\boldsymbol{n}=2k_0\cos i$，$i$ 是反射角，将 $\boldsymbol{M}$（$\boldsymbol{k}$）代入式（3-4-29）得到

$$D(\boldsymbol{r},\boldsymbol{n})=\iint A(\boldsymbol{r},\boldsymbol{K}_s,\boldsymbol{K}_g)\delta(\boldsymbol{K}_g+\boldsymbol{K}_s-C\boldsymbol{N})\mathrm{d}\boldsymbol{K}_g\mathrm{d}\boldsymbol{K}_s=\int A(\boldsymbol{r},C\boldsymbol{N}-\boldsymbol{K}_g,\boldsymbol{K}_g)\mathrm{d}\boldsymbol{K}_g \tag{3-4-30}$$

式中 $\boldsymbol{N}$——正交向量 $\boldsymbol{n}$ 水平分量，因为 $\boldsymbol{n}$ 是单位向量，所以它取决于 $\boldsymbol{N}$；

D（$\boldsymbol{r}$，$\boldsymbol{n}$）——采集倾角响应，它为在位置 $\boldsymbol{r}$ 和倾角 $\boldsymbol{n}$ 处的平面反射层给出了照明响应。

式（3-4-31）表达了一个由镜像反射照明的平面反射层，使用坐标变换可以知道 $\boldsymbol{k}_d=C\boldsymbol{n}$ 与倾角方向相关联，而 $|k_d|=2k_0\sin i$ 与反射角相关联。

考虑一个各向同性的点散射模型，$m(\boldsymbol{r}')\sim\boldsymbol{\delta}(\boldsymbol{r}')$ 为常数，把 $M(\boldsymbol{k})$ 代入式（3-4-30）得到：

$$D_T(\boldsymbol{r})=\iint A(\boldsymbol{r},\boldsymbol{K}_s,\boldsymbol{K}_g)\delta(\boldsymbol{K}_g+\boldsymbol{K}_s-C\boldsymbol{N})\mathrm{d}\boldsymbol{K}_g\mathrm{d}\boldsymbol{K}_s \tag{3-4-31}$$

式中 D_T（$\boldsymbol{r}$）——总的照明能量响应，来源于所有可能散射能量的总和。

对于其他结构的照明响应，如特殊曲率的，或者粗糙的有随机速度波动的反射层，可以通过使用不同的 M（$\boldsymbol{k}$）来获得。对于小尺寸区域 V 的照明分析，一般来说一个简单的观测系统就足够了。

二、基于波动方程层照明的实现方法

为了保证计算效率，计算过程中使用 OpenMP 并行计算，单向照明以炮点为单位依次计算并作线性叠加。双向照明首先将检波点计算完成后以检波点为单位存储到磁盘，然后以炮线为单位依次计算，最后与检波点照明值做线性叠加。但是如果模型和观测系统都较大，所需内存就会过于巨大导致无法计算或者计算效率低下，于是在软件中形成了另外一种储存方式。

通过式（3-4-23），可以计算出空间目标区域的地震波场，而地震波场数值的平方代表着通过该目标区域的能流密度，也就是照明能量，可以简单表示为

$$\text{Illumination\_s}(\boldsymbol{r},\boldsymbol{r}_s)=u(\boldsymbol{r},\boldsymbol{r}_s)*u(\boldsymbol{r},\boldsymbol{r}_s) \tag{3-4-32}$$

可以根据单炮照明能量计算出工区内所有炮点的照明能量：

$$\text{Illumination\_s}(\boldsymbol{r})=\sum_{s=1}^{N}\text{Illumination\_s}(\boldsymbol{r},\boldsymbol{r}_s) \tag{3-4-33}$$

式（3-4-33）中的照明能量，只包含了炮点的影响，没有考虑到检波点的影响，这种照明就是上面所说的单向照明，它只体现了激发点能量的下传情况，没有体现上传能量是否能够被检波点接收，这样的照明无法用于分析和评价采集观测方案的优劣。要想使照明分析能够应用于观测方案的评价，必须将检波点的影响考虑在内。

由于照明的物理意义是能量，可以利用下式中的地震波场计算包含检波点影响的单炮照明能量：

$$\text{Illumination\_d}\left(\boldsymbol{r},\boldsymbol{r}_{\text{s}},\boldsymbol{r}_{\text{g}}\right)=u\left(\boldsymbol{r},\boldsymbol{r}_{\text{s}},\boldsymbol{r}_{\text{g}}\right)*u\left(\boldsymbol{r},\boldsymbol{r}_{\text{s}},\boldsymbol{r}_{\text{g}}\right) \quad (3\text{-}4\text{-}34)$$

式（3-4-27）的照明能量是由一个激发点和一个检波点组成的最简单观测系统产生的，这种照明被称作双向照明结果，将某一观测方案所有炮检关系的照明结果进行累加就得到了该观测方案的双向照明分析结果：

$$\text{Illumination\_d}\left(\boldsymbol{r}\right)=\sum_{s=1}^{N}\sum_{g=1}^{M}\text{Illumination\_d}\left(\boldsymbol{r},\boldsymbol{r}_{\text{s}},\boldsymbol{r}_{\text{g}}\right) \quad (3\text{-}4\text{-}35)$$

因为式（3-4-28）在实施过程中是分步计算实施的，对于每一个激发点或者接收点都要使用式（3-4-25）计算其波场和照明能量，而当对三维观测方案分析时，模型空间也由图 3-4-2 中的二维空间变化到三维空间，所以每个激发点或者接收点的照明结果都会在三维的模型空间产生一个三维的能量数据体。通常来说，这个数据体的大小等于模型的大小，当工区内炮点数较多时，这些数据体就会耗尽计算机内存及磁盘空间，造成无法完成照明分析。 在实际应用中，为了能达到快速地研究地震采集观测系统变化对目标层照明的影响，同时减少对计算机资源的要求，可以采用只针对目标层的照明分析方法。当给定若干目标层的情况下，目标层上各点的局部倾角也就已经确定，三维矢量数据体的计算和存储就可简化为若干个二维标量数据体，如图 3-4-3 所示。图 3-4-3（a）是一个三维速度网格数据体，绿色部分和黄色部分代表两个反射层位，其规模为 $M\times N\times K$，也就是说，其沿东坐标、北坐标、深度方向的网格数量分别为 M、N、K，如当 $M=N=K=1024$ 时，速度数据体的存储空间是 4GB，照明结果的存储空间也是 4GB，当激发点数为 10^4 时，存储空间会达到 40TB。如果只分析两个目的层时［图 3-4-3（b）］，采用“降维存储”技术，深度方向上只存储两层数据就能够满足要求，此时 $M=N=1024$，$K=2$，这时单炮照明能量结果数据体的存储空间变成 8MB，存储体积变为原来的 1/512，同样激发点数为 10×10^3 时，存储空间只需要 80GB，常规的 PC 机都能满足其存储要求。通过使用这种“降维存储”技术，三维波动照明分析对计算机内存和硬盘存储的要求至少可以减少 1～2 个数量级。

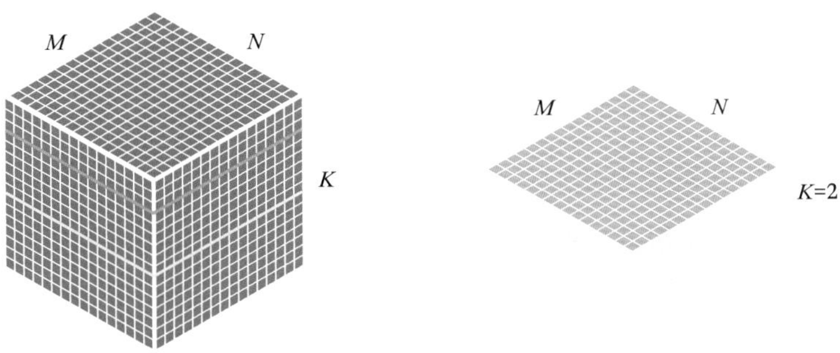

(a) 传统方法需要存储的数据量　　(b) 采用降维存储技术后需要存储的数据量

图 3-4-3 “降维存储”示意图

在野外地震采集数据观测过程中，每个检波点都会被反复使用很多次，从而产生多次覆盖地震数据。按照这种思路，在每炮的照明分析计算过程中需要计算出该检波点的格林函数，而同一检波点的格林函数是相同的，这样就会进行大量的重复计算，为了减少这种重复计算，可以采用“存储替代”策略，即将每个检波点计算完毕后的格林函数存储起来，再根据采集观测系统的炮检点关系，按需读取所需检波点格林函数，这样就能大大地提高计算效率。图 3-4-4 用一个二维示意图描述了其方法原理，图中包含两炮组成的二维观测系统，其中大、小倒三角形分别代表炮点和检波点，黄色、绿色部分分别代表第 1 炮和第 2 炮对应接收排列。每炮接收排列中含有 22 个接收点，如果单独计算，每炮需要 1 次炮点波场，22 次检波点波场，两炮照明一共计算波场 46 次；如果采用“存储替代”策略，则需要计算检波点波场 24 次，炮点波场 2 次，两炮照明一共计算波场 26 次，相对原始方式，共节约计算波场 20 次，其中红色检波点对应第 2 炮照明计算中需要多读取的格林函数。在三维情况下使用这种方式，节省的计算量会更多。

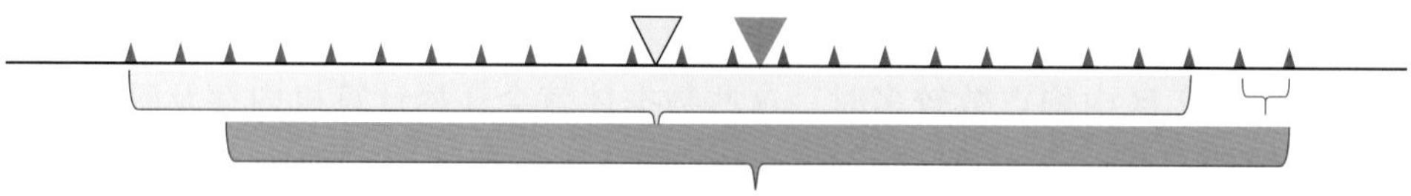

图 3-4-4 “存储替代”技术示意图

由于需要存储波场格林函数，则相应地会需要较多的磁盘存储空间，这是一种典型的使用磁盘空间换取计算效率的计算模式，可根据计算机内存大小和磁盘读写效率的能力，合理地选择具体实施方式。

通过以上格林函数的“降维存储”以及“存储替代”的效率优化，使得三维照明分析可以应用于实际工区的采集观测系统方案评估与优化。

三、波动方程照明分析技术在采集观测系统设计中的应用

基于波动方程照明的观测系统分析技术，从应用经验上来看，应该从照明强度和照明均匀度两个方面来考虑。照明强度是地震波照明到达目的层的能量强度，照明均匀度是照明能量在目的层上分布的均匀程度。可以这样认为：在目的层上的照明能量强，且沿目的层上的照明是均匀的或者变化较少的，这个观测系统方案就是比较合理的。但是基于波动方程的照明分析中，激发点与接收点到目的层的能量流密度与介质的速度成反比，也就是速度越低，照明能量越强，所以要结合以往的地震资料综合分析，只有这样才能设计出更合理的面向目标的观测系统。

1. 二维照明技术在观测系统设计中的应用

针对某些地区信噪比很低、地震波能量很弱的情况，如何提高阴影区的能量，是采集设计的目标。因此，可以通过照明分析有效的优化观测系统，加密炮点，从而提高阴影区的反射能量。通过建立速度模型、利用波动照明分析原理，定量分析不同观测系统在目的层上的分布情况，针对阴影区有目的地加密炮点，从而降低采集成本。

模型为一实际模型加一 50m 厚的低降速带，深层有两条较大的逆掩断层（图 3-4-5）。观测系统检波点距为 20m，接收道数分布为 240 道、360 道、480 道、600 道、720 道、960 道、1080 道和 1200 道。

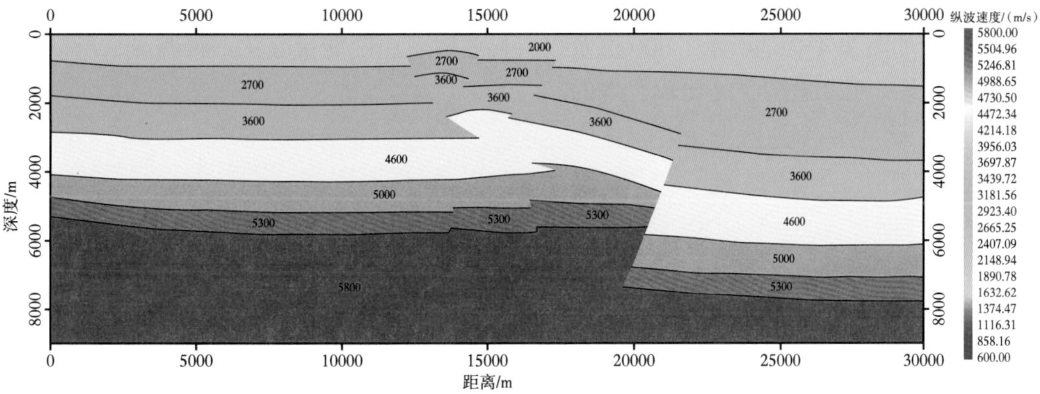

图 3-4-5　速度模型

图 3-4-6 是不同的观测系统在 15km 处的照明分析结果，可以看出不同观测系统对逆掩断层下盘阴影区的照明强度的最大值基本一致，说明所到达的最大能量变化不大，随

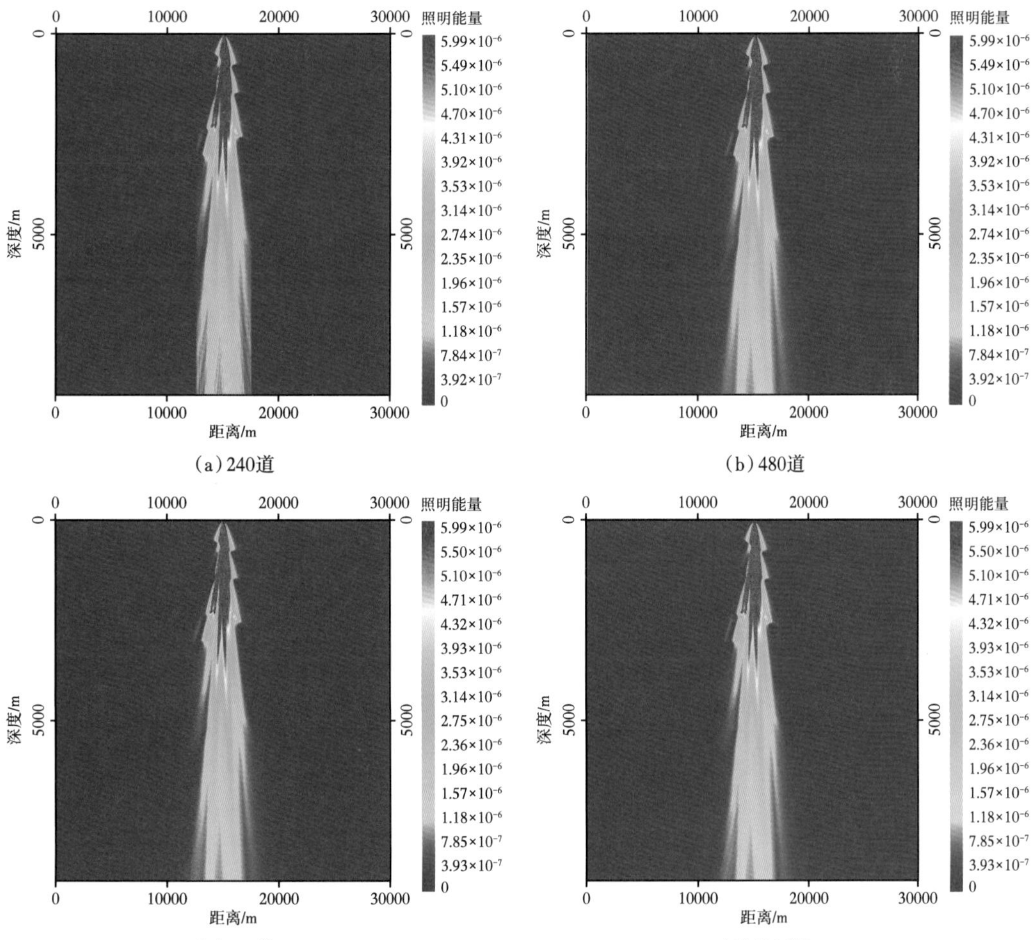

图 3-4-6　不同观测系统相同位置的照明分析

着道数的增加，最大炮检距增大，被照明的区域在变大，但是增大到一定范围就没有明显变化了。如图 3-4-7 是所示，600 道及以上接收时，照明能量变化不再明显，所以认为 20m 检波点距、720 道接收是比较合理的。

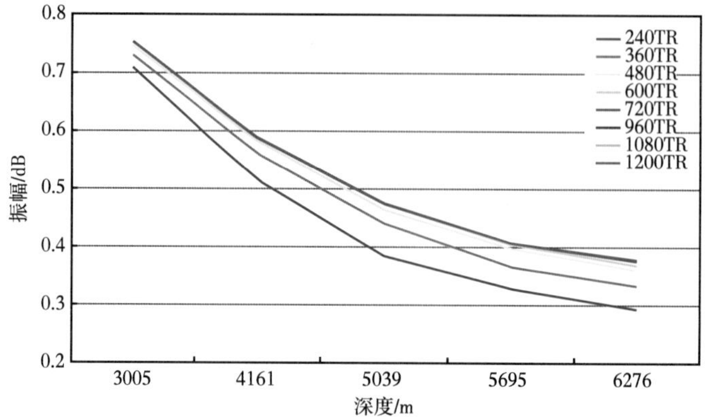

图 3-4-7　不同观测系统对不同层位的最强照明能量关系图（TR 代表道）

图 3-4-8 是采用检波点距 20m、接收道数 720 道的观测系统分别在 10km、15km、20km 处的照明结果。炮点在 10km 处时，断层上盘没有获得能量；在 15km 处时，照明

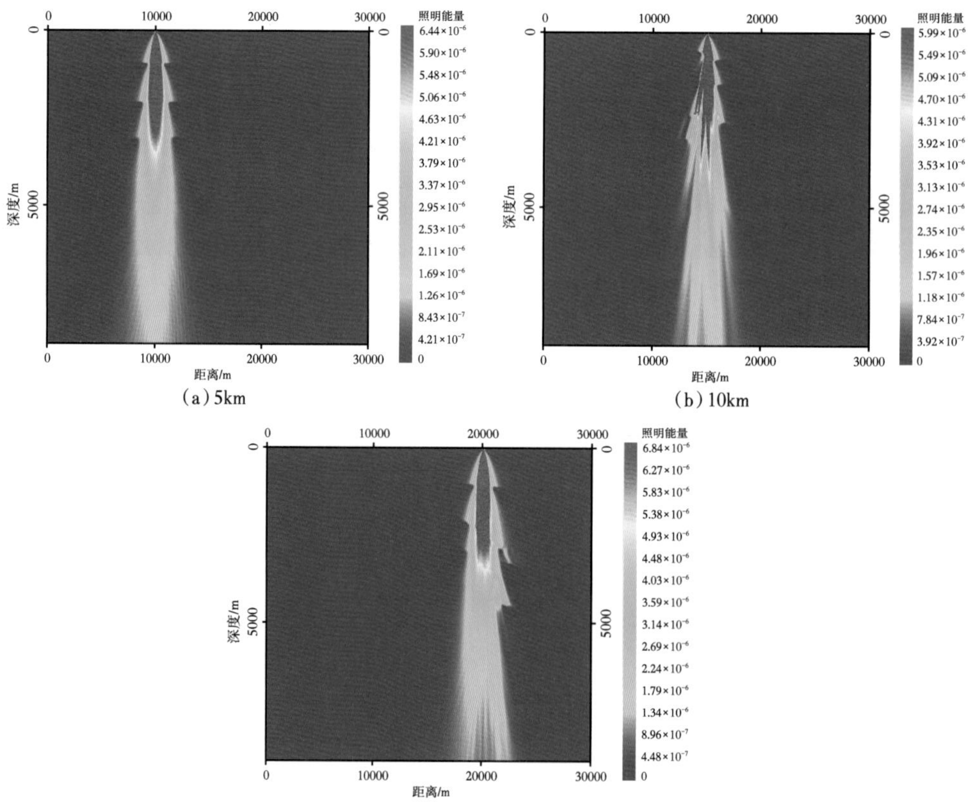

(c) 15km

图 3-4-8　不同位置的照明分析结果图

能量变化大，分布不均匀，虽然能量能到达断层下盘，但是能量弱且不均匀；在 20km 处时，能量分布较 15km 处均匀，但是到达断层下盘的能量很少，所以需要在合适的位置加密炮点，使断层附近和断层下盘的能量更强更均匀。从以上分析可以得出，有效的加密炮点的范围是在 12～20km 处。如图 3-4-9 所示，主要目的层的照明能量提高了 1 倍。在野外利用照明分析方法确定的观测系统进行采集施工，通过合理的加密炮点，提高目的层的有效覆盖次数，获得了较好效果。图 3-4-10 是根据照明分析结论采集的地震剖面，从地震剖面来看地震资料反射较连续、信噪比较高。

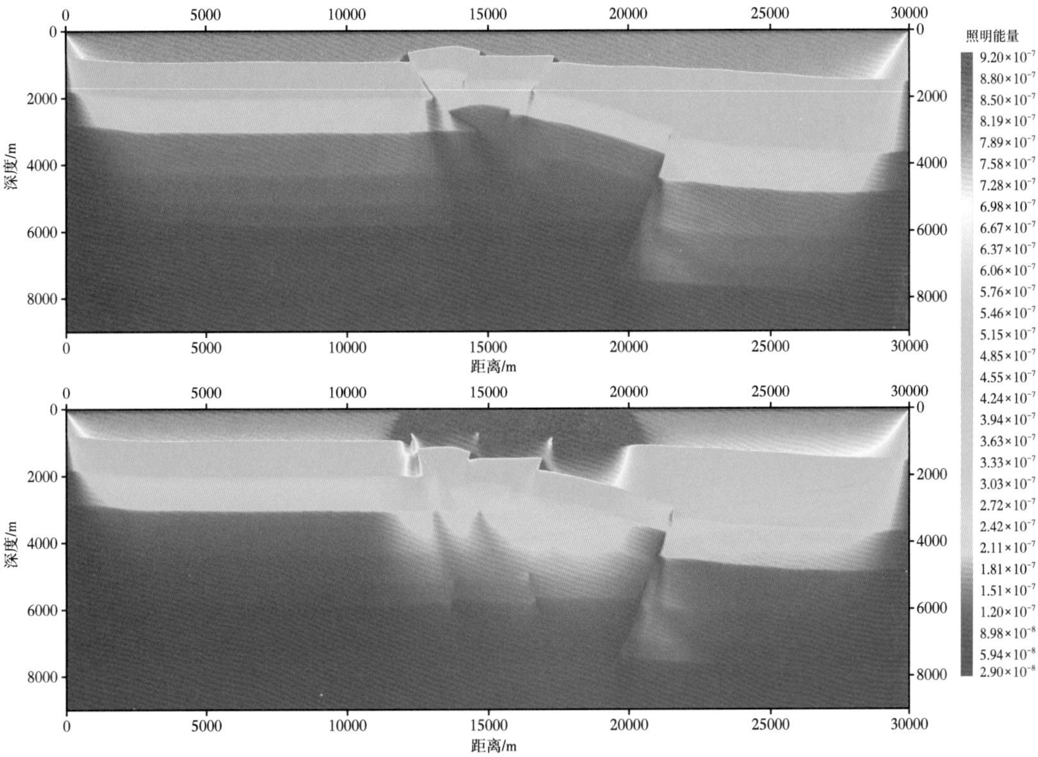

图 3-4-9　炮点加密前（上）、后（下）照明能量对比图

2. 三维层照明在观测系统设计中的应用

分析不同层位的照明能量，可有效地对比出不同观测方案的优劣，从而优选观测系统方案。以国内东部某工区三维采集观测系统方案设计为例，通过对比不同宽窄方位的三种观测方案对于目的层的照明效果，进行定量的曲线对比分析，进而优选了观测方案。

如图 3-4-11 所示，模型中共包含 6 个反射层位，其中主要目的层位是第六个反射层位，不同层位间的层速度也是不同的，由于速度的变化会使地震波传播路径发生变化，进而影响不同层位的照明能量。表 3-4-1 为不同宽窄方位的三维观测系统方案参数表，其中方案 1 中的参数 8L6S384T 代表单元模板中含有 6 个激发点、8 条检波线、每条检波线含有 384 个检波点，其他方案参数的意义与此类似。

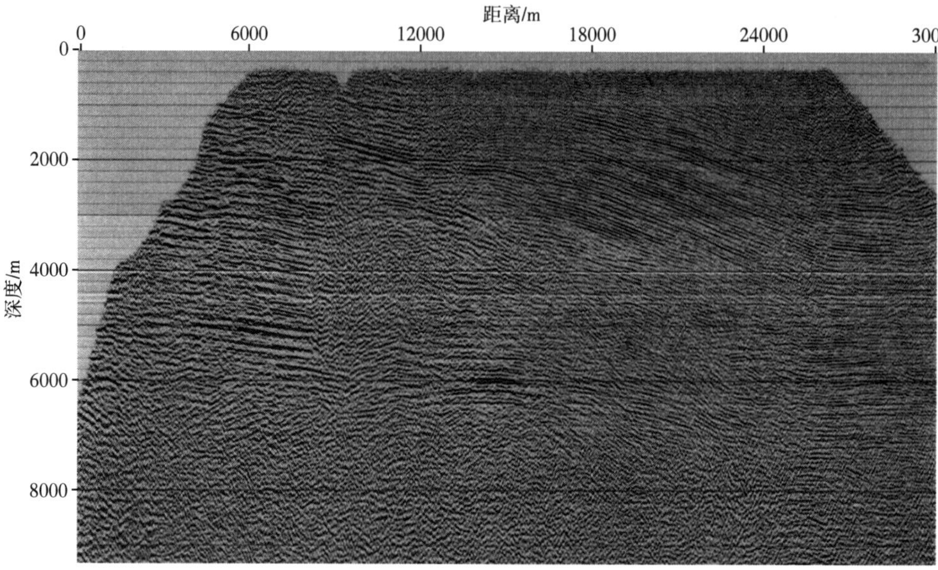

图 3-4-10　新采集的地震剖面

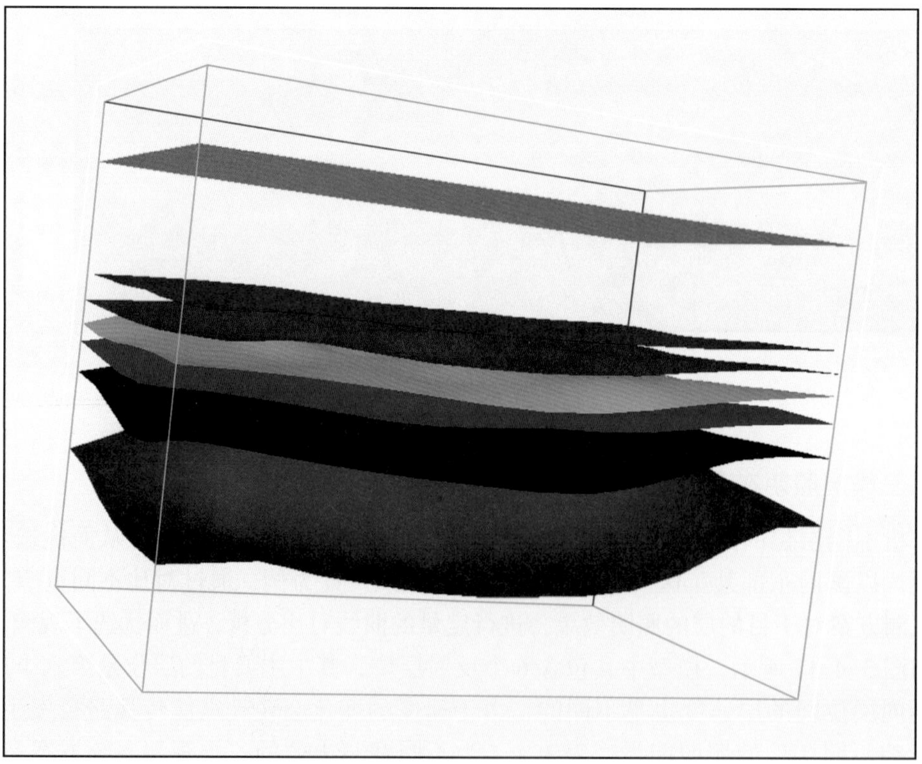

图 3-4-11　东部某工区三维地质模型

表 3-4-1 观测系统方案参数表

采集参数	方案 1	方案 2	方案 3
观测系统	8L6S384T	10L6S384T	12L6S384T
纵向观测方式	4787.5-12.5-25-12.5-4787.5	4787.5-12.5-25-12.5-4787.5	4787.5-12.5-25-12.5-4787.5
接收道数	3072	3840	4608
检波点距 /m	25	25	25
炮点距 /m	50	50	50
最小炮检距 /m	28	28	28
最大炮检距 /m	4930	5010	5106
面元 /（m×m）	12.5×25	12.5×25	12.5×25
覆盖次数	井炮（4×48 纵）192 次	井炮（5×48 纵）240 次	井炮（6×48 纵）288 次
	气枪（4×96 纵）384 次	气枪（5×96 纵）480 次	气枪（6×96 纵）576 次
接收线距 /m	300	300	300
炮线距 /m	井炮 100/ 气枪 50	井炮 100/ 气枪 50	井炮 100/ 气枪 50
纵向滚动距 /m	井炮 100/ 气枪 50	井炮 100/ 气枪 50	井炮 100/ 气枪 50
横向滚动距 /m	300	300	300
横纵比	0.24	0.31	0.37
炮道密度 /（万道 /km^2）	井炮 61.4/ 气枪 122.8	井炮 76.8/ 气枪 153.6	井炮 92.1/ 气枪 184.3

图 3-4-12 为不同宽、窄方位三维观测系统方案的单元模板示意图，其中红色点代表激发点；蓝色点代表检波点。通过单元模板可以看出，从方案 1 到方案 3，单元模板中的接收线数逐渐增加，而纵向接收道数不变，表明了接收方位逐渐加宽。使用上述方案对图 3-4-11 所示的模型进行三维层位照明分析计算，会得到不同层位的双向照明结果。图 3-4-13 为三维观测系统方案层位双向照明结果的三维显示（红色代表高能量，蓝色代表低能量），可以看出随着深度的增加，不同层位的照明能量逐渐减弱，最上面的地质层位照明能量最强，最下面的地质层位照明能量最弱。为了对比不同观测方案对主要目的层的影响，抽取主要目的层进行显示，图 3-4-14 为不同方案对目的层的双向照明结果的三维显示，图中使用相同的色带标尺，从图中主要目的层的双向照明能量可以看出：方案 1 的颜色最接近蓝色；方案 2 逐渐变深；方案 3 已经变成红色，说明方案 3 对于主要目的层的双向照明能量最大，也表明观测方案 3 对主要目的层的贡献最大。由于从方案 1 到方案 3 的接收方位逐渐变宽，说明在目的层埋藏较深的情况下，宽方位观测接收更为有利。

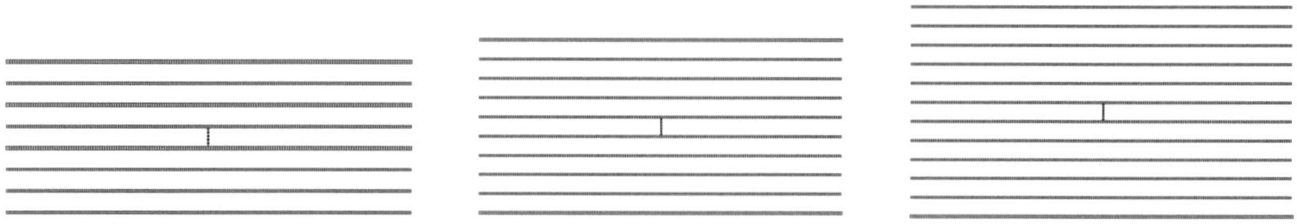

(a) 8L6S384T(方案1)　(b) 10L6S384T(方案2)　(c) 12L6S384T(方案3)

图 3-4-12　三维观测系统单元模板

通过颜色对比在照明能量值比较接近时会存在一定困难，这时使用曲线对比则更为直观，如图 3-4-15 所示，宽方位观测接收对深层照明更为有利。

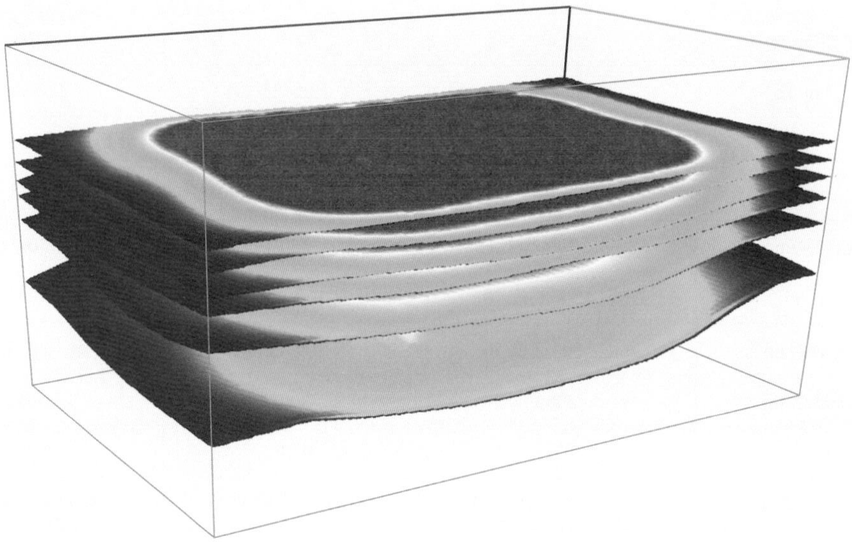

图 3-4-13　三维观测系统方案不同层位的双向照明结果（12L6S384T）

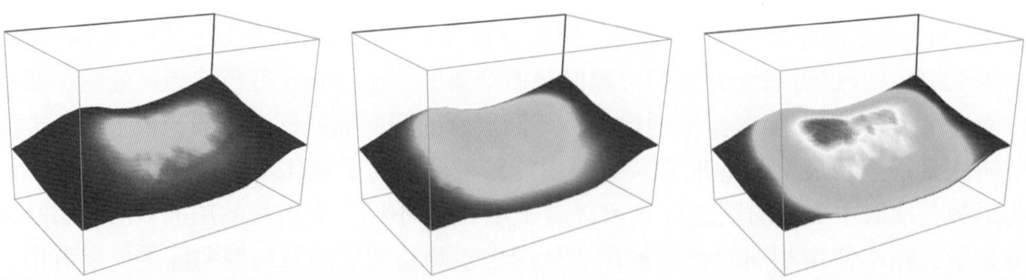

(a) 8L6S384(方案1)双向照明结果　(b) 10L6S384T(方案2)双向照明结果　(c) 12L6S384T(方案3)双向照明结果

图 3-4-14　不同观测方案接收，主要目的层的双向照明结果

通过上述实例可以看出，基于波动方程的层照明分析方法可以用于三维地震采集观测方案的评价与优选。

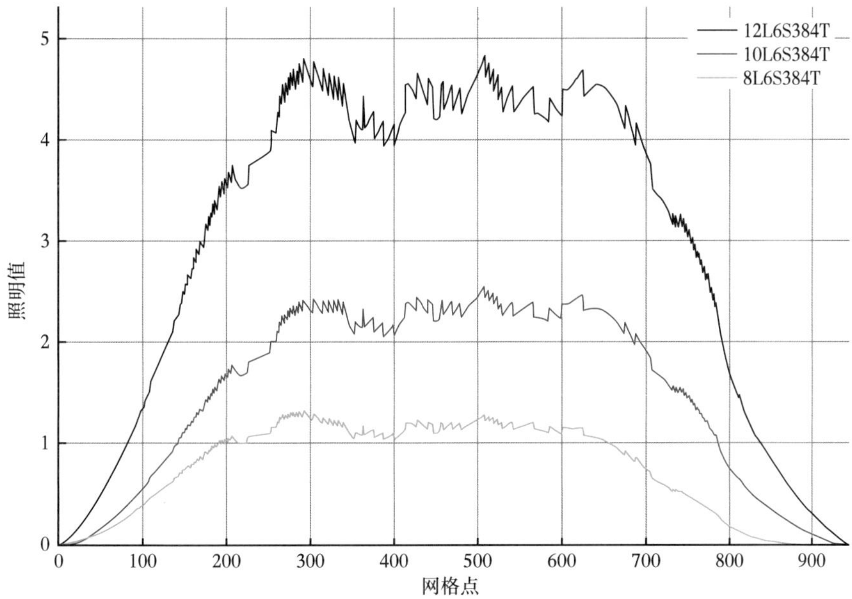

图 3-4-15 不同观测方位接收时主要目的层的双向照明结果曲线图

第五节 观测系统噪声压制能力估算方法

一、三维观测系统叠加压噪能力的评价

在利用地震资料进行油气勘探时，压制噪声是高分辨率资料处理、成像、岩性参数反演及属性分析等工作的前提和基础。地震资料中噪声产生原因复杂、种类繁多，按其规律可分为随机噪声和规则噪声两大类。随机噪声主要指没有固定频率和固定传播方向的波，在地震记录上表现为杂乱无章的振动，它的频谱很宽，无一定视速度，因而很难利用随机噪声与有效波在频谱上的差异或传播方向上的差异对其进行压制；规则噪声主要指有一定频带宽度和一定视速度的噪声，如面波、交流电干扰、声波、浅层折射和侧面波等。中国西部地区地表结构复杂，这些规则噪声非常发育，尤其是浅层折射和面波（图 3-5-1）严重影响了地震记录的信噪比。还有一类噪声与随机噪声不同，与规则噪声相比又显得更复杂，这就是次生干扰。这类干扰在频率域中与有效波是不能分离的，在视速度和视波长域中次生高速干扰又与有效波部分重合，它们可以出现在地震记录上的任意一个位置（图 3-5-2）。它们的形成机理是地震波在近地表介质中传播时，地表附近任何不均匀体和地物障碍均可成为次生波源或散射源，于是就产生了次生的干扰波，产生次生干扰波的一次波可能是直达波、面波或折射波，而且散射源离一次波源的距离越近，散射干扰就越强。这些波种类繁多，又来自不同方向，在单炮记录上相互干涉叠加，致使地震记录复杂，信噪比降低。

多次覆盖对规则噪声和次生干扰的压制是毋庸置疑的，然而这方面的研究，对二维观测系统讨论较多，实际生产中缺少评价三维地震采集观测系统压噪能力的方法。对于三维地震数据采集观测系统而言：一方面要对到达地面的反射波场进行较好的采样，确保采集到的地震数据经过成像处理能够相对准确地反映地下地质结构；另一方面对地震数据采集时的噪声具有压制作用，这是多次覆盖的地震观测系统在水平叠加时的一个重要特点，它所利用的不是频率滤波的频谱差异，也不是组合的方向性差异，而是动校正后有效波与噪声之间剩余时差的差异。

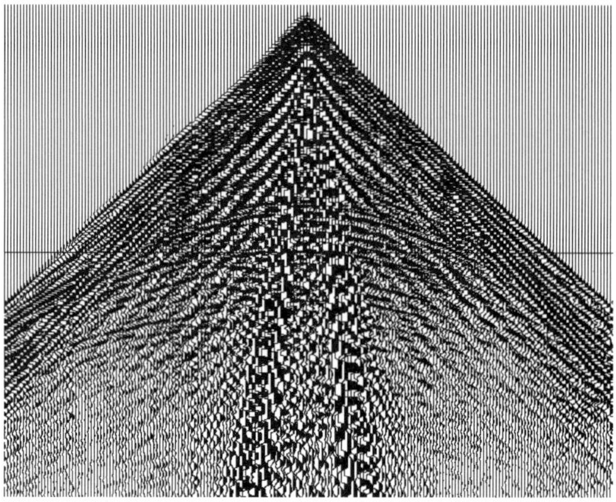

图 3-5-1　地震记录中面波和浅层折射噪声

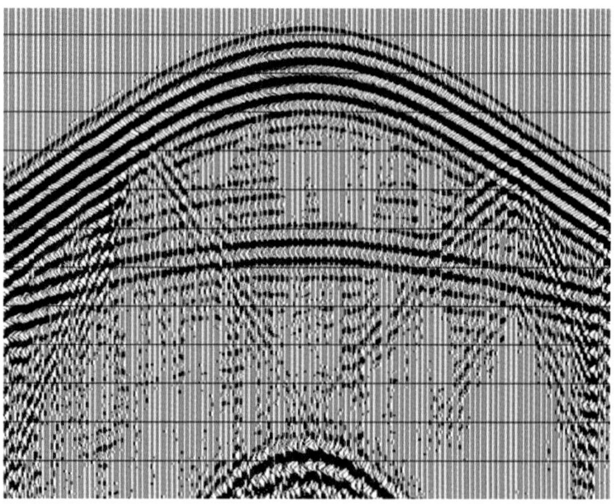

图 3-5-2　地震记录中的次生干扰波

做好观测系统设计，选择合适的观测系统参数，有利于 CMP 叠加压噪，提高信噪比。三维地震观测系统类型多种多样，不同观测方式压噪的特性是不同的。为准确成像和压噪，就有炮检距和方位角分布均匀、最小炮检距尽可能小、性能价格比较高等对观测系统的要求。在这些要求下，目前已发展了许多不同类型的野外观测系统，主要有直线式、线束式、砖墙式、奇偶式、纽扣式、锯齿式、非正交辐射式、六角形排列式和环式。即使是同一类型的观测系统，随着各种具体参数的不同，比如接收线距、接收点密度、炮线距、炮密度等参数的变化，压噪的特性也有较大的差异。现有评价三维观测系统压噪特性的方法是绘制出 CMP 道集的炮检距和方位角分布，由此判断压噪效果，这种方法及其得出的认识一般是定性的，这些具体参数对噪声压制能力的影响，缺少定量评价的方法。为正确地选择三维观测系统，提出了三维地震观测系统对次生噪声、浅层折射和面波压制能力的估算方法，计算定量指标，实现优选三维地震采集观测参数，实际数据表明这种估算方法是可行的。

二、噪声的时距方程

在野外进行地震数据采集时，通过人工激发地震波，从激发位置产生的地震波可分为两部分：其中一部分向下传播，到达波阻抗分界面后携带了地质信息后返回到地面，被检波器记录下来成为有效波；另一部分在近地表传播，被检波器记录下来成为噪声。噪声在地震记录上表现为面波、折射波和次生噪声。如图 3-5-3 所示，上表面为观测面，○和▽分别表示布设在观测面上的激发点和接收点，S 表示其中的一个激发点，R 表示其中的一个接收点，O 为 SR 的中点（即 CMP 位置），N 为次生干扰源位置。中间的面为近地表低速层与下伏高速层之间的界面，界面上 S' 和 R' 表示地震波发生透射的位置，S、S_1、R、R_1、N_S 和 N_R 表示发生折射的位置。下底面是目标层界面，界面上 O' 表示发生反射的位置。由图可见，近地表传播的干扰波从激发点 S 到达接收点 R 可能的路径有六条，分别是

$$P_1 \quad S \to S_1 \to N_S \to N \to N_R \to R_1 \to R$$
$$P_2 \quad S \to S_0 \to R_0 \to R$$
$$P_3 \quad S \to N \to R$$
$$P_4 \quad S \to R$$
$$P_5 \quad S \to N \to N_R \to R_1 \to R$$
$$P_6 \quad S \to S_1 \to N_S \to N \to R$$

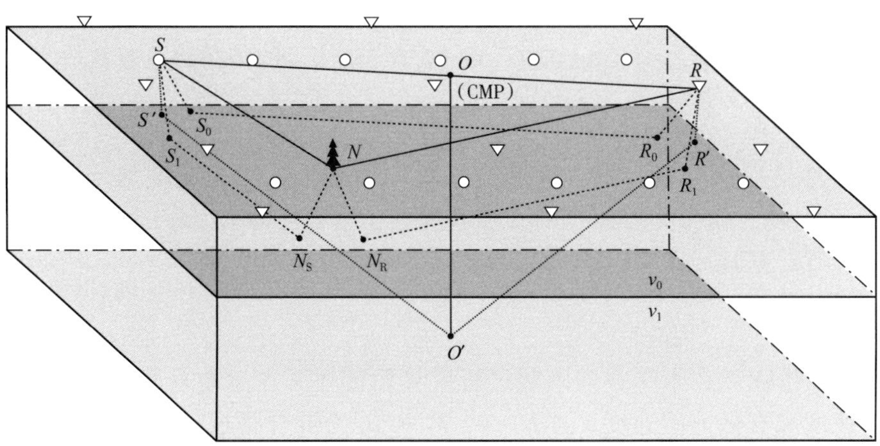

图 3-5-3　陆上三维观测系统噪声的传播示意图（不考虑层间的多次波）

若低速层速度为 v_0，下伏高速层速度为 v_1，S、R 和 N 三点的低速层厚度分别为 h_{OS}、h_{OR} 和 h_{ON}，则其对应的折射延迟时分别为

$$\tau_S = \sqrt{(h_{OS}/v_0)^2 - (h_{OS}/v_1)^2} \tag{3-5-1}$$

$$\tau_R = \sqrt{(h_{OR}/v_0)^2 - (h_{OR}/v_1)^2} \tag{3-5-2}$$

$$\tau_N = \sqrt{(h_{ON}/v_0)^2 - (h_{ON}/v_1)^2} \tag{3-5-3}$$

噪声从激发点到接收点总的折射延迟时可记为

$$\tau_n = k_S\tau_S + k_R\tau_R + k_N\tau_N \tag{3-5-4}$$

式中　k_S、k_R 和 k_N——折射延迟时的倍数，表示近地表规则干扰可能有多次，取值为 0、1 和 2，具体取值根据传播路径而定。

假定近地表层结构稳定，噪声从激发点到次生干扰源的传播速度 $v'_n \in \{v_0, v_1\}$，噪声从次生干扰源到接收点的传播速度 $v''_n \in \{v_0, v_1\}$；设炮检距 $SR=x$，方位角为 α_{SR}，次生干扰源与 CMP 的距离 $l_{ON}=L$，方位角为 α_{ON}，干扰源相对方位角 $\alpha=\alpha_{ON}-\alpha_{SR}$。若 τ_n 表示噪声旅行时，通过 6 条路径的噪声时距方程可以统一表达为

$$t_n = \frac{\sqrt{x^2 + 4L^2 - 4xL\cos\alpha}}{2v'_n} + \frac{\sqrt{x^2 + 4L^2 + 4xL\cos\alpha}}{2v''_n} + \tau_n \tag{3-5-5}$$

式（3-5-5）把几种传播路径的噪声方程统一在一个表达式中，具体是哪种噪声需依据传播路径而定，以下分三种情况讨论。

1. 全折射路径

全折射路径指噪声在水平方向通过折射界面传播，噪声速度为高速层速度，即 $v'_n=v''_n=v_1$。P_1 和 P_2 为全折射路径：当 $L>0$、$k_S=k_R=1$、$k_N=2$ 时，式（3-5-5）表示的传播路径为 P_1；当 $L=0$、$k_S=k_R=1$、$k_N=0$ 时，式（3-5-5）表示的传播路径为 P_2。

2. 全直达路径

全直达路径指噪声在水平方向通过近地表面传播，噪声速度为低速层速度，即 $v'_n=v''_n=v_0$，且 $k_S=k_R=k_N=0$，P_3 和 P_4 为全直达路径：当 $L>0$ 时，式（3-5-5）表示的传播路径为 P_3；当 $L=0$ 时，式（3-5-5）表示的传播路径为 P_4。

3. 混合路径

混合路径指噪声在水平方向既通过折射界面传播又在近地表面传播，噪声速度既有高速层速度又有低速层速度，且 $L>0$，P_5 和 P_6 为混合路径：当 $v'_n=v_0$、$v''_n=v_1$、$k_S=0$、$k_R=k_N=1$ 时，式（3-5-5）表示的传播路径为 P_5；当 $v'_n=v_1$、$v''_n=v_0$、$k_R=0$、$k_S=k_N=1$ 时，式

（3-5-5）表示的传播路径为 P_6。

三、噪声的剩余时差

设反射界面深度为 h，反射速度为 v_s，旅行时为 t_s，则反射波时距方程为

$$t_s = \frac{1}{v_s}\sqrt{4h^2 + x^2} \quad (3\text{-}5\text{-}6)$$

式（3-5-6）对应的动校正量为

$$\Delta t_s = t_s - t_0 \quad (3\text{-}5\text{-}7)$$

式中 t_0——反射波自激自收时间。

在地震资料处理中，反射波动校正量是以式（3-5-7）为规律计算的，凡是时距曲线不符合这个规律的任何其他形式的波，如果仍旧按该式进行动校正，则道集内各道的波的旅行时不一定都能校正为共中心点的垂直反射时间 t_0，而可能存在一个时差。噪声旅行时按式（3-5-7）作动校正后的时间与反射波自激自收时间 t_0 之差称为噪声剩余时差。设噪声的正常时差为 Δt_n，则噪声剩余时差为

$$\Delta t = \Delta t_n - \Delta t_s == (t_n - t_0) - (t_s - t_0) = t_n - t_s \quad (3\text{-}5\text{-}8)$$

把式（3-5-5）和式（3-5-6）代入式（3-5-8）得

$$\Delta t = \frac{\sqrt{x^2 + 4L^2 - 4xL\cos\alpha}}{2v_n'} + \frac{\sqrt{x^2 + 4L^2 + 4xL\cos\alpha}}{2v_n''} - \frac{\sqrt{4h^2 + x^2}}{v_s} + \tau_n \quad (3\text{-}5\text{-}9)$$

1. 压噪能力的估算方法

多次叠加相当于一个线性滤波器，这个滤波器的模就是多次叠加的振幅特性，把多次叠加的振幅特性除以叠加次数就得到叠加特性。设三维工区中第 i 个 CMP 的叠加次数为 n，Δt_{ij} 为第 i 个 CMP 中第 j 道的剩余时差，因此，第 i 个 CMP 噪声叠加特性为

$$K_i(\omega) = \frac{1}{n}\sqrt{\left[\sum_{j=1}^{n}\left(\cos\omega\Delta t_{ij}\right)\right]^2 + \left[\sum_{j=1}^{n}\left(\sin\omega\Delta t_{ij}\right)\right]^2} \quad (3\text{-}5\text{-}10)$$

式中 K_i——第 i 个 CMP 面元的噪声的叠加特性；

ω——角频率。

式（3-5-10）值域是［0，1］，其大小表明了对各频率成分噪声的压制能力。$K_i(\omega)$ 越小，压制能力越好；$K_i(\omega)$ 越大，压制能力越差。当 $K_i(\omega)=0$ 时表示频率成分为 ω 的噪声被完全压制；当 $K_i(\omega)=1$ 时表示频率成分为 ω 的噪声没有得到任何压制。

应用式（3-5-10）计算得到的是与单频有关的压制效果，这个结果不易反映出全频段或某一频率段的噪声压制效果在三维工区平面上的变化。实际资料表明，三维地震数据 CMP 叠加的压噪能力在平面上是有变化的，如两条相距 75m 的 CMP 叠加剖面线性噪

声的影响，在不同的位置完全不同（图 3-5-4），而且不同频段的噪声压制效果在平面上也是不一样的。

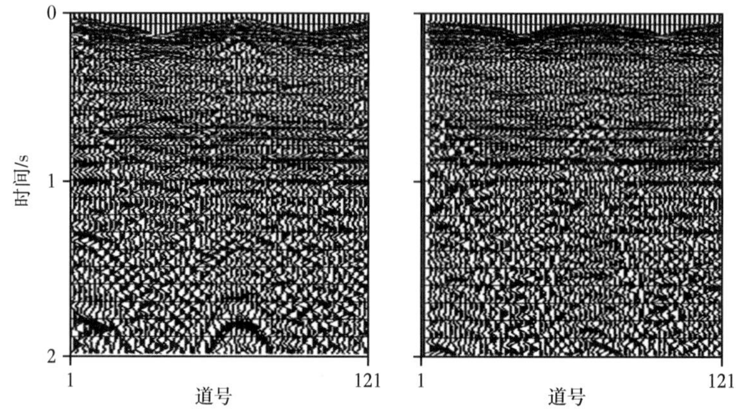

（a）距离检波线6.25m处的叠加剖面　（b）距离检波线81.25m处的叠加剖面

图 3-5-4　两条相距 75m 的 CMP 叠加剖面噪声对比图

为了掌握不同频段的噪声压制效果在平面上的变化，提出频段平均叠加压制特性计算方法，即用某一频段叠加特性的平均值表示该面元的噪声压制特性。做这个约定便于用噪声压制特性表示一个 CMP 面元压制噪声的能力，而且可以按频段进行估算及其分析。这种分频段的压噪估算方法对高频段的噪声压制效果分析起到更大的作用。设噪声的起止频率分别为 ω_1 和 ω_2，则噪声压制特性为

$$\overline{A_i}=\frac{1}{\omega_2-\omega_1}\int_{\omega_2}^{\omega_1}K_i(\omega)\mathrm{d}\omega \tag{3-5-11}$$

式中　$\overline{A_i}$——第 i 个 CMP 面元的频段平均噪声压制特性。

式（3-5-11）的值域是 [0，1]，大小表明了对噪声压制能力，$\overline{A_i}$ 越小，压制噪声能力越好；$\overline{A_i}$ 越大，压制噪声能力越差。

2. 三维观测系统压噪能力的评价

根据压噪能力的估算结果，能够评价观测系统的压噪效果，从而在三维地震观测系统的设计阶段选择有利于压噪的三维观测系统。评价三维观测系统压噪能力（以下提及的噪声压制特性均指全频段的平均压制特性），可以采用以下步骤实现：

（1）利用地震剖面、井资料、地质背景资料、地理信息以及地质任务设计拟采用的三维地震观测方案。在满足地质任务和经济可行条件下，可设计出多套观测系统方案。确定目的层的深度、平均速度和主要噪声类型及其传播速度。

（2）计算观测系统的 CMP 属性信息，主要是根据激发点、接收点和散射源的大地坐标计算 CMP 道集中每道的位置关系，包括炮检距、CMP 与散射源的距离和散射源的相对方位角，进而计算噪声的剩余时差。

（3）计算噪声的叠加振幅特性，进而计算工区内或某个子区内 CMP 的噪声压制特

性，并绘制平面图。平面图的坐标表示 CMP 的位置，用不同灰度或颜色表示噪声压制特性的平面变化。

（4）上述压噪效果的判断需要分析很多面元的压制特性值，为了方便分析，还可以统计噪声压制特性的分布，进而绘制出噪声压制特性频数分布图，更加直观地展示观测系统压噪特性。

（5）对各种观测系统，应用噪声压制特性图和频数分布图进行综合分析，确定各观测系统的压噪效果。噪声压制特性图中的灰度或颜色值越大，表明观测系统压制噪声的能力越弱，反之，观测系统压制噪声的能力越强；频数图中压制特性小的百分比越大，观测系统压制噪声的能力越强，反之，观测系统压制噪声的能力越弱。因此，通过噪声压制特性图和频数分布图很容易选择出压噪能力强的三维观测系统。

3. 应用实例

表 3-5-1 是根据某区的地震剖面、井资料、地质模式、地理信息及地质任务设计拟采用的三维地震勘探观测系统方案。表中有三种方案，观测系统类型有正交和斜交，CMP 覆盖次数有 48 次和 96 次，炮线距有 200m 和 400m，其他参数均相同。

表 3-5-1　某区拟采用的观测系统方案

参数	方案 1	方案 2	方案 3
观测系统类型	16 线 ×6 炮 ×192 道，正交	16 线 ×6 炮 ×192 道，正交	16 线 ×6 炮 ×192 道，斜交
CMP 面元 /（m×m）	12.5×12.5	12.5×12.5	12.5×12.5
覆盖次数	12×8	6×8	6×8
接收道数	3072	3072	3072
检波点距 /m	25	25	25
炮点距 /m	25	25	25
炮线距 /m	200	400	400
接收线距 /m	150	150	150

计算三种方案的 CMP 属性信息，假定表层速度和厚度横向没有变化，取 v_0=800m/s，厚度 v_0=20m，折射层速度 v_1=1800m/s，目的层埋深 1s。按全折射路径估算噪声压制特性并统计分布特征。方案 1 对应压噪特性区间为 0.22～0.26，主频数对应噪声压制特性值 0.24（图 3-5-5）；方案 2 对应压噪特性区间为 0.3～0.44，主频数对应噪声压制特性值 0.32(图 3-5-6)；方案 3 对应压噪特性区间为 0.3～0.54，主频数对应噪声压制特性值 0.36（图 3-5-7）。由此可知，高覆盖次数的方案 1 压噪效果最好，同样 48 次覆盖的情况下，方案 2 的正交观测系统具有较好的压噪特性。

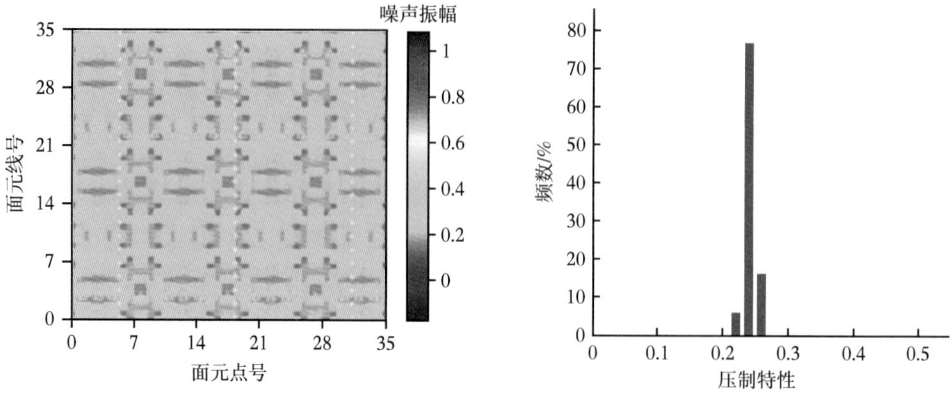

（a）噪声压制特性平面图　（b）频谱图

图 3-5-5　方案 1 的噪声压制特性平面图及频谱图

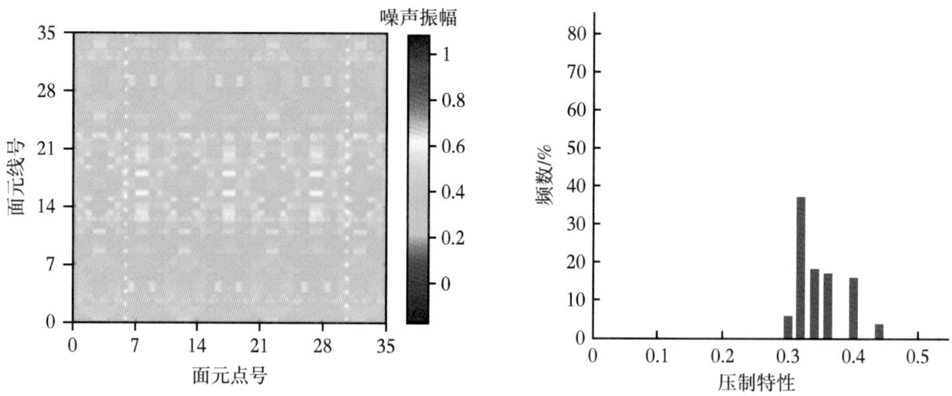

（a）噪声压制特性平面图　（b）频谱图

图 3-5-6　方案 2 的噪声压制特性平面图及频谱图

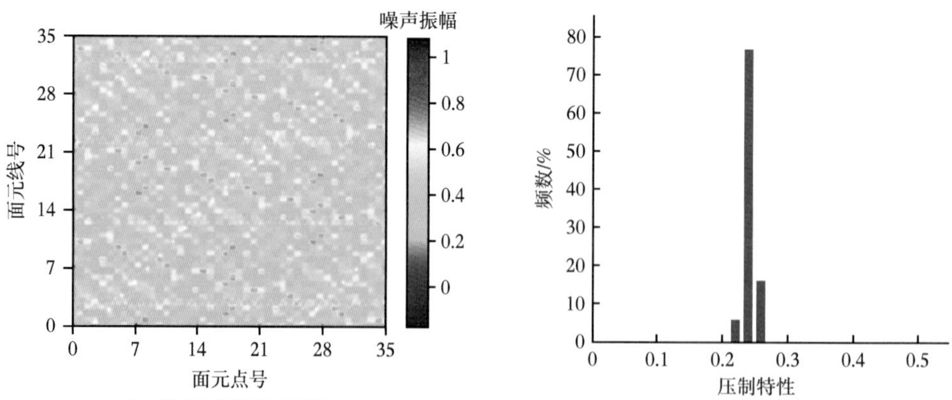

（a）噪声压制特性平面图　（b）频谱图

图 3-5-7　方案 3 的噪声压制特性平面图及频谱图

三种方案采集数据经处理获得地震剖面，其中方案 2 由方案 1 数据抽稀而得，显然方案 1 采集、处理得到的叠加剖面信噪比最高，方案 3 剖面噪声背景最强。比较方案 1、方案 2 在 700～800ms 剖面细节，方案 1 有良好的反射相位，方案 2 反射相位很弱，从而也证明用方案 1 实施采集是较好的选择（图 3-5-8 至图 3-5-10）。实际结果与计算结果接近，从而证明本书提出的三维地震观测系统评价方法是可行性的。

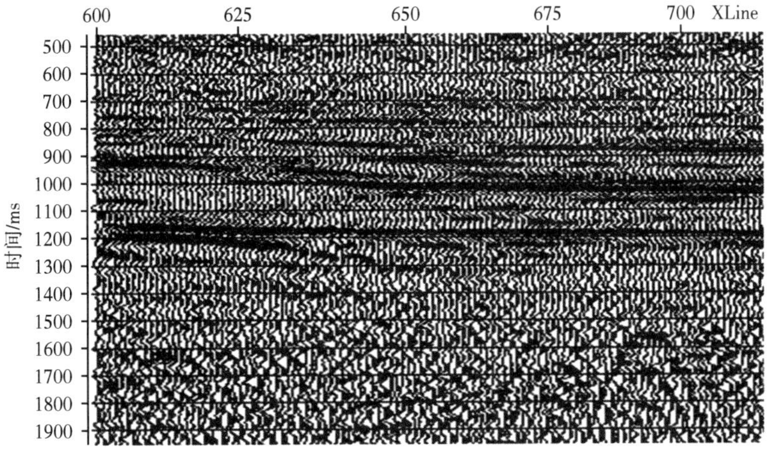

图 3-5-8　方案 1 采集数据的叠加剖面

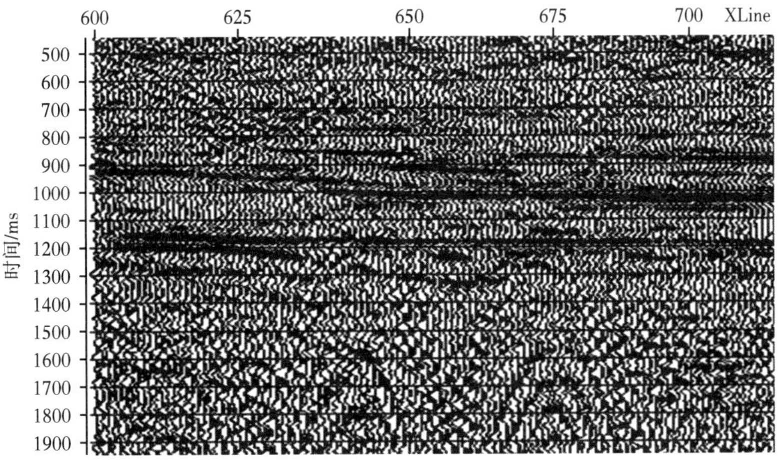

图 3-5-9　方案 2 采集数据的叠加剖面

三维观测系统对噪声具有压制作用，这是多次覆盖的观测系统在水平叠加时的一个重要特性。针对近地表中散射干扰，从建立噪声时距方程出发，计算噪声剩余时差，研究了三维地震观测系统压制散射干扰的定量分析方法。通过数值计算和实际地震数据处理分析，说明这种压噪估算方法是行之有效的，从而也说明估算三维地震采集观测系统的压噪能力，评价噪声压制特性，有利于优化三维观测系统参数。

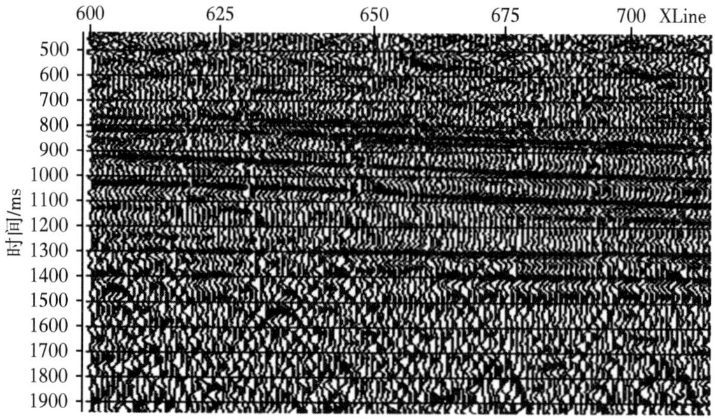

图 3-5-10　方案 3 采集数据的叠加剖面

四、三维观测系统叠前偏移压噪能力的评价

随着油气勘探需求的不断提高，三维地震采集所用的排列道数越来越多，布设的炮点越来越密，造成地震采集费用越来越高。然而，在烃类油藏的经济生命周期中，与地震数据采集有关的花费是工程中最早的，也是很显著的，通常都有降低地震数据采集费用的压力（Roche，2001）。因此，在三维地震采集方案设计阶段，设计人员要在地震勘探需求和采集成本之间取得平衡，选择一个折中的地震采集观测方案。在所有可选择的观测系统中，它们的叠前偏移成像效果如何，很难用定量的指标描述。

三维地震采集观测系统对叠前偏移成像效果的影响主要有两方面：一是有限的偏移孔径（Chen et al.，1999；Vermeer，1999）；二是对地震波场采样不够密和不均匀。地震剖面上任何点的反射系数可通过分布在合适的绕射双曲面上样点的加权求和计算出来，这显然符合克希霍夫偏移情况，但实际上也适用于其他偏移方法。理论上只有当偏移孔径无限和地表记录的采样密度足够高时求和才有效。如果这些条件不具备，偏移结果就会被“弧状”的偏移噪声所干扰而限制其水平和垂直分辨率（Robein E，2010）。Wang 等（2009）的文章中的合成记录实例可以说明这一点。然而，受采集成本限制，实际地震采集无法做到无限偏移孔径和足够密的地震波场采样。为了同时满足地震勘探和采集成本要求，需做出折中的选择来对三维地震采集观测系统进行优化。

Liner 等（1999）首先引入三维观测系统优化设计的概念，提出 LUG 优化方法。该方法采用六个空间采样参数模拟出一组观测系统参数，将其与地球物理目标的偏差进行加权求和构成一个最优化的目标函数，根据目标函数最小化原则来确定观测系统的设计参数。Morrice 等（2001）在 LUG 方法基础上提出基于数学规划理论的三维地震采集最优化设计模型，该模型以野外采集中涉及的各种经济成本为最优化目标函数，实现陆上线束状三维观测系统的最优化地震采集设计，该方法简称 MKB 方法。Vermeer（2003）通过对正交块状三维观测系统的地球物理参数配置的分析，以 MKB 方法为起点，对 LUG 方法和 MKB 方法提出了适当的修改，观测系统的决策变量从 13 个减少到了 5 个。上述方法为选择经济可行的三维地震采集观测方案提供了很好的优化策略，但是这些方法没有考虑观测系统的叠前偏移效果。

以观测系统的覆盖密度指标作为采集成本约束的条件，分析各种拟定三维地震采集观测系统的叠前偏移效果。以覆盖密度相对较低、偏移效果指标相对较好作为目标，选取观测系统，达到优化采集方案的目的。

1. 影响叠前偏移的观测系统因素及评价指标

基于绕射双曲面上的样点加权求和的偏移效果取决于地震采集观测系统。图 3-5-11 是地理位置、激发参数、接收参数、处理参数完全相同，但观测系统不同的两个叠前偏移剖面。对比可以发现，剖面的细节存在较大差别。两种剖面哪一种更真实可靠，如果不通过解释验证，单纯依靠剖面自身很难解释清楚。图 3-5-12 是抽取图 3-5-11 中 496m 位置的偏移成像道集，显然左侧偏移成像道集的信噪比明显高于右侧。偏移成像道集的信噪比说明图 3-5-11 左侧剖面描述的地下地质特征是真实可靠的。偏移成像道集中的每一道是一个共炮检距道集偏移输出结果，其信噪比高低与共炮检距道集的共中心点面元密度及其分布有关。

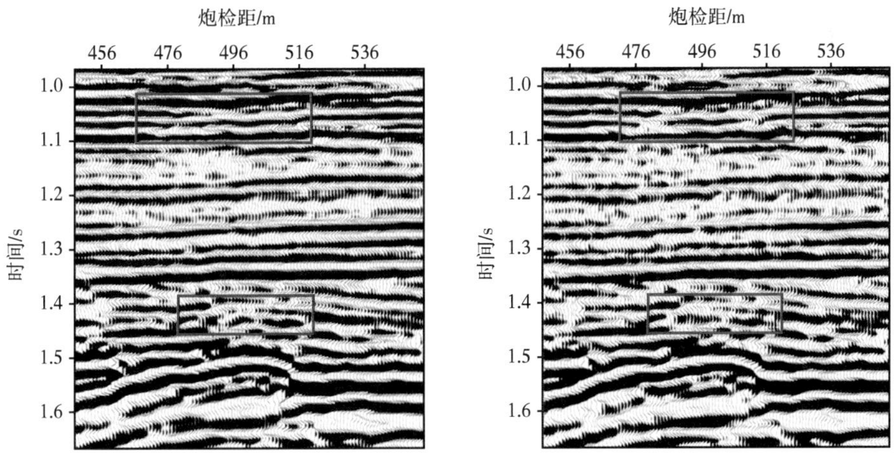

图 3-5-11　两种不同观测系统的叠前时间偏移剖面

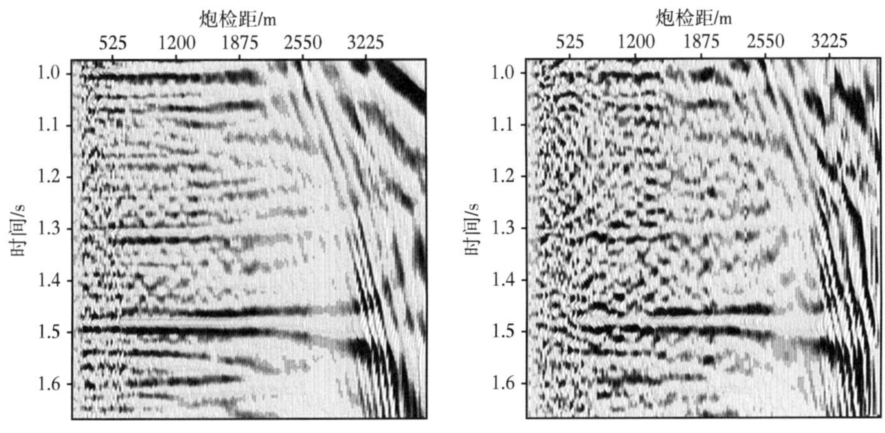

图 3-5-12　两种不同观测系统的共成像点道集

观测系统对偏移成像效果的影响可以通过图3-5-13得到解释。图3-5-13中红色曲线表示用于偏移成像的绕射双曲线，对于三维它表示一个绕射双曲面。由图可见，偏移成像的结果受到三个因素的影响。一是绕射双曲面截取的地震道数，其与CMP面元面积有关。CMP面元面积越小，绕射双曲面截取的地震道数越多。二是绕射双曲面截取的每一组反射波同相轴的道数，这个数值越大，偏移输出的成像结果越真实可靠。三是CMP面元分布的均匀程度。由于在共炮检距道集中部分CMP面元位置缺失了信息，造成CMP面元的分布不均匀。图3-5-13中红色零样点值（红色竖线）的地震道表示该位置的信息缺失。这种不均匀是由于观测系统的接收线距与接收检波点距之比和炮线距与炮点距之比太大引起的。

上述三个方面的因素是针对一个炮检距道集来说的。最终偏移成像结果是所有共炮检距道集偏移后的叠加结果。本书把影响最终偏移效果的三个观测系统因素称为覆盖密度、叠前偏移有效覆盖谱和均匀度。

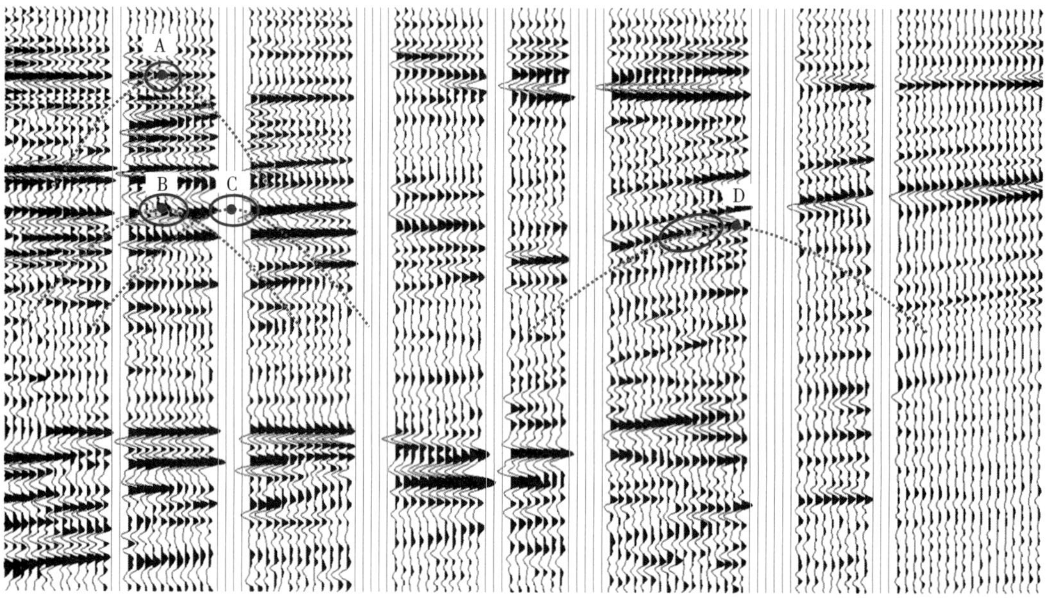

图3-5-13 三维地震资料中一条CMP线的共炮检距道集及其偏移示意图

2. 覆盖密度及其评价指标

计算每一个成像点值所用的总样点数就是在所有共炮点距道集上绕射双曲面截取的地震道的总和。对每个成像点值有贡献的总地震道数 N_I 等于偏移孔径内的面元数乘以覆盖次数，即

$$N_\mathrm{I}=\frac{\pi R^2}{S_\mathrm{c}}N_\mathrm{f}=\pi R^2 D_\mathrm{f} \qquad (3\text{-}5\text{-}12)$$

式中 R——偏移孔径；

S_c——CMP 面元的面积；

N_f——CMP 面元的覆盖次数；

D_f——覆盖密度，$D_f=N_f/S_c$。

由覆盖密度的定义可知，当覆盖次数越大和 CMP 面元面积越小，覆盖密度越大。

对于反射波的偏移成像来说，绕射双曲面截取的地震道中，只有很少一部分信息对反射波偏移有贡献，很大一部分是没有贡献的（Robein，2010）。这一点可以通过图 3-5-13 得到验证。图中 A、B、C、D 四个点的绕射曲面和蓝色圈示意了有贡献和没有贡献的信息。绕射曲面截取的蓝色圈内信息是有贡献的，圈外信息是没有贡献的。有贡献的信息叠加后成为反射波的成像值，没有贡献的信息叠加后成为噪声的成像值。覆盖密度越大，反射波的成像值越准确，噪声的成像值越小，偏移成像输出的信噪比越高，偏移成像的结果越真实可靠。

覆盖密度是反映观测系统属性的指标，其对叠前偏移效果的影响可以通过反射波成像振幅与噪声成像振幅之比来评价。这个比值就是偏移成像信噪比，是一项评价偏移成像效果的指标。

3. 叠前偏移有效覆盖谱及其评价指标

叠前偏移有效覆盖谱指对一个偏移成像点有贡献的所有地震道的总数，用积分法叠前时间偏移的思想来定义和计算。计算方法如下：

（1）给定地下地质构造的层速度场，计算均方根速度场；

（2）对每一个反射层用射线追踪计算射线旅行时场及对应的时间倾角。没有计算出旅行时的地方设为负的旅行时值以便后续的比较不会出现歧义；

（3）对于给定一个地震采集观测系统方案，计算其炮检关系；

（4）对每一个成像点，按照观测系统的炮检关系和均方根速度场计算积分法叠前时间偏移的成像旅行时，按照观测系统的炮检关系和层速度场计算射线旅行时；

（5）对每一个成像点产生的每一个成像旅行时与射线旅行时进行比较，如果二者的差小于 1/4 个主频周期，且叠前时间偏移计算倾角与反射界面时间倾角一致，就认为该炮检对对该点产生有效覆盖，所有效覆盖就构成了叠前偏移有效覆盖谱。

上述计算方法也是叠前偏移有效覆盖谱的定义。叠前偏移有效覆盖谱也是一项反映观测系统属性的指标，其对叠前偏移效果的影响可以通过反射波的偏移振幅来评价。绕射双曲面上叠前偏移有效覆盖谱的样点值加权求和就得到反射波的偏移振幅。叠前偏移有效覆盖谱越大，反射波偏移振幅值越真实可靠。但是评价单个成像点的叠前偏移有效覆盖谱和反射波偏移振幅没有意义。因为对于同一个反射层的不同成像点来说，叠前偏移有效覆盖是变化的。这种变化是由于线距与检波点距之比太大引起的。图 3-5-13 中 B 点和 C 点两个位置有贡献的地震道数说明了这一个特征。叠前偏移有效覆盖谱的空间变化必然引起反射波偏移振幅的空间变化，形成采集脚印。因此，叠前偏移有效覆盖谱对偏移成像效果的影响通过采集脚印来评价是合适的。为了评价采集脚印的强弱，引入反射波偏移振幅离散度 σ，即

$$\sigma = \frac{A_{max} - A_{min}}{A_{ave}} \tag{3-5-13}$$

式中 A_{max}——观测系统子区中反射波偏移振幅的最大值；

A_{min}——子区中反射波偏移振幅的最小值；

A_{ave}——最大值与最小值的平均值。

反射波偏移振幅离散度越小采集脚印就越弱，反之就越强。

4. 均匀度及其评价指标

即使覆盖密度足够高，但是共炮检距道集中的CMP面元分布不均匀，偏移噪声仍旧会很强。对于每个偏移成像点，定义其均匀度 U 为

$$U = \frac{1}{N_f}\sum_{i=1}^{N_f}\boldsymbol{u}_i = \frac{1}{N_f}\sum_{i=1}^{N_f}\frac{S_Z - S_i^E}{S_Z} \tag{3-5-14}$$

式中 N_f——共炮检距道的个数；

$\boldsymbol{u}_i$——共炮检距道集 i 的均匀度；

S_i^E——观测系统子区内炮检距道集 i 中无地震道信息的面积；

S_Z——观测系统子区面积；

U——均匀度，最大值为1，表示均匀度最大，最小值趋近于0，表示均匀度极差。

均匀度也是反映观测系统属性的指标，其与叠前偏移噪声和偏移振幅离散度成反比，均匀度越大偏移噪声和偏移振幅离散度就越小，反之越大。

5. 优化方法与实例

优化就是寻找偏移效果相对较好、采集成本相对较低的地震采集观测系统方案。针对一个具体的地球物理目标，当激发参数、接收参数和生产模式固定时，采集成本与覆盖密度的平方根近似成正比关系。因此，观测系统优化就转化为寻找偏移效果相对较好但覆盖密度相对较低的观测系统方案。除了覆盖密度和偏移效果评价指标之外，横纵比也是三维观测系统的一项重要属性指标。优化过程中，应该选择横纵比尽可能宽的观测系统方案。优化的具体步骤如下：

（1）针对地球物理目标需求，设计多种可行的观测系统作为拟订方案；

（2）给定的速度模型，选定一个拟定的观测系统，计算叠前偏移成像信噪比、反射波偏移振幅离散度和偏移噪声三个评价指标；

（3）逐一选择其他拟定的观测系统，重复步骤（2），计算出所有观测系统的三个评价指标；

（4）根据计算结果和所需要的横纵比，选择覆盖密度相对较小，偏移效果评价指标相对较好的观测系统作为最优化方案。

按照上述优化方法，这里介绍我国西部某区的一个优化实例。计算偏移效果评价指标的地质模型参数为：水平反射界面的速度为3000m/s，深度为1600m；子波为Ricker

子波，频率为 30Hz，子波长度为 400ms，峰值为 6。计算范围为地震采集观测系统的一个子区，总共计算了 18 种拟定三维观测系统的叠前偏移成像离散度和偏移噪声。图 3-5-14 是 18 种观测系统的覆盖密度与偏移振幅离散度和噪声强度的关系示意图，其中图（a）是偏移振幅离散度，图（b）是噪声强度系数。图中每一个颜色点表示一种观测系统，颜色值表示横纵比。

如图 3-5-14 所示，横纵比固定不变时，覆盖密度越大，偏移振幅离散度和偏移噪声越小；覆盖密度固定不变时，横纵比越大，偏移振幅离散度和偏移噪声越大。这种关系表明：只增加横纵比而不增加覆盖密度，叠前偏移的效果会变差。这提示方案设计人员不能简单通过增加接收线距来增加横纵比，而应该通过增加接收线数来增加横纵比。

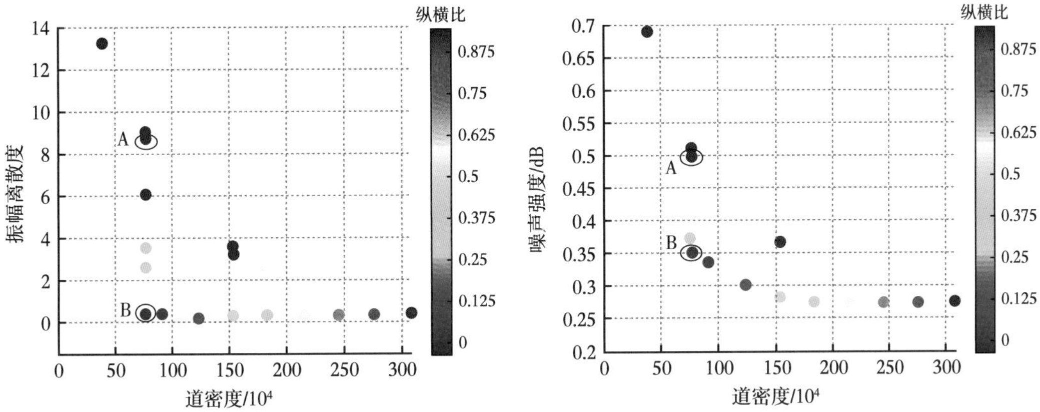

（a） （b）

图 3-5-14 十八种观测系统的覆盖密度与偏移振幅离散度（a）、噪声强度（b）的关系示意图

分析图中覆盖密度相同，但不同观测系统 A 和 B 的偏移效果评价指标。显然观测系统 B 是偏移振幅离散度、偏移噪声相对较小的方案，具有较好的偏移效果。图 3-5-15 是

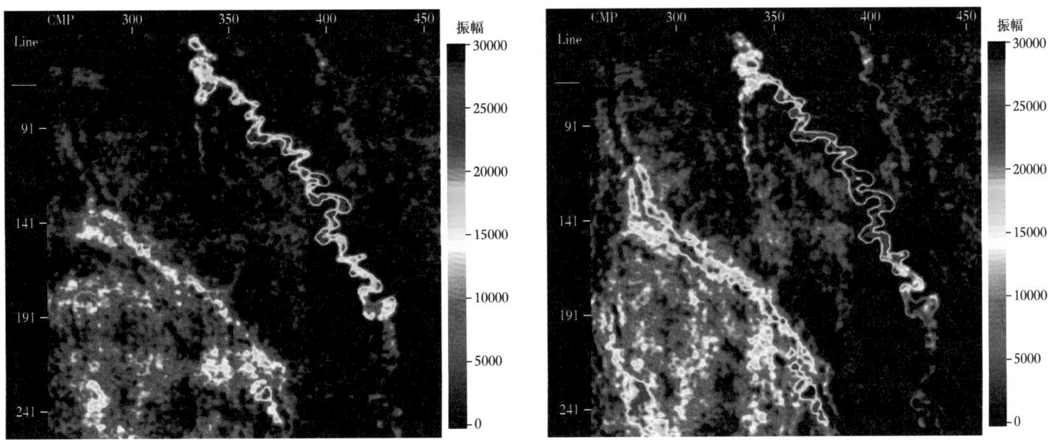

（a）观测系统A （b）观测系统B

图 3-5-15 两种覆盖密度相同但观测系统不同的叠前偏移时间切片对比图

观测系统 A 和 B 的叠前偏移时间切片。从时间切片的信噪比和刻画地质体的清晰程度可以看出，观测系统 B 明显好于观测系统 A。与理论分析结果一致，说明优化方案的选择是正确的。

尽管观测系统 B 的偏移效果好，但是它的横纵比比观测系统 A 的小。无论提高观测系统 A 的偏移效果，还是提高观测系统 B 的横纵比，都需要提高覆盖次数才能得到期望的结果。

第四章　宽频激发与接收技术

为了进一步提高地震数据的质量，对地震激发和接收方法开展系统研究是很有必要的，宽频激发、接收技术是提高地震资料品质的关键因素之一。要想得到有效的宽频信号，必须根据目的层要求综合考虑激发接收条件、大地介质条件和处理方法等要素的影响，针对性地选取合适的激发、接收参数，采用适当的处理手段才能有效地拓展地震资料的频宽，从而提高地震勘探的精度。随着“两宽一高”技术的推广应用，在野外采集中越来越多地采取宽频激发和接收。

第一节　炸药激发拓频方法

长期以来，炸药作为地震勘探激发源一直被广泛应用。近年来，随着环保要求的提高，在一些地区炸药震源的应用受到限制，但其仍然是地震勘探主要激发源之一。

在地震数据采集时，由于炸药引爆后产生高温、高压气体，形成能量突然释放，爆炸点周围存在剧烈的压力突跃，产生冲击，形成振动。爆炸后介质中会形成空腔、破碎区、塑性形变区、弹性形变区，目前地震勘探主要是使用进入弹性形变区的纵波，其仅占爆炸能量的很小一部分。如何提高地震波的能量和拓展它的频率，是地震勘探一直探索和研究的课题。

一、炸药量与地震波振幅和频率的关系

激发子波的峰值频率 F_p 与药量 Q 的关系为 $F_p=cQ^{-1/3}$，其中 c 为比例系数。可见大炸药量时激发的视周期大、主频低。此外，脉冲的频宽与炸药量 $Q^{1/3}$ 成反比；频谱的振幅与炸药量 $Q^{1/3}$ 成正比。关于爆炸所产生的能量 A 与药量按指数关系可表达为 $A=cQ^{1/3}$，但当 Q 增大到某个值以后，再增大 Q，其产生的能量 A 增加幅度很小，即 A 随 Q 的增大有一个极限值。

实践表明，随着药量的增大，地震波高、低频能量都在增大，只不过低频能量增加比高频能量增加更快。大药量的频谱和小药量的频谱形状不同，随着药量的增大，各个频率信号的振幅均要增大，也就是说，仅考虑环境噪声时，各个频段的信噪比也要提高，原来的非有效频带就会逐渐变成有效频带，从而会提高分辨率。但大药量视主频偏低，小药量视主频偏高。而实际中炸药激发的有效频带，不仅受到环境噪声的影响，还受到源生噪声的影响，当药量增大到一定程度后，源生噪声增大速度将大于有效波的增大速度，药量再增大，有效频带不仅不会增加，反而会降低。另外，目的层的埋藏深度不同，拓展有效频带所需的激发药量也不同，对于浅层勘探，由于其传播的路径短，高频成分衰减较小，选择优势频带较高的小药量激发，既有利于获得较大的有效带宽，又可节约

成本，减少对环境的破坏。而对于埋藏比较深的目的层，因地震波传播路径长，高频成分在传播中损失更为严重，故选择相对优势频带较低、能量更强的较大药量激发可获得更好的效果。由于野外岩性和勘探目的层复杂多变，选择多大药量有利于拓宽有效频带，需在掌握上述原则的基础上，根据试验结果，选择出最佳激发药量。

如图4-1-1所示，根据不同药量在分频段（50～100Hz）的信噪比分析，认为0.25kg与0.50kg和1.00kg药量在该频段信噪比基本相当，但随着药量进一步加大，可以看出，其信噪比是逐渐降低的。通过对由低到高不同频段的信噪比分析，即可选择出利于拓展频带的最佳药量。

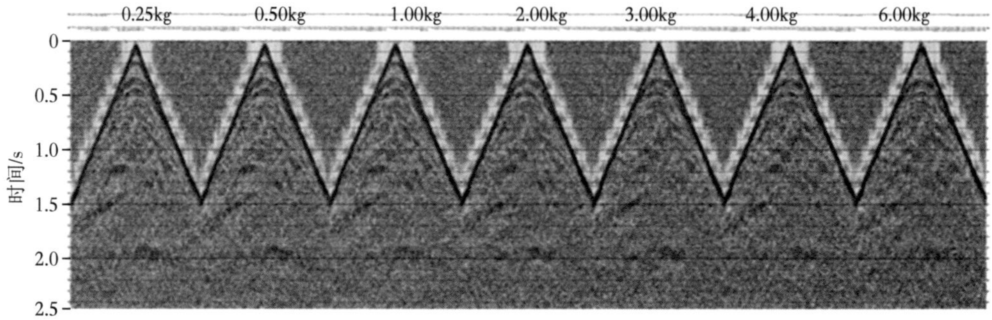

图4-1-1　不同药量的分频段（50～100Hz）对比分析

二、井深对激发频率的影响分析

勘探实践表明，在潜水面（高速顶）以下激发，能够有效地避开低速层对地震波能量的吸收和衰减作用、改善激发效果。在潜水面以下激发要充分考虑到虚反射对激发效果的影响。

由于虚反射（图4-1-2）存在先上行再下行的过程，假设激发点到高速层顶界面的距离为H_2，则虚反射与反射实际距离相差为$2H_2$。受虚反射界面的反射系数影响，虚反射与原反射波的相位相差180°。

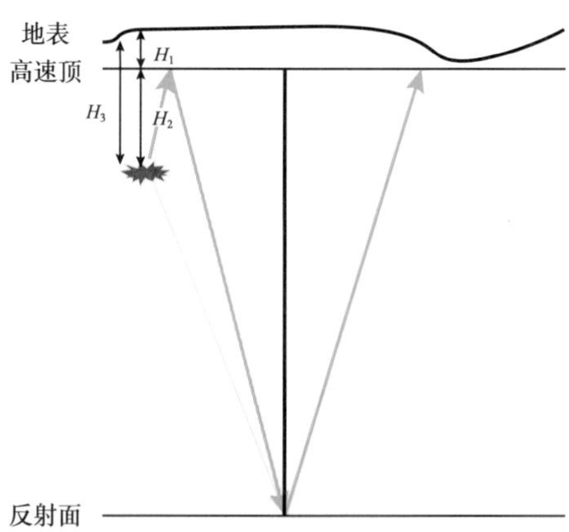

图4-1-2　虚反射示意图

根据 H_2 与不同地震波长 λ 的分析（图 4-1-3）可看出，当 $0 < H_2 < \lambda/4$ 时，虚反射与原反射随着井深的增加是相干加强的；当 $H_2=\lambda/4$ 时，振幅达到最强；在 $\lambda/4 < H_2 < \lambda/2$ 区域内，振幅是逐渐减弱的；当 $H_2=\lambda/2$ 时，叠加振幅完全抵消，在此段选择井深，取得的效果势必与原期望值是相反的。故最理想的激发深度是激发点位于高速层下刚好 $\lambda/4$ 位置。

若 λ 为需要保护的频率的波长，则最佳激发井深的确定可根据以下公式计算，即

$$\begin{cases} H_3=H_1+H_2 \\ H_2=v/(4F) \end{cases} \tag{4-1-1}$$

式中 H_1——低降速带厚度，m；

H_2——激发点进入高速层的深度，m；

H_3——设计实际井深，m；

F——保护的频率，Hz；

v——高速层速度，m/s。

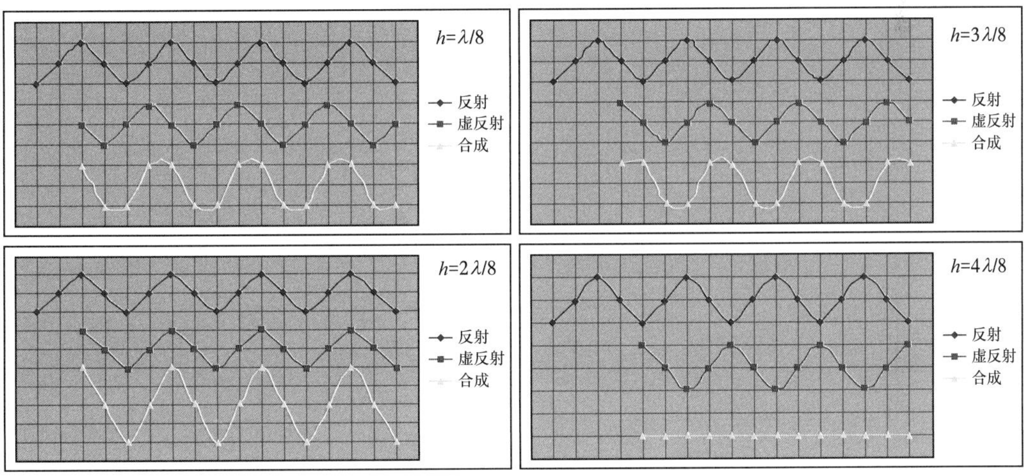

图 4-1-3 高速顶以下不同深度虚反射和反射波合成波分析图

假设低降速带的厚度为 3m，即 H_1=3m，高速层的速度为 1670m/s，即 v=1670 m/s。通过计算即可得到需要保护频率所对应的最佳激发井深（表 4-1-1）。

表 4-1-1 保护频率与激发井深的关系

保护频率 F/Hz	40	50	60	70	80	90	100
激发井深 H_3/m	13.3	11.2	9.8	8.8	8.1	7.5	7.1

根据表 4-1-1 和图 4-1-4 分析，可明显看出，8.8m 井深对 70Hz 以上的高频成分有一定压制，而 7.1m 井深对 100Hz 的高频成分即产生了压制作用，这就是 50～100Hz 频段井深为 6～18m 时，资料信噪比随着井深的增加而逐渐降低的原因，这是作为以提高分辨率为主要目的的勘探很不希望看到的。

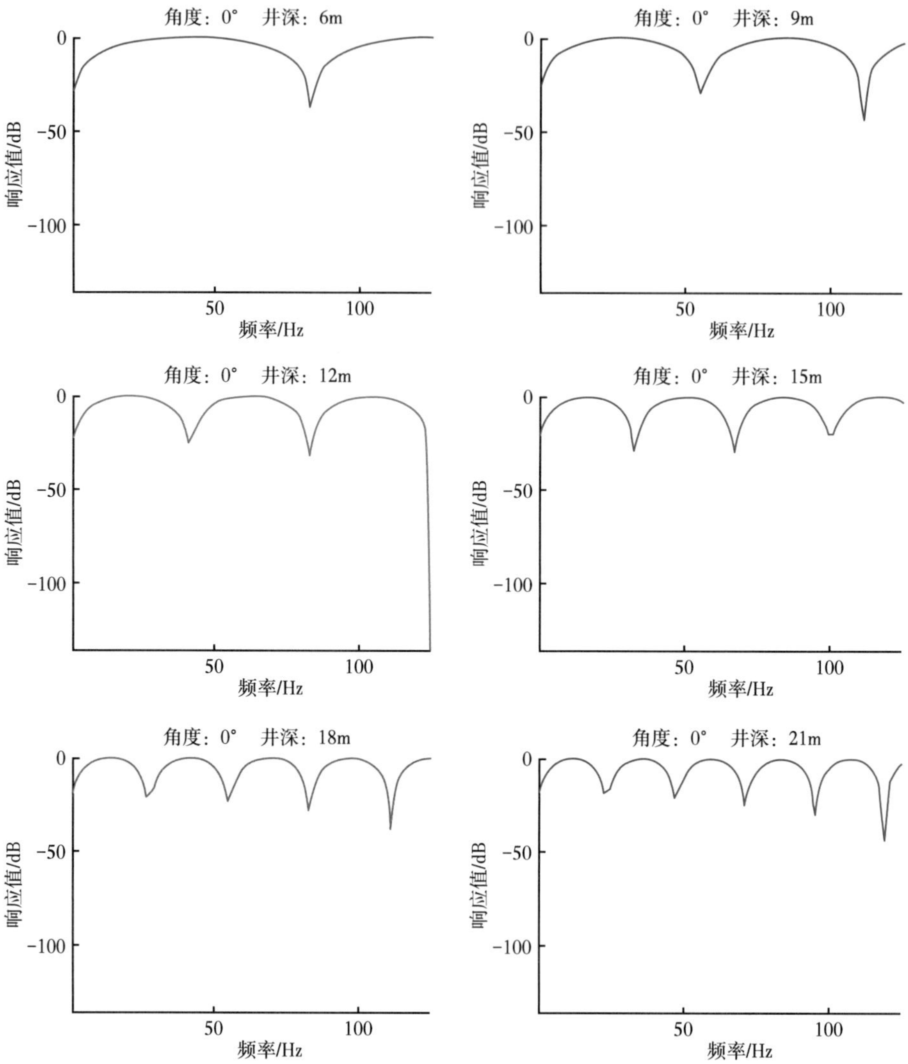

图 4-1-4 虚反射分析

虚反射界面可以通过双井微测井测定。图 4-1-5（a）是某区双井微测井井下检波器记录，图 4-1-5（b）是微测井解释结果。从图 4-1-5（a）中可以看出，该区存在一个较强的虚反射界面，并且虚反射界面与高速层顶界面［图 4-1-5（b）］的深度是吻合的，约为 3m。

没有潜水面的地区，虚反射界面可能为地表自由界面，如黄土塬地区；也可能为地表附近的强反射界面，如有薄层浮土覆盖的基岩地区。为了对虚反射作用分析准确，可以把自由界面与近地表强界面都作为虚反射界面，进行综合分析。

从考虑虚反射影响的角度来看，不是井越深越好。激发井深的选择应该降低虚反射的频陷作用。使频陷点尽量落入可能接收到的有效频率之外，使可能接收到的高频成分得到加强。

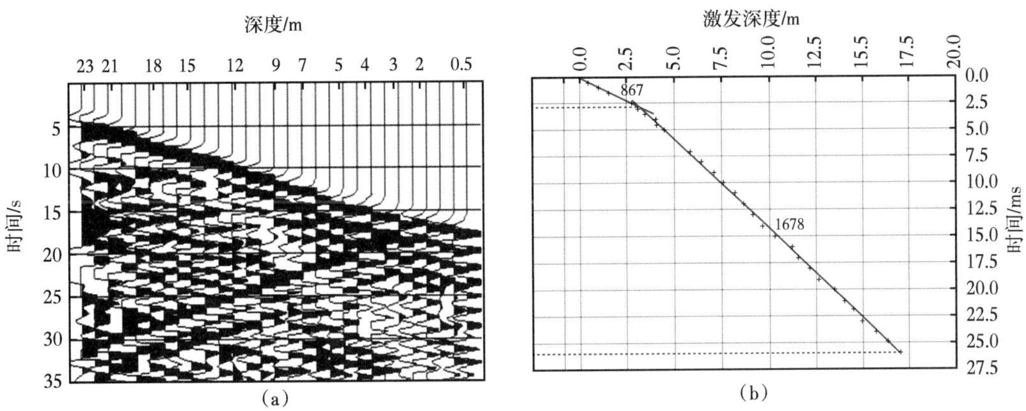

图 4-1-5 双井微测井井地检波器记录（a）与表层结构解释结果（b）

三、激发围岩对激发频率的影响

1. 岩性对激发频率的影响分析

炸药激发所产生的地震波，是炸药爆炸作用于围岩的结果，因此围岩岩性对激发能量和频率有较大影响。理论和实践均证明：当炸药在松散地层激发时，由于地层对能量的吸收衰减大，激发的地震波能量弱，频率低；随着围岩岩性强度增大，激发地震波的能量和频率都得到提高；随着岩性强度进一步增大，爆炸时对围岩破坏所消耗的能量明显增多，进入弹性形变区的能量开始变小，高频噪声开始增强。因此，优选激发岩性，对于拓展激发频带十分重要。通过对试验数据分析发现，在 $2\times10^3\sim3\times10^3$m/s 之间的速度层激发时可获得较好的资料品质。

从某区泥岩、含砂泥岩、砂岩不同激发岩性的激发效果对比分析（图 4-1-6）可以看出，泥岩激发效果最好，含砂泥岩效果次之，砂岩最差。分析认为，随着含砂量的增大，岩性弹性减小，弹性波转化率降低。反射层能量变弱。

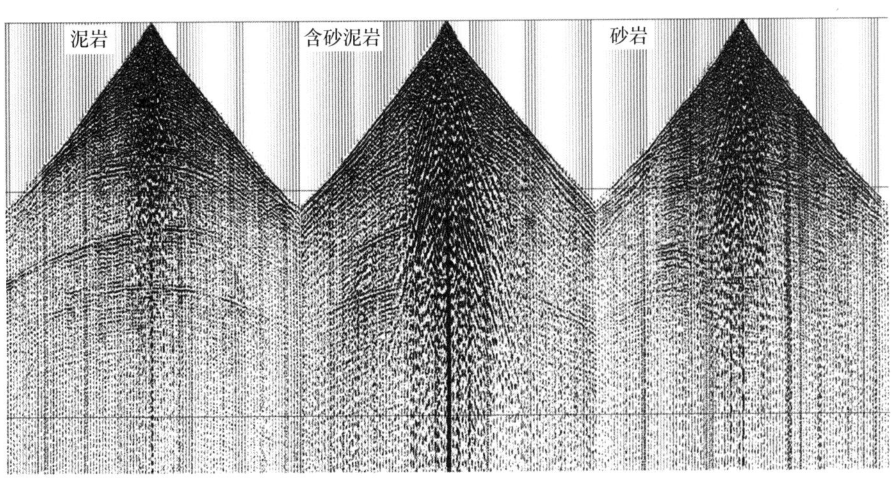

图 4-1-6 三种同岩性激发效果对比图（分频显示）

2. 含水饱和度对频率的影响分析

非致密岩性一般为岩石颗粒、气体、水组成的三相介质，炸药在三相介质中激发时，空气的可压缩性是水和岩石颗粒的数千甚至上万倍，如果孔隙中含有的气体较多，则爆炸后塑性形变所做的功远大于孔隙中为液体的情况。气体对于地震波的高频成分吸收强烈，导致到弹性形变区地震波的能量和频率都远低于孔隙中为水时的情况。介质的含水饱和度对地震波的能量和频率有极大的影响，从提高地震波能量和拓展频率方面考虑，选择含水饱和度高的地层进行激发，有利于改善资料品质。

图 4-1-7 为砾石区井炮激发含水与不含水条件的激发效果对比，从分频记录资料上可见：两种条件的激发效果差异明显；在含水砾石激发明显好于不含水砾石的激发。同样激发岩性，在低洼含水的地层激发资料品质明显改善，这就是激发点“避高就低、避干就湿”的原因。

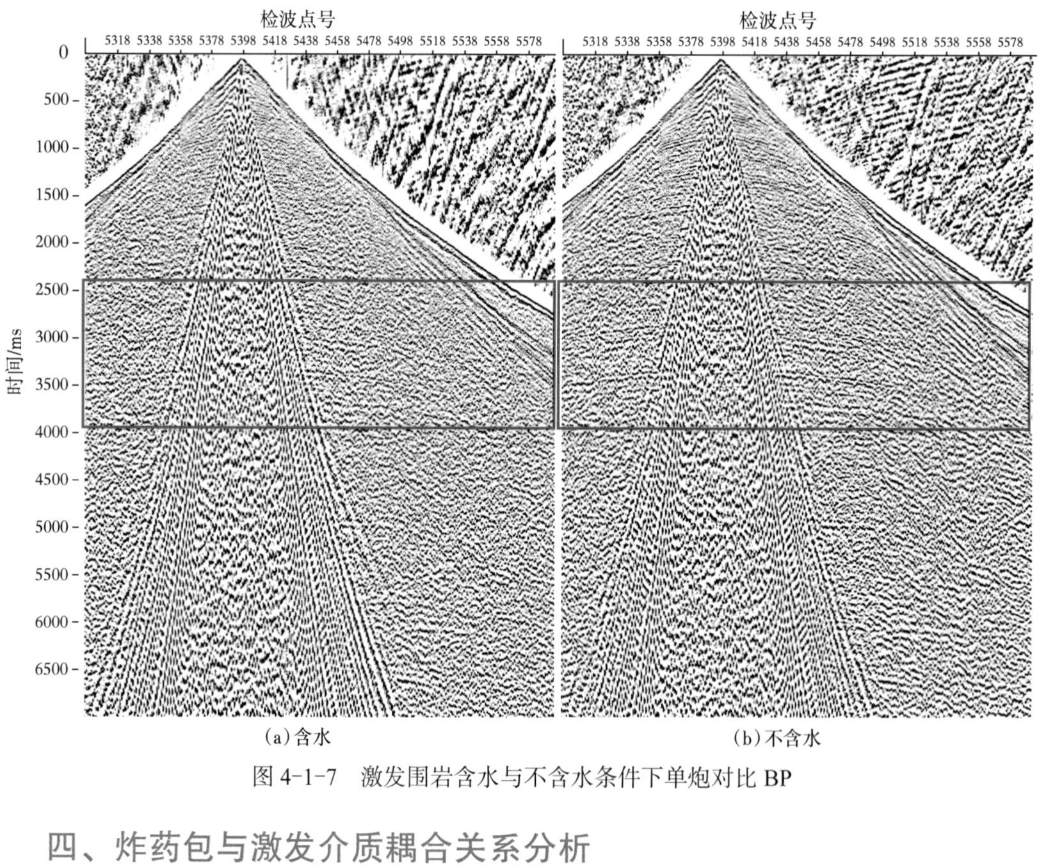

图 4-1-7　激发围岩含水与不含水条件下单炮对比 BP

四、炸药包与激发介质耦合关系分析

炸药包与围岩之间有两种耦合关系：几何耦合和阻抗耦合。对于圆柱状炸药包，几何耦合就是药包直径与激发井径之比乘以 100%，即当炸药包直径与炮井直径相等时几何耦合为 100%。研究爆炸效应的人员得出的结论是，几何耦合越高，炸药能量转换为破坏围岩的能量就越大，弹性区地震波的能量可能并不增加。适当的不耦合，可使激发能量传播更均匀，使转换为破坏岩石的能量变小，弹性形变区的能量反而会增加；但若不耦合加大，在不耦合区能量损耗过大，则破坏围岩的能量与转换为弹性区地震波的能量都减少。理想的情况是，可以有适当的不耦合，如让几何耦合达到80%～90%，但不耦合处由水填充，这样激发转换为弹性地震波的能量和频率就会增加。在勘探实践中也证实，在干燥无水区，打井下药后，往井中注水激发，其资料品质明显好于未注水的资料。阻抗耦合指炸药的特性阻抗与介质的特性阻抗之比，即炸药包的密度 × 炸药包的起爆速度与围岩的密度 × 围岩的纵波速度之比。当炸药特性阻抗等于围岩的特性阻抗时，激发的地震波能量最大。对于阻抗耦合与所激发地震波的能量和频率的关系，不同学者有不同的观点，林大超和白春华所著的《爆炸地震效应》中认为，阻抗耦合将增加炸药爆破后对围岩的破坏力，而使进入弹性形变区的能量不但不能增加反而会降低。阻抗耦合是一个相对复杂的问题，同一种介质不同类型炸药所激发地震波的能量和频率明显不同，但其相对关系还有待进一步研究。有理论指出，激发地震波的频率与横波速度 v_s 成正比，与围岩的坚实性成正比，这与试验的结果相符。

通过大量不同药型在不同激发介质的对比试验分析，基本总结了炸药类型使用的一些经验或认识，具体为：

（1）在含水沙泥介质或沼泽区，一般选用高密度（爆速）炸药激发效果较好，为了防水可采用乳化炸药；

（2）沙漠区在潜水面之上激发时一般采用中密度（爆速）炸药，在潜水面以下激发时，一般采用高密度（爆速）炸药；

（3）岩石中激发宜采用高密度（爆速）炸药；

（4）激发介质多样的工区宜选用高密度硝铵炸药。

炸药震源是一种对环境破坏比较大的震源，在使用中应该尽量减小炸药使用量、减小对环境的影响。在潜水面以下激发，对拓展频带是很有效的，但是其对水源造成污染和破坏，目前在很多地区已被禁止。

第二节　可控震源宽频拓展方法

为实现可控震源的宽频地震勘探，通过持续的攻关，形成了一系列的可控震源宽频拓展技术，包括扩展低频技术、拓展高频技术、整形扫描信号设计技术及可控震源谐波分离和利用技术。

一、扩展低频技术

可控震源低频端出力主要是受液压流量以及重锤行程两个因素的约束。震源工作频率低于峰值出力的最小频率时，因受重锤有效行程及震动泵单位流量限制，震源出力可表示为

$$\begin{cases} F_s = 2\pi^2 f_L^2 S_M M_r \\ F_p < 9.87 M_r f_L L_p / A_p \end{cases} \tag{4-2-1}$$

式中 F_s——某低频点重锤达到最大位移时的出力；

f_L——某低频点频率；

S_M——重锤有效行程；

M_r——重锤质量；

F_p——某低频点震动泵达到最大流量时的出力；

L_p——震动泵额定单位流量；

A_p——活塞面积。

根据式（4-2-1）在低频端绘制的各自出力限制（图 4-2-1），当 F_s=F_p 时的频点为重锤行程和震动泵流量限制交会频点，当频率小于交会频率时，出力受重锤行程限制；当频率大于交会频点小于峰值出力的最小频率时，出力受震动泵单位流量限制。不同生产厂家、不同型号的震源会对应不同的低频出力特性曲线（图 4-2-2）。

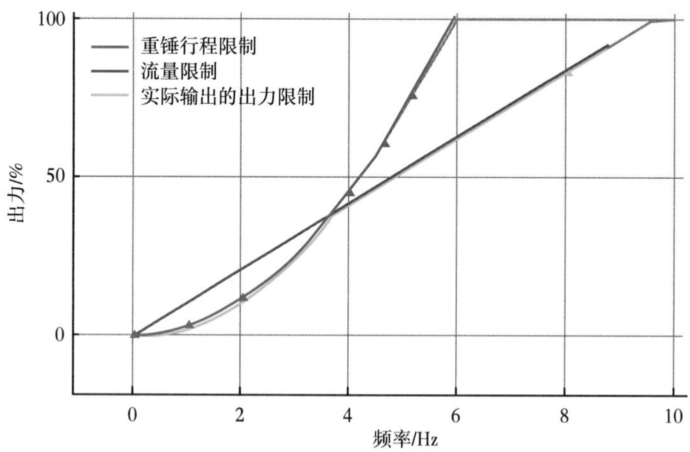

图 4-2-1　重锤行程限制理论曲线和流量限制理论曲线

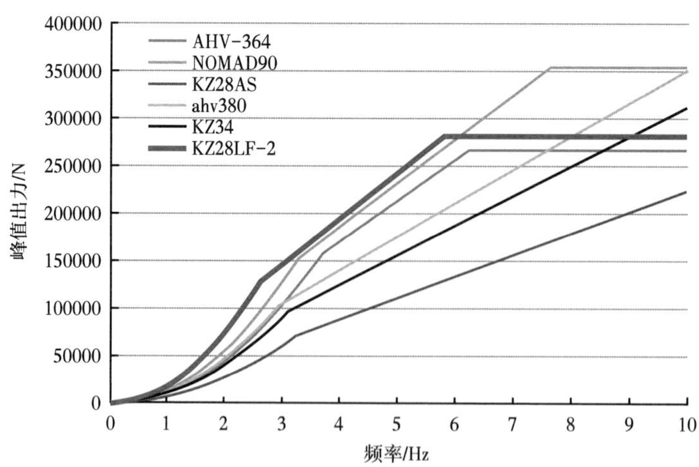

图 4-2-2　不同型号震源低频特性曲线

低频信号具有更强的穿透能力。在一些针对深层的勘探中，激发向低频扩展对深层资料成像有明显提升。图 4-2-3 是在西部某探区进行的可控震源常规扫描与低频扫描的地震剖面深层资料对比结果，可以明显看出，较常规扫描信号，低频设计扫描信号无论是能量还是波组特征都有改善。

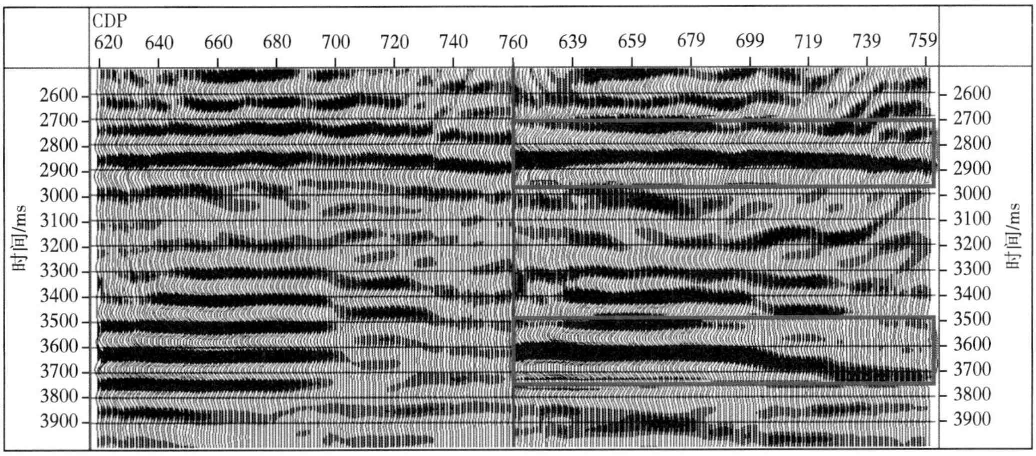

（a）常规信号6~84Hz （b）低频信号1.5~84Hz

图 4-2-3 不同起始频率的扫描信号叠前偏移结果（0～10Hz）剖面效果对比图

二、拓展高频技术

由于震源高、低频端对输出信号的限制，在震源制造过程中往往只能针对宽频中某一特性进行设计，如针对平板设计，低频时需越大越好，高频则越小越好。因硬件条件上的限制，高、低频要求很难同时满足。震源在高频端时，往往畸变比较大（图 4-2-4）。

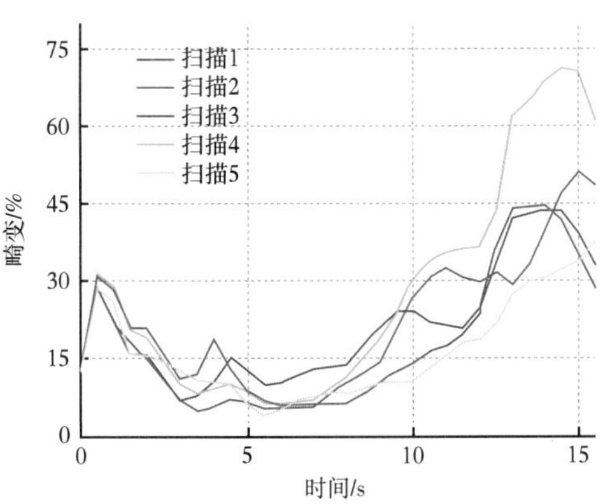

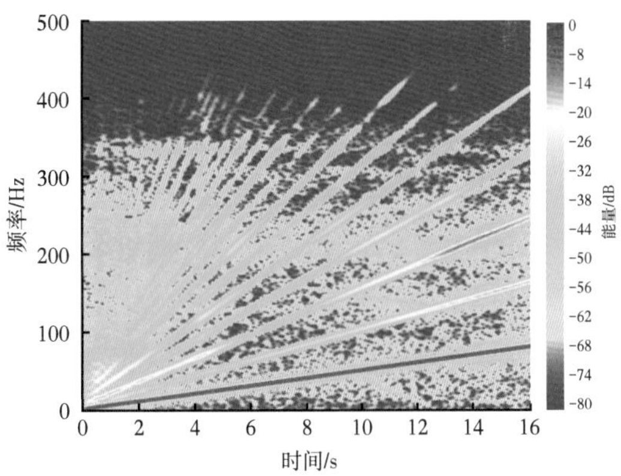

（a）16S扫描长度，1.5~84Hz，66炮统计结果，出力70% （b）16S扫描长度，1.5~84Hz，出力65%

图 4-2-4 多力信号畸变显示（a）和单一力信号时间—频率能量谱（b）

为获得稳定的高频信号，需对震源在高频的出力进行限定，获得了频点振幅曲线后，利用频点振幅曲线来设计扫描信号。通过高频限制振幅（高频限幅）设计信号后，震源在高频的畸变能够得到有效的控制。在中国东部某探区，由于震源在高频段畸变严重，常规的线性扫描很难在高频段进行施工。图 4-2-5 是线性信号与高频拓展信号的对比，蓝线代表线性扫描，红线代表高频拓展扫描。由于畸变得到有效控制，施工频率最终由1.5～84Hz拓展到1.5～96Hz。

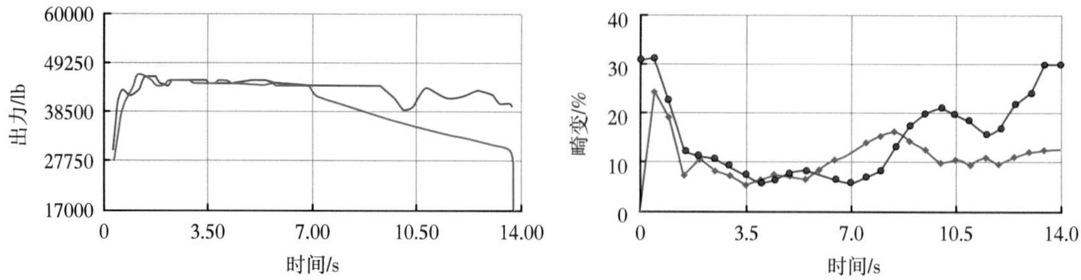

(a)出力　(b)畸变

图 4-2-5　两种不同信号出力和畸变对比图

三、整形扫描信号设计技术

可控震源扫描信号是一种作用时间较长、振幅均衡的连续振动信号。目前主流处理、解释技术需把这种记录通过机关转换为与炸药震源类似记录，相关旁瓣一直是影响可控震源资料的主要因素，相关旁瓣越小，资料信噪比越高，反之越低。相关旁瓣与扫描的类型、频宽、扫描长度、斜坡及特定工区的谐波干扰等因素有关。为减少相关旁瓣，一般要求扫描信号的频宽要大于2.5倍频程。此外，通过优选扫描参数也可改进相关子波的质量，但旁瓣问题依然存在。目前的可控震源施工一般是线性扫描，其相关子波是旁瓣比较宽的克劳德（Klauder）子波。人们会寻找那些主瓣突出，旁瓣较窄的子波来代替克劳德子波，例如雷克（Ricker）子波或俞氏子波，利用已知振幅谱来设计扫描信号的方法就是整形扫描，其主要目是减少旁瓣、突出主峰。

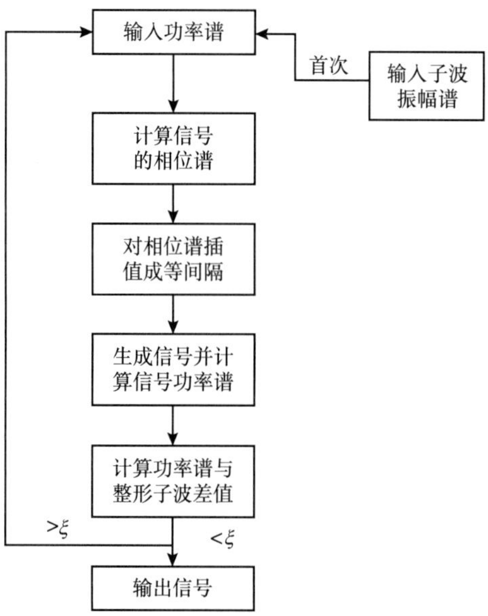

图 4-2-6　整形扫描设计流程

整形扫描信号设计关键是通过已知子波的振幅谱来计算扫描信号的相位谱，进而求得扫描信号。其设计流程可以用图4-2-6表示，图中ξ的含义为整形扫描信号的功率谱与输入功率谱的差值。

利用雷克子波的频谱来设计扫描信号并应用到震源上，能够获得更高的分辨率。如图4-2-7所示，整形设计的扫描信号相关子波具有与雷克子波几乎相同的频谱。图4-2-8是通过反变换得到的整形扫描信号。

图4-2-9是在新疆某勘探区进行的常规线性扫描方式和整形设计扫描的单炮对比情况，可以看出，在整形设计扫描信号的相关记录中，有效波同相轴清晰连续，能量集中，续至波较少，主频较高，提高了资料的分辨率。

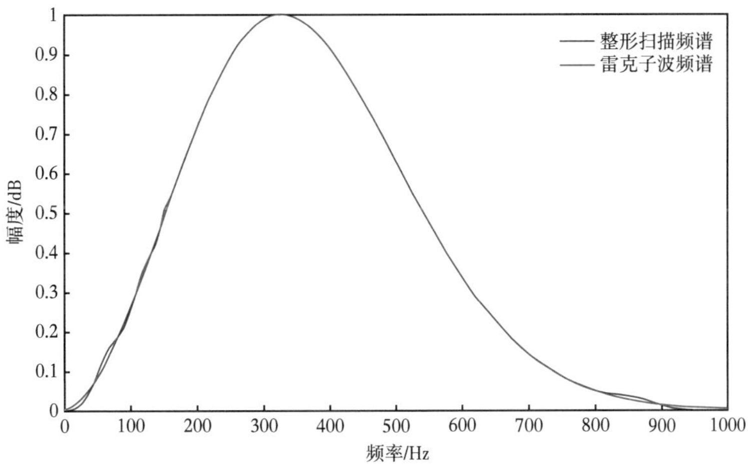

图 4-2-7　整形扫描频谱与雷克子波频谱

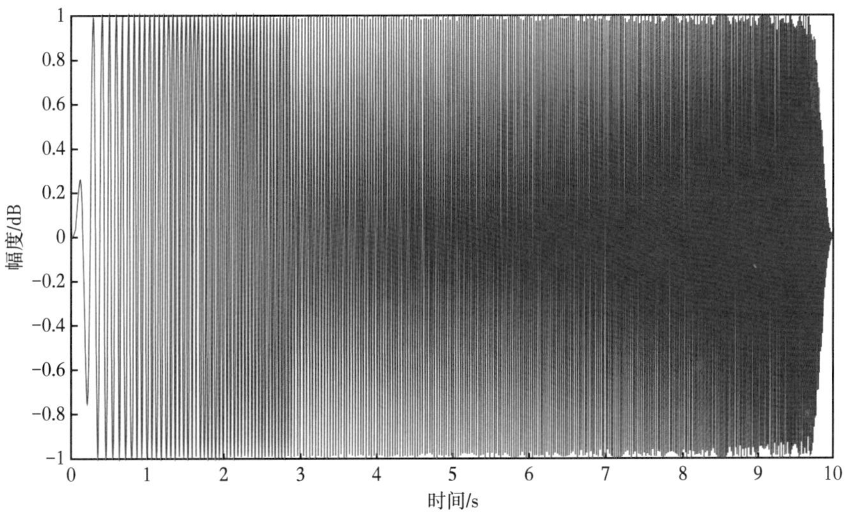

图 4-2-8　整形扫描信号

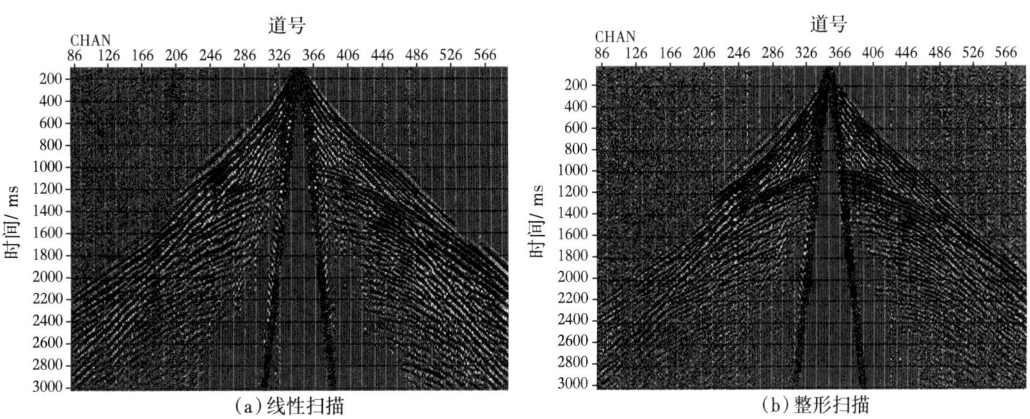

图 4-2-9　线性扫描与整形扫描对比

四、可控震源谐波分离和利用技术

在可控震源勘探中，谐波畸变一直存在，在常规处理中谐波畸变一直被当做噪声进行去除，但从混叠采集观点看，谐波也可作为信号利用起来。低次谐波是一个低频丰富的窄频带震源；高次谐波是一个高频丰富的宽频带震源。用低次谐波得到的单炮记录可用于丰富资料的低频信息；用高次谐波得到的单炮记录可以用于扩展高频信息。使得传统的一个单炮记录变为了不同频带的多个单炮记录。相比于常规方法它具有展宽频带，提高信噪比的作用。

对于可控震源来说在下传有效信号的同时也会产生谐波，所以力信号可以基于升频扫描定义，针对瞬时频率随时间呈线性变化的情况，Li 等（1995）提出了一确定性的纯相移滤波器（PPSF）以消除可控震源地震资料中的谐波畸变，利用该方法可用来分离各阶次谐波而加以应用。力信号可用下式表示：

$$s(t)=\sum_{k=1}^{N}a_k(t)\cos\left[2\pi k\left(f_1+\frac{f_2-f_1}{2T}t\right)t\right] \tag{4-2-2}$$

式中 k——谐波阶次；

f_1——起始频率，Hz；

f_2——终了频率，Hz；

T——扫描长度，s。

而检波器接收到的地震信号可以用下式表示：

$$d(t)=s(t)\otimes\sum_{i=1}^{m}r_i \tag{4-2-3}$$

式中 r——反射系数。

构建第 k 阶谐波分离滤波器，可以用下式表示：

$$S(f)=A(f)\mathrm{e}^{-\mathrm{i}\phi(f)} \tag{4-2-4}$$

忽略掉振幅相，取共轭得到滤波因子：

$$P(f)=\mathrm{e}^{\mathrm{i}\phi(f)} \tag{4-2-5}$$

将式（4-2-3）变换到频率域并与（4-2-5）相乘得到

$$D'(f)=D(f)P(f) \tag{4-2-6}$$

选一个合适的窗口就可将 k 阶谐波提取出来，谐波提取过程一般是从基波开始，然后逐次进行谐波提取（图 4-2-10）。提取出 k 阶谐波后，利用理论的 k 阶谐波信号与其相关就获得了分离后的 k 阶谐波记录单炮。

图 4-2-11 为某工区原始未分离的记录、分离的基波、二次谐波和三次谐波记录，可以发现二阶谐波的能量较强，三阶谐波的能量较弱。将分离出来的基波、谐波分别与理论的扫描信号和谐波信号进行相关处理，得到了相关后的记录。因三阶谐波能量较弱，因此只取二阶谐波记录和基波记录进行成像处理，如图 4-2-12 所示。

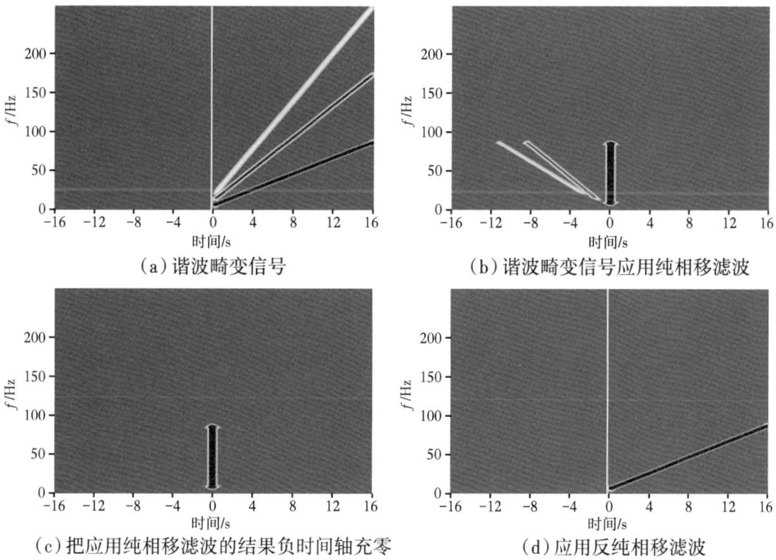

(a)谐波畸变信号　(b)谐波畸变信号应用纯相移滤波

(c)把应用纯相移滤波的结果负时间轴充零　(d)应用反纯相移滤波

图 4-2-10　纯相移法提取基波过程

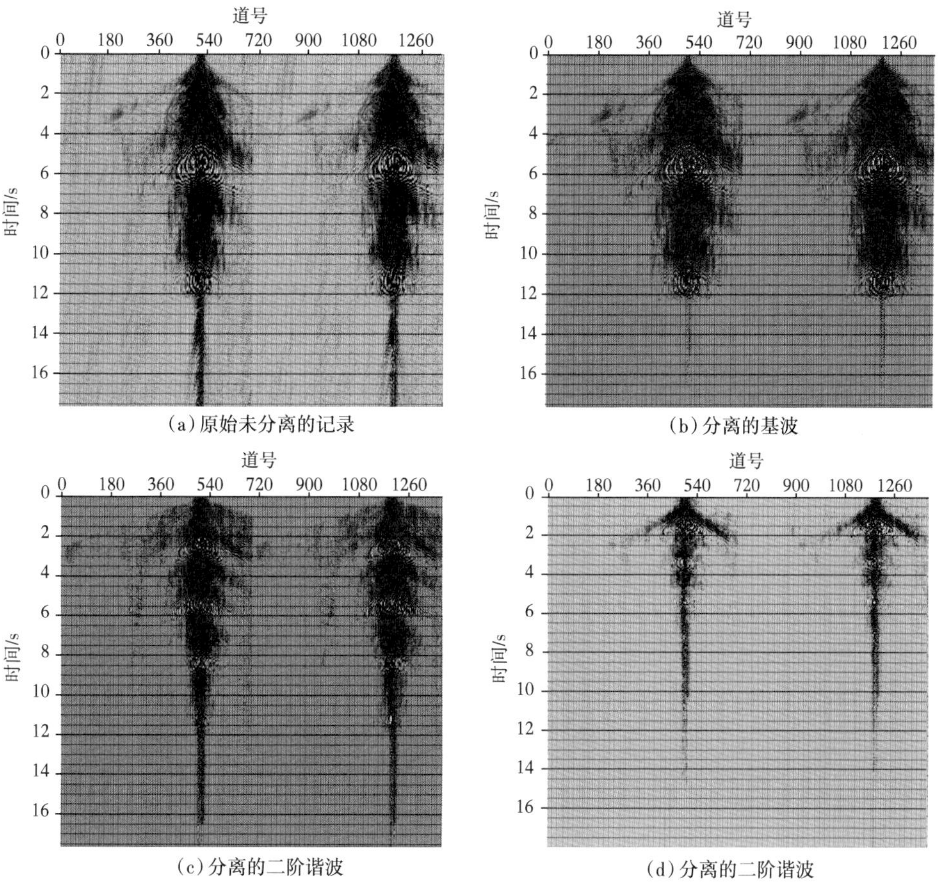

(a)原始未分离的记录　(b)分离的基波

(c)分离的二阶谐波　(d)分离的二阶谐波

图 4-2-11　原始未分离的记录、分离的基波、二阶谐波和三阶谐波剖面对比图

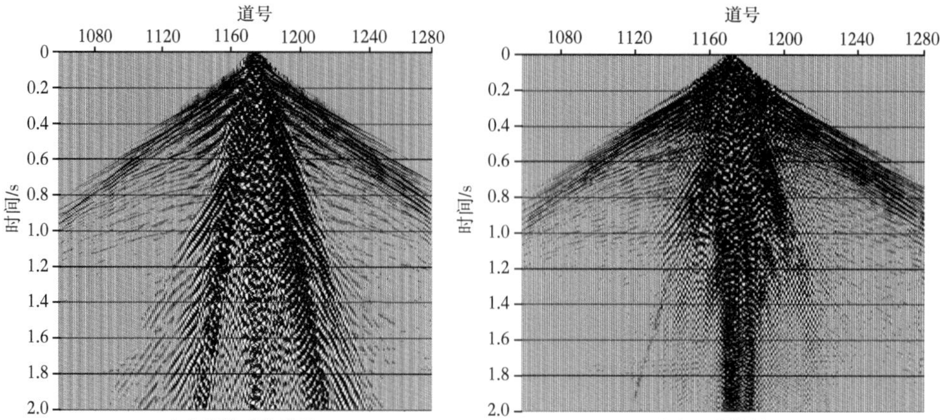

（a）相关后的基波　　（b）二阶谐波

图 4-2-12　相关后的基波与二阶谐波记录

图 4-2-13（c）是混合了基波和二阶谐波数据的叠加剖面，由图可见，不论是在中、深层，还是浅层都要好于基波［图 4-2-13（a）］和谐波［图 4-2-13（b）］的叠加剖面。对叠加剖面进行了频谱对比分析，图 4-2-13（d）是全剖面的频谱分析，从中可以看到通过混合了二阶谐波后，混合数据的有效频宽相对原始基波数据得到了有效的拓展。

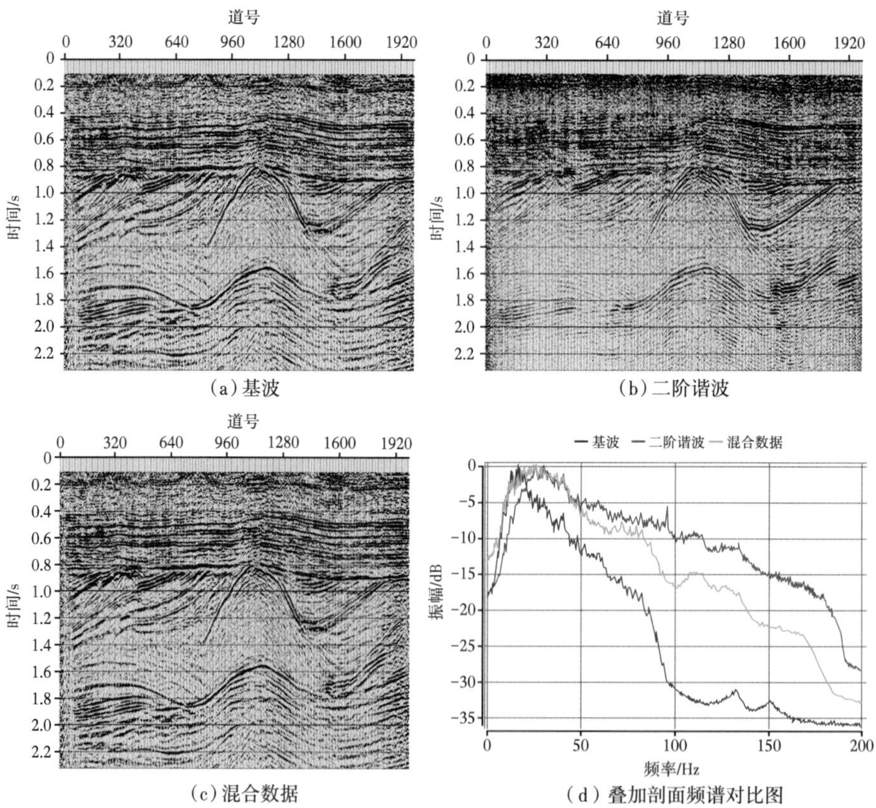

（a）基波　　（b）二阶谐波

（c）混合数据　　（d）叠加剖面频谱对比图

图 4-2-13　基波、二阶谐波、混合数据及叠加剖面频谱

由于地层的吸收衰减作用，高频能量在深层很快就衰减了，高阶谐波的成像一般在浅层能见到好的效果，实际资料处理也验证了浅层效果好；在深层，谐波资料也是对常规基波资料的一个补充。

第三节　宽频地震信号的接收

含有丰富低频的地震数据是宽频地震勘探的目标之一，低频地震信号对于提高地震反演和成像精度等方面具有重要的作用和应用潜力。低频地震信号具有的穿透能力对于高速屏蔽层下隐伏目标体成像和深部地震勘探具有重要意义，研究结果显示，低至2.5Hz的低频地震信号能够对盐下和玄武岩下的目标体成像。在地震勘探中，在实施低频地震勘探时，要保证激发产生的地震信号具有丰富的、足够能量的低频信号，同时实现无损、无畸变接收地震信号。首先，通过理论推导给出地震检波器灵敏度、自然频率与低频信号接收、保护之间的关系；其次，通过模拟数据加以验证；再次，通过实例展示了检波器灵敏度、自然频率与低频信号接收、保护之间的关系；最后，阐述了应用常规检波器实现低频地震勘探的可能性。

一、检波器的幅频特性

地震检波器作为地震数据采集过程中极为重要的前端装备，其性能直接影响地震采集数据的质量，尤其是低频地震信号的质量。地震检波器输出的地震记录在时间域可视为地表振动与检波器响应之间的褶积（Havskov 等，2004），在频率域地震记录 $S(\omega)$ 可表示为

$$S(\omega)=H(\omega)U(\omega) \tag{4-3-1}$$

式中　$H(\omega)$——检波器频率响应（传递函数）；

$U(\omega)$——地表质点的振动；

ω——角频率。

由式（4-3-1）可得到地震检波器输出地震记录的振幅函数

$$|S(\omega)|=|H(\omega)||U(\omega)| \tag{4-3-2}$$

显然，地震检波器输出信号（地震记录）的强度不仅与质点振动相关，同时也与地震检波器响应的幅频特性相关。

目前，陆上地震勘探常用的检波器主要包括动圈式检波器、MEMS 数字检波器等。其中常规的动圈式检波器以其相对低廉的价格和稳定的性能广泛应用于地震数据采集。动圈式检波器可分为速度检波器和加速度检波器，速度检波器将质点振动的速度信息转换成电压，而加速度检波器将质点振动的加速度信息转换成电压值，不同检波器具有不同的响应特性，对于动圈式速度检波器，其频率域响应的理论公式可表示为（Havskov 等，2010；吕公河，2009；李国栋等，2009）

$$H(\omega)=\frac{G\omega^2}{\omega_0^2-\omega^2+\mathrm{i}2h\omega\omega_0} \tag{4-3-3}$$

式中 ω_0、h 和 G——检波器的自然频率、阻尼系数和灵敏度。

通过式（4-3-3）可以得到动圈式速度检波器响应的幅频特性函数：

$$|H(\omega)|=\frac{G\omega^2}{\sqrt{(\omega_0^2-\omega^2)^2+(2\omega_0\omega h)^2}} \tag{4-3-4}$$

对于动圈式加速度地震检波器，由时域微分的傅里叶变换特性可以得到其频率域响应的理论公式可表示为

$$H(\omega)=-\frac{\mathrm{i}G\omega}{\omega_0^2-\omega^2+\mathrm{i}2h\omega\omega_0} \tag{4-3-5}$$

通过式（4-3-5）可以得到动圈式加速度检波器响应的幅频特性函数：

$$|H(\omega)|=\frac{G\omega}{\sqrt{(\omega_0^2-\omega^2)^2+(2\omega_0\omega h)^2}} \tag{4-3-6}$$

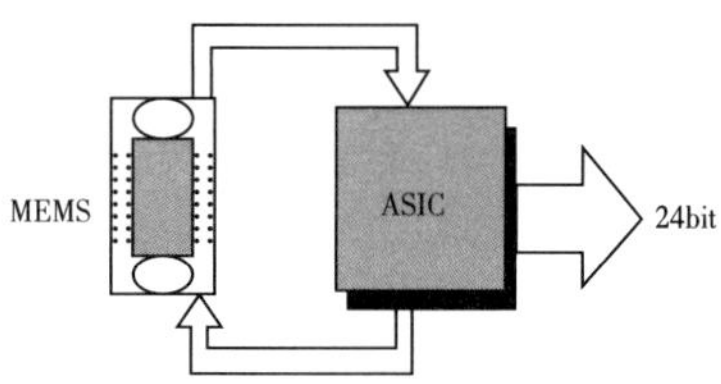

图 4-3-1 MEMS 数字检波器结构示意图

MEMS 数字检波器是集微型传感器、执行器以及信号处理和控制电路、接口电路、通信和电源于一体的微型机电系统。MEMS 数字检波器由应用整体微机械加工技术生产的电容性加速度传感器（MEMS）和用于信号转换、具有闭环控制环路、信号幅值反馈电路和数字信号处理的专用集成电路（ASIC）组成（图 4-3-1）。前端的 MEMS 加速传感器感应外界振动引起的加速度变化，从而反映在内部电容比的变化，专用集成电路 ASIC 将电容比的变化量还原成加速度的变化量，并通过调制电路转换输出 24bit 的数字信号，MEMS 数字检波器在工作频带范围内，幅频响应特性为一固定常数。

二、仪器自噪声对地震记录质量的影响

在不考虑地震检波器和地震仪器产生的自噪声时，地震检波器输出的地震记录可以表示为地表振动与检波器响应的褶积，并可以得到由式（4-3-1）所表示的频率域函数。但是，任何一种仪器都存在自噪声，因此，考虑地震仪器产生的自噪声时，地震记录 $S'(\omega)$ 可表示为

$$S'(\omega)=S(\omega)+N(\omega)=H(\omega)U(\omega)+N(\omega) \tag{4-3-7}$$

式中 $N(\omega)$——地震仪器产生的自噪声。

地震记录的质量取决于地震信号与地震仪器自噪声的比值（S/N），S/N 越大，地震记

录的质量越高。获得高质量的地震记录需提高地震信号 $U(\omega)$ 的能量和检波器响应 $H(\omega)$ 的振幅，同时尽可能降低地震采集仪器的自噪声水平（$|N(\omega)|$）：

$$S/N=|H(\omega)||U(\omega)|/|N(\omega)| \tag{4-3-8}$$

三、检波器灵敏度对接收信号的影响

式（4-3-8）给出了地震采集数据质量与地震信号强度、检波器响应和地震采集仪器自噪声之间的关系，检波器输出地震信号的强度、地震采集数据的质量与检波器响应的振幅特性成正比，地震采集数据的质量与地震采集仪器的自噪声水平成反比。而由式（4-3-4）和式（4-3-6）可知，检波器响应的振幅与检波器的灵敏度呈正比，因此，通过提高地震检波器的灵敏度可增大其响应的振幅值，从而提高记录的地震信号的振幅和地震记录的质量。

图 4-3-2 是不同灵敏度的模拟检波器（动圈式速度检波器）响应的幅频特性曲线对比，检波器的自然频率 5Hz，阻尼系数 0.7，灵敏度分别为 20 和 100，两者在相同频率处的振幅相差约 14dB。

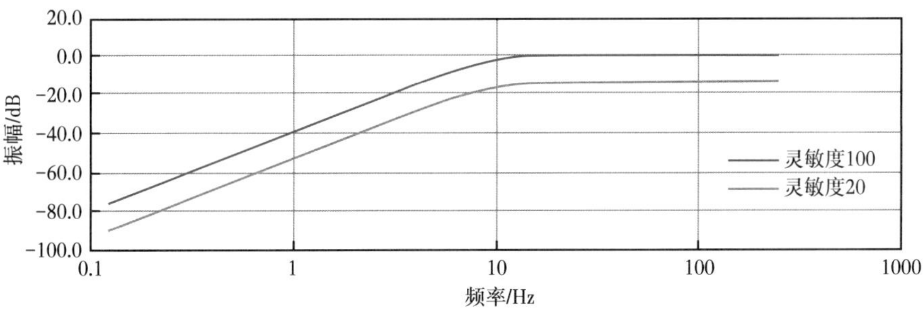

图 4-3-2　不同灵敏度动圈式速度检波器幅频特性曲线对比图

图 4-3-3 是模拟将主频 35Hz 的 Ricker 子波作为输入，并生成一个白噪声模拟地震仪器的自噪声，得到不同灵敏度检波器输出的含自噪声和不含自噪声数据，白噪声的均方根与输入 Ricker 子波的均方根比为 1∶5，图中数据经归一化处理。输出数据显示，无论是高灵敏度检波器还是低灵敏度检波器对输入的 Ricker 子波都进行了改造，Ricker 子波中、高、低频成分的振幅关系发生改变，低频成分相对变弱，子波的旁瓣增强。同时，模拟结果显示了检波器灵敏度与检波器输出数据质量之间的关系，当输入信号和地震仪器自噪声一致时，高灵敏度有利于提高地震记录的质量，这与理论推导得到的结果一致。图 4-3-4 是图 4-3-3 的局部放大。图 4-3-5 是图 4-3-3 中含噪声检波器输出与无噪声输出数据的振幅谱，图 4-3-5（a）和图 4-3-5（b）横坐标采用分别采用普通坐标和对数坐标，两种检波器输出子波在高频和低频段都受到了自噪声的污染，但是低灵敏度检波器输出子波受到污染更严重，无论是低频段还是高频段。当通过消除检波器响应恢复输出数据中的 Ricker 子波时，就会发现输出数据中低频噪声被放大，低频段信噪比变低，且信噪比与检波器的灵敏度成反比。

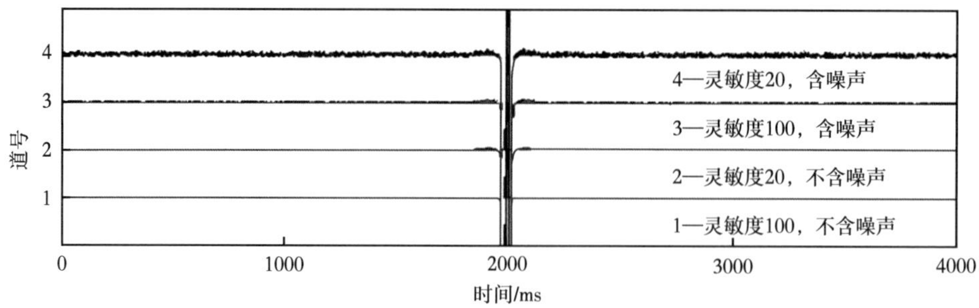

图 4-3-3　不同灵敏度检波器模拟输出对比

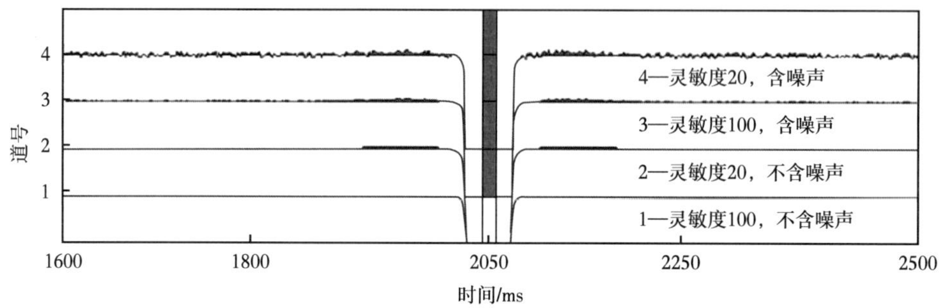

图 4-3-4　不同灵敏度检波器模拟输出对比（局部）

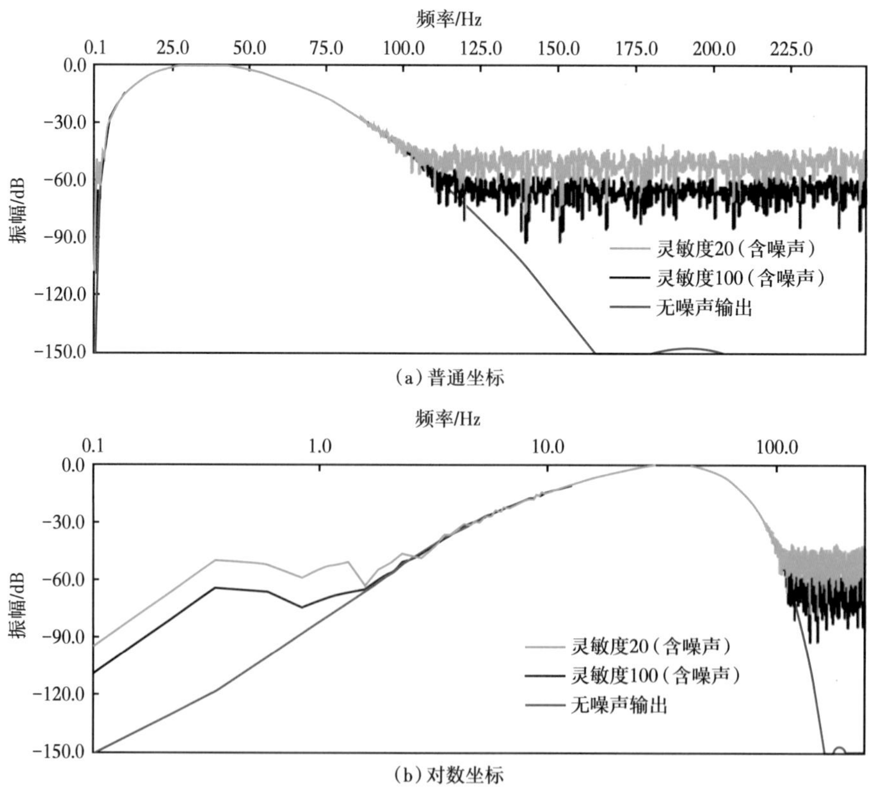

图 4-3-5　不同灵敏度检波器模拟输出普通坐标与对数坐标频谱对比

图 4-3-6 是消除检波器响应后的检波器输出（自归一化后），图 4-3-7 是图 4-3-6 数据对应的振幅谱。模拟结果展示，宽频地震勘探时，采用高灵敏度检波器有利于获得高品质的地震数据，尤其是保护相对微弱的低频信号。

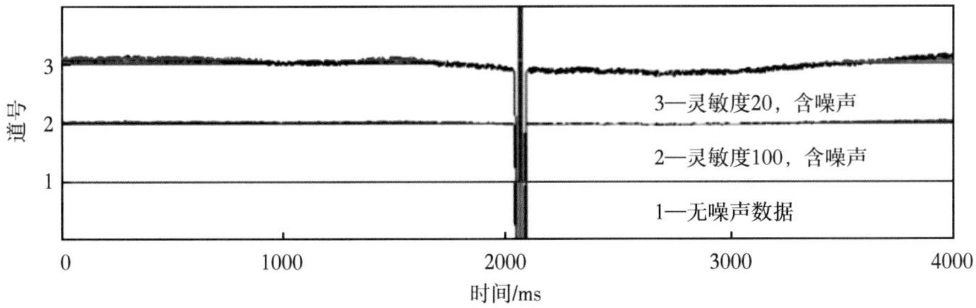

图 4-3-6　去除检波器响应的检波器输出

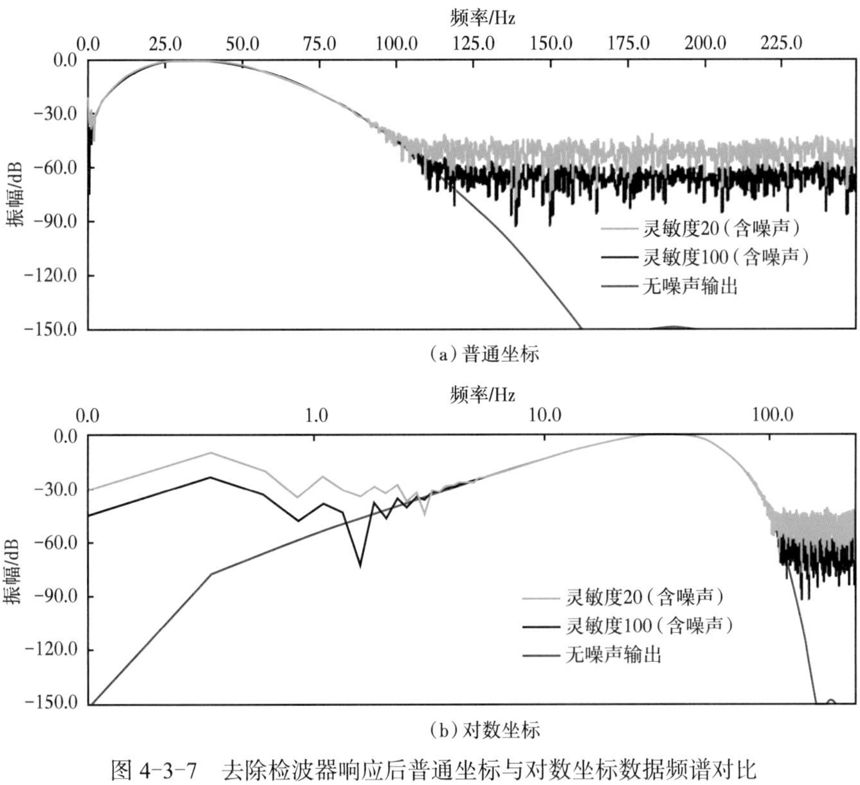

图 4-3-7　去除检波器响应后普通坐标与对数坐标数据频谱对比

四、检波器自然频率对接收信号的影响

式（4-3-4）、式（4-3-6）和式（4-3-8）给出的地震检波器对地震信号的接收能力，尤其是对低频地震信号的接收能力以及检波器采集地震数据的质量，不仅与检波器的灵敏度和地震仪器自噪声强度相关，同时与地震检波器的自然频率相关。当地震信号频率低于检波器的自然频率时，检波器响应的振幅急剧下降，检波器对于地震信号的接收能力急剧下降，图 4-3-8 是两种具有相同灵敏度和不同自然频率的检波器的频幅特性曲线，

两种检波器的灵敏度都为 20，阻尼系数为 0.7，自然频率分别为 5Hz 和 10Hz，显然，自然频率 5Hz 的检波器的低频接收能力远优于自然频率 10Hz 的检波器。

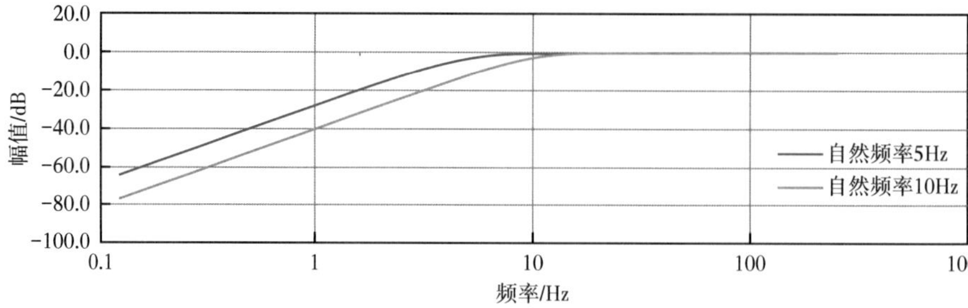

图 4-3-8　不同自然频率检波器频幅特性曲线对比

图 4-3-9 是将主频 35Hz 的 Ricker 子波作为输入，并加入一个白噪声模拟地震仪器的自噪声，得到不同自然频率检波器输出的含自噪声数据，白噪声的均方根与输入 Ricker 子波的均方根比为 1∶5。由上至下分别对应 10Hz 自然频率检波器、5Hz 自然频率检波器输出和原始 Ricker 子波。对比数据可以发现，两种检波器对输入的 Ricker 子波进行了改造，尤其是 10Hz 自然频率的检波器，其输出子波的旁瓣显著增强。

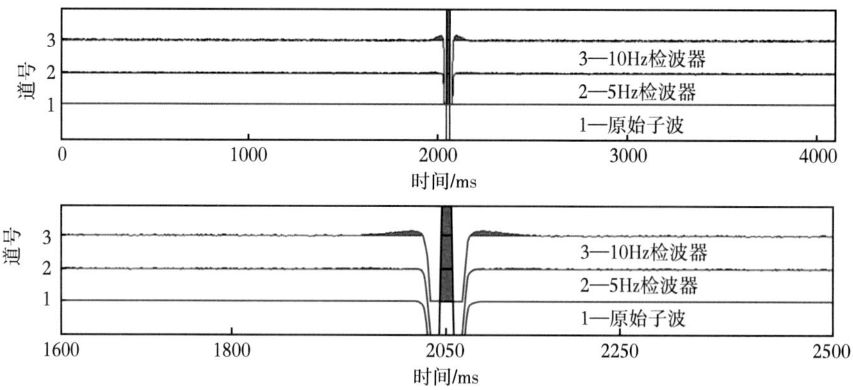

图 4-3-9　不同自然频率输出原始数据（上）及局部放大数据（下）对比图

图 4-3-10 是图 4-3-9 对应数据的振幅谱，对比两种检波器输出数据的振幅谱可以发现，在高频段，无论是自然频率 5Hz 的检波器，还是自然频率 10Hz 的检波器，对应输入 Ricker 子波的改造是一致的，输出数据的信噪比相同，但是在低频段，两者存在显著的差异，自然频率 5Hz 检波器输出数据的振幅强于自然频率 10Hz 检波器输出数据的振幅，输出数据的信噪比也优于自然频率 10Hz 的检波器。

图 4-3-11 是对图 4-3-9 对应的不同自然频率检波器输出数据消除检波器响应后的结果，由上至下分别为自然频率 10Hz 检波器输出数据、自然频率 5Hz 检波器输出数据和原始 Ricker 子波，图 4-3-12 是对应的振幅谱。消除检波器响应后，自然频率 10Hz 检波器输出数据中的低频噪声被过度放大。

上述的模拟结果显示检波器的自然频率对于检波器的低频接收能力极为关键，较低的自然频率有利于低频信号的接收和保护。

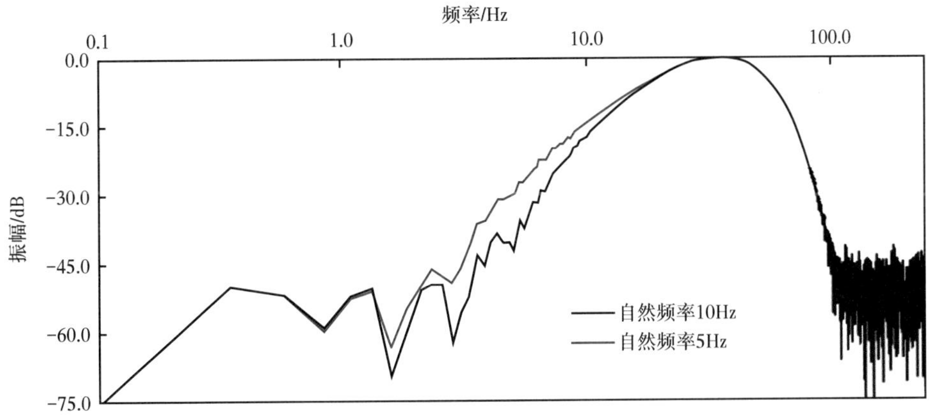

图 4-3-10　不同自然频率输出数据振幅谱对比图

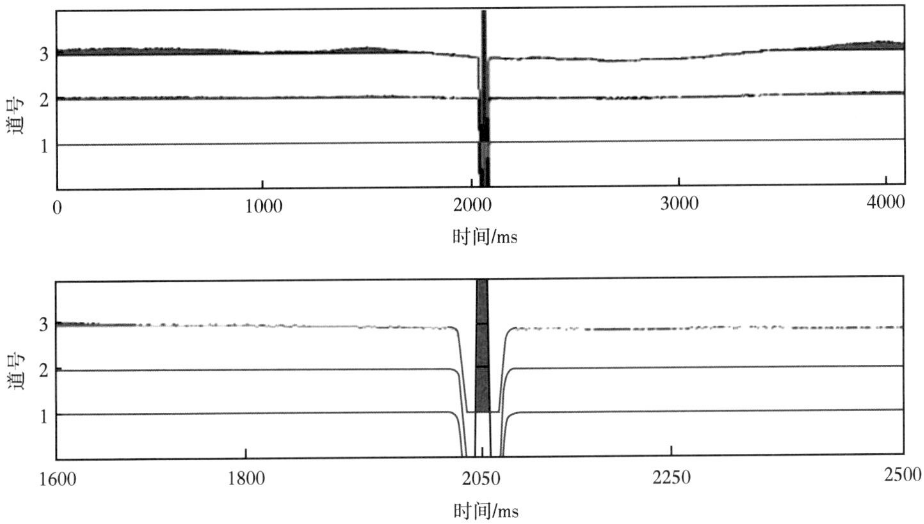

图 4-3-11　去除检波器响应后不同自然频率检波器输出数据（上：原始数据；下：局部放大）

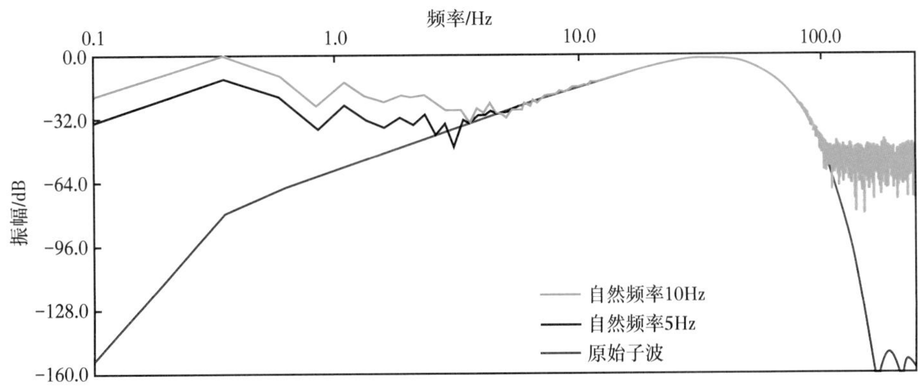

图 4-3-12　去除检波器响应后不同自然频率检波器输出数据振幅谱

五、MEMS 数字检波器及常规检波器低频特新对比

下面通过两个实例展示低频信号接收与地震检波器的灵敏度以及自然频率的关系，以及如何选择合理检波器实现低频地震信号的接收和保护。第一个实例通过分析单点接收的同源地震数据揭示宽频的 MEMS 数字检波器和灵敏度 20 的常规 10Hz 检波器对于低频地震信号接收和保护的差异，图 4-3-13 是 MEMS 数字检波器与常规 10Hz 检波器的幅频特性曲线图。该实例中将宽频的数字检波器和自然频率 10Hz 的检波器埋置在相同的位置，分别接收由可控震源激发产生的单频正弦信号，信号的频率 1.0～10.0Hz，间隔 0.5Hz，图 4-3-14 是不同检波器输出的地震信号的对比，由左向右分别是单个 MEMS 数字检波器、模拟单个常规检波器（12 个串联检波器输出 /12）、单串 12 个常规检波器串联，12 个常规检波器串联输出的地震数据的能量显著强于单个 MEMS 数字检波器，单个常规检波器输出的地震数据随着频率增大逐渐接近单个 MEMS 数字检波器，这符合两者的幅频特性曲线的差异。

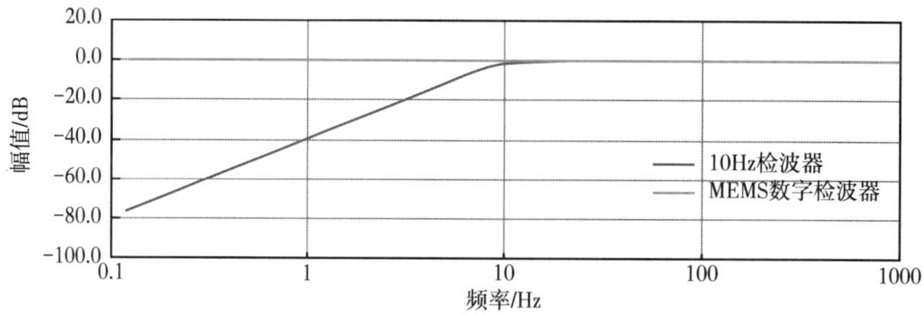

图 4-3-13　MEMS 数字检波器与 10Hz 常规检波器幅频特性曲线对比图

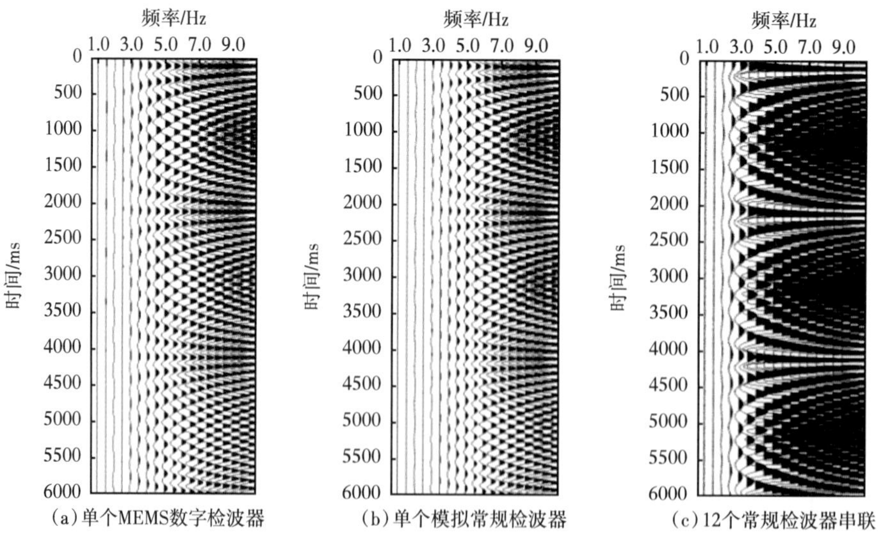

图 4-3-14　不同检波器输出单频地震数据

图 4-3-15 和图 4-3-16 分别是单个 MEMS 数字检波器与单个常规检波器和 12 个常规检波器串联输出地震数据的频谱对比，频率 1～10Hz，频率间隔 1.0Hz。通过对比单个

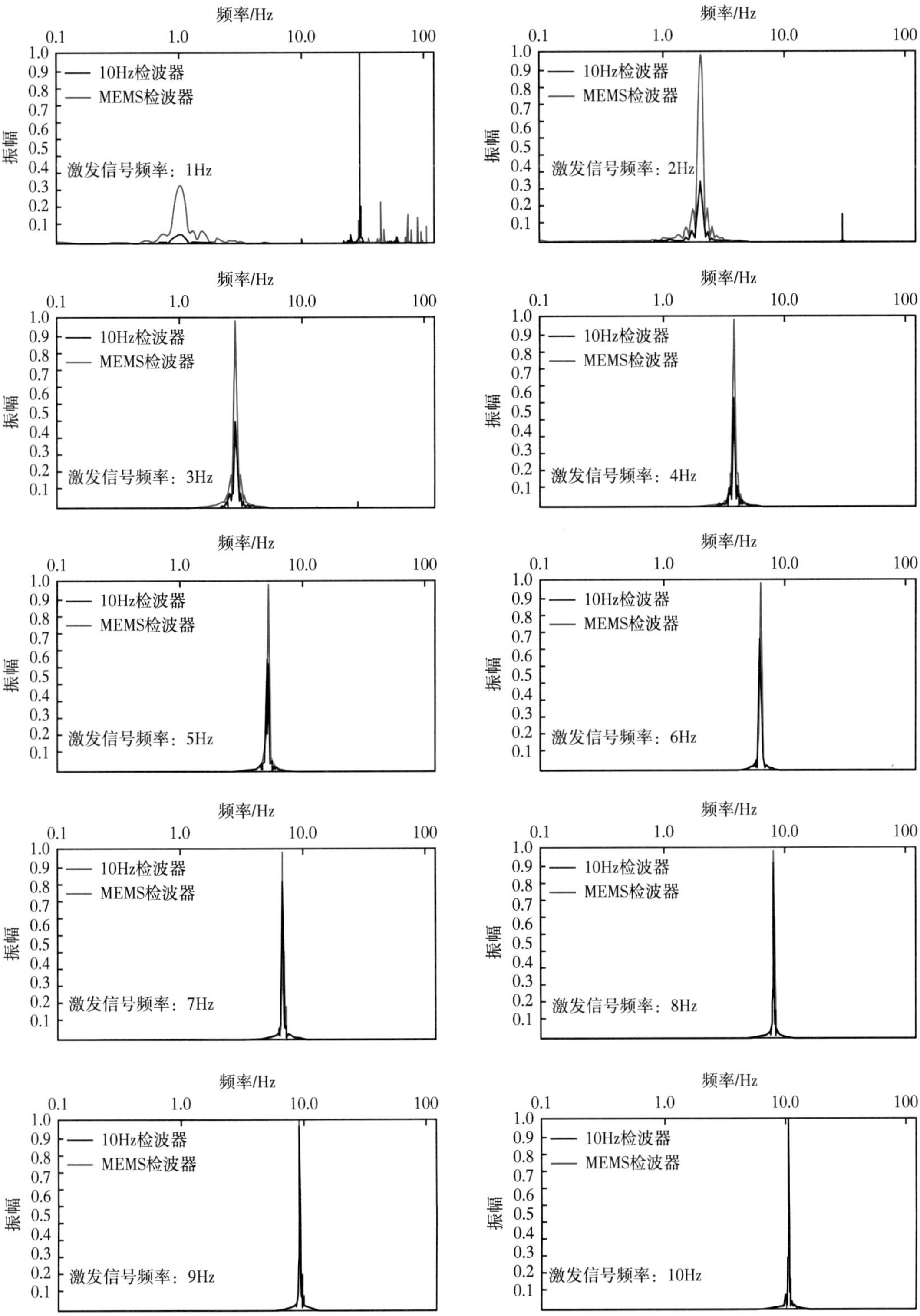

图 4-3-15 MEMS 检波器与单个常规检波器输出数据频率对比

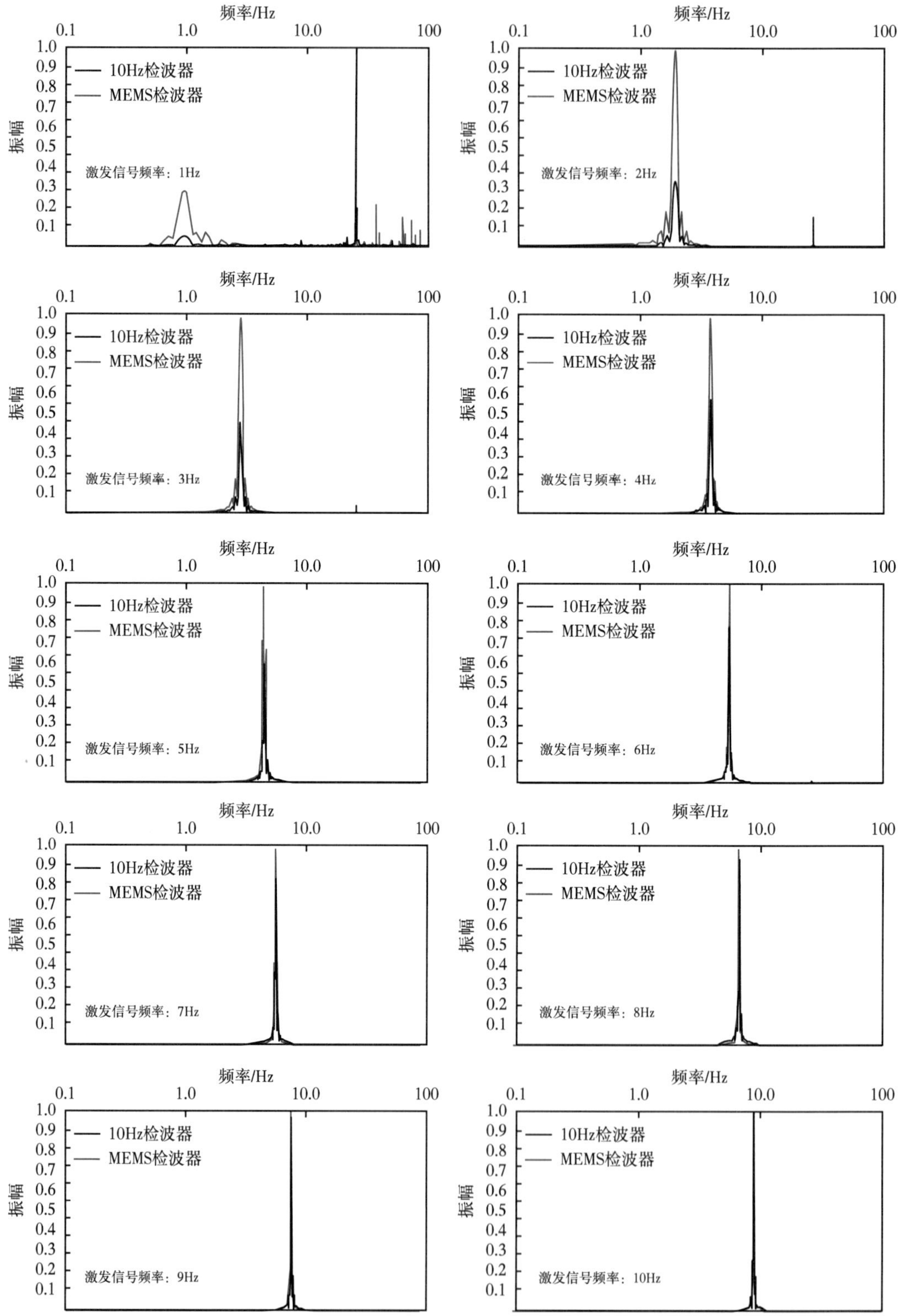

图 4-3-16 单个 MEMS 数字检波器与 12 个串联常规检波器输出数据频谱对比图

MEMS 数字检波器与单个常规检波器，以及 12 个常规检波器串联输出地震数据的频谱可以发现，无论是单个 MEMS 数字检波器还是常规检波器都能够对 1～10Hz 的单频地震信号响应并记录下来，并且能够被准确识别。而且，随着频率的增大，单个常规检波器输出地震数据的振幅逐渐接近 MEMS 数字检波器，12 个常规检波器串联输出的地震数据的振幅显著大于 MEMS 数字检波器，且随着频率增大差距扩大。显然，上述现象与两种检波器的频幅特性一致。但是，常规检波器串输出地震数据中存在较强的高频谐波噪声。

图 4-3-17 是应用单个 MEMS 检波器与单个常规检波器输出同源地震数据的振幅计算得到的振幅比，尽管受噪声等影响，与图 4-3-13 所展示的理论频幅特性曲线存在一定的差异，但是基本能够反映检波器输出地震数据与检波器频幅特性之间的关系。

图 4-3-18 是应用单个 MEMS 数字检波器输出的单频地震数据的振幅计算得到的振幅—频率关系曲线，基本反映了可控震源在不同频率驱动幅度的相对关系。最强的 10Hz 单频信号与最弱的 1Hz 单频信号之间振幅相差约 70dB。

该实例结果显示无论是 MEMS 数字检波器还是常规的 10Hz 检波器都具有足够的灵敏度和动态范围记录微弱的低频信号。

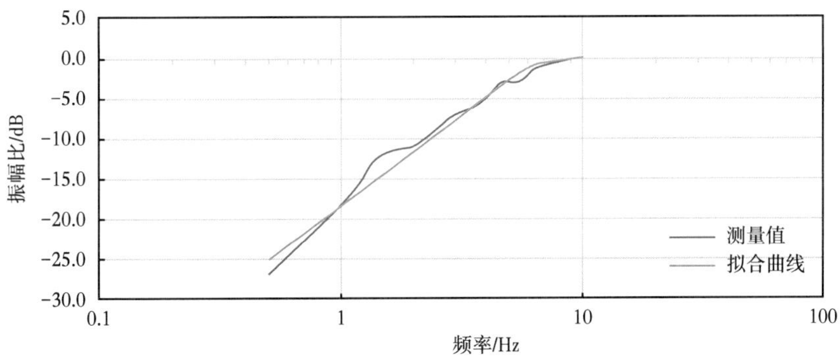

图 4-3-17　实际数据测得的 10Hz 常规检波器与 MEMS 检波器振幅对比图

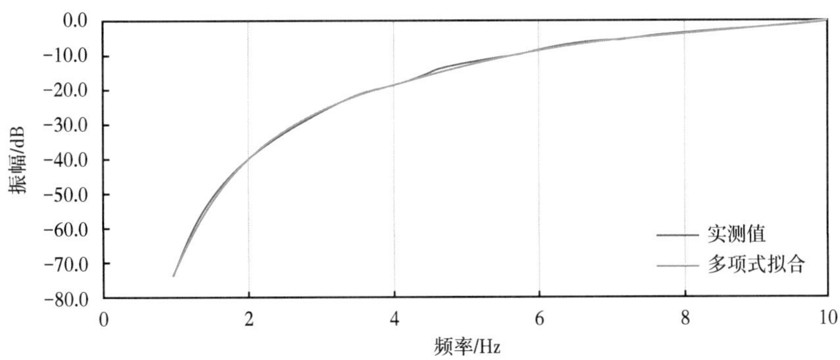

图 4-3-18　归一化的 MEMS 检波器输出信号振幅

第二个实例是单个高灵敏度低频检波器与 6 个 10Hz 常规检波器的对比，具体参数如表 4-3-1 所示。该实例展示了应用常规 10Hz 检波器具有足够的灵敏度和动态范围记录低频地震信号，获得与高灵敏度低频检波器品质相当的地震数据低频信号成像。该实例为二维地震采集试验，采用5台6万磅的可控震源面积组合激发，扫描频率为2.5～62.5Hz，低频检波器与常规检波器同步接收，接收点距12.5m，6个常规10Hz检波器串联并采用堆放形式埋置，具体的可控震源组合和检波器埋置图形如图4-3-19所示。

表4-3-1 检波器参数表

参数	常规10Hz检波器	低频检波器
自然频率/Hz	10	5
阻尼系数/	0.707	0.700
灵敏度/[V/（m/s）]	20.1	86
电阻/Ω	395	1820

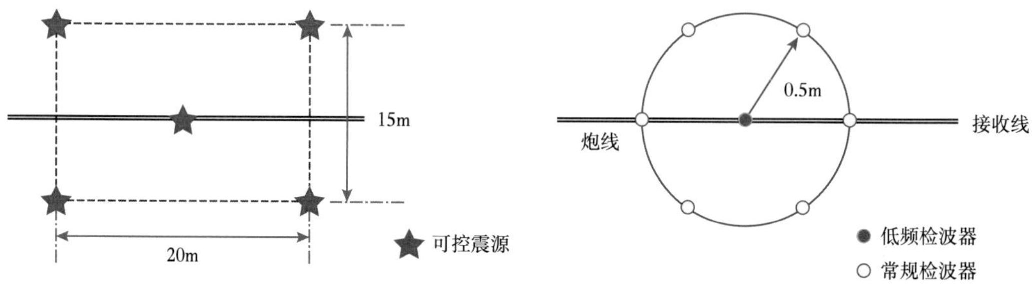

(a)可控震源组合　(b)检波器组合

图4-3-19 可控震源与检波器组合图形

图4-3-20是采用表4-3-1提供的检波器参数计算得到的单个低频检波器、单个常规检波器和6个常规检波器串联的频幅特性曲线。图4-3-21是单个低频检波器与单个常规检波器及6个常规检波器串联振幅响应比值，在2.5Hz处，6个常规检波器串联响应的振幅约等于单个低频检波器的36%；在5Hz处约等于50%；10Hz处两者基本相等；在高频段比单个低频检波器高3dB。实际地震数据的频谱对比显示与理论结果一致，如图4-3-22所示。

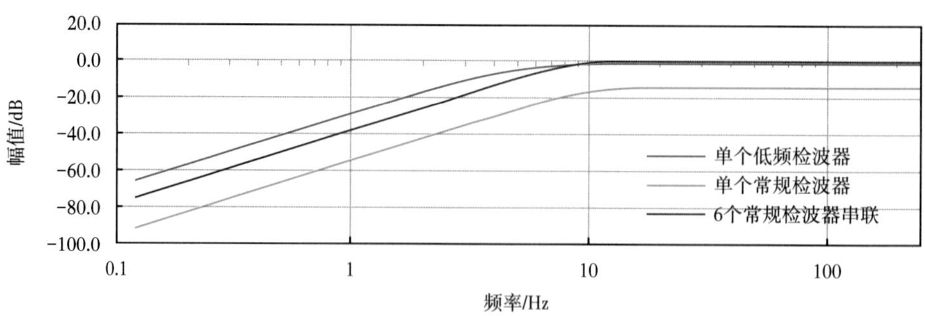

图4-3-20 检波频幅特性曲线

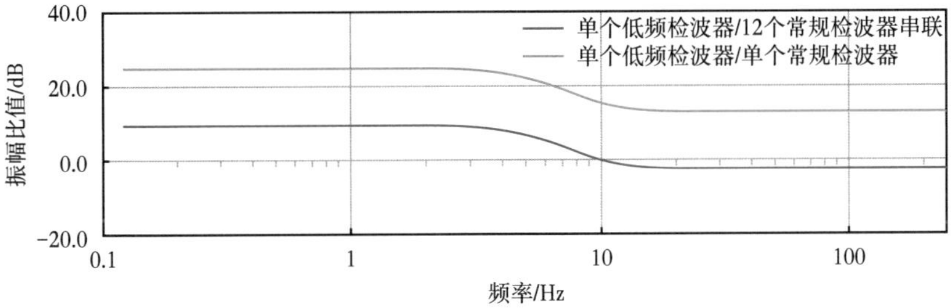

图 4-3-21 检波器振幅响应比值

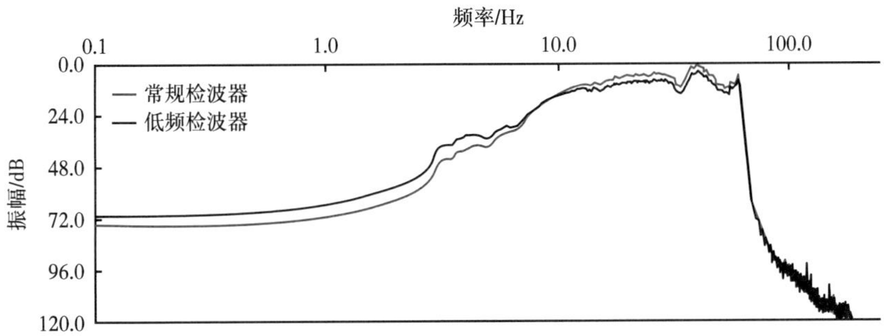

图 4-3-22 实际地震数据振幅对比（典型原始单炮）

如图 4-3-23 和图 4-3-24 所示，6 个常规检波器串联堆放接收与单个低频检波器接收得到的地震数据的成像效果基本相当。

理论推导、正演模拟及实例的结果均表明：低频地震信号的接收和保护与地震检波器的灵敏度、自然频率以及地震仪器的自噪声密切相关，高灵敏度和低自然频率的检波器有利于低频信号的接收和保护；常规的动圈式检波器对地震数据中的低频信号具有相对压制作用，改变地震子波的形态，存在低频地震信号被地震仪器自噪声污染的可能性。目前，无论是高精度宽频（低频或 MEMS）检波器，还是常规的 10Hz 自然频率检波器都具有足够的灵敏度和动态范围以实现微弱低频信号的记录和识别。常规的 10Hz 检波器能够满足当前低频地震勘探的需求。

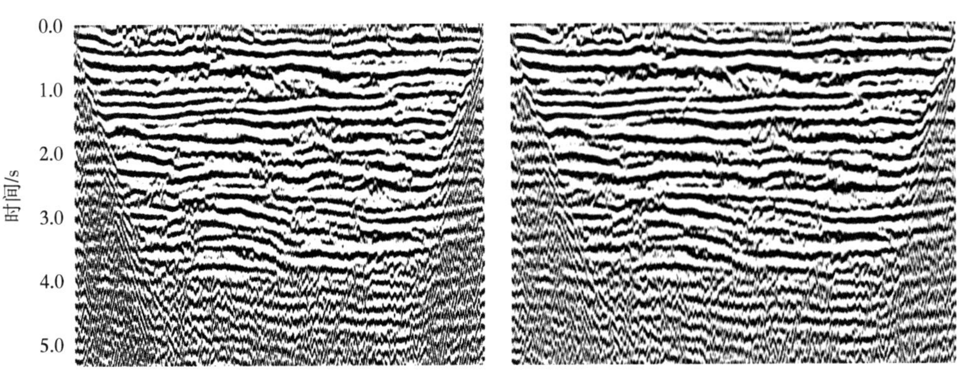

（a）6个常规检波器串联　　（b）单个低频检波器

图 4-3-23 2.5～5.0Hz 数据叠加剖面对比图

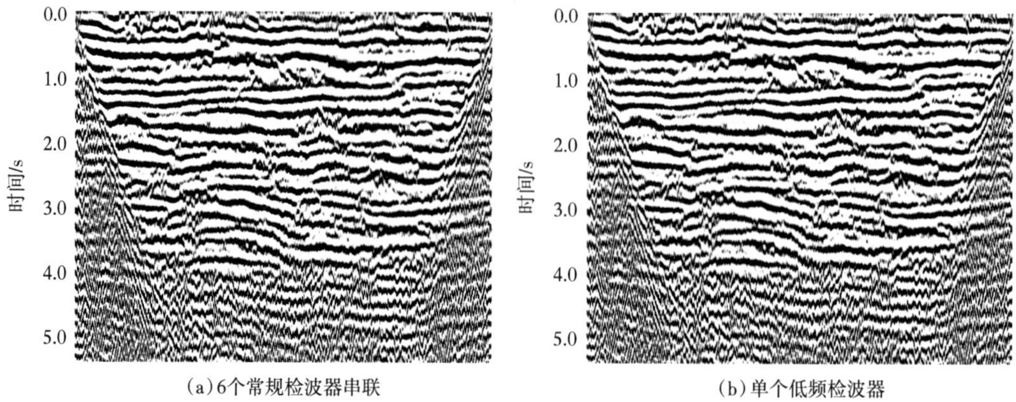

图 4-3-24　5.0～10.0Hz 数据叠加剖面对比图

第五章　高效地震采集技术

随着油气地震勘探目标日趋复杂化、精细化及地震采集仪器带道能力的增强，在高密度、高覆盖和宽方位地震数据采集应用越来越广泛的同时，也带来采集周期增长和勘探成本增加的问题。在保证数据采集质量的前提下，经过多年的理论研究及国内外施工实践，在可控震源及井炮采集领域形成了特色的高效采集及其配套技术。

第一节　可控震源高效激发技术

一、可控震源地震采集技术发展历程

可控震源是20世纪50年代问世的一种靠振动器连续冲击地面而产生地震波的激发源，在油气勘探与开发领域得到广泛应用。与炸药震源相比，可控震源具有安全、环保、出力和频带可调控等优点。

可控震源激发的基本原理是：可控震源在地表的每个激发点上产生较长时间的连续振动信号，仪器将各道的振动信号记录下来形成振动记录，并与已知的参考信号进行相关处理，最终得到可控震源的相关地震记录。图5-1-1（a）为地质模型，图5-1-1（b）中第1道表示传入大地的可控震源信号 $s(t)$，第2～4道分别表示几个地层反射信号。这些反射信号在时间上相互重叠、干涉后形成第5道可控震源原始记录，第6道为相关后的记录 $x(t)$（其中 t 表示时间）。

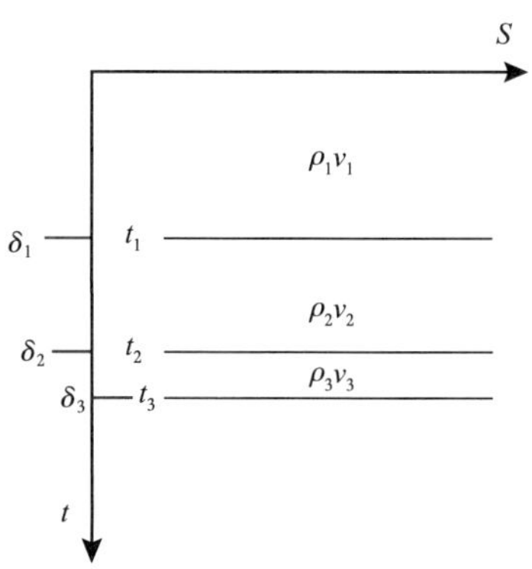

(a) 地质模型

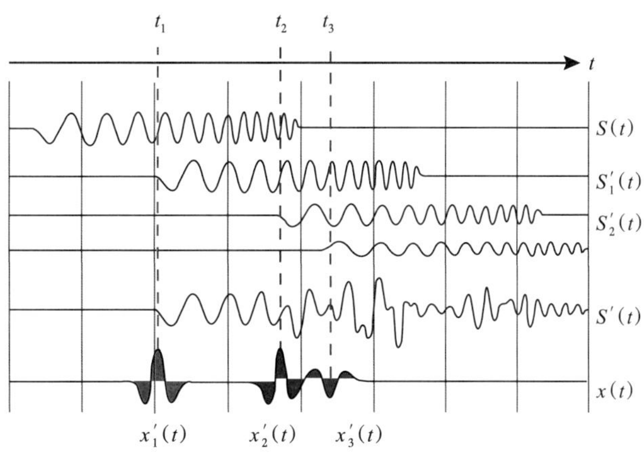

(b) 可控震源信号

图5-1-1　可控震源地震采集原理示意图

最初野外地震采集采用一组可控震源进行施工。在时间上，一个炮点扫描结束后，可控震源才可移动到下一炮点进行激发。这种传统意义上的常规扫描技术，施工效率较低。1993 年，Shell 公司首次使用可控震源交替扫描技术；1996 年，阿曼石油公司提出可控震源滑动扫描技术；2006 年，BP 公司发明多源独立同时扫描（ISS）技术，并在 2008 年开始规模化应用；2009 年，阿曼石油开发公司（PDO）首次使用距离分离同步扫描（DSSS）技术；2010 年，Saudi Aramco 公司、ARGAS 公司和 CGG 公司开始探索应用动态扫描技术；2020 年后，可控震源动态扫描作为成熟的高效采集技术被广泛应用于可控震源高效采集项目中。在动态扫描技术的基础上，中国石油集团东方地球物理勘探有限责任公司（以下简称东方物探）创新性地研究了一种可控震源超高效采集（UHP）技术，其通过优选合适的激发时间—距离参数，使得震源间距和滑动时间均大幅减小，作业效率显著提高。

二、可控震源常规施工方法

可控震源常规施工采用一组震源施工的采集模式，震源在一个点激发完成后，移动到下一个激发点继续激发（图 5-1-2），施工效率较低。

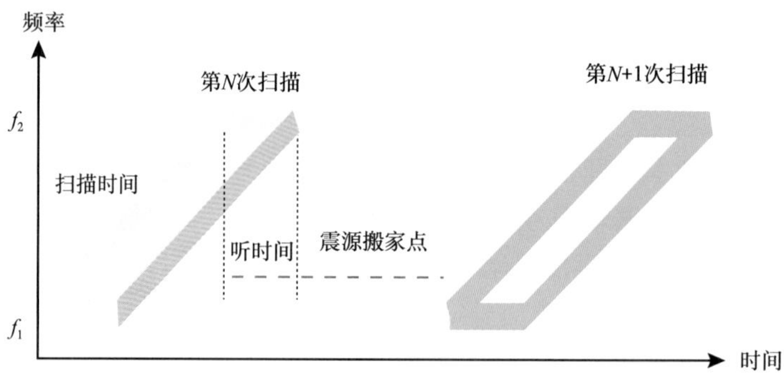

图 5-1-2 可控震源常规施工方法时间序列示意图

可控震源常规生产的放炮时间间隔 t_s 可表示为

$$\begin{cases} t_s = t_d + t_m, & t_l < t_m \\ t_s = t_d + t_l, & t_l > t_m \end{cases} \tag{5-1-1}$$

式中 t_d——扫描长度，s；

t_l——可控震源听时间（相关后记录长度），s；

t_m——可控震源组在相邻炮点之间的移动时间与震源升降平板时间之和，s。

如图 5-1-3 所示，假设 t_d =16s、t_m=20s，由于记录时间 t_l=6s，小于搬家时间，那么平均每放一炮的时间是 36s，每小时可采集 100 炮；考虑环境噪声、仪器设备配备数量、施工组织管理方式等限制，假设一天有 5h 可以作为有效作业时间，一天约生产 500 炮。

如图 5-1-4 所示，假设 t_d=16s、t_m=10s，由于记录时间（听时间）t_l=12s，大于震源搬家时间，那么平均每放一炮的时间是 28s，每小时可采集 128 炮；考虑环境噪声、仪器设备配备数量、施工组织管理方式等限制，假设一天有 5h 可以作为有效作业时间，一天约生产 640 炮。

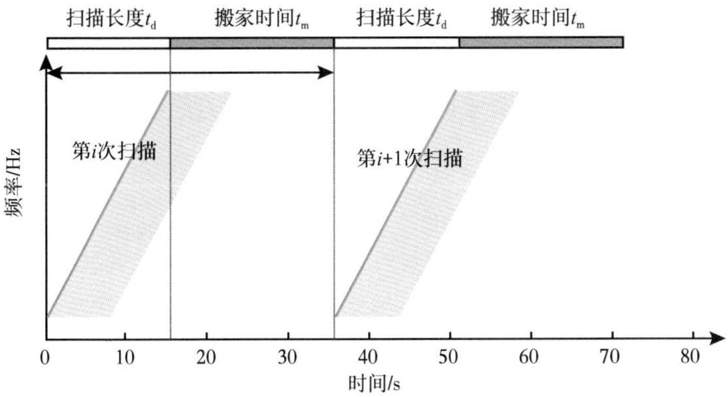

图 5-1-3 可控震源常规扫描方法放炮时间示意图（$t_l \leqslant t_m$）

分析式（5-1-1）及图 5-1-2 至图 5-1-4 可知，影响施工效率的因素主要为扫描长度、听时间、可控震源在两炮之间的移动时间与升降震源平板时间。提高施工效率的方法之一就是缩短这三个时间，其中：听时间取决于目的层深度无法改变；扫描长度是通过试验确定的，也不能随意改动；可控震源在两炮之间的移动时间与升降震源平板时间t_m与地表和震源操作手熟练程度有关，提高作业效率有限。因此，在实际生产过程中，通常采用增加震源组数并采用多组震源同时施工的模式来提高生产效率，不同的施工方法形成了交替扫描、滑动扫描、距离分离同步激发、动态扫描以及多组震源同时随机施工等可控震源高效采集技术。

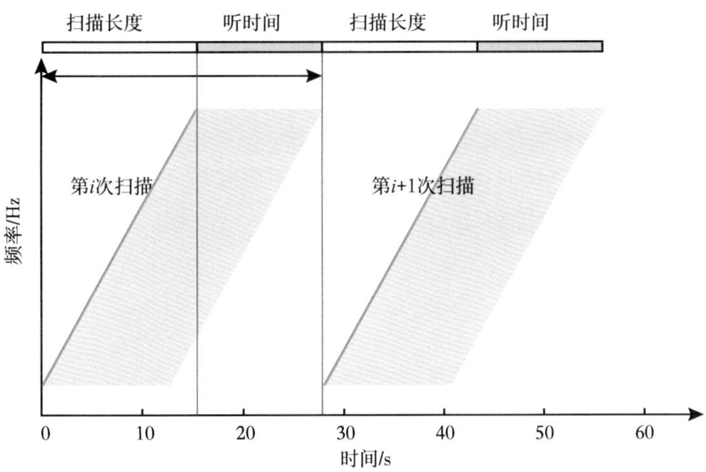

图 5-1-4 可控震源常规扫描方法放炮时间示意图（$t_l \geqslant t_s$）

三、可控震源高效采集方法

可控震源高效采集方法是利用多组震源，尽量减少每次扫描的平均占用时间，甚至实现无等待扫描来提高采集施工效率。

1. 交替扫描技术

交替扫描技术指两组或两组以上的可控震源作业，当前一组可控震源完成振动激发并延续听时间后，下一组可控震源才可开始扫描的施工方法（图 5-1-5）。

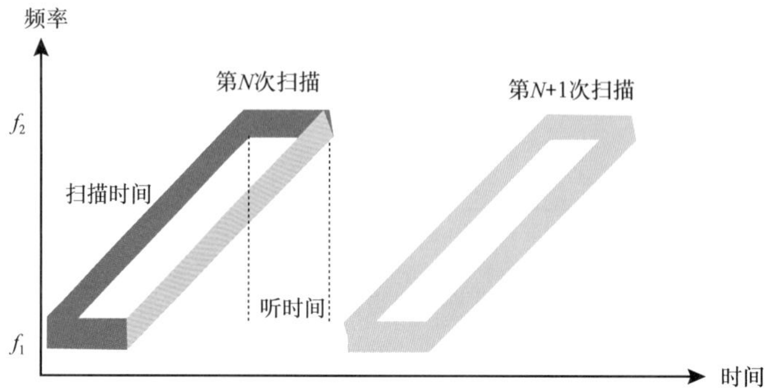

图 5-1-5　交替扫描施工方法时间序列示意图

2. 滑动扫描技术

滑动扫描技术是一种连续放炮的高效采集方法，采用多组震源同时施工，一组震源可以不等待另一组震源完成振动，只要时间间隔大于滑动时间（最小滑动时间为相关后记录长度）即可开始振动，大大缩短了相邻两次扫描的时间间隔，从而大幅度地提高了生产效率。

滑动扫描与交替扫描的区别在于，用于滑动扫描的多组可控震源扫描作业时间可以相互重叠，而交替扫描则不能相互重叠。但是滑动扫描的时间重叠的长度是有要求的，若将两组震源开始振动时刻的时间间隔定义为滑动时间 t_h，那么滑动时间 t_h 应该不小于记录长度 t_l 且不大于扫描长度 t_d 与记录长度 t_l 的总和。

假设滑动扫描时间与记录时间相等，那么在理想状况下滑动扫描的放炮时间就等于记录时间（第一炮与最后一炮除外），表达式为

$$t_s = t_l \qquad (5\text{-}1\text{-}2)$$

3. 距离分离同步扫描技术

DSSS 技术一般采用多组可控震源施工，2 组或 2 组以上可控震源组成 1 个群（cluster），群与群之间以滑动扫描方式施工。施工时，位于不同炮点上的每组可控震源将自己的状态即时发送给仪器，仪器依据既定的距离间隔要求，根据各组可控震源的状态，优化组成若干群，再安排各个群进行滑动扫描采集。但这些群内的可控震源组合并不固定，而是随机变化的。即只要各组的震源箱体（DSD）向仪器 DPG 发出“Ready”信号，便可随机结合成不同的群。采集时，同一群内的所有可控震源组采用相同的参数同步激发，用采集一炮的时间实现采集多炮的目的（俗称“一炮多响”），这些激发点具有相同的激活排列，如图 5-1-6（a）所示，震源 F_1 与 F_6、F_2 与 F_5、F_3 与 F_4 随机组成群 1、群 2、

群 3，完成接收后仪器采用震源组各自的参考信号与接收的数据进行相关，最终产生多个单炮数据文件。群内组与组之间的距离主要由目的层的深度决定，至少大于两倍最深目的层的深度，或其中一小组可控震源单炮记录上的最深目的层反射同相轴不受组内另外一小组可控震源单炮记录波场的影响［图 5-1-6（b）］。

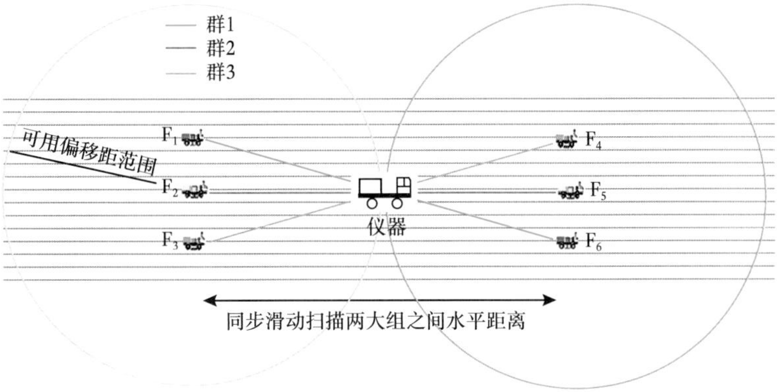

(a) DSSS组内震源同步扫描示意图，其中F代表震源组合

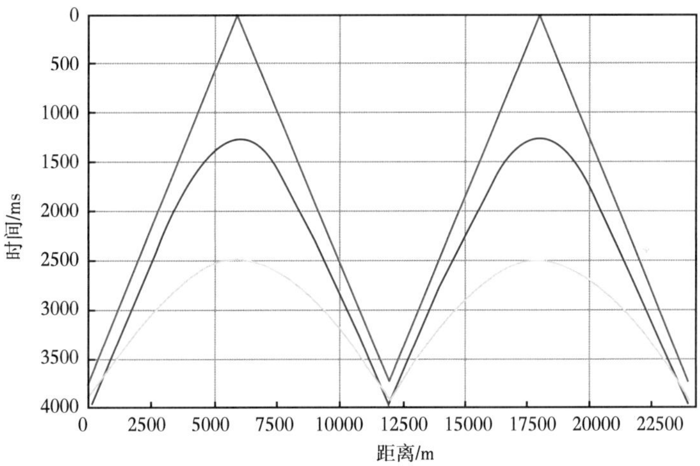

(b) DSSS对应的模拟单炮记录

图 5-1-6　DSSS 组内震源同步扫描示意图

在扫描参数一定的情况下，DSSS 的采集效率在理论上是普通滑动扫描的 2 倍，但前提是要多投入 1 倍的震源和接收排列，还要求仪器要有足够的带道能力，而实际效率也与地形、工区长度和宽度等因素有关。

4. 动态扫描技术

动态扫描技术指多组可控震源在满足时距规则（振次之间时间间隔与距离关系曲线）的条件下，交替扫描、滑动扫描或者距离分离同步扫描等联合施工的方法。一般情况下，滑动扫描通过滑动时间拆分地震记录，DSSS 是通过距离拆分地震记录。动态扫描是同时将滑动时间和震源组间距考虑进来，在震源组间距满足条件的情况下，可以缩短滑动时间进行同步激发。在震源组间距较小时，滑动时间需相应延长。如图 5-1-7 所示，在 2km 范围内，震源采用交替扫描；在 2～12km 时，震源采用滑动扫描，滑动时间可以根据距离增加相应缩短；在超过 12km 的情况下，采用 DSSS 施工。这样就成倍地提升了采集效率，但相应的设备投入也增加了。

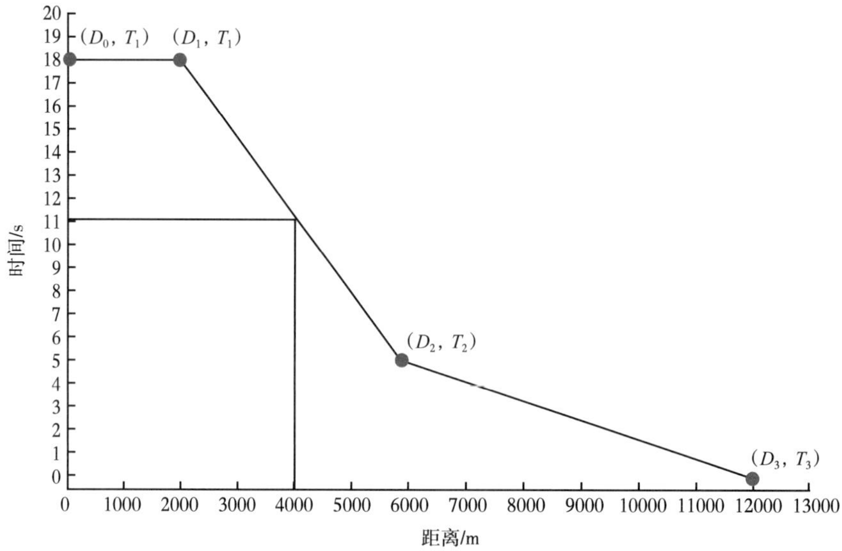

图 5-1-7　动态滑扫相邻振次时间—距离曲线

5. 可控震源超高效采集技术

UHP 技术采用仪器连续记录，在多组震源满足一定时间—距离规则的条件下进行滑动和自主激发扫描（图 5-1-8）。以阿曼混叠采集项目为例（图 5-1-9），震源间距小于等于 500m 时，采用滑动扫描，且滑动时间固定为 7s；当震源间距为 500～750m，也采用滑动扫描，但是滑动时间可在 7～0s 间选择；当震源间距大于 750m 时，采用独立、自主

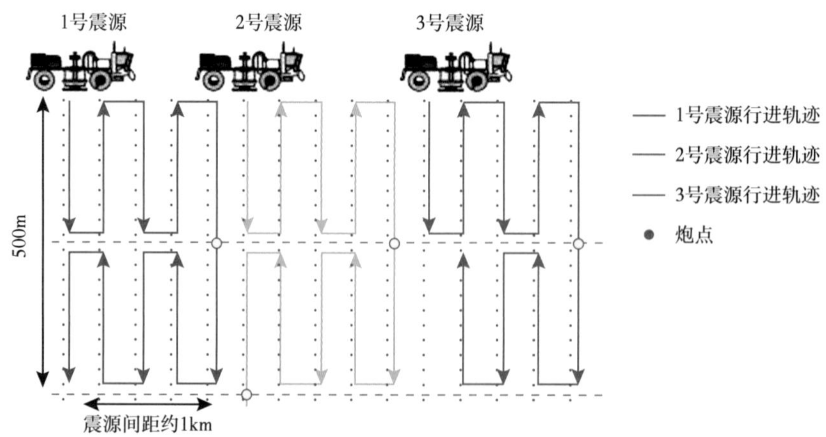

图 5-1-8　超高效混叠采集施工示意图

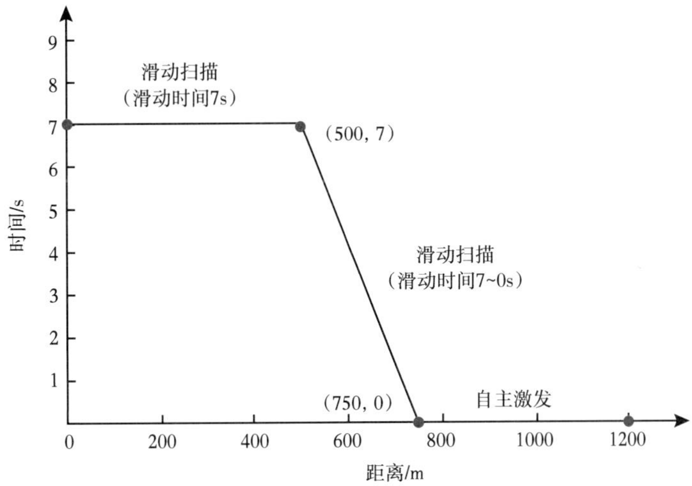

图 5-1-9 超高效混叠采“时间—距离”规则

激发。该技术大大地减少了震源的等待时间，有效地提高了单位时间内的生产效率，不足之处在于信号混叠严重。UHP 技术采用有线仪器连续记录非相关数据，然后按一定时间间隔切分为单个的混叠数据母记录，最后利用每个震次的力信号、扩展 QC 文件、位置信息和 GPS 授时时间从连续母记录中相关分离出数据。

6. 独立同时扫描技术

ISS 技术指野外采用多组可控震源施工，在空间上两两间隔一定距离，利用相同的接收排列（超级排列）各自独立工作，不需要互相等待就可激发；仪器采用连续记录的方式，只要施工中使用的各种硬件设备与软件不出现故障或者没有自然因素（大风、下雨等）的影响，原则上可以在一个工作日内从第一炮不间断记录到最后一炮；室内通过一定的去噪方法进行邻炮干扰压制后分离出单炮记录。ISS 实现了所有震源完全独立工作，极大地提高了作业效率，但相对于常规和滑动扫描方式而言，单炮质量因受邻炮干扰影响有所降低。弥补的办法主要是通过增加覆盖次数和提高空间采样率以及后期室内进行去噪处理。

在 ISS 地震数据采集过程中，通过连续观测的方式将多组可控震源在不同激发点同步激发产生的地震波场记录到同一个母记录中，后期通过炮集拆分和互相关处理获得一系列单个激发点的相关后单炮记录（图 5-1-10）。这些单炮记录包含了多组可控震源同步激发产生的地震波场信息，包括不同可控震源组激发产生的地震波相互干扰和混叠信息。

图 5-1-11 是 ISS 地震数据分离示意图，图中包含连续记录中的一段振动记录、两组可控震源扫描信号（Vib1、Vib2）、两组可控震源扫描信号以 GPS 授时 T_0 为起始时间，与连续记录进行互相关处理就可得到单炮记录。

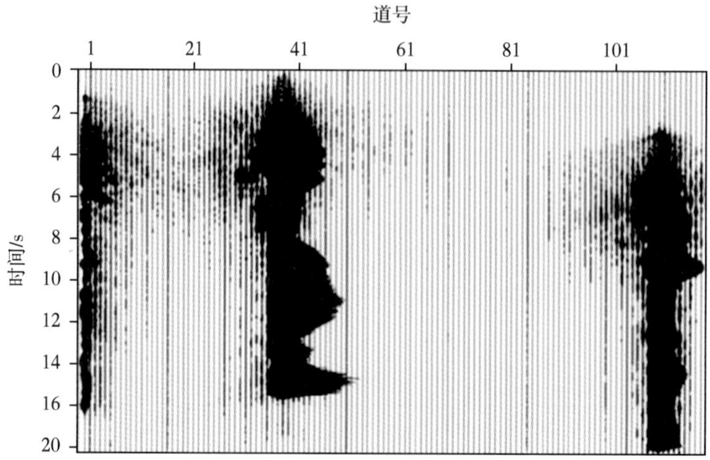

图 5-1-10　拆分后的记录示意图

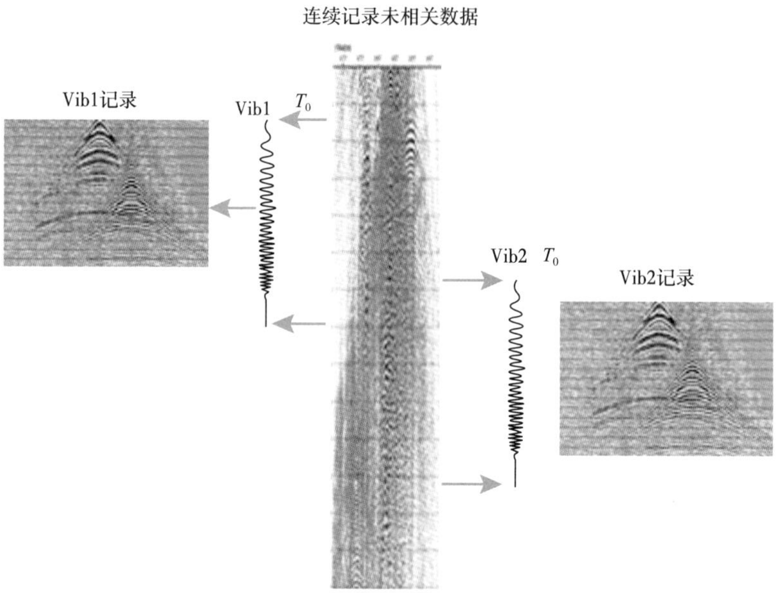

图 5-1-11　ISS 地震数据分离示意图

四、可控震源高效激发噪声压制技术

可控震源高效采集技术的推广应用大幅地提高了野外施工效率，其特有的激发、接收方式使得原始地震数据中除以往常见的异常振幅干扰、面波及浅层折射干扰等噪声外，还产生了与高效率采集的生产方式有关的特殊干扰，如谐波干扰、邻炮干扰等。在有效解决这些干扰之后，高效采集技术才真正成为现实的生产力。图 5-1-12 是某工区采用可控震源高效采集获得的原始单炮记录，由图可见，存在严重的谐波干扰和多源激发带来的邻炮干扰，各种干扰波的存在严重影响了资料的信噪比。

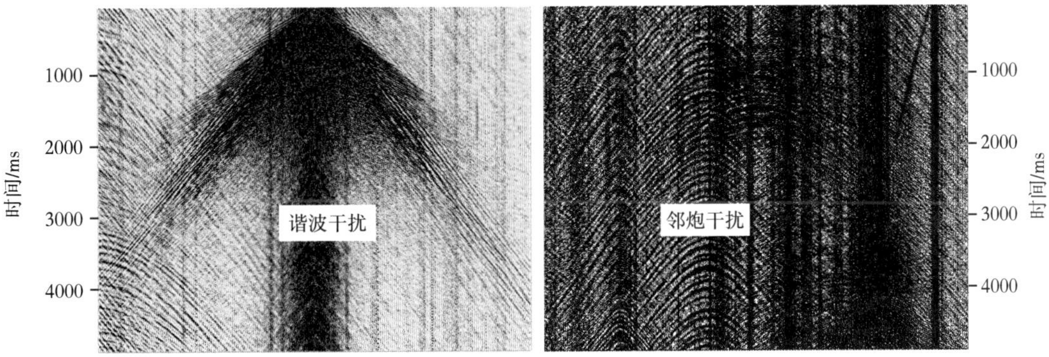

(a) 近排列　　(b) 远排列

图 5-1-12　某工区高效采集的原始单炮记录

不同的可控震源高效采集方法会产生不同的噪声，噪声在数据处理时要采用不同的方法进行噪声压制。对于震源行进噪声，一般当作随机噪声处理，通常通过高覆盖和随机噪声衰减技术即可解决。本节重点介绍谐波压制技术和邻炮干扰压制技术。

1. 谐波干扰压制

1）谐波干扰分析

谐波干扰产生的原因主要有两个：一是由于可控震源的机械装置、振动装置以及液压伺服系统的非线性，导致可控震源输出的信号存在谐波干扰；二是由于平板与大地的耦合问题造成的。谐波干扰以参考信号频率整数倍的形式出现。根据其与参考信号频率的倍数，将谐波分量依次分为 2 次谐波、3 次谐波及 k 次谐波。谐波干扰除了频率这一特性外，还具有相应的相关特性、时间特性和振幅特性等。

谐波干扰是伴随着基波扫描出现的，常用的扫描信号采用升频扫描方式，所以一般的谐波是线性的升频扫描信号，k 次谐波的时频关系式为

$$f_k = kf_{\min} - \frac{k\left(f_{\max} - f_{\min}\right)}{T}t \tag{5-1-3}$$

k 阶谐波的数学表达式为

$$S_k(t) = A(t)\sin 2\pi\left(f_{k\min} + \left(f_{k\max} - f_{k\min}\right)t/2T\right)t = A(t)\sin 2\pi\phi_k(t) \tag{5-1-4}$$

$$S(t) = \sum_{m=0}^{M} S_m(t) \tag{5-1-5}$$

式中　f_k——k 次谐波的瞬时频率；

$f_{\max}$——终止扫描频率；

$f_{\min}$——起始扫描频率；

T——扫描长度。

不同阶次的谐波以不同的斜率线性出现在滑动扫描记录上，并延续到其他记录。

1970 年，Seriff J 等定量推导了谐波干扰在相关记录中出现的时间位置公式，对于降频扫描，谐波在记录中出现的起点位置为 $\tau_k(kf_0)=(k-1)f_0T/W$，终点位置为 $\tau_k(f_m)=(k-1)f_mT/(kW)$；对于升频扫描，对应的起止时间为 $-\tau_k(f_m)$，$-\tau_k(kf_0)$，谐波瞬时频率时间位置方程为 $\tau_k(f)=(k-1)fT/(kW)$，其中 $W=f_m-f_0$，并且频率应满足条件 $kf_0 \leqslant f \leqslant f_m$。设记录长度为 L，滑动时间为 S，如图 5-1-13 所示。图中红线代表 k 次谐波。则不难求出最小干扰频率 F_n 和最小干扰时间 $Q_{\lim}$ 为

$$\begin{cases} F_n=\dfrac{kW(S-L+\tau)}{(k-1)T}, & S-L>\tau_k(kf_0) \\ F_n=\dfrac{kW\tau_k(kf_0)}{(k-1)T}, & S-L\leqslant\tau_k(kf_0) \end{cases} \tag{5-1-6}$$

$$Q_{\lim}=S+\tau-\tau_m(f_m) \tag{5-1-7}$$

式中 τ——相关记录中某个同相轴的时间。

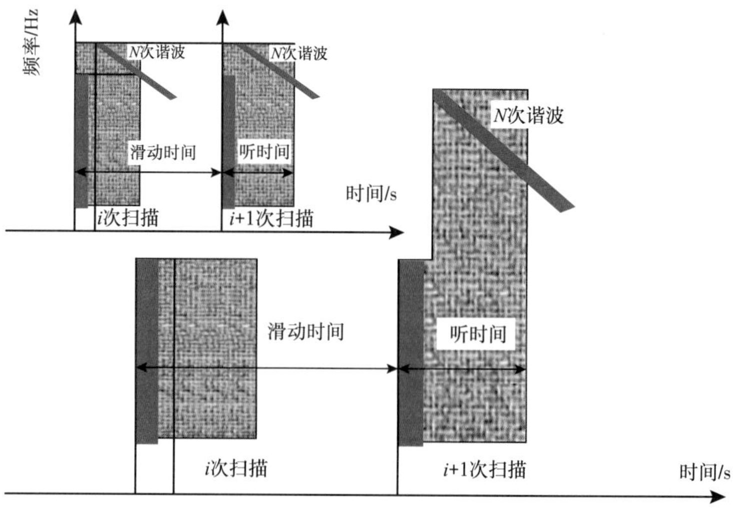

图 5-1-13 滑动扫描谐波位置分析

Meunier 等（2002）在 Seriff J（1970）的研究成果基础上推导了谐波干扰对有效波影响范围的量化公式：

$$f_{kd}=\frac{k}{k-1}\frac{(F_H-F_L)}{t_d}(t_h-t_l) \tag{5-1-8}$$

$$\theta_{\lim k}=t_h-\frac{k-1}{k}\times\frac{t_d\times F_H}{F_H-F_L} \tag{5-1-9}$$

式中 f_{kd}——上一个单炮记录的瞬时频率下限；

F_H——最高频率，Hz；

F_L——最低频率，Hz；

t_d——扫描长度，s；

t_h——滑动时间，s；

t_l——记录时间，s；

不受谐波干扰的频率范围为 $F_L \leqslant f \leqslant f_{kd}$。式（5-1-9）中 $\theta_{\lim k}$ 代表某一时刻，在该时刻以外单炮信息受到谐波干扰的影响。对于具有双程旅行时为 t_0 的某一反射波同相轴 R，f_{kd}、$\theta_{\lim k}$ 表达式为

$$f_{kd}^{R} = f_{kd}\left(\frac{t_h - t_l + t_0}{t_h - t_l}\right) \tag{5-1-10}$$

$$\theta_{\lim k}^{R} = \theta_{\lim k} + t_0 \tag{5-1-11}$$

图 5-1-14 描述了滑动扫描谐波干扰对有效波的影响。图 5-1-14（a）出现在时间轴的正轴；图 5-1-14（b）出现在了时间的负轴。从这个角度讲，可以利用基波设计一个滤波器，把谐波从力信号中分离出来，并与参考信号相关，得到时间负轴上的谐波能量，从而预测前一炮道集上的谐波，用前一炮相关后的数据减去预测的谐波即可压制在第二组震源扫描时产生的谐波干扰。如图 5-1-15 所示，随着滑动时间的延长，谐波干扰逐渐减弱。

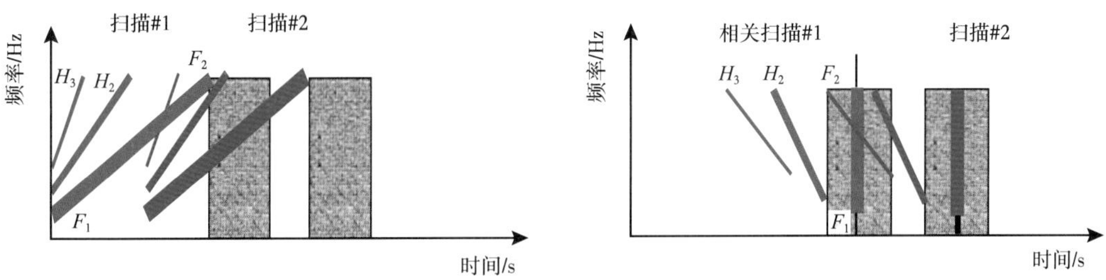

（a）相关前　　（b）相关后

图 5-1-14　基波、二次谐波、三次谐波与扫描信号相关前后时—频域显示图

H_2、H_3 分别为二次谐波和三次谐波；F_1、F_2 分别为起始频率和终止频率

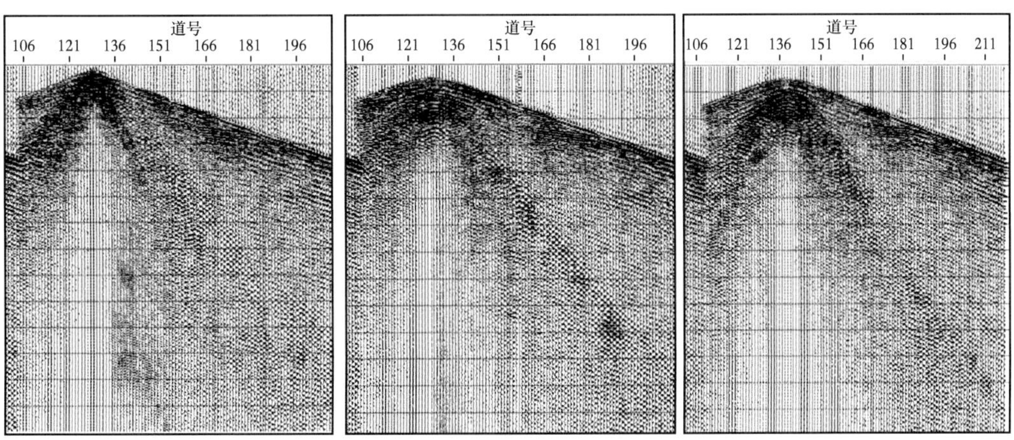

（a）滑动时间为7s的谐波干扰记录　（b）滑动时间为12s的谐波干扰记录　（c）滑动时间为16s的谐波干扰记录

图 5-1-15　带谐波干扰的单炮记录

通过以上对谐波干扰产生的原因进行分析表明：在可控震源地震勘探的过程中，谐波干扰不可避免，来自地下的每个反射信息都含有谐波分量。但是对于滑动扫描记录，它又具有自己的特点，地球物理工作者关注的是初始到达的地震波所包含的谐波成分。因两炮相互重叠，后一炮初始到达的地震波能量较强，其包含较强的谐波成分才会对前一炮的地震记录造成影响。随着偏移距的增大，初始地震波衰减后，其包含的谐波成分非常弱，偏移距在100～1500m范围内勉强可看到谐波成分，大于1500m谐波成分在地震记录上基本无法分辨。

总结起来，滑动扫描采集中谐波干扰有以下主要特点：

（1）频率范围。谐波的频率为有效波频率的整数倍，它随有效波频率的变化而变化。若基波的扫描频率为6～84Hz，则二次谐波的频率变化范围为12～168Hz，三次谐波的频率变化范围为18～252Hz，以此类推。

（2）出现位置。谐波分布在整个记录上，但只是在近道的初始波中包含较强的谐波能量，若当前炮和前一炮的滑动扫描时间小于一个记录长度，谐波会出现在前一炮的记录中。

（3）相关特性。用基波和谐波相关后，谐波相关后其频率范围和基波一致。

2）谐波干扰压制方法

压制谐波的方法有很多种，如缩小扫描长度、增大滑动时间或增加扫描频带宽度都可使对应后一炮记录的谐波干扰降低对前一炮记录的影响，这些最直观的方法使干扰影响的时间深度变大或频率变高。如图5-1-16所示，滑动时间由8s增加到11s，随着滑动时间增加，谐波干扰在减弱。

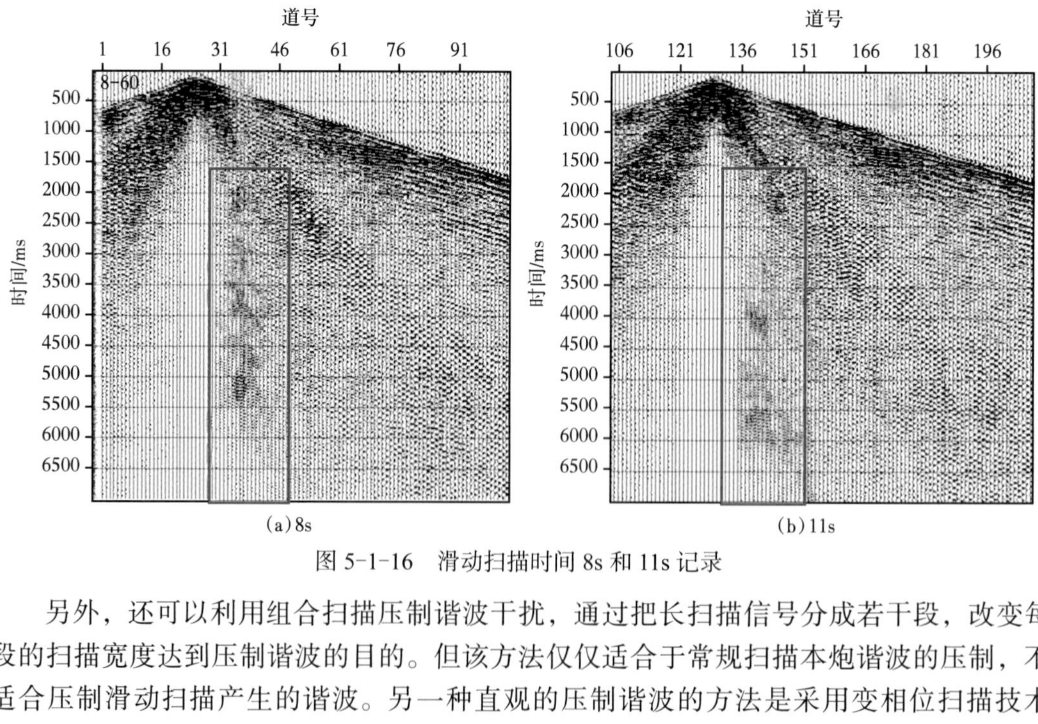

图5-1-16 滑动扫描时间8s和11s记录

另外，还可以利用组合扫描压制谐波干扰，通过把长扫描信号分成若干段，改变每段的扫描宽度达到压制谐波的目的。但该方法仅仅适合于常规扫描本炮谐波的压制，不适合压制滑动扫描产生的谐波。另一种直观的压制谐波的方法是采用变相位扫描技术

（相位移动技术、旋转相位技术），扫描信号一个初始相位的变化，将导致 k 阶谐波在相位发生 k 倍的变化。根据扫描信号的这一相位变化特点，在同一物理点扫描多次，每次扫描信号的初相按照一定的规则发生变化，最后使得谐波在相关求和中消除。变相位扫描在一定程度上起到了压制谐波的作用，但由于不同震次之间震源底板与大地的耦合条件不断改变，各次扫描向地下输入的能量不同，压制谐波的效果往往不够理想。变相位扫描技术仅仅适用于本炮谐波压制，该方法的应用条件是滑动扫描施工方法所不具备的。

此外，也有学者提出采用串联扫描的方式，要求可控震源采用 n 组不同起始相位的扫描信号连续作业，相关则采用 n-1 组扫描信号，从而可以压制谐波干扰，这种方法也不适用于滑动扫描采集。

以上为通过设置仪器参数或扫描信号的方法压制谐波干扰，这些方法往往与滑动扫描的作业方式或高效采集目标相矛盾。消除谐波的另一种可行手段是数字滤波。针对滑动扫描野外采集以及原始资料处理方法的特点，近年来国内外先后研发了多种数字滤波技术，包括纯相移滤波方法、谐波预测方法和反褶积滤波方法等，下面将介绍其中的两种。

（1）模型法压制滑动扫描谐波干扰。

对于采用升频扫描的激发方式，滑动扫描数据经震源相关后，当前炮的数据常被后续炮的谐波所干扰。为在当前炮中降低后续炮谐波干扰的影响，可根据后续炮来估计谐波干扰，然后将所估计的谐波干扰从当前炮中减去。可从力信号中估计谐波预测算子，也可直接从地震道中估计谐波预测算子，后者的压制效果更好，但该方法操作繁复、效率较慢，且会受到地震数据背景噪声的影响。

图 5-1-17(a) 为滑动扫描试验的原始单炮（炮号 6020，道号 1850～2026），图 5-1-17(b) 为模型法谐波干扰压制后的结果。为了便于显示，2 张记录都加了道均衡处理。对比 2 张记录可知，经谐波干扰压制处理后，原始单炮中的谐波干扰能量绝大部分得到了压制，效果明显，且对记录中其他信号的影响甚小。

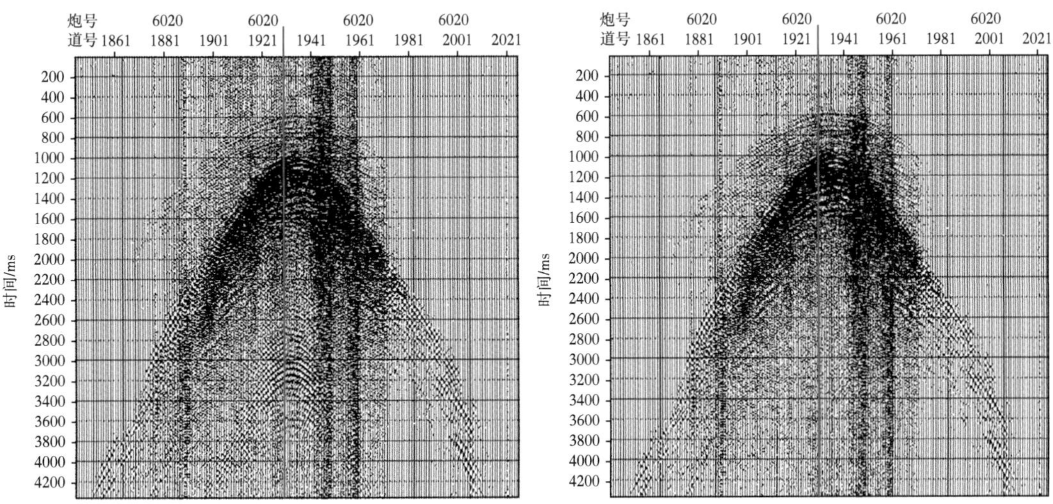

(a)压制前　　(b)压制后

图 5-1-17　实际数据单炮经模型法谐波干扰压制前后效果对比图

如图 5-1-18 所示，本方法在有效压制谐波干扰的同时，并不会损害有效信号的频率成分。

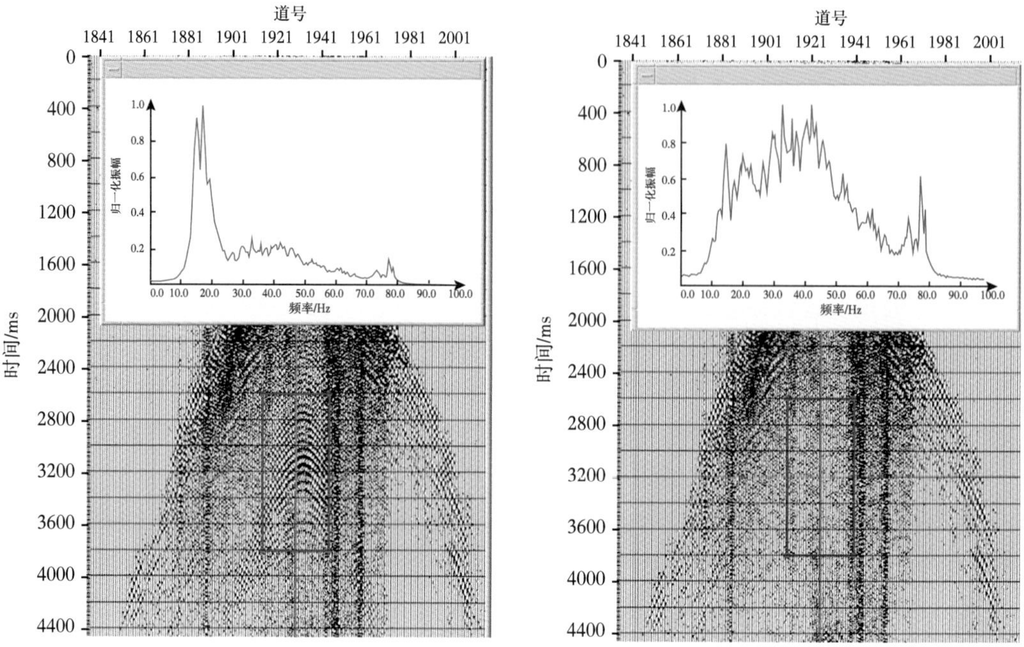

(a)压制前 (b)压制后

图 5-1-18 谐波干扰压制前后深层数据及频谱

如图 5-1-19 所示，时频谱的对比结果更清楚地表明，虽然后续炮的 2 阶、3 阶谐波同有效信号的频带互相重叠，但谐波干扰还是得到了有效压制。

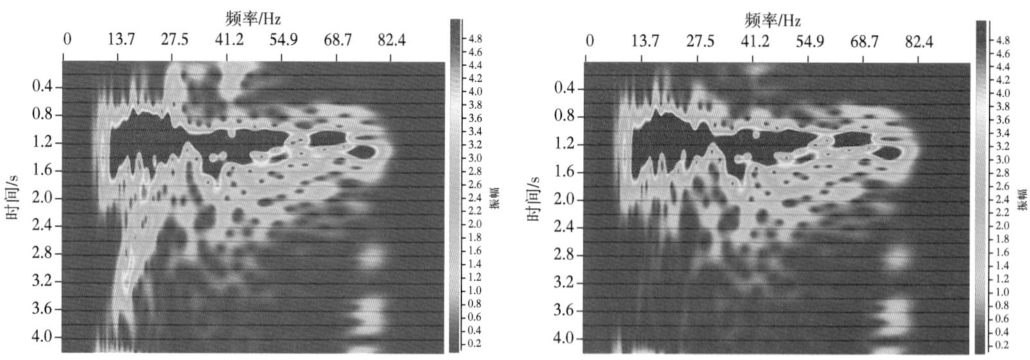

(a)压制前 (b)压制后

图 5-1-19 谐波干扰压制前后时频谱

（2）预测褶积滤波技术压制谐波干扰。

随着可控震源系统本身技术的发展，使记录每一炮点位置的地面力信号变得简单可行。通过地面力信号谐波滤波法能快速、有效压制谐波。利用地面力信号在时—频域分离获得的基波与谐波，可以设计滤波器并与滑动扫描相关地震记录褶积运算获得谐波干扰，然后，在相关地震记录中减去后一炮的谐波干扰就可达到压制谐波干扰的目的。

未相关的可控震源记录可用表示为

$$d = (\text{base} + \text{harmonic}) \otimes r \tag{5-1-12}$$

式中　d——检波器接收的未相关记录；

base——基波信号；

harmonic——谐波信号；

r——地层反射序列。

式（5-1-12）的频率域表示为

$$\boldsymbol{D} = (\text{Base} + \text{Harmonic}) * R \tag{5-1-13}$$

滑动扫描谐波预测滤波器为

$$\text{Filter=Harmonic/Base} \tag{5-1-14}$$

在新疆吐哈盆地可控震源三维地震勘探项目中采集了点试验数据来近一步研究谐波干扰对有效信号的影响，以及验证上述方法压制谐波的效果。可控震源点试验采用的扫描信号为线性升频扫描信号，扫描长度为14s、记录长度为6s、扫描信号起止频率为6～84Hz。由于是三维地震勘探项目，因此使用多条排列接收点试数验据，另外要求野外生产过程中记录每个炮点激发时的地面力信号。试验时，使用一组可控震源分别依次在相邻的两个炮点放炮，单独记录每个炮点放炮时产生的振动记录（图5-1-20），由于这两张振动记录是单独采集并分别记录的，且激发时采用线性升频扫描信号，因此，振动记录与扫描信号互相关计算后可以得到不含谐波干扰的单炮记录［图5-1-20（a）］。把第一张单独记录的振动记录［图5-1-20（a）］计时线6s作为起始零线、把第二张单独记录的振动记录［图5-1-20（b）］叠加到第一张振动记录中去，就合成一张相邻炮点采用滑动时间为6s的滑动扫描振动记录。把合成的振动记录按照固定时间（扫描长度与记录长度之和，这里是20s）剪裁成两张振动记录（图5-1-21），裁剪得到的振动记录与扫描信号互相关运算，就可以获得含第二个炮点谐波干扰的第一个炮点对应的单炮记录［图5-1-22（b）］，利用前面阐述的压制谐波的方法处理图5-1-21b的单炮记录，可以获得压制谐波后的第一个炮点对应的单炮记录［图5-1-22（c）］。对比图5-1-22（b）和

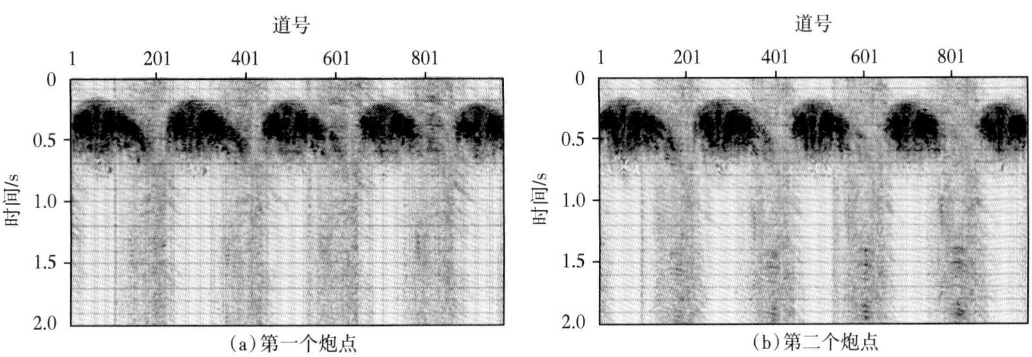

图5-1-20　单独记录的炮点振动记录

图 5-1-22（c）两张单炮记录不难发现，图 5-1-22（b）的单炮记录上大部分谐波干扰受到了很好的压制［图 5-1-22（d）］，仅有少部分残留在图 5-1-22（c）单炮记录上，但是残留的谐波干扰是微弱的，对比图 5-1-22（a）和图 5-1-22（c）两张单炮记录也能得到同样的认识与结论，说明上面阐述的谐波压制方法是行之有效的。

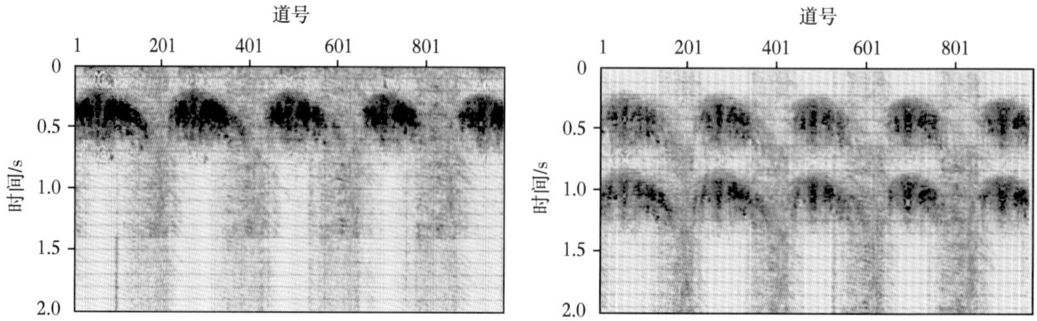

(a)第一个炮点　(b)第二个炮点

图 5-1-21　合成的炮点的振动记录

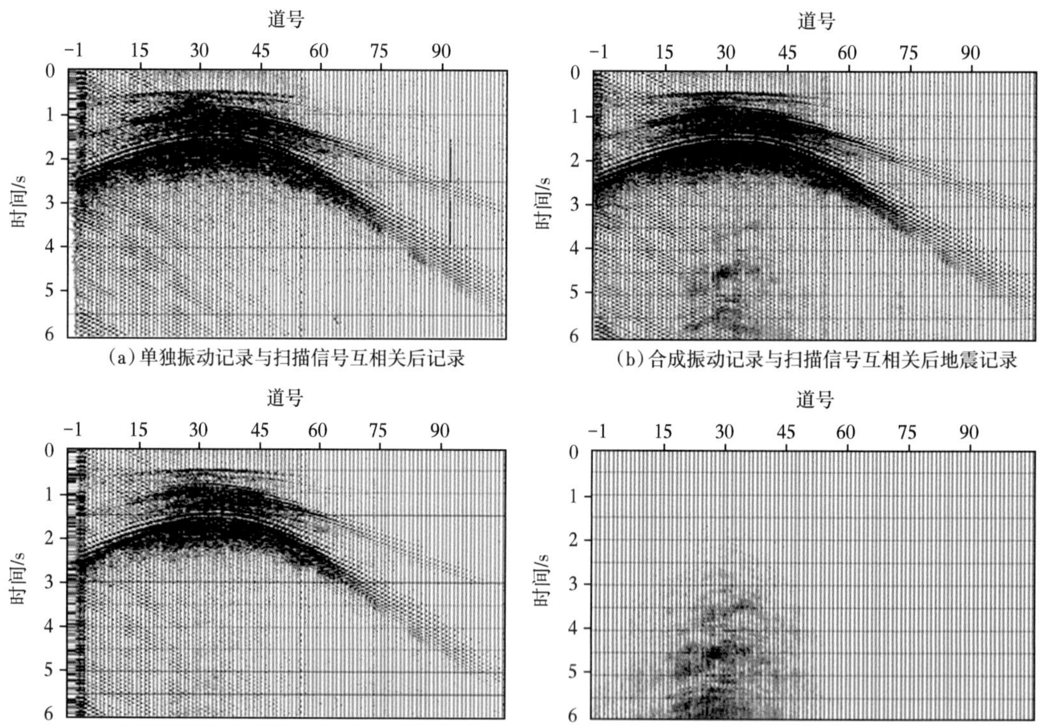

(a)单独振动记录与扫描信号互相关后记录　(b)合成振动记录与扫描信号互相关后地震记录

(c)压制单炮记录谐波干扰后的单炮记录　(d)去除的谐波干扰

图 5-1-22　单炮谐波压制效果

2. 邻炮干扰压制技术

可控震源高效采集方式作业时，当相邻炮点较近且存在记录时间重叠时，则存在邻炮干扰。根据高效激发采集方式的特点，相同的排列接收了不同震源在不同的位置以不同的时间起震所激发的反射波、直达波等能量。在共激发点道集上，除主激发点的能量具有相干性外，其他激发点所产生的能量也具有相干性；而在共炮检距、共接收点或共中心点道集上，由于相邻炮点起震时间的差异，只有来自主激发点的能量具有相干性，来自邻炮干扰的能量则表现为随机噪声，因而可以在共炮检距、共接收点或共中心点记录上用去除随机噪声类的方法压制邻炮干扰。

中值滤波是一种压制脉冲随机噪声的经典算法，广泛应用于信号和图像处理领域，在地震数据处理中，中值滤波同样是一种常用技术。传统的中值滤波可认为是标量中值滤波，其优点是在压制随机脉冲类噪声的同时，能保持信号的锐度，不存在均值滤波方法模糊边界的缺陷。针对使用标量值表示的信号，传统标量中值滤波可以取得较好的结果，但针对使用多值表示的信号，矢量中值滤波可以取得比传统标量中值滤波更好的效果。矢量中值滤波就是在一组矢量中找到一个矢量，使得该矢量与其他矢量的距离之和最小，L_2 范数下的矢量中值滤波可表示为

$$\begin{gathered}\sum_{i=1}^{N}\left\| X_m - X_i \right\|_2 \leqslant \sum_{i=1}^{N}\left\| X_j - X_i \right\|_2 \\ \boldsymbol{X}_m \in \left\{ X_i \mid i=1,2,\cdots,N \right\}; j=1,2,\cdots,N\end{gathered} \tag{5-1-15}$$

式中 $\boldsymbol{X}_m$——滤波后输出的中值矢量；

i——地震数据道顺序号；

N——参与滤波处理的道数。

在原始的共炮点道集中来自邻炮的干扰表现为相干；在非共炮点道集，如共接收点、十字排列、共偏移距以及 CMP 道集只有来自主炮的地震波表现为相干，而邻炮干扰则为随机的。因此，在非共炮点道集沿 T—X 方向，只有来自主炮的有效波可以预测，将一个地震子波或一个波形作为一个矢量，便可在非共炮点道集沿 T—X 方向应用矢量中值滤波压制随机的邻炮干扰，其可以表示为

$$\begin{gathered}\sum_{i=1}^{N}\left\| X_{m,k} - X_{i,k} \right\|_p \leqslant \sum_{i=1}^{N}\left\| X_{j,k} - X_{i,k} \right\|_p \\ X_{m,k} \in \left\{ X_{i,k} \mid i=1,2,\cdots,N \right\}; j=1,2,\cdots,N\end{gathered} \tag{5-1-16}$$

式中 $\boldsymbol{X}_{m,\ k}$——输出结果；

k——短数据段顺序号；

$X_{i,\ k}$ 和 $X_{j,\ k}$——参与滤波的地震数据段；

p——合适的范数。

图 5-1-23 是某工区 ISS 地震采集数据应用矢量中值滤波前后的单炮对比，很显然通过滤波前后的单炮对比可以发现矢量中值滤波很好地实现了 ISS 采集地震数据中混叠波场的分离（图中红框部分），同时，无论是浅层还是深层均保留和突出了来自主炮的地震反射波。

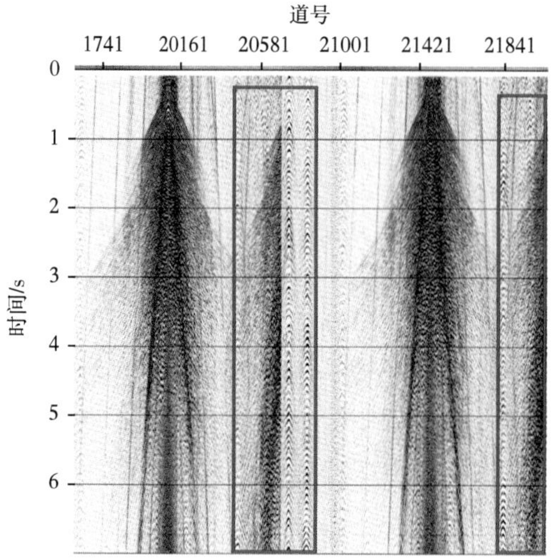

(a)压制前

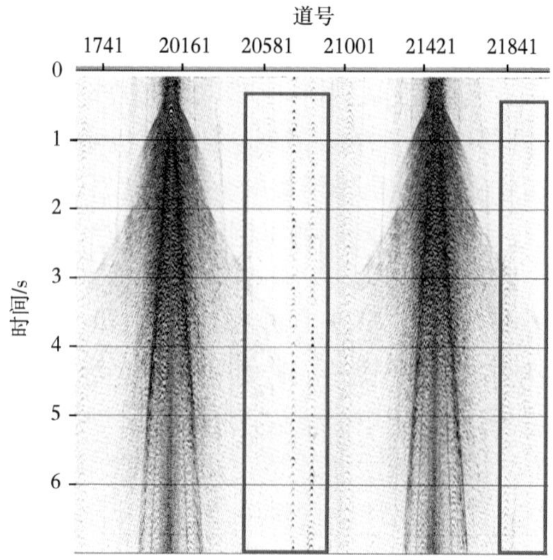

(b)压制后

图 5-1-23 邻炮干扰压制前后的单炮记录

第二节 井炮高效激发技术

传统井炮激发受制于仪器主机带道能力、野外布设能力、野外作业环境及当时电子技术发展水平的限制，实施模式单一化且大多依赖人工完成，效率低且易出错。井炮高效激发技术突破了传统依赖电台通信模式限制，根据地表条件和施工方案，采用有线、节点仪器联合施工及井炮多样化激发模式实现井炮高效生产。

本节详细介绍了井炮源驱动技术、北斗独立激发控制技术、多源时序激发控制技术等系列自主研发的井炮高效激发技术。该地震仪器井炮高效激发技术及自主研发的配套产品将复杂区井炮高效作业变为现实，已广泛应用于中国石油各大油气田的勘探开发项目中，为陆上油气资源勘探提供了保障。

一、井炮源驱动技术

井炮源驱动技术集卫星授时导航、自动寻点、安全距离控制和路径导航规划功能于一体，电台静默操作，规避了误爆、错爆的质量事故，大幅降低了安全风险，大大提高了激发效率。

1. 工作原理

井炮源驱动技术通常由井口坐标定位手簿和井炮源驱动控制器两部分构成，井炮源驱动控制器与爆炸机绑定使用。在地震勘探中，井口坐标定位手簿利用卫星定位技术获取炮点位置后，将位置坐标通过微型电台发送给井炮源驱动控制器，驱动爆炸机译码器向地震仪器传送炮点坐标，使地震仪器自动选择炮点并自动激活对应排列。

1）实现井炮源驱动的基本条件

地震仪器主机可以在井炮生产中使用源驱动技术需具备以下三个基本条件：

（1）井炮源驱动控制系统能获取并向仪器主机提供 GPS 坐标信息；

（2）地震仪器主机应用软件具备源驱动功能；

（3）遥爆系统与仪器主机电台通信通畅。

2）井炮源驱动控制系统架构设计

（1）井口坐标定位手簿功能。

井口定位手簿可进行测量三参数数据转换，具备拾取炮点井口坐标，且精度误差不大于 5m，设计电子安全围栏。

（2）井口源驱动控制器功能及应用模块功能。

控制器不仅具备后台获取井口坐标功能，使得驱动爆炸机最终实现仪器井炮源驱动控制，而且具有记录脉冲信号所对应 GPS 时间功能，使某些传统同步校准和联机同步工作简单化。如爆炸机、可控震源或气枪做零校测试时，利用控制器记录下编、译码器起爆和爆炸时刻所对应的 GPS 时间，进行时间延迟值比对，达到同步校准目的、实现一致性测试。

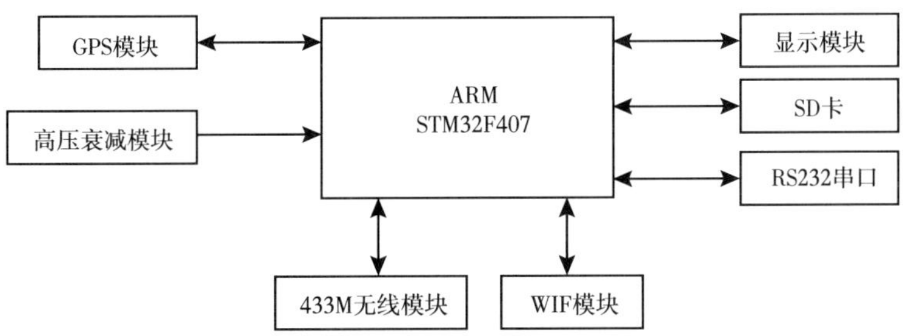

图 5-2-1　井炮源驱控制器的系统框图

井口源驱动控制器的工作原理参考下文北斗独立激发控制技术原理。

井炮源驱控制器的系统如图 5-2-1 所示。下面对各部分模块的主要功能分别进行介绍。

ARM 控制器：STM32F 系列微控制器是近几年非常流行的微控制器，本设计采用 STM32F407 作为主控制器，当井炮源驱控制器接收到井口坐标定位手簿上传的坐标后，主控 ARM 记录当前的 GPS 坐标，该坐标与当前炮点线号、桩号及对应激发时间相关联。

GPS 模块：设计采用的是 Ublox 公司的 LEA-6T 模块，T 系列模块具有更高的时间精度，而且具有单星授时能力，可获的爆炸机激发时刻所对应的绝对时刻，即 TB 时刻。

高压衰减模块：井炮源驱控制器采集爆炸机的高压信号，由外部炮线和雷管作为负载，经衰减后输入光耦，经光耦反相后，在光耦次极加入一个二阶滤波网络（图 5-2-2），对输出信号进行滤波，清除高压下降沿毛刺干扰，保证主控 ARM 精准计时。

无线模块：该模块采用常见的 SDR400 模块，用于井炮源驱控制器与井口坐标定位手簿无线通信。

其他模块：WIFI 模块作为 AP 使用，当需要下载数据时，可以通过连接 WIFI 进行数据下载；显示模块采用的是 OLED 屏，在低温和强光环境优势明显；SD 卡的容量为 8GB，经初步计算，按照目前的数据量，如果每秒记录一次数据的话，记录时间可超过一年；RS232 串口进行电平转换，可以对外输出坐标等数据，用以实现源驱动。

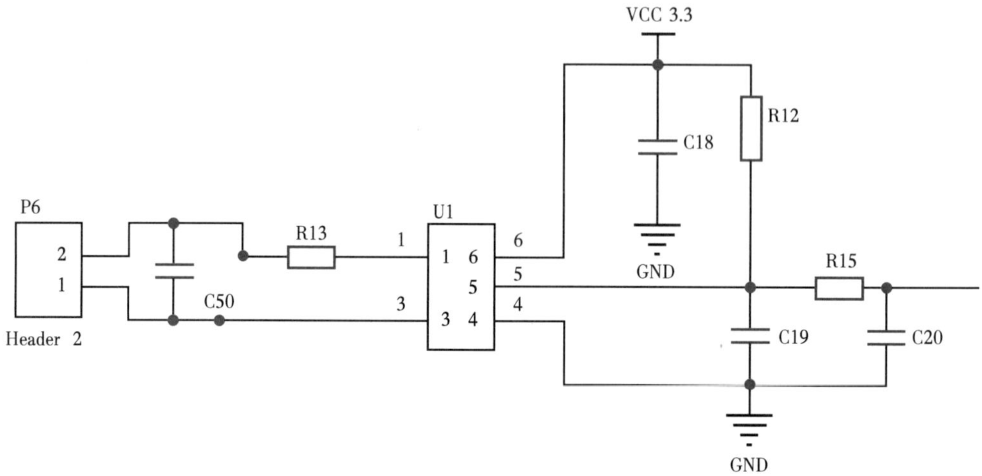

图 5-2-2　高压衰减模块二阶滤波网络

2. 井炮源驱动工作流程

井炮源驱动工作流程，具体如下：

（1）炮班接炮线人员手持井口坐标定位手簿，选取预激发炮点，根据手簿中导航软件，可轻松找到预激发炮点。在接炮线时，将井口坐标定位手簿放于炮点井口旁边可自动获取井口坐标；

（2）接炮线人员手持井口坐标采集手簿走出安全围栏设置范围后，井口坐标采集手簿将通过微功率电台（通信距离小于 3km）自动把采集的井口坐标以爆炸机可识别的数据格式传送给井口坐标接收器；

（3）井口坐标接收器通过专用通信线 RS232 串口将此坐标传送给爆炸机译码器，译码器获取坐标后，在发送充电就绪信息时把坐标带给爆炸机编码器，编码器传递给仪器主机；

（4）仪器主机根据操作软件中预装的 SPS 文件中测量组提供的理论炮点坐标和爆炸机译码器上传的坐标进行比对，偏移距离满足偏移半径设置要求，仪器主机将自动激活所对应的排列，实现源驱动功能；

（5）在每次激发完成后，井口坐标接收器记录激发时刻所对应的绝对 GPS 时。

3. 井炮源驱动激发优势

（1）解决了原生产厂家在爆炸机获取井口坐标需爆炸工将爆炸机背至炮点位置时费时费力等不符合野外操作的设计缺陷；

（2）突破以往依靠语音播报和人工选取炮点的传统工作模式，可降低2%的废炮率，在减小劳动强度的同时提高了生产效率和保证率产品质量；

（3）静默操作减少了人工报点、核实等环节，激发效率提高10%左右；

（4）安全电子围栏的设计有效保障了爆炸工人身安全；

（5）井炮源驱控制器应用功能多样化；

（6）集成炮点导航功能，可快捷完成寻点工作。

二、北斗独立激发控制技术

国内山地、丛林等复杂地表条件下传统电台通信模式存在炮点无法正常激发、井炮高效施工难的问题，北斗独立激发控制系统的研发和应用解决了这一问题，同时规避了施工人员在深山密林中架设和守护电台中继站的风险。另外，其与纯节点仪器配合应用，可免去仪器主机出现在施工现场的环节，节约了搬迁成本。此技术为复杂区域井炮高效采集方法提供了新思路。

2019年，塔里木秋里塔格西秋1三维项目全工区，位于通信盲区；区内山峰峭利如刀、沟壑深不见底，被喻为“黄羊和雄鹰无法到达的地方”，其中超过50m断崖11917处，超过200m断崖4048处，8824个炮点分布在断崖上。采集生产共投入G3i主机2套、地面设备1500余道、节点仪器8300余道。传统依赖电台通信激发同步控制技术的施工方法无法满足生产，急需突破该技术瓶颈提高激发效率和保障采集数据质量。其技术瓶颈主要体现在以下两点：

（1）如何确保仪器主机数据采集和井炮激发的同步自主激发方面的问题；

（2）有线和节点设备混合采集状态下，当有线设备排列出现故障时，如何第一时间停止自主激发规避废炮产生的问题。

经过几年的努力，基于北斗通信的井炮独立激发技术研发成功，解决了以上瓶颈。它主要由井炮独立激发控制系统和北斗指挥系统两大部分构成，在没有任何通信信号甚至没有GPS信号的情况下，独立激发控制系统可使爆炸机独立自主激发并保障了仪器主机和爆炸机数据采集同步；在电台通信不畅状态下，北斗指挥系统根据有线设备排列状态可智能关联、分配爆炸机组继续保持或停止自主激发，并具有统计和调度管理功能。

1. 井炮独立激发控制系统工作原理

井炮独立激发控制系统由客户手持机和独立激发控制器两部分构成，其工作原理为：仪器主机采用微地震采集模式，形成大的道集记录，通过仪器车GPS授时对道集中的每个样点赋予一个时间戳；以客户手持机或北斗卫星指挥机所存储的爆炸机起爆时刻所对应的GPS时间为基准，与仪器炮集中样点时间戳进行比对，最终分离并合成当前激发点所对应接收排列的单炮记录（图5-2-3）。

2. 北斗指挥系统工作原理

北斗指挥系统主要由北斗指挥机、北斗指挥系统服务器以及北斗天线组成。北斗指挥系统配备一个主北斗卡，可实现对独立激发控制系统大量下属爆炸机组的通信信息、定位信息监收，同时，可通过北斗短报文对爆炸机组进行指令控制，实现指挥功能。它对最多 64 个扩展北斗卡进行管理，提高了通信数据传输的速度，实现了独立激发控制系统大数据的快速传输和控制。

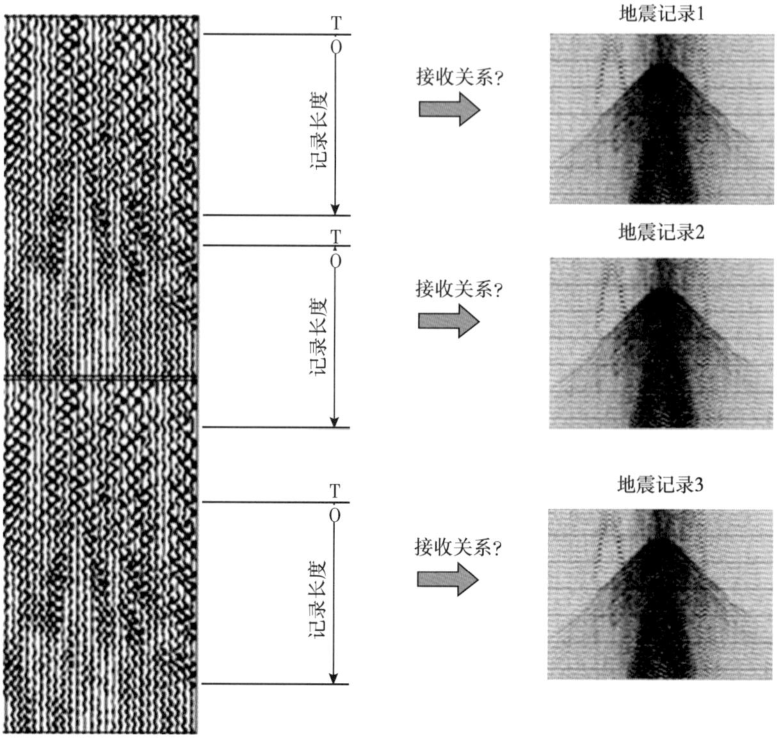

图 5-2-3　独立激发控制系统工作原理

北斗指挥系统通过北斗天线单元经北斗卫星接收到客户手持机发来的数据信息后，在其内部实现信号的处理、识别、解析，然后传递给北斗指挥系统服务器；北斗指挥系统服务器依据这些信息，结合仪器主机工作站推送过来的排列状态信息进行智能判断，自动关闭爆炸机组所对应的北斗卡号，从而控制爆炸机在出现排列故障时是否继续正常激发放炮。同时北斗指挥系统服务器可依据客户手持机上传的爆炸机起爆时刻（UTC 时间），对仪器主机炮集文件进行现场分离合成，实现放炮记录数据抽检。

3. 应用情况

西秋 1 三维地震项目采用北斗独立激发控制系统生产 17140 炮，占工作总量的 75%，创造了日均 821 炮、最高日效 1385 炮的复杂山地勘探新纪录，助力小队比原计划提前 13 天完成施工任务。同样在塔里木油田秋里塔格区块中，采用北斗独立激发控制系统的西秋项目比采用常规井炮的东秋项目，在炮班人员投入减少 26.7% 的条件下，施工效率提高了 48.9%。事实证明，在地震采集高难地区，采用北斗独立激发控制系统可减少人员和设备投入、提高施工效率。

北斗独立激发控制系统自 2017 年在玉门油田窟窿山项目首次推广应用后，至 2020

年底共完成30余万炮。2020年，其应用为塔里木、青海等5个探区11支勘探队伍在复杂区高效激发作业提供了有力的保障。

三、多源激发控制技术

1. 理论分析及解决思路

根据单炮干扰波速度拾取，可获取目标工区直达波平均速度与折射波平均速度，建立简单数学模型，形成井炮多模式高效激发的ITD（时间间隔—距离）规则，作为井炮高效激发施工方法、产品研制开发及野外作业参数设置的指导思路和依据。考虑到相对炮点位置的角度关系、最大炮检距与最大非纵距和纵向最大炮检距三者关系，为便于野外快捷计算，在ITD规则中选取最大炮检距：

$$T_{入} = \frac{D_x - D_{\mathrm{maxoff}}}{v_{\mathrm{ref}}} \tag{5-2-1}$$

$$T_{出} = \frac{D_x + D_{\mathrm{maxoff}}}{v_{\mathrm{dir}}} \tag{5-2-2}$$

式中 $T_{入}$——当前激发炮点到对方激活排列最近接收点时间，即干扰波进入对方激活排列的最少时间；

D_x——两队当前预激发炮点距离；

D_{maxoff}——对方工区最大炮检距参数；

v_{ref}——本区域折射波平均速度；

v_{dir}——本区域直达波平均速度；

$T_{出}$——当前激发点到对方激活接收排列最远接收点时间，即干扰波滚出对方激活排列所需最少时间。

最终验证结果和野外参数的选取以野外实验中折射波和直达波进入和滚出接收排列能量衰减结果为准。

（1）当$T_{入}$大于仪器主机记录长度时，意味着干扰波在未到达对方激活排列前，对方已经采集完成，从而两个工区的炮点可同时激发；

（2）当$T_{入}$小于仪器主机记录长度时，意味着干扰波在到达对方激活排列时，对方还未采集完成，从而两个工区的炮点应交替激发，避免地震波干扰；

（3）当$T_{入}$介于炮点同时激发与交替激发时间之间时，在保证获得相对较低邻炮干扰地震资料的前提下，可进行滑动激发；

（4）$T_{出}$决定了前后炮的最小时间间隔。

2. 多源激发控制器工作原理

以GPS授时时间为基准，根据相互间炮点距离，按ITD规则对多源激发控制器赋予起爆绝对时刻，实现自主激发并与仪器主机保持采集同步。

3. 多源激发控制器实施方案

（1）对于有线、节点仪器混合采集或纯节点仪器采集，多源激发控制架构如图 5-2-4 所示。

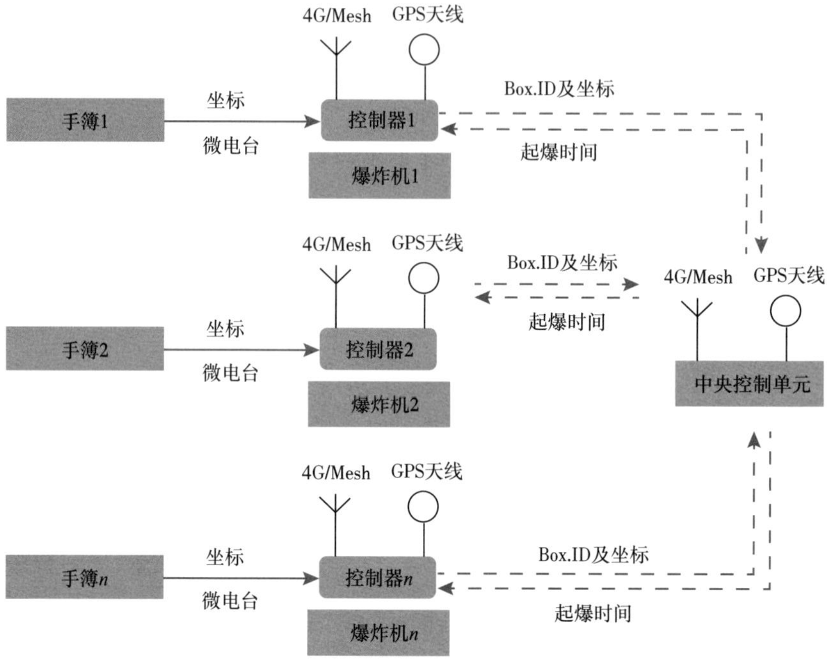

图 5-2-4　连续采集模式多源激发控制架构图

仪器主机采用微地震连续采集模式：

①手簿将获取的实际炮点坐标发送给控制器；

②控制器通过 4Gb/Mesh 网络将控制器 ID 和坐标上传给中央控制单元；

③中央控制单元收到控制器 ID 及坐标后，按 ITD 规则对应控制器 ID 下发爆炸机预起爆时刻；

④控制器基于 GPS 授时，按获得的起爆时刻自主启动爆炸机激发雷管，同时记录起爆时刻所对应 GPS 绝对时刻，用于后期单炮记录数据的分离与合成。

（2）对于纯有线仪器采集，其控制架构如图 5-2-5 所示。

①手簿经过微电台将炮点实际坐标发送给爆炸机译码器；

②爆炸机译码器将 Shot ID、坐标等信息发送给编码器；

③编码器将 Shot ID、坐标等信息经过控制器发送给仪器主机，实现井炮源驱动，同时在控制器中保存 Shot ID、坐标等信息；

④仪器主机发出点火信号给控制器，控制器接到点火信号后，将保存的 Shot ID、坐标等信息通过 4G/Mesh 网络发送给中央控制单元；

⑤中央控制单元按 ITD 规则计算该炮点预激发时刻，并下发给控制器，控制器驱动编码器发出点火信号激发译码器起爆，同时编码器返回 CTB 给控制器和仪器主机，仪器

主机启动采集与爆炸机起爆保持采集同步，且控制器记录 CTB 到达时所对应 GPS 时刻。

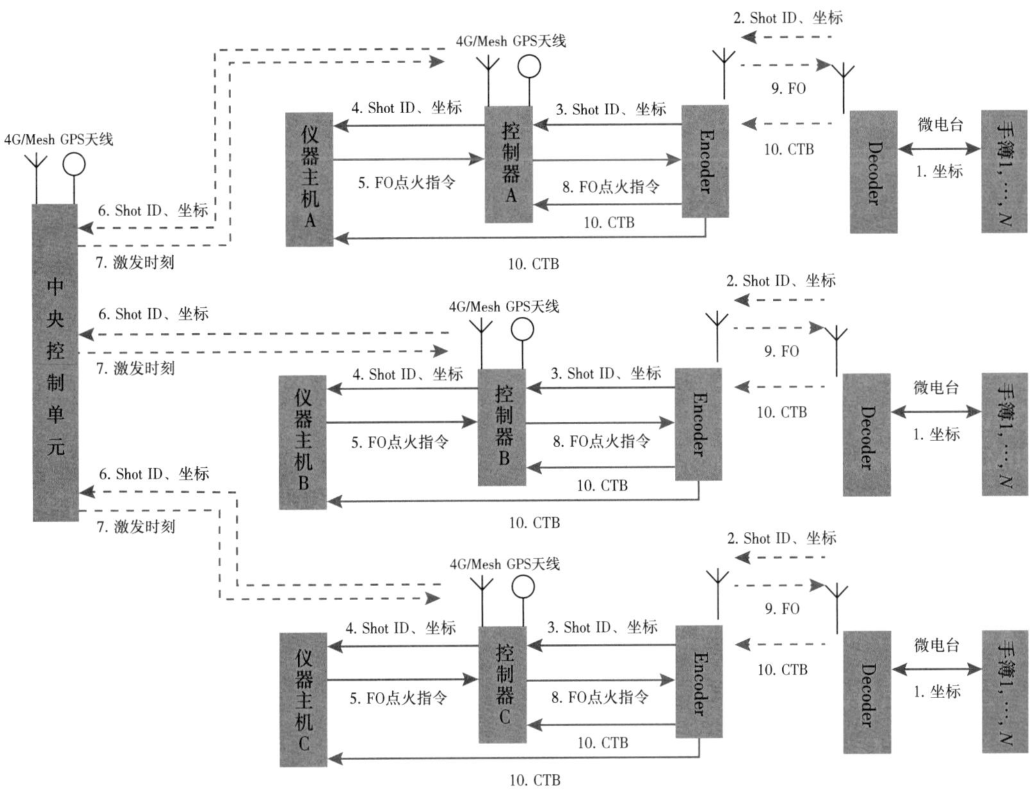

图 5-2-5　纯有线模式多源激发控制架构图
A、B 两队仪器主机分别安装多源激发控制器及不同的配套连线

4. 应用效果

2020 年初，塔里木盆地富源Ⅲ三维、果勒Ⅱ三维和中国石化托普台三维地震项目中多源激发控制器得到推广应用。三个地震队按组合方式同时、交替或滑扫井炮激发，各相邻地震队实现了互不牵制地每天 24 小时作业，规避了地震波对同时施工相邻小队的干扰，同时可与 G3i 400 系列主机及 BoomBox、ShotPro Ⅱ爆炸机编译码器配套使用，从而提高了施工效率。

第三节　实时质量监控与管理技术

高效采集技术带来地震数据包括地震辅助数据“井喷式”的增加，日产数据达到 TB 级。2004 年至今，高效采集项目的单炮接收道已经从上千道发展到数万道甚至十万道级。此外，地震采集项目的生产日效也大幅度提高，从以往常规采集的每天数百炮发展到如今的数万炮。为满足高效采集的生产需求，迫切需要研发一套能够实现对数万道乃至数十万道以上的采集数据自动化、智能化质控与管理的技术。

一、高效数据传输及并行质控解决方案

1. 高效数据传输

高效地震采集通常采用 24h 不间断施工模式，生产效率较高、数据量较大，如何在单炮数据快速获取的同时保证数据传输的稳定性是非常重要的。如果处理不当，会造成地震采集放炮主机的死机以及数据传输堵塞等问题，严重影响野外地震采集效率。为此，首先从硬件方面入手，从野外应用的情况看，如果采用的千兆网卡，最大数据传输速率为 80MB/s，平均数据传输速率只有 50MB/s 左右。对于中东高效采集项目而言，数据传输速率要求在 100MB/s 以上才能满足地震采集数据传输需求。只有通过光纤传输才能彻底解决数据传输问题。在仪器主机和质控机器上安装光纤网卡和驱动，连接光纤线，测试数据传输速率在 200MB/s 以上，但由于受限于硬盘的读写速度，实际数据传输速率为 130MB/s 方可满足高效采集质控的需求。

数据传输的方式直接影响数据传输的稳定性，仪器主机提供写 NAS 和 FTP 两种数据传输机制，通过测试，采用 FTP 传输方式传输速率更快，且 Windows 操作系统提供 FTP 传输机制，性能比较稳定。通过 FTP 机制光纤传输，传输速率快，传输稳定，解决了高效采集实时质控的数据传输问题。

2. 并行质控技术

为保证实际生产时的质控效率，需做到真正的实时质控，除了要做到高效的数据传输外，还需具备高效的数据分析和评价能力。因此，在对质控方法进行程序实现时，引入了多线程并行分析技术，并且采用了按数据分配线程的思路（图 5-3-1），将一炮数据中的每个排列单独使用一个线程来进行计算，由于各条排列的数据量大小通常是基本一致的，这样做可以避免由于各线程的任务量不一致而导致线程间出现相互等待的情况，

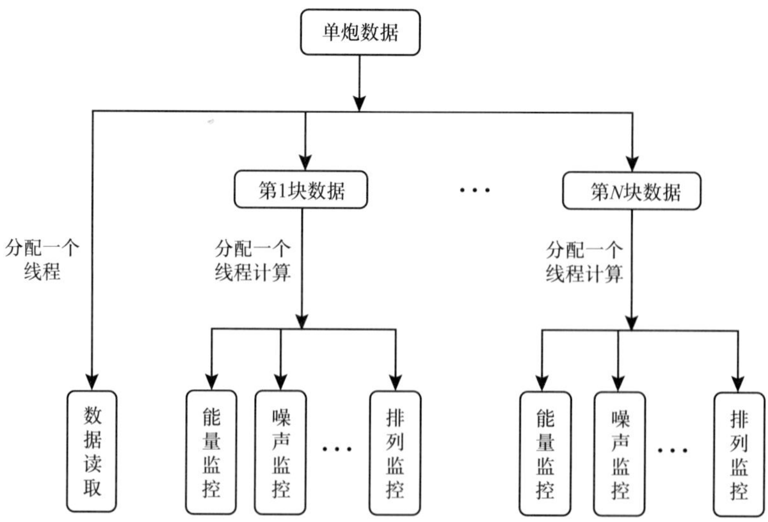

图 5-3-1　多线程质控示意图

同时只需满足内存中读够一条排列的数据，就可调用质控算法，从而实现对地震数据在读取的同时达到高效质控的目的。

二、地震采集原始单炮数据质控

地震数据实时质控技术是一项通过对从采集仪器获取的单炮文件进行数据分析，进而给出评价结果的技术，包括针对数据样点值进行分析的数据品质质控、针对道头中存储的采集参数信息进行检查的采集参数质控，以及针对辅助道中存储的 TB 信号进行检查的 TB 质控。

数据品质质控通过对被监控炮的品质类属性给出一个评价结果。能量、频率、信噪比、环境噪声是评价数据品质的四项重要指标。对于这些属性的监控，可使用两种质控思路：一是将预先指定好的标准炮的各属性值作为相应属性的标准数据；二是将先于被监控炮所采集到的相应属性的若干炮平均值作为各属性标准数据。通过比较被监控炮的各属性值和相对应的标准数据，若二者差别超出预定门槛范围时，则将对应属性评价为异常。

采集参数质控是通过对单炮数据文件道头中的采集参数信息进行分析，进而检查采集仪器对采集参数的设置是否正确。虽然采集仪器对于采集参数设置发生错误的概率较小，通常在换线采集或仪器重新启动时发生。通过读取单炮数据头块中的采集参数值和设置的标准值进行比较，如果二者不一致就进行报警提示。监控的采集参数主要包括采样率、记录长度、前放增益、滤波类型、SEG-D 版本、处理类型和扫描长度。

TB 质控通过对单炮数据文件中的 TB 辅助道进行分析，进而检查数据采集记录时间与可控震源扫描时间是否同步。在读取数据文件中的 TB 辅助道信息后，通过将当前辅助道中的验证 TB 信号与预先设置好的标准验证 TB 或来自同一炮数据文件中的时钟 TB 进行比较，若两组 TB 信号之间的起跳时差超出规定误差范围，则所评价单炮的 TB 被视为异常。

三、地震采集排列工作状态质控

排列状态质控旨在排查出生产排列中的问题道，主要包括排列异常道和噪声干扰道两类。其中排列异常道包括极值道、掉排列道、串接道及弱振幅道；噪声干扰道所包括的监控项为单频干扰道，以及受到其他类型噪声干扰而导致其信噪比较低的地震道。地震采集排列异常道通常是由于在地震采集过程中受到各种外界破坏、干扰或地震采集仪器与设备自身故障等影响而导致的。排列异常道作为现场质控的一项重要指标，其数量多少直接决定着地震采集资料品质的高低。因此，为了保证野外生产过程中的排列接收质量，对于工作状态出现异常的地震道，需要在第一时间通知野外人员进行整改。噪声道作为反映生产炮受干扰程度的一项指标，其道数的多少直接表明了单炮记录受到干扰的排列范围大小，对噪声道进行质控能够了解野外施工过程中干扰源的分布，并且能够和数据品质中的环境噪声属性质控形成互补，避免只有个别极少数道受到较强干扰而使得当前炮被评价为噪声超标炮的情况。

对于大道数高效率采集而言，要做到实时监控就必须要兼顾质控效率和精度，因此，对排列状态进行质控的算法要求既简单又准确。一般通过使用对各道地震数据在指定时窗范围内的采样点值进行比较和统计的方法，即可满足此类要求。

极值道是由于地震数据在缆线中传输的过程中出现丢码现象所导致的，对于极值道的识别，只需通过数据道采样点真值与提前设置好的门槛值进行比较来识别即可，当数据道中的某个样点绝对值大于门槛值时，即判定此地震道为一道极大值异常道。

掉排列指由于排列出现固障而无法正常接收数据的地震道，其数据特征通常表现为在某个时间段内的采样点真值连续相等。因此，只要数据道中数值连续相等的采样点个数大于提前设置好的门槛值时，即可评定此地震道为掉排列异常道。

串接道是由于野外采集过程中出现检波器接错而导致的，在地震记录上表现为串接道的波形、相位等特征几乎一致，因此，通过逐点比较当前数据道与相邻数据道在相同时刻位置处的采样点数据的符号，即可实现对串接道的识别。需要注意的是，为了避免将单频干扰道误判为串接道，在进行串接道的识别之前，要先对单频干扰道进行识别。

弱振幅道通常是由于采集排列中的接收道设备电阻过高，进而表现出其振幅较正常道明显弱的现象。目前现有的弱振幅道监控方法或是由于精度不高，或是由于算法复杂而影响了运算效率，使得这些方法无法较好地应用在实时监控的技术中。在兼顾实时质控高计算效率和质控精度的基础上，提出了通过采用比较相邻道振幅对弱振幅道进行监控的思路。由于地震数据的初至区域振幅较强，因此对于弱振幅道的识别也较为敏感，有利于提高弱振幅道的识别精度。

在时窗范围内，统计每道的振幅 A_i（i=1，2，…，n），若检测第 p 道地震数据是否为弱振幅异常道，需依据如下公式：

$$A_p < C_{\mathrm{Amp}} A_k \left(k = p-l, \cdots, p-1, p+1, \cdots, p+l\right) \tag{5-3-1}$$

式中 A_k——第 k 道的振幅值；

C_{Amp}——振幅比例系数，通常取 0.1；

l——用来限制与第 p 道进行比较的邻近的道数范围，为了削弱能量衰减所带来的影响，l 不宜过大。

式（5-3-1）要求第 p 道平均振幅要小于其邻近的第 k 道平均振幅的 C_{Amp} 倍。C_{Amp} 通常取 0.1。对于 k 值，则要遍历从 $p-l$ 到 $p+l$ 范围内除 p 以外的全部索引值。通过统计能够使上式成立的 k 的取值个数 N，并判断其是否能够满足下式：

$$N > 2lC_{\mathrm{Per}} \tag{5-3-2}$$

式（5-3-2）中 C_{Per} 通常取值 0.8，即表示若对于第 p 道地震道的左、右各相邻 l 道中有超过 80% 以上道数的地震道，其平均振幅乘以系数 C_{Amp} 后，仍要强于第 p 道的平均振幅，则第 p 道将被判定为弱振幅异常道。

对于除单频干扰道以外的其余噪声道的识别，可通过利用各道数据初至前与初至区的振幅比值进行识别，当该振幅比值高于某个预定的比例门槛时，即可判定该道为噪声道。

四、可控震源实时质控

对于VE464箱体，可控震源状态实时监控流程如下：首先，利用FTP客户端获取震源状态信息文件，解析文件存储的信息；其次，对震源状态和时距规则（TD规则）进行实时质控。监控的内容主要包括：（1）震源振动属性（平均相位误差、峰值相位误差、平均畸变、峰值畸变、平均出力、峰值出力），以及震源属性的连续超标和连续变差的实时监控；（2）震源状态码实时监控；（3）动态扫描滑动时间与距离规则（TD规则）检查；（4）震源停工时间检查；（5）震源效率实时统计。对有问题的震次进行报警，提示仪器操作员进行处理。

1. 可控震源信息的获取

FTP数据传输机制的传输协议是TCP，需要建立控制连接和数据连接，控制连接是用来建立客户端和服务器之间用于交换命令与应答的通信链路。数据连接是传输数据的连接。FTP客户端和服务器之间的连接是可靠的，为数据的传输可提供可靠的保证。

FTP是一个交互式会话系统，客户端每次调用FTP，便与服务器建立一次会话。客户端每提出一个请求，服务器与客户端就建立一个数据连接，进行实际的数据传输，一旦数据传输结束，数据连接相继撤销，但控制连接依然存在，客户端可以继续发出命令。

实时对服务器中震源状态信息存储目录按文件存储时间进行扫描，获取最新存储的震源状态信息文件，文件内容主要包括采集时间、线号、点号、坐标、震源号、震源状态码、平均相位误差、峰值相位误差、平均畸变、峰值畸变、平均出力、峰值出力等。获取文件并对其进行解析后，开始进行各项内容的监控。

2. 可控震源属性实时质控

震源属性实时监控包括对震源的6种属性（平均相位误差、峰值相位误差、平均畸变、峰值畸变、平均出力、峰值出力）、状态码、震源属性连续超限和属性连续变差等的监控。

（1）震源属性连续超限监控，指某台震源的6个属性中的某个属性，在连续 N 次扫描中（N 一般选择为5），若该属性均超过设定的阈值，软件会及时报警以供仪器操作人员及时关注并分析震源属性超限的原因。

（2）震源属性连续变差监控，指某台震源的6个属性中的某个属性，在连续 M 次扫描中（M 一般选择为30），该属性都超过所有震源的平均值。

（3）状态码实时监控方法。对于VE464箱体，状态码表示了震源的扫描状态结果是否合格，共定义了17种状态码，不同的状态码代表不同的含义，合格的状态码有5个（表5-3-1）；不合格的状态码有12个（表5-3-2），如果某个振次的状态码是不合格的，则需要重振补炮。

表 5-3-1 合格的震源状态码及其含义

合格状态码	含义
1	原始模式
11	DSD 和 PC 之间的网络错误
12	滤波模式
19	GPS 秒脉冲信号冲突小
29	DSD 没有时间将上一个信号存储到文件

表 5-3-2 不合格的震源状态码及其含义

不合格状态码	含义
2	DSD 终止扫描
10	用户终止扫描
13	DSD 和 DPG 采集表冲突
14	升板错误
21	扫描信号定义错误
22	定制错误，定制信号不存在或不能读取
23	扫描起始时间已到
26	从记录单元不能开始
27	GPS 秒脉冲信号冲突
28	出力太低
98	未收到 T_0
99	未收到 T_0 或没有状态报告

3. TD 规则实时监控

时间距离（TD）规则实时监控是在采用可控震源动态滑动扫描施工时，对相邻振次震源的起振时间、距离进行监控，看是否满足预先定义的时间与距离规则，对于不符合时间距离规则的振次，需进行重振补炮。

在交替扫描施工中，相邻两个振次的起振时间间隔必须大于扫描时间与听时间之和，而空间距离没有要求。

滑动扫描施工 TD 规则质控要点在于相邻两个振动间隔要大于记录时间，空间距离一般要求大于 6km。

采用距离分离同步扫描施工时，多组可控震源采用同样的参数同时激发，这就要求不同震源组激发间距要大于规定的距离，一般为 12km 左右，时间上没有要求，可以同时起震。

由于动态扫描施工综合了多种可控震源施工方式，TD 规则较为复杂，如图 5-3-2 所示，横坐标是两个震次之间的距离，纵坐标为激发的时间间隔。根据 TD 规则画出多边形区域 A，如果任意两个震次之间的 TD 关系落到 A 区域内，这两个震次中后激发的震次为不合格震次，B 区域为交替扫描区域，C 区为滑动扫描区域，D 区域为交替和滑动扫描共享区域，E 区域为空间分离同步扫描施工区域。

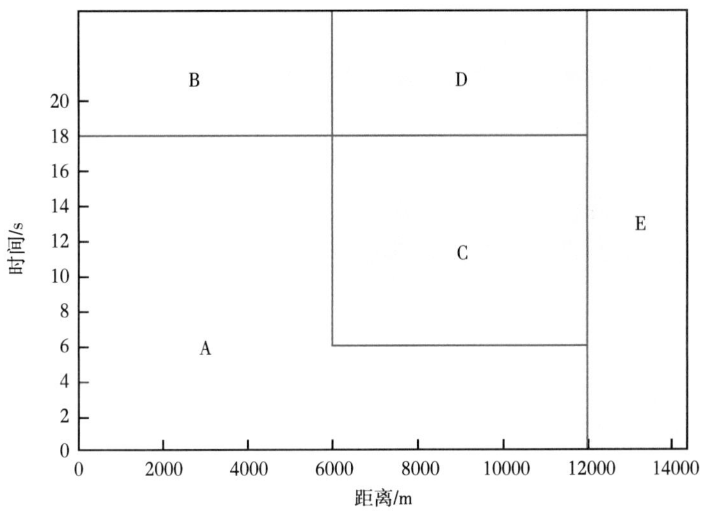

图 5-3-2 动态扫描 TD 规则图

五、超高效混叠地震采集实时质控

可控震源超高效混叠地震采集在数据量、记录特征、作业方式等方面均较以往其他高效采集技术存在较大差异，这给野外实时质控技术带来了巨大挑战。为此，需一项适应于超高效混叠地震采集作业方式的实时质控技术。通过分析连续记录的数据特征，搭建基于 UDP 网络协议的局域网，分析问题排列出现的时空位置与炮点的对应关系，实现数据文件的高效传输和连续记录的数据质控，排列状态与质控信息传输及问题炮信息得到实时反馈。通过融合以上方法形成超高效混叠地震采集实时质控技术。在实际应用中，该技术能快速、准确地监测出数万道有线检波器采集的排列和数据质量问题，以及受此影响的不合格炮点。该实时质控技术弥补了以往技术无法适应超高效混叠地震采集作业方式的不足，满足了现场对质控精度和效率的要求，达到了及时提醒野外整改排列和补炮的目的，提高了野外施工质量和效率，节约了勘探成本。

1. 连续记录数据质控

可控震源超高效混叠地震采集的生产效率高，邻炮干扰严重，在生产中需要关注的质控内容较以往有较大差别。如在以往地震采集施工中需要质控的能量、噪声等指标，已经不再作为超高效混叠地震采集的质控重点。而对于采用有线设备进行地震数据采集的可控震源超高效混叠地震采集作业而言，断排列仍是重点质控内容。虽然现有的实时质控技术已经具备了成熟的断排列监控方法，然而，在超高效混叠地震采集作业方式下，除了断排列以外，还存在一项更为严重的质量问题，比如连续记录数据丢失问题，此问题必需在现场施工中及时发现。由于地震采集仪器生成的数据记录为连续的未相关记录，各炮点所采集的相关后单炮记录需要通过后期室内处理，可利用式（5-3-3）将各炮点起震的可控震源所使用的扫描信号与原始未相关记录进行相关运算来得到：

$$S(t)\otimes W(t)=X(t) \tag{5-3-3}$$

式中 $S(t)$——可控震源扫描信号；

$W(t)$——采集到的相关前的连续记录文件；

$X(t)$——相关后单炮记录；

$\otimes$——相关计算符号。

在有线仪器超高效混叠地震采集作业方式下，对于文件号相邻的两个数据文件之间，偶尔会产生数据丢失的现象。这会造成后期室内处理中，许多炮点无法得到完整的相关单炮记录。图5-3-3（a）为原始未相关记录，记录中两条红色虚线间部分为参与相关运算的数据部分，记录中绿色阴影区域为数据丢失部分；图5-3-3（b）为扫描信号。二者进行相关运算得到相关后单炮记录。若参与相关运算的原始未相关数据中，涉及到了图中阴影所示的数据丢失范围，就会造成无法得到该炮点对应的完整的相关单炮记录。因此，这就需要在超高效混叠地震采集施工过程中，必需要有一项针对连续记录文件的数据丢失问题进行实时监控的方法技术，以保证在实际生产中能够及时提醒和处理数据丢失问题。

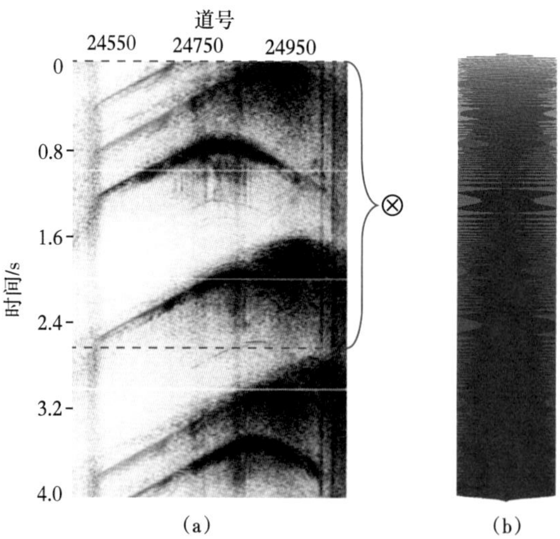

图5-3-3 连续记录（a）与扫描信号（b）

在现场生成的原始相关前的连续记录文件头中，存储着该数据文件的记录起始时间信息，及数据实际记录长度。当满足式（5-3-4）的情况时，即当文件号相邻的两个数据文件的起始时间间隔大于数据记录长度，即可判定存在数据丢失的情况：

$$T_s' - T_s > L \tag{5-3-4}$$

式中 T_s——前一数据文件的记录起始时间；

T_s'——后一数据文件的记录起始时间；

L——数据记录长度。

由此可知，发生数据丢失的时间范围为 T_s+L 至 T_s'。此外，当实际生产中，出现数据传输错误时，由地震采集仪器记录得到的数据文件中将会出现数据值异常的现象。此时，采集到的数据同样不能够用于后期的室内处理。对于此类数据，通常表现为道头与数据均为异常的现象。因此，通过检查数据道头中的线、点号范围是否超过壳牌处理格式文件（Shell Processing Support，SPS）的规定范围，即可对其成功识别。由于这些数据异常道的道头本身已经存在问题，因此，无法通过直接读取道头的方式来得到数据异常范围信息。但由于可控震源超高效混叠地震采集在生产中始终采用全排列进行接收，因此，相邻数据文件的排列范围是相同的。从而通过比对出现数据错误的连续记录文件与前一连续记录文件的正常数据道的排列范围，即可得到数据异常的地震道范围：对于前一连续记录文件中多出的数据道，即为当前连续记录文件的数据异常道。

2. 排列状态与质控信息传输

可控震源超高效混叠地震采集施工中，需要使用单独的可控震源指挥系统来实时管理可控震源进行放炮。为了保证野外采集质量、避免生产中进行“盲采”，需要可控震源指挥系统能够在“了解”排列状态和质控信息的情况下，准确指挥震源放炮。

实时质控系统可以在本地主机中读取和分析由地震采集仪器主机通过局域网向其实时推送的连续记录文件，从而获取排列状态信息并得到质控结果。通过在实时质控主机和可控震源指挥系统主机之间搭建基于 UDP 协议的局域网，由实时质控系统将本地的排列状态和质控结果信息通过网络推送到可控震源指挥系统中。之后，由可控震源指挥系统将所接收信息与本地的震源放炮信息相结合，从而能够在排列范围不满足放炮条件，或者存在质量问题时，判断出哪些炮点需要重新放炮或者停止放炮。因此，在进行可控震源超高效混叠地震采集生产时，需要将地震采集仪器主机、实时质控主机及可控震源指挥系统主机三者之间同时进行局域网联机，并以实时质控主机为桥梁，实现将排列状态与质控信息实时传输到可控震源指挥系统中。

在超高效混叠地震采集生产中，除了生产中激活的排列状态会直接影响可控震源是否能够继续生产以外，生产中时而出现的断排列、数据丢失或错误问题，也是直接影响生产停炮或补炮的因素。由实时质控主机向可控震源指挥系统主机推送的排列状态与质控信息，主要包括：（1）当前激活排列范围；（2）出现断排列，数据丢失或错误的地震道线、点号范围；（3）出现断排列，数据丢失或错误的地震道的时间范围。由于这些信息所占的数据流量很小，因此，在实时质控主机与可控震源指挥系统主机之间，使用常规的网络设备即可满足其实时传输的需求。

3. 问题炮信息反馈

为了在生产中能够达到及时提醒野外停炮或补炮的目的，当可控震源指挥系统接收到由实时质控系统推送的排列状态和质控结果信息之后，还需要建立一套能够利用这些信息对需要进行停炮或补炮处理的问题炮点进行快速反馈的方法。

对于可控震源指挥系统而言，在接收到排列状态和质控结果信息后，需要完成两方面的任务：（1）利用获取的激活排列范围及出现断排列、数据丢失或错误的地震道线、点号范围信息，判断请求起震的炮点是否能够起震，即是否需要停炮；（2）利用获取的断排列、数据丢失或错误的地震道线、点号及时间范围信息，判断已经起震的炮点是否需要重新放炮。

具体由可控震源指挥系统判断是否需要停炮或补炮的技术流程如图 5-3-4 所示。对图 5-3-4（a）所示流程具体描述如下：

（1）可控震源指挥系统通过局域网接收由实时质控主机向其推送的当前生产中激活的排列范围信息以及质控得到的断排列、数据丢失或错误的地震道线、点号范围等信息；

（2）当任一组可控震源移至炮点位置并准备起震时，会先向可控震源指挥系统发送起震请求，当可控震源指挥系统接收到请求后，需根据 SPS 找出此炮点对应的排列片；

（3）可控震源指挥系统将请求起震的炮点所对应的排列片与质控主机实时发送过来的激活排列范围进行比较，判断当前炮点所对应的排列片是否完全属于此激活排列范围内，若是，则执行步骤（4），若否，则暂停向请求起震的可控震源回传起震指令，执行停炮处理；

（4）可控震源指挥系统将当前请求起震的炮点所对应的排列片与质控主机实时推送过来的断排列、数据丢失或错误的地震道线、点号范围进行比较，判断当前炮点所对应的排列片是否包含出现质量问题的地震道，若否，则执行步骤（5），若是，则暂停向请求起震的可控震源回传起震指令，执行停炮处理；

（5）由可控震源指挥系统向请求起震的可控震源发送起震指令，可控震源接收到起震指令后进行起震，进行正常地震数据采集。

对图 5-3-4（b）所示流程具体描述如下：

（1）可控震源指挥系统通过局域网接收由实时质控主机向其推送的断排列、数据丢失或错误的地震道线、点号范围及时间范围信息；

（2）当任一组可控震源完成放炮之后，会通过电台将震源起震的炮线、点号和起震时间等信息通过电台传送到可控震源指挥系统中，之后，可控震源指挥系统会根据 SPS 找出此炮点对应的排列片；

（3）可控震源指挥系统将当前起震炮点所对应的排列片与质控主机实时推送过来的断排列、数据丢失或错误的地震道线、点号范围进行比较，判断当前起震炮点所对应的排列片是否包含出现质量问题的地震道，若是，则执行步骤（4），若否，则可确认当前起震炮点不存在排列或数据质量问题；

（4）可控震源指挥系统根据当前起震炮点所对应的排列片内的问题地震道的起始时

间 T_{cs}（ms）至终止时间 T_{ce}（ms），可以计算出受影响炮点的起震时间范围为 $T_{cs}-L_s-L_c$ 至 T_{ce}，其中：L_s 表示扫描信号时间长度，单位为 ms；L_c 表示相关单炮记录长度，单位为 ms。判断当前炮点的起震时间是否落在此范围内，若是，则对此炮点给出警示，提示此线、点号位置处的炮点需要补炮。

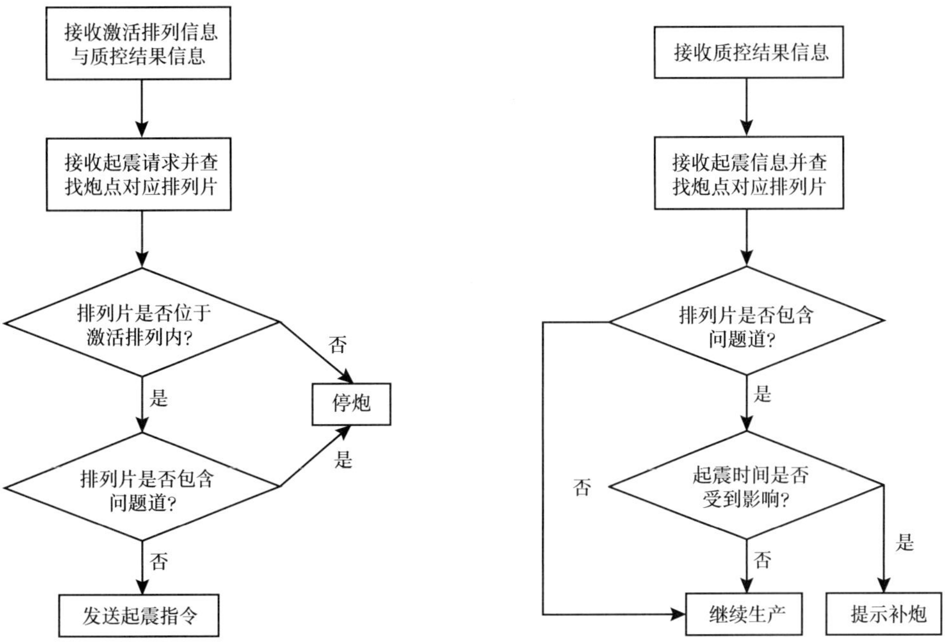

(a)停炮监控流程

(b)补炮监控流程

图 5-3-4 停炮、补炮监控流程

第六章 宽方位宽频地震资料处理技术

宽方位、宽频地震勘探提供了方位信息丰富的原始数据，为裂缝、油气高精度检测及实现高精度成像创造了条件，但同时也带来了海量数据的问题。常规的地震数据处理技术因未考虑宽方位、宽频地震数据的特点，故无法充分发挥和利用宽方位、宽频地震数据带来的优势。本章将就如何充分利用宽方位、宽频地震数据信息更加保真地处理地震资料和更加精确地进行裂缝、油气检测进行阐述。

第一节 宽方位宽频高密度地震数据预处理技术

窄方位勘探时，数据中的规则干扰、散射噪声分布在三角区域内（近似线性特征），窄方位观测的炮检距线性分布通常能较好地适应二维 $F—K$ 滤波或者 $\tau—p$ 变换。但实际上规则干扰、散射噪声在空间上是以圆锥状分布的，要衰减规则噪声或者线性噪声就需在两个正交方向上均要有足够的采样，也要求空间上的每个 CMP 道间距分布规则。因此，在窄方位观测情况下，用 $F—K$ 滤波等噪声衰减技术可能会在压制噪声时产生假象，同时也难以消除来自侧面的反射波。高密度地震采集数据一般采用较小的接收点距、炮点距、接收线距和炮线距，能够对接收到的有效信号以及噪声在空间进行高密度采样。对于高密度地震勘探而言，叠前去噪的理念是利用高密度空间密集采样的特征最大限度压制噪声的同时减少有效信号损伤。高密度采集地震数据在理论更好地满足了 $F—K$ 变换空间采样的要求，减少假频能量的产生，提高了噪声和有效信号在频率—波数域的可区分性。基于空间变换或基于空间褶积的去噪技术在高密度、宽方位地震数据处理中能得到广泛应用，去噪效果得到大幅提升。如十字排列子集三维 $F—K$ 滤波、$K—L$ 变换面波去噪等噪声压制技术。

高密度、宽方位地震采集，因检波点距小、空间分辨率高，更适合多维观察和去噪，这些技术的应用在提高地震数据信噪比的同时，更好地保持了地震数据原有的波形特征。

一、三维十字排列 *FKK* 滤波技术

目前的高密度、宽方位三维采集多采用正交观测系统。在正交观测系统中，十字排列道集具有空间连续的单次覆盖最小数据子集，这个子集中规则干扰分布更有规律，更易识别和预测，同时高密度地震数据在十字排列域的空间采样能够更好地满足规则干扰 $F—K$ 滤波空间采样的要求，因此，在十字排列最小地震数据子集上进行频率—波数域去噪时信号与规则干扰更易区分和识别，在一定程度上避免了空间采样不足带来的假频影响。根据视速度（锥体）的大小，选择不同的滤波因子进行滤波，可得到保真度较高的规则干扰压制结果。

目前，*FKK* 去噪有两种实现方法，其共同点都是在三维傅里叶变换的基础上，利用视速度差异进行滤波。第一种方法是通过两次 *F*—*K* 滤波来实现的，称为“两步法”。其公式如下：

$$\begin{cases} F\left(\omega,k_x,k_y\right)=F'\left(\omega,k_x,k_y\right)\int_{-\infty}^{\infty}\int_{-\infty}^{\infty}\int_{-\infty}^{\infty}X\left(t,x,y\right)\mathrm{e}^{-\mathrm{i}\left(\omega t+k_x x+k_y y\right)}\mathrm{d}t\mathrm{d}x\mathrm{d}y \\ F'\left(\omega,k_x,k_y\right)=F''\left(\omega,k_x\right)\cdot F'''\left(\omega,k_y\right) \\ F''\left(\omega,k_x\right)=\begin{cases}1, & \omega/k_x>v_\mathrm{L}\\ 0, & \omega/k_x\leqslant v_\mathrm{L}\end{cases} \\ F'''\left(\omega,k_y\right)=\begin{cases}1, & \omega/k_y>v_\mathrm{L}\\ 0, & \omega/k_y\leqslant v_\mathrm{L}\end{cases} \end{cases} \tag{6-1-1}$$

式中 ω——频率；

k_x——x 方向的波数；

k_y——y 方向的波数；

v_L——视速度；

$F''(\omega, k_x)$——x 方向上的滤波器响应函数；

$F'''(\omega, k_y)$——y 方向上的滤波器响应函数；

$F'(\omega, k_x, k_y)$——整个 *FKK* 域中的滤波器响应函数。

图 6-1-1 直观地显示了这种方法的实现过程，即在三维频率波数谱中，先按照 y（或者 x）空间进行 *F*—*K* 域视速度滤波，然后再沿另一个空间进行 *F*—*K* 域视速度滤波。图中的阴影部分是这种滤波方法得到的锥体。

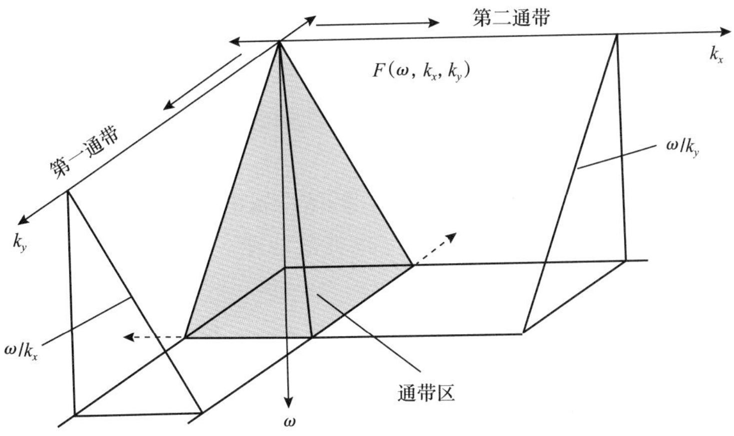

图 6-1-1 “两步法”滤波示意图

此方法中，滤波时视速度的判断准则只与该方向上的波数有关，这样就导致 *FKK* 谱中有效信号的区域是一个方锥体而不是圆锥体。

另一种方法是一次性进行 *FKK* 域视速度滤波，称为“一步法”，其公式如下：

$$\begin{cases} F\left(\omega,k_x,k_y\right)=F'\left(\omega,k_x,k_y\right)\int_{-\infty}^{\infty}\int_{-\infty}^{\infty}\int_{-\infty}^{\infty}X\left(t,x,y\right)\mathrm{e}^{-\mathrm{i}\left(\omega t+k_x x+k_y y\right)}\mathrm{d}t\mathrm{d}x\mathrm{d}y \\ F'\left(\omega,k_x,k_y\right)=\begin{cases}1, & \omega/\left(k_x^2+k_y^2\right)^{1/2}>v_{\mathrm{L}} \\ 0, & \omega/\left(k_x^2+k_y^2\right)^{1/2}\leqslant v_{\mathrm{L}}\end{cases}\end{cases} \tag{6-1-2}$$

此方法在设计滤波器响应函数时，充分利用了相关信号在 *FKK* 域的特征，同时考虑到了两个方向上的波数值，故得到的有效信号 *FKK* 谱呈圆锥状，如图 6-1-2 所示的阴影部分。此处采用第二种方法来实现高密度空间采样数据的 *FKK* 域视速度滤波去噪。

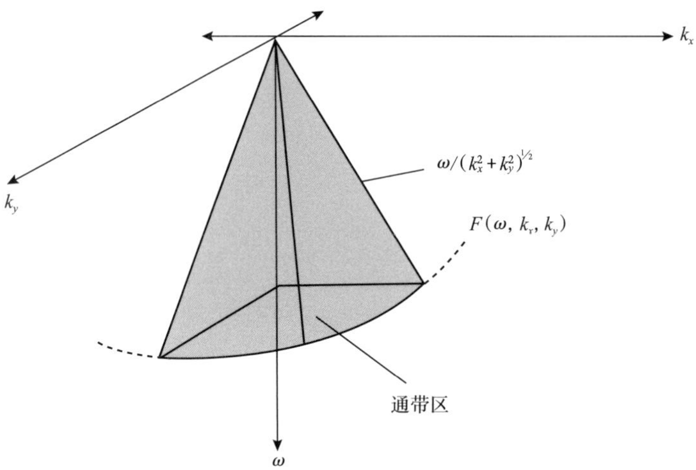

图 6-1-2 “一步法”*FKK* 滤波示意图

1. 三维十字排列 *FKK* 去噪前预处理

对于高密度采样数据而言，时间和空间上的采样间隔基本上能满足 *F—K* 变换空间采样的要求，为去噪达到更好的效果，*FKK* 去噪前仍需做以下预处理：

（1）炮线和接收线间满足正交要求，从而使数据中的相关部分在 *FKK* 域呈圆锥行分布；

（2）数据要求经过振幅补偿等处理，使得 *FKK* 域中的能量均衡性强，减少由于能量不均匀而产生的其他干扰，去噪后再做反振幅补偿处理。

2. 模型参数

根据 *FKK* 去噪对数据的要求设计了一个十字排列模型，如图 6-1-3 所示。图中红色代表炮线，共 81 炮；绿色代表接收线，共 81 个检波点。记录由三组同相轴和随机干扰组成，如图 6-1-4 所示，A 代表初至波或者线性干扰同相轴，B 是反射波同相轴，A 和 B 都是由 40Hz 的 Ricker 子波组成；C 是一组低频线性干扰同相轴，由 10Hz 的 Ricker 子波组成。记录的时间采样间隔为 2ms，道间距和炮间距都是 5m，子波能量未做衰减处理。

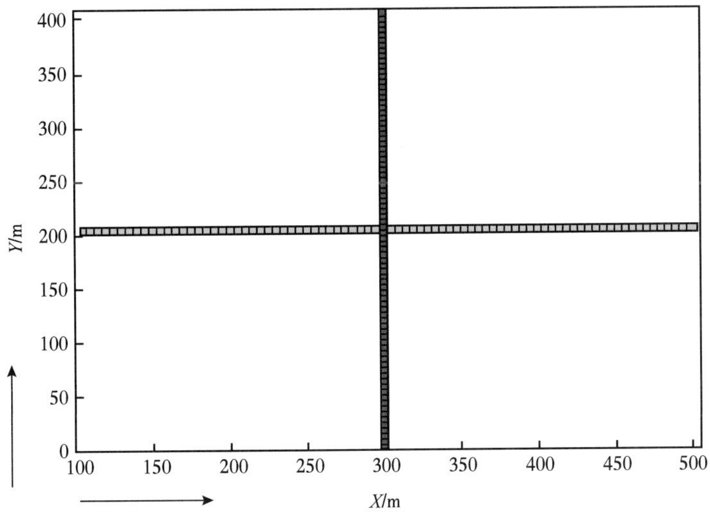

图 6-1-3 十字排列模型

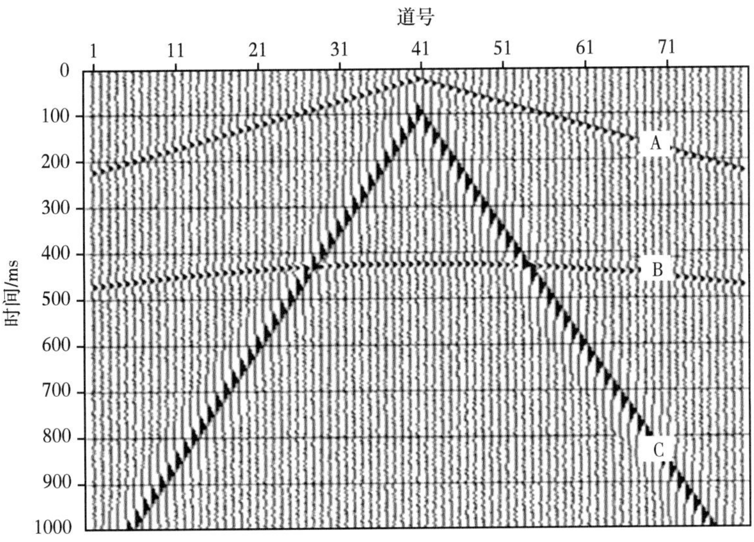

图 6-1-4 模型的单炮记录

3. 去噪效果分析

图 6-1-5 至图 6-1-7 是模型数据的部分去噪前后单炮记录对比图，分别代表代表大炮检距（远排列）、中等炮检距（中等排列）和最小炮检距（近排列）记录的去噪效果。图 6-1-8 和图 6-1-9 是整个模型数据去噪前后的 *FKK* 谱频率切片对比图。图 6-1-8 是频率范围从 0～50Hz 的切片图，频率间隔为 10Hz；图 6-1-9 是频率为 60～110Hz 的切片图，频率间隔为 10Hz。图 6-1-10 和图 6-1-11 是 *FKK* 谱的空间切片图。图 6-1-10 是沿接收线方向波数为零的切片图；图 6-1-11 是沿炮线方向波数为零的切片图。对比去噪前

后的单炮记录、*FKK* 谱频率及波数切片来看，去噪效果明显，说明 *FKK* 域视速度滤波方法对高密度采样数据具有很好的去噪效果。

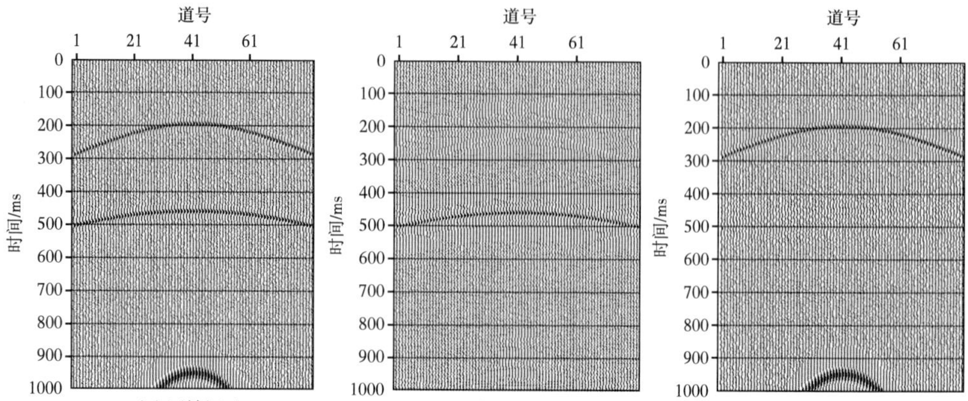

(a)原始记录 (b)去噪后的记录 (c)提取的干扰记录

图 6-1-5 远排列去噪效果对比图

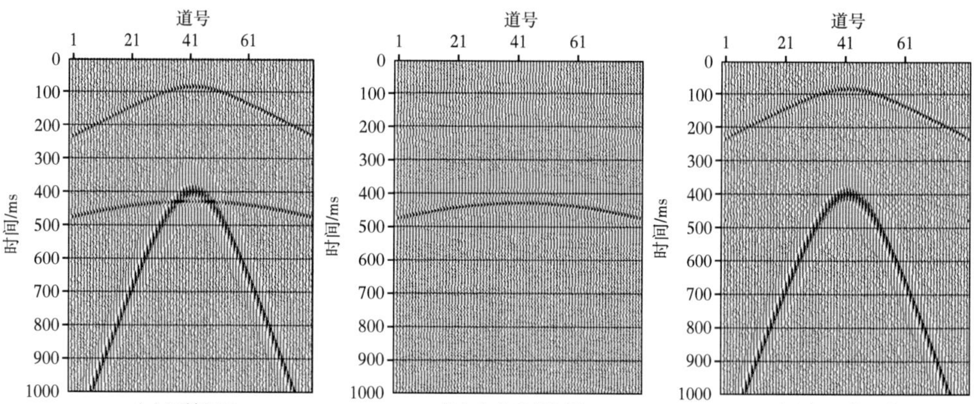

(a)原始记录 (b)去噪后的记录 (c)提取的干扰记录

图 6-1-6 中等排列去噪效果对比图

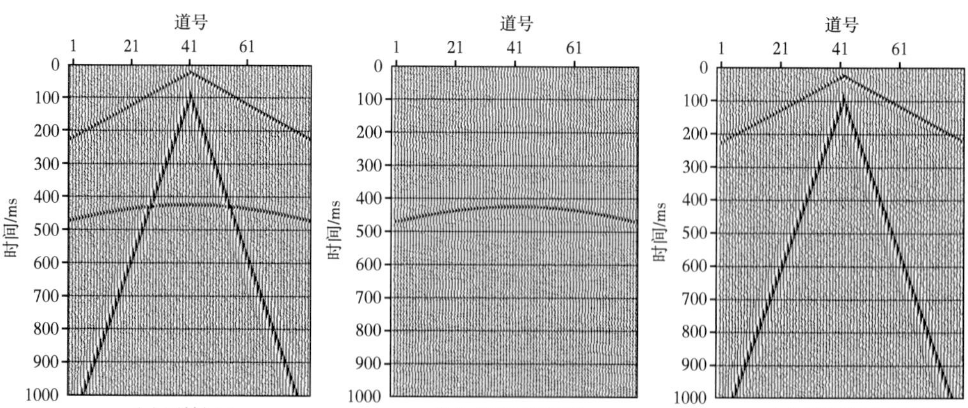

(a)原始记录 (b)去噪后的记录 (c)提取的干扰记录

图 6-1-7 近排列去噪效果对比图

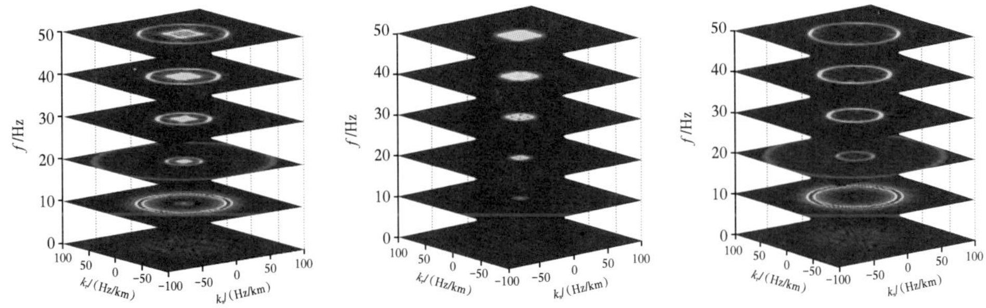

(a)原始记录　(b)去噪后的记录　(c)提取的干扰记录

图 6-1-8　0～50Hz 频率切片对比图

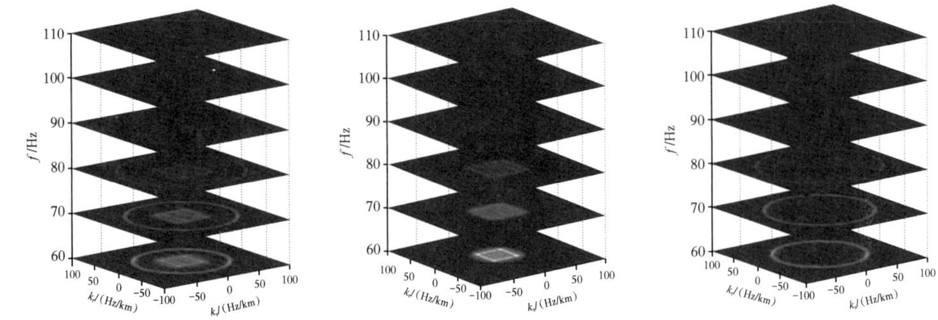

(a)原始记录　(b)去噪后的记录　(c)提取的干扰记录

图 6-1-9　60～110Hz 频率切片对比图

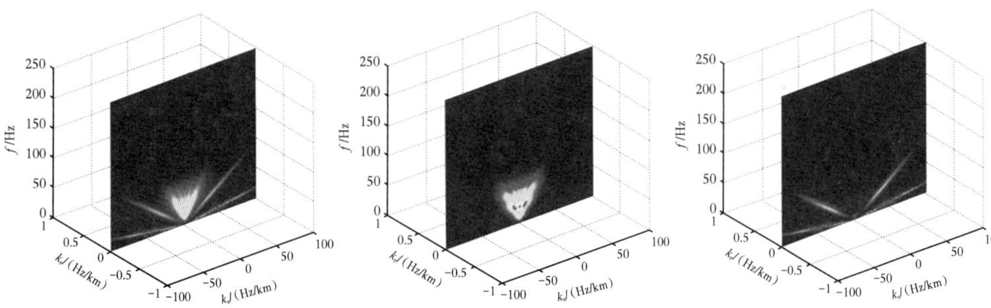

(a)原始记录　(b)去噪后的记录　(c)提取的干扰记录

图 6-1-10　*FKK* 谱切片图（k_x=0，k_x=k_r）

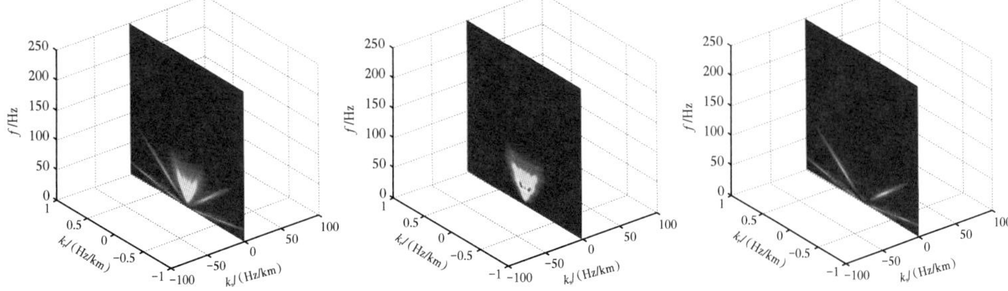

(a)原始记录　(b)去噪后的记录　(c)提取的干扰记录

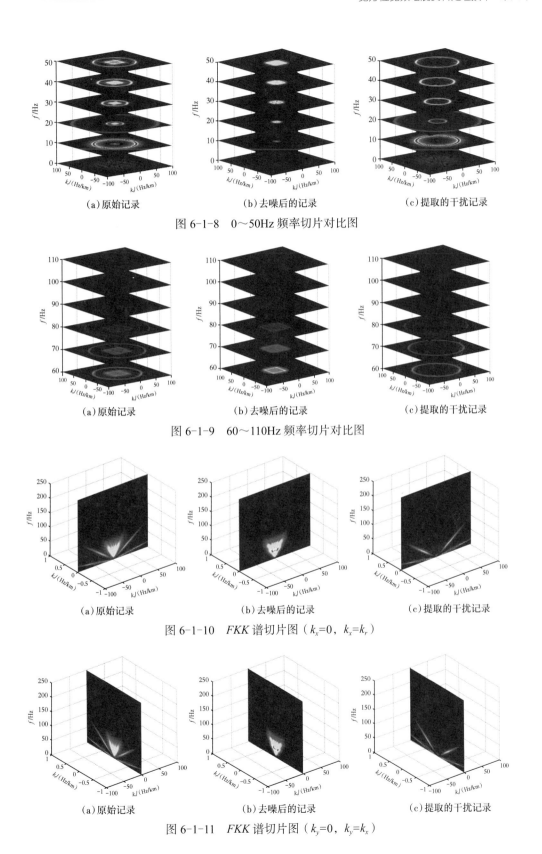

图 6-1-11　*FKK* 谱切片图（k_y=0，k_y=k_x）

图 6-1-12 是地震数据十字排列去噪前后炮集对比图，去噪效果非常明显。

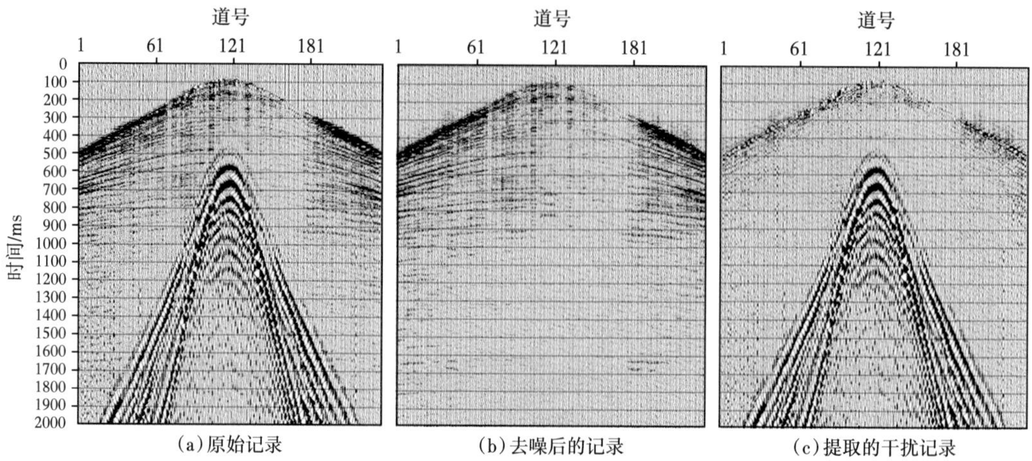

图 6-1-12 炮集上 *FKK* 去噪前后对比图

通过对十字排列高密度数据模型和高密度实际地震数据进行实验分析获得以下结论：高密度、宽方位地震数据在空间和时间上都满足了 *F—K* 变换规则采样的需求，避免或减弱了由于空间和时间方向上采样不足造成的 *F—K* 变换假频干扰能量的产生；同时，通过十字排列增强了有效信号与规则干扰在 *FKK* 域的可分离性，更容易识别和衰减规则干扰，从而提高了高密度、宽方位地震数据保真度，减少了对有效信号的损伤，避免或减弱了去噪后假频能量的产生。

二、基于 *K—L* 变换本征滤波面波去噪技术

随着地震勘探面波去噪技术不断发展，针对面波的不同特点，提出了一系列有效的面波衰减方法，如基于低频特点的高通滤波、基于空间分布特点的多种视速度滤波、τ—p 变换域滤波及同时考虑频率和空间分布特点的 *F—K* 滤波等。这些方法均具备一定的特点和优点，由于理论本身的局限性及实际地震数据空间采样不足等的影响，仅仅利用了地滚波频率和视速度特点进行面波切除或衰减，没有充分利用地滚波能量强的特点，去噪后不可避免地会产生假频、蚯蚓化或噪声压制不够彻底的现象，噪声衰减的同时可能伴随有效信号损伤，尤其是损伤近炮间距有效信号。

目前比较前沿的技术是通过预测规则干扰，然后再从原始记录中减去预测出的规则干扰，达到噪声衰减的目的。这类方法必须具备两个关键技术：规则干扰预测技术和规则干扰噪声剔除技术。目前基于 *K—L* 变换本征滤波是这类技术的典型代表，该项技术源于遥测资料处理，物探技术研究人员不断研究和完善，已成为地震勘探领域中一项比较成熟的技术。它在多次波压制、线性干扰消除以及多分量 VSP 数据多次波消除等方面已经得到广泛应用。

宽方位、宽频、高密度地震数据相对于常规地震数据而言，检波点距小、采集密、规则干扰相干性强，面波衰减更适合选择 *K—L* 变换本征滤波处理。这种方法可以根据宽方位、宽频、高密度地震数据不同地区面波的特点，充分考虑面波频率低、速度低、能

量强、同相轴局部空间分布大致为直线等特征，利用频带分解、*K—L* 变换本征滤波、自适应衰减三项关键技术，实现面波建模并加以切除。实际资料应用表明，由于宽方位、宽频、高密度地震数据面波相干性强，更容易识别，采用 *K—L* 变换本征滤波方法预测面波精度高，面波模型建立可靠，能有效地衰减地震数据的面波，保护有效信号。

K—L 变换是一种正交变换去噪方法，具有如下两个特性：（1）*K—L* 变换的协方差矩阵是一对角矩阵，其各分量之间两两正交，互不相关；（2）均方差最小。

假设有一 N 维随机向量，令 λ_i 为按大小顺序排列的协方差矩阵 $\boldsymbol{C}_x$ 的特征值；$\boldsymbol{V}_i$ 为对应于特征值的归一化非零向量，则 *K—L* 变换的均方误差最小；令 $X(x_{ij})_{nm}$ 表示 *K—L* 变换的输入地震道集。i=1，2，…，n 为道号，j=1，2，…，m 为样点号，均值为 0。若 $\boldsymbol{V}$ 为对应于特征值的特征向量，Y 表示地震数据经 *K—L* 变换的输出道集，则 *K—L* 变换的方程组为

某一记录道：

$$\boldsymbol{x}_i = [x_{i1}, x_{i2}, \cdots, x_{iN}] \tag{6-1-3}$$

炮集中各个记录：

$$\boldsymbol{X} = [\boldsymbol{x}_1, \boldsymbol{x}_2, \cdots, \boldsymbol{x}_n] \tag{6-1-4}$$

协方差矩阵：

$$\boldsymbol{C}_x = \boldsymbol{X}^{\mathrm{T}}\boldsymbol{X} \tag{6-1-5}$$

奇异值分解：

$$\mathrm{SVD}(\boldsymbol{C}_x) = \boldsymbol{U\Sigma V}^{\mathrm{T}} \tag{6-1-6}$$

特征向量提取：

$$\boldsymbol{Y}_k = \boldsymbol{U}_k\boldsymbol{X} \tag{6-1-7}$$

式中　$\boldsymbol{U}$——左奇异值矩阵；

$\boldsymbol{\Sigma}$——对角矩阵；

$\boldsymbol{V}$——右奇异值矩阵。

式（6-1-3）对应输出道集 $\boldsymbol{Y}$ 的第一行 $\boldsymbol{Y}_i$ 为第一分量，它实际上是输入数据与最大特征向量相对应的归一化特征向量 $\boldsymbol{V}_i$ 上的投影和，它基本上集中了原地震道集中相干信号的最大能量。

K—L 变换本征滤波方法需对面波进行拉平处理，面波同相轴水平后，同相轴的主分量主要分布在本征向量的前几个主分量中，相干性较弱的水平同相轴的主分量则分布在本征向量的中部，随机噪声分布在本征向量的尾部和非本征向量域内，用这个方法就可分离出相干信号。

K—L 变换本征滤波方法是基于多道信号水平方向相干性进行信噪分离的技术，要求资料的信噪比相对要高，面波在水平方向上的相干性越大，*K—L* 变换本征滤波的效果就越好。宽方位、宽频、高密度地震数据信噪比较高，邻近地震道面波相干性好，所以 *K—L* 变换本征滤波更适合高密度采集数据噪声衰减处理。但是，由于 *K—L* 变换理论局限性使

其对于倾斜同相轴、双曲线同相轴、抛物线同相轴的处理效果较差，所以 *K—L* 变换本征滤波前需要根据面波视速度进行拉平处理，用户选择相对准确的面波视速度将需要压制的面波同相轴校平，同时采用较小的算子长度与较短的时窗，使实际地震数据适应 *K—L* 变换的要求。

图 6-1-13（a）展示了一个工区的原始炮集记录，为非宽方位宽频高密度数据。原始数据面波能量弱，频散严重，相干性不强，去噪后效果不佳，如图 6-1-13（b）所示。此结果与 *K—L* 变换本征滤波去噪方法原理完全吻合。面波相干性越小，面波噪声模型建立精度越差，*K—L* 变换本征滤波的效果就越差。这充分说明去噪方法既有一定的针对性，也有一定的局限性，只有正确掌握这些去噪方法的运用技巧才能获得较好的去噪效果。

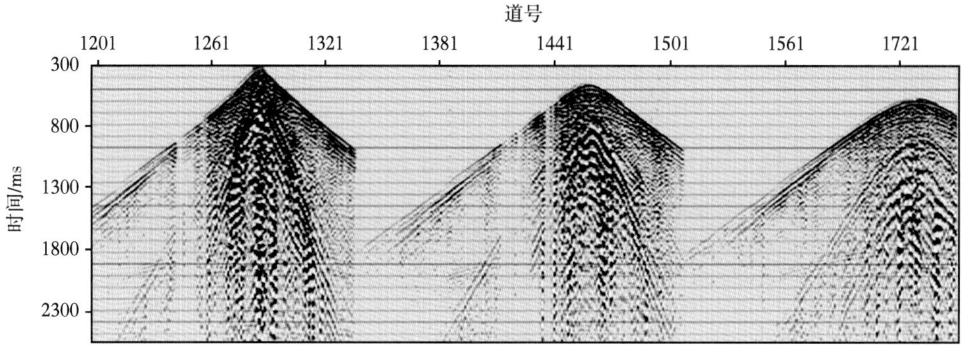

(a)原始炮记录

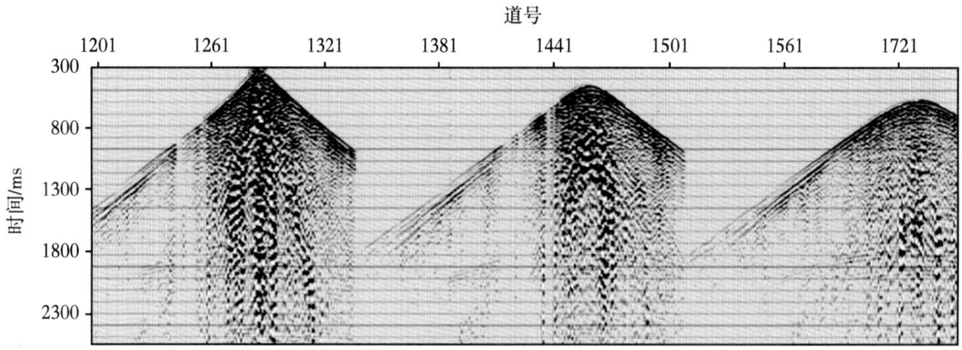

(b)去噪后的炮记录

图 6-1-13　*K—L* 变换本征滤波效果对比图

图 6-1-14 为高密度采集工区的炮集记录，属于典型的“两宽一高”地震数据。如图 6-1-14（a）所示，可以观察到很强的面波，其频散弱、相干性很强，主频在 15Hz 左右，视速度为 1800m/s；图 6-1-14（b）为采用 *K—L* 变换本征滤波去噪后的炮记录，去燥效果非常好。面波相干性越强，面波噪声模型建立精度越高，*K—L* 变换本征滤波的效果就越好。这充分说明 *K—L* 变换本征滤波去噪方法更适应宽方位、宽频、高密度数据处理。

为适应地震勘探的发展需要，迫切需要研发更多有效的高密度数据去噪方法。今后，高密度数据去噪方面应该更多关注和解决去噪后地震数据的保幅问题。“两宽一高”地震数据面波相干性强的特点更好满足了 *K—L* 变换本征滤波面波衰减的原理，实际地震数据实验效果充分验证了 $K—L$ 变换本征滤波面波衰减原理的正确性及对“两宽一高”地震数据的适应性。

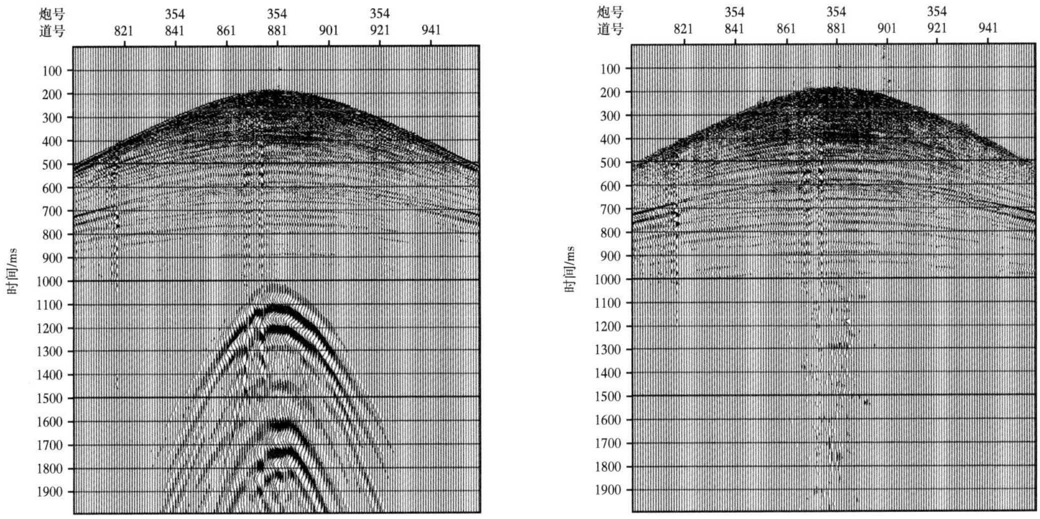

(a)原始炮记录　　(b)去噪后的炮记录

图 6-1-14　$K—L$ 变换本征滤波效果对比图

第二节　宽方位高密度地震数据 OVT 处理技术

宽方位采集的地震数据为方位各向异性的研究提供了基础，同时也对地震数据处理提出了挑战。宽方位地震数据方位各向异性处理与应用主要表现在两方面：一是在资料处理中尽量保留方位各向异性信息，用于水平对称轴的横向各向同性（HTI）介质裂缝预测；二是尽量消除方位各向异性对成像的影响，提高成像精度。宽方位采集的地震数据主要有两种主要处理技术，即分方位扇区处理技术、更精确的 OVT 处理技术。

一、OVT 处理技术的基本概念与流程

传统上，宽方位、高密度地震数据处理一般是基于方位角扇区的方式进行。首先，将地震数据根据地质构造情况和方位分布情况划分为确定个数的方位角扇区；然后，在每个方位角扇区内按传统的二维处理流程进行处理；最后，将不同扇区的数据组合在一起进行方位各项异性分析及裂缝预测。每一个扇区数据的方位角被置为该扇区的平均方位角，所以，方位角划分的粒度很大、精度较低，没有充分利用宽方位高密度地震数据所提供的信息。虽然增大划分扇区个数可以提高方位角的精度，但其处理工作量也成倍增大，并且每个扇区的覆盖次数及规则性也大幅降低，影响处理效果。

目前，基于炮检距矢量片 OVT 的处理技术在业界得到了广泛的应用，是宽方位、高密度地震数据理想的处理技术。所有的 OVT 数据体偏移后得到含有炮检距和方位角信息的螺旋道集，反映出了地震反射信号随炮检距和方位角变化的特征。OVT 技术相对于

传统的分扇区处理具有以下优势：（1）OVT道集能够拓展到整个探区，空间不连续性幅度小，OVT道集内各道的炮检距和方位角都分布在一个很小的范围内，数据道之间的有效信号相干性较好，是理想的三维共炮检距共方位角道集，有利于规则化和偏移处理；（2）相对于分扇区处理，OVT处理能得到更准确的方位各向异性速度，可以较好地解决方位各项异性问题，有更好的成像效果；（3）OVT偏移后可以保留更精确的方位和偏移距信息，便于方位相关的属性提取，可以为方位各向异性分析及叠前裂缝预测提供高质量的数据，从而提高裂缝预测的精度。

基于OVT进行高密度宽方位地震数据处理主要采用流程如图6-2-1所示。OVT处理流程中的关键步骤在图6-2-1中用红色的字体表示，分别为OVT道集抽取、OVT域叠前时间偏移及蜗牛道集输出、方位各向异性分析与校正。

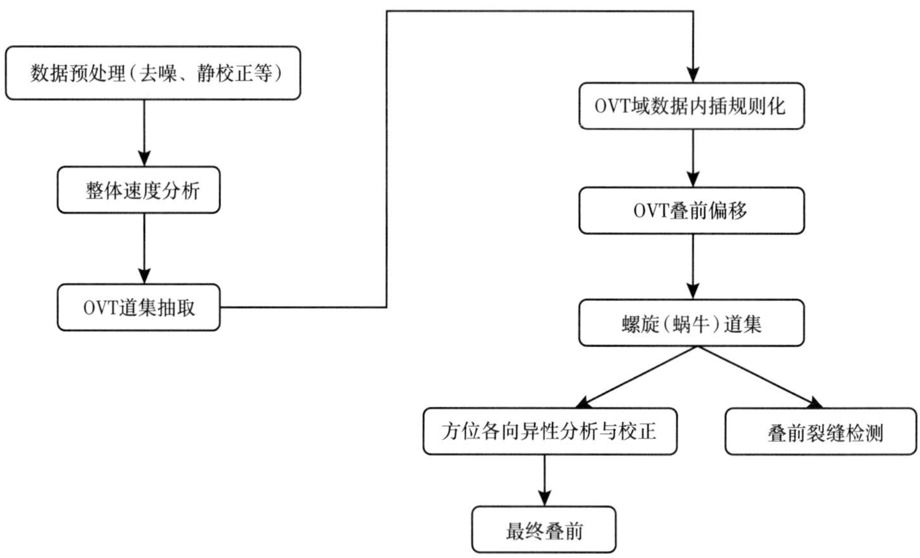

图6-2-1 OVT域数据处理基本流程

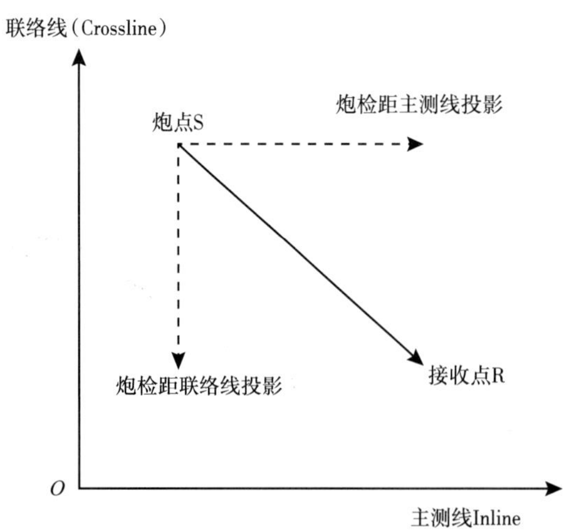

图6-2-2 炮检距矢量投影示意图

OVT可以通过炮检距矢量在Inline和Crossline两个方向的投影来划分（图6-2-2）。其中：Inline方向为十字坐标系的X轴方向；Crossline为Y轴方向。炮检距矢量在Inline方向的投影为炮检距X投影，用Offset X表示；在Crossline方向的投影为炮检距Y投影，用Offset Y表示。每个OVT片可以用（Offset X分组号，Offset Y分组号）表示，把整个工区数据中具有相同分组号的OVT片抽取出来，就得到覆盖整个工区的COV（Common Offset Vector）数据体，称为OVT道集。因为OVT道集内各道的炮检距和方位角都分布在一个很小的范围内，所以 OVT 道集本质上是一个三维的共炮检距共方位角道集。

理想的共炮检距—共方位角道集是一个叠前单次覆盖剖面。也就是说，理想的共炮检距—共方位角道集中的每一道应该来自于工区中不同的成像点（CMP 面元），共炮检距—共方位角数据的道数等于工区中成像点的个数。对于三维正交观测系统，当使用 2 倍的炮线距作为 Offset X 的分组大小，2 倍的检波线距作为 Offset Y 的分组大小，就能实现理想的 OVT 划分，即每个 OVT 道集在每一个 CMP 面元中只有一道。

经 OVT 分组之后，用户可对得到的 OVT 道集进行质控。图 6-2-3、图 6-2-4 分别为一个实际高密度、宽方位地震数据经过 OVT 分组后所有 OVT 道集的方位角和炮检距的分布图；图 6-2-5、图 6-2-6 分别为其中一个 OVT 道集的方位角和炮检距的分布图。

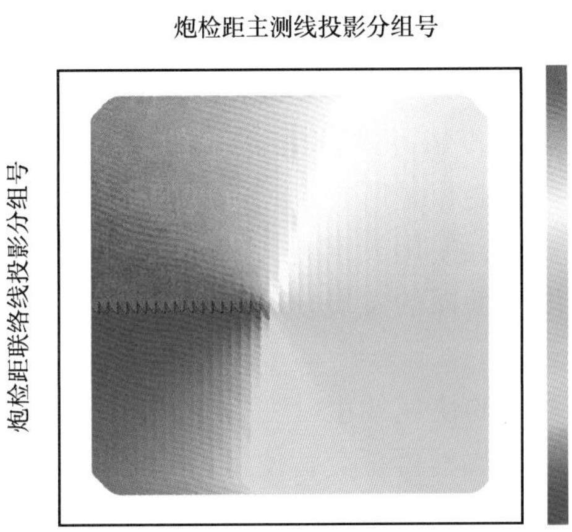

图 6-2-3 所有 OVT 道集的方位角分布图

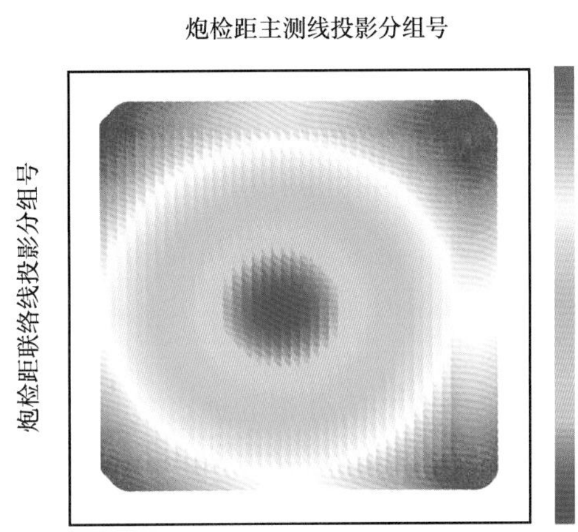

图 6-2-4 所有 OVT 道集的炮检距分布图

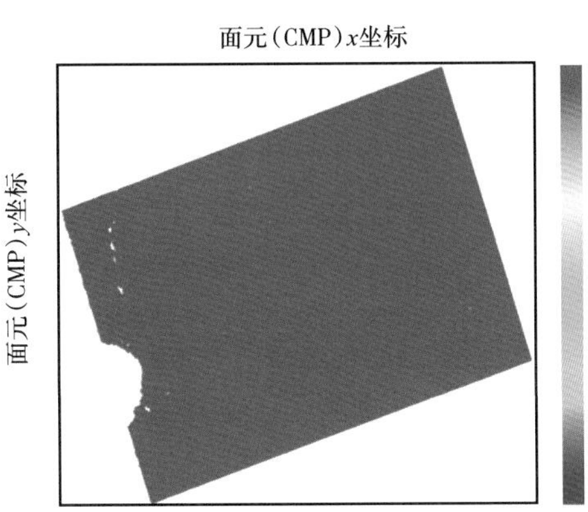

图 6-2-5 一个 OVT 道集的方位角分布图

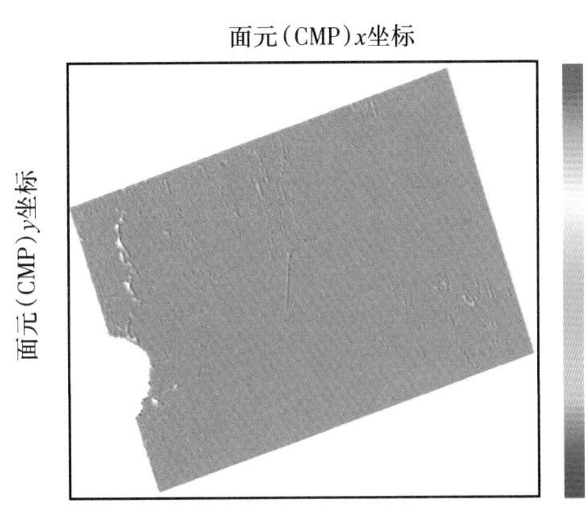

图 6-2-6 一个 OVT 道集的炮检距分布图

根据一个 OVT 道集的方位角和炮检距分布质控结果，可以看到一个 OVT 道集中数据的方位角和炮检距都分布在一个很小的范围，如图 6-2-5 的方位角基本在 349°～351° 之间，这也是 OVT 道集称为共方位角共炮检距道集的原因。

二、数据规则化

在现阶段的地震勘探中，由于勘探经费的限制、野外施工条件等因素的影响，常使得所采集到的数据满足不了后续处理和成像对地震数据空间规则性采样的要求。地震数据规则化技术可在一定程度上改善观测系统的空间采样属性，得到更均匀的覆盖次数及炮检距和方位角采样，有助于减少偏移画弧噪声、提高偏移道集质量和最终的成像效果，也可为方位各向异性分析提供更好的道集。

地震数据规则化技术包括基于波场算子（DMO、AMO 等）及基于数学变换的规则化方法。因基于波场算子的规则方法需依赖于相对准确的地下介质速度信息，相比之下，基于数学变换类的规则化方法因其易用性而成为工业界的主流规则化方法。具有代表性的数学变换类规则化算法有 ALFT 方法（Xu 等，2014）和 MPFI 方法（Michel 等，2013）等。

若用炮、检点的 x、y 坐标这四个空间维度加上时间维度来描述地震数据，可认为地震数据是五维的。在不同的坐标系统下，这五个维度可有不同的含义。前四个空间维度也可以是 CMP 的 x、y 坐标加上炮检距在 x、y 方向的投影，或者是 CMP 的 x、y 坐标加上绝对炮检距和炮检方位角。地震数据的振幅和相位变化是所有这些维度的函数，低维空间的投影并不能完整地反映高维空间中的真实变化，使用五维规则化算法可以更真实地反映重构数据的振幅和相位变化。随着宽方位地震勘探的发展，对五维规则化算法的需求应运而生。

对于非规则空间分布的地震数据，不能采用常规的快速傅里叶变换来获得数据的频谱。其原因在于不规则采样造成了傅里叶变换的基函数不再正交，使得能量泄漏到其他的频率成分上。因此，基于傅里叶重构类数据规则化算法的目的，是如何去掉能量泄露的影响，得到对应规则空间分布数据的波数谱系数。

非均匀傅里叶重构技术利用时空域已知的非均匀空间采样信息来估算傅氏域未知的频谱，再利用常规傅里叶逆变换将估算出的频谱变换回与给定规则网格相对应的时空域，从而完成地震数据的重构过程。算法对频率波数域的频率切片进行操作，一次一个切片，从稳定的低频切片开始，然后逐层向高频方向扩展。在单个频率切片上采用迭代计算的方式，每一次迭代从波数谱中筛选出最大能量的波数谱系数成分，将这部分数据减掉后更新输入数据，再去求下一个对应最大能量的波数谱系数。如此反复，直到得到所有的频率切片的所有波数分量，然后再反变换到时间空间域，就得到了规则化后的地震数据。

下面具体描述单个频率切片上波数谱的重构过程。

定义频率片为 $f(x)$，其共有 M 个空间采样点 x。令该频率片所对应的波数谱为 $F(k)$，共有 N 个波数采样点 k。定义矩阵 $\boldsymbol{\Phi}$ 为

$$\boldsymbol{\Phi}_{M\times N}=[\varphi_1,\ \varphi_2,\ \cdots,\ \varphi_N] \tag{6-2-1}$$

用 x 和 k 的上角标来区分 4 个空间方向所对应的维度，下角标表示采样点序号，矩阵 $\boldsymbol{\Phi}$ 的列向量 $\boldsymbol{\varphi}$ 为

$$
\boldsymbol{\varphi}_n = \begin{bmatrix} e^{i\left(k_n^1x_1^1+k_n^2x_1^2+k_n^3x_1^3+k_n^4x_1^4\right)} \\ e^{i\left(k_n^1x_2^1+k_n^2x_2^2+k_n^3x_2^3+k_n^4x_2^4\right)} \\ \vdots \\ e^{i\left(k_n^1x_M^1+k_n^2x_M^2+k_n^3x_M^3+k_n^4x_M^4\right)} \end{bmatrix}_{M\times 1} \tag{6-2-2}
$$

则 Fourier 正、反变换可以用矩阵形式表示为

$$
f=\boldsymbol{\Phi}F \tag{6-2-3}
$$

$$
F=\boldsymbol{\Phi}^H f \tag{6-2-4}
$$

令 j 表示迭代次数，则波数谱的估计过程可表示为

$$
F^j(p)=\max_{1\leqslant n\leqslant N}\left\langle f^j,\ \varphi_n^H\right\rangle \tag{6-2-5}
$$

$$
F^{j+1}=F^j-F^j(p)\boldsymbol{\Phi}^H\varphi_p \tag{6-2-6}
$$

式（6-2-5）表示搜寻最大能量的波数谱系数并将其作为当前波数点的结果，然后利用式（6-2-6）为下一个波数点系数的求取更新数据。

图 6-2-7 为某工区的炮检点位置及规则化前后覆盖次数对比图。该地区虽然地势较为平坦，但民房、沟渠、电网等障碍物较多。尤其在工区西北角，由于障碍物的影响，正常布设比较困难，导致观测系统变观严重［图 6-2-7（a）］，进而引起工区覆盖次数严重不均。为解决因客观条件导致的变观问题，处理中采用五维规则化插值技术对观测系统的空间采样属性进行改进。以工区东南部采集参数为主，重点对工区西北角区域进行炮线和检波线加密处理。图 6-2-7（b）和图 6-2-7（c）展示了规则化插值前后覆盖次数对比，可以看出规则化插值后全区覆盖次数属性变得更加均衡。同时，图 6-2-8 中规则化插值前后偏移剖面对比表明，规则化插值技术可在一定程度上减少偏移噪声、提高成像信噪比。

三、OVT 积分法叠前偏移技术及蜗牛道集抽取

1. 炮检距域积分法偏移

基于炮检距的四维地震数据处理中，沿炮检距方向对地震数据进行分组，分组后积分法叠前时间偏移求和公式写为

$$
I(\xi,h_i)=\sum_{i\in\Omega_\xi}W(\xi,m_i,h_i)D[t=t_{\mathrm{d}}(\xi,m_i,h_i),m_i,h_i] \tag{6-2-7}
$$

式中 I——成像结果；

W——加权系数；

D——输入地震数据；

ξ——当前成像点位置；

m_i——当前输入地震道的中心点位置；

h_i——当前输入地震道的炮检距；

t_d——成像深度对应的双程旅行时。

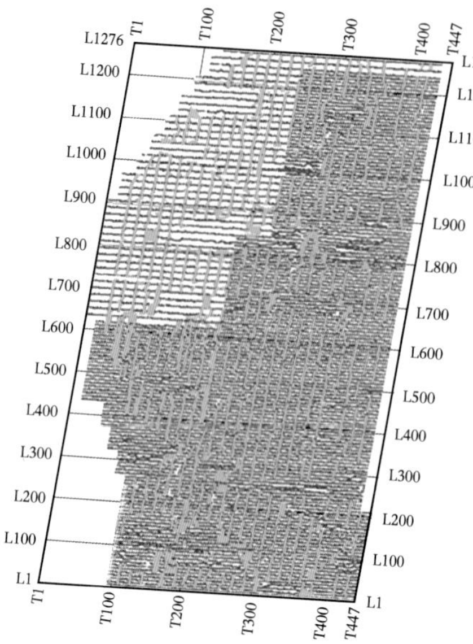

(a)炮点(绿色)、检波点(蓝色)位置

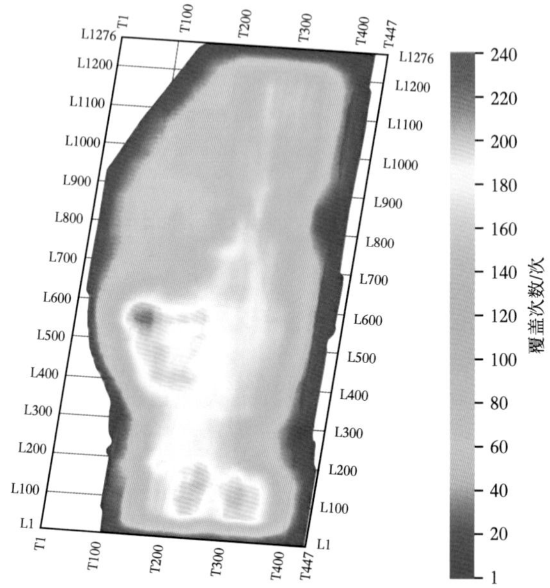

(b)插值前覆盖次数

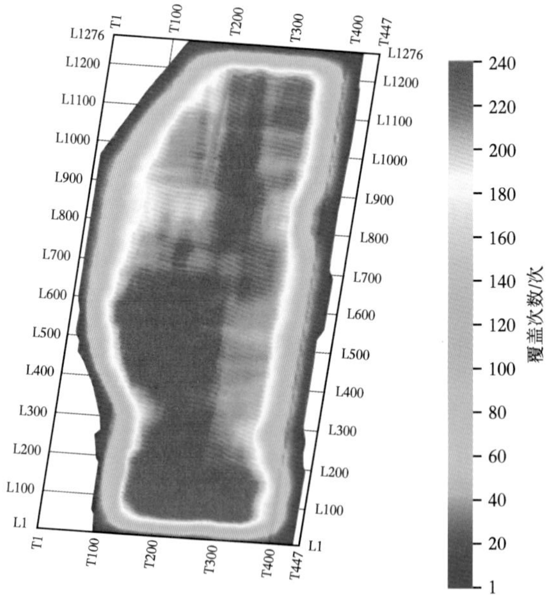

(c)插值后覆盖次数

图 6-2-7　炮检点位置图及规则化前后覆盖次数对比图

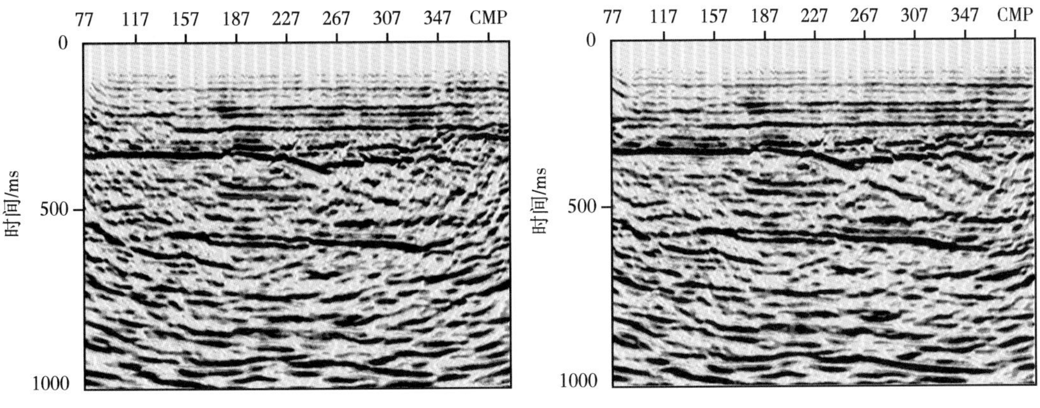

(a)插值前　　(b)插值后

图 6-2-8　规则化插值前后偏移剖面对比图

在实际的实现中，客观上存在两种求和方法，一种是 Spraying 方法，另一种是 Gathering 方法。这两种方法数学上等价，但在数值计算上存在差异。

Kirchhoff 积分的 Gathering 方法是对于每一个地下的输出点，在时间表中查找关于某一炮、某一检波点分别到达的旅行时，并求和得到总旅行时间 t，按照该点总旅行时间 t，在观测数据集中查找该道的振幅 $D(t, s, g)$，然后将它加权叠加到该成像点的求和变量 I 中，对于该成像点孔径内的所有观测到数据都进行上述的操作，就完成了该点的偏移。循环所有的地下输出点，就得到了整个输出空间的偏移结果。

可以看出 Gathering 方法是以输出的成像点为核心，到时间表和数据集中寻找属于该成像的能量，并把它收集起来叠加在一起，对成像点而言是一个主动出去找的过程。

实际上，Gathering 方法中属于一个成像点的能量在原始数据集中的分布就是求和曲面。如图 6-2-9 所示，其中垂直轴是时间，水平轴是中点坐标系。等值线上具有相同的时间，曲面顶点的“米”字交叉点是成像的输出点，它对应的时间就是双程旅行时：

$$\tau_{\xi} = 2z_{\xi}/v \tag{6-2-8}$$

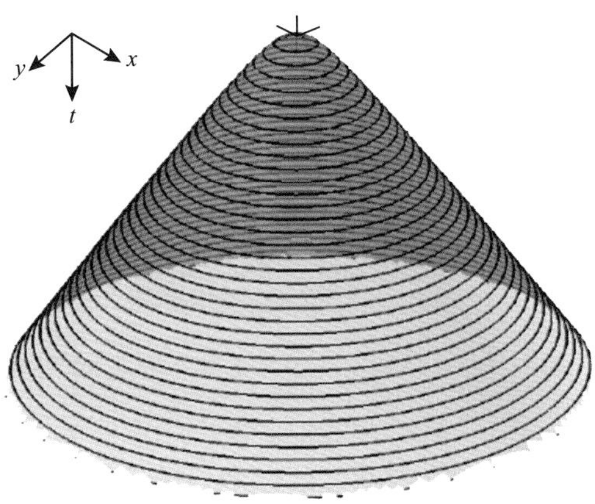

图 6-2-9　零炮检距求和曲面

式中 t_ξ——成像时间，s；

Z_ξ——曲面顶点对应的深度，m；

v——介质速度，m/s。

该求和曲面的方程为

$$t_\xi = 2\sqrt{z_\xi^2 + \left|\xi_{xy} - m\right|^2} / v_{\mathrm{rms}} \tag{6-2-9}$$

如图6-2-10所示，图中“米”是成像的输出点，是零炮检距曲面的顶点。它的曲面方程为

$$t_{\mathrm{D}} = \frac{\sqrt{z_\xi^2 + \left|\xi_{xy} - m + h\right|^2}}{v_{\mathrm{rms}}} + \frac{\sqrt{z_\xi^2 + \left|\xi_{xy} - m - h\right|^2}}{v_{\mathrm{rms}}} \tag{6-2-10}$$

式中 h——固定的炮检距，h=3000m。

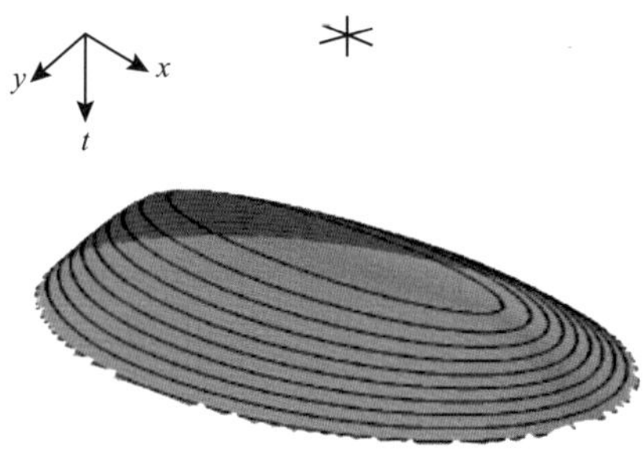

图6-2-10 非零炮检距求和曲面

将零炮检距的求和曲面和一个固定炮检距的求和曲面绘制在一起，可以看出二者的相对位置关系（图6-2-11）。

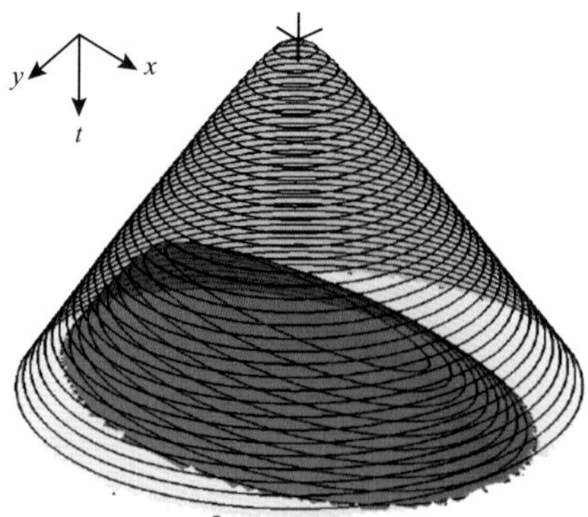

图6-2-11 零炮检距求和及非零炮检距求和曲面

Spraying方法则相反，它以数据点为核心，把该点的能量按一定权分配到成像点空间中去，并把每一个数据点在成像点空间的分配结果累加得到整个成像点空间的偏移结果。

Spraying方法的能量分配位置就是偏移脉冲响应，对于均匀介质，是一个半椭圆或半

椭球（图 6-2-12）。这是一个零炮检距的能量分配面，垂直轴及水平轴分别是深度和成像空间的水平坐标，等值线上具有相同的深度，半球底的顶点是输入脉冲的位置，它对应的深度为

$$z_{\xi}=v\tau_{\xi}/2 \tag{6-2-11}$$

式中，各变量含义同式（6-2-8）。

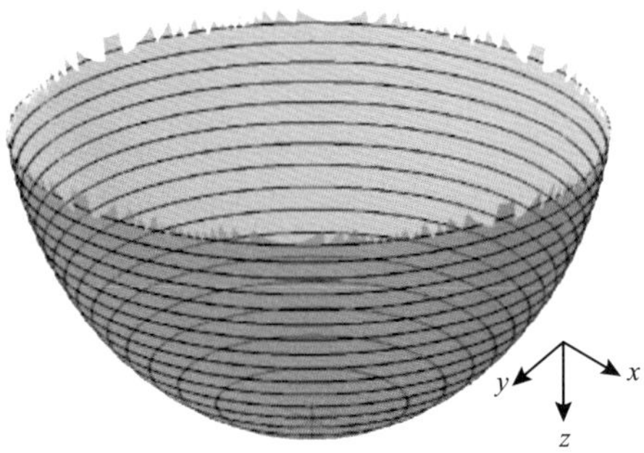

图 6-2-12 零炮检距能量分配面

旅行时表示的分配面的方程为

$$t_{\mathrm{D}}=2\sqrt{(x_{\xi}-x_{m})^{2}+(y_{\xi}-y_{m})^{2}+z_{\xi}^{2}}\Big/v_{\mathrm{rms}} \tag{6-2-12}$$

式中，除了成像点和输入道在地面上的投影位置用大地坐标表示以外，其他变量含义同式（6-2-9）。图 6-2-13 所示的是非零炮检距能量分配面，炮检距 h=3000m。

图 6-2-14 是零炮检距能量分配面和非零炮检距能量分配面叠合在一起显示。

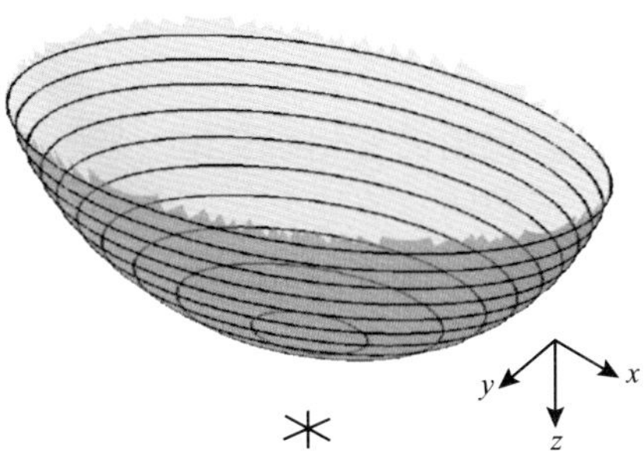

图 6-2-13 非零炮检距能量分配面

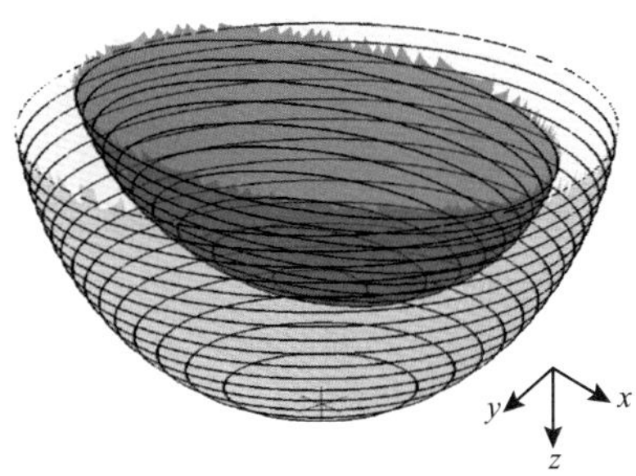

图 6-2-14 零炮检距能量和非零炮检距能量分配面

2.OVT 域积分法偏移

设成像点的平面坐标（x_0，y_0），输入道的剖面坐标为（x_1，y_1），半炮检距为 h，炮检点连线与正北方向的夹角为 α，则炮点、检波点坐标可分别表示为

$$\begin{cases}x_{\mathrm{s}}=x_{1}+h\sin\alpha\\y_{\mathrm{s}}=y_{1}+h\cos\alpha\end{cases} \tag{6-2-13}$$

$$\begin{cases}x_{\mathrm{r}}=x_{1}-h\sin\alpha\\y_{\mathrm{r}}=y_{1}-h\cos\alpha\end{cases} \tag{6-2-14}$$

式中，下标“s”“r”分别代表炮点和检波点。

在炮检距和方位角域的旅行时计算公式为

$$
\begin{aligned}
t_{\mathrm{D}} = & \sqrt{t_0^2 + \frac{\left(x_0 - x_1 + h\cos\alpha\right)^2 + \left(y_0 - y_1 + h\sin\alpha\right)^2}{v^2}} \\
& + \sqrt{t_0^2 + \frac{\left(x_0 - x_1 - h\cos\alpha\right)^2 + \left(y_0 - y_1 - h\sin\alpha\right)^2}{v^2}}
\end{aligned}
\tag{6-2-15}
$$

固定成像点和输入地震道位置，研究某一成像样点旅行时随炮检距和炮检连线方位角的变化规律。图 6-2-15 是炮检距分别为 0、3000m、6000m 时，方位角从 -180°～180°的旅行时。

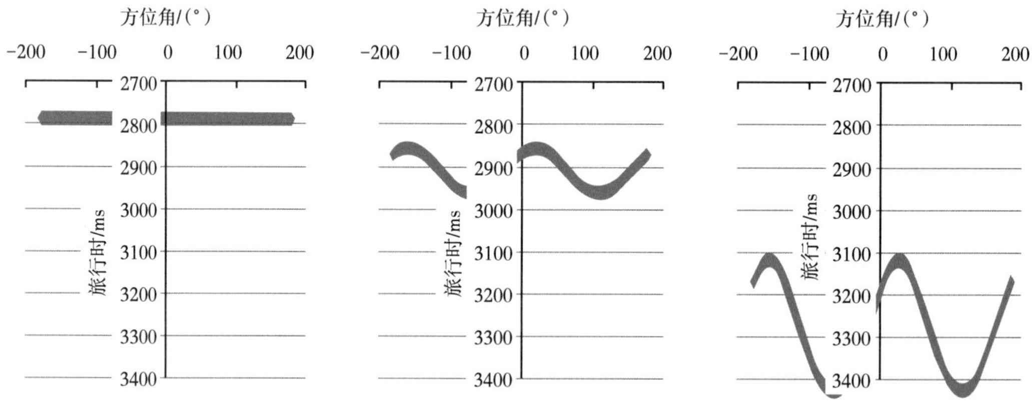

(a) h=0m (b) h=3000m (c) h=6000m

图 6-2-15 固定炮检距，旅行时随方位角变化曲线

如图 6-2-15 所示，当炮检距为 0 时，旅行时不随方位角的变化而变化；当炮检距非 0 时，旅行时是方位角的正弦函数。炮检距越大、正弦函数的幅值越大。

如图 6-2-16 所示，固定方位角时，旅行时随炮检距的增大而增大，不同方位角的旅行时随炮检距变化的曲率是不同的。

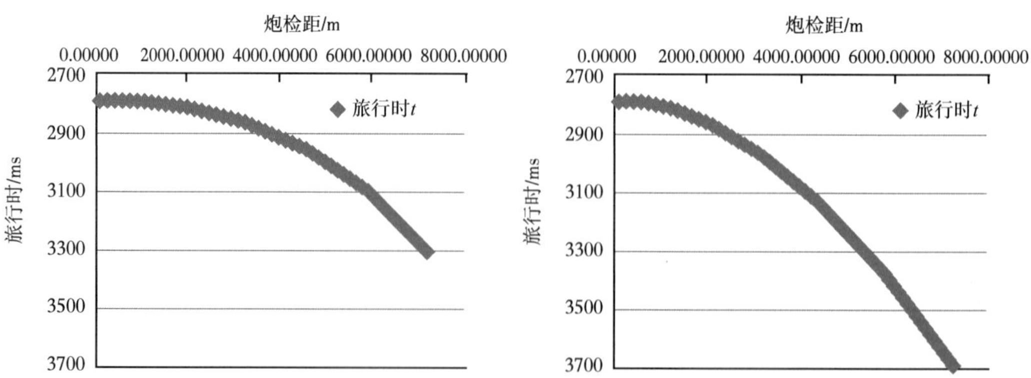

(a) 方位角为20° (b) 方位角为110°

图 6-2-16 固定方位角，旅行时随炮检距变化曲线

图 6-2-17 是某高密度工区中一个 CMP 道集中 2000～4000ms 段的地震记录，方位角为 -80°～180°。图中浅蓝色散点是叠前时间偏移某一成像样点与各个输入道对应的旅行时间，可以看出，在左边小炮检距处，旅行时相对比较聚齐，随着炮检距增大，不同地震道的旅行时弥散分布。

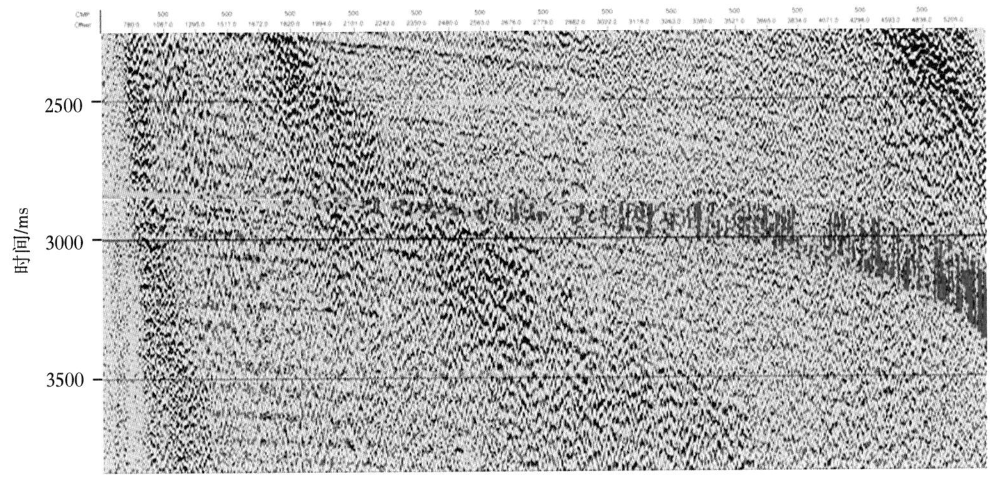

图 6-2-17 实际数据旅行时随炮检距变化曲线

上述分析是建立在工区平面内一个成像点和一个输入 CMP 道集基础之上，虽不能完全展示叠前成像结果和炮检距和方位角的关系，但是最少能说明成像结果和地震数据的方位角存在某种依赖关系。式（6-2-7）中表达的叠前时间偏移公式仅仅对地震数据按炮检距进行的分组，其成像结果是 CRP 炮检距道集。对式（6-2-7）稍加修改，除了保存当前输入地震道的炮检距信息外，再保留其方位角信息，就可以完成 OVT 叠前偏移。OVT 是把地震数据炮检距和方位角进行细分，分割后数据的炮检距和方位角相对固定，对宽方位数据在 OVT 子集上进行成像处理，其成像结果属性不仅随炮检距变化，而且能展示不同方向上的变化规律。

3.OVT 域蜗牛道集抽取

常规基于炮检距的叠前偏移是以一定的炮检距间隔把整个炮检距区间分割为很多炮检距区段，每个区段单独偏移成为一个炮检距剖面，成像结果的炮检距是所有参与偏移计算输入数据炮检距的均值。在一个面元上把不同炮检距段的成像结果从小到大排列起来组成的道集，就是传统的 CRP 炮检距道集。类似地，把 OVT 编号相同的所有数据单独进行偏移，并保留各道数据炮检距和方位角的均值，形成一个（炮检距、方位角）剖面，所有 OVT 偏移完成后，一个 CRP 道集数据集形成一个（时间或深度、炮检距、方位角）三维体。以成像道集中心点为圆心，以一定的炮检距段为增量，在（炮检距，方位角）平面内，对 OVT 偏移后的 CRP 道集进行螺旋式排序，形成蜗牛道集。

图 6-2-18 是 GeoEast 系统叠前时间偏移应用于某高密度数据的共炮检距道集［图 6-2-18（a）］和 OVT 螺旋道集［图 6-2-18（b）］，其中共炮检距道集的纵、横两

个坐标轴分别是时间、炮检距，OVT 螺旋道集的纵、横两个坐标轴分别是时间、炮检距，炮检距相同时按方位角由小到大排序。仔细比较可以看出在 OVT 螺旋道集上地震同相轴表现为明显的正弦曲线，地震振幅值在不同方位存在周期性的强弱变化，这些特征在共炮检距道集上无法体现出来。

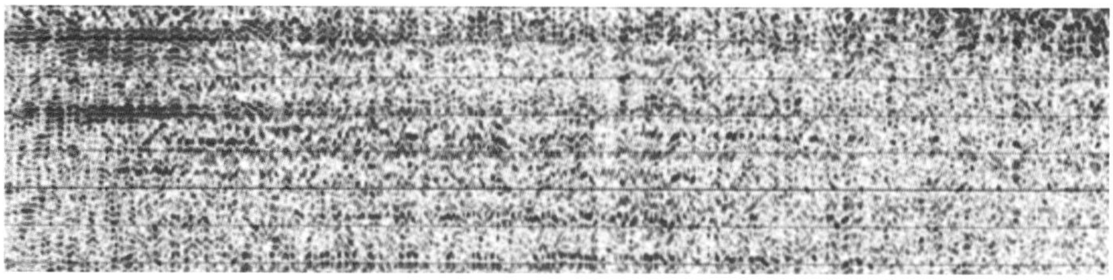

(a)共炮检距道集

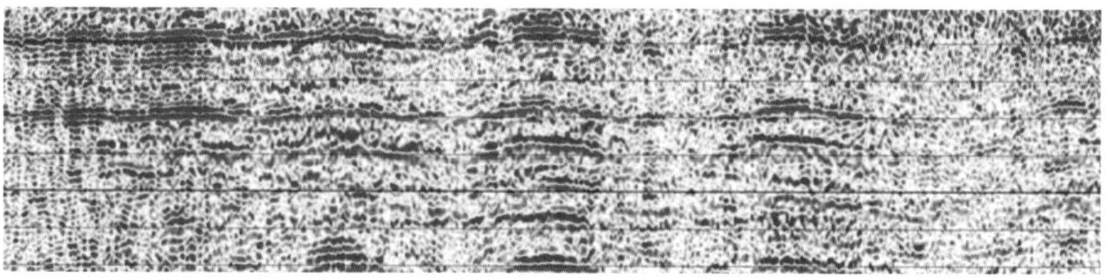

(b)OVT螺旋道集

图 6-2-18　某高密度数据叠前时间偏移道集

四、方位各向异性速度反演及时差校正

OVT 叠前偏移得到的螺旋道集中同相轴随炮检距和方位角变化的剩余时差现象主要由速度的方位各向异性引起的，可以通过拾取得到的剩余时差来反演方位各向异性速度，然后使用反演得到的方位各向异性速度进行方位各向异性校正。所以，整个过程需要三个步骤：螺旋道集剩余时差拾取、方位各向异性速度反演、方位各向异性校正。

1. 螺旋道集剩余时差拾取

理论上讲，叠前偏移后的成像点道集是消除了地层倾角影响的道集，当偏移速度准确的情况下，道集中的反射波同相轴应该被拉平。如果道集中的反射波同相轴存在剩余时差，则认为地下介质存在方位各向异性。

根据互相关系数最大原则得到每个互相关时窗中点的相对时移，即时窗中点的剩余时差。然后进行内插，得到整道数据的剩余时差。最后，根据每个样点的剩余时差进行校正。

在每一个互相关时窗内，截取对应此互相关时窗范围内的模型道数据序列，用 $\boldsymbol{X}$ 表示，长度为 L_x；截取对应此互相关时窗范围内的第一个数据道数据序列，用 $\boldsymbol{Y}$ 表示，长度为 L_y。使用 $\boldsymbol{X}$ 和 $\boldsymbol{Y}$ 进行互相关计算，得到该互相关时窗的相关系数序列 $\boldsymbol{C}$，长度为 L_c，互相关计算公式为

$$\boldsymbol{C}_i=\sum_{j=1}^{L_x}\boldsymbol{X}_j\cdot\boldsymbol{Y}_{i+j-1} \tag{6-2-16}$$

式中，i 的取值范围为 1～L_c；j 的取值范围为 1～L_x。

为了更精确地计算剩余时差，使用三点逆抛物线内插计算出最大相关系数对应的序号，用 $\boldsymbol{X}_{\max}$ 表示。使用该序号和地震数据的采样间隔可以得到当前互相关时窗中点的剩余时差量 Δt；$\boldsymbol{X}_{\max}$ 对应的相关系数 $\boldsymbol{C}_{\max}$ 就是当前互相关时窗中点的相关系数。

2. 方位各向异性速度反演

方位各向异性情况下，对当前数据样点 i，它在第 j 地震数据道的旅行时方程为

$$T_j^2 = T_{0i}^2 + \frac{X_j^2}{v_{ai}^2\left(\theta_j\right)} \tag{6-2-17}$$

式中 T_j——当前零炮检距数据样点 i 在第 j 地震数据道的旅行时；

T_{0i}——当前零炮检距数据样点 i 在零炮检距的双程旅行时；

X_j——第 j 地震数据道的炮检距；

v_{ai}——当前零炮检距数据样点 i 的方位各向异性速度；

θ_j——第 j 地震数据道的炮点到检波点的方位角。

方位各向异性速度 v_{ai} 是炮检方位角 θ_j 的函数，可用下式表示：

$$\frac{1}{v_{ai}^2\left(\theta_j\right)} = \frac{\cos^2\left(\theta_j - \beta_i\right)}{v_{slowi}^2} + \frac{\sin^2\left(\theta_j - \beta_i\right)}{v_{fasti}^2} \tag{6-2-18}$$

式中 v_{slowi}——当前零炮检距数据样点 i 的方位各向异性速度椭圆的短轴，为方位慢速；

v_{fasti}——当前零炮检距数据样点 i 的方位各向异性速度椭圆的长轴，为方位快速；

β_i——当前零炮检距数据样点 i 的方位各向异性速度椭圆短轴的方位角，为慢速方位。

通过 v_{slowi}、v_{fasti} 和 β_i 可以确定当前零炮检距数据样点 i 的方位各向异性速度 v_{ai}。

经过推导，方位各向异性速度还可以用下式表示：

$$\frac{1}{v_{ai}^2\left(\theta_j\right)} = s_{0i} + s_{0i}s_{1i}\cos\left(2\theta_j\right) + s_{0i}s_{2i}\sin\left(2\theta_j\right) \tag{6-2-19}$$

式中 s_{0i}——当前零炮检距数据样点 i 的方位圆形慢速；

s_{1i}——当前零炮检距数据样点 i 方位慢速余弦扰动量；

s_{2i}——当前零炮检距数据样点 i 的方位慢速正弦扰动量。

v_{slowi}、v_{fasti} 和 β_i 与 s_{0i}、s_{1i}、s_{2i} 的关系可以用下列式子表示：

$$\begin{cases} \dfrac{1}{v_{fasti}^2} = s_{0i}\left(1 - \sqrt{s_{1i}^2 + s_{2i}^2}\right) \\ \dfrac{1}{v_{slowi}^2} = s_{0i}\left(1 + \sqrt{s_{1i}^2 + s_{2i}^2}\right) \\ \beta_i = \arctan\dfrac{s_{1i} + \sqrt{s_{1i}^2 + s_{2i}^2}}{s_{2i}} \end{cases} \tag{6-2-20}$$

可以构造线性方程组：

$$\boldsymbol{W}\cdot\boldsymbol{A}\cdot\boldsymbol{y}=\boldsymbol{W}\cdot\boldsymbol{b} \tag{6-2-21}$$

式中 $\boldsymbol{W}$——当前成像点道集内所有数据道在当前零炮检距数据样点的相关系数数据构成的加权对角矩阵，大小为 k 行、k 列，k 为当前成像点道集的数据道数；

$\boldsymbol{A}$——当前成像点道集内所有数据道在当前零炮检距数据样点的设计矩阵；

$\boldsymbol{b}$——当前成像点道集内所有数据道在当前零炮检距数据样点旅行时数据构成的向量，大小为 k；

$\boldsymbol{y}$——由 s_{0i}、s_{1i}、s_{2i} 这 3 个未知数构成的向量。

再通过加权最小平法算法可以得到 s_{0i}、s_{1i}、s_{2i}，然后计算得到 $v_{\mathrm{slow}i}$，$v_{\mathrm{fast}i}$ 和 β_i。

3. 方位各向异性校正

方位各向异性情况下，在一个偏移后的共成像点道集中，不同炮检距与不同方位角接收的反射波剩余旅行时曲线可以表示为

$$T_x^2=T_0^2+\left(\frac{\cos^2\alpha}{v_{\mathrm{slow}i}^2}+\frac{\sin^2\alpha}{v_{\mathrm{fast}i}^2}-\frac{1}{v_{\mathrm{bg}}^2}\right) \tag{6-2-22}$$

式中 T_x——炮检距为 X 时的反射波旅行时；

T_0——炮检中心点处反射波的自激自收时间；

X——炮检距；

α——地震数据对应的炮检方向与慢速速度方向的夹角；

v_{bg}——输入数据的成像参考速度。

图 6-2-19 至图 6-2-22 分别为方位剩余时差校正前的成像点道集、校正后的成像点道集、校正前的叠加剖面、校正后的叠加剖面。从图 6-2-19 中可清楚地看到因方位各向异性造成的同相轴的“波浪”形态；图 6-2-20 是方位各向异性校正后的道集，由图可见，校正后的同相轴消除了“波浪”形态。拉平后的同相轴更有利于同相叠加，有更好

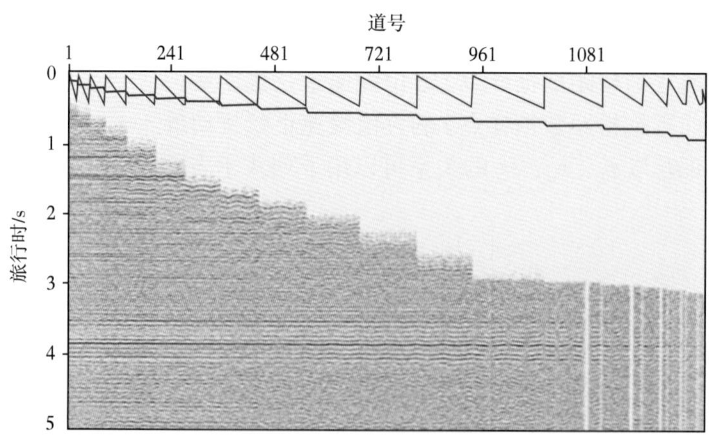

图 6-2-19 方位剩余时差校正前的成像点道集

的聚焦能量，另外，拉平后的同相轴更有利于方位 AVO 反演，得到更准确的反演结果。对比图 6-2-21 和图 6-2-22 可见，方位各向异性校正后剖面的能量聚焦性更好，反射轴“变实”，弱反射轴更易区分。

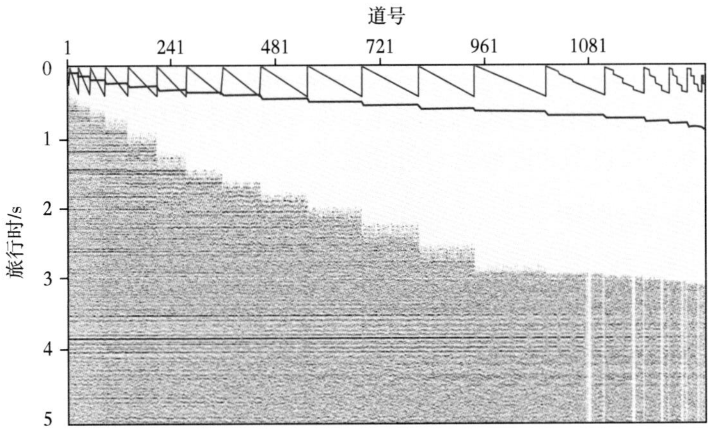

图 6-2-20 校正后成像点道集

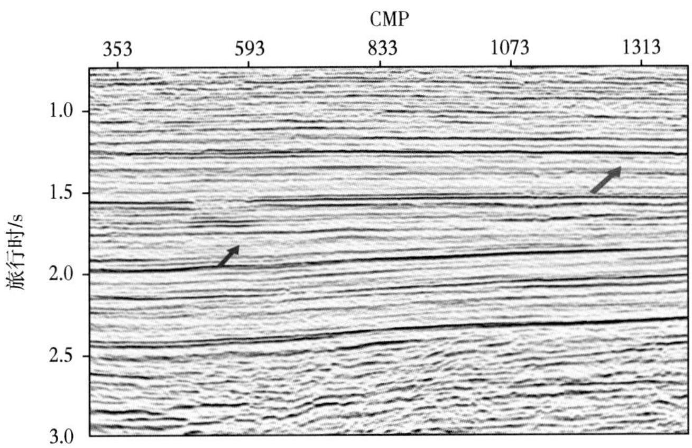

图 6-2-21 方位剩余时差校正前的剖面图

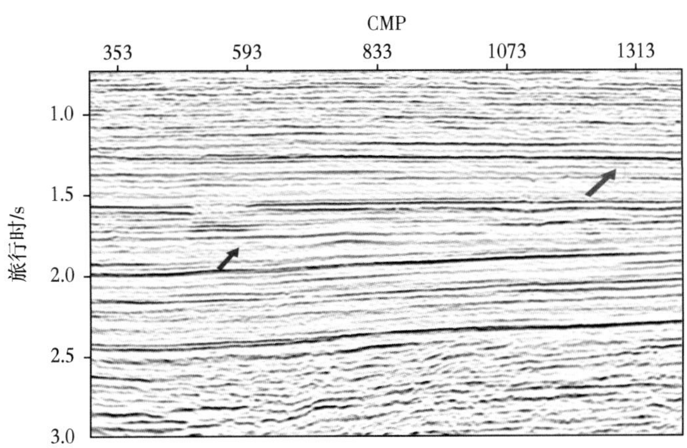

图 6-2-22 方位剩余时差校正后的剖面

第三节　地震数据宽频处理技术

地震数据宽频处理技术是在地震波的激发和接收等地震数据采集环节及资料处理过程中采用不同于常规地震勘探的各项技术，增强地震资料的低频能量，在地震子波不发生波形畸变且不改变其运动学特征的前提下，实现地震数据频带的高频端和低频端拓展。本节主要介绍低频补偿技术和近地表 Q 补偿技术。

一、低频补偿技术

1. 基于地震数据的自适应低频补偿技术

低频地震勘探是近年来地球物理勘探技术领域的热点，有以下几点原因：（1）低频信息在油气藏检测与指示中具有重要意义，例如油气藏低频伴影现象；（2）低频信号影响地震勘探的垂向分辨率，地震剖面的分辨率是由地震子波的带宽决定，同时需要高频和低频信息；（3）低频信号在深层油藏探测（如火成岩地区勘探）中具有重要作用，随着勘探目的层深度的加大，高频信号衰减、散射、频散严重，而低频信号保留相对完整；（4）低频信息在地震数据处理的反演（如全波形反演 FWI、常规的波阻抗反演等）过程中具有决定性作用。

传统的高分辨率处理方法，如统计子波反褶积、谱白化等，其目标在于拓宽地震数据的频谱带宽，且主要是高频端的带宽，而低频端通常都被忽略。因而，对于采用常规震源和检波器采集的地震数据，研究如何利用现有信息增强、补偿数据中的低频信号以满足低频地震勘探的需求，在地震数据处理中具有重要的现实意义和广泛的应用需求。

目前低频地震勘探技术领域的研究热点集中在硬件方面，通过采集时的低频震源激发和对应的检波器接收实现低频地震勘探，室内相应的处理技术较少。随着低频地震勘探日益趋热，也出现了一些专门针对低频信号的室内补偿方法，如基于压缩感知和稀疏反演的低频补偿方法，Whitcombe 等（2002）利用频率域空间滤波器提高低频信号的信噪比等。还有一种更简单直接的方式，利用野外采集的检波器频率响应做反褶积实现低频补偿。

除了较为传统的利用检波器频率响应做反褶积实现低频能量补偿外，还有一种全新的、基于地震子波估计的地震数据低频信息的自适应补偿方法。

在忽略噪声的情况下，根据 Robinson 褶积模型，地震记录 $x(t)$ 为地震子波 $w(t)$ 与反射系数序列 $r(t)$ 的褶积；在频率域只考虑各自的振幅谱，于是有

$$A_x(w)=A_w(w)A_r(w) \tag{6-3-1}$$

式中　A——各自的振幅谱，即地震记录的振幅谱等于地震子波振幅谱与反射系数序列振幅谱的乘积。

传统反褶积方法的目标，是消除式（6-3-1）中的子波项，得到反射系数序列；通过

反褶积处理将时间域的子波压缩成为尖脉冲，即子波在频率域为常数，是白噪谱。

因此，子波的带宽决定了地震数据的带宽。可通过对子波的频谱进行整形，补偿地震数据中信号的低频信息。

这里所述的低频补偿方法的理论基础与传统的反褶积方法是一致的，不同的是本方法只拓展子波的低频端，通常为1.5～15Hz，而中高频部分完全保持不变。由于补偿算子在频率域的低频端的变化相当剧烈，补偿算子的设计需要十分精细，以防止截断效应和Gibbs现象。

与谱白化方法相比，本方法通过改变子波的带宽、对子波整形来补偿信号的低频信息，故不会改变地震数据中信号（即反射系数序列）的频谱形态，在理论上远优于谱白化方法。整个补偿过程是完全数据驱动、自适应的，不需要人工干预，具有较好的数据适应性。

基于地震数据的自适应低频补偿方法的具体实现步骤如下：

（1）利用地震数据估算地震子波的振幅谱。

（2）定义低频补偿的起始频率（通常大于1.5Hz）以及截止频率（通常小于20Hz），在该频率范围之外，地震数据处理后将保持不变。

（3）定义地震子波在频率补偿区间的期望输出谱；通常对原始的地震子波振幅谱值开方得到期望输出；开方次数越高，补偿越强。

（4）子波期望输出谱除以估算的子波振幅谱，所得即为补偿算子的振幅谱，可求零相位或小相位补偿算子。

（5）对地震数据应用补偿算子，得到低频补偿后的结果。

本方法直接利用地震数据求取低频补偿算子，是一种数据驱动的补偿方法。低频补偿的范围和强弱可以灵活的控制，使用者只需要设定低频补偿的频率范围（第2步）、以及控制低频补偿强弱（第3步）。

在步骤（1）中，估算地震子波振幅谱的方法可以使用目前通用的子波振幅谱估算方法；例如谱模拟方法估算地震子波振幅谱，或用地震数据自相关来估算地震子波振幅谱。估算地震子波振幅谱，可利用单道地震数据，也可利用多道地震数据，并且可以选择时窗，目的是提高信噪比以取得地震子波较为准确的估计值。

由步骤（4）求得的补偿算子频率响应曲线，需要在起始频率和截止频率位置做平滑处理，以减弱吉布斯效应。

使用了不同频率的雷克子波进行理论试算，以验证本方法的处理效果。

估算地震子波振幅谱使用的是成熟稳健的谱模拟方法，图6-3-1所示主频为25Hz、35Hz和45Hz的雷克子波使用谱模拟方法估算的子波谱（红色实线）与真实子波谱（蓝色实线）的比较。由图可见，在没有噪声干扰的情况下，估算结果与真实情况几乎完全一致。

然后用补偿区间（本例为0至Ricker子波主频）4倍的估算子波谱二次开方结果作为期望输出，图6-3-2所示波谱为25Hz、35Hz和45Hz的雷克子波（蓝色实线）及期望输出的子波谱（红色实线）对比，横轴为频率；在低频端频谱得到明显的拓展。期望输出谱除以前面的估算子波谱，即得到低频补偿算子的频率响应，据此可求低频补偿算子。

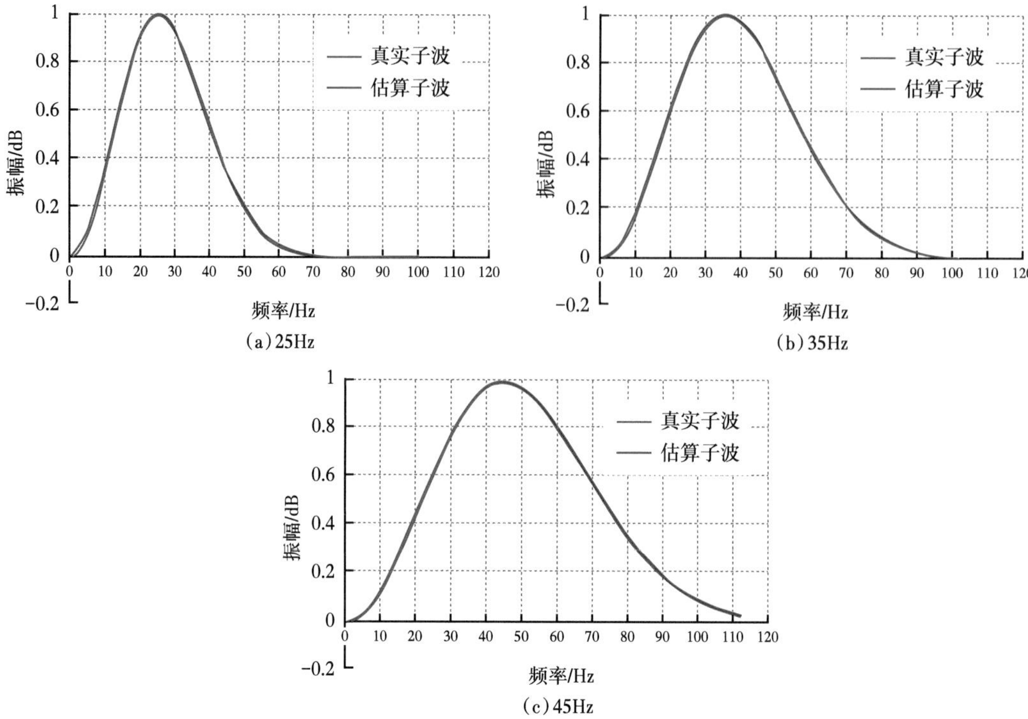

图 6-3-1 雷克子波谱与谱模拟估算的子波谱的对比

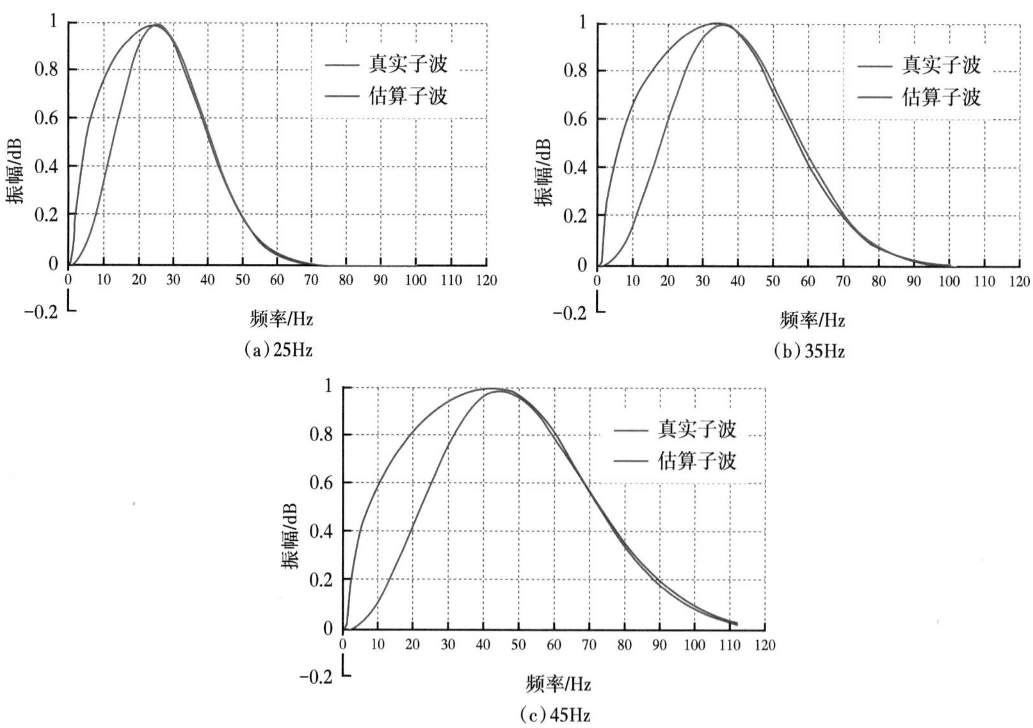

图 6-3-2 Ricker 子波谱与期望输出的子波谱

将低频补偿算子应用到原始子波上，得到低频补偿后的子波。图 6-3-3 所示频谱为 25 Hz、35Hz、45Hz 的原始输入的时间域雷克子波（蓝色实线）及对其做低频补偿后的子波（红色实线）对比，横轴为时间（ms）。从结果可以看出，对于 35Hz、45Hz 的雷克子波，低频补偿后子波主峰得到明显压缩，旁瓣峰值明显变小；而对于 25Hz 雷克子波，子波主峰反而略微变宽了一点，但是旁瓣的峰值明显变小；不管子波主频是多少，补偿前后，主峰与旁瓣的峰值之比始终在增加，即子波能量更集中于主峰。

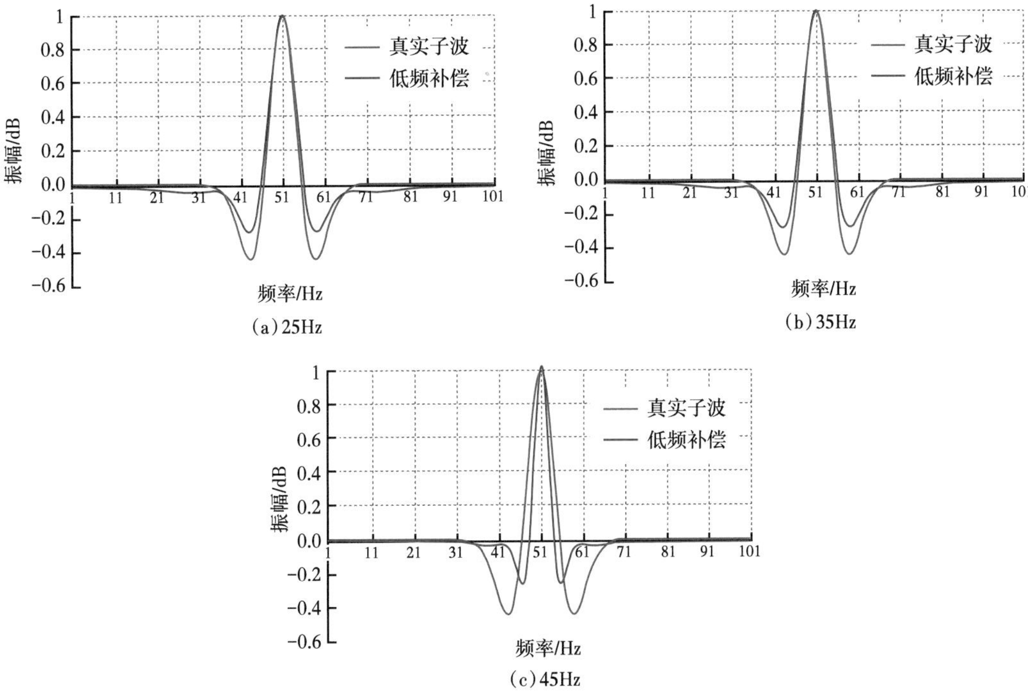

图 6-3-3　输入的雷克子波与低频补偿后子波对比

在实际数据上对本方法进行应用实验。首先，根据输入数据估算地震子波振幅谱（图 6-3-4）。图中剧烈振荡的曲线是输入地震数据的振幅谱，而光滑曲线是谱模拟方法估

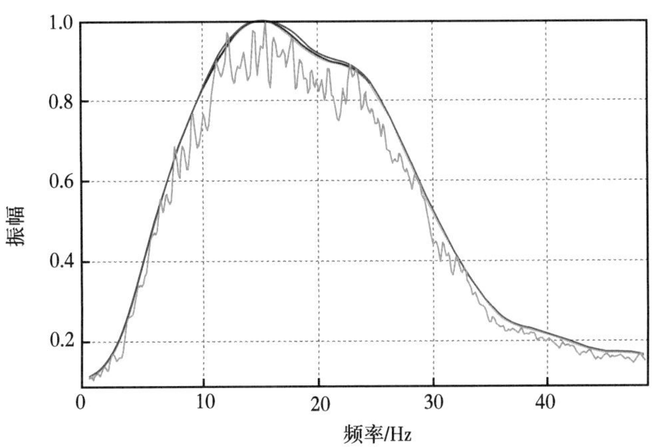

图 6-3-4　输入地震数据的振幅谱（红线）、估算的地震子波振幅谱（黑线）

算的地震子波的振幅谱。光滑曲线有 3 条，是使用不同参数的估算结果，可以看出估算结果大致相同，差异较小，说明算法比较稳定；输入数据的振幅谱是多道数据振幅谱的平均值。

其次，对估算的子波谱开方，所得结果作为期望输出。图 6-3-5 中剧烈振荡的是输入数据的振幅谱，红色光滑曲线是估算子波谱的开方的结果，而黑色光滑曲线是对开方结果的两端做了平滑处理，将对数据的低频补偿限制在 2.5Hz 到最大振幅值频率（约为 15Hz）范围内。

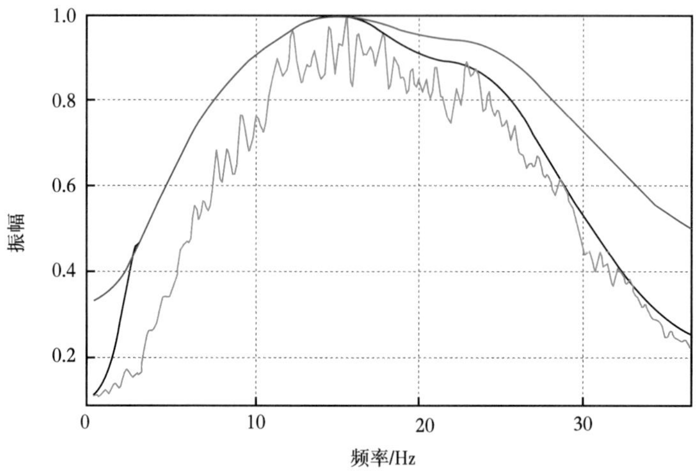

图 6-3-5 输入地震数据的振幅谱（绿线）、期望输出谱（红线）及期望输出谱平滑后结果（黑线）

期望输出的振幅谱除以估算的子波振幅谱，所得结果即为补偿算子的频率响应。图 6-3-6 中蓝色实线为两个振幅谱直接相除的结果；红色实线为限制了低频补偿的范围（2.5～15Hz）、并对两端做平滑处理（实际算法中使其拐点位置二阶可导）后的频率响应。根据该频率响应即可求得低频补偿算子并应用。

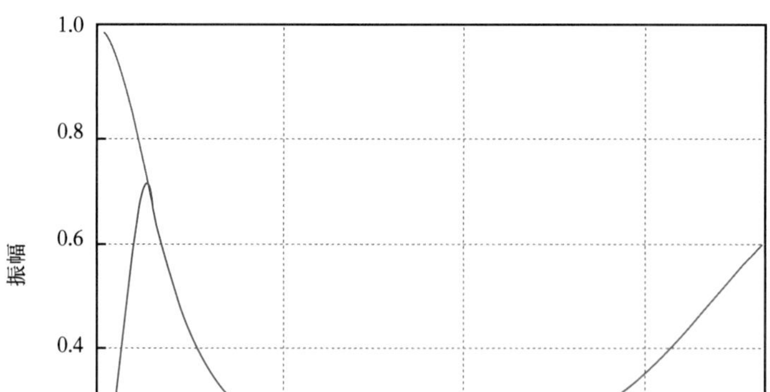

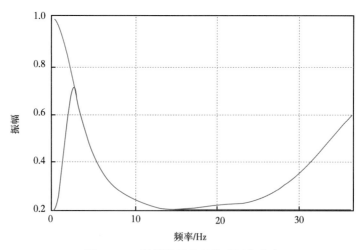

图 6-3-6 补偿算子处理前后频率响应

图 6-3-7 为低频补偿前（红线）、后（蓝线）地震数据振幅谱的对比。由图可见，地震数据在低频端的能量得到有效的补偿，而中高频端则保持不变。

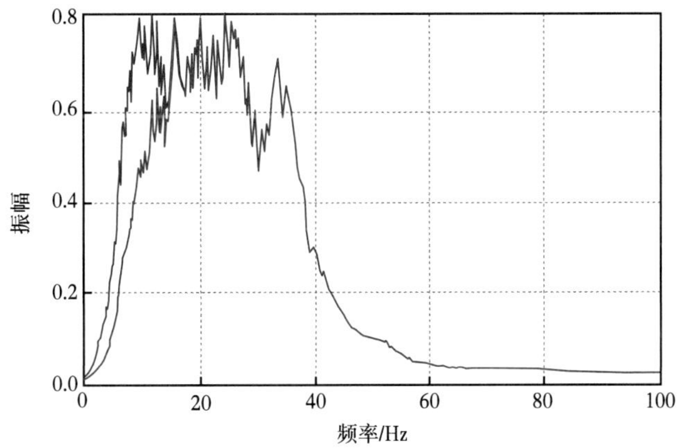

图 6-3-7 低频补偿前后数据的振幅谱

图 6-3-8 至图 6-3-10 为低频补偿前后剖面效果（不加振幅均衡）。其中图 6-3-10 为低频补偿前后数据之差的纯波剖面，可看到信号的低频能量得到有效的增强。

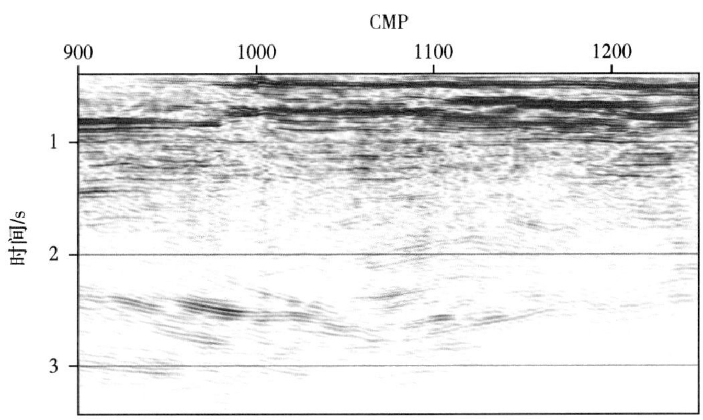

图 6-3-8 原始输入数据剖面

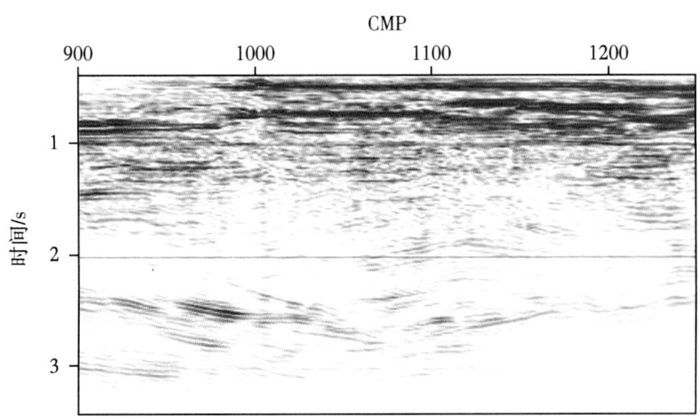

图 6-3-9 低频补偿后剖面

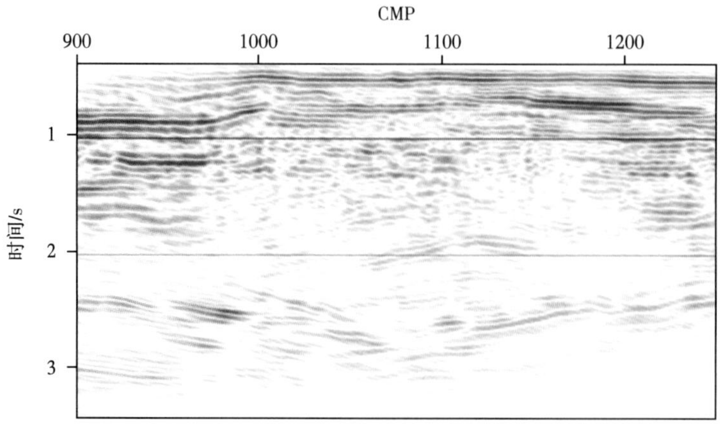

图 6-3-10 补偿前后之差剖面

在实际数据处理过程中，因地震子波振幅谱的估算误差、或者定义的补偿截止频率过高，可能出现低频过补偿现象（图 6-3-11）。由于低频补偿算子的频率响应过大，使得补偿后数据的振幅谱在低频端出现了异常的增大，幅值高于了地震数据主频的幅值。

为遏制过补偿现象，在求取补偿算子前加入了过补偿保护机制。图 6-3-12 所示为改进后的低频补偿结果，与图 6-3-11 对比，可以看出过补偿保护机制很好的发挥了作用。

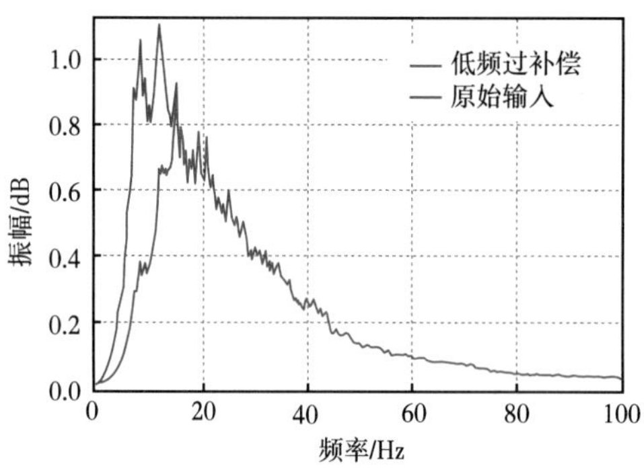

图 6-3-11 低频过补偿现象

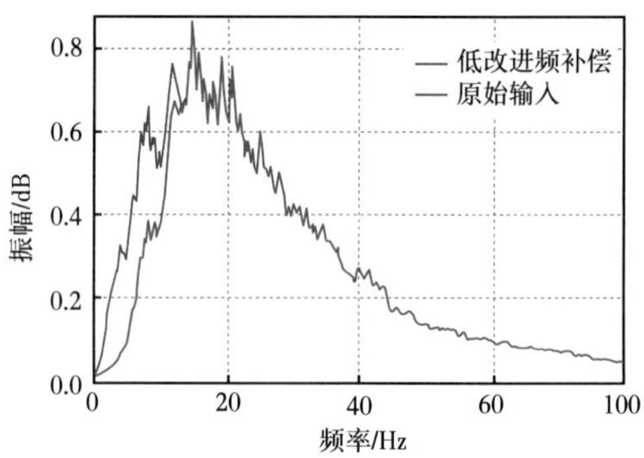

图 6-3-12 改进后低频补偿结果

2. 基于模拟检波器的技术参数的低频补偿方法

图 6-3-13（b）是某原始模拟检波器采集数据［图 6-3-13（a）］基于模拟检波器的技术参数（自然频率、灵敏度、阻尼参数）的低频补偿方法的应用效果。该方法的实现比较简单直接，先利用检波器的 3 个技术参数计算检波器的理论频率响应，然后直接求反子波补偿低频。图 6-3-13（c）为利用检波器技术参数做低频补偿前（红线）、后（蓝线）频谱对比图。从图 6-3-13 可以看出，利用检波器技术参数做低频补偿的效果很明显，但相对于前面的基于数据的自适应方法，其结果较为生硬：低频端补偿过强（2～5Hz），而高频端补偿不足（7～10Hz，自然频率）。如前所述，该方法的局限在于数学模型过于简单，只考虑了检波器的频率响应，而忽略了震源，以及检波器与地面的耦合程度等诸多因素对频率响应的影响。

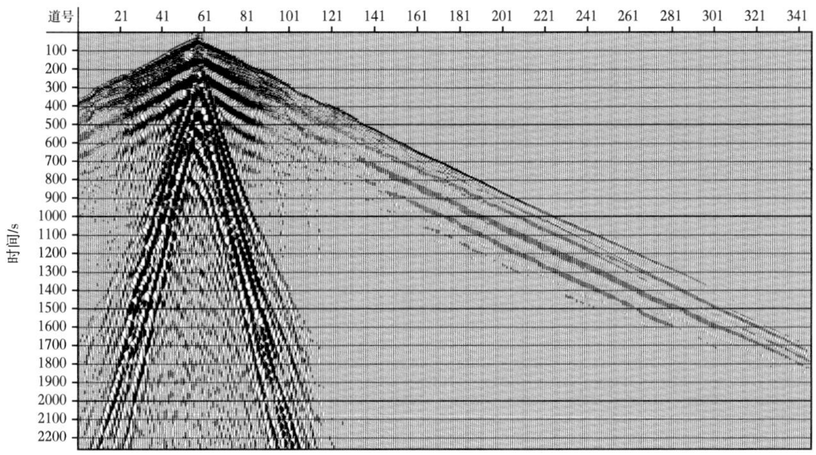

(a)补偿前

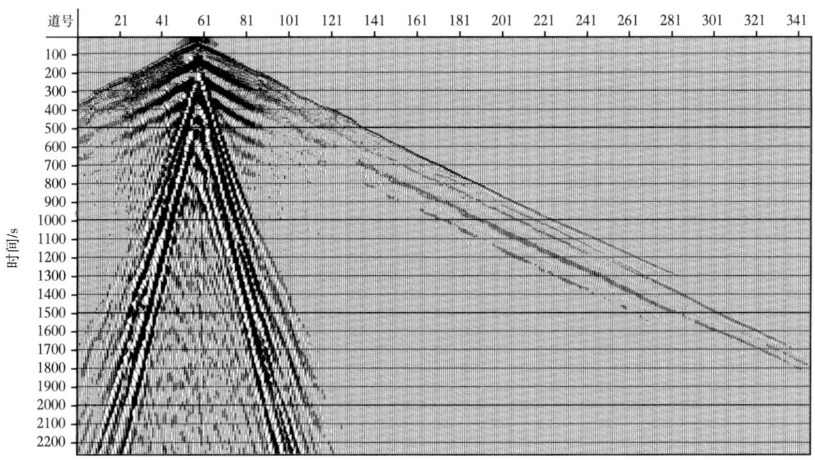

(b)补偿后

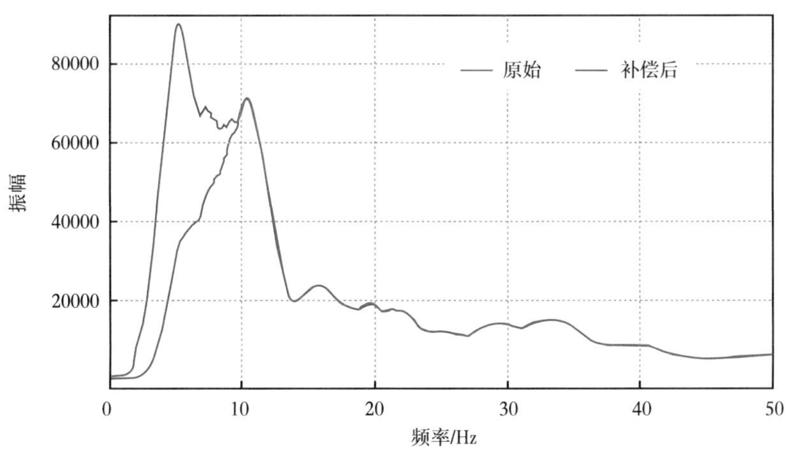

(c)频谱

图 6-3-13 原始的模拟检波器采集的炮集数据低频补偿前后单炮数据及补偿前后频谱对比图

二、近地表 Q 补偿

在黏弹性介质中，地震波传播过程中能量的衰减程度与介质的品质因子 Q 有关，Q 越小，吸收衰减越严重。地震波的传播存在频散现象，即不同频率的波传播速度不同。地震波的高频成分由于波长小，相对于低频来说，能量衰减更快。陆上地震勘探中疏松表层介质 Q 较小，对地震波高频成分有强烈的吸收衰减作用。同时，由于表层岩性速度、厚度横向剧烈变化，导致不同位置的表层结构引起地震波能量、频率和相位的不一致，影响同相叠加结果，必须进行近地表吸收补偿处理。吸收补偿的方法是反 Q 滤波，表层 Q 求取是关键。

1. 近地表 Q 建模

通过近几年的研究，目前常用的近地表 Q 估算和建模有三种方法。

第一种方法是经验公式法。采用李庆忠（1993）提出的纵波速度 v 与 Q 的经验公式：

$$Q = 3.516 \times v^{2.2} \times 10^{2} \tag{6-3-2}$$

由于 Q 随频率变化很小，吸收衰减主要取决于地层岩石的致密程度，越致密岩石越大。而岩石的致密程度与纵波传播速度有关，因此可建立纵波速度与 Q 的经验公式。结合层析反演得到的近地表的速度模型，计算得到近地表空变的 Q 模型。但需说明的是该经验公式是基于对大套地震的吸收的大体规律而总结出的，并非是速度与 Q 的绝对关系，而且通常层析反演的速度会比实际的速度偏高，因此计算所得到的 Q 相对较大，与实际有所差异，这种方法误差相对较大，但可用于分析近地表对地震波吸收衰减的相对影响。

第二种方法是利用地震初至信息求取相对振幅衰减系数，再利用初至层析反演得到的表层速度模型计算得到近地表的旅行时，利用旅行时与振幅衰减系数的关系式求取近地表的 Q，计算公式如下：

$$R \times \text{scale} = \frac{A(f)}{A_0(f)} = \mathrm{e}^{-\frac{\pi f t}{Q}} \tag{6-3-3}$$

式中 R——地震数据主频对应的地表一致性相对振幅系数；

scale——比例因子，目的是使 $R\times$scale 小于 1，从而计算出 Q 大于 0；

t——表层旅行时间，由层析或者折射波静校正提供，s；

f——地震数据主频，Hz。

利用该公式即可求取近地表 Q 和建立表层的 Q 场，因为是利用振幅衰减关系计算得到的，与实际 Q 值存在误差，可称之为相对 Q 场。这种方法计算难度相对较大，对道集的初至振幅的拾取和振幅的衰减系数计算至关重要。可以利用双井微测井求取的绝对 Q 进行校正，校正后的 Q 模型可用于近地表反 Q 补偿处理。

第三种方法是双井微测井求取 Q 方法。双井微测井观测方法是在测试点钻深度为

40～50m 的（根据近地表低速带厚度情况）两口浅井（激发井和接收井），两口井的横向间隔约为 5m。在地面围绕激发井井口埋置一些检波器，并在接收井的井底插入井下检波器。从井底开始，以一定深度间隔（一般情况下深层间隔为 1m，浅层间隔为 0.5m）用雷管在井中激发，一直移到井口。Q 计算的方法是应用地面检波器和井底检波器接收的信号峰值频率变化规律，通过建立和求解 Q 方程组，获得井点位置高精度近地表 Q。

在建立了井点处准确的 Q 值之后，再结合初至层析反演得到的表层速度模型，拟合出低速带厚度与 Q 的关系曲线，或是拟合速度—厚度—Q 的关系方程，通过关系曲线或是关系方程计算得到整个工区的近地表 Q 模型，这种方法计算的 Q 与实际 Q 模型较为接近，计算效率相对较高，Q 模型较可靠。图 6-3-14 展示了在某沙漠区用该方法建立的表层 Q 模型。可以看到近地表 Q 模型与表层低速带的变化规律吻合较好。

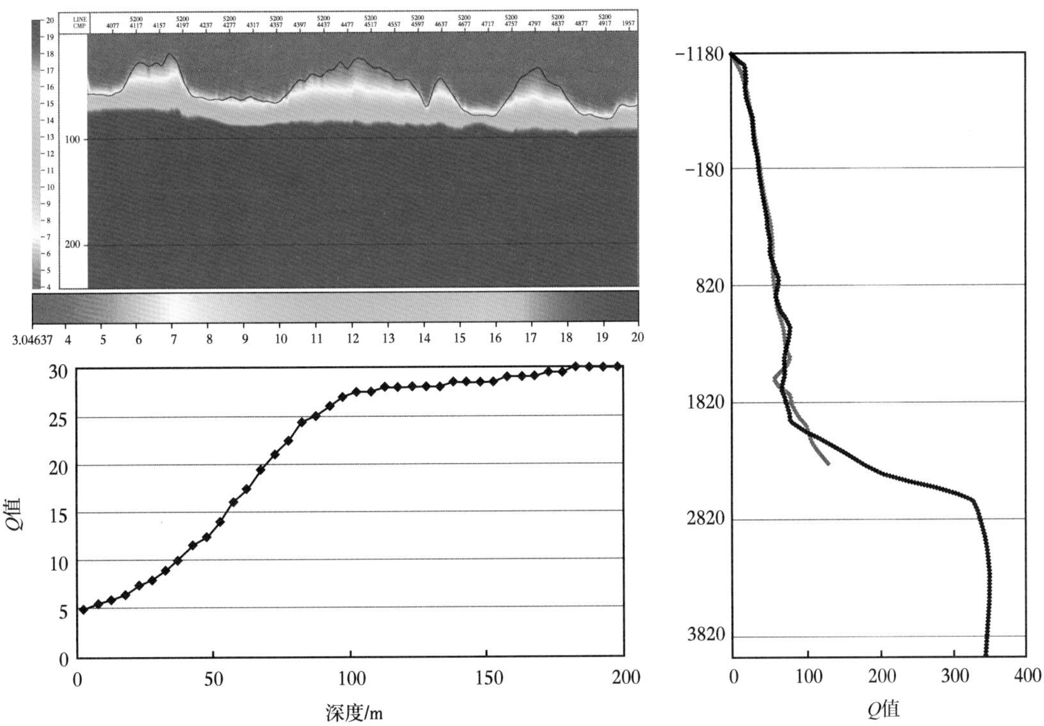

(a) 近地表Q值随深度的变化　　(b) 地震Q值曲线与VSP井Q值曲线对比

图 6-3-14　近地表速度模型与 Q 模型对比图

2. 近地表 Q 补偿处理技术

近地表 Q 补偿处理的方法是反 Q 滤波。将一维双程波动方程进行傅里叶变换得到：

$$\frac{\partial^2 P(z,\omega)}{\partial z^2}+k_z^2 P(z,\omega)=0 \qquad (6\text{-}3\text{-}4)$$

将地震波的吸收效应引入到波动方程中得到式（6-3-4）的解为

$$P(T+\Delta T,\omega)=P(T,\omega)\exp\left(j\left|\frac{\omega}{\omega_{\mathrm{ref}}}\right|^{-\gamma}\omega\Delta T\right)\exp\left(\left|\frac{\omega}{\omega_{\mathrm{ref}}}\right|^{-\gamma}\frac{\omega\Delta T}{2Q}\right) \quad (6\text{-}3\text{-}5)$$

其中

$$\gamma=\frac{1}{\pi Q}$$

式中 ω_{ref}——参考频率；

$\exp\left(j\left|\frac{\omega}{\omega_{\mathrm{ref}}}\right|^{-\gamma}\omega\Delta T\right)$——相位补偿项，也称为相位补偿因子；

$\exp\left(\left|\frac{\omega}{\omega_{\mathrm{ref}}}\right|^{-\gamma}\frac{\omega\Delta T}{2Q}\right)$——振幅补偿项，也可称为振幅补偿因子；

$P(T,\omega)$——波场函数。

对所有的单频波求和可得时间域的波场为

$$P(T+\Delta T)=\frac{1}{2\pi}\int P(T+\Delta T,\omega)\mathrm{d}\omega \quad (6\text{-}3\text{-}6)$$

在近地表补偿中需注意两个问题。一是地震波在近地表近似于垂直传播，因此对于每一炮记录来说，炮点位置的影响对炮内所有的道是一样的。对于一个检波点道集来说，每一个检波点位置对所有的地震道的影响是一样的。近地表的反 Q 滤波符合算法的一维假设条件。在具体进行时需分两步进行：首先在炮集上以炮点位置的 Q 和定义该 Q 的低速带的单程传播时间进行补偿；然后，在检波点道集上，以该检波点位置的 Q 及单程传播时间进行补偿。二是需要考虑对补偿的高频成分的振幅控制。根据式（6-3-5）可见，近地表补偿后，高频成分会得到较大放大，Q 越小补偿的放大作用越强。岩层与近地表的 Q 通常分别为 40～200 及 1～20，反 Q 滤波补偿后，高频能量会得到极大的放大，从而导致数据计算不稳定以及高频端的噪声能量过大，极大地降低资料的信噪比。通常的做法是设置增益限制函数，在某一个频率的能量提升到一定的比例后，减小对高于该频率的能量的放大倍数。

图 6-3-15 至图 6-3-17 展示了在黄土塬地区的近地表 Q 补偿效果。由于黄土塬地表低降带速度和厚度变化剧烈，故不同的地表特点对地震波的吸收衰减差异较大，从而引起地震剖面上反射同相轴的横向不一致性。从图 6-3-15 近地表补偿后的频谱上可见，高频大约拓展了 5Hz 左右，地震反射同相轴的一致性得到改善。如图 6-3-16 所示，经近地表 Q 补偿后，目的层段地震子波的横向一致性得到了明显的提升。图 6-3-17 所示的均方根振幅属性切片表明补偿后有效消除了地表的剧烈变化引起的与地表相关的振幅属性的差异。

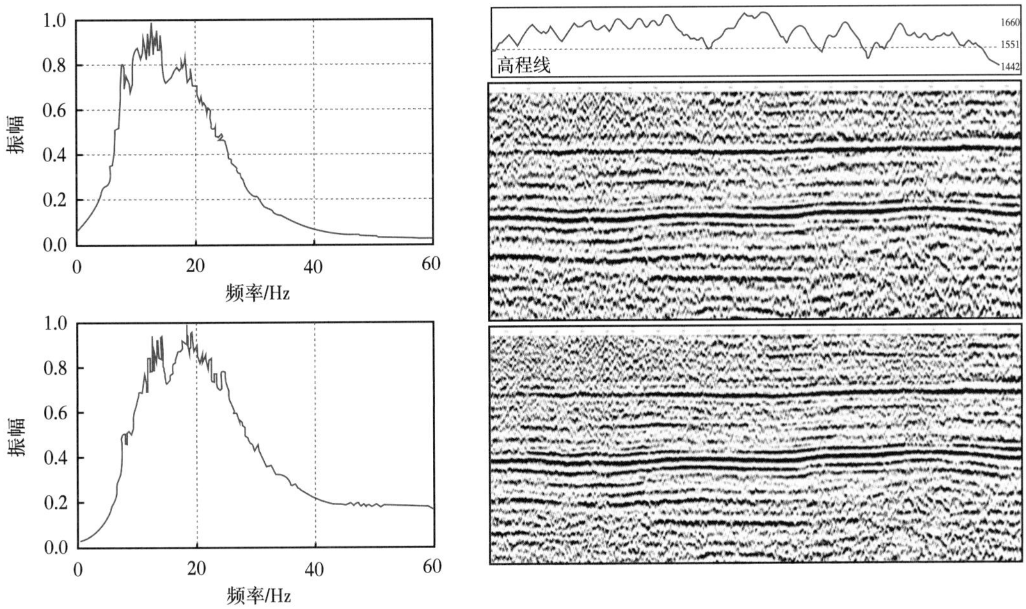

图 6-3-15 *Q* 补偿前（上）、后（下）的剖面（右）及频谱（左）对比

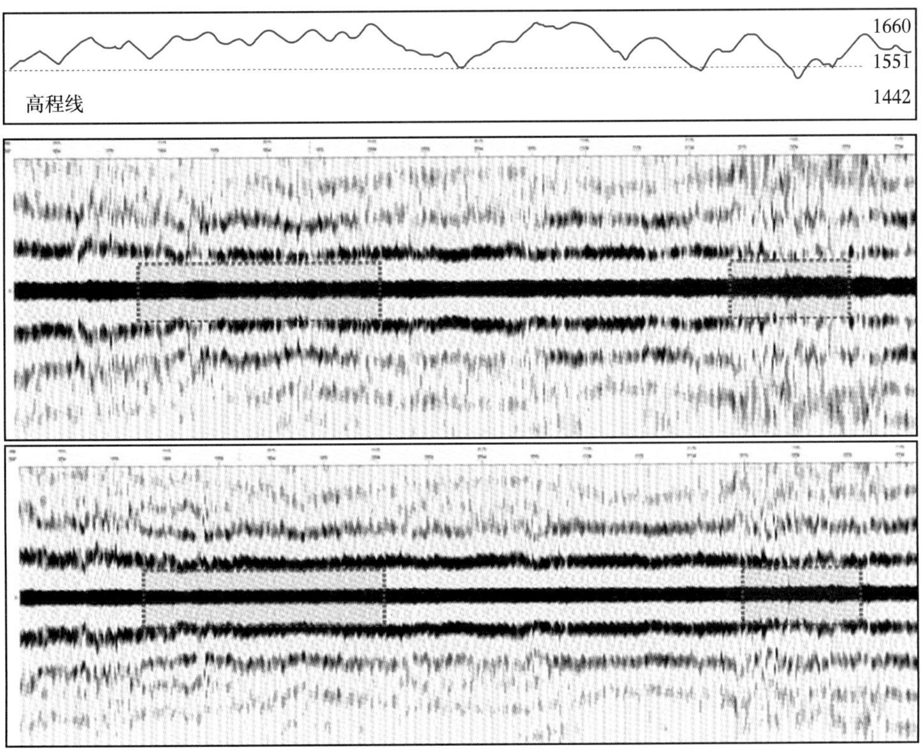

图 6-3-16 *Q* 补偿前（上）、后（下）的剖面自相关函数

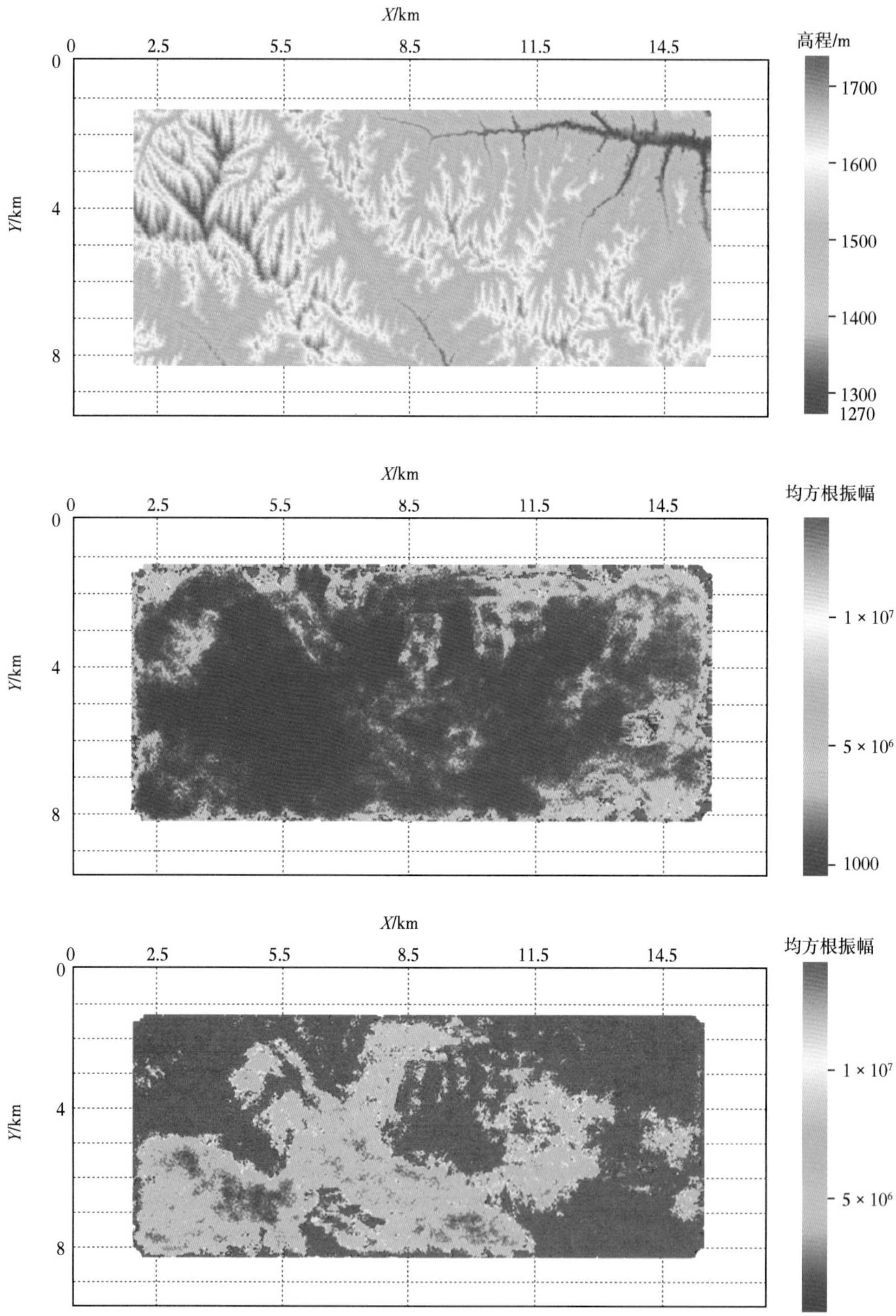

图 6-3-17　近地表 Q 补偿前后等时均方根振幅切片对比图

（上：地表高程；中：近地表 Q 补偿前；下：近地表 Q 补偿后）

第四节 宽方位数据速度建模技术

随着油气勘探开发的精细发展，面对的地质目标越来越复杂，对地震成像的精度要求也越来越高。在以往窄方位资料处理中，由于受资料限制，在处理中经常忽略各向异性的影响，在速度建模中也并未考虑方位角的信息。伴随着宽方位资料的大量采集，各向异性特征在宽方位数据上表现愈加突出，宽方位数据速度建模技术应运而生。宽方位数据速度建模技术能够有效利用宽方位地震资料的方位角信息，提高速度模型的精度，为地质目标的高精度成像提供技术手段。本节主要介绍时间域速度分析和深度域速度分析。

一、时间域速度分析

随着勘探地球物理学理论和实际应用研究的逐步深入，地震勘探开发进一步向寻找深层、隐蔽的和非构造型油气藏的方向发展，早期的各向同性介质假设已不能满足实际生产的需求。由于地球中各向异性的普遍存在，使得地震波的传播特征极为复杂，最突出的特点是速度各向异性，不同速度的地震波能量传播不仅与不同位置的速度变化有关，而且与传播方向有关。理论和实际资料处理结果表明，如果忽略各向异性的影响会造成速度提取不正确，进而影响正常时差校正、倾角时差校正、偏移成像、时深转换等关键环节的处理精度。

地震勘探中的各向异性一般指介质弹性参数随方向而异的特性，而地震介质各向异性性质与地震波波长和介质体的尺度有关。地下介质广泛存在着各向异性，不同的各向异性介质的性质差异很大。

1. VTI 各向异性速度分析技术

1）VTI 介质中的时距关系

众所周知，在各向同性介质中，当反射界面比较深或偏移距比较小时，无论是转换波还是非转换波，单层水平层状介质中的旅行时公式都可以用双曲线近似描述为

$$t^2 = t_0^2 + \frac{x^2}{v^2} \tag{6-4-1}$$

其中 $$v = \sqrt{v_\mathrm{p} v_\mathrm{s}}$$

式中 t_0——零偏移距时的双程旅行时；

t——旅行时；

v——叠加速度；

v_p——纵波速度；

v_s——横波速度；

x——炮检距。

但当地下介质存在各向异性时，由于速度各向异性，空间点源激发的波前面不再是球面，而是相当复杂的曲面，并且曲面形状和各向异性强度有关。在单层 VTI 介质中，其反射波同相轴也不再是双曲线，这种情况在大排列时尤为明显。如果忽略速度各向异性，可能影响正常时差校正、倾角时差校正、偏移速度分析、AVO 分析等。另外，在利用 Dix 公式反演层速度时，常用均方根速度 v_{rms} 代替叠加速度 v_{nmo}，但这种情况仅在均匀各向同性介质或者椭圆各向异性介质中才严格有效，如果忽略垂向均方根速度和叠加速度的差别，则会使层速度转换以及时深转换产生很大的误差。

2）单层介质中短排列的纵波反射旅行时方程

对于单层 VTI 而言，纵波旅行时与炮检距的关系可表示为

$$\left[v(\varphi)\frac{t(\varphi)}{2}\right]^2=\left(v_0\frac{t_0}{2}\right)^2+\left(\frac{x}{2}\right)^2 \tag{6-4-2}$$

式中 v_0——垂直速度；

$v(\varphi)$——群速度；

$t(\varphi)$——实际地震波的旅行时。

由于群速度形式非常复杂，因此式（6-4-2）无法直接应用于生产需求。最简单的方式是对上式在 $x^2=0$ 处进行泰勒展开，便可得到

$$t^2=A_0+A_2x^2+A_4x^4+\cdots \tag{6-4-3}$$

其中

$$A_0=t_0^2;\quad A_2=\left.\frac{\mathrm{d}t^2}{\mathrm{d}x^2}\right|_{x=0};\quad A_4=\frac{1}{2}\frac{\mathrm{d}}{\mathrm{d}x^2}\left(\frac{\mathrm{d}t^2}{\mathrm{d}x^2}\right)\Bigg|_{x=0}$$

如果对式（6-4-3）进行截断并只取前两项，则可以得到双曲线公式（6-4-2）。

利用群速度、群角之间的关系，可以得到：

$$\frac{\mathrm{d}t^2}{\mathrm{d}x^2}=\frac{1}{v^2(\varphi)}\left[1-\frac{2\cos^2\varphi}{v(\varphi)}\frac{\mathrm{d}v(\varphi)}{\mathrm{d}\sin^2\varphi}\right] \tag{6-4-4}$$

根据正常时差速度的定义，便可以得到

$$\frac{1}{v_{\mathrm{NMO}}^2}=A_2=\lim_{x\to 0}\left(\frac{\mathrm{d}t^2}{\mathrm{d}x^2}\right) \tag{6-4-5}$$

尽管根据群角、相角、群速度及相速度的关系理论上可以得到正常时差速度的关系式，但其表达式非常复杂，因此，Thomsen 给出了简化的正常时差速度如下：

$$v_{\mathrm{p-NMO}}=v_{\mathrm{p0}}\sqrt{1+2\delta} \tag{6-4-6}$$

$$v_{\mathrm{ST-NMO}}=v_{\mathrm{s0}}\sqrt{1+2\sigma} \tag{6-4-7}$$

$$v_{\mathrm{SH-NMO}}=v_{\mathrm{s0}}\sqrt{1+2\gamma} \tag{6-4-8}$$

式中，下标“p”“ST”“SH”分别代表纵波、斯通利波和水平偏振横波。

其中：

$$\sigma=(\varepsilon-\delta)v_{\mathrm{p0}}^2/v_{\mathrm{s0}}^2$$

如果取相角等于 90°，还可以得到纵波、横波的水平速度：

$$v_{\mathrm{p-hor}}=v_{\mathrm{p0}}\sqrt{1+2\varepsilon} \tag{6-4-9}$$

$$v_{\mathrm{SV-hor}}=v_{\mathrm{s0}} \tag{6-4-10}$$

这样就得到了时距曲线的系数（或短排列时差速度）与各向异性系数的关系。纵波的 A_2 项主要受 v_{p0} 和 δ 控制，尽管受各向异性的影响，反射波的时距曲线公式为非双曲线形式，但在短排列的条件下其仍然可以用双曲线公式来很好的近似非双曲线公式。这也正是在短排列条件下常规的双曲线拟合所能在资料处理中起的重要作用的原因。

3）多层介质中短排列的纵波反射时距关系

在多层 VTI 介质短排列条件下，求取纵波正常时差速度就是求取式（6-4-2）中的相应多层情况下的系数。按照等效层的概念，即可将某一反射层以上的层状介质等效为均匀层，因此只需利用等效参数替换单层方程中的参数即可。

4）长排列的纵波时差公式

第一个长排列的正常时差公式是时移双曲线公式（Claerbout，1985），其表达式为

$$t=t_0\left(1-\frac{1}{s}\right)+\frac{1}{s}\sqrt{t_0^2+s\frac{x^2}{v_{\mathrm{NMO}}^2}} \tag{6-4-11}$$

其中 s 为时移参数，且具有下述形式：

$$s=\left(\sum_{k=1}^{n}h_k/v_k\sum_{k=1}^{n}h_k v_k^3\right)\Bigg/\left(\sum_{k=1}^{n}h_k v_k\right)^2 \tag{6-4-12}$$

由式（6-4-12）可以看出，s 不再是一个常数，而是随偏移距的变化而变化。

尽管时移公式可以在一定程度上改善远偏移距的动校正效果，但其精度仍比较低，为了进一步提高时差近似精度，结合式（6-4-12）及群速度的弱各向异性近似关系，I Tsvankinet al.（1994）给出了修正的四阶项近似公式：

$$t^2=t_0^2+\frac{x^2}{v_{\mathrm{NMO}}^2}-\frac{2\eta x^4}{v_{\mathrm{NMO}}^2\left[t_0^2v_{\mathrm{NMO}}^2+(1+2\eta)x^2\right]} \tag{6-4-13}$$

在参考了 Thomsen 各向异性（Thomsen，1986）的基础上，先后设计了多个 1 维各向异性模型，分别进行了射线追踪及有限差分模拟，为了便于后续方法研究对比分析，计算了不同模型的均方根参数。图 6-4-1 和图 6-4-2 分别为纵波和转换波模拟结果，在进

行射线追踪时仅进行了旅行时计算，合成记录为单位脉冲与 Ricker 子波的褶积。由于有限差分模拟的波场比较复杂，不便于讨论参数扫描及动校正方法的效果，因此，选用射线追踪记录进行了相应的算法研究。

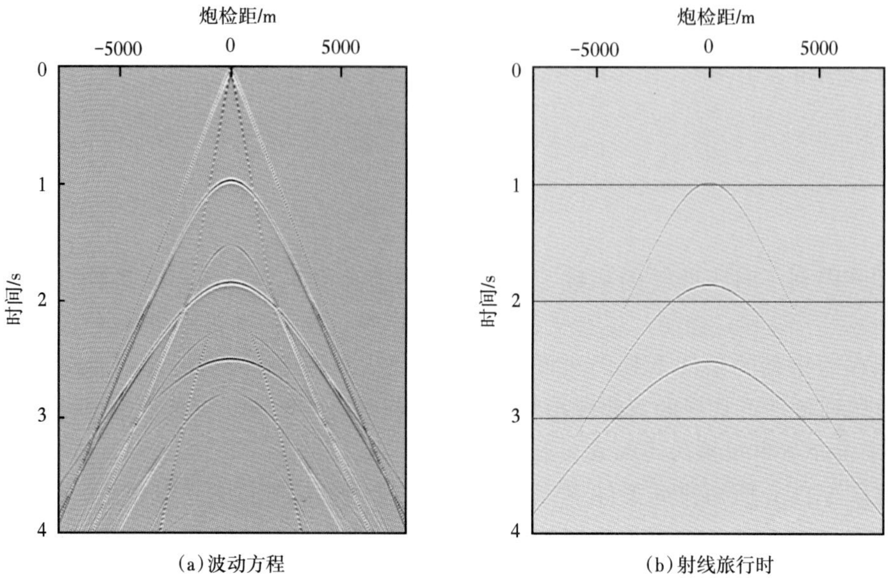

图 6-4-1　纵波模拟结果

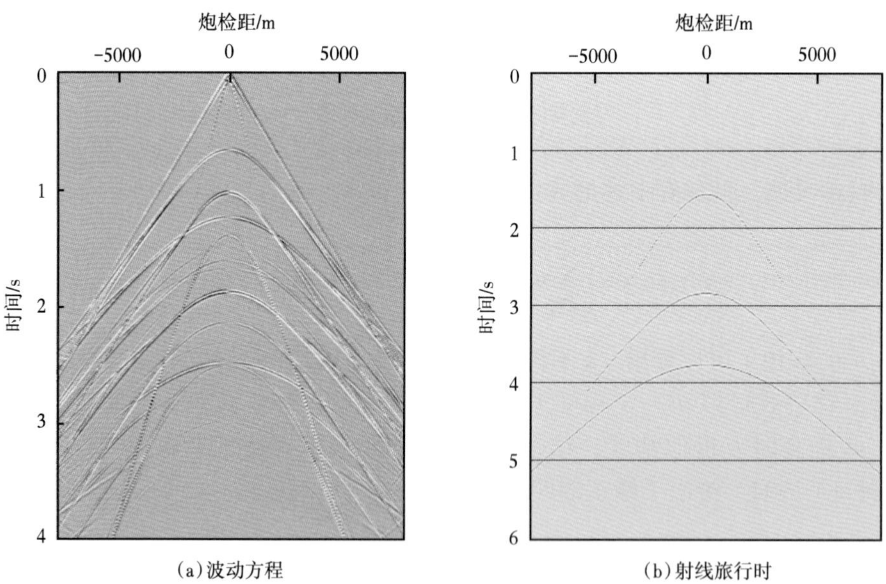

图 6-4-2　转换波模拟结果

另外，结合英国地质调查局下属的爱丁堡各向异性研究项目组（Edinburgh Anisotropy Project，EAP）的模型数据，建立了二维弹性各向异性模型，并利用各向异性有限差分法对该模型进行了正演模拟。该模型横向为 17km，纵向为 4km，模型的界面起伏相对较大，而且含有一些较薄的地层。图 6-4-3 至图 6-4-9 为地层模型参数及多分量波场记录。

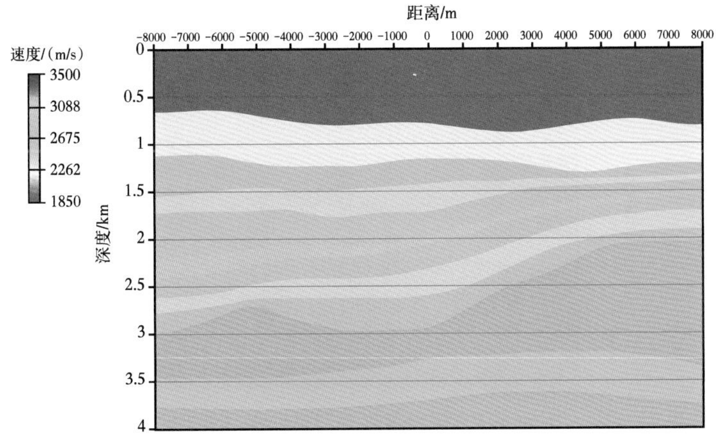

图 6-4-3 深度域纵波速度模型

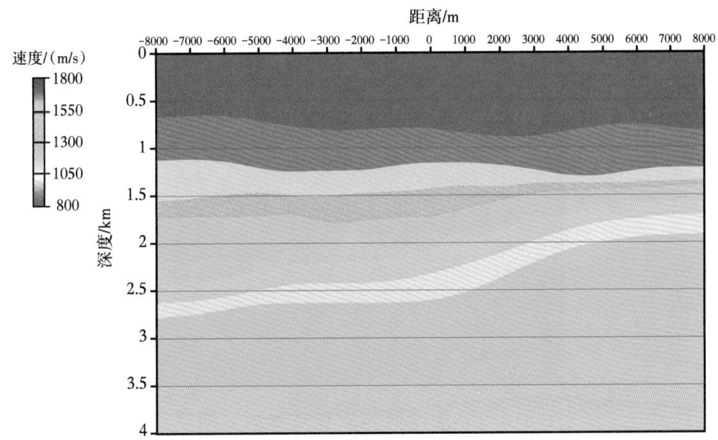

图 6-4-4 深度域横波速度模型

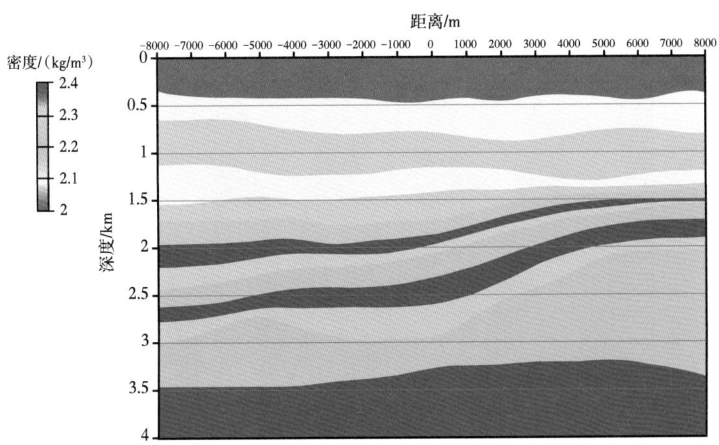

图 6-4-5 深度域密度模型

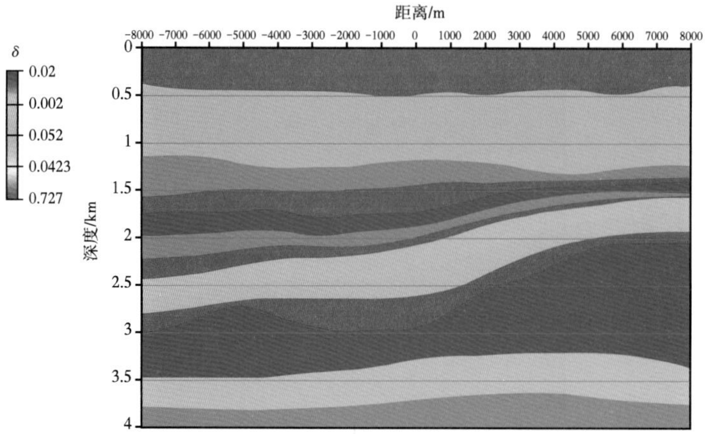

图 6-4-6 深度域各向异性参数 δ 模型

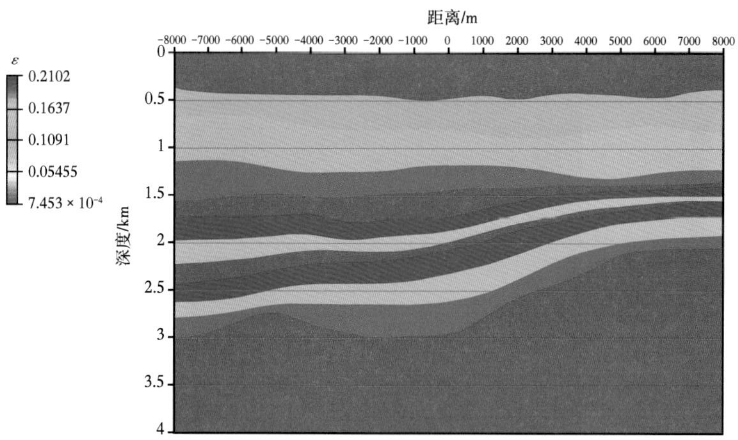

图 6-4-7 深度域各向异性参数 ε 模型

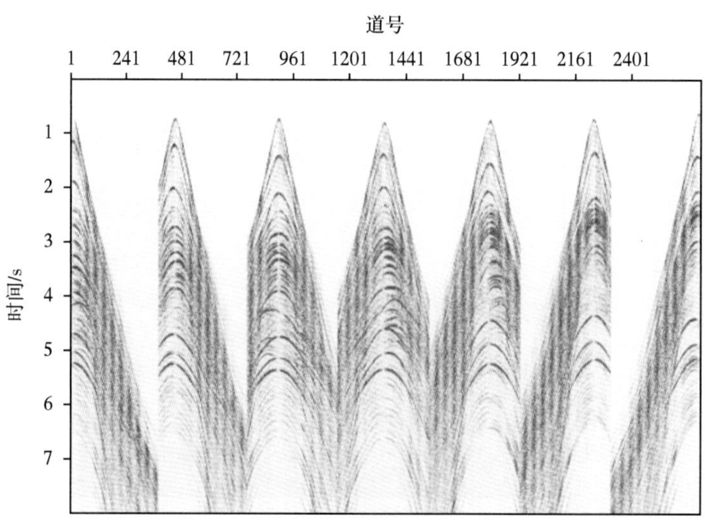

图 6-4-8 水平分量炮记录

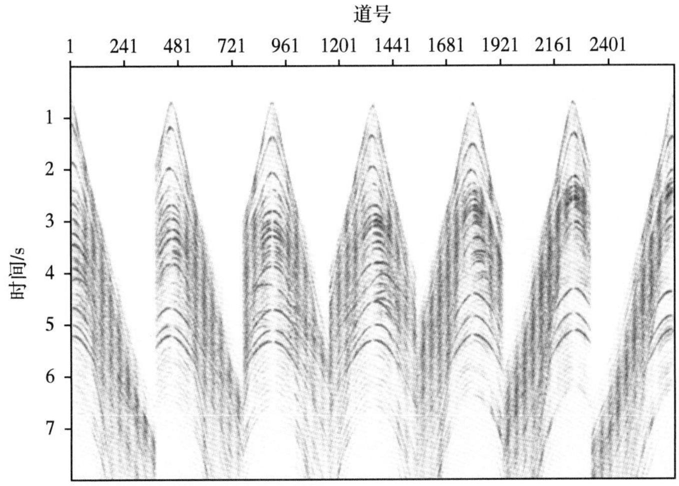

图 6-4-9 垂直分量炮记录

5）VTI 中纵波速度分析实现的技术细节及应用效果

纵波各向异性动校正公式虽然概念明确，表明了各向异性参数的作用，但是出现了炮检距的 4 次方，计算也比较复杂。为了便于程序实现，对其进行了推导变形并加入速度分析计算模块，并且在模块中增加了各向异性参数的编码输入和以辅助道形式输出，使之基本具备各向异性速度分析功能。交互速度分析解释模块增加了各向异性辅助道输入、各向异性参数曲线显示、各向异性参数谱扫描、各向异性参数拾取等功能。

根据上面的实现过程，对不同模型进行各向同性及各向异性的速度分析及动校正对比。以下是纵波各向异性速度分析的试验结果，图 6-4-10 为三层模型射线追踪数据的各

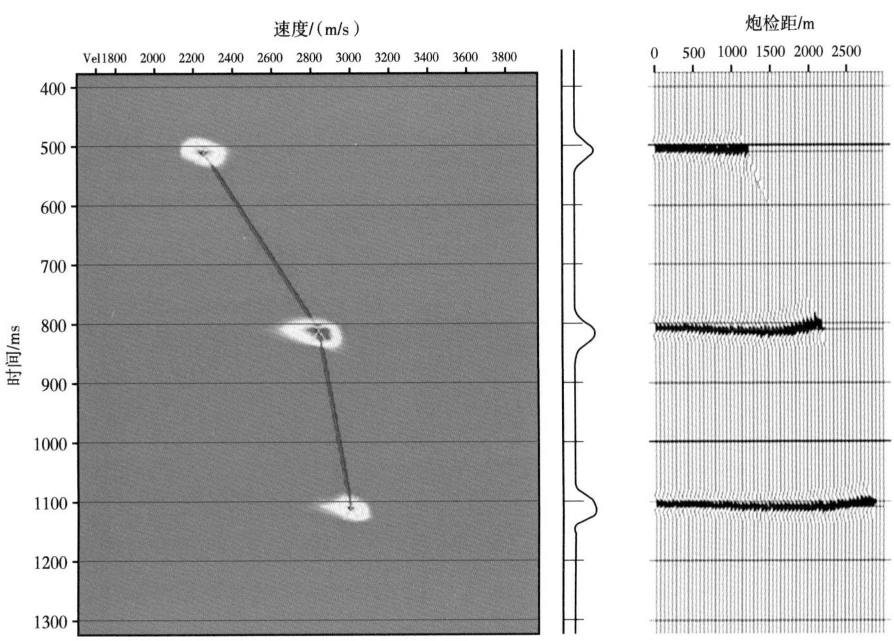

图 6-4-10 射线模型数据的纵波各向同性速度拾取及动校正效果

向同性速度分析结果，因为数据中不包含噪声，所以速度谱上能量团比较集中，但是采用能量团处的速度值并不能使后两个同相轴完全校正平；图 6-4-11 为射线模型数据的纵波各向异性速度分析结果，由图可见，后两个同相轴的动校正情况都有了改善。

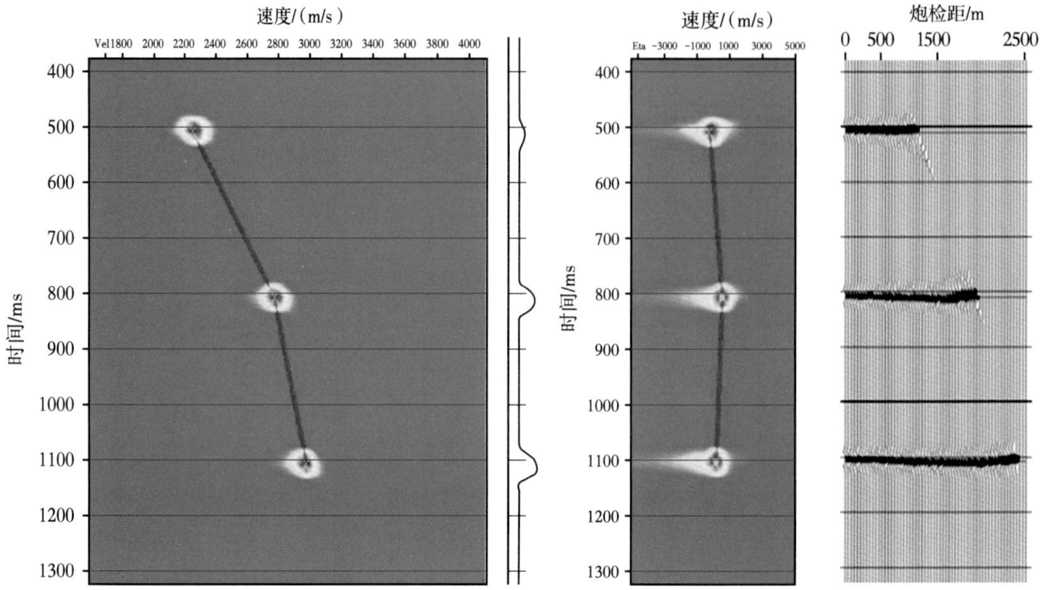

图 6-4-11 射线模型数据的纵波各向异性速度拾取及动校正效果

根据研究结果编制了相应的各向异性速度分析软件，使用该软件进行了实际数据的各向异性速度分析，如图 6-4-12 和图 6-4-13 所示，速度谱上能量团比较集中，不难识别。与射线模型结果相类似，采用能量团的速度值并不能使同相轴完全校正平，1750ms 和 2150ms 两个同相轴尤为明显。如图 6-4-14 和图 6-4-15 所示，增加了各向异性参数以后，动校正效果变好、叠加剖面相应的变好。

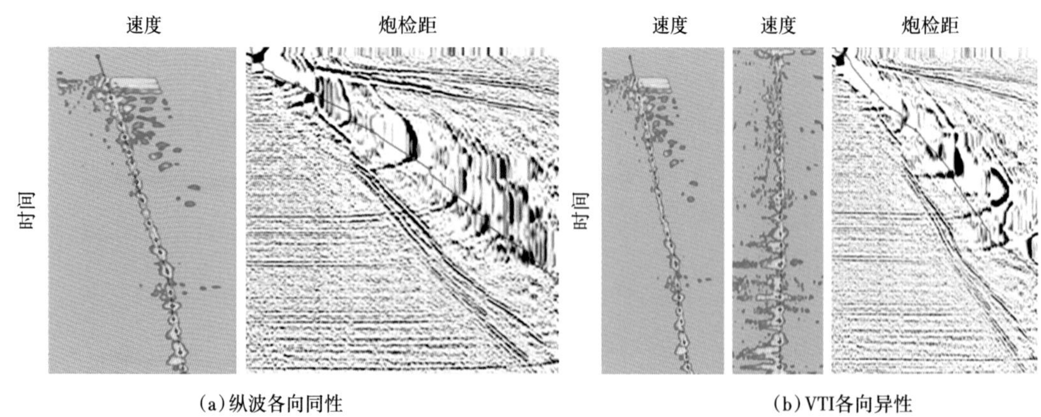

图 6-4-12 模型的纵波各向同性与 VTI 各向异性动校正效果对比图

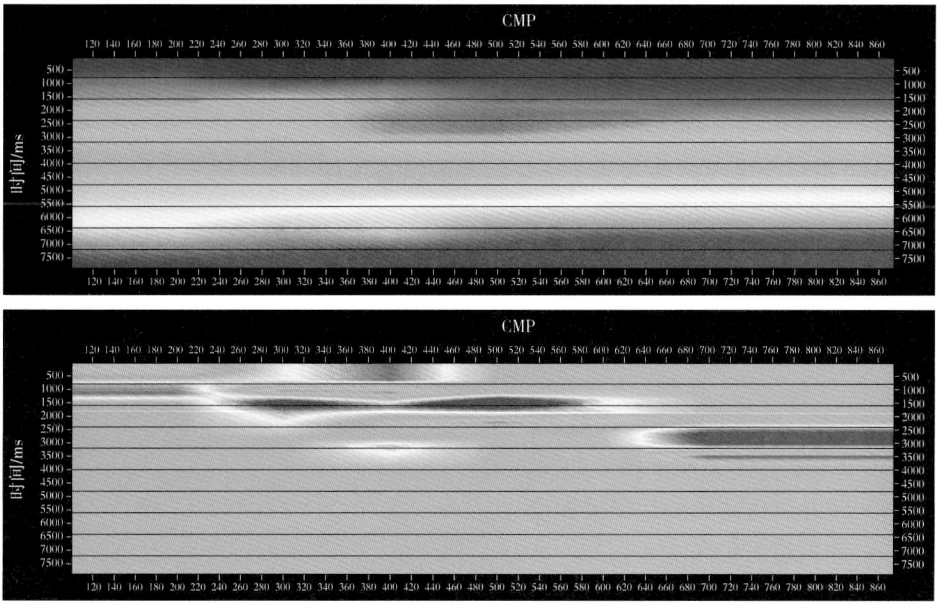

图 6-4-13　实际数据纵波叠加速度场速度（上）和各向异性参数（下）

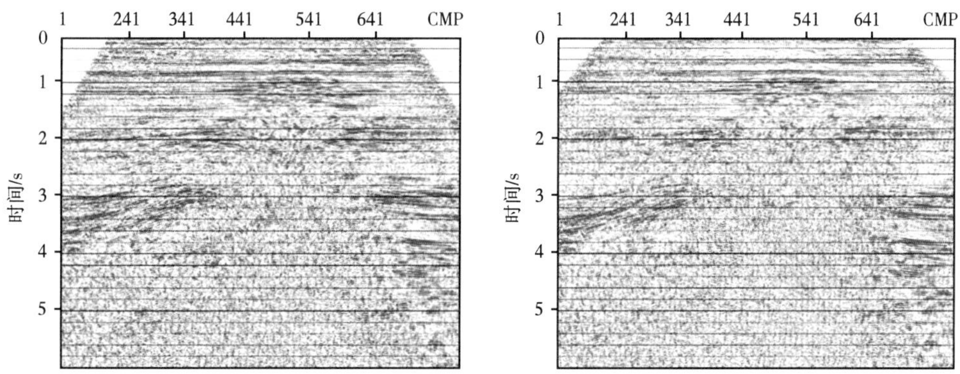

(a)各向异性　(b)各向同性

图 6-4-14　海上纵波 VTI 各向异性动校正及叠加结果

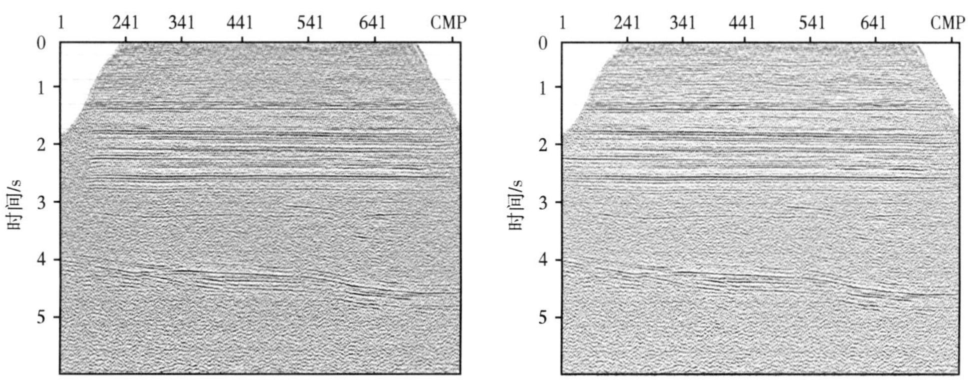

(a)各向同性　(b)各向异性

图 6-4-15　陆上纵波 VTI 各向异性动校正及叠加结果

2. HTI 分方位各向异性速度分析技术

对于纵波和转换波宽方位地震数据，当地下介质存在垂直裂缝时地震波在方位各向异性（HTI）介质中传播时，不同方位的传播速度不一致，速度可表示为随方位变化的椭圆原理上，可用三个多项式参数或三个几何参数描述速度椭圆。对于多项式方程：

$$Ax^2 + Bxy + Cy^2 = 1 \tag{6-4-14}$$

其中

$$x = v\cos\theta \tag{6-4-15}$$

$$y = v\sin\theta \tag{6-4-16}$$

式中 A、B、C——椭圆的多项式参数；

x、y——速度在 X 和 Y 轴上的投影值。

v——随方位角变化的地震波速度；

θ——地震道方位角。

当 $2B-4AC<0$ 时，式（6-4-14）为椭圆。

为得到这三个参数，可采取分方位速度分析的方法进行速度分析，在多方位叠加速度分析时，将输入道根据其炮点—检波点连线的方位角，按照扫描速度动校正后加入相应的叠加道中，最后形成若干扇区的速度谱。采用交互速度分析进行每个扇区的速度解释以后，可根据多扇区速度拟合多项式速度椭圆的三个多项式参数。对于多个扇区速度，令

$$x_i = v_i \cos\theta_i \tag{6-4-17}$$

$$y_i = v_i \sin\theta_i \tag{6-4-18}$$

式中 x_i、y_i——第 i 个扇区速度对应的 X 与 Y 坐标；

v_i——第 i 个扇区速度；

θ_i——第 i 个扇区中线方位角。

拟合得到速度椭圆三个多项式参数后，可根据下式计算任意方位角对应的地震波速度为

$$v(\theta) = \frac{1}{A\cos^2\theta + B\sin\theta\cos\theta + C\sin^2\theta} \tag{6-4-19}$$

经过多扇区速度分析，得到多个扇区的速度后，进行椭圆拟合即可得到 A、B、C，然后可进行方位动校正叠加。

哈 7 井工区火成岩横向速度和厚度的变化、碳酸盐岩填充后的非均质性以及裂缝的发育方向是产生方位各向异性的主要原因，这些导致不同方位的地震波传播速度产生差异，需要用各个方位自己的最佳偏移速度去成像。具体做法是：首先进行全方位成像速度分析，速度分析的网格密度足以控制精细的速度变化趋势，经过迭代得到最佳的综合偏移速度场，以此为参考速度场进行分方位偏移速度分析，实现各个方位的最佳成像（图 6-4-16）。

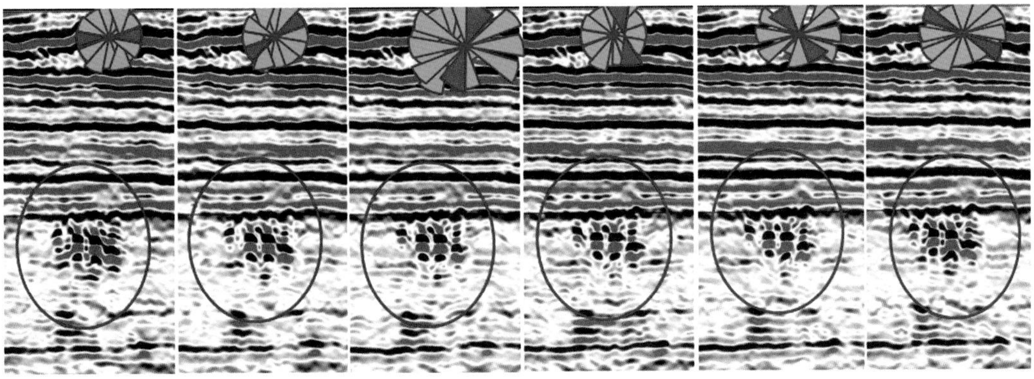

图 6-4-16 不同方位数据的偏移成像效果

通过分方位叠前道集高保真处理技术的应用，较大幅度提高了高密度宽方位地震资料的道集质量和分方位成象品质，为后续满足叠前振幅随方位角变化（AVA）反演的处理提供了较好的基础。

3. HTI 全方位各向异性速度分析技术

分方位的多扇区速度分析方法需要对每一个扇区进行速度谱计算与手工解释，然后进行速度拟合，过程十分繁琐，且存在分扇区数据后覆盖次数降低、信噪比低等问题，导致解释的速度存在一定误差，拟合以后的速度椭圆有时不能很好的进行 HTI 成像，在分扇区速度分析的基础上，使用三个几何参数来描述速度椭圆，三个几何参数分别为：等效圆半径长度 w、短长轴长度比 γ、长轴角度 α。用这三个参数可以有效的进行速度椭圆几何扫描。与分扇区的分方位速度分析相比，直接的三参数速度分析流程大大简化，参数分析的效果也比分方位分扇区的速度分析好。得到三个速度椭圆几何参数后，可根据速度椭圆几何参数和地震道方位角计算地震波速度：

$$u = \frac{1}{2} w / \gamma \tag{6-4-20}$$

$$v = \frac{u\gamma}{\sqrt{\sin^2(\beta-\alpha)+\gamma^2\cos^2(\beta-\alpha)}} \tag{6-4-21}$$

式中 w——等效圆半径速度；

u——半长轴速度；

γ——短长轴速度比；

α——长轴角度；

β——地震道方位角；

v——随方位角变化的地震波速度。

三个几何参数还可用于纵波和转换波 OVT 叠前时间偏移剩余时差校正。工作步骤如下：首先，用叠前时间偏移速度将 OVT 成像道集做反动校正；然后，交互分析三个几何参数；最后，用三个几何参数对反动校正后的成像道集进行动校正。

二、深度域速度分析

在深度域成像中考虑各向异性，首先由 Kitchenside（1992）提出。在许多情况下，在深度偏移速度建模中引入各向异性是解决井中测量的反射层与深度偏移剖面上对应反射层深度误差的唯一途径。宽方位和全方位采集观测系统使得检测速度的方位各向异性问题成为可能。

Thomsen 的简化模型中，在原有速度 v_{p0} 基础上增加了两个波传播参数 ε 和 δ。v_{p0}、ε 和 δ 由经典的弹性波参数所定义，有明确的物理含义。在空间的每一点上，v_{p0} 是地震波在该点沿所有方向传播中的最慢速度。Thomsen 速度模型以这个传播方向为对称轴呈旋转不变性。即在垂直于对称轴的平面内，地震波是各向同性的，其传播速度 v_{iso}（各向同性速度）与 v_{p0}（各向异性速度）的关系由 ε 决定；而 δ 决定了与对称轴斜交的各方向上的传播速度，即用来描述如何从 v_{iso} 过渡到 v_{p0}。通常认为大多数沉积岩地层非常吻合这种速度模型。Thomsen 的各向异性模型又分 VTI 和 TTI 两种，区别是前者假定了速度对称轴方向为垂直方向，而后者考虑了更为一般的情况，在每一个点用两个角度参数 θ 和 φ 来表示对称轴的方向。各向异性速度模型可以用层析成像或全波形反演（FWI）来进行速度更新，二者都需要一个初始的各向异性速度模型作为输入。一个好的各向异性初始速度模型能够大大提高速度反演软件的收敛速度，从而有效提高各向异性建模的效率。为了构建初始的各向异性速度模型，需要求解 v_{p0}、ε、δ、θ 和 φ 这 5 个参数。其中 θ 和 φ 的物理含义是规定各向异性对称轴的方向，这个方向一般与岩层的层状分界线相垂直，从偏移成像的构造中直接拾取，因此，重点讨论的是 v_{p0}，ε、δ 的求取。此处主要介绍层析成像系统、各向异性参数求取、全方位（多方位）速度更新方法。

1. 层析成像原理

层析成像是目前生产实践中进行速度更新的重要技术手段，它对于探测长度小于采集电缆长度的速度异常值非常理想（Lan，2010）；同时，还可用来估算 ε、δ 等其他地球物理参数。

层析成像是建立在“走时不变性”基础上的。“走时不变”指无论现有速度模型正确与否，从炮点到检波点的射线走时是不变的。因为这个走时是从数据中取得的，它记录了真实的地下走时信息。做偏移时就是利用这个走时来对反射同相轴进行成像归位。

图 6-4-17 为水平层状模型示意图，S 表示炮点，R 表示检波点，P 是现有模型下反射点的位置（fake point），而 Q 是在真实速度模型下反射点的位置（true point）。P 点和 Q 点两对射线的偏移距是相同的，不同的只是深度位置。应当指出的是，在层析成像之前并不知道 Q 的位置。在现有模型下的走时 $T_{fake}=T_{SP}+T_{PR}$。假设在真实模型下的走时 $T_{true}=T_{SQ}+T_{QR}$，其中：T_{SP} 是 S 点到 P 点的走时；T_{PR} 是 R 点到 P 点的走时；T_{SQ} 是 S 点到 Q 点的走时；T_{QR} 是 Q 点到 R 点的走时。根据走时不变性，有

$$T_{fake}=T_{true} \tag{6-4-22}$$

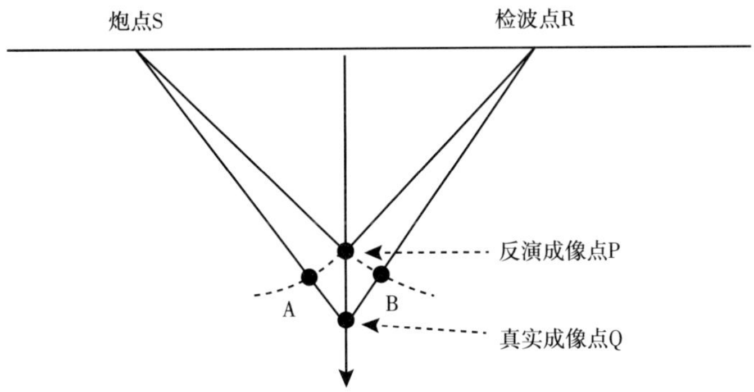

图 6-4-17 水平层状模型示意图

为示意方便，图 6-4-17 中的射线都是直线。但是实际中的射线都是曲线，上述的推导过程和结论都一样成立。从 P 点向 SQ 和 QR 作垂线，得到交点 A 和 B。当炮点 S 和检炮点 R 足够远时，距离 SA 与 SP 几乎相同，距离 BR 与 PR 也几乎相同。由于 Q 点未知，只能用 SP 代替 SA、PR 代替 BR。根据慢度 s 定义：

$$t = sl \tag{6-4-23}$$

式中 t——走时，s；

s——速度模型在射线方向上的慢度，s/m；

l——距离，m。

那么

$$s_{SP}l_{SP} + s_{PR}l_{PR} = s_{SP,\ T}l_{SP} + s_{SP,\ Q}l_{PR} + T_{AQ} + T_{BQ} \tag{6-4-24}$$

式中 s_{SP} 和 l_{SP}——从 S 点到 P 点的慢度和距离；

s_{PR} 和 l_{PR}——从 P 点到 R 点的慢度和距离；

$s_{SP,\ P}$ 和 $s_{SP,\ Q}$——从 S 点到 P 点的成像慢度和真实慢度；

T_{AQ} 和 T_{BQ}——从 A 点到 Q 点以及从 B 点到 Q 点的走时。

对慢度做局部扰动：

$$s_t = s + \Delta s \tag{6-4-25}$$

对式（6-4-24）进行简化，得到

$$\Delta s_{SP}l_{SP} + \Delta s_{PR}l_{PR} = -\left(T_{AQ} + T_{BQ}\right) \tag{6-4-26}$$

式中 Δs——未知变量。

实际上射线 SP 和射线 PR 是由很多小段组成的，所以式（6-4-26）更准确的写法应该是

$$\sum_{i\text{inRaySP}} l_i \Delta s_i + \sum_{j\text{inRayPR}} l_j \Delta s_j \tag{6-4-27}$$

式中 $i$inRaySP——射线 SP 中的第 i 段；

$j$inRayPR——射线 PR 中的第 j 段。

用 θ 代表入射角或出射角，则

$$l_{\mathrm{AQ}}=l_{\mathrm{BQ}}=l_{\mathrm{PQ}}\cos\theta \tag{6-4-28}$$

进而式（6-4-28）可以写成

$$\sum_{i\mathrm{inRaySP}} l_i \Delta s_i+\sum_{j\mathrm{inRayPR}} l_j\ \Delta s_j=-2s_{\mathrm{Q,t}}l_{\mathrm{PQ}}\cos\theta \tag{6-4-29}$$

式中 $s_{\mathrm{Q,t}}$——真实模型中 Q 点的慢度，这里一般用 s 代替，也就是由在 P 点的慢度代替。

式（6-4-29）为线性系统方程。l_{PQ} 并不是已知的，用 $Z_{\mathrm{Q}}-Z_{\mathrm{P}}$ 来代替，式（6-4-29）可写成

$$\left(\sum_{i\mathrm{inRaySP}} l_i \Delta s_i+\sum_{j\mathrm{inRayPR}} l_j \Delta s_j\right)\Big/\left(-2s_{\mathrm{P}}\cos\theta\right)=Z_{\mathrm{Q}}-Z_{\mathrm{P}} \tag{6-4-30}$$

再由射线的对称性，可只用单边的射线来代替整个射线对，简化式（6-4-30）得到

$$\sum_{i\mathrm{inRaySP}} l_i \Delta s_i\Big/\left(s_{\mathrm{p}}\cos\theta\right)=Z_{\mathrm{p}}-Z_{\mathrm{Q}} \tag{6-4-31}$$

因每一个炮检距都对应一个这样的方程，只需将他们之间两两相减，得到如下的方程：

$$\frac{\sum\limits_{i1\mathrm{inRaySP1}} l_{i1}\Delta s_{i1}}{s_{\mathrm{P1}}\cos\theta_1}-\frac{\sum\limits_{i2\mathrm{inRaySP2}} l_{i2}\Delta s_{i2}}{s_{\mathrm{P2}}\cos\theta_2}=Z_{\mathrm{P1}}-Z_{\mathrm{P2}} \tag{6-4-32}$$

在式（6-4-32）中，P_1 和 P_2 同一个反射点在两个不同炮检距上的成像位置。需要注意的是，以上方程中的 s 是射线方向上的慢度，在各向异性模型里，它与 v_{p0} 的倒数并不相同。在层析成像中，如果要更新 Thomsen 慢度 s，只需要将式（6-4-32）中的 Δs 换成（$\partial S/\partial s$）Δs；如果要更新参数 ε，只需要将式（6-4-32）中的 Δs 换成（$\partial S/\partial\varepsilon$）$\Delta\varepsilon$；如果要更新参数 δ，只需要将式（6-4-32）中的 Δs 换成（$\partial \mathrm{S}/\partial\delta$）$\Delta\delta$。

下面讨论如何求解方向慢度 s 对三个 Thomsen 参数的导数。首先，求波在方向（n_x，n_z）上的相速度。为了简化，先做以下代换：

$$k=\left(1+2\varepsilon\right)n_x^2+n_z^2 \tag{6-4-33}$$

$$L=2\left(\varepsilon-\delta\right) \tag{6-4-34}$$

根据式（6-4-33）及式（6-4-34），相速度对应系数 G 可通过下式求出：

$$G^2=\frac{1}{2}\left(k+\sqrt{k^2-4Ln_x^2n_z^2}\right) \tag{6-4-35}$$

最终得到相慢度公式为

$$S_{\text{phase}} = S / G \tag{6-4-36}$$

在层析成像中，需要求出射线走时对速度模型各向异性参数的导数。其计算过程如下：

假设相速度和群速度的夹角为 θ，那么群速度为

$$S_{\text{group}} = S_{\text{phase}} \cos\theta \tag{6-4-37}$$

通过式（6-4-33）至式（6-4-36），计算射线在每个网格内的走时对各向异性参数的导数，从而得到

$$\frac{\mathrm{d}S}{\mathrm{d}s} = \frac{\mathrm{d}S_{\text{phase}}\cos\theta}{\mathrm{d}s} = \cos\theta \frac{\mathrm{d}S_{\text{phase}}}{\mathrm{d}s} = \cos\theta \frac{1}{G} \tag{6-4-38}$$

$$\frac{\mathrm{d}S}{\mathrm{d}\varepsilon} = \cos\theta \frac{\mathrm{d}v_{\text{phase}}}{\mathrm{d}s} = -\frac{s\cos\theta n_x^2\left(G^2 - n_z^2\right)}{G^3\left(2G^2 - K\right)} \tag{6-4-39}$$

$$\frac{\mathrm{d}S}{\mathrm{d}\delta} = \cos\theta \frac{\mathrm{d}v_{\text{phase}}}{\mathrm{d}\delta} = -\frac{s\cos\theta n_x^2 n_z^2}{G^3\left(2G^2 - K\right)} \tag{6-4-40}$$

2. 全方位（多方位）层析速度反演

在普通的层析反演中，使用的 CIP 道集是不分方位角的，来自所有方位角的能量同时叠加到当前 CDP 所对应的道集上。所以这时 CIP 道集上已经没有方位角信息了，那么对于后续从 CIP 道集上拾取得到的残差曲线，无法分辨出它的主要成像能量是由来自哪个方位角对应的炮检对提供的，进而不能识别方位各向异性问题。因此，在进行射线追踪的时候只能等方位角地发射若干射线对，以期望尽可能地包含真正提供成像能量的方位角。但是这样做需要尽可能地加密射线对的方位角分布，会大大地增加计算量，并且会将残差曲线上的更新量反演到原本非成像方位角对应的变量网格上，导致速度更新量收敛变慢甚至无法收敛，尤其是当速度在空间横向变化较为剧烈或者方位各向异性比较明显的时候这种情况比较明显。

相比于传统的不考虑方位角的层析反演方法，多方位层析及全方位层析不再使用普通偏移方式产生的 CIP 道集，而是使用分方位或者全方位的偏移方法产生的 CIP 道集。这样不同方位角上的道集只保留对该道集成像有主要贡献的炮检对的能量，不再混叠来自其他方位角的能量。从而允许将来自不同方位角的速度更新量准确地归位到相应的方位上去。

根据使用的分方位偏移方法的不同，分为多方位层析和全方位层析。

1）多方位层析

多方位层析使用的偏移方法是分方位偏移。偏移方法使用的理论类型可以是积分法

偏移、高斯束偏移、波动方程偏移等。在分方位偏移之前，需要由用户指定划分的方位角范围，如 0°～360°，间隔 45°。在偏移的过程中，对用户划分的每个方位角，产生对应于该方位角的道集和剖面。偏移结束后，得到了多套对应于不同方位角的道集和剖面。

在多方位层析反演时，将所有角度的剖面和道集输入给模块。在每个方位角对应的道集进行拾取残差。然后根据拾取到的残差，在该方位角代表的一个窄角度范围内进行射线追踪。

把通过所有方位角计算得到的方程联立合并为一个统一的方程组，再加上正则化方程组，就得到了最终的层析方程组。最后，求解该层析方程组得到每个网格上的更新量并更新速度场。这个方程组比较庞大，因此计算量也会更大。计算量的大小主要取决于划分方位角个数多少。多方位层析反演的主要步骤如图 6-4-18 所示。

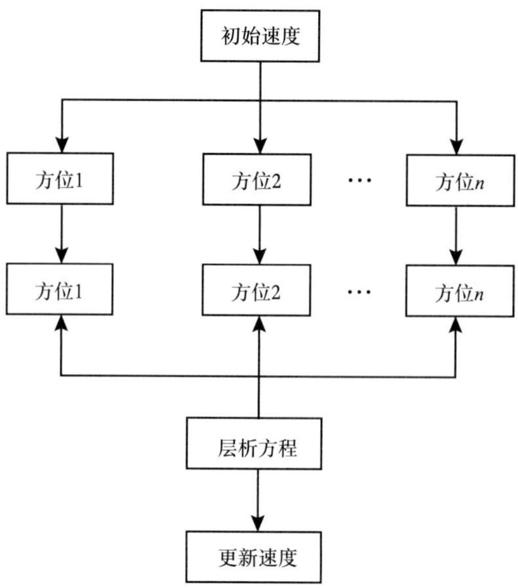

图 6-4-18　多方位层析步骤示意图

相对于普通的层析反演，分方位层析反演可以更加准确地将残差曲线对应的更新量归位到主要成像能量对应方位的变量网格上，可以避免不同方位角之间更新量的混乱，从而加快收敛速度，提高反演参数的精度。

2）全方位层析

虽然多方位层析能将来自不同方位的更新量归位到相应的方位上去，但这种方法也有不足：首先，在偏移前需用户人为地划分方位角，但是划分的依据并不客观，取决于用户对资料的认识程度、对前期采集设计的了解情况等因素；其次，对方位角划分的疏密程度不好掌握，划分太稀达不到分方位的效果，划分太密又浪费计算时间。所以对于多方位层析而言，最终的效果一定程度上受用户主观意志的影响比较大，容易产生不稳定性。

全方位层析能最大限度地避免人为因素的干扰，同时又能充分地利用分方位的角度信息。全方位层析使用的是 OVT 偏移产生的道集。与人为地划分方位角的偏移方法相比，OVT 偏移方法产生的道集能够自动地包含所有方位角的信息，无须人工划分，可更完整地保留数据中的信息。得到 OVT 偏移产生的道集后，将它输入全方位层析模块中，全方位层析模块会自动地检测所有方位角上是否存在道集残差。如果发现在某个方位角上存在残差，会自动地进行拾取。最后，对所有拾取到的残差在该残差对应的方位角方向上进行射线追踪，并将所有方程联立起来得到一个方程组，再加上正则化方程组得到最终的层析方程组。求解该方程组得到更新量并更新速度场。全方位层析反演的主要步骤如图 6-4-19 所示。

相比于多方位层析，全方位层析无需人为划分角度，充分利用了 OVT 偏移后道集中的全方位角度信息，能够更加完整和自适应地从 OVT 偏移后道集上提取残差信息，从而更准确地更新速度场。

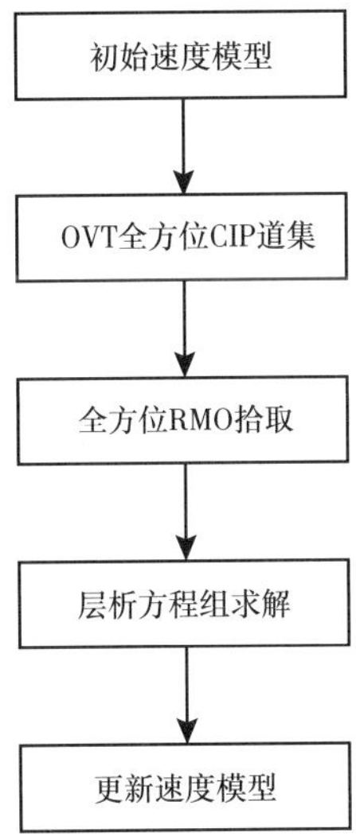

图 6-4-19　全方位层析步骤示意图

第五节　高精度叠前偏移成像技术

在构造复杂，目的层非均质性强、埋藏较深的情况下，叠后时间偏移成像往往不准确。高精度叠前偏移技术充分考虑了介质的各向异性问题，有助于获得高精度的偏移速度模型，从而使偏移归位更为准确，更易于进行精细的构造解释和落实断裂的空间展布。叠前偏移成像算法在“十二五”期间发展成同时具有 Kirchhoff 积分、高斯束、波动方程等多样化成像技术系列。

一、积分法叠前偏移技术

积分法偏移具有无倾角限制、无频散、对网格划分要求灵活、实现效率高等特点，而且适应复杂观测系统和起伏地表，对速度场精度要求较低等优点成为叠前偏移成像的必备技术，也是目前工业生产中最为常用的叠前成像技术。

从各向同性偏移发展到 VTI、TTI 各向异性偏移是深度域叠前偏移技术发展的必然趋势。大量研究表明，地球介质存在各向异性，不考虑介质各向异性的偏移算子必然导致反射点归位不准确，因此，研究各向异性介质偏移对地下构造精准成像十分重要。

一般各向异性介质的弹性波方程是很复杂的，各向异性介质地震波的传播特征在很多方面不同于各向同性的地震波。Christoffel 方程是由波动方程导出的，用以研究地震波的相速度和群速度等。在地震波理论研究和实际应用中起着非常重要的作用。弹性波场的规律特点本质上是速度场的规律特点。通过速度场中时间与空间、运动学与动力学的分析研究，实现研究地震波场的分布特点和规律。所以，积分法 TTI 各向异性叠前深度偏移所研究的核心是求取介质的相速度和群速度。

各向异性介质中波的传播方式与各向同性介质不同是：（1）波的传播方向不同——相速度以相角（波矢量与垂向间的夹角）方向传播，群速度以群角（射线方向与垂向间的夹角）方向传播；（2）速度不同。

各向异性介质的相速度和群速度求取首先要从波动方程（运动微分方程）出发，形式如以下波动方程：

$$\rho\frac{\partial^2}{\partial t^2}\boldsymbol{U}=\boldsymbol{L}\left(\boldsymbol{C}\boldsymbol{L}^2\boldsymbol{U}\right)+\rho\boldsymbol{F} \tag{6-5-1}$$

式中 $\boldsymbol{U}$——位移矢量；

$\boldsymbol{L}$——偏导数算子矩阵；

$\boldsymbol{C}$——刚度矩阵；

ρ——介质密度；

$\boldsymbol{F}$——体力向量。

对式（6-5-1）进行平面波分解，可以得到各向异性介质 Christoffel 方程：

$$\begin{bmatrix}\Gamma_{11}-\rho V^2 & \Gamma_{12} & \Gamma_{13}\\ \Gamma_{21} & \Gamma_{22}-\rho V^2 & \Gamma_{23}\\ \Gamma_{31} & \Gamma_{32} & \Gamma_{33}-\rho V^2\end{bmatrix}\begin{bmatrix}P_x\\ P_y\\ P_z\end{bmatrix}=0 \tag{6-5-2}$$

式（6-5-2）是介质弹性参数和波的传播方向有关的方程，要使其有非零解，必须满足以下条件：

$$\det\begin{bmatrix}\Gamma_{11}-\rho V^2 & \Gamma_{12} & \Gamma_{13}\\ \Gamma_{21} & \Gamma_{22}-\rho V^2 & \Gamma_{23}\\ \Gamma_{31} & \Gamma_{32} & \Gamma_{33}-\rho V^2\end{bmatrix}=0 \tag{6-5-3}$$

式（6-5-3）是关于 ρV^2 的一元三次方程，最大的根为 P 波相速度，其余两个根为 S 波相速度。

对于 VTI 介质，其刚度矩阵的弹性参数，用 Thomsen 参数表征得到以下五个 Thomsen 参数：

$$v_{\mathrm{p0}}=\sqrt{c_{33}/\rho};\ v_{\mathrm{s0}}=\sqrt{c_{44}/\rho};\ \gamma=\frac{c_{66}-c_{44}}{2c_{44}};$$

$$\varepsilon=\frac{c_{11}-c_{33}}{2c_{33}};\ \delta=\frac{(c_{13}+c_{44})^2-(c_{33}-c_{44})^2}{2c_{33}(c_{33}-c_{44})}$$

对于 P 波而言，各向异性介质的描述由如下三个参数有关：

（1）$v_{p0}=\sqrt{c_{33}/\rho}$，是 P 波的垂直速度；

（2）$\varepsilon=\dfrac{c_{11}-c_{33}}{2c_{33}}$，是 xoz 平面上 P 波的各向异性系数；

（3）$\delta=\dfrac{(c_{13}+c_{44})^2-(c_{33}-c_{44})^2}{2c_{33}(c_{33}-c_{44})}$，是 xoz 平面上的变异系数。

如图 6-5-1 所示，TTI 介质是 VTI 介质的对称轴在空间转动形成的介质类型。需要把 VTI 介质的本构坐标系弹性系数矩阵转化为观测坐标系弹性系数矩阵。

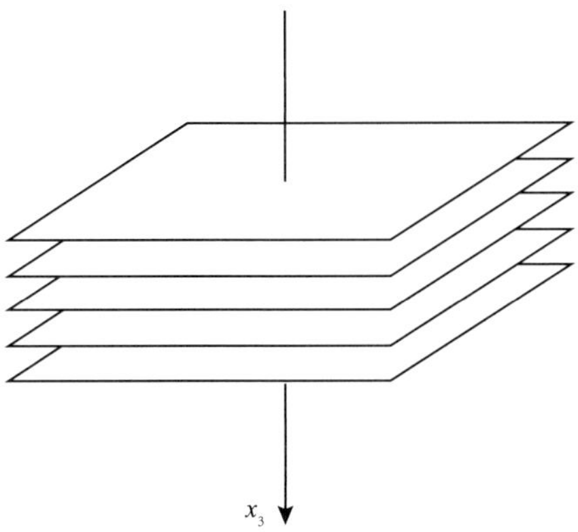

(a) VTI

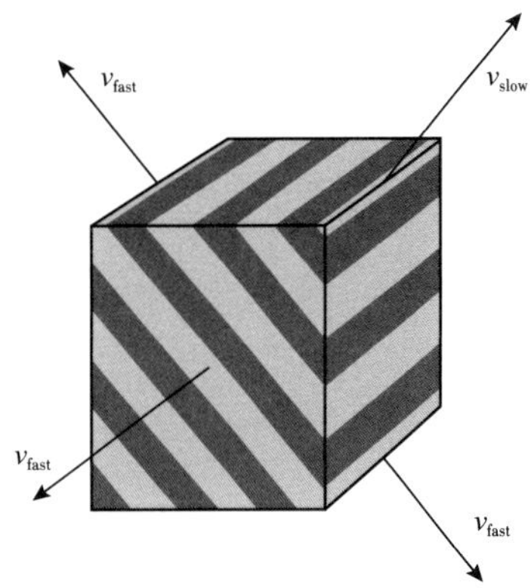

(b) TTI

图 6-5-1　VTI 介质和 TTI 介质的转换示意图

转换关系如下式：

$$\boldsymbol{C}=\boldsymbol{M}*C^0*\boldsymbol{M}^{\mathrm{T}}$$

其中

$$\boldsymbol{M}=\begin{bmatrix}\alpha_1^2 & \beta_1^2 & \gamma_1^2 & 2\beta_1\gamma_1 & 2\alpha_1\gamma_1 & 2\alpha_1\beta_1\\ \alpha_2^2 & \beta_2^2 & \gamma_2^2 & 2\beta_2\gamma_2 & 2\alpha_2\gamma_2 & 2\alpha_2\beta_2\\ \alpha_3^2 & \beta_3^2 & \gamma_3^2 & 2\beta_3\gamma_3 & 2\alpha_3\gamma_3 & 2\alpha_3\beta_3\\ \alpha_2\alpha_3 & \beta_2\beta_3 & \gamma_2\gamma_3 & \beta_2\gamma_3+\beta_3\gamma_2 & \gamma_2\alpha_3+\gamma_3\alpha_2 & \alpha_2\beta_3+\alpha_3\beta_2\\ \alpha_1\alpha_3 & \beta_1\beta_3 & \gamma_1\gamma_3 & \beta_1\gamma_3+\beta_3\gamma_1 & \gamma_1\alpha_3+\gamma_3\alpha_1 & \alpha_1\beta_3+\alpha_3\beta_1\\ \alpha_1\alpha_2 & \beta_1\beta_2 & \gamma_1\gamma_2 & \beta_1\gamma_2+\beta_2\gamma_1 & \gamma_1\alpha_2+\gamma_2\alpha_1 & \alpha_1\beta_2+\alpha_2\beta_1\end{bmatrix} \tag{6-5-4}$$

得到 TTI 介质坐标变换后的弹性矩阵：

$$\boldsymbol{C}=\begin{bmatrix}c_{11} & c_{12} & c_{13} & 0 & c_{15} & 0\\ c_{12} & c_{22} & c_{23} & 0 & c_{25} & 0\\ c_{13} & c_{23} & c_{33} & 0 & c_{35} & 0\\ 0 & 0 & 0 & c_{44} & 0 & c_{46}\\ c_{15} & c_{25} & c_{35} & 0 & c_{55} & 0\\ 0 & 0 & 0 & c_{46} & 0 & c_{66}\end{bmatrix} \tag{6-5-5}$$

用 Thomsen 参数表征得到七个 Thomsen 参数：$v_{s0}=\sqrt{c_{44}/\rho}$、$\gamma=\dfrac{c_{66}-c_{44}}{2c_{44}}$、$v_{p0}$、$\varepsilon$、$\delta$、对称轴倾角 θ 和方位角 φ。

对于 P 波而言，各向异性介质的描述与 v_{p0}、ε、δ、θ 和 φ 五个参数有关。

将 Thomsen 参数代入关于 ρv^2 的一元三次方程中，得到了 TTI 介质纵波相速度：

$$v_p=\sqrt{\frac{1}{2}\left[v_{s0}^2+v_{p0}^2(1+2\varepsilon)F+v_{p0}^2E+D\right]} \tag{6-5-6}$$

$$\begin{aligned}D=&\left\{\begin{aligned}&\left((1+2\varepsilon)v_{p0}^2-v_{s0}^2\right)\left[(\sin\theta\cos\varphi\cos\theta+\cos\theta\sin\theta)^2+\sin^2\theta\sin^2\varphi\right]\\&-\left(v_{p0}^2-v_{s0}^2\right)^2(-\sin\theta\cos\varphi\sin\theta+\cos\theta\cos\theta)^2\end{aligned}\right\}\\&+4\left(v_{p0}^2-v_{s0}^2\right)^2\left[(\sin\theta\cos\varphi\cos\theta+\cos\theta\sin\theta)^2+\sin^2\theta\sin^2\varphi\right]\times\\&(-\sin\theta\cos\varphi\sin\theta+\cos\theta\cos\theta)^2\end{aligned} \tag{6-5-7}$$

$$E=\left(-\sin\theta\cos\varphi\sin\theta^0+\cos\theta\cos\theta^0\right)$$

$$F=\left[\left(\sin\theta\cos\varphi\cos\theta^0+\cos\theta\sin\theta^0\right)^2+\sin^2\theta\sin^2\varphi\right]$$

$$G=\sin\theta\cos\varphi\cos\theta^0+\cos\theta\sin\theta^0$$

相速度和群速度的关系可以得到纵波群速度表达式：

$$v_{gx}^p=\frac{1}{2v_{p0}\sqrt{D}}\left\{\begin{aligned}&\left[\left((1+2\xi)v_{p0}^2+v_{s0}^2\right)\cos\theta G-\left(v_{p0}^2+v_{s0}^2\right)\sin\theta E\right]\sqrt{D}\\&+2\left(v_{p0}^2-v_{s0}^2\right)\left((1+2\delta)v_{p0}^2-v_{s0}^2\right)E(\cos\theta EG-\sin\theta F)\\&+\left[\left((1+2\xi)v_{p0}^2-v_{s0}^2\right)F-\left(v_{p0}^2-v_{s0}^2\right)E^2\right]\\&\times\left[\left((1+2\xi)v_{p0}^2-v_{s0}^2\right)\cos\theta^0G+\left(v_{p0}^2-v_{s0}^2\right)\sin\theta^0E\right]\end{aligned}\right\} \tag{6-5-8}$$

$$v_{gy}^p=\frac{\sin\theta\cos\varphi}{2v_{p0}\sqrt{D}}\left\{\begin{aligned}&\left[\left((1+2\xi)v_{p0}^2+v_{s0}^2\right)\right]\sqrt{D}\\&+2\left(v_{p0}^2-v_{s0}^2\right)\left((1+2\delta)v_{p0}^2-v_{s0}^2\right)E^2\\&+\left[\left((1+2\xi)v_{p0}^2-v_{s0}^2\right)F-\left(v_{p0}^2-v_{s0}^2\right)E^2\right]\end{aligned}\right\} \tag{6-5-9}$$

$$v_{gz}^p=\frac{1}{2v_{p0}\sqrt{D}}\left\{\begin{aligned}&\left[\left((1+2\xi)v_{p0}^2+v_{s0}^2\right)\sin\theta G+\left(v_{p0}^2+v_{s0}^2\right)\cos\theta E\right]\sqrt{D}\\&+2\left(v_{p0}^2-v_{s0}^2\right)\left((1+2\delta)v_{p0}^2-v_{s0}^2\right)E(\cos\theta EG+\sin\theta F)\\&+\left[\left((1+2\xi)v_{p0}^2-v_{s0}^2\right)F-\left(v_{p0}^2-v_{s0}^2\right)E^2\right]\\&\times\left[\left((1+2\xi)v_{p0}^2-v_{s0}^2\right)\cos\theta G+\left(v_{p0}^2-v_{s0}^2\right)\sin\theta E\right]\end{aligned}\right\} \tag{6-5-10}$$

图 6-5-2 为 BP 二维模型的各向同性、VTI 各向异性和 TTI 各向异性积分法叠前深

度偏移结果局部对比，其中横坐标表示模型长度、纵坐标为模型深度。从成像结果来看，各向异性的成像结果明显好于各向同性的结果，而且 TTI 的成像结果最好。

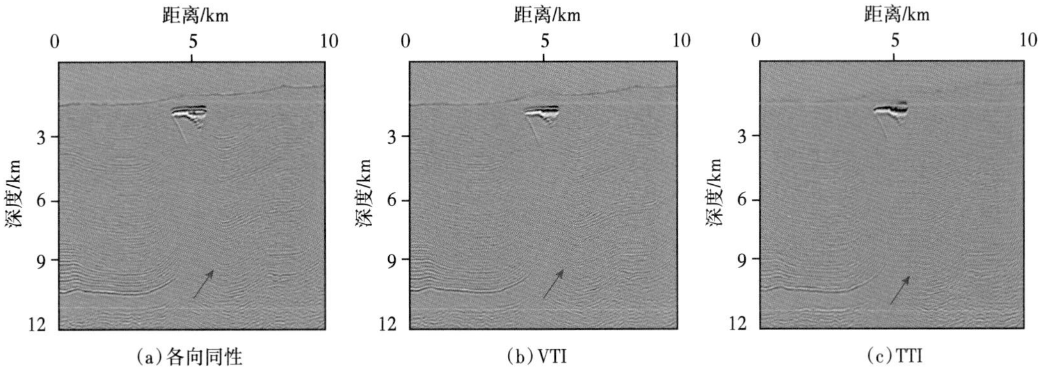

图 6-5-2 BP 二维模型的各向同性、VTI 和 TTI 积分法叠前深度偏移结果对比

图 6-5-3 为三维盐丘模型的速度场、各向同性和 TTI 各向异性积分法叠前深度偏移道集对比。结果显示，TTI 各向异性的成像结果明显好于各向同性的结果。

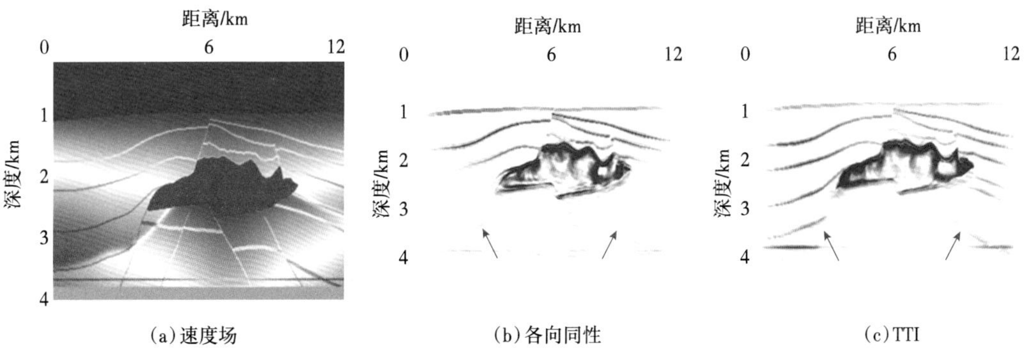

图 6-5-3 三维盐丘模型的速度场（a）、各向同性（b）和 TTI（c）积分法叠前深度偏移结果对比

图 6-5-4 为安哥拉实际三维资料的积分法 TTI 成像结果比较，两者效果相当。在图中椭圆区域，GeoEast 积分法的成像结果在同相轴的连续性方面略好于某商业软件的成像结果。

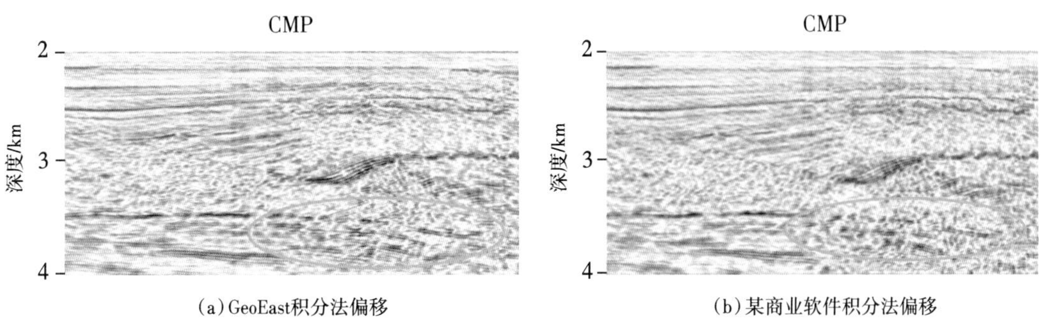

图 6-5-4 安哥拉三维实际资料的 TTI 各向异性积分法叠前深度偏移结果对比

二、高斯束叠前偏移技术

随着叠前深度偏移技术在许多复杂地质构造地区的推广应用，传统 Kirchhoff 积分法偏移技术在古潜山、超覆、复杂断块、盐丘底部等复杂地质构造区域的偏移成像处理并没有达到预期效果。除了速度模型精度、观测系统照明、偏移孔径等因素影响之外，偏移算子精度问题是影响成像效果的主要原因。传统的 Kirchhoff 积分法偏移采用的射线追踪技术无法处理多波至、焦散、阴影区等复杂波场现象（Geoltrain，1993），利用高频射线来近似格林函数对菲涅耳带的影响导致成像分辨率随着深度增加而逐渐变差，从而影响深部结构的成像质量（吴如山等，1993）。基于最大能量旅行时方法（Nichols，1996）、多值旅行时方法（Xu，2004）都是对传统 Kirchhoff 积分法的改进与完善，但这并不能克服 Kirchhoff 积分法的固有理论缺陷，而且实现难度和计算效率都明显增大。

基于波场延拓的波动方程直接解法是处理复杂地质构造的有效工具。与 Kirchhoff 积分法相比，这类方法基于全波动方程，采用描述地震波在复杂介质中传播过程的波场延拓算子进行偏移成像，物理概念清晰，从根本上解决了多波至问题及由速度变化引起的聚焦或焦散效应。波动方程直接解法包括基于全程波的逆时偏移方法和基于单程波的偏移方法。但单程波方法对高陡构造适应能力较差，不便于处理强对比、陡倾角构造中的回转波；逆时偏移与有限差分正演计算存在稳定性、数值频散、计算数据量大、成本很高的问题。

对比 Kirchhoff 积分法和波动方程直接解法这两类偏移方法，可发现它们互有优缺点，Kirchhoff 法效率高，但对复杂波场的成像效果不好；波动方程直接解法的成像效果好，但效率相对较低。射线束类偏移法是介于 Kirchhoff 与波动类方法之间的第三类偏移处理方法，高斯射线束偏移法（Hill，1990，2001）是射线束偏移法的代表，与 Kirchhoff 积分法的不同之处在于，高斯射线束偏移将波场分解到具有一定频率范围的射线束上来实现波场延拓和成像，高斯射线束是一条以射线为中心的能量管，它不仅具有射线的运动学特征，还具有一定的动力学特征。高斯射线束可在一定程度上克服射线的盲区效应，并能自然地实现多波至的格林函数，因此可提高成像质量。与此同时高斯射线束偏移还具有 Kirchhoff 积分法的优点，计算效率高、能够适应多变的观测系统和高陡构造等。高斯射线束偏移法在计算效率和成像效果上找到了一个很好的平衡点，是现有 Kirchhoff 积分和波动类偏移法的重要补充。

1. 高斯射线束的定义

高斯射线束法是对传统射线方法的扩展，与传统射线法不同的是，它将波场分解到具有一定频率范围的射线束上来实现地震波场的数值模拟。高斯射线束是弹性动力学方程集中于射线附近的高频渐近解，如图 6-5-5（a）所示，高斯射线束可看作是一条从震源出发以射线为中心的能量管，射线束的振幅分布以偏离中心射线的距离平方呈指数衰减。而接收点 R 或地下成像点处的波场［图 6-5-5（b）］，可看作是由多条从震源点 S 出发，在 R 点一定范围内的高斯射线束能量的叠加。图中，*Amp* 表示中心射线的振幅；

n 表示偏离中心射线的距离；L 表示高斯函数的标准差；A 表示偏离中心射线距离为 n 处的振幅。

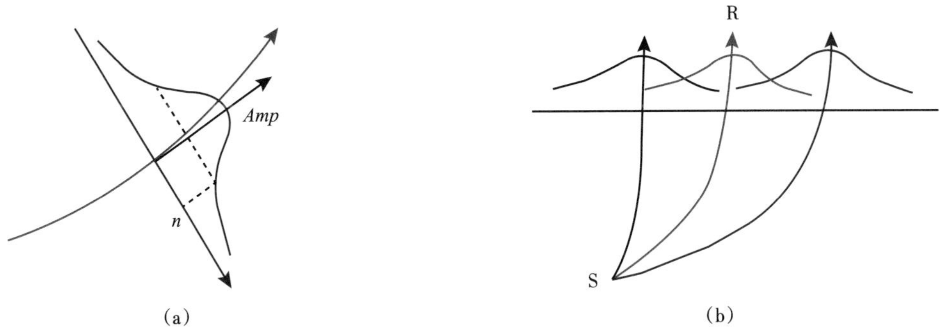

图 6-5-5 高斯射线束示意图

高斯射线束公式是在射线坐标系（图 6-5-6）下得到的，其中 P 为空间中的一点，它在中心射线 S 上的垂直投影点为 P′，s 为 P″ 点到射线原点 s_0 的弧长，n 表示 P 点到射线的距离。新的射线坐标系由向量 n 和 t 定义。它们分别表示沿射线的法矢量方向和切矢量方向。

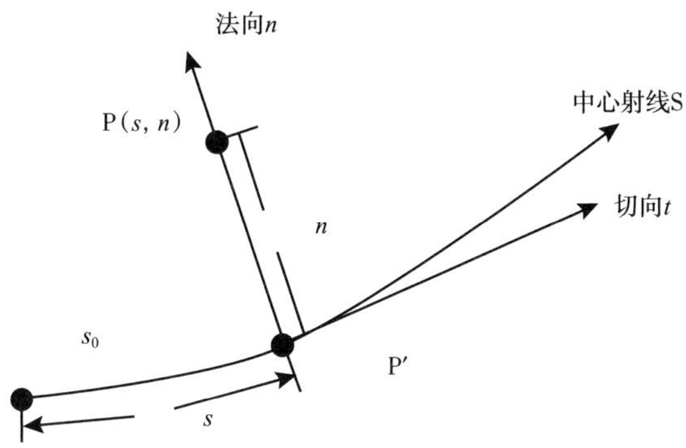

图 6-5-6 射线坐标系

将声波方程变换到该坐标系下，通过高频近似得到集中于射线附近的抛物线方程，求解该方程可得到声波方程集中于射线附近解的最简单形式“标量高斯射线束”。该解在频率域具有如下表达形式：

$$u(s,n,\omega)=\sqrt{\frac{v(s)}{q(s)}}\exp\pm\left\{\mathrm{i}\omega\tau(s)+\frac{\mathrm{i}\omega}{2}\frac{p(s)}{q(s)}n^2\right\} \tag{6-5-11}$$

其中

$$\tau(s)=\int_{s_0}^{s}\frac{\mathrm{d}s}{v(s)}$$

式中 $u(s, n, \omega)$——波场位移，指数部分“-”表示正向延拓（正演），“+”表示反向延拓（偏移）；

(s, n)——计算点在中心射线坐标系下的射线坐标；
s——到射线原点的距离；
n——到射线的距离；
ω——圆频率；
$v(s)$——中心射线的速度；
$\tau(s)$——中心射线旅行时；
$p(s)$ 和 $q(s)$——沿中心射线变化的复值动力学参数，它们满足常微分方程组（6-5-12）。

$$\frac{\mathrm{d}q}{\mathrm{d}s}=vp,\ \frac{\mathrm{d}p}{\mathrm{d}s}=-v^{-2}\frac{\partial^2 v}{\partial n^2}q \tag{6-5-12}$$

对式（6-5-12）进行变化，可以得到如下更具物理意义的高斯射线束表达形式：

$$u(s,n,\omega)=A(s)\exp\left[\mathrm{i}\omega\tau(s)+\frac{\mathrm{i}\omega}{2v(s)}K(s)n^2-\frac{n^2}{L^2(s)}\right] \tag{6-5-13}$$

其中

$$A(s)=\sqrt{\frac{v(s)}{q(s)}}$$

$$K(s)=v(s)\mathrm{Re}[p(s)/q(s)]$$

$$L(s)=\left\{\frac{\omega}{2}\mathrm{Im}[p(s)/q(s)]\right\}^{-1/2}$$

式中 $A(s)$——高斯射线束振幅；
$K(s)$——射线束的波前曲率；
$L(s)$——射线的有效半宽度，决定高斯射线束振幅在中心射线附近的分布。

2. 高斯束叠前深度偏移原理

1）运动学射线追踪

运动学射线追踪是为了获取中心射线路径，为进一步动力学射线追踪做准备。利用如下的射线路径方程求解中心射线路径：

$$\begin{cases}\mathrm{d}x/\mathrm{d}t=v\sin\sigma\\ \mathrm{d}z/\mathrm{d}t=v\cos\sigma\\ \dfrac{\mathrm{d}\sigma}{\mathrm{d}t}=-\dfrac{\partial v}{\partial x}\cos\sigma+\dfrac{\partial v}{\partial z}\sin\sigma\end{cases} \tag{6-5-14}$$

式中 t——旅行时；
v——速度；
σ——射线与 Z 轴的夹角；

$\frac{\partial v}{\partial x}$、$\frac{\partial v}{\partial z}$——速度在 x 和 z 方向上的偏导数。

式（6-5-19）是一个一阶常微分方程组，可使用 4 阶龙格库塔方法对其进行求解，从而获得中心射线路径。

2）动力学射线追踪

运动学射线追踪的结果是一条离散的中心射线路径，运动学射线追踪需要在该射线路径上进行，通过求解式（6-5-14）可以得到动力学参数 p、q。为了求解式（6-5-14），还需给出 $p(s)$ 和 $q(s)$ 的初始值：

$$p_0 = i / v_0, \quad q_0 = \omega_1 w_0^2 / v_0 \tag{6-5-15}$$

式中　v_0——射线初始位置处的速度；

ω_1——地震数据的最低有效频率；

w_0——初始射线宽度。

w_0 不宜取得太大，但是太小又会造成射线束宽度快速扩张，应当大于一个波长，一个比理想的选择是 $w_0=2\pi v_a / \omega_1$，其中 v_a 为速度的全局空间平均。在实际计算中需将中心射线路径的离散点坐标，到达旅行时和对应的 p、q 复数值都保存下来。

3）求解高斯射线束表达式

有了中心射线和对应的动力学参数 p、q，就可以使用如下的高斯射线束表达式计算成像点处的高斯射线束表达式，得到中心射线附近高斯射线束振幅分布：

$$u(s,n,\omega) = \sqrt{\frac{v(s)}{q(s)}} \exp\left\{ \mathrm{i}\omega\tau(s) + \frac{\mathrm{i}\omega}{2}\frac{p(s)}{q(s)}n^2 \right\} \tag{6-5-16}$$

4）局部平面波分解（TauP 变换）

图 6-5-7 给出了以倾角 θ 到达地表的一条高斯射线束，其中心射线出露于地表 x_0 处，设在 x_0 处 t_0 时刻接收到了该高斯束的振动。根据高斯束的性质，它也将对临近的地震道

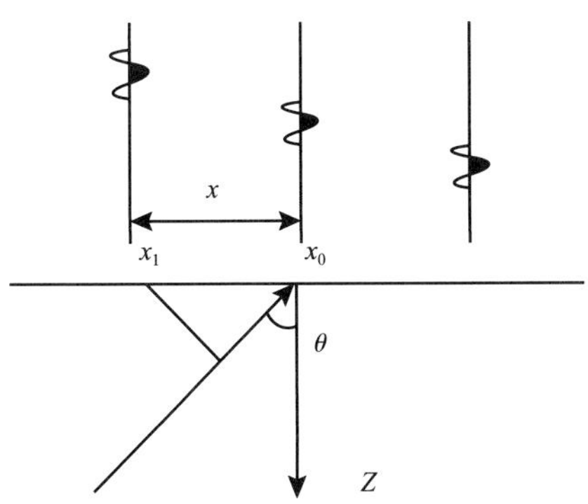

图 6-5-7　高斯射线束平面波示意图

产生一定的影响，考察图中 x_0 左边的接收道 x_1，设该道到 x_0 的距离为 x，在该范围内将高斯束产生的波看成是平面波，那么该道接收到高斯束振动的时间为

$$t = t_0 + \frac{x\sin\theta}{v} \tag{6-5-17}$$

式中 v——近地表 x_0 附近的速度；

θ——中心射线与 Z 轴的夹角。

图中射线的 θ 为负角度，射线束的波前在到达 x_0 处之前已经先到达了 x_1 位置，因此在 x_1 记录道的振动先于 x_0 处。在振幅大小方面，根据高斯射线束性质，x_1 位置处的振幅应该以偏离中心位置距离的平方呈指数衰减。

在偏移中需要把分散到临近道中的振幅重新收回到该高斯射线束中，并以 θ 角度向相反方向进行波场延拓，对于选定的中心点位置 x_0 和局部范围 [$-L$, L]，可以利用下面的局部倾斜叠加方法将地表接收记录分解到不同倾角的高斯射线束中，局部倾斜叠加公式如下：

$$B(\omega,p) = C_1\frac{|\omega|}{2\pi}\int_{x_0-L}^{x_0+L} F_x(\omega)\,\mathrm{e}^{-\frac{1}{2}\left|\frac{\omega}{\omega_1}\right|\frac{x^2}{L^2}}\mathrm{e}^{-\mathrm{i}\omega px}\mathrm{d}x \tag{6-5-18}$$

其中

$$p = \sin\theta/v$$

式中 p——射线参数，代表射线的不同倾角；

ω_1——记录有效频宽的低端；

L——局部叠加范围半径，即对应 ω_1 的高斯射线束有效半宽度的 3 倍，高斯射线束有效半宽度由用户指定，取值范围在 150～250m 之间；

x_0——射线出射中心位置，也是局部叠加的中心；

$F_x(\omega)$——位置在 x 处的地表记录的频谱；

C_1——局部叠加系数，是为确保高斯射线束平面波分解与地表记录的一致性而使用的。

式（6-5-18）将局部范围 [$-L$, L] 内的地震记录按照距离中心点 x_0 的距离进行指数衰减，并根据射线倾角参数 p 叠加起来，实现了不同斜率平面波的分解。

为了确保误差小于 1%，需要满足：

$$\begin{cases} \Delta a < |2\omega_1/\omega|^{1/2} L \\ C_1 = \left|\omega/\pi\omega_1\right|^{1/2}\dfrac{\Delta a}{L} \end{cases} \tag{6-5-19}$$

其中

$$\Delta a = |2\omega_1/\omega_h|^{1/2} L$$

式中 Δa——高斯射线束出射位置的空间采样间隔；

ω_h——地震数据有效频宽的高端。

通过平面波分解，将地表一个局部范围内的地震记录分解到一系列不同出射角度的高斯射线束中，这符合高斯射线束原理，使得高斯射线束偏移与正演一致，在理论上更具完备性。同时由于空间采样间隔 Δa 大于道间距，因而在偏移处理中使用平面波分解后将有效减少偏移计算次数，提高偏移效率。

5）应用成像条件成像

叠前单道记录偏移的基本公式为

$$I(R)=\frac{-1}{2\pi}\int \mathrm{d}\omega \frac{\partial G^{*}(r,r_{\mathrm{d}},\omega)}{\partial z_{\mathrm{d}}}\times G(r,r_{\mathrm{s}},\omega)F(r_{\mathrm{d}},r_{\mathrm{s}},\omega) \tag{6-5-20}$$

式中 下标 s——炮点；

下标 d——检波点；

$G(r, r_{\mathrm{s}}, \omega)$——从炮点位置 r_{s} 出发的下行波场的格林函数；

$F(r_{\mathrm{d}}, r_{\mathrm{s}}, \omega)$——从 s 点激发，在 d 点接收的地震数据道的傅里叶变换；

$\frac{\partial G^{*}(r,r_{\mathrm{d}},\omega)}{\partial z_{\mathrm{d}}}F(r_{\mathrm{d}},r_{\mathrm{s}},\omega)$——到达检波点位置 r_{d} 的上行波场的向下延拓。

基于平面波分解优化后，高斯射线束叠后偏移的成像公式改写为

$$I(R)=\frac{-1}{2\pi}\int_{p_0}^{p_N}\mathrm{d}pA(p)\int_{-\infty}^{\infty}\mathrm{d}\omega \mathrm{e}^{-\mathrm{i}\omega T(p)}B(\omega,p) \tag{6-5-21}$$

式中 p——射线参数；

$[p_0, p_N]$——有效的射线参数范围；

A 和 T——高斯射线束复值振幅和旅行时；

$B(\omega, p)$——按射线参数 p 根据式（6-5-21）进行局部倾斜叠加的结果，它代表了按该射线参数斜率方向进行平面波分解的结果。

叠前偏移中由于从炮点出发的下行波到达反射点的路径与从反射点到达接收点的上行波路径不一致，地下成像点的偏移贡献由炮点、检波点射线束对共同决定，因此上式中高斯射线束复值振幅 $\overline{A}$ 和旅行时 $\overline{T}$ 表示为

$$\begin{cases}\overline{T}=T_{\mathrm{s}}(p_{\mathrm{s}})+T_{\mathrm{d}}(p_{\mathrm{d}})\\ \overline{A}=[A_{\mathrm{s}}(p_{\mathrm{s}})+A_{\mathrm{d}}(p_{\mathrm{d}})]/2\end{cases} \tag{6-5-22}$$

而局部倾斜叠加结果 B 是根据检波点处的射线参数 p_{d} 决定的。

6）偏移公式转到时间域

考虑到终的成像结果 $I(R)$ 是时间域的实数，可将复值振幅和旅行时表示为

$$\begin{cases}T=T_{\mathrm{r}}+\mathrm{i}\,\mathrm{sgn}(\omega)T_{\mathrm{i}}\\ A=A_{\mathrm{r}}+\mathrm{i}\,\mathrm{sgn}(\omega)A_{\mathrm{i}}\end{cases} \tag{6-5-23}$$

式中 下标 r——实部；

下标 i——虚部。

将式（6-5-23）代入成像式（6-5-21）可得

$$I(R)=\frac{-1}{2\pi}\int_{p_0}^{p_N}\mathrm{d}p\int_{-\infty}^{\infty}\mathrm{d}\omega\left[A_\mathrm{r}+\mathrm{i}\,\mathrm{sgn}(\omega)A_\mathrm{i}\right]\exp\left(-\mathrm{i}\omega T_\mathrm{r}+|\omega|T_\mathrm{i}\right)B(\omega,p) \quad (6\text{-}5\text{-}24)$$

令

$$B'(\omega,T_\mathrm{i},p)=\mathrm{e}^{|\omega|T_\mathrm{i}}B(\omega,p) \quad (6\text{-}5\text{-}25)$$

B' 在时间域的形式为

$$b(T_\mathrm{r},T_\mathrm{i},p)=\frac{1}{2\pi}\int_{-\infty}^{\infty}\mathrm{d}\omega\mathrm{e}^{-\mathrm{i}\omega T_\mathrm{r}}B'(\omega,T_\mathrm{i},p) \quad (6\text{-}5\text{-}26)$$

代入式（6-5-24）得到

$$I(R)=\frac{-1}{2\pi}\int_{p_0}^{p_N}\mathrm{d}p\left[A_\mathrm{r}b(T_\mathrm{r},T_\mathrm{i},p)+A_\mathrm{i}\int_{-\infty}^{\infty}\mathrm{i}\,\mathrm{sgn}(\omega)B'(\omega,T_\mathrm{i},p)\mathrm{e}^{-\mathrm{i}\omega T_\mathrm{r}}\mathrm{d}\omega\right] \quad (6\text{-}5\text{-}27)$$

根据希尔伯特变换性质：

$$\hat{X}(\omega)=-\mathrm{i}X(\omega)\mathrm{sgn}(\omega) \quad (6\text{-}5\text{-}28)$$

可以得到

$$I(R)=\int_{p_{\mathrm{s}0}}^{p_{\mathrm{s}N}}\mathrm{d}p_\mathrm{s}\int_{p_{\mathrm{d}0}}^{p_{\mathrm{d}N}}\mathrm{d}p_\mathrm{d}\left[\overline{A}_\mathrm{r}b(\overline{T}_\mathrm{r},\overline{T}_\mathrm{i},p_\mathrm{d})-\overline{A}_\mathrm{i}\hat{b}(\overline{T}_\mathrm{r},\overline{T}_\mathrm{i},p_\mathrm{d})\right] \quad (6\text{-}5\text{-}29)$$

式中 $\hat{X}$——X 的希尔伯特变换。

波束偏移是介于积分法与波动方程偏移算法之间的新型算法，它兼有积分法的高效和灵活性，和波动方程在多波至等方面的优点，同时自身具有较好的抑噪能力，因而，波束偏移是在生产实践中比较实用的成像手段。

与积分法偏移相比，高斯射线束偏移结果具有更高的信噪比，对于后续的速度模型更新和构造解释都更加有利。

3. 各向异性介质高斯束叠前深度偏移

随着地震勘探目标越来越复杂，深度域处理必须考虑各向异性的影响。随着“两宽一高”地震资料采集越来越多，这为各向异性建模及成像带来了丰富的信息。对于构造成像而言，主要关注一种弱各向异性模型，即横向各向同性介质，包括具有垂直对称轴的 VTI 介质和倾斜对称轴的 TTI 介质。此处对弱各向异性介质中的高斯束射线追踪方法做一个介绍，然后展示了弱各向异性介质中的高斯束深度偏移效果。

1）各向异性运动学射线追踪

一般的弹性波动方程可以表示为（Cerveny，2001）：

$$\frac{\partial}{\partial x_i}\left(C_{ijkl}\frac{\partial u_k}{\partial x_l}\right)-\rho\frac{\partial^2 u}{\partial t^2}=0 \qquad (6\text{-}5\text{-}30)$$

式中 u_k——位移；

C_{ijkl}——弹性系数，i，j，k，l=1，2，3，4。

其频率域表达式为

$$\frac{\partial}{\partial x_i}\left(C_{ijkl}\frac{\partial u_k}{\partial x_l}\right)+\omega^2\rho u_j=0 \qquad (6\text{-}5\text{-}31)$$

在零阶射线理论中，式（6-5-30）的近似解可写成

$$u_k\left(x_i,\omega\right)=U_k\left(x_i\right)\mathrm{e}^{\mathrm{i}\omega\tau\left(x_i\right)}$$

式中 $U_k(x_i)$、$\tau(x_i)$——振幅和走时。

代入式（6-5-31），在高频近似下可得 Christoffel 方程：

$$\left(\boldsymbol{\Gamma}_{jk}-\delta_{jk}\right)U_k=0 \qquad (6\text{-}5\text{-}32)$$

其中

$$\boldsymbol{\Gamma}_{jk}=\alpha_{ijkl}p_i p_l$$

$$\alpha_{ijkl}=c_{ijkl}/\rho$$

$$p_i=\partial\tau/\partial x_i$$

$$p_l=\partial\tau/\partial x_l$$

式中 $\boldsymbol{\Gamma}_{jk}$——Christoffel 矩阵；

α_{ijkl}——密度归一化刚度系数；

p_i、p_l——慢度矢量的各个分量。

式（6-5-32）对应一个标准的特征值问题，且特征值满足 $G(p_i, x_i)$=1，故可改写为

$$\left(\boldsymbol{\Gamma}_{jk}-G\delta_{jk}\right)\boldsymbol{g}_k=0 \qquad (6\text{-}5\text{-}33)$$

式中 $\boldsymbol{g}_k$——单位特征向量，即极化矢量。

式（6-5-33）两边同乘以 g_j，结合 $g_k g_k$=1，可得

$$G=\Gamma_{jk}g_j g_k=a_{ijkl}p_i p_j g_j g_k \qquad (6\text{-}5\text{-}34)$$

考虑到 p=$\nabla\tau$，式（6-5-33）是一个非线性一阶偏微分方程，可通过汉密尔顿方程求解。表示成一般各向异性介质的运动学射线追踪方程组（Cerveny，2001）：

$$\frac{\mathrm{d}x_i}{\mathrm{d}\tau}=\frac{1}{2}\frac{\partial G}{\partial p_i}\alpha_{ijkl}p_l g_j g_k \qquad (6\text{-}5\text{-}35)$$

$$\frac{\mathrm{d}p_i}{\mathrm{d}\tau}=\frac{1}{2}\frac{\partial G}{\partial x_i}=\frac{1}{2}\frac{\partial\alpha_{ijkl}}{\partial x_i}p_m p_l g_j g_k \qquad (6\text{-}5\text{-}36)$$

式（6-5-35）等号右侧的函数非常复杂，计算不但费时，且需要在射线追踪的每一

步求解特征值问题。为了克服刚度系数表示的射线方程的复杂性及其计算上的麻烦，Zhu（2005）、Zhu 等（2007）等重新推导了各向异性介质中的运动学射线追踪方程。沿 x_i 方向的群速度可表示为 $v_i=\alpha_{ijkl}p_i g_j g_k$。于是，式（6-5-35）改写为

$$\mathrm{d}x_i / \mathrm{d}\tau = v_i \tag{6-5-37}$$

考虑到式（6-5-33）中特征值 G 及其偏导数 $\partial G/\partial x_i$ 都是 p_i 的齐次方程，容易得到 $v_2=G(x_i, \boldsymbol{n}_i)$，故而有

$$\frac{\partial G(x_i, p_i)}{\partial x_i} = \frac{1}{v^2}\frac{\partial G(x_i, \boldsymbol{n}_i)}{\partial x_i} = \frac{2}{v}\frac{\partial v}{\partial x_i} \tag{6-5-38}$$

式中 $\boldsymbol{n}_i$——单位慢度矢量；

$v=v(\boldsymbol{x}_i, \boldsymbol{n}_i)$——相速度。

将式（6-5-38）代入式（6-5-36）并联立式（6-5-37）得

$$\mathrm{d}x_i/\mathrm{d}\tau = v_i \tag{6-5-39}$$

$$\mathrm{d}P_{y,M}/\mathrm{d}\tau = -C_{y,MN}O_{y,N} - D_{y,MN}P_{y,N} \tag{6-5-40}$$

由于群速度可通过相速度计算得出（Tsvankin, 2001），因此式（6-5-39）与式（6-5-40）组成了相速度表示、适应一般各向异性介质的射线方程组。这就回避了传统各向异性射线追踪过程中每一步都要计算的特征值问题。因空间矢量 $\boldsymbol{x}$ 与单位慢度矢量 $\boldsymbol{n}$ 都是相速度方程 $v=v(\boldsymbol{x}_i, \boldsymbol{n}_i)$ 的独立变量，故式（6-5-40）右边对相速度求偏导数时，其隐函数的链式求导中不依赖 $\boldsymbol{n}_i$，只需对相速度表达式中出现的与空间坐标 $\boldsymbol{x}_i$ 有关的参数对 $\boldsymbol{x}_i$ 求导即可。在各向异性介质中，群速度可表达为

$$v_{Gi} = v^2 p_i + (1/v)\partial v/\partial p_i \tag{6-5-41}$$

为方便动力学射线追踪的推导，可将运动学射线追踪方程改写为

$$\mathrm{d}x_i/\mathrm{d}\tau = v^2 p_i + (1/v)\partial v/\partial p_i \tag{6-5-42}$$

$$\mathrm{d}p_i/\mathrm{d}\tau = -(1/v)\partial v/\partial x_i \tag{6-5-43}$$

2）基于波前正交坐标系的动力学射线追踪

各向异性介质中的动力学射线方程通常用笛卡儿坐标表示（Cerveny，2001）。这导致了六个线性一阶常微分方程系统的求解。式（6-5-43）对射线参数求偏导数可以得到笛卡儿坐标系中 6 个偏微分方程组成的由相速度表征的动力学射线追踪方程组：

$$\mathrm{d}Q_{x,i}/\mathrm{d}\tau = A_{x,ij}Q_{x,j} + B_{x,ij}P_{x,j}, (i,j=1,2,3) \tag{6-5-44}$$

$$\mathrm{d}P_{x,i}/\mathrm{d}\tau = -C_{x,ij}Q_{x,j} - D_{x,ij}P_{x,j}, (i,j=1,2,3) \tag{6-5-45}$$

其中 $$Q_j^i=\partial x_i/\partial\gamma、Q_j^x=\partial P_i/\partial\gamma$$

式中　γ——射线坐标系（γ_1，γ_2，τ）中的 γ_1 或 γ_2。

式（6-5-44）和式（6-5-45）等号右端的系数为

$$\begin{cases} A_{x,ij}=2v\dfrac{\partial v}{\partial x_j}P_{x,i}+\dfrac{1}{v^2}\dfrac{\partial v}{\partial x_j}\dfrac{\partial v}{\partial P_{x,i}}+\dfrac{1}{v}\dfrac{\partial^2 v}{\partial x_j\partial P_{x,i}} \\ B_{x,ij}=2v\left(\dfrac{\partial v}{\partial P_{x,j}}P_{x,i}+\dfrac{\partial v}{\partial P_{x,i}}P_{x,j}\right)+v^2\delta_{ij}\dfrac{1}{v^2}\dfrac{\partial v}{\partial P_{x,j}}\dfrac{\partial v}{\partial P_{x,i}}+\dfrac{1}{v}\dfrac{\partial^2 v}{\partial P_{x,j}\partial P_{x,i}} \\ C_{x,ij}=\dfrac{1}{v^2}\dfrac{\partial v}{\partial x_i}\dfrac{\partial v}{\partial x_j}+\dfrac{1}{v}\dfrac{\partial^2 v}{\partial x_i\partial P_j} \\ D_{x,ij}=\dfrac{1}{v^2}\dfrac{\partial v}{\partial P_{x,j}}\dfrac{\partial v}{\partial x_i}+\dfrac{1}{v}\dfrac{\partial^2 v}{\partial x_i\partial P_{x,j}}-2\dfrac{\partial v}{\partial x_i}P_{x,j} \end{cases} \tag{6-5-46}$$

在高斯束计算等许多应用中，使用射线中心坐标系会非常方便。使用局部射线坐标系会将系统中微分方程的数量从 6 个减少到 4 个。各向异性介质中，射线中心坐标系不再是一个正交坐标系，因此，相比各向同性情况（射线中心坐标系为正交坐标系），将动力学射线方程从笛卡尔坐标系转换到射线中心坐标系变得更加复杂。而各向异性介质中，波前正交坐标系仍然是一个正交坐标系。用 $y=(y_1, y_2, y_3)$ 表示波前正交坐标系，该坐标系对应的慢度矢量可表示为 $\boldsymbol{P}_i^y=\partial\tau/\partial y_i$。如图 6-5-28 所示，波前正交坐标系的一组基向量为（$\boldsymbol{e}_1$，$\boldsymbol{e}_2$，$\boldsymbol{e}_3$），其中 $\boldsymbol{e}_3=\boldsymbol{n}$ 与波前垂直。单位向量 $\boldsymbol{e}_1$ 和 $\boldsymbol{e}_2$ 与波前相切，并且满足

$$\mathrm{d}\boldsymbol{e}_I/\mathrm{d}\tau=v(\boldsymbol{e}_I\cdot\nabla v)P_x\ (I=1,2) \tag{6-5-47}$$

应用由上述基向量为元素所组成的转换矩阵可将式（6-5-47）由笛卡儿坐标系转化到波前正交坐标系，最终得到由 4 个一阶偏微分方程组成的方程组：

$$\begin{cases} \mathrm{d}Q_{y,M}/\mathrm{d}\tau=A_{y,MN}O_{y,N}+B_{y,MN}P_{y,N} \\ \mathrm{d}P_{y,M}/\mathrm{d}\tau=-C_{y,MN}O_{y,N}-D_{y,MN}P_{y,N} \end{cases} \tag{6-5-48}$$

其中的系数满足

$$\begin{cases} A_{y,MN}=\dfrac{1}{v^2}\dfrac{\partial v}{\partial p_{y,M}}\dfrac{\partial v}{\partial y_N}+\dfrac{1}{v}\dfrac{\partial^2 v}{\partial p_{y,M}\partial y_N}-\dfrac{1}{v}\dfrac{\partial v}{\partial y_N}V_{y,M} \\ B_{y,MN}=v^2\delta_{MN}+\dfrac{1}{v^2}\dfrac{\partial v}{\partial p_{y,M}}\dfrac{\partial v}{\partial p_{y,N}}+\dfrac{1}{v}\dfrac{\partial^2 v}{\partial p_{y,M}\partial p_{y,N}}-V_{y,M}V_{y,N} \\ C_{y,MN}=\dfrac{1}{v}\dfrac{\partial^2 v}{\partial y_M\partial y_N} \\ D_{y,MN}=\dfrac{1}{v^2}\dfrac{\partial v}{\partial p_{y,N}}\dfrac{\partial v}{\partial y_M}+\dfrac{1}{v}\dfrac{\partial^2 v}{\partial y_M\partial p_{y,N}}-\dfrac{1}{v}\dfrac{\partial v}{\partial y_M}V_{y,N} \end{cases} \tag{6-5-49}$$

式中 V_M^y 和 V_N^y ——分别代表群速度在波前正交坐标系中沿 y_1 和 y_2 方向上的分量。

与各向同性介质中运动学及动力学射线追踪方程相似，射线方程组（6-5-45）和（6-5-46）不再是复杂的弹性参数表达形式，而是由相速度及群速度表达的形式。因群速度可通过相速度计算得出，故它们就组成了相速度表示、适应一般各向异性介质的运动学及动力学射线方程组。

3）偏移效果分析

使用国际知名的 SEG 盐丘三维 TTI 模型数据测试了各向异性高斯束偏移。该模型横向网格数为 901×901，道间距为 15m，最大深度 4020m。如图 6-5-8（a）所示，模型内部嵌入一块不规则的高速盐体。因速度横向变化大和各向异性因素，该模型很具挑战性。

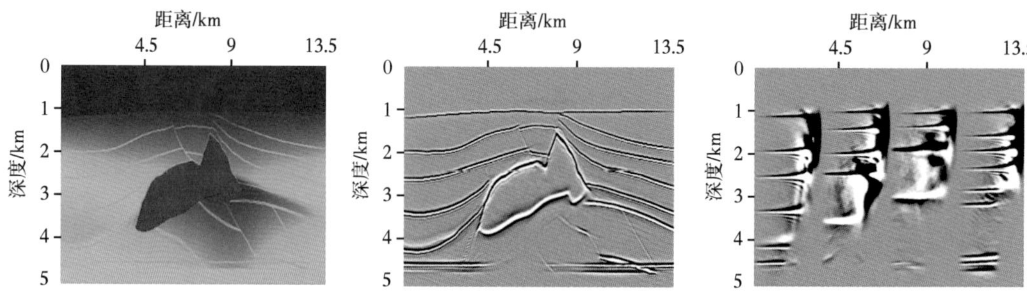

（a）SEG盐丘TI模型　（b）各向异性高斯束偏移剖面　（c）角道集

图 6-5-8　高斯线束偏移效果图

图 6-5-8（b）和（c）是使用各向异性高斯束深度偏移得到的成像剖面和道集。成像剖面信噪比高，反射层及盐体边界的刻画非常清晰。盐下的覆盖次数虽然严重不足，但是高斯束偏移独有的优势，对盐下反射层也有一定的成像。CIP 道集平直度高，一定程度上验证了各向异性射线追踪算法的可靠性。

三、波动方程叠前偏移技术

波动方程叠前深度偏移是复杂介质成像的有效手段，能够解决强横向变速条件下复杂地质体的地震波成像问题。因此，在复杂构造区和更深部的地震勘探中应用叠前深度偏移技术，可获得较为精细的成像效果。

1. 波动方程成像原理及特点

基于共炮集的波动方程深度偏移的基本思路是：首先，对每一炮进行单炮偏移成像；然后，把各炮成像结果在对应位置上叠加，从而得到整个剖面成像。对于每一炮，标准的波动方程叠前深度偏移可以分为三步：震源波场的正向延拓、炮集记录波场的反向延拓和应用成像条件求取成像。

GeoEast-Lightning 叠前深度偏移软件具备单程波偏移及逆时偏移两大类偏移功能。单程波偏移采用频率波数域和频率空间域双域迭代延拓法交替进行波场延拓；逆时偏移（RTM）利用双程波动方程，基于时间逆时外推对波场进行重构，理论上无倾角限制，可实现对回转波、棱镜波以及多次波的正确成像，获得精确的动力学信息，具有良好的保幅性。在实际应用中，各向同性逆时偏移技术虽可实现地下油藏高清晰成像，但油藏的真实空间位置并不精确，尤其是对复杂断裂及非均质性明显的地质体的刻画能力显得力不从心。GeoEast-Lightning 叠前深度偏移软件实现了基于各向异性介质的叠前深度偏移技术。

2. 单程波各向异性叠前深度偏移

针对黏弹性介质，在双域相移法单程波偏移模块的基础上，研发了单程波 Q 偏移模块。

由于地震波传播过程中的"色散"和"吸收"现象与频率相关，因此在频率域研发 Q 偏移技术是最为合适的。GeoEast-Lightning 叠前深度偏移软件中已含有双域相移法单程波偏移模块，是 Q 偏移的基础。在黏弹性介质中，地震波传播速度与频率的关系为：

$$v(\omega)=v_o\left(\frac{\omega}{\omega_o}\right)^{\gamma} \tag{6-5-50}$$

其中

$$\gamma=\left(\pi\tan\frac{1}{Q}\right)^{-1} \tag{6-5-51}$$

在黏弹性介质中，地震波传播振幅衰减与频率的关系为

$$A(\omega,L)=A_o(\omega)\mathrm{e}^{-\alpha(\omega)L} \tag{6-5-52}$$

其中

$$\alpha(\omega)=\tan\left(\frac{\pi\gamma}{2}\right)\frac{\omega}{v(\omega)} \tag{6-5-53}$$

根据单程波算法实现特点，将频散补偿在每个频率以速度校正方式调整波场延拓使用的速度场。在单频波场延拓阶段，对每一层波场进行振幅补偿。

1）振幅补偿增益控制技术

单程波 Q 偏移振幅补偿将由浅至深累乘到波场当中，如处理不好将出现不稳定，这也是 Q 偏移算法实现的难点之一。为解决这一问题，设计了振幅补偿增益控制：

$$\sigma=\exp[-(0.23Gain_{\lim}+1.63)] \tag{6-5-54}$$

由于第 n 层波场的衰减为

$$\beta_n=\exp\left(-2\pi\Delta z\frac{\omega}{v}\times\frac{1}{2Q}\right) \tag{6-5-55}$$

因此累计的衰减：

$$\chi_n=\prod_{i=1}^{n}\beta_i \tag{6-5-56}$$

将增益控制引入波场衰减的补偿量：

$$\chi^{-1}=\frac{\chi+\sigma}{\chi^{2}+\sigma} \tag{6-5-57}$$

2）模型数据试验

图 6-5-9 至图 6-5-12 是采用黏弹性模拟数据分别进行常规偏移和 Q 偏移的结果。图 6-5-13 是采用正演出的二维理论模型数据分别进行单程波无补偿与有 Q 补偿偏移结果对比。图 6-5-14 是马来西亚 SK06 二维工区积分法 Q 偏移与单程波 Q 偏移对比。通过理论模型 Q 和实际资料 Q 补偿前后对比可见，经 Q 偏移剖面整体的振幅得到补偿，成像更为清晰，分辨率也随之上升，可识别更多的构造。Q 偏移不仅可恢复地震同相轴振幅，还可较大幅度地展宽频带，提升主频，提高地震勘探尤其是深层的分辨率。

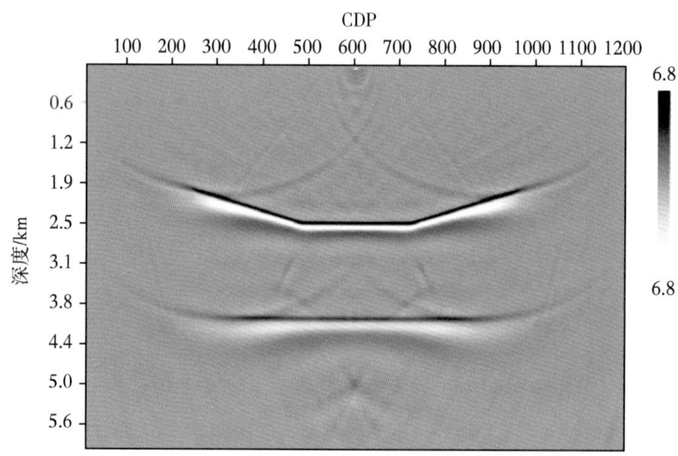

图 6-5-9　常规偏移

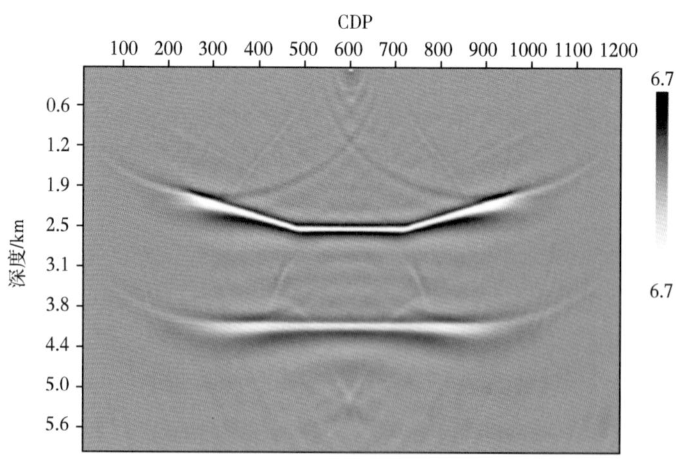

图 6-5-10　Q 偏移（色散）

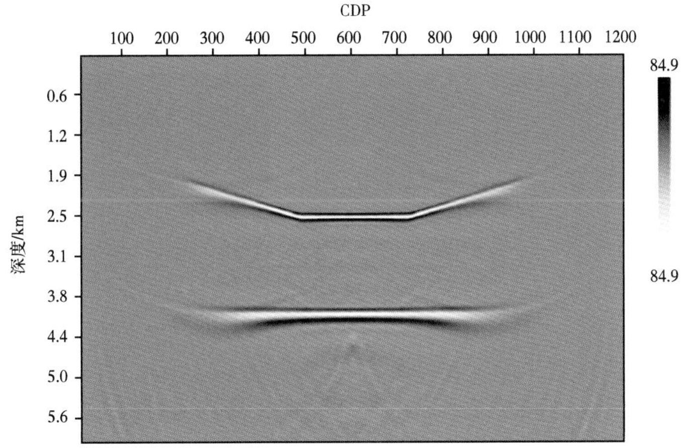

图 6-5-11　Q 偏移（色散后 +15dB 振幅补偿）

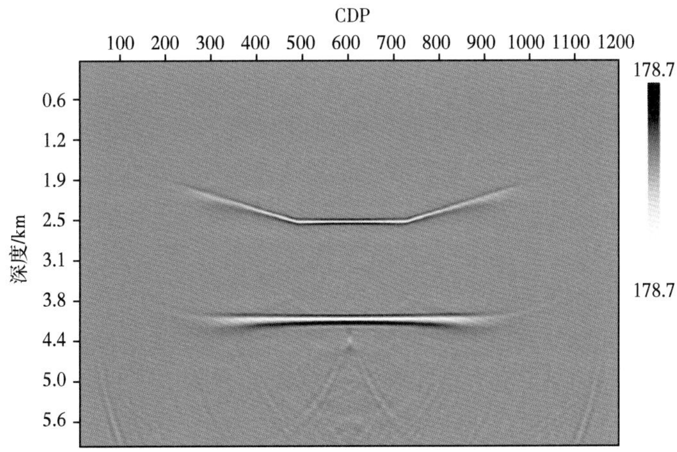

图 6-5-12　Q 偏移（色散后 +30dB 振幅补偿）

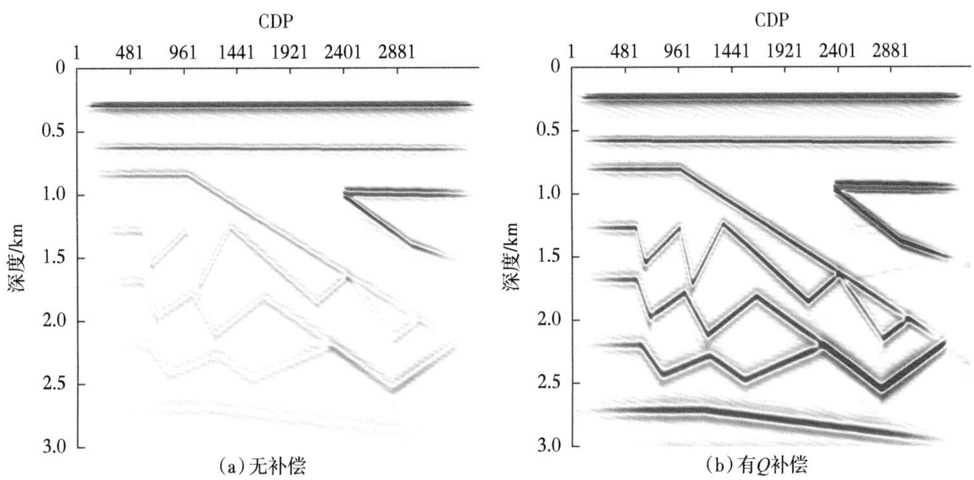

图 6-5-13　理论模型单程波无补偿与有 Q 补偿偏移结果对比图

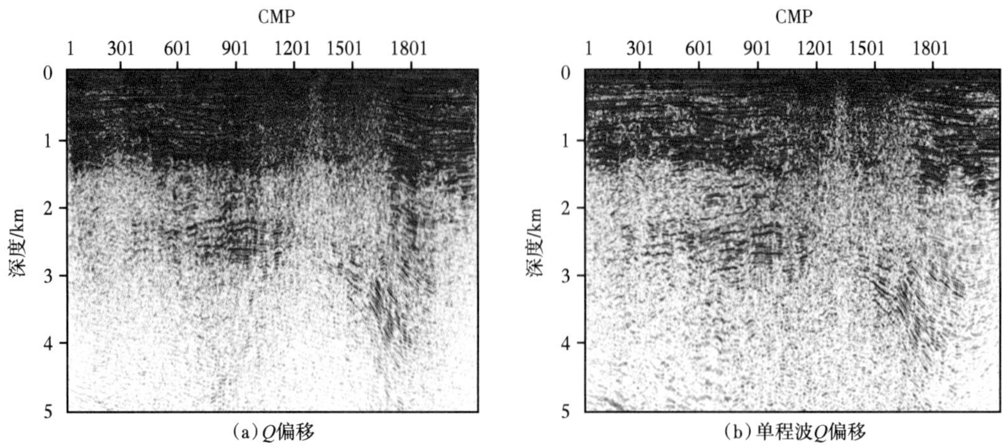

图 6-5-14 马来西亚 SK06 二维工区积分法 Q 偏移与单程波 Q 偏移对比图

3. TTI 各向异性逆时偏移

由于地下介质广泛存在各向异性，基于各向同性假设的偏移方法，在大偏移距具有较明显的走时误差，若采用各向同性假设的速度建模，成像深度与实际地层具有误差，为提高成像精度，消除井震误差，需采用各向异性介质偏移成像方法。

基于双程波动方程的叠前逆时偏移方法成像精度高，无地层倾角限制，适合复杂地下构造成像。故在 GeoEast-Lightning 各向同性逆时偏移基础上，研发了基于 GPU/CPU 协同计算的 TTI 介质逆时偏移技术。

RTM 在空间—时间域实现，自然地模拟了波在各种介质中的传播，是复杂构造区和非均匀 TTI 介质成像的强有力工具。在地下介质存在各向异性特征时，TTI 介质 RTM 偏移与各向同性介质 RTM 相比，成像质量有显著提高。TTI 介质中的波动方程为

$$\frac{1}{v_{pz}^2}\frac{\partial^2 p}{\partial t^2}=(1+2\varepsilon)H_2 p+H_1 q+\frac{\varepsilon-\delta}{\sigma}H_1(p-q) \tag{6-5-58}$$

$$\frac{1}{v_{pz}^2}\frac{\partial^2 q}{\partial t^2}=(1+2\delta)H_2 p+H_1 q-\frac{\varepsilon-\delta}{\sigma}H_2(p-q) \tag{6-5-59}$$

其中

$$\begin{aligned}H_1=&\sin^2\theta\cos^2\phi\frac{\partial^2}{\partial x^2}+\sin^2\theta\sin^2\phi\frac{\partial^2}{\partial y^2}+\cos^2\theta\frac{\partial^2}{\partial z^2}\\&+\sin^2\theta\sin^2\phi\frac{\partial^2}{\partial x\partial y}+\sin^2\theta\sin\phi\frac{\partial^2}{\partial y\partial z}+\sin^2\theta\cos\phi\frac{\partial^2}{\partial x\partial z}\end{aligned}$$

$$H_2=\frac{\partial^2}{\partial x^2}+\frac{\partial^2}{\partial y^2}+\frac{\partial^2}{\partial z^2}-H_1 \tag{6-5-60}$$

式中 σ—— 一个与 P 波和 S 波速度比有关的参数。

4. 波动方程方位—角度域道集

1）方位角度域道集提取

提取波场入射角信息，需要空间各点构造界面的法向矢量和炮点在空间各点的入射方向矢量（图 6-5-15）。

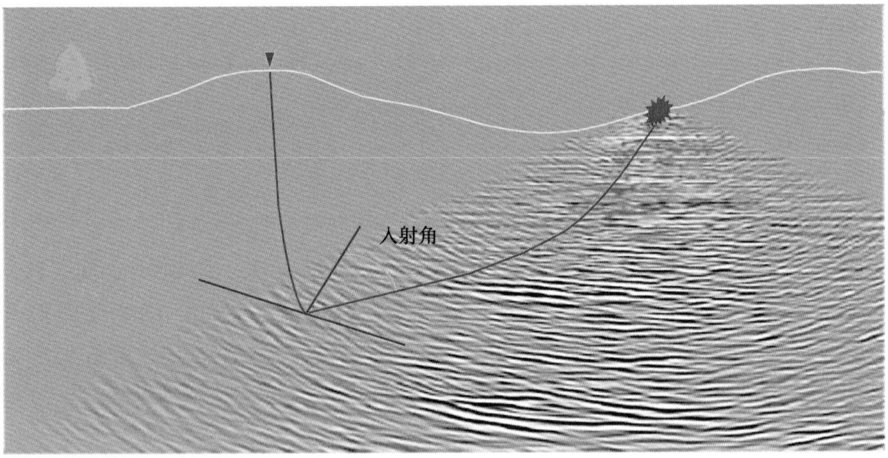

图 6-5-15 单炮偏移结果映射至入射角度域

对偏移完成后的叠加图像三维数据体进行地层倾角扫描得到构造界面的法向矢量；对偏移过程中产生的正演入射单频波场进行倾角扫描得到炮点在空间各点的入射方向矢量。

使用波动方程偏移过程中产生的正演入射单频波场描述空间各个成像点的波场入射方向。频率过低或过高都不能精确反映波场在模型空间的传播情况（图 6-5-16）。

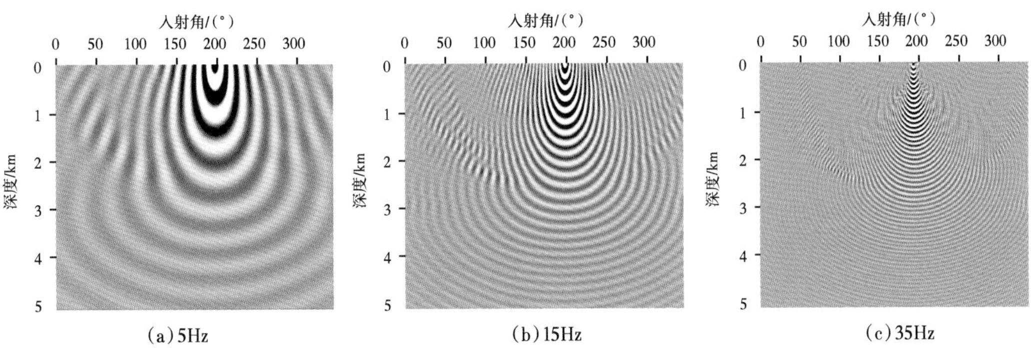

图 6-5-16 单频波场的频率选择

空间各点构造界面的法向矢量（x_{dip}，y_{dip}）和炮点在空间各点的入射方向矢量（x_{dip}，y_{dip}）构成了空间各点的反射能量所属入射角及波场在各点的传播方位角。图 6-5-17 是该模块生成的全方位 RTM 角道集结果。

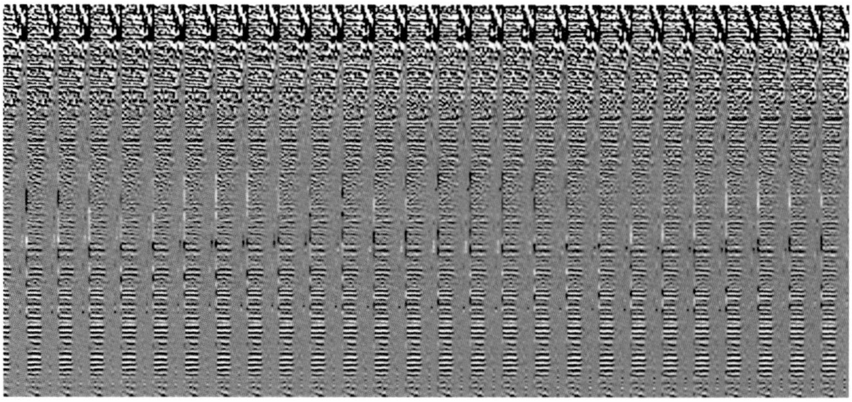

图 6-5-17 全方位 RTM 角道集

2）结构张量法进行倾角扫描

高精度的倾角扫描方法至关重要，传统的倾角扫描方法（傅里叶变换、线性 Radon 变换）即倾斜叠加需较大的数据窗口，引起计算效率与精度降低。结构张量倾角扫描方法可使用较小的数据窗口精确刻画断层等构造，灵活选取平滑尺度，计算效率高。结构张量定义如下：

$$\boldsymbol{T}=\nabla I^{\mathrm{T}}\cdot\nabla I \tag{6-5-61}$$

其中

$$\nabla I=(\nabla_x,\nabla_y,\nabla_z)I=(\partial I/\partial x,\partial I/\partial y,\partial I/\partial z) \tag{6-5-62}$$

式中 ∇I——三维图像数据体 I 的梯度。

结构张量表示了区域的变化方向和沿变化方向的变化量大小，其中特征向量反映了局部区域变化的方向；特征值反映了变化的大小。结构张量倾角扫描步骤如下：

（1）计算三维图像数据体每一个点的梯度；

（2）建立结构张量矩阵：

$$\boldsymbol{T}=\nabla I^{\mathrm{T}}\nabla I=\begin{bmatrix}\nabla x\nabla x & \nabla x\nabla y & \nabla x\nabla z\\ \nabla y\nabla x & \nabla y\nabla y & \nabla y\nabla z\\ \nabla z\nabla x & \nabla z\nabla y & \nabla z\nabla z\end{bmatrix} \tag{6-5-63}$$

（3）对该矩阵进行平滑：

$$\boldsymbol{ST}=\begin{bmatrix}\sum\nabla x\nabla x & \sum\nabla x\nabla y & \sum\nabla x\nabla z\\ \sum\nabla y\nabla x & \sum\nabla y\nabla y & \sum\nabla y\nabla z\\ \sum\nabla z\nabla x & \sum\nabla z\nabla y & \sum\nabla z\nabla z\end{bmatrix} \tag{6-5-64}$$

（4）求解该矩阵特征值，求取 Inline 和 Xline 两个方向倾角（x_{dip}，y_{dip}）。

5. 基于角度域道集的成像聚焦技术

在方位—角度域道集上，可观察到随方位角的变化，同相轴聚焦发生变化的现象，这个变化导致了全部方位的数据同相轴叠加后，反而聚焦不好的现象，这是方位各向异性导致的各个方位角的波速不一致导致的，当用方位各向同性的速度场进行偏移，不同方位角的走时根据方位角的变化，有不同程度的误差。在方位—角度域道集上可观察到这一现象。为改善聚焦、提高成像质量，开展了逆时偏移方位角度域道集的方位各向异性成像校正方法研究。图 6-5-18 是 RTM 方位角度道集，说明不同位置的方位各向异性强弱有明显差异。

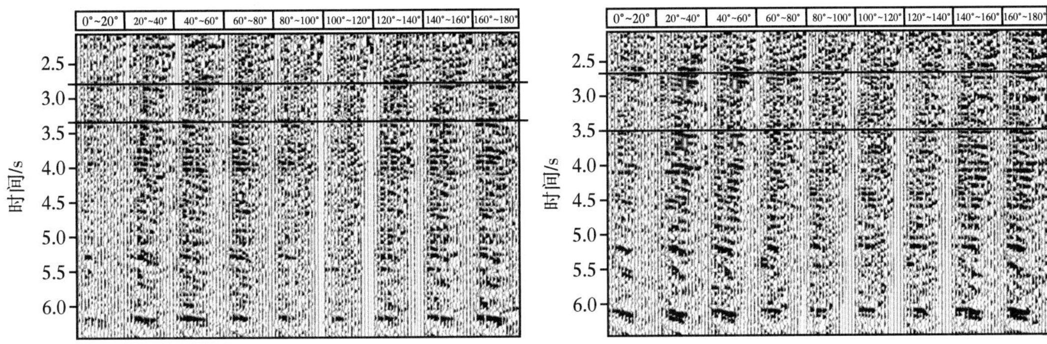

(a) 无明显方位各向异性　　(b) 有方位各向异性

图 6-5-18　RTM 无明显方位各向异性和有方位各向异性现象方位角度道集

不同方位角的叠加效果因方位各向异性导致聚焦程度差异明显。引起岩石当中方位各向异性现象的主要原因之一是岩石中存在裂缝，该现象可抽象为一个 HTI 问题。通过模型试验表明，裂缝密度越高，方位各向异性现象更为明显。图 6-5-19 和图 6-5-20 分别是波在含有间隔 20m、10m 的垂直裂缝的各向异性介质中传播，沿水平（b）和垂直（c）两个方向产生的波场快照；因裂缝的走向和密度决定了 HTI 的对称轴和各向异性现象的强弱。因此主要分析此类型的方位各向异性问题。

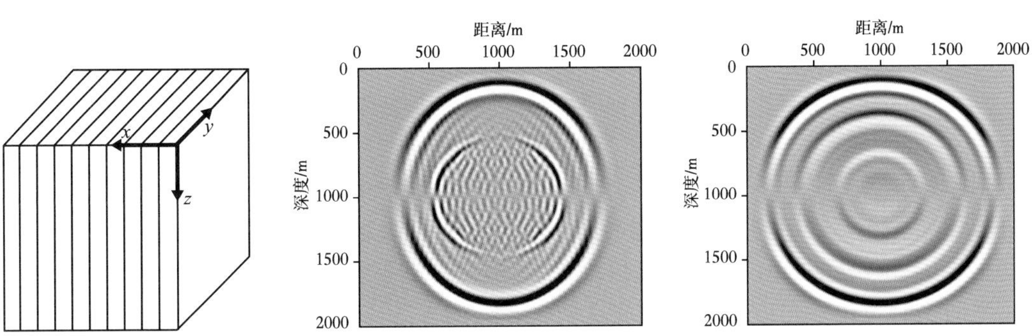

(a) 20m裂缝间隔　　(b) 水平方向波场快照　　(c) 垂直方向波场快照

图 6-5-19　裂缝间隔为 20m 的各向异性介质中的波场快照

通过前面小节的分析，在逆时偏移方位角度域道集上，针对一个成像点，不同方位角—入射角的成像深度与方位角和入射角有关：

$$z(\theta,\varphi,z_0)\equiv z_0 \tag{6-5-65}$$

式中　z_0——真实深度。

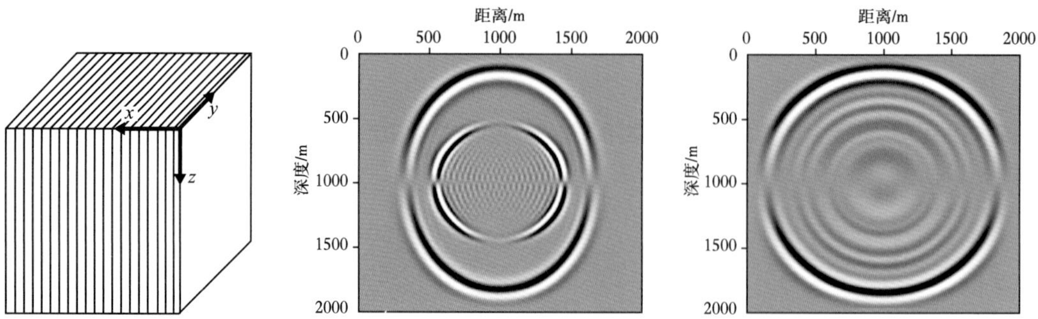

(a) 10m裂缝间隔　(b) 水平方向波场快照　(c) 垂直方向波场快照

图 6-5-20　裂缝间隔为 10m 的各向异性介质中的波场快照

根据成像理论，成像深度与垂向波速相关，即

$$z(\theta,\varphi,z_0)=\frac{v_{\mathrm{p}}(\theta,\varphi)}{v_{\mathrm{p0}}}z_0 \tag{6-5-66}$$

$$z(\theta,\varphi,z_0)=\left(1+\delta^V\cos^2(\varphi-\varphi_0)\sin^2\theta\right)z_0 \tag{6-5-67}$$

设每个点的校正量函数为 $s(\theta,\varphi,z_0)$：

$$s(\theta,\varphi,z)=z'-z=\left[\delta^V\cos^2(\varphi-\varphi_0)\sin^2\theta\right]z \tag{6-5-68}$$

根据此项研究的椭圆各向异性，假设

$$\delta'(z,\varphi)=\varepsilon'(z,\varphi) \tag{6-5-69}$$

简化为

$$s(\theta,\varphi,z)=\sum_0^z\delta(z)\cos^2(\varphi-\varphi_0)\sin^2\theta \tag{6-5-70}$$

根据校正方程，可在逆时偏移方位—角度域道集上将不聚焦的图像进行校正聚焦，改进成像质量。方程中的 φ_0 与裂缝的方向相关，δ^V 则决定了最大校正量，δ^V 与裂缝的密度相关，因此校正方程不仅可以改善成像，还反映了裂缝属性信息。下一小节中将介绍利用逆时偏移方位—角度域道集求取这两个参数的方法流程。图 6-5-21 是方位各向异性校正算法的示意图。图 6-5-22 显示随入射角增大，方位各向异性现象逐渐明显。通过对比，可了解到随着偏移距的增大，方位角的变化对角度域道集的影响会越来越明显。

基于椭圆各向异性假设条件下，校正方程与成像点的入射角 θ、方位角 φ、方位各向异性参数 δ^V 和反映裂缝走向的方位角 φ_0 这 4 个参数有关：

$$s(\theta,\varphi,z)=\sum_0^z\Delta z'-\Delta z=\sum_0^z\left[\delta^V\cos^2(\varphi-\varphi_0)\sin^2\theta\right]\Delta z \tag{6-5-71}$$

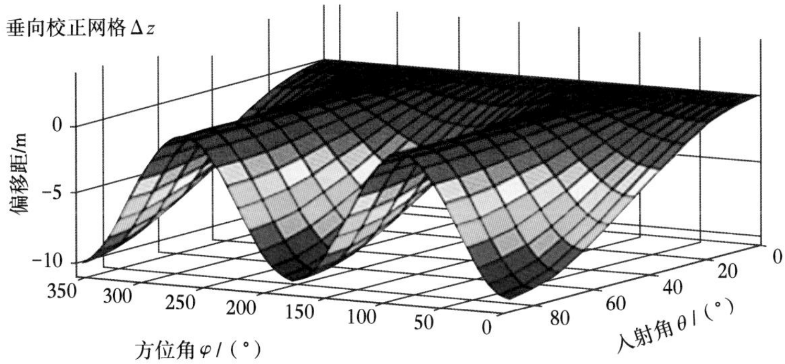

（a）方位校正前随方位角变化的方位角道集

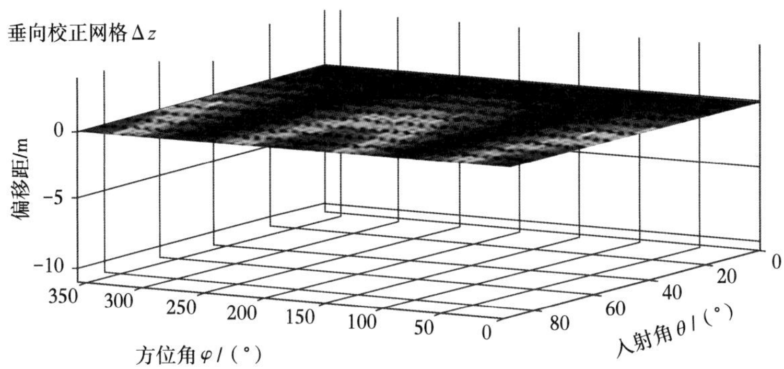

（b）方位校正后同相轴平度改善的方位角道集

图 6-5-21　方位各向异性校正

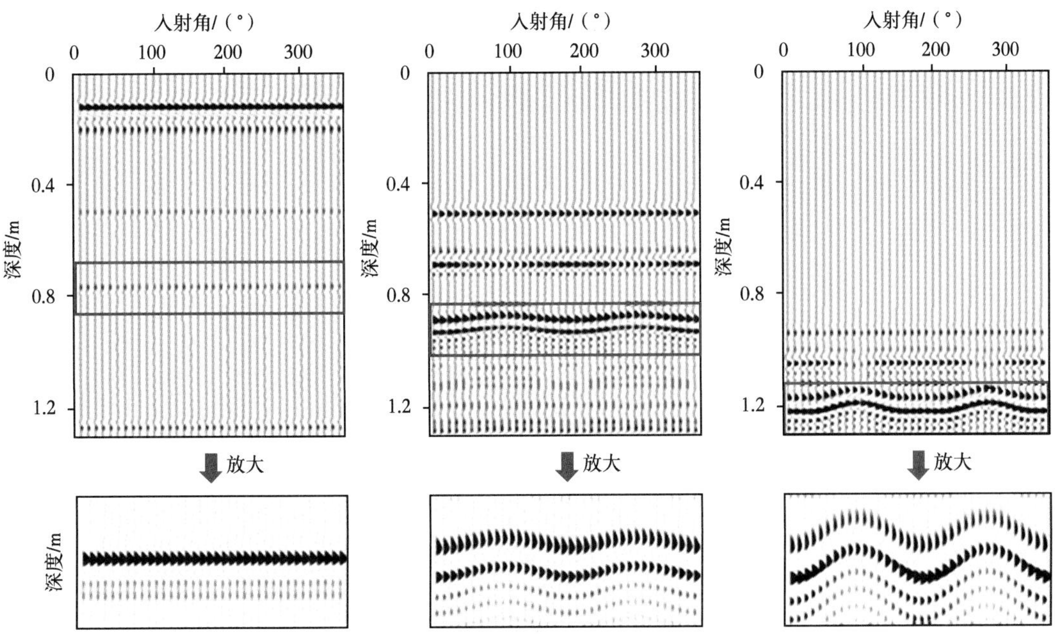

（a）小入射角，偏移距100m　（b）中入射角，偏移距1400m　（c）大入射角，偏移距2900m

图 6-5-22　方位各向异性随入射角变化图

对于一个已知的逆时偏移方位—角度域成像道集，入射角 θ 和方位角 φ 在道集中的每个点都是可以确定的，在一个深度时窗范围内，可以计算关于 δ^V 和 φ_0 的二维谱，这相当于一个二维扫描的过程，可以在整个工区的成像道集上重复上述工作，来求取这两个各向异性参数，也就是裂缝属性参数。

当求取到整个工区的各向异性参数后，可以利用校正方程对于道集逐一进行校正，改进叠加成像质量。在实际应用中，需要拾取若干地质层位，在层间进行扫描和校正工作，并对结果利用层位加以地质约束。

第七章　宽方位宽频地震资料解释技术

“两宽一高”地震勘探技术采集的地震数据经叠前偏移处理，除得到传统意义上的偏移叠加纯波数据和成果数据外，还形成了保留方位角信息、保留AVO特征的螺旋道集（或称蜗牛道集、OVG数据，也称五维数据）。五维数据使地震资料解释、处理人员可在不同维度上观察、分析和表征地质体的几何特征、储层特征及其含油气性。如何深度挖掘宽方位、宽频地震数据的应用潜力，提升解决油气藏勘探开发中复杂地质问题的能力，是“两宽一高”地震勘探技术的意义所在。本章从多个方面论述了如何充分发挥宽方位宽频高密度地震资料的高精度、高分辨率优势，挖掘油气储层的相关地质信息，为精准的钻探和油气开发提供资料和技术支撑。

第一节　宽方位宽频地震数据优势

提升地震资料的分辨能力，是地震勘探的永恒话题。在解决复杂地质问题的能力方面，“两宽一高”地震数据，具有不可替代的明显优势。

一、高密度提高横向分辨能力

按照菲涅耳带准则，对于零偏移距的自激自收剖面（即叠加剖面），视波长为λ的子波在深度为h的反射界面上的菲涅耳带半径为

$$r_1=\sqrt{\left(h+\frac{\lambda}{4}\right)^2-h^2}=\sqrt{\frac{h\lambda}{2}+\frac{\lambda^2}{16}} \tag{7-1-1}$$

当子波的波长$\lambda \ll h$时，第一菲涅耳带的大小为

$$r_1=\sqrt{\frac{h\lambda}{2}}=\frac{v}{2}\sqrt{\frac{t_0}{f}} \tag{7-1-2}$$

式中　v——反射界面以上的平均速度，m/s；

h——自激自收深度，m；

t_0——双程自激自收反射时间，s；

f——主频，Hz；

λ——波长，m。

式（7-1-2）表明，除频率因素外，横向分辨率还与地层的速度、深度有关。速度、深度越大，菲涅耳半径越大，分辨率越低。

对偏移剖面来说，由于偏移过程是波场不断向下延拓的过程，当波场延拓至反射界

面，相当于 h=0，所以偏移剖面的第一菲涅耳带为

$$r_1 = \lambda/4 \tag{7-1-3}$$

即偏移剖面的横向分辨率只与频率有关。理论上，只要地震波主频足够高，横向分辨尺度就可足够小，但横向分辨尺度不可能小于 CMP 道间距。同时为保证地下异常体在成像剖面上可识别，至少要保证其成像道数不小于 3 道，因此，在宽频条件下，减小面元大小、提高采集密度，可使横向分辨能力得到充分展现。

图 7-1-1（a）是我国东部渤海湾某区老资料，其采集参数为面元 25m×25m、覆盖次数 6×14=84 次、横纵比 0.3、覆盖密度 19.2 万道 /km^2；2016 年，在该区部署了“两宽一高”三维地震勘探［图 7-1-1（b）］，采集参数为：面元 10m×10m、覆盖次数 8×14=112、横纵比 0.57、覆盖密度 112 万道 /km^2（老资料的 5.83 倍）。从成像效果看，新剖面不整合面清晰连续、沟槽特征清楚，充填现象明显。可见，高密度采集可确保地震子波的横向分辨能力得到充分发挥。

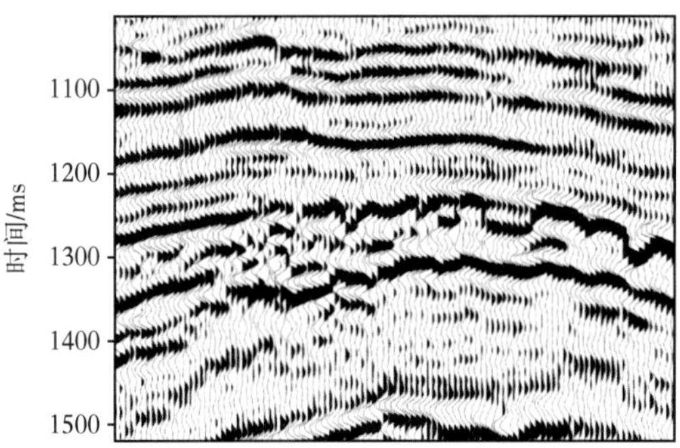

（a）常规三维地震剖面

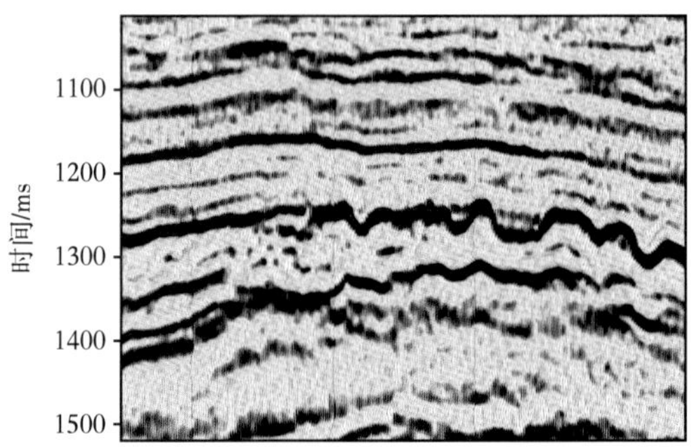

（b）宽方位宽频高密度剖面

图 7-1-1 渤海湾某区沙河街底界不整合面成像

二、宽频提高分辨率和属性保真度

地震勘探的分辨率主要与地震子波的视周期相关，因此，只要缩小子波视主周期或时间延续长度，就可提高分辨率。按照傅里叶分析理论，如在时间域缩短延续长度，变换到频率域就要增加频带宽度。

李庆忠（1993）对频带上、下限与分辨率的关系进行了较为深入的研究。对于零相位子波，绝对频宽决定了包络的形态，即 10～40Hz 的子波包络［图 7-1-2（a）］与 30～60Hz 的包络［图 7-1-2（b）］完全一样，即绝对频宽相同的两个零相位子波具有相同的子波包络长度；而相对频宽（或倍频程数）、波形一样，波形的胖瘦不一样，如 10～40Hz 的波形与 20～80Hz 的波形是一样的，但 20～80Hz 的包络长度是前者的一半，其胖瘦程度不同，主频段越高，纵向分辨率越高［图 7-1-2（c）］。相对频宽决定了子波的振动相位数，相对频宽相同的两个零相位子波具有相同的振动相位数［图 7-1-2（a）和（c）］。

由此可见，地震子波的分辨能力与子波的主频（或中心频率）及频带宽度成正比。

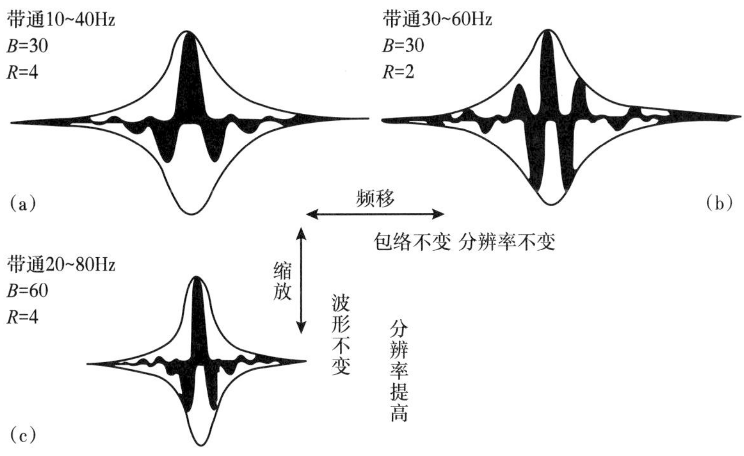

图 7-1-2 绝对频宽与相对频宽对分辨率的影响（据李庆忠，1993）

对于带通型子波，还与其低截频有关系。如图 7-1-3 所示，各合成道的子波为频带上限相同、低截频率不同的子波，输入模型的 3 个等值正反射系数［图 7-1-3（a）］时间间隔 25ms，分别用频带宽度为 20～40Hz、10～40Hz、5～40Hz 和 2～40Hz 的 Klauder 子波形成合成道。图 7-1-3（b）为频宽最窄的子波的合成道结果，波峰波谷均匀分布，难以断定输入反射系数的数量和大小。随着低频端的降低，频带加宽，合成记录的幅值越来越接近输入的反射系数，当低频到 2Hz 时，合成道的振幅基本上完全与输入的反射系数一致。

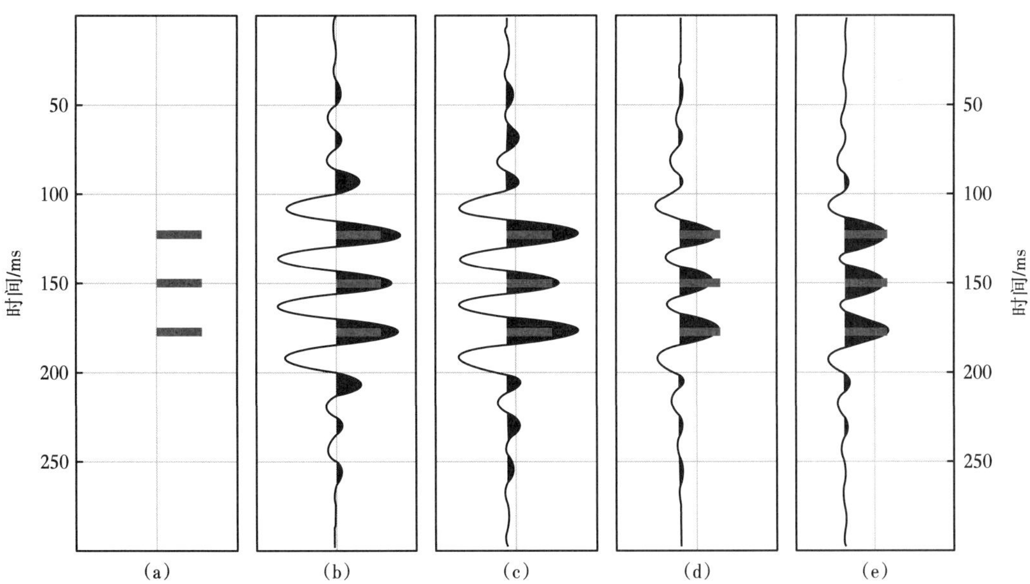

图 7-1-3 子波低截频对分辨率及保真度的影响

（a）模型；（b）多轴，不可分辨；（c）10～40Hz，多轴，幅值不正确；（d）5～40Hz，可分辨，幅值精度不高；（e）2～40Hz，幅值正确

图 7-1-4 为绝对频宽相同的子波合成道对比，在纵向可分辨的情况下，随着相对频宽（倍频程）的增加，合成道的幅值与模型逐渐吻合，相对频宽较小的合成道［图 7-1-4（b）］旁瓣多，与输入模型差别较大；而随着子波相对频宽增大，合成道［图 7-1-4（e）］旁瓣逐渐减弱，其振幅基本与输入的反射系数完全一致。证明在纵向可分辨情况下，频率越低，振幅的保真度越高。

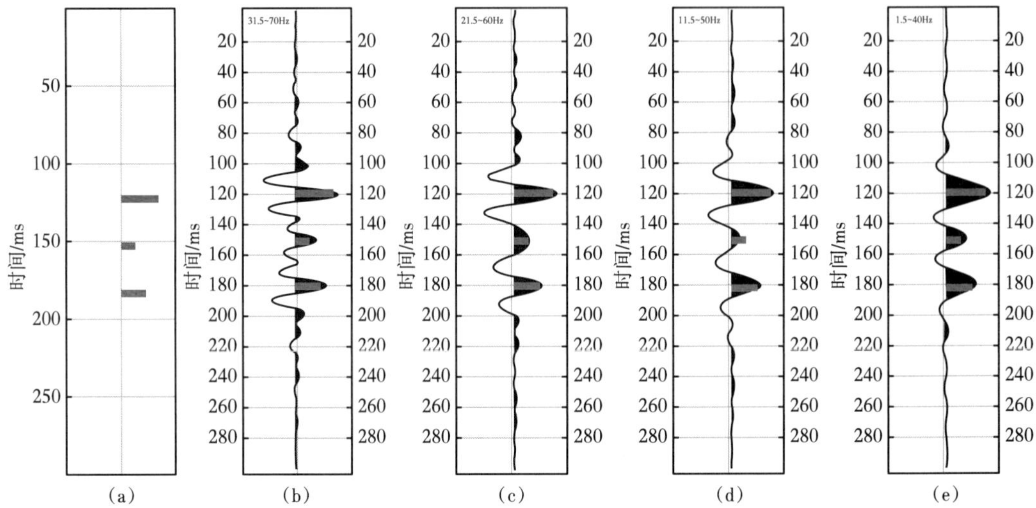

图 7-1-4 子波频带宽度对分辨精度的对比

（a）反射系数模型；（b）31～70Hz，多轴，不可分辨；（c）21～60Hz，多轴，幅值不正确；（d）11～50Hz，可分辨，幅值精度不高；（e）1.5～40.5Hz，幅值正确

如图 7-1-5 所示，W1 井为油井，使用宽频、高密度数据做流体检测［图 7-1-5（b）］，预测结果与实钻结果吻合，当去掉 8Hz 以下的数据时［图 7-1-5（a）］，检测结果与实钻明显不符。

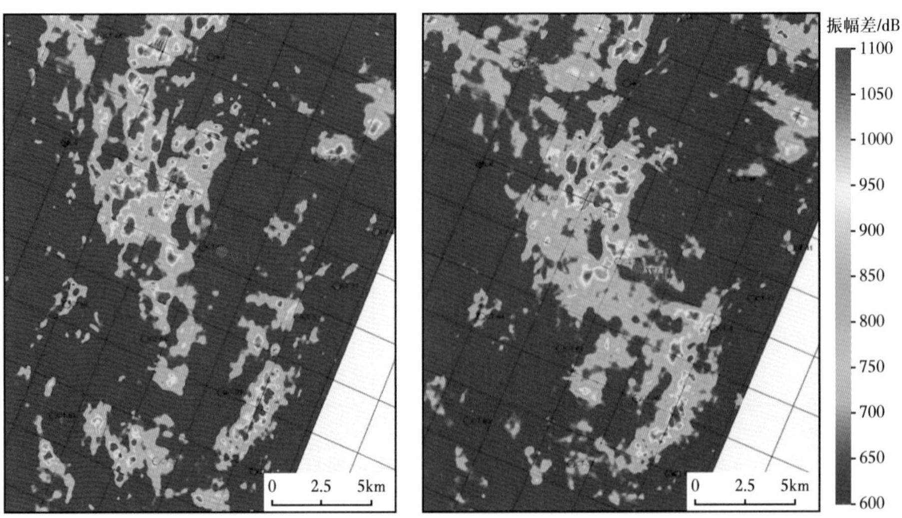

（a）8Hz高通滤波后的数据　（b）宽频高密度数据

图 7-1-5 子波频带宽度对储层分辨精度的对比

图 7-1-6 的低截频率都为 2Hz，频宽上限越高，频带越宽，分辨薄层的能力越强；对于 10ms 间距的薄层［图 7-1-6（a）］，当子波的高频端达到 100Hz 时［图 7-1-6（f）］，合成道幅值保真且能与模型输入完全对应。

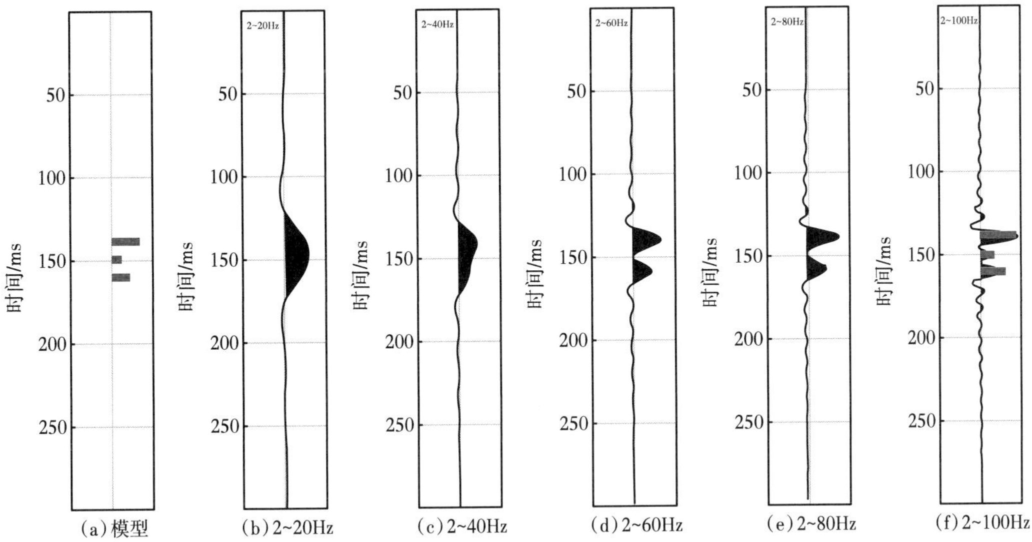

图 7-1-6　子波频带宽度对薄层分辨精度的对比

低频在改善深层成像、降低高速异常屏蔽、流体检测等方面起到至关重要的作用。如图 7-1-7 所示，宽频数据的断层和陡倾角成像清楚、火成岩体下覆的潜山顶面能量衰减少，比常规三维数据保真度高、易于解释，成像符合研究区的地质规律。

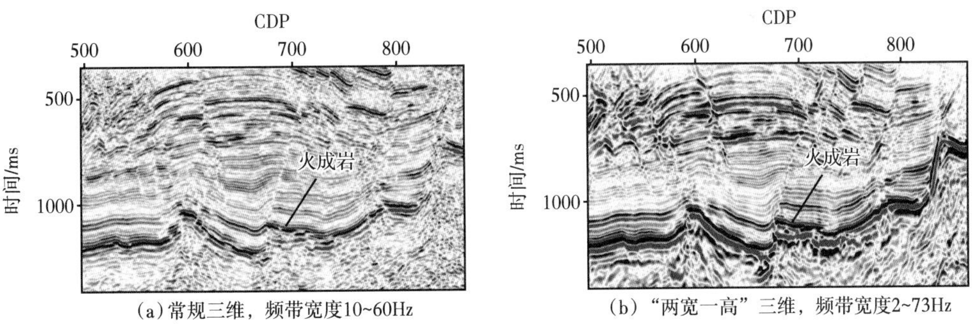

图 7-1-7　松辽盆地基岩勘探地震剖面

三、宽（全）方位更利于解决地下各向异性问题

由于地下断层、裂缝、薄互层、地层尖灭和地层倾角等普遍发育，致使地震波的传播特性往往具有方位各向异性特征。地震波的振幅、速度和频率等属性会随着传播方向产生变化。

郝守玲等（2004）对纵波在高速裂缝介质中传播的方位各向异性特征进行了物理模型试验研究，如图 7-1-8 所示，垂直裂缝模型是由一组平行排列的有机玻璃片叠合而成，观测方式是采取固定炮检距、过中心点的测线进行 360° 旋转采集［图 7-1-8（a）］。

[图 7-1-8（b）] 为采集的全方位剖面，*B* 同相轴对应裂缝介质底界面的反射。反射振幅、反射时间以及不同方位测线反射波裂缝体中的传播速度曲线 [图 7-1-8（c）] 表明：反射波在通过裂缝体后呈现出方位各向异性特征，测线方位与裂缝方向平行时，反射时间最小、振幅和速度最大；随着测线方位与裂缝方向之间夹角的增大，反射时间逐渐增大、振幅逐渐减小；当测线方位与裂缝方向垂直时，反射时间最大、振幅和地震波传播速度最小。

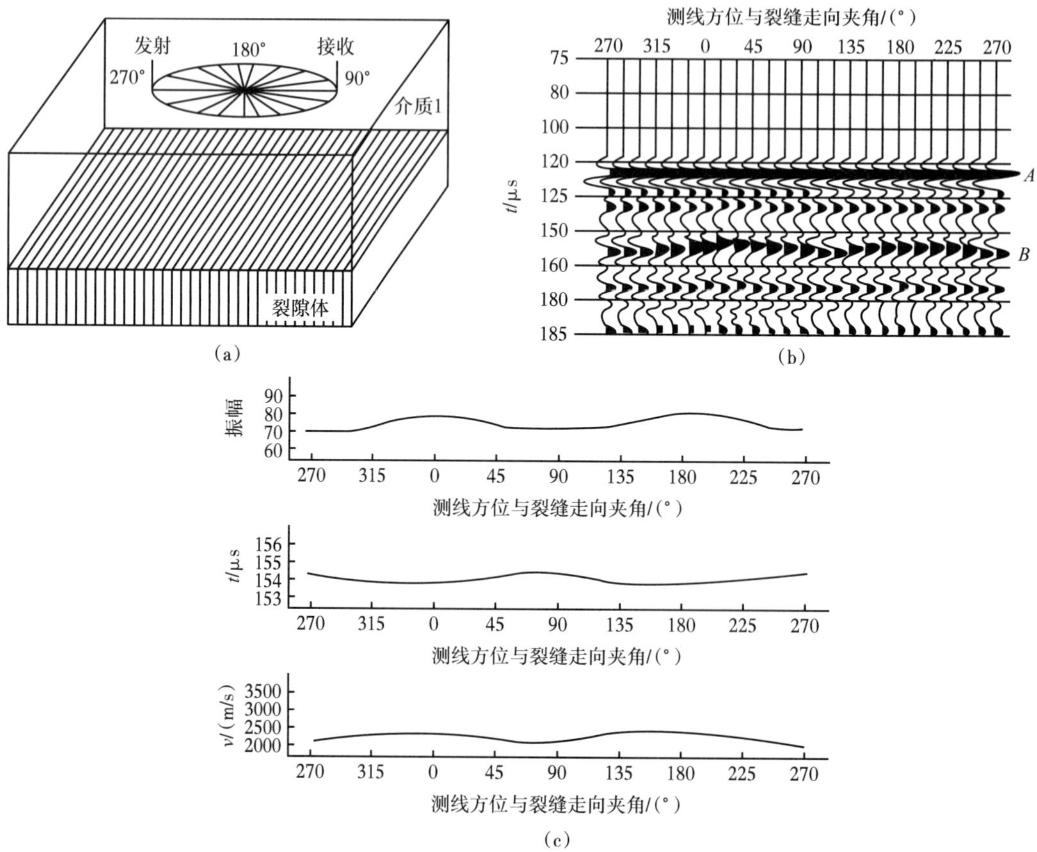

图 7-1-8　垂直裂缝介质方位各向异性特征物理模型实验（据郝守玲等，2004）

（a）裂缝介质模型及全方位观测系统；（b）裂缝介质顶、底界面反射；

（c）地震属性随侧线方位与裂缝走向夹角变化曲线

炮检距向量片（OVT）域处理的方法，保留了地震波属性随着方位变化的特征。在一个 OVT 内，地震道具有相近的炮检距和方位角，理想情况下，每个满覆盖面元必定包含每个 OVT 中的一个面元，因此，一个 OVT 集就是满足对地下一次覆盖的最小数据子集。每个 OVT 数据体单独偏移后，同一个共成像点的所有地震道形成螺旋道集，经过炮检距—方位角索引的螺旋道集（图 7-1-9）可以清晰地看到同相轴的振幅和反射时间随方位角的变化而呈周期性的变化，随着炮检距增大变得越来越明显。

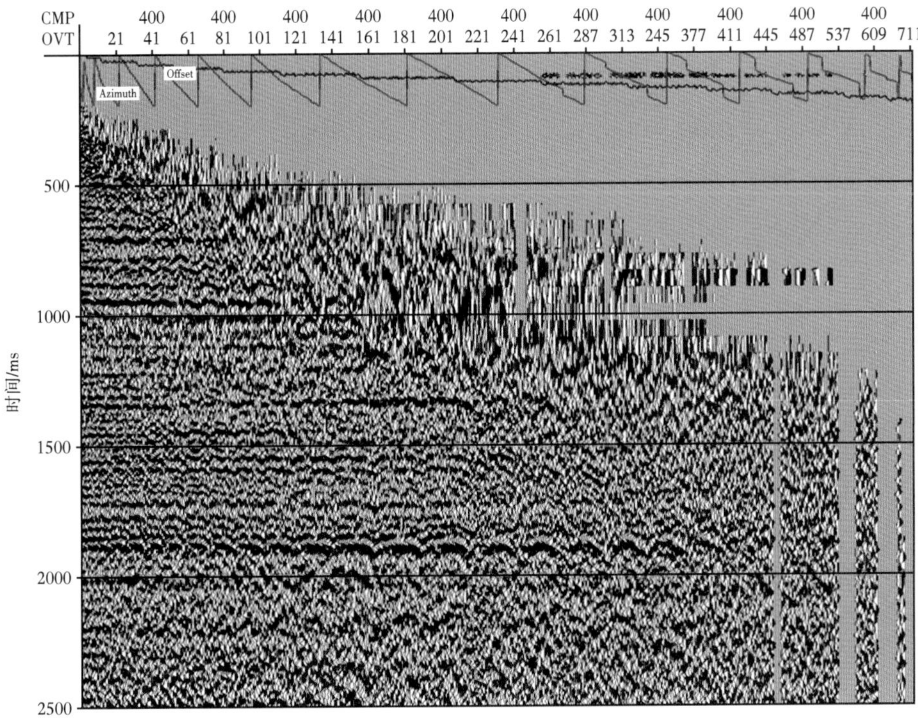

图 7-1-9　经过炮检距—方位角索引的螺旋道集

第二节　螺旋道集数据优化处理

宽方位、高密度采集的地震数据通过 OVT 偏移后形成的 OVG 数据（螺旋道集）保留了偏移距和方位角，因此包含了方位各向异性信息，但是 OVG 数据无法直接用于解释，尤其是用来解决地下个各向异性问题之前，需要进行预处理，对数据进行重新的索引和存储。

下面以 OVT 偏移数据为基础，以直观的三维道集显示、任意道集剖面和切片抽取为目的，提出了偏移距—方位角域五维内插方法，使用矩形数据规则化替代常规扇形规则化进行内插，克服了扇形规则化远近偏移距覆盖次数不均、方位各向异性敏感度差异的弊端，提高了规则化数据保真度，实现了 OVG 道集柱状显示和共方位角、共偏移距道集和切片的任意抽取和显示，为叠前方位各向异性解释奠定了基础。

一、数据预处理

经 OVT 偏移后的 OVG 数据既保留了炮检距信息，也保留了观测方位信息（图 7-1-8），但从道集中抽出的不同炮检距的共炮检距剖面长度不同，抽出点不同方位的共方位角剖面长度也不同，因此影响了 OVG 数据的分析对比，需要改变 OVG 数据的分布方式（图 7-2-1），使其能够方便进行可视化显示、道集内任意剖面的抽取及分析。为了保证不同方位之间数据具有可比性，首先需进行数据预处理，剔除大于最大非纵距的数据［图 7-2-1（a）中蓝色］，保留炮检距小于最大非纵距的数据［图 7-2-1（a）中红色］，为后续的数据规则化准备数据。

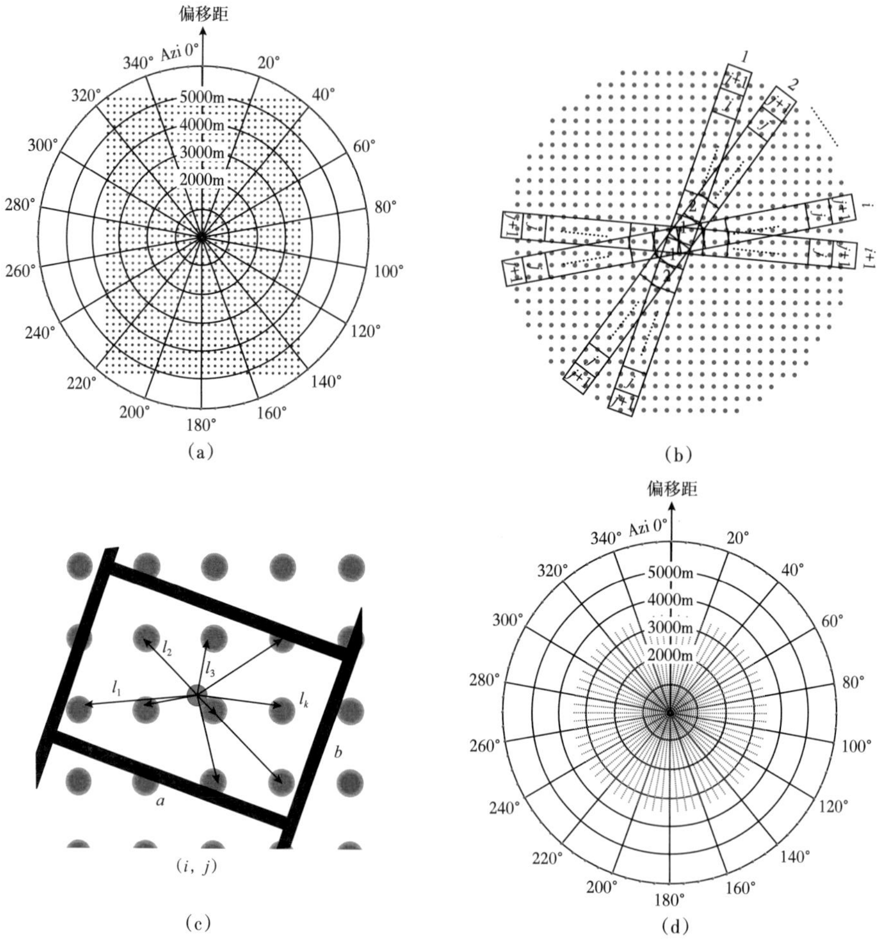

图 7-2-1　矩形分选数据规则化示意图

（a）OVG 数据在偏移距—方位角域的数据分布图；（b）矩形数据规则化原理图；（c）加权系数 μ 的说明图；（d）偏移距—方位角域矩形数据规则化后数据分布

二、矩形分选数据规则化

在分方位数据处理中通常按照一定范围的方位角角度分扇区的方法进行数据分选，这种常规的数据分选方法存在一系列的不足，如小偏移距数据采样不足、抗噪性差，大偏移距分辨率过低，大偏移距数据方位各向异性特征更明显、远近道采样不均匀，方位道集 AVO 保真度低等。为克服以上不足，采用“矩形分选数据规则化”方法来进行偏移距—炮检距域规则化（图 7-2-1），计算公式为

$$Y_{i,j}=\sum_{a,b}\mu_{i,j,r,\alpha}X_{r,\alpha} \tag{7-2-1}$$

其中
$$\mu_{i,j,r,\alpha}=\frac{1/l_k}{\sum 1/l_k} \tag{7-2-2}$$

式中　$\boldsymbol{X}$——初始道；

$\boldsymbol{Y}$——规则化后的地震道；

r、α——原始地震道的偏移距和方位角；

i、j——规则化后偏移距和方位角标号，规则化后数据的方位角间隔和偏移距间隔的疏密程度要由原始数据的疏密程度而定，原则上以规则化后数据的数据量与原数据量没有大的变化为宜；

μ——加权系数，是 r、α、i、j 的函数；

a，b——矩形参数［图 7-2-1（c）］，控制 μ 取值分布；

l_k——每一道（矩形框中的红点）到矩形框中心点的距离。

矩形数据规则化方法使每个方位的不同炮检距数据在规则化过程中处于均匀的采样状态，提高了近偏移距的信噪比和远偏移距的分辨率。图 7-2-2 是不同规则化方法提取的道集振幅切片与规则化前切片的对比图，与扇形规则化［图 7-2-2（c）］相比，矩形数据规则化［图 7-2-2(b)］后的道集切片振幅的横向关系与规则化前的切片［图 7-2-2(a)］一致性更好。图 7-2-3 为规则化前后道集剖面的对比，因为规则化使道集在炮检距—方

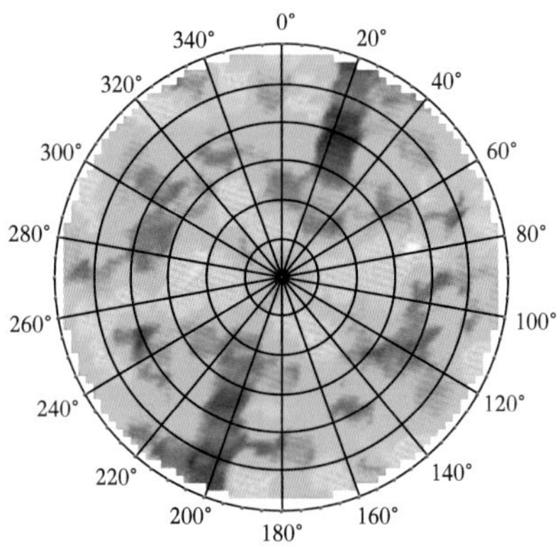

(a)原始OVG道集时间切片

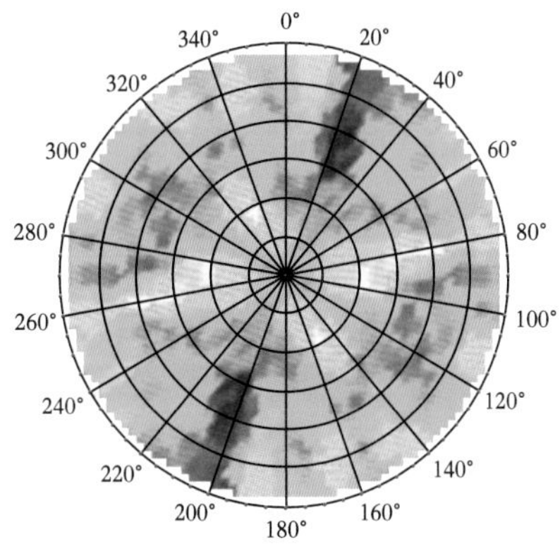

(b)矩形规则化后道集时间切片

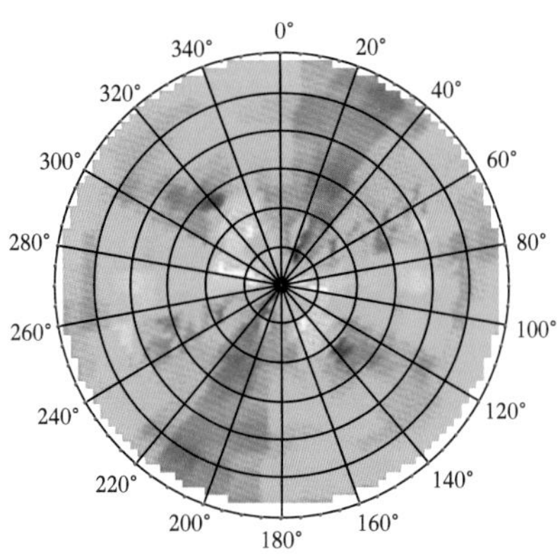

(c)扇形规则化后道集时间切片

图 7-2-2　规则化后全方位道集切片

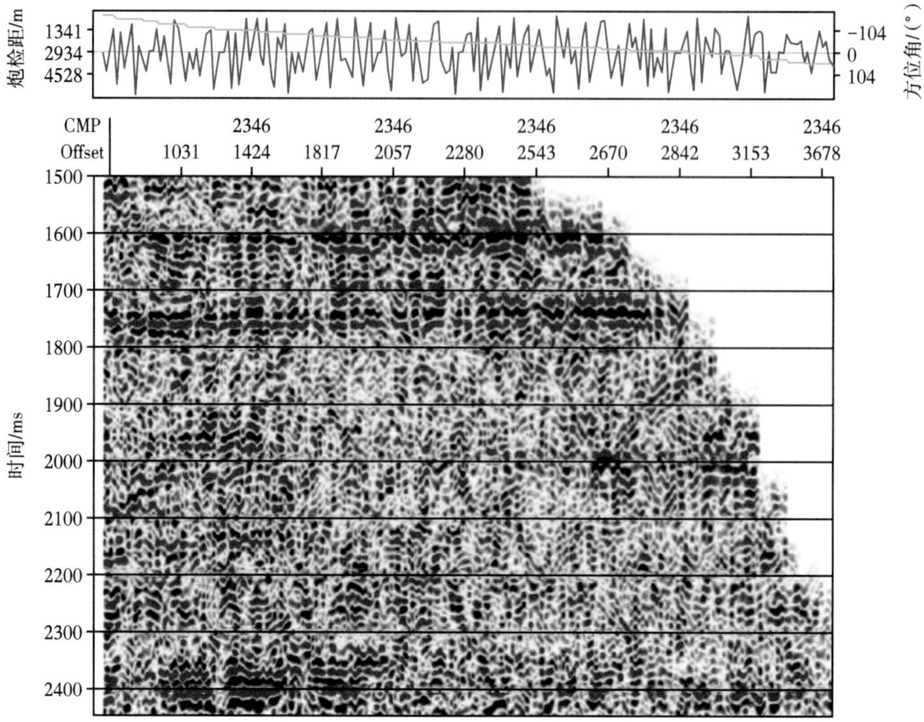

（a）规则化前的OVG道集

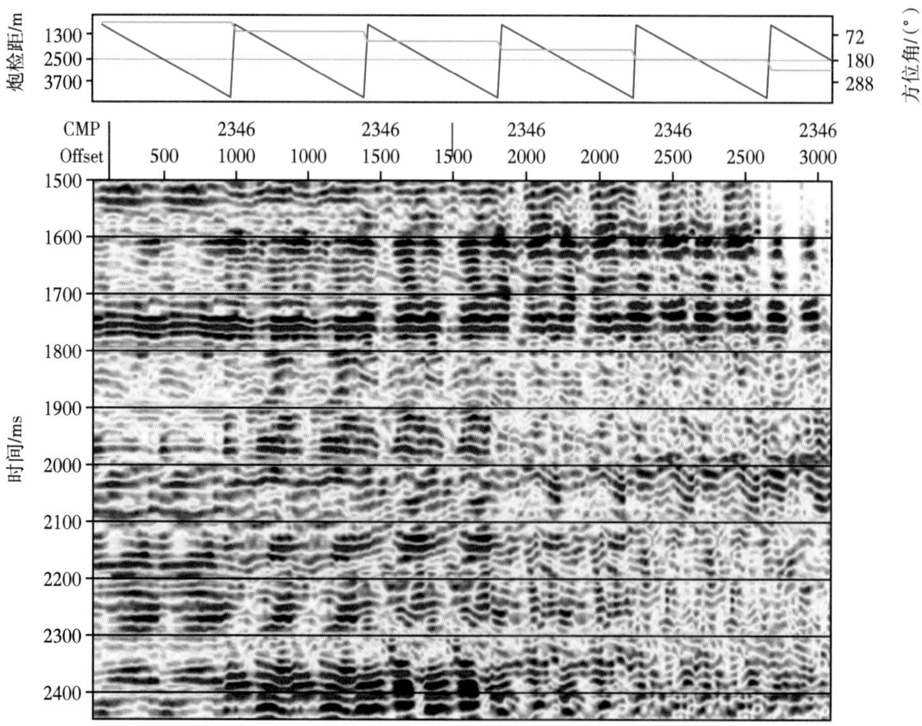

（b）炮检距—方位角域数据规则化后的OVG道集

图 7-2-3　矩形分选数据规则化示意图

位角域进行了插值，使任意抽取的共炮检距道集道数都相同，共方位角道集亦然。OVT偏移前的道集或规则化前的OVG道集按照炮检距检索，受方位各向异性影响，道集的同相性很差［图7-2-3（a）］，经过炮检距—方位角域规则化后，数据经过炮检距—方位角检索和存储，可见道集同相轴的振幅和反射时间是随着方位的变化呈规律性周期变化［图7-2-3（b）］。在这种情况下进行方位各向异性描述，则特征更明显、更易于识别。

规则化后的数据按炮检距—方位角域进行格式存储，即可实现OVG数据的柱状显示（图7-2-4）。

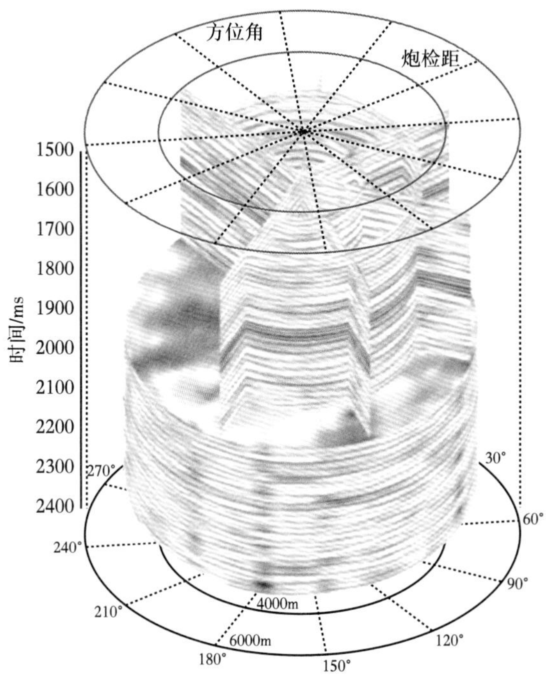

图7-2-4　共成像点道集柱状显示

图7-2-5为裂缝发育区的道集，从规则化后数据中抽取的不同炮检距的共炮检距道集长度相同，便于不同炮检距道集的对比分析。图中可见在大炮检距（4000m）的共炮检

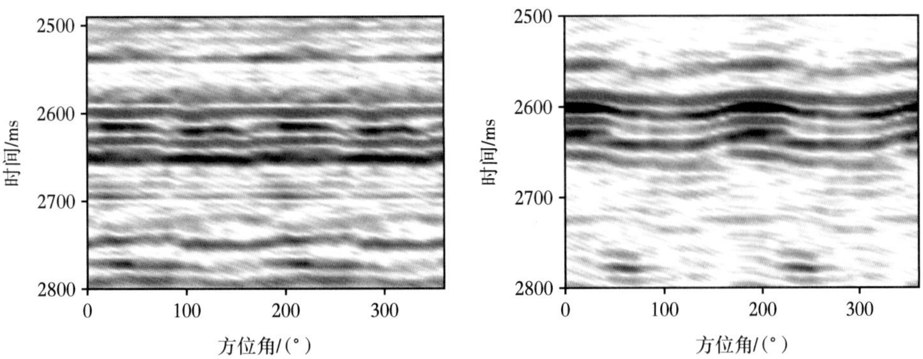

(a)偏移距为500m　(b)偏移距为4000m

图7-2-5　共炮检距道集对比显示

距道集上，其道集的同相轴随方位的变化而呈波动性周期变化，裂缝延伸方位（方位角为20°和200°）具有同相轴上凸且（或）强振幅的特征；垂直于裂缝的方位（方位角为110°）具有同相轴下凹且（或）弱振幅特征。

抽取的不同方位的共方位角道集（图7-2-6）长度也相同，便于分析对比不同观测方位道集的变化。图中可见，平行于裂缝延伸方向（方位角为0°）的道集反射轴平直；而垂直于裂缝方向（方位角为90°）的道集大角度有明显下拉现象。

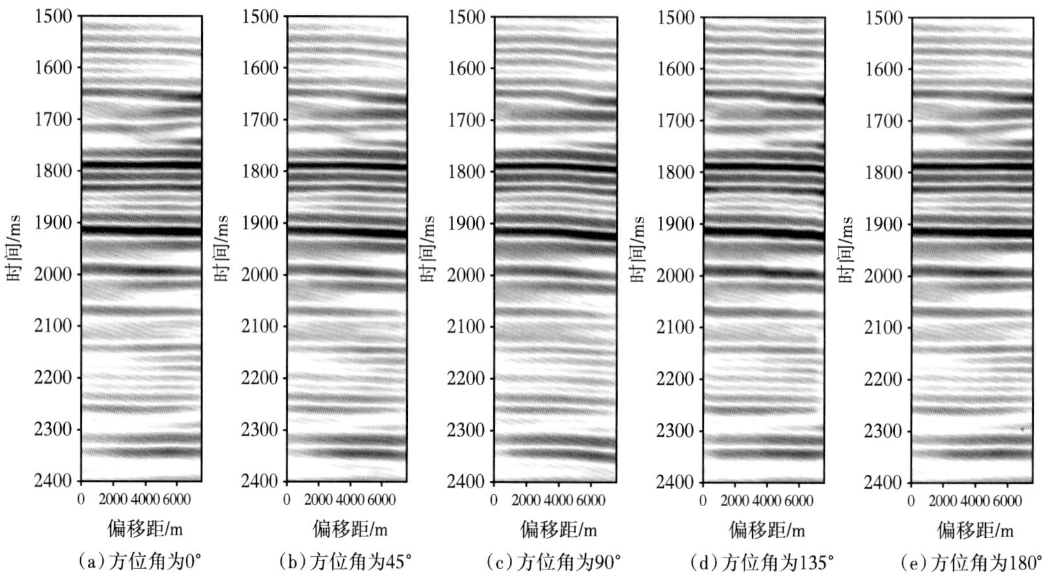

图7-2-6　从柱状道集上抽取的共方位角道集

从道集同相轴上提取的反射时间属性[图7-2-7（a）]，可以直观地看到反射时间大小的分布，小反射时间（绿色）的展布方向即为裂缝走向。同样地，提取的道集同相轴振幅属性切片[图7-2-7（b）]上可以看到振幅在炮检距—方位角域的展布特征，强振幅

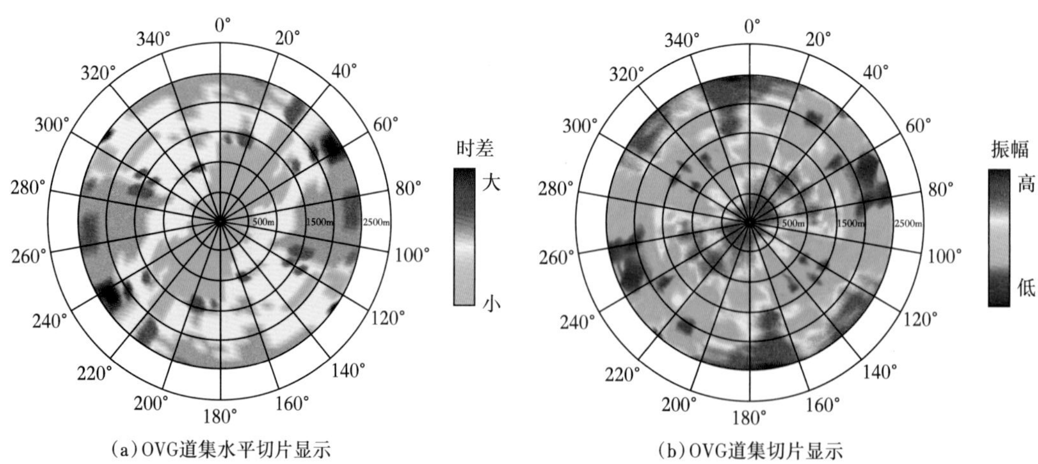

图7-2-7　柱状道集上沿同相轴提取的反射时间属性和振幅属性

异常（红色）的分布具有明显的方向性，其延展方位与反射时间属性切片［图 7-2-7(a)］的低值延展方向基本一致，均为 40°（220°）左右，同样反映了该点的裂缝走向。

第三节 方位各向异性表征

裂缝预测研究方法较多，有地质、测井、构造应力场数值模拟、构造演化及变形分析和地震方法等。露头调查和钻井取心研究裂缝发育方向和裂缝密度较直观，但露头调查结果难以延伸到地下目的层，钻井取心成本很高；成像测井研究裂缝发育状况也比较精确，但是“一孔之见”难以横向拓展；构造应力场数值模拟是建立在地质和数学模型基础上的，预测结果经验因素所占比重较大。地震裂缝检测方法有横波勘探、VSP、纵波勘探等，但横波勘探成本高；VSP 井中地震无法进行横向裂缝预测；非宽方位纵波勘探时可用叠后资料预测，借助于相干、曲率等手段分析，但主要对较大的断裂进行刻画，预测裂缝精度较低。

利用纵波地震进行裂缝检测是裂缝性储层描述中的重要工作，国内外学者都做了大量的研究。其中，研究最多的是利用振幅、速度、时差随观测方位角的变化来识别裂缝。Sena（1991）指出，在方位各向异性介质中，纵波速度随着方位角的变化呈周期性变化，其变化关系具有椭圆的特征。Li 等（1999）和 Winkler（1994）通过实验室观察和推导，得出纵波时差在裂缝介质中随方位角变化呈周期性变化的结论。Stephen 等（2003）应用纵波振幅随方位角和炮检距的变化对裂缝进行了描述。

玫瑰图和各向异性强度属性是用来表征裂缝方位和密度的常规方法。Daley 等（1979）证实了波在各向异性介质中是以椭球体形状向外传播的；Ruger（1998）推导了 HTI 纵波反射系数的近似式，证明了 AVO 梯度在 HTI 中随着方位角的变化呈椭圆变化。因此，椭圆拟合法一直是描述裂缝方位和密度的经典算法，该方法简单易行，对于低覆盖次数、低信噪比低的数据具有抗噪的作用，能有效地描述单一走向裂缝的发育情况。但因其不能正确表征多组裂缝的发育，使裂缝描述结果的可靠性大大降低。Vasconcelos Ivan 等（2006）曾应用宽方位、多波多分量地震数据，应用椭圆拟合法对储层的两个方位的裂缝进行了表征。

随着野外高效采集技术的发展，高覆盖、宽方位地震数据更易于获得。以往利用常规三维数据做方位各向异性研究，为保证信噪比，常规数据只能划分 4～6 个方位；高覆盖、宽方位地震数据的覆盖次数的剧增，经过 OVT 与偏移后的 OVG 数据信噪比高、保真度高、方位角信息乃至各向异性信息丰富（图 7-3-1），数据的方位角可划分得更为精细（高密度数据可以划分出几十个方位），表征裂缝方位和裂缝密度的算法可有更多的选择。

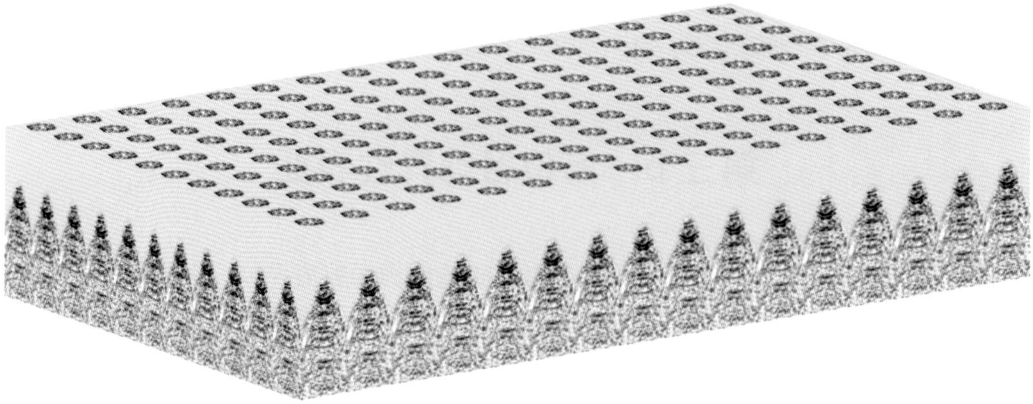

图 7-3-1　OVT 域叠前偏移后生成的 OVG 道集数据集

一、各向异性介质地震波传播特征

对于各向异性介质，通常利用广义虎克定律来描述应力 σ 与应变 ε 之间的关系，即介质的本构方程：

$$\begin{bmatrix} \sigma_{xx} \\ \sigma_{yy} \\ \sigma_{zz} \\ \sigma_{yz} \\ \sigma_{zx} \\ \sigma_{xy} \end{bmatrix} = \begin{bmatrix} c_{11} & c_{12} & c_{13} & c_{14} & c_{15} & c_{16} \\ c_{21} & c_{22} & c_{23} & c_{24} & c_{25} & c_{26} \\ c_{31} & c_{32} & c_{33} & c_{34} & c_{35} & c_{36} \\ c_{41} & c_{42} & c_{43} & c_{44} & c_{45} & c_{46} \\ c_{51} & c_{52} & c_{53} & c_{54} & c_{55} & c_{56} \\ c_{61} & c_{62} & c_{63} & c_{64} & c_{65} & c_{66} \end{bmatrix} \begin{bmatrix} \varepsilon_{xx} \\ \varepsilon_{yy} \\ \varepsilon_{zz} \\ \varepsilon_{yz} \\ \varepsilon_{zx} \\ \varepsilon_{xy} \end{bmatrix} \tag{7-3-1}$$

式中　c_{ij}——弹性系数，i, j=1，2，3，4，5，6。

由于弹性系数是应变的单值函数，即 $c_{ij}=c_{ji}$，因此，描述一个复杂的弹性介质需要 21 个弹性系数。VTI 的弹性沿水平方向是各向同性的，沿垂向则是变化的，相当于薄互层（薄层厚度远小于地震波长）或水平裂隙情况。

对于 VTI，xoy、xoz、yoz 面都是对称的，所以有

$$\begin{cases} c_{15} = c_{16} = c_{25} = c_{26} = c_{35} = c_{36} = c_{45} = c_{46} = 0 \\ c_{14} = c_{24} = c_{34} = c_{56} = 0 \end{cases} \tag{7-3-2}$$

于是式（7-3-1）变为

$$\begin{bmatrix} \sigma_{xx} \\ \sigma_{yy} \\ \sigma_{zz} \\ \sigma_{yz} \\ \sigma_{zx} \\ \sigma_{xy} \end{bmatrix} = \begin{bmatrix} c_{11} & c_{12} & c_{13} & 0 & 0 & 0 \\ c_{21} & c_{22} & c_{23} & 0 & 0 & 0 \\ c_{31} & c_{32} & c_{33} & 0 & 0 & 0 \\ 0 & 0 & 0 & c_{44} & 0 & 0 \\ 0 & 0 & 0 & 0 & c_{55} & 0 \\ 0 & 0 & 0 & 0 & 0 & c_{66} \end{bmatrix} \begin{bmatrix} \varepsilon_{xx} \\ \varepsilon_{yy} \\ \varepsilon_{zz} \\ \varepsilon_{yz} \\ \varepsilon_{zx} \\ \varepsilon_{xy} \end{bmatrix} \tag{7-3-3}$$

其中 $c_{12}=c_{21}c_{13}=c_{31}c_{23}=c_{32}$

因为 VTI 在 x, y 方向完全相同，如果 θ 为采集方位与对称轴的水平夹角，又有

$$\begin{cases} \upsilon_{\mathrm{p}}(\theta)=\alpha_0\left(1+\delta\sin^2\theta\cos^2\theta+\varepsilon\sin^2\theta\right) \\ \upsilon_{\mathrm{SV}}(\theta)=\beta_0\left[1+\dfrac{{\alpha_0}^2}{{\beta_0}^2}(\varepsilon-\delta)\sin^2\theta\cos^2\theta\right] \\ \upsilon_{\mathrm{SH}}(\theta)=\beta_0\left(1+\gamma\sin^2\theta\right) \end{cases} \tag{7-3-4}$$

所以，对于 VTI，只有 c_{11}、c_{13}、c_{33}、c_{44}、c_{66} 这 5 个独立的弹性系数。

Thomsen（1986）在分析 TI 介质、弱各向异性介质时，定义了 3 个具有明确物理意义的各向异性介质参数，并建立了与 TI 介质弹性系数之间的关系式：

$$\begin{cases} \varepsilon=\dfrac{c_{11}-c_{33}}{2c_{33}} \\ \delta=\dfrac{(c_{13}-c_{44})^2-(c_{33}-c_{44})^2}{2c_{33}(c_{33}-c_{44})} \\ \gamma=\dfrac{c_{66}-c_{44}}{2c_{44}} \\ \upsilon_{\mathrm{p0}}=\sqrt{\dfrac{c_{33}}{\rho}},\upsilon_{\mathrm{s0}}=\sqrt{\dfrac{c_{44}}{\rho}} \end{cases} \tag{7-3-5}$$

此时相速度的各向异性参数表达式可写为

$$\begin{cases} \upsilon_{\mathrm{p}}(\theta)=\alpha_0\left(1+\delta\sin^2\theta\cos^2\theta+\varepsilon\sin^2\theta\right) \\ \upsilon_{\mathrm{SV}}(\theta)=\beta_0\left[1+\dfrac{\alpha_0^2}{\beta_0^2}(\varepsilon-\delta)\sin^2\theta\cos^2\theta\right] \\ \upsilon_{\mathrm{SH}}(\theta)=\beta_0\left(1+\gamma\sin^2\theta\right) \end{cases} \tag{7-3-6}$$

式中 α_0 和 β_0——P 波和 S 波的垂向速度。

假设 φ 为入射角，在此基础上 Ruger（1998）发展了 Thomsen 公式，推导了 TI 纵波反射系数公式如下：

$$R(\theta,\varphi)=\frac{\Delta Z}{2Z}+\frac{1}{2}\left\{\frac{\Delta\alpha}{\bar{\alpha}}-\left(\frac{2\bar{\beta}}{\bar{\alpha}}\right)^2\frac{\Delta G}{\bar{G}}+\left[\Delta\delta+2\left(\frac{2\bar{\beta}}{\bar{\alpha}}\right)^2\Delta\gamma\right]\cos^2\theta\right\}\sin^2\theta$$
$$+\frac{1}{2}\left\{\frac{\Delta\alpha}{\bar{\alpha}}-\Delta\varepsilon\cos^2\varphi+\Delta\delta\sin^2\varphi\cos^2\theta\right\}\sin^2\theta\tan^2\theta \tag{7-3-7}$$

利用式（7-3-7），假设反射层反射系数为正，选取不同的各向异性参数进行计算（图 7-3-2），反射系数分布如图中彩色圆饼所示，展示了反射系数随方位角和反射角的变化：绿线代表各向同性介质反射系数随偏移距的变化；红线代表波沿着对称轴传播反射

系数随偏移距的变化；黑线代表波在各向异性介质中传播时反射系数随采集方位与对称轴夹角的变化。如图 7-3-2 所示，（1）反射系数大小分布具有明显方向性，平行于各向同性方向变化较小，沿着对称轴方向变化较大；（2）各向同性方向的 AVO 响应等同于各向同性介质，沿着对称轴方向的“AVO”响应受各向异性影响，比较复杂；（3）反射系数随采集方位与对称轴夹角呈类正弦曲线波动。

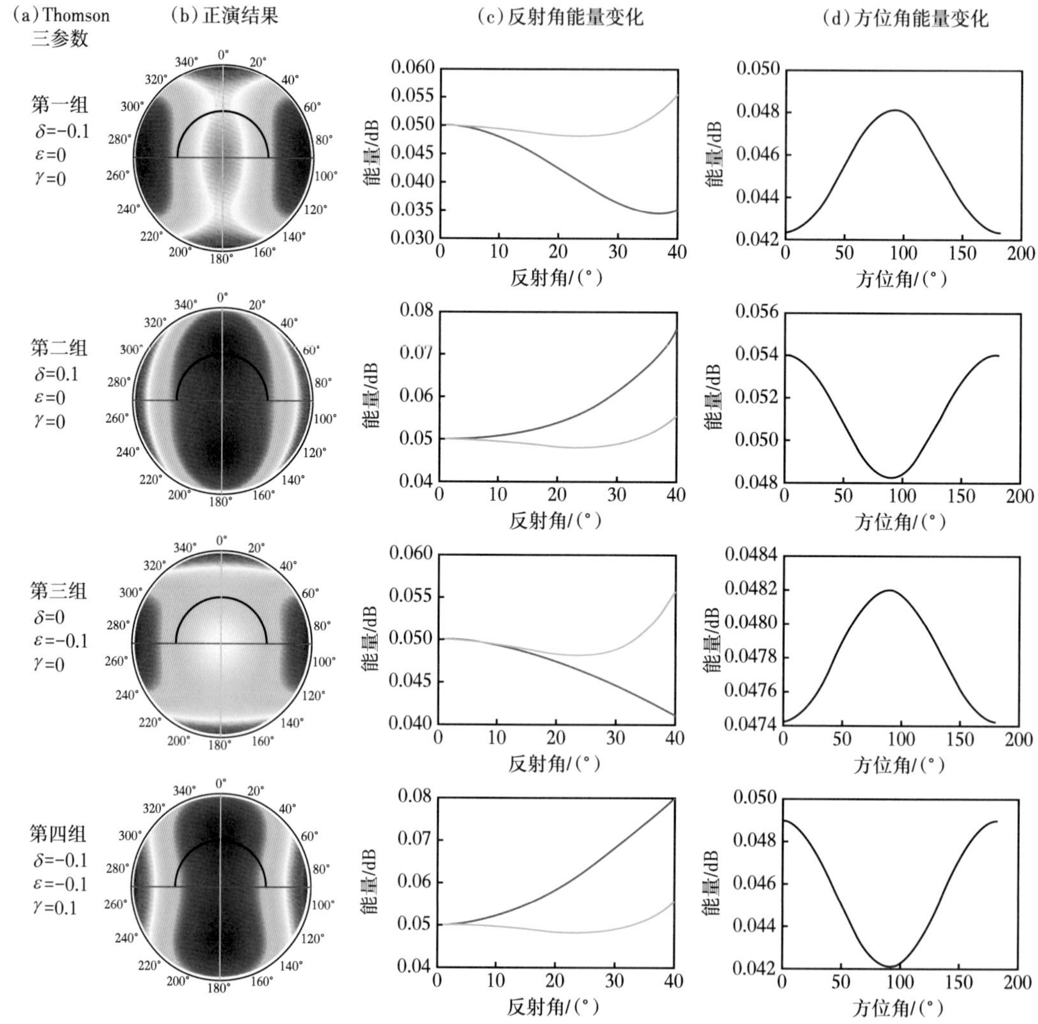

图 7-3-2 TI 介质反射系数分布

二、方位统计法

根据半空间地层介质各向异性理论，振幅、旅行时或速度等随方位角的变化可用椭圆方程近似表达为

$$F(\varphi)=A+B\cos 2\varphi \tag{7-3-8}$$

式中 φ——观测方位与裂缝的夹角。

当 φ=0°时，$F(0°)=A+B$，代表最大响应值，即为裂缝方向；当 φ=90°时，$F(90°)=A-B$，代表最小响应值，即为垂直裂缝方向。

参考 Thomsen（1997）弱各向异性参数的定义：

$$\varepsilon=\frac{F\left(0^{\circ}\right)-F\left(90^{\circ}\right)}{2F\left(90^{\circ}\right)}=\frac{B}{A-B} \tag{7-3-9}$$

在弱各向异性条件下，$B \ll A$，则各向异性强度可以近 ε 似为

$$\varepsilon=\frac{1}{2}\left(\frac{A+B}{A-B}-1\right)=\frac{B}{A-B}\approx\frac{B}{A} \tag{7-3-10}$$

目前业界计算地层方位各向异性强度的主流方法都是采用椭圆拟合。椭圆拟合法对选定的炮检距范围，按方位角进行椭圆拟合，计算得到椭圆的长轴与短轴，通过短轴与长轴的比值来表征地层方位各向异性强度。椭圆拟合法对每个 OVG 道集只能拟合出一个椭圆，在发育单组裂缝的情况下，拟合结果相对合理；但当发育多组裂缝时，拟合结果常解释成无各向异性发育，导致许多裂缝性高产井位漏掉。此外，由于实际地震资料中受到各种噪声的影响，同一个 OVG 道集使用不同炮检距的数据会拟合出不同参数的椭圆，很难判断使用什么炮检距的数据进行拟合合理。

总之，椭圆拟合法对于覆盖次数、信噪比低的常规三维而言，具有抗噪声、抗异常道的优势，但因其固有的缺陷，对于高密度、宽方位的螺旋道集来说，其计算精度已不能发挥高密度、宽方位数据的优势，无法达到“两宽一高”地震勘探技术在油气勘探中的期望输出。

由上述分析可知，振幅、速度等随着观测方位的变化而变化，可理解为振幅、速度等都是方位角的函数，则式（7-3-10）中的 A、B 可写为

$$\begin{cases} A=\dfrac{1}{2\pi}\displaystyle\int_0^{2\pi}F(\phi)\mathrm{d}\phi=\dfrac{1}{2\pi}\int_0^{2\pi}\left[A+B\cos(2\phi)\right]\mathrm{d}\phi \\ B=\dfrac{1}{4}\displaystyle\int_0^{2\pi}\left|F(\phi)-A\right|\mathrm{d}\phi=\dfrac{1}{4}\int_0^{2\pi}\left|B\cos(2\phi)\right|\mathrm{d}\phi \end{cases} \tag{7-3-11}$$

在弱各向异性条件下 $B \ll A$，可设计方位各向异性强度定义公式如下：

$$\varepsilon=\frac{1}{2}\left(\frac{F(0^{\circ})}{F(90^{\circ})}-1\right)=\frac{B}{A-B}\approx\frac{B}{A} \tag{7-3-12}$$

即通过 B/A 表征各向异性强度。在对方位角 ϕ 进行离散的情况下，各向异性强度应为

$$\varepsilon\approx\frac{\pi}{2N}\sum_{\phi}\frac{\left|F(\phi)-\overline{F(\phi)}\right|}{\overline{F(\phi)}} \tag{7-3-13}$$

图 7-3-3 为中国南方某井碳酸盐岩储层测井裂缝解释玫瑰图与道集切片对比图，该井测井解释发育两组相交的裂缝［图 7-3-3（a）］，通过提取该井点规则化道集的振幅切片［（图 7-3-3（b）］并绘制玫瑰图［图 7-3-3（c）］，发育的两组裂缝得到精确的描述。

图 7-3-4 为方位统计法计算的方位各向异性强度与相干体属性、椭圆拟合法计算的方位各向异性强度对比图，方位统计法获得的方位各向异性强度属性在大断层发育地区，展布特征与相干体一致；在无大断层发育的区域，方位各向异性强度属性比相干体属性反映了更多的微断层和裂缝细节（粉色箭头）；而椭圆拟合法的计算结果根本无法正确描述本区的断裂发育特征。

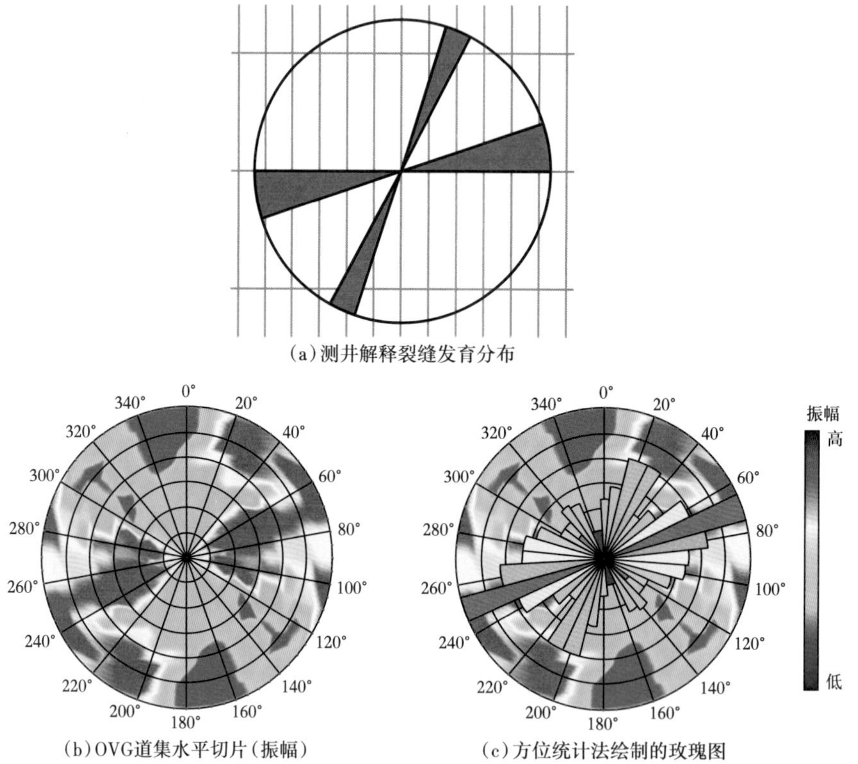

图 7-3-3 测井解释裂缝发育与 OVG 道集水平切片对比图

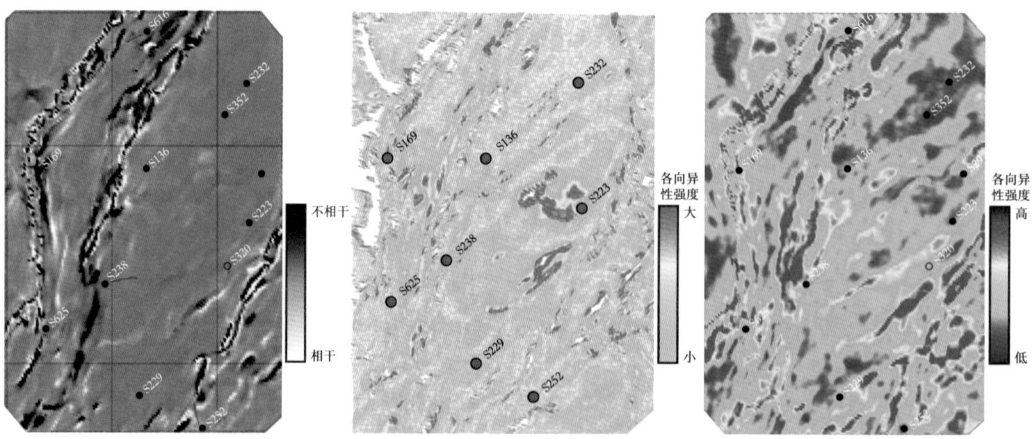

图 7-3-4 方位各向异性强度与相干属性对比图

第四节　优势方位数据

近年来，利用部分方位叠加数据进行断层、储层甚至流体识别方面已经显示出一定的优势。陈国文等（2014）利用 2 组垂直断裂走向的分方位叠加数据对目的层 2 组断裂进行了精细刻画；陈志刚等（2017）应用平行断裂走向的分方位叠加数据进行油气检测，成功预测了气—油界面。但复杂构造带断层走向是随意且复杂多变的，常规的分方位叠加方法无法实现与所有的断层都平行（或垂直），此外，对大量的不同方位数据体的解释增加了解释人员的工作量和设备的存储压力。因此，研究优势方位地震数据自适应提取技术，自动提取平行（或垂直）断层走向的道集（或叠加）数据，可能会进一步提高断层和储层预测研究的精度。

一、优势方位地震数据自适应提取方法

1. 优势方位的定义

郝守玲等（2004）、齐宇等（2009）对纵波在高速裂缝介质中传播的方位各向异性特征进行了物理模型试验研究（图 7-4-1），并得出如下结论：

（1）在垂直裂缝介质的顶面，道集同相轴的强振幅对应的方位为平行断层方位，即储层的优势方位；弱振幅对应的方位为垂直断层方位，即断层优势方位；

（2）在垂直裂缝介质的底界面，同相轴上凸点所对应的方位为平行断层方位，即储层的优势方位；同相轴下凹点所对应的方位为垂直断层方位，即断层优势方位。

据此，定义了如下 4 个优势方位：

（1）最小反射时间方位 $\theta_{\Delta t_{\min}}$。道集同相轴上凸顶点所对应的方位［图 7-4-1（a）］为 HTI 介质底面的储层优势方位，其对应的道集为 $G_{l,\theta_{\min T_0}}$、叠加数据体为 $D_{\theta_{\min T_0}}$，该数据受断层或裂缝的影响较小，用于储层预测或流体识别。

（2）最大反射时间方位 $\theta_{\Delta t_{\max}}$。道集同相轴下凹顶点所对应的方位［图 7-4-1（b）］为 HTI 底面的断层优势方位，其对应的道集为 $G_{l,\theta_{\max T_0}}$、叠加数据体为 $D_{\theta_{\max T_0}}$，该数据受断层或裂缝的影响较大，用于断层解释。

（3）最强振幅方位 $\theta_{A_{\max}}$。道集同相轴最强振幅所对应的方位［图 7-4-1（c）］为高速 HTI 顶、底界面的储层优势方位，其对应的道集为 $G_{l,\theta_{\max A}}$、叠加数据体为 $D_{\theta_{\max A}}$，低速 HTI 则相反。

（4）最弱振幅方位 $\theta_{A_{\min}}$。道集同相轴最弱振幅所对应的方位［图 7-4-1（d）］为高速 HTI 顶、底界面的断层优势方位，其对应的道集为 $G_{l,\theta_{\min A}}$，叠加数据体为 $D_{\theta_{\min A}}$，低速 HTI 则相反。

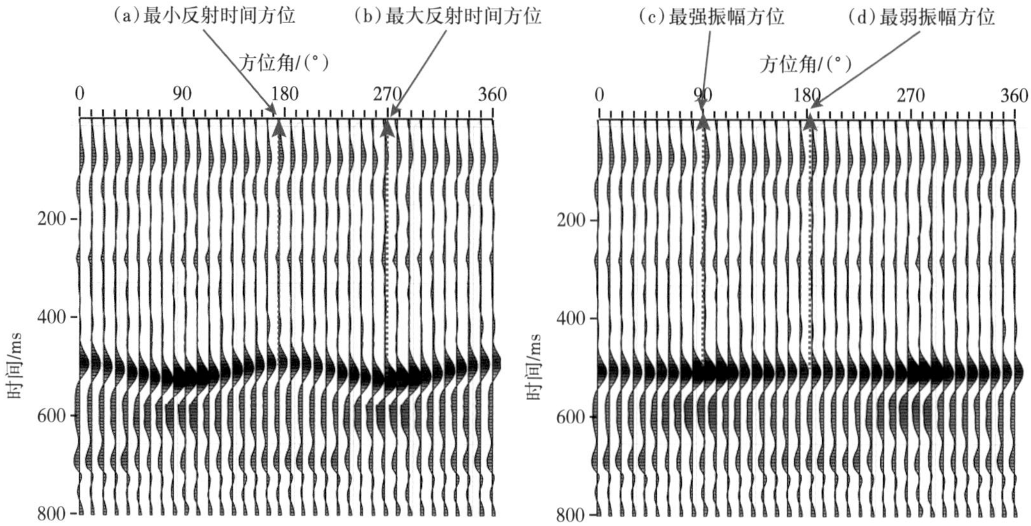

图 7-4-1　优势方位定义示意图

2. 方法原理

Wang 等（2017）提出了对保方位角道集（螺旋道集）进行炮检距—方位角域数据规则化方法，首先对于规则化后数据［图 7-4-2（a）］$D(x,y,t,l,\theta)$ 进行等方位叠加［图 7-4-2（b）］：

$$G_\theta(x,y,t,\theta)=\int D(x,y,t,l,\theta)\mathrm{d}l \tag{7-4-1}$$

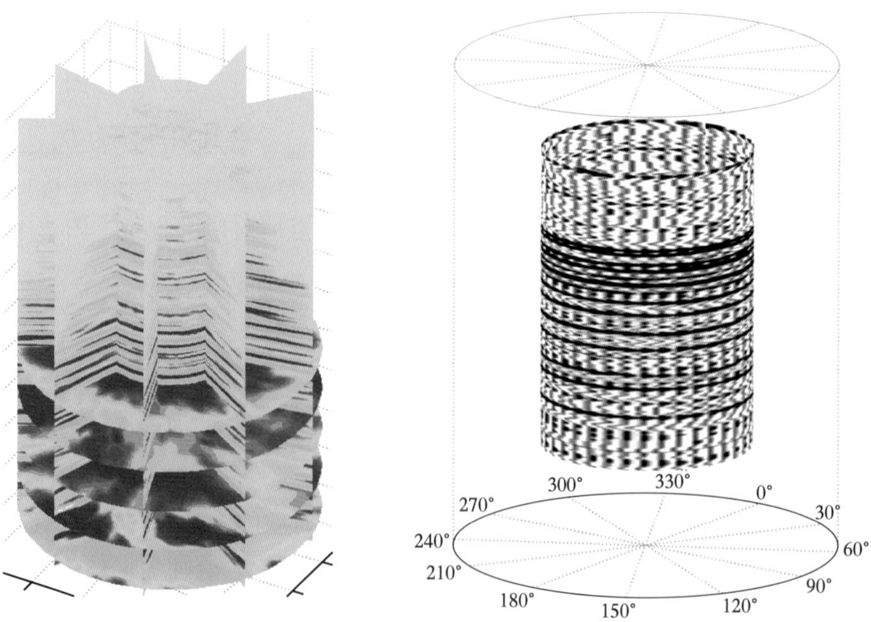

(a) 规则化后道集　　(b) 共方位叠加后道集

图 7-4-2　远偏移距方位角道集敏感方位定义示意图

和全道集叠加：

$$S(x,y,t)=\int_{0^\circ}^{360^\circ}G(x,y,t,\theta)\mathrm{d}\theta \tag{7-4-2}$$

式中 (x,y)——位置坐标；

t——时间坐标；

l——偏移距。

若定义 $G_\theta(x,y,t,\theta)$ 与 $S(x,y,t)$ 的互相关系数矩阵计算如下：

$$R(S,G_\theta)=\rho(x,y,t,\theta,\Delta t) \tag{7-4-3}$$

其中 $\rho(x,y,t,\theta,\Delta t)$ 可见 Brockwell 等（2009）提出的互相关公式：

$$\rho(x,y,t,\theta,\Delta t)=\frac{\gamma_{ij}(\Delta t)}{\sqrt{\gamma_{ii}(0)\gamma_{jj}(0)}} \tag{7-4-4}$$

式中 γ_{ij}——$TrS(x,y,t+\Delta t)$ 和 $TrG_\theta(x,y,t,\theta)$ 的协方差。

$$\rho(x,y,t,\theta,\Delta t)=\frac{\sum\left(TrS(x,y,t+\Delta t)-\overline{TrS(x,y,t+\Delta t)}\right)\cdot\left(TrG_\theta(x,y,t)-\overline{TrG_\theta(x,y,t)}\right)}{\sqrt{\sum\left(TrS(x,y,t+\Delta t)-\overline{TrS(x,y,t+\Delta t)}\right)^2\cdot\sum\left(TrG_\theta(x,y,t)-\overline{TrG_\theta(x,y,t)}\right)^2}} \tag{7-4-5}$$

式中 $TrS(x,y,t)$、$TrG_\theta(x,y,t)$——全叠加数据 $S(x,y,t)$ 和等方位叠加数据 $G(x,y,t,\theta)$ 的地震道。

$G_\theta(x,y,t,\theta)$ 的最小反射时间 $\Delta t_{\min}$ 及其对应的方位角 $\theta_{\Delta t_{\min}}$ 确定如下：

$$\Delta t_{\min}(x,y,t)=\min_{\Delta t}\Delta t(x,y,t)=\arg_{\theta,\Delta t}\rho(x,y,t,\theta,\Delta t) \tag{7-4-6}$$

$$\theta_{\Delta t_{\min}}(x,y,t)=\arg_\theta\rho(x,y,t,\theta,\Delta t_{\min}) \tag{7-4-7}$$

最大反射时间 $\Delta t_{\max}$ 与其对应的方位角 $\theta_{\Delta t_{\max}}$ 可用如下方法确定：

$$\Delta t_{\max}(x,y,t)=\max_{\Delta t}\Delta t(x,y,t)=\arg_{\theta,\Delta t}\rho(x,y,t,\theta,\Delta t) \tag{7-4-8}$$

$$\theta_{\Delta t_{\max}}(x,y,t)=\arg_\theta\rho(x,y,t,\theta,\Delta t_{\max}) \tag{7-4-9}$$

另外，$G_\theta(x,y,t,\theta)$ 的最强振幅对应的方位角 $\theta_{A_{\max}}$ 为

$$\theta_{A_{\max}}(x,y,t)=\arg\max_\theta G_\theta(x,y,t,\theta) \tag{7-4-10}$$

最弱振幅对应的方位角 $\theta_{A_{\min}}$ 为

$$\theta_{A_{\min}}(x,y,t)=\arg\min_\theta G_\theta(x,y,t,\theta) \tag{7-4-11}$$

由式（7-4-7）至式（7-4-11）可从 $D(x,y,t,l,\theta)$ 中提取得到最小反射时间（$G_{l,\theta_{\min T_0}}$）、

最大反射时间 $G_{l,\theta_{\max T_0}}$ 、最强振幅 $G_{l,\theta_{\max A}}$ 、最弱振幅 $G_{l,\theta_{\min A}}$ 所对应的优势方位道集分别为

$$G_{l,\theta_{\min T_0}} = D\left(x,y,t,l,\theta_{\Delta t_{\min}}\right) \tag{7-4-12}$$

$$G_{l,\theta_{\max T_0}} = D\left(x,y,t,l,\theta_{\Delta t_{\max}}\right) \tag{7-4-13}$$

$$G_{l,\theta_{\max A}} = D\left(x,y,t,l,\theta_{A_{\max}}\right) \tag{7-4-14}$$

$$G_{l,\theta_{\min A}} = D\left(x,y,t,l,\theta_{A_{\min}}\right) \tag{7-4-15}$$

再通过对偏移距 l 进行叠加得到所对应的敏感方位数据体：

$$D_{\theta_{\min T0}} = \int G_{l,\theta_{\min T0}}\left(x,y,t,l\right)\mathrm{d}l \tag{7-4-16}$$

$$D_{\theta_{\max T0}} = \int G_{l,\theta_{\max T0}}\left(x,y,t,l\right)\mathrm{d}l \tag{7-4-17}$$

$$D_{\theta_{\max A}} = \int G_{l,\theta_{\max A}}\left(x,y,t,l,\right)\mathrm{d}l \tag{7-4-18}$$

$$D_{\theta_{\min A}} = \int G_{l,\theta_{\min A}}\left(x,y,t,l\right)\mathrm{d}l \tag{7-4-19}$$

图 7-4-3 为式（7-4-16）至式（7-4-19）对应的数据体，最小反射时［图 7-4-3(a)］和最强振幅［图 7-4-3(c)］为目的层的储层预测优势方位数据；最大反射时间［图 7-4-3(b)］和最弱振幅［图 7-4-3（d）］为目的层的断裂描述优势方位数据。可见图 7-4-3 中红色箭头所指断层在断层优势方位的数据［图 7-4-3（b）和（d）］上更清晰。

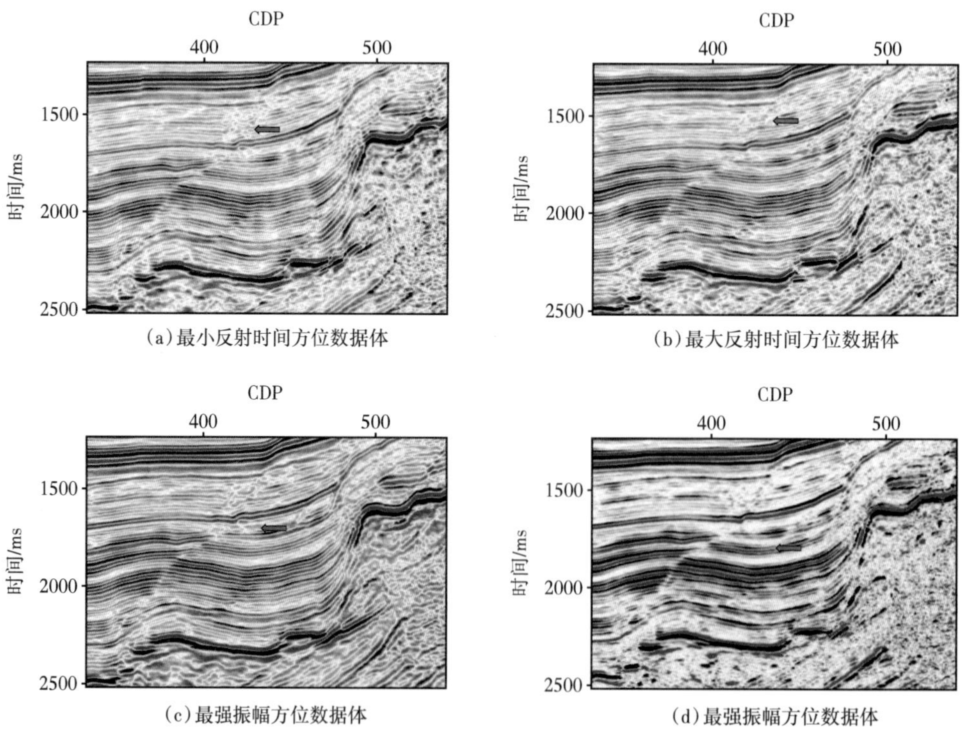

图 7-4-3　优势方位数据体剖面

图 7-4-4 为我国东部渤海湾地区优势方位叠加的地震数据与全叠加数据对比。最小反射时间剖面上［图 7-4-4（a）］箭头所指断层非常清晰；而在最大反射时间剖面上［图 7-4-4（b）］，该断层无法识别；全叠加剖面［图 7-4-4（c）］对该断层的识别能力居于前两者之间。

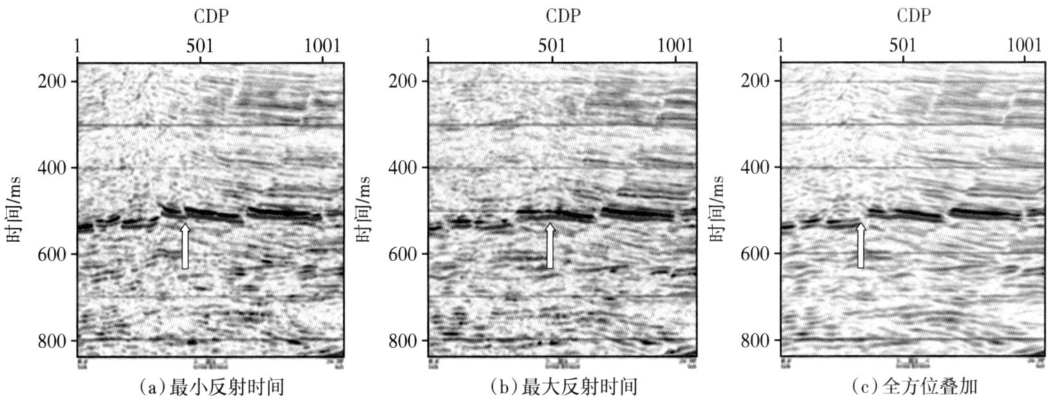

图 7-4-4 地震叠加剖面对比图

图 7-4-5 是应用图 7-4-4 的数据提取的相干体属性，最小反射时［图 7-4-5（a）］的相干体属性对断层的识别能力最强，图中箭头所指的小断层被清晰地刻画出来，而最大反射时间和全叠加数据确则无法识别该断层。

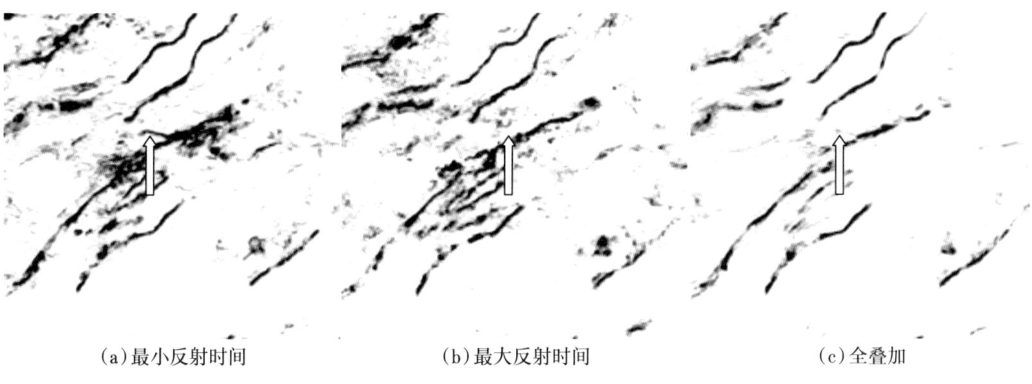

图 7-4-5 老爷庙地区 Ng 底界相干体平面图

图 7-4-6 是应用图 7-4-4 的数据体进行的流体检测，最大反射时间的预测吻合率最高，达到 87.5%［图 7-4-6（b）］；而识别断层能力最好的最小反射时间的流体预测吻合率最低［图 7-4-6（a）］。

实例进一步证明：垂直断层的方位数据，地震波受断层影响，对断层敏感，但流体检测结果精度很低；而平行断层的方位数据，受断层影响小，更适用于储层预测和流体识别。

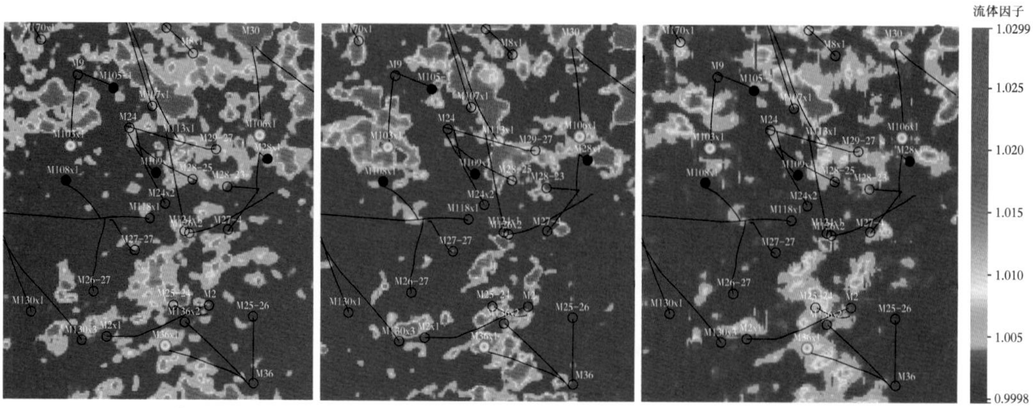

(a)最小反射时间　　(b)最大反射时间　　(c)全叠加

图 7-4-6　老爷庙地区 Ed_3 上流体检测平面图

二、优势方位数据在大庆长垣地区的应用

大庆芳 38 地区位于三肇凹陷内。该区扶余油层厚度约为 200m，为浅水环境下水下分流河道沉积，岩性主要为一套紫红色、灰绿色泥岩夹灰色、绿灰色粉砂岩、泥质粉砂岩与灰棕色、棕色含油粉砂岩不等厚互层。微相类型主要为分流河道、决口沉积、河道间等，按其垂向岩性组合及旋回性特征，可细分为三个油层组，但储层总体为砂泥岩薄互层组合特征，相变较快，厚度为 1～5m，目的层物性较差、非均质性强，具有中低孔—低渗的特征，为渗透率小于 2mD 的致密油储层，区内油气主要集中于扶Ⅰ油层组和扶Ⅱ油层组。通过工区内多口连井地层剖面（图 7-4-7）显示扶余油层砂体多层系发育，但连通性较差，砂体规模较小。

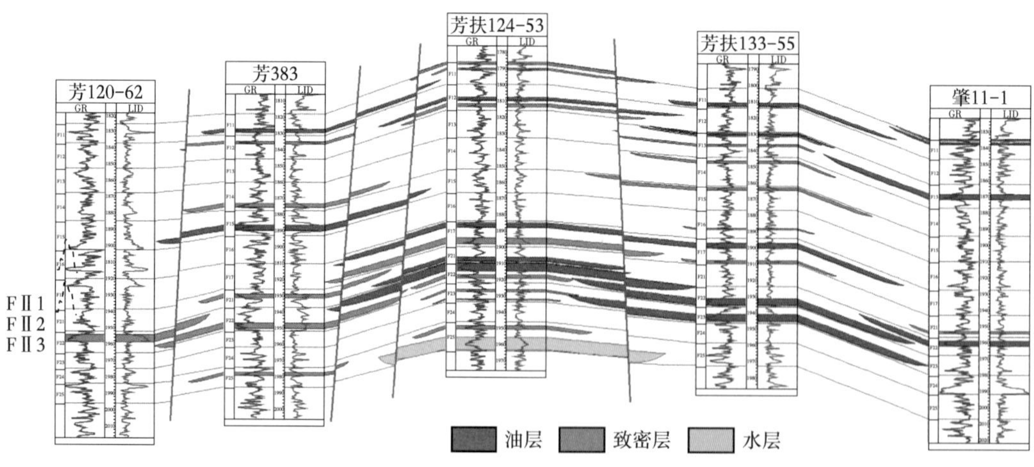

图 7-4-7　芳 38 区块扶余油层连井油藏剖面

以芳 38—平 7 井钻探的 FⅡ2 小层砂体边界为例进行研究，该水平井部署时参考井为芳扶 133-55 井，该井在 FⅡ2 小层发育砂岩厚度为 3.8m，有效砂岩厚度为 2.8m，针对该小层前后共钻探了 2 个水平井轨迹。其中芳 38—平 7 井的轨迹 1，水平段长度为 444m，

砂岩厚度为 304m，含油砂岩厚度为 143m；芳 38—平 7 井的轨迹 2 水平段长度为 480m，砂岩厚度为 324m，含油砂岩厚度为 215m。

图 7-4-8 为利用常规地震资料预测的振幅属性图，预测结果显示该水平井附近砂体为北东向条带状展布，局部砂体发育较宽，该井先后实施侧钻两口水平井，轨迹方向均为垂直砂体方向完钻，但沿着井轨迹方向钻遇的砂体含油性差别较大，侧钻 1 井轨迹的前半段钻遇到含油砂体，中后段多钻遇干层和泥岩；侧钻 2 井轨迹前半段含油砂体零星发育，后半段钻遇到规模含油砂体，其余位置均钻遇泥岩。综上所述，该套砂体含油性差别较大、砂体不连通，与预测结果存在较大矛盾。

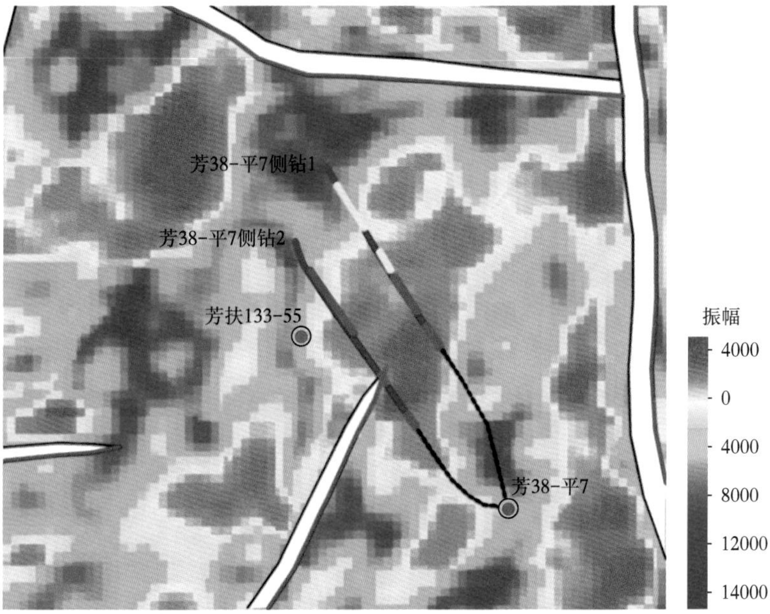

图 7-4-8　常规资料 FⅡ2 小层振幅属性

为了提高 FⅡ2 小层窄、薄河道砂体的预测精度，利用该区 2016 年新采集处理完成的“两宽一高”地震资料，开展了分方位和自适应敏感方位资料处理技术探索。

综合分析研究区断裂体系特征和沉积规律，该区断层以近南北向为主，局部发育东西向调谐断层，沉积砂体以近南北向展布为主。该区地震资料方位如图 7-4-9（a）所示：以正东方向为 0°，逆时针方向旋转。图 7-4-9（b）为本次叠加的 4 个分方位数据体的角度范围，分别为 -30°～30°、20°～70°、60°～120°、100°～170°，代表了垂直砂体方向、平行砂体方向和与砂体 45° 斜交四个方向。

图 7-4-10 为全方位数据体和分方位数据体中提取的 FⅡ2 小层振幅属性，基于不同数据体预测该小层砂体的范围，精度均存在不足。其中图 7-4-10（a）为全方位资料提取的振幅属性，可以看出芳 38—平 7 井轨迹附近，砂体呈近南北向条带状展布，井轨迹附近砂体连片发育，中部发育零星泥岩，与实际钻遇砂体情况符合较好；图 7-4-10（b）为 -30°～30° 方向即垂直砂体方向振幅属性，预测水平井附近砂体为 3 套互不连通的窄小砂体，北部和东部砂体规模相对较大，芳扶 133-55 井钻遇砂体规模较小，与实际钻遇砂

体情况不符；图 7-4-10（d）为 60°～120° 方向即近乎平行该砂体方向振幅属性，预测砂体发育特征与图 7-4-10（b）一致；同样图 7-4-10（c）和图 7-4-10（e）为与砂体 45° 斜交方向数据体振幅属性，预测砂体与全方位结果相似，水平井附近为一套连片发育的砂体，与实际钻遇砂体情况不符。

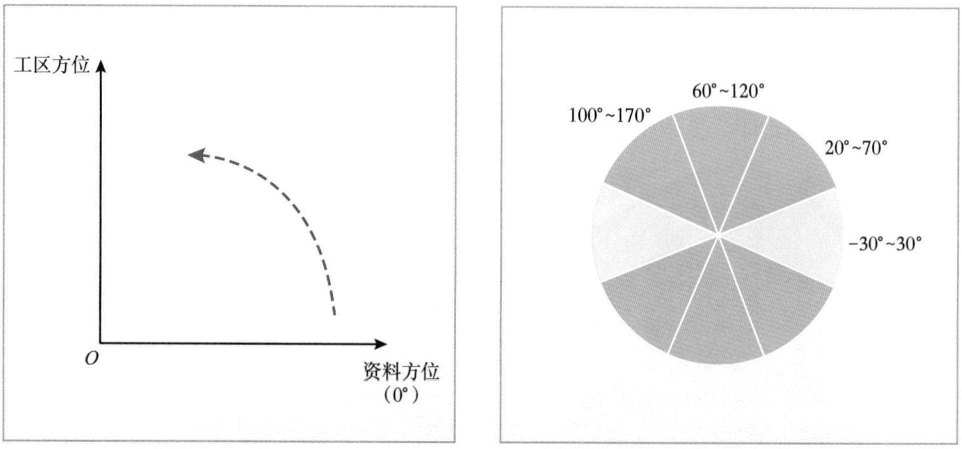

(a) 近偏移距（东西向）　　(b) 中偏移距（东西向）

图 7-4-9　工区方位及方位叠加方案

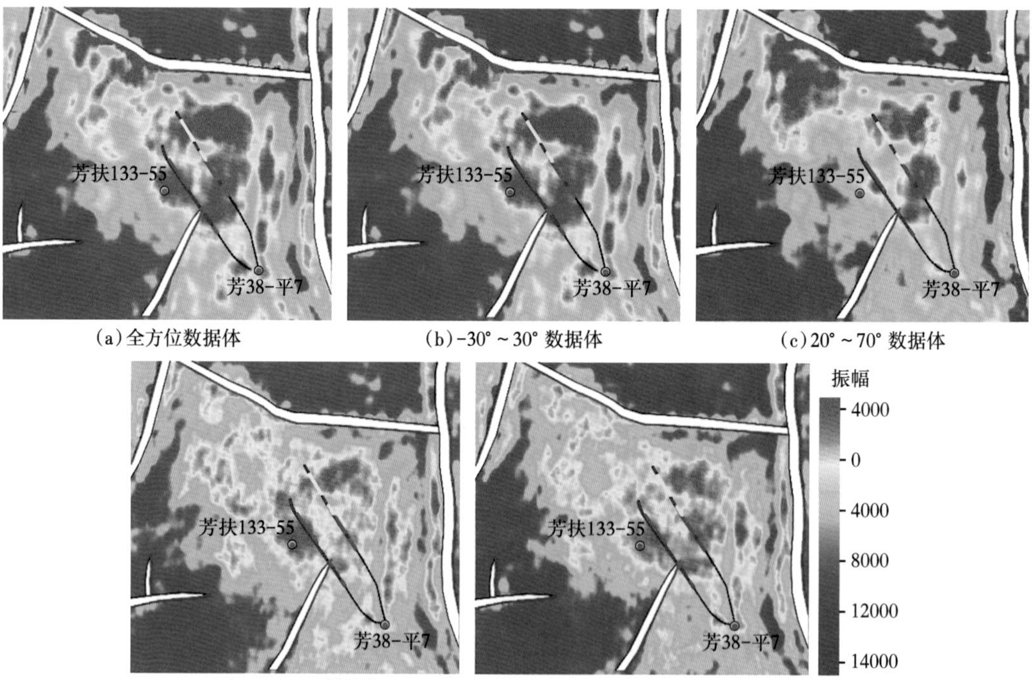

(a) 全方位数据体　(b) -30° ~ 30° 数据体　(c) 20° ~ 70° 数据体

(d) 60° ~ 120° 数据体　(e) 100° ~ 170° 数据体

图 7-4-10　不同方位数据体提取的 FⅡ2 小层振幅属性

综上分析，与窄、小河道砂体展布近似垂直方向数据体提取的地震属性预测河道的边界精度最高，其次为平行方向数据体中提取的地震属性。

为了进一步提高分方位数据体数据识别窄、小河道砂体的精度，对垂直（东西向）和平行（南北向）河道砂体展布方向的优势方位数据体进行分偏移距处理。通常近偏移距数据分辨率高，远偏移距数据由于频散作用的影响，分辨率会降低。

图 7-4-11 为优势方位—分偏移距数据体中提取的 FⅡ2 小层振幅属性。其中图 7-4-11（a）为东西向近偏移距资料提取的振幅属性，不难发现芳 38—平 7 井轨迹附近预测砂体，为三套不连续分布的小砂体，井区西北方向砂体不发育，与实际钻遇砂体情况较符合；图 7-4-11（b）为东西向中偏移距资料提取的振幅属性，预测的三套河道砂体中，东部的两套砂体边界特征不明显，与实际钻遇砂体情况不符合；图 7-4-11（c）为东西向远偏移距资料提取的振幅属性，受资料频散效应的影响，预测的三套河道砂体中，东侧的两套砂体边界特征不清楚，与实际钻遇砂体情况不符；同样图 7-4-11（d）、图 7-4-11（e）和图 7-4-11（f）为南北向方位不同偏移距资料提取的振幅属性，其由近到远的变化规律与东西向方位基本一致，但整体的符合率略低于东西向方位预测成果。

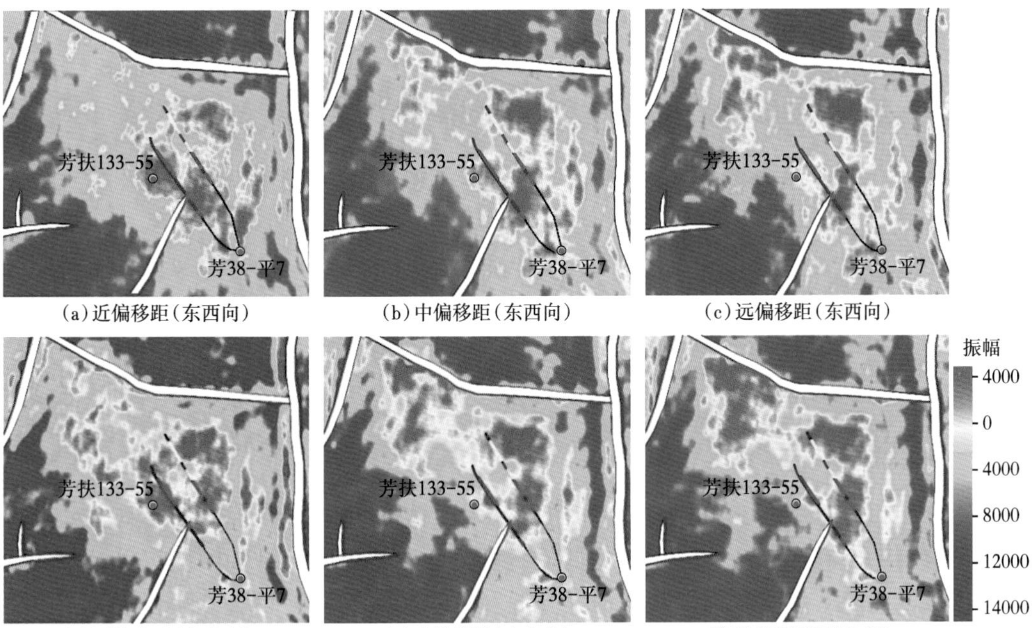

图 7-4-11　芳 38 工区不同方位数据体 F Ⅱ 2 小层振幅属性

综上分析，垂直河道砂体方向的近偏移距数据体提取的振幅属性预测砂体分布与实钻成果吻合程度更高。

上述敏感方位是基于常规的分方位处理成果，选择预测砂体分布特征较好的方位数据体，进而定义该方位为敏感方位，此时的敏感方位是一个固定值域范围；自适应敏感方位是针对地下 HTI 中每一个反射点，分析其振幅极值或旅行时差大小，在 360° 方位数据中，进行最大、最小值优选，进而生成不同数值标准的数据体，称为自敏感方位数据体，常用的自适应敏感方位数据体基于最大振幅、最小振幅、最大旅行时和最小旅行时四种方式生成。

图 7-4-12 为基于四种自适应敏感方位数据体提取的 FⅡ2 小层振幅属性。其中图 7-4-12（a）为最大振幅数据体提取的振幅属性，由图可以看出芳 38—平 7 井轨迹附近，预测砂体为三套不连续分布的砂体，边界特征清晰，与实钻砂体规模及其含油性发育情况较符合；图 7-4-12（b）为最大旅行时数据体提取的振幅属性，预测井区中东部发育两套砂体，连续性较好，与实钻砂体分布不一致；图 7-4-12（c）为最小振幅数据体提取的振幅属性，预测砂体整体特征与最大振幅体结果较一致，但预测的三套砂体的边界特征较模糊；图 7-4-12（d）为最小旅行时数据体提取的振幅属性，预测结果与其余敏感方位成果预测结果差别较大，同时与井的吻合率较差，与实钻砂体分布不一致。

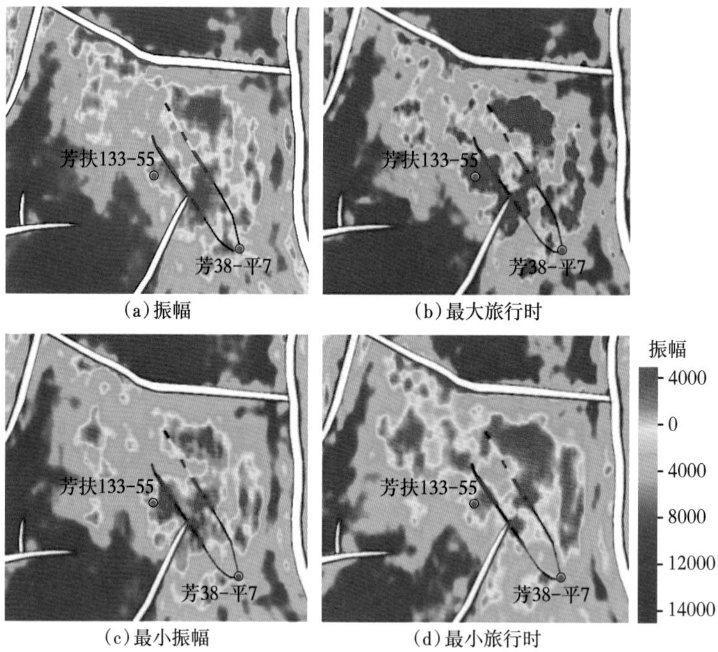

图 7-4-12　自适应敏感方位数据提取的 FⅡ2 小层振幅属性

该区参考井芳扶 133-55 井 FⅡ2 小层发育的含油砂体具有低自然伽马、高阻抗特征，利用纵横波曲线交会分析，可以较好地区分油层和围岩（图 7-4-13），表明利用叠前弹性阻抗可以进行 AVO/ 直接烃类检测。

结合 AVO 近、远道振幅能量差异分析技术与自适应敏感方位技术，利用储层含油气后地震振幅能量随偏移距的变化，进行油气检测。

图 7-4-14 为基于敏感方位处理成果的远、近偏移距数据体能量差提取的 FⅡ2 小层 AVO 响应属性。其中图 7-4-14（a）为基于固定敏感方位的最大振幅包络属性，芳扶 133-55 井附近砂体团簇状连片发育，与实钻砂体吻合程度较高，但对砂体含油性分布，预测符合程度较差；图 7-4-14（b）为基于最大振幅包络提取的自适应敏感方位远近道差数据体提取的属性平面图，与水平井钻遇的含油砂岩发育情况较一致，侧钻 2 井轨迹末端钻遇大套的干砂岩，在属性图上得到很好的预测；图 7-4-14（c）为基于最小振幅包络提取的固定敏感方位远近道差数据体上获得的属性平面图，与图 7-4-14（a）预测结果

相似，同时侧钻2井轨迹入靶端附近钻遇的砂体得到有效预测，效果好于图7-4-14（a），但对砂体的含油性预测效果不佳；图7-4-14（d）为基于最小振幅包络提取的自适应敏感方位远近道差数据体提取的属性平面图，预测砂体发育较小、较碎，与水平井实钻结果对应关系较差。

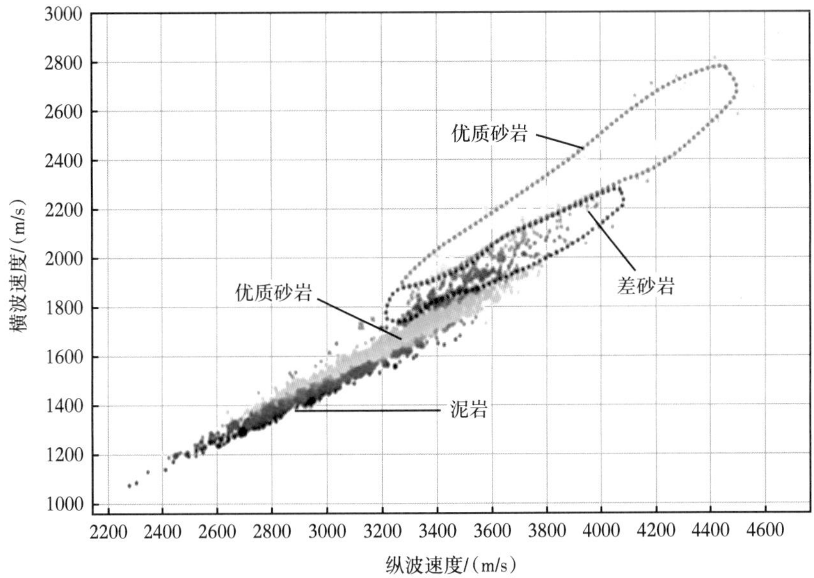

图7-4-13 纵横波曲线交会图

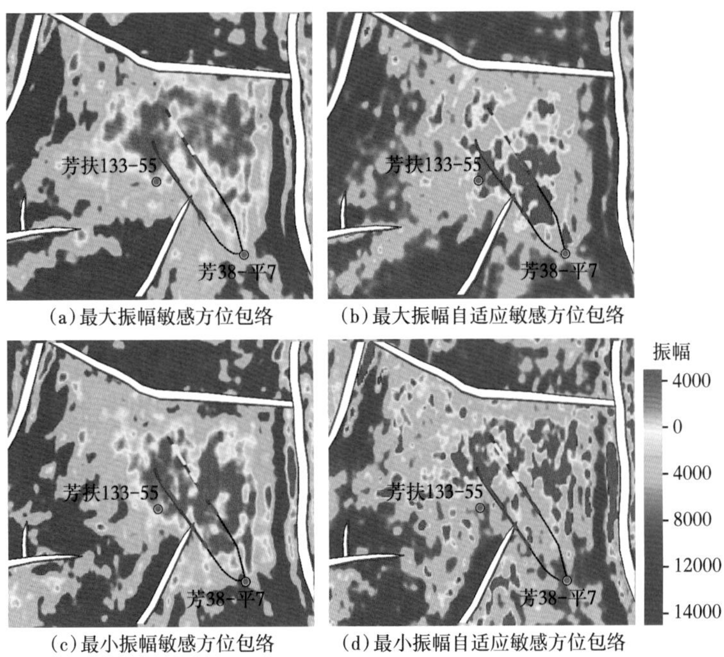

图7-4-14 FⅡ2小层远、近道能量差平面图

综上所述，基于最大振幅自适应敏感方位的远近道之差 AVO 属性预测河道砂体含油性的效果好于其他方式敏感方位远近道之差数据预测效果，与实际钻探的含油性砂体分布吻合度更高。

通过利用常规分方位数据体、分方位—分偏移距数据体、敏感方位数据体和自适应敏感方位远、近道能量差平面属性成果分析表明：

（1）常规分方位地震资料可以在一定程度上提高窄、小河道砂体分布及边界特征的刻画精度；分方位—近偏移距地震资料区分砂体分布和边界的能力，不仅好于远偏移距地震资料，而且较分方位全偏移距数据预测效果好；自适应敏感方位的最大振幅数据体预测窄、小河道砂体的分布和边界特征效果最佳。

（2）自适应敏感方位远、近道能量差 AVO 属性分析中，最大振幅的自适应敏感方位数据体提取属性可以较好地预测砂体含油性分布。

第五节 方位属性分析

实际地层的孔隙中常常含有流体（油、气、水），当地震波在其中传播时就会发生非弹性衰减，其中，高频成分的衰减、散射和弥散等的程度远大于低频成分，因此使得低频成分保留了比高频成分更为丰富的反映地层岩性的信息，这为利用地震低频信息找油提供了理论依据。

Taner 等（1979）在复数地震道三瞬参数分析中注意到油气藏下方的视频率较低，展示了油气藏下部出现的“低频伴影”现象。Castagna 等（2003）利用匹配追踪算法对地震信号进行时频分解，生成各种频率的共频体，利用“低频”直接指示油气的存在。Goloshubin 等在 2002 年的 SEG 年会上发表了他们完成的超声波物理模型试验结果，试验显示高频数据在干砂岩段显示高振幅的特征，中等频率地震剖面在含水砂岩段有明显的反射，低频地震剖面在油饱和砂岩段为强振幅且有明显的相移。这种砂岩含油气后高频比低频衰减明显的特征可以通过一系列的频谱属性进行描述。

一、时频域分析与小波变换方法简述

1. 短时傅里叶变换

傅里叶变换对于信号的频率部分只能够整体的表示，不能够刻画信号在某一具体时刻所对应的频率。由于傅里叶的局限性，1947 年，Gabor 第一次提出了加窗的思想并应用于经典的傅里叶变换，这就是短时傅里叶变换（STFT）。

STFT 是对信号添加一个固定的窗函数，之后对其进行傅里叶变换，然后沿信号滑动时间窗口，再进行傅里叶变换，最终得到每个时间段内的频率分量分布，也就是预期的时间谱分布。这就是 Gabor D 提出的关于短时傅里叶变换的基本思想。

为在特定时间 t 时刻获得信号 $x(t)$ 的频率分布，其中心的窗函数 $w(t)$ 与 $x(t)$ 相乘，不仅能够增强 t 时刻的信号，还能够衰减其他信号，这就能够很好地对信号进行局部

化的分析。短时傅里叶的表达式为

$$\mathrm{STFT}(t,f)=\int_{-\infty}^{+\infty}x(\tau)w(t-\tau)\exp(-2\pi \mathrm{i} f\tau)\mathrm{d}\tau x(t) \tag{7-5-1}$$

式中 $x(t)$——分析的信号；

τ——时移因子，s；

f——频率，Hz。

短时傅里叶变换和傅里叶变换一样，也包含了原信号 $x(t)$ 的全部信息，但是其相比于傅里叶变换的优势在于，变换的时窗的位置随参数的移动而平移，这可研究出不同时刻所对应的频率分布的特性。虽然短时傅里叶取得了很好的时频分析效果，但其拥有一个固定长度的窗口，窗口的大小以及形状不能够改变，因此信号进行短时傅里叶变换后，其分辨率在时间—频率平面上都相同。但是对于实际信号来说，需要在不同频率处获得不同的分辨率，然而短时傅里叶变换却达不到这样的效果。

2. 小波变换

由于短时傅里叶变换的时间窗函数具有局限性，所以该方法不具备对某些信号进行局部特征分析的能力。在 20 世纪 80 年代，法国科学家 Morlet 等（1982）提出了小波变换（Wavelet Transform，WT）的时频方法。该方法结合了可变时窗，克服了短时傅里叶方法在频率分辨率与时间分辨率的不足，能够使信号的时频局部特性得到了更好的描述。

对于信号 $x(t)$，在时间域的连续小波变换表示为

$$\mathrm{CWT}(b,a)=\frac{1}{\sqrt{a}}\int_{-\infty}^{+\infty}x(\tau)\psi^{*}\left(\frac{\tau-b}{a}\right)\mathrm{d}\tau \tag{7-5-2}$$

式中 $\psi(t)$——母小波；

$\psi^{*}(t)$——$\psi(t)$ 的复共轭小波；

a——尺度因子；

b——平移参数。

一组经过伸缩、平移以及归一化的小波族可以表示为

$$\psi_{a,b}(t)=\frac{1}{\sqrt{a}}\psi\left(\frac{t-b}{a}\right) \tag{7-5-3}$$

a 可以调节小波的伸缩。当时域小波被压缩，则频率域其频谱被拉伸；反之，当小波在频域被压缩时，则在时间域其频谱被拉伸。当然，这也受到测不准原理的制约，在整个小波的过程中，关于小波的形态随着其尺度因子和时移因子的变化而改变。

目前有很多种类的小波，以此对于信号的分析所选用的小波不同其最终的结果也有很大的不同。常用的有 dbN 小波、Morlet 小波、Mexh 小波等，如何选择合适的小波来分析信号，对结果有很大的影响，因此针对不同信号特征，合理选择小波是相当重要的。

二、质心频率原理

前人的大量研究结果证实，地震的频谱对储层尤其是流体比较敏感，在此基础上诞生了一系列的储层预测和流体检测方法，然而在实际生产中发现，地震资料的频谱特征除受储层和流体等因素影响外，还受到地层埋深，上覆异常地质体等非储层流体因素影响。那种给定频率范围进行流体检测的方法会受到解释员主观因素的影响而导致结果有一定的随意性。

质心频率是一种通过系统自动识别频谱的最大频率（f_{max}）和最小频率（f_{min}），来计算对比频谱的横向变化，进一步达到识别优质储层的目的。具体含义如图 7-5-1 所示。其中：f_{mean} 为中值频率；f_{mc} 为半能量频率；A_{max}、A_{min}、A_{half} 分别为最大、最小以及两者的平均振幅。质心频率指示参数计算如下：

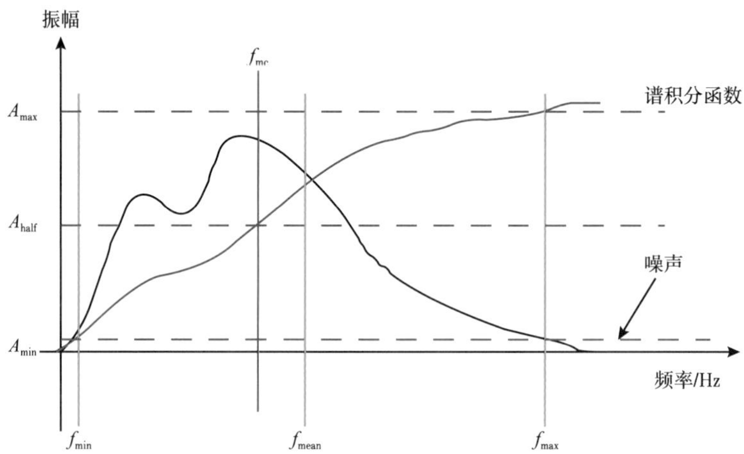

图 7-5-1　质心频率示意图

$$\Delta f_1 = \frac{f_{mean} - f_{mc}}{f_{max} - f_{min}} \tag{7-5-4}$$

Δf_1 越大，低频能量越大，反应高频衰减明显，一般作为油气的指示因子；Δf_1 越小，高频能量增大，反应高频相对增加，一般作为不含油气的指示因子。

三、方位属性提取

近年来，依赖于地震数据频谱分析的流体检测技术广泛应用于储层预测工作中，由于断层、上覆特殊岩性体等特殊地质现象对地震数据频率的影响远大于流体对频率的影响，导致因流体产生的频率异常被掩藏在其他地质异常现象中而无法识别，复杂构造区的流体检测一直是亟待解决的技术瓶颈。

以保方位角叠前道集数据体为基础，首先进行方位角—偏移距域数据规则化［图 7-5-2（a）］及以一定方位间隔作为步长的分方位角叠加［图 7-5-2（b）］。

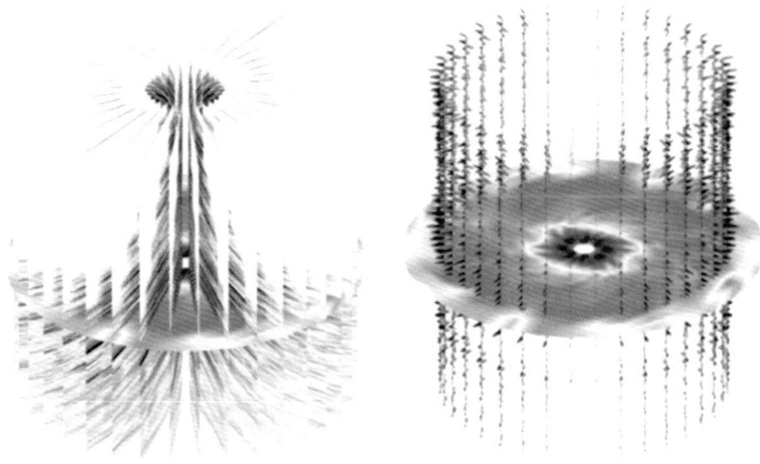

(a)规则化后道集　　(b)分方位角叠加道集

图 7-5-2　规则化道集与分方位角叠加道集示意

然后对分方位角叠加数据集［图 7-5-3（a）］利用小波变化等方法计算出分方位的质心频率数据集［图 7-5-3（b）］。进一步对质心频率数据集按照时间采样间隔进行极值滤波，提取方位最大值、方位中值和方位最小值，抽取并组合成最大质心频率道、中值质心频率和最小质心频率道。最后重构成属性数据体得到方位最大、方位最小、方位中值等属性数据体。

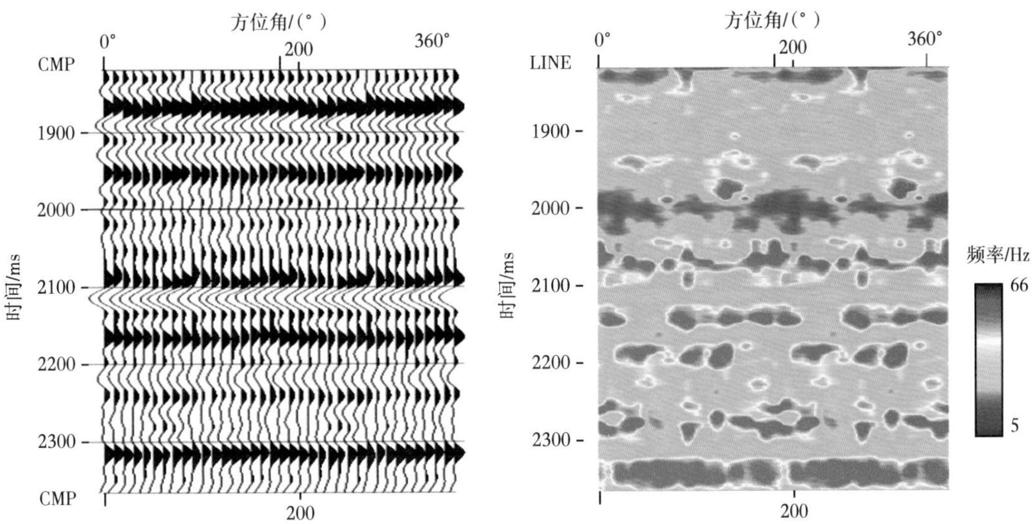

(a)分方位角叠加道集　　(b)分方位的质心频率数据集

图 7-5-3　方位质心频率求取示意图

滨里海岩下储层预测一直是个难题，目的层上覆地层发育着高速盐丘［图 7-5-4（a）］。由于盐丘的屏蔽作用，以往针对目的层提取的叠后地震属性，受盐丘影响，储层预测精度大打折扣。2013 年采集了“两宽一高”地震资料，提取了方位质心频率属性，方位最大质心频率受盐丘的影响明显［图 7-5-4（b）］，基本反映了上覆盐丘的展布；方位最小质心频率则规避了盐丘的影响［图 7-5-4（c）］，预测结果与油田生产井的产量基本吻合。

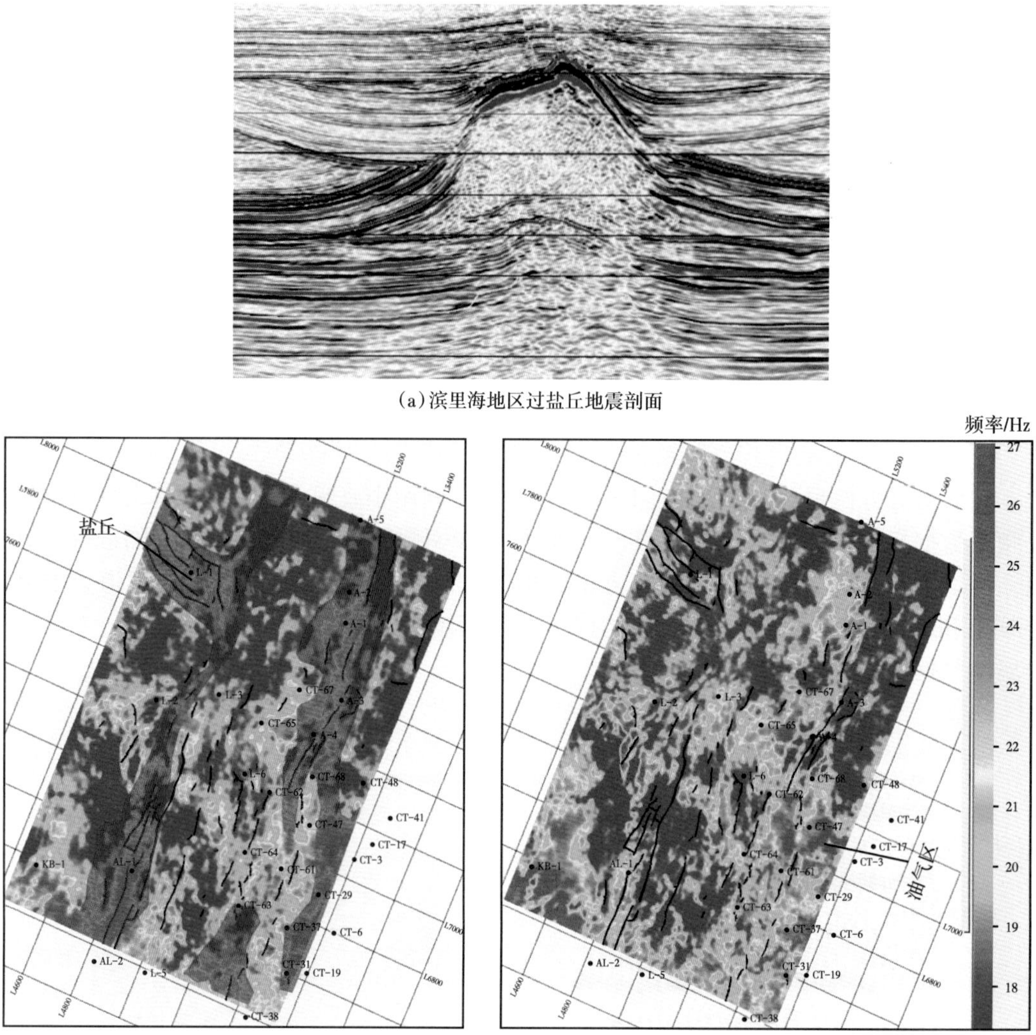

（a）滨里海地区过盐丘地震剖面

（b）方位最大质心频率　　（c）方位最小质心频率

图 7-5-4　滨里海盐下方位属性流体检测

第六节　宽频数据反演

一、高精度叠前反演

1. 叠前反演原理

Knott（1989）、Zoeppritz（1919）推导了反射系数和透射系数与射线角度、反射界面上下介质参数的函数关系式。当平面纵波以初始入射角 φ 入射在弹性界面上时，在界面两侧将产生纵波反射波 R_p（反射角为 φ）和透射波 T_p（透射角为 φ_T），转换横波的反射波 R_s（反射角为 ψ）和透射波 T_s（透射角为 ψ_T）。表达式如下：

$$\begin{bmatrix} R_\mathrm{p} \\ R_\mathrm{s} \\ T_\mathrm{p} \\ T_\mathrm{s} \end{bmatrix} = \begin{bmatrix} -\sin\varphi & -\cos\psi & \sin\varphi_T & \cos\psi_T \\ \cos\varphi & -\sin\psi & \cos\varphi_T & -\sin\psi_T \\ \sin 2\varphi & \dfrac{v_{\mathrm{p}1}}{v_{\mathrm{s}1}}\cos 2\psi & \dfrac{\rho_2 v_{\mathrm{s}2}^2 v_{\mathrm{p}1}}{\rho_1 v_{\mathrm{s}1}^2 v_{\mathrm{p}2}}\sin 2\varphi_T & \dfrac{\rho_2 v_{\mathrm{s}2} v_{\mathrm{p}1}}{\rho_1 v_{\mathrm{s}1}^2}\cos 2\psi_T \\ -\cos 2\psi & \dfrac{v_{\mathrm{s}1}}{v_{\mathrm{p}1}}\sin 2\psi & \dfrac{\rho_2 v_{\mathrm{p}2}}{\rho_1 v_{\mathrm{p}1}}\cos 2\psi_T & -\dfrac{\rho_2 v_{\mathrm{s}2}}{\rho_1 v_{\mathrm{p}1}}\sin 2\psi_T \end{bmatrix}^{-1} \begin{bmatrix} \sin\varphi \\ \cos\varphi \\ \sin 2\varphi \\ \cos 2\psi \end{bmatrix} \tag{7-6-1}$$

式中　$v_{\mathrm{p}1}$、$v_{\mathrm{s}1}$、ρ_1——反射界面以上介质的纵波速度、横波速度和密度；

$v_{\mathrm{p}2}$、$v_{\mathrm{s}2}$、ρ_2——反射界面以下介质的纵波速度、横波速度和密度。

Zoeppritz 方程全面考虑了纵波入射，在水平界面上下产生的纵、横波反射和透射波能量之间的关系。针对反射波地震勘探使用主要产生纵波的震源，接收的是反射纵波的情况，Aki 和 Richards（1980）根据 Zoeppritz 方程将纵波反射系数改写为

$$R(\varphi) \approx \frac{1}{2}\left(1-4\frac{v_\mathrm{s}^2}{v_\mathrm{p}^2}\sin^2\varphi\right)\frac{\Delta\rho}{\rho}+\frac{\sec^2\varphi}{2}\frac{\Delta v_\mathrm{p}}{v_\mathrm{p}}-4\frac{v_\mathrm{s}^2}{v_\mathrm{p}^2}\sin^2\varphi\frac{\Delta v_\mathrm{s}}{v_\mathrm{s}} \tag{7-6-2}$$

描述了当入射角 $\varphi<30°$ 时，纵波入射纵波反射情况下，反射系数随入射角的变化。反射系数（R）的大小不仅与反射界面的密度变化（$\Delta\rho$）、纵波变化（Δv_p）和横波变化（Δv_s）有关，还与反射角度（φ）的大小有关。

Shuey（1985）对 Zoeppritz 方程进行简化：

$$R(\varphi) = A + B\sin^2\varphi + C\left(\tan^2\varphi - \sin^2\varphi\right) \tag{7-6-3}$$

其中

$$A = \frac{1}{2}\left[\frac{\Delta v_\mathrm{p}}{v_\mathrm{p}} + \frac{\Delta\rho}{\rho}\right]$$

$$B = \frac{1}{2}\frac{\Delta v_\mathrm{p}}{v_\mathrm{p}} - 4\left[\frac{v_\mathrm{s}}{v_\mathrm{p}}\right]^2\frac{\Delta v_\mathrm{s}}{v_\mathrm{s}} - 2\left[\frac{v_\mathrm{s}}{v_\mathrm{p}}\right]^2\frac{\Delta\rho}{\rho}$$

$$C = \frac{1}{2}\frac{\Delta v_\mathrm{p}}{v_\mathrm{p}}$$

式中　A——只依赖于反射界面本身的纵波速度和密度的变化，相当于零入射角的反射系数，即截距；

B——受纵波速度、横波速度及密度的同时影响，是振幅随入射角变化而变化最大的一项，即梯度；

C——当 $\varphi<30°$ 时，对反射系数的影响很小。

截距 A 和梯度 B 即是常用的 AVO 属性。

Fatti Jan 等（1994）将 Aki-Richards 方程重新整理，得到

$$R(\varphi)=\left(1+\tan^2\varphi\right)\frac{\Delta I_\mathrm{p}}{2I_\mathrm{p}}+\left(-8K\sin^2\varphi\right)\frac{\Delta I_\mathrm{s}}{2I_\mathrm{s}}+\left(4K\sin^2\varphi-\tan^2\varphi\right)\frac{\Delta\rho}{2\rho} \quad (7-6-4)$$

其中

$$K=v_\mathrm{s}^2/v_\mathrm{p}^2$$

则有

$$\begin{cases} R(\varphi_1)=\left(1+\tan^2\varphi_1\right)\dfrac{\Delta I_\mathrm{p}}{2I_\mathrm{p}}+\left(-8K\sin^2\varphi_1\right)\dfrac{\Delta I_\mathrm{s}}{2I_\mathrm{s}}+\left(4K\sin^2\varphi_1-\tan^2\varphi_1\right)\dfrac{\Delta\rho}{2\rho} \\ R(\varphi_2)=\left(1+\tan^2\varphi_2\right)\dfrac{\Delta I_\mathrm{p}}{2I_\mathrm{p}}+\left(-8K\sin^2\varphi_2\right)\dfrac{\Delta I_\mathrm{s}}{2I_\mathrm{s}}+\left(4K\sin^2\varphi_2-\tan^2\varphi_2\right)\dfrac{\Delta\rho}{2\rho} \\ \vdots \\ R(\varphi_n)=\left(1+\tan^2\varphi_n\right)\dfrac{\Delta I_\mathrm{p}}{2I_\mathrm{p}}+\left(-8K\sin^2\varphi_n\right)\dfrac{\Delta I_\mathrm{s}}{2I_\mathrm{s}}+\left(4K\sin^2\varphi_n-\tan^2\varphi_n\right)\dfrac{\Delta\rho}{2\rho} \end{cases} \quad (7-6-5)$$

只要 $n>3$，输入 $R(\varphi_1)$、$R(\varphi_2)$、…、$R(\varphi_n)$，则可解纵横波波阻抗和密度，即 I_p、I_s 和 ρ。

2. 螺旋道集的保 AVO 优势

由式（7-6-5）可知，输入数据 $R(\varphi_1)$，$R(\varphi_2)$，…，$R(\varphi_n)$ 的准确性直接影响了 I_p、I_s 和 ρ 的解的精度。所以道集的 AVO 保真度和横向 AVO 保真至关重要。

常规三维勘探多采用线束状规则布设的观测系统采集，施工中易受到民用设施及其他地表条件的影响，导致偏移孔径内远、近炮检距及其覆盖次数分布不均。由于目前 Kirchhoff 叠前偏移方法的计算特点，使叠前偏移输出道集（CRP 道集）的能量分布明显受观测系统的炮检距分布均匀度属性的影响，无法满足叠前反演对保幅处理的要求。

针对宽（全）方位数据的 OVT 域偏移技术在 AVO 保真方面具有一定的优势。OVT 向量片内插能最大限度地弥补采集缺陷（图 7-6-1），确保横向 AVO 保真度。一个 OVT 数据体是所有炮检距和方位角相近的地震道的集合，每个面元的覆盖次数均为 1，规避了 Kirchhoff 偏移后能量受覆盖次数影响的问题，保持了单个共成像点道集 AVO 的精度（图 7-6-2）。

高石梯—磨溪地区灯影组碳酸盐岩是川中地区下古生界—震旦系重要的储量上交和产能建设区块，岩石物理建模分析得知含气白云岩具有低泊松比特征。应用常规叠前时间偏移的 CRP 道集进行叠前反演［图 7-6-3（a）］，预测结果与实钻结果差别较大；OVT 偏移的螺旋道集作为反演的输入数据预测结果符合地质认识［图 7-6-3（b）］，与钻井测试结果基本吻合。

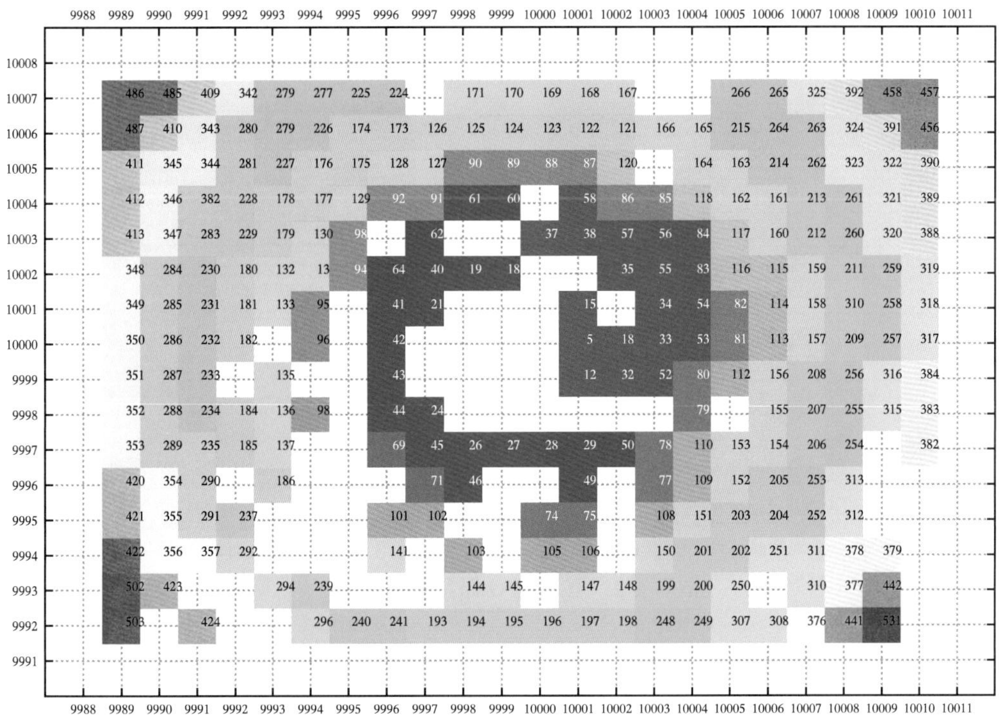

(a)规则化前OVT分布

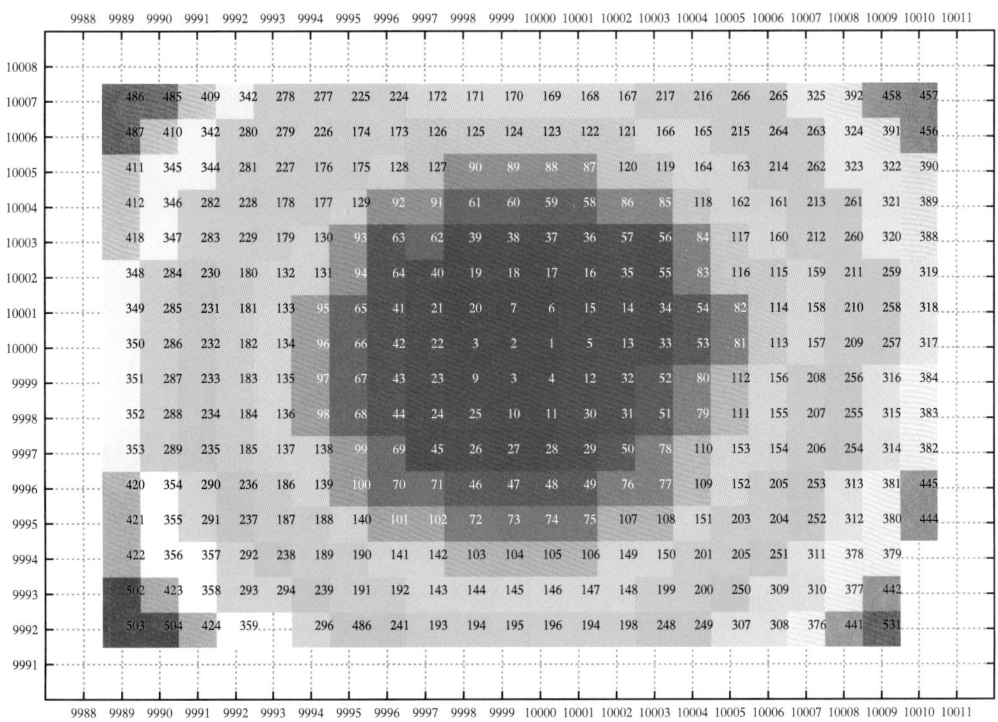

(b)规则化后OVT分布

图 7-6-1　OVT 域数据规则化前后对比图

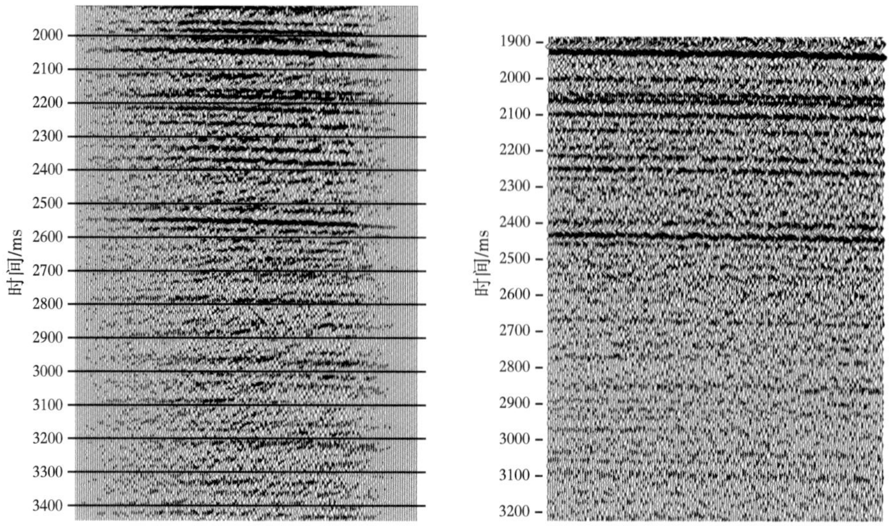

(a)常规叠前时间偏移的CRP道集　　(b)OVT域偏移的螺旋道集

图 7-6-2　道集 AVO 保真度对比图

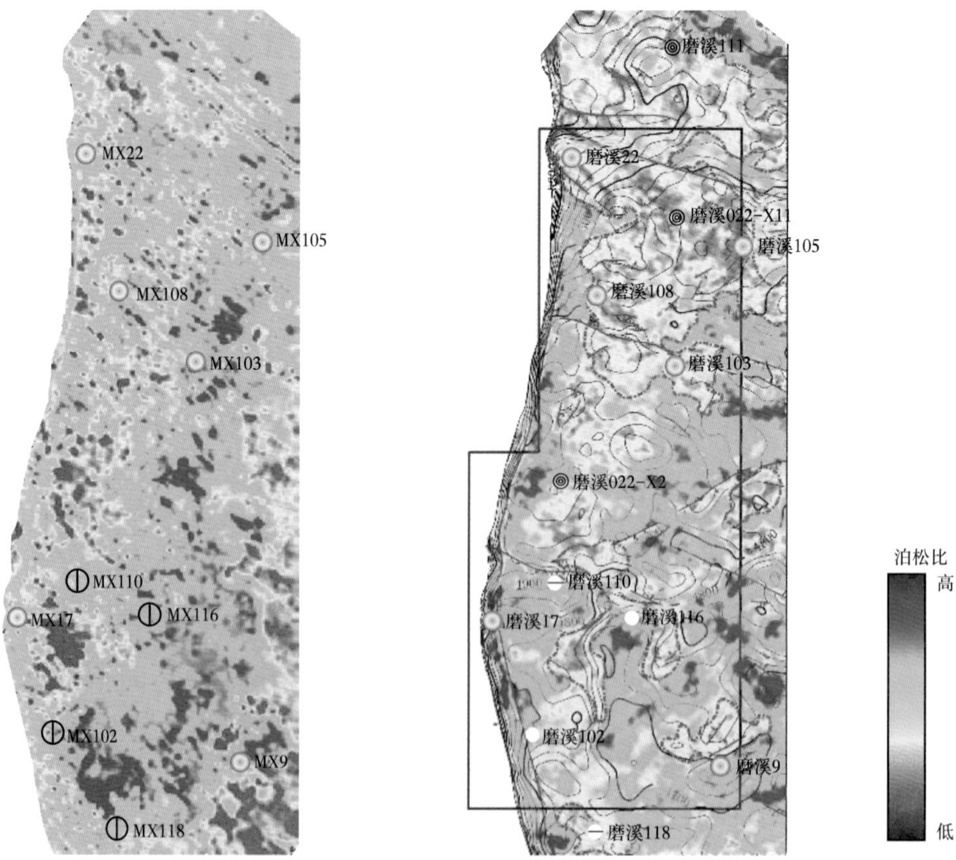

(a)CRP道集反演　　(b)OVG反演

图 7-6-3　灯影组灯四上段储层泊松比平面图

二、低频数据地震反演

地震波阻抗反演的目的是把反映岩石分界面信息的地震反射振幅转化为反映岩性信息的地震波阻抗。由于地震波在传播过程中高频成分被地层吸收和衰减，同时，低频成分一部分没有记录，一部分和面波、直达波等混在一起，在处理时受到压制，因此，用于反演的地震数据主要包含的是中频段信息，缺少低频和高频成分。缺失高频成分只影响分辨率，缺失低频成分则失去了速度曲线基本的趋势。所以，准确恢复波阻抗曲线或作定量解释时，必须补偿好地震数据中缺失的低频信息。在反演中构建准确的低频分量具有重要的意义。

李庆忠（1993）指出：丢掉低频信号拔高高频频带的做法，看似主频提高，实际降低了分辨率，在很多情况下可能得到错误的结果。在低频信息丰富的宽频情况下，可以较好地反应地下砂岩、泥岩的分布情况。图 7-6-4 为一砂、泥岩互层模型，利用不同的频带进行正演模拟，其中 5～135Hz 频带范围由于低频信息丰富，模拟结果与答案基本一致；而 40～160Hz 频带范围，因丢失了低频信号，虽然主频较高，但正演结果表明分辨砂、泥岩的能力降低，在砂岩、泥岩互层发育的情况下可能会得到错误的结果。

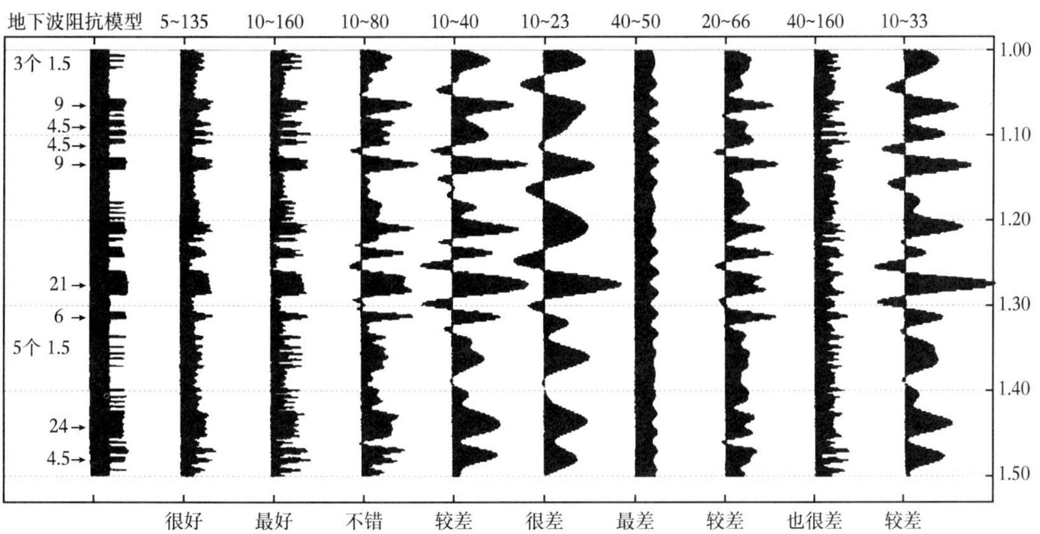

图 7-6-4 不同频带对地下砂、泥岩互层的反映——相对波阻抗对比（据李庆忠，1993）

为了深入研究地震数据中的低频成分在反演中的作用，选用盲井测试的方法对比宽频数据和缺失低频数据反演。测试流程如图 7-6-5 所示。

图 7-6-6（a）是由 6 口已知井的纵波阻抗曲线参与内插得到的初始波阻抗模型的连井剖面。CT-19 井有一高阻抗异常，该异常在小于 8Hz 低频分量［图 7-6-6（b）］和小于 3Hz 低频分量［图 7-6-6（c）］的滤波剖面上都清晰可见。

图 7-6-7（a）为去掉 CT-62 井和 CT-19 井、由 4 口已知井的纵波阻抗曲线参与内插得到的初始波阻抗模型连井剖面。由于 CT-19 井没参与建模，高阻抗异常没有出现在 8Hz 以下的低频分量［图 7-6-7（b）］和 3Hz 以下的低频分量［图 7-6-7（c）］的滤波剖面上。

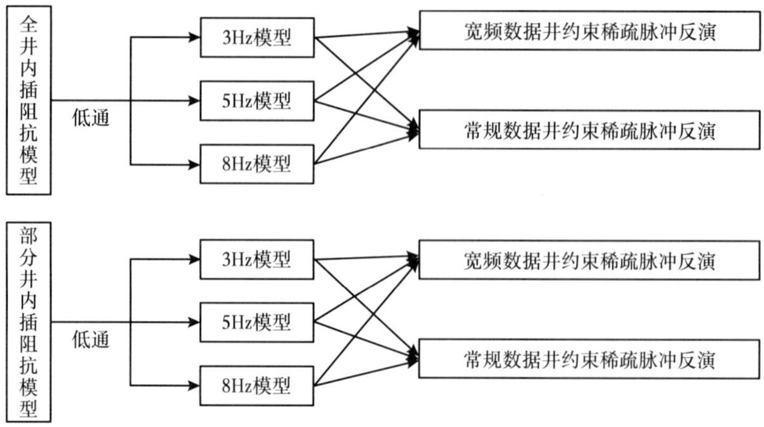

图 7-6-5 低频在反演中的作用研究思路及流程

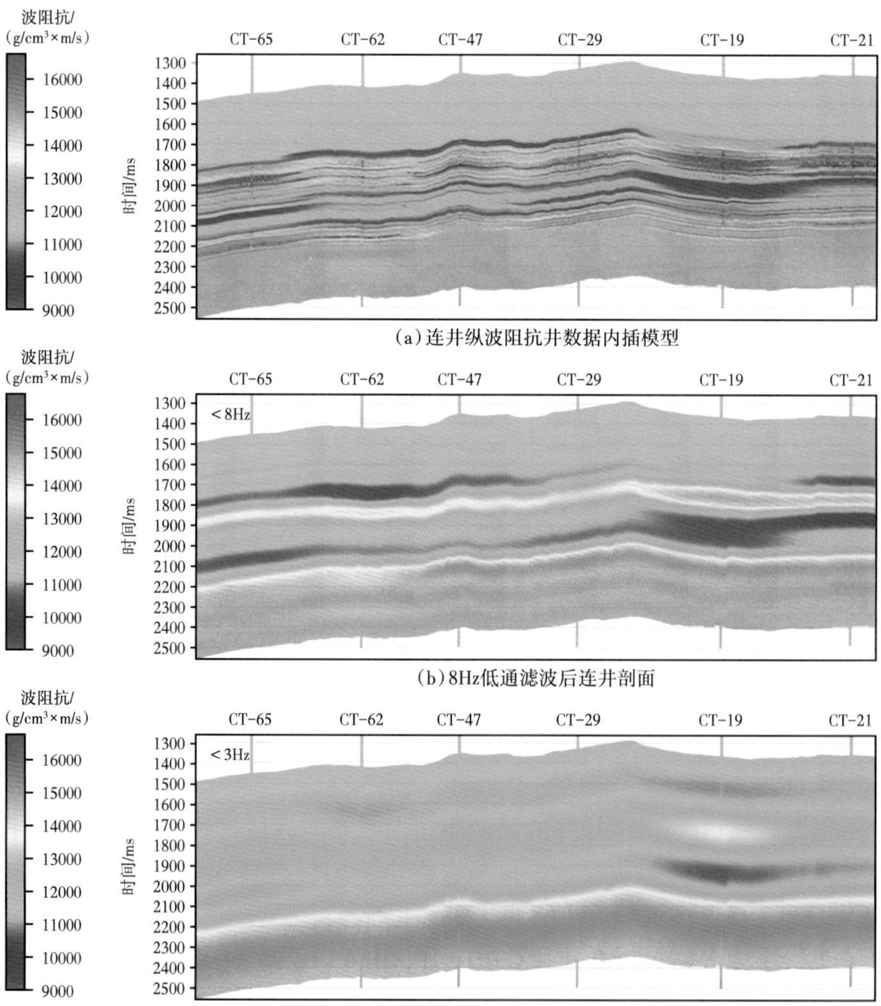

(a)连井纵波阻抗井数据内插模型

(b)8Hz低通滤波后连井剖面

(c)3Hz低通滤波后连井剖面

图 7-6-6 由 6 口已钻井纵波阻抗曲线内插的属性模型

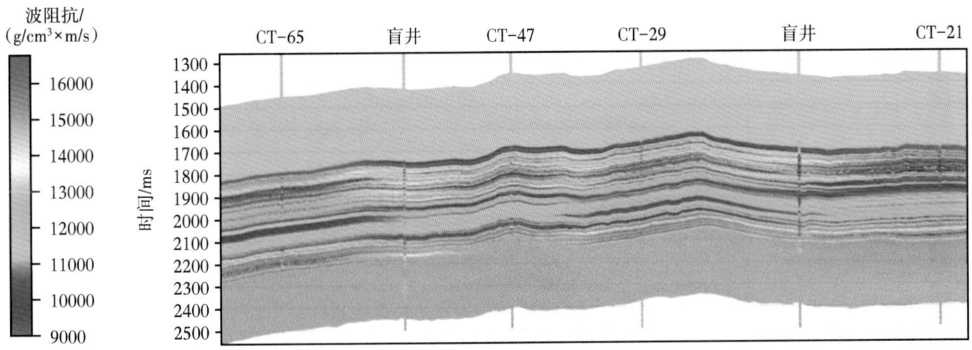

（a）连井纵波波阻抗井数据内插模型

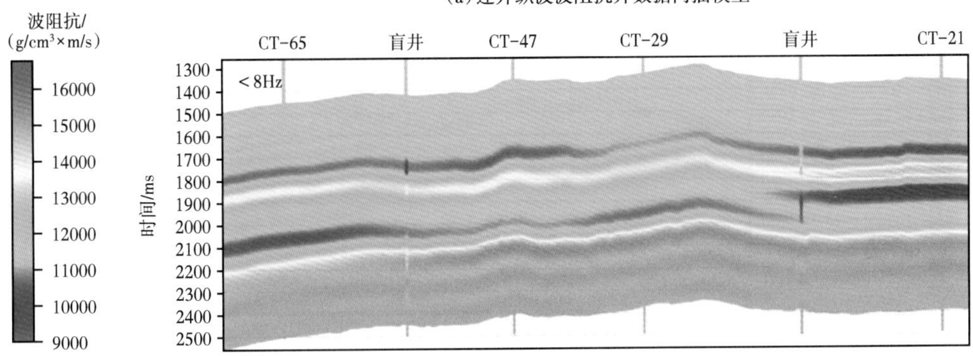

（b）8Hz低通滤波后连井剖面

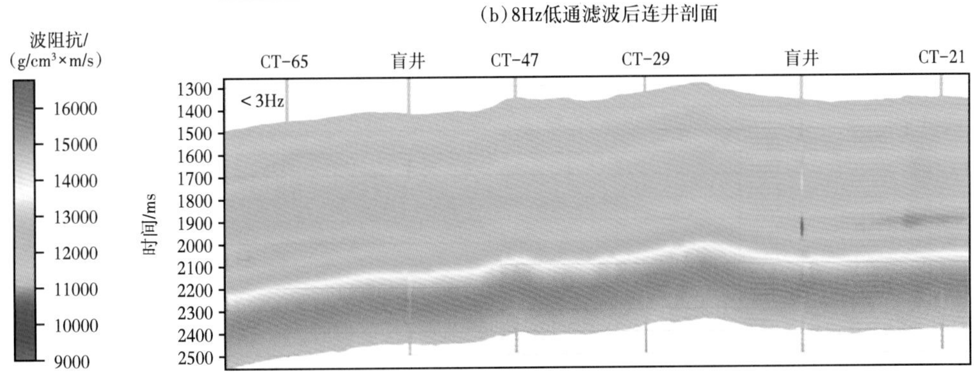

（c）3Hz低通滤波后连井剖面

图 7-6-7 由 4 口已钻井建立的纵波波阻抗曲线内插属性模型（盲井未参与建模）

当参与反演的地震数据频率足够低（3Hz），实钻纵波波阻抗曲线是否参与建模对反演结果影响并不大，图 7-6-8 的反演结果差别并不明显。说明低频数据的保真度高，反演结果不依赖于已钻井，即无论是否有井参与反演，结果变化不大、相对稳定。

当把地震数据的 8Hz 以下频率分量切除后，低频模型对反演结果的影响增大，CT-19 井参与建模［图 7-6-9（a）］与未参与建模［图 7-6-9（b）］，反演结果差别较大，从平面图上看两者在 CT-19 井处的差别更为明显（图 7-6-10）；当地震资料低频信息达到 3Hz 时，在反演平面图上，CT-19 井处的差异基本消失（图 7-6-11）。这个反演试验进一步说明，当地震数据低频缺失时，反演结果更依赖于参与井，对于少井区和无井区，反演结果精度不高。

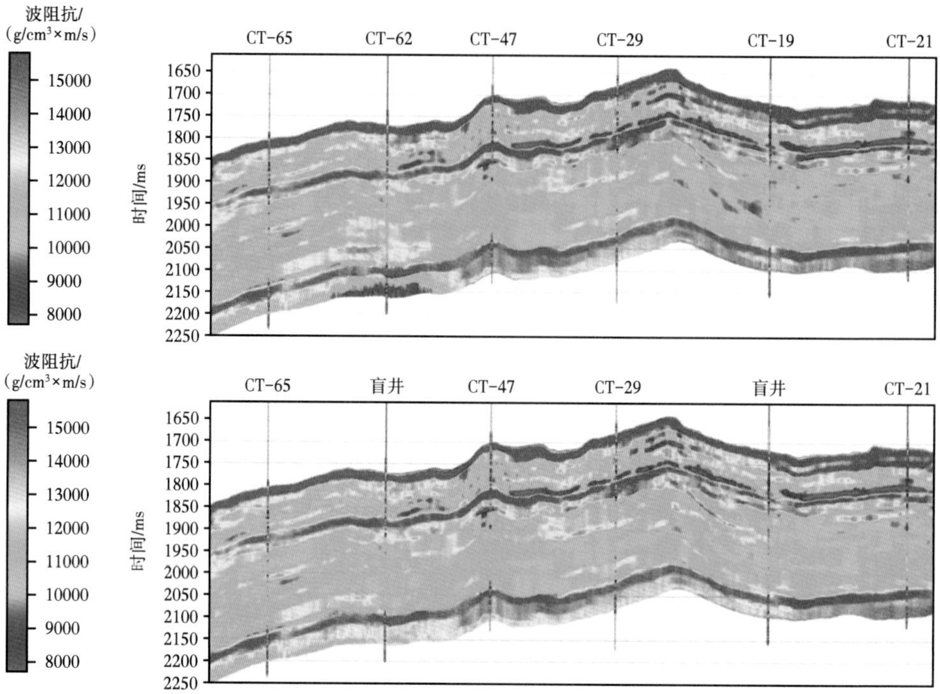

图 7-6-8　使用低频至 3HZ 的地震数据的纵波阻抗剖面
（上图为 6 口井都参与建模；下图为 4 口井参与建模）

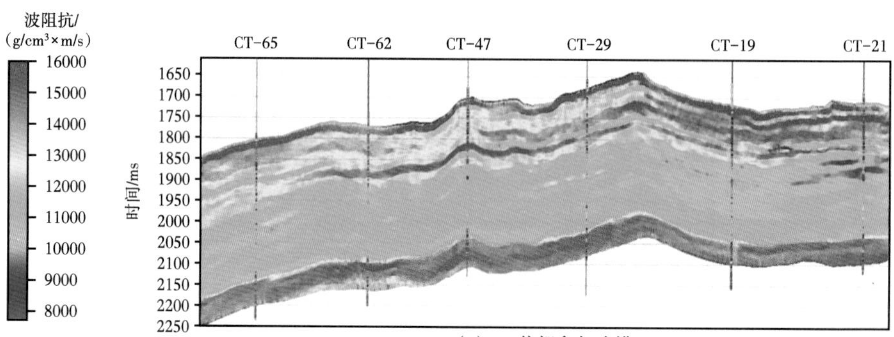

(a)6口井都参与建模

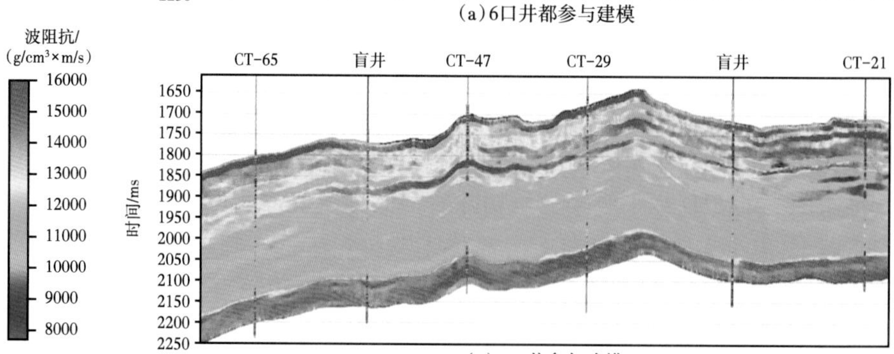

(b)4口井参与建模

图 7-6-9　使用低频至 8Hz 的地震数据反演的纵波波阻抗剖面

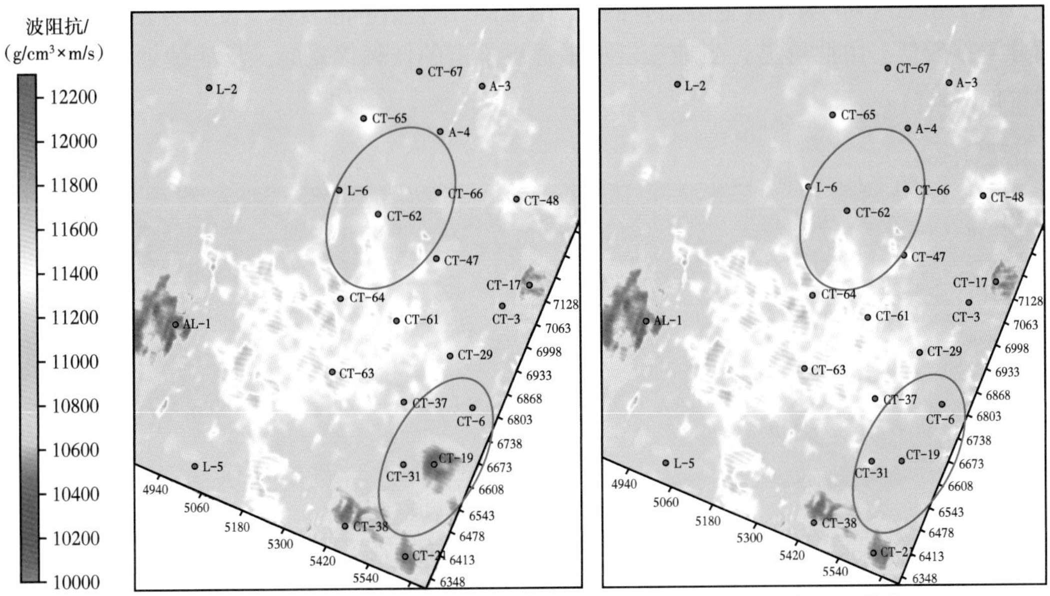

(a) 低于8Hz低频模型　　(b) 高于8Hz模型

图 7-6-10　地震数据反演纵波波阻抗平面图

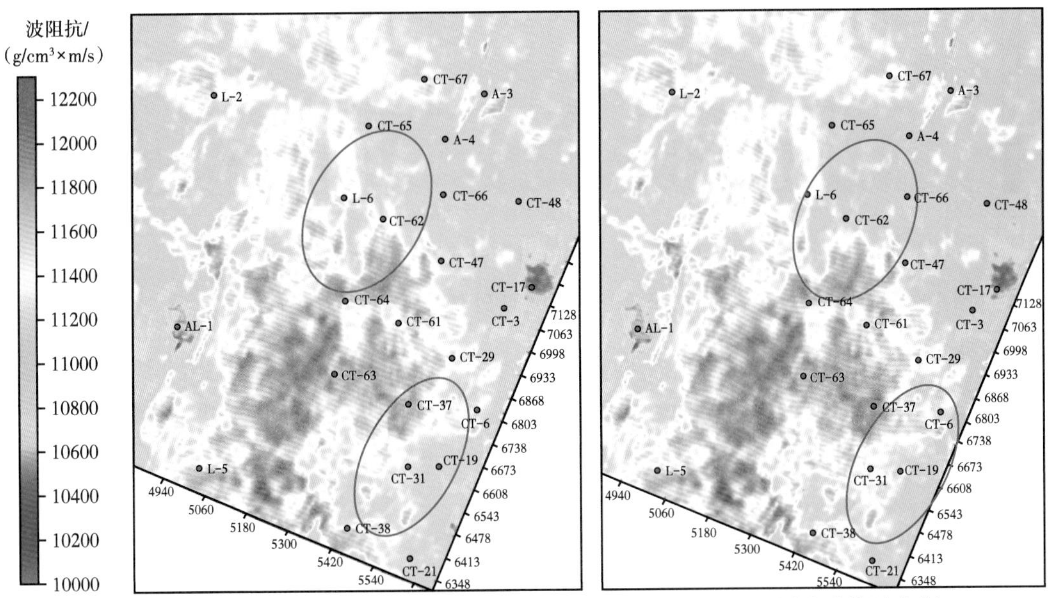

(a) 6口井都参与建模　　(b) 4口井参与建模（有盲井）

图 7-6-11　低频至 3Hz 的地震数据反演的纵波波阻抗平面图

松辽盆地芳 38 地区扶余油层通过开展低频地震反演研究，为水平井轨迹设计和工程导向提供了高精度的参数。

图 7-6-12 为过芳扶 133-55 井、芳扶 124-53 井、芳 126-42 井连井反演剖面对比图，其中图 7-6-12（a）为含有低频信息的反演剖面，纵向分辨率较高，芳扶 133-55 井上钻遇的 9.6m 厚的砂体和芳 124-53 井钻遇的两套 7.1m 厚的砂岩在反演剖面上得到较好的识

别；图 7-6-12（b）为不含低频信息的反演剖面，井上钻遇的砂体均没有明显的响应，剖面分辨率较低。由此可见，当地震资料中含更丰富的低频信息时，反演结果与实钻砂体吻合程度更高。

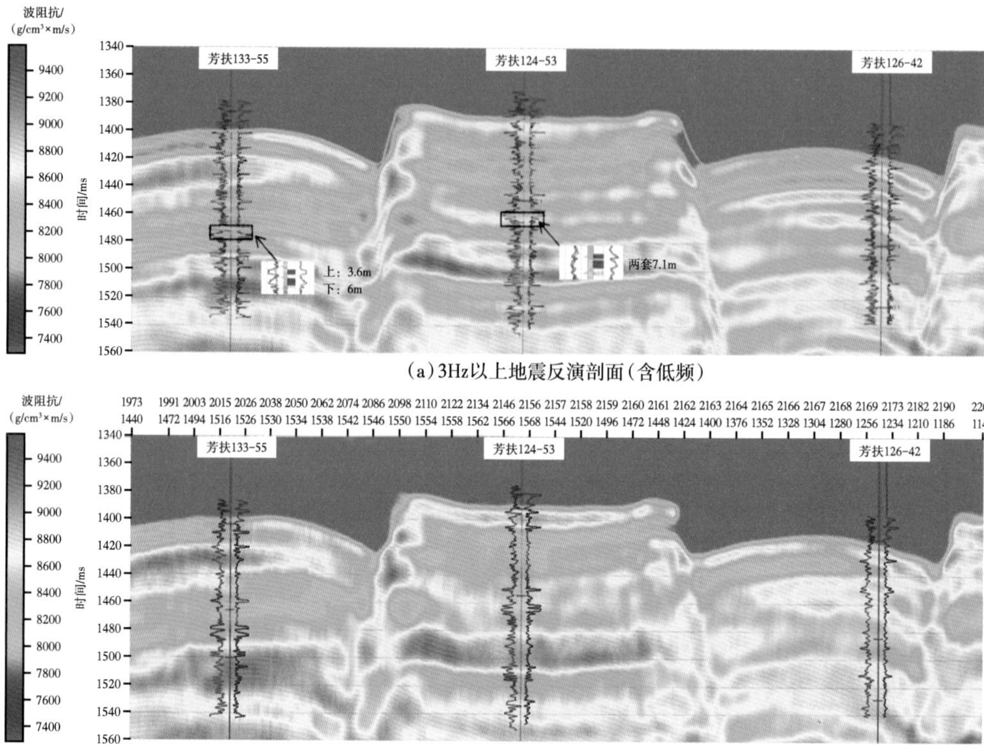

（a）3Hz以上地震反演剖面（含低频）

（b）8Hz以上地震反演剖面（含低频）

图 7-6-12 低通滤波后反演效果剖面对比图

如图 7-6-13 所示，含有低频信息时，预测砂体平面展布的细节更丰富、规律性和层次感更强。

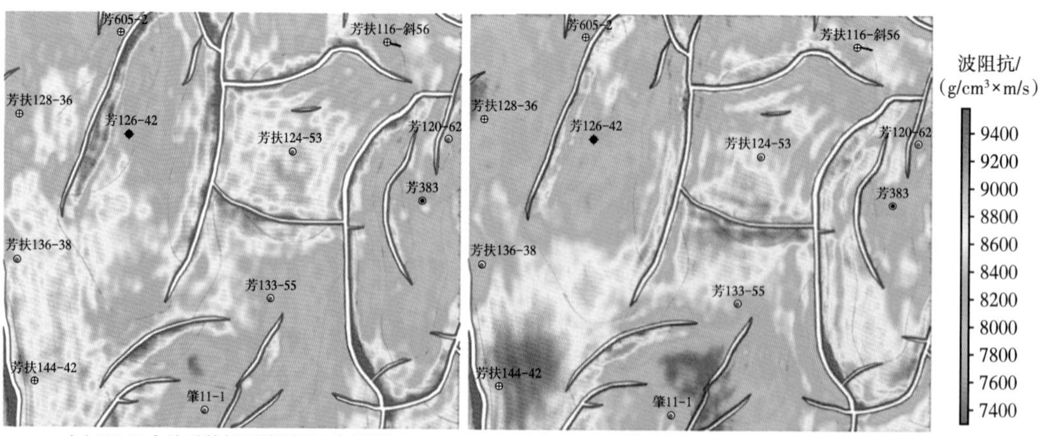

（a）3Hz以上地震数据反演剖面（含低频）　（b）8Hz以上地震数据反演剖面（不含低频）

图 7-6-13 低通滤波前后反演效果平面对比图

该区完钻了多口水平井，下面以芳 38- 平 3 井为例，对“两宽一高”低频反演预测砂体的效果进行进一步检验。

如图 7-6-14（a）所示，在芳扶 124-53 井附近，构造位置为一局部微幅度构造；如图 7-6-14（b）所示，芳扶 124-53 井在 FⅡ2 钻遇 4.8m 厚砂岩，其有效厚度 2.7m；如图 7-6-14（c）所示，水平井段长 713m，砂岩钻遇率为 70.8%，油层钻遇率为 52.3%。

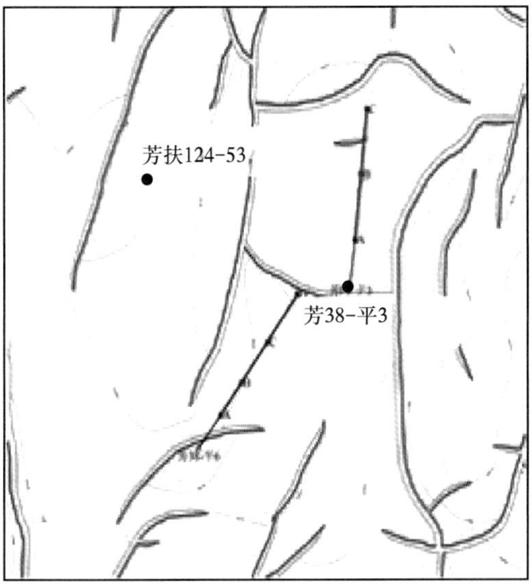

(a)芳38-平3井位置图

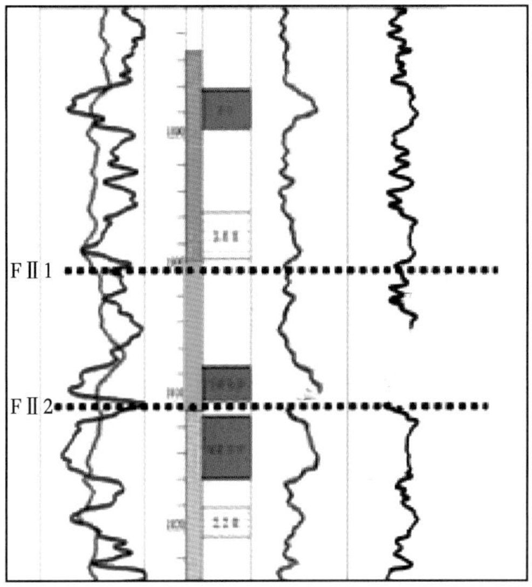

(b)芳124-53测井解释成果图

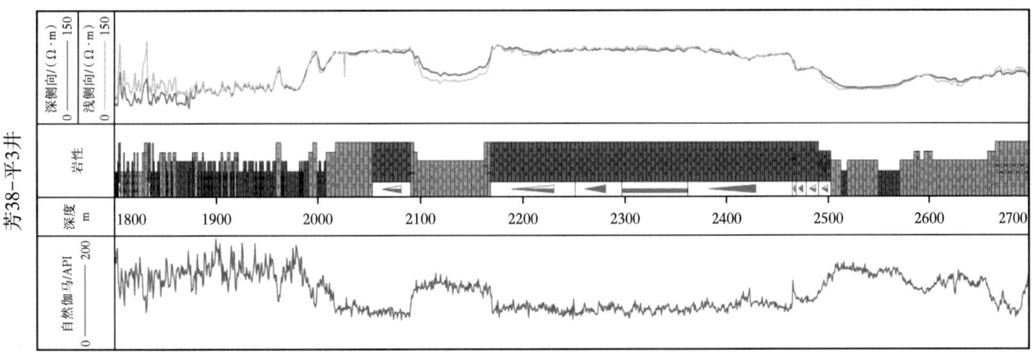

(c)芳38-平3井测井解释图

图 7-6-14 芳 38—平 3 井基本情况

图 7-6-15 为过 124-53 井和芳 38- 平 3 井水平井轨迹方向的新老资料反演剖面对比。图 7-6-15（a）为老资料反演剖面，从芳扶 124-53 井来看，分辨砂体的能力较弱，平 3 井沿井轨迹方向砂体发育情况预测不准确；图 7-6-15（b）为“两宽一高”新资料剖面，芳扶 124-53 井上砂体发育特征得到较好预测，特别是 FⅡ2 小层发育砂体特征较清晰，揭示芳 38—平 3 井钻遇砂体与其为一套连通砂体，且砂体空间分布特征与平 2 井时间钻探效果吻合率较高，达到 90% 以上。

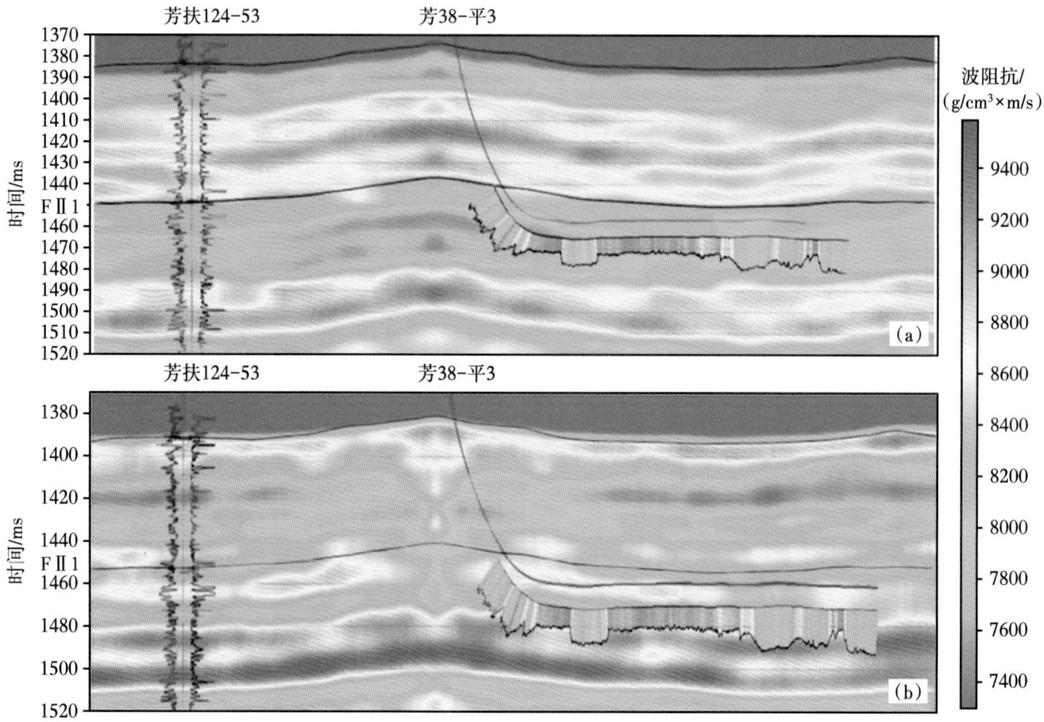

图 7-6-15 新（b）、老（a）资料反演剖面对比图

利用低频反演成果，对比该区完钻的 8 口水平井，基于“两宽一高”地震的低频反演成果预测砂体符合率较常规地震反演结果提升了 15% 左右（表 7-6-1）。

表 7-6-1 芳 38 区块不同反演成果预测砂体符合率统计表

井号	目的层	长度 /m			钻遇率 /%		常规资料反演符合率 /%	低频反演符合率 /%
		水平段	砂岩	含油砂岩	砂岩	油层		
芳 38- 平 3	FⅡ2	713	486	369	68.2	51.8	68	89
芳 38- 平 6	FⅡ2	1044	1011	856	96.8	82.0	85	97
芳 38- 平 7	FⅡ2	480	324	215	67.5	44.8	67	87
芳 38- 平 10	FⅠ6	794	122	104	15.4	13.1	58	79
芳 38- 平 13	FⅠ7	393	192	43	48.9	10.9	64	83
芳 38- 平 11	FⅠ7	769	402	354	52.3	46.0	66	80
芳 38- 平 1	FⅠ7	516	353	93	75.8	20	80	85
芳 38- 平 12	FⅠ5	1056	967	773	91.6	73.2	82	93
平均	—	653	405.2	313.4	62	48	71	86

三、各向异性反演技术应用

在 Thomsen 提出弱各向异性的理论基础上，Ruger（1998）推导了 HTI 的近似反射和透射系数方程。

图 7-6-16 为地震波在反射界面上的传播示意图，图中 x_1 为 HTI 的对称轴，x_2 为裂缝延伸方位，x_3 为垂直坐标轴，φ 为地震波入射角，θ 为地震波水平投影的方位角。

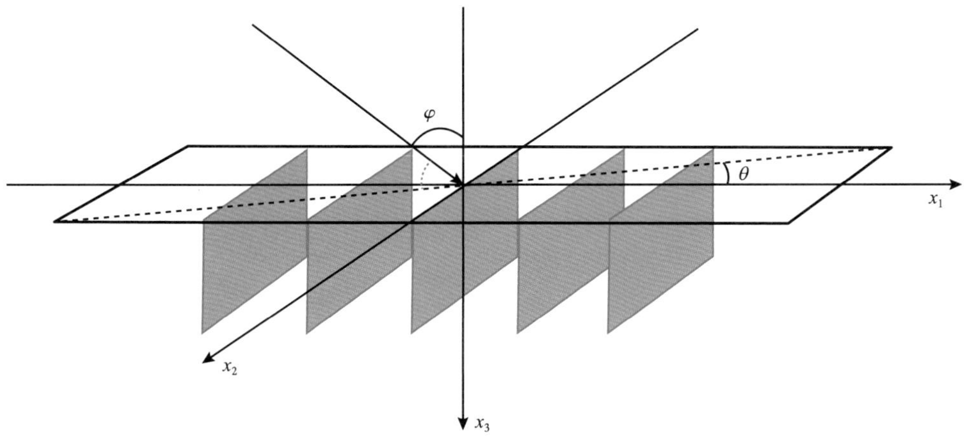

图 7-6-16　入射纵波反射和透射示意图

Ruger 推导出 HTI 的纵波近似反射系数关系式为

$$R_{\mathrm{p}}^{\mathrm{HTI}}(\varphi,\omega)=\frac{1}{2}\frac{\Delta Z_0}{\bar{z}_0}+\frac{1}{2}\left[\frac{\Delta v_{\mathrm{p0}}}{\bar{v}_{\mathrm{p0}}}-4\left(\frac{\bar{v}_{\mathrm{s0}}}{\bar{v}_{\mathrm{p0}}}\right)^2\frac{\Delta G_0}{\bar{G}_0}+\left\{\Delta\delta+8\left(\frac{\bar{v}_{\mathrm{s0}}}{\bar{v}_{\mathrm{p0}}}\right)^2\Delta\gamma\right\}\cos^2(\omega-\theta)\right]\sin^2\varphi+$$
$$\frac{1}{2}\left[\frac{\Delta v_{\mathrm{p0}}}{\bar{v}_{\mathrm{p0}}}+\Delta\varepsilon\cos^4(\omega-\theta)+\Delta\delta\sin^2(\omega-\theta)\cos^2(\omega-\theta)\right]\sin^2\varphi\tan^2\varphi \tag{7-6-6}$$

式中　$\bar{z}_0$、$\bar{G}_0$、$\bar{v}_{\mathrm{p0}}$、$\bar{v}_{\mathrm{s0}}$——HTI 上、下两层的纵波波阻抗平均值、横波波阻抗平均值、纵波速度平均值及横波速度平均值；

$\Delta\delta$、$\Delta\varepsilon$、$\Delta\gamma$——上、下两层各向异性参数差值，与裂缝密度和缝隙充填流体有关；

φ、ω 和 θ——入射角、方位角和各向异性主轴方位角。

各向异性主轴方位角与裂缝的发育方向有关。

根据 Thomsen 弱各向异性近似，将均匀各向同性介质的反射系数描述为 HTI 的各向同性背景，将各向异性参数 δ，ε 和 γ 看成各向异性扰动。基于 HTI 模型应用无约束的快速傅里叶变换技术求取每个数据点不同方位的各向异性强度及各向异性的方向。

再把 Thomsen 三参数取近似处理，得到

$$\varepsilon_\gamma=\varepsilon+1-\bar{\varepsilon};\ \delta_\gamma=\delta+1-\bar{\delta};\ \gamma_\gamma=\gamma+1-\bar{\gamma} \tag{7-6-7}$$

即可推导出

$$v_{\mathrm{p}}' = \delta_{\gamma}^{\cos^2(\omega-\theta)} \left(\varepsilon_{\gamma} / \delta_{\gamma}\right)^{\cos^4(\omega-\theta)} v_{\mathrm{p}} \tag{7-6-8}$$

$$v_{\mathrm{s}}' = \left(\sqrt{\delta_{\gamma}} / r_{\gamma}\right)^{\cos^2(\omega-\theta)} \left(\varepsilon_{\gamma} / \delta_{\gamma}\right)^{\frac{4K+1}{8K}\cos^4(\omega-\theta)} v_{\mathrm{s}} \tag{7-6-9}$$

其中

$$K=(v_{\mathrm{s}}/v_{\mathrm{p}})^2$$

在此基础上，基于 HTI 模型应用无约束的快速傅里叶变化技术求取每个数据点的不同方位的振幅信息，最终获取的结果即为各向异性强度及各向异性的方向，即

$$\lg\left(\frac{v_{\mathrm{p}}}{v_{\mathrm{s}}}\right)' = b_0 + b_1\cos[2(\omega-\theta)] + b_2\cos[4(\omega-\theta)] \tag{7-6-10}$$

式中 b_0——各项同性背景；

b_1——各向异性强度；

b_2——高阶各向异性。

各向异性反演方法工作量比较大。由式（7-6-10）可知，输入 4 个以上分角度的 $v_{\mathrm{p}}/v_{\mathrm{s}}$，可解 b_0、b_1、和 b_2，一般要求大于 6 个方位。$v_{\mathrm{p}}/v_{\mathrm{s}}$ 是通过叠前反演实现的，故至少需 18 个部分反射角部分入射角叠加数据做为输入数据（表 7-6-2）。首先对每个方位进行叠前反演，得到方位 $v_{\mathrm{p}}/v_{\mathrm{s}}$；由 6 个以上的 $v_{\mathrm{p}}/v_{\mathrm{s}}$ 估算各向异性主轴方位 θ（图 7-6-17），图中颜色表示裂缝发育强度，箭头表示裂缝方位；进一步解超定方程，计算 b_0、b_1、b_2。图 7-6-18 为束鹿凹陷中洼方位各向异性强度（b_1）预测结果平面图，研究区斜坡外带以砾岩体发育为主，斜坡中内带及盆地中心则以泥灰岩为主，其中砾岩储集空间以溶孔、晶间孔为主，泥灰岩储集空间以层间缝、压溶缝、构造缝为主。图中暖色（枚红色）表示各向异性强度大，冷色（蓝色）表示各向异性强度小，可以看出裂缝主要是环洼槽展布。

表 7-6-2 各向异性反演输入输出流程

分方位	输入					叠前反演输出
	反射角 1	…	反射角 3	…	反射角 n	—
方位 1	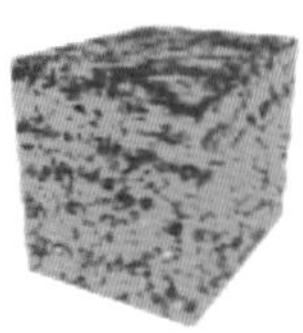	…	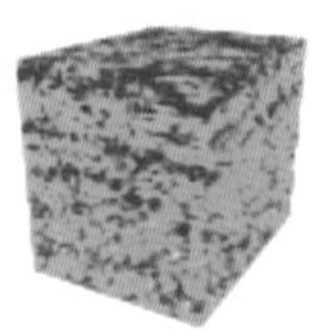	…	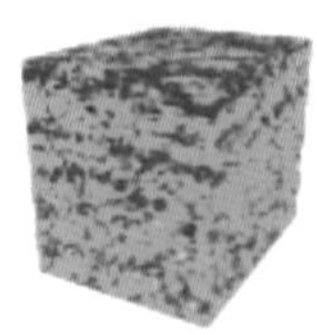	$\left(\frac{v_{\mathrm{p}}}{v_{\mathrm{s}}}\right)_{\omega_1}$
⋮	⋮	⋮	⋮	⋮	⋮	⋮

续表

分方位	输入					叠前反演输出
	反射角 1	…	反射角 3	…	反射角 n	—
方位 6	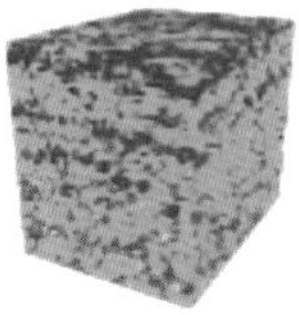	…	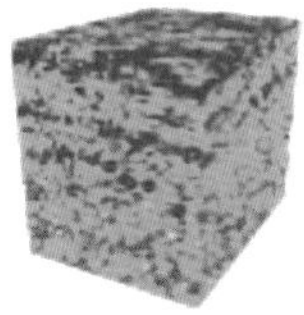	…	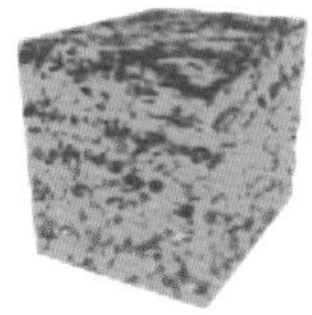	$\left(\frac{v_p}{v_s}\right)_{\omega_6}$
⋮	⋮	⋮	⋮	⋮	⋮	⋮
方位 n	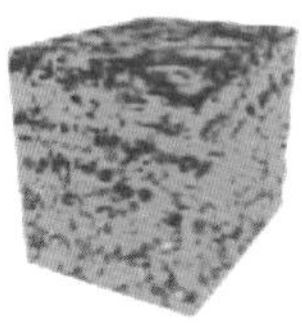	…	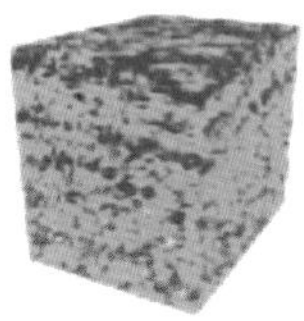	…	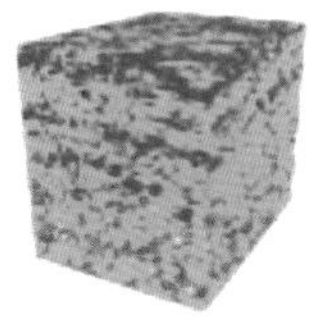	$\left(\frac{v_p}{v_s}\right)_{\omega_n}$
各向异性反演输出						θ、b_0、b_1、b_2

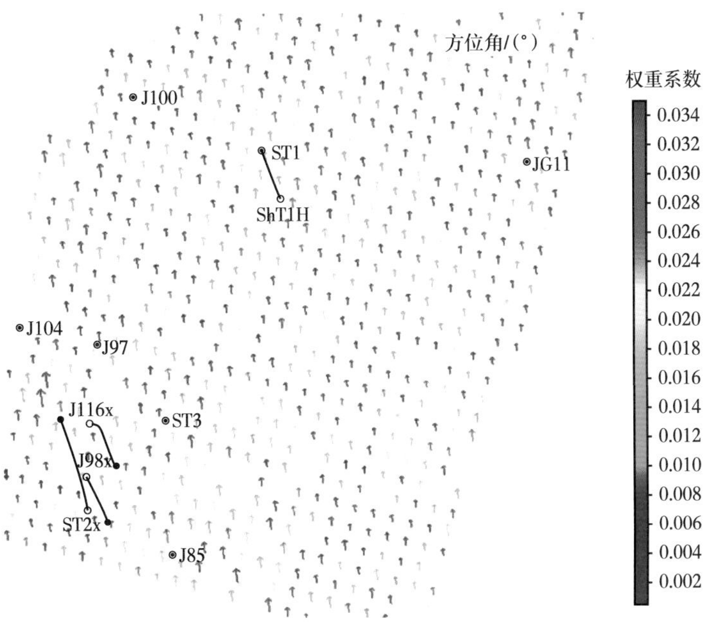

图 7-6-17 各向异性主轴方位 ϕ

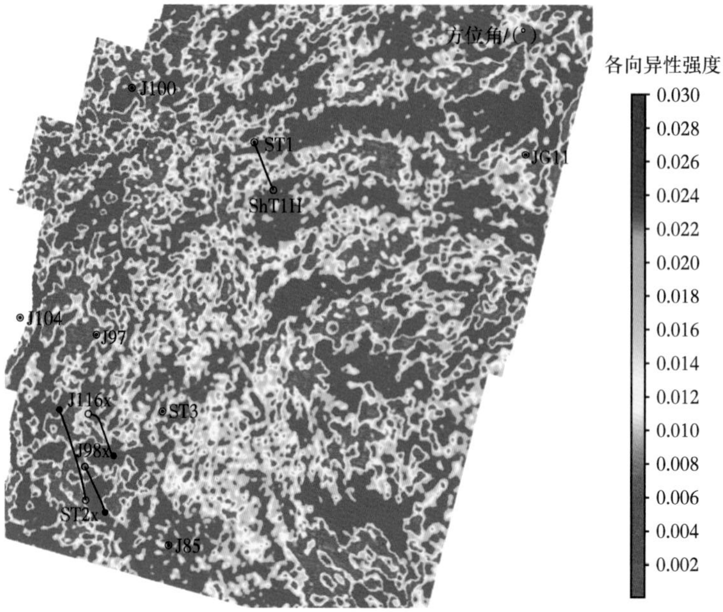

图 7-6-18　各向异性强度平面图

第八章　石油物探重大装备与软件技术

石油物探重大装备与软件技术是油气勘探重要工具和手段。东方物探通过十几年的科研攻关，自主研制了一系列的地震勘探装备、技术及重大软件，包括EV-56高精度可控震源、G3iHD高精度大道数地震仪器、eSeis节点地震采集系统、KLSeisII地震采集工程软件系统及GeoEast处理解释一体化软件系统等，这些装备技术及系列软件在当今地震勘探市场上形成了核心竞争能力，满足了国内外油气藏精细勘探开发的需要。本章主要介绍宽方位宽频高密度地震勘探技术的重大装备和软件技术。

第一节　EV-56高精度可控震源

一、地震勘探对高精度可控震源的挑战

地球物理勘探技术是目前寻找地下地质目标的一种有效的科学研究手段。早期地震勘探采用的主动震源激发技术主要是使用炸药震源，但随着社会的发展与科技的进步，炸药震源在应用中的一些弊端逐渐显露出来。

可控震源技术源于20世纪50年代，1975年开始进入大规模工业化生产，初步解决了地震作业中如何实现低公害、高效、安全环保作业的难题。但是，由于可控震源采用连续信号激发与炸药震源采用脉冲信号激发在信号特征上的显著区别，如何提高可控震源的激发信号频宽与改善地震激发信号的信噪比，一直是全球业界技术人员努力攻克的难题之一。

可控震源的激发能量从早期16×10^3lb级逐步发展到51×10^3lb级；随着60×10^3lb级的大吨位可控震源的出现，地球物理工作者认识到提高激发信号能量的重要性，于是在生产应用中出现了多达8～10台的60×10^3lb级震源的强组合激发方式；很快超过80×10^3lb级的超大吨位的震源也横空出世。然而，实际应用效果却并未朝期望的方向发展。原本寄希望于大吨位震源能够提高信噪比、实现高分辨率地震勘探效果，却发现大吨位震源在激发高频信号时反而缺失高频能量；更糟的是这种超大吨位的震源在性价比上出现了严重失配，表现为在复杂地区的应用灵活性受到极大限制，在运输过程中受到超重限制。此时低频震源的研究和市场逐渐受到关注，曾一度被错误地认为大吨位震源在低频激发中有较大的优势。

很长一段时间，有相当多的学者一度认为提高地震资料分辨率必须依靠高频地震信息，所以提高高频成分成为地震数据采集的努力方向，甚至在地震数据采集中一度使用只接收高频信号、自然频率为60Hz的地震检波器。实际采集过程中还面临另一个问题，不使用震检组合就无法提高接收信号的信噪比，而使用震检组合就会压制高频信号的接收。随着叠前偏移处理技术概念的明晰，基于叠前偏移概念的观测系统设计深入人心，业

内人士逐渐意识到，相对于提高激发能量，提高偏移孔径内的炮检对密度对改善地震资料品质更重要；不应该单纯追求可控震源的激发能级，而是应该在改善可控震源的激发信噪比及激发信号的频带宽度上多放些精力，以期提高地震信号对地质目标的分辨能力。

地震波阻抗反演是高分辨率地震资料处理的最终表达方式。因此，提高反演的精度才是最终的目标。早期地震反演的方法主要依靠井约束，井中提取的低频信息与地震信息相融合可降低地震资料解释的多解性，其核心就是补充低频地震信息。所以，如何得到丰富的低频有效信息成为地震采集的关键，也是当今最具挑战性的科学问题之一。

当前，国内外待开发油气资源主要集中于深层、低渗、海洋和非常规油气藏等，而“深、低、非”油气藏的精细勘探开发需要完善相应的装备、技术和软件。通过研究发现，地震信号中的低频成分有利于改善地震资料品质、提升勘探精度；高频成分可提高信号的中心频率和分辨率。要想实现宽频地震勘探，首先需要稳定、可靠的宽频地震信号激发源，而现有的国内外典型的可控震源实际可用激发频带多在6～100Hz之间，无法实现真正的宽频地震信号激发。因此，想要实现稳定的工业化宽频地震信号激发解决长期困扰地球物理勘探的难题，就必须研制一款可实现稳定宽频信号激发的大吨位宽频可控震源。

1. 高精度模型控制技术及其需求

高精度可控震源蕴含着高精度模型控制技术。可控震源激发信号的畸变水平与激发能级有关，而激发信号的品质也与激发信号的畸变水平有关。随着激发能量的增加，激发源输出信号的畸变水平也随之增加。因此，如何控制输出信号的畸变成为可控震源设计的难题，也是后期应用可控震源地震资料提高复杂区地震成像的主要研究方向。

为解决这一问题，2003年启动了“低畸变KZ-28型大吨位可控震源”重点科研项目，从制约可控震源输出信号频宽的瓶颈问题出发，先后研发设计了降低重力影响的横置伺服阀、降低震动器对激发介质影响的等张力平板提升机构、降低震动机构晃动的低重心振动器结构、提高或改善与地面耦合效果的四导柱压载结构及改善矩形板边角干涉的圆角平板。通过这些综合技术手段来调整振动信号在激发过程中的约束条件，使振动器在激发信号上的输出畸变水平不断得到改善。

随着可控震源激发信号频宽的不断拓展，输出信号的畸变问题已经影响到对信号质量的评价。在高、低频段仍然存在畸变的非线性因素，可控震源激发信号超过120Hz或低频低于6Hz时，可控震源机械系统非线性因素导致的畸变极大地制约了地震勘探信号激发频带的应用。

为此，根据可控震源在激发信号过程中的运动学模型和近地表的土壤动力学模型，采用变阻尼的方式降低低频固有频率对激发信号低频端的扰动影响。这种方法提高了低频地震信号激发过程中的稳定性，明显改善了低频地震信号的有效成分。EV-56高精度可控震源实现了从低频（1.5Hz）到高频（160Hz）地震扫描信号的线性化（图8-1-1）。

低频可控震源的成功研发和量产是40多年来现代可控震源技术发展里程碑式的标志。在随后的一段应用时间里，低频信号对深部目标体成像效果的改善（图8-1-2）得到了业界人士的极大认可。但是这种改善还只是一种伴生效应，不是低频技术追求的终极目标。

图 8-1-1 EV-56 高精度可控震源

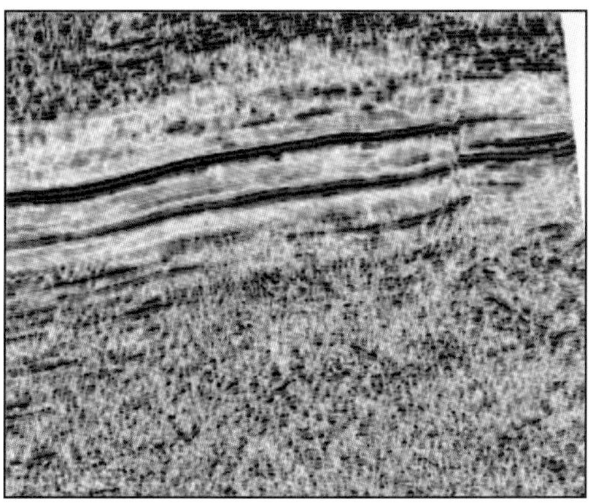

(a)炸药激发

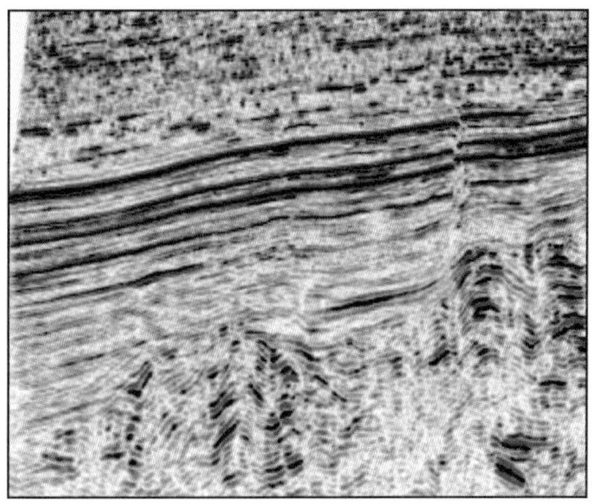

(b)低频可控震源激发

图 8-1-2 国内西部沙漠腹地深部成像效果对比图

1）地球物理技术发展对信号的要求

现代地球物理勘探技术实际上是通过对地下各种反射信息的检测、接收、处理与辨识，提供地质构造与岩性信息的科学手段。有源主动激发地震信号的方法是这种技术的基础，而对信号的综合激发、接收、处理和解释的水平则代表解决复杂地质问题的能力。传统的反射地震学获得的数据无法直接解决油气勘探问题，需要结合地质知识与地质家的经验。低频伴影现象的发现及应用低频进行流体检测技术的出现，证实了低频现象与油气的聚集存在关联。

2）地震反演及深部探测对低频的需求

2009 年，东方物探在内蒙古利用自主研发的第 1 代低频可控震源 LFV1 与荷兰皇家壳牌（SHELL）公司合作开展了低频地震数据采集试验，这是低频可控震源地震技术在全球首次大规模的工业化应用，其地质应用效果令人鼓舞。在地震反演处理中使用 1.5～4Hz 低频信号开展了一系列测试，结果表明，与常规反演的低频模型相比，低频地震绝对波阻抗数据的低频构成部分发生了结构性变化（图 8-1-3）。其 1.5～10Hz 采用采集到的地震低频信息，极低频（小于 1.5Hz）部分采用测井模型，合成的低频模型更加接近真实地下岩性体分布情况，空间分辨率得到很大提高。低频地震数据的融入降低了反演对井资料的依赖度、提高了地震反演的精度、降低了多解性。地震低频信息在地震反演中为改善速度模型的精度与反演效率发挥了决定性的作用，SHELL 公司反演专家 René-EdouardPlessix 总结说：“1.5Hz 信息对反演速度模型的精度具有决定性意义”。

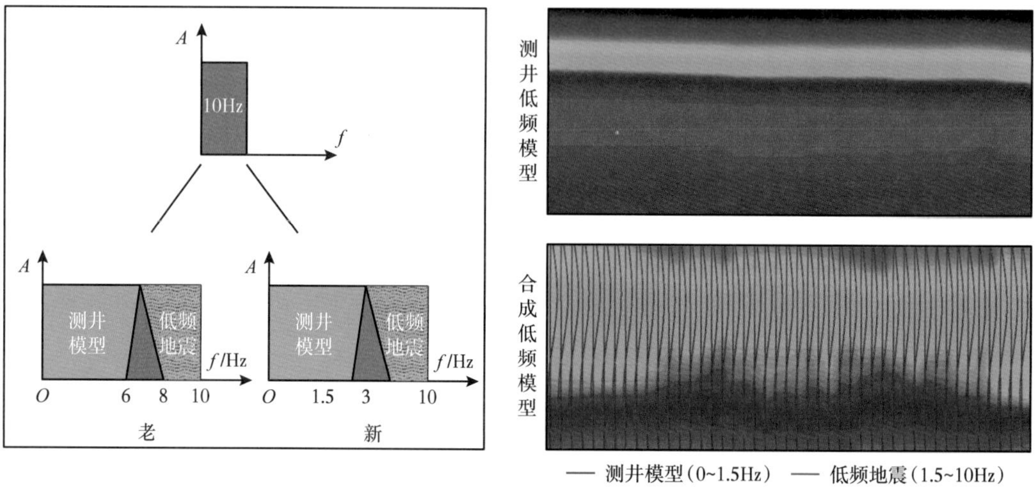

图 8-1-3 测井插值低频与地震低频模型对比图

2015 年，中国科学院陈颙院士主持的长江计划项目的先导试验采用了低频可控震源，在郯庐大断裂附近开展了对莫霍面（-42km）的研究，取得了满意的效果。

因此，有效的低频信息是地球物理研究工作的基础，也是宽频概念的基础。缺乏低频有效信号，就没有足够宽频带（5 个倍频程以上）的有效接收信息，也就不可能实现油公司所期待的地质效果。

3）高精度探测对信号精度与频宽的需求

如何提高地震信号的精度一直是困扰工程人员的难题，究竟有哪些因素影响了地震信号的精度是人们一直争论不休的话题。应用地震技术实现对目标的探测与信号的精度和频带宽度有直接关系。激发信号的精度越高，越有利于接收到信号的保真度，或者说二者之间的相似度（相关性）越高，对弱信号的识别能力就越强；频带越宽，子波的分辨能力就越高；低频信息越丰富，地震反演的准确性就越高。理论上，这些都有助于提高对地震数据的处理与解释精度。提高地震探测信号的精度，更多的是要减少信号在传递过程中的频率和能量的损失。

4）浅层探测对低频的需求

浅层探测对高频信号的需求是众所周知的，合理解决高频信号的信噪比问题是扩展高频、满足浅层探测应用的关键。但是，浅层探测不可忽视低频的作用，往往浅表层会覆盖一些高速（夹）层，如溢流相火山岩或膏岩，如果没有低频信号，很难得到好的下覆地层目标成像效果（图 8-1-4）。低频是宽频的基础，稳定的低频才能保证复杂目标的正确成像。高精度可控震源在低频的稳定性与宽频两个重要指标上具有突出的优势，使得历年来在浅表层为火成岩地区采用各种激发、观测手段均难以见效的难题得到攻克。

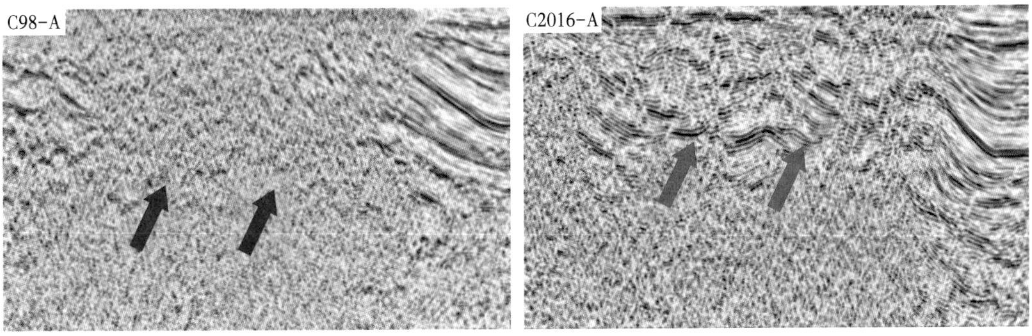

(a) 传统震源采集资料　　(b) 高精度震源采集资料

图 8-1-4　不同震源在浅表层火成岩对下覆目标的成像对比图

2. 地震信号激发技术面临的挑战

1）低频拓展瓶颈

未来低频能扩展到什么程度及其经济技术性价比如何做到最优，是地震信号激发技术面临的挑战之一。

低频可控震源定义的低频体现在三个方面：（1）全流量下的低频；（2）使用线性函数实现的低频信号；（3）地面或井下可直接探测的有效信息，而不是设计信号。

在一些低频地震技术应用失误的项目中，普遍反映地震数据（体）中的有效低频信息表现为时有时无的现象。从低频定义的角度分析，这些地震采集项目对低频的应用存在投机性，可能这些低频信息的能量在激发设计时含有太多的非线性因素并引发较大的输出信号畸变。常规可控震源的系统结构对低频的响应较差或大地对激发类似的低频信号几乎无响应，后期质量控制又看不到最关键的 0～0.5s 的监控数据，造成应用效果出现时灵时不灵的问题。

目前看来，可控震源的线性低频激发能做到 1.5Hz 是个挑战，也是个“坎”（门槛），这是由现代可控震源的系统结构决定的。研发团队在研究低频信号的激发与检测中做过更深入的探索，发现深入研究下去的成本非常高，可能无法令应用层面接受。

2）高频扩展瓶颈

前期研究发现，当 3Hz 低频确定后，高频一度掉到 80Hz 才能实现稳定。目前的研究成果可以实现高频稳定在 140Hz，更高频率的扩展研究还在进行中，难度与挑战相当大。

3）信号精度瓶颈

高精度可控震源须要具备高精度的地震信号源和宽频（6 个倍频程的信号能力），前者指信号的品质，后者指信号的频宽。影响地震激发信号精度的瓶颈仍然在于对信号品质的提升—降低信号在传输过程中的信号频宽、信号能量的沿程损失与频率及相位的沿程畸变。

通过对可控震源结构的重构使其信号品质实现了历史性的突破：输出信号畸变水平平均降低了10%；拓展频宽得到了极大改进，有效频宽达到1.5～160Hz。

4）信号辨识度瓶颈

信号辨识度瓶颈也是信噪比、相似度与处理方法的关联性问题。可控震源产生的信号与地震信号中的其他主要信号相比，输出与检测到的信号相似度较高。在之前的应用中，可控震源的能量可采用多台同步组合与垂直叠加技术来增加下传信号的能量。但是，可控震源激发的地震信号存在信噪比不高的致命问题，因此，可控震源信号的辨识度不高。换言之，受可控震源信号辨识度的影响，或受当前地震信号信噪分离处理技术的限制，可控震源信号在解决深部地质目标成像的过程中会受到极大的制约，这也是未来深部地震勘探在是否采用低频可控震源技术的难题所在。相比之下，有些设备的发射功率虽然非常小（mW至W级），但可接收的距离却非常远（≥100km）。这里面就涉及信号编码与信号处理方法上的不同，也是未来研究的工作重点。

5）激发能量瓶颈

制约可控震源激发能量的瓶颈是多方面形成的综合结果。可控震源的应用不断要求激发能量的提高，原因在于：（1）处理技术未能满足对类似可控震源相关信号的处理要求；（2）资源不够导致无法实现成像需要的观测方式设计，只能用提高激发能量的方式来弥补，而这种空间采样不足，恰恰是弥补不了的；（3）由于对相关技术缺乏信心，企图用一些极限参数做弥补。实际上，震源组合是最不利于信号带宽的能量强化方法，也是最易带来混波效应的方法（图8-1-5）。

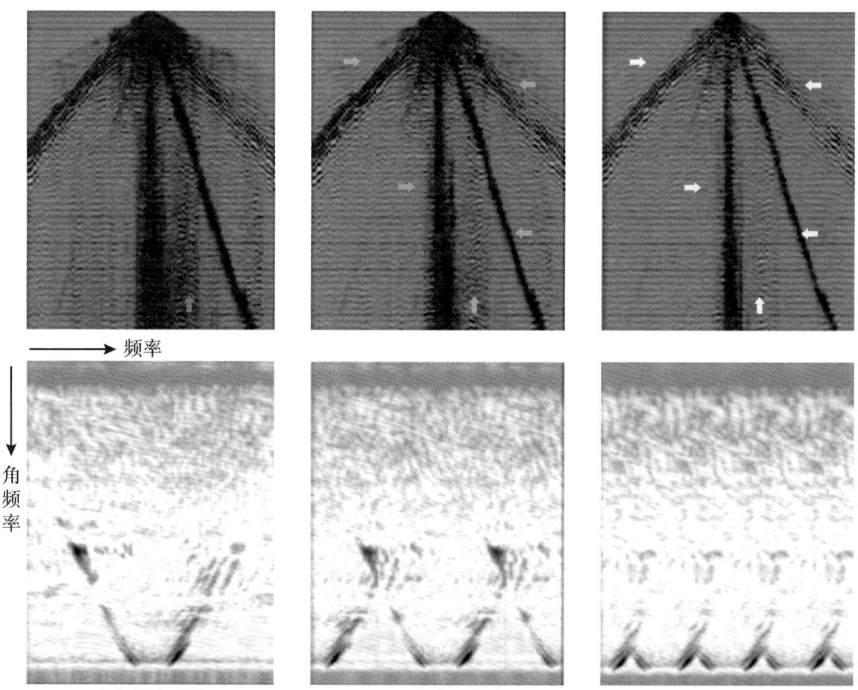

(a)单检波器　(b)4检波器组合　(c)16检波器组合

图8-1-5　震源组合下不同检波器组合带来的混波效应对比

二、可控震源输出信号畸变的问题

1. 可控震源的控制与非主动控制

现代可控震源的控制系统实际上是两个独立的子系统，分别控制着震源激发信号的相位与振幅，即常说的相位与振幅控制系统。相位的控制是在基波信号的基础上完成的，与高阶谐波信号无关，换言之，输出信号的波形畸变并不影响相位控制的精度。因此，之前一些有关畸变大、相位差大等貌似正确的观点，现在看来就不成立了。

相位差还与加速度传感器的检测点位置有关。不同加速度表的安装位置对相位的检测结果的影响主要是因为振动器平板上的加速度变化存在一定的梯度，或称非均匀性，这种非均匀性导致相位检测误差在不同的检测位置得到的结果略有差异。但是有时为了系统的可靠性或其他因素，在选择加速度表安装位置时，不能到达理想的安装位置。典型的如法国 Sercel 公司的 VE 系列震源控制系统，相位差与控制方式选择有关，选择 RAW 方式下的相位控制显示参考信号与被控信号的差异小；选择 FILERED 方式时，二者之间的相位控制差异较大。这是源于不同的控制方式导致的结果，与实际的控制对象无关。

还有一些系统在处理低频相位差或畸变显示时采用前后 0.5s 不参与评价的方式，通过不显示该段的计算数值来规避一些争议，但不代表相位或畸变差异不存在，只是方式略有不同。还有的实时显示与事后显示的计算方式不一样，比如实时计算的样点是 0.488ms，而事后显示的是 0.5s 内样点计算结果的平均值。因为大部分值均化后数据偏小，因此，这时所看到的峰值与平均值均较实时计算与显示的有明显差异。

传统对可控震源振动性能检测与质量控制方法是基于控制系统特点进行的，即分别检测可控震源输出信号与参考（标准）信号间的相位差与振幅差。针对可控震源畸变的分析与控制，很多学者对可控震源输出信号的畸变分析的目的产生了疑问。

为了更好说明畸变等敏感参数在分析可控震源输出信号异常所表现出的显著性问题，此处引用主动受控与非主动受控参数的概念。实际上这里面包含三个概念：主动受控、非主动受控及非受控参数。由前文可知：可控震源控制系统实际上由相位与振幅控制系统构成，震源输出信号的相位与振幅都是主动受控参数，因此对外界的扰动具有较强的抗干扰性，这是闭环（反馈）系统的最重要标志。在实际应用中，由于可控震源控制系统对相位和输出力的控制能力较强，一般性故障或故障初期的不稳定性对相位和输出力的影响较弱，甚至会将结果控制在误差范围内波动。从专业控制的角度看，这已经属于不合格了；但从非专业的角度看，这种异常因没有超过设定的监视范围而没有显著地体现出来。

非主动受控参数指控制系统虽然没有对该参数直接进行控制，但这种参数与非受控参数不同，该参数的变化实际上可以受其他主动受控参数的影响而呈现一定的规律性。因此非主动受控参数容易反映外界的扰动并且能够灵敏地察觉到一些主动受控参数的变化。所以，引入对系统异动比较敏感、能够对早期异常系统反映敏感的非主动受控因素来监视系统的异常就更为合适。畸变分析就是为了增加对可控震源输出性能异常显著性分析而引入的非主动受控参数之一。

非受控参数指完全游离运行在系统控制之外的参数，一些环境因素就属于这类性质的。

对主动受控参数可以在一定范围内更好地满足设定指标要求，而非主动受控参数则受更多综合因素的影响，或说非主动受控参数与输入的关系具有非唯一的关联性，在较大的范围内呈现明显地随机性变化，这也增加了对一些问题判断的复杂性，但也促成了大数据的统计分析应用。

通过对非主动性受控参数的分析发现了在某个作业中的可控震源暴露了一些问题，但是，在对主动受控参数的统计分析中并不显著，这是主动受控参数在监视异常时所表现出的不敏感性（图 8-1-6）。

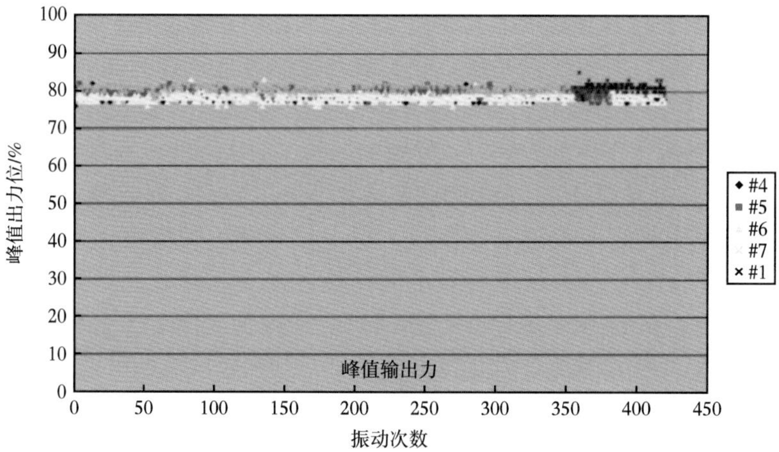

图 8-1-6　峰值输出力的统计分析

通过对可控震源峰值畸变的统计分析（图 8-1-7），发现震源作业过程中输出信号的畸变存在着较大的离散性，表明震源的工作状态受到了某种因素的干扰。

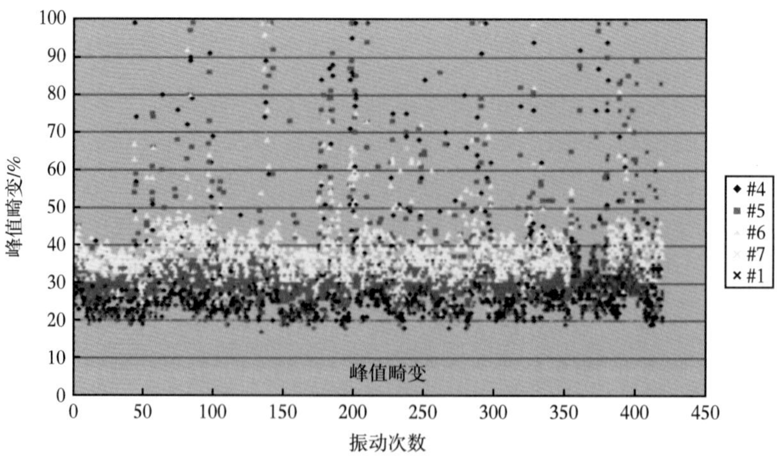

图 8-1-7　峰值畸变统计分析

在以往的可控震源激发质量控制标准宣贯中阐述了这样的主题思想：对可控震源的激发质量控制本身而言，质量控制的本身并不可以直接产生对地震数据质量的改善效果，而是提供对可控震源本身技术或故障状况的预测与分析。

为了能够分析和掌握可控震源作业过程中的技术状况，引入了在实际应用过程中可控震源典型的失效模型：（1）瞬间（崩溃式）失效；（2）渐变失效。从影响地震数据品质的关联性角度看，不必担心第一种情形，因为可控震源的功能失效意味着震源已经不能继续作业。换言之，在此之前的数据是可信的，而在此之后没有产生新的有效数据，因此，在这种方式下是不存在地震数据质量风险的；而对于后者则是需要重点研究与防控的对象，其危害在于：当失效时，质控人员能否清楚地知道可控震源之前做了多少可靠的地震数据激发。这是地震数据现场质量风险的所在，而可控震源激发质量的评价与控制正是要规避这样的地震数据质量风险。

有一种特殊的情形是：如果最终的地震解释成果与后续的地质钻井结果符合，地震数据是否受到其他因素的影响存在不准确性的问题可能不会被追究；但是如果地震成果与最终的地质钻井结论相左，往往会从地震数据采集、处理到最终的成果解释各个环节进行追究，但最终结果往往会归咎于激发环节中那些“似是而非”的痕迹。因为整个环节中，只有激发环节的数据采集过程不可复现。

在跟踪、检查日检数据的实际执行过程中发现，可控震源的一些系统故障初期所表示的异常在设定的检查项目中表现不显著，如果操作员在检查过程中不注意参数异常的表现或缺乏经验，则会出现漏检，给地震数据的品质造成潜在风险。

因此，为了提高对可控震源输出信号早期异常的检测精度，必须引入敏感性参数进行双重因素控制。其中峰值参数属于对控制变化比较敏感的参数，而平均值参数经过归一化处理后，反映的是综合结果，对畸变的瞬时变化已经失去了敏感性。非主动受控参数则成为最敏感检测因子受到广泛关注，这也是很多人与专业人员关注差异最大的地方。

2. 影响可控震源输出信号畸变的主要因素

可控震源产生的畸变主要来源于其机械、液压、伺服控制系统以及平板与大地间的近地表耦合系统，一些影响畸变的因素还具有较强的随机性，因此更适合采用统计（大数据）的分析方法。

可控震源输出信号畸变的主要影响因素有9种：（1）机、电、液系统的非线性；（2）受迫振动响应；（3）特殊的（非线性）信号设计；（4）振动平板的刚性与形变；（5）机械故障；（6）时／频变等效泥土质量；（7）近激发源物性结构；（8）传感器的近场检测；（9）平板与大地的耦合状态。

可控震源输出力的畸变最终表现为源致谐波的形式存在。在没有震源激发信号前，数据采集系统记录的是排列随机干扰背景，当震源振动后，干扰波强度明显增加。试验结果表明：震源输出信号的畸变强度与激发强度有密切关系，且不呈线性变化；较低的激发强度与较高的激发强度都可以导致较大的输出畸变。畸变本身不仅与平板与大地的耦合状态有关，同时还与平板振动过程中带动的等效振动泥土的质量有关，而等效振动泥土的质量是随扫描信号的频率变化而变化的，因此，输出信号的畸变具有较强的非线性特征。在进行激发信号的设计与应用时，主要考虑三个方面：（1）提高对地下地质目标的分辨能力，解决地质问题；（2）强化激发信号的信噪比，拓展接收信号的频带；（3）改善震源平板与地表的耦合条件，增加有效信号的下传能量。

如果可控震源在激发过程中产生较大的信号畸变，则意味着：（1）下传的有效激发能量减少，影响反射信号的能量；（2）降低接收信号的频宽，影响对地下地质目标的分辨能力。因此，从地球物理的角度看畸变控制的意义实际上是提高信噪比和分辨率问题。必须明确的是，激发信号的畸变与地震信号品质的改善并没有一个定量的对应关系。对于震源不同的激发强度的设定，震源输出信号畸变的评价标准不同；对于不同的勘探任务和目的，震源输出信号畸变的评价标准也不一样。

3. 可控震源输出信号畸变的评价

正确评价可控震源输出信号的畸变有双重意义：（1）对于地球物理工作者而言，通过对输出信号的畸变分析，确定合理的激发参数与下传激发信号的信噪比；（2）对质量控制者而言，通过对输出信号的畸变分析，及时发现震源本身故障或故障隐患。前者需在野外采集激发参数试验中确定，用于评价激发强度的设定是否合理，激发效果能否满足地质任务（勘探深度、激发信噪比等）的要求；后者则是可控震源质量控制的内容，主要用于评价震源是否存在故障或故障隐患。如当平板出现结构性破坏、振动器结构坏损、储能器皮囊破裂等均能造成震源输出信号畸变的异常。因此可控震源在质量控制中对震源输出信号畸变的评价主要解决的是震源本身的激发信号品质问题。

作为一种由液压伺服控制并驱动的地表激发源，可控震源的技术优势与不足同样明显。正是因为可控震源采用地表激发方式，与炸药激发相比可减少钻井作业与爆炸环节，而这两个环节往往是影响地震勘探作业效率的瓶颈和HSE风险所在。与炸药震源的地下激发相比，地表激发地震波在生成与下传过程中受可控震源控制系统、机械液压伺服系统的非线性影响，同时平板与地表耦合关系也影响到激发信号的传输效率，低降速带的存在和变化则影响了下传信号的能量与相位关系。因此，就可控震源激发而言，存在激发信号波场复杂的实际问题，反映到震源输出信号的检测上，则表现为输出信号的波形畸变，并且这种畸变水平因近地表物性和耦合条件的变化而变化。

由于对震源输出信号畸变问题的认识不同，在实际工作中出现了争议，并且这种争议往往是以牺牲生产效率或震源本身性能评价指标为代价的。如在地震激发过程中，震源输出信号出现大的畸变值或畸变异常时，由于继续作业可能影响地震资料品质，因此，往往要停工确认问题所在。有时经过一些试验验证后，证实输出信号畸变大值或畸变异常非设备本身的因素，尽管可以恢复作业，但会因此而降低作业效率，进而影响经济效益。另外一种情况下，如果放任这一异常现象，因这种现象有可能是震源某一系统崩溃的前奏，不重视的后果有两种：（1）允许震源带病作业，可能影响地震资料品质；（2）造成震源系统的损坏，后续的维修成本和时间耽搁更高。

判断控制系统正常与否最基本的标准是系统在运行中是否收敛的。如果是收敛的，那么系统就处于正常状态；收敛的快慢与系统的参数调节有关，与系统故障无关。因此，遵循系统收敛原则做出的判断都是“善意”的，在“善意”的背景下，11% 与 10% 的畸变没有本质的区别，此时对系统做出“正常”的判断，一个正常的系统就是所需的工作系统。

三、可控震源液压系统合流控制

随着物探技术的持续进步，宽频地震勘探成为国内外地震勘探普遍推行和应用的新技术。地震中的低频有效信息在地球物理中的积极意义正逐渐突显出来，主要表现在三个方面：（1）对垂向分辨率、反褶积、反演结果的影响；（2）对深部地质目标成像的改善；（3）为低频伴影研究提供手段。

目前，地球物理界基本上认同宽频信息属性对油气发现的重要性。而现有的常规可控震源由于受机械结构和液压系统能力的限制，并不能激发有效宽频地震信号，主要表现在低频段常规可控震源液压系统的流量不能满足激发的需求。于是，可控震源液压系统的流量设计如何满足宽频激发的需要，成为许多技术人员研究的方向。

一种合流控制技术可充分利用现有的液压系统资源满足可控震源宽频地震勘探的生产需求。

1. 可控震源宽频信号激发的特点

目前，常规可控震源激发的有效地震信号均无法超过 5 个倍频程的频带宽度，因此，将可控震源激发的频带宽度超过了 5 个倍频程的有效信号称为宽频地震信号。宽频地震信号与激发常规频带（6～120Hz）的地震信号不同，可控震源宽频信号激发的特性与最低的起始频率有关，主要表现在以下四个方面：（1）重锤运动的机械行程增加；（2）振动液压系统流量增大；（3）大地等效捕获质量影响大；（4）激发信号的畸变失真增加。

其中，振动液压系统流量增大不是发生在全扫描频段，最大流量需求只发生在低频扫描初始阶段和高频扫描结束阶段，如图 8-1-8 所示。如果单纯地考虑增加液压泵的功率，对流量的需求很容易得到满足，但不可避免地面临液压泵功率的增加能否满足现有分动箱功率及扭矩要求、发动机动力是否需要增加和液压系统的散热能力是否需要增加

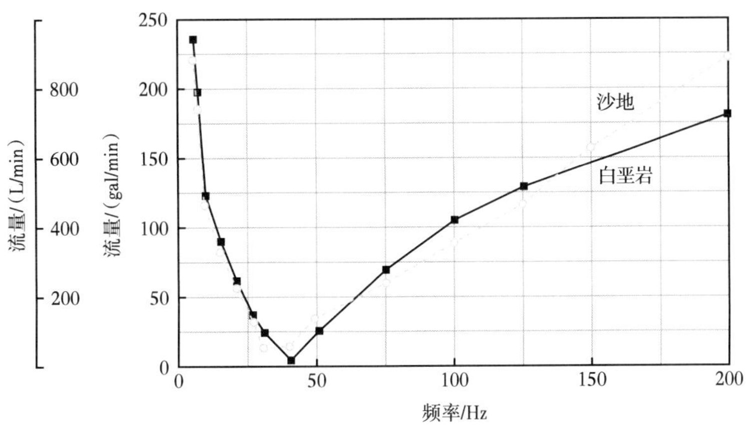

图 8-1-8 振动系统流量函数

一系列问题。如果考虑这一系列问题就会造成整个设计与制造成本的增加，同时也会增加维护保养的复杂程度。因此，需要通过现有技术的组合，找出更经济适用的方法。

2. 可控震源液压合流控制

1）基本功能

现阶段，国内外 60×10^3lb 的可控震源液压系统基本采用的标志性配置是：振动与驱动系统各自独立使用一套液压系统。这样的系统设计具有较强的故障冗余能力，特别适合在复杂环境下作业。一旦振动系统出现故障，驱动系统可以继续工作，保证了可控震源能够安全回到驻地检修；而驱动系统一般采用前后独立驱动方式。因此，一旦某个子系统出现故障，可控震源同样可以低速回到驻地。

可控震源的实际使用工况为振动作业时驱动系统不工作。研究人员利用可控震源振动过程中驱动泵处于闲置状态这一特点，设计了一套振动液压合流补偿逻辑控制系统。其可在可控震源激发信号过程中控制驱动泵转换工作模式，为振动液压系统提供流量；待扫描信号激发完成后，又控制驱动泵恢复原有功能模式，为驱动液压系统提供动力。

2）可控震源液压合流控制的实现

为满足上述功能，需要设计一种全新的逻辑状态控制和相应的液压系统以及电子控制系统。现研制成功的这种可控震源合流控制技术已完全实现了上述功能，且经过野外实际生产验证，具有性能稳定、容错率高的优点。下面将分别介绍各部分功能和原理。

（1）控制规则原理。

可控震源的合流控制遵循的是一种状态控制规则，这种状态控制规则的原理如图 8-1-9 所示。任何事物在某一时刻均处于一种状态中，假设为 A 状态；当受到外界物质作用时，在下一时刻会变化到另一种状态，假设为 B 状态或者 C 状态。如果 A 状态到 B 状态的变化是必然发生的，那么 B 状态称为逻辑状态；如果 A 到 C 状态的变化是偶然或者说是随机发生的，那么 C 状态则称为非逻辑状态。如果 B 状态继续向下一个逻辑状态变化则就构成了逻辑状态变化链，当这种逻辑状态变化链的某一状态又是 A 状态时，则将这种逻辑状态变化链称为循环逻辑状态链。根据上述原理，设定一系列外界物质作用条件，使某一事物按照一定的逻辑状态进行变化以满足某种控制需求，这种设定条件就称为一种状态控制规则。

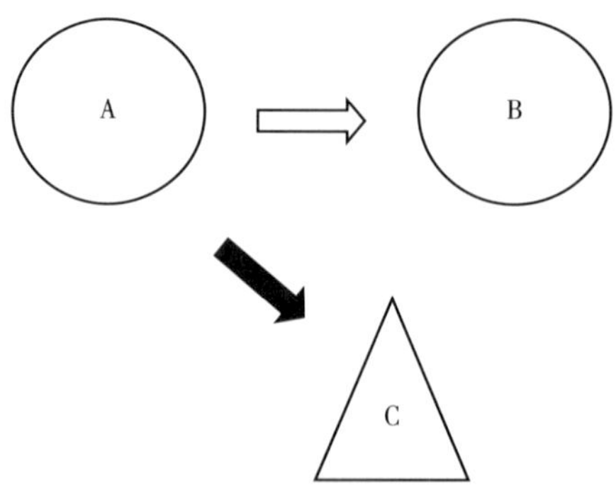

图 8-1-9 逻辑状态变化图

在实际应用中，根据合流控制需求可将可控震源的合流过程划分成六种工作状态，设为“A、B、C、D、E、F”，同时设定每种状态下所对应的驱动信号（外界物质作用）。计算机实时检测可控震源的工作状态，在确定状态信号处于哪种状态时，则发出对应状态信号的驱动控制信号；在驱动信号作用下，可控震源的合流过程会按六种工作状态变化，也就是按照“A”→“B”、“B”→“C”…“F”→“A”的顺序发生。

在可控震源合流过程中，除了设定的六种工作状态以外，还会有其他状态的存在，也就是前面提到的“非逻辑状态”，在可控震源合流过程中是不希望出现的。一旦出现，说明合流控制系统发生了故障，且不受状态控制规则控制。故在这些“非逻辑状态”中，将驱动信号设定为非动作信号，也就是“静默动作”，以保护设备和操作人员的安全。

虽然在可控震源合流控制系统中“非逻辑状态”为非正常状态，但有一个特殊的“非逻辑状态”在可控震源倒车状态中是存在的。为了将正常的倒车状态与可控震源合流控制系统中的“非逻辑状态”区分开来，加入了另一种辅助标志信号，用于将正常的倒车状态与可控震源合流控制系统中的“非逻辑状态”状态区分开来。

（2）液压部分。

可控震源的合流控制系统的液压部分采用集成设计理念，主要由驱动分流管汇、前（后）驱动泵、前（后）驱动马达和合流控制阀块等组成，如图 8-1-10 所示。

从可控震源外部观察，仅仅是在驱动泵与驱动马达间增加了一个驱动分流管汇，与合流控制相关的所有控制阀块、储能器单向阀等液压元器件全部集成到了驱动分流管汇上。这种集成化的设计非常简洁，其液压胶管数量较低频可控震源缩减了 1/3，同时安装维修也较为便捷，液压系统的可靠性得以大幅提高。这种集成化的设计理念贯穿于整个可控震源的液压系统的设计之中。

（3）电子控制部分。

合流逻辑状态控制的电子控制部分主要由 PLUS+1 控制器、多路状态信号传感器、输出控制阀块等构成。其原理连线如图 8-1-11 所示。

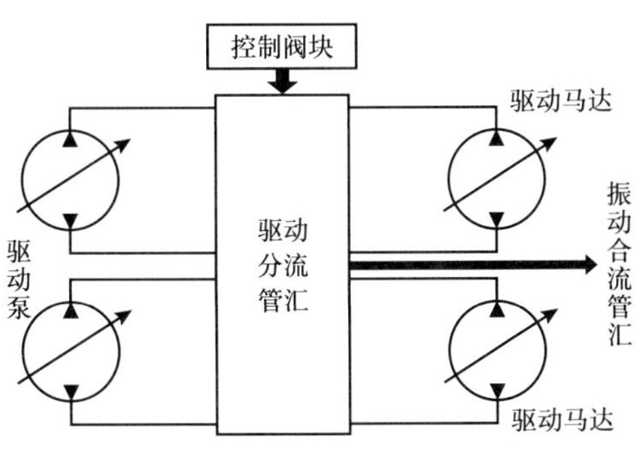

图 8-1-10 液压合流示意图

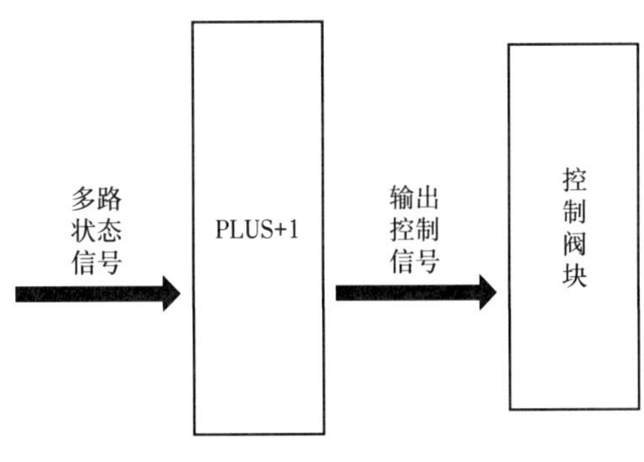

图 8-1-11 电子控制部分示意图

PLUS+1 控制器是实现合流逻辑状态控制功能的主体，其硬件是基于数字信号处理技术。PLUS+1 控制器内部的程序设计语言是一种图形化设计语言，这种设计语言特别适合不懂计算机机器语言的工程技术人员，但在编程前需要设计相应的算法。

3. 合流逻辑控制的操作流程

1）合流控制

当平板下降时，压重压力传感器（2×10^3psi）闭合，合流切换阀切换，前后驱动泵B口调压阀通电，切换阀阀芯动作，合流切换压力传感（2.6×10^3psi）闭合。控制器接收到合流切换信号后，给前后驱动泵后退线圈最大电流（440mA），前后驱动泵斜盘到最大位置。这时整个合流过程完成。

2）降压控制

当平板提升时，压重压力传感器（2×10^3psi）打开，控制器将前后驱动泵最大电流断开，驱动泵回零位降压，控制器同时检测安装在前后驱动泵B口的两个压力传感器。当压力大于800psi时，则闭合；如果压力小于800psi时，则切换阀断电，切换至驱动系统。至此，平板提升降压过程完成。

可控震源振动合流控制系统在静态下的转换实现方法有很多，但动态下的转换实现，因所面临的风险较大而很少尝试使用。充分考虑野外操作和设备使用过程中的风险，在逻辑状态控制设计中加入了许多保护和冗余设计，使应用风险得到较好的控制。由于没有另外增加系统，因此不需要对动力系统及散热系统进行重新设计，极大地节约了系统设计和使用成本。

在系统的实现过程中，通过对特定设计点的流量与压力测试，发现并解决了可能导致增加对液压系统压力扰动影响的环节，有效地改善了液压系统的扰动影响，改善了输出信号的品质，提高了激发信号的信噪比。

四、EV-56高精度可控震源特色技术

自2009年开始，经过7年多的技术攻关，突破了低频地震激发技术瓶颈，形成了一整套全新的宽频高精度可控震源设计、制造及应用技术。

1. 振动器扰动抑制技术

在可控震源使用过程中常出现低频段振动器或重锤锤体明显非设计晃动，使得输出信号的畸变增加。在EV-56高精度可控震源研究中，提出了振动器扰动的概念，通过对扰动振动的测量，并结合三维李萨如图形分析法和力学分析方法，最终确定了扰动源，并在此基础上对振动器进行了创新设计，彻底消除了两倍频于扫描信号的扰动、减弱了同频扰动、降低了输出信号的畸变水平。更重要的是，新的结构设计使得重锤锤体的加工变得异常简单，且由于重锤上没有连带的液压胶管等附加质量，使得控制系统对输出力的计算更精准。

2. 近源地震波波场均匀激发技术

随着对地震波激发波场研究的不断深入，人们逐渐认识到大地的各向异性影响地震数据。东方物探创新性地提出了均匀激发波场的概念，开展了激发信号波场的近场检测研究，并设计了新的振动平板结构，改善了激发源近源信号的非均质性，降低了远场检测、

采集到的地震数据受激发源的方向各向异性影响，从而对地下实际地质情况描述更精准。

3. 合流控制与脉动压制技术

拓展可控震源激发频率会使得液压系统流量需求大幅增加。经计算，低频拓展至3Hz，流量需要增加近一倍。设计人员利用可控震源振动作业时驱动系统和行驶过程中振动系统不工作的特点，在振动与驱动系统间设计了一个转换系统，并采用了Sauer Danfoss（萨澳）公司研发的一种泵/马达控制用工业计算机（PLUS+1系统）进行合流与安全性控制。该转换系统在不增加液压泵的前提下，使可控震源液压系统的流量增加了一倍，满足了拓展频率后振动系统对大流量液压油的供给需求，实现了宽频信号的线性激发。

4. 大功率液压伺服驱动技术

合流控制技术需要将倒车的最高压力和合流压力设置成相同值，即将倒车压力从5×10^3psi降至3.2×10^3psi，这直接降低了EV-56可控震源的驱动性能。为此，科研人员开发了大功率液压伺服驱动技术，该技术使得驱动压力保持在5×10^3psi的水平，解决了因合流设计导致震源驱动能力不足的问题，有效提升了EV-56可控震源的驱动能力，且不影响其合流压力。

5. 特殊结构振动平板设计技术

可控震源振动器平板在满足刚度要求的条件下，质量尽量要轻，这可以有效提升可控震源激发信号的能量。为此，采用有限元法对平板进行了优化。通过开展四种结构平板振动器动态力学仿真分析与性能研究，揭示了平板与大地的互作用机理和振动器在工作过程中的应力应变规律、平板的变形情况以及平板的“脱耦”规律，掌握了四种结构平板与大地的接触力在相近位置点均匀性的变化规律，提出了用平均能量传递率及其波动性来评价平板传递激振能量能力的新方法。通过对比优选设计了振动平板结构。

6. 宽频信号激发技术

EV-56高精度可控震源振动器的结构设计保证了低频信号的稳定激发，同时兼顾了高频信号激发能力。在液压系统流量提供能力强及振动器激发力信号稳定的前提下，高频得到了很好的拓展，实现了超过6个倍频程（160Hz）的信号激发能力。同时，通过大量试验验证了低频高精度可控震源在激发宽频信号方面具有信号实现的可信性与信号检测的可重复性，EV-56是一款真正实现了线性宽频地震信号激发的可控震源。

第二节 eSeis节点地震采集系统

eSeis节点地震采集系统是集电池、采集站与检波器为一体的新型节点地震仪器，既具有百万道级的连续采集能力，也具有更高的接收带宽、更低的功耗、更小的体积与质量、更低的成本及更高的可靠性等优点，在技术、成本、效率等方面有效满足“高密度、宽频、高效”的施工要求。

一、eSeis 节点地震采集系统组成

eSeis 节点硬件系统由节点单元、下载机柜、无桩号放线单元、通信中继单元、便携式充电柜组成，具有稳定可靠、低功耗、适应能力强、轻便易携带等特点。

二、eSeis 节点地震采集系统性能特点

（1）eSeis 节点地震仪器采集单元电路功耗更低。优化 eSeis 节点地震仪器电路，总体功耗控制在 200mW 以下。

（2）eSeis 节点地震仪器通过电台通信方式提高了现场质控的效率。通过 LoRa 电台 UHF（400～433MHz）频段通信模式，研发现场质控通信单元内嵌 Smart Radio 模块，快速链接节点单元和质控单元，达到节点地震仪器快速远距离质控的目的。

（3）eSeis 节点地震仪器质量轻、尺寸小。压缩节点单元内部电池组，eSeis 节点地震仪器质量仅为 1.2kg，尺寸为 110mm×97 mm×97mm，方便了野外人员的携带和作业。

（4）eSeis 节点地震仪器充电、下载一体化。eSeis 节点地震仪器充电下载一体柜实现了节点地震仪器充电、下载同时进行的功能，摆脱了之前充电柜和下载柜分开所带来的困扰。提高了设备数据下载和充电的速度，降低了工人反复上下柜拔插的劳动强度，节约了时间。

三、eSeis 节点地震采集系统技术

eSeis 节点地震仪器于 2016 年开始调研、研发，研发人员根据无数次的现场试验，突破了包括高精度时钟同步技术等六项技术。

1. 高精度时钟同步技术

随着地震勘探复杂程度的增加和勘探技术的发展，节点地震采集仪器越来越成为地震勘探采集项目中重要的一环，地震采集对节点的依赖程度也越来越高。节点内部 GPS 时间必须与外部时间保持一致，一旦节点内部 GPS 时间产生漂移，与震源激发系统时间不一致，那么就会产生节点采集数据错位失真的情况，得到的数据就不是最真实的数据。

eSeis 节点地震仪器采用了 GPS 与北斗双卫星系统搜星，搜星能力很强。高精度时钟同步技术建立时间同步协议，采用每 20min 进行一次驯钟的方法，把节点内部 GPS 时间与全球定位系统导航卫星（GPS）发送的无线标准时间信号进行“对表”，对节点内部 GPS 时钟进行校正，降低了时钟漂移误差，提高了采集数据信号的保真度。

2. 高精度地震采集技术

eSeis 节点采集系统节点单元由电源、MCU、GPS 模块、LoRa 模块、高灵敏度检波器以及 32 位 A/D 模数转化芯片组成，具有信噪比高，功耗低，保真度高，动态范围宽等优点。

eSeis 节点单元 A/D 模块内部由计数器、控制门及一个具有恒定时间的时钟门控制信

号组成，它的工作原理是 V/F 转换电路把输入的模拟电压转换成与模拟电压成正比的脉冲信号。其工作过程是：当模拟电压 V_i 加到 V/F 的输入端，便产生频率 F 与 V_i 成正比的脉冲，在一定的时间内对该脉冲信号计数，时间到，统计到计数器的计数值正比于输入电压 V_i，从而完成 A/D 转换。

业内节点普遍采用 24 位 A/D 模数芯片，有个别节点生产厂家使用伪 24 位或者 16 位 A/D，虽然成本低廉，但是影响了地震数据的保真度。比如，在同样的采集环境，采用假 24 位 A/D 的节点由于自身电噪声大，淹没了激发产生的有效信号降低了仪器的整体信号灵敏度。

eSeis 节点单元采用真 32 位 A/D 模数解决方案，内置高灵敏度检波器和高精度 32 位模数转换模块，提高了节点对地震波的接收能力和保真精度，地震信号成像精度高，具有高信噪比、高分辨率、高保真度等特征，在业内处于领先地位。自主研制的新型节点地震仪器 eSeis 是百万道级地震数据采集的硬件支撑，其突出特点是：

（1）采集同步精度高（微秒级）；

（2）充电速度快（3h 以内完成充电）；

（3）下载速度快（是常规的 2 倍以上）；

（4）导航定位精度高（厘米级）；

（5）兼有无线通信功能；

（6）配套设置自动化程度高（全部智能化）。

3. 立体化节点质控技术

地震勘探仪器按照有无传输线缆可分为有线地震仪器和无线节点地震仪器。常规的有线地震勘探仪器通过大线传输地震数据和实时回传地震道的工作状态，地震队可以根据有线排列的实际状况，及时调整生产部署。无线节点地震仪器由于没有传输线缆的传输媒介，地震数据和节点单元的工作状态都不能实时反馈给生产指挥终端，由此产生的信息滞后，对地震采集效率及生产安排都会产生消极的影响。

为了对野外布设的节点进行质量控制，监控节点工作状态，项目研发人员经过综合考虑，逐步创新研发了人工手持的节点质控单元、车载的节点质控单元以及无人机空中质控单元。野外现场质控人员通过电台获得节点的工作状态信息。

在地震勘探采集项目中对野外布设的节点实施三种质控方式，形成立体化节点质控（图 8-2-1），及时发现工作状态不好的节点并进行替换。

不管是手持质控单元、车载质控单元还是无人机质控单元，它们都能够对节点的工作状态进行监控，三者相互结合，形成了 eSeis 节点地震仪器特有的立体化节点质控技术。手持质控单元通过电台可以与距离它 50m 以内的节点都连接上，并获得其工作状态信息，质控人员拿着手持质控单元走路每小时能够对直线 3km 以上距离范围内的节点做到现场质控；车载质控单元通过电台可以与距离它 100m 以内的节点都连接上，并获得其工作状态信息，车上的质控人员通过车载质控单元每小时能够对直线 25km 以上距离范围内的节点做到现场质控；无人机质控单元通过电台可以与距离它 200m 以内的节点都连接上，并获得其工作状态信息，无人机质控单元每小时能够对直线 35km 以上距离范围内的节点做到现场质控。所有在质控范围内的节点都能通过电台连接到质控单元，并把该节点的工作状态信息发到质控单元上。控单元监控的内容主要有节点的检波器阻值、采集状态、内部存储、GPS 状态、电池电压等几个指标，并根据设定的指标限定范围对各个指标进行判断，如果在限定范围内就显示绿色，否则该项指标就显示为红色。野外施工现场的工作人员就可以根据各项指标的颜色来判断该节点是否需要更换，从而能够及时把工作状态不合格的节点替换下来，避免造成施工空道，丢失地震采集数据。

图 8-2-1 eSeis 立体化节点质控体系

立体化节点质控技术的应用，不仅对野外布设的节点单元进行了现场质控，确保了地震勘探采集数据的完整性，还提高了地震队的采集作业效率。

4. 无桩节点放样技术

在确保采集精度和采集数据质量的基础上，提高施工效率和降低作业成本就成了油公司和地球物理服务公司关注的重点。基于这样一个前提，提出并开发了无桩节点放样技术，把成熟的 RTK 测量技术拿来应用到节点放样装置上。

无桩节点放样技术主要应用在 eSeis 无桩节点放样装置上，该装置由 RTK 的 GPS 接收机和无线接入式手持放样平板组成。其可实现检波点放样厘米级精度，经过与测量仪器的精度对比试验，表明该装置检波点放样满足作业精度要求。

eSeis 无桩节点放样装置开通了 Ominstar 服务，相对于常规测量仪器，摆脱了基准站的束缚，不用考虑流动站与基准站的距离。无线接入式手持放样平板方便野外操作，可以实时对 eSeis 节点单元的工作状态进行质控。eSeis 无桩节点放样装置可以实现检波点放样、节点布设一次性完成，提高了野外作业现场的工作效率，降低了人员的投入，从而降低了施工成本。

5. 海量节点数据下载合成技术

基于节点地震仪器的海量数据快速下载、合成是当前高效地震采集作业降低生产成本、提高生产效率的迫切需要。目前三维地震勘探投入的采集设备和人员空前庞大，以国外的某三维地震采集项目为例，投入有线地震仪器 24 万道，配套可控震源高效采集技术日效均在（4～5）万炮左右，每天采集的地震数据在 10TB 左右。国内近几年的三维地震勘探项目，投入三维地震仪器也在 5 万道左右，产生的数据也在 TB 级别。

近几年新发展起来的节点地震仪器，其摆脱了常规有线地震仪器的羁绊，不受带道能力的限制。节点地震仪器由于将节点数据存储在节点单元内部，并且采集节点单元呈连续采集模式，产生的数据呈几何量倍增。如何将节点数据快速提取下载、合成，成为制约节点地震仪器采集施工的焦点。因此，研究节点地震数据下载、合成技术是目前最急迫的需求。

eSeis 节点地震仪器数据下载、合成技术是面向 eSeis 节点地震仪器数据流的一套解决方案。首先必须深刻了解 eSeis 节点地震仪器数据的数据流。eSeis 节点地震仪器数据流指的是由 eSeis 节点地震仪器采集到的数据经过不同软硬件功能模块所做数据处理流向。

eSeis 节点地震仪器采集产生的地震数据并记录，经过室内下载充电一体柜的数据下载，地震数据传输至高性能服务器，经过数据合成和处理最终上交至油公司甲方。

1）eSeis 充电下载一体柜下载速度可以达到平均速度 200Mbps

光纤挂载大容量磁盘阵列。在作业现场，多台下载充电一体柜通过高性能万兆集线器与高性能服务器连接。下载充电一体柜内部由多个下载模块组成，每个数据下载模块是由 USB3.0 协议的 HUB 集线器组成，通过高性能的 USB 线连接至每个节点单元插槽。与网络配置模块端口不同，该接口不要求与节点插槽一一对应。同时下载充电一体柜内部的控制 PC，USB3.0 接口通过数据线连接至该 HUB。节点单元所采集的地震数据通过该模块传递至控制 PC 内部硬盘。地震数据先下载至下载充电一体柜的控制 PC 内部，然后将数据通过 HUB 传输高性能服务器的盘阵。经过验证，这样的地震数据下载平均速度可以达到 200Mbps。

2）eSeis 节点数据快速合成

eSeis 节点数据快速合成需要的读取都是在高性能服务器和磁盘阵列之间，二者之间的万兆光纤保证了数据快速合成的硬件需要，并通过 eSeis 节点数据合成软件来完成。

eSeis 节点数据合成软件软件中开发了 5 个关键算法，提高了 eSeis 节点系统现场地震大数据的处理能力：①节点数据与实际桩号的快速匹配；②地震道异常道的问题分析；③单炮集、连续道集的数据的快速合成；④可控震源地震数据的快速相关；⑤与同排列有线仪器的数据快速融合。

6. 模块高度集成技术

利用高性能的外壳用有限空间把节点采集站（采集电路板）、高性能锂电池、高灵敏度宽频检波器芯体高度集成到一起。该集成技术使得节点单元尺寸更小，质量 1.2kg，经过现场应用检验，普通工人可以携带 10 道 eSeis 节点单元，同等条件下只能携带 3 道有线设备，eSeis 节点系统降低人员投入 50% 以上。相对于业内其他采集仪器，eSeis 节点地震仪器功耗仅有 200mW，这样的低功耗使得它可以在野外连续采集 30 天以上，野外操作省去了检波器串埋置的繁重工作量。

节点采集单元外壳通过材料筛选，采用尼龙玻璃纤维材质，经过结构及外观优化设计，并反复进行了跌落强度、敲打、车辆碾压、防水等级、高低温实验室测试等多项测试，具有强度高、密封性好、适应各种复杂地表作业环境的优势。

自主研发的高集成采集电路板，性能可靠稳定，不仅缩小了采集电路板的体积，减轻了重量，也降低了节点单元的功耗。

第三节 G3iHD 高精度大道数地震仪器

随着地球物理勘探技术的发展，仪器的带道能力已经成为地震数据采集记录系统的一个重要指标，而影响带道能力指标的关键因素是采集地震数据的传输方法（或数据传输速率）和地震仪器本身的结构或者说外线地震数据进入仪器主机（中央控制与记录单元）的接入方法。目前，G3iHD 高精度大道数地震仪器（简称 G3iHD 仪器）为陆上宽方位、宽频、高密度地震勘探的普及奠定了坚实的基础。

G3iHD 仪器是“十三五”期间对 G3i 仪器功能及性能进行全面优化和提升的成果，是一套一体化地震数据采集系统，兼容有线及节点系统、模拟及数字检波器，能够满足各种复杂地表高效采集技术要求。G3i 及 G3iHD 主要功能及性能对比见表 8-3-1。

表 8-3-1 G3iHD 主要功能及性能对比

功能及性能名称	G3i	G3iHD	关键作用
主机实时带道能力	＞24 万道	＞40 万道	更高密度采集
交叉线实时带道能力	6 万道	7.5 万道	更宽方位采集
排列线实时带道能力	1800 道	3000 道	更宽方位采集
支持独立激发技术	否	是	施工不受地表条件限制
数据存储速度	400Mbps	800Mbps	实时大道数记录与存储
支持震源数量	32	＞64	施工效率更高
排列线对震源进行控制	不支持	支持	施工效率更高
不停工进行震源测试	不支持	支持	有效作业时间更长
放炮、查排列同时进行	不支持	支持	有效作业时间更长

总体功能及性能方面，G3iHD 比 G3i 都有大幅度提高，特别是系统带道能力、可控震源控制数量以及其他一些提高施工效率的功能及性能等方面，系统能够更好地为“两宽一高”物探技术的发展及应用提供核心装备保障。

G3iHD 仪器的主要技术指标及特点如下：

（1）系统实时带道能力：40 万道 @2ms 采样。

（2）交叉线实时带道能力：7.5 万道 @2ms 采样（数据压缩技术能够达到 10 万道）。

（3）传输速率：30～60Mbps（根据大线长度、性能灵活设置）。

（4）系统功耗：平均每道 150mW。

（5）过渡带系统防水深度：125m。

（6）支持震源数量：大于 64 台。

（7）支持可控震源高效采集：Flip Flop、Slip sweep、ISS、DS3/DS4 及动态滑动扫描等。

（8）兼容不同类型的野外设备：有线 / 节点站体、模拟 / 数字站体、陆地 / 过渡带站体等。

（9）兼容模拟及数字检波器：SM21 三分量数字检波器及 SL11 单分量数字检波器。

G3iHD 仪器由主机系统、野外站体设备（采集站、电源站、交叉站）、排列电缆及光缆组成，其结构如图 8-3-1 所示。

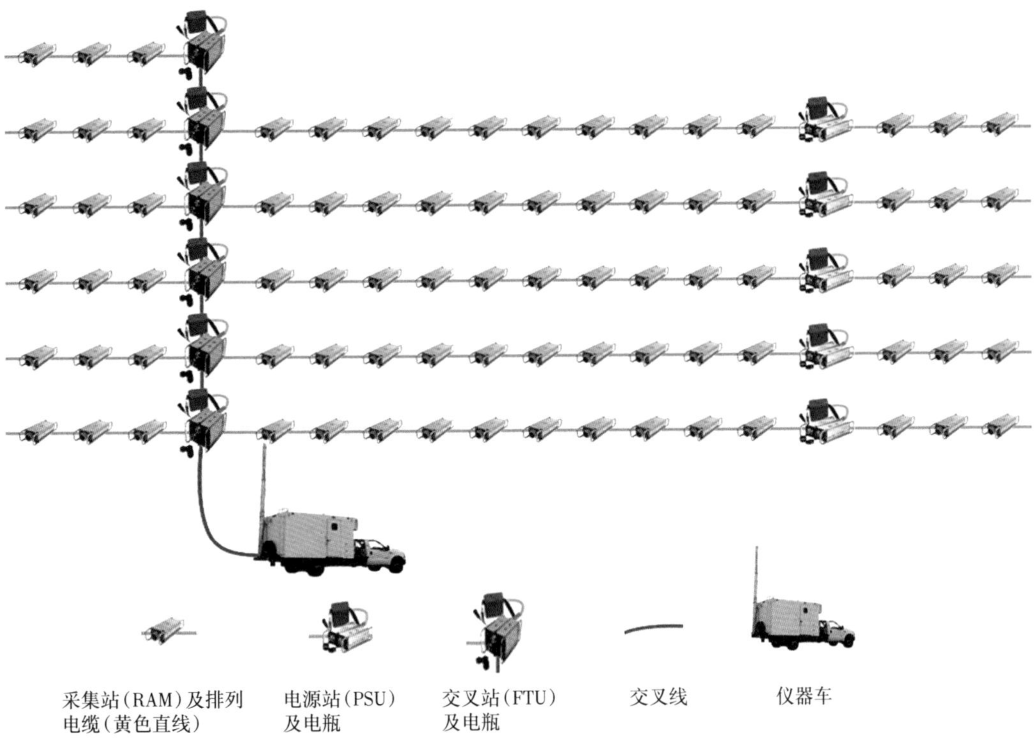

图 8-3-1 G3iHD 仪器结构图

一、G3iHD 仪器各组成部分功能及性能

1. 主机系统

主机系统是 G3iHD 仪器的控制中心，主要实现对野外站体、源控制系统等设备进行实时控制与测试，完成控制震源进行激发，同时同步实现地震数据的实时采集、处理、显示及存储等功能。另外能够实时对野外站体、检波器的性能进行测试。

G3iHD 主机系统的软件结构及数据流如图 8-3-2 所示。

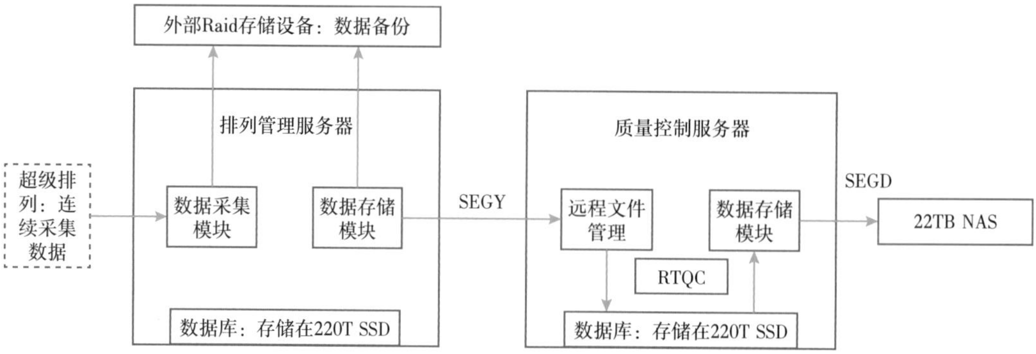

图 8-3-2 G3iHD 主机系统结构及数据流

系统软件可以分为两大部分，即数据采集控制部分（SPM）与数据处理与分析部分（QCM），这两部分既可以在一台计算机上运行，也可以在两台网络互连的计算机上独立运行，协同处理。用户可以根据实时采集道数多少以及施工方法来确定需要硬件平台。

为了方便用户使用，G3HD 仪器提供三种类别的主机软硬件系统供用户选择，即便携式主机、标准型主机及扩展型主机三种类型主机的特点及技术性能见表 8-3-2。

表 8-3-2 不同型号主机功能及性能对比表

项目	便携式	标准型	扩展型
实时道能力（2ms 采样）	0.6 万道	10 万道	40 万道
交叉线支持	单条交叉线	4 条交叉线	4 条交叉线
存储设备	eSATA HDD、DVD、USB	eSATA HDD、DVD、USB、NAS	eSATA HDD、DVD、USB、NAS、10GNAS
激发源	炸药 常规可控震源	炸药 常规可控震源 高效采集可控震源	炸药 常规可控震源 高效采集可控震源
适用工区	二维、小三维	常规三维	高密度、宽方位三维

2. 采集站

采集站主要完成检波接收数据的采集、数模转换及数据传输等功能。系统设计模拟采集站及数字采集站两种型号分别支持模拟检波器及数字检波器，其主要技术指标如下：

（1）采样率：4ms、2ms、1ms、1/2ms、1/4ms。

（2）前放增益：0dB、12dB、24dB。

（3）系统动态范围：145dB。

（4）总谐波畸变：$< 0.1\times10^{-3}\%$。

（5）共模抑制比：$>$ 110dB。

（6）串音：$>$ 130dB。

（7）频率响应：3～1640Hz。

3. 电源站

电源站的主要功能是将12V电瓶电压转换为60V电压，通过电缆为采集站供电，能够同时为12个采集站供电（220电缆/55m检波点距），如果电缆长度变短，将能够为更多的采集站进行供电。电源站设计两个电瓶连接口，野外使用过程中更换电瓶不会影响正常施工。电源站集成了一个采集站功能，系统也有模拟电源站及数字电源站，满足不同检波器需求。

4. 交叉站

交叉站的主要功能为主机与排列数据提供传输通道，将与之相连的排列数据汇集后上传给主机。交叉站之间采用光缆连接，传输速率为1×10^{3}Mbps。交叉线的实时道能力为7.5万道（采用数据压缩技术达到10万道）。

交叉站集成了电源站功能，能够双向为24个采集站供电。同样系统设计了模拟交叉站及数字交叉站满足不同检波器需求。

二、G3iHD仪器的优势

1. 单主机实时带道能力突破40万道

（1）开发基于PCI-E总线的光纤接口卡协助主机软件进行野外控制及数据预处理。

PCI-Express 1.0a发送和接收的数据速率可达2.5Gb/s，数据从光线口进入到缓冲区，经过FPGA进行处理，再经过PCI-E总线主控接口将其数据包地址映射至缓冲区，同时数据经过PCI-E总线DMA到主机数据缓冲区，主机上层应用模块通过缓冲区中的数据包地址去取得数据，因此主机软件可以节省资源直接用于数据的后期处理。

（2）多核多线程并行处理。

主机硬件定制了多CPU多核服务器，软件采用多线程处理技术，对多种任务进行并行处理。

在应用层，将数据采集、处理等业务划分为多个相互独立的任务；在操作系统层，通过CPU资源调配，为每项任务配备进程管理，对于子任务还可分配独立线程；在物理层，为每项进程合理分配CPU计算资源。因此，即使在超级排列连续采集工作状态下，地震数据不断涌入，但对于单炮数据的处理可以相对独立，因此，在从连续记录中抽取炮数据的过程中，可以为每个单炮数据分配一个处理线程，提高并发数和处理效率，缩短处理周期，不会出现数据处理滞后导致的接入数据阻塞。

（3）高性能算法库应用。

利用Intel IPP算法库实现数据相关处理运算，可大大提高FFT、IFFT运算效率，提高可控震源采集时的系统实时处理能力。

2. 多冗余排列管理功能提高野外有效采集时间

G3iHD仪器在数传对、动态多路径传输等方面强化了排列管理的冗余设计，不仅提高了排列实时带道能力，同时提高系统有效作业时间。

当主机的实时带道能力突破 40 万道，将使 G3iHD 仪器能够完全满足目前最前沿的野外地震数据采集方法技术需求。

（1）传输线对冗余设计。

G3iHD 仪器的传输通道采用 4 对传输线设计（1 对命令线和 3 对数据线），传输线对设计如图 8-3-3 所示。

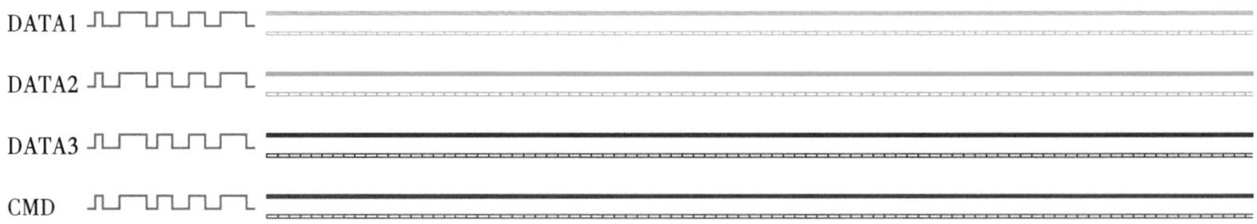

图 8-3-3　G3iHD 仪器传输线设计图

当一对数传线出现故障时，系统自动切换至下一对数传线进行数据传输，不会因为数传故障影响施工。而且一对数传线的传输速率可以根据大线长度或性能进行调整（2～60Mbps），实现单线带道能力的动态调整。

（2）传输路径冗余设计。

通过交叉站、FRU 及蛇形排列连接多路径传输通道，如图 8-3-4 所示。

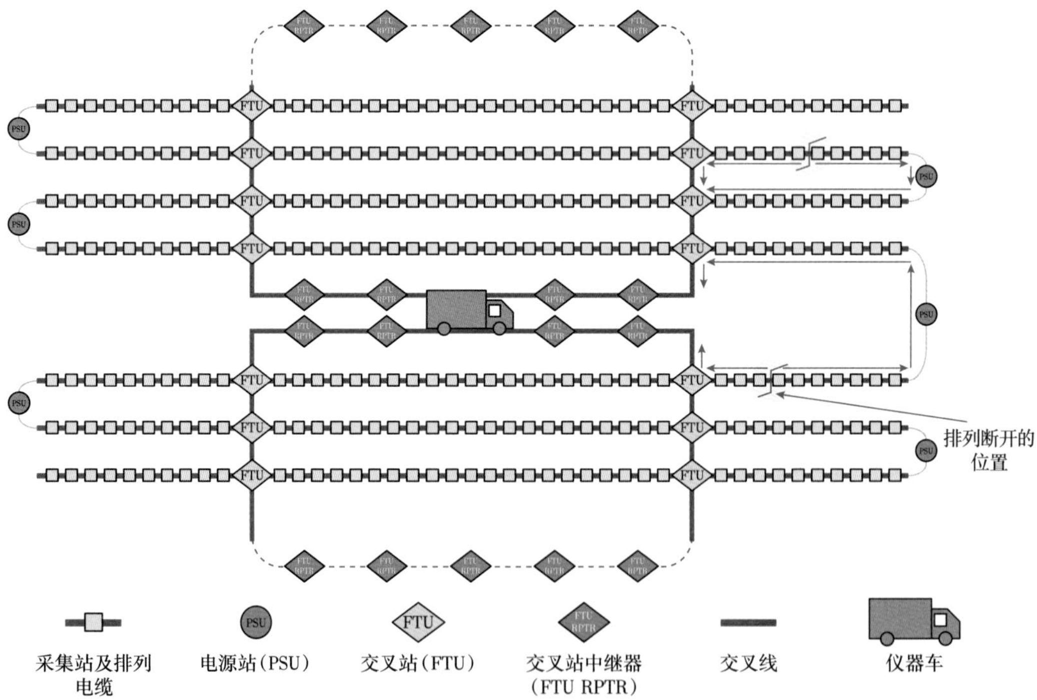

图 8-3-4　多路径传输连接示意图

由于主机与所有的野外排列都存在多条传输路径，当排列出现故障时，主机自动切换至没有故障的传输路径，使数据采集不会出现停止，提高了系统有效工作时间。

3. 先进的可控震源激发综合管理技术提高了可控震源采集效率和质量

（1）基于 TDMA 数字电台的 Hypersource 可控震源控制系统。

Hypersource 是一套专门基于 G3iHD 仪器的可控震源控制管理系统。其工作过程是：一个或多个数字电台（SAM）与 G3iHD 排列上的电源站或交叉站相连，G3iHD 主机通过排列线与数字电台（SAM）进行通信，每个数字电台（SAM）作为一个“基站”实现对其覆盖范围内的震源进行控制，因此形成一个以 G3iHD 仪器为核心的有线、无线混合的传输网络，实现 G3iHD 主机对野外多组可控震源的控制。

基于动态 TDMA 电台及新的控制机理，将震源准备好到放炮及从放炮结束到完成扫描质控的时间由 6～7s 降低到低于 3s，实现了可控震源控制激发零等待；主机与可控震源之间的通信不受地表条件和天气影响，能够大幅度提高野外施工效率。

HyperSource 与 G3iHD 仪器电源站连接，使用排列线主机与震源通信，实现震源控制与 PSS 数据回传，消除通信死区，因此主机与可控震源之间的通信不受距离、障碍物及天气影响。

（2）压缩 Zipper 数量，减少重复采集。

充分利用 G3iHD 仪器单线带道能力和远距离激发控制的优势，减少重复采集的炮数，提高施工效率。

（3）精准时距控制。

G3iHD 主机软件能够精准设置固定或渐变的时距规则，控制多组震源并根据震源之间的距离按照时间—距离规则进行激发，增加野外可控震源施工的灵活度和准确度。同时开发了具有核心知识产权的时间—距离引擎算法，经过了大量的多层次综合优化来提高放炮效率，而且这种优化基于野外施工过程中不断变化环境的全局优化，而非局部优化。

（4）集成新的 VPHD 震源控制系统，实现 64 组以上可控震源控制。

开发了性能更加优良的 VPHD 可控震源控制系统，实现了 64 台以上震源的同时控制；同时 VPHD 集成了 HDR 谐波压制技术和 LFC 低频控制技术，不仅可以降低谐波能力，提高有效出力，而且可以减少滑动时间，提高施工效率。

4. 完备的现场质量监控功能，保证采集数据质量

G3iHD 主机软件能够实时对排列状态、震源状态、采集数据进行分析，确保采集数据质量满足甲方要求。

（1）排列状态监控。

主机软件能够实时对野外排列状态（包括排列通断、采集站指标、检波器技术指标及其埋置状、环境噪声等）进行实时监控，并用不同的颜色直观地将不同状态信息显示给操作人员，确保排列状态满足数据采集要求。排列状态监控如图 8-3-5 所示。

（2）震源工作状态监控。

G3iHD 主机的 Source QC 软件能够实现 PSS 报告、震源六项指标、相关子波、震源 COG 位置等的监控，也能完成施工效率、不合格率（炮数）、统计等功能，确保可控震源激发性能满足要求。

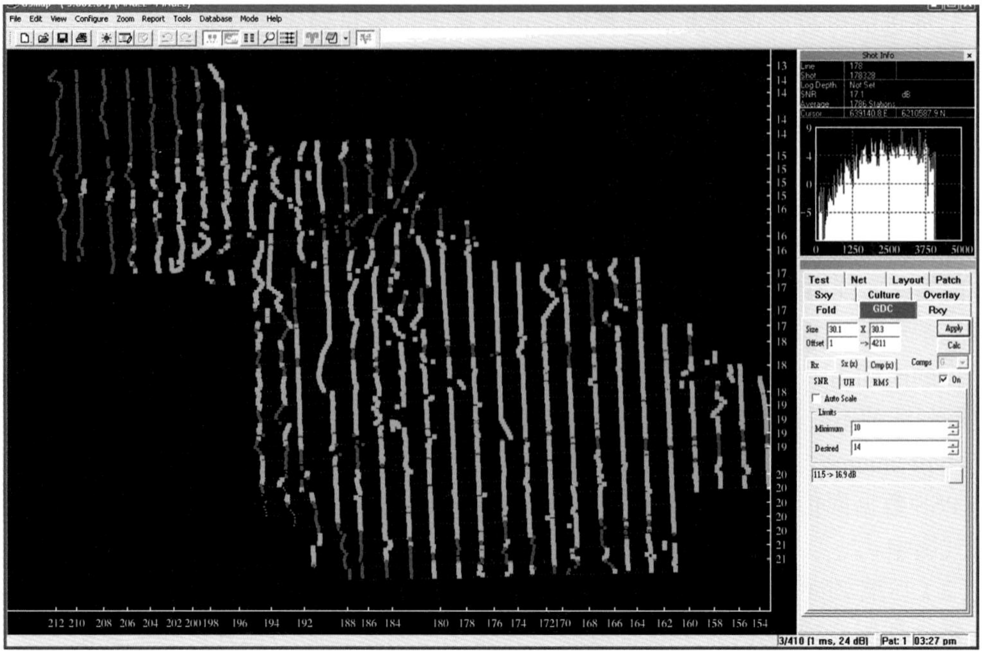

图 8-3-5 排列状态实时监控界面

5. 多线束管理功能满足了复杂施工组织方式需求

以数据库规则定义为基础的自动多线束管理功能，简化野外施工文件整理工作，降低了线束多次接续施工时人工设置带来的重文件号风险，提高了施工放炮灵活度。同时SPS 等其他仪器输出文件也都能按线束号归类。

6. 首次制定了 10 万道以上地震仪器辅助数据格式，保证 10 万道以上采集数据满足处理及 QC 要求

原有的 SPS2.1 技术标准无法满足 10 万道以上采集要求，因此通过扩展文件号位数定义，将原有文件号管理范围从 80 万扩展到 1600 万，将记录道数从 99999 道扩展到 999999 道，从数据格式方面满足了 10 万道以上的数据采集，并在科威特石油公司（Kuwait Oil Company，KOC）项目得到了推广应用。

7. 一体化联合采集技术成熟应用，提高了环境适应性与复杂地区施工效率

随着野外施工地表条件越来越复杂，单一的有线系统或节点系统都无法充分满足施工地表和不同油公司的需求，因此，G3iHD 通过对主机软件进行优化，开发了兼容有线、节点、适合过渡带系统的一体化控制软件（iX1），满足各种复杂地表条件施工要求。iX1 软件的主要组成部分如图 8-3-6 所示。

iX1 软件主要由控制野外采集的 Acquisition 模块、数据下载合成 Transcription 模块及野外 QC 模块三大部分组成。Acquisition 模块的主要功能有施工工程管理、震源控制与管理、排列管理、有线系统测试、合成数据需要的辅助数据输出；Transcription 模块的主要

功能有节点数据下载、节点数据数据分离、有线 / 节点数据合成为炮记录、节点系统测试、数据输出；野外 QC 模块的主要功能有节点采集站布设与测试、有线系统测试、震源导航。

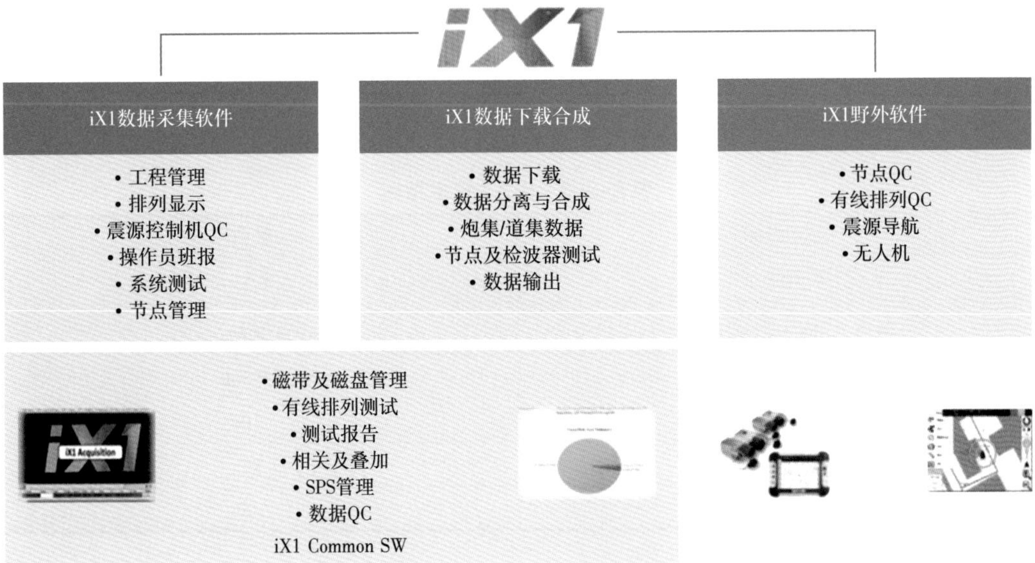

图 8-3-6 iX1 软件结构图

当野外配置的外设全部为 G3iHD 有线设备时，不需要 Transcription 模块，Acquisition 模块直接完成数据采集、存储与 QC。

当野外配置外设全部为节点设备（Hawk 或 Quantum 节点）时，Acquisition 模块只是控制震源进行激发，同时输出 PSS、放炮 GPS 时间等辅助信息给 Transcription 模块，Transcription 模块自动完成节点数据的下载、分离、合成与输出，整个过程由软件自动完成。

当野外配置为有线（G3iHD 仪器）和节点（Hawk 或 Quantum 节点）时，Acquisition 模块不仅控制震源激发，而且还控制 G3iHD 仪器外设进行采集，并将 G3iHD 记录的数据提供给 Transcription 系统与节点数据合成，Transcription 模块自动完成节点数据的下载、分离，并将节点数据与 G3iHD 仪器记录的数据进行合成为完整的炮记录进行输出。

iX1 软件系统已经发展成为一个功能强大、操作灵活的软件系统，极大拓展了 G3iHD 仪器的适用范围，为复杂地区施工提出解决方案。该系统已经在国内长庆、新疆、青海、东北等复杂探区得到了广泛应用。

8. 集成性能优良的 MEMS 数字检波器，提高了数据采集质量

“十二五”和“十三五”期间开发和完善了新一代 MEMS 单分量数字检波器 SL11，重点是：ASIC 电路的重新设计，以降低功耗与噪声；高效率电源设计进一步降低功耗；电路板结构及机械结构设计，提高检波器稳定性。SL11 是目前重量最轻、功耗最低、噪声最低的 MEMS 数字检波器，并在 KOC 项目完成了 23.4 万道的规模化应用。

ASIC 伺服电路通过 5 阶 SD 调制回路对 MEMS 传感器进行反馈控制，5 阶调制回路构建的数字闭环系统添加了力平衡反馈，惯性体位移基本保持平衡位置，从而提高系统

线性度和系统带宽。同时数字信号可以按照严格的时序关系实现传感器反馈控制，有效消除反馈力带来的非线性影响，降低系统噪声。

SL11 数字检波器具有以下优势：（1）DC-800Hz 响应带宽，满足宽频采集技术要求；（2）平坦的幅度响应与线性相位，不会产生相位失真；（3）个体之间一致性好，满足高密度及高覆盖采集；（4）性能不会受使用年限影响，降低使用成本。

SL11 数字检波器技术指标见表 8-3-3。

表 8-3-3 SL11 技术指标

技术指标	数值
满刻度 /g	0.33
噪声 /[μm/（$s^2 \cdot \sqrt{Hz}$）]	0.3
带宽 /Hz	0～800
失真度 /dB	-100
功耗 /mW	85
重量 /g	200

三、G3iHD 仪器的应用

G3iHD 仪器广泛应用于美洲、俄罗斯、中亚、中东、非洲 10 多个国家和地区，包括科威特、沙特阿拉伯等高端勘探市场，全球累计销售已经超过 100 万道，用户包括东方物探、河北煤田地质局、巴基斯坦国家石油公司（OGDCL）等十多个国内及国际物探公司。近几年已顺利进入竞争对手垄断的市场，如印度、欧洲、中亚等市场，在国内，仅东方物探就实现了同类产品的完全替代。

颇受业界瞩目的科西项目是东方物探在中东赢得的目前为止全球最大道数的采集项目，项目采用的 G3iHD 仪器，是 MEMS 数字检波器自问世以来首次规模化应用。G3iHD 仪器的稳定性、可靠性及施工效率在该项目的实际应用中都得到了验证与考验。

第四节 KLSeis Ⅱ 地震采集工程软件系统

KLSeis Ⅱ 地震采集工程软件系统是服务于地震采集的大型专业软件，功能涵盖工区踏勘、地质建模、地震数值模拟、采集方案设计、采集设备配置、野外现场质控、静校正计算、辅助数据整理等地震采集全过程，适用于陆上、过渡带和深海等各种地表的地震采集。软件着力于提高地震勘探精度和地震采集项目提质增效，是地震采集技术人员的好帮手。

KLSeis Ⅱ V4.0 包含采集设计、资料质控、模型正演、静校正和可控震源 5 大系列 27 个应用软件（图 8-4-1），是世界上功能最全的地震采集软件，整体水平和性能保持国际领先。软件设计能力满足 $5 \times 10^4 km^2$ 超大面积观测系统设计的需要；采集作业方案预设计物理点布设符合率达到 85% 以上；50 万道级的单炮数据的实时质量监控在 10s 内完成；

初至波二次定位精度达到 2m；现场采集数据的转储拷贝能力达到每日 30TB；节点数据切分和合成支持 eSeis、Z100 和 MASS 等常用节点。

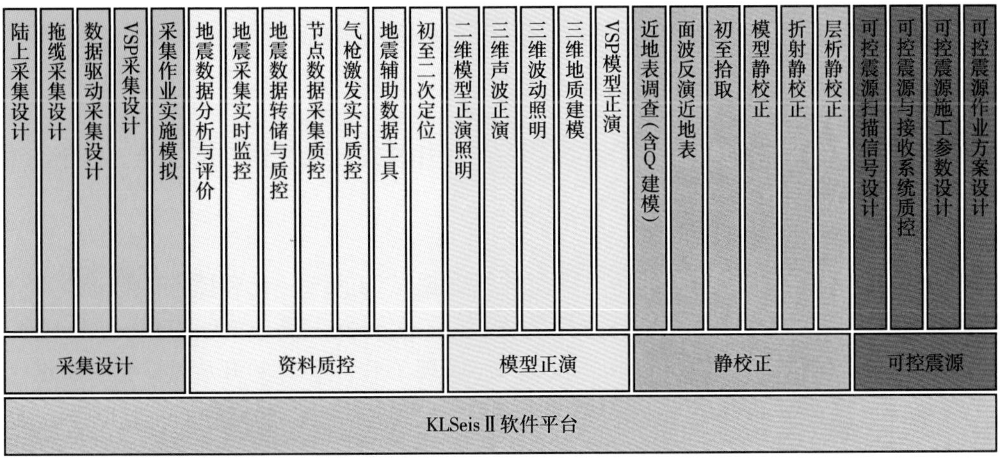

图 8-4-1 KLSeis Ⅱ 软件平台及应用软件构成

一、KLSeis Ⅱ 软件平台

随着“两宽一高”和可控震源高效采集技术的广泛应用，地震采集数据呈指数级增长，要求地震采集软件具备海量数据的处理能力和快速的计算能力，第一代地震采集工程软件系统 KLSeis 已经无法满足地震采集的要求，为此，对地震采集软件平台进行了革命化的创新，最终形成了一套具有开放式、大数据、高性能、跨平台和多语种等特点的地震采集工程软件平台。

1. 软件平台架构

KLSeis Ⅱ 软件架构可以分为四层（图 8-4-2），第一层为核心层，第二层为平台层，

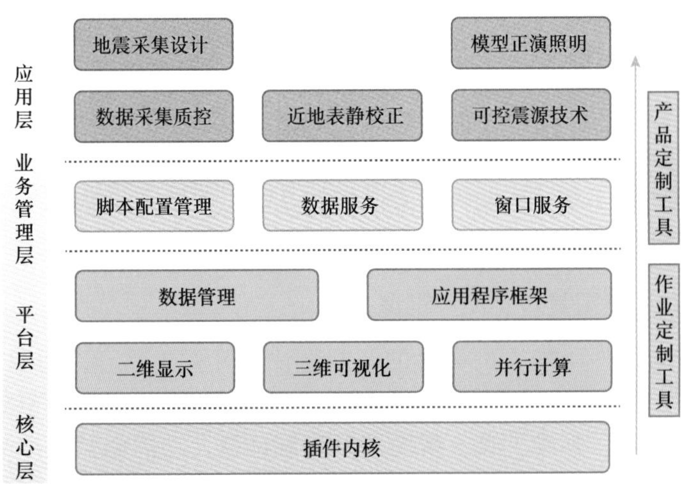

图 8-4-2 KLSeis Ⅱ 软件平台体系结构图

第三层为业务管理层，第四层为应用层。平台以插件内核为基础，提供了标准的应用程序框架、数据管理、并行计算、二维显示和三维可视化及公共算法库等基础设施，突破了高效计算、海量数据快速处理、超大采集数据三维可视化等多项技术瓶颈，形成了全新的插件式架构平台环境，实现了应用软件的快速开发和集成。

2. 软件平台特点

KLSeis Ⅱ软件平台为物探行业内首创的具有开放式、大数据、高性能、跨平台和多语种等特点的地震采集工程软件平台。

1）开放式

KLSeis Ⅱ软件平台采用插件化结构设计，数据结构的统一化和插件的标准化提升了插件的重用率，实现了插件的共享。软件提供了二次开发工具包 KL-SDK，用户可以利用 KL-SDK 开发新的插件、功能和应用软件，实现了软件平台的开放性。KL-SDK 开发工具包实现了软件界面交互设计、代码编写与调试、产品集成与发布等功能，为新功能的开发与集成提供了极大的便利，提升了软件开发和维护效率。

2）大数据

KLSeis Ⅱ软件平台提供了一套海量数据处理与管理技术，通过高效 IO 与灵活的缓存调度策略确保海量数据的高效访问，实现了 TB 级卫星遥感数据的处理、千万级炮检点的观测系统快速计算和立体显示、TB 级地震数据的监控和分析、百 GB 级地震体数据的快速渲染和切片分析，为高密度、宽方位地震采集技术的工业化提供了坚强技术支撑。

3）高性能

KLSeis Ⅱ软件创建了单机多核并行、CPU 和 GPU 异构并行及多机通用并行计算框架，研发了 CPU 与 GPU 协同异构并行、数据缓存动态分配、三维数据降维存储和三维矩形网格数据分布式存取等方法，实现了复杂运算和海量数据的高效处理，满足了三维波动正演和照明等大数据量运算的工业化应用。

4）跨平台

KLSeis Ⅱ实现了相同代码在 Windows 和 Linux 等系统上编译后可直接在 Windows 和 Linux 系统下安装，在 PC、工作站或计算机集群上运行，并保持了完全一致的界面风格和操作方法。

5）多语种

KLSeis Ⅱ包含中文和英文两种资源，实现了中文和英文自由切换，满足了地震采集软件国际化应用的需要。

3. KLSeis Ⅱ开发工具包（KL-SDK）

KL-SDK 是为软件研发人员设计的一整套快速开发工具，以闭源方式公开了大量的 KLSeis Ⅱ软件平台资源，提供了强大的高性能计算框架及安全可靠的授权管理服务。KL-SDK 包括设计器、开发工具、帮助工具和翻译器，功能涵盖了产品的设计、编码、调试及发布，提供了软件开发全生命周期的支撑。KL-SDK 使软件人员专注于专业领域需求、大大简化了采集软件的开发难度、缩短了软件的研发周期、降低了行业软件的开发门槛。目前 KL-SDK 广泛应用于东方物探国际勘探事业部和各物探处的软件研发中，逐渐形成以 KLSeis Ⅱ应用软件为主体、用户开发软件或插件为补充的地震采集工程软件生态系统，推进了采集软件的发展。

二、KLSeis Ⅱ应用软件

KLSeis Ⅱ包括地震采集设计、模型正演、数据质控、近地表静校正和可控震源等五大技术系列二十多个应用软件，是目前世界上功能最完备的地震采集软件。

1. 地震采集设计系列软件

KLSeisII 地震采集设计系列软件包括陆上、拖揽和数据驱动地震采集设计等软件，主要应用于观测系统设计和分析评价，服务于技术投标与采集方案预设计，能根据用户要求完成平原、山地、过渡带、海洋等各种复杂地表的观测系统设计及方案优化。与其他同类软件相比，具有布设方式灵活、自动化程度高、实时交互编辑、面元动态分析、超大数据处理等特点。

1）陆上地震采集设计（KL-LandDesign）

陆上地震采集设计软件主要包括参数论证、观测系统设计、炮检点布设与编辑、面元分析、观测系统分析和 GIS 辅助设计等功能，具备强大的观测系统设计能力、灵活易用的交互编辑功能以及完整的观测系统属性分析评价体系，可充分满足设计人员不同阶段的采集方案设计需求。

采集参数论证功能基于工区近地表结构与目的层的地球物理模型对观测系统参数、激发参数、接收参数及炮检点组合参数进行分析论证，为确定合理的地震采集参数提供科学依据。观测系统设计功能可布设各种规则与不规则的观测系统，包括线束状、砖块状、斜交状、锯齿状、纽扣状、辐射状、圆环状和正弦状等观测系统，能够实现推拉式和大十字等复杂模板的满覆盖布设。叠前属性分析功能可以进行均匀性、加权覆盖、DMO 叠加、PSTM 脉冲响应、速度分析精度、噪声压制和波场连续性等面向叠前偏移的观测系统属性定量分析，量化评价观测系统的优劣，提高观测系统设计的科学性。另外，结合遥感数据和地理信息系统（GIS）等信息，完成障碍物定义和批量处理、测线设计与评价、炮检点自动避障、施工难度分析、工作量统计分析等，实现了快速、精准的施工方案预设计。针对工区地表障碍区，提供了多种炮检点变观方法，能自动或者交互完成城镇区、农田水网区和高陡山地等各种复杂地表情况下的变观设计。可以对不同障碍物设置不同的安全距离和对不同安全距离设置不同的药量规则，软件根据这些规则来自动设计炮点位置和药量大小；也可根据不同障碍物的安全距离以及偏移后的激发点位置自动检查实际井位采用的药量是否符合地震勘探安全距离的规定，实现基于障碍物安全距离的激发因素设计和检查。

2）拖揽地震采集设计（KL-Streamer）

拖缆地震采集设计软件主要用于海上地震数据采集观测系统设计、四维地震采集设计与质量监控。软件主要功能包括模板设计、航迹设计、航线优选、方案实施、观测系统分析和4D分析与质量监控。软件采用全新的观测系统设计流程，提供了自动和交互的航线设计与编辑功能，可方便地完成复杂工区的拖缆采集设计。航迹设计主要包括航迹满覆盖布设、多边形布设、滚动布设和环形布设等功能，可以完成各种复杂工区和障碍区的航迹设计。航线优选采用模拟退火算法、赛道算法以及遗传算法，软件可以根据障碍物分布和船的最小转弯半径对航线进行自动优化，求取整个拖缆勘探项目最优的换线航线路径以及避障路径，使得航线路径最短，并可以随着施工进度，对航迹的施工顺序进行合理的调整。

3）数据驱动采集设计（KL-DataDriven）

目前许多油田都开始进行二次或者三次地震资料采集，以往地震采集已经获得大量的地震数据和资料，数据驱动采集设计充分利用以往采集的地震资料，可以对道距、排列长度和检波器组合等采集参数进行分析和论证，使得采集设计更加具有针对性，观测系统更加合理。软件突破了传统的利用公式进行参数论证的方法，实现了对采集参数的精细设计与优化。软件提供了三维数据体成像分析功能，可以对不同观测系统进行成像分析和对比，该功能也可以用于炮检点变观分析。针对复杂障碍区的变观设计方案，利用工区以往实际采集的动校正后的道集数据，将地震道按炮检距分配到所有面元内，生成每个面元的CDP道集，然后进行水平叠加得到整个工区的三维叠加数据体（图8-4-3），通过分析不同变观方案的数据体来评价变观方案的优劣。软件为面向目标勘探和油藏开发的二次或三次地震资料采集提供了技术支撑和分析工具，使得变观设计更合理。

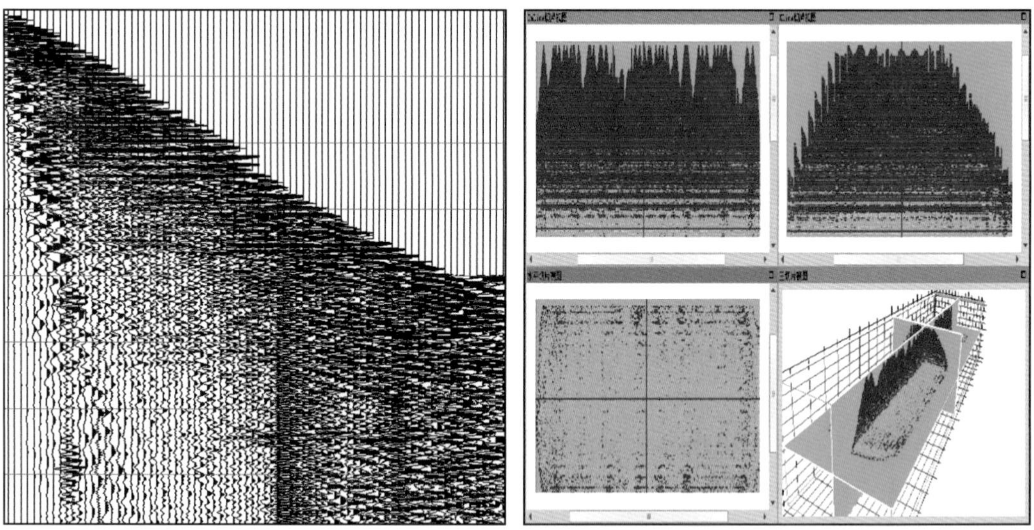

图8-4-3　CDP道集（左）及叠加数据体切片显示（右）

4）二维VSP采集设计（KL-2DVSPDesign）

VSP地震采集是不同于地面地震采集的一种施工方式，需要在井中进行激发或者接收，因此VSP的采集设计和分析方法和地面地震采集设计有所不同。二维VSP采集设计软件是专门用于 VSP 地震采集设计和分析的工具，能够实现零偏、非零偏及 Walkaway 等观测方式的设计，其主要功能包括炮检点范围分析和论证、观测系统布设、成像范围分析和属性分析。炮检范围分析功能通过输入井轨迹和地质目标层位置，将检波器布设在井轨迹中，软件会自动显示地面激发点的合理位置范围，给出目的层反射所需要的最小和最大炮检距。用户可用鼠标分别拖动炮点和检波点的位置，相应的检波点或者炮点的位置会随之调整，也可移动目标层的位置，炮检点的位置也会相应变化，通过交互分析得到合理的接收点和激发点的合理位置，确保能够获得目标层的反射。通过设置不同深度的多个目的层，软件基于反射原理求取并显示各目标层的反射点，得到 VSP 成像范围，还可进行覆盖次数和入射角等属性分析，为优化 VSP 采集观测系统提供科学依据。

2. 模型正演照明系列软件

KLSeis Ⅱ模型正演照明系列软件包括二维模型正演与照明软件、三维地质建模软件和三维模型正演与照明软件，可应用于地震勘探的资料采集、资料处理和资料解释环节。在地震数据采集环节可为野外观测系统设计提供参考数据，用以优选观测系统设计方案，从而得到最佳采集效果；在地震资料处理环节可为处理人员认识单炮记录提供参考，为选择合理的处理方案提供科学依据；在地震资料解释环节可帮助解释人员验证构造模式和地质解释方案的正确与否。

1）二维模型正演与照明（KL-2DModeling）

二维模型正演与照明是一套适用于复杂地表条件和地下构造的二维建模及地震数值模拟软件，功能包括地质建模、模型正演、波动照明分析和成像分析等。采用优化的块状结构描述，基于层段编辑的建模技术简化了建模过程，实现了强大的复杂构造建模功能，其优点是能够描述各种复杂的地质模型，减少了数据的冗余，可快速追踪闭合块。软件能够建立砂体、尖灭、剥蚀、岩丘、逆掩推覆及真地表模型等复杂模型（图 8-4-4），

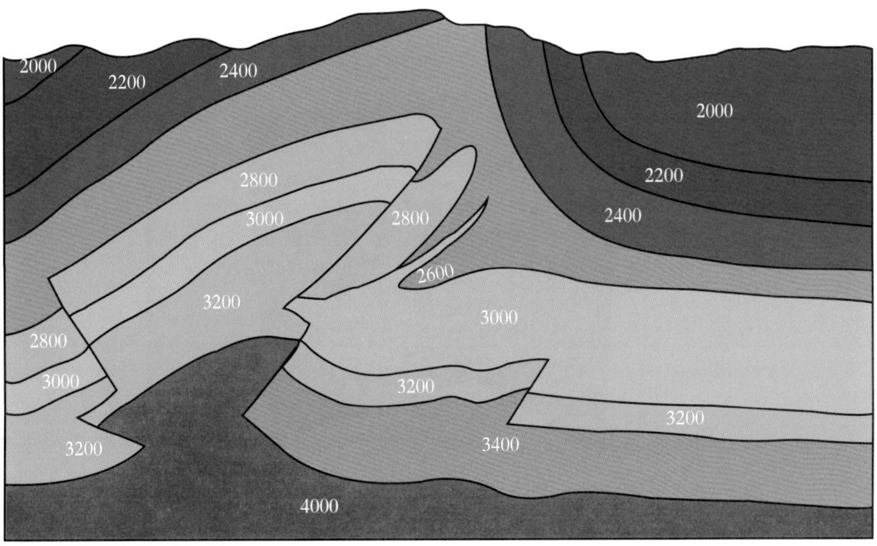

图 8-4-4 地质模型示例

支持导入建模、拓绘建模和交互建模，支持常属性及梯度属性定义，支持深度域及时深转换建模。软件正演算法丰富，包括射线追踪正演、高斯射线束正演和波动方程正演，可满足不同条件的模型正演需求；波动方程正演功能实现了单机异构并行及多机并行等高效计算，可充分利用各种计算设备，缩短计算时间；照明分析功能能够快速完成复杂地质条件下的照明计算，也可根据目的层的反向照明结果进行炮点变观分析，改善目标区的成像效果；成像分析功能可以快速评价观测系统对偏移成像效果的影响。

2）三维地质建模（KL-3DGeoModeler）

利用剖面及解释数据以交互编辑或者半自动方式快速建立三维地质构造块体模型，可以导入断层和地层的散点数据，通过数据的抽稀、平滑和分组，对层面网格进行内插和外推，形成层面数据，再经过层面的交切裁剪，建立整个地质模型。可以建立正、逆断层、尖灭、超覆、砂体、透镜体和蘑菇型侵入体等复杂地质构造。软件研发了曲面拟合、曲面局部求交、多值曲面造型和基于接触关系的层面构建等技术，创新了复杂多值曲面建模技术，研发了非拓扑一致块体构建技术，大幅提升了复杂构造块体构建成功率，缩短了建模周期。可在三维空间对剖面、层面和断面等对象进行各种可视化编辑和修改。软件可以自动追踪形成无缝构造块体，用户定义介质属性后，可输出拓扑一致块体模型和网格模型。

3）三维模型正演与照明（KL-3DModeling）

三维模型正演与照明软件包括模型加载及预处理、观测系统定义、声波方程正演和单程波层位照明分析等功能。声波方程正演采用一阶速度—应力方程，利用交错网格高阶有限差分法求解，能够得到三维模拟记录和三维波场快照（图 8-4-5），利用波场快照可以分析波是来自于哪一个目的层以及波场的传播规律。软件采用广义屏算子进行单程波层位照明分析，可以实现单向和双向层位照明。可以对不同观测方式的协调目的层照明结果进行方案对比，并可以通过照明曲线对比进行定量分析。软件基于 OpenCL 和 MPI 实现了 CPU+GPU 异构并行，能够满足正演和照明高效计算的要求。

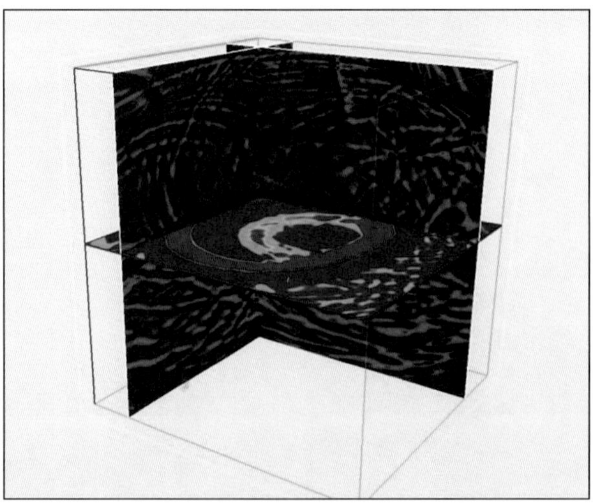

图 8-4-5　三维波场快照切片显示

3. 数据采集质控系列软件

地震采集的工序多、数据多，各工序和数据的质量关系到地震采集成果的可靠性、保真度和精度，对它们进行现场质量监控与分析极其重要，KLSeisII 数据采集质控系列软件包括地震采集实时监控、地震数据分析与评价、地震数据转储与质控、地震辅助数据工具包等软件。

1）地震采集实时监控（KL-RtQC）

随着高密度、高效采集技术的普及和应用，地震采集单炮接收道数越来越多（数万道 / 炮），野外采集效率也越来越高（几千至几万炮 / 日），传统的通过人工肉眼对单炮记录回放来进行监控，已无法满足野外采集现场质量控制的要求。地震采集实时监控软件通过局域网络与地震采集仪器主机连接，地震单炮数据通过局域网传输到质控主机，软件对地震采集数据属性、可控震源工作状态、检波器工作状态和采集参数进行实时分析，对有问题单炮和设备进行报警提示，及时通知操作员进行处理，避免大面积废炮产生。地震数据实时监控的属性主要包括能量、主频、频宽、信噪比、噪声和不正常道等。可以设置合理的属性门槛和范围，如果超出设定的门槛，就判定单炮的某一属性异常。在同一工区，针对不同地表可以设置不同的门槛值，软件在属性监控时自动按不同地表条件的属性门槛进行评价，避免由于地表条件不同而导致的误判。

2）地震数据分析与评价（KL-DataAE）

地震数据品质分析分定性分析和定量分析，定性分析主要是凭借个人经验来判断数据的品质，分析结果受评价人员的经验与技术水平的影响，而通过软件定量地分析地震记录的品质，分析结果更加准确可靠。地震数据分析与评价软件功能包括交互分析、试验点分析、统计分析和数据预处理等功能。地震数据分析与评价软件从点到面实现了地震采集数据定量分析。点分析是通过对试验或采集的单炮记录的多种属性进行详细分析，分析属性包括频谱、能量、信噪比、f-k 谱、时频和自相关等。面分析是通过对全工区资料的多种属性进行统计分析，从平面上了解采集区块资料品质的变化情况，方便分析导致资料品质变化的原因。

3）地震辅助数据工具包（KL-ADTools）

随着无桩施工、节点地震采集等高效采集技术的推广应用，地震采集效率显著提高，记录的数据量呈指数级增长。传统的地震采集辅助数据处理方法及某些基于地震数据的地震采集质控已无法满足生产需求，因此地震辅助数据高效处理技术以及基于地震辅助数据质控的采集过程控制成为当前地震勘探质控的有效方式。地震辅助数据工具包软件主要用于处理和质控野外地震采集施工中产生的辅助数据，主要功能包括地震辅助数据处理与质控、地震采集观测系统建立、地震辅助数据批量处理、地震采集效率分析、地震采集班报生成等功能。地震辅助数据的处理与质控工作是每天都做的重复性工作，需要花费大量时间。针对这一特点，开发了智能化辅助数据处理与质控技术，可以实现地震辅助数据的“一键处理”。在开工之初先进行“流程和参数定制”，之后的数据处理与质控只需输入数据即可快速完成辅助数据的处理与质控。

4）地震数据转储与质控（KL-SeisPro）

随着可控震源高效采集和高密度采集的快速发展，每日的数据量达到TB甚至PB级，野外采集中数据转储的压力越来越大，迫切需要专业的软件来完成此项工作。地震数据转储与质量监控软件是一套集地震数据拷贝、格式转换、质量控制以及数据分析功能为一体的数据转储质控软件。软件支持磁盘、磁带多份同步输出，具有适用性强、输出格式灵活、效率高的优点，可满足每天30TB数据的拷贝与转储的需要。在对地震数据进行转储的同时还可以对数据进行质控，实现对单炮数据的能量、坏道、死道、排列异常、炮能量、局部断排列和主频七种属性的质控分析，将识别出的问题炮的文件号输出到可疑炮列表，以便于查询。

5）节点采集质量控制软件（KL-NodeQC）

节点采集不同于常规的有线地震仪器采集，节点的数据是存储在节点内，所以在放炮时无法监控每一炮的地震记录质量，如何确保节点采集质量是一个非常重要的问题。采集质量控制软件是集包括数据切分、数据合成、时钟漂移校正、旋转分析和质量控制等功能为一体的节点数据质控软件，是陆上或海上采用节点仪器采集时进行质量控制的有效辅助工具。软件通过对每日回收的节点QC文件进行分析，可以了解节点的工作状态，避免由于节点状态不正常而导致的数据错误和丢失。软件利用节点仪器生成的连续记录数据和炮点激发时间信息对连续数据切分，并根据SPS信息生成检波点道集数据或炮集数据。支持多种常用类型节点、多种数据格式及多分量数据切分，可实现限制偏移距和时间范围的地震数据快速合成，并且可以对地震数据进行自动质控和交互质控分析。软件扩展性强，支持炮点及检波点信息自由文本输入，可灵活自定义输出数据道头信息，满足不同甲方的个性化要求。

6）初至波二次定位（KL-FBP）

海底节点往往无法准确地布设到理论设计的位置，因此要对节点进行二次定位。初至波二次定位是用于海底节点二次定位的软件，根据拾取的初至确定海底节点的坐标位置。主要包括初至拾取、位置分析和定位精度评价等功能，具备高精度的初至拾取和定位计算能力，且能够给出定位精度的量化评价指标，是一套从初至拾取、定位计算到定位精度评价的完整的高精度定位软件，可充分满足海底节点采集的定位需求。位置分析功能是初至波二次定位软件最核心的内容，有矢量叠加定位、扫描拟合定位和能量叠加定位等三种自动定位方法，同时提供交互定位方法，通过鼠标交互移动检波点位置，软件实时显示线性动校正（LMO）的初至效果，LMO后初至拉平对应的位置就是正确的节点位置。软件可以对定位的精度进行评价，提供叠加能量、初至向量分布和初至密度等三种量化的定位精度评价方式。初至向量图中的蓝点为节点，一个红点代表一个炮点，炮点的方向表示炮点相对于节点的坐标方位，炮点到节点的连线长度为定位残差（图8-4-6），节点定位位置不准确会造成节点初至向量不居中且向量发散。利用海底节点的初至向量可以分析节点的定位精度，离散度越小，定位精度就越高。

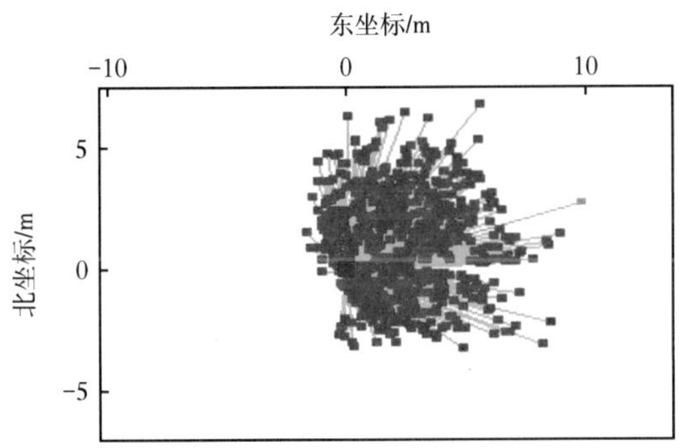

(a) 定位前

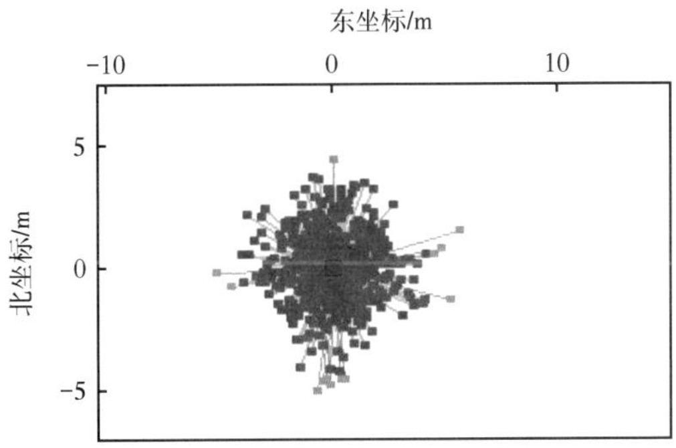

(b) 定位后

图 8-4-6　定位前后初至向量图

4. 可控震源技术系列软件

KLSeisII 可控震源技术系列软件包括可控震源扫描信号设计、可控震源施工参数设计、可控震源作业方案设计以及可控震源与接收系统质量分析等软件。能够进行可控震源各种扫描信号设计、多种施工方式下的参数设计、施工效率估算、生产排列分析以及对震源属性和采集站等设备的质量控制等。

1）可控震源扫描信号设计（KL-VibSign）

软件功能主要包括扫描信号设计和信号分析。软件能适应各主流型号的震源箱体，操作简单，可充分满足用户在可控震源扫描信号设计和分析方面的需求。软件可以设计 8 种扫描信号，包括常规扫描信号、组合扫描信号、整形扫描信号、高保真扫描信号、低频扫描信号、串联扫描信号、分段扫描信号和横波震源信号。可以设计线性、dB/Hz、dB/Oct 和 T-Power 等扫描信号，也可以设计整形扫描、低频扫描、分段扫描信号和横波震源扫描等特色扫描信号，输出的扫描信号能够被 Sercel、Vibpro 和 Forcetwo 等主流电控箱体所识别。为了保证设计的扫描信号合理，可以对设计的扫描信号进行分析和对比，包括信号的频谱分析、相关子波分析、时频分析及特定扫描信号的特殊分析，如常规扫描信号的谐波分析和组合扫描信号的叠加子波分析等功能。软件支持多个扫描信号的对比，便于扫描信号的优选。

2）可控震源与接收系统质量分析（KL-VibEQA）

可控震源与接收系统质量分析软件主要用于可控震源和接收系统工作状态的室内质控环节。可控震源质量分析主要功能包括震源属性分析、震源点位分析、震源一致性测试数据分析和震源扩展 QC 分析。震源属性分析包括震源相位、畸变和出力等，可以分析震源的属性是否超标。震源点位分析能够对震源的组合中心进行分析，查看震源在空间上的分布位置、震源组合中心位置与设计的炮点位置的平面误差和高程误差的超限情况。震源一致性测试数据分析内容包括真参考信号和震源参考信号的起始时间误差、相关子波、振幅谱、相位误差及力信号的谐波畸变等。震源扩展 QC 分析能够分析震源的扩展 QC 文件中的相位、畸变和出力等。可控震源接收系统分析主要功能包括采集站测试结果分析、采集站测试数据分析和检波器测试结果分析，分析采集站和检波器的工作状态是否正常。

3）可控震源施工参数设计（KL-VibParam）

可控震源施工参数设计是可控震源施工中的一个关键环节，它对可控震源在施工中的资料品质及施工效率起着决定性的作用，尤其是在高效可控震源采集中，参数设计如果不合理，会对后续的资料处理带来很大的麻烦。软件可以进行可控震源施工参数的论证与选取，能够对常规采集信噪比论证、滑动扫描时间、DSSS 距离和 ISS 信号相关性评价等高效采集的关键参数进行分析。可控震源常规参数设计包括三个主要功能，分别是采集参数分析、谐波分析和斜坡设计。可控震源滑动扫描施工时，滑动时间设计不合理会导致谐波对资料的品质产生影响。滑动扫描参数设计通过选择合理的滑动时间，使得具有强能量的二阶谐波和三阶谐波不会对上一炮的基波产生影响。可控震源采用空间分离同步扫描施工时，同一震次两炮资料之间的相互干扰程度取决于同步震源组之间的激发距离。同步激发源距离过近，两炮之间的目的层相互影响；同步激发距离过远，会影响震源的施工效率。空间分离同步扫描参数设计主要用于设计 DSSS 施工时震源的距离，可以通过模型参数分析或者控制曲线分析选取合适的激发距离，使得相邻炮的干扰不会影响到目的层。独立同步扫描参数设计包括 ISS 信号设计和重复概率估算两个功能。ISS 信号设计通过将信号进行拆分，通过重复概率估算评价其相关性，当信号之间的相关性最小时为最佳，有利于数据分离、消除临炮噪声的影响。

4）可控震源作业方案设计（KL-VibPlan）

软件主要功能包括震源效率估算、排列分析和作业方案分析三个部分，主要用于效率估算及有限设备下的排列分析，实现震源生产能力和资源投入达到最佳匹配。效率估算可以对单组常规、交替扫描、滑动扫描、动态滑扫、高保真（HFVS）和 ISS 等施工方式的不同施工参数进行效率估算，也可以对不同施工方式的效率进行对比，可以利用表格和分析图件来显示对比结果。排列分析以设备总道数为约束，接收线数为变量，分析不同方案的备用炮数和不同施工方向下排列摆放数量，通过纵、横向道炮比的分析，选择合适的道炮比参数，达到震源效率和排列摆放效率之间的平衡。作业方案分析可以将一个工区分为多个 Zipper 划分方案和不同的边界重复方式，通过分析不同的 Zipper 划分方案所需设备的数量和效率来确定采用哪一个方案。

5. 近地表静校正系列软件

KLSeisII 近地表静校正系列软件包括近地表调查、模型静校正、折射静校正、层析静校正等软件，为地震采集环节提供了近地表调查资料解释、近地表建模、静校正量计算与质控的全过程服务。能够完成小折射、微测井方法不同施工方式的资料解释，推出了高精度初至时间拾取方法和实用的辅助功能，提供了快速高效初至折射静校正方法及适用于连续介质及层状介质的多种层析反演方法，能够方便地实现多种方法静校正量的联合应用。

1）近地表调查（KL-LVL）

近地表调查软件主要用于野外采集环节的小折射、微测井资料解释及 Q 计算，其主要功能包括观测系统定义、初至自动与交互拾取及资料解释。近地表调查子系统具有以下特点：方便、快捷的班报填写方式；合理的炮集显示方式；准确的初至自动拾取功能；强大的自动解释和交互解释功能；规范的文本输出和图形输出。微测井解释除了可以利用初至的时间信息进行分层解释外，还可以进行动力学特征分析，充分利用微测井初至的振幅、频率等多种属性来综合进行近地表的分层，使分层结果更加准确。地震波在地层中传播时，地层会损耗地震波的能量，造成地震波振幅衰减和频率降低。在地震资料处理中，通过 Q 补偿可以弥补地震波能量的衰减，因此准确地估算 Q 有助于提高成像精度。软件提供谱比法、峰值频移法和质心频移法三种 Q 计算方法，并且可以利用多个控制点的 Q 建立整个工区的 Q 模型，并用于地震资料的处理。

2）*初至拾取*（KL-FBPicker）

初至拾取软件包括观测系统定义、初至自动拾取、初至交互拾取、质量监控及批量编辑等功能，为初至折射、层析反演和初至波剩余静校正及海上检波点定位等提供重要的基础数据。初至拾取采用基于能量比迭代拾取地震道初至波的拾取方法，初至自动拾取速度快、精度高。初至自动拾取可根据需要定义初至拾取的位置（起跳点、波峰和波谷），具有自动拾取和手工交互拾取两种方法。针对低信噪比道和异常初至开发了自动剔除和二次拾取功能，可以提高初至拾取精度。可以对单炮进行线性动校正和静校正应用，加强地震数据初至时间的收敛性，便于更精确地进行初至拾取。软件具有丰富的质量监控工具用来监控和评价初至拾取的精度，包括初至数据的共激发点域、共检波点域、共中心点域及共炮检域显示，初至离散度显示等。

3）*折射静校正*（KL-RefraStatics）

折射静校正是基于初至波走时的折射法近地表建模与静校正计算软件，主要功能包括基础数据的导入、观测系统定义与质控、折射速度计算、延迟时计算（高斯迭代法）、模型反演、折射静校正量计算、初至波剩余静校正量计算及相应的质量监控等功能。折射静校正利用地震记录初至中包含的丰富的近地表信息，能获得较高精度的长、短波长静校正量，如短波长静校正量难以满足处理要求，也可以与初至波剩余静校正结合使用。折射法建立的近地表模型也可以作为层析反演的初始模型，有利于提高层析反演模型的精度。

4）*层析静校正*（KL-TomoStatics）

层析静校正是基于初至波走时的层析法近地表建模与静校正计算软件。层析反演方法包括单尺度网格层析、多尺度网格层析和可形变层析三种方法，能够进行连续介质和层状介质模型的反演。层析静校正能较好解决中、长波长静校正问题，结合初至剩余静校正方法，也可以较好地解决大幅度短波长静校正问题。在层析正反演过程中，对结果有明显影响的参数是层析网格，层析网格小，正演的精度高，但是反演中由于单个网格内射线条数太少，会导致反演结果不稳定；层析网格太大，正演的精度低，会导致反演的误差大，降低了静校正量的精度。软件创新了多尺度层析方法，通过求取不同尺度下的速度和速度扰动量，可以很好地解决普通网格层析存在的上述缺点。可变形层析是在多尺度层析基础上发展而来的，在层析过程中可以改变层析网格的现状，层析网格可以是非直角四边形，该方法不仅能反演网格的速度，而且能同时反演网格的形态，来不断修改速度场的几何形态，因此反演的速度界面是连续和平滑的，比较符合地层是层状的这一实际情况，反演得到的深度模型的精度也较高。

5）模型静校正（KL-LVLStatics）

模型静校正是基于表层调查成果数据建立近地表模型然后进行静校正量计算的方法。模型静校正软件包括关系系数和时深曲线两种建模方法。关系系数法根据给定搜索半径计算出每一个控制点位置处的关系系数，再根据插值半径，计算出每一个接收点和激发点的关系系数，再利用关系系数来建立近地表模型，进而计算静校正量。针对非层状的近地表，研发了时深曲线静校正方法，直接通过时深曲线来计算静校正量。软件还研发了 Q 模型建立功能，可以直接根据 Q 控制点建立近地表 Q 模型，也可以由表层速度模型转化 Q 模型，然后再通过 Q 控制点来标定 Q 模型，使 Q 模型更加精确。

6）近地表面波反演（KL-SWI）

近地表面波反演是利用地震数据瑞利（Rayleigh）面波和勒夫（Love）面波来反演近地表模型的方法。近地表面波反演软件主要功能包括频散分析、基于频散曲线的表层反演和静校正量计算。频散分析是对原始地震记录的面波进行频散分析来建立频散谱，频散分析包括相移法、F—K 法和 TauP 法等三种方法。频散曲线反演包含用半波长解释建立模型和用频散曲线迭代反演模型两种方法，反演时可以对频散曲线中的基阶和高阶进行联合反演，以提高速度模型的精度。软件具备强大的数据 QC 功能、灵活易用的交互编辑能力，可充分满足面波近地表建模和静校正计算需求。

第五节 GeoEast 地震资料处理解释一体化软件系统

油气勘探生产正面临着一系列新的变化，对勘探软件提出了新的、更高的需求。一是地震数据量正在向百万道 PB 级快速发展，RTM、全波形反演（FWI）等大计算量算法也层出不穷，要求勘探软件必须能够满足海量数据大规模计算的发展需要；二是解决勘探难题越来越依靠多学科的紧密协作，要求勘探软件必须能够实现物探、地质、测井、油藏等数据的统一管理和共享，具备应用功能统一集成环境，更好地支持多学科协同工作；三是软件生态系统建设成为潮流，要求勘探软件必须具备高度的可扩展性和开放性，从而能够快速地应对各种变化并吸引汇聚各方面的开发力量，形成发展合力；四是地震数据处理解释业务正在经历从传统模式向云计算模式转变，以获取更佳的业务灵活性、降低运营成本，勘探软件必须能够支持这种新型的业务运营模式。

一、GeoEast-iEco 多学科一体化开放式软件平台

秉持“共享、协同、开放”的产品理念，采用先进的软件架构，研发形成了 GeoEast-iEco 多学科一体化开放式软件平台。GeoEast-iEco 是 GeoEast 产品家族的底层支撑，具备多学科协同、云模式共享、多层次开放的特点，可有效管理 PB 级海量数据，支持大规模

并行计算，具备多学科协同工作能力。

GeoEast-iEco 由多学科数据管理系统、开放式软件开发环境和云计算管理系统三部分组成，这三个主要组成部分，各自独立存在，同时又是一个有机、统一的整体（图 8-5-1）。

图 8-5-1 GeoEast-iEco 平台体系架构图

1. 多学科数据管理平台

GeoEast-iEco 多学科数据管理平台对 GeoEast 处理解释系统各流程、各环节中原始、过程或成果资料进行收集和分类整理，形成一套统一的处理解释一体化的 GeoEast-iEco 物探软件勘探开发数据逻辑模型。

在统一数据逻辑模型的基础上，结合需求过程中获取和整理的各类其他数据需求，通过数据库、磁盘文件以及目录结构等计算机软件手段，将数据模型涉及的各类数据有序、高效地管理起来，并以数据接口的方式，提供给处理解释等上层应用软件使用。

1）GeoEast-iEco 物探软件数据逻辑模型

GeoEast 处理解释系统由很多应用软件组成，各自使用或生成种类繁多的数据。iEco 多学科数据管理平台对纳入平台管理的各类信息进行了规范化的数据建模，实现了不同应用间的数据共享。

（1）数据建模原则。

GeoEast-iEco 数据模型在数据需求的基础上，依照关系型数据库设计规则，采用实体关系图进行建模，实体字段的数据类型必须为表 8-5-1 定义的数据域中的一种。

表 8-5-1 数据域（Domain）类型表

域	ORACLE	POSTGRESQL	注释
GINT	NUMBER	BIGINT	整型数据，对应 C 中的 long，int 整型数据
GSTRING	VARCHAR2	VARCHAR	字符型数据
GDOUBLE	NUMBER	DOUBLE PRECISION	双精度数据，对应于 C 中的 float、double 数据
GPK	NUMBER	BIGINT	只用于定义每个表的唯一标识符 ID 属性和其他表引用该 ID 的外键
GDATE	DATE	DATE	日期数据
GBLOB	BLOB	BYTEA	数组类型数据

（2）领域模型。

GeoEast-iEco 目前实现的领域模型，根据其所属学科类型，划分为近地表信息（观测系统）、地震数据、处理参数、VSP 数据、地质构造信息、属性数据、井信息、成图数据和重磁电信息以及其他数据模型。

2）GeoEast-iEco 平台数据物理存储结构

GeoEast-iEco 采用数据源（库）、项目、工区、测线（线束）的四级逻辑结构划分方式来管理数据，以一种高效的物理结构将数据保存到系统中，并以符合用户使用习惯的逻辑结构把数据呈现给上层应用程序。从物理存储看，GeoEast-iEco 采用了“数据库+磁盘文件”的方式。这些数据被物理地保存到了数据库或者磁盘上。图 8-5-2 所示为这种四级管理方式及保存磁盘文件的目录结构。图中显示了 3 套数据源（Node 1、Node 2 和 Node *n*），其中 Node 1 数据源左边显示了其数据库服务器的基本结构，右边显示了存放该数据源磁盘文件的目录结构。

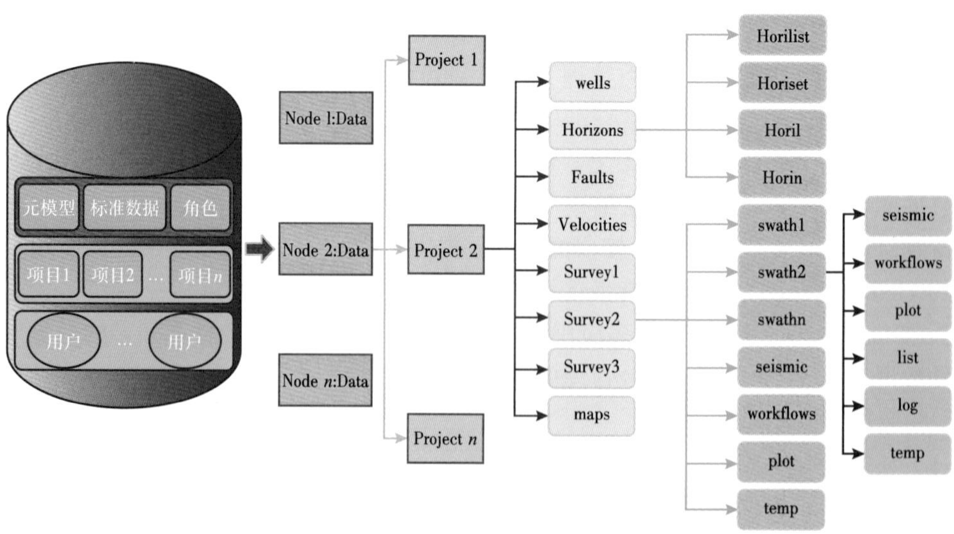

图 8-5-2 GeoEast-iEco 数据存储结构图

3）GeoEast-iEco 数据平台主要功能

（1）多数据源支持。

GeoEast-iEco 多学科数据管理系统采用插件技术，形成了 GeoEast-iEco 多学科数据源、GeoEast 数据源和中石油 A1、A6 数据源的数据访问连接器，实现了根据多插件的系统配置，通过配置系统环境，GeoEast 应用可以分别或同时访问几种类型数据源中的数据。

（2）分级数据库。

采用主数据库和项目库两级管理的方式，管理企业级或盆地级海量地震数据，为不同类型客户提供适合其需求的数据解决方案。

用户可以通过管理或技术手段，将成果数据提交到主数据库，而新建立项目则可以通过数据引用技术，将成果库中的数据进行引用和使用；对于非成果项目或短期运行的生产项目，在项目生产完成和提交成果数据以后，可以删除或废弃该项目库，达到简化数据管理内容和层级，提高项目管理的有效性。

（3）盆地级数据管理。

盆地级的数据仓库，可以解决数据重复、不一致、软件之间数据共享复杂、成果数据不统一存放等数据孤岛现象。

GeoEast-iEco 首先采用了“数据库 + 磁盘文件”的方式，从数据库和磁盘文件两个方面，来解决勘探数据规模大、性能要求高的问题。在数据库方面，采用主从式数据库（图 8-5-3）解决规模化需求；主从式数据库采用多数据服务器组成的数据库服务器微集群，以支撑超过 2000 个节点的数据服务；运用分布式多数据库读写分离技术，解除读写数据的相互影响，提高数据的响应能力和吞吐能力，分摊负载、提高效率、减少热点产生，提高安全性，并支持扩展更大规模的集群。

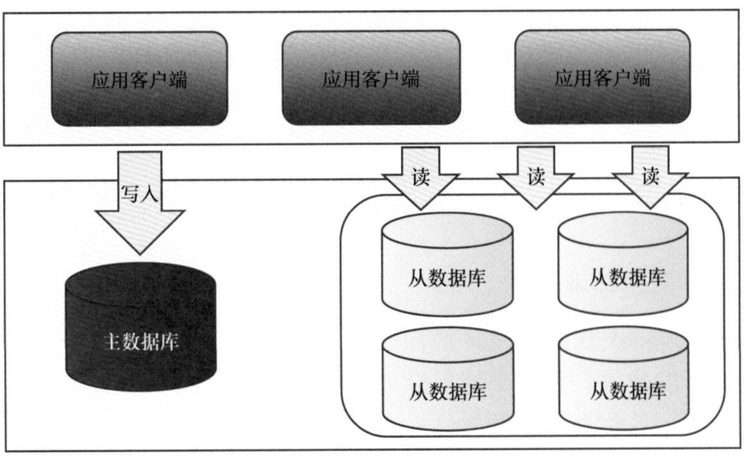

图 8-5-3　主从式数据库示意图

同时，GeoEast-iEco 在分级数据库基础上建立了方便灵活的数据引用机制。通过数据引用机制，其他数据源（尤其是主库数据源）、项目、工区的数据可以方便地引用到当前项目中，大大减少了因数据加载而过度消耗的存储空间和项目生产周期，同时也方便了用户对感兴趣数据的利用，提高了被借鉴数据的利用价值。

GeoEast-iEco 提供存储坐标与项目坐标之间的自动转换功能，解决了盆地级数据管理存在的数据跨带现象。

（4）海量数据管理。

GeoEast-iEco 提供了专门的基于两层架构的融合存储系统，存储磁盘文件上的海量地震数据：以分布式存储系统作为缓存层，提供充足的 I/O 带宽；以集中存储作为持久性存储，保证数据的可靠性以及存储容量的灵活扩展。在此基础上实现了海量地震数据库系统 SeisBase，并利用动态负载调度算法，使得 SeisBase 能够及时响应集群中的负载变化，将地震数据的访问负载调度到相对空闲的存储设备上，保证各类应用程序性能的同时也提高了系统的整体资源利用率。

融合存储把计算节点上的本地磁盘使用分布式文件系统整合成一个全局分布式存储，然后和共享的集中存储融合在一起，通过数据管理平台，为上层提供一个统一的数据访问接口。并根据地震数据及应用程序的特点，通过并行抽道集、并行建索引和分布式抽取等加速功能，进一步提高了地震数据的访问效率。图 8-5-4 给出了融合存储和集中存储的一个性能对比图，可以看出，当并行数变大时，融合存储的性能明显优于集中存储。

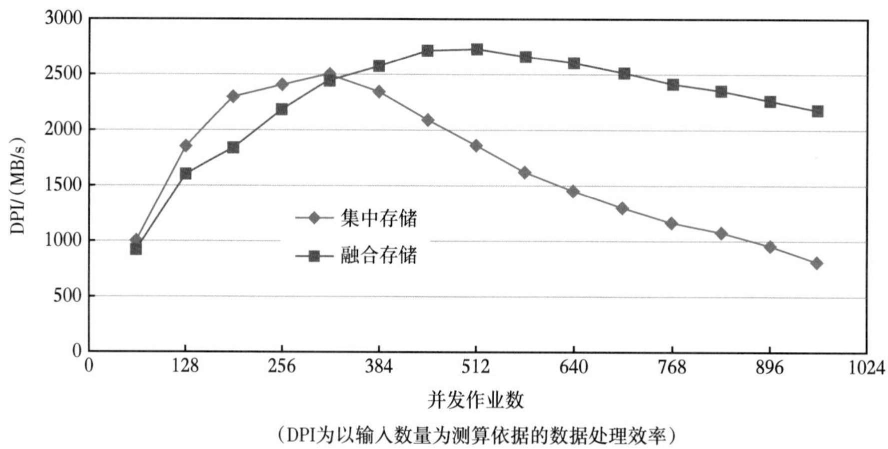

图 8-5-4 融合存储性能测试

2. 开放式软件开发环境

GeoEast-iEco 开放式软件开发环境由交互软件开发框架和批量模块支撑环境组成，采用全插件化的开发技术，全面支持复杂人机交互、批处理、大规模并行计算等各类专业应用软件的开发，具有高度的开放性，支持二进制扩展，能够构建“应用市场”商业模式。

1）交互软件开发框架

GeoEast-iEco 交互应用程序开发框架使用 QT 语言实现，采用了插件技术，提供“场景＋插件”的软件构建模式，能够有效增强应用软件的开放性和可扩展性。交互软件开发框架由插件内核、交互程序框架、专业化器件库、IDE 工具、典型业务场景等部分组成。插件内核主要负责插件的发现、注册、加载等最底层的插件机制运行，而交互程序框架则负责处理窗口布局、子窗口管理和协同、菜单工具栏显示停靠、交互操作状态切换等外在机制运行；各种专业化器件、IDE 工具等则用来简化和方便软件开发；业务场景则作为集成和承载交互应用功能的容器，为产品线提供进一步的抽象。这种“场景＋插件”的软件构建模式，为 GeoEast 带来了更好的应用扩展性和开放性。

在“场景＋插件”的界面设计中，GeoEast-iEco 采用的控制原则如图 8-5-5 所示，让软件产品在全局保持一致性，确保软件行为的可预期性，对用户而言这是非常重要的。

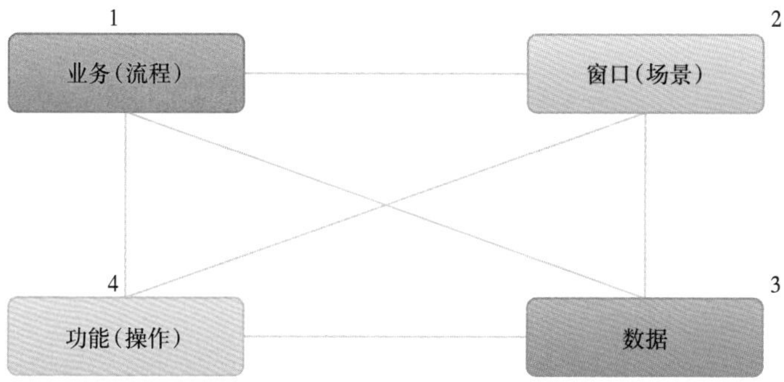

图 8-5-5 界面设计的多因素控制原则示意图

GeoEast-iEco 交互开发框架基于界面设计的多因素控制，能够开发窗口布局固定不变的应用，但它更擅长于拥有多个子窗口的应用软件开发。

2）批量模块支撑环境

传统批量模块专属于地震数据处理系统，随着勘探软件的发展，越来越多系统的非交互计算功能采用批量模块形式实现。GeoEast-iEco 将批量模块运行和控制部分从处理系统中剥离实现在平台底层，形成批量模块支撑环境。批量模块支撑环境使得只要是遵循平台开发规则的各种批量模块都能够融合使用，便捷、高效的发挥作用。应用系统运行地震作业时，能使用平台提供的 I/O 模块及公共接口、本应用系统的模块，同样也可以方便地使用其他应用系统的模块，达到博采众长的目的。

（1）执行控制系统。

批量环境的核心是执行控制系统，执行控制系统主要负责调度模块运行。随着地震数据处理需求的不断演化，用户编辑复杂作业的需求越来越强烈。iEco 批量模块支撑环境中，简化了模块运行控制逻辑，且准确表达模块间数据流的真实关系，形成复杂多分支执行控制系统。在批量模块代码不做修改的情况下实现复杂多分支执行控制系统，既支持复杂作业运行，又能提升作业运行效率。

（2）常规处理自动并行引擎。

GeoEast-iEco 平台借鉴互联网大数据处理解决方案的优点，并结合地震数据处理的自身特点，设计开发了新一代常规处理自动并行引擎，该引擎基于 MapReduce 架构，将用户组织的地震作业自动并行执行，从地震数据的输入、处理及输出都实现多节点并行操作，能有效提升数据处理的效率，相对于传统海量数据常规处理手段，在性能、扩展性、稳定性、作业类型适应范围等方面，都有着更好的表现。

根据地震数据处理的“局部性”特点，基于地震数据索引把整个地震数据分割成若干可独立处理的单元放入任务池中。在多个节点启动 Map 和 Reduce 进程，Map 进程根据自己的处理能力按需请求任务，根据请求到的任务进行地震数据的输入和处理，并把处理后的中间数据写入本地盘，MapReduce 框架负责把 Map 产生的数据发送到多个 Reduce 进程，Reduce 进程最终把结果数据写入存储，实现地震数据并行输出，具备易用、适用范围广、运行稳定、高性能和高扩展性的特点，成为海量地震数据处理利器。其性能和扩展性如图 8-5-6 所示。

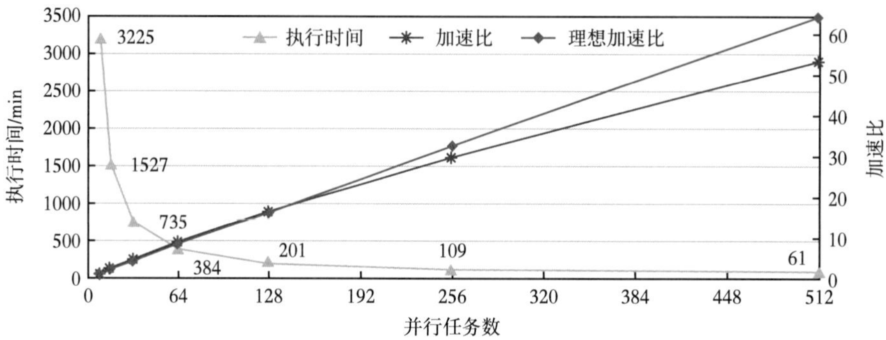

图 8-5-6　自动并行引擎扩展性

3. 云计算管理系统

面对海量资源管理、多学科协同研究的巨大冲击和现代云计算技术的快速变化，传统的资源管理及监控、自动化运维、胖客户端、应用软件管理、基于静态资源绑定的批量作业调度算法技术已不能满足日益复杂的用户需求。

GeoEast-iEco 云计算管理系统通过集中管理各类硬件、软件、数据等资源，实现企业级私有云和公有云的搭建，打通勘探、开发等各个生产环节，从而形成勘探专业应用一体化云计算平台。

GeoEast-iEco 云计算管理系统功能完备，涵盖了海量资源管理和监控、基于 QoS 保障的弹性作业调度、用户、软件管理和统计分析，采用远程可视化技术提供 SaaS 模式的云服务。针对海量异构资源，实现了一键式安装、资源自动发现、批量配置和管理，以及最高可达秒级的实时监控，监控内容全面，规模可到 2000 节点以上；在资源汇聚的基础上实现了弹性作业调度系统，使用动态配额划分，最大化共享资源，资源紧张时保证服务质量（QoS），资源充足时提高利用效率；对软件资源和用户进行统一管理，在确保用户体验的同时将用户的各种资源汇聚起来，避免浪费；针对部署在云中的应用，采用远程可视化技术使得用户可以在任何时间、任何地点、任何设备上都能够访问部署在云中的服务。

1）云计算管理系统功能

GeoEast-iEco 云计算管理系统主要由资源管理与监控、软件管理、用户管理、远程可视化、批量作业调度、统计分析及数据管理等七大功能构成。

资源管理与监控实现了资源自动发现、批量配置管理、一键部署、自动化运维、秒级监控、存储管理、故障报警等功能。

云计算管理系统的软件管理能够对大量的现有软件资源进行整合，统一管理，形成一个松散耦合的开放整体。用户可利用远程可视化技术对系统中部署的软件资源进行访问使用。云计算管理系统的用户管理实现了云门户和操作系统用户的统一信息与权限管理。每个云门户用户都映射为操作系统的真正用户。为便于管理，可对用户进行不同层次的逻辑划分。云门户的每个用户通过用户角色来实现资源分配以及门户功能限制。

统计分析模块提供服务器负载、集群负载、存储统计及用户、设备、应用连接统计，根据实际需要可以以不同的时间粒度来进行。

远程可视化技术是用户使用云环境软、硬件资源的基础，GeoEast 云计算管理系统目前实现了基于 DCV+VNC 和 VirtualGL+VNC 以及 Windows 的 Rdp 方式的远程可视化。在应用中，用户通过浏览器访问门户可远程使用各类软件。用户能够在任意终端，随时随地开启应用进行完美体验，而且对多用户协同操作也能有很好的支持。该系统内置了可视化服务器的调度算法，在用户启动远程应用时，根据系统的调度策略给用户选择最合适的可视化服务器，自动实现负载均衡，对分配给用户的资源进行隔离，避免不同用户之间应用的资源抢占和互相干扰。

批量作业调度总的目标是资源紧张时保证服务质量，资源充足时提高利用率，同时具备资源静态划分和动态共享的特点。对于弹性作业，调度器首先按作业最小资源请求分配资源，并计入用户配额，然后把该作业放入弹性作业队列。如有空闲资源则调度器会和作业协商以追加资源，直到最大资源请求；如果资源紧张，调度器会和作业协商收回追加的资源。弹性作业的追加和回收按照“谁少占谁先追、谁多占谁先让”的原则来进行，弹性作业公平调度算法较好地实现了调度目标。

2）云计算管理系统特点

GeoEast 云计算管理系统以“共享”为理念，通过部署和使用，可以在规模、成本、便捷、体验和服务等多个方面带给用户切实的便利。

在规模上，针对油气勘探开发业务特点，可高效管理海量异构资源，为大数据和大计算提供必备的物质条件，通过资源整合使得用户单位有能力运作大型项目，提高市场竞争力。

在成本上，实现了各种资源集中管理、统一调度，实现资源共享和最大化利用，能够显著降低硬件和软件投资，在项目运行过程中对资源按需分配、弹性伸缩，可以进一步缩短项目周期，有效降低业务成本。

在用户体验方面，GeoEast 云计算管理系统具备负载均衡、用户隔离能力，有效避免相互之间的影响，用户可以在任何时间、任何地点、任何设备上进行访问，让计算无所不在，让业务更加自由、连续和灵活。

在便捷性方面，GeoEast 云计算管理系统能够部署计算类、交互类或混合类等多学科、全流程的应用软件，集中对软件和硬件等资源进行管理，实现一站式服务。

二、GeoEast 处理系统

1. 剩余静校正处理

GeoEast 系统已经形成以基于波形驱动的初至波剩余静校正、超级道反射波剩余静校正等剩余静校正技术系列，用于提高成像质量。

1）基于波形驱动的初至剩余静校正

波形驱动的剩余静校正基于地表一致性假设，通过提取初至波形数据中时差并进行分解得到剩余静校正量，具有计算精度更高和抗噪性更强的特点。

2）超级道反射波剩余静校正

该方法通过提取输入数据的有效信号建立高信噪比的超级道数据，并进行剩余静校正量计算，具有能更好地适应低信噪比数据、计算效率高、计算资源消耗少等特点，对大时差静校正量有更好的处理效果。图 8-5-7 为超级道反射波剩余静校正的应用效果。

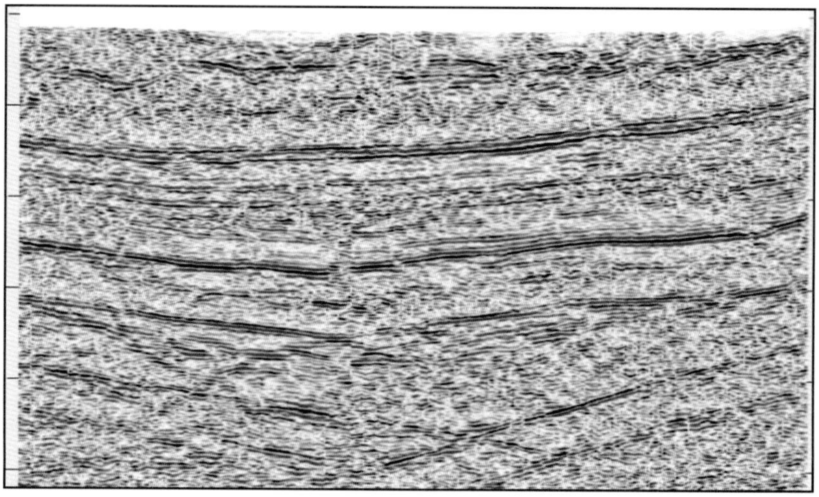

图 8-5-7 超级道反射波剩余静校正叠加剖面

2. 噪声压制

叠前去噪是地震资料处理过程中提高资料信噪比的有效手段。GeoEast 系统具有完备的叠前多域去噪技术，按干扰波类型不同，可分为单频干扰压制、相干噪声压制、面波衰减、异常振幅衰减、地表一致性异常振幅处理和三维叠前随机噪声衰减等功能。下面重点介绍相干噪声压制、自适应面波衰减和三维叠前随机干扰衰减。

1）相干噪声压制

（1）三维锥形滤波技术。

采用三维锥形滤波技术（三维视速度滤波技术），有效提高了信号保真度。该技术也可用于采集脚印的压制，在十字排列基础上，将两个锥形滤波器嵌套在一起形成三维薄锥滤波器，利用陷波滤波器在 FKK 域进行采集脚印识别和压制（图 8-5-8）。

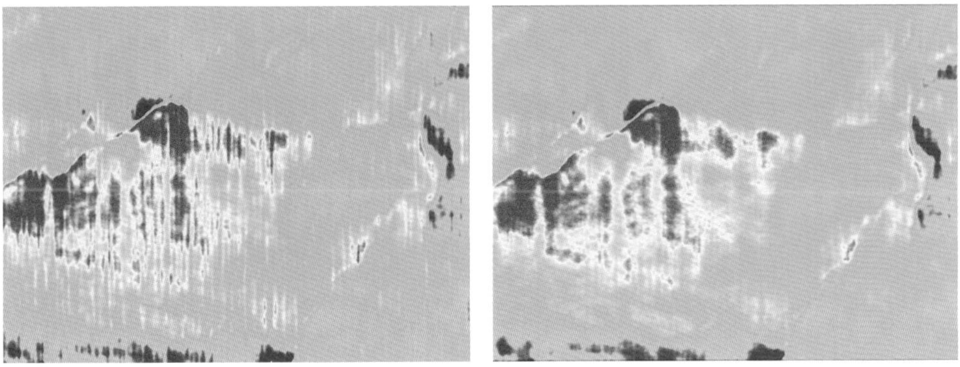

（a）压制前　　（b）压制后

图 8-5-8 FKK 域叠后采集脚印压制前后效果图

（2）*K*—*L* 变换线性噪声衰减。

K—*L* 变换本征滤波技术本质上是根据相邻地震道规则干扰的相干性进行滤波，相干性越强，规则干扰压制效果越好，“两宽一高”地震数据规则噪声更容易识别。采用该方法预测精度高，模型建立可靠，能有效地衰减地震数据规则干扰噪声，保护有效信号（图 8-5-9）。

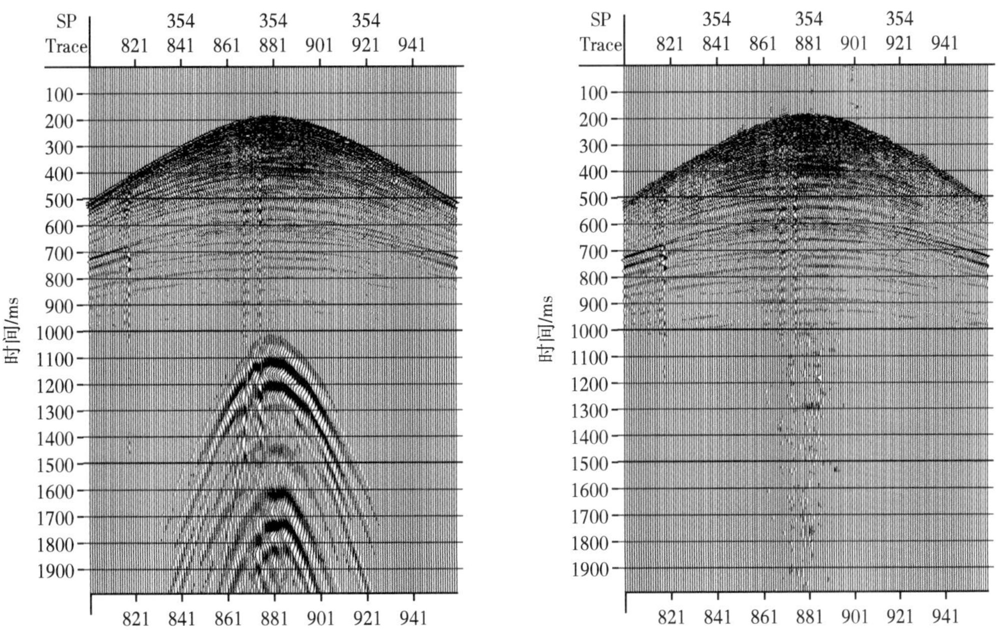

（a）滤波前　　（b）滤波后

图 8-5-9 炮记录 *K*—*L* 变换本征滤波前后效果对比图

2）自适应面波衰减

针对强能量面波和不规则分布、发散的面波，根据面波频率、能量、视速度与有效信号的差别和用户选定的噪声频率和视速度范围，自动识别并衰减（图 8-5-10）。

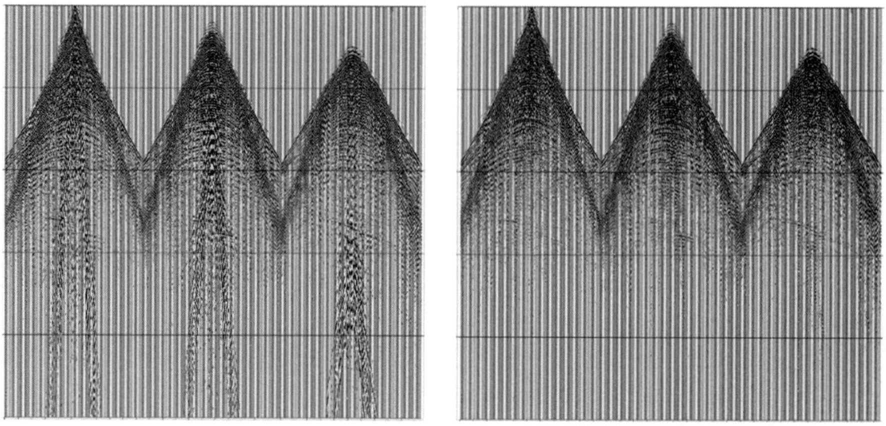

(a)衰减前　　(b)衰减后

图 8-5-10　自适应面波衰减前后效果对比图

3）三维叠前随机干扰衰减

三维叠前随机噪声衰减方法，是基于三维频率空间的 *F—XYZ* 域预测去噪技术。它假设地震记录中的有效波在 *F—XYZ* 域具有可预测性，而随机噪声则无此特性。利用多道复数最小平方原理求取三维预测算子，并用该预测算子对该频率成分的四维地震数据体进行预测滤波，既将三维叠前地震数据视为一个四维数据体（也称为四维随机干扰衰减），这种方法利用了 *F—XYZ* 预测理论求取每一个频率成分的预测算子，把预测算子应用于三维叠前地震数据，达到衰减三维叠前随机噪声的目的（图 8-5-11）。

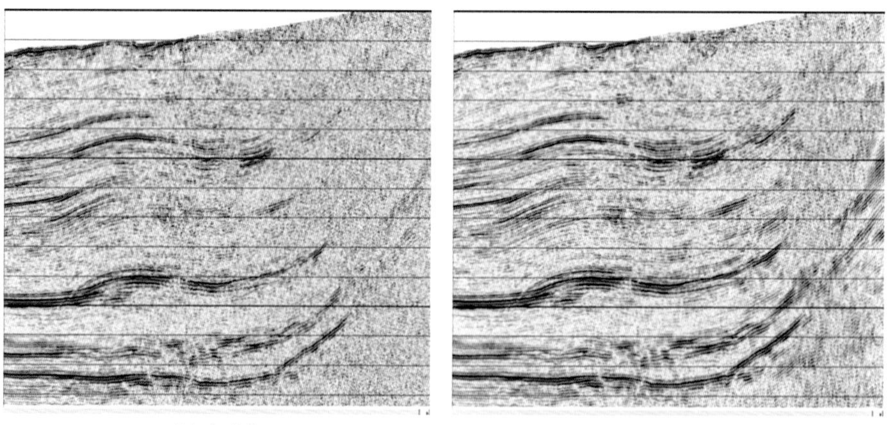

(a)衰减前　　(b)衰减后

图 8-5-11　三维叠前随机干扰衰减前后叠加剖面效果对比图

3. 高分辨率处理

地震数据高分辨率处理指通过压缩地震子波来提高地震剖面的分辨率，反褶积技术是压缩子波提高分辨率的常用手段。GeoEast 的反褶积技术包含地表一致性反褶积、预测反褶积、谱模拟反褶积与子波整形反褶积等有效方法；基于地层吸收衰减因子的反 *Q* 滤波是基于物理 *Q* 吸收模型补偿地层吸收提高分辨率的方法，可以有效补偿由于地层吸收引起的地震数据分辨率的降低。

1）三维地表一致性反褶积

三维地表一致性反褶积方法一般在三维地表一致性振幅补偿后使用，作用是消除炮点或者检波点间的子波差异；其评估标准一般采用数据自相关的炮集（或者检波点道集）的叠加来评价炮间（或者检波点间）的子波差异。

利用谱分解方法实现地表一致性反褶积，主要通过三大步骤，即谱分析、谱分解和反滤波因子进行。

2）预测反褶积

在假设反射系数序列为白噪序列、地震子波为最小相位的情况下，根据预测距离从地震记录中可计算出预测反褶积算子，该算子与原始数据做反褶积得到预测道，从原始记录中减去预测道即可得到预测反褶积的结果。该技术可用于消除地震记录中的长、短周期多次波，又可用来提高地震记录的分辨率。图 8-5-12 是不同反褶积前后的叠加结果、自相关与振幅谱的对比，经两种反褶积处理后地震数据的一致性与分辨率明显提升。

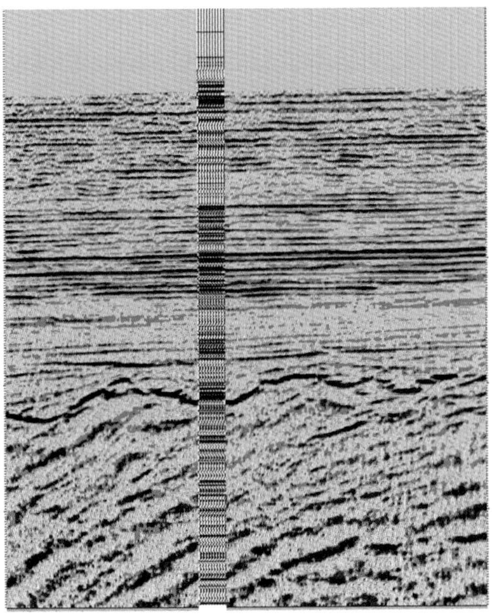

（a）预测反褶积前

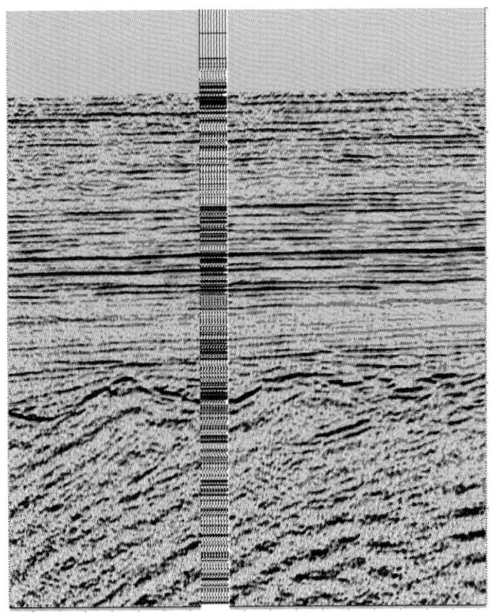

（b）预测反褶积后

图 8-5-12 反褶积前后的自相关与振幅谱变化

3）子波整形处理

同一工区采集的多个数据体，由于采集条件的变化、处理条件的不同，都会存在差异，会降低数据信噪比、影响处理结果。可采用子波整形处理技术对数据进行整形滤波来消除数据体之间的差异，从而改善数据合并的效果。

图 8-5-13 是可控震源与炸药震源混合采集单炮调整前后的叠加对比，主要使用了可控震源小相位化与子波整形处理技术。由图可见，单炮调整后的数据一致性得到明显改善，有利于后续的地震数据处理解释。

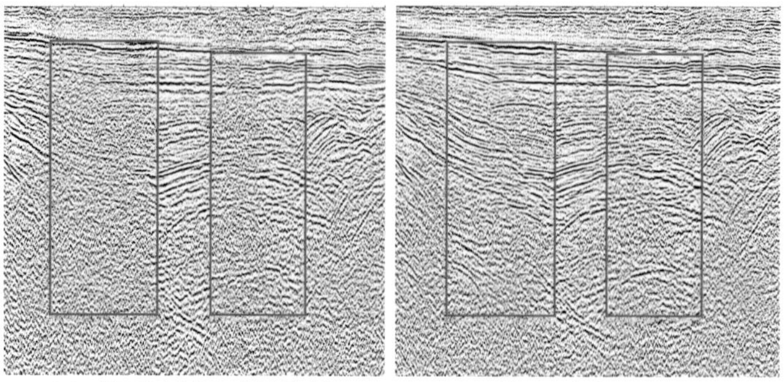

(a)可控震源单炮调整前的叠加　(b)可控震源单炮调整后的叠加

图 8-5-13　整形反褶积效果图

4）谱模拟反褶积

谱模拟反褶积模块用于提高叠后地震记录的分辨率。利用地震记录振幅谱与地震子波振幅谱的相似性来做反褶积。在地震子波振幅谱是光滑的假设条件下，首先对地震记录的振幅谱进行数学模拟，得到地震子波振幅谱的估计值；然后计算地震子波和对地震记录做反褶积处理。谱模拟反褶积是零相位反褶积处理，不改变输入数据的相位特征。图 8-5-14 至图 8-5-16 分别是最小平方谱模拟与无高频泄漏的谱模拟方法在振幅谱模拟曲线、反褶积结果数据与反褶积后振幅谱的对比。可看到无高频泄露的谱模拟方法效果十分明显。

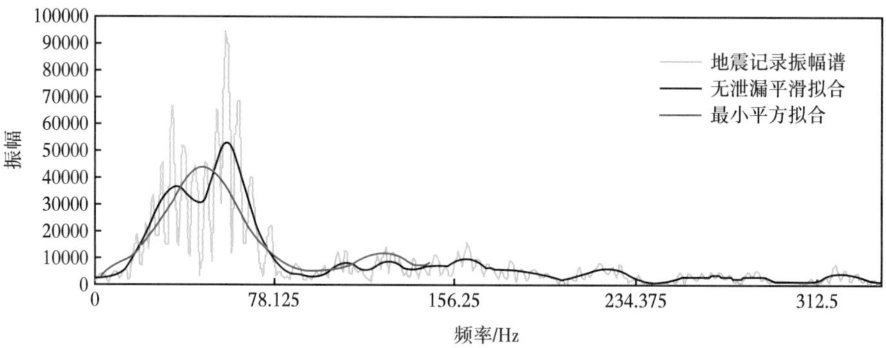

图 8-5-14　振幅谱拟合对比图

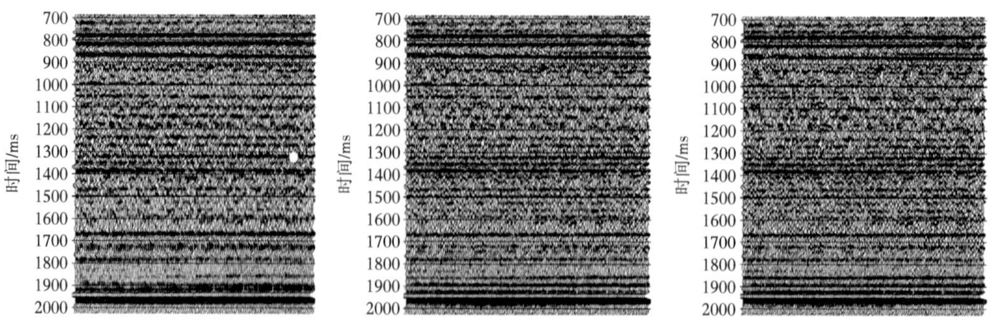

(a)原始数据　(b)最小平方谱模拟反褶积　(c)无泄漏谱模拟反褶积

图 8-5-15　谱模拟结果的对比图

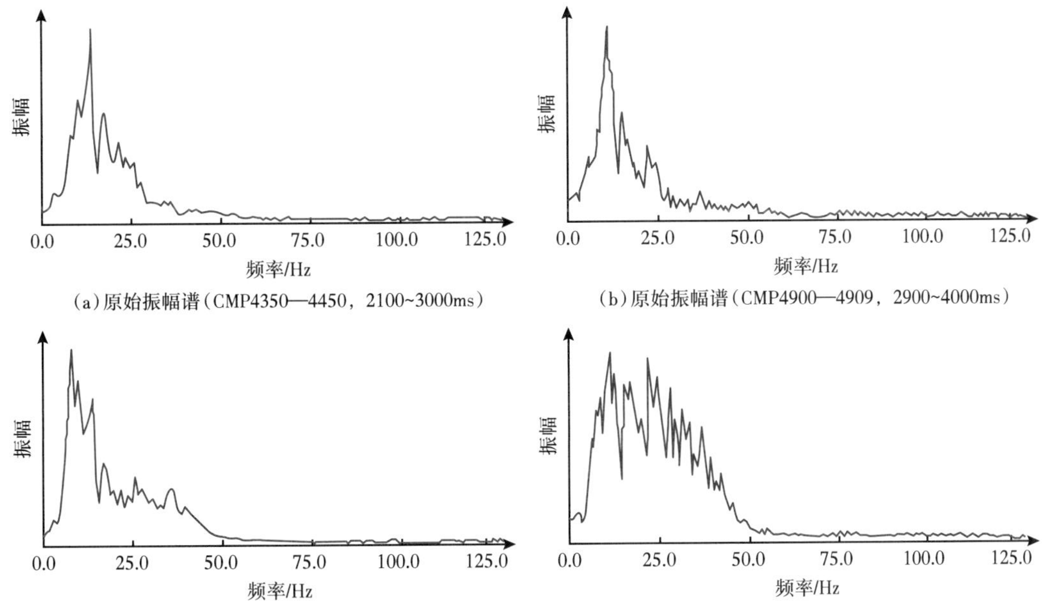

图 8-5-16　振幅谱对比图

5）Q 吸收补偿处理

大地吸收（Q 滤波）使地震波产生能量衰减和速度频散，导致接收到的地震信号频带变窄，从而降低了地震纵向分辨率；同时由于吸收引起速度频散造成地震波的相位扭曲，使地震剖面和声波测井数据产生时差，影响解释成果。GeoEast 吸收补偿处理由三部分组成，即 Q 估算（GeoQEstimate 模块）、二维 / 三维 Q 模型建模、Q 吸收补偿，用来补偿大地吸收（Q 滤波）效应，提高分辨率，并且校正相位扭曲。

如图 8-5-17 所示，由于叠前 Q 吸收补偿是基于模型的确定性方法，对噪声的敏感程度较低，处理结果相对反褶积更稳定。

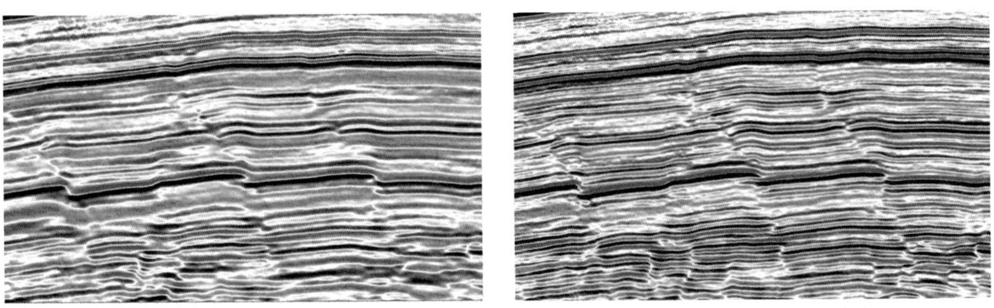

(a)原始数据的叠加剖面　(b)叠前Q吸收补偿后的叠加剖面

图 8-5-17　Q 吸收补偿处理对比图

4. 宽方位、高密度配套处理

由于勘探目标从构造勘探向岩性勘探发展，储层类型也从常规油气藏向非常规、裂缝性储层进化，传统的分方位处理技术已经不能满足精度要求。GeoEast OVT 宽方位、高密度地震数据处理软件包实现了处理技术从窄方位到宽方位、三维到五维的跨越，具备了 TB 级全方位数据处理能力。

GeoEast 宽方位、高密度地震数据处理软件包由 10 个功能模块组成，可完成 OVT 面元计算及道集抽取、五维数据插值与规则化、OVT 叠前偏移和螺旋道集、方位各向异性速度反演及校正等处理功能。

1）OVT 面元计算

OVT 面元计算功能可对纵波及转换波三维地震数据进行 OVT 分组计算，适应笛卡尔坐标（十字坐标）和极坐标两种坐标系统。

GeoEast 进行 OVT 面元计算及分组时，直接使用炮检点坐标，采用“3+1”方式达到高效 OVT 计算及分组目的。“3”就是针对数据 I/O 采取的三级提效方案；“1”就是优化 OVT 分组编号算法。通过这“3+1”策略的实施，逐步缩短海量数据 OVT 分组计算时间，极大提高了 OVT 处理效率。

2）五维数据插值与规则化

在现阶段的地震勘探中，由于勘探经费的限制、野外施工条件等因素的影响，通常使得所采集到的数据满足不了后续处理和成像对地震数据空间规则性采样的要求。这样，地震数据插值与规则化就成为处理流程中必要的手段。

GeoEast 处理系统中有两种五维插值与规则化处理功能。

（1）基于非均匀傅里叶重构技术的五维插值与规则化。

该功能利用非均匀傅里叶重构技术，可在不同的坐标系统下同时进行前四个空间方向的规则化处理，使得空间方向不均匀采样得到规则化重建，从而改善炮检距、覆盖次数等属性的不均匀性，也能在一定意义上重建缺失的地震道。

常规方法需预先对数据进行网格化，实际应用中可能会模糊构造细节、降低成像分辨率。本功能可以利用数据的实际坐标位置进行处理，具有更高的保真度；采用频率波数域径向积分方式进行抗假频约束，能够更充分利用全频带信息、具有更好的抗假频效果（图 8-5-18）。

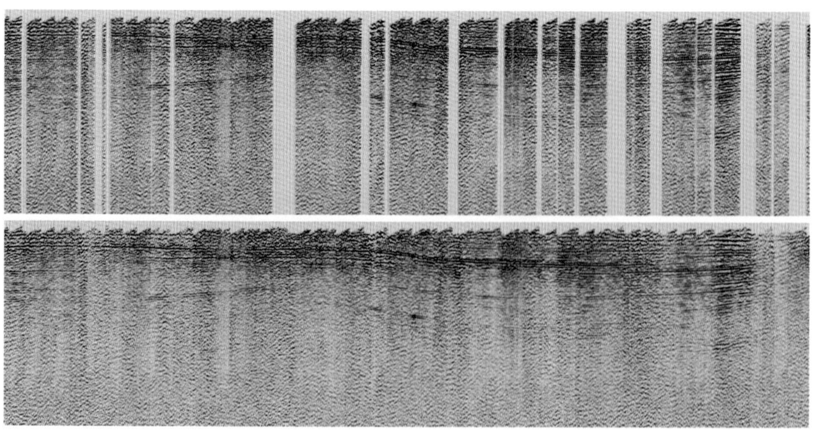

图 8-5-18　叠前五维规则化前（上）、后（下）共炮检距剖面对比图

（2）基于凸集投影（POCS）技术的五维插值与规则化。

首先，把有效道变换到傅里叶域，然后在傅里叶域应用门槛值算子，保留强的信号；其次，用反傅里叶变换转换到时间空间域，原来的空道会得到一些强的信号，将部分重建的地震道替换掉输入数据中的空道，再变换到傅氏域；最后，应用相对小的门槛值处理后，反变换回时间空间域，这样原来空道的弱信号会逐渐得到恢复。随着迭代次数的增加，门槛值越来越小，恢复的空道信号越来越多，直至到足够的迭代次数，恢复出所有的信号。

3）OVT 叠前偏移和螺旋道集

OVT 道集本身是一个共炮检距—共方位角道集，是基于共炮检距叠前偏移算法的理想输入数据，偏移后可以保留炮检距和方位角信息。将 OVT 偏移后的成像点道集按照炮检距、方位角的先后顺序进行分选，就可以得到当前成像点的螺旋道集。图 8-5-19 是传统叠前偏移（左）与 OVT 叠前偏移（右）成像点道集对比，可看到在一个炮检距分组内，方位角按从小到大排序。此外，随着炮检距的增大，同相轴有随方位变化的类似于正弦曲线的抖动，这是典型的方位各向异性特征。

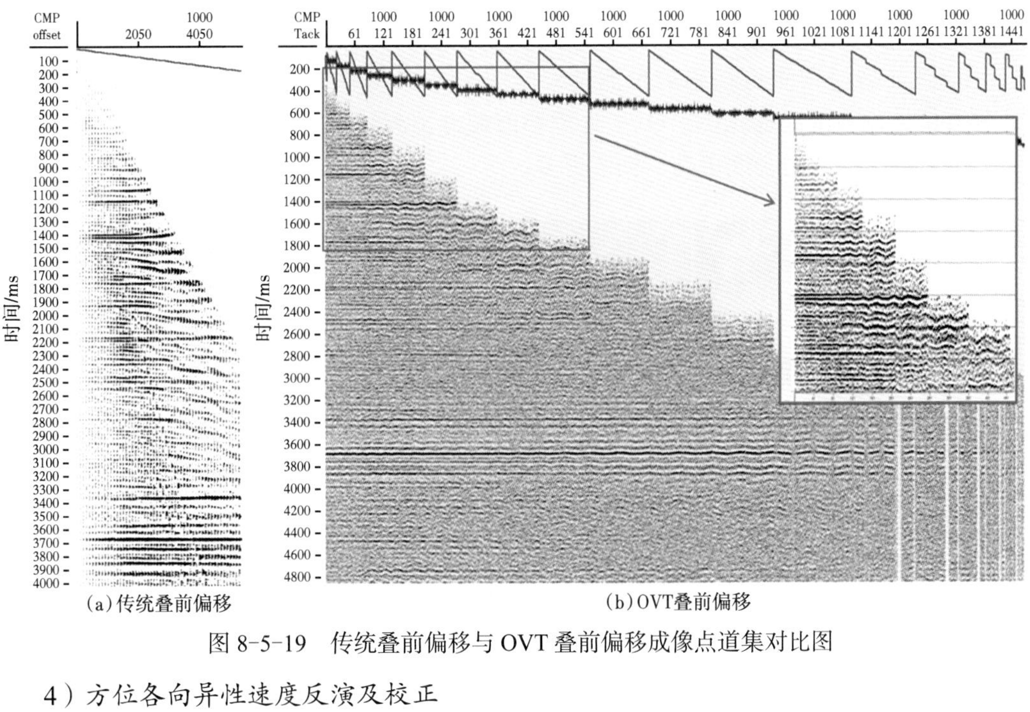

图 8-5-19 传统叠前偏移与 OVT 叠前偏移成像点道集对比图

4）方位各向异性速度反演及校正

相对于传统的人工分扇区方位各向异性速度分析，GeoEast 通过批量运行的模块可自动拾取方位各向异性速度引起的剩余时差，然后根据剩余时差来反演方位速度，极大提高了方位速度的精度和生产效率；针对低信噪比数据，利用圆形速度、正弦速度、余弦速度三个新的参数来进行方位速度反演，很好地控制了反演稳定性，提高对低信噪比数据的适应性；通过方位速度与背景成像速度得到剩余速度，利用剩余速度和高精度插值算法可实现高效精确的方位各向异性剩余时差校正。图 8-5-20（a）和图 8-5-20（b）

分别是宽方位实际数据方位各向异性校正前后的螺旋道集，可见校正后的同相轴消除了“波浪”形态。

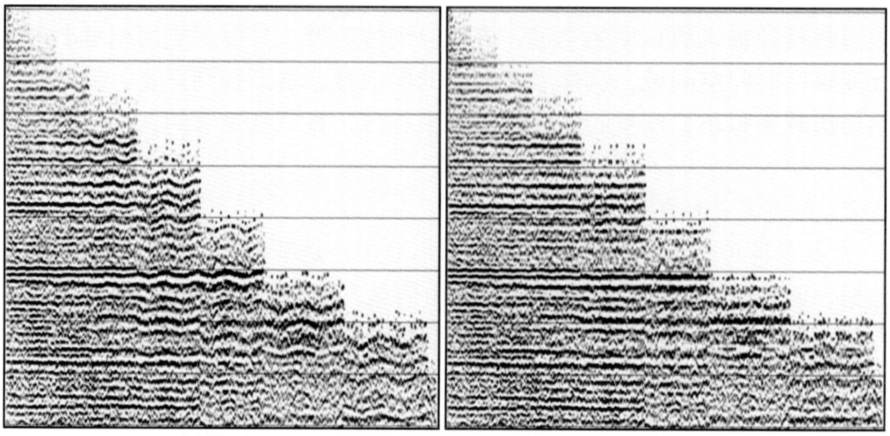

(a)校正前　　(b)校正后

图 8-5-20　方位各向异性校正前后的成像点道集

OVT 处理后的螺旋道集非常适合于叠前裂缝检测，可得到比传统叠后裂缝预测、分扇区处理叠前裂缝预测更精确的预测结果。图 8-5-21 是国内探区分别进行叠后裂缝预测、分方位处理叠前裂缝预测、OVT 处理叠前裂缝预测结果对比。OVT 处理叠前裂缝预测结果与测井结果的吻合度更高，细节更多。

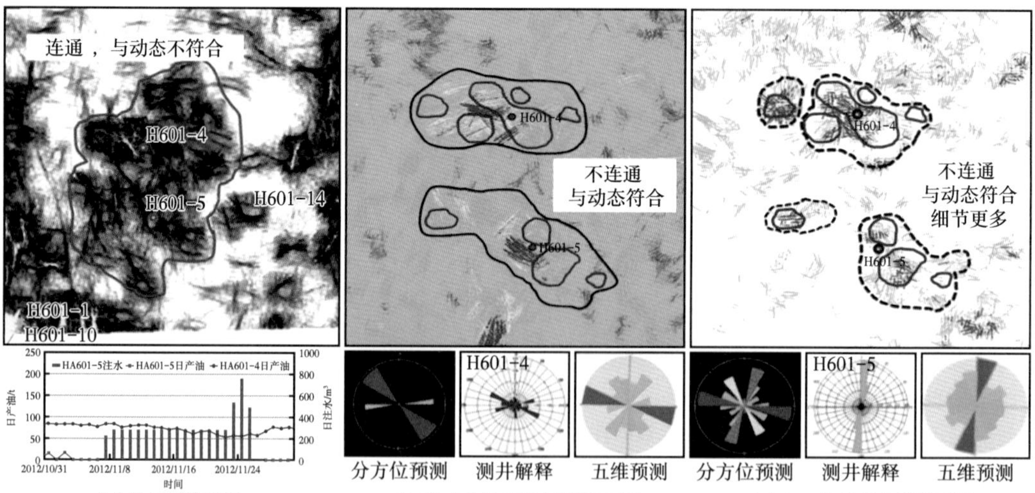

(a)叠后裂缝预测　　(b)分方位处理叠前裂缝预测　　(c)OVT处理叠前裂缝预测

图 8-5-21　叠后裂缝预测、分方位处理叠前裂缝预测及 OVT 处理叠前裂缝预测结果对比图

5. 速度建模

1）时间域速度分析

GeoEast 的速度分析功能见表 8-5-2，下面以纵波 VTI 各向异性速度分析为例来描述 GeoEast 时间域各向异性速度分析功能，其他各向异性速度分析技术与此类似。

表 8-5-2 GeoEast 时间域速度分析功能表

地震波	介质	速度	各向异性参数		
PP	ISO	Vel	—	—	—
	VTI	Vel	Eta	—	—
	HTI	Vel	Ratio	Angle	—
PS	SISO	Vel	—	—	—
	ISO	Vel	Gm0	—	—
	SVTI	Vel	Kap	—	—
	VTI	Vel	Gm0	Gme	Chi

GeoEast 纵波 VTI 速度分析包含功能有速度谱计算、速度谱拾取、η 谱实时扫描、η 谱拾取及多种便捷的质控手段。图 8-5-22 为纵波 VTI 各向异性速度分析流程。

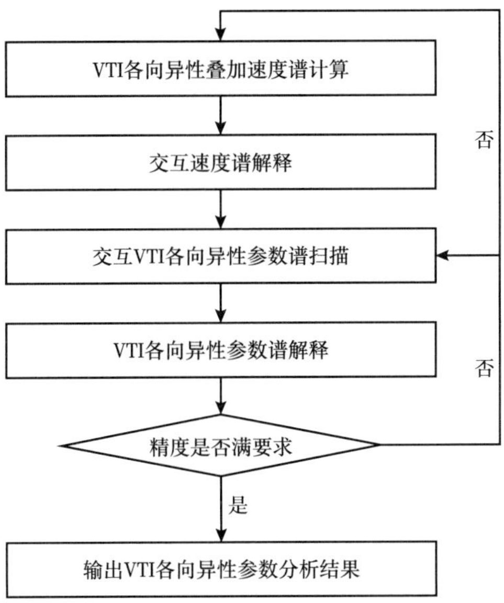

图 8-5-22 纵波 VTI 各向异性速度分析流程图

GeoEast 纵波 VTI 各向异性速度分析包含了多项特色技术，其中主要有谱的实时扫描和实时叠加技术；多种质控方式确保速度、η 属性拾取的合理性，并通过这一系列质控手段检查拾取数据的使用效果，使用户可根据道集、小叠加段的拉平情况调整拾取的速度、判断参数的可靠程度，并通过谱数据的自动拾取功能，极大减少用户的工作量。

2）深度域速度建模

GeoEast-Diva（Depth Image Velocity Analysis）是一款在 Linux 系统环境下开发的交互式速度建模工具。软件兼容“服务器”和“工作站”模式，具备二维、宽线以及三维叠前深度偏移速度建模功能，适用于陆上、海洋、海洋采集节点（OBN）等多类型采集数据。软件内置高精度波束偏移、Q 建模、约束（断层、层位、井速度）层析反演、全（多）方位层析反演、各向异性建模、转换波建模、水陆连片建模等功能。

（1）建模流程。

深度域速度建模的基本方法是：利用时间域速度场来建立初始层速度模型，借助于结构模型来更新层速度场，同时允许嵌入任意的浅层模型速度场，自浅而深的通过迭代逐层确定层速度。GeoEast-Diva 基本的深度域速度分析流程如图 8-5-23 所示。

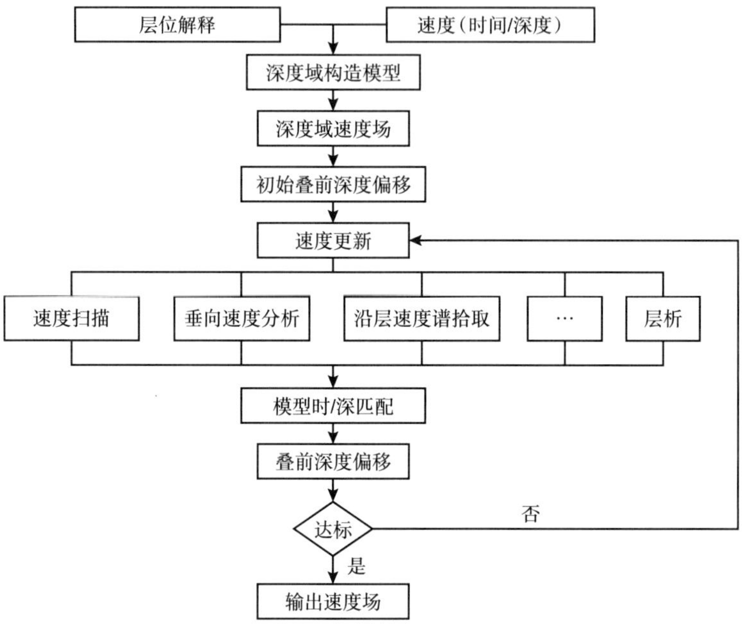

图 8-5-23 GeoEast-Diva 深度域速度建模基本迭代流程

GeoEast-Diva 速度建模系统中，对模型的表达除了常规的纯结构模型方式，还支持兼有块体与网格优势的混合模型表示方式（图 8-5-24）。结构模型创建基于层位拾取，层位、断层等地质速度界面围成的联通区域就是块体，块体模型的建立使得三维速度模型受到层位约束和控制。在结构模型基础上，混合模型块内的速度是用网格来表达的，细节丰富，能够满足复杂地区的速度细节变化需求。

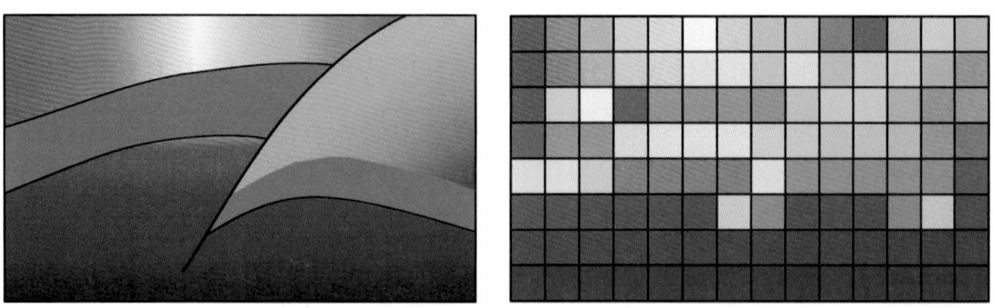

(a)结构模型　　(b)网格模型

图 8-5-24 混合模型表达方式示意图

（2）构造解释与初始建模。

GeoEast-Diva 深度域速度建模软件根据时间 / 深度域偏移剖面拾取层位（这里的层位主要表征速度边界），创建三维构造模型；并在拾取的层位上基于各种不同的信息和方法解释沿层速度，最后生成受层位约束的网格速度模型，提供给深度偏移程序使用。图 8-5-25 展示了 Comb 中三维层位拾取、对层位进行空间插值和构建三维块体模型。

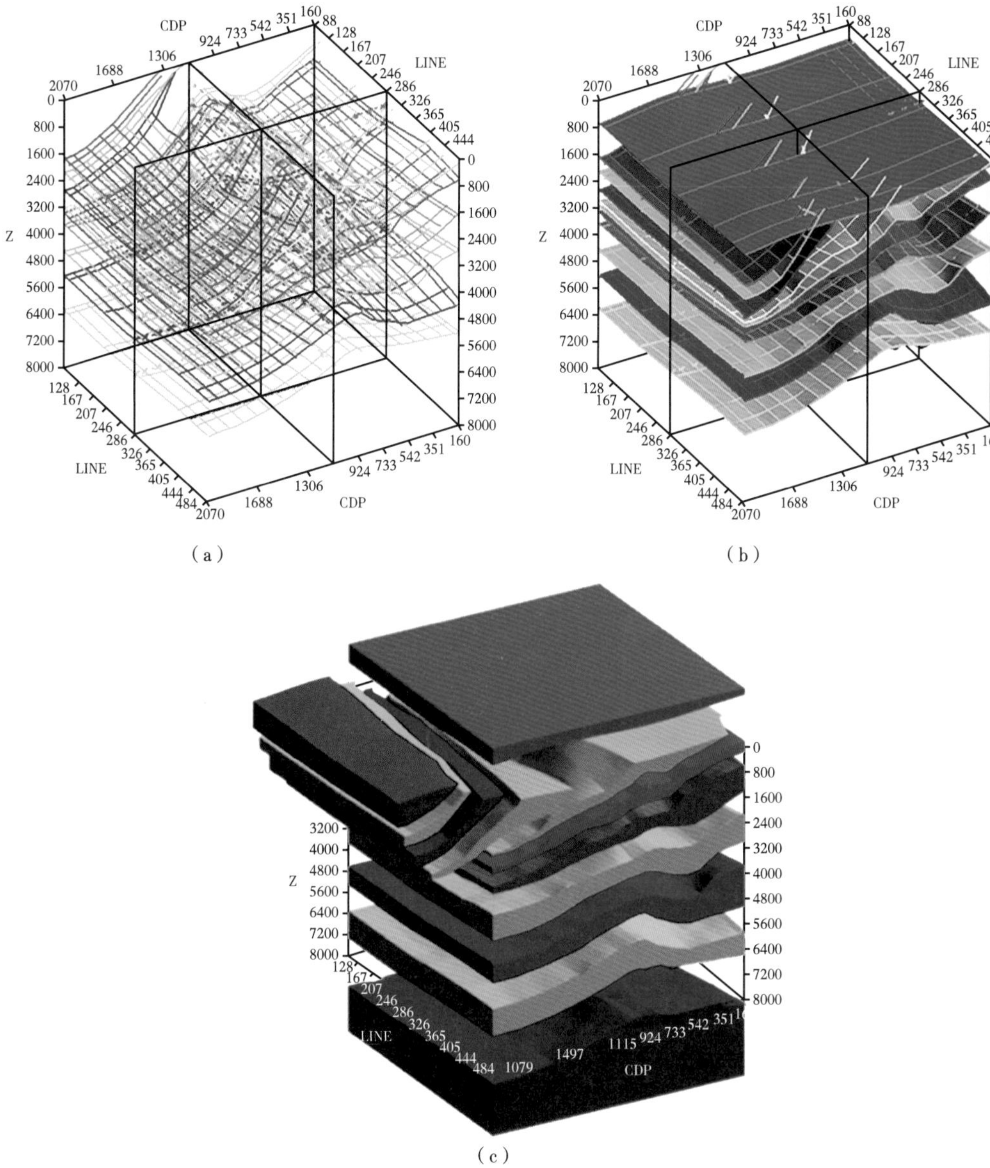

图 8-5-25　Comb 模块三维层位解释（a）、插值（b）及三维块体构建（c）

GeoEast-Diva 初始建模可基于时间域成果（如 TV 对，RMS 速度场等）经过 Dix 公式时深转换或约束速度反演得到深度域初始速度模型，也支持直接导入已有的深度域层速度场或根据井资料进行井震联合建模。

井震联合建模是软件的特色技术之一。基于井速度，用户可以根据井分层与结构模型层位对应关系，在层位约束下插值成深度域层速度场，在没有井速度的层位段则填充地震速度，使初始速度模型的趋势与地层结构相符合。图 8-5-26 是 GeoEast-Diva 系统中井约束生成初始速度模型的效果演示。

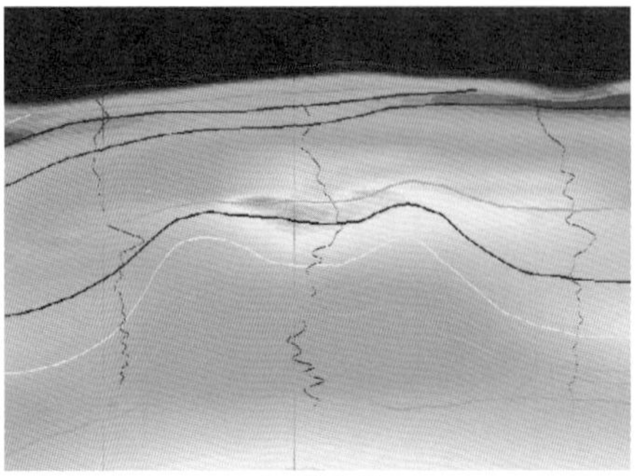

(a)约束前

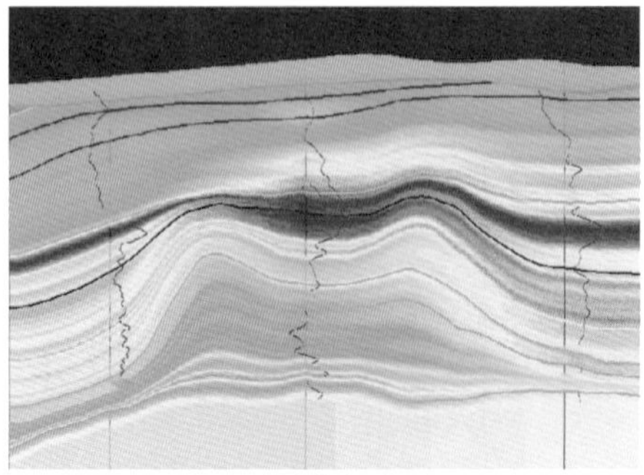

(b)约束后

图 8-5-26 井约束前后初始模型

（3）速度更新。

软件提供了四种主要的速度更新优化方法：扫描法、垂向谱法、沿层谱法及网格层析法。

扫描法：根据当前的参考速度按照速度比例或是平移量两种方式进行扫描，生成多个不同速度的速度场，并分别对其进行叠前深度偏移；再基于偏移数据和速度谱进行扫描层速度拾取与更新，反复迭代偏移与速度更新，直到拾取到达标的沿层速度。扫描法具有对数据信噪比要求低、方法稳定但工作量大的特点，各向同性速度建模中的速度扫描更新，也支持各向异性建模时，对各向异性参数的扫描。

垂向谱法：基于 Dix 反演公式，对速度进行一定范围内的扫描，沿着不同速度的叠加曲线对共成像点道集（CIP）进行叠加，就可以计算共振谱图像。用户通过拾取共振谱和速度反演，实现速度更新。

沿层谱法：基于平层和近偏移距假设前提下，均方根速度与走时和深度的关系，计算 CIP 道集速度扫描曲线得到沿层谱图像。用户基于沿层谱及道集情况进行谱点拾取，进而通过层析反演得出沿层速度更新量，再进行沿层速度插值及更新。

上述操作过程适用于各向同性速度建模中沿层谱法更新沿层速度，也适用于各向异性速度建模中沿层谱法更新各向异性参数 epsilon。

网格层析法：是基于旅行时的射线法层析，基于叠前深度偏移（PSDM）剖面与 CIP 道集，对初始背景速度场求解每个地下面元的速度扰动量，完成速度更新。系统支持层约束层析、倾角约束层析、断层约束层析、井速度约束层析以及全方位层析和转换波层析。适用于二维 / 三维、OBN 数据，可用于更新速度及各向异性参数 δ、ε 等。

（4）各向异性建模。

GeoEast-Diva 速度建模系统支持各向异性建模。用户可在“井管理器”模块对井的基本信息、井分层信息、井曲线、井轨迹进行导入 / 导出、编辑及其他相关设置操作；支持监控井轨迹、绘制连井剖面、不同位置的单道数据垂向属性绘制。

软件提供了井约束各向异性参数建模和无井约束各向异性参数建模两种各向异性建模方法。

（5）深度偏移。

GeoEast-Diva 叠前深度偏移速度建模软件为用户提供了项目管理、数据访问、交互解释、块体生成、时深转换、初始建模、速度更新、各向异性建模、交互质控等建模技术手段，基本满足了陆上、过渡带、海上以及宽方位地震采集资料的建模需求。

6. 叠前成像处理

GeoEast 系统具有完备的叠前成像处理功能，包括 Kirchhoff 积分偏移、高斯束偏移、单程波偏移、逆时偏移四类成像处理模块，可以高效地实现二维、三维介质的高精度纵波 / 转换波叠前偏移处理，能够适应起伏地表、海底地震仪（OBS）、OBN 等观测采集方式，并且具各向同性以及 VTI、TTI、ORT、TORT 各向异性介质偏移功能。

1）Kirchhoff 积分偏移

GeoEast 系统 Kirchhoff 积分偏移是 GeoEast 系统的主力成像处理功能。如图 8-5-27 所示，通过在偏移过程中应用 Q 补偿，成像剖面的分辨率得到了有效提高。

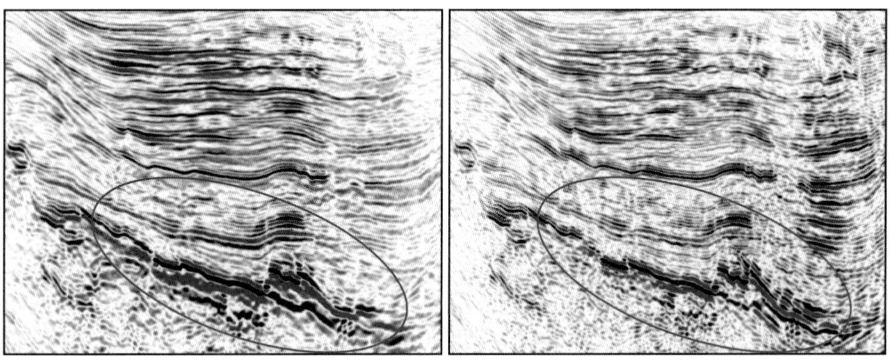

（a）常规Kirchhoff积分深度偏移　　（b）Kirchhoff积分Q叠前深度偏移

图 8-5-27　常规 Kirchhoff 积分深度偏移和 Kirchhoff 积分 Q 叠前深度偏移效果对比图

2）高斯束偏移

高斯束偏移不但具备射线类偏移算法高效、灵活的特点，还可以对多波至波场进行成像，对复杂构造具有更高的成像精度。GeoEast 软件高斯束偏移具备二维、三维介质下的各向同性和各向异性偏移功能，能够适应不同的观测系统类型。如图 8-5-28 所示，高斯束偏移对盐丘下部构造具备更高的成像精度，信噪比也更高。

3）单程波偏移

GeoEast 系统单程波偏移具有高效的 CPU/GPU 协同计算功能，能够输出共炮检距成像道集和角度域成像道集。如图 8-5-29 所示，单程波 Q 偏移技术创新采用分步补偿的方式，有效解决 Q 偏移算法中高频能量不稳定的问题，基于单程波算法高效实现 Q 偏移技术，并推广至 VTI/TTI 各向异性介质，提升软件的适用性。

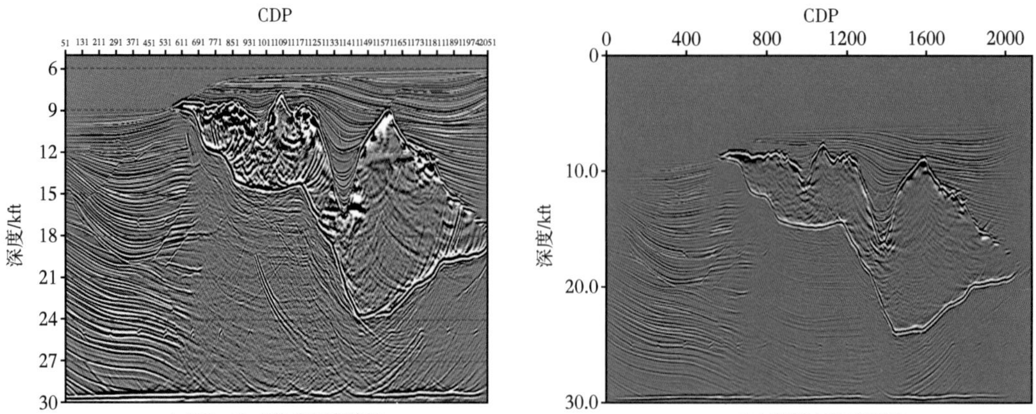

(a) Kirchhoff叠前深度偏移　　(b) 高斯束深度偏移

图 8-5-28　Sigsbee2a 模型的 Kirchhoff 叠前深度偏移和高斯束深度偏移效果对比图

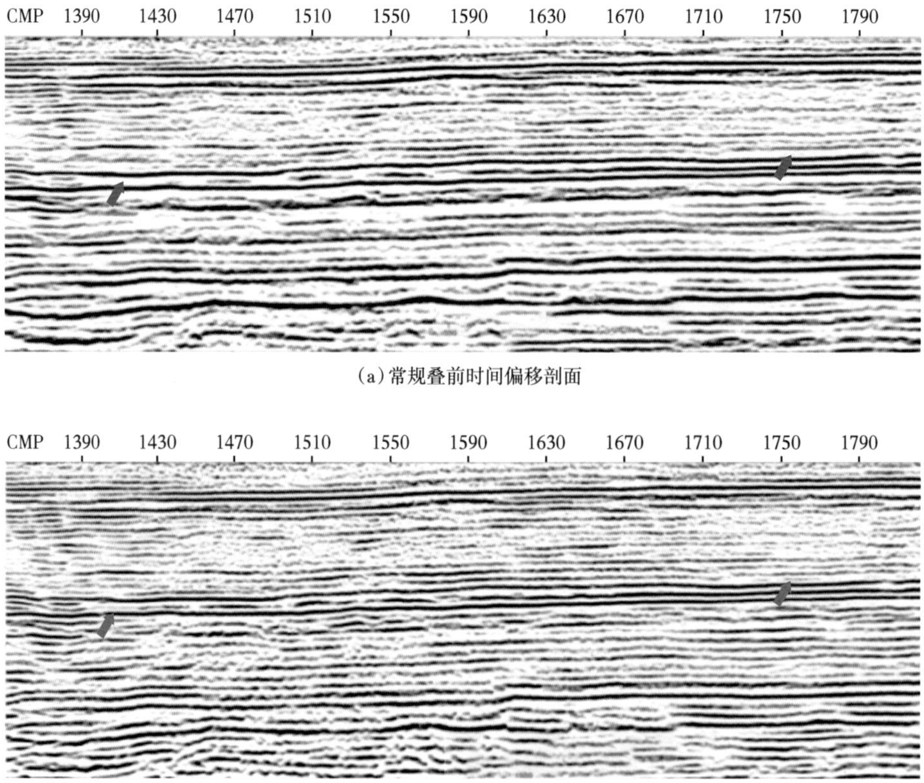

(a) 常规叠前时间偏移剖面

(b) Q叠前时间偏移剖面

图 8-5-29　常规单程波及单程波 Q 偏移结果对比图

4）逆时偏移

GeoEast 系统逆时偏移具备二维、三维纵波偏移功能，可以适应 VTI/TTI/TORT 各向异性介质，以及起伏地表、OBN 等观测系统，并且具备千节点级的并行计算能力。通过常规 Kirchhoff 深度偏移和逆时偏移的应用效果对比（图 8-5-30），可以看到逆时偏移的成像构造更加连续，信噪比也更高。

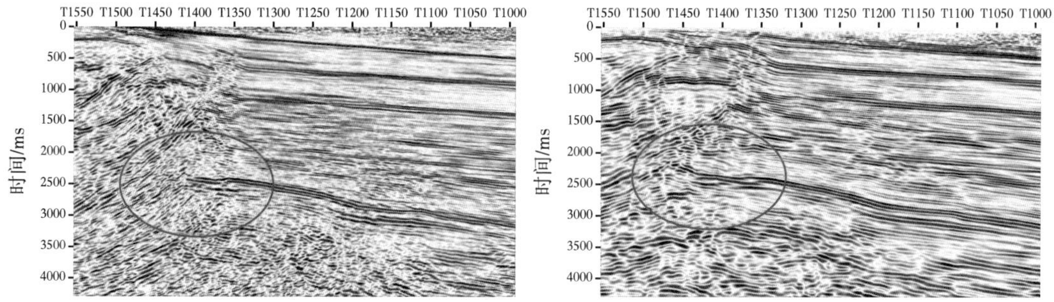

（a）Kirchhoff积分叠前深度偏移结果　　（b）逆时叠前深度偏移结果

图 8-5-30　Kirchhoff 积分偏移和逆时偏移成像效果对比图

GeoEast 逆时偏移可进行角道集的输出，创新性地提出对入射单频波场进行倾角扫描得到炮点在空间各点的入射方向矢量的方法，采用单炮图像存储技术和 Google 的 Snappy 压缩算法，通过分析倾角的分布范围创新性地开发了专门针对倾角场的高精度、高效压缩算法，压缩比达到 20 倍以上，缓解了角度域道集提取的 I/O 压力、节省了空间。

三、GeoEast 解释系统

GeoEast 解释系统发展为集构造解释、储层预测及油气检测、地质分析为一体的综合地质地震资料解释系统，提供构造解释、测井岩石物理分析、地震反演、属性提取与分析、层序地层、井震联合分析、井位论证及钻井导向、地质建模及三维可视化等功能模块，具有完备的多工区二 / 三维联合解释和深度域解释能力，已广泛应用于国内外的项目中。

1. 构造解释

GeoEast 构造解释集地震目标处理、测井预处理、标定、多井地层对比、层位自动追踪、断层解释、速度建场、变速成图等功能于一体，具有完备的多工区二 / 三维联合解释和深度域解释能力，并在多线剖面解释、层位、断层、多边形自动追踪、圈闭自动生成和统计、快速成图、多属性融合显示等方面独具特色。

1）高精度井震标定

GeoEast 标定子系统具备子波提取、斜井标定、时变子波标定和反射系数贡献率分析等功能，并能与剖面解释通信互动，提高层位标定精度，如图 8-5-31 所示。

2）层位解释

GeoEast 提供了灵活的时间和深度域层位解释技术和层位自动追踪技术，可满足精细构造层位解释的需要。

（1）二维、三维场景互动联合解释：在常规二维场景下进行精细剖面解释，同时在三维场景下进行实时质控和编辑，消除异常值和层位不闭合问题，提高层位解释效率。

（2）多种层位自动追踪方法：包括波形特征法、相关系数法、最大能量法、平面波分解法四种自动追踪算法，可满足不同品质地震数据的层位自动追踪。提供多种剖面、空间自动追踪方式，层位解释效率和精度大幅提高。

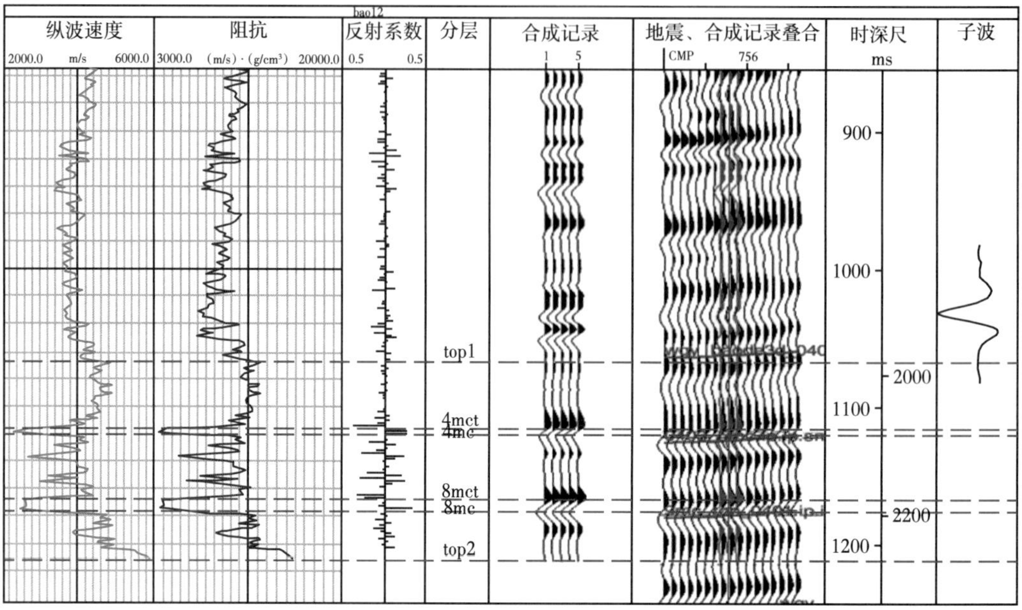

图 8-5-31 地震地质标定

（3）断层约束层位自动追踪技术：在断层的控制下完成层位的自动解释，避免窜层现象，提高了效率和精度。

3）断层解释

提供剖面 / 切片断层解释、断面实时生成、自动标识断层上下盘、断层自动组合等功能，并利用多线剖面显示解释技术，对比小断层在相邻多个剖面的变化规律，保障小断层解释精度。利用构造类属性结合三维可视化进行断层自动追踪，提高断层解释效率。

（1）多线剖面与相干体切片联合解释技术：是 GeoEast 的特色或亮点之一，它是快速和高精度解释断层和层位的重要手段，提高了解释速度和精度。在沿层多线剖面上进行断层解释时，实时在相干体切片上有断层位置的投影点；同样，在相干体切片上解释断层时，也会在沿层多线剖面上有断层位置的投影点，相互验证了断层解释方案，进一步保证了断层解释精度，如图 8-5-32 所示。

（2）层位断层联动解释技术：实现了断层移动的同时层位自动跟随移动。在剖面断层解释的同时，层位会自动同步更新、底层断点自动计算，这能大大提高层位的编辑效率。

（3）断层自动插值解释技术：自动根据前后剖面已经解释的断层自动插值，并利用其他剖面的断层投影点进行约束，保证断层面闭合，提高断层解释效率。

（4）属性约束断层解释技术：基于地震属性（相干数据、方差数据、蚂蚁体数据等）约束进行断层的快速解释及调整，进一步提高精度。

（5）断层自动组合系列技术：主要包括断点分配、自动追踪断层、自动区分上下盘、断层组合线平滑、断层组合线自动命名、自动统计断层要素等系列技术，断层解释效率大幅提升。

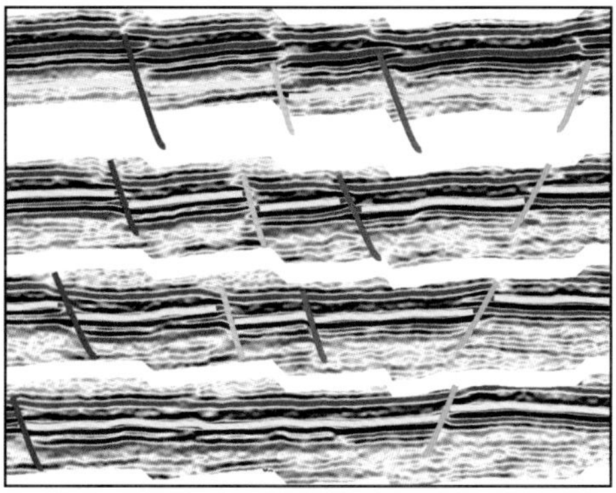

(a)多线剖面断层解释

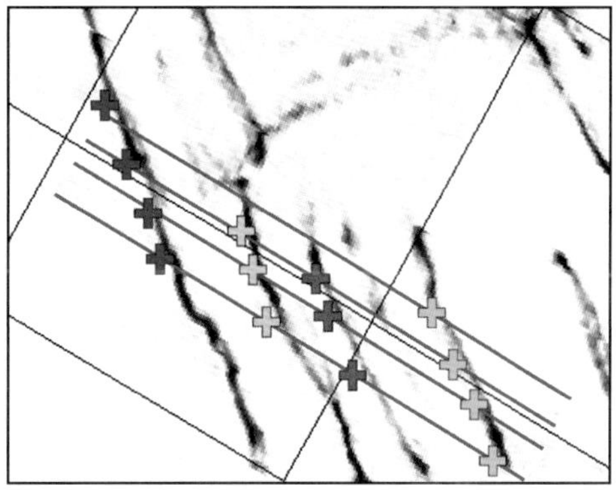

(b)剖面解释断层结果在平面投影

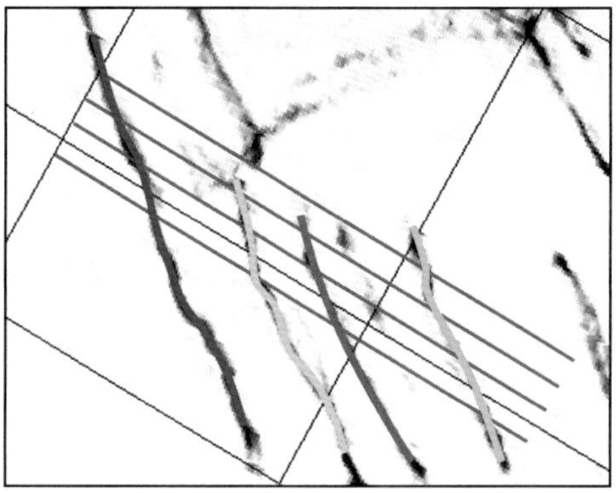

(c)平面断层解释

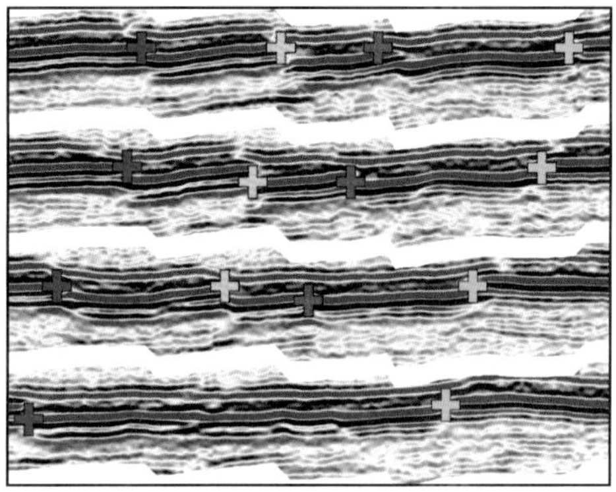

(d)平面解释断层结果在剖面投影

图 8-5-32 多线剖面与相干体切片联合解释

4)速度建场

速度的精度直接影响构造图的精度，GeoEast 研发的速度分析与建场子系统，提供完整的适应复杂区的速度分析模块及配套功能，能够适应复杂地质条件下变速成图的需要，建立精细可靠的速度场，为获得精细准确的构造图提供保障，如图 8-5-33 所示。

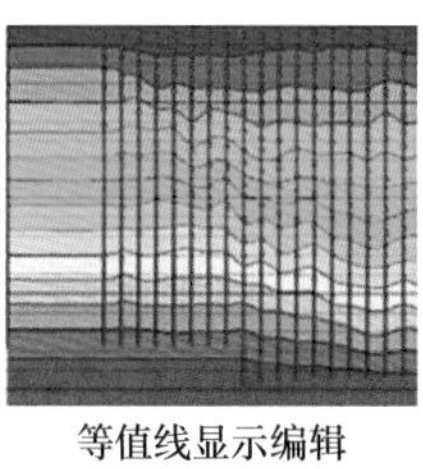

等值线显示编辑

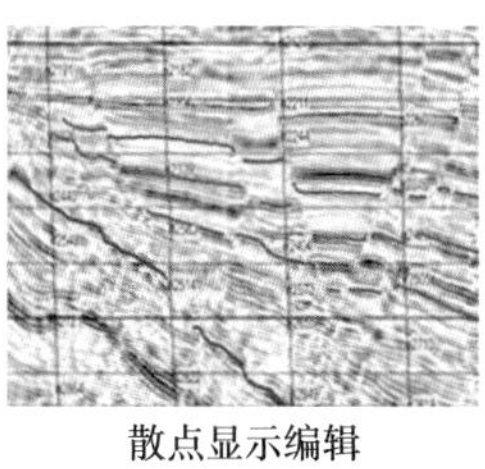

散点显示编辑

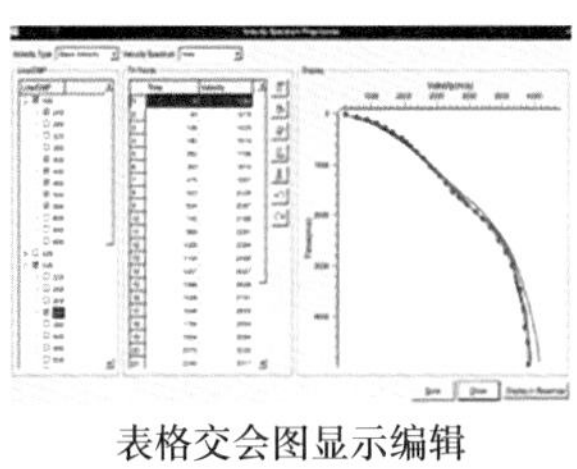

表格交会图显示编辑

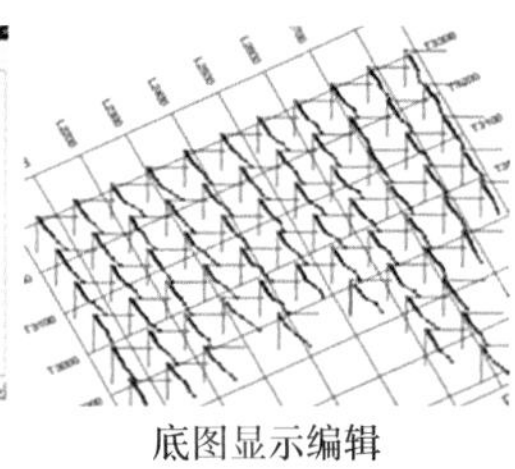

底图显示编辑

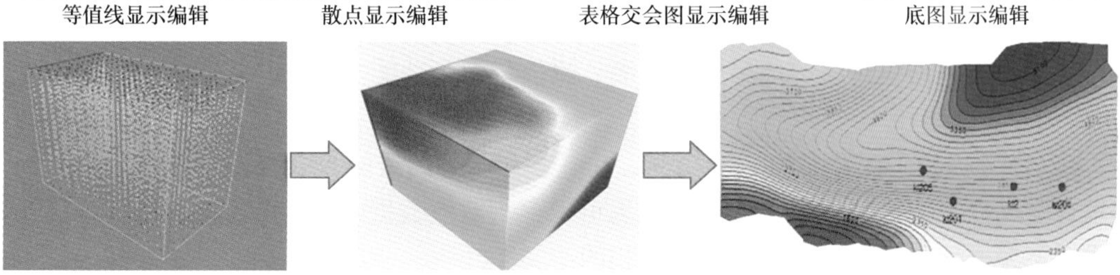

速度谱数据三维显示　速度体　构造图(变速成图)

图 8-5-33 速度谱预处理和速度建场

2. 测井—岩石物理分析

GeoEast 测井岩石物理分析子系统集成 4 大类 60 多种方法，形成了基本的岩石物理流程，具备批量测井曲线处理、统计成图一体化、实时质控等能力，软件功能概况如图 8-5-34 所示。

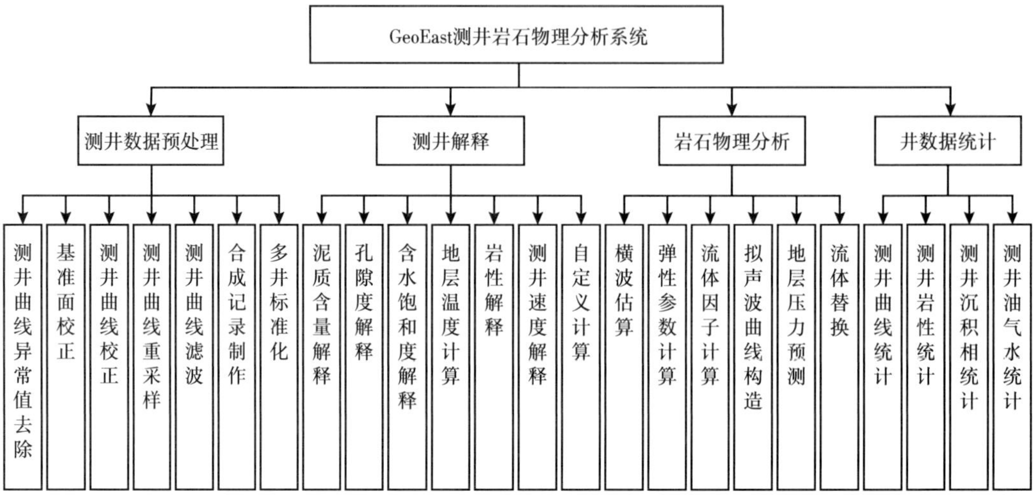

图 8-5-34 GeoEast 测井岩石物理分析子系统功能概况

1）测井数据预处理

测井曲线的准确性是保证测井解释、岩石物理分析结果可靠的前提。测井岩石物理分析子系统开发了测井曲线预处理功能，包括曲线异常值去除、基准面校正、曲线重采样、曲线校正、曲线滤波、合成记录制作和多井标准化等功能。

2）测井解释

该子系统具备多种计算岩性、物性、含油气的测井解释方法，可为后续岩石物理建模和分析提供基础参数和数据，具体包括泥质含量解释、孔隙度解释、含水饱和度解释、地层温度计算、岩性解释、速度解释、用户自定义计算等功能。

3）岩石物理分析

岩石物理分析贯穿于整个地震储层预测及评价研究流程中。借助岩石物理分析，查清储层参数于与地震振幅的关系，以及这些参数随深度、沉积环境等如何变化，为后续储层特征研究提供高质量的弹性参数曲线，具体包括横波估算、弹性参数计算、流体因子计算、拟声波曲线构建、地层压力预测、流体替换等功能。

4）井数据统计

GeoEast 提供了测井岩性、沉积相、油气水和测井曲线的自动统计功能，用户可根据需求自定义以上统计的内容，统计的结果可保存为散点数据、ASCII 数据，也可直接与平面成图系统通信直接生成等值线图或者相图。

GeoEast 测井岩石物理分析子系统具有统一的操作流程（图 8-5-35）、可以自适应复制粘贴数据技术、参数模板的保存与加载、实时质控和错误定位与预览等功能。

3. 地震反演

GeoEast 地震反演功能系统由多个子系统协同参与完成，主要包括三个部分：反演前的数据准备与分析、叠前 / 叠后反演计算和反演数据体分析。主要介绍其中的两个技术。

1）叠前弹性阻抗反演技术

GeoEast 提供了一种两步法叠前弹性阻抗反演方法：首先，针对不同入射角的部分叠加数据，利用稀疏脉冲方法反演出不同角度对应的弹性阻抗体；其次，根据井的密度、剪切模量、拉梅常数曲线和反演得到的弹性阻抗井旁道数据，计算出分离密度、剪切模量、拉梅常数的分离系数，从而分离出剪切模量、密度、拉梅系数数据体；最后，根据公式计算纵波速度、横波速度及纵横波速度比等属性体。

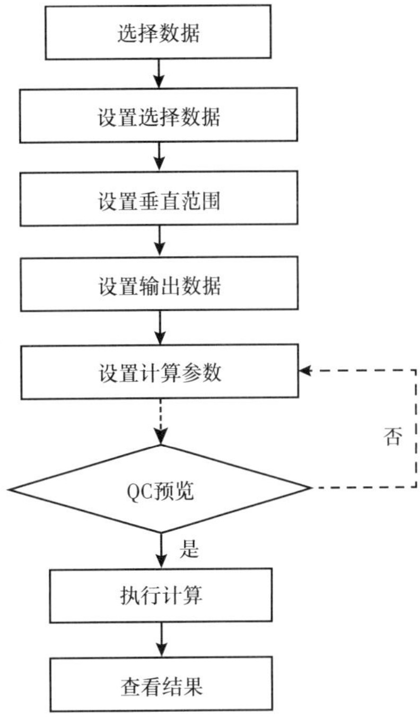

图 8-5-35 操作流程图

2）贝叶斯理叠前同步反演技术

贝叶斯叠前同步反演以贝叶斯理论为框架，在似然函数服从高斯分布且待反演的参数服从修正 Cauchy 先验分布基础之上，充分考虑测井、地质、录井等资料的先验信息约束，建立合适的低频趋势模型，实现基于平滑背景正则约束的叠前地震同步反演方法。

4. 地震属性提取与分析

GeoEast 地震属性提取与分析软件可提供百余种体属性、60 多种层属性、10 多种人工智能地震属性分析方法，结合钻井数据，进行储层形态、物性及含油气性预测，开展地震相及沉积相分析，有效支撑砂体、河道、碳酸盐岩储集体、生物礁和火山机构等各种地质体的综合研究。

5. 层序地层解释

GeoEast 层序地层学解释软件以沉积岩石学、地震地层学和层序地层学理论为指导，以地震构造解释为基础，以井震联合标定和自动化分析为手段，通过盆地沉积体系空间展布特征和演化规律分析来预测沉积盆地或凹陷中生油相带、储集相带的展布特征和隐蔽圈闭发育的有利区带，为油气藏储层识别与表征提供地层沉积与油气运移的历史信息与证据，以期提高油气田勘探和开发成效。

GeoEast 层序地层学解释软件具备地震与测井数据联合显示、构造解释、地震与测井旋回分析、地震地层体分析、层序界面自动识别、Wheeler 域变换、地层域地震属性分析、地层域地震相分析、层序与体系域解释等功能，并可在其他软件配合下进行地质成图，形成一个完整的层序地层学解释流程。

1）地震与测井数据联合显示

GeoEast层序地层学解释软件可以同时显示地震、测井等地球物理数据。在测井数据显示方面，可在地震剖面上插入井位、井孔、测井曲线、岩性、流体、合成地震记录、地质解释成果等信息，并可通过时深转换功能实现时间域和深度域数据的同时显示（图8-5-36）。

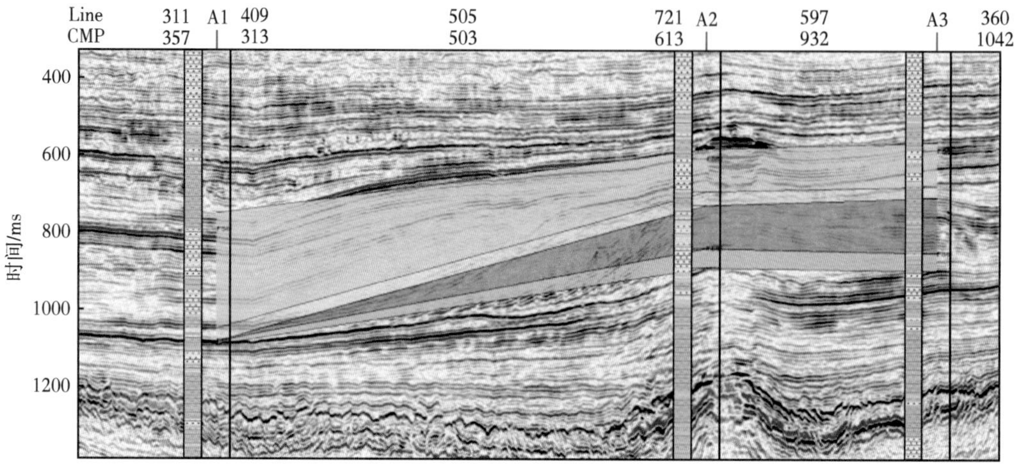

图8-5-36　地震与测井联合显示

2）交互构造解释

GeoEast层序地层学解释软件提供了全功能地震层位和断层解释功能。地震层位解释包括波形特征法、互相关法和最小方差法三种层位追踪方法，还提供了层位删除、平滑、内插、归位、运算、复制、合并等功能。在断层解释中，提供了灵活的断层段拾取、删除、移动等功能，在激活的断层段上可进行增加、删除、移动点等操作，在断层解释中自由切换当前断层，并可自动对已存在的断层段进行交叉切割。

3）地震与测井旋回分析

在GeoEast层序地层学解释软件中，既可对地震数据进行时频分析，也可对测井曲线进行时频分析并以此作为参考进行沉积旋回交互解释。GeoEast层序地层学解释软件利用地层旋回自动识别和提取技术可将地震数据自动转换为地层旋回体，以定量分析手段自动建立沉积旋回序列，识别旋回类型及层序分界面（图8-5-37）。

4）地震地层体分析

在GeoEast层序地层学解释软件中，提供了地层切片法、简单层位追踪法和多层位同时追踪法三种地震地层体分析技术，并可根据地质结构特征和地震数据的信噪比设置不同的追踪参数。

5）层序界面自动识别

在GeoEast层序地层学解释软件中，层序界面自动识别是基于地震地层体实现的。由于地震地层体既能反映地层界面的相对地质年代，又能反映地层的厚度变化特征，将地震地层体转换为地层厚度体，那些厚度变化剧烈的层位可视为层序界面所在。

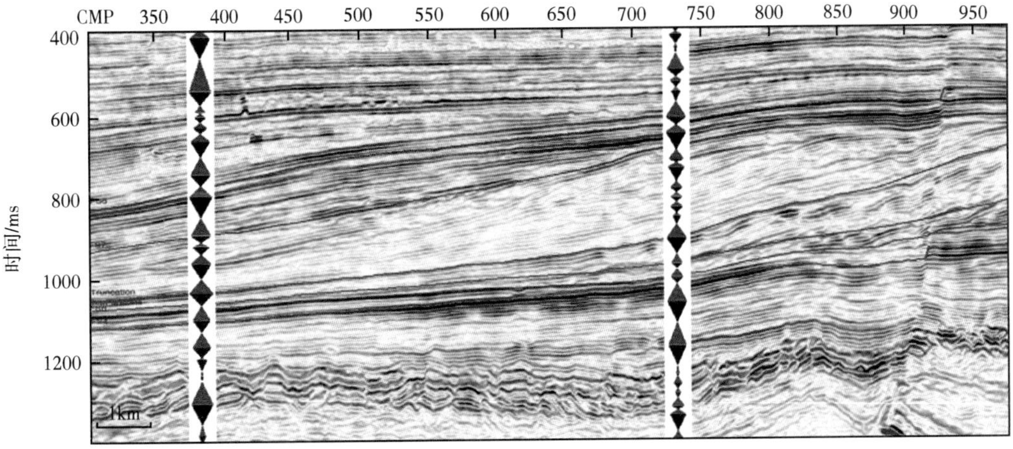

图 8-5-37 地层旋回自动分析与成像

6）地震 Wheeler 域变换

在 GeoEast 层序地层学解释软件中，地震 Wheeler 域变换是通过地震地层体而实现的。首先进行地震地层体分析，然后选择某一个 CMP（缺省为工区或测线的中心 CMP）对所有层位进行拉平，即可获得一幅 Wheeler 图。

7）地层域地震属性分析

GeoEast 层序地层学解释软件具备地层域地震属性分析能力。在地层域内，可认为一个地层界面是在同一地质年代沉积的。由于地震地层体是一种相对地质年代体，天然具有地质年代属性，因而可方便地实现地层域地震属性分析，并在地层域地震属性分析的基础上实现地层域地震相分析。

8）层序与体系域解释

GeoEast 层序地层学解释软件具备丰富的层序和体系域解释功能，利用这些功能可进行交互解释和地层沉积模式的绘制。在进行层序解释时，可从已解释的层位中选择两个层位作为层序边界，并为每一个层序从预定义的 6 种层序类型中选择合适的类型及级别。在体系域解释时，可从已解释的层位中选择两个层位作为体系域边界，并为每一个体系域从预定义的 7 种层序类型中选择合适的类型。

6. 井震联合地质分析

GeoEast 解释系统提供了基于地震解释成果的二维地质模型自动生成、地震信息约束的井间砂体连通图高精度自动绘制、单井综合柱状图、大斜率斜井和水平井显示、多井对比图、地震属性约束的井间小层对比等技术，大幅提高了地质剖面的生成效率、改善了井间插值的合理性、实现了测井与地震信息的深度结合，提高了地质分析的精度和效率，为 GeoEast 解释软件向地质延伸奠定了坚实的基础。

1）测井综合柱状图

GeoEast 解释系统实现了曲线、分层、岩性、油气水、标尺、测井相、旋回、解释结论、地质年代和时频十余种数据的显示和编辑功能，能够支持满足石油行业标准的各类测井标准图件，单井综合柱状图制作达到同类软件相同水平，如图 8-5-38 所示。

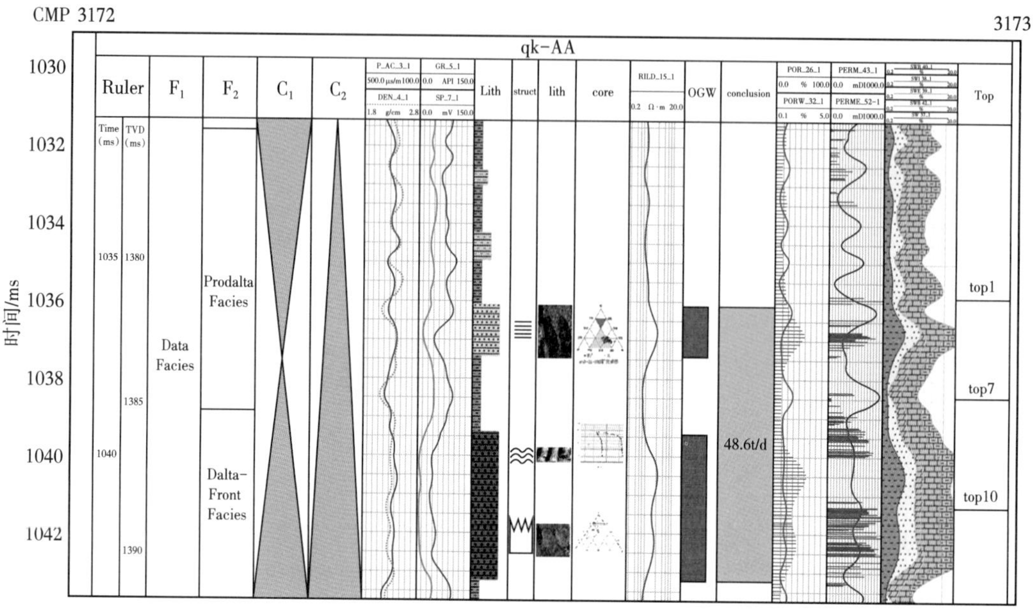

图 8-5-38　测井综合柱状图

2）水平井显示

GeoEast 提供了水平井显示功能，能够充分结合井和地震反射特征的走向信息，为准确确定地质分层走势提供了分析工具。

3）井震联合解释

本软件的特色在于井震高度融合，在地震剖面上可以插入或者覆盖井数据，同时能够进行层位断层解释、测井数据的解释，能够充分发挥测井纵向高分辨率与地震横向高分辨率的优势，实现测井与地震的联合解释，在保证精度的基础上提升效率。

4）层控砂体连通图自动制作技术

GeoEast 提供了层位约束砂体连通图自动制作功能，实现了井间砂体自动连接。通过解释层位约束，解决了常规方法砂体横向上分布与构造形态不一致的问题，使得砂体空间趋势更符合实际地质规律，提高了砂体连通图的制作精度。

5）油藏剖面自动制作技术

GeoEast 油藏剖面自动制作技术直接利用地震解释层位断层数据，自动处理层位和断层的关系，自动生成闭合块，能够适应正断层、逆断层、剥蚀层等地质情况，大幅度提高了工作效率。

6）水平井设计及钻井导向技术

井位论证子系统能够实现二维、三维场景下的井位优选、井轨迹设计（图 8-5-39）、高精度速度建模和校正、快速时深转换、标准井显示、正钻水平井分析、综合地震信息显示等功能。利用标志层逐层校正，提高入靶精度。通过多种地震信息、标准井和正钻水平井实时数据动态引导水平段钻进，降低工程风险、提高储层钻遇率（图 8-5-40）。

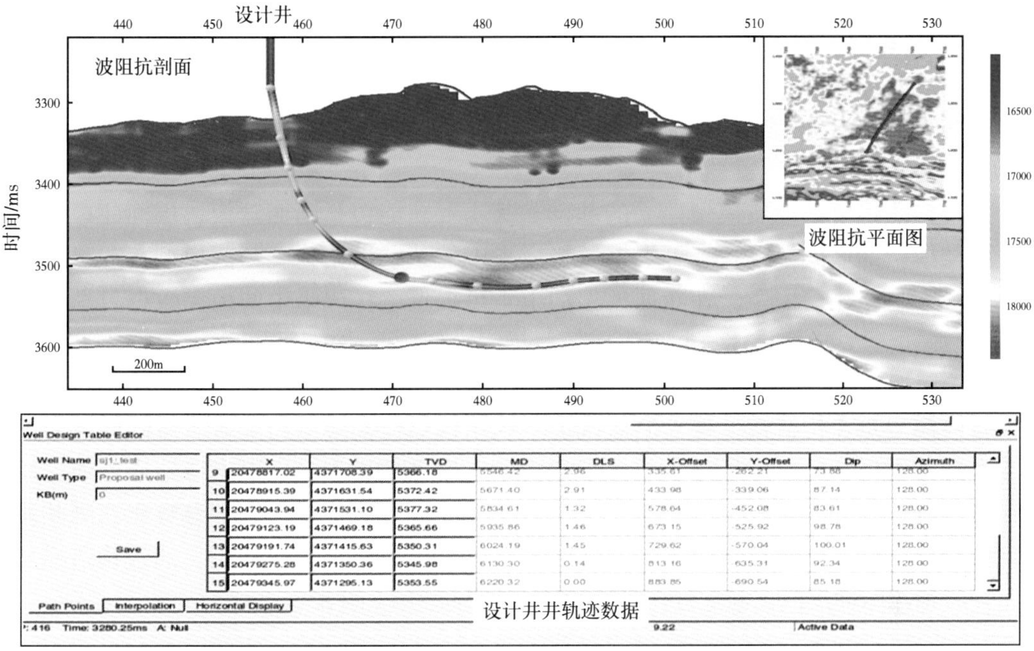

图 8-5-39　水平井轨迹二维设计效果

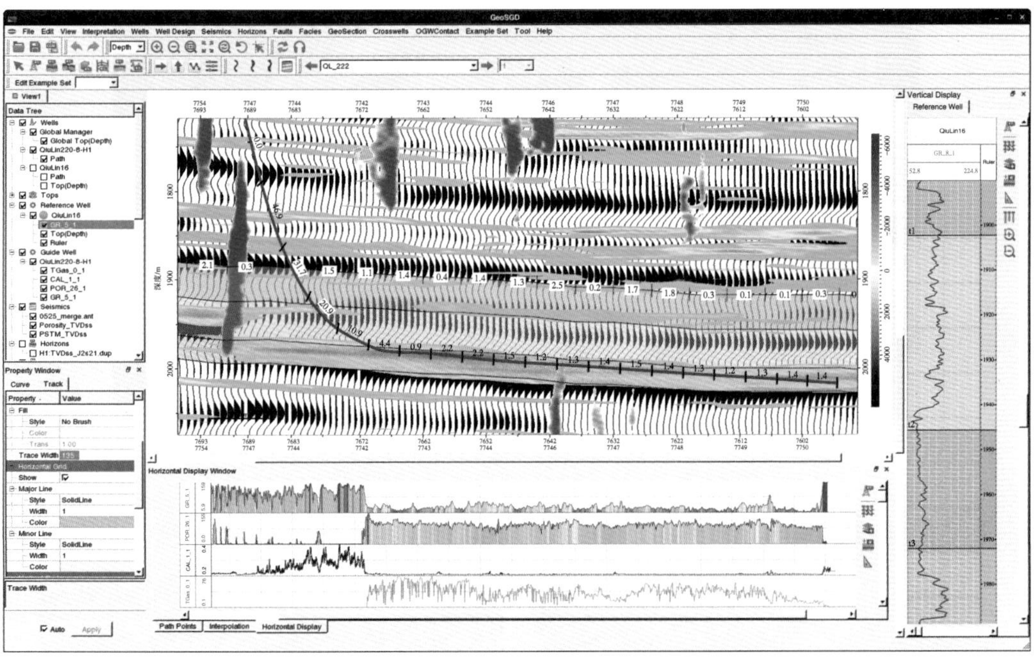

图 8-5-40　地震地质一体化钻井实时导向系统

7. 地质建模与三维可视化功能

GeoEast 地质建模及三维可视化技术实现了复杂构造、地质体的建模，并可在三维空间展示，立体清晰反映地层与地质结构的空间分布及其相互关系，提供建模、解释、交互、可视化功能，为测井地质地震资料综合解释提供重要工具，并为油藏开发奠定基础。

1）地质建模功能

地质建模具备在三维场景下快速建立各种复杂构造下的地质模型和属性模型的能力；突出三维复杂构造快速建模能力，操作灵活方便、自动化程度和效率高。

（1）构造建模功能。

三维构造建模是地质模型建立的基础。其主要功能包括断面建模、层面建模、地层体生成及模型剖面质控。系统可根据解释成果中的断层数据建立断面模型，准确地处理各种断层复杂的相交关系。在断面模型约束下可根据解释成果中的地层数据自动建立地层面模型，进而生成地层体，并可生成任意折线模型剖面质控三维模型。

（2）属性建模功能。

属性模型是在构造模型建立的基础上，利用构造框架模型约束对所需的测井曲线数据或者速度数据进行三维插值生成叠后格式的三维属性模型，可以支持地震正演、反演等速度和阻抗等各种属性模型的建立。属性建模功能主要包括地震道参数化、测井曲线预处理和参数化、属性插值三部分。图8-5-41为一实际工区阻抗模型，通过构造模型约束，开展稀疏脉冲反演，断层处反演效果有了明显提升（图8-5-42）。

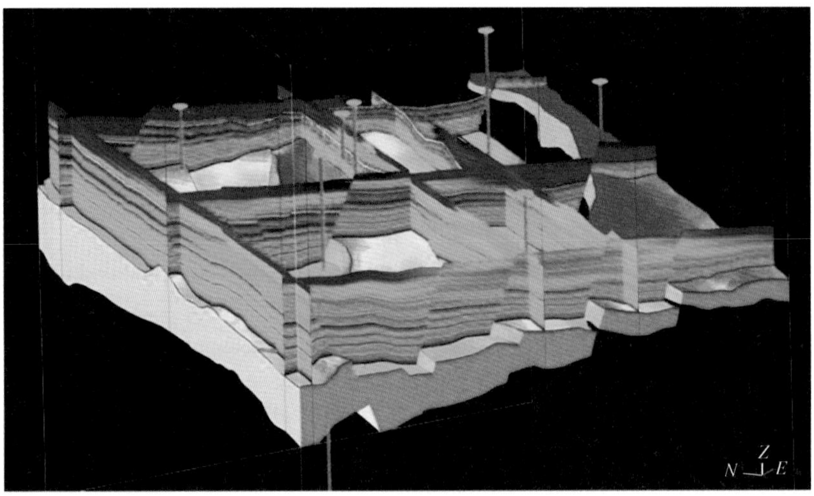

图8-5-41　阻抗属性模型

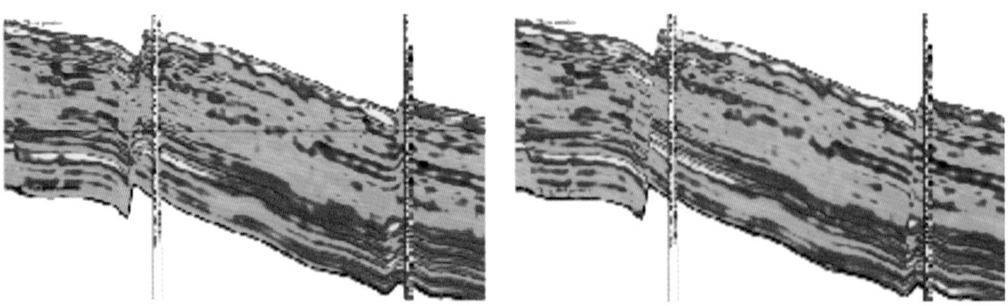

(a)层位约束　　(b)复杂构造模型约束

图8-5-42　层位约束与复杂构造模型约束稀疏脉冲反演结果对比图

2）三维可视化功能

地震资料三维可视化体解释是在三维可视化环境下对地震资料进行立体解释，简称三维体解释。它是解释系统的重要组成部分，能够支持全三维综合显示及解释技术。具有良好的通用性、易用性、可扩展性和跨平台特性。涵盖了通用三维显示技术、通用三维交互技术、三维图形学算法、海量数据的高性能显示技术和实时通信技术。

8. 五维地震数据解释

随着“两宽一高”地震勘探技术的发展，基于全方位、高密度高端处理技术提供了海量的高品质叠前数据。为了充分利用五维道集所提供的方位角、入射角、炮检距等信息，GeoEast 提供了一套对叠前道集数据进行分析的方法，实现了工区底图、叠前地震道集剖面、道集方位角分布等功能相结合的叠前地震信息分析功能，可用来优化叠加、预测裂缝、进行 AVO/AVA（振幅随入射角变化）分析，AVAz（AVA 方位各向异性）、频率随偏移距的变化（FVO）分析等的计算。

1）叠前数据加载及导出

宽方位叠前道集数据量都比较大，达到 TB 数量级，为适合该情况，软件提供了叠前道集数据多个文件分批次导入功能，以满足叠前道集文件存储在不同外接盘上的需求；软件支持道集数据断点续传功能，可有效防止由于掉电、网络异常、设备异常等造成的数据导入过程中异常中断后，下次重新全部导入的情况；如果已经加载了部分叠前数据，需要再进行数据扩充时，可选择追加叠前数据的方式；可在加载叠前道集的同时进行数据叠加，得到叠后地震数据；叠前数据可根据需要导出到外部设备，导出时可进行字节顺序、数据格式、值域范围、道头字位置、方位角起始位置和方位角方向等的设置。

2）动态分析及定义叠加模板

五维解释的总体思路就是根据实际地震资料的不同，按照解释人员的要求交互来进行参数的分析，从而达到更优化突出刻画地下地质构造的目的。这一过程的实现，需要解释人员根据叠前数据进行动态分析，确定分析模板。定义一个合适的模板对后续解释工作的准确性有着非常关键的影响。

3）叠前道集优化处理及叠加

针对一些地震资料存在数据异常、处理流程欠缺等问题，软件提供了一些向叠前道集的目标性处理方法，对道集数据做简单处理及叠加功能，可以更好地确保数据符合地质需求，包括叠前道集优化处理、原始道集叠加、批量叠加、分区域叠加、道集处理、叠前属性计算器等。

4）裂缝预测

软件提供了基于目的层的裂缝预测计算方法，可以实现针对不同的区域采用不同的叠加参数进行计算。

（1）裂缝预测：软件提供了最大振幅、均方根振幅和走时三种方法。

（2）方位瞬时属性计算：提供了瞬时振幅和瞬时频率两种瞬时属性，可以在此基础上进行裂缝预测。

（3）方位滤波：将裂缝计算的结果根据裂缝强度与可信度进行过滤，去掉一些方位上的劣势信息，从而提高裂缝的预测精度。

（4）方位矢量提取：裂缝计算结果有沿层方式和数据体方式两种，如果是沿层方式，可以直接查看；如果是数据体方式，需要根据想要查看的位置，在已经计算好的裂缝数据体内沿层提取出需要位置的方位矢量信息。

（5）频谱梯度各向异性：计算不同方位角的频谱梯度，并进行椭圆拟合，从而分析频谱梯度的各向异性特征。该模块需在进行单点道集叠加地震道频谱分析基础上，选择合适的分析参数，进行频谱梯度各向异性分析。

5）叠前 AVA 分析

（1）常规叠前 AVA 分析：该模块需在进行点的 AVA（振幅随入射角的变化）分析基础上，选择合适的模板，进行平面上 AVA 分析。它的特点在于可以对工区进行区域划分，不同的区域采取不同的叠加参数来进行计算，得到截距、梯度、拟泊松比、横波反射系数、烃类指示和标准差等结果数据。

（2）裂缝导向 AVA 分析：在精细的裂缝各向异性分析结果的基础上，进行方位 AVA 分析，应用平行裂缝方向资料预测含油气性，能有效规避裂缝各向异性的影响。在进行 AVA 计算时，选择平行裂缝方向的方位角内道集，划分不同入射角范围后计算对应的 AVA 梯度、截距等属性，提高油气检测准确度。

（3）方位 AVA（AVAz）分析：利用分方位的道集的 AVA 计算的梯度结果值进行椭圆拟合，分析裂缝分布特征。

6）叠前频率随方位角变化（FVA）

（1）FVA 计算：对叠前道集进行不同入射角划分，计算不同入射角频率变化趋势。

（2）方位 FVA（FVAz）分析：划分不同方位角，分别计算方位角内的 FVA 梯度，根据梯度进行椭圆拟合，分析 FAV 的方位各向异性。

第九章　技术应用及成效

近年来，“两宽一高”地震勘探技术得到不断发展和完善，形成了针对不同勘探对象的地震采集处理解释一体化技术，有效突破了制约油气勘探开发的部分技术瓶颈，在国内主要盆地及国外区块的油气勘探开发中得到了广泛应用，在推动油气勘探重大发现、规模储量落实和油气增储上产等方面发挥着越来越重要的作用。本章介绍了宽方位宽频高密度地震勘探技术在前陆冲断带复杂构造、碳酸盐岩、地层岩性、火山岩、页岩油气、致密油气、潜山和复杂断块等领域的应用实例，展现了针对性的技术应用和效果，取得了丰富的油气勘探效果。

第一节　塔里木盆地库车前陆冲断带复杂构造油气藏勘探

前陆冲断带地震勘探受复杂山地地表条件、浅表层结构及速度变化大和地下地质构造复杂等多种因素影响，给地震准确成像、构造建模及圈闭落实带来了极大挑战，影响井位目标落实和钻探成功率，使得油气勘探难度非常大，前期勘探进展缓慢。复杂山地油气勘探早期仅依据地表露头资料及少量重磁资料为主开展地表构造勘探，随着地震技术的发展，逐渐进入沿沟弯线二维勘探、常规二维直测线勘探、宽线大组合二维勘探等阶段。三维地震勘探从早期地表及地下构造相对简单的克拉 2、迪那 2 等气田区开始，表现为窄方位低覆盖山地三维特点；后发展为以克深 2 气田三维为代表的窄方位中等覆盖三维地震勘探，并具备了一次性完成超大面积复杂山地三维地震采集的能力；此后又陆续部署实施了克深 5、吐北 4 等一批窄方位中等覆盖三维。随着勘探的深入，常规三维资料逐渐显现出难以满足复杂构造精细落实的缺陷。2017 年，库车地区首次实施了大北气藏区的宽方位、高密度采集，覆盖次数提高到 255 次，同时配套发展了 TTI 叠前深度偏移处理技术和双滑脱构造建模解释技术，为库车地区勘探持续突破及评价开发奠定了基础。目前库车坳陷基本实现了克拉苏富油气区带宽方位、高密度三维地震的全覆盖，创新性地形成了基于高精度速度建模的“真地表”各向异性叠前深度偏移配套处理技术和双构造理论（断层相关褶皱理论和滑脱构造理论）指导下的多信息综合构造建模技术。通过三维地震采集处理解释一体化技术攻关和综合应用，塔里木油田落实了克深及大北—博孜两个万亿立方米大气区，落实了后续勘探区带和有利目标。

山地地震勘探技术和采集装备的持续进步，实现了库车前陆冲断带及其他山前复杂构造区地震资料的从无到有，从低信噪比二维到高品质高精度三维，为推动山前带油气勘探的系列重大突破奠定了资料基础；推动了塔里木盆地从克拉 2 大气田的发现到克深、大北—博孜两个万亿立方米大气区的落实；地震一体化攻关成果助推准噶尔盆地南缘实现了高探 1 井、呼探 1 井的重大突破，展示了万亿立方米天然气勘探大场面的潜力；柴达木盆地宽方位、高密度三维地震勘探带来了地震资料品质的显著提升，有力支撑了英东、英西—英中、干柴沟和黄瓜峁等多个油气勘探突破，“十三五”期间英雄岭构造带提交三级地质储量达 3×10^{8}t。

下面以塔里木盆地库车前陆冲断带勘探为例，从工区勘探概况、主要地震地质特点及勘探难点、关键技术应用和主要应用成效展开说明。

一、概况

1. 勘探概况

库车坳陷位于新疆维吾尔族自治区塔里木盆地北部，南接塔北隆起，北到天山褶皱带，东至吐格尔明，向西包括乌什凹陷。区域整体呈近北东向展布，东西长 490km、南北宽 20～80km，轮廓面积 $2.96\times10^{4}km^{2}$（图 9-1-1）。

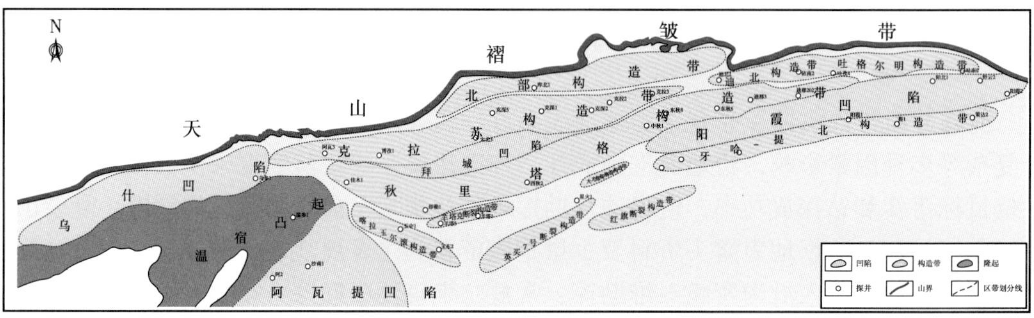

图 9-1-1　库车坳陷区域位置及构造区划分图

库车坳陷前陆冲断带位于塔里木盆地北部南天山造山带与塔北隆起之间，南天山地区在古生代是古亚洲洋前陆冲断带的一部分，也称为南天山洋。经过复杂的开合演化过程，在晚古生代末期关闭形成南天山海西期造山带，将塔里木盆地克拉通陆块与中天山、准噶尔盆地陆块、哈密盆地陆块等焊接在一起。古南天山及周边地区在中生代和新生代早期的区域构造活动并不强烈，但是在晚新生代受印度板块与欧亚板块碰撞的影响发生陆内造山作用而强烈隆升形成新南天山。库车坳陷充填的中—新生界地层受新南天山挤压和塔北隆升的影响也发生了强烈的收缩变形，形成库车前陆盆地，并发育一系列的逆冲断层和线性褶皱构造。

库车坳陷在南天山与塔里木板块南北向区域挤压作用下，构造变形首先发生在构造软弱部位。克拉苏构造带由于存在基底断裂、强度低的（相对基底）沉积盖层较厚，加之直接受南天山隆升与挤压作用的影响，首先发生构造变形。却勒—西秋构造带由于盐下层在低幅度的基底古隆起基础上可能发育一些小规模的断裂，处于一个相对软弱的构造部位，随着挤压作用增强也发生了构造变形。总体上，却勒—西秋构造带与克拉苏构造带相比，沉积盖层薄而基底厚、基底断裂规模小，只有在挤压作用较强时才发生变形，所以其构造变形要晚于克拉苏构造带。如图 9-1-2 所示，库车坳陷从山前到前陆形成了一个完整的冲断系统，整个系统中既发育有薄皮构造，又发育有厚皮构造。薄皮构造发育于整个冲断楔的前端，厚皮构造发育于整个冲断系统的后部。

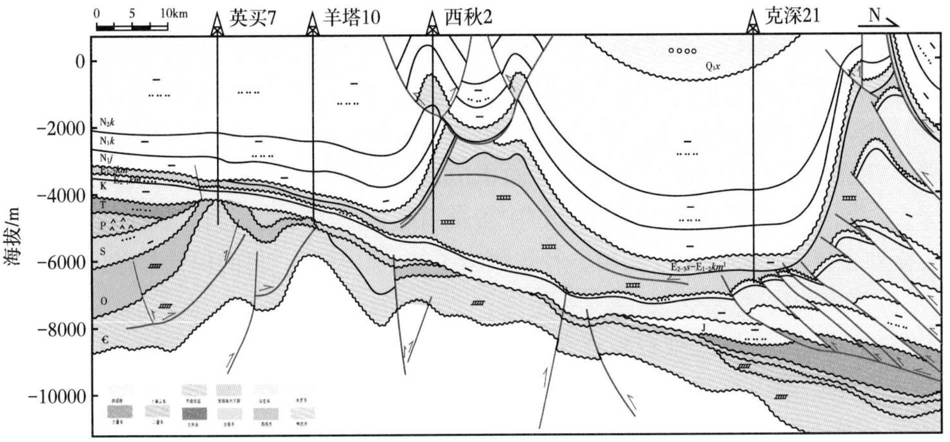

图 9-1-2 库车坳陷南北向典型地震地质结构剖面

库车坳陷是塔里木盆地油气勘探历史最长、发现最早的一级构造单元，从 1952 年开始勘探，至今已有近 70 年。根据勘探方法和应用技术的差异，归纳起来库车坳陷勘探分为 3 个阶段。

1）第一阶段（1952—1983 年）：地表构造勘探阶段

该阶段由于缺乏数字地震技术，只能依据地表露头资料及少量重磁资料进行地表构造勘探。在该阶段库车地区从浅到深在 10 个构造上钻探了 63 口石油探井，但只发现了依奇克里克油田（1958 年），从而认识到该时期"追踪油苗、广探构造、钻探浅层"的勘探思路，无法满足库车地区极其复杂的地层及构造变形的实际地质条件。

2）第二阶段（1983—2010 年）：常规二、三维勘探阶段

1983—1984 年，数字地震勘探技术开始应用到库车地区，受物探装备条件的限制，当时选择了最有利于施工、最有可能得到地震资料的大型山间冲沟，采用弯线施工的方式，线距为十几千米至几十千米。这些少量的沿沟弯线地震剖面，尽管资料品质较差，但对于进一步搞清前陆盆地的盆山关系及大的构造格局发挥了重要作用。但此后的 10 年时间里，受多方面因素的影响，库车前陆盆地复杂山地区的地震勘探基本处于停顿状态。1993—1996 年，库车山地完成了部分直测线的勘探工作，地震测网逐渐达到了 4km×8km。利用这一批直测线，基本搞清了前陆盆地的整体构造格局，构造成排成带发育的分布特征也清晰地呈现在勘探工作者的眼前。同时在处理上，基于叠后时间偏移的统一面偏移、折射静校正、DMO 叠加技术的工业化应用，以及解释上连片工业制图、时间变速成图技术、断层相关褶皱理论的引入为区域较简单浅构造的落实奠定了基础，从而发现了克拉 2、克拉 3、依南 2、迪那 2 等一大批有利构造和勘探目标。其中，1998 年发现的克拉 2 气田和 2001 年发现的迪那 2 气田成为我国西气东输的气源地。

2005—2008 年，宽线、宽线大组合采集技术在库车山地得到了大规模推广应用，依靠该宽线大组合攻关资料，解决了复杂山地高陡构造带成像这一主要问题，先后落实了

克深 2、克深 5、大北 3 等一批深层目标。克深 2 井突破证实了克拉苏深层的含油气性，标志着克深区带的重大突破，成为塔里木勘探史上的标志性事件之一。

2000 年以后，随着地震勘探装备换代、计算机能力的飞速发展，以及克拉 2、迪那 2 等气田后续评价开发的需求，地震勘探开始逐步步入三维勘探阶段。2000—2002 年，先后采集了克拉 2、迪那 2 三维地震资料，受限于当时技术条件，覆盖次数均较低（小于 100 次），方位角较窄（纵横比在 0.2 左右）。2008 年克深 2 井突破后，为了满足落实区带构造结构的需要，在克深 2 井区一次性采集超大面积山地三维地震 1002km^2。此后又陆续部署采集了克深 5、克拉 3、吐北 4 等 4 块窄方位中等覆盖次数三维地震资料。该阶段各向同性叠前深度偏移处理技术逐渐攻关并应用，有效解决了盐上高陡层、目的层偏移量问题。

3）第三阶段（2011 年至今）

随着勘探的深入，常规三维资料逐渐显现出难以解决复杂构造精细落实的缺陷，尤其是针对复杂区域，难以有效落实小断块，更加难以满足后期评价开发的要求。基于以上原因，2011 年库车地区首次实施了宽方位、高密度三维采集，横纵比提高到 0.7，覆盖次数提高到 255 次，同时配套以 TTI 叠前深度偏移处理技术，以及双滑脱构造建模，为库车地区持续突破及后续评价开发奠定了基础。目前库车已经基本实现了克拉苏富油气区带的宽方位、高密度三维的全覆盖，落实了克深、大北两个万亿立方米气区，中秋区带展现出万亿立方米的勘探前景，库车地区勘探已经进入了基于 TTI 叠前深度偏移成像的地震地质一体化的宽方位、高密度三维勘探阶段。

2. 主要地震地质特点及勘探难点

库车坳陷是一个以中—新生界沉积为主的复合前陆盆地。该区油气资源丰富，是塔里木盆地天然气勘探的主战场，但由于该区地表条件及地下构造都十分复杂，地震资料品质差，严重制约了油气勘探进程。根据库车坳陷前陆冲断带地质特点，将地震勘探难点归纳为以下两方面。

1）多重滑脱复杂构造变形带来的深层建模及成像难题

库车坳陷主要发育两套巨厚塑性地层，即古近系库姆格列木群膏盐岩和中生界煤系地层。其中古近系库姆格列木群膏盐岩层以及吉迪克组膏盐岩层具有分布范围广、厚度大、塑性强的特点，是库车地区的上滑脱层；中—下侏罗统和三叠系煤系地层，从前陆向山前逐渐增厚的趋势，是库车地区的下滑脱层。区域勘探目的层为夹持在两套塑性层之间的白垩系刚性地层，塑性地层对构造的发育及成藏起着控制作用，是区域含油气构造异常发育的主控因素。

库车地区地层结构受两套滑脱层（古近系膏盐岩和中生界煤系地层）及南天山强烈推覆共同作用，可以分为盐上、盐间、盐下三个系统（图 9-1-3），各个变形系统均存在明显差异。受挤压流动变形的控制，盐上整体表现为宽缓向斜和紧闭背斜的组合。盐层剧烈变形，厚度及形态变化极大，表现为盐拱、盐墙、盐焊接等多种形态。盐下主要表现为叠瓦冲断、叠瓦堆垛构造样式。库车坳陷在强推覆及多重滑脱的综合作用下，造成前陆冲断带变形剧烈，结构构造复杂，横向变化大，使得准确构造建模及速度建场难度极大。

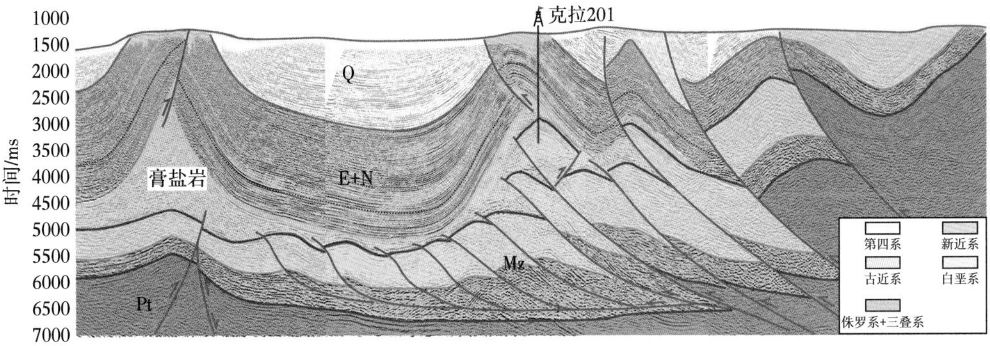

图 9-1-3 库车坳陷典型地质结构剖面

另外，复杂的双滑脱构造还给深层构造在高信噪比成像方面带来了一系列挑战。

一是逆冲断裂构造带下方能量的屏蔽问题。地下逆冲断裂非常发育，在这些断裂带附近，由于地层的强烈挤压，形成破碎区带，这个区带对地震波的吸收和散射严重，同时由于断面本身是强反射面，对地震波的向下传播起到不利作用。在地震剖面上，逆冲断裂下盘地震资料的信噪比往往很低。同时在山地地区，由于地质条件复杂，噪声的组分更多、更复杂，主要有面波、线性噪声、随机噪声、散射波和转换波等，这些噪声混合在一起使得地震信噪比大幅度降低。

二是煤层或膏盐岩对下伏地层的屏蔽作用。由于煤层或膏盐岩是油气藏良好的盖层，故前陆盆地的勘探目标往往是在煤层或膏盐岩的下方。然而由于煤层或膏盐岩与上下地层的波阻抗差很大，界面的反射系数大，使地震波往下传播的能量小，从而形成了较强的屏蔽作用。同时由于强塑性膏盐岩对地震波的吸收也很严重，所以其下目标层的勘探较困难。

三是由于上覆地层岩性纵、横向变化大，既有泥岩、砂岩交互变化，又有不规则的膏盐岩、砾岩的变化，往往造成速度纵、横向变化大。深度域中的速度规律因难以准确把握，得到地下准确成像较为困难，特别是受高速砾岩及膏盐岩两套特殊岩性体的影响，速度纵、横向变化规律非常复杂，导致盐下构造研究存在速度陷阱。因此，高速砾岩及膏盐岩空间分布特征及速度变化规律的研究，对于精细深度域速度建场、落实盐下构造有着极其重要的意义。

2）复杂起伏地表及表层结构带来的难题

库车地区除了复杂的地下结构外，地表结构也极其复杂，给地震资料采集及处理带来了极大的挑战，主要表现在以下两个方面。

（1）地表类型复杂多变，包括山体区、山前砾石堆积区、戈壁区、沼泽区和浮土区等多种交替出现的地表类型。地形起伏变化剧烈，沟壑纵横、断崖林立，相对高差大，最大相对高差达 3km，并且发育大量的河道和冲积扇，地表类型极其复杂。同时由于剧烈的造山运动，山地地表出露岩性非常复杂，不但有新生界古近系—新近系和第四系堆积砾石和沙泥岩，还有中生界煤层和石灰岩以及古生界变质岩，而且各种岩性风化破碎严重，出露岩性的速度和地层倾角差异性明显。这种复杂的地表地震地质条件，不但造成了激发接收条件差、单炮资料信噪比低，同时给山地地震采集激发技术带来许多难题。

（2）复杂地表的静校正及浅表层速度建模难题。以上复杂的地表类型同时造成了表层结构变化大，低降速带厚度为0～500m，高速层速度为1600～3500m/s，地层倾角陡，导致高速层顶难以确定。库车地区的静校正及浅表层速度建模难度极大，从而制约了构造的准确成像及落实。

二、关键技术应用

库车前陆冲断带地表条件及地下构造极为复杂，地震波产生较强的吸收和衰减作用，使得地震资料的品质受到较大的影响，给处理、解释带来了巨大的挑战。近年来，通过处理和解释的持续攻关，形成了一系列复杂山地处理、解释配套技术，有效解决了复杂山地成像及构造落实难题。

1. 叠前多域迭代去噪技术

在以往叠前去噪处理流程基础上，创新处理流程（图9-1-4），优化了叠前去噪、强化了去噪与振幅补偿及去噪与剩余静校正的迭代处理，强调渐次噪声压制和多域噪声压制。同时，更强调应用“体”噪声压制新技术，如交叉排列锥形滤波技术、OVT域 $\tau—p$ 去噪技术等。

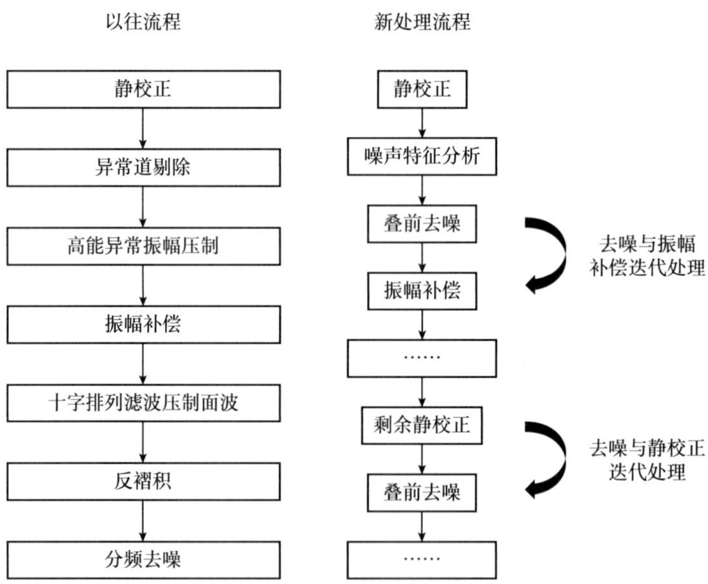

图9-1-4 叠前多域去噪迭代处理流程示意图

交叉排列锥形滤波技术适用于高密度空间采样数据，其功能是对此类数据中的规则干扰在叠前进行压制。高密度空间采样数据具有时间和空间采样间隔小的特点，在很大程度上避免了因时间和空间采样不足带来的假频影响，提高了三维傅里叶变换域中信号与规则干扰（线性干扰和面波干扰）的可分离性。交叉排列锥形滤波通过对三维高密度空间采样叠前数据体的炮集或者所形成的正交子集进行三维傅里叶变换，根据信号和规则干扰在三维傅里叶变换域可分离的特征，进行视速度滤波，达到叠前真三维压制规则干扰的效果。

OVT 域 τ—p 去噪技术将 OVT 域数据处理和 τ—p 变换的各自优势结合起来，形成了一种新的噪声压制方法。τ—p 域噪声压制技术利用域中各地层反射双曲线变成了椭圆的叠加这一特点提取一致性属性，根据一致性属性和倾角属性对地震资料数据有效信号进行加强，从而实现压制随机噪声、提高信噪比的目的，一般用于三维叠后数据或二维叠前数据。利用一个 OVT 子集是全工区的一个单次覆盖数据体的特点，在每个 OVT 片上就可进行 τ—p 域噪声压制。

通过叠前多域迭代去噪技术，消除或减弱噪声对子波、振幅的影响，提高资料一致性，为叠前深度偏移提供高品质的道集，改善了成像质量。使用新的噪声压制处理流程后，单炮噪声压制效果更好，有效信号更加突出，空间能量更加均衡（图 9-1-5）。使用该道集进行叠前深度偏移，有效信号能量突出、空间能量更加均衡、偏移画弧背景噪声弱，偏移成像效果进一步得到改善（图 9-1-6）。

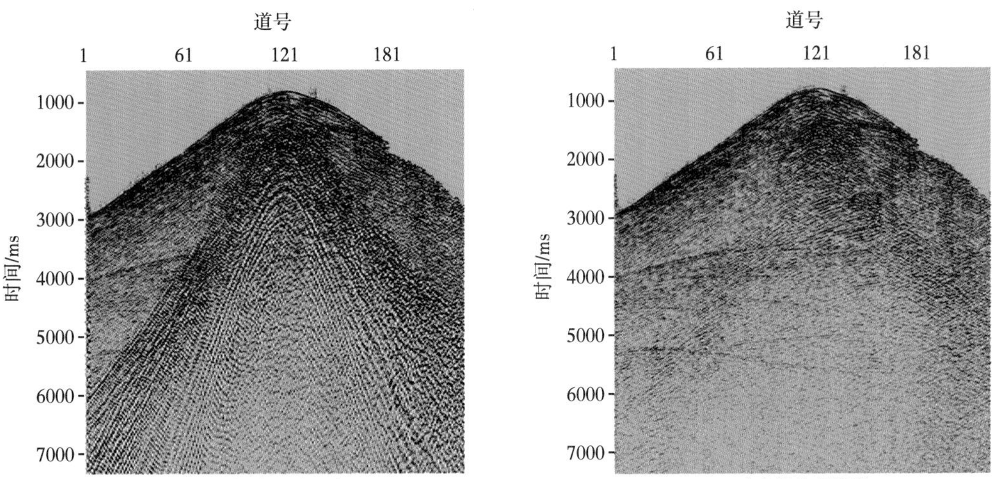

(a) 以往去噪处理流程　　(b) 新处理流程

图 9-1-5　以往去噪处理流程和新处理流程处理所得单炮对比图

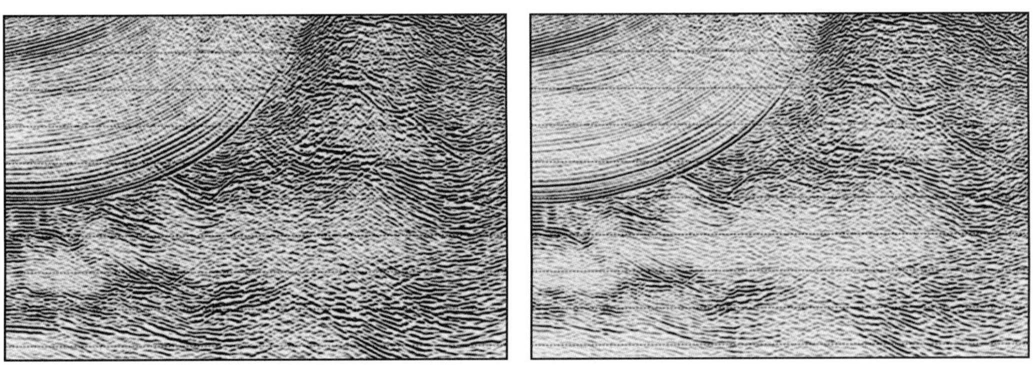

(a) 以往去噪处理流程　　(b) 新处理流程

图 9-1-6　以往去噪处理流程及新处理流程所得道集进行叠前深度偏移结果对比图

2. 微测井约束层析反演表层速度建模技术

浅表层速度建模是深度偏移速度建模中的关键技术环节。速度异常体越浅，其影响的范围越大。在实际地震资料处理中，浅层由于覆盖次数和信噪比较低，其反演速度精度有限，会造成速度异常进而影响偏移成像结果；深度更浅的接近地表的表层速度模型一般由初至反演所得，是一个等效的速度模型，其精度更低。因此，浅表层的速度建模面临极大的挑战。围绕如何建立一个精度更高的浅表层速度模型，形成了一套微测井约束层析反演表层速度建模技术系列，主要内容包括两个方面：

（1）用微测井数据进行初至层析反演，表层速度模型精度提高，偏移成像精度也有所提高。通常未使用微测井进行约束的层析反演模型极浅层速度误差偏大，层析反演速度大于地层真实速度。其主要原因在于近偏数据覆盖次数低、正演模型的平滑效应以及射线密度不均匀三个方面。为此，提出微测井约束层析反演方法对浅层速度模型进行约束，约束后反演速度模型精度有较大幅度提高（图 9-1-7）。

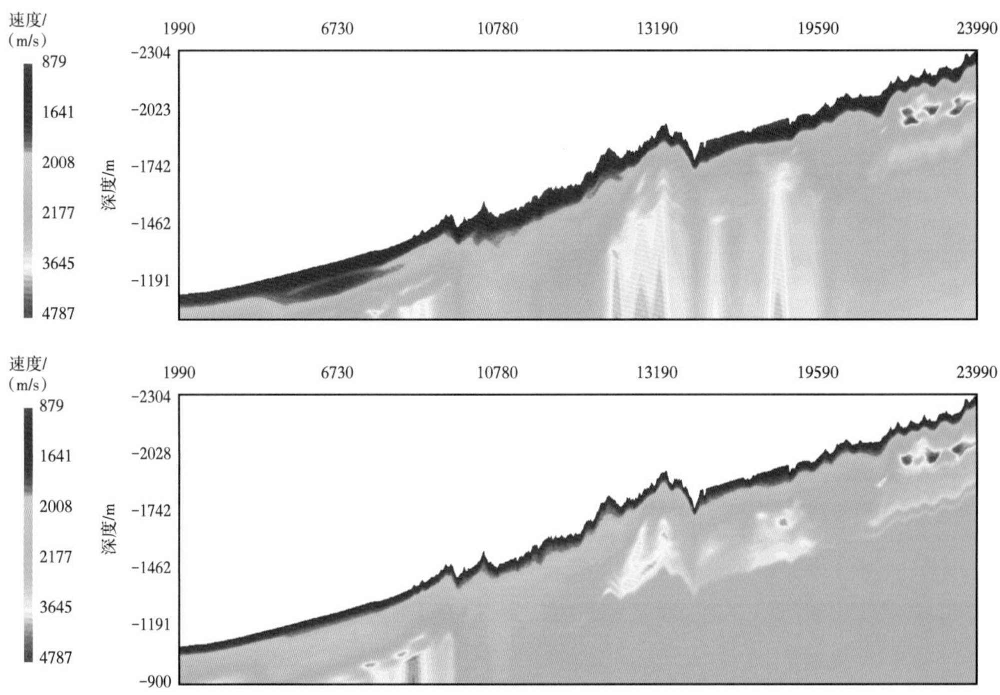

图 9-1-7　微测井约束层析前（上）、后（下）速度剖面示意图

（2）新的表层速度建模方案是可行的，其偏移成像精度与真地表偏移结果相当。以往的表层或浅层速度建模方案通常是参考初至反演速度模型或回折波反演速度模型建立一个等效的浅表层速度模型，其精度较低，偏移成像精度低。

新的表层速度建模方案在高速层顶面与偏移基准面（地表高程平滑面）之间填充反演得到的速度模型，在此基础上进行后续的速度迭代更新。从正演结果看，其偏移成像和真地表偏移结果基本相当（图 9-1-8）。

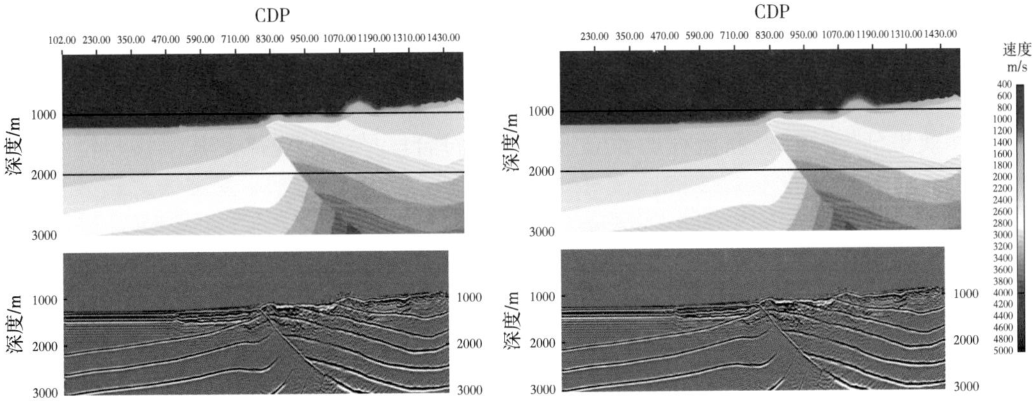

(a)正演模型　　(b)表层速度建模

图 9-1-8　正演模型、表层速度建模及其的偏移结果对比图

3. TTI 各向异性叠前深度偏移速度建模流程

以往的 TTI 各向异性叠前深度偏移速度建模流程（图 9-1-9），一般需花费大量人工和机时先建立准确的各向同性深度偏移速度场。在此基础上进行井震误差分析和各向异性参数 δ、ε 的迭代更新，最后得到一个各向异性速度场、δ、ε、倾角和方位角用于叠前深度偏移。该流程将速度建场工作分为各向同性和各向异性两个阶段，人为地破坏了速度与各向异性参数间的联系。举例来说，库车地区主要目的层高陡，偏移速度与地层倾角、方位角等各向异性参数的联系紧密，单一的各向同性速度或先各向同性后各向异性的分阶段建模方法无法实现准确的速度建模工作，进而导致偏移归位不准确。

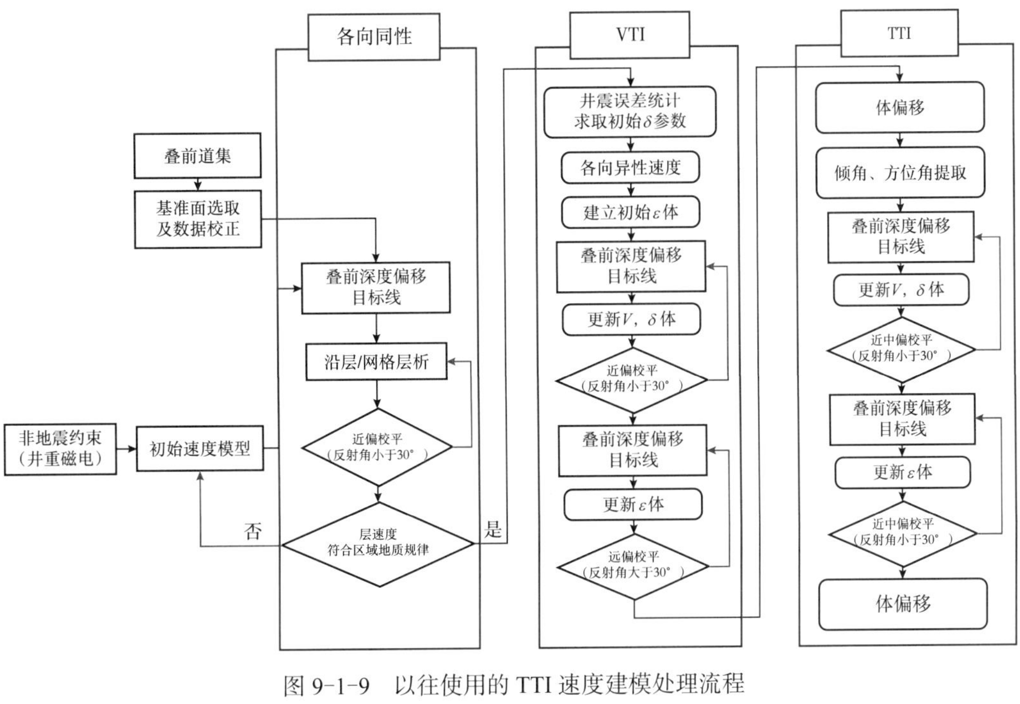

图 9-1-9　以往使用的 TTI 速度建模处理流程

通过多个项目的探索和实践，形成了新的 TTI 各向异性叠前深度偏移速度建模流程（图 9-1-10）。新流程在起始阶段就引入了 TTI 各向异性参数，实现了 TTI 各向异性参数间的联立迭代，进而建立了相应的各向异性速度场、δ、ε、倾角和方位角用于叠前深度偏移。实际效果分析表明，新流程所建立速度场更符合区域地质规律，其偏移归位效果更佳（图 9-1-11）。

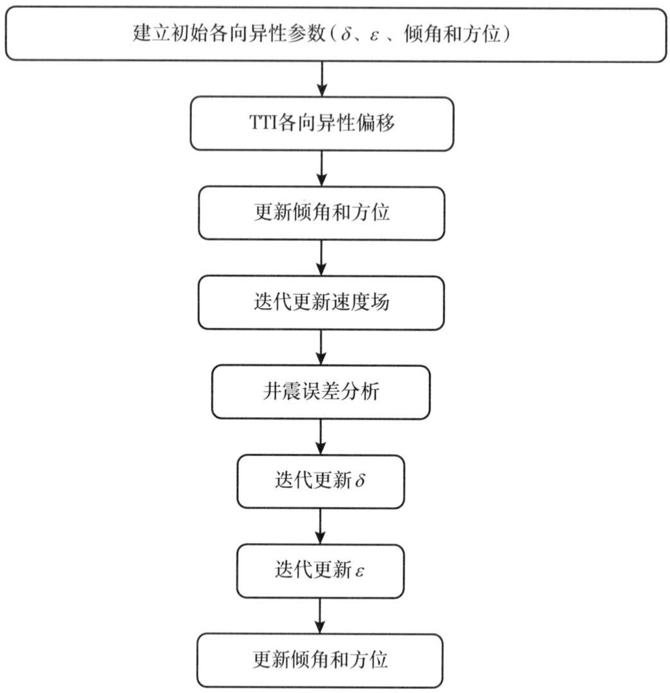

图 9-1-10　改进完善后的 TTI 速度建模处理流程

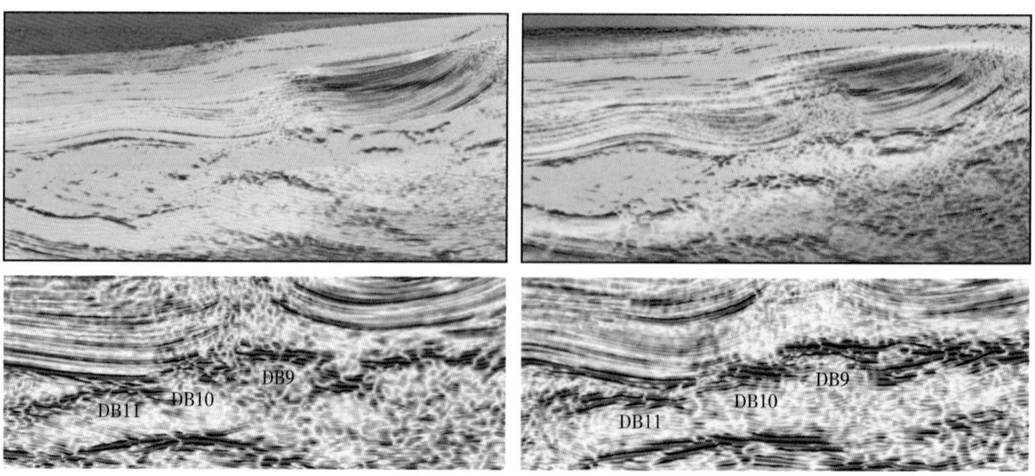

（a）新　　（b）老

图 9-1-11　新老 TTI 速度建模处理流程所建速度场及相应偏移结果对比图

4. 基于沉积相控制的联合反演技术

由于复杂地表引起的静校正问题，以及地层岩性变化大引起的速度场纵、横向变化快问题，导致资料信噪比低、地震波场复杂和资料品质较差。对山前带而言，砾岩的空间分布规律很大程度上影响了中、浅层速度变化特征。经过多年的探索和实践发现，采用地震资料、非地震资料和钻井资料协同应用是解决大北地区高速砾岩带来的速度问题的有效手段。

传统的基于井控制的稀疏脉冲测井约束反演方法受井控影响较严重。由于空间规律受井的影响很大，平面属性图上存在围绕井点画圈的现象，不能合理反映高速砾岩的分布规律。通过非地震电阻率资料与区域高速砾岩层岩性岩相三维空间分布的地质特征进行对比发现：非地震电阻率资料反映的高速砾岩的空间分布特征与实际砾岩层的空间分布特征吻合程度高。因此，采取了基于沉积相控制地层边界，然后利用井内插进行地质模型建立，再进行稀疏脉冲反演的方法，能够合理描述高速砾岩的形态特征和速度规律。

以大北地区为例，浅层第四系高速砾岩的速度分布在3500～4500m/s之间，深层古近—新近系库车组高速砾岩速度分布在5000～6000m/s之间。正常地层的速度趋势随埋深增加而增加，速度从2500m/s递增至5500m/s。通过基于沉积相控制的地震—非地震联合反演，反演得到的速度规律与钻井揭示的地层速度规律较为吻合，反演剖面反映了高速砾岩的沉积具有多期性特征。大北地区地震—非地震联合反演连井速度剖面与实测速度变化规律吻合较好，反映了深、浅两套高速砾岩（图9-1-12）。如DB6、DB5、DB301和DB3等井在浅层第四系钻遇了速度在3500～4500m/s之间的高速砾岩，连井速度剖面上，对浅层各井的速度反映较好，同时反映了砾岩分布的多期叠置规律，速度“下大上小”，反映了砾岩粒度由上至下变细的规律。DB6、DB104和TB1等井在新近系库车组也钻遇了一套高速砾岩，速度在5000～6000m/s之间。连井速度剖面上也有较好的反映，深层砾岩具有厚度大、规模大、速度高的特点。

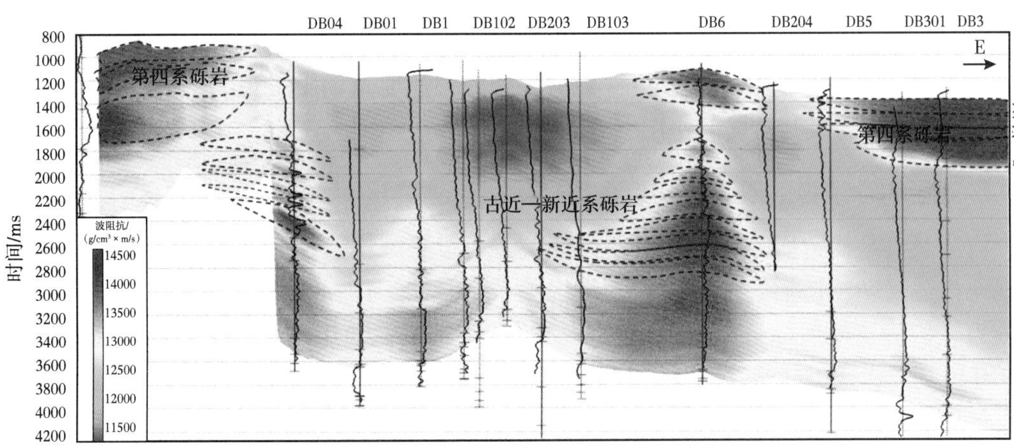

图9-1-12 大北地区地震非地震联合反演连井速度剖面

通过对大北地区速度反演，得到盐上地层速度变化规律。如图9-1-13所示，砾岩在北部及东部广泛发育，正常地层在大北1井及以南地区分布，速度分布在2000～3000m/s之间，而吐北1井附近以及工区东部DB6、DB301、DB3、DB5井区浅层发育高度砾岩，速度分布在3500～4500m/s之间，尤其以大北6井一带浅层砾岩速度最高。通过分析第四系砾岩卫星照片，工区内可以识别出三个扇体：北部扇体发育在大北6井以北；南部扇体发育于大北3井周围；西部扇体发育于吐北4与吐北1井附近。通过卫片和属性图的叠合表明，卫片扇体的分布和属性预测砾岩的分布形态和范围吻合良好。这说明，对第四系砾岩形态特征和分布规律的预测是可靠的。

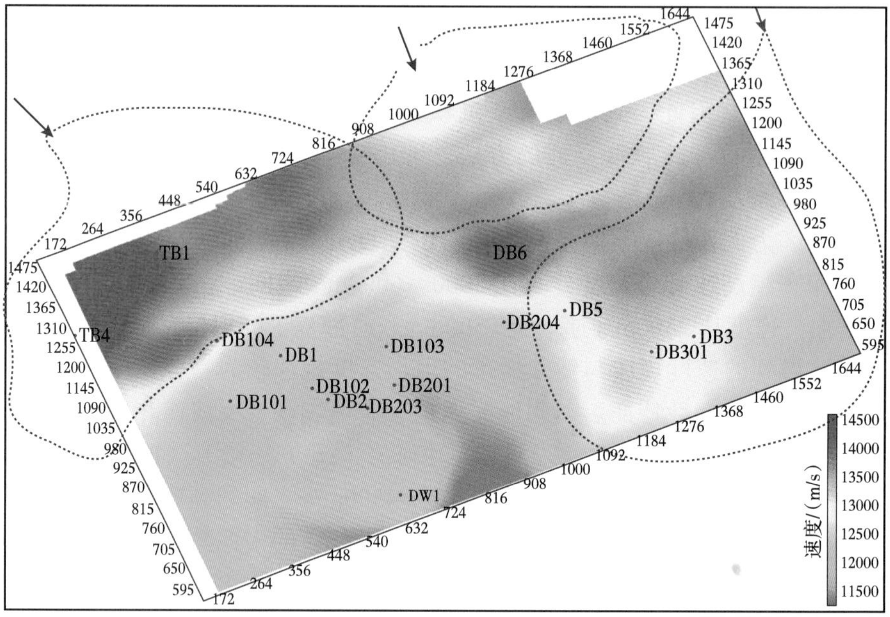

图9-1-13　大北地区第四系反演平均速度平面图

地震—非地震联合反演资料可有效落实高速砾岩的速度变化规律及分布形态，对库车地区砾岩速度体这一关键问题的落实有着重要的意义，通过地震—非地震联合反演得到相对准确的砾岩速度变化规律，是叠前深度偏移速度建场中极为关键的一环，对叠前深度偏移成像有着极其重要的作用。

5. 基于物理模拟的双滑脱构造建模技术

构造建模是构造研究中非常重要的环节，通过三维构造建模，可在三维空间精细而直观地描述复杂构造形态及断块间的结构关系、验证解释方案的正确性，并用于构造演化分析。构造建模要综合应用多种资料，将地表构造、浅层构造与深层构造有机结合，建立几何学上内在协调的、运动学上平衡的与动力学机制上可行的构造模型。

常规的构造建模主要是基于断层相关褶皱理论，结合多种资料对构造几何形态进行描述。它难以对构造形成的动力学机制和运动学过程进行分析，导致构造建模结果的合理性判断困难。为了更好认识库车地区构造变形特征，发展了基于物理模拟的双滑脱构造建模技术。

1）物理模拟准备

大地构造的演化在地史上是一个漫长的过程，其动态变迁过程在时间上以百万年为尺度，在空间上以千米为尺度。为了在空间上对现今构造的形成演化有一个直观的认识，可对这一过程进行模拟。物理模型模拟实验是直观反映构造演化的重要方法，通过基于库车复杂构造真实模型的砂盒物理模型的类比模拟实验（图 9-1-14），可对库车前陆冲断带复杂构造的变形机理、变形特征、构造发育模式、发育规律和构造演化特征的研究提供较为科学的实验依据，进而提高对构造特征的认识、指导复杂构造地震建模解释。

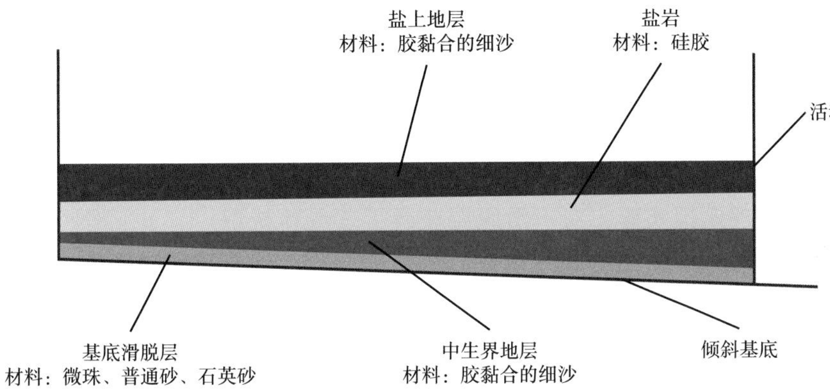

图 9-1-14 砂盒模型示意图

为了有效实现库车地区双滑脱模式下，对构造几何学、动力学、运动学特征的描述，对复杂盐构造和逆冲褶皱带的形成进行了物理模拟。实验基于以下认识或条件进行：

（1）发育两套滑脱层，下滑脱层为中生界煤系地层，古近系膏盐岩地层为上滑脱层；

（2）中生界向山前逐渐增厚；

（3）盆地基底整体北倾（倾斜角 3°～5°）；

（4）构造运动从始新世开始；

（5）构造运动过程中都伴随着强烈的剥蚀和沉积作用；

（6）盐的初始运动形成向斜和山体的雏形；

（7）库车前陆盆地由西向东收缩率逐渐增大，南北向收缩率为 15%～35%；

（8）模型长度和各套地层厚度按照真实比例相应缩小。

在以上条件的指导下，开展了模型的制作工作，砂盒模型自下到上由四层不同的材料组成分别模拟不同的地层。最底层为一套滑脱层，选用的材料有三种（石英砂、硅胶和微珠），它们的流动性较好、塑性强，模拟基底滑脱层；第二层为一套由树胶粘合细沙的物质，它表现为刚性，用来模拟中生界，其厚度由南向北逐渐增厚，东西厚度基本不变；第三层是一层硅胶，其塑性和流动性均较强，用来模拟古近系盐岩滑脱层；顶层与第二层一样，为一套由树胶粘合细沙的物质，也表现为刚性，用来模拟盐上的古近系。砂盒模型的底部由南向北倾斜约为 3°，用来模拟倾斜的基底结构。模型的推覆由北到南，推挡板采用直立、上倾 30°、上倾 60° 和下倾 60° 等几种不同的推挡方式。

2）数据记录

在物理模拟过程中使用X射线层析成像方式进行记录，可得到整个模拟过程中不同时期的三维数据体，从而形成四维数据体，用不同时间三维模型体来表现的四维构造演化数据。记录时，采用每推覆2～4mm距离、横向每1～3mm间隔扫描记录一次。

3）沉积与剥蚀模拟

在模拟地层剥蚀时，剥蚀面以上的松散物质用吸尘器吸走，剥蚀面以上的硅胶用铲子平行铲除，地表沉积物使用手工播撒。

4）实验结果

通过物理模型模拟实验，获得大量的实验数据和实验成果。对实验成果进行了深入、系统的分析，取得一些新认识。

第一，对下滑脱层的认识。以前的研究对下滑脱层的认识存在以下不足：（1）只把下滑脱层作为一个滑动面（或拆离面）；（2）对下滑脱层的物理性质毫无认识；（3）对下滑脱层在构造发育过程中的作用和影响缺乏认识，造成对构造模式和构造发育机理缺乏深入认识。通过物理模拟实验，对下滑脱层获得了三点新认识：（1）下滑脱层不仅是一个滑脱面，而且具有一定的厚度和流动性，对构造发育起到充填和支撑作用；（2）较薄的下滑脱层（5mm）经过缩短率35%的构造变形以后，其厚度可以达到其原始厚度的10倍左右；（3）由于下滑脱层独特的物理性质及其在构造发育过程中起到的特殊作用，在库车地区形成了一种特殊的构造模式——双滑脱构造。

第二，物理模拟模型的基础上，对双滑脱构造特点有了深入的认识：双滑脱构造既不同于断层相关褶皱，也不同于盐相关构造，而是一种具有其特殊的几何学、动力学和运动学特征的特殊构造。其几何学特征如下：

（1）每个逆冲断块的前锋和后缘由于上、下两套滑脱层的支撑作用，均可能发生“悬浮”；

（2）没有明显的断坪、轴面和转折翼等构造特征；

（3）断块的规模差异较大；

（4）断块之间至少有一点接触，下滑脱层没有发生突破对断块产生隔离；

（5）断块间的几何形态相互影响较小，但有相关和呼应。

双滑脱构造具有独特的动力学特征。一般的断层相关褶皱是由逆冲断块间的相互接触传播挤压应力驱动的，而双滑脱构造的构造发育是由滑脱层的塑性流动作用驱动的。其动力学特征主要有以下特点：

（1）当初始断块形成以后，在滑脱层的驱动下，首先向前和向上发展，在其发展阻力积累到一定程度以后，不能再继续发展，则在其前部形成新的断块（图9-1-15）；

（2）最新形成的断块是活跃断块，已经形成的断块不再继续发展，而是被动地伴随活跃断块发展；

（3）构造的发育方式为前展式；

（4）即使是在边界条件完全相同的状态下，实验模型在横向上构造仍然有较大变化。这是由于下滑脱层厚度大、流动性强造成的。

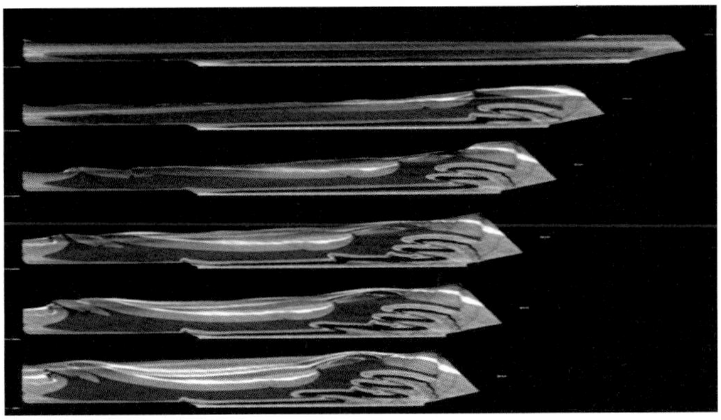

图 9-1-15　物理模拟模型展示双滑脱构造不同发育阶段的运动学特征

库车复杂构造的这些新的认识，特别是关于双滑脱构造的认识，对库车褶皱冲断带的解释研究具有非常重要指导作用。图 9-1-16 是以前对库车复杂构造的解释；图 9-1-17 是在双滑脱构造模式指导下的解释方案。由图可见，新解释方案建立了该区更清晰合理的构造模式，同时解释方式也由层位解释发展到对逆冲断块体的解释；不仅解释出了下滑脱层，而且对下滑脱塑性加厚体进行了解释和刻画，解释出小的断块，且构造更精细、准确。

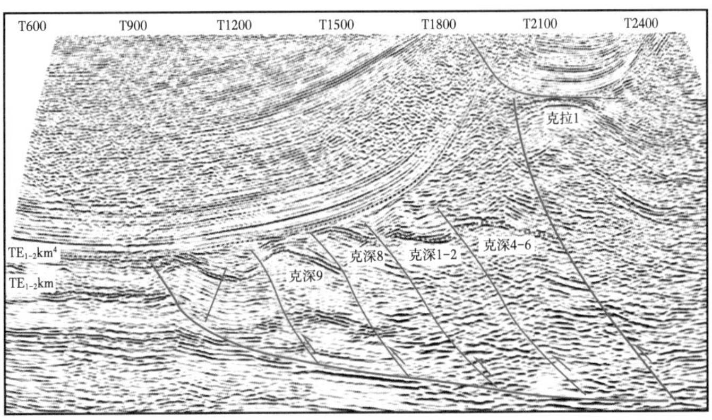

图 9-1-16　以前的解释方案

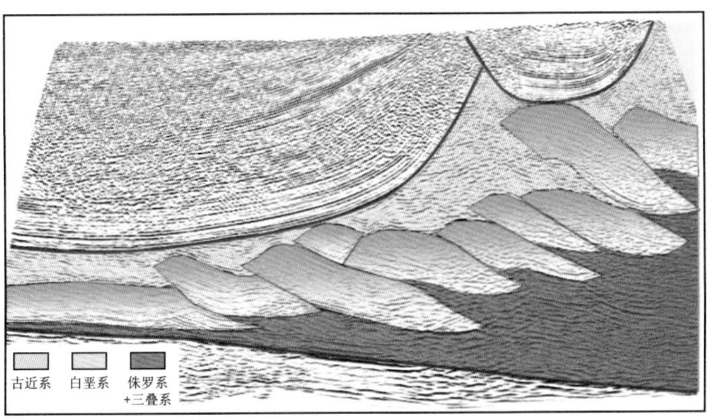

图 9-1-17　双滑脱构造模式指导下的解释方案

6. 基于模型正演的复杂波场分析技术

由于山前复杂区地表条件差、盐下构造复杂、断裂发育、目的层埋藏深、速度纵横向差异大，造成了处理和解释上的多解性，严重影响了目的层构造建模和圈闭落实的精度。模型正演技术是验证解释模型和速度建模正确与否的重要手段。根据解释模型，采用数值模拟方法，得到模拟地震剖面，对比、分析模拟和实际地震剖面的差异，可以辅助判断地震成像的合理性，从而辅助构造建模及解释。

地震正演模拟主要分为射线追踪法和波动方程法两大类。前者反映了地震波传播的运动学特征；后者不仅反映了地震波传播的运动学特征，而且反映了地震波传播的动力学特征，能更好地反映地下复杂介质的地震学属性。这里结合塔里木盆地库车凹陷克深地区的实际情况，通过声波波动方程数值模拟合成理论记录，并对理论记录进行处理分析来研究解释当中应注意的各种问题。

1）*方法原理简述*

（1）非均匀横向各向同性介质二维弹性波波动方程。

非均匀横向各向同性介质中二维 P−SV 弹性波波动方程（取 z 轴为垂直对称轴）为

$$\begin{cases}\dfrac{\partial U}{\partial t}=B\left(\dfrac{\partial \tau_{xx}}{\partial x}+\dfrac{\partial \tau_{zx}}{\partial z}\right)\\ \dfrac{\partial W}{\partial t}=B\left(\dfrac{\partial \tau_{zx}}{\partial x}+\dfrac{\partial \tau_{zz}}{\partial z}\right)\\ \dfrac{\partial \sigma_{xx}}{\partial t}=(\lambda_{//}+2\mu_{//})\dfrac{\partial U}{\partial x}+\lambda_{\perp}\dfrac{\partial W}{\partial z}\\ \dfrac{\partial \sigma_{zz}}{\partial t}=(\lambda_{\perp}+2\mu_{\perp})\dfrac{\partial W}{\partial z}+\lambda_{\perp}\dfrac{\partial U}{\partial x}\\ \dfrac{\partial \tau_{x}}{\partial t}=\mu^{*}\left(\dfrac{\partial U}{\partial z}+\dfrac{\partial W}{\partial x}\right)\end{cases} \tag{9-1-1}$$

其中 $\sigma_{xx}=\sigma_{xx}(x, z, t)$，$\sigma_{zz}=\sigma_{zz}(x, z, t)$，$\tau_{xz}=\tau_{xz}(x, z, t)$

式中 $U(x, z, t)$、$W(x, z, t)$——垂向纵波、横波速度向量；

$B(x, z)$——随空间变化的密度 $\rho=\rho(x, z)$ 的倒数；

σ_{xx}、σ_{zz}、τ_{xz}——二维平面应力张量；

$\lambda_{//}$、$\mu_{//}$ 和 $\lambda_{\perp}$、$\mu_{\perp}$——介质在水平和垂直方向上拉梅系数；

μ^{*}——新的弹性常数。

（2）交错网格差分算法。

利用交错网格差分法离散化二维波动方程可精确、稳定地应用于复杂随机介质模型弹性波动方程正演模拟。当波长中网格点数多于 10 时，网格色散与网格各向异性均可忽略。在此，设 U、W 分别为介质在 x、z 两个方向上速度离散量；R，T，H 分别为应力张量 σ_{xx}，σ_{zz} 和 τ_{xz} 的离散量；L_0，M_0，L_1，M_1 和 M_2 分别为 $\lambda_{//}$，$\mu_{//}$，$\lambda_{\perp}$，$\mu_{\perp}$ 和 μ^{*} 的离散量。式（9-1-1）中，各导数项均可用中心差分替代，如图 9-1-18 所示的交错网格中各节点计算不同的量：U、B 在节点 1 处计算；W、B 在节点 2 处计算；R、T、L_0、M_0、L_1 和 M_1 在节点 3 处计算；H、M_2 在节点 4 处进行计算。之后，根据式（9-2-1）计算得到由解析微分方程组通过交错网格差分算法得到的横各向同性弹性介质弹性波波动方程的离散化递推公式，即模型正演目标的离散方程组，对该方程进行求解可以获得空间各点的地震波波动学参数。

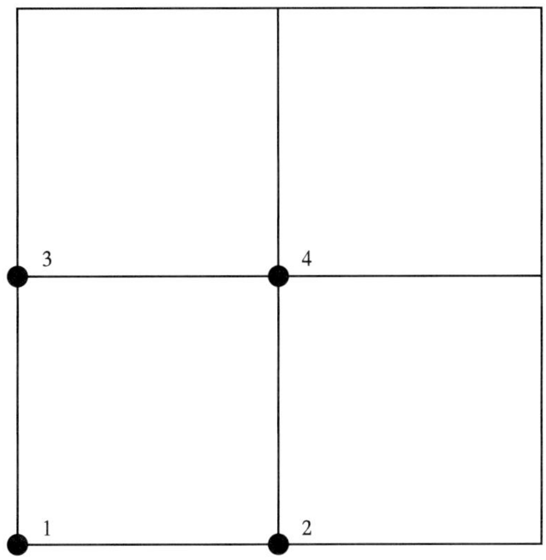

图 9-1-18 二维一阶速度—应力弹性波方程交错网格差分示意图

2）模型正演设计流程

首先，根据地震剖面解释成果设计实际地质模型，界定断层、地层位置，并根据区域速度规律及相关井位声波曲线定义速度模型，建立合理的研究区地质—地球物理模型；然后，根据地震波理论，选择合理的激发方式和采集参数；最后，产生合成地震波记录，并进行常规处理获得合成地震道，分析其反射特征并与地震剖面进行对比分析，检验构造模型和速度模型的合理性，用于指导地震解释工作。

3）实例分析

克深地区目的层之上普遍发育一套巨厚的古近系库姆格列木组（$E_{1-2}km$）膏盐岩盖层，为本区的油气聚集创造了非常有利的盖层条件。同时，由于该套地层对地震波能量的吸收与屏蔽，致使下伏地层反射波能量弱、同相轴不连续、成像不清晰，给实际的解释工作带来了非常大的困难，通常利用模型正演来验证解释方案的合理性。

以克深北部为例，由于构造变形强烈，地震波场复杂，构造建模和解释存在多解性。依据实际地震剖面，对克深北部是否发育隐伏构造建立了不同的构造模型，采用与实际采集参数一致的观测系统设置：排列为 7185-15-30-15-7185（单位 m），炮间距为 120m，Ricker 子波主频为 23Hz，采样率为 4ms，覆盖次数为 60 次。通过对模拟放炮后得到的炮集记录进行常规处理获得了模型正演的叠后时间偏移剖面（图 9-1-19）。

如图 9-1-19 所示，复杂区正演剖面成像整体好于实际地震剖面，在图中标注范围内波阻特征总体相似，但细节存在差异。方案 1 正演模型［图 9-1-19（c）］中目的层段突发构造的断面波阻形态与方案 2 正演模型［图 9-1-19（d）］的下伏断块构造顶面波阻形态比较接近；方案 2 中隐伏构造顶面未逆掩部分可以得到比较好的成像，而构造的逆掩部分和隐伏构造以及构造的底面都难以有效成像。因实际地震资料的信噪比及资料品质难以达到正演模拟得到的剖面品质，造成在处理及解释过程中出现多解性。方案 2 的成像特征更加符合物理模拟揭示的构造变形规律，综合认为隐伏构造应该发育，构造样式更加合理。

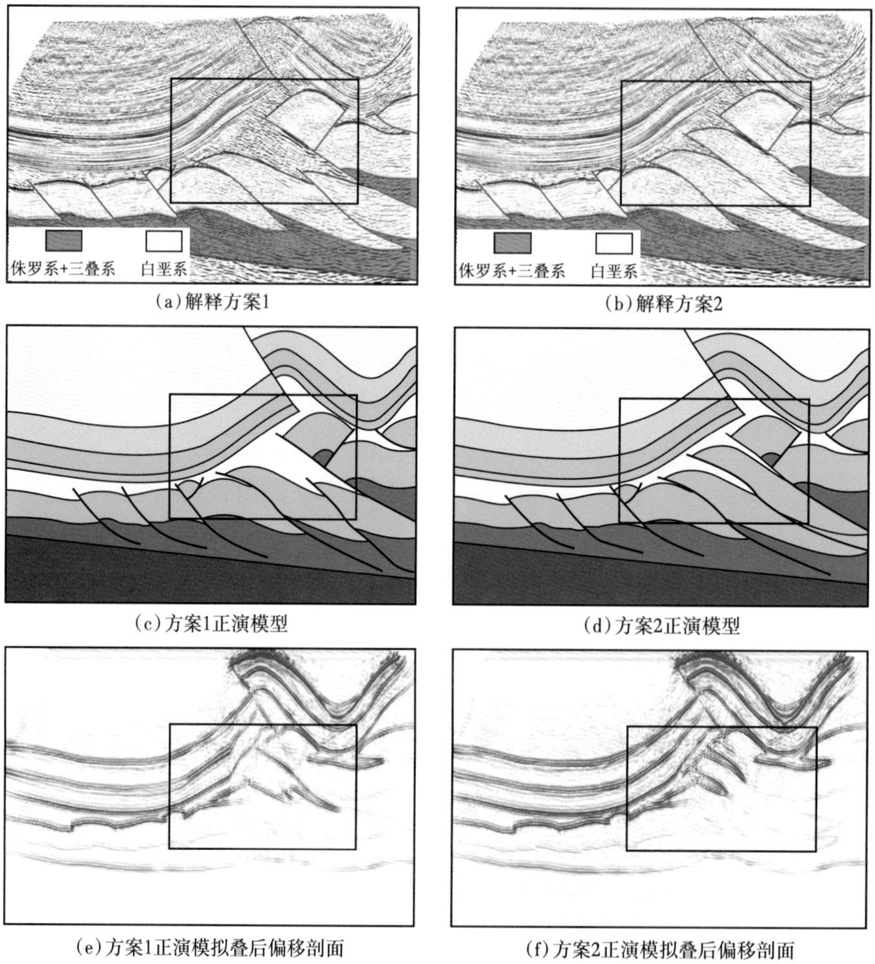

图 9-1-19 带有隐伏构造的地质—地球物理模型的模型正演

在后续的地震攻关中，重点针对这种隐伏构造进行速度扫描和多轮次偏移成像试验，最终资料品质逐步改善，新发现了一排隐伏构造，并被钻井证实，取得了新的油气发现。

三、主要应用成效

1. 地震成像实现了质的提升

库车地区地质结构极其复杂，同时，石油地质条件又极其优越。富足的油气赋存在复杂的地质结构中，这对地球物理勘探工作提出了极大的挑战。库车地区地震资料从20世纪80年代开始，历经了40多年的攻关，整体经历了常规二维、宽线大组合、常规三维和宽方位高密度三维四个阶段；处理技术由原有的叠后时间偏移发展到各向异性叠前深度偏移。通过不懈的攻关，地震资料实现了“从无到有，从杂乱到清晰”的质的飞跃。

早期常规二维时间域资料信噪比极低，由于处于盐上、盐下地层的双重复杂区，构造基本完全没有成像。这也是1998年克拉2气田突破后，将近10年无法钻探深部（克深构造带）的核心原因。直到2005年以后，随着宽线大组合勘探技术的应用，使得克深构造带实现了初步的落实，从而奠定了克深2气藏突破的基础；随着勘探的逐步深入，在克深2气藏突破后，三维时间域资料已经可清晰地展现出各个断块特征及关系，而叠前深度偏移资料，整体消除了速度引起的构造畸变，信噪比更高，偏移归位更加合理（图9-1-20），为克深构造带后续持续突破，形成万亿立方米气藏，奠定了坚实的基础。

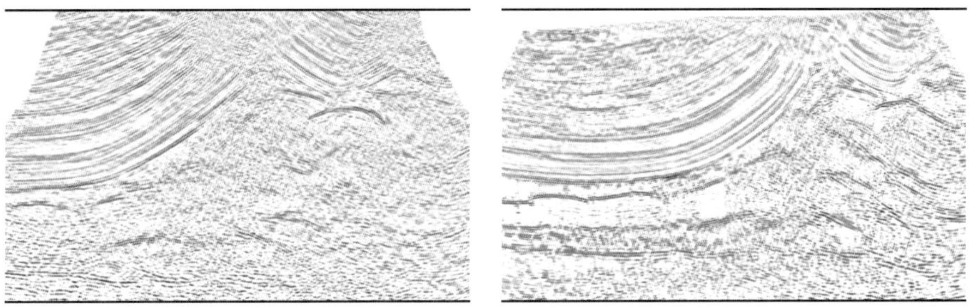

(a) 克深2气藏二维　　(b) 克深2气藏三维

图9-1-20　克深2气藏二维与克深2气藏三维地震资料对比图

地震资料品质的不断提升和精度的不断提高，为库车地区构造的精细落实奠定了基础。受益于地震资料品质的不断提升，历年探井误差率整体呈现逐年下降的趋势，误差由2004年、2005年的7%以上逐渐下降到2019年的1.3%，探井误差率整体减少到原来的1/5（图9-1-21）。在精度不断提升的同时，库车地区的勘探成功率也不断提升，2019年克拉苏构造带勘探成功率达82%，较三维叠前深度偏移应用前（2010年）的42%有了极大的提升，从而支撑了克拉苏构造带克深、博孜—大北两个万亿立方米气区的建设。

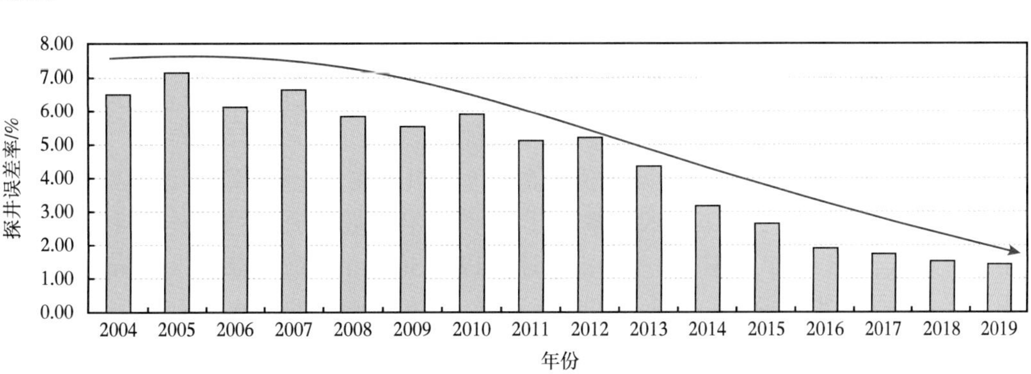

图9-1-21　克拉苏构造带历年探井误差率直方图

2. 勘探实现了全面突破

通过地震勘探技术的不断进步，带来了库车油气勘探的全面突破，继1998年克拉2气藏、2008年克深2气藏发现后，库车勘探进入了前所未有的全面突破阶段。克深、博孜—大北两个万亿立方米气区相继落实，中秋构造带获得了重大的领域性突破，展现出万亿立方米勘探潜力，库车油气勘探展现了前所未有的全面开花的良好态势，对克拉苏构造带、中秋构造带及库车新区区带结构特征及可能的勘探潜力均有了新的认识，进一步夯实了塔里木油田增储上产的基础。

1）克拉苏深层全面突破，形成两万亿立方米大气区

在资料品质不断提升的基础上，通过基于新的地震资料的近期研究表明，克拉苏构造带构造变形极其复杂，整体呈现雁列式展布，构造之间断层交错发育、整体呈现鱼鳞状特征。基于新的资料及认识，克拉苏勘探潜力不断提升。2012年，克拉苏构造带共落实构造49个，面积总计1318km^2；2019年，克拉苏区带落实圈闭数量增加到95个，面积累计2078km^2。

在区带结构特征认识不断深化、圈闭数量及面积不断提升的基础上，克拉苏区带勘探潜力进一步扩大，不断发现新的气藏，仅2019年就新发现气藏7个，累计发现气藏28个。目前克拉苏区带已经形成克深、博孜—大北两个万亿立方米气区，其中克深气区共落实三级储量1.4×10^{12}m^3，已经探明天然气1.06×10^{12}m^3；博孜—大北气区控制储量1.1×10^{12}m^3，已经钻探上交的三级储量6.18×10^{11}m^3。

2）明确了秋里塔格构造发育特征，中秋1井获重大突破，展现出万亿立方米勘探潜力

秋里塔格构造带位于库车前陆冲断带前缘，是除克拉苏构造带外，库车地区另一个盐下勘探领域。秋里塔格构造带的勘探最早始于20世纪60年代，由于地震资料品质差、构造落实程度低及成藏条件复杂，导致该区多口井钻探先后失利，除了2001年迪那气田发现外，秋里塔格构造带的勘探长期处于沉寂期。

2016年以来，在地震资料不断提升的基础上，实现了对秋里塔格构造特征新的认识。依托新的叠前深度偏移资料，明确了秋里塔格构造带分为东西两段，其结构造特征具有明显的差异。其中，中秋构造带为克深区带的南延段，整体位于牙哈—轮台古隆起北翼，上滑脱层（古近—新近系膏盐岩）、下滑脱层均非常发育，构造变形表现为克深双滑脱构造的向南延伸。东秋—迪那段，由于南北向构造发育空间收窄、挤压应力更强，虽然与中秋段变形特征相似，但构造发育数量明显减少、构造冲起更高。其中，北部克深陡阶带抬升至地表，中秋段抬升更高，构造排带逐渐收敛。

2017年，通过应用新采集的宽方位、高密度资料，在优化叠前深度偏移处理的基础上，落实了中秋1构造，该目标钻探获得了秋里塔格构造带历史性突破。中秋—东秋构造带共计落实圈闭20个（图9-1-22）、累计面积近500km^2、资源量1.1×10^{12}m^3，整体展现出万亿立方米的勘探前景，成为库车地区最现实、最具潜力的接替区带。

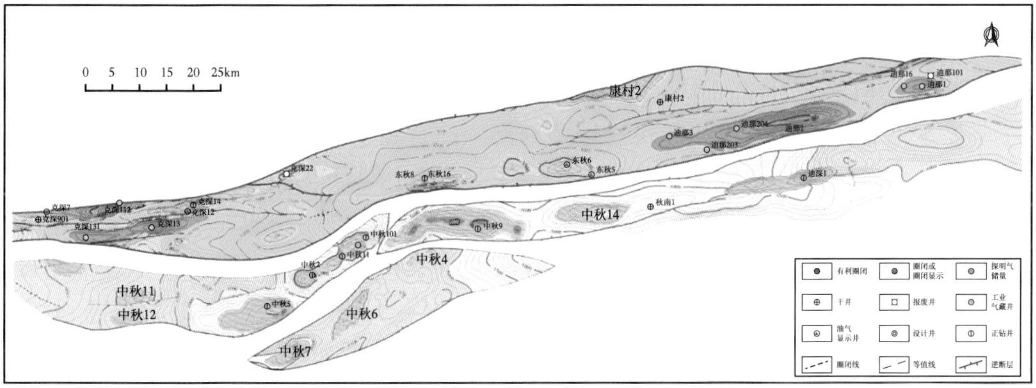

图 9-1-22　秋里塔格构造带东段勘探成果图

第二节　辽河东部凹陷青龙台构造带和冀中饶阳凹陷蠡县斜复杂断块油气藏勘探

针对渤海湾盆地不同探区的岩性圈闭和复杂断块勘探难题，近几年也开展了“两宽一高”地震勘探攻关，取得了较好的效果。在冀中坳陷，截至 2020 年底，已完成“两宽一高”地震采集项目 8 个，满覆盖面积 1105.8km^2，横纵比均大于 0.8，覆盖密度均在 72 万次 /km^2 以上，实现了我国东部人口密集区高密度地震勘探，在复杂断块和岩性领域勘探中发挥了重要作用；在蠡县斜坡，利用三维资料提供的一批井获得突破，发现了亿吨级油气区；辽河探区青龙台地区在 2017 年首次开展了 EV-56 高精度可控震源三维勘探，地震资料品质得到显著改善，地质现象更加清楚、丰富，为圈闭落实和油气发现奠定了基础，“两宽一高”新资料助推辽河探区断块—岩性圈闭勘探取得了一系列突破，并形成了多个规模储量区和效益勘探开发区，累计新增三级储量 1.9×10^{8}t、新建年产能 50 多万吨；大港探区刘官庄“两宽一高”三维实施后，依托新资料开展解释及综合研究，支撑油田新增储量千万吨，新建产能 20×10^{4}t/a，达到了增储上产的目的。

在巴彦—河套盆地，利用高精度三维提供的井位屡获成功，快速落实了吉兰泰五千万吨级油田，实现了高效勘探、有效动用。利用兴隆“两宽一高”三维地震落实并上钻的临华 1x 井，临河组试油获日产超 300m^3 高产工业油流，展现了临河坳陷北部巨大的勘探潜力。

下面以辽河东部凹陷青龙台构造带和冀中饶阳凹陷蠡县斜复杂断块为例，从工区勘探概况、关键技术应用以及主要应用成效三方面说明。

一、辽河东部凹陷青龙台构造带复杂断块勘探

1. 概况

辽河探区是东部高成熟勘探地区，复杂断块精细勘探对地震资料的要求不断提高，

迫切需求高精度的勘探技术。自 2013 年开展“两宽一高”三维地震采集，先后在西部凹陷、东部凹陷、大民屯凹陷和外围陆家堡地区部署实施“两宽一高”三维地震采集 14 块，总面积 2961.6km^2。近几年，“两宽一高”地震资料为辽河探区断块岩性精细勘探奠定了坚实的基础，总结出沉淀断块岩性精细勘探配套技术系列，并获得了一系列勘探突破和发现，为辽河探区保持千万吨稳产提供了技术支撑。下面重点介绍青龙台地区“两宽一高”地震解释技术应用及成效。

青龙台断裂背斜构造带是东部凹陷北段主要油气富集带之一，是茨东断层和牛青断层夹持的中央断裂背斜构造带，是一继承性发育的构造，且构造位置十分有利。其北临近牛居—长滩生油气洼陷，油源充足，具有十分有利的石油地质条件。

该区勘探面临的难点是断裂系多期活动，伴生断裂普遍发育，断层断距较小，微小断裂识别和刻画难。由于其构造条件复杂，导致地震波场复杂，现有资料信噪比偏低，成像效果有待改善。为精细评价青龙台地区中浅层碎屑岩勘探领域，开展了宽频高密度地震资料采集、处理和解释一体化技术攻关。2017 年在青龙台应用 EV-56 高精度可控震源进行了 260m^2“两宽一高”三维地震资料采集。

充分利用“两宽一高”地震资料的高信噪比、全方位观测、低频信号强穿透能力等优势，有效提高了研究区资料的成像质量。实现了“两宽一高”三维地震资料经济、高效采集，增加了低频成分，提高了分辨率，实现真正意义的宽频采集。资料处理方面利用 GeoEast-Diva 多方位网格层析以及 Q 反演、Q 偏移等先进技术，充分发掘青龙台“两宽一高”地震数据潜力，开展高保真精细处理解释技术攻关，提高了地震资料品质。与 2005 年青龙台—牛居二次三维叠前时间偏移成果数据（72 次覆盖，面元 25m×25m）相比，2017 年新采集资料（660 次覆盖，面元 10m×10m）成像质量明显改善，断裂特征明显，分辨率大幅提高，主频提高 10Hz（由 25Hz 提高到 35Hz），频宽拓展 25Hz，如图 9-2-1 所示。

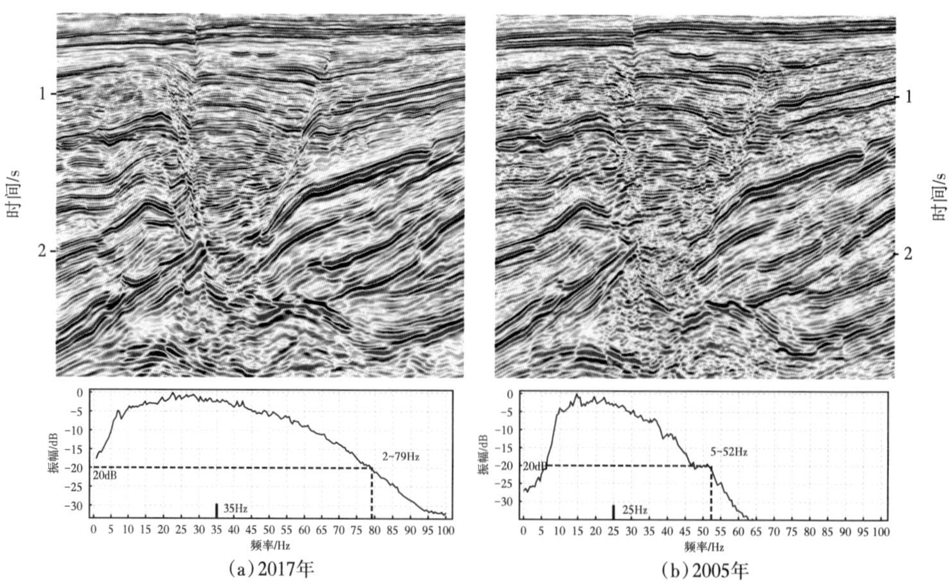

图 9-2-1　新老地震剖面和频谱对比图

与 2013 年井炮数字三维地震成果资料（面积 76km^2，72 次覆盖，面元 25m×25m）相比，新资料层间信息丰富，断层成像更为清晰，地层超覆沉积、地质现象更加明显（图 9-2-2）。

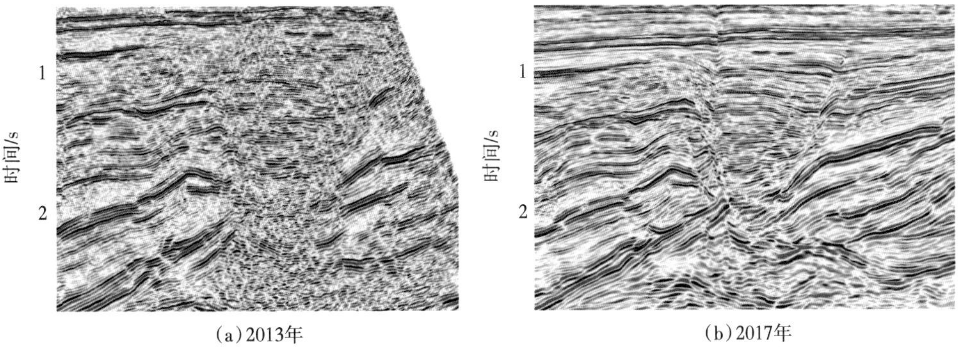

图 9-2-2　2013 年青龙台井炮数字三维地震与 2017 三维地震叠前时间剖面对比图

2017 年青龙台三维地震新资料中浅层层间信息明显丰富，各个构造单元地质特征清楚，微断裂刻画更清晰（图 9-2-3）。

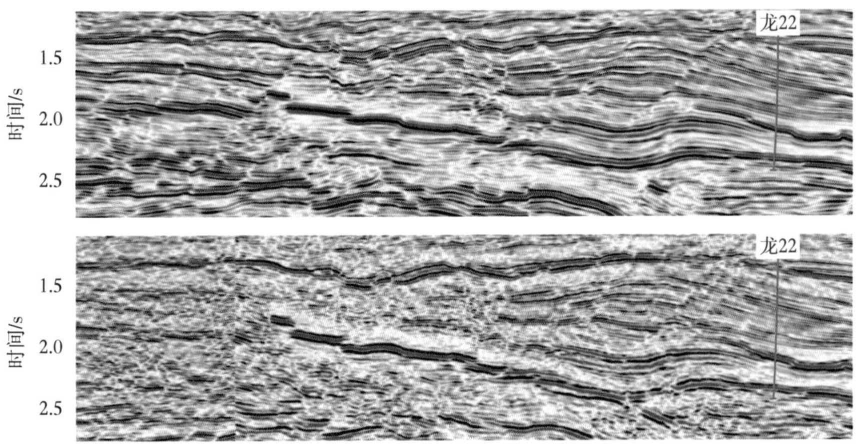

图 9-2-3　新（上）、老（下）地震剖面对比

2. 关键技术应用

1）自适应时窗相干技术

自适应时窗相干技术是辅助解释断层的重要手段之一，相干算法也在使用过程中不断改进创新，应用最新的基于自适应窗口相干处理技术，在断裂精细解释上取得一定效果。自适应相干切片清晰，能清楚地刻画出小断裂的走向、展布，对断层的解释及组合能起到很好的参考作用，如图 9-2-4 所示。该区块主要发育北东向的茨西断层、茨东断层、牛青断层和佟二堡断层，次要断裂近东西向展布，形成“东西分带，南北分块”的格局，与该区构造背景基本一致。两种相干体对比，自适应相干比常规相干反映的断层清晰、聚焦，小断层的识别能力、精细程度、细节的丰富程度都更高。

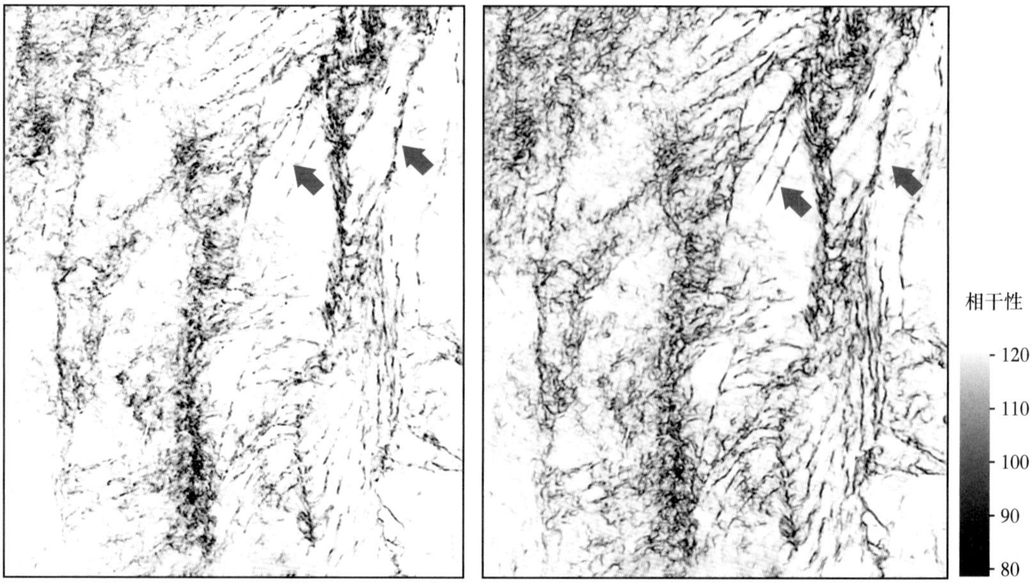

(a)传统相干(固定时窗)　　(b)自适应时窗相干技术

图 9-2-4　传统相干与自适应时窗相干对比图

2）分方位各向异性断裂识别技术

由于断层和裂缝发育带的空间方向性会引起叠前道集振幅和旅行时间的方向性变化，致使不同方位叠后地震数据的振幅和旅行时存在差别，通过分方位叠加数据与全叠加数据及相干体比较发现，全方位叠加数据信噪比高，但特定方向断层刻画并不清晰；沿垂直断层方向分方位叠加数据体刻画断层更清晰，但分方位数据信噪比稍低；针对走向不同的小断层，可以综合全方位叠加数据和分方位叠加数据来完成。而宽方位观测可以进行全方位的各向异性响应分析，识别不同展布方向的断裂体系。分别选取垂直于各组断裂体系的方位叠加数据，可以更加有效地识别研究区内几组不同走向的断裂，再通过对多种分方位地震属性的综合分析，可进一步理清研究区内断裂系统发育规律。首先根据该区构造走向特点，将叠后地震数据分解为六个分方位数据体，再对每个数据体进行构造导向滤波，再分别计算相干体，优选垂直于走向的分方位角叠加相干体；然后将分方位角叠加相干或曲率体与全方位叠加相干体进行融合计算，得到全方位与分方位融合相干体，这样计算的结果既能明确整体断裂格局、保证相干体的信噪比，又能突出某方向微断裂精细特征。在不同方位相干数据体上，断裂的横向展布规律和微小断裂识别能力存在较大的差异，例如图 9-2-5 对南北向断裂较为敏感，这些不同方位的地震信息为断裂识别提供了更丰富的资料基础。可根据实际地质需求进行方位角划分，利用不同方位的叠加数据来识别断裂，如图 9-2-6 所示，敏感方位上小断裂平面特征更清晰。基于“两宽一高”保幅处理成果资料，开展区内沙一段的断层检测研究，需要重点识别 10m 以下微小断层。应用相干、曲率等属性切片技术能较为清晰并准确识别佟二堡、牛青、茨东断裂带的主干断层的位置，并大大提升了低序基级断裂的识别能力。

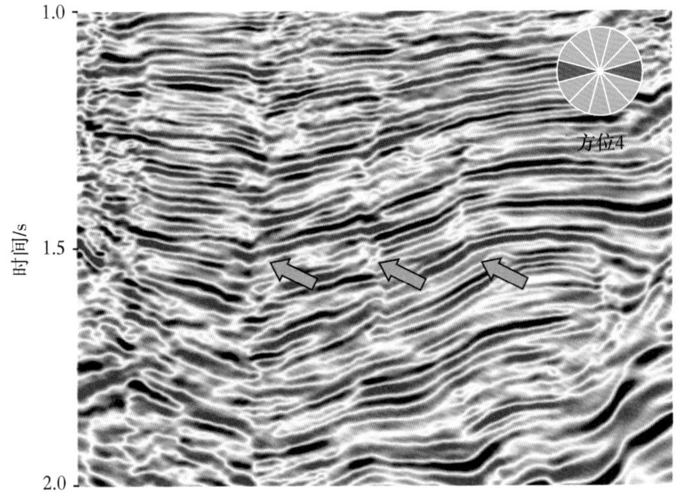

图 9-2-5 分方位叠加数据与全方位叠加数据剖面对比图

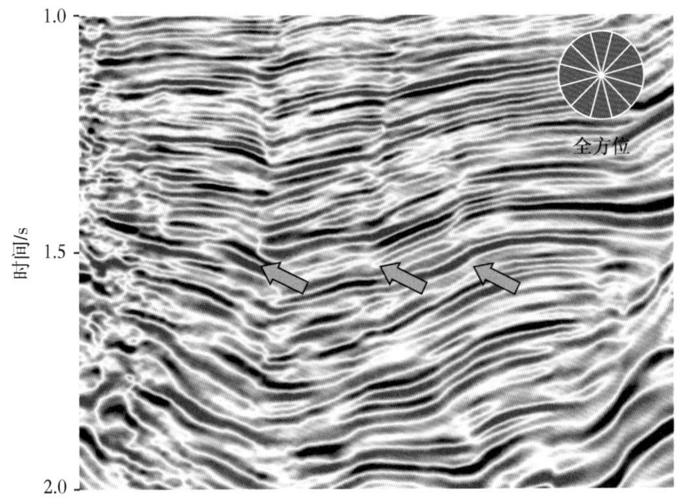

图 9-2-6 分方位叠加数据与全方位叠加数据相干切片对比图

3）多属性融合断裂识别技术

受地震波传播方位各向异性影响，垂直断层走向方向的部分方位叠加数据更有助于识别断裂，宽方位地震数据对断裂识别较常规数据有明显优势。如何充分利用不同方位地震数据更有效地提取断裂信息，如何整合各种数据识别的断裂，为此提出了属性融合技术。

该技术利用相干属性将不同方位数据识别出的断裂信息融合到一张平面图上，使得断裂信息更为丰富，如图 9-2-7 所示。从图中可以看出，通过多方位特征值数据融合，分方位叠加的相干体时间切片断裂的识别能力更强，规律性更强。中浅层全方位与分方位融合相干时间切片与全叠加相干切片的对比，前者断裂展布特征更为清晰，平面上发育北北东向和近东西向两组方向断裂，近东西向断裂基本为调节断层，雁列式展布。在精细构造解释的基础上，发现一批新圈闭，沙一段发现有利圈闭 16 个，面积 35.2km^2。

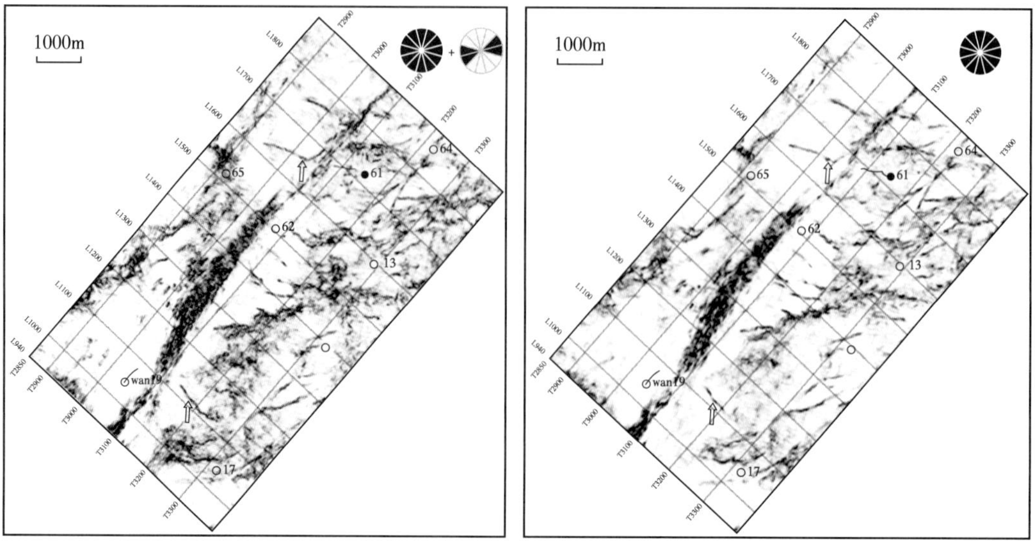

(a)全方位与分方位融合相干切片　　(b)全方位相干切片

图 9-2-7　1500ms 全方位与分方位融合相干和全方位相干时间切片对比图

3. 主要应用成效

青龙台具备多层系立体勘探潜力，“两宽一高”新地震资料在断块勘探领域取得了一系列突破，部署的龙 71 井获得高产气流，有望培育成亿吨级规模储量区。

二、冀中饶阳凹陷蠡县斜复杂断块勘探

1. 概况

蠡县斜坡地处京津冀人口密集区，北与雄安新区相接，地面条件复杂，采集实施难度相当大；蠡县斜坡为第四纪冲积平原，受风化壳、古河道等影响，近地表条件复杂，吸收衰减变化快，最终影响目的层的分辨率。蠡县斜坡位于冀中坳陷中部饶阳凹陷，勘探面积为 2×10^3km^2，是冀中坳陷规模最大的缓坡带。

经历 40 余年的规模勘探开发后，蠡县斜坡勘探自 2010 年进入瓶颈期，急需扩展新区带、新领域，以寻求新的储量接替区。为推进勘探进展，2016—2019 年，在高阳断层以西的外带和以东的内带中南段分年度实施了“两宽一高”地震资料采集。

首先，与以往采集相比，面元由 25m×50m 降低到 25m×25m，横纵比由 0.2 增加到 0.8 以上，覆盖次数由小于 50 次提高到 300 次以上，覆盖密度由小于 5 万次 / km^2 提高到 50 万次 / km^2 以上（图 9-2-8）；其次，因蠡县斜坡地形地貌复杂，障碍物繁多，采集实施难度大，故在采集过程中采用复杂地表区井—震联合混源激发技术，以炸药震源为主，可控震源为辅，做好复杂障碍区炮点预设计，保障炮点设计合理，达到了宽频高密度激发的要求；另外，蠡县斜坡受风化壳、古河道等影响，近地表条件复杂，吸收衰减变化快，最终影响目的层的分辨率，因此开展了近地表 Q 精细调查，采用基于微测井的表层 Q 调查方法、基于多道匹配追踪的近地表 Q 反演等技术方法，建立近地表 Q 体；最后，利用

Morlet 小波做时频原子，应用 MP 与 Wigner-Ville 联合分布算法求取时频谱，再利用谱比法计算 Q，提高了压噪效果，进而提高了 Q 反演精度，为提高分辨率处理奠定了基础。

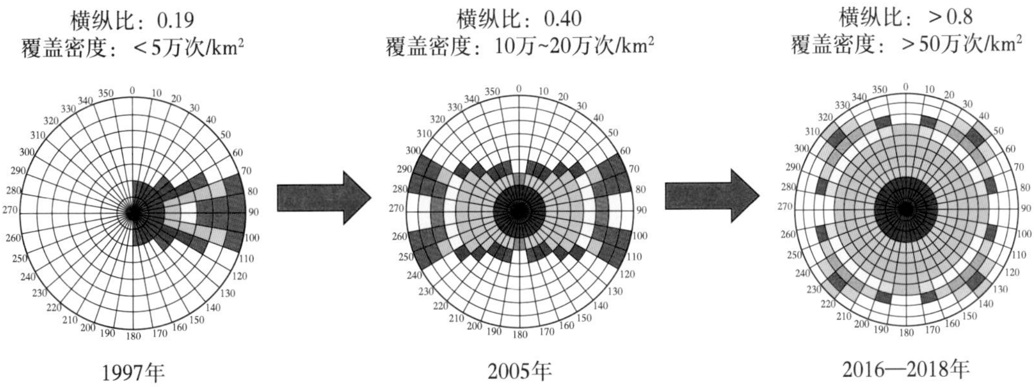

图 9-2-8 蠡县斜坡三维地震资料采集关键参数变化示意图

2. 关键技术应用

1）关键处理技术

在处理过程中，从四个方面入手，确保“双高”处理质量。静校正方面，以微测井约束的混源激发层析静校正方法解决混源激发资料的近地表模型突变问题；去噪方面，通过保幅、保真、保低频去噪去除固定源、面波、线性等一系列干扰；拓频方面，采用井控提高分辨率宽频处理技术实现高、低频端同时拓展；成像方面，采用 OVT 域叠前时间偏移、Q 叠前深度偏移处理技术进一步改善了薄储层成像效果（图 9-2-9）。

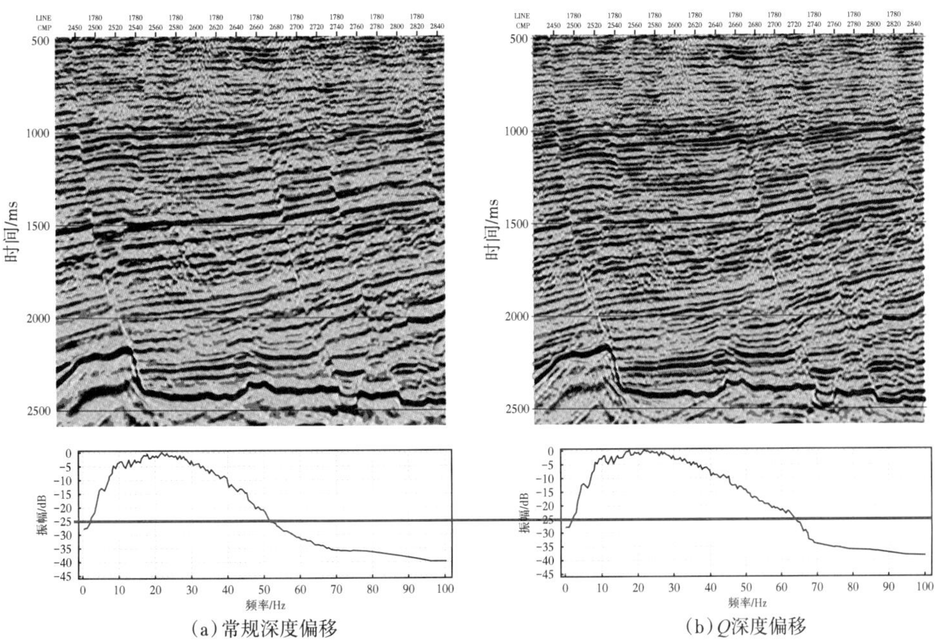

图 9-2-9 常规深度偏移与 Q 深度偏移剖面及频谱对比图

2）关键解释技术

被断层控制的构造岩性圈闭有效性更好，成藏条件更有利。但蠡县斜坡普遍存在断裂规模小、断点识别难度大的问题。充分利用“两宽一高”地震资料采集、OVT 域偏移处理地震资料宽频带、宽方位的特征，利用地震数据宽方位特征充分识别平面走向不同的断层。蠡县斜坡发育北东和北西走向的两组断裂体系，选择与之垂直的方向为敏感方位，进行分方位部分叠加，分别提取相干等地震属性辅助断层识别，充分识别了不同走向的断层（图 9-2-10）。

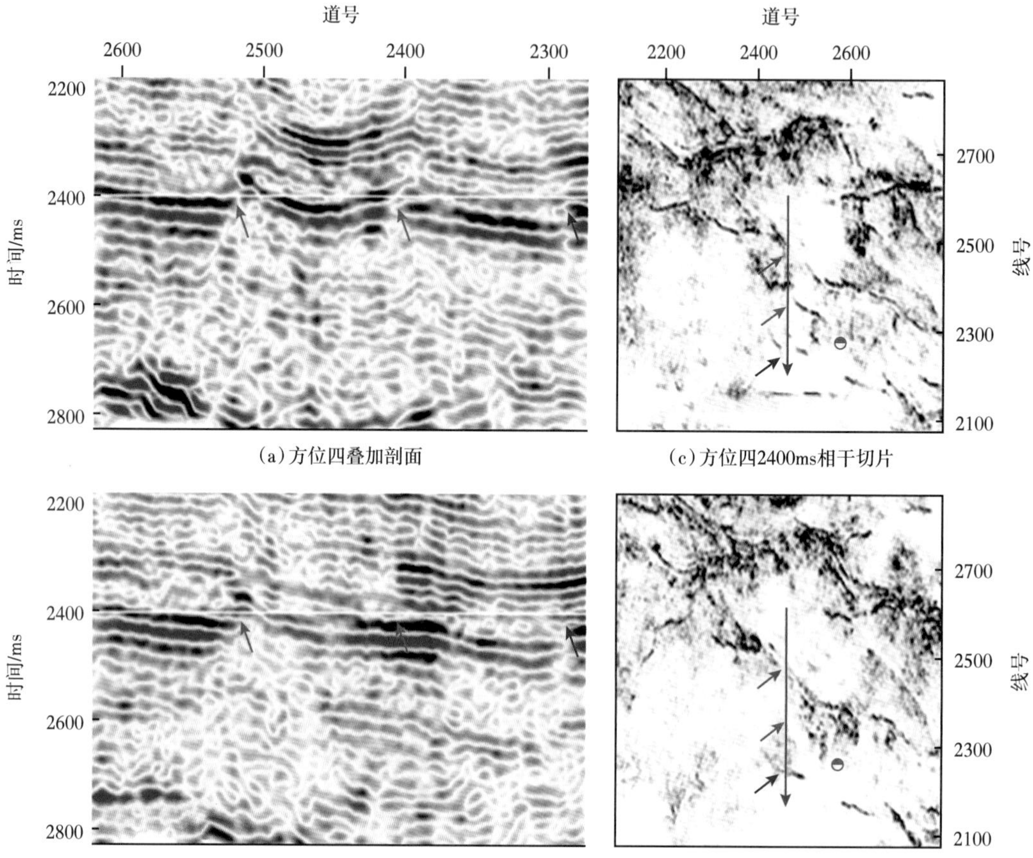

(a) 方位四叠加剖面
(c) 方位四2400ms相干切片
(b) 方位一叠加剖面
(d) 方位一2400ms相干切片

图 9-2-10　西柳地区分方位叠加剖面及其对应的 2400ms 相干切片对比图

利用地震数据宽频带特征识别不同规模的断层，低频信息对突出大中型断层的效果更明显。饶阳凹陷同口地区 OVT 域偏移资料经保低频叠后处理后突出了低频分量，大中型断层更清楚（图 9-2-11）。

蠡县斜坡小断层数量多，高频信息识别该类断层效果好。蠡县斜坡同口地区经蓝色滤波处理后，地震资料的视频率明显提高，小断层的断点更清楚，复杂断裂带的小断层交切关系更明确（图 9-2-12）。在蠡县斜坡西柳地区进行构造精细解释后，识别出了更多的小断层，能够落实幅度大于 15m 的背斜圈闭（图 9-2-13）。

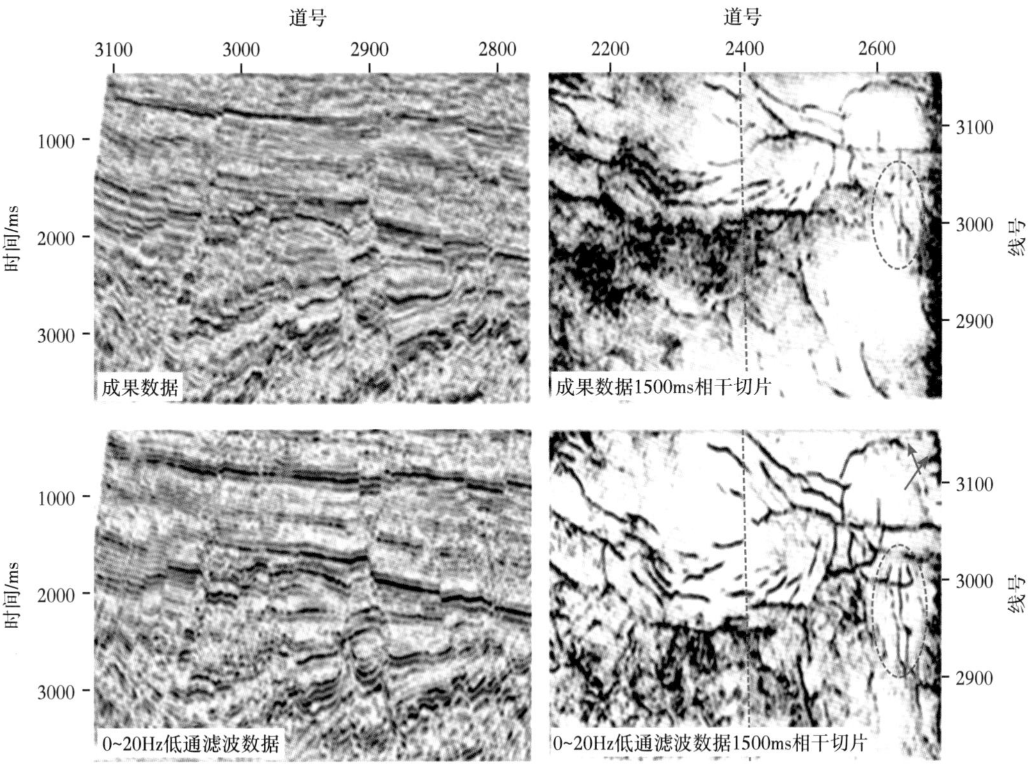

图 9-2-11　蠡县斜坡同口地区低通滤波效果
（左：叠加剖面；右：相干切片；上：全频段；下：低频段）

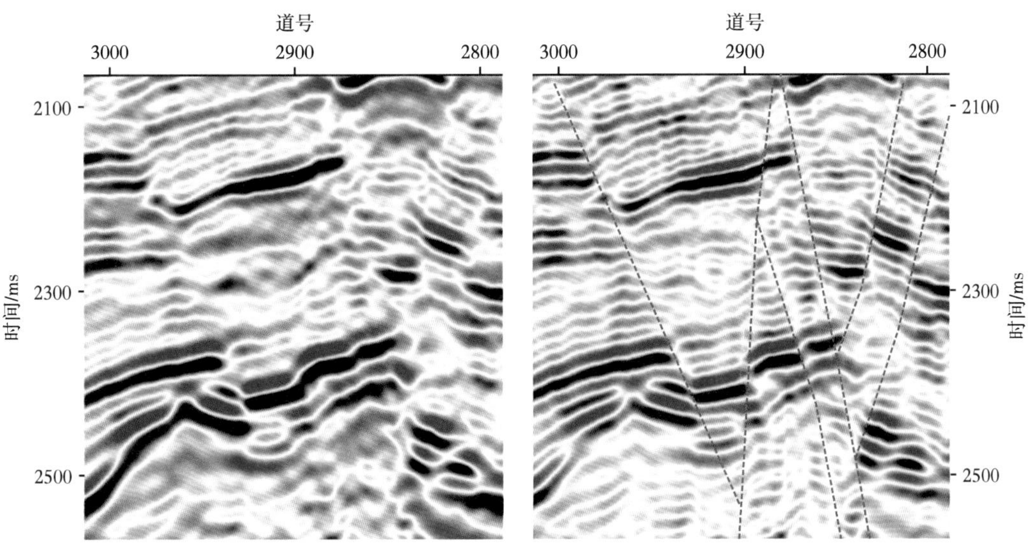

(a)处理前　　(b)处理后

图 9-2-12　饶阳凹陷同口地区蓝色滤波处理前后剖面对比图

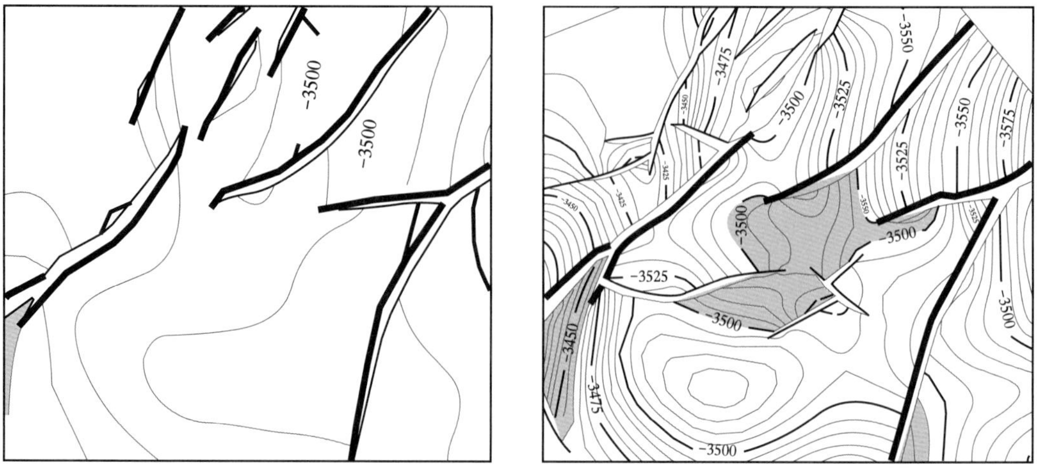

(a)应用前　　(b)应用后

图 9-2-13　技术应用前后西柳地区 T4 地震反射层构造图

3. 主要应用成效

“两宽一高”地震勘探技术、尤其是微小断裂的识别和薄储层预测技术的应用带来了对蠡县斜坡新的地质认识：一是沙一下尾砂岩平面上呈广布式分布，砂体间连续性差，为岩性成藏提供了储集空间；二是沙一段生油岩在研究区东部分布，近南北向展布。西南方向砂岩发育，高阳断层与砂体联合运移，油气横向运移距离远，高 13 井距生油岩边界的距离为 19.3km，扩展了油气成藏的横向范围。依托新认识，斜坡外带新区和中南段微小断块构造带勘探获得突破，位于外带的高保 1 井获高产，扩展了勘探新区带；高 67 井馆陶组获日产油超 $40m^3$，发现了勘探新层系。2020 年蠡县斜坡上交预测石油地质储量 5344×10^4t。

第三节　准噶尔盆地环玛湖岩性油气藏勘探

碎屑岩地层岩性油气藏具有沉积相带变化快、储层非均质性强（纵向厚度薄、横向变化快）、复杂断块区断裂发育等地质特点。受二维地震或常规大面元低覆盖三维地震资料的信噪比、分辨率和保真保幅性等限制，优质储层预测、地层尖灭点准确识别、复杂断裂带构造精细解释、小断裂及裂缝精细刻画、油气检测等一系列勘探难题难以得到有效解决，严重制约着地层岩性油气藏领域的勘探发现。解决这些难题必须开展地震勘探技术攻关，得到品质高、精度高的三维地震资料，从而提高砂体识别、储层预测精度以及钻探成功率。

以西部准噶尔盆地和东部渤海湾盆地为代表，近十年持续开展了针对不同地表条件和不同地下地质目标的“两宽一高”地震勘探技术攻关，形成了配套技术系列，为大油气田的发现和落实提供了强有力的技术支撑。依托“两宽一高”三维地震采集数据，在三维地震资料处理方面，形成了以保真、保幅和提高分辨率为核心的处理技术系列，主要包括地震保真和保幅处理、井控提高分辨率处理、层间多次波压制、Q 偏移、OVT 域处理、各向异性叠前深度偏移等关键技术；在资料解释方面，总结提出了地震沉积学技术和方法体系，成为岩性地层圈闭识别和评价的有效手段，发展形成了基于“两宽一高”地震资料的五维解释技术、叠前反演薄储层预测技术、宽频资料油气检测技术、地震多属性融合微小断层解释技术和各向异性裂缝预测技术等。

三维地震资料品质的大幅提升和处理解释技术的持续进步，一方面提高了有利相带预测、砂体刻画、储层预测、断裂解释的精度，提高了岩性圈闭落实精度，钻探成功率也得到了大幅提升；另一方面高品质地震资料带来了地质认识上的深化和创新，构思提出了一批新的勘探领域、有利区带和目标。

2012 年以来，为了尽快解决玛湖凹陷岩性勘探瓶颈问题，在中国石油新疆油田公司和东方物探联合推动下，按照“整体部署、分步实施”的思路，先后实施了 14 块，满覆盖工作量 4121km^2 的高精度三维地震勘探，推进了玛湖斜坡区地层岩性油气藏整体勘探进度。截止到 2020 年 12 月，提供并上钻井位 129 口，完钻 90 口，其中 61 口井获得工业油流，钻井成功率由之前的 31% 提高到 67%；推动了三叠系百口泉组，二叠系乌尔禾组、风城组多个层系获得重大突破和发现，为玛湖 10×10^8t 级特大油田的落实提供了地震技术支撑。在西部发现大油田的基础上，利用近几年部署的高精度三维地震资料，开展准东地区阜康凹陷及周缘的整体研究，明确扇体展布特征和砂体发育规模，构思“断裂遮挡 + 坡下大面积岩性”成藏模式，落实了一批有利目标，助推坡下康探 1 井首获重大突破，三维地震资料预测有利砂体分布面积 528km^2，开辟了寻找规模油气藏的重大新领域。

下面以准噶尔盆地环玛湖岩性勘探为例，从工区勘探概况、关键技术应用以及主要应用成效三方面说明。

一、概况

1. 勘探概况

环玛湖凹陷面积约 $1.75\times10^4$$km^2$，是准噶尔盆地最重要的富烃凹陷之一（图 9-3-1），油气资源丰富。根据最新油气资源评价结果，玛湖凹陷资源量约 46.7×10^8t。

经过二十多年持续探索，特别是通过近几年整体研究，认为玛湖凹陷斜坡区三叠系百口泉组、二叠系上乌尔禾组具备形成大型地层岩性油气藏的有利条件，即充足的烃源岩、规模有效的扇三角洲前缘亚相砾岩储层、稳定的区域盖层、网毯式断裂系统及油气的多期充注，是“十二五”以来新疆油田石油勘探的主战场。

1）多套成熟—高熟烃源岩为玛湖凹陷奠定了资源基础

玛湖凹陷主要发育二叠系佳木河组、风城组及下乌尔禾组三套烃源岩。佳木河组烃源岩为暗色泥岩，其有效厚度为 50～225m，有利面积为 4550km^2，有机碳含量（TOC）为 0.37，镜质组反射率（R_o）为 1.67%，有机质类型为Ⅱ型、Ⅲ型干酪根，为一套高熟的

烃源岩；风城组烃源岩为典型碱湖环境下的云质泥岩沉积，其有效厚度为 50～300m、有利面积为 3800 km^2、TOC 为 1.34、R_o 为 1.4%，有机质类型为Ⅰ型、Ⅱ型干酪根，为一套成熟—高成熟的烃源岩；下乌尔禾组烃源岩为暗色泥岩，其有效厚度为 50～250m、有利面积为 4458km^2，TOC 为 1.99，R_o 为 1.12%，有机质类型为Ⅱ型干酪根，为一套成熟的烃源岩。三套烃源岩厚度大、分布广、油气资源量大，其中风城组烃源岩为主力烃源岩。

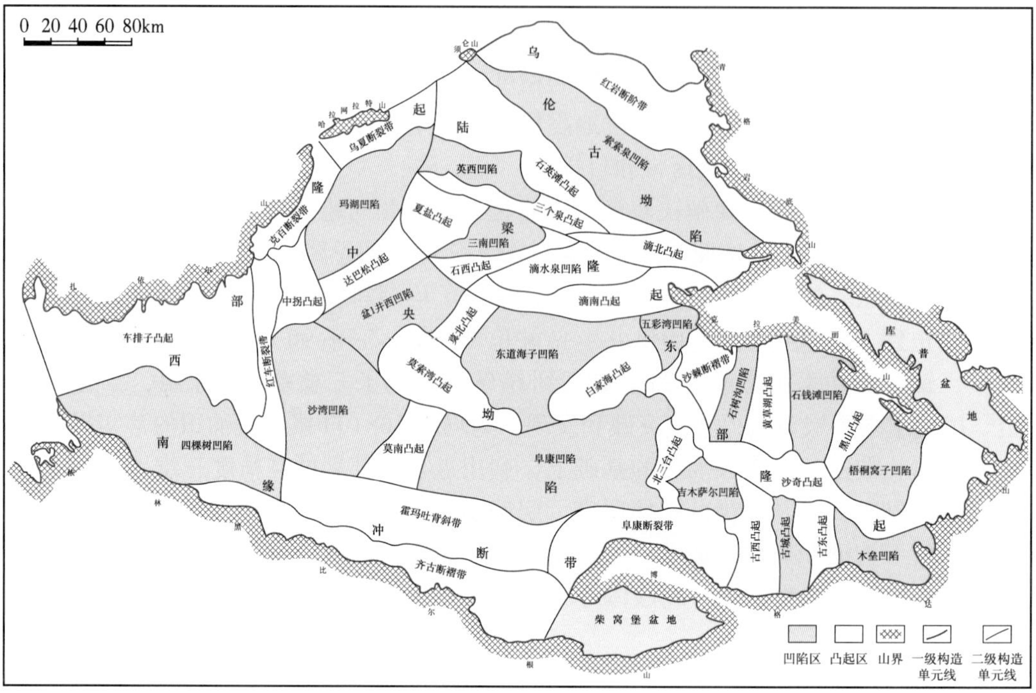

图 9-3-1 准噶尔盆地构造单元划分图

2）缓坡型扇三角洲为大型地层岩性油气藏的形成提供了规模储集条件

玛湖凹陷三叠系百口泉组为中心厚、两翼薄的缓坡型坳陷沉积，主体厚度为 100～250m，在坳陷周缘发育 6 大沟槽体系，控制着夏子街、黄羊泉、克拉玛依、中拐、夏盐和盐北 6 大扇三角洲沉积体系的主流线方向，中间以扇间高地相隔。单个扇三角洲内部受物源供给及沉积背景的控制，沉积亚相变化较快，主槽区主要沉积了一套扇三角洲平原亚相的褐色砂砾岩，分布较为局限，主体区厚度达 200m 左右，沿两翼方向逐渐变薄，物性普遍较差，孔隙度为 3%～6%、渗透率为 0.1～10mD，常规试油无产能，该类储层为致密层，可以作为扇三角洲前缘亚相有效储层的侧向遮挡条件；扇间高地地区主要沉积了一套扇间泥岩，厚度约 120m，储层不发育，可以作为扇三角洲前缘亚相有效储层的侧向遮挡；在主槽区及扇间高地之间为缓坡平台区，是有效储层的主要发育区，沉积了一套扇三角洲前缘亚相灰色砂砾岩，厚度为 80～140m，储层物性较好，孔隙度为 8%～15%，渗透率为 0.1～1000mD，试油后一般为工业油流或高产工业油流。该套储层在扇三角洲前缘亚相内叠置连片规模发育，主力层段百一段和百二段有利面积分别为 4151 km^3、5313 km^3，为圈闭的大规模成藏提供了优质有效的储集条件。

3）稳定分布的顶、底板泥岩为三叠系百口泉组大型地层岩性油气藏的形成提供了良好的储存条件

三叠系百口泉组自下而上分为百一段、百二段和百三段，主力储层段主要发育在百一段和百二段。百三段受湖侵沉积环境控制，发育了一套暗色湖相泥岩，厚度为50～105m，全区稳定发育，为百口泉组储层的区域性顶板。三叠系百口泉组之下主要与二叠系下乌尔禾组相接，下乌尔禾组整体为泥包砂沉积结构，主要发育暗色泥岩夹杂薄层砂岩，主体区厚度为1000～1500m，沿两翼方向逐渐减薄，全区稳定发育，主体区与百口泉组扇三角洲前缘相带相接，为百口泉组的区域性底板。

此外，在百口泉组之上稳定发育三叠系克拉玛依组和白碱滩组。克拉玛依组主要为一套砂泥互层沉积，在百口泉组扇三角洲前缘亚相发育区主要为厚层泥岩夹薄层砂岩沉积；白碱滩组在斜坡区整体以湖相暗色泥岩沉积为主。上述两套地层全区稳定分布，累计厚度为800～1000m，是三叠系百口泉组最为稳定的盖层。

4）多期构造运动形成的复杂断裂体系为油气的网毯式运聚提供了良好的疏导条件

玛湖凹陷斜坡区受海西期、印支期及燕山期等多期构造运动的作用，三叠系百口泉组平面上发育三组断裂。第一组为南西—北东走向的逆断裂，该组断裂在二叠纪前陆挤压背景下，由断裂带向盆内的逆冲推覆作用形成，纵向上具有下缓上陡的特征，形成于晚海西期，终止于晚印支期，平面上呈雁列式多排展布，延伸规模较大，控制着大型低幅度鼻隆带的展布，为早期成熟油气向上运聚的主要通道；第二组为近东西走向的断裂，该组断裂受坳陷期继承性压扭性应力作用形成，纵向上近直立，具有明显走滑性质，形成于印支期—燕山期，个别断裂在喜马拉雅期再次活动，平面上呈雁列式多排展布，延伸规模较大，与早期形成的逆断裂呈交切或斜切关系，为晚期高熟油气向上调整的主要疏导体系；第三组断裂为与东西向走滑断裂相伴生的羽状断裂，形成期与走滑断裂相同，规模较小，一般与走滑断裂呈锐角相交，形成花状构造样式，在油气成藏过程中与交切的走滑断裂共同起到了调节晚期高熟油气的作用。三组断裂在玛湖凹陷斜坡区形成纵横交错的网状疏导体系，为百口泉组的大规模油气聚集成藏提供了油气运移路径。

5）与构造运动相匹配的多期油气充注，造就了斜坡区油气富集规模高产条件

通过油源对比分析认为斜坡区三叠系百口泉组经历了两期大的油气充注。第一期油气充注发生在早印支期，油源为佳木河组和风城组，纵向上与海西—印支期逆断裂匹配形成有效的疏导体系，在顶底板条件较好的百口泉组聚集成藏；第二期油气充注主要发生在晚燕山期，此时佳木河组和风城组烃源岩已进入高成熟油气阶段，乌尔禾组烃源岩进入成熟阶段，纵向上与印支期—燕山期形成的大规模走滑断裂匹配及其相伴生的羽状断裂形成新的有效疏导体系，造就了晚期高成熟油气在百口泉组的大规模聚集。

此外，扇三角洲平原亚相与前缘亚相在成岩演化上的差异，对晚期油气成藏作用各不相同。通过对岩石薄片包裹体分析认为，前缘亚相次生孔隙发育带中充注晚期高成熟油（蓝白色荧光），而平原亚相致密带中仅为早期成熟油（黄色荧光），说明晚期高成熟油未进入致密带；成岩作用结果及孔隙保存程度最终取决于原始沉积相带，在埋藏早期

平原亚相砂砾岩可作为有效储层，聚集早期油气，但由于埋藏较浅，多被破坏。在二次油气充注期间，由于压实作用强烈，平原亚相泥质含量高成岩作用强，在储层上倾及侧向形成致密带，对油气运移起着遮挡作用；扇三角洲前缘亚相砂砾岩体由于泥质含量少、分选好，抗压实程度大且发育次生溶孔，是晚期油气二次充注的主要储集空间。

2. 主要地震勘探难点

随着环玛湖凹陷斜坡区逐渐由构造勘探转为岩性勘探，针对小断裂识别、沉积相刻画及优质储层预测的地质需求，地震资料解释存在以下几个问题，直接影响了岩性油藏勘探的有效开展。

1）地震资料的信噪比和分辨率普遍偏低，难以满足砂体识别的要求

玛湖 1 井区目的层三叠系、二叠系储层厚度薄、横向变化快，玛湖 2 井百口泉组解释油层 4 层，累计厚度仅为 20.1m。前期三维地震资料信噪比和分辨率普遍较低，目的层有效频宽为 10～48Hz，主频在 25Hz 左右，仅能识别 35m 左右厚的砂体，难以满足 10～20m 单砂体识别的地质需求。

2）老资料缺失低频信息且保幅性差，储层反演和油气检测精度低

前期三维资料普遍存在频宽较窄及低频缺失现象，如检乌 26 井区大面元三维地震资料主频约 22Hz，频宽为 8～34Hz；玛 9 井区常规三维资料主频约 27Hz，频宽为 10～44Hz；资料品质最好的中拐五八连片资料主频为 28Hz，频宽为 8～56Hz。由于地震资料缺失 8Hz 以下低频信息且保幅性较差，道集上近偏移距和远偏移距数据能量差异较大，难以有效判别 AVO 类型；叠加后振幅特征和基于测井数据的合成记录匹配性较差，利用地震资料进行储层预测及含油气检测难度很大。

3）老资料成像精度差，难以满足岩性尖灭点和小断层的识别

前期三维地震资料以大面元、窄方位、低覆盖的采集方式为主，采集设计没有考虑岩性地质体或断裂各向异性的问题，造成空间采样率不足，在地震剖面上表现为断点和地层岩性尖灭点不清晰、地震同相轴叠置样式不符合层序沉积规律等现象，难以识别微小断裂和地层岩性圈闭。

二、关键技术应用

2012 年后，新疆油田公司在玛湖先后采集 14 块，累计面积为 4121km^2 的高精度三维（图 9-3-2），加大了玛湖斜坡区地层岩性圈闭勘探的力度。2012 年，在玛西地区实施玛西 1 井三维，部署玛 18 井、艾湖 2 井获得突破，发现了艾湖油田，有效推动了后续高精度三维大面积部署；2013 年，先后实施玛湖 1 井三维、玛湖 1 井高密度三维、盐北 1 井和玛 10 井 4 块三维，部署玛湖 012、盐北 4 等重点探井及评价井获得高产，落实了玛南玛湖 1 井油藏群、玛东盐北 1 井油藏群；2014 年，实施玛 131- 玛 5 井三维，部署玛 132、风南 401 等井获突破，落实了风南油田；2015 年，实施达 10 井三维，部署达 13、达 15 等井获突破，其中，达 13 井首次在玛东斜坡获得高产工业油流，进一步展示玛湖凹陷百口泉组整体勘探潜力。

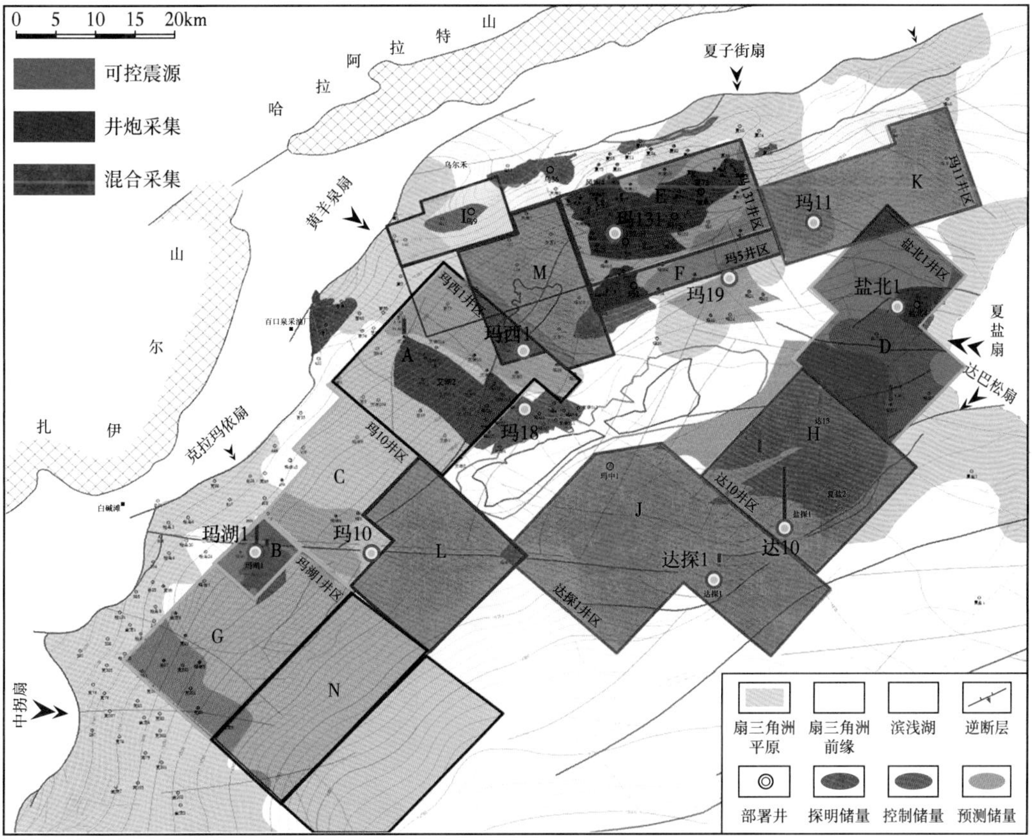

图 9-3-2 玛湖凹陷“两宽一高”三维地震分布图

2017 年，玛南斜坡玛湖 013 井在二叠系上乌尔禾组首获高产工业油气流，拉开了盆地上乌尔禾组的勘探序幕。玛湖 11、玛湖 8 等一批井相继获高产；2019 年在坡上玛湖 1 井区提交探明储量 1.2×10^8t，坡下部署玛湖 23 井获突破，提交预测储量 0.7085×10^8t，展现了环玛湖凹陷多层系立体勘探的巨大勘探前景。

环玛湖凹陷二叠系、三叠系砂砾岩规模油气藏技术攻关与钻探结果证明，“两宽一高”三维地震勘探系列技术是提高油气勘探精度的关键，是打开地层岩性勘探的“金钥匙”。在“两宽一高”三维地震勘探技术研究与实践应用的基础上，形成了“两宽一高”三维地震资料采集、处理及解释技术系列。

（1）“两宽一高”三维地震资料采集技术系列，包括高密度、宽方位观测系统设计、地震数据高效采集、可控震源高效激发、可控震源低频激发、数字化地震队、海量数据现场质控方法等 6 项关键技术。

（2）“两宽一高”三维地震资料处理技术系列，包括地震保幅处理、井控提高分辨率处理、地震 OVT 域处理、基于 GPU 的叠前偏移和地震资料地质评价 5 项关键技术。

（3）“两宽一高”三维地震资料解释技术系列，涵盖两项配套技术：一是岩性圈闭识别与评价地震资料解释配套技术，包括扇三角洲沉积相刻画、地震多属性融合微小断层解释、基于地震多属性的地质统计学反演、叠前砂砾岩优质储层预测和各向异性裂缝检测 5 项关键技术；二是地层圈闭识别与评价地震资料解释配套技术，包括层序地层识别、尖灭线快速识别、顶底板有效性评价和有效储层预测 4 项关键技术。

下面重点介绍叠前砂砾岩优质储层预测技术在玛湖东斜坡三叠系百口泉组和地层岩性圈闭识别与评价地震资料解释配套技术在玛湖南斜坡二叠系下乌尔禾组的应用及成效。

1. 叠前砂砾岩优质储层预测技术

1）研究思路

准噶尔盆地玛湖地区发育二叠系、三叠系砂砾岩岩性油气藏。砂砾岩储集体主要发育在冲积扇、扇三角洲等相带中，储层具有沉积厚度变化大、岩性变化快、储层非均质性强的特点。岩心数据分析表明：玛湖地区百口泉组储层平均孔隙度为 8.9%、平均渗透率为 1.440mD，为低孔、低渗储层，储层中相对高孔、高渗透率的为优质储层。通过对已知油气藏解剖以及失利井分析，认为优质储层的预测精度是制约油气勘探的关键。

针对优质储层预测的地质需求，开展双参数优质储层概率技术攻关。首先，通过岩石物理建模，建立基于弹性敏感参数的岩石物理定量识别量版，根据井点概率分析结果确定合适的控制点个数；然后，建立样本点与控制点储层概率换算公式；最后，应用概率公式运算储层的概率预测体，从而实现优质储层预测（图 9-3-3）。

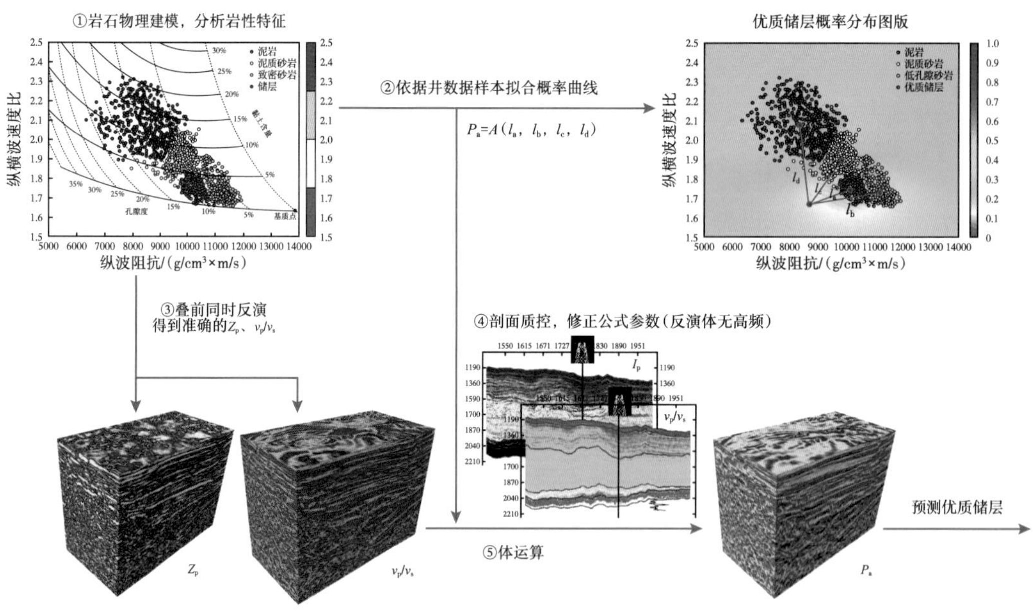

图 9-3-3 双参数优质储层概率预测流程图

图中 Z_p 为纵波阻抗；v_p、v_s 分别为纵横波速度；P_a 为概率；I_p 为纵波阻抗；A（l_a，l_b，l_c，l_d）为关于样本点到纯岩性控制点的距离，其中 l_a 为样本点到优质储层点的距离、l_b 为样本点到低孔隙砂岩点的距离，l_c 为样本点到纯泥质砂岩点的距离、l_d 为样本点到纯泥岩点的距离

2）岩石物理建模

岩石物理建模指在一定假设条件下，通过内在的物理学原理建立岩石弹性模量与岩

性、物性及含油气性之间的关系，即通过岩石物理模拟已钻井目的层段砂砾岩的弹性参数曲线，结合交会分析优选出优质储层的敏感参数。

（1）模型选取及横波预测。

玛湖地区三叠系百口泉组储层属于泥质胶结的低孔低渗透砂砾岩，岩石物理研究学界适用的经验模型主要为克里夫（Krief）模型、格林伯格（Greenberg）模型和徐怀特（Xu-White）模型。其中 Xu-Whit 模型是一种含泥砂岩的理论模型，此模型基本思路是应用 Kuster-Toksoz 和差分有效介质理论来估算干岩石的纵波和横波的速度，饱和度由 Gassmann 方程流体置换得到。Xu-White 模型所需的岩石组分、孔隙形状可依据岩石薄片分析成果确定，砂岩、黏土的体积含量和孔隙度可利用自然伽马、中子孔隙度、电阻率、光电吸收截面指数和声波时差等测井曲线进行解释获得，含水饱和度通过 Archie 公式进行预测，不同地质条件模型的参数求取会存在差异。从玛湖地区艾湖 1 井的应用结果可以验证，Xu-White 模型的横波预测误差最小，适用于该区岩石物理建模（图 9-3-4）。

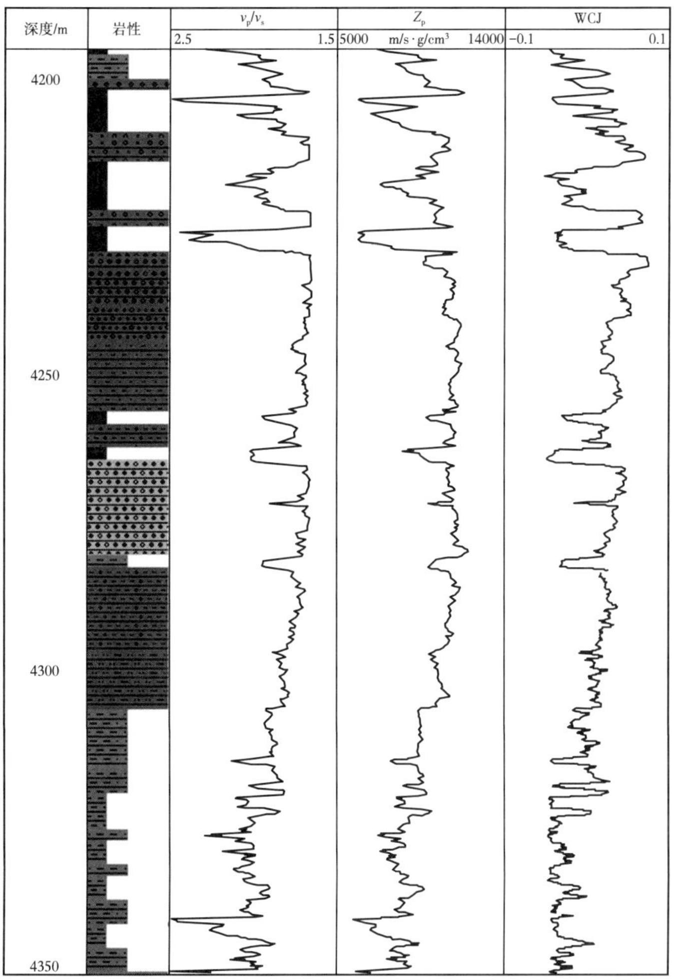

图 9-3-4 艾湖 1 井横波速度预测结果

（2）优质储层敏感参数优选。

在岩石物理模拟基础上，通过对达10三维区重点井百口泉组砂砾岩进行曲线交会分析，发现含油气储层具有较低黏土含量及较高孔隙度的参数响应（图9-3-5），其中致密储层黏土含量小于7%、总孔隙度小于8%；优质储层黏土含量小于5%、总孔隙度大于8%。因此，可以依据这两个参数识别出优质储层。

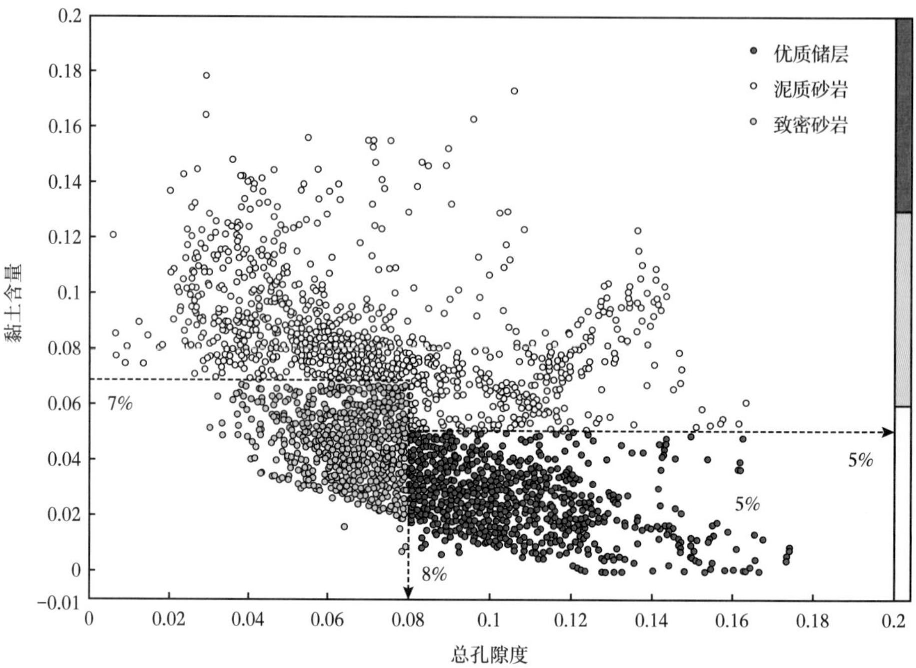

图9-3-5　达10井三维区百口泉组砂砾岩总孔隙度与黏土含量交会图

通过对达10三维试验区的弹性曲线交会分析（图9-3-6），可知两种弹性参数可以较好地识别高孔、低黏土矿物含量的优质储层，其中纵横波速度比、纵波阻抗识别效果最好，纵横波速度比小于1.81、纵波阻抗小于$10.8\times10^3 g/m^3\times m/s$的储层基本可归为优质储层。由于受交会图分析样本点数量的限制，对孔隙度、黏土矿物含量与样本点不同的优质储层，存在定量预测能力不足的问题，因此还需要建立黏土矿物含量、孔隙度约束下的岩石物理量版。

（3）岩石物理量版确定。

根据砂砾岩的录井、测井及化验资料，统计储层的平均黏土含量背景；应用优质储层的敏感弹性参数，获得岩石物理意义明确的岩石物理量版，定量刻画储层参数。从达10井三维区百口泉组岩石物理量版可见（图9-3-7）：储层纵横波速度比随黏土含量的减少而降低；黏土含量相同时，纵波阻抗随孔隙度的增高而减小。明确了优质储层的弹性参数与岩石组分及孔隙结构的关系，提高了未知样本点储层的定量预测能力。依据黏土含量0～5%、孔隙度大于8%的界限，利用叠前弹性参数反演的纵波阻抗、纵横波速度比结果，进行交会分析即可定量确定优质储层。

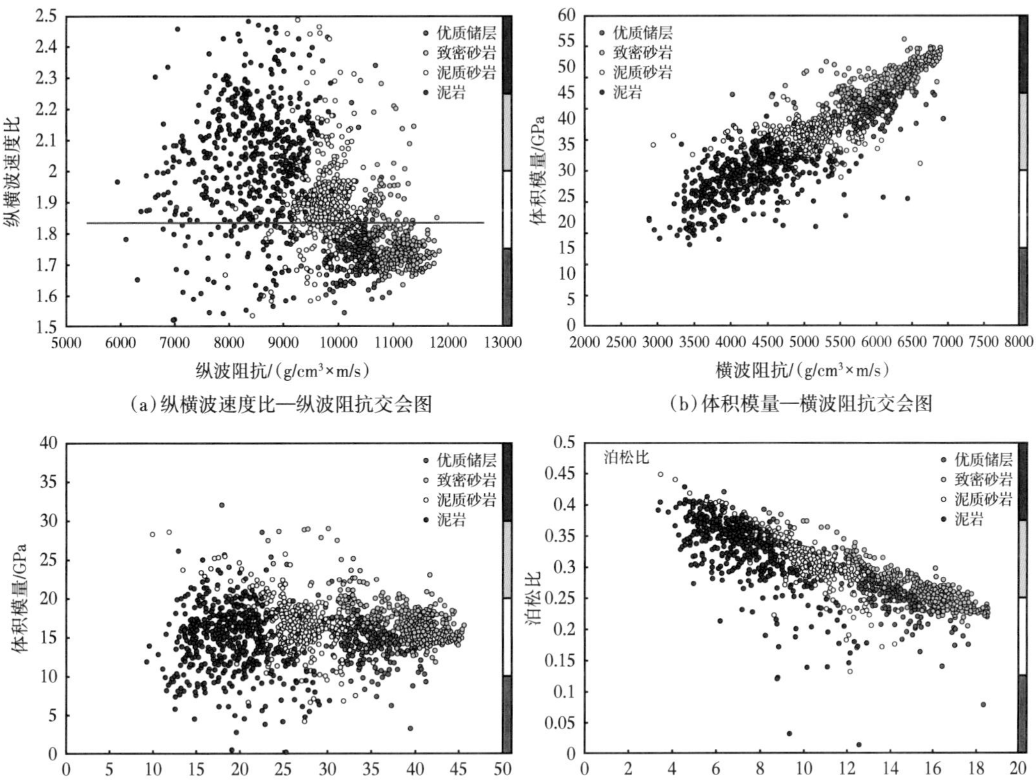

(a)纵横波速度比—纵波阻抗交会图　(b)体积模量—横波阻抗交会图

(c)体积模量—杨氏模量交会图　(d)泊松比—剪切模量交会图

图 9-3-6　达 10 井三维区百口泉组砂砾岩弹性参数交会图

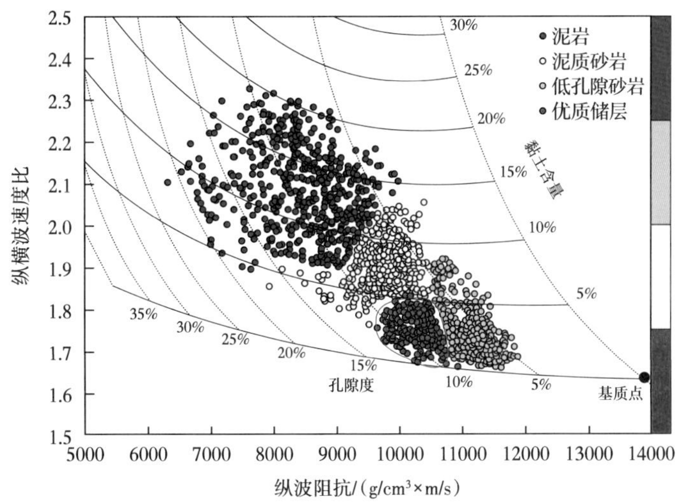

图 9-3-7　达 10 井三维区百口泉组砂砾岩岩石物理量版

3）优质储层概率预测

（1）常规方法应用分析。

为了充分利用叠前反演和岩石物理分析结果识别砂砾岩中的优质储层，拟开展双参数预测方法研究。目前，主要的双参数预测方法是坐标系旋转法和贝叶斯分类法，前者利用数学坐标轴旋转公式，将双参数岩石物理量版旋转一定的角度，获得一种新的属性参数，从而将双参数降维至单参数，实现优质储层预测的目的；后者将已知样本点作为先验信息，利用贝叶斯理论建立条件概率密度函数（Probability Density Funtio，PDF），从而实现优质储层的概率预测。在达10井三维区应用中，坐标旋转法无论怎样旋转，都未能得到可以区分不同岩性的属性参数，无法识别出优质储层（图9-3-8）；贝叶斯方法仅依据有限的数据样本点开展训练，没有考虑岩石物理的整体趋势，预测结果多解性强、可信度较低（图9-3-9）。

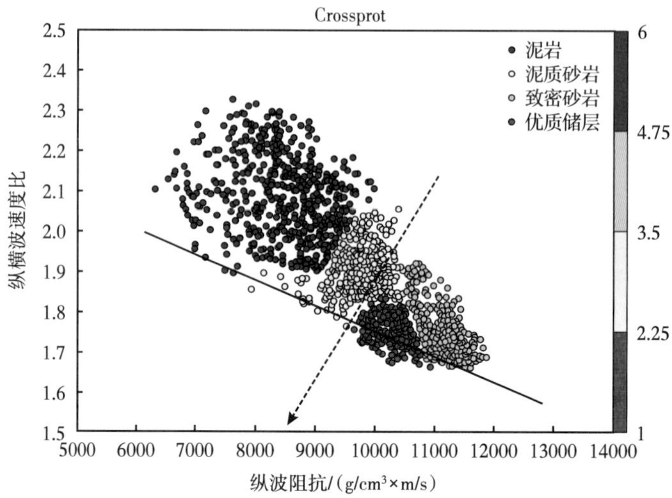

图9-3-8 坐标系旋转法储层概率分布图

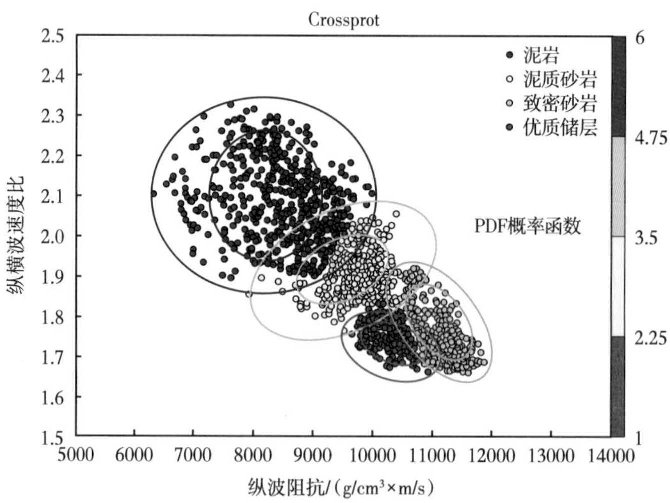

图9-3-9 贝叶斯分类法储层概率分布图

（2）改进的概率预测方法。

在玛湖地区砂砾岩预测中，经研究提出一种新的概率统计方法，即通过反距离加权公式对四类样本点进行加权运算得到预测点（x，y）的储层概率如下：

$$P(x,y)=\sum_{i=1}^{n}w_i f_i \tag{9-3-1}$$

$$w_i=-l_i/\sum_{j=1}^{n}l_j \tag{9-3-2}$$

$$l_i=\sqrt{a(x-x_i)^2+b(y-y_i)^2} \tag{9-3-3}$$

式中　x、y——两弹性敏感参数；

$P(x,y)$——（x，y）点的储层概率；

x_i、y_i——i 样点弹性参数；

w_i——i 样点权重；

l_i——预测点到 i 样点的交会距离，距离越大，样本点对预测点影响的权重越小；

a、b——弹性敏感参数的比例归一化因子；

f_i——i 样点的储集能力值，通过统计岩心数据获得，样本点若为优质储层，则储集值最大，若为泥岩则值最小。

从达 10 井三维井点应用结果可知，选择有地质意义的点作为虚拟样本点参与概率运算，能够有效约束概率预测结果、提高预测结果与岩石物理量版的相关性。从增加 3 个虚拟样本点和增加 5 个虚拟样本点的概率分布预测结果可以看出，增加 5 个虚拟点后，优质储层概率增高趋势已基本与岩石物理量版中黏土含量降低、孔隙度增大趋势一致（图 9-3-10）。

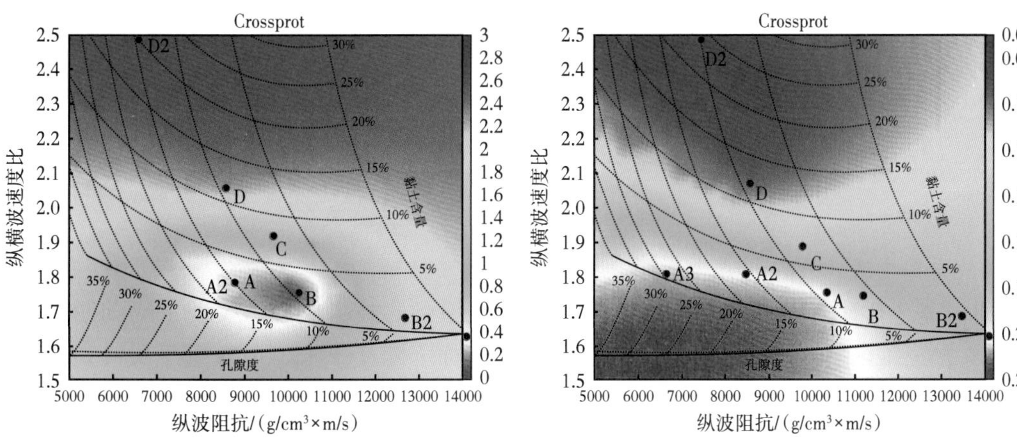

（a）4样点与3虚拟点概率预测图　（b）4样点与5虚拟点概率预测图

图 9-3-10　达 10 井三维区概率预测分布图

图 9-3-11 为达 10 井三维区选择四个样本点时优质储层概率分布图，图中暖色调代表高概率区，冷色调代表低概率区。可以看出：预测点距离优质储层样本点越近，优质储层概率越高；距离其他岩性样本点越近，优质储层概率越低。依据改进的概率预测方

法，计算单井的优质储层概率曲线，然后进行交会分析，可以有效区分达10井三维区百口泉组四类岩性（图9-3-12），因此通过这种方法能够识别玛湖地区砂砾岩优质储层。

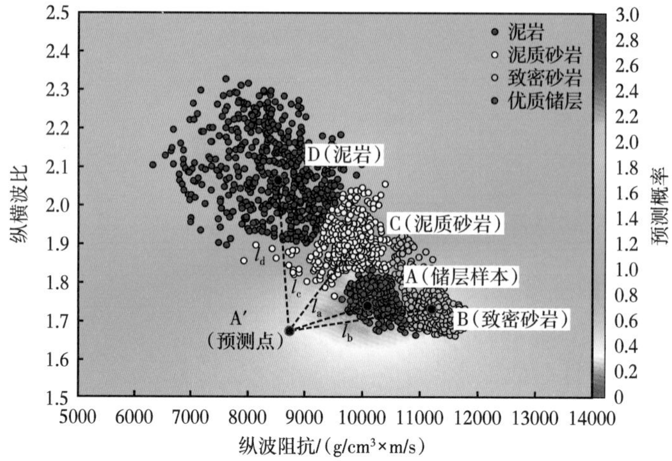

图9-3-11 达10井三维区4样点距离法概率分布图

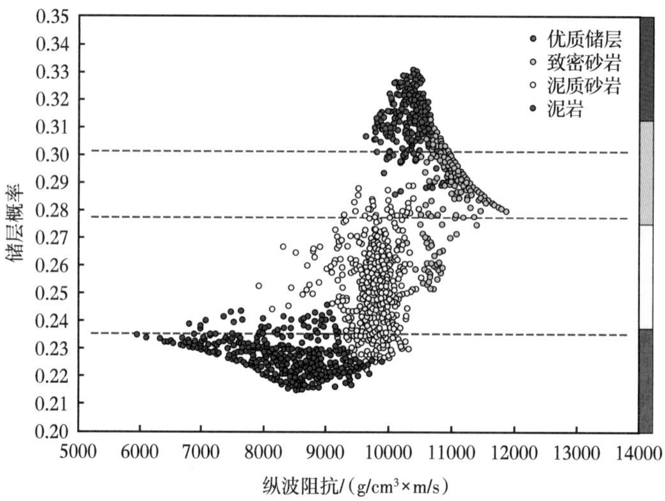

图9-3-12 百口泉组纵波阻抗与储层概率交会图

4）技术应用效果

通过基于砂砾岩岩石物理模型的叠前储层概率预测技术应用，实现了玛湖凹陷东斜坡达10井三维区顶部优质储层的预测。从反演剖面（图9-3-13）看，基于贝叶斯分类法未考虑岩石物理趋势，预测结果异常值较多，剖面具有画圈现象，置信度不高；而基于岩石物理分析法预测的剖面细节丰富，不仅可识别出百二段的砂组，还能有效刻画砂组顶部的优质储层，储层预测结果与钻井出油层段一致。

应用基于砂砾岩岩石物理模型的叠前储层概率预测技术，预测优质储层在研究区内呈条带状展布（图9-3-14），落实有利勘探面积近300km^2，新发现岩性圈闭16个，储层预测的钻井吻合率由原来的62%提高到92%。

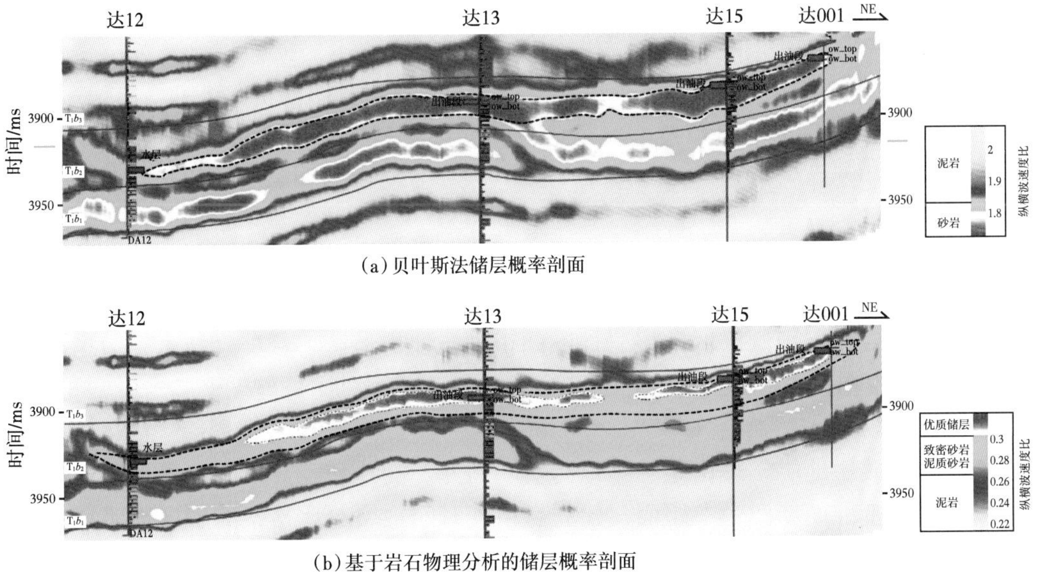

(a) 贝叶斯法储层概率剖面

(b) 基于岩石物理分析的储层概率剖面

图 9-3-13　玛东地区百口泉组不同方法优质储层预测结果对比图

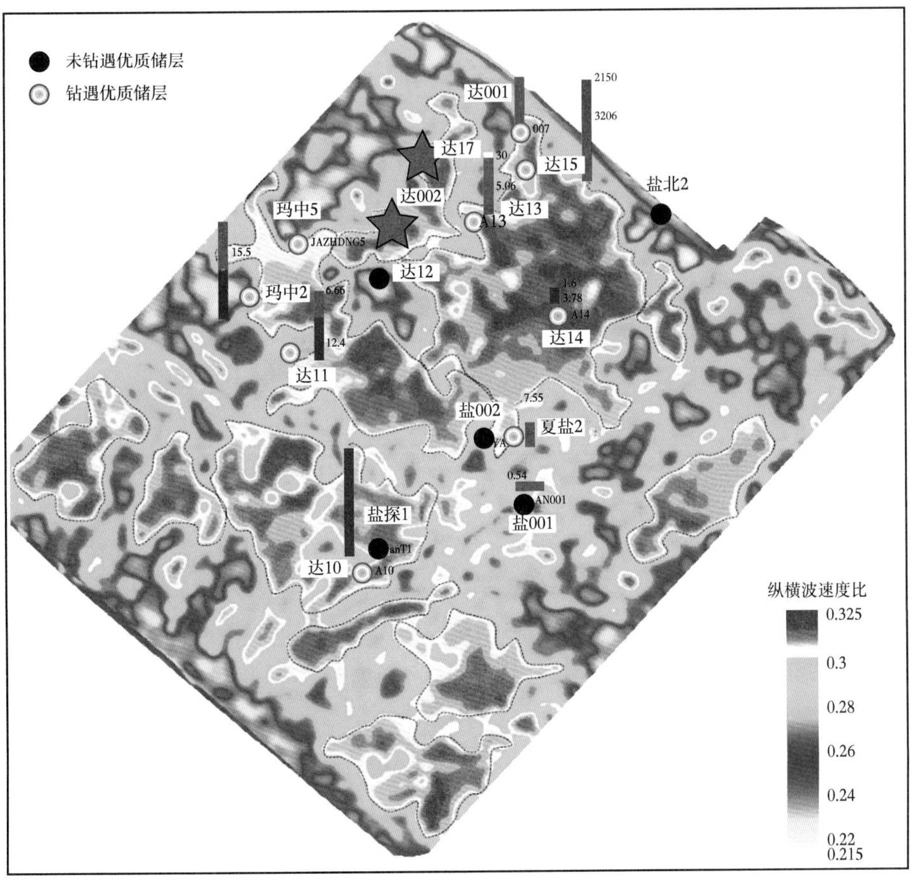

图 9-3-14　玛东地区百口泉组优质储层概率预测平面图

2. 地层—岩性圈闭识别与评价地震解释配套技术

1）研究思路

玛湖斜坡区下乌尔禾组钻遇的岩性为大套厚层砂砾岩及砂泥薄互层，储层物性差，绝大多数储层孔隙度小于 10%、渗透率小于 1mD。有效储层的空间展布是二叠系油气勘探的关键问题。

针对玛南斜坡区二叠系下乌尔禾组地质条件复杂的特点，从层序、沉积、储层、顶底板条件等多方面开展研究，形成了基于“层序地层识别、尖灭线快速识别、顶底板有效性评价及有效储层预测”的地层岩性圈闭识别与评价地震解释配套技术，为玛南下乌尔禾组储量落实提供了技术保障。

2）层序地层分析

高分辨率层序地层学理论是一项以露头、钻井、测井和高分辨率三维地震资料为基础，以多级次基准面旋回为参照面，建立高精度时间地层对比格架的层序地层划分与对比技术。其主流技术是时频分析层序划分技术和 Wheeler 域地震层序识别技术。其中，前者综合了地质、测井和地震的多维信息，能够将一维的时间域测井数据或地震数据变换到二维时频域，可以提高地震信号的时空分辨能力，提供直观的地层沉积旋回等地质信息；后者是在沉积体内部结构小层全三维追踪的基础上，自动将时深域追踪结果转换为 Wheeler 域，获得相对等时的沉积旋回韵律体剖面，实现由地震剖面向地质剖面的转换，识别和划分层序界面、正反旋回、体系域等。

玛南斜坡区二叠系下乌尔禾组主体为坳陷沉积，受后期逆冲抬升作用西部遭受剥蚀，具有“西剥东超”地质结构特征。下乌一段向西超覆尖灭，下乌二—下乌四段向西逐层被上乌尔禾组剥蚀尖灭。玛南斜坡下乌尔禾组为扇三角洲沉积，岩性主要为灰色泥岩夹薄层砂岩、砂砾岩，整体表现为上下粗、中部细的完整旋回沉积特征。针对玛南斜坡下乌尔禾组沉积特征，采用基于时频分析与 Wheeler 域旋回的地震层序综合识别技术，实现储盖组合及有利层段的快速锁定，为高精度层序地层划分提供了依据。

（1）单井层序划分。

由于研究区下乌尔禾组剥蚀严重，利用邻区下乌尔禾组钻全的艾参 1 井井旁地震道时频分析发现，下乌尔禾组纵向自下而上存在高—低—高等不同的频率变化，这种频率变化与钻井砂层组合有明显的对应关系。因此，将频率变化端作为旋回界面，划分出 4 个中期旋回（图 9-3-15），即 2 个正旋回和 2 个反旋回，分别对应下乌尔禾组一段—下乌四段，主要发育扇三角洲前缘亚相和扇三角洲前三角洲亚相沉积，前者岩性为灰褐色、褐灰色、灰色砂砾岩、泥砾岩、泥质小砾岩；后者岩性为褐灰色、灰色、灰褐色或灰绿色泥岩、含砾泥岩、砂质泥岩。

层序划分上，水进体系域 RT 曲线呈块状、箱状中高阻夹槽状低阻，向上过渡为锯齿状、线形低阻，地震剖面上表现为低频、中强振幅、较连续反射，向上过渡为高频、弱振幅、连续反射，纵向上具有“下粗上细”的沉积韵律；高位体系域则相反，纵向上“下细上粗”。由此可见，基于广义 S 变换的时频分析层序划分技术对中期旋回尺度砂层组识别较为敏感，能比较直观地反映沉积旋回与频率的方向性变化，对沉积旋回的划分具有指导意义。

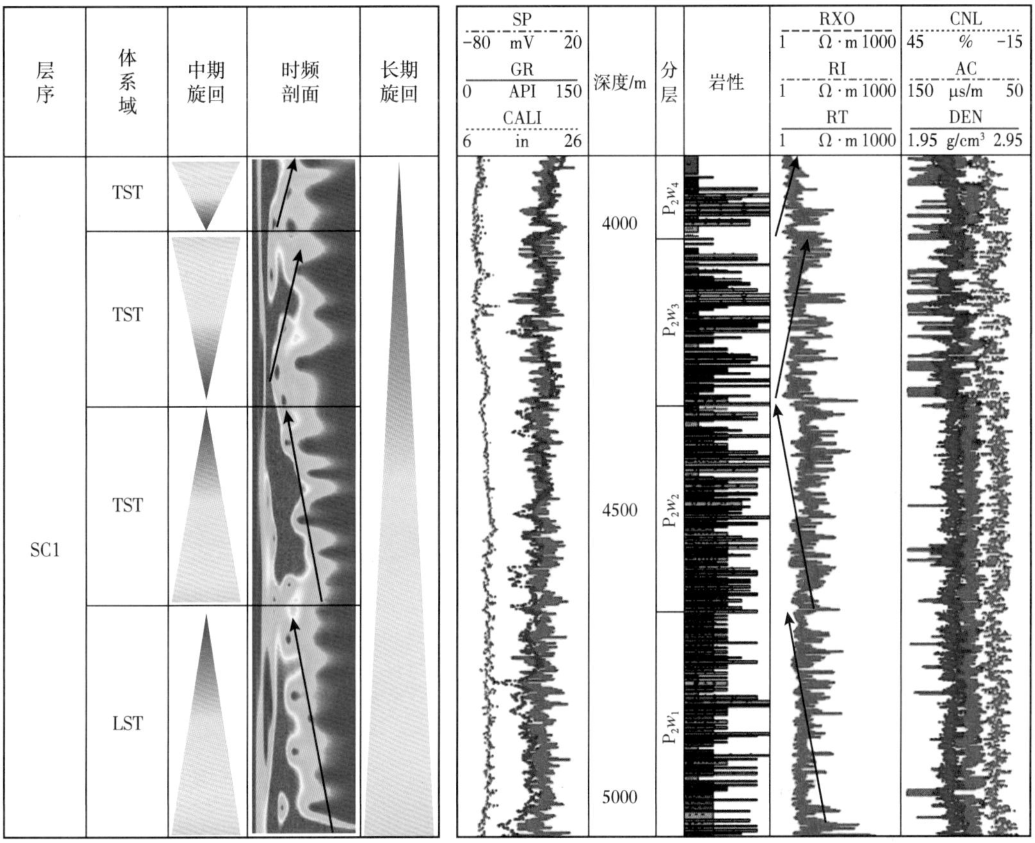

图 9-3-15 艾参 1 井二叠系下乌尔禾组单井层序划分柱状图

（2）层序地层对比。

连井层序与时频域地震分析表明，下乌尔禾组下乌一段、下乌二段表现为水进退积的沉积特征，下乌三段、下乌四段表现为水退进积的沉积特征。如图 9-3-16 所示，下乌一段在工区局部超覆，残余地层表现为正旋回结构；下乌二段沉积特征与下乌一段类似，表现为“下粗上细”的正旋回特征；下乌三段为扇三角洲前缘—滨浅湖相，岩性以薄—中厚层灰色砂砾岩、含砾泥质粉砂岩为主，表现为“下细上粗”的反旋回特征。如图 9-3-17 所示，下乌一段和二段表现为上超的特征，下乌三段表现为下超的特征。

结合单井和地震综合分析，玛南地区下乌一段为低位体系域，下乌二段为水进体系域，对应于上升半旋回，下乌三段和四段为高位体系域，对应于下降半旋回。结合玛南地区层序特征，纵向上下乌尔禾组主要发育三套储盖组合：下乌一段顶部泥岩与下乌一段中下部的砂砾岩；下乌二段顶部（最大湖泛面）与下乌二段中下部的砂砾岩，早期八区的下乌尔组探明储量分布在该套储盖组合内；下乌四段底部泥岩与下乌三段顶部的砂砾岩，目前玛南地区下乌尔禾组规模油气发现主要分布在该套储盖组合内。

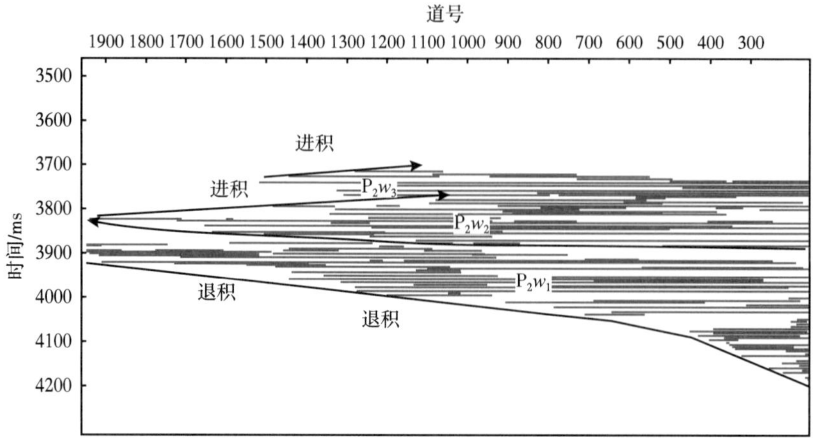

图 9-3-16 玛南斜坡区下乌尔禾组 Wheeler 域沉积旋回韵律体剖面

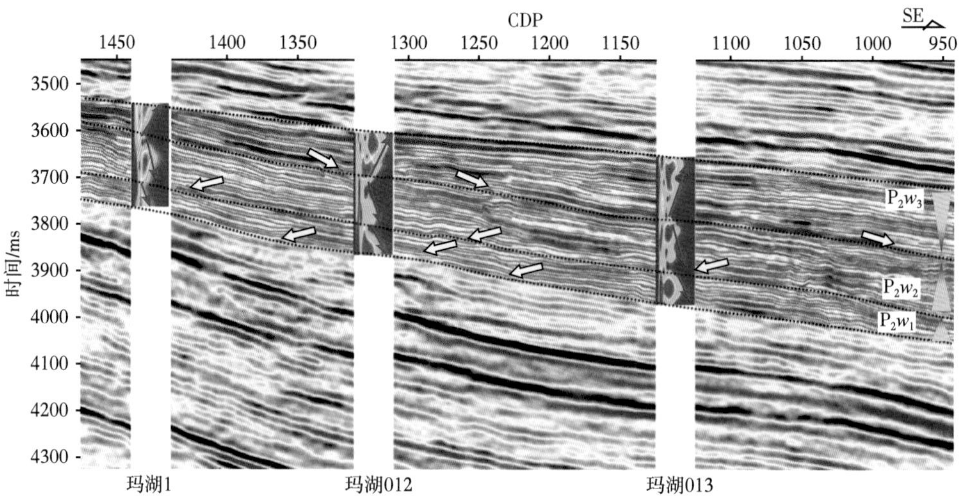

图 9-3-17 玛南斜坡区下乌尔禾组典型层序地震解释剖面图

3）尖灭线快速识别

玛湖凹陷中上二叠统发育多条平行于西部山界的地层尖灭线，不同的地层尖灭带钻遇的岩性组合有较大差别。研究区下乌尔禾组油藏纵向上主要发育在下乌三段，平面上围绕尖灭线展布，是典型的受地层尖灭线控制的地层—岩性油气藏。因此，下乌尔禾组内部小层尖灭线准确落实是解释工作的关键。

通过采集处理解释一体化攻关，研究区内地震资料品质得到明显提升，目的层段主频达到 30Hz 以上，有效频宽 6～67Hz。为实现下乌尔禾组内部小层尖灭线的快速识别，在解释性目标处理提高信噪比和分辨率的资料基础上，利用谱分解及沿层属性等方法对地层尖灭线进行快速识别和追踪。

（1）解释性目标处理技术。

为充分利用地震资料的有效信息，对原始地震数据开展了构造导向滤波、蓝色滤波和带通滤波等解释性处理技术，提高了地震资料信噪比和分辨率。对地震数据进行滤波及相移处理后，可以看出处理后地震剖面品质得到明显提高（图 9-3-18），尖灭点更加清晰。

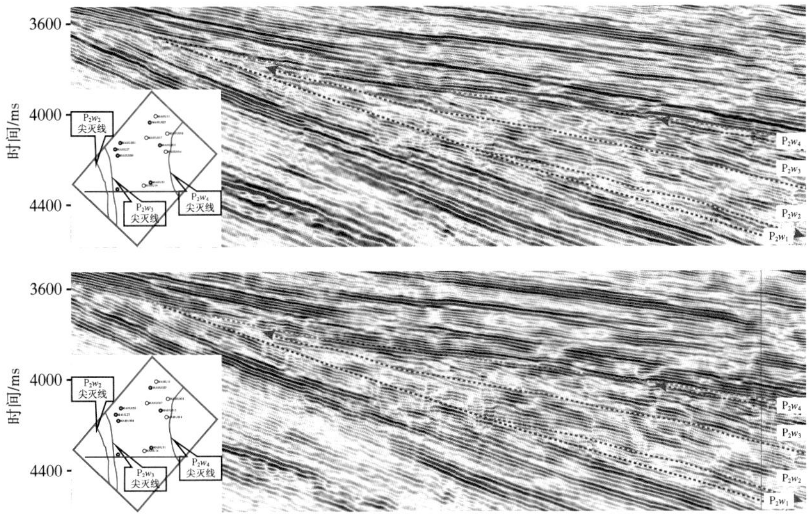

图 9-3-18　玛南斜坡区解释性处理前（上）、后（下）典型地震剖面对比图

（2）尖灭线快速识别技术。

常用地震数据的瞬时相位属性来开展尖灭线识别，但由于地层向不同方向尖灭时，厚度变化不均匀，仅用瞬时相位无法识别尖灭线全貌。本次研究在对原始地震数据进行解释性目标处理的基础上，进行谱分解得到调谐体，通过优选有利频带范围，结合地质认识在平面上快速识别出目的层尖灭线。从得到的结果（图 9-3-19）看，利用原始地震数据在目的层提取的瞬时相位属性，整体规律性较差；而在解释性目标处理的地震数据上提取的调谐相位体平面图上，整体地层分布规律性强，玛南地区下乌尔禾组的地层尖灭线连续清晰。

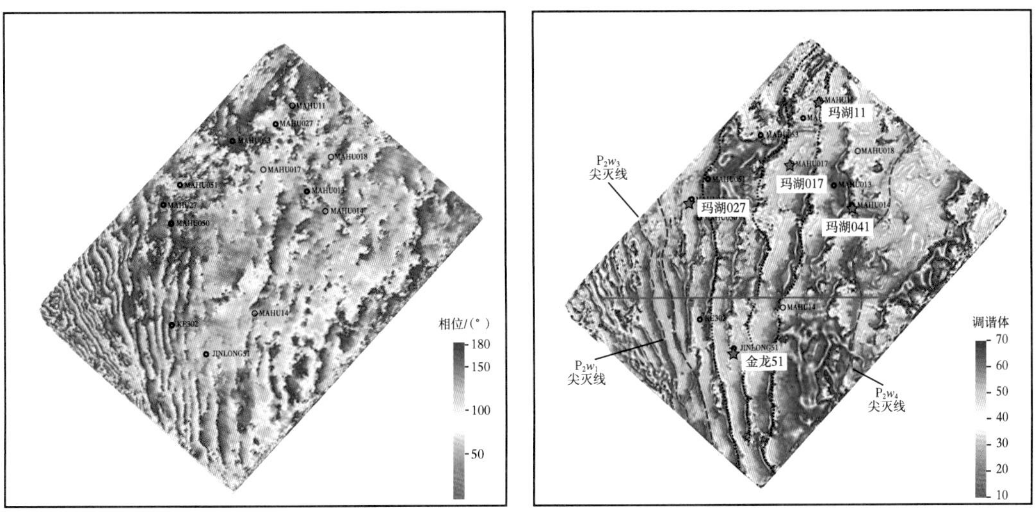

(a) 攻关前　　(b) 攻关后

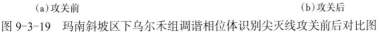

图 9-3-19　玛南斜坡区下乌尔禾组调谐相位体识别尖灭线攻关前后对比图

4）顶底板有效性评价

玛南斜坡下乌尔禾组为扇三角洲沉积，呈现砂泥互层的沉积特征。下乌尔禾组内部发育多套储盖组合，主要出油气层段集中在二叠系下乌三段，其顶部高位体系域早期和底部水进体系域晚期沉积的泥岩为油气聚集提供了良好的顶底板条件。

常规沉积相刻画方法是基于古地貌约束的“岩心—测井—地震”三位一体的沉积相刻画技术，从古今结合定成因、岩心刻度建关系、井震结合建相序、属性优选定相带四个方面开展扇三角洲沉积相带刻画。其预测方法容易受到属性优选及应用方法的影响，尤其是针对个别工区，可能受到地表情况和采集方式等问题的影响，常规方法会存在一定的局限性，导致相带边界刻画不清楚，制约了勘探的进程。

结合玛南地区的实际情况，选择更加合理的相带刻画方法对于准确刻画相带、落实有利目标区，指导井位部署意义重大。本实例中，以新采集处理的“两宽一高”三维地震数据为资料基础开展研究，通过理论分析并结合实际生产应用，在井—震精细标定的基础上，加强沉积相的地震正演分析研究，确定各沉积亚相（振幅、频率、相位、波形）等多方面的特征属性；再根据敏感地震属性，强化多属性地震相刻画方法对比研究，初步探索出一套针对砾岩扇三角洲的地震相刻画技术（图9-3-20）。

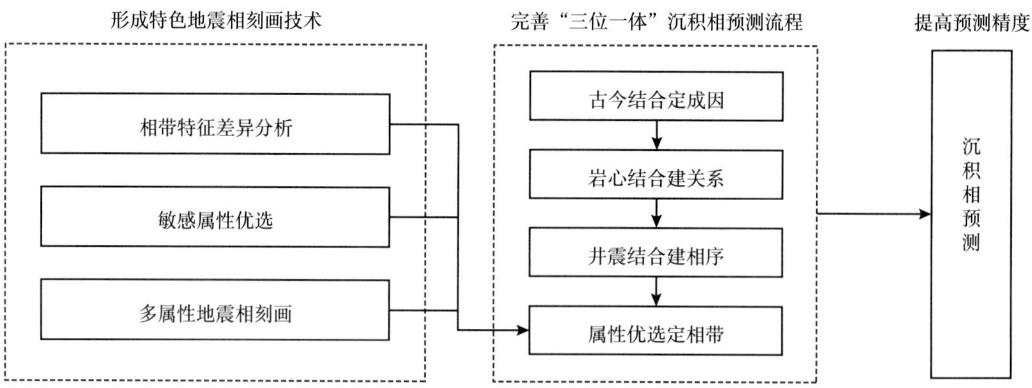

图9-3-20　砾岩扇三角洲地震相刻画技术流程示意图

（1）基于正演分析的敏感参数优选。

在精细井震标定的基础上，开展单井及连井剖面正演与地震数据对比分析，定量地确定不同相带对应的振幅、频率以及波形等地震相特征（图9-3-21、图9-3-22）。研究表明：研究区内下乌三段顶部为泥岩的结构，在地震相上表现为中频、中强振幅特征；下乌二段顶部为中频、弱振幅特征。在正演数据与地震数据进行交会对比分析后，可以确定有效区分沉积相带的敏感属性。

（2）多属性地震相融合计算。

利用GeoEast、EasyTrack等软件，可以提取出振幅、频率、波形等属性平面图。结合工区地质及钻探情况，通过优选属性并进行多次计算融合，最终得到下乌三段顶底板属性平面图（图9-3-23），顶板泥岩全区分布，底板泥岩在下乌尔禾组三段地层分布范围内发育，与油藏的分布范围吻合较好。

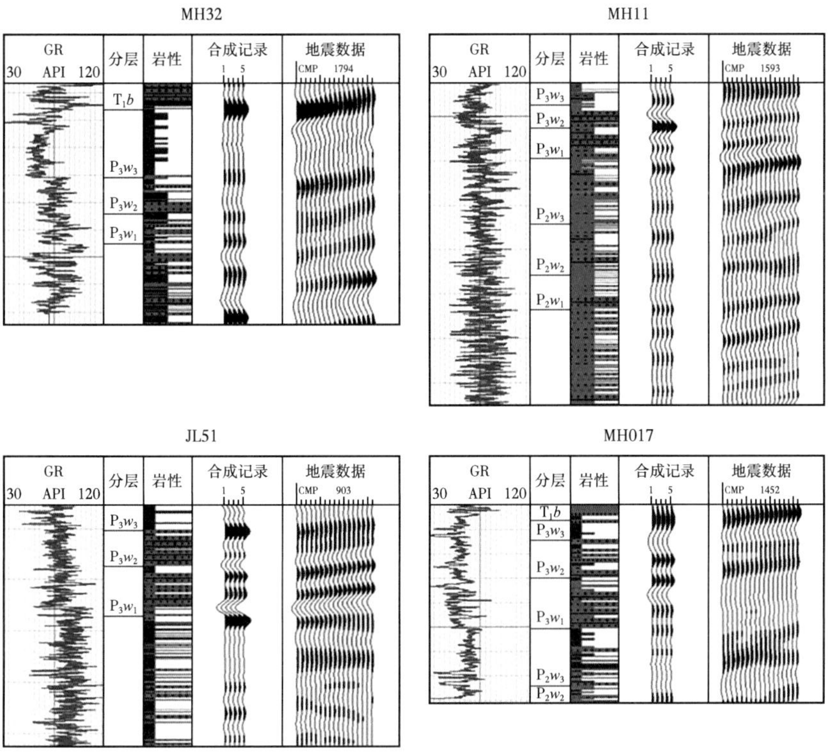

图 9-3-21 合成记录与地震数据对比图

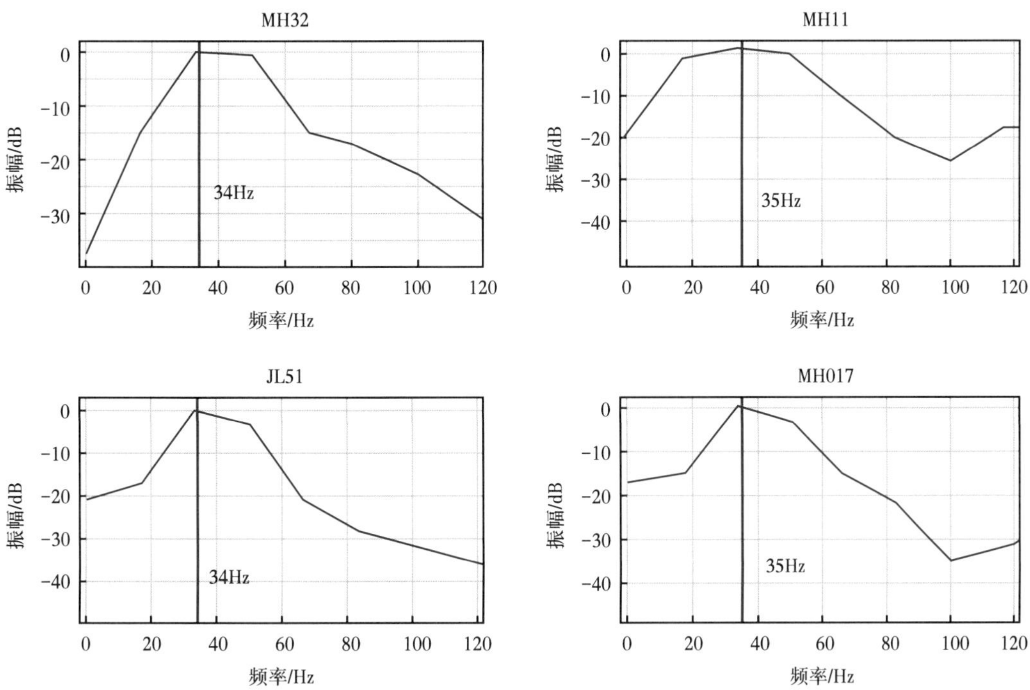

图 9-3-22 正演数据频谱分析

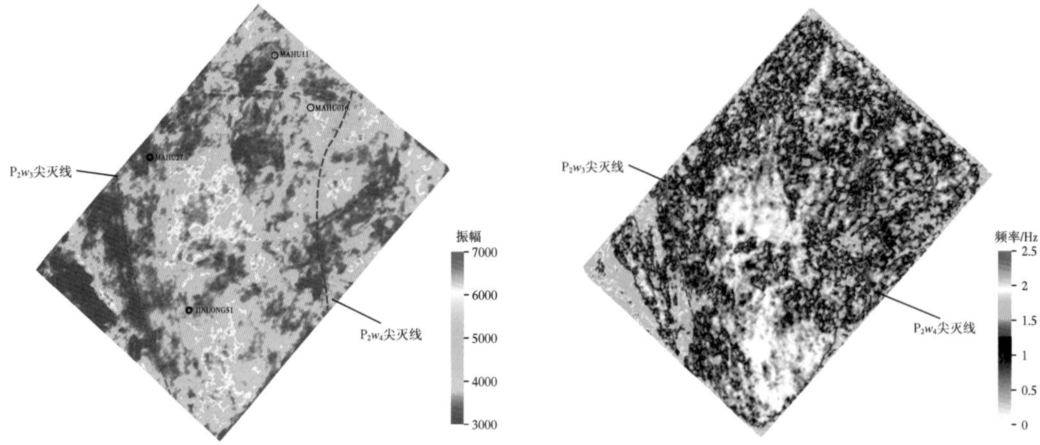

(a)乌尔禾组三段顶　　(b)乌尔禾组三段底

图 9-3-23　玛南斜坡区下乌尔禾组三段顶、底板地震相预测平面图

5）有效储层预测

玛湖 1 井区发育下乌尔禾组多期砂体叠置连片的岩性油藏，出油层段厚度较薄，优质砂体控藏，落实优质薄储层是寻找油气的重点。

针对下乌尔禾组油气藏，在玛湖 1 井区推广应用了基于地震波形指示敏感参数（v_p/v_s）反演方法。通过 GR 与纵波阻抗交会分析（图 9-3-24），纵波阻抗可区分泥岩和砂岩，但无法区分优质砂岩与砂岩；而从纵波阻抗与纵横波速度比的交会分析结果来看，泥岩纵横波速度比大于 1.78，普通砾岩储层纵横波速度比在 1.70～1.78 之间，而优质储层的纵横波速度比均小于 1.70，利用纵横波速度比参数可以有效地区分优质储层。

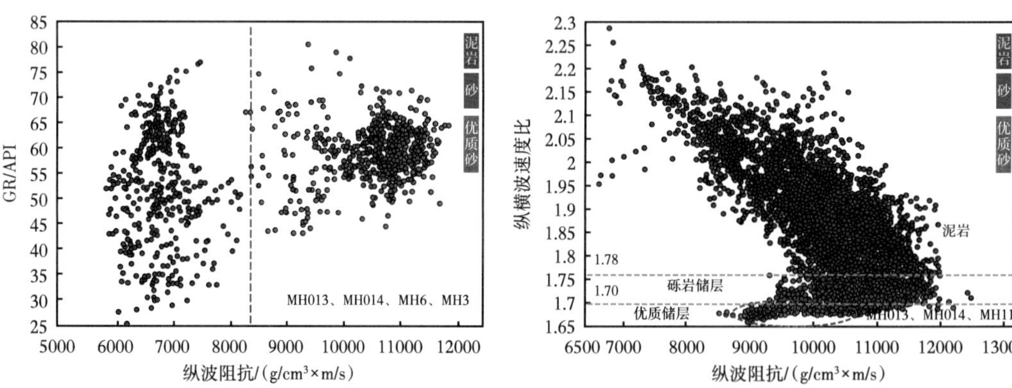

(a)Z_p与GR　　(b)Z_p与v_p/v_s

图 9-3-24　玛湖 013 井区下乌尔禾组敏感参数交会分析图

在交会分析的基础之上，确定了该区优质储层的敏感参数，在此基础上采用基于地震波形指示的敏感参数反演来预测优质储层。与常规波阻抗反演方法相比，波形指示反演能在一定程度上提高横向、垂向分辨率以及反演结果的确定性，是一种能够满足薄储层预测的高分辨率反演方法。

波形指示反演的核心思想是利用地震波形的横向变化表征储层的空间变异程度，该方法将地震波形看作一组薄层的地震响应的叠加，波形的变化可反映储层组成结构的变化。基于这一思想，通过优选钻井样本确定共性结构频段作为确定性成分，建立初始模型，在贝叶斯框架下对初始模型的高频成分进行模拟，使模拟结果符合地震中频阻抗和井曲线结构特征。在高频部分，应用“马尔科夫链蒙特卡洛随机模拟算法”，即采用地震波形指示（相控）的插值方法，根据地震波形相似性将样本井分类，对同类样本井进行多尺度分析，在地震频带外提取确定性结构成分作为波形相控模拟结果，使高频部分从完全随机到逐步确定，确定性大大增强。

在精细岩石物理建模的基础之上，利用研究区内已有横波的井作为参考，将井曲线进行归一化、去压实等标准化处理之后，计算泥质含量、孔隙度等相关岩性参数曲线，利用阿尔奇公式计算含油饱和度；在此基础之上，通过参数调整建立研究区的 Xu-White 模型，得到工区内井的纵横波速度比曲线作为敏感参数曲线。从反演结果来看，常规纵波阻抗反演仅能预测出大套的储层，分辨率较差，并且与井上的油水关系不好；而利用基于地震波形指示的敏感参数（v_p / v_s）反演剖面中，剖面分辨率显著提高，能够更加准确的识别优质储层，与井上的出油情况对应良好（图 9-3-25）。

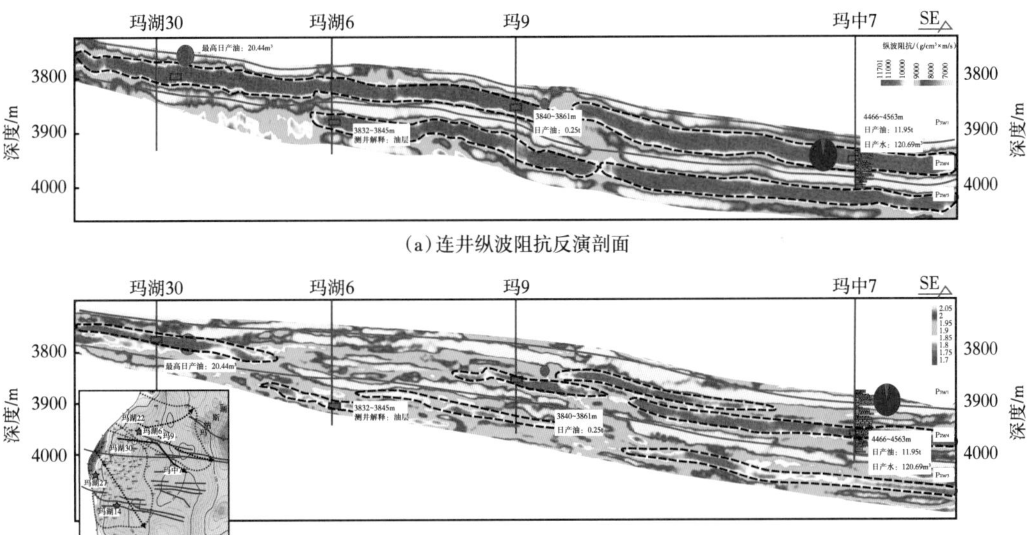

(a) 连井纵波阻抗反演剖面

(b) 连井地震波形指示敏感参数（v_p/v_s）反演剖面

图 9-3-25　过玛湖 11—玛湖 21—玛湖 060 井连井反演剖面图

6）技术应用效果

玛西斜坡发育隆坳相间的格局，下乌尔禾组沉积时期，玛湖 1 井主槽区继承性发育，主槽对应的平台区是砂体卸载的有利区，该区发育地层尖灭线控制背景下的断裂 + 岩性油气藏，顶底板叠合区（图 9-3-26）成藏条件相对优越、油藏相对富集，与已知油藏区相似成藏条件的剩余岩性圈闭共 4 个、累计面积为 82.4km^2、预测资源量为 5000×10^4t。

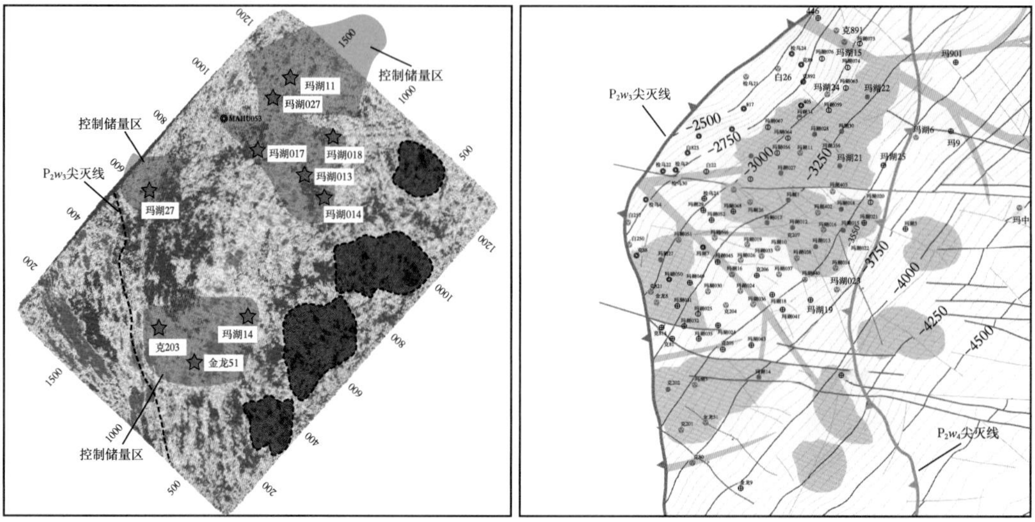

(a)有利目标预测平面图　　(b)综合图

图 9-3-26　玛南斜坡区下乌尔禾组三段综合图

三、主要应用成效

通过连片高精度三维地震资料解释及综合研究，深化了玛湖凹陷斜坡区二叠系、三叠系成藏认识：(1) 二叠系、三叠系受网状断裂交错切割，在斜坡背景上发育多个低幅度鼻凸带；(2) 二叠系、三叠系为扇三角洲沉积，有利储层大面积分布于扇三角洲前缘相带内，勘探规模大；(3) 改变了前期二叠系、三叠系断块或断鼻控藏的认识，目前认为受沉积环境的控制，各大扇体具有不同的岩性成藏模式；(4) 依托整体认识，2019—2020 年共落实岩性圈闭发育区 10 个，面积总计 $5900km^2$。

依托高品质三维地震资料，提供并上钻井位 129 口，为玛湖凹陷东西斜坡两大百里油区的发现奠定了良好基础。截至 2020 年 12 月底，完钻 90 口，其中 61 口井获得工业油流，钻井成功率由 31% 提高到 67%，累计新增三级地质储量 8.49×10^8t；在夏子街西翼发现三叠系百口泉组近亿吨级的风南油田，探明储量 7914×10^4t，预测储量 3761×10^4t；在黄羊泉扇南翼发现整装近亿吨级的艾湖油田，探明储量 9075×10^4t；在达巴松—夏盐扇体落实探明储量 5685×10^4t；在克拉玛依扇发现玛湖 1 井油藏，提交百口泉组控制储量 4406×10^4t；下乌尔禾组控制储量 10808×10^4t、上乌尔禾组探明储量 11981×10^4t。

第四节　四川盆地碳酸盐岩油气藏勘探

碳酸盐岩油气藏具有储层类型多、尺度大小不一、非均质性强、受断裂或裂缝影响大和油气成藏复杂等特点。针对塔里木盆地、四川盆地碳酸盐岩油气藏的特点和地表条件的差异，近几年形成了有针对性的三维地震勘探配套技术。在“两宽一高”三维地震资料采集基础上：资料处理方面，针对非均质储层预测、台缘生物礁刻画、小尺度缝洞体识别、断裂精细解释等地质需求，主要形成了保真、保幅、提高空间分辨率、OVT 域、VSP 驱动、高精度各向异性叠前深度偏移等处理技术；资料解释方面，发展形成了有利相带识别与储层预测、小尺度缝洞体雕刻、地震多属性台缘生物礁识别、古地貌精细刻画、多属性融合断层解释、断溶体三维空间定量表征及各向异性裂缝预测等技术。

塔里木盆地碳酸盐岩"两宽一高"地震勘探技术攻关及推广应用效果明显，通过百万以上炮道密度、500 次以上覆盖次数及 0.7 以上横纵比的采集设计及实施，有效提高塔中大沙漠区和塔北戈壁区深层地震资料品质，为断溶体刻画及井位部署提供了可靠依据。中古 8 井区实施的"两宽一高"三维地震资料品质有了质的提高，奥陶系内幕信噪比大幅提高，走滑断裂拉分特征明显，碳酸盐岩储层识别能力显著增强，缝洞体从无到有，由少到多，立体式分布，有效地指导了井位部署，钻井成功率由原来的 58.8% 增长至 91.3%，效果显著。此后，"两宽一高"三维地震勘探在塔中地区广泛应用，大沙漠区高密度地震资料的配套处理技术，资料品质得到进一步改善。

塔北地区，在哈拉哈塘富油凹陷哈 7 井开展的全方位、较高密度三维地震攻关取得良好效果的基础上，依托"两宽一高"三维采集地震资料，通过进一步强化处理、解释攻关，利用高品质三维地震资料，精细刻画断裂带，断裂控藏控富集的认识不断深化，高产、高效井大幅提升，满深 1 井、满深 3 井获得日产千吨的重大突破，新发现了一条 2×10^8t 级富油气断裂带，推动了哈拉哈塘及周缘多个区块不断取得油气勘探新发现、新突破，新增了一批规模储量，配合油田落实了哈拉哈塘—富满 10×10^8t 级大油田。

在四川盆地，针对礁滩体、台缘生物礁、岩溶风化壳、白云岩等碳酸盐岩储层，在川中古隆起高磨地区，按照整体部署，分步实施的原则，采集了 7500km^2 宽方位较高密度三维地震，支撑了安岳万亿立方米大气田的发现、储量落实和开发部署。针对川中古隆起北斜坡多层系进行的立体勘探，以下古生界—震旦系为主，兼顾二叠系火山岩、栖霞组、茅口组、侏罗系致密气等领域，2018—2021 年先后实施三维地震 12 块，满覆盖面积 10831km^2。依据高品质三维地震资料，推动了北斜坡油气勘探的突破和规模勘探场面的落实，发现了新的万亿立方米资源潜力的接替区带，配合西南油气田在太和含气区论证部署了一批井位，为后续扩大勘探场面和落实规模储量奠定了基础。

下面以四川盆地碳酸盐岩勘探为例，从工区勘探概况、关键技术应用以及主要应用成效三方面说明。

一、概况

四川盆地碳酸盐岩勘探主要集中在四川盆地中部地区，研究区域内地表平缓、高差起伏变化小，海拔高度 180～550m；主要勘探目的层为下古生界—震旦系古老碳酸盐岩地层，具有埋深大、上覆地层多、地层倾角小、厚度和岩相横向变化大的低幅度构造发育特点，造成地震速度场复杂和关键地层界面横向变化大，对层位精细解释和时深转换速度场精细建模要求高；深层古老碳酸盐岩优质储层储集空间类型主要为裂缝—孔洞型，缝洞尺度小、纵横向发育差异大，非均质性强；储层和非储层声阻抗差异小，且储层单层厚度薄，为地震储层预测带来极大的挑战，对地震资料的分辨率和缝洞型储层预测精度提出了较高要求。

四川盆地川中区域进行了多轮多层系的地震勘探，累计实施宽方位三维满覆盖面积共 $4.81 \times 10^4 km^2$。四川盆地大规模开展三维地震勘探始于2005年，主要针对三叠系须家河组陆相碎屑岩和二叠系、三叠系海相礁滩目标；2007—2010年期间，以二叠系、三叠系礁滩为目标，先后进行了3个区块，总面积约 $4105 km^2$ 的三维勘探；2011—2017年期间，主要以高石梯—磨溪地区的下古生界—震旦系古老碳酸盐岩为目标，共进行了14个区块总面积约 $1 \times 10^4 km^2$ 的三维勘探；2018—2021年，以深层古老碳酸盐岩、火山岩、致密气、页岩气多层系为目标，进行宽方位地震采集施工，总面积约 $2.59 \times 10^4 km^2$。

二、关键技术应用

1. 高保真叠前去噪技术

川中地区地震资料品质相对较高，干扰波类型主要有固定干扰导致的异常振幅、面波干扰、浅层折射、50Hz交流电及近道高能干扰等，在砾石出露区还存在比较严重的低频散射干扰；叠前去噪的指导思路为保真保幅、多域多方法，遵循“循序渐进、逐步去噪、分频去噪、多域去噪”的原则。叠前噪声去噪流程为：（1）定向分频异常噪声压制固定干扰导致的异常振幅；（2）十字交叉域面波衰减；（3）“多道统计、单道去噪、分频压制”衰减异常振幅；（4）“多域、分步”压制残余干扰和近道强能量。叠前噪声衰减的另一重要环节为实时质控，通过多种质控方式确保噪声压制过程中有效信号伤害程度较低，质控的方式主要为去噪前后单炮对比（图9-4-1）、叠加剖面和时间切片的检查，确保去噪后的单炮记录、叠加剖面、时间切片上无明显噪声，噪声记录、噪声叠加剖面和噪声时间切片上无明显有效信号，最终实现提高单炮资料信噪比的目的。

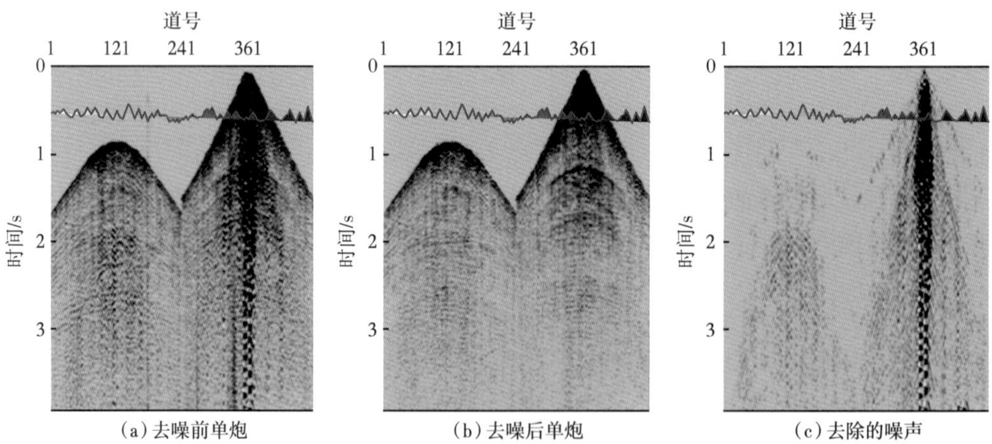

图9-4-1 川中地区金堂三维高保真叠前去噪前后单炮记录对比

2. 振幅恢复与井控反褶积技术

工区内地表条件造成的激发、接收条件不一致时，信号会产生畸变，包括旅行时间、振幅和子波的形状，使得地震波不能够同相叠加，降低了叠加资料的分辨率。旅行时畸变解决的思路为层析静校正和多轮剩余静校正迭代；地震波振幅不一致解决思路为振幅补偿，通过纵向和横向上振幅补偿对球面扩散和激发接收导致的能量差异进行补偿；地震子波频率不一致主要依靠地表一致性反褶积，它可对地表激发和接收导致的地震子波频率衰减进行补偿，提高了地震子波的横向一致性；井控预测反褶积通过压缩子波提高资料分辨率的同时也进一步提高了子波的一致性。

川中地区三维资料的信噪比高，经过振幅补偿和地表一致性反褶积后叠加剖面的分辨率、横向一致性都得到了较大的提高，叠加剖面成像对预测反褶积步长的敏感性降低，通过直井的合成记录与井旁道的互相关分析来进行反褶积参数论证，有助于提高反褶积参数的准确性。

3. 连片处理的规则化技术

川中地区三维地震资料是分多年度采集的，不仅观测系统参数存在着差异，而且在连片处理时激发和接收点也无法实现“无缝”拼接，此外由于过大型障碍造成观测系统不规则，导致连片处理时广泛存在覆盖次数不均、偏移距、方位角不均匀和数据空洞的问题，叠前数据的均匀性相对较差；目前的工业化生产中叠前偏移（叠前时间偏移和叠前深度偏移）均采用克希霍夫积分法，而该方法要求偏移前道集在共中心点域和共偏移距域能量均匀，需要对数据进行规则化处理。在地震资料处理中，常使用匹配追踪傅里叶插值，核心思路如图 9-4-2 所示，将非规则采样的数据变换到 *F—X* 域，再变换到 *F—K* 域，在搜索范围内获取每一个单频波的 *F—K* 谱，使得每一个单频波的 *F—K* 谱都是规则采样

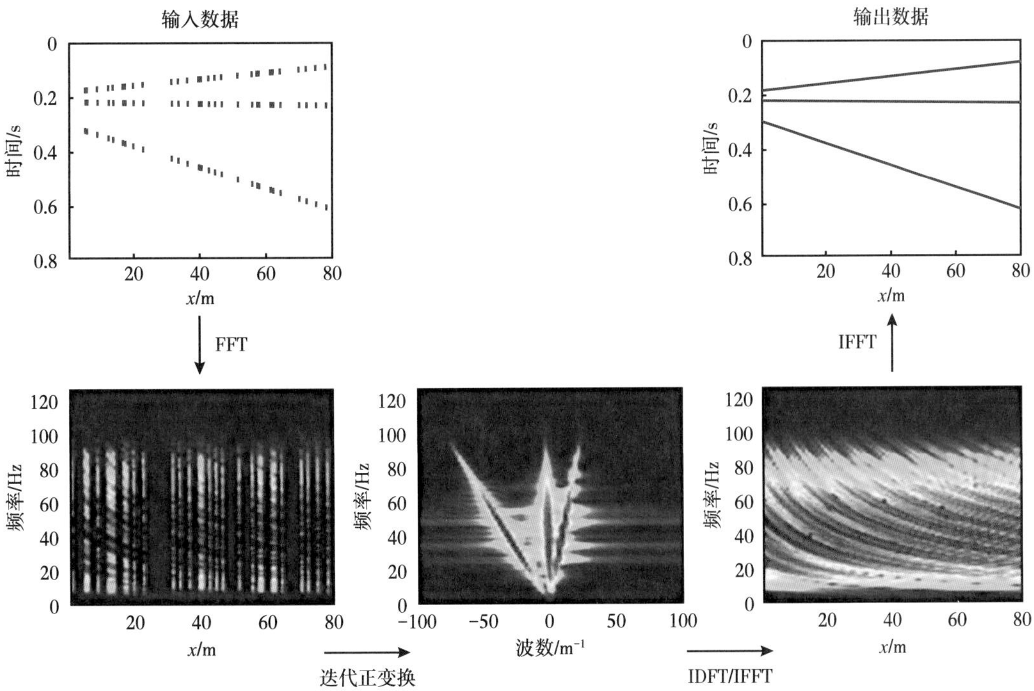

图 9-4-2 匹配追踪傅里叶插值技术流程

的，再进行反变换回 F—X 域和 T—X 域，实现插值功能；该算法对假频或是严重假频数据具有很好的适应能力，对稀疏输入数据、空间采样不足、复杂陡倾构造假频输入数据都具有很好的插值效果，能够实现 3～5 维插值和规则化。通过规则化处理后，能够在一定程度上补偿因空道导致的资料缺失（图 9-4-3），有助于改善因近道资料缺失而导致的浅层偏移画弧相对较重的问题。

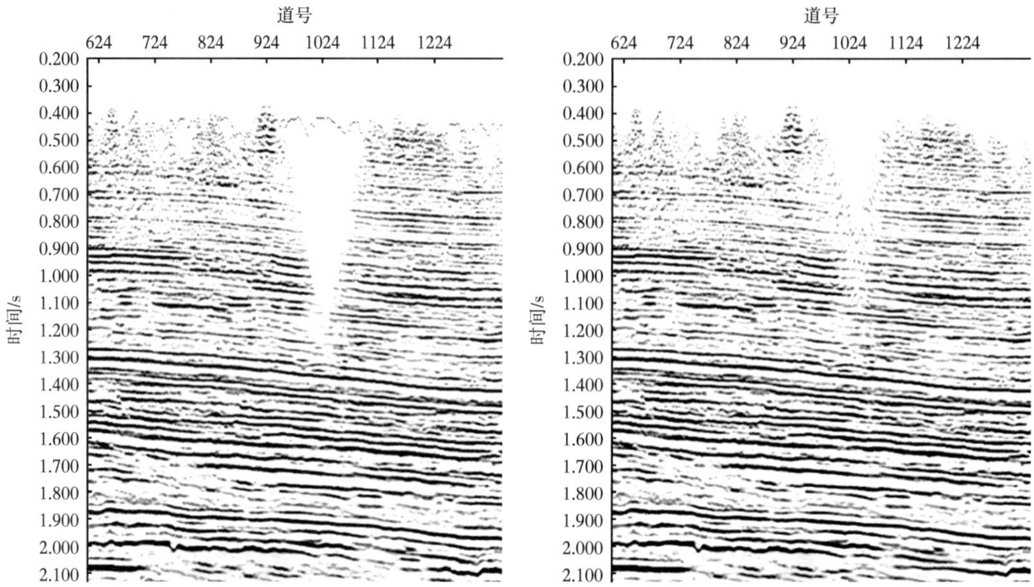

(a) 规则化前时间偏移剖面（inline1100） (b) 规则化后时间偏移剖面（inline1100）

图 9-4-3 川中地区金堂三维区规则化前后克希霍夫叠前时间偏移剖面对比图

4.OVT 域叠前偏移处理技术

川中地区三维地震勘探以宽方位地震勘探为主，促进了 OVT 域叠前偏移技术的应用，有利于叠前裂缝精细描述。OVT 域叠前偏移产生的方位各向异性道集采用偏移距和方位角进行多信息描述，使得道集的中等偏移距能够按方位角进行再次划分，避免了常规偏移道集中等偏移距能量强的现象，道集内各道的能量相近，道集的覆盖次数也相对均匀，与整个工区覆盖次数基本相同，有利于进行叠前储层预测。OVT 道集能够反映振幅变化与炮检距、方位角相关的信息，道集能对地质体的方位各向异性较好地体现，道集同相轴随方位角呈周期性变化呈现出波浪形曲线特征（图 9-4-4），该特征能够定性确定地下裂缝发育方位，波浪形曲线的峰值通常指示裂缝发育主方向，峰值大小表征裂缝发育强度。

5. 各向异性叠前深度偏移技术

各向异性叠前深度偏移技术能实现准确的偏移归位和较低的井震误差，通过各向同性速度场的更新解决成像问题、各向异性速度场校正提高井震吻合度。各向异性叠前深度偏移技术核心在于初始模型建立、各向同性速度模型更新和各向异性参数的求取。

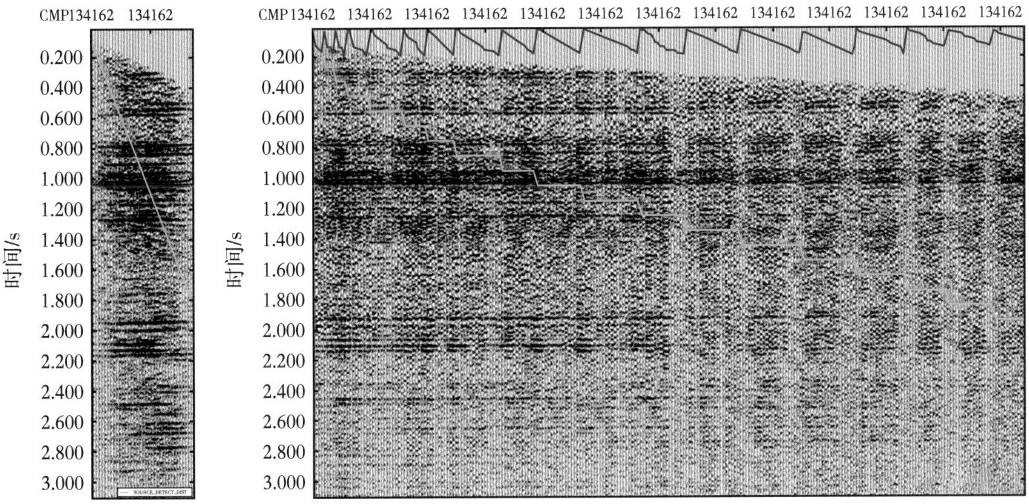

(a) CRP道集　　(b) 方位各向异性道集

图 9-4-4　常规偏移的 CRP 道集和 OVT 域偏移的方位各向异性道集

1）建立初始层速度场和速度模型的更新与优化

叠前深度偏移速度场的更新采用的是网格层析法。由于层析算法的多解性，初始速度场的合理性对最终速度场具有较大的决定作用，在实际应用中初始速度场的建立需利用工区现有的地震、钻井、测井和非地震等资料，以充分提供井资料的纵向速度变化趋势和叠前时间偏移的均方根速度场的横向变化趋势（图 9-4-5），建立初始深度—层速度模型。

层位	基准面—珍底	珍底—须底	须底—雷底	雷底—嘉二2底	嘉二2底—飞底	飞底—长兴底	长兴底—二叠系上统底	二叠系上统底—火山岩底	玄武岩底—二叠系下统底	二叠系下统底—寒底	寒底以下
速度/（m/s）	3800~4200	4300~4700	5300~6500	5200~5700	4100~5500	4500	3400	4400~5500	6000	4600~5400	6500

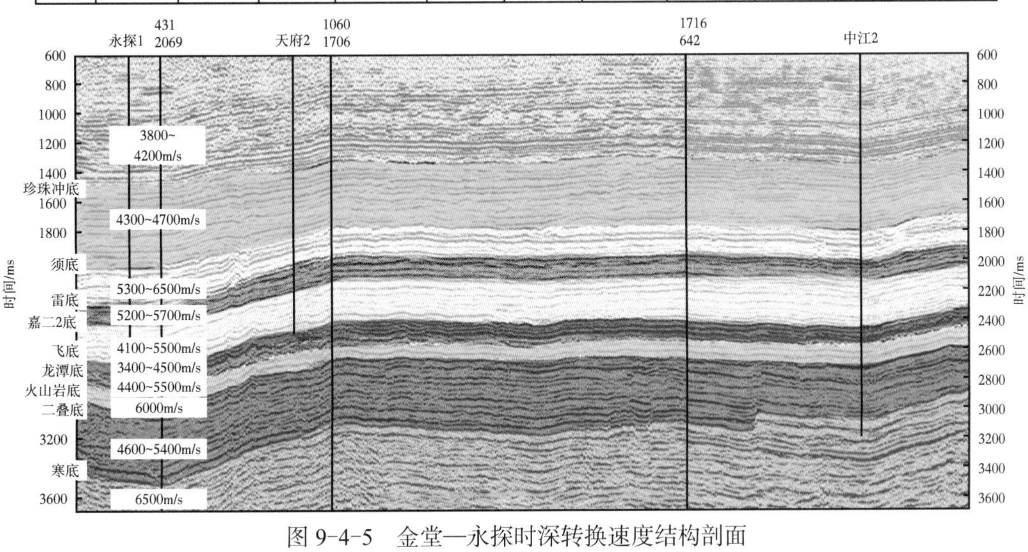

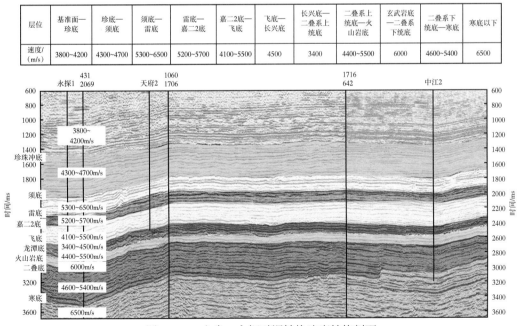

图 9-4-5　金堂—永探时深转换速度结构剖面

建立初始速度模型后，进行目标线的叠前深度偏移，对叠前深度偏移道集拾取垂向剩余深度延迟量，根据偏移道集同相轴拉平原则，建立层析模型，实现对速度场的更新。速度场的更新过程中需对剩余延迟量拾取的准确性和可信度进行评价，合理地选择种子点和层析的网格大小，以获得最佳的速度模型。在对速度模型进行质控时，需要充分参考道集拉平的效果和速度模型与井速度的速度趋势吻合程度，最终的速度模型必须与井速度纵向变化趋势、横向上地层的展布特征相吻合（图 9-4-6）。

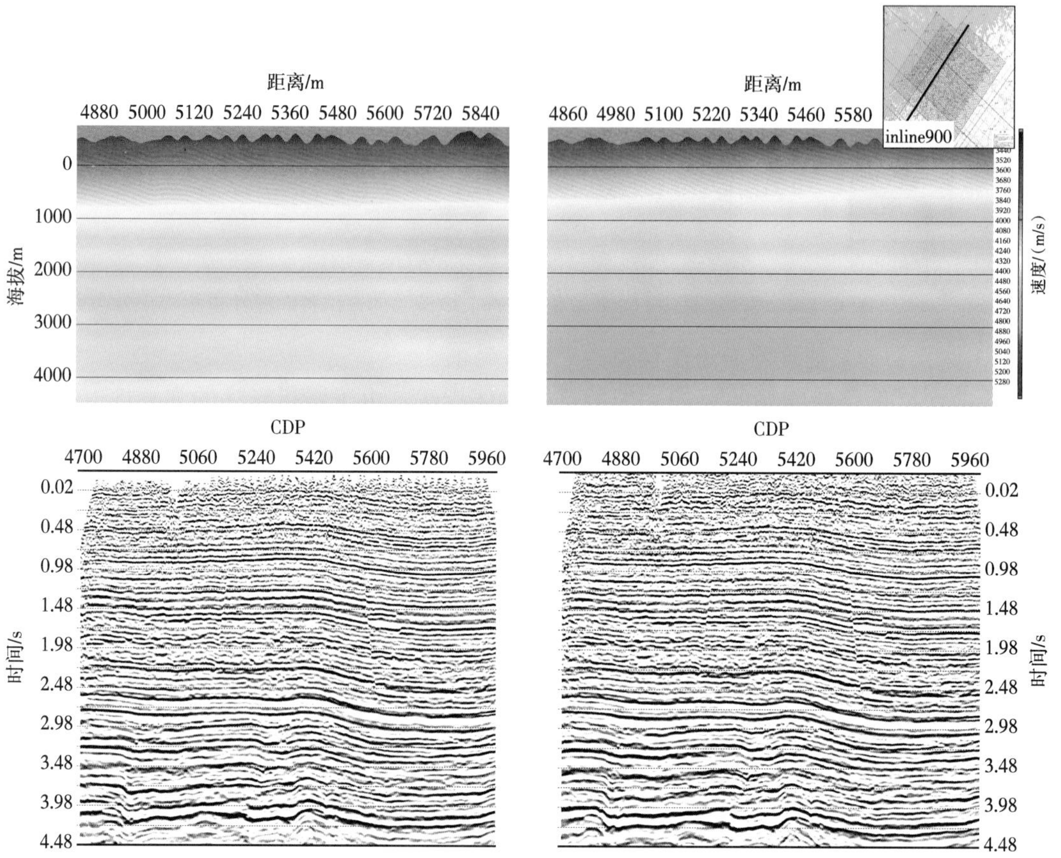

（a）更新前速度场和偏移剖面　　（b）更新后速度场和偏移剖面

图 9-4-6　叠前深度偏移速度更新前后速度场（上）和偏移剖面（下）对比图

2）各向异性模型优化

各向同性叠前深度偏移剖面解决了成像问题，但深度与钻井深度存在误差，需依靠井资料对速度场进行各向异性校正，提高深度剖面与井资料的吻合度。在弱各向异性条件下，基于关键井的井震误差来建立研究区的 δ、ε 两个各向异性参数模型，联合各向同性速度场求取各向异性速度模型，并且通过层析技术对速度模型进行优化，通过速度模型的更新和各向异性参数的迭代，获得最终的各向异性速度场和参数场，并进行整体偏移。通过各向异性叠前深度偏移后的剖面与实钻井对比，井震吻合程度明显提高（图 9-4-7）。

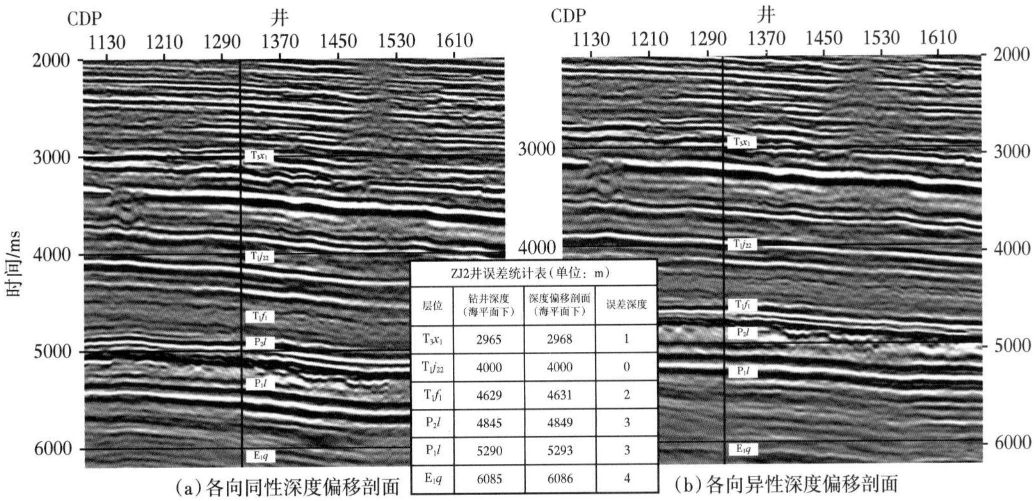

ZJ2井误差统计表（单位：m）

层位	钻井深度（海平面下）	深度偏移剖面（海平面下）	误差深度
T_3x_1	2965	2968	1
T_1j_{22}	4000	4000	0
T_1f_1	4629	4631	2
P_2l	4845	4849	3
P_1l	5290	5293	3
E_1q	6085	6086	4

（a）各向同性深度偏移剖面　　（b）各向异性深度偏移剖面

图 9-4-7　川中地区金堂三维区各向异性更新前后剖面与钻井吻合度对比图

6. 深层碳酸盐岩低幅构造精细刻画技术

深层海相碳酸盐岩具有横向岩性差异性大的特征，井震标定后地质层位横向精细解释是开展各类地震解释工作的基础。基于模型正演的地震层序解释，可以建立地震反射层响应模式和变化规律，结合古地貌和地层构造特征分析，可以提高层位对比解释精度。根据地层速度变化规律，建立由速度控制层构造的三维构造模型，依据地震叠加速度体和钻井、测井、VSP 计算井点速度空间变化关系，可提高时深转化速度场模型的精确度。

1）基于地震层序模型正演驱动的层位精细解释技术

川中高磨地区龙王庙组地层厚度较稳定，为 80～100m，地震双程时间厚度约 30ms。龙王庙组底界地震反射均呈波谷特征。区域井研究认为，在龙王庙组未遭受剥蚀区域，沉积相变是导致龙王庙组顶界反射特征变化的关键，图 9-4-8 中地震剖面自左至右，高台组底界（即龙王庙顶）由波谷渐变为波峰，与之对应的地质变化特征为储层发育到不发育。龙王庙组底界稳定波谷反射之下的强波峰反射为沧浪铺组内幕的区域稳定标志层，对应于层序中的一个最大海泛面。

基于上述分析，以研究区内磨溪 52 井和磨溪 111 井建立正演模型。两井龙王庙组厚度近似，磨溪 52 井龙王庙组钻遇 3 套储层，中、上部两套储层与下部储层间隔致密云岩，储层速度降达 600m/s，磨溪 111 井储层不发育，地层岩性为高速云岩。两井模型正演显示（图 9-4-9），龙王庙底界都是波谷反射，磨溪 52 井龙王庙顶界为波谷，内部呈亮点反射，与磨溪 111 井顶部强峰反射之间时差小，且近乎相连。模型与前述实际地震剖面具有一致的反射特征。据此基于地震层序模型正演驱动，可以建立高磨地区龙王庙组的精细地震解释方案：龙王庙组厚度稳定；龙王庙组底界为稳定波谷，龙王庙顶可由波谷渐变为波峰；沧浪铺组内部最大海泛面强反射是可靠的参考层；龙王庙构造趋势与上下地层趋势一致。

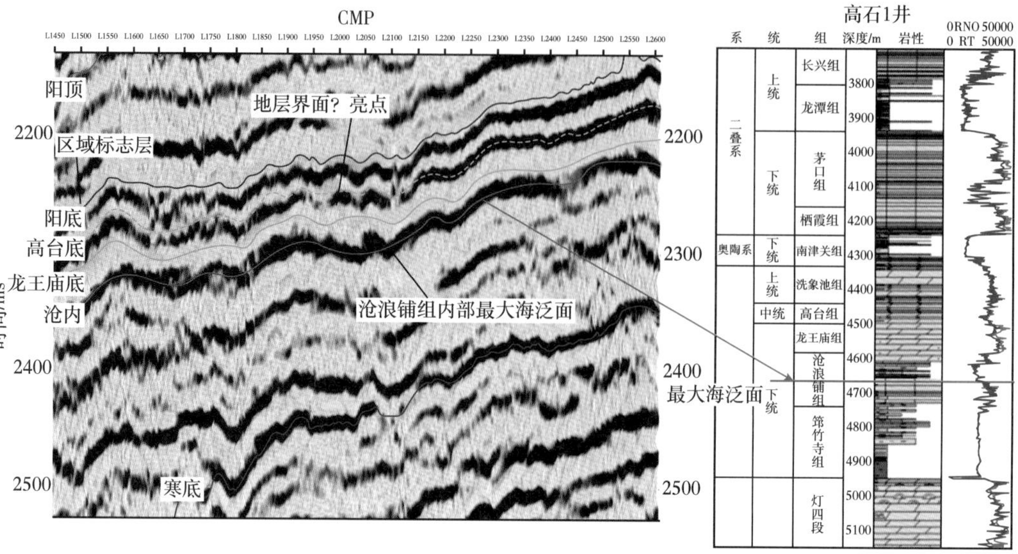

（a）偏移剖面　　（b）地质柱状图

图 9-4-8　高磨地区任意线偏移剖面及研究区地质柱状图

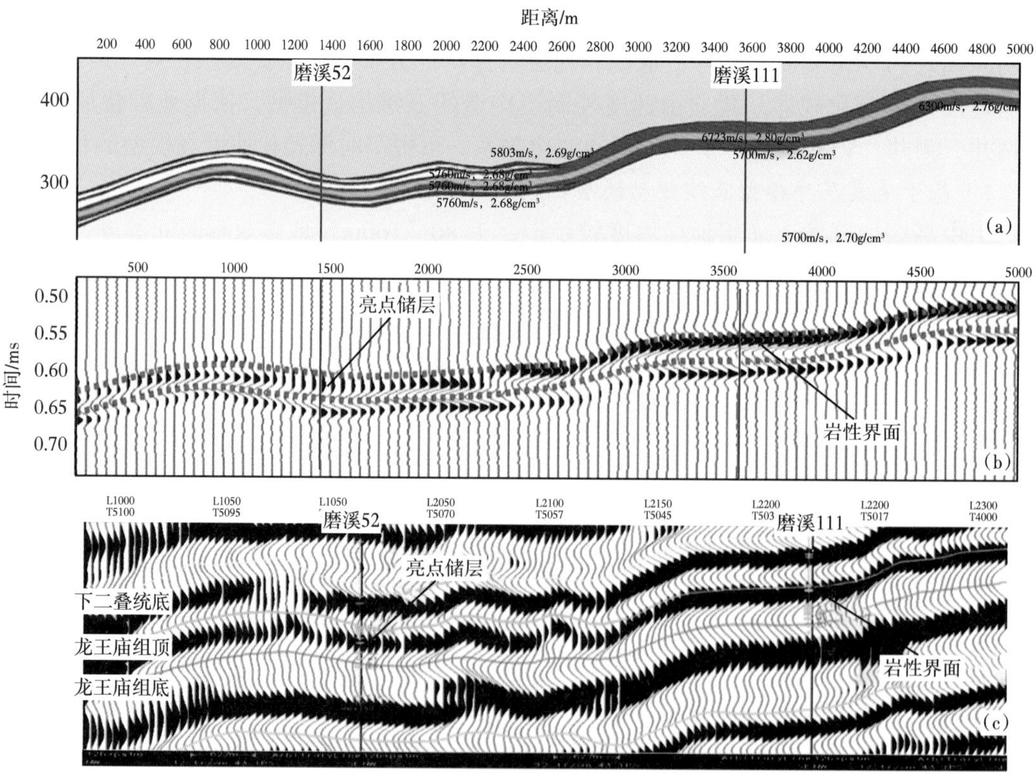

图 9-4-9　高磨地区龙王庙组地质模型正演和实际偏移剖面对比图

（a）连井地质模型；（b）正演模型；（c）实际偏移剖面

2）基于井约束地层导向的速度场精细建模技术

四川盆地勘探开发最老目的层为震旦系灯影组。为了控制速度精细变化、减少构造误差，选取能控制低、高速、速度横向剧烈变化以及地层尖灭的地层、区域标志层来建立模型。以川中地区为例，从侏罗系沙溪庙组到震旦系灯影组，优选 11 个层位作为速度控制层建立三维速度场。钻井揭示该区域内三叠系雷口坡、嘉陵江组发育有膏盐岩薄互层，选取嘉二段底界作为膏盐岩层速度变化的控制层；加里东古构造作用造成川中地区地层大面积遭受剥蚀，选取奥陶系底界作为地层厚度对速度横向变化的控制层，在古构造低部位残厚大，受厚度影响速度横向变化大，增加该层可以控制速度变化影响。

根据研究区井网特征，使用 98 口井和 VSP 计算井点层速度绘制成层速度图，通过计算获取 11 个控制层的地层速度。采用广义 Dix 公式求取速度拟合曲线，建立时深关系［图 9-4-10（a）］。利用叠加速度场得到的层速度横向变化关系后外推［图 9-4-10（c）］，形成了三维速度场模型［图 9-4-10（b）］。

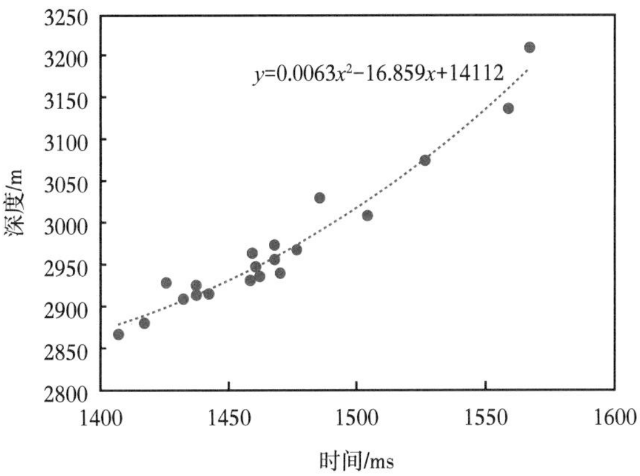

(a)时深关系拟合曲线

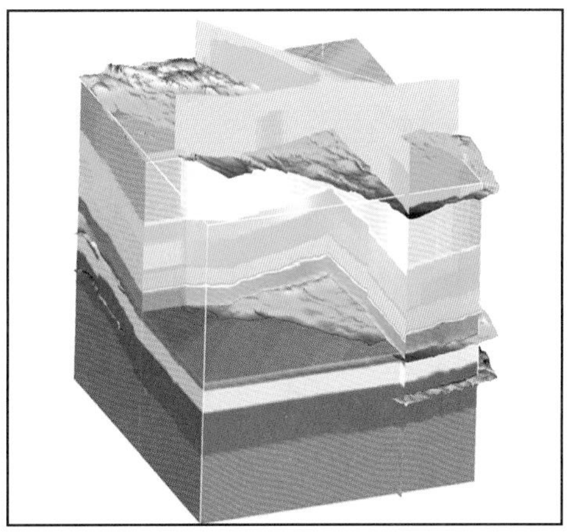

(b)三维速度体

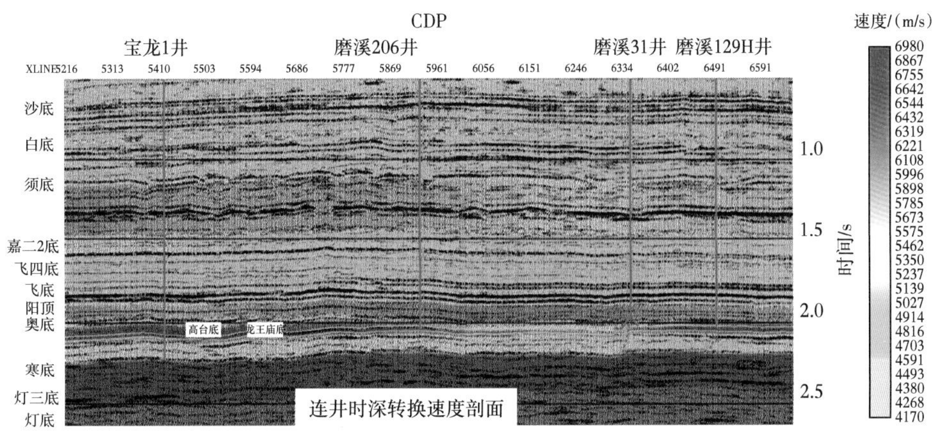

(c)时深转换剖面

图 9-4-10　研究区三维时深转换速度场建立示意图

7. 深层非均质高能滩相白云岩储层“甜点”识别技术

1）叠前岩性概率预测技术

以川中磨溪地区寒武系龙王庙组为例，龙王庙组岩相主要为云岩储层和致密云岩，根据井分析，云岩储层纵波阻抗和横波阻抗均低于致密云岩，初始概率为云岩储层 44%、致密云岩 56%，纵横波阻抗交会得到两个岩相的概率密度函数，每个概率密度函数由两个椭圆形组成，其填充的颜色表示概率高低（图 9-4-11）。应用此概率密度函数参与反演计算，磨溪 8—磨溪 18 井的叠前弹性参数反演剖面（图 9-4-12）显示反演井旁道数值高低关系与测井曲线吻合良好。应用测井岩相概率密度判别后，得到白云岩储层和致密白云岩概率预测结果（图 9-4-13），图中井点插入的是测井解释储层段，蓝色到红色概率由 0 升至 1；白云岩储层在龙王庙组中上部多为 0.7 以上的暖色调，对应图 9-4-13 中的低纵波阻抗和低横波阻抗，致密白云岩高概率主要分布在龙王庙组下部，与测井解释吻合，表明该技术可用于岩性定量预测。

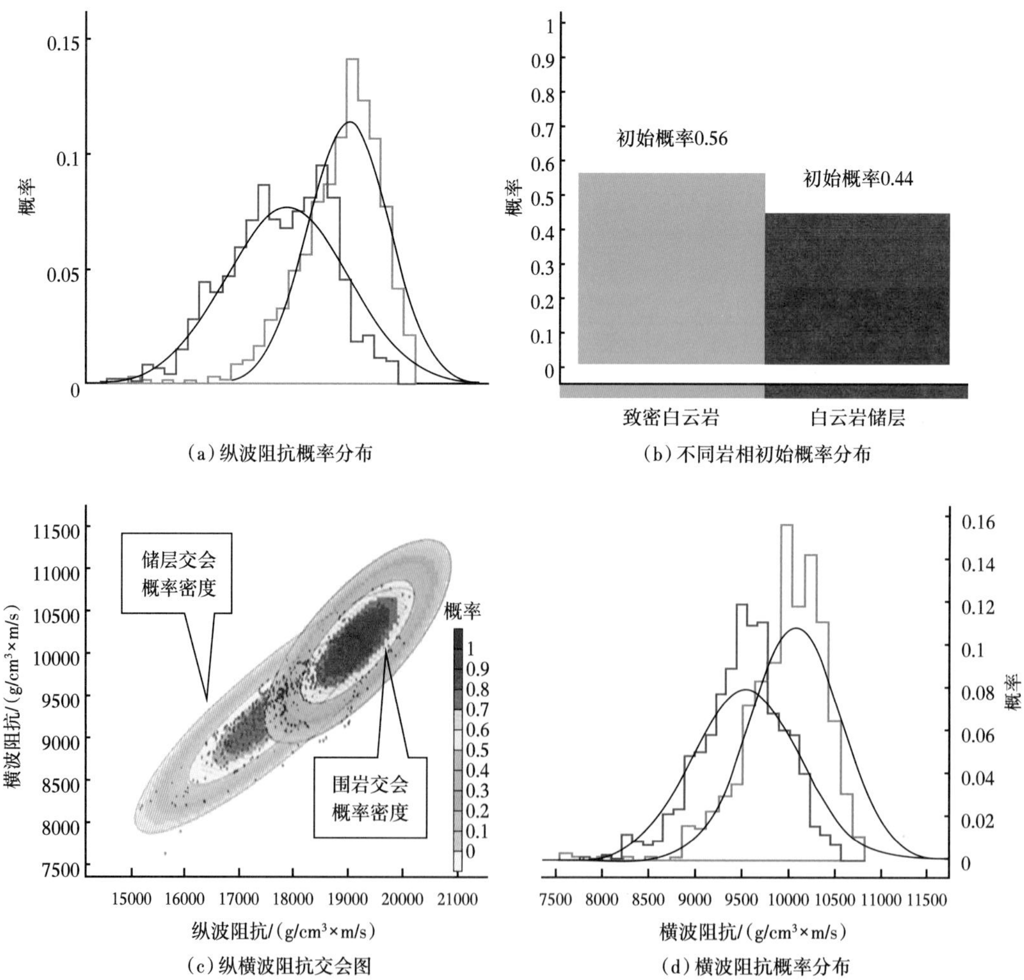

（a）纵波阻抗概率分布　（b）不同岩相初始概率分布

（c）纵横波阻抗交会图　（d）横波阻抗概率分布

图 9-4-11　磨溪地区龙王庙组岩相测井岩石物理分析

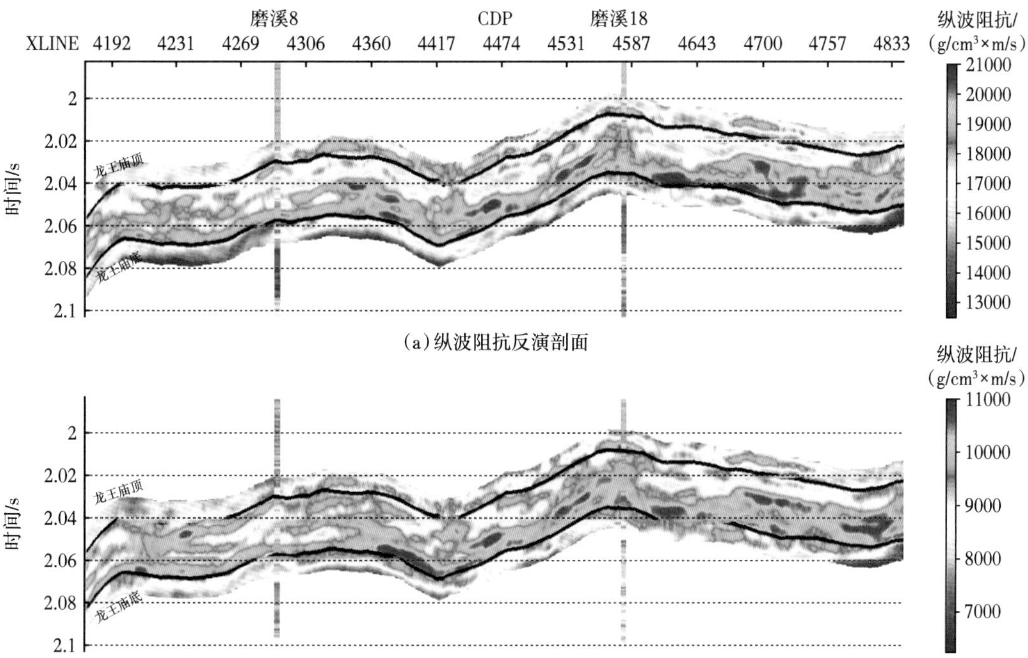

(a)纵波阻抗反演剖面

(b)横波阻抗反演剖面

图 9-4-12 磨溪 8 井—磨溪 18 井连井叠前弹性参数反演剖面

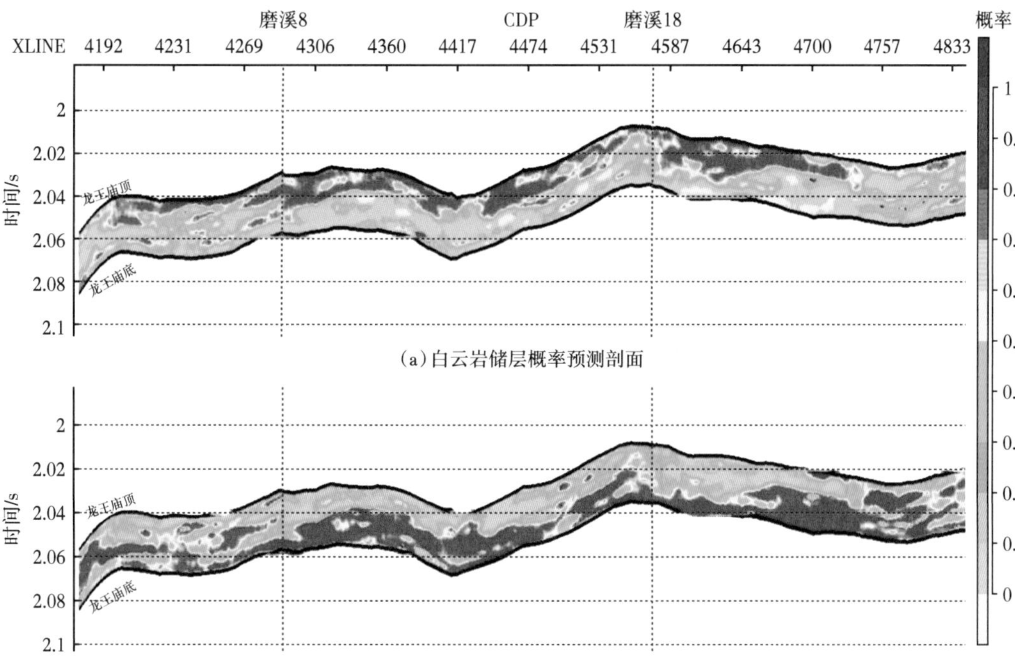

(a)白云岩储层概率预测剖面

(b)致密白云岩概率预测剖面

图 9-4-13 磨溪 8 井—磨溪 18 井连井岩相概率预测剖面

2)滩相白云岩烃类检测技术

川中地区寒武系龙王庙组储集层主要为孔洞型、溶孔型和基质孔型储层。中石油勘探开发研究院对其岩心测量的纵波速度和横波速度分析结果表明：储层与致密非储层相比，纵波速度、横波速度降低，属于气饱和储层；在纵波速度相同情况下，3 种类型储层的横波速度均比水饱和储层速度高；随含气性升高，储层纵波速度显著降低；随孔隙增大、孔隙结构变好，储层横波和纵波速度均降低；随沥青含量增加，纵波速度、横波速度均有增加；气饱和条件下（相对于致密围岩），纵波速度明显降低，横波速度维持不变；水饱和条件下（相对于含气），纵波速度增加，横波速度减小；在孔隙度相同的情况下，$v_{\text{p气}}<v_{\text{p水}}<v_{\text{p同类型致密围岩}}$、$v_{\text{s水}}<v_{\text{s气}}<v_{\text{s同类型致密围岩}}$，其中 $v_{\text{p气}}$、$v_{\text{p水}}$、$v_{\text{p同类型致密围岩}}$分别为气、水、同类型致密围岩的纵波速度，$v_{\text{s水}}$、$v_{\text{s气}}$、$v_{\text{s同类型致密围岩}}$分别为气、水、同类型致密围岩的横波速度。

根据测井资料开展岩石物理参数分析，优选识别烃类的敏感弹性参数。根据测区内多井储层流体敏感参数分析（图 9-4-14），图中散点颜色表示含水饱和度大小，随着储层含水饱和度降低，纵波阻抗、横波阻抗、$\lambda\rho$ 和 $\mu\rho$ 均逐渐降低；纵 / 横波阻抗，$\lambda\rho$/ 纵波阻抗弹性参数对反映气层（含水饱和度小于 20%）效果更敏感；含水饱和度在 20% 以下的气层纵波阻抗低于 17500g/cm^3×m/s，横波阻抗低于 9400g/cm^3×m/s，$\lambda\rho$ 低于 1.4×10^{11}，因此，利用纵、横波阻抗和 $\lambda\rho$ 可用于气层识别。

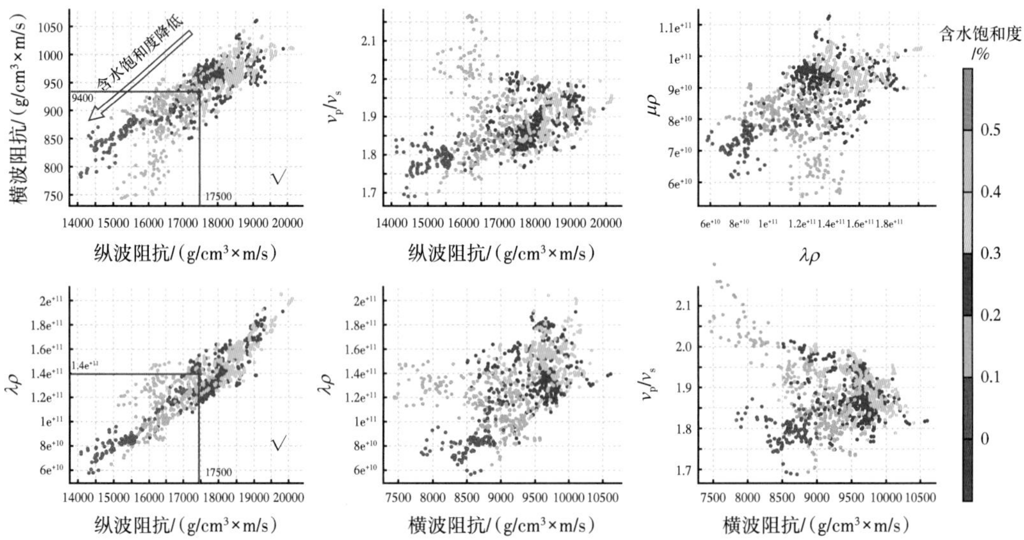

图 9-4-14 研究区龙王庙组烃类弹性参数交会分析图

测井资料解释可以获取矿物组分含量和骨架参数、孔隙度、油藏压力和温度参数用于岩石物理正演。通过岩石物理模型正演白云岩储层的纵波速度、横波速度、密度，利用正演结果曲线与实际测量曲线的匹配效果质控与验证测井储层参数评价的合理性，最终建立白云岩储层参数与地震弹性参数的岩石物理模型（图 9-4-15）。模型显示：在相同孔隙度情况下，纵波阻抗随含水饱和度增加而增大，横波阻抗随含水饱和度增加而降低；在相同含水饱和度情况下，随孔隙度增加，纵波阻抗和横波阻抗均降低；孔隙度在 2%～3% 的储层与致密白云岩随含水饱和度增加差异不大，3% 以上储层随含水饱和度增加差异变大。图中所表现的趋势与实验室结果较为一致，说明该模板对储层烃类判别有重要的理论依据和基础。

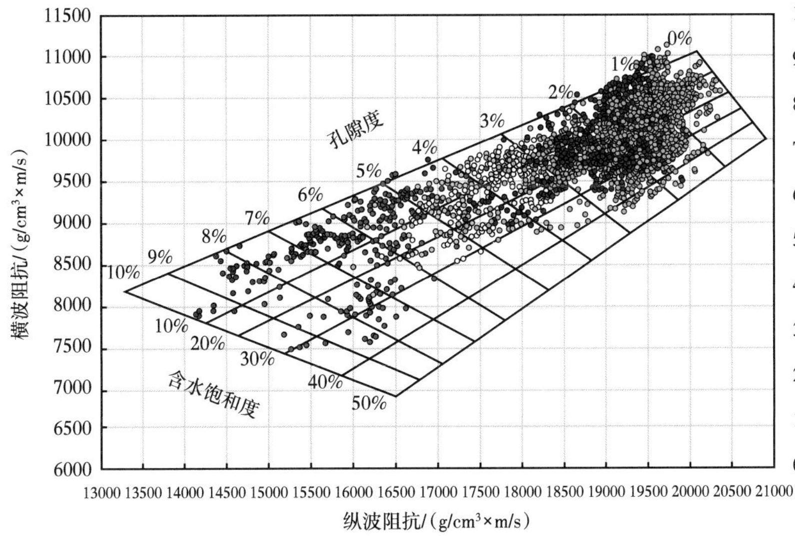

图 9-4-15 川中磨溪—龙女寺地区寒武系龙王庙组岩石物理模型

以此岩石物理模板，开展龙王庙组流体概率预测。岩相和含气概率剖面如图 9-4-16 所示，图 9-4-16（a）中红色表示储层，绿色为围岩，显示储层横向发育较连续，但图 9-4-16（b）显示含气概率差异大。磨溪 29 井含气概率高，基本大于 90%，向磨溪 42 井方向含气概率逐渐降低，至磨溪 42 井含气概率降至 20% 左右，与测试情况吻合，预测效果较好。

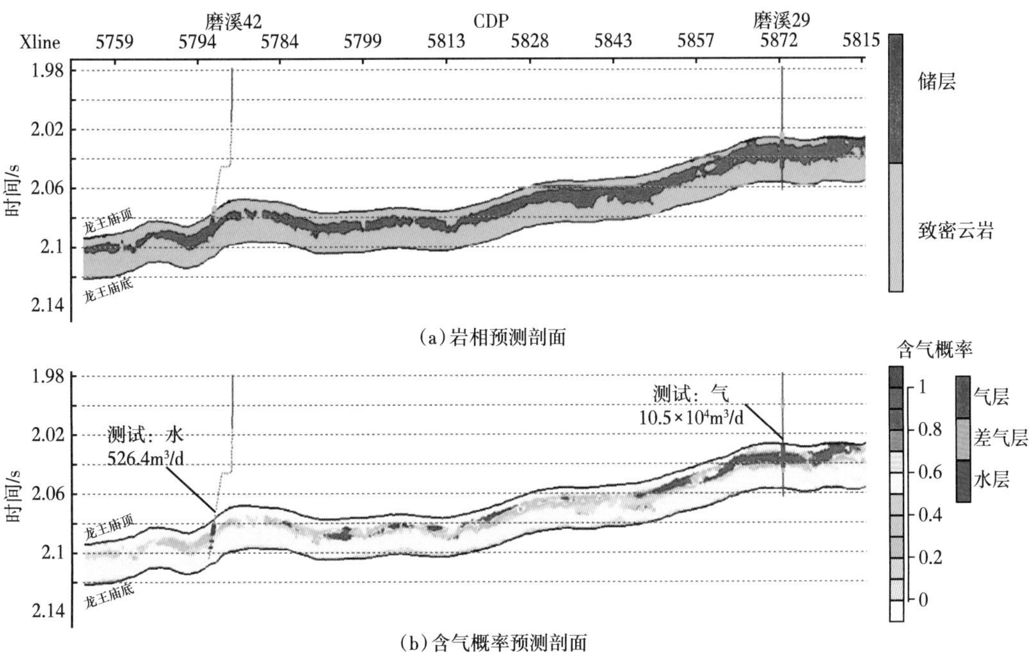

图 9-4-16 川中磨溪—龙女寺地区寒武系龙王庙组岩相和含气概率预测剖面

8. 深层强非均质小尺度缝洞储层精细描述技术

1）基于高分辨率岩相约束的叠前地质统计学反演技术

川中地区震旦系灯四段发育不同程度的硅质岩，硅质岩与白云岩储层纵波阻抗值域接近，影响储层识别，但其纵横波速度比低于白云岩。通过白云岩和硅质岩弹性参数概率密度函数分析得到，硅质岩分布在相对高的横波阻抗（$10500g/cm^3×m/s$ 以上）、低纵横波速度比（1.65 以下）区间（图 9-4-17）。

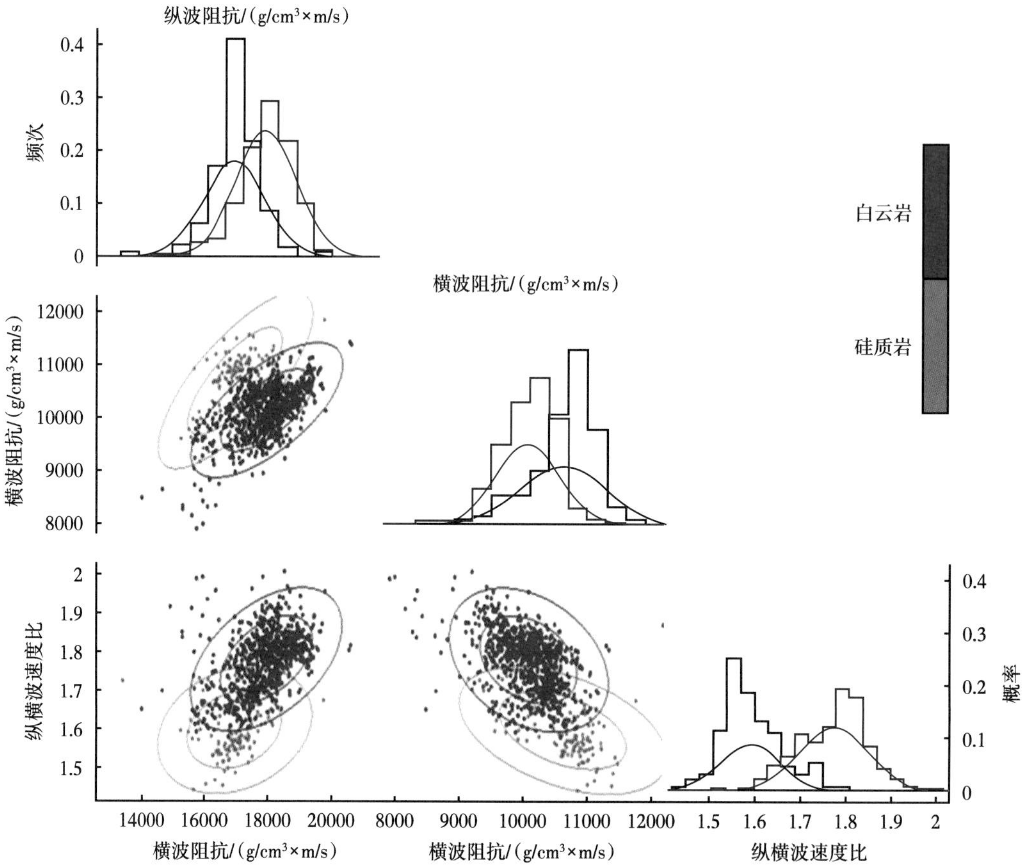

图 9-4-17 灯四段上亚段岩性弹性参数 PDF 函数拟合图

三维空间的变差函数由垂向变差函数和横向变差函数构成。垂向变差函数反映了地质体的垂向变化，可由目的层内测井岩性、弹性参数样本进行变差值计算，进而拟合变差函数模型（图 9-4-18）；横向变差函数反映了地质体的平面分布特征，由能大致表征岩性变化的属性（如均方根振幅、相对阻抗等）来计算并拟合（图 9-4-19）。

基于弹性参数概率函数及变差函数，应用叠前地质统计学反演，生成高分辨率岩相体及其对应的弹性参数—纵横波速度比（图 9-4-20）。速度比剖面上井曲线红、黄色块表示测井解释储层段，岩相剖面上蓝色表示白云岩，灰色表示硅质岩，测井曲线是根据矿物含量划分的测井岩相。测井解释硅质层纵横波速度比低，呈薄层叠置特征，横向变化大，而岩相反演结果与测井解释结果一致，硅质岩呈薄层分布，从高石 1 井到高石 2 井，硅质岩发育增多，反演的硅质岩纵横波速度比略低于储层段，基本在 1.7 以下，反演硅质层弹性参数分布与先验岩相概率密度函数一致，由此可看出岩相控制的叠前地质统计学弹性参数反演分辨率明显较高，与井吻合好，而且反演的弹性参数与岩相有很好的对应，与地质情况吻合更好。

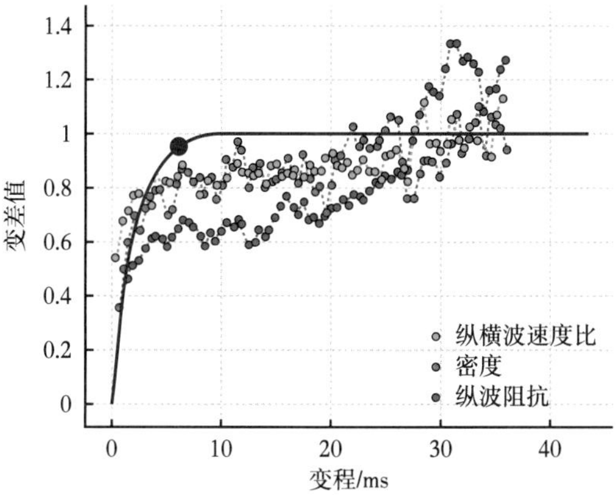

(a)致密白云岩变差函数

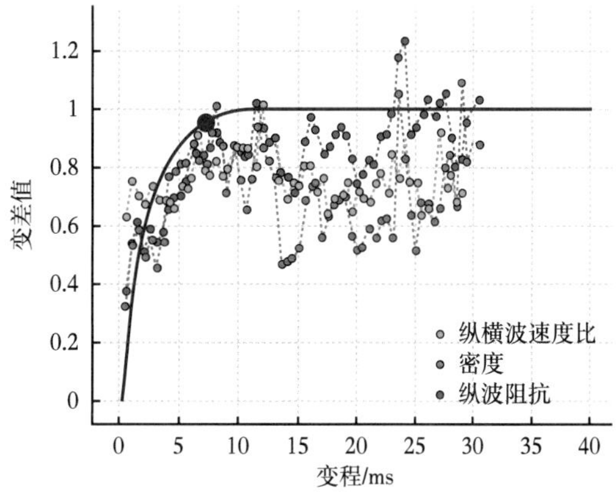

(b)白云岩储层变差函数

图 9-4-18　灯四段上亚段垂向变差函数拟合

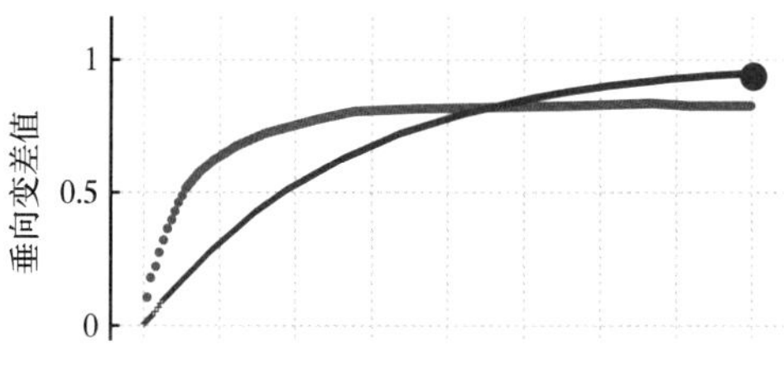

(a)主方向横向变差函数

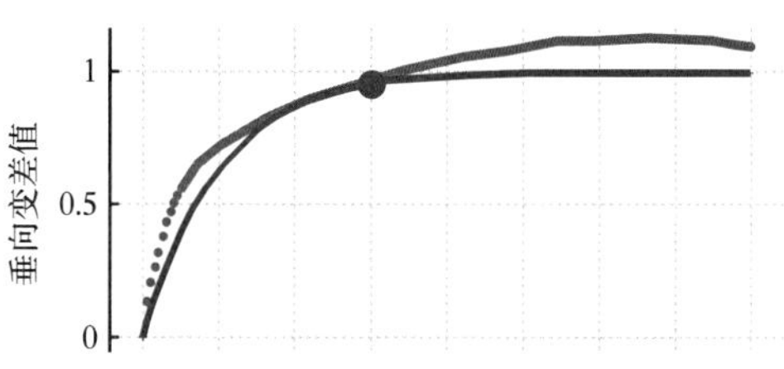

(b)次方向横向变差函数

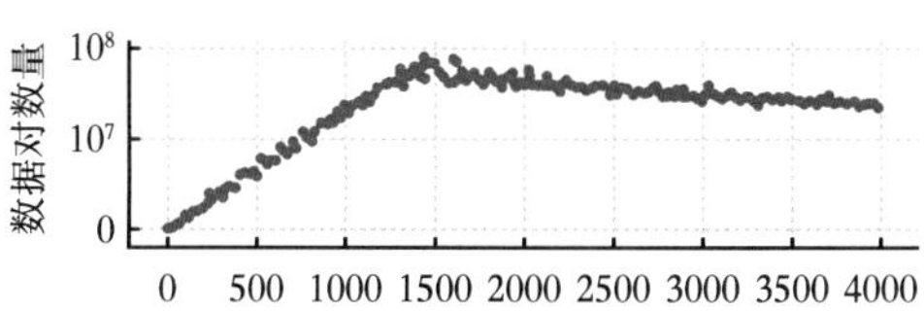

(c)横向变差变程

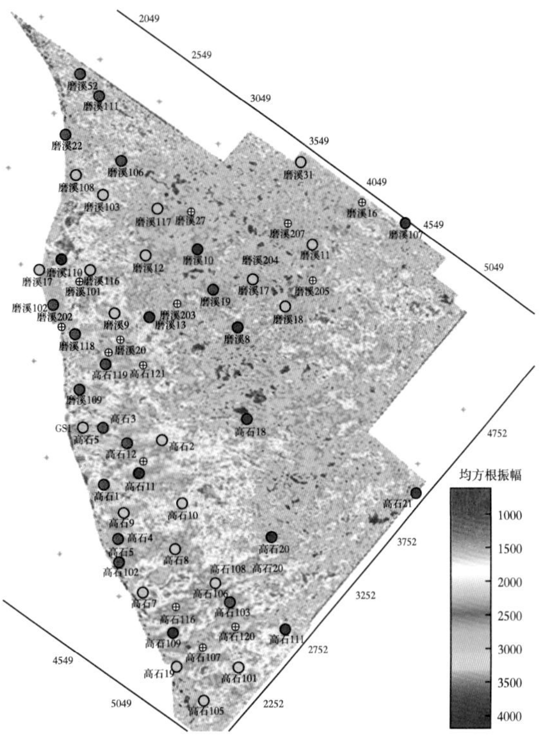

(d)灯四上均方根振幅

图 9-4-19　灯四段上亚段横向变差函数拟合

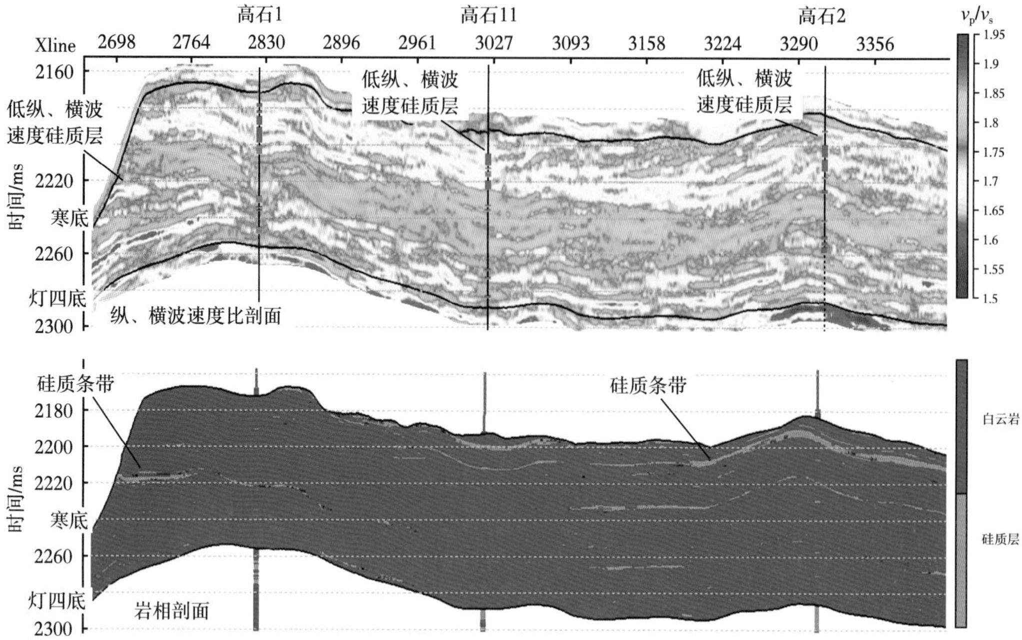

图 9-4-20 灯四段叠前地质统计反演弹性参数（上）和岩相剖面（下）

2）OVT 域五维裂缝检测技术

首先对工区内数据进行炮检距—方位角域分选、规则化和存储。沿最大纵距和最大非纵距方位分别抽取方位角道集数据进行对比分析，以非纵距为直径画圆，对数据进行了切除，图 9-4-21（a）为切除前数据分布现状，切除后如图 9-4-21（b）所示。由于数据在炮检距域和方位角域的分布不均匀，通过对数据进行炮检距域（检波点距为单位）和方位角域（1º 为单位）进行分选和内插，将数据规则到如图 9-4-21（c）所示，使数据更易于后续的分选和显示。

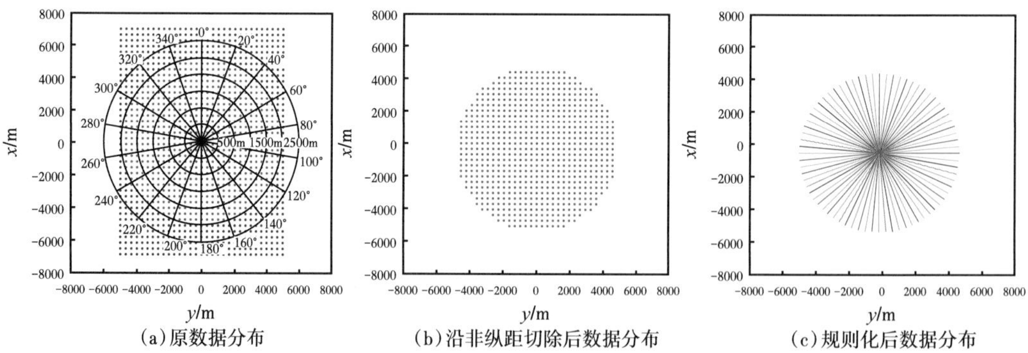

图 9-4-21 数据预处理

在数据的分选和内插工作中，常规的分方位角数据规则化——“三角形规则化”方法会暴露小炮检距数据采样不足的缺点，同时又会使大炮检距数据过度混合，分辨力降低。本次研究中的分选创新性地采用“矩形规则化”的方法，更合理地利用了现有的数据，使远近道数据在内插过程中处于同等的精度状态，提高了近炮检距的信噪比和远炮检距的分辨率，使分选内插后的数据品质得到整体的提升（图 9-4-22）。

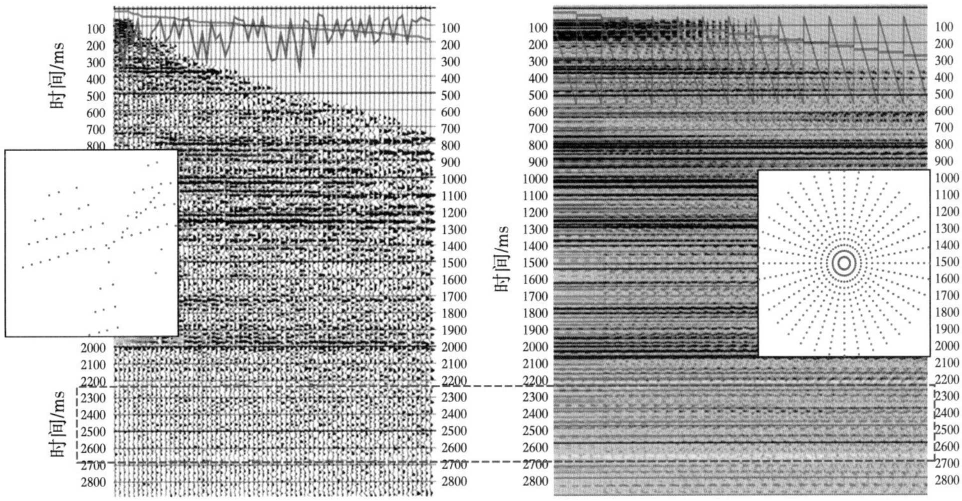

图 9-4-22 磨溪 22 井区规则化前（左）、后（右）螺旋道集对比

经过分选内插后的数据按炮检距—方位角域进行格式存储，可以任意抽取不同炮检距共方位角道集、任意方位角的共炮检距道集和任意时间的切片，分析各向异性特征。从图中可以看出，不同炮检距共方位角道集，随着炮检距的增加，同相轴的波动特征越来越明显，这种波动特征反映了裂缝（断层）的方位和密度；相同炮检距不同方位角道集，随着方位角周期变化，同相轴亦具有波动特征。

介质的各向异性反映到螺旋道集上表现为道集同相轴的幅值、剩余时差等特性随方位角发生“抖动”。软件通过有效提取这一响应特性，利用统计学方法求取各向异性强度和方位各向异性系数，并分别制作各向异性强度图和利用玫瑰图方式表征方位各向异性系数。

应用道集同相轴自动追踪技术，对道集同相轴进行了追踪和属性提取，在明确道集能量变化和时差变化与各向异性关系的基础上，用玫瑰图表征各向异性。图 9-4-23 展示了道集的时差属性和振幅属性，两种属性各向异性的延伸方向是一致的。

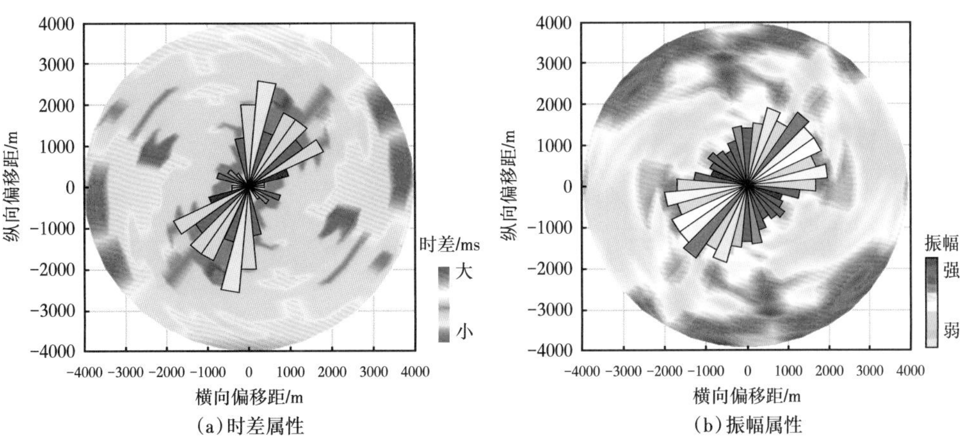

图 9-4-23 磨溪 22 井区共炮检距道集各向异性特征

各向异性强度可有效预测裂缝密度，根据图 9-4-23（a）的道集同相轴属性的变化幅度大小，应用最小平方差的方法进行了道集同相轴各向异性强度的估算，图 9-4-24 为各向异性强度与玫瑰图的叠合图，既表征了裂缝的方位，又表征了裂缝的密度。

磨溪 47 井灯四下段测井解释成果图表明裂缝发育方向为近东西向，与磨溪 47 井灯四下段各向异性方位属性计算结果基本吻合（图 9-4-25），表明多维数据预测裂缝、裂缝密度和方向符合宏观规律和成像测井结果。

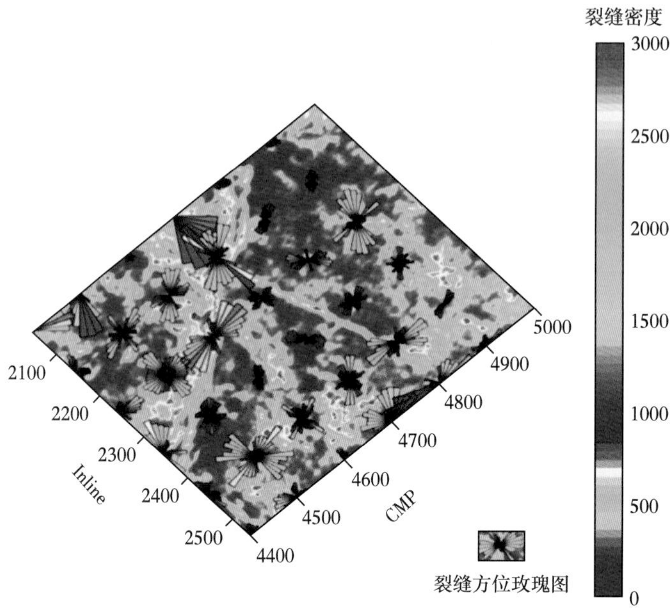

图 9-4-24　磨溪 22 井区裂缝密度与方向叠合图

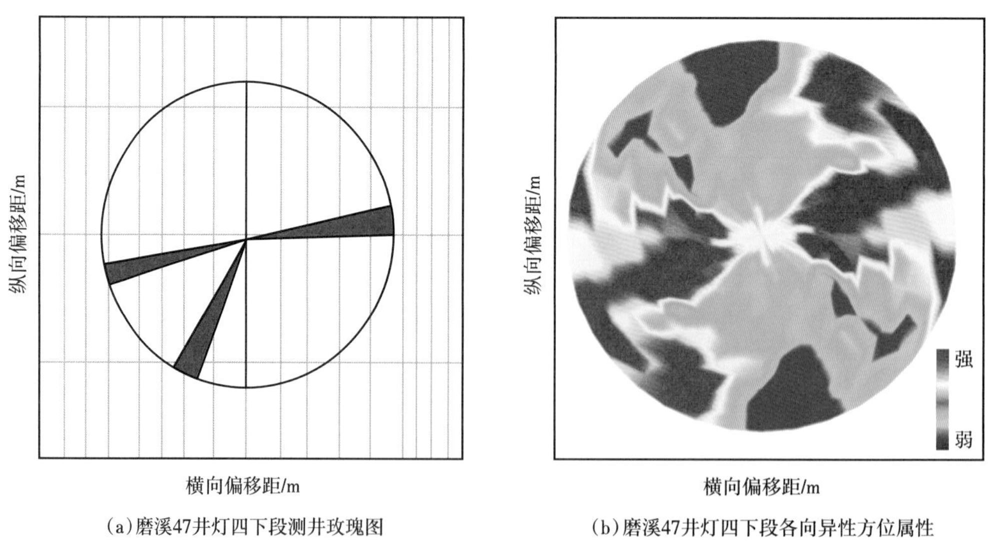

图 9-4-25　磨溪 47 井测井成果与裂缝预测对比

三、主要应用成效

随着研究区震旦系开发井的陆续完钻，2019年，加入49口新完钻开发井进行灯影组的构造成图工作，其中18口用作验证井。完钻的开发井实钻构造深度与预测深度的绝对误差基本控制在50m以内，相对误差均小于0.5%。以寒武系龙王庙组顶界构造为例，随着震旦系开发井的完钻，构造成图总共应用井135口（2018年113口），其中验证井8口。井点绝对误差小于10m的井达129口（96%），相对误差小于0.2%的井达132口（98%）。验证井的地震解释海拔与实钻海拔二者吻合性较好，龙王庙组顶界绝对误差范围为-2.84～15.52m，相对误差范围为0.01%～0.36%。经过对井误差统计，各层与实钻分层深度误差小，相对误差小于0.5%，误差在指标要求范围之内。该技术应用后寒武系龙王庙组开发井构造误差由1.52%降低到0.12%，寒武系底界开发井构造误差由0.98%降低至0.36%，新完钻的开发井实钻构造深度与预测深度的绝对误差基本控制在20m以内，相对误差均小于0.5%。

通过相关技术应用，定量预测了寒武系龙王庙组储层分布，钻井吻合率较高，技术使用后预测精度提高、细节丰富，符合率由75%提高到85%，对开发井支撑力度非常大。

此轮裂缝预测在裂缝发育方向和细节上明显优于技术使用前的方法，与测井裂缝解释吻合好，与研究区主要断层延伸方向一致，同时钻井证实预测裂缝发育方向与实测一致，通过磨溪主体和龙女寺地区开发井验证，龙王庙组裂缝预测符合率大于83%。

开展的含气性检测显示，磨溪地区是龙王庙组储层最为发育的区域，也是含气概率最高的区域，分布规模大，是目前主要的开发区和产能建设区；其余区域，高含气概率区分布呈小范围零星分布。整体预测结果开发井符合率大于80%。

第五节 准噶尔盆地火山岩油气藏勘探

随着勘探的不断深入，以页岩油气为代表的非常规油气逐渐成为重要的勘探开发新领域和油气发现主体。页岩油气在四川盆地、鄂尔多斯盆地、准噶尔盆地、渤海湾盆地及松辽盆地广泛分布，资源规模和勘探潜力较大，是“十四五”增储上产重要的现实领域。但页岩油气类型多，“甜点”段厚度薄，不同盆地地表条件及地下地质情况差异大，地震勘探及储层改造工程实施难度大。通过技术攻关，目前高品质三维地震成果在页岩油气地质“甜点”和工程“甜点”预测、选区选靶、水平井部署及井轨迹优化、随钻地震地质导向提高箱体钻遇率、断裂及裂缝预测成果指导压裂方案优化、微地震实时监测与调整等方面能够发挥着重要作用。

在四川盆地，截至2020年底，配合中国石油西南油气田公司、浙江油田公司在川南和黔北地区部署页岩气井位平台358个、水平井1426口，通过井轨迹优化和水平井地震地质导向技术的实施，页岩气水平井箱体钻遇率逐年提高，目前达到90%以上，有效支撑了高产井、高产平台的建设，配合油气田公司探明了川南地区首个万亿立方米页岩气田。

在鄂尔多斯盆地，通过“两宽一高”三维地震勘探，预测庆城北、盘克等三维区内长 7 页岩油“甜点”区面积约 2200km^2；配合长庆油田完成水平井部署并开展随钻导向研究，三维地震参与导向水平井 105 口，平均水平段长 1432m，地震预测符合率 89.43%，油层钻遇率提高了 10%～15%，为庆城十亿吨级大油田的发现和落实提供了技术支持。三维地震大规模的实施和研究工作的不断深化，将继续为鄂尔多斯盆地油气勘探与开发带来新的辉煌。

在渤海湾盆地，精细预测沧东凹陷和歧口凹陷多层段页岩油双“甜点”分布区，发展地震地质工程一体化技术，配合油田部署 40 余口水平井，新增页岩油三级储量 1×10^8t。

在准噶尔盆地，三维地震预测准东吉木萨尔芦草沟组上下“甜点”面积 1016.5km^2，配合油田部署井位 112 口，水平井油层钻遇率达 92%；三维地震预测玛湖凹陷风城组两种类型页岩油有利勘探面积 3565km^2，三维区“甜点”面积 878km^2，支撑 2.1×10^8t 控制储量升级。

下面以准噶尔盆地火山岩勘探为例，从工区勘探概况、关键技术应用以及主要应用成效三方面说明。

一、概况

自 1957 年准噶尔盆地在克拉玛依油田石炭系基岩风化壳首次发现了火山岩油藏以来，经过半个多世纪的勘探，先后在松辽盆地和准噶尔盆地发现大规模分布的火山岩油气藏。准噶尔盆地火山岩勘探面积约 3×10^4km^2，目前已经在西北缘、陆梁隆起、五彩湾凹陷、克拉美丽山前带和石西凸起等领域发现了多个油气田，探明石油地质储量超过 2×10^8t，展示了准噶尔盆地石炭系广阔的勘探前景。

火山岩体的地震成像一直是制约该类油气勘探的主要难题。第一，由于火山岩往往发育在盆地深层，受浅表层吸收衰减影响，地震资料高频信息衰减严重，加之前期原始信号低频部分大多缺失，资料信噪比整体较低，给勘探带来了极大的困难和挑战。第二，受火山喷发期次及构造变形等因素影响，火山岩体内部地层和层序十分复杂，导致地震资料多为杂乱反射，不同沉积相带、岩性组合之间的界限不清，无法准确刻画火山机构及岩相分布规律。第三，火山岩密度大、非均质性强，储层岩性多样、储集空间多变、储层结构复杂，优质储层识别标准难以确定，导致储层预测结果多解性强，难以满足勘探开发要求。

围绕上述三方面问题，重点在准噶尔盆地东部克拉美丽山前开展火山岩机构识别及岩相岩性预测，逐步形成火山岩领域“复杂岩性识别、火山机构识别与刻画、地震相刻画、相控反演和裂缝预测”等五项地震解释特色技术。在此基础上，通过地震地质综合分析，确定了克拉美丽地区石炭系地层赋存关系及构造格局，落实了烃源岩发育特征，初步解剖了火山岩成藏模式，提出了下一步有利勘探领域，为油田勘探部署提供了有利依据。

二、关键技术应用

1. 火山机构识别与刻画技术应用

火山机构识别是火山喷发序列和火山岩相研究的基础，其中火山作用中心——火山口是火山机构最为明显的识别标志。由于火山喷发机制的不同，火山口在地震剖面及切片上形态也各不相同，中心式喷发的火山口在剖面上一般表现为火山口周缘地层近似对称分布特征，且火山口处厚度最大，在相干体或时间切片上表现为环形、圆形或者椭圆形特征；裂隙式喷发的火山口在剖面上表现为古地貌低处火山岩厚度较大而在较高处厚度较薄的特征，在相干体或时间切片上则表现为沿断裂带火山岩呈杂乱分布特征。根据上述火山机构特点及其在地震上的响应特征，结合研究区资料特点，采取了两方面的关键技术措施。

1）火山岩地震成像优势频带优选

通常情况下，地震剖面的频带都是比较宽的，而通过大量的资料分析表明，火山岩的成像频带往往较窄，而且偏低频部分成像，高频部分往往以噪声为主，因此，利用优势频带数据来表征火山机构。通过石炭系地震资料的分频扫描分析（图 9-5-1），与全频带和 10Hz 低通滤波剖面相比，25Hz 低通滤波地震剖面石炭系成像精度更高，内幕反射特征更清楚，而在 30Hz 高通滤波地震剖面上，石炭系基本没有有效信号。优势频带属性火山口特征更加清楚，背景噪声更少。因此，利用优势频带数据能够更加有效地刻画火山口及火山机构。

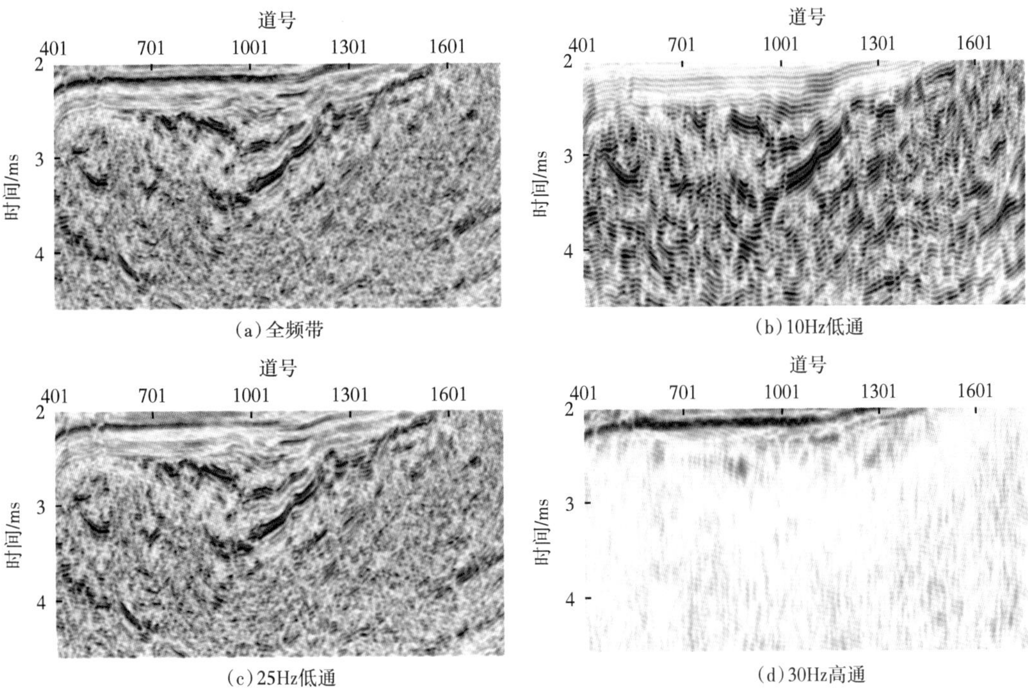

图 9-5-1　石炭系地震资料的分频扫描地震数据

2）火山口识别与刻画

在火山岩优势成像频带优选的基础上，考虑克拉美丽地区以裂隙式火山为主，中心式喷发较少的情况，主要通过地震数据拉平体切片、沿层振幅属性及相干属性来识别火山口位置。由于火山喷发后受后期构造运动的影响，在常规地震剖面上，火山机构很难识别，因此采取沿层（石炭系顶界）拉平地震数据体方法能够更好地反映火山喷发后的地层产状，火山口及火山锥在平面上表现为环形、圆形或者椭圆形特征，在火山喷发和火山岩冷凝过程中，火山通道附近会出现塌陷或者崩塌现象，地震响应上一般表现为杂乱反射特征，因此，可以利用振幅属性及相干属性来刻画火山口形态。如图 9-5-2 所示，火山口平面上表现为振幅属性不连续的特征，并沿主干断裂呈线性分布。为了降低以上方法的多解性，采用了多种属性平面融合的方法，可进一步准确刻画火山口及火山机构发育区。剖面上利用地震剖面振幅包络面与地层不整合接触面刻画火山机构宏观展布特征，同时结合纹理体、振幅绝对值等属性进一步开展火山通道、火山机构刻画，利用属性体刻画火山机构相比原始地震数据来说，火山通道更加清晰，机构整体特征更清楚，更有利于识别和刻画宏观机构。

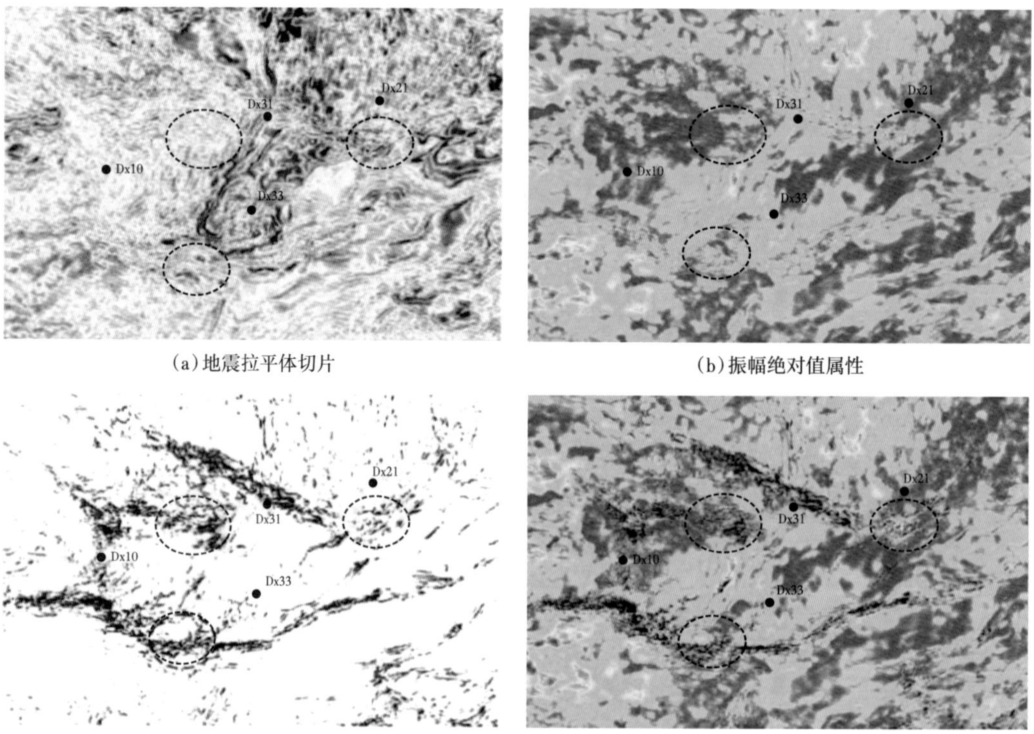

(a) 地震拉平体切片　　(b) 振幅绝对值属性

(c) 相干属性　　(d) 融合属性

图 9-5-2　火山口平面识别与刻画

2. 火山岩相地震表征技术应用

井震识别标志是火山岩相的准确预测的基础。根据克拉美丽地区（克美地区）钻井揭示火山岩岩性情况，划分了四种基本火山岩相类型，即爆发相、溢流相、火山沉积相和沉积相（沉积岩）。首先通过录井、测井资料建立测井识别标志，爆发相的测井识别标志为自然伽马、自然电位等曲线呈箱状，曲线齿化较严重。溢流相的测井识别标志为伽马、自然电位等曲线呈箱状外型，曲线较光滑。火山沉积相的测井识别标志为伽马、自然电位等曲线齿状夹尖峰状。沉积相测井识别标志为中高 GR、低 RT、高速特征

（图 9-5-3）。在井震联合标定的基础上，进一步明确了该区火山岩相的地震相特征。火山岩地震反射特征分析主要从振幅强弱、同相轴连续性、频谱特征、外部形态四个方面进行研究（图 9-5-3）。

岩相类型	测井响应特征		地震响应特征				
			剖面特征	振幅强弱	连续性	频谱特征	外部形态
爆发相	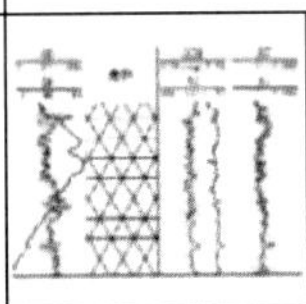	典型井：DX33 褶状外形 曲线齿化较严重	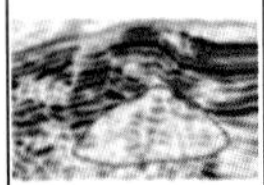	中—弱反射	杂乱反射	低频	丘状外形
溢流相	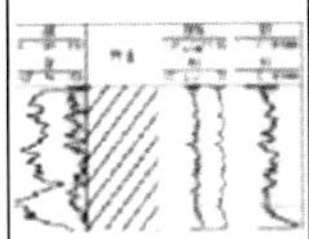	典型井：DX21 箱状外形 曲线较光滑	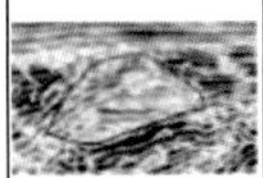	中—弱反射	连续反射	中—低频	席状 楔状 层状
火山 沉积相	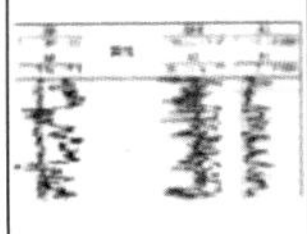	典型井：DX8 中高伽马 低电阻率 线状曲线组合	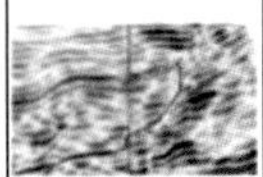	强反射	连续反射	中频	层状外形
沉积相 （碎屑岩）	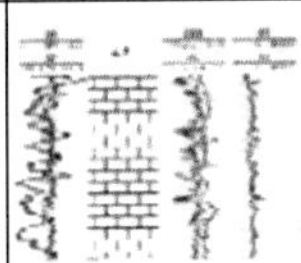	典型井：DN7 曲线齿状尖坪状	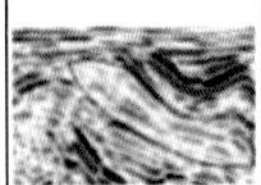	中—弱反射	连续反射	中—高频	层状外形

火山角砾岩　螺纹岩　凝灰岩　碎屑岩

图 9-5-3　克美地区四种典型火山岩相测井、地震响应特征图

地震相是岩性、地层反射综合的表征。常规的方法是采用单一属性来刻画火山岩相，但是单一地震属性只能从一个方面反映地下地质情况，如利用振幅属性，仅仅只能反映地下地质体地震反射的强度，当不同地质体地震振幅反射强度一样，则较难区分二者。而采用多属性融合方法，如结合振幅、连续性、频谱特征等多种属性，融合属性能够从多个方面反映火山岩相带特征，对不同地质体有较好的区分。如图 9-5-4 所示，采用单一峰值振幅属性刻画岩相时，属性特征细碎，不同岩相边界不清楚；多属性融合剖面，岩相宏观特征清楚，边界清晰，更有利于火山岩相带的刻画与预测。其中火山沉积相（红色）具有强振幅、中频、连续的反射特征；溢流相（绿色）表现为中弱振幅、中低频、连续反射特征；爆发相（黄、红黄过渡色）表现为中弱振幅、低频、杂乱反射特征，融合属性利用颜色可以清晰刻画岩相展布特征。

为了验证多属性融合结果的可靠性，选取已经上交探明储量的滴西 10 井区的井进行了验证。如图 9-5-5 所示，原始地震剖面很难刻画岩相边界，而多属性融合结果能够有效区分滴西 10 井与滴 102 井岩相边界，其中滴西 10 井为溢流相流纹岩，而滴 102 井是凝灰岩夹砂砾岩。同时也可以看到，溢流相内部不同岩体之间也存在差异，边界也比较清楚。因此也证明多属性融合结果较可靠，可以用于火山岩岩相刻画和预测。

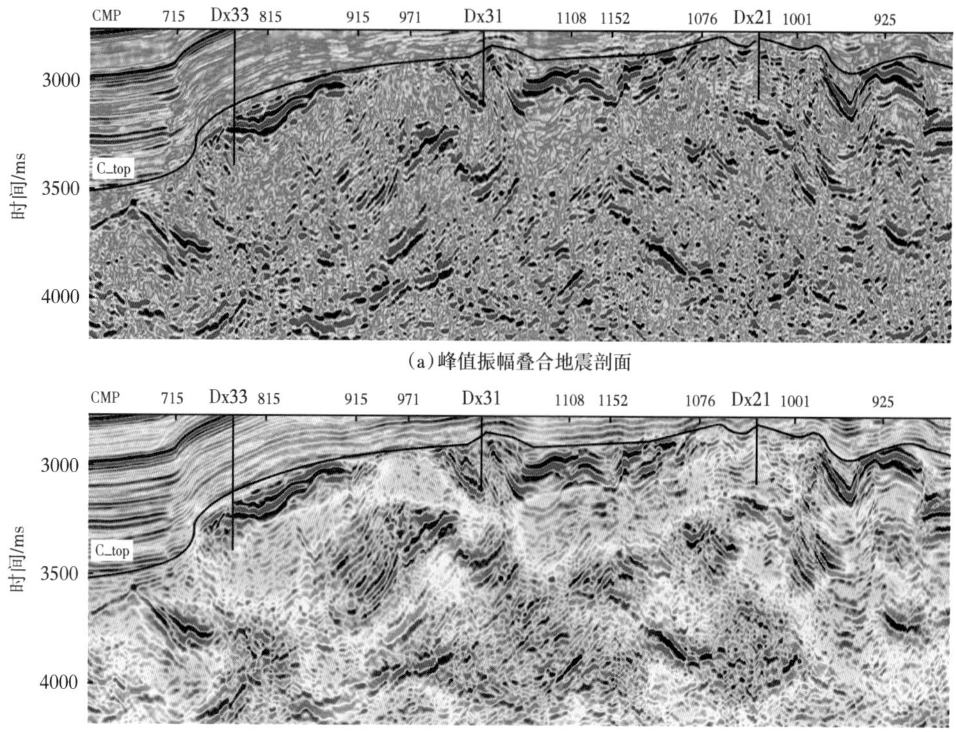

(a)峰值振幅叠合地震剖面

(b)多属性融合叠合地震剖面

图 9-5-4　峰值振幅属性（上）和多属性融合（下）地震剖面对比图

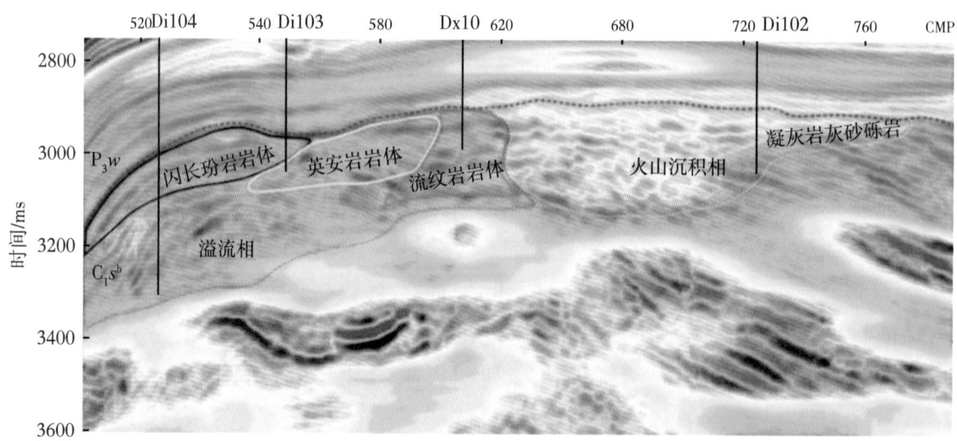

图 9-5-5　过滴 104 井—滴 103 井—滴西 10 井—滴 102 井多属性融合属性叠合地震剖面

3. 火山岩相控波阻抗反演技术应用

在克美地区，结合已钻井所出油气情况，在不分相带开展优质储层敏感参数交会时，整体交会效果规律性较差，无法有效区分优质储层。在火山岩相刻画的基础上，通过分不同相带来开展敏感参数的交会分析，如图 9-5-6 所示，物性较好的火山岩为原生孔隙较发育的爆发相角砾岩和原生孔隙较发育及受风化改造作用的溢流相熔岩。从密度和纵波阻抗交会图中可以看出，优质火山岩表现为低阻抗、低密度的特征，其中爆发相火山岩优质储层参数为密度小于 2.55g/m^3，纵波阻抗小于 12000m/s×g/m^3；溢流相优质储层参数为密度小于 2.55g/m^3，纵波阻抗小于 13500m/s×g/cm^3。由于该区石炭系叠前道集资料品质较差，不具备做叠前反演的资料基础，因此针对火山岩优质储层预测重点开展叠后的波阻抗反演。

开展储层确定性反演，低频模型的合理性对反演的结果至关重要，尤其是火山岩这种非均质性较强的储层。那么火山岩储层反演低频模型如何建立？针对这个问题，开展关于火山岩地质特点的纵波阻抗分析，如图 9-5-7 所示，火山岩储层纵向上阻抗差异较大，当对原始波阻抗进行滤波处理后发现，当滤波到 10Hz 以下时，低频阻抗曲线与原始阻抗曲线在阻抗差异较大的地方竟出现了反转现象，因此当利用井上波阻抗曲线建立低频模型时，低频补偿参数不合理会直接导致错误的低频模型；同时从地震剖面来看，火山岩储层横向变化特别快，常规层状模型无法满足火山岩储层预测需求。

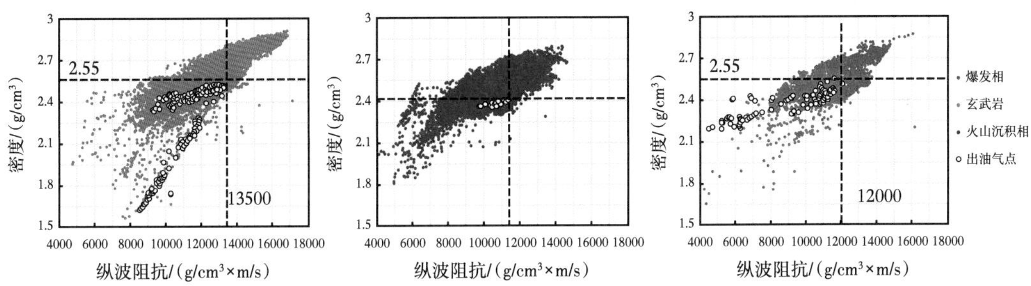

(a)溢流相密度—纵波阻抗交会图　(b)火山沉积相密度—纵波阻抗交会图　(c)爆发相密度—纵波阻抗交会图

图 9-5-6　火山岩分相带优质储层敏感参数分析

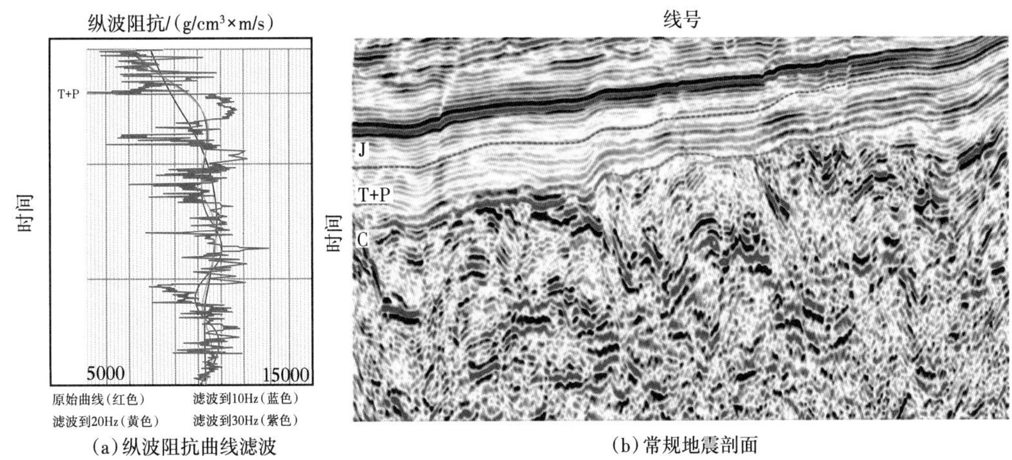

(a)纵波阻抗曲线滤波　(b)常规地震剖面

图 9-5-7　火山岩纵波阻抗曲线滤波及常规地震剖面

鉴于上述情况，同时前期研究工作已经获得通过多属性融合得到的火山岩相预测结果，创新应用该属性作为约束，建立该区火山岩的低频模型开展储层反演。如图 9-5-8 所示，低频模型的趋势更符合火山岩储层宏观展布特征，与实际地质情况较为一致，从基于多属性融合体相控约束下的反演结果来看，火山机构宏观展布特征清晰，机构根部锥体形态及火山通道也更加清楚；同时与常规井内插低频模型约束反演对比来看，反演结果与井上较为一致，火山机构内部的相带关系更加合理和清楚，其中靠近火山通道为爆发相为主，稍远为溢流相火山岩，相对较远的属于火山沉积相，因此反演结果相比于常规波阻抗反演的结果更加可靠。

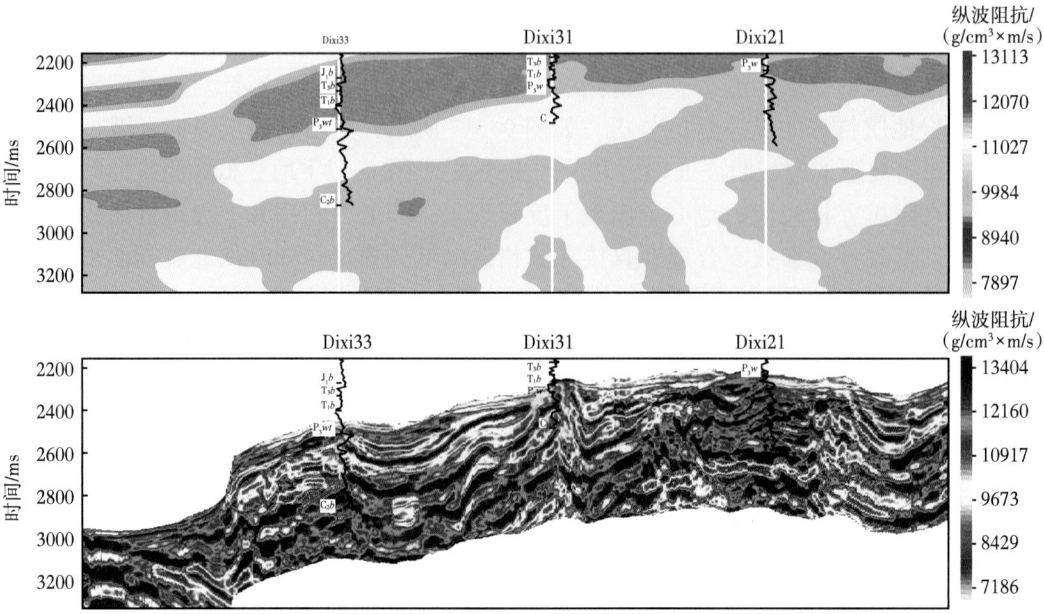

图 9-5-8 多属性融合约束低频模型及反演结果

在此基础上，在平面上对研究区松喀尔苏组 b 段第三火山岩提取波阻抗平面属性，结合前期优势岩相图和不同岩相优质储层参数门槛值，可识别优质储层展布范围。通过统计研究区井上实钻储层和预测优质储层的符合情况，14 口井中 11 口井符合，符合率达到 78.6%，落实火山岩优质的有利面积 162.3km^2，为下一步勘探指明了方向。在此基础上，相带预测结果，配合油田部署探井滴南 16 井。

4. 火山岩裂缝预测技术应用

准噶尔盆地石炭系火山岩储层储集空间多样，多属于裂缝—孔隙双重介质，优质储层预测难度较大。在基质型火山岩优质储层预测基础上，开展火山岩叠后和叠前裂缝预测，落实储层的裂缝发育程度和方向，将为火山岩优质储层综合评价和井位部署提供有力的支撑。

1）火山岩叠后裂缝预测

火山岩叠后裂缝预测主要是通过相干、曲率、蚂蚁体属性开展裂缝预测。相干体、蚂蚁体属性能够较好地刻画研究区大断裂的特征，在断裂带应力作用较强，裂缝通常伴随断裂带发育；曲率属性能够反映较小的断裂，相比于相干等属性，它所反映的细节特征更为清楚。常规单一属性裂缝刻画具有多解性，为提高裂缝预测精度，通过对优选出的大尺度断裂和小尺度断裂的敏感属性开展比例融合，能够更加准确地刻画火山岩裂缝发育特征。从实际滴西 33 井区维实验区的预测结果［图 9-5-9（a）］可以看出，裂缝主要沿研究区两排断裂带发育，其中强异常带与断裂带吻合，属于直接连通，解释为断层；部分形成相交或者网状的特点，属于网状连通，解释为网状联通；孤立且发育程度不高的属于裂缝欠发育区，滴西 10、滴西 33、滴西 21 井区受火山喷发作用，裂缝发育且呈放射状向外发散；同时通过创新应用基于人工智能 AI 裂缝预测，其基本原理是通过构建各种断层、裂缝体模型和对应的地震正演数据，经过构建深度学习网络训练，获得断层、裂缝预测模型，通过输入叠后地震数据，预测形成对应的断层、裂缝属性数据。从预测的结果来看，与多属性融合预测裂缝宏观裂缝发育规律相似，局部地区存在差异，通过统计研究区共 20 口井，其中 17 口井符合，相比于多属性融合方法符合率从 70% 提高到 85%［图 9-5-9（b）］。

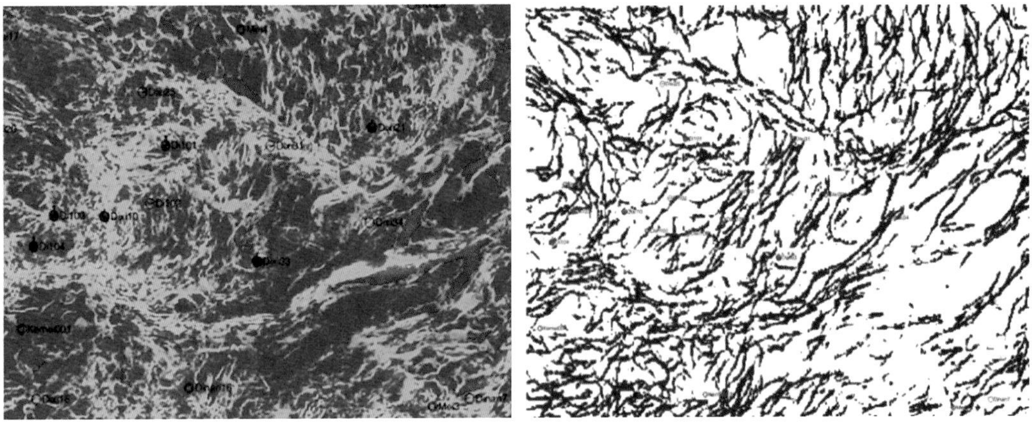

(a) 融合裂缝预测　　(b) AI裂缝预测

图 9-5-9　C_1s^b 第三期火山岩多属性融合裂缝预测和 AI 裂缝预测平面图

2）火山岩叠前裂缝预测

裂缝发育带的地震反射具有各向异性特征，通过叠前地震分方位角处理和属性分析，能有效预测裂缝发育程度和方向。叠前裂缝预测结果可靠性受制于叠前道集资料品质，因此开展叠前裂缝预测之前，首先需开展叠前资料的品质分析，但石炭系非均质性强、埋藏较深，原始 OVT 道集资料的信噪比普遍偏差、能量不均衡。椭圆拟合法是叠前裂缝预测的主要方法，受道集品质的制约整体拟合效果较差，如何提高椭圆拟合规律性是技术攻关的关键。

针对全叠加 OVT 道集资料品质差，采取优选偏移距和不同方位角叠加方案进一步提高道集资料的信噪比。首先是不同偏移距叠加方案的优选，以克美 1 井东三维资料为例，最远偏移距达 9000m，从三维采集偏移距玫瑰图来看，受采集方案影响，各个方位数据分布不均匀，必须做一定取舍。从 5000m 偏移距玫瑰图来看，偏移距在 4000m 以内，各方位数据分布比较均匀（图 9-5-10）。同时对不同偏移距叠加道集的对比发现，800～4000m 偏移距叠加道集相比于近偏移距、中偏移距、远偏移距和全炮检距道集在信噪比和能量均衡方面均有所提高。在此基础上进一步开展椭圆拟合，裂缝预测的方向也更具有规律性，与钻井实测的裂缝方向基本一致，能够更好地反映裂缝的发育特点和规律（图 9-5-11）。

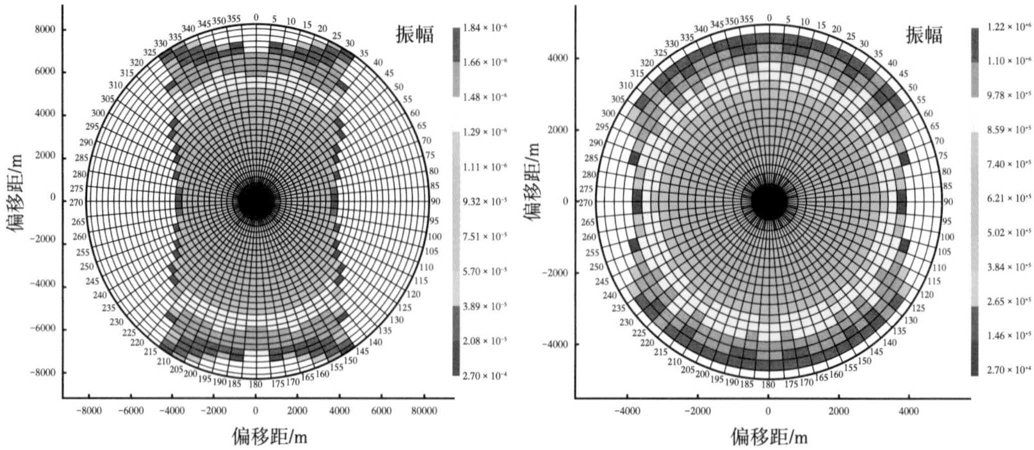

(a) 8500m玫瑰图　　(b) 5000m玫瑰图

图 9-5-10　克美 1 井东三维采集偏移距玫瑰图

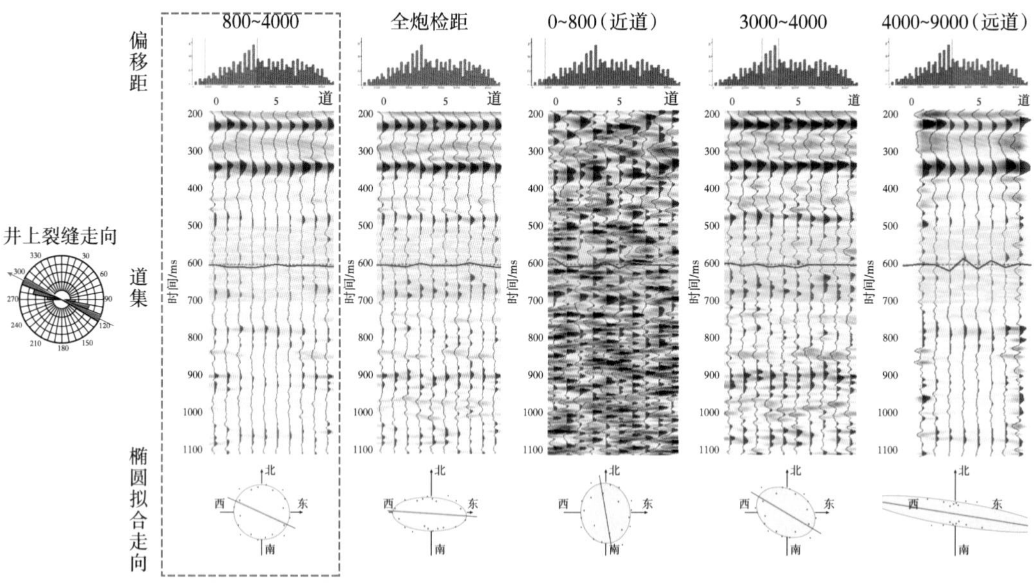

图 9-5-11　不同偏移距道集资料对比

决定裂缝预测精度的另外一个重要因素就是方位角划分的数量（椭圆拟合点数）。因此对方位角按照不同的方案进行叠加优选，在固定偏移距 800～4000m 时，分别对原始道集按照 3 个、6 个、12 个、24 个、36 个、180 个、360 个和全数据叠加，如图 9-5-12 所示，按照 24 个角度叠加椭圆拟合法在最大振幅、均方根振幅以及走时属性裂缝的走向与井上裂缝走向更为一致。因此优选 800～4000m 偏移距和方位角按照 24 道叠加的方案作为最终 OVT 叠加方案用于叠前裂缝预测。

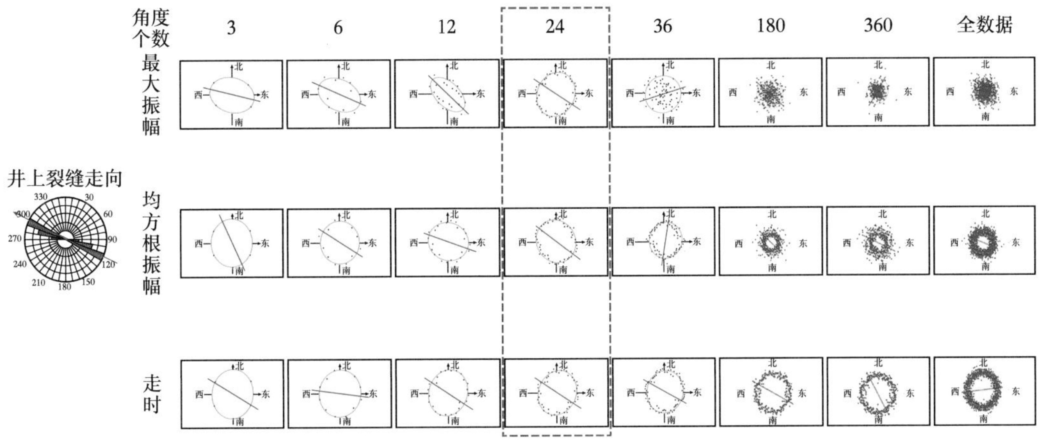

图 9-5-12 不同方案叠加道集资料椭圆拟合对比

从叠前裂缝预测的效果来看，整体裂缝发育规律与叠后曲率预测裂缝宏观规律是一致的，裂缝主要是沿着断裂带发育，相比于叠后裂缝预测，叠前裂缝预测不仅可以预测裂缝发育强度，还可以预测裂缝方向。但是在局部地方叠前与叠后裂缝预测存在着差异，经分析主要为叠前资料整体品质差导致（图 9-5-13）。

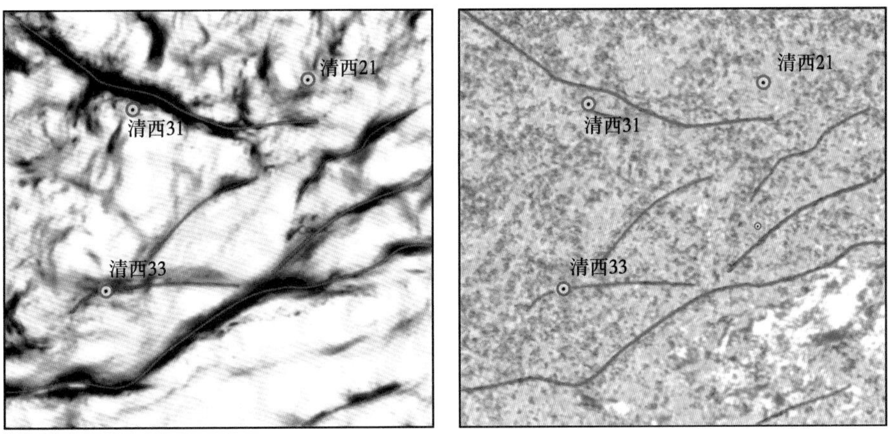

(a) 曲率属性　　(b) 叠前裂缝预测

图 9-5-13 DX33 井区 C_1s^b 第三期火山岩曲率属性和叠前裂缝预测平面图

三、主要应用成效

在滴南凸起南段美 6—美 8 井区，通过火山机构识别及岩相地震表征技术的应用，落实岩相发育带以及火山口发育位置。结合钻井分析基础上重新构建了该区石炭系火山岩爆发相控藏模式：美 8 井区石炭系巴山组主要钻揭溢流相火山岩，整体风化程度低，主要作为区域下覆地层盖层；美 003—美 8 井区 C_1s^b 显示段均为角砾岩，储层以基质孔隙为主，火山熔岩段为致密隔层；C_1s^b 纵向发育 3 期正旋回火山岩，各旋回早期爆发相角砾岩物性较好，其余岩性多为隔层，纵向可形成三套有利储盖组合，气藏属于火山岩—岩体型油气藏，成藏受断层和岩体物性控制。

依托美 6 井三维地震新资料重新落实美 6 井、美 8 井火山岩体边界，发现和落实石炭系断层—岩性圈闭 5 个，合计面积 97.9km^2；断层—地层圈闭 2 个，合计面积 72.4km^2；断鼻、断块圈闭 2 个，合计面积 23.8km^2；断块圈闭 1 个，合计面积 8.7km^2。建议提供井位 11 口，其中 4 口井（美 002、美 003、美 004、美 6）获工业气、3 口井（美 005、美 12、美 15）低产，石炭系具备整体勘探潜力，有望形成滴南凸起南带天然气勘探大场面。

在滴南凸起东段，结合火山机构刻画及岩相刻画技术和火山岩有利储层预测技术，落实该区滴西 33 井区主要沿断裂带发育两排裂隙式—中心式火山以及宏观优势岩相展布规律。结合重点油藏解剖分析得出：油气藏多为爆发相火山角砾岩和受风化改造后溢流相火山岩，物性较好，火山沉积相相对比较致密，可作为隔层及侧向遮挡。研究区油藏成藏类型总共分为三类；第一类属于风化壳类型，主要为凸起之上受风化改造的溢流相火山岩，类似于滴西 10 井岩体目标；第二类属于石炭系内幕潜山型火山岩体，岩性多为爆发相火山角砾岩，紧邻火山口，类似滴西 33 井岩体目标；第三类属于远火山口爆发相火山岩体，受后期构造运动影响，发育多期火山岩剥蚀条带，类似滴西 110 井火山岩体目标（图 9-5-14）。结合克美 1 井东三维新资料，重新落实滴西 33 井、滴西 21 井火山岩岩体边界，在此基础上发现类似滴西 33 井火山岩岩体目标 6 个，面积合计 58.6km^2，提供井位部署建议 3 口，其中滴西 331 井日产气 1.81×10^4m^3、日产油 89.83t，展示了该区整体勘探潜力巨大，含油气有望呈现符合连片趋势。

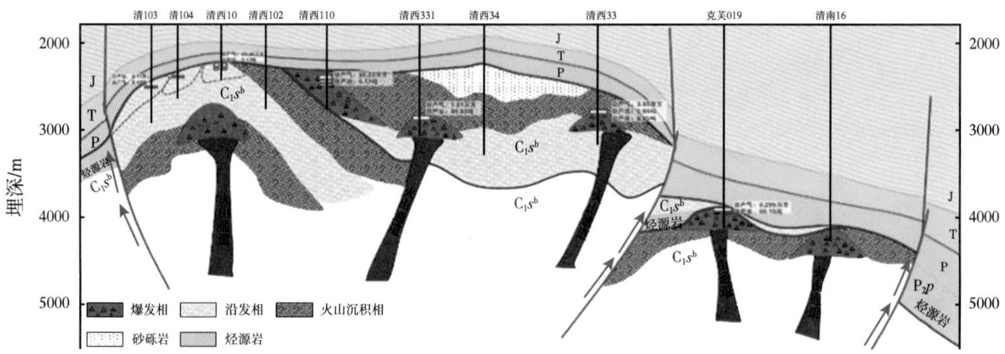

图 9-5-14　滴西 33 井区及周缘石炭系火山岩成藏模式

在以上针对克美石炭系火山岩的攻关研究中，结合新部署三维地震资料深化和发展了深层火山岩解释技术系列，创新性的形成了多项火山岩关键解释技术，为该区石炭系火山岩目标落实和井位部署提供了有力支撑。在滴南凸起进一步支撑和夯实美 6—美 8 井区 520×10^8m^3 天然气预测储量，有望成为下一个克拉美丽气田；在滴南凸起东段滴西 33 井区，新增天然气 119.82×10^8m^3 预测地质储量，展现该区良好的勘探、开发前景。

第六节　长庆庆城页岩油勘探

受火山多期喷发及构造变形等因素影响，火山岩体内部地层和层序十分复杂，不同岩性岩相区地震响应特征差异较大，无法准确刻画火山机构及岩相分布规律，同时火山岩储层非均质性强，储层结构复杂，优质储层预测多解性强，难以满足勘探开发要求。

“十三五”期间，以准噶尔盆地克拉美丽山前带火山岩油气勘探为代表，开展了“两宽一高”三维地震勘探攻关，石炭系顶界及火山岩内幕成像质量大幅提升，岩体边界较为清楚，为火山岩油气藏勘探开发奠定了基础。在解释方面，以地震—非地震联合研究为手段，形成了以火山岩分布预测、岩相岩性识别、火山机构刻画、储层预测评价为核心的火山岩油气藏解释技术系列。

在准噶尔盆地滴南凸起南段，通过三维地震刻画，落实有利岩相发育带及火山口位置，重新构建了该区火山岩爆发相控藏模式。建议井位 11 口，其中 4 口井获工业油气流，支撑了美 6—美 8 井区 $520\times10^8m^3$ 天然气预测储量落实。在滴南凸起东段，通过火山机构刻画、岩相识别和火山岩有利储层预测，落实滴西 33 井区两排裂隙式—中心式火山岩及优势岩相展布规律，新增天然气预测地质储量 $119.82\times10^8m^3$，展现出良好的勘探开发前景。

在四川盆地，2018 年永探 1 井在火山岩获得突破后，为落实火山岩储层分布和气藏规模，并拓展新的勘探领域，先后实施了“两宽一高”三维地震和高精度重磁、时频电磁等勘探。通过三维高保真、保幅、高分辨率处理后，火山岩爆发相特征更加明显，进一步提高了岩相和岩性的识别精度，结合地震—非地震联合研究论证了天府 2 等一批井位，推动了川西成都—简阳地区火山岩领域勘探进程。

在渤海湾盆地辽河探区，通过“两宽一高”三维地震勘探，资料品质得到明显提升，结合时频电磁勘探资料，先后部署的驾 34 井、红 38 井、驾探 1 井均获较好效果，勘探不断取得新发现，其中 2020 年驾探 1 井日产天然气 $32.5\times10^4m^3$，刷新辽河油田 40 年来天然气勘探日产最高记录。

下面以长庆庆城页岩油勘探为例，从工区勘探概况、关键技术应用以及主要应用成效三方面说明。

一、概况

鄂尔多斯盆地长 7 页岩油技术开采储量约 100×10^8t，展现出巨大潜力，是长庆油田“二次加快发展”和油气当量上产 6300×10^4t 的重要战略接替领域。然而经历了近 50 年的勘探历程，盆地页岩油仍存在低渗透成藏理论及地质评价方法不明确、直井试采无效益等重大挑战，致使勘探方向不明朗、效益建产难度大。为了积极推进盆地页岩油发展，拓展新区带，实现高效勘探开发和效益建产，亟需配套技术尤其三维地震勘探开发技术的支撑，为油田快速增储上产提供保障。

鄂尔多斯盆地晚三叠世发育典型的大型内陆坳陷湖盆，延长组长 7 段沉积期为最大湖泛期，沉积了一套广覆式分布的富有机质页岩加细粒砂岩沉积［图 9-6-1（a）］，既是主力烃源岩，也是页岩油发育的主要层段。长 7 段地层厚度约 110m，纵向上可划分为上（长 7_1）、中（长 7_2）、下（长 7_3）三个“甜点”段，其中，上、中“甜点”为泥页岩夹多期薄层粉细砂岩的岩性组合，是页岩油勘探开发的主要对象；下“甜点”以泥页岩为主，是风险勘探、原位转化攻关试验的主要目标［图 9-6-1（b）］。

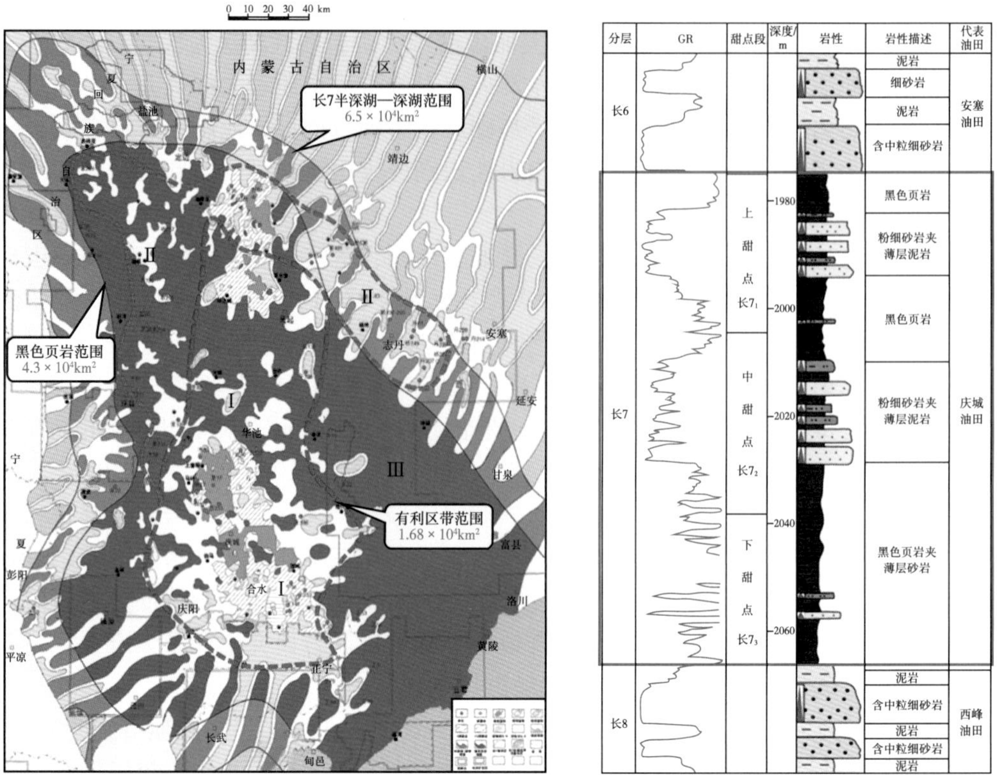

(a) 鄂尔多斯盆地长7段页岩油有利勘探区带分布图　　(b) 鄂尔多斯盆地长7段页岩油岩性综合柱状图

图 9-6-1　鄂尔多斯盆地长 7 页岩油有利区带分布及含油层系

“十三五”期间，围绕长庆油田页岩油勘探开发井位部署和生产，受国内外非常规油气勘探开发的启示，以页岩油新发现、储量落实和有效开发为目标，系统开展了鄂尔多斯盆地页岩油地球物理新技术试验和瓶颈技术攻关，积极推进“地震地质工程一体化”研究，通过科研生产中集成创新，优选适用于本地页岩油的地球物理技术，在地质认识和关键技术方面取得了重要进展，提高了“甜点”预测精度、钻探成功率、水平井油层钻遇率，为新区带目标预测、高效勘探开发及压裂工程提供了技术保障，支撑了 2019 年 10 亿吨级的庆城大油田的发现，2020 年产量突破 144×10^4t，实现了页岩油勘探开发重大突破。

二、关键技术应用

与北美海相页岩油对比，鄂尔多斯盆地页岩油为典型陆相页岩油，具有地表条件差、地质构造背景复杂，储层薄且非均质性极强等特点，勘探开发面临三大世界级难题：（1）受黄土山地地表条件限制，地震采集条件差，野外地震施工难度大，炮点偏移严重，急需攻关适用于黄土山地的地震采集配套技术，国内外无成熟方案可借鉴；（2）黄土层低降速层巨厚，表层结构复杂，资料静校正问题突出、分辨率低，急需攻克静校正和分辨率难题，开展高保真高分辨率处理，国内外无成熟技术可借鉴；（3）页岩油富集成藏条件复杂，储层薄、非均质性极强、空间展布特征预测困难，选区选带和开发评价风险大，迫切需要新思路和新方法提高“甜点”预测精度、水平井油层钻遇率，国内外无可靠解决方案可借鉴。

针对以上难点及地质需求，“十三五”期间，按照地震资料采集处理解释一体化运作和地震、地质、工程一体化融合的总体思路，创新性地形成了一套面向鄂尔多斯盆地页岩油的高分辨率地震勘探配套技术，包括采集、处理、解释方面共11项关键技术。

1. 采集关键技术

1）黄土山地“适中面元、宽方位、高覆盖”三维地震采集技术

针对页岩油储层薄、非均质性极强、“甜点”预测难度大等特点，通过技术攻关及配套技术研究，创新性地形成了适应黄土山地区的“适中面元、宽方位、高覆盖”三维地震采集技术：面元选择考虑满足该地区低幅度构造、小断层、断裂描述、储层刻画等需求，通过室内正演模型结合采集资料分析，确保满足幅度20m、半径500m大小的低幅度构造精细刻画和10～20m断距识别等地质需求，采用20m×40m的适中面元；考虑满足目标地质体各向异性、裂缝及断裂检测的需求，设计中生界全方位观测，古生界宽方位观测（横纵比0.8）；考虑资料信噪比及分辨率需求，设计覆盖次数300～400次（长7段覆盖次数200次左右），该技术应用后，获得面向页岩油勘探的高分辨率资料（图9-6-2）。

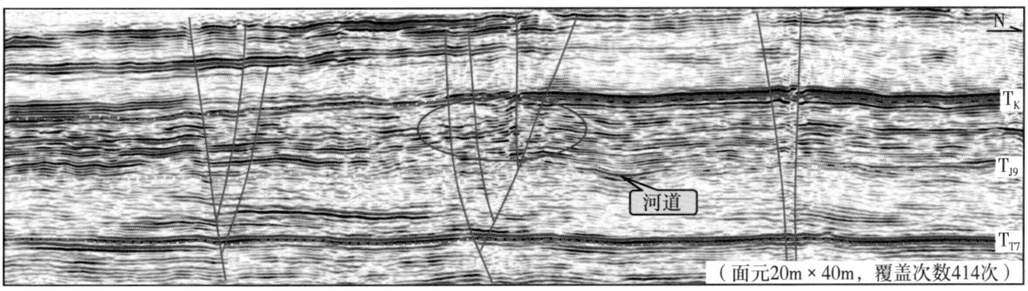

（a）中生界成像

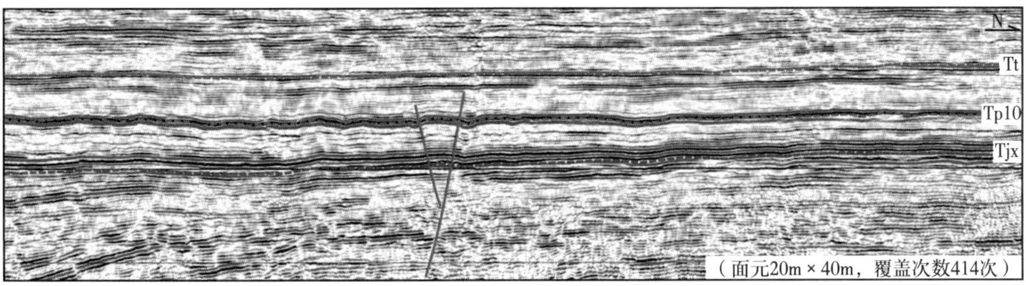

（b）古生界成像

图9-6-2 黄土山地“适中面元、宽方位、高覆盖”三维地震剖面

2）黄土山地井震混采技术

2017年，鄂尔多斯盆地陇东地区巨厚黄土塬可控震源攻关试验获得了历史性突破，首次在黄土山地区获得了高品质资料，较井炮资料频带拓宽8Hz以上。黄土山地区的可

控震源设计点位可布设在较平坦的塬上、道路、庄稼地、以及障碍物密集等区域，充分发挥震源品质好、成本低、安全环保等作业优势，采用较宽频带扫描信号 1.5～84Hz 设计，有利于提高下传能量，拓展采集资料的有效频宽。基于无人机高清航拍、节点仪器应用以及可控震源轨迹的精细设计，2020 年庆城三维可控震源应用前后，最低覆盖次数由 180 次（设计满覆盖 41.6%）提高到了 357 次（设计满覆盖 81.7%），确保了复杂区采集属性和资料品质（图 9-6-3）。

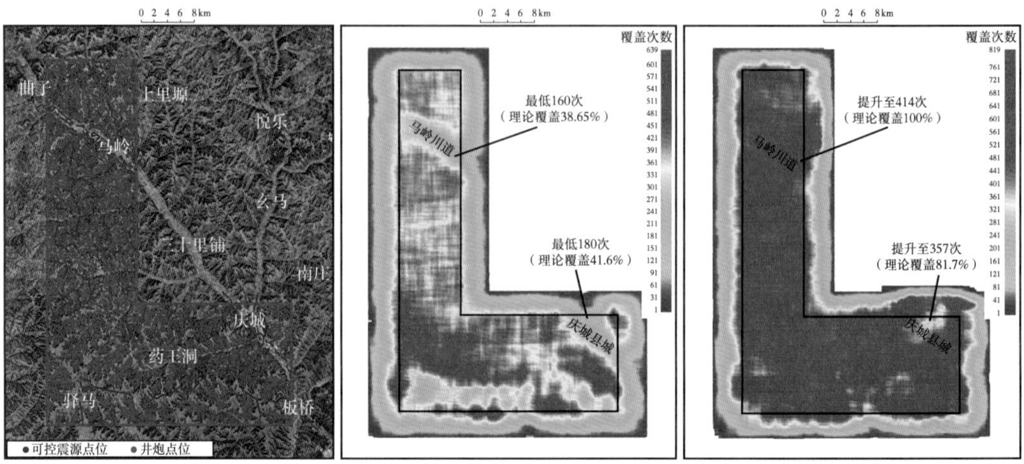

（a）井炮+可控震源点位分布图　　（b）井炮激发覆盖次数图　　（c）井炮+可控震源激发覆盖次数图

图 9-6-3　复杂黄土山地庆城三维井震混采属性对比

3）黄土山地区超深微测井 Q 调查及提取技术

地震波在传播过程中的能量衰减特征表现，一方面为球面扩散，另一方面是实际的地层非弹性介质引起的吸收衰减。由于岩石存在内摩擦及黏滞性，使地震波在传播过程中能量衰减，且高频能量衰减强。黄土塬区近地表黄土覆盖厚度在 300m 左右，近地表黄土沉积松散，对地震波有强烈的吸收衰减作用，这种作用削弱了地震波传播能量，引起了地震子波相位的空间变化，造成高频成分损失，降低了地震资料分辨率，影响了储层识别及油气检测的精度。

近年来，通过持续攻关，创新形成了黄土山地区超深微测井 Q 调查及提取技术，采用峰值频移法和谱比法等求取 Q，将速度拟合公式与近地表速度模型结合建立了近地表 Q 场，创新采用“两步法”开展近地表吸收补偿，补偿前后剖面的主频由 14Hz 提升到 20Hz，频宽由 5～34Hz 提升至 5～45Hz，有效解决了黄土山地分辨率低的难题（图 9-6-4）。

2. 处理关键技术

1）微测井约束变网格高精度分步层析技术

静校正问题是黄土塬地区地震资料处理的重中之重，由于盆地黄土层低降速层巨厚，表层结构复杂，资料静校正问题突出、信噪比低，常规静校正方法很难得到理想的效果，甚至不能成像。层析静校正技术是一种利用单炮初至进行近地表速度反演的方法，在层析反演中给定一个初始的速度模型，通过射线追踪计算初至时间，它与实际旅行时的差被用来计算速度模型的修正量。当正演旅行时和实际初至时间之差小于某个阈值时，就得到了最终的速度分布。层析静校正的关键在于所求取的浅层速度模型与实际表层速度的接近程度，浅层速度模型精度越高，所求得的静校正量精度越高，在解决中长波长静校正及低幅度构造等问题上越具有重要意义。

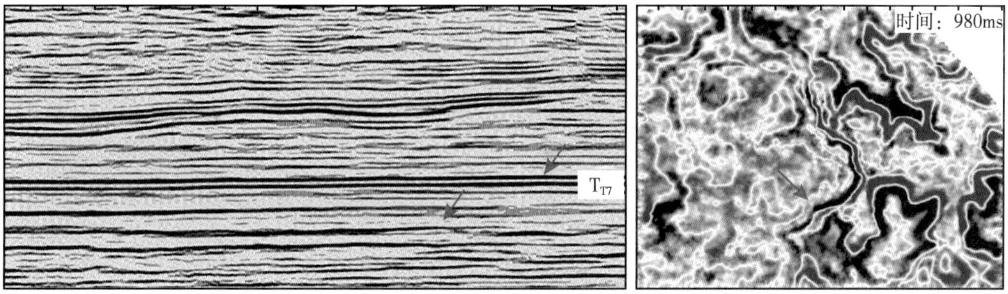

（a）Q补偿前剖面和时间切片

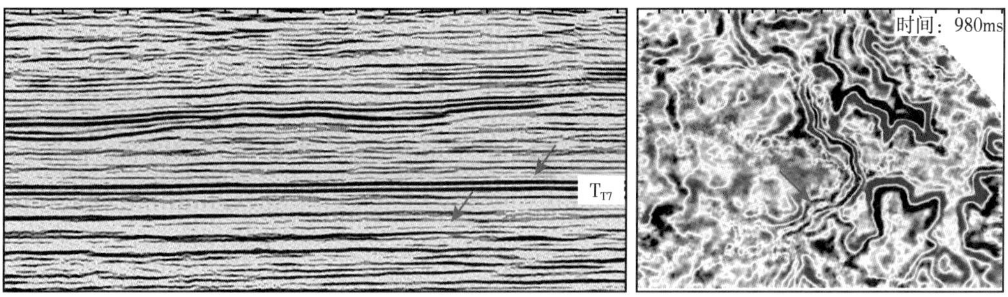

（b）Q补偿后剖面和时间切片

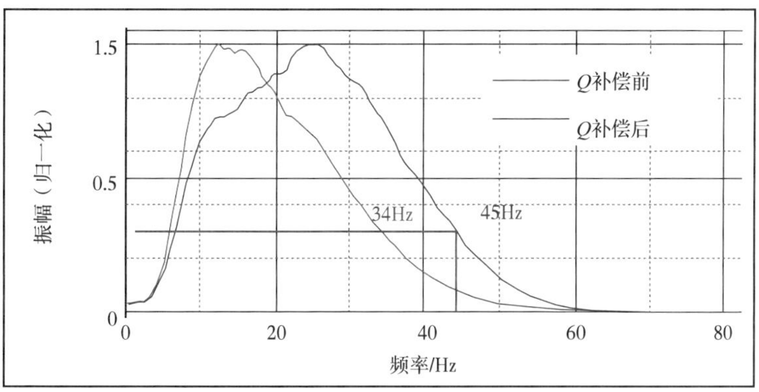

（c）Q补偿前后频谱对比

图 9-6-4 黄土山地 Q 值补偿前、后剖面和时间切片对比图

按照射线理论，常规地震数据近偏移距射线只在浅表层传播，能够反映浅表层地质信息，而远偏移距射线则在中深层传播，更多地反映深层的高速信息。受常规采集方式限制，不同偏移距组道数呈正态分布，即近偏移和远偏移距组道数较少，中偏移距组道数较多，对于单一网格层析反演（图 9-6-5），当层析反演网格较小时，易造成浅层射线密度不够，甚至局部网格没有射线穿过，造成层析方程欠稳定，层析反演结果不稳定；

当层析网格较大时，易造成反演模型精度不够，难以精细描述地下地质体，亦不能得到精确的浅表层速度模型，即采用单一网格难以兼顾浅表层速度模型精度和稳定性。

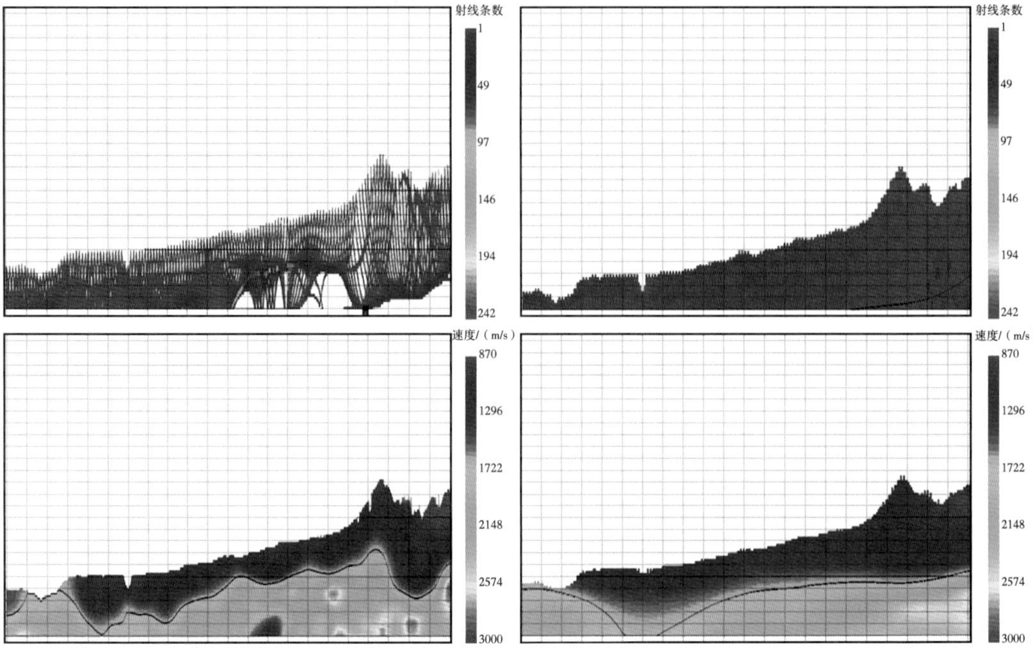

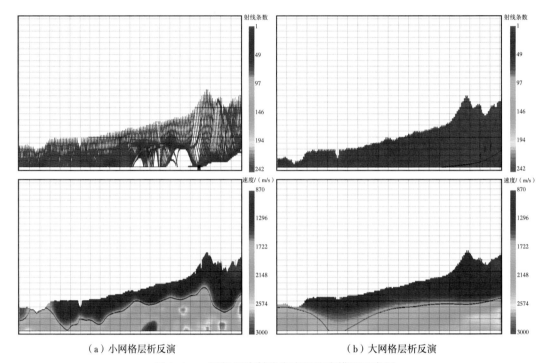

（a）小网格层析反演　　（b）大网格层析反演

图 9-6-5　层析反演射线密度及速度模型示意图

通过攻关研究，创新形成了浅、深层变网格分步反演技术，即浅层采用较大的网格进行层析反演，保证射线密度的要求，中深层采用较小网格，满足层析反演精度的要求，兼顾浅表层速度模型精度和稳定性，实现了膏盐出露、高速夹层等复杂近地表结构的高精度层析反演，资料成像及构造精度明显提升，低幅度构造井震吻合率达到 95% 以上。

2）基于双井微测井的近地表 Q 补偿技术

Q 本身反映了地层岩石的物理特性，能够定量地衡量地震波的衰减情况，一般情况下，Q 越小，吸收衰减越严重。黄土塬地区近地表结构复杂，表层岩性结构自上到下分为干燥黄土、潮湿黄土、含水黄土、古近系—新近系红土层和白垩系砂岩。表层疏松的干燥黄土层，非均质性强、弹性差、地震波传播速度为 300～500m/s，厚度为 5～400m，对地震波的吸收和衰减作用强烈。

近地表 Q 补偿能够消除地震波在地下介质传播过程中的吸收、衰减，恢复地下岩层的反射系数，从而达到振幅补偿、频率恢复和相位校正的目的，能够有效地提高地震信号的分辨率和保真度。近地表 Q 补偿技术的核心在于建立较为精细的近地表 Q 模型，当前 Q 建模技术仍然以经验公式法、微测井、VSP 以及地面地震资料估算 Q 场为主，以此为基础建立的 Q 模型基本能够反映 Q 场背景趋势。

依托大量的双井微测井数据，总结出鄂尔多斯盆地不同地表条件下的近地表 Q 规律，形成了适用于鄂尔多斯盆地的近地表 Q 建模技术。根据地震波的吸收衰减理论，地震子波在介质中传播时存在高频部分较低频部分衰减更快的原则，反映到接收信号中就是中心频率趋于低频的现象，从信号的振幅谱形状来看，基本满足高斯分布，结合高斯分布函数公式，可以得出中心频率、方差和品质因子 Q 之间的关系。经过近几年的技术积累，攻克了黄土巨厚区、低降速层巨厚区、风化砂岩区地震资料分辨率低的问题，实现了地震资料的高保真高分辨率处理，地震资料横向一致性显著提高，频谱展宽、分辨率明显提高，通过该项技术使地震资料目的层段频谱拓宽约 5Hz，目的层段井—震吻合度由 71% 提高至 83%。为了对地震资料进行更好地成像，实现对介质的非弹性吸收衰减补偿是非常重要的。

3）黄土塬三维 OVT 域宽方位处理技术

OVT 域一般称为共偏移距向量片，也称为炮检距矢量片，是十字排列道集的一种延伸，即是十字排列道集内的一个数据子集，在一个十字排列中按炮线距和检波线距等距离划分得到许多小矩形，每一个矩形就是一个 OVT 片。提取所有十字排列道集中相应位置的 OVT 片，就组成一个 OVT 道集，每个 OVT 片有限定范围的偏移距和方位角，因此，OVT 域可理解为含有方位的炮检距域。

地震数据经过 OVT 组排后具有很多全新的属性特征，充分利用这些特征则能有效改善以往方法的处理质量，提高地震资料的品质。OVT 宽方位处理技术就是在这样的域下进行的，OVT 域处理主要包括 OVT 划分、OVT 域数据的规则化、OVT 域叠前时间偏移和方位各向异性校正等处理步骤。针对不同地震储层预测目标，OVT 偏移道集的处理应有所不同，方位各向异性特征分析有利于进行裂缝检测，消除方位各向异性有利于叠前反演。OVT 域处理使数据更规则，更有利于叠前时间偏移处理，能较好克服常规偏移 CRP 道集远近道能量弱、中偏移距能量强的问题，通过进行方位各向异性处理改善成像效果。

受黄土塬地表地形条件影响，黄土塬区炮点、检波点分布极其不规则，不能满足常规处理技术假设条件，难以充分发挥地震资料作用。通过攻关形成的黄土塬区非规则观测系统 OVT 域处理技术，攻克了黄土塬区地震资料成像精度低的难题，显著提高了地震资料成像品质。依托分方位角资料可以清晰反映地下地质现象，使得目的层段地震资料叠前反演符合率由 73% 提高至 85%。

3. 解释关键技术

1）页岩油沉积相带预测技术

页岩油沉积相带预测是页岩油“甜点”识别的重要前提。沉积相带预测按照宏观至微观的原则可分为沉积相、亚相及微相预测三步进行。首先，沉积相带的预测需利用地震、测井及岩心资料综合来判断。地震资料揭示，延长期湖盆中心及周缘广泛发育前积反射，总面积约 $3.5\times10^4km^2$。前积反射按照几何形态可划分为 S 形、板状、楔状、叠瓦状四种类型，每一种类型所对应的沉积环境、砂体分布规律都有所不同。庆城地区属于典型的楔状前积类型，该种类型前积代表了水体较深、坡度较陡、堆积速度较快的特殊沉积环境。前积层的上部为三角洲前缘相沉积，水下分流河道砂体非常发育；前积层的中部为斜坡扇沉积类型，砂体不甚发育；前积层的下部为重力流沉积，这是长7页岩油砂岩储层的主要发育相带。

利用“两宽一高”高品质的三维地震数据体，可对地震相进行划分，进一步识别重力流沉积类型的亚相。浊积水道一般呈向上突出的“丘状”反射；垮塌砂体在地震剖面上呈不规则的异常地质体；砂质碎屑流在地层切片中呈“舌状”分布。这些地震相特征可作为重力流沉积亚相识别的重要依据。最后，沉积微相边界的识别需结合周邻钻井取心资料、测井资料等综合进行判断，这一步骤难度较大，多解性很强，需在页岩油水平钻探的过程中，结合动态的钻探资料，提出更为准确的识别结果，进而为随钻跟踪动态调整、工程方案设计提供更为准确的信息。

从目前勘探现状来看，页岩油的储集类型并不局限于重力流砂体，也存在一些三角洲相的砂岩储集类型。由于这一类型的页岩油储集类型一般不具有相对“特殊”的地震相特征，一般利用体控反演技术、地质统计学反演技术等直接进行砂岩储层预测，进而为水平井钻探方案、随钻跟踪动态调整提供了依据。

2）微小断裂地震精细识别技术

近年来，三维地震资料证实，盆地内部尤其是西部地区断裂非常发育，对以往认为“盆地内部构造稳定，断裂不发育”的传统认识提出了挑战。多块三维地震解释成果表明，在盆地内部的中生代地层中，主要发育NNW、NEE向两组方向的断裂，呈规律的带状分布特征，整体具有垂向断距小、延伸距离短、断面倾角陡、断裂性质复杂的特点，地震识别难度很大。

针对盆地这种低序级断裂的地震识别，通过近年来的勘探实践，总结了两大原则：一是不能刻意加强同一层系、不同方向断裂带的振幅强弱关系，以确保地质认识的正确性和客观性；二是重点利用相干地震属性，辅助利用曲率、方差等其他属性进行断裂刻画，避免将其他地质现象（如非常窄的河道）误认为是断裂，造成断裂解释的失误。在两大解释原则的指导下，可使断裂的识别精度保持在90%以上。

综合利用“两宽一高”三维地震勘探技术，地震地质相结合，建立了适合鄂尔多斯的微小断裂地震识别技术，重点分三步进行：（1）多方法相干求取，利用分方位、分频段数据体寻找敏感方位及频段，精细刻画不同方向的断裂；（2）相干强化处理，进行分尺度相干分析、分方位相干重构、非线性相干保护滤波等技术，加强不同方向断裂在平面上的显示，为精细识别提供依据；（3）强化相干融合，进行优势相干选取、体属性融合、面属性融合及面主成分压缩等技术，强化弱响应断裂的识别，压制干扰信息，突出隐蔽的断裂信息。图9-6-6为常规相干沿层属性与该技术沿层识别的断裂体系对比图。常规相干属性切片只能有效识别断距较大、特征明显的断裂，而低序级断裂识别技术能够充分挖掘地震资料的有效信息，规避干扰信息，使断距较小、剖面特征不明显的低序级断裂得到有效识别。该技术目前已在鄂尔多斯盆地断裂解释、井位工程支撑中发挥着极为重要的作用，取得了良好的应用效果。

3）本地化“甜点”优选及定义

在宏观有利相带分析的基础上，页岩油能否实现经济效益开发，主要取决于“甜点”

的精细描述及评价。目前，国内外页岩油普遍借鉴北美海相页岩油开展地质“甜点”和工程“甜点”的综合评价，包括构造背景、地层压力、地表条件、孔隙度和渗透率、裂缝、储层厚度、有机碳含量和成熟度、原油密度等关键评价指标的预测。由于鄂尔多斯盆地页岩油具备稳定的构造背景，烃源岩厚度大、分布连续稳定，压力系数整体较低，原油品质条件较好，因此，通过控产因素的精细解剖，认为“甜点”主要取决于以下几个关键因素：

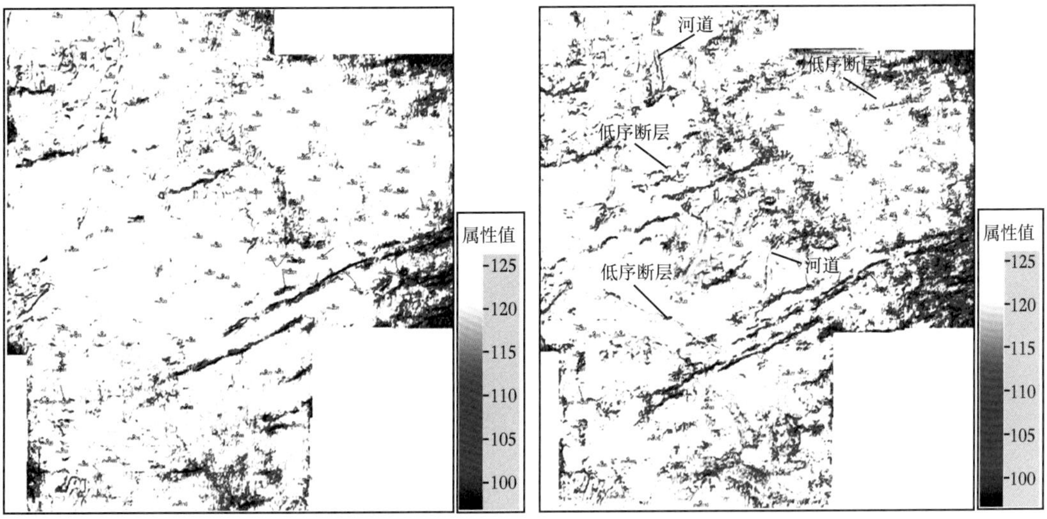

（a）某三维沿层常规相干属性平面图　（b）某三维沿层新技术识别的属性平面图

图 9-6-6　鄂尔多斯盆地某三维区两种不同方法断裂刻画效果对比图

（1）粉细砂岩厚度。长 7 段页岩油具有砂体厚度薄（2～20m）、纵向多期叠置、隔夹层发育、横向变化快的特点，以细砂、粉砂为主，石英含量较高，长 7_{1+2} 砂地比约 30%，长 7_3 砂地比约 10.4%，通过大量钻井资料含油性统计，高砂地比即砂层累计厚度较大区域很大程度上控制了油层的分布，富砂区域即广义上的地质“甜点”。

（2）孔渗条件。长 7 段主要发育粒间孔和粒内孔，包括脆性颗粒间、脆性颗粒与黏土间和黏土集合体间 3 种类型，其中，长 7_{1+2} 孔隙度约 6%～12%，渗透率小于 0.3mD；长 7_3 孔隙度 3%～8%，渗透率小于 0.05mD，几乎没有喉道。通过孔隙度和渗透率与试油结果交会统计分析，Ⅰ类、Ⅱ类页岩油含油 / 不含油存在明显的孔隙度变化界面，孔渗条件是评价“甜点”的重要因素。

（3）天然微裂缝。长 7 段发育大量条带状分布的不同尺度裂缝，横向延伸长度大，并且绝大多数被沥青充填，说明裂缝能够为页岩油成藏和流动提供有效的储集空间和渗流通道，根据样品裂缝密度与试油产量交会统计分析，两者呈明显的正相关关系。

（4）有机质含量。长 7 段泥页岩分为暗色泥岩和黑色页岩，其中，暗色泥岩有机质呈分散分布，TOC 平均为 5.8%，以Ⅱ类为主；黑色页岩有机质呈纹层状分布，TOC 平均为 13.8%，最高可达 38%，以Ⅰ类为主。通过不同样品的含油量和 TOC 的交会统计分析，两者有呈正相关关系的趋势，烃源岩有机质含量的预测可更好地指导“甜点”的识别。

（5）脆性矿物含量。长7段页岩中含有石英、长石、碳酸盐等多种脆性矿物，与国外典型页岩油对比，黏土矿物含量略低于国外，脆性矿物含量略高于国外，可达到70%以上，储层段脆性较好更有利于工程压裂改造，因此脆性矿物含量是经济效益开发需考虑的因素。

（6）水平应力差异。工程上，页岩油压裂改造的最大目的就是造缝，随着工程技术的进步，鄂尔多斯盆地页岩油压裂改造的裂缝密度大幅度增加，达到9.2条/100m，裂缝的控产程度已由前期60%提高到90%以上。水平应力差异越大，地层压裂后的裂缝易朝着最大主应力方向，形成单组缝；水平应力差异越小，地层压裂后越容易形成网状缝，更适宜体积压裂，因此水平应力差异同样是研究区经济效益开发需考虑的因素。

根据以上控产因素分析，对鄂尔多斯盆地可实现经济开发的地质“甜点”和工程“甜点”控制因素进行了重新梳理，并按重要程度进行了排序：地质“甜点”主要取决于粉细砂岩厚度、孔渗条件、有机质含量；工程“甜点”主要取决于微裂缝发育程度、脆性指数和水平应力差异。在两大“甜点”本地化定义的基础上，根据各区块不同层系的勘探、经济开发需求，对各控制因素按比例进行矢量融合，使得“甜点”综合评价结果更符合鄂尔多斯盆地本地特征及更具针对性，用以指导井位部署和水平井随钻导向及工程压裂。

4）三维分级体控地质统计学反演“甜点”预测技术

长7段页岩油储层薄，横向非均质性极强，空间展布规律落实困难，因此在明确了“甜点”的定义后，重点开展了薄储层“甜点”预测方法攻关。

岩石物理是钻井、地震之间的桥梁，也是岩石弹性参数、岩石力学参数开展分析的基础。由于长7段页岩油孔隙类型差异大，在岩石物理分析过程中，通过改变孔隙度纵横比、改变孔隙大小以及填充不同饱和度的流体建立岩石物理图版，以分析模型的适用性，同时，纵向上针对不同岩石组分和内部结构，进行了泥页岩模型、软孔模型和等效介质SCA（等效孔隙纵横比分析）不同岩石物理模型的组合应用，首次建立了不同孔隙类型页岩油高精度岩石物理模型，提高了优质储层测井解释的精度。在此基础上，通过多参数分析，建立了优质储层、含油层等测井解释图版，进一步明确了“甜点”的弹性特征，为地震预测奠定了基础。

常规叠前确定性反演通过低频建模能够较好地保留地震的低频趋势，反映岩性横向变化特征，但对于薄储层，反演结果纵向分辨率低，不能满足“甜点”的精细刻画及水平井轨迹的准确导向；叠前地质统计学反演是目前提高纵向分辨率最有效的方法，纵向对井吻合度高，但横向上不能充分兼顾地震低频趋势。因此，研究区“甜点”预测对方法进行了创新，形成了基于叠前三维分级体控反演的多参数“甜点”定量描述技术：充分考虑地震低频趋势和岩相空间展布规律，运用低频建模的叠前弹性参数体和地质统计学反演的高分辨率岩性概率体作为三维控制体，分别开展逐级控制下的三轮次反演，完成井、震之间的高精度迭代，得到井、震合理参与的反演体。反演结果的优势在于可有效兼顾储层横向低频趋势，平面预测结果稳定，同时纵向分辨率显著提升，与叠前确定性反演结果对比（图9-6-7），储层预测厚度由原来的20～30m提高到5～8m，与井上薄砂层对应关系良好，大幅度提高了“甜点”预测精度，运用该结果支撑水平井钻探，油层平均钻遇率提升15%。

5）基于地震地质工程一体化的水平井支撑及压裂改造方案优化

鉴于快速上产的需求，盆地页岩油急需充分、快速动用地质储量，高效开发。但是受限于储层薄和非均质性强，鄂尔多斯盆地页岩油水平井油层钻遇率较低（约50%）。为提升油层钻遇率和压裂效果，提高页岩油水平井实施效率，“十三五”期间通过发挥地震地质工程一体化优势，以做到“7个好”（获得好资料、选好“甜点”、定好井位、设计好井轨迹、入好靶、导好向、支撑好压裂）为总体研究思路，形成了基于地震地质工程一体化的水平井支撑及压裂改造方案优化技术系列。

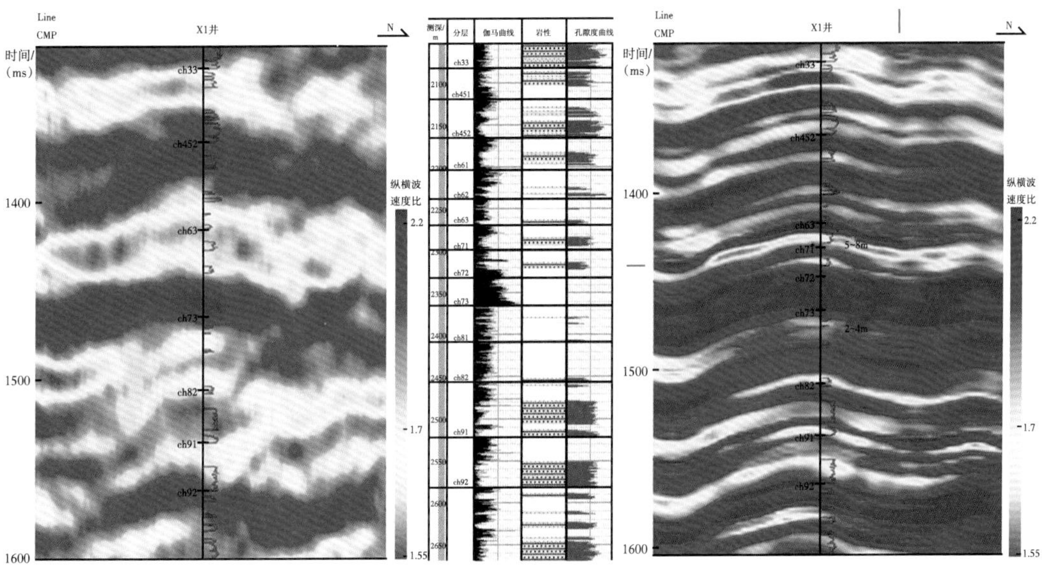

（a）叠前确定性反演　（b）X1井综合柱状图　（c）三维分级体控地质统计学反演

图9-6-7　鄂尔多斯盆地某三维区不同方法反演结果对比图

针对研究区水平井实施过程中的五种主要地质风险，水平井入靶和导向采用地震、地质相结合方法。其中，水平井入靶过程利用控制井的测、录井资料，通过小层精细对比设计入靶深度，入靶前结合地震资料对靶点提前或滞后做出预警，并制定相应的靶点调整对策，提高一次入靶成功率；水平井随钻导向过程中通过实时跟踪、更新测录井数据，确认和监测岩性、构造变化特征，根据砂体展布形态和微幅度构造趋势，及时调整钻井角度回归目的层，提高有效储层的钻遇率。

以往地震仅限于支撑井轨迹设计及钻井导向，压裂方案设计中对于储层改造不充分问题参与少，无经验可借鉴。为了提高研究区页岩油水平井压裂改造效益，在研究区首次探索开展了基于地震地质工程一体化的水平井压裂改造方案优化：以井组为单元，以储层接触面积最大、最终累积产量最高为目标，根据三维地震预测的有效储层空间展布特征，结合实钻数据，判断实钻井轨迹与储层的相对位置，优选并建议改造位置[图9-6-8（a）]、明确改造方向并提供定向射孔建议、确定改造规模[图9-6-8（b）]，确保储层改造效果更精准和合理。运用该技术支撑水平井压裂，大幅度提高了井间与单井的可动用储量，有效支撑了页岩油水平井高效开发，水平井单井平均年原油产量提高 5913t。

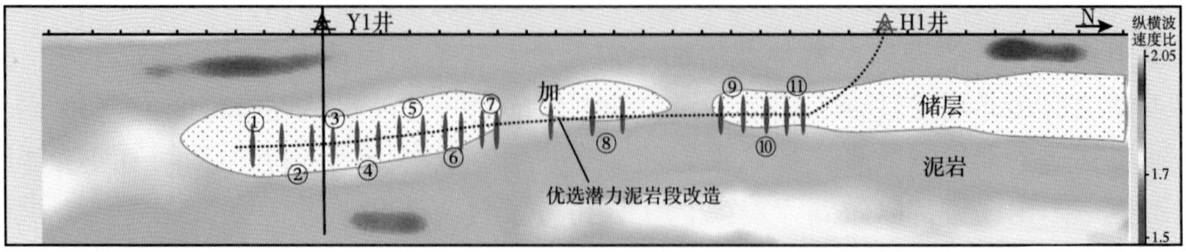

(a) 地震反演结果支撑储层段改造位置示意图

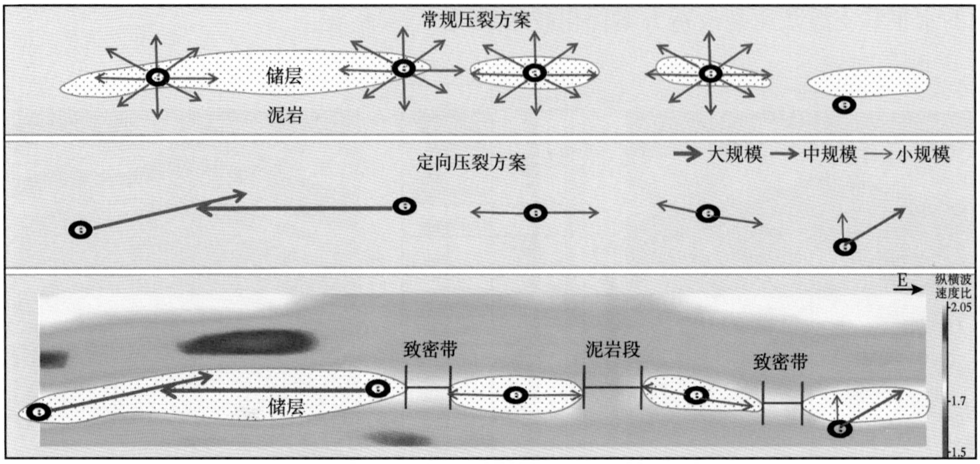

(b) 地震反演结果支撑定向射孔方向及规模确定示意图

图 9-6-8　基于地震地质工程一体化的水平井压裂改造方案支撑及优化

三、主要应用成效

1. 页岩油水平井油层钻遇率及原油产量显著提升

“十三五”期间，通过“两宽一高”地震勘探技术在鄂尔多斯盆地庆城页岩油勘探中的应用，攻克了黄土塬三维地震采集技术瓶颈，三维地震资料品质大幅度提升，通过页岩油“甜点”优选、水平井部署及导向，节约了页岩油勘探成本、提高了水平井钻遇率：

运用盘克三维，支撑完成 14 口水平井部署和地震、地质、工程钻井导向，其中，缓钻 3 口水平井，节约资金 1.14 亿元；完钻 11 口水平井，油层平均钻遇率由以往的 72% 提高到 87.5%，水平井单井平均年原油产量提高 6212t。

运用庆城北三维，支撑完成 25 口水平井部署和地震、地质、工程钻井导向，其中，缓钻 7 口水平井，节约资金 2.66 亿元；完钻 8 口水平井，油层平均钻遇率由以往的 69% 提高到 79.8%，水平井单井平均年原油产量提高 5614t。

运用庄 8 井三维，支撑完成华 H50-7 超长水平井的设计和随钻导向，完钻井深 6266m，水平段 4088m，刷新了国内陆上水平段最长纪录，砂层钻遇率达到 89.2%，油层钻遇率达到 75.6%。

2. 配合油田公司提交储量 10×10^{8}t，助力庆城大油田的发现

2019 年 9 月，配合油田公司提交庆城地区页岩油储量 10.518×10^{8}t，通过自然资源部终审，探明储量 3.588×10^{8}t，预测储量 6.93×10^{8}t，发现了庆城大油田，是我国在非常规石油勘探领域获得的重大突破。预计在“十四五”末每年贡献有望达到 500×10^{4}t 的原油产量，标志着国内首个百万吨级示范区即将建成，相当于新增一个中型油田。高精度三维地震勘探技术在庆城大油田的发现中发挥了重要作用，为长庆油田页岩油增储上产提供了有力的支撑。

10 亿吨级庆城大油田的发现，对保障国家能源安全发挥了重要作用，为新中国成立 70 周年献上一份厚礼，中央电视台等各级新闻媒体多次进行了专题报道和宣传。2017—2019 年，相关研究成果荣获中国石油油气勘探重大发现特等奖 2 项、一等奖 2 项、油气勘探重要成果一等奖 1 项，得到良好的社会效益和社会影响力。

第七节　非洲乍得 Bongor 盆地基岩潜山油气藏勘探

华北地台中—新元古界至奥陶系碳酸盐岩广泛发育，经历多期构造运动改造，尤其加里东运动造成地台的整体抬升和剥蚀，有利于碳酸盐储层的改造。渤海湾盆地古近纪整体的裂陷活动为大规模新生古储潜山的形成创造了条件，新近纪的坳陷沉积利于油气的形成和保存。潜山目的层主要包括蓟县系雾迷山组白云岩、寒武系府君山组白云岩、奥陶系等。

1972 年 12 月，渤海湾盆地济阳坳陷义和庄凸起北坡钻探的沾 11 井在奥陶系石灰岩中获得日产油近千吨。1975 年 7 月，冀中坳陷中元古界蓟县系雾迷山组白云岩钻获高产油流，初期单井日产油量 1000～3000t，从而发现了任丘潜山油田。此后国内迅速掀起了潜山油气藏勘探热潮。辽河坳陷于 1972 年开始勘探潜山油气藏，在西部凹陷发现了曙光、杜家台、胜利塘等中—新元古界潜山油田；1983 年在大民屯发现了东胜堡、静安堡等太古宇和中新元古界潜山油田。“九五”以来，黄骅坳陷发现了千米桥深层潜山；济阳坳陷潜山油气勘探也取得了巨大成果，发现并探明了富台油田，突破了桩海潜山、渤南深层潜山油气藏，探明了广饶、埕北和桩西潜山油气藏，潜山已成为我国重要的油气勘探领域。

经过多年大规模的持续勘探，较大规模的山头型块状潜山油藏已被发现殆尽。当前面临的勘探对象多为隐蔽深潜山、潜山内幕油气藏或新类型的潜山油藏，埋藏深，类型复杂，需要发展和丰富古潜山油气成藏理论，建立适合隐蔽潜山勘探的技术系列，形成隐蔽潜山油气成藏理论新认识及勘探关键技术。通过不断得探索和“两宽一高”三维地震采集实施，推动廊固凹陷杨税务、黄骅凹陷千米桥等潜山油气勘探取得新突破。将国内潜山的勘探理论和经验应用到非洲乍得 Bongor 盆地基岩潜山勘探取得重大突破。中西非裂谷系自 20 世纪 60 年代开始成为西方各大油公司勘探的热点地区，在一系列裂谷盆地中发现了中—新生界油气田，但受地震勘探程度、资料品质和地质认识的限制，一直没有针对前寒武系花岗岩基岩实施钻探，也没有获得任何商业油气发现。在乍得 Bongor

盆地“两宽一高”地震采集数据的基础上，联合应用数据规则化处理技术、高精度静校正技术、地表一致性处理技术、叠前四维去噪技术、低频补充技术、叠前时间/深度偏移技术和OVT域处理技术，形成了针对Bongor盆地强反转盆地高陡构造成像和花岗岩基底潜山内幕储层非均质性的地震处理技术系列，为Bongor盆地花岗岩潜山精细构造雕刻和潜山内幕储层描述提供了高品质的基础资料。2012年开始加强基岩潜山勘探，先后实施了三块“两宽一高”三维地震采集，连续发现了五个花岗岩潜山油藏，落实地质储量2×10^8t以上，为乍得1000×10^4t年产能建设提供了资源基础，也打开了中西非地区一个新的勘探领域。

下面以非洲乍得Bongor盆地基岩潜山勘探为例，从工区勘探概况、关键技术应用以及主要应用成效三方面说明。

一、概况

1. 基岩潜山

潜山指在盆地接受沉积前就已经形成的基岩古地貌山，被新地层覆盖而演变为潜山。“基岩”在沉积盆地中下伏在沉积盖层之下的变质岩或火成岩的组合，广义上也包含了孔隙极低或没有基质孔隙的沉积岩，基岩包含了不同时代的沉积岩、变质岩和火成岩。

花岗岩/变质岩潜山油气藏在油气勘探和开发中所占比重不大，在部分盆地也可成为重要的勘探目标，在我国东部的渤海湾盆地发现了几个花岗岩油田，规模和储量差异很大。非洲地区前寒武系花岗岩潜山油田主要分布在北非锡尔特盆地、苏伊士湾盆地，中非地区发现花岗岩潜山油藏的有邦戈尔盆地、穆格莱德等盆地（窦立荣等，2018）。

2. Bongor盆地基本情况

Bongor盆地位于乍得西南部、中非剪切带中段北侧，是受中非剪切带影响发育起来的中—新生代陆内裂谷盆地，盆地呈北西西走向，长约280km，宽40～80km，面积约$1.8\times10^4km^2$。盆地在早白垩世经历了强烈的断陷，具有典型的被动裂谷特征，晚白垩世强烈抬升反转，古近纪统一成盆。

Bongor盆地由北向南划分为北部斜坡、中央坳陷、南部隆起和南部坳陷，中央坳陷可以进一步划分为东部、中部和西部凹陷，其中南断北超的中部凹陷为最主要的构造单元（图9-7-1）。盆地内沉积了上万米的中—新生界陆相碎屑岩地层，包括下白垩统、古近系—新近系和第四系。下白垩统是盆地内主要的沉积充填期，最厚达10000m，下部深湖相M组和P组泥岩是主要烃源岩，为基岩潜山提供了丰富的油源和良好的区域盖层。

3. 勘探历程

中西非裂谷系自20世纪60年代开始成为西方各大油公司勘探的热点地区，在一系列裂谷盆地中发现了中—新生界油气田，但受地震勘探程度、资料品质和地质认识的限制，一直没有针对前寒武系花岗岩基岩实施钻探，也没有获得任何商业油气发现。

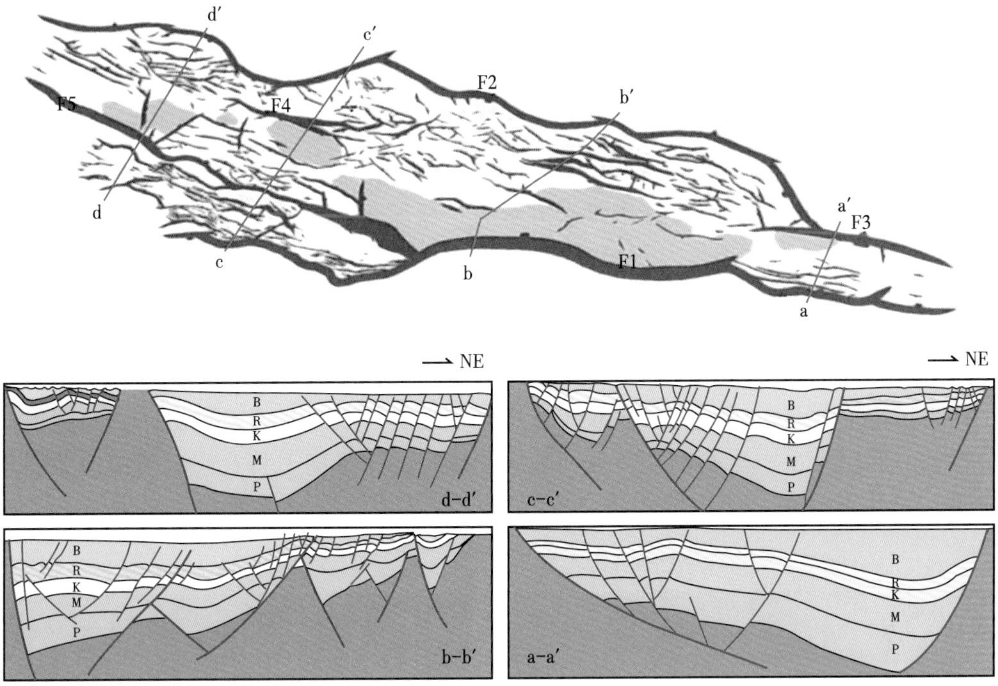

图 9-7-1 邦戈尔盆地构造单元划分图

4. 基岩潜山特征

1）潜山展布特征

Bongor 盆地花岗岩潜山主要分布北部斜坡区，以单面山为主，控山断层一般较陡，断面倾角在 50° 以上。潜山圈闭幅度、规模和平面展布特征受断层控制，其中 Baobab C 潜山、Mimosa 潜山、Pheonix 潜山和 Raphia 潜山受与盆地走向一致的北西西向北倾断层控制，Lanea E 潜山受近东西向南倾断层控制，潜山沿断裂带呈条带状展布。

2）基岩潜山储集空间

花岗岩在成盆前受断层、节理、构造部位、古地理和古气候条件等因素的影响，在不同区域和构造部位的风化程度和形成的古地貌也存在较大的差异，导致基岩中的孔隙类型多样。中非地区寒武纪—侏罗纪一直处于干旱气候，以物理风化为主，长期的风化剥蚀形成大面积的夷平面，构成了风化淋滤带。Bongor 盆地基岩储层的储集空间包括花岗岩破碎粒间孔、构造裂缝、溶孔、节理缝和微裂缝等。

5. 潜山储层分类

在系统进行岩心观察、岩性分析、毛细管压力曲线特征、常规测井和地层微电阻率扫描成像资料研究的基础上，将潜山储层划分为孔隙型和裂缝型。

1）孔隙型储层

该类储层主要由受物理风化的花岗岩砾石组成，砾石大小差异大，棱角状，结构成熟度非常低，非均质性强，风化现象明显，主要发育在潜山顶部，储集空间以破碎粒间孔为主。同时，溶蚀形成的晶间孔隙也是重要的储集空间。在钻井过程中扩径明显，钻井液漏失严重。

2）裂缝型储层

该类储层岩石结构完整，天然裂缝发育，裂缝包括节理缝、构造裂缝，以张开的网状或高角度的裂缝群为主。裂缝中常被方解石、绿泥石和铁质不同程度地充填。沿裂缝（隙）周围的矿物（主要为角闪石和长石）有溶蚀现象，在岩心及薄片中可以见到孔洞呈串珠状和裂缝共存，储集空间包括裂缝和溶蚀孔洞。

6. 储层序列特征

在系统解剖 Bongor 盆地 Baobab C-2 井的基础上，综合花岗岩潜山储层的储集空间组合特征、储层类型、岩石物理特征和地震响应特征，垂向上将花岗岩潜山储层划分为四个带：风化淋滤带，溶蚀缝洞带，未充填—半充填裂缝发育带和致密带（图 9-7-2、图 9-7-3）。

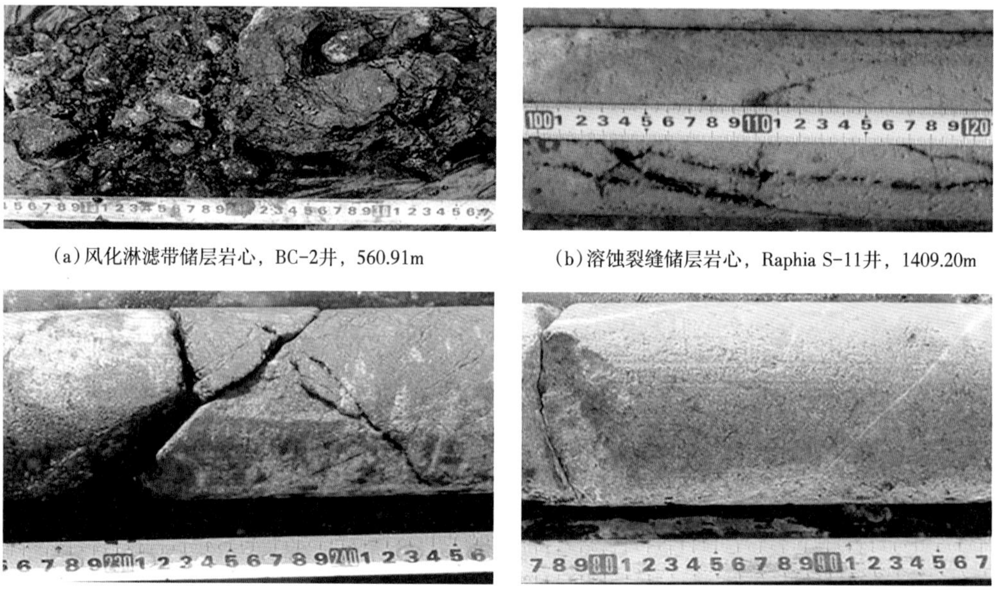

(a) 风化淋滤带储层岩心，BC-2井，560.91m　(b) 溶蚀裂缝储层岩心，Raphia S-11井，1409.20m

(c) 裂缝型储层岩心，BC-2井，1107.40m　(d) 致密型储层岩心照片，BC-2井，1300.9m

图 9-7-2　花岗岩潜山岩心照片（Baobab C-2 井）

1）风化淋滤带

风化淋滤带由物理风化的花岗岩质棱角状巨石—颗粒组成，主要分布在潜山表面相对平缓的构造部位或陡坡低部位，花岗岩颗粒粒度差异巨大，储层物性变化大，非均质性强。花岗岩巨砾的裂缝开度 0.09～6mm。总孔隙度在 8% 以上，最高达到 30% 以上，具有很好的储集性能。

2）溶蚀缝洞带

溶蚀缝洞带主要分布在花岗岩潜山潜水面以上构造部位和地下水流动持续活跃的断

裂带附近，沿花岗岩裂缝两侧大量稳定性不高的矿物和断层破碎带遭受溶蚀形成孔洞，与之对应的储层连通性好，是有利储层的重要组成部分。

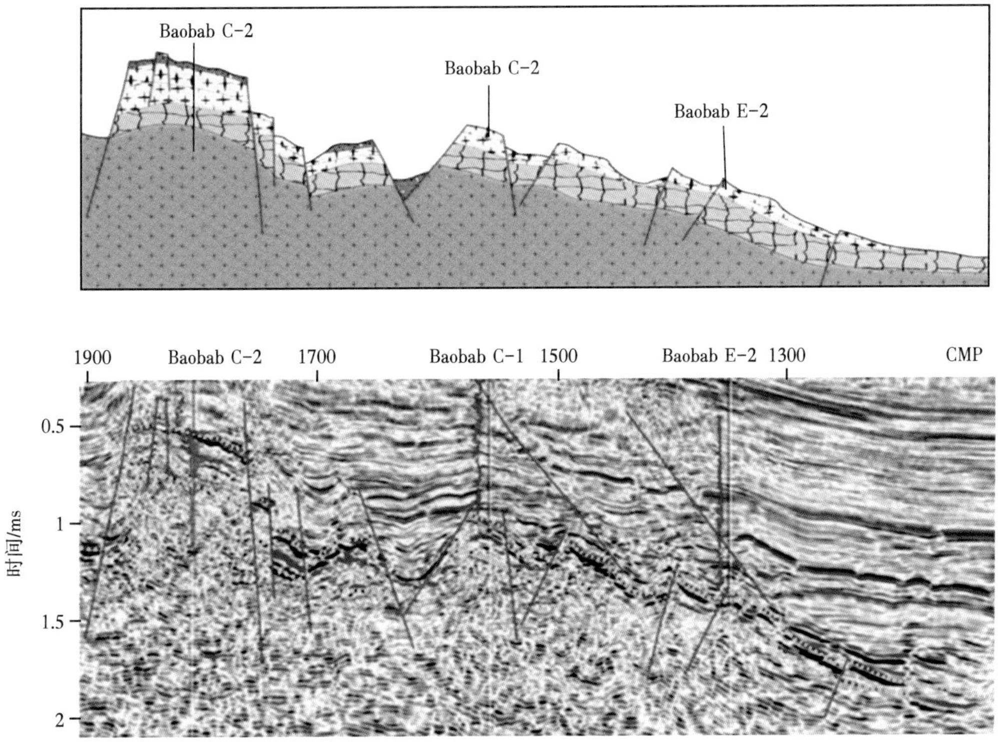

图 9-7-3 基岩潜山储层序列发育模式图（上）及地震响应（下）（据窦立荣等，2018）

绿色虚线为潜山顶面，蓝色虚线为推测的潜山储层底面

3）未充填—半充填裂缝带

该带岩石结构完整，裂缝偶有发育，以高角度缝为主，溶蚀现象不明显，并且基本被方解石等热液成因的自生矿物充填。该带与上覆的缝洞发育带之间是过渡关系，界面不明显，地层层速度约 6000m/s。裂缝密度 0～3 条 /m，裂缝开度 0.01～0.5mm，裂缝孔隙度 0%～0.03%。测井解释的总孔隙度小于 3%，试油一般为干层。

4）致密带

该带岩石结构完整，一般不存在天然裂缝，以持续的钻井诱导雁列状裂缝为特征，不存在任何流体流动的通道。该带与上覆的半充填裂缝带之间界面不明显。

二、关键技术应用

1. 基岩潜山地震处理技术

在乍得 Bongor 盆地“两宽一高”地震采集数据的基础上，联合应用数据规则化处理技术、高精度静校正技术、地表一致性处理技术、叠前四维去噪技术、低频补充技术、叠前时间 / 深度偏移技术和 OVT 域处理技术，形成了针对 Bongor 盆地强反转盆地高陡构造成像和花岗岩基底潜山内幕储层非均质性的地震处理技术系列、资料处理技术流程和 QC 体系。为 Bongor 盆地花岗岩潜山精细构造雕刻和潜山内幕储层描述提供了高品质的基础资料。常规三维与"两宽一高"地震资料的成果对比，"两宽一高"三维成果断层和潜山顶面成像得到改善，构造形态更准确，波组特征更清楚（图 9-7-4）。常规三维成果与"两宽一高"资料的频谱对比，后者的处理成果低频信息更加丰富，目的层频带拓宽，主频得到明显提高（图 9-7-5）。常规采集老资料潜山段频宽 10～55Hz，主频 30Hz 左右；"两宽一高"新资料频宽 4～60Hz，主频 35Hz 左右。新采集资料相比老资料频宽拓展 11Hz 左右，主频提高了 5Hz 左右，尤其是低频的拓展为后续构造解释及储层预测奠定了良好的资料基础。

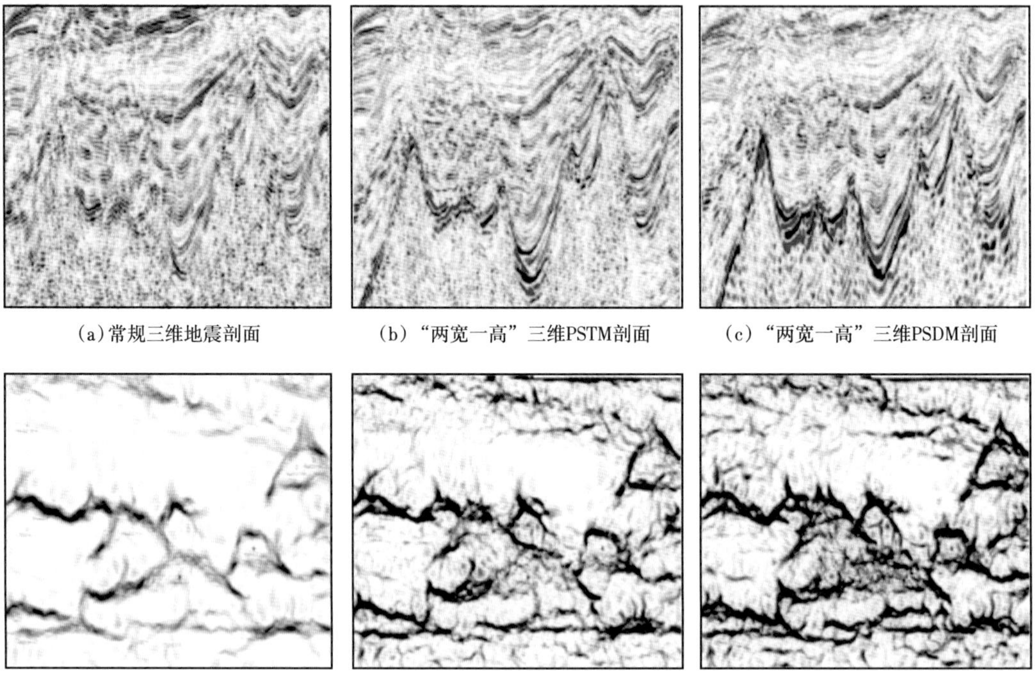

(a) 常规三维地震剖面　(b)"两宽一高"三维PSTM剖面　(c)"两宽一高"三维PSDM剖面

(d) 常规三维体潜山顶面曲率切片图　(e)"两宽一高"三维PSTM曲率切片图　(f)"两宽一高"三维PSDM曲率切片图

图 9-7-4　常规三维成果（上）与"两宽一高"成果（下）综合对比图

由于低频地震波具有较强的穿透能力，深层花岗岩潜山构造成像精度较常规三维有了明显的提升

2. 花岗岩潜山储层预测技术

1）技术流程与关键技术

针对 Bongor 盆地花岗岩潜山储层似层状、储层空间复杂组合关系和界面模糊等地质特征，制定了基于多学科、多种资料的多级属性—地震反演联合储层预测技术对策和流程（图 9-7-6），储层预测关键技术包括：岩石物理研究及特征曲线优选技术；时间—频率域地震属性优选与分析技术；基于古地貌的地震属性融合技术；地震反演储层预测技术；OVT 域叠前多维裂缝预测技术；地震、钻杆测试（DST）、FMI 综合评价技术。

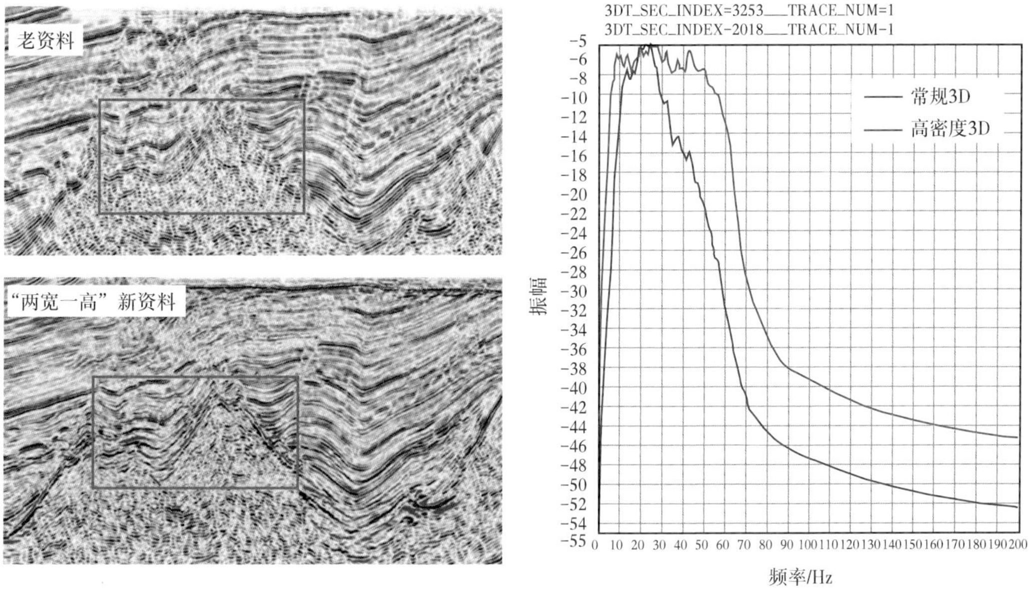

图 9-7-5 常规三维成果与“两宽一高”成果频谱对比

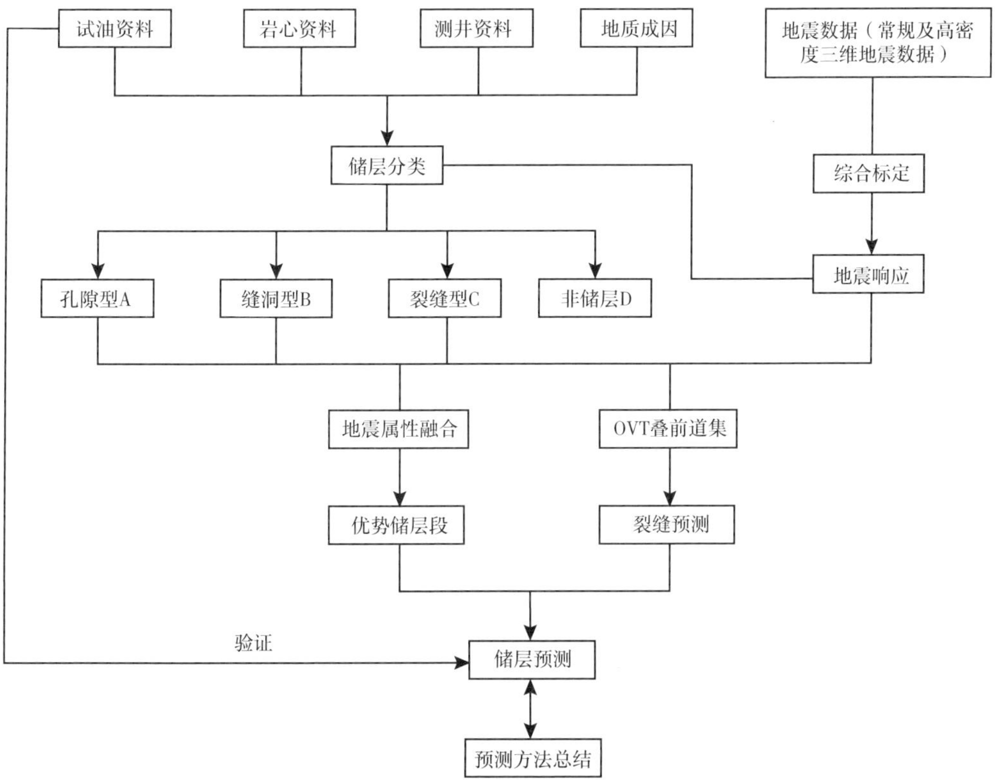

图 9-7-6 花岗岩潜山储层预测流程图

技术流程包括了有利储层预测和裂缝预测的关键环节，储层预测的关键技术是地震反演和基于古地貌的多属性融合，裂缝预测的核心技术是基于 OVT 数据的叠前多维裂缝预测。

Bongor盆地的花岗岩潜山岩性为花岗岩—花岗片麻岩，来源于大型块状侵入体，岩性均匀稳定，力学参数相近或相同，受构造活动、风化淋滤和溶蚀作用的改造，形成了不同类型的储层，具有不同的地球物理参数特征（表9-7-1），以Baobab C-2井为基准井，综合其他构造带储层储集空间组合特征、储层类型、岩石物理特征和对应地震响应特征，垂向上将花岗岩潜山储层序列划分为四个带：风化淋滤带，缝洞发育带，未充填—半充填裂缝发育带和致密带。储层序列组合关系和厚度分布在不同的潜山带有所差异，在地震资料上也呈现出不同的反射特征和延伸范围。

表9-7-1 花岗岩储层类型及其参数一览表

储层带	声波时差/(μs/ft)	速度/(km/s)	密度/(g/cm^3)	声阻抗/($10^3g/cm^3$×m/s)
风化淋滤带（A）	65～85	3.6～4.7	2.45	8.8～11.5
溶蚀缝洞带（B）	50～65	4.7～6.1	2.55-2.65	11.5～12.5
裂缝发育带（C）	50＋	6.0	2.60	15.6
致密带（D）	50	6.0	2.70	16.2

2）储层预测技术

（1）时间—频率属性储层预测技术。

时间—频率属性分析技术用于研究储层参数和变化在时间域和频率域地震属性之间的关系和变化特征，单独或联合预测储层平面分布、评价储层储集性能。

①谱分解技术。通过对比分析储层厚度、储层类型及其组合关系地震响应和频率变化特征，为储层地震预测技术和方法的优选提供依据。在“两宽一高”低频段地震资料上，有利储层表现为中—低连续、中—强振幅响应为特征（图9-7-7），这种内幕储层中—低连续的地震响应特点，说明孔隙及溶蚀孔洞储层成片、呈带状分布，具有一定的分布范围，与下伏裂缝型储层存在物性界面。而裂缝型储层在低频单频体剖面上为散点状或带状异常，与下伏储层无明显的物性或岩性界面，Baobab C-1井、Baoba C-2井、Baoab E-1井钻井揭示储层与5Hz单频体剖面一致。

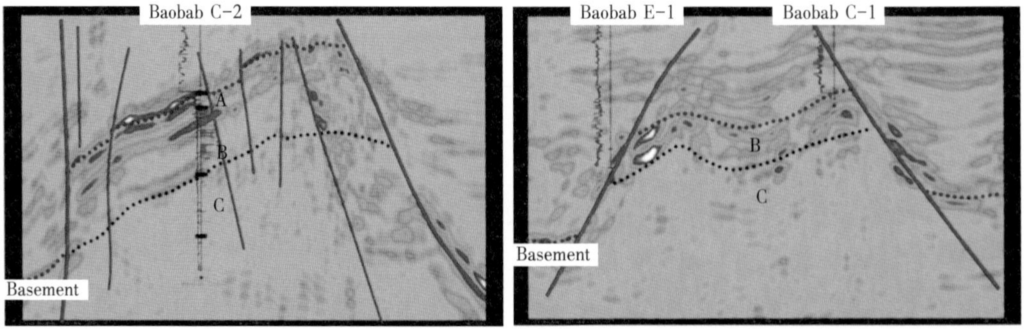

图9-7-7 单频体连井剖面图（5Hz，蓝色—声波时差曲线；粉色—孔隙度）

②振幅谱梯度属性技术。振幅谱梯度属性技术是利用地震资料的振幅属性随频率变化速率来预测储层的综合性地震储层预测技术，该属性仅与地层的渗透性和流体物理性质相关，应用这项技术能较好地识别储层分布，定性—半定量预测评价储层。图 9-7-8 为过 Baobab C-2 井振幅谱梯度剖面，风化淋滤带孔隙型储层发育段在振幅谱梯度剖面上表现为连续的强振幅特征（A 型储层）；缝洞型储层发育带表现为连续性差的中—弱振幅特征（B 型储层）；裂缝型储层为不连续点状弱振幅异常特征（C 型储层）。利用振幅谱梯度属性能较好地预测不同类型储层的分布。

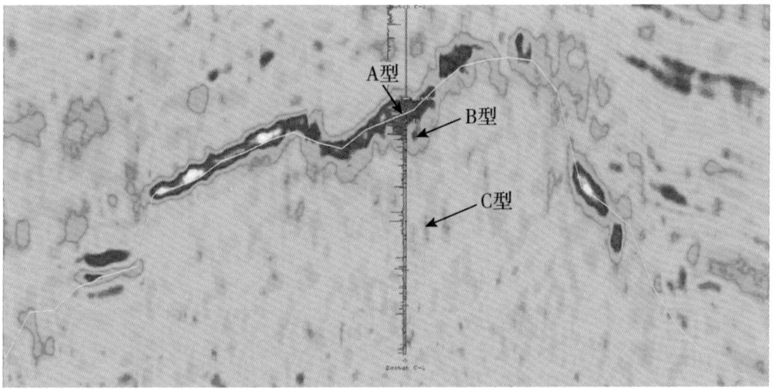

图 9-7-8 过 BaobabC-2 井振幅谱梯度剖面图

（2）基于古地貌特征的多信息融合储层预测技术。

花岗岩潜山储层的形成和发育除了与花岗岩矿物组成有关以外，构造运动及其形成的古地貌对储层的形成和保存都有重要的控制和影响。基于古地貌的多属性融合技术，对花岗岩潜山储层敏感地震属性和古地貌参数之一的构造倾角参数进行融合，形成了以振幅属性、瞬时频率属性和花岗岩潜山古地貌参数三种数据联合研究思路和计算方法：

$$F(a, f, d)=(a \times f^{n})/d \quad (9\text{-}7\text{-}1)$$

式中 a——振幅属性；

f——瞬时频率；

d——层面倾角；

n——常数。

应用属性融合数学计算公式，完成振幅属性、瞬时频率和倾角网格数据的计算，形成包含了岩性、物性和构造倾角的融合属性，编制相应的属性平面图，分析验证属性变化特征及其与已知钻井揭示优势储层对应关系。

花岗岩孔隙型、缝洞复合型储层从岩石物理分析来看，与裂缝型储层相比具有高频异常的地震响应特征。从花岗岩潜山储层频率属性分布图上可以看出，优势储层发育的 Phoenix S-3 井和 Raphia S-10 井位为高频异常，优势储层不发育的 Mimosa E-2 井和 Baobab SE-3 井位没有高频异常，这与优势储层岩石物理分析结果是一致的。

花岗岩潜山储层地质成因分析表明，古地貌形态对潜山优质储层分布具有重要影响，在潜山古地貌形态平缓部位，有利储层发育；在潜山古地貌高陡的构造部位，储层欠发育，有利储层主要发育于平缓顶部及缓坡上部。从花岗岩潜山储层地层倾角属性分布图上可以看出，储层发育的 Phoenix S-3 井和 Raphia S-10 井位于地层倾角较小的地区，储层不发育的 Mimosa E-2 井和 Baobab SE-3 井位于地层倾角较大的地区，验证了古地貌对花岗岩潜山有利储层发育的影响。综合上述分析表明，风化淋滤带和缝洞发育带为主的有利储层形成或存在于古地貌形态地层倾角较小的地区，具有强振幅、高频异常地震响应特征。根据分析结果，在综合地质成因特征、地震响应特征的基础上，构建了基于地震响应和潜山形态的地震融合属性，预测花岗岩有利储层段的分布。

3）地震反演技术

对比潜山不同类型储层的岩石物理特征，应用稀疏脉冲反演完成潜山段波阻抗反演，形成波阻抗数据体；再根据岩石物理分析和交会结果，优选敏感参数，逐步确定、优化风化淋滤带储层特征，预测风化淋滤带储层的平面展布特征。图 9-7-9 为花岗岩潜山地震波阻抗反演剖面，靠近潜山顶面绿色低阻抗区为有利储层发育区，与下伏高阻抗地层能够明显区分开，可较好预测风化淋滤带和溶蚀缝洞型有利储层的分布特征。

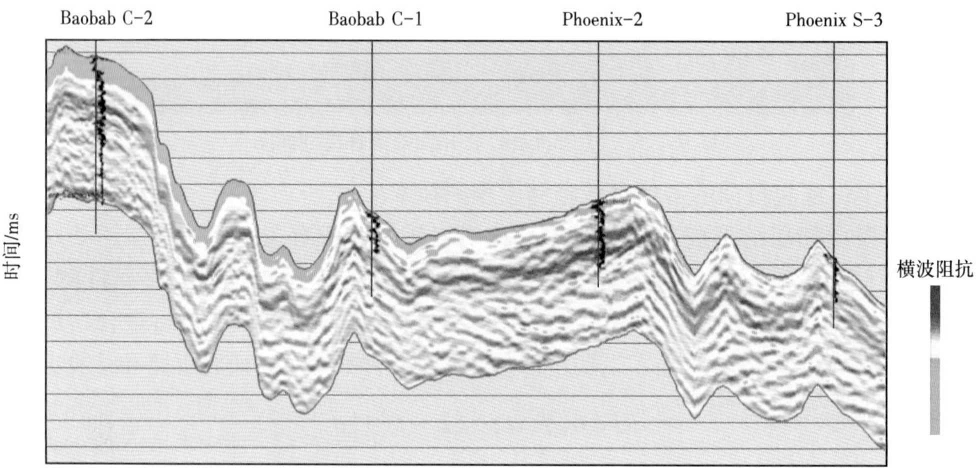

图 9-7-9 花岗岩潜山地震波阻抗反演剖面

3. 基岩潜山裂缝预测及评价技术

1）裂缝地质特征

在花岗岩潜山暴露地表的期间，除了在潜山表面形成厚度不等的风化淋滤带，在潜山内部裂缝中还有大量的溶蚀作用。沿裂缝表面稳定性较低的暗色矿物（角闪石、黑云母）和长石被溶蚀，扩大了裂缝宽度，改善了潜山上部或表层裂缝发育带的储集能力和连通性。

花岗岩潜山裂缝在常规测井资料上，裂缝集中发育带为脉冲状或块状低电阻率、低声波时差和低密度特征，规律性不明显。在 FMI 成像及倾角测井图上，不同角度的裂缝具有明显的差异（图 9-7-10）。通过对 FMI 成像测井裂缝解释结果的统计，本区裂缝主要有两组，一组为北东—南西走向，倾向西北；一组为北西西—南东东走向，倾向北北东（表 9-7-2）。

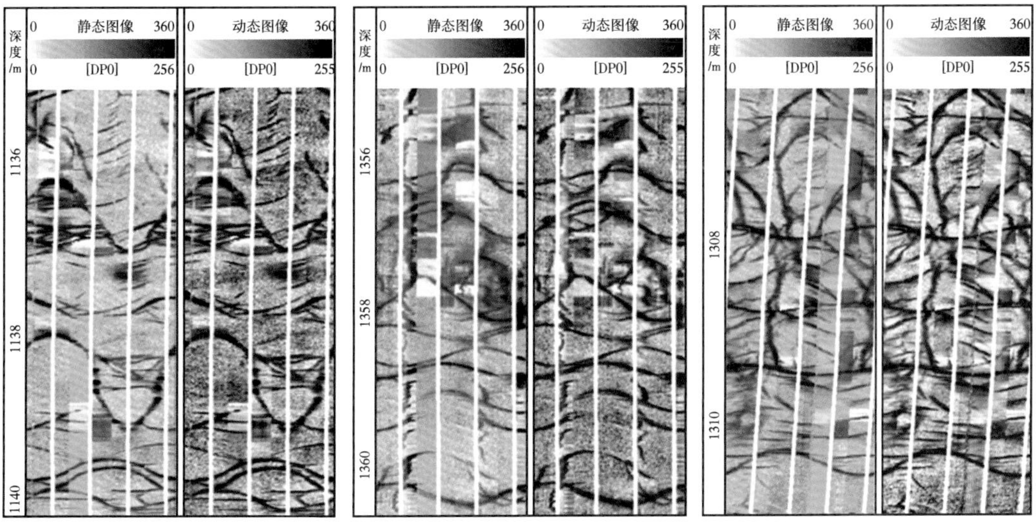

(a) 高角度裂缝　(b) 中低角度裂缝　(c) 网状裂缝

图 9-7-10　裂缝 FMI 特征对比图

表 9-7-2　花岗岩潜山裂缝产状要素统计表

井号	井段/m	倾向	走向	倾角/(°)
Lanea E-4	970~1300		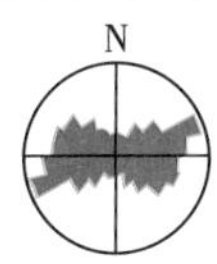	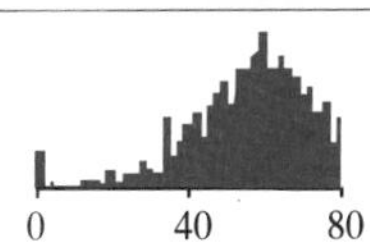
Lanea SE-1	810~1290	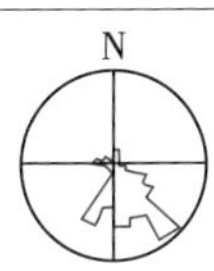		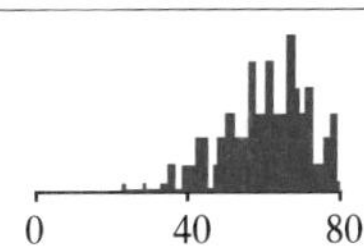
Raphisa S-10	1560~1900	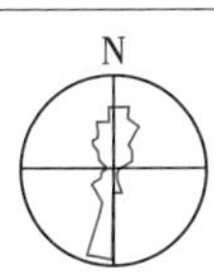	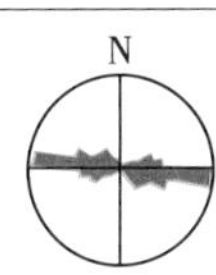	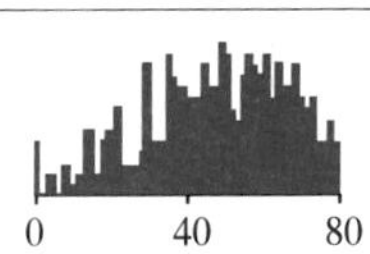
Mimsoa E-1	1070~1400	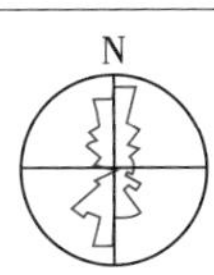	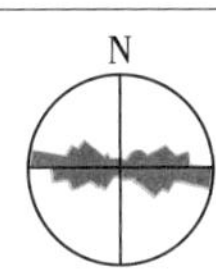	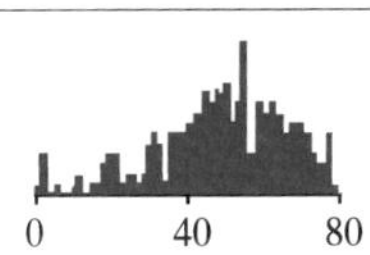
Baobab SE-3	2170~2270	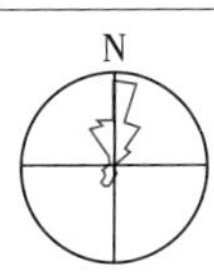	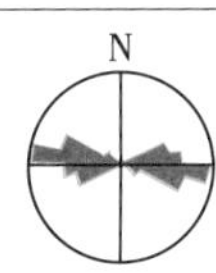	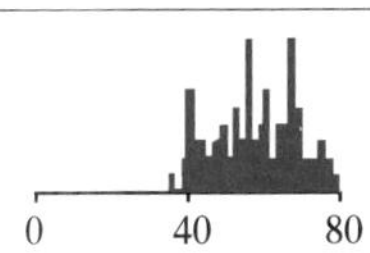

2）叠前多维地震裂缝预测技术

地层存在一定规模的平行—准平行分布的高角度裂缝时，地层呈现出明显的方位各向异性。地震波沿垂直裂缝走向（通过方位角表征）传播时，随着炮检距的增大地震反射波上呈现出振幅最强且不均匀变化、速度最小和振幅—频率衰减最强的特征，这些变化特征随方位角 θ 的变化表现出一定的周期性；地震波沿平行裂缝走向（通过方位角表征）传播时，地震反射波随着炮检距的增大呈现出振幅最弱且均匀变化、速度最大、振幅—频率衰减最弱的的特征，这些变化特征随方位角的增大（0°～360°）呈现出一定的周期性变化特征（图 9-7-11），图中 R 为反射系数，θ 为方位角，A 和 B 是与入射角相关的简化参数，与方位角无关，其中 $A+B$ 代表椭圆长轴，$A-B$ 代表椭圆短轴。利用这个原理分析地震资料的分方位地震属性，就可以检测出裂缝的延伸方向和裂缝发育区带。基于“两宽一高”地震资料的叠前多维地震裂缝预测技术是近年来发展起来的新技术，文献调研表明，有关花岗岩潜山叠前多维地震裂缝预测的技术方案和成功的实例非常罕见，没有形成有效的地震裂缝预测技术流程和规范，无先例可循，所有工作均是在探索、应用、总结和完善中开展。

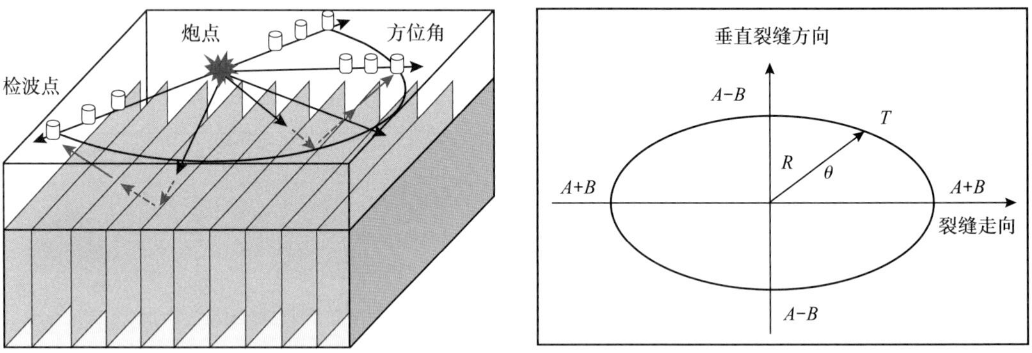

图 9-7-11 地震裂缝预测原理图

结合 Bongor 盆地花岗岩基岩潜山裂缝岩心研究、区域地质、构造解释、电缆测井与 FMI 的研究成果，以及“两宽一高”地震勘探技术特征，以 GeoEast-ET 为平台，首次建立了基于“两宽一高”地震资料为特色的叠前多维地震裂缝花岗岩潜山裂缝预测评价技术流程（图 9-7-12）。

（1）Snail 道集分析技术。

经过 OVT 域偏移处理得到一系列 Snail 道集，提供了更为精细的方位角划分，方位各向异性特征反映更为明显。在进行叠加成像前，需要消除方位各向异性的影响。通过系统对比分析（图 9-7-13），第一，优选地震资料信噪比高的偏移距范围，确保裂缝预测结果的可靠性，在 Lanea 地区炮检距 800～2000m 范围信噪比较高，Phoenix 地区炮检距范围为 900～2300m，Baobab C 地区炮检距范围为 400～3000m；第二，在炮检距范围内的地震数据，通过对比炮检距与地震属性的变化，分析地震属性随方位角的变化规律，确定反映裂缝发育特征的主要方位角范围（图 9-7-14、图 9-7-15）。为了确保裂缝模拟中有足够的样本数，具有比较稳定的模拟参数，在能够反映裂缝特征的前提下，尽可能地扩大炮检距的范围和方位角的范围，为各向异性校正、数据叠加、偏移成像及全区裂缝预测提供参数和评价依据。

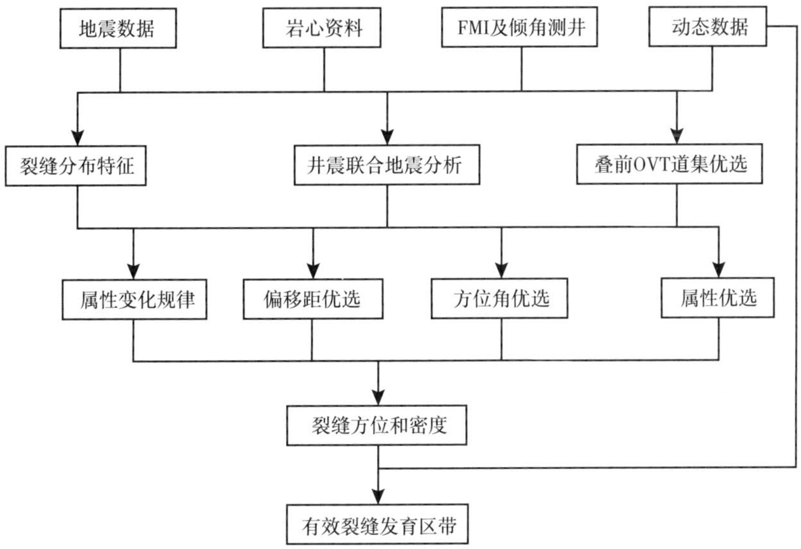

图 9-7-12　叠前多维地震裂缝预测技术流程图

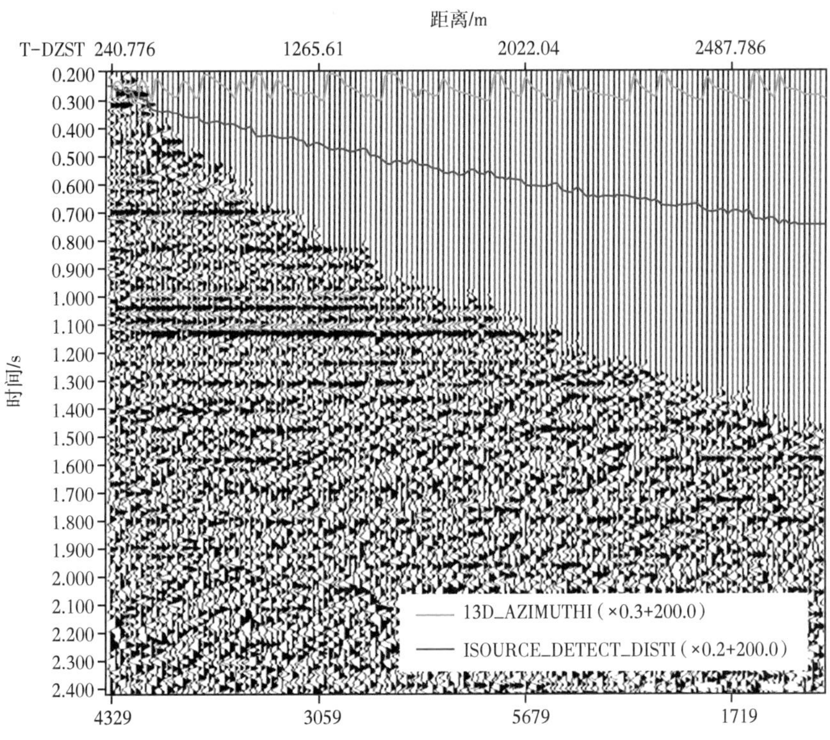

图 9-7-13　Baobab C 三维区 Snail 道集（红线—炮检距，绿线—方位角）

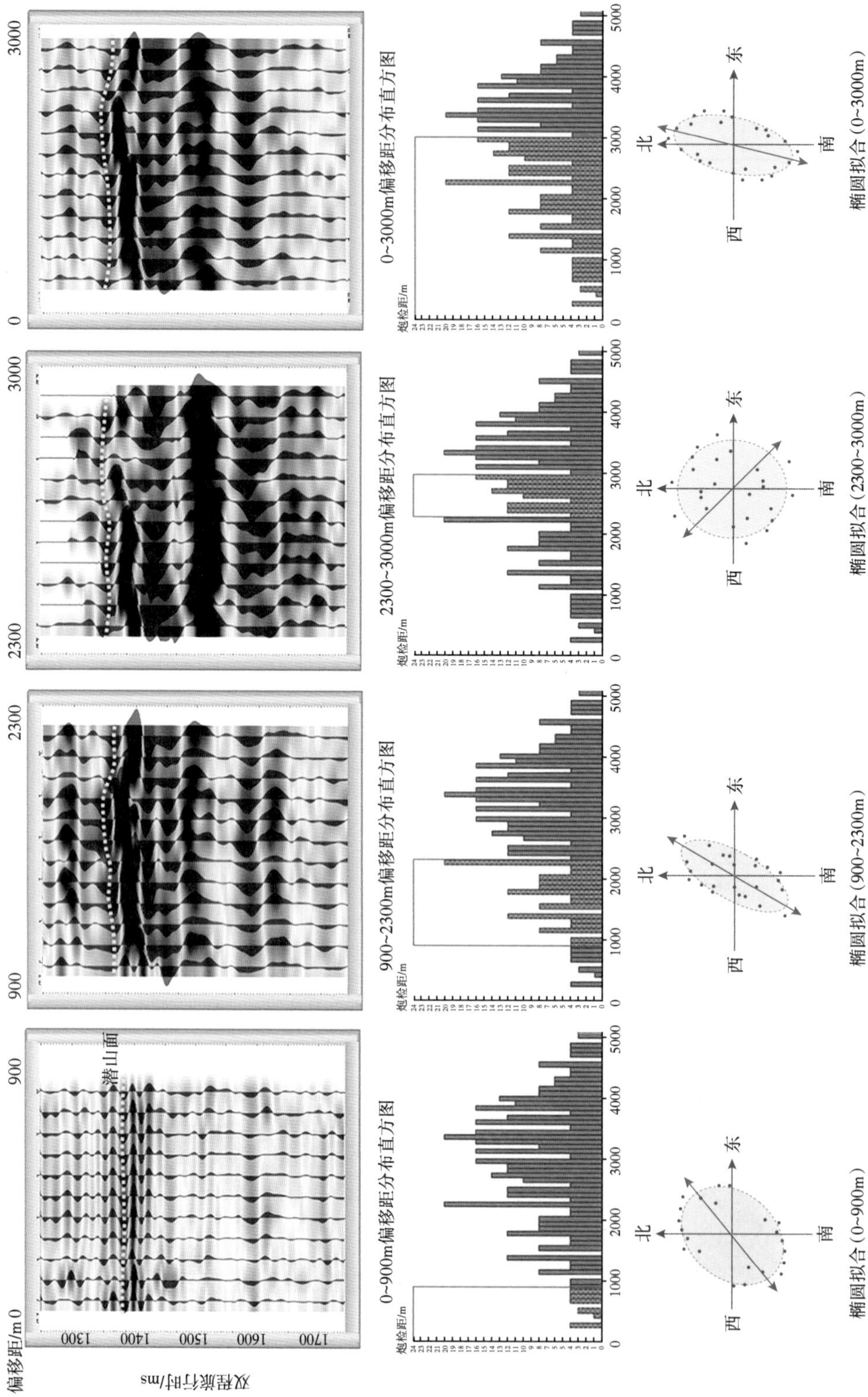

图 9-7-14　不同炮检距、方位角对比优选图

上：0、900m、2300m、3000m不同炮检距道集和0~3000m道集；中：0、900m、2300m、3000m不同炮检距振幅特征和0~3000m振幅特征；下：0、900m、2300m、3000m方位角振幅分布和0~3000m振幅分布

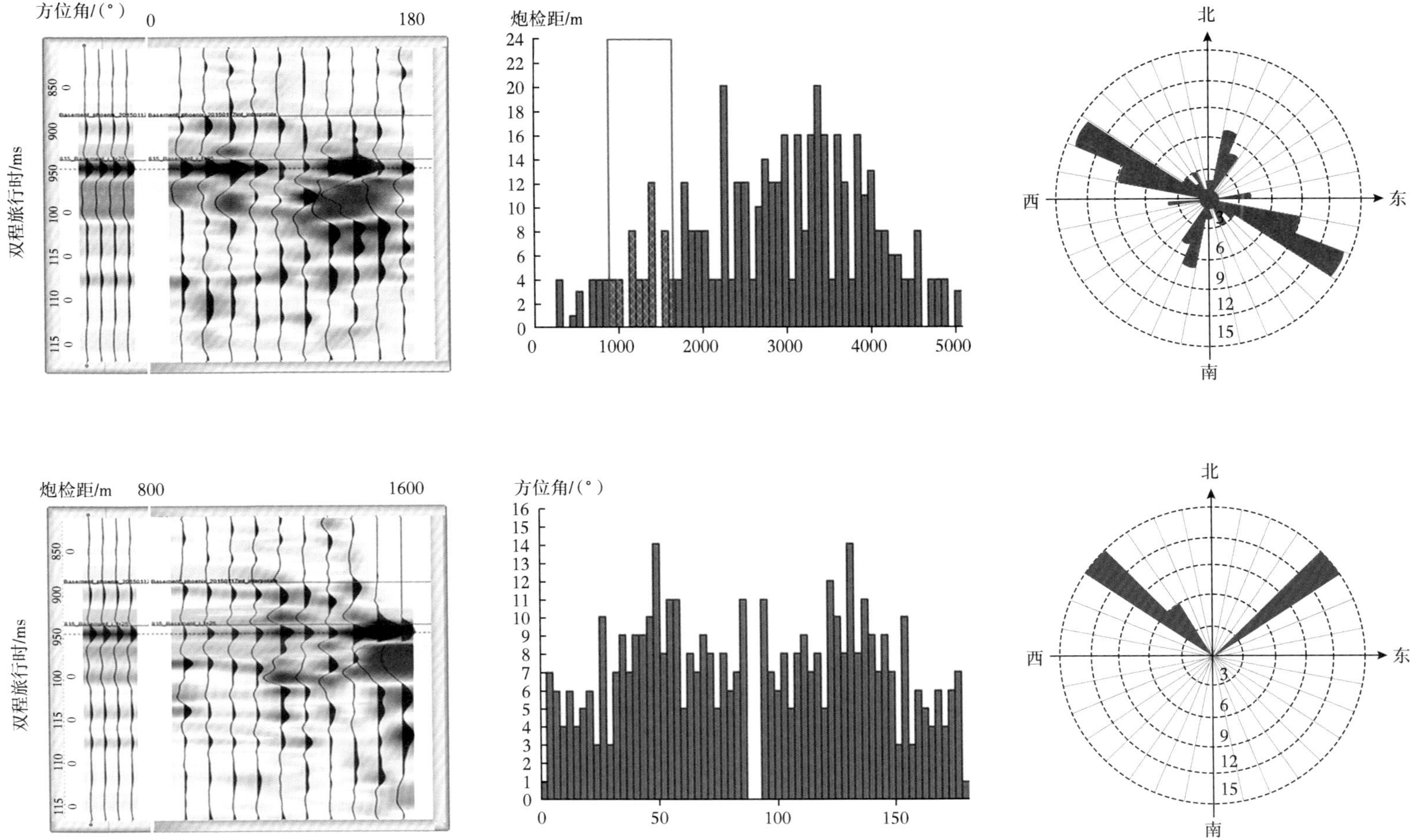

图 9-7-15 Raphia S-3井井震协同裂缝模拟图

上：方位角域和炮检距域优选道集；中：优选的炮检距和方位角参数；下：地震裂缝预测与FMI对比

（2）炮检距—方位角参数联合分析技术。

与构造相关的高角度裂缝具有清晰的方向性，走向与断层平行或小角度相交，具有一定的规模，平面分布上呈条带或片状分布，这样的裂缝对油藏的形成和开发生产具有实际意义，是裂缝预测的主要目的和研究内容。

在裂缝预测之前，对OVT域Snail道集炮检距分析主要根据目的层的埋深确定炮检距的范围，剔除信噪比不高、静校正存在一定残余的近道和远道地震资料，优选出信噪比高、静校正残余少，深—浅层影响小的炮检距范围之内的地震资料，开展裂缝预测拟合研究。对不同炮检距振幅变化特征模拟结果的对比（图9-7-17），裂缝模拟结果的可靠性对炮检距范围的变化非常敏感，在振幅模拟结果上样点越集中均匀分布在椭圆线上或附近，表明模拟结果可靠，集中程度越高，预测结果越可靠。

（3）井—震协同裂缝预测技术。

井—震协同裂缝模拟研究充分利用岩心资料、FMI资料、倾角测井资料和常规电缆测井数据、试油试采资料和“两宽一高”地震资料，开展多学科裂缝预测研究，为全区裂缝预测与评价提供必要的参数。在Phoenix地区Raphia S-3井开展井震协同裂缝模拟技术研究与分析表明，在900～2300m炮检距范围内，地震资料信噪比高，FMI成像测井识别裂缝延伸方向与地震振幅变化特征对应关系最明显，裂缝方位角预测结果与成像测井识别裂缝方位结果具有较高的一致性，说明叠前多维属性裂缝预测技术的可行性和预测结果的可靠性。

（4）地震、钻杆测试（DST）、成像测井（FMI）一体化裂缝有效性评价技术。

对Bongor盆地北部斜坡花岗岩潜山的岩心、FMI测井、试油试采和电缆测井资料裂缝参数的统计分析表明（图9-7-16、表9-7-3），在北西—南东向走向裂缝发育的层段，

井名	产量	劈分产量	曲线	成像测井	主要裂缝方向
Raphia S-10	日产油 227m³	日产油 227m³ 采油指数：2.1m³/(d·m·MPa)	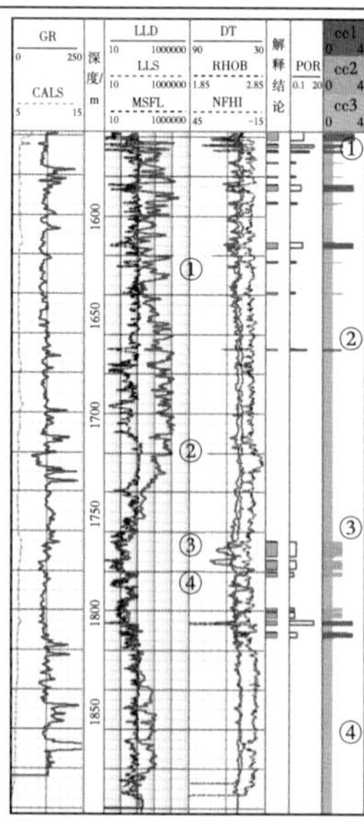	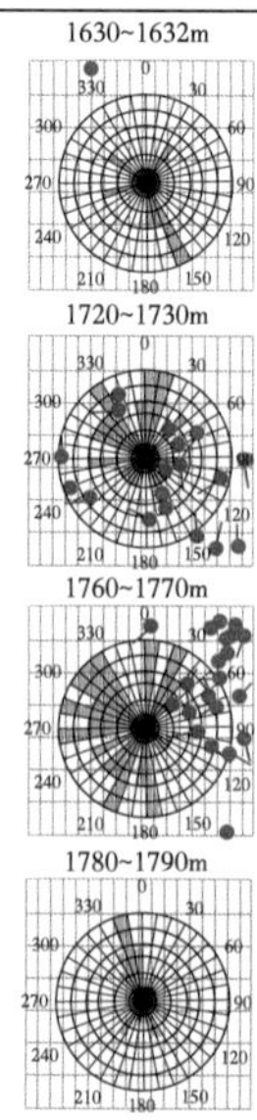	北西向 北东向

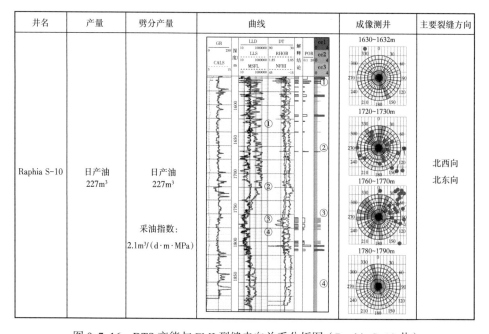

图9-7-16　DTS产能与FMI裂缝走向关系分析图（Raphia S-10井）

产液指数比仅有北东—南西向裂缝储层发育井段的高出了一个数量级，北西—南东走向裂缝的产液能力比北东—南西走向裂缝的产液能力要高；以 Raphia S-10 井为裂缝型油藏典型，计算裂缝储层采油指数，作为其他井试油或试采井油层产量辟分的依据，完成各井不同储层类型段、裂缝发育段或亚段的划分及产能评价，为产能与裂缝关系的分析提供定量依据，完成各井产量辟分和产液指数的计算。

表 9-7-3 花岗岩潜山 DST 数据与裂缝走向分析成果简表

井名	井段 /m	裂缝走向	产能 /（m^3/d）	备注
Raphia S-10	1620～1890	北西—南东	227.0	产层分布不均
Phoenix S-3	1000～1230	北西—南东	591.0	产层均匀
	1230～1500	北东—南西	3.4	
Lanea E-2	835～920	北西—南东	492.6	产层集中顶部
	920～1160	北东—南西	2.2	
Baobab C-3	1445～1490	北西—南东	296.0	零星产层
	1490～2000	北东—南西	33.0	

该方法为 Baobab、Mimosa 和 Lanea 等北部斜坡花岗岩潜山储层预测、开发评价和储量计算提供了详实的基础资料。Phoenix S-3 井裂缝纵向发育在浅层，发育密度差异较大，北西—南东向（330°～150°）走向为主，产能贡献大，北东—南西向（30°～210°）次之。与 Raphia S-10 井情况类似，优质储层及大部分产液主要集中在上部储层段，该段裂缝走向以北西—南东向占主导，而在下部裂缝走向为北东—南西向的井段产能不高。Lanea E-2 井和 Baobab C-3 井产能与裂缝关系也具有类似的特征。

（5）花岗岩潜山裂缝发育特征。

在乍得 Bongor 盆地，利用“两宽一高”三维地震数据，应用具有自主知识产权的 GeoEast Easy Track 软件平台的叠前多维地震裂缝预测技术，在前述技术方案的基础上，完成了 Baobab C、Phoenix 和 Lanea 等地区的花岗岩潜山裂缝储层预测（图 9-7-17 至图 9-7-19）。从宏观上看，裂缝的分布均与断层相关。在裂缝发育强度平面图上，红色的高值区均分别在断层附近，两组断层交会区域断层强度最大，说明裂缝预测结果符合构造裂缝形成的力学机理和地质特征。

①预测结果可靠性分析。典型井区预测结果与 FMI、试油试采资料具有良好的相关性，说明预测结果可靠性较高。在 Phoenix S-3 井、Raphia S-10 井、Raphia S-8A 井和 Mimosa E-2 井裂缝预测结果上，单井裂缝预测结果与 FMI 玫瑰花图具有很高的一致性。叠前多维地震裂缝预测的裂缝强度高值区试油产能都比较高，如位于裂缝强度高区的 Phoenix S-3 井试油产能为 3744bbl/d、Raphia S-10 井试油产能为 1432bbl/d，位于裂缝发育强度低值区的 Raphia S-8A 井试油为干层、Mimosa E-2 井试油产能为 4.6bbl/d。

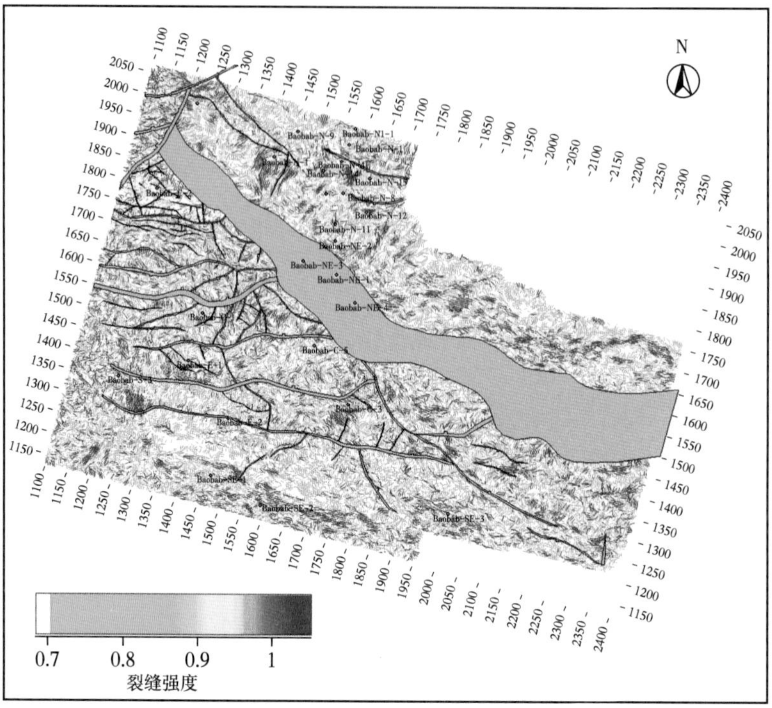

（a）裂缝展布图

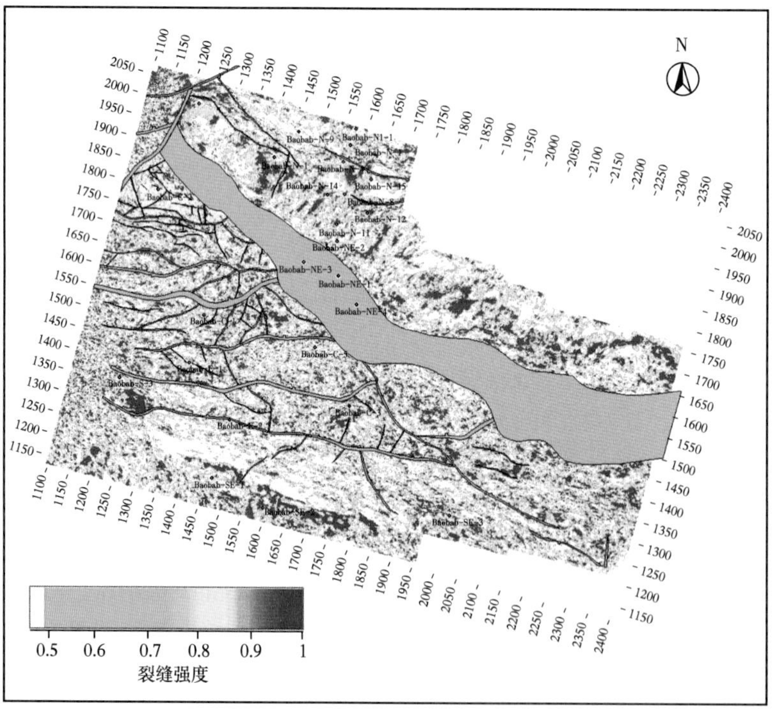

（b）裂缝强度图

图 9-7-17　Baobab C 地区裂缝预测成果图

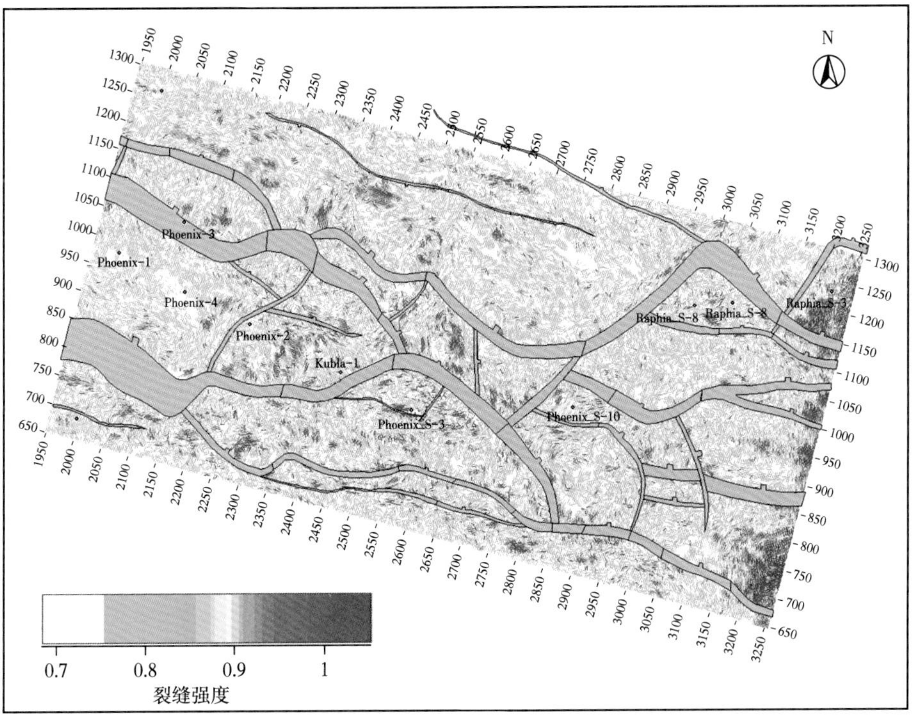

(a)裂缝展布图

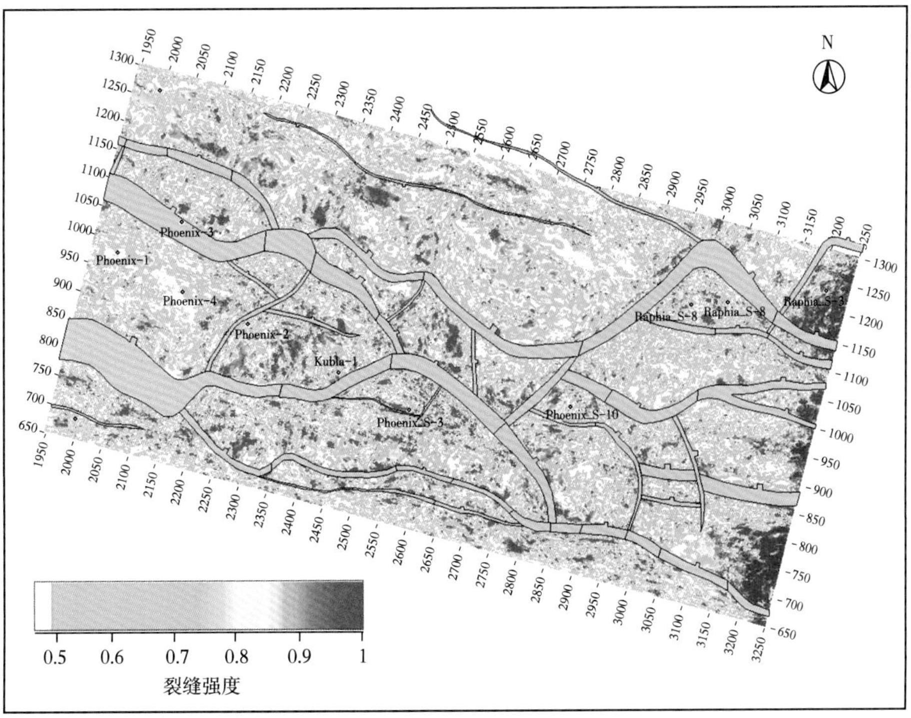

(b)裂缝强度图

图 9-7-18　Phoenix 地区裂缝预测成果图

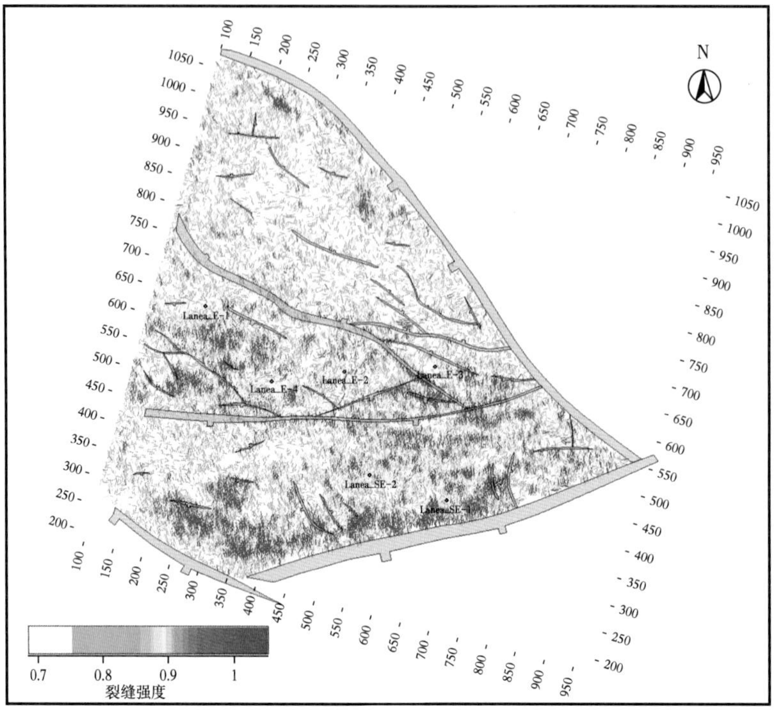

(a)裂缝展布图

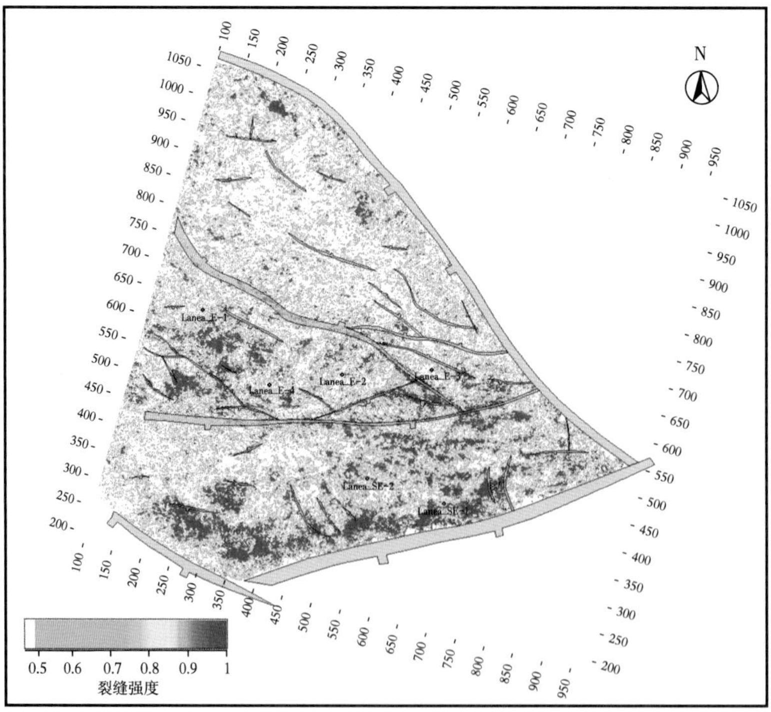

(b)裂缝强度图

图 9-7-19 Lanea 地区裂缝预测成果图

②裂缝特征与区域构造特征关系。

从宏观上看裂缝发育方向与断层的走向平行、近似平行或小角度相交，说明应用叠前多维地震属性预测裂缝是与构造活动相关联的高角度构造缝；裂缝预测结果表明发育两组裂缝，即一组为北东—南西走向，另一组为北西西—南东东走向，与区域断裂系统一致，说明裂缝预测结果与构造运动一致，结果具有较高的可靠性。

③裂缝平面展布规律。裂缝发育的强度高值区主要分布在大断层附近和两组断层的交汇切割区，符合构造变形、破裂力学原理、目的层岩石特性和地质特征，从理论上说明了预测结果可靠性高。需要说明的是，无论应用“两宽一高”三维地震勘探资料还是常规地震资料，从地震资料可识别的尺度上来说，应用地震资料预测裂缝发育区带，无法精确到描述裂缝诸如长度、开度和倾向等参数。

三、主要应用成效

中国石油自 2007 年 1 月接管乍得 H 区块以来，累计完成二维地震 7298km、三维地震 $4532km^2$、探井 86 口、评价井 76 口、开发井 69 口，实现了勘探零的突破，探井和评价井成功率达到 70% 以上。六年实现“六个台阶”的跨越式发展：（1）2007 年突破工业油流关；（2）2008 年突破稀油关；（3）2009 年发现高产富集区块；（4）2010 年发现高产高丰度 Great Baobab 大油田；（5）2011 年发现整装 Daniela 油田；（6）2012 年发现 Lanea 油田。累计发现石油地质储量 5×10^8t 以上，已经具备了 $600\times10^4t/a$ 产能建设的储量基础。

2012 年开始加强基岩潜山勘探，先后实施了 Baobab、Phoenix 和 Lanea 三块“两宽一高”三维地震采集，满覆盖面积 $507km^2$，连续发现了五个花岗岩潜山油藏，落实地质储量 2×10^8t 以上，为乍得 $1000\times10^4t/a$ 产能建设提供了资源基础，也打开了中西非地区一个新的勘探领域。

第十章　地震勘探技术发展需求与展望

根据我国资源禀赋的实际情况，能源安全面临最大的挑战仍然是油气，地震勘探技术作为油气产业链的龙头，是油气工业一切工作的重中之重。面对中国油气对外依存度逐年攀升的严峻形势，如何保障国家能源安全，是石油物探人肩负的重要使命和责任。“十一五”以来，地震勘探技术发展取得了长足的进步，为油气增储上产和油气勘探新发现提供了强有力的技术支撑。总体上看，中国石油物探实力雄厚，陆上地震采集能力居世界第一，在全球油气勘探业务中占有重要一席之位，物探技术发展有着一些差别优势。目前，油气勘探、开发对象日趋复杂，目的层深度不断加大。油气勘探方面，地表多为山地、黄土塬、沙漠等，复杂地形地下多为高陡构造、低丰度岩性储层、深层缝洞型储层和复杂地质体等，对地震勘探技术要求更高、难度更大；油气开发方面，老油田挖潜和剩余油气预测也对物探技术提出迫切和更高的要求。面对目前国家能源安全、国际地缘政治风险以及我国石油物探技术存在的不足和短板问题，亟待发展更高效率、更低成本和更高精度的物探技术，并以此助力油气勘探获得新发现。

第一节　地震勘探技术发展需求

全球油气行业形势正在发生深刻复杂变化，地震勘探行业发展处于重要战略机遇期，前景十分光明，挑战也十分严峻。据预测，2035 年全球一次能源需求将达到 162×10^8t 油当量，油气占比将分别为 31% 和 27%；2035 年我国的一次能源需求将由目前 30×10^8t 油当量增加至 40×10^8t 油当量，其中油气占比将分别为 17% 和 14%。这些数据都说明了油气是现代工业的“血液”，在未来数十年仍是一次能源消费的主体，但也表明了我国能源安全形势十分严峻。

围绕未来 10～15 年我国油气勘探开业务发展目标，地震勘探业务面临着油气勘探程度越来越高，勘探对象越来越复杂，发现新的大油气田越来越困难，现有油气资源劣质化严重，储量品质越来越差，含水率越来越高，老油田产量衰减越来越快，增储上产困难大，高端工程技术与装备缺乏，转型升级的任务紧迫且艰巨等重大问题。具体表现在以下三点：

一是地震勘探技术面临地表复杂、领域多样、深度增加、品位降低等问题，智能、高效、低成本的软件装备和高端技术不能满足未来勘探开发需求。物探核心装备产业化、应用规模化不足，关键指标方面较国外领先水平仍有差距；弹性波处理解释、油藏地球物理等多项地震数据处理解释高端技术、面向油田开发的解释技术等方面还存在不足；超大道数高效采集、低成本作业、拓展技术适应性等仍需深化。

二是非常规油气勘探开发面临新区新领域新层系勘探开发难题，深层地震勘探技术与装备、体积改造技术不能满足3500m以深致密油气和非海相页岩油气高效勘探开发的需要。致密气面临如何提高采收率和拓展新的勘探领域的难题，需要进行核心区提高采收率、新类型增长储量、高含水效益开发技术攻关。致密油面临如何精确预测“甜点”规模，提高单井产量和采收率的难题，需要选准“甜点”区/段，开展适用的一体化技术攻关。

三是油气地震勘探产业面临与信息技术、人工智能、新材料等领域跨界融合的深度不够充分的问题，信息技术、人工智能、新材料技术在物探业务的应用仍处于初级阶段。未来，亟需建立高效协同工作机制，实现全局整体分析优化，推动生产模式、运营方式的优化与升级，提高生产效率，降低运营成本。

第二节　地震勘探技术与装备发展重点方向

针对物探技术面临的新需求、新挑战，需要继续深化“两宽一高”地震勘探技术的研究工作，开展新一代以高精度、智能化为特征的三维地震勘探技术攻关，全面深化发展油藏及井中地球物理技术，加强自主核心装备与软件研发和应用，重点突破有线节点一体化、数据采集预处理一体化、混源激发一体化、震电磁一体化、地震地质工程一体化、多学科综合一体化等一批关键核心技术，攻关微地震监测技术、非常规油气“甜点”综合预测与产能评价等。超前储备和强化攻关弹性波地震勘探技术，解决岩性刻画、流体预测等复杂地质问题，引领行业技术发展。

一、智能物探作业系统

地震勘探采集技术将以提高资料品质为目标、经济适用为原则，围绕立体勘探、精细勘探，“低成本、高效率、高精度”已经成为地震勘探资料采集工程发展的主基调。宽频激发和接收技术将是重点发展的方向，全方位、全波场观测技术的目的是解析近地表和地下各向异性介质结构。近地表速度结构、各向异性参数、Q调查等将成为高精度近地表结构建模与吸收衰减建模的一项重要工作。可控震源高效混叠地震采集、小型可控震源的应用、非炸药的绿色激发震源将成为研究的重要部分。野外采集工程的设计技术、数字化和自动化的质量管理与控制技术将改变野外地震资料采集的作业模式和现有作业流程。

随着大数据资产的积累和应用，结合人工智能、机器人、通信等技术的不断发展，地震勘探在经历数字化发展时代之后，将进入智能化时代，智能物探作业系统将具备以下特点：项目事前仿真，经营情况准确预知，过程自动优化；核心装备“机器人”化；装备、人员、设备物资等全面互联；作业工序的集成化和一体化、质控实时化；实现作业更加高速高效，无人化。主要包括以下内容。

1. 工区仿真

用虚拟现实（VR）、无人机、航空摄影测量、GIS等技术，快速构建高分辨率计算机三维物探工区仿真模型。利用无人机、航空摄影测量技术可以快速获得当前时间范围内指定区域的二维、三维空间地理数据，其分辨率最高可达5cm。对于可控震源、仪器、爆炸机、人员等其他要素，利用VR建模的方式，构建实物模型。然后将处理完毕后的空间数据与测线数据进行集中存储，利用GIS引擎展现在电脑和手机上。除了这些自身采集的数据之外，还可以收集气候、水文、人口等其他区域数据，并以时间的维度进行存储，真实建立起一个相对于物理世界的“人工系统”。

2. 模拟推演采集施工

随着数据的积累和不断完善，当甲方公布招标信息的时候，可以利用仿真系统进行方案设计和价格估算。拿到工区范围之后，可以迅速在系统中框选相应区域，系统会调取该区域空间地理信息、气候、人口、水文等信息。方案设计人员可以利用这些数据与地震采集工程软件结合，快速地设计施工方案，方案确定后各部分的负责人员可以迅速地结合资源情况，计算出项目作业成本。中标后，可以收集更新相关数据并制定详细作业方案，作业过程中可以根据仿真系统对相关工作进展情况进行评估和分析，帮助作业人员优化生产方案。

3. 智能施工计划

当借助仿真系统构建起虚拟化的工区，并明确施工作业方案后，接下来就是要满足各岗位人员的使用需要。设计人员，可以利用高精度的空间数据，进行图上作业，将室外的踏勘、测量、放样的工作量降到最低，提升方案设计的全面性、准确性和时效性；震源作业人员，可以利用虚拟现实技术，在未开工前就模拟进行现场作业，评估该工区各区域作业的关键问题，并寻找解决方案；负责工农协调的人员可以迅速找到需要赔付协商的区域，结合作业时间窗口，得出需要赔偿的要素组成，预计的赔付金额。同时通过与政府相关部门的合作，根据每户赔付对象的特点制订有针对性的方案；负责营地建设和后期保障的人员，可以利用系统设计方案，加速人员进驻效率，保障后勤供给。

4. 智能化辅助作业

项目开工后，作业人员可以使用系统充分了解作业地形、任务、气候等，利用GIS系统帮助作业人员快速找到作业目标。可以通过系统在合理可行的资源配置下，找到最佳施工作业方法。当作业过程遇到问题，可以使用AR（增强现实）技术实现与后方专家和管理人员的即时连接，快速解决作业过程中遇见的问题，保障生产的连续、稳定性。管理人员借助系统，结合物联网技术，可以在系统上查看生产作业状况，发现作业瓶颈问题和影响因素，快速调度指挥生产，提速提效。

5. 智能化学习自我提升

在上述过程中，一方面借助系统进行辅助培训和生产作业，另一方面，在作业过程中产生的数据和方法，也是优化仿真系统的重要数据来源。就好像作业时有“专家”亲自指导，处理完成后又将处理的数据和经验反馈给“专家”，“专家”通过大量生产作业单元的数据和经验，优化知识体系，不断提升处理问题的智商。这个过程中建模、数据维护以及持续模型优化是重点研究方向。系统将随着数据、知识的积累，逐步具备自学习、自诊断、自处理等高阶能力。

6. 一体化协同生产指挥中心

在实现物探公司全业务范围管理的基础上，打造一体化的协同生产指挥中心，实现客户和供应商信息资源共享，全球范围内实时远程技术支持。

二、百万道级一体化地震勘探技术

压缩感知（CS）、地震多维度（空间、时间、频率）混叠采集等新技术成为研究应用的前沿。CS 突破了传统奈奎斯特—香农采样定律的限制，可减少野外施工量、缩短野外作业工期，在数据处理阶段再对采集数据进行恢复重构，在不影响处理效果的前提下，大幅度降低野外勘探成本。混叠采集技术突破了可控震源野外采集激发时间间隔的限制，更多维度的混叠观测可大幅提高野外采集效率。关于光纤传感器，具有成本低、灵敏度高、信息容量大、适用于恶劣环境等优点，非常适合生产流量测试，例如生产剖面测试、注 / 吸水剖面测试和快速找水等方面，随着井中地球物理技术的不断进步，勘探开发逐步走上精细化道路，应用方面已经延伸到油藏长期动态监测与压裂微地震监测，光纤用于生产流量测试也是技术发展趋势，为油气田开发提供有效的技术支撑。另外，“两宽一高”地震勘探技术面对数十万甚至百万道级采集带来的大数据、智能化、自动化和 PB 级数据深化挖掘应用的冲击，需要在面向叠前成像和全波形反演的量化观测设计、随机采样与数据内插技术、PB 级海量数据管理与实时质控、3 万～10 万炮 / 天高效采集、机器智能大数据处理解释等方面进行研究。

1.“积木式”仪器技术

通过组件增减即可简单、快速实现有线或节点模式采集，满足不同勘探需求、不同施工环境下百万道集地震数据采集的应用需求。

2. 高效智能化管理技术

超大道数地震仪器高效采集应用；可远程管控的智能可控震源——提高作业效率降低劳动强度；物探测量和收放线的自动化作业——高效作业，减少劳力；海洋无人船定位采集系统——高效连续作业。

3. 混源采集处理

（1）高效高密度采集数据处理技术：混采分离、压缩感知、规则化、单点数据组合技术。

（2）高端精细成像技术：最小二乘偏移、Q 偏移、剩余子波估计、高斯束层析及 FWI 技术。

（3）全波场 / 矢量场处理技术：全波成像、横波源、3D3C、3D6C、3D9C 处理技术。

4. 震电磁一体化

（1）千道宽频多功能电磁—地震无线采集仪器；
（2）陆上超深层重磁电震一体化勘探技术；
（3）深海重磁电震一体化勘探技术；
（4）油藏开发高精度时移重力、大深度时移井筒电磁勘探技术；
（5）压裂实时动态监测技术、油藏开采动态监测技术；
（6）空地井立体多维重磁电勘探技术；
（7）人工智能重磁电采集处理解释虚拟现实系统。

5. 分布式光纤传感技术（DAS）井震采集

（1）高密度全井段分布式光纤井中流体监测数据现场预处理软件研发；
（2）高密度全井段分布式光纤微地震定位技术及软件研发；
（3）DAS 及分布式光纤测温技术（DTS）流量计算技术及软件研发；
（4）流量测试及找水综合研究技术。

6. 高性能计算

高性能计算包括：智能计算；异构计算；软件定义网络（SDN）；智能存储；智能作业调度和云计算资源管理平台。

三、智能多学科协同研究系统

物探解释面临从单一学科向面向油藏的多学科协同工作模式转换的挑战。针对油气田提高采收率、非常规油气藏的高效勘探开发、深层油气藏勘探及开发的需要，应改变工程技术相互独立的传统作业模式，建立以油藏模型为中心的新的工作模式，各工程技术板块相互配合、数据共享、协同工作，共同提高勘探开发效益。另外，面向油藏的多学科协同工作成为面向勘探开发服务的有效手段。各大油服公司均推出了勘探全流程服务与管理的理念与软件产品，并在实践中取得了较好的效果，其中以斯伦贝谢公司 Petrel 软件和哈里伯顿公司 DSG 软件最为突出。DecisionSpace 软件平台的功能不再局限于勘探发现与井位设计，更深入到油藏建模以及对油藏工程乃至资金运转的支持与管理。同时，资料处理解释业务还存在着大量的、耗时耗力、陷入瓶颈的技术问题，非常有必要且最有希望通过利用 AI 技术，大幅提高效率和精度，直至实现智能化作业，从而推动相关技术的跨越式发展。

智能多学科协同研究系统以超级计算为基础，利用 AI 技术，大幅提高效率和精度，发展全流程的智能处理解释系统，搭建地学知识图谱，实现智能化的知识积累、学习和应用。主要包括以下几方面。

1. 智能资料处理

智能资料处理包括：低信噪比初至拾取，即低信噪比海量初至快速拾取方法；智能混采分离、地震数据插值及规则化；智能去噪，即通过波场智能化识别，实现去坏道、压制各种类型噪声功能；智能反褶积、速度谱智能解释、剩余速度分析；深度偏移初始模型建立及模型更新；引导式全自动处理，即通过少量操作，实现从单炮记录得到偏移成果。

2. 智能资料解释

智能资料解释包括：基于深度学习的层位、断层解释；基于 AI 的测井解释及小层对比；特殊构造（盐丘、火山机构）及特殊地质目标体（溶洞、河道）三维识别；地震相分类、井震联合智能岩性、岩相预测；AI（字典学习、深度学习）高精度反演；碎屑岩储层物性参数、流体智能化预测；储层地质目标智能综合评价；智能批量化工业制图；引导式全自动解释：从地震测井资料到成果图件及井位建议。

3. 智能井中地震资料处理解释

智能井中地震资料处理解释包括：微地震事件快速识别与自动定位；压裂微地震震源机制参数提取；基于微地震成像的人工缝网刻画；VSP 初至拾取、智能去噪、波场识别与分离；井中参数自动提取（速度、Q 值、各向异性参数等）；VSP 速度建模；DAS 资料预处理及数据质控。

4. 智能综合物化探资料处理解释

智能综合物化探资料处理解释包括井中电法 AI 反演、重磁电震信息智能化融合解释。

5. 一体化油藏地球物理软件系统

一体化油藏地球物理软件系统具有便捷的储层预测、复杂构造建模、油藏数模、静动态数据相结合的剩余油气预测等功能，为多学科信息一体化解释提供快速、有效的工具，总体达到国际先进水平。

6. 跨专业多学科协同工作软件平台

（1）全面建成支撑石油工程协同工作软件生态系统；（2）发展人工智能框架，自动完成操作密集型工作，实现多学科信息的智能化综合分析；（3）具备智能学习和知识积累、决策能力；（4）建立以油藏模型为中心新的工作模式，实现钻井、油藏、储层改造、测井、物探等各工程技术板块相互配合、数据共享、协同工作，共同提高勘探开发效益。

四、弹性波地震勘探技术

转换波地震采集技术已经逐渐成熟，CGG、WGC、BGP 等主要地球物理服务公司都形成了多波处理解释软件，具备了多分量资料从预处理到深度域成像的主要功能，且与纵波相联合提高勘探精度；纯横波震源采集也取得重大突破，在青海三湖利用纯横波激发取得了高品质的数据，为扩展多波勘探应用奠定了基础，虽然解释技术有一些应用实例，但尚未取得突破性效果。弹性波矢量成像相对声波标量成像具有显著优势，是地震成像技术追求的发展目标，总体而言还处于探索阶段，尚未开展大规模工业应用。中石油已经研发了弹性波3D3C全波形反演和逆时偏移技术，但尚未形成软件产品，与国际同类研究水平同步。未来会充分利用纵波及横波源勘探的优势，解决气云区构造成像，以及提高中浅层信噪比、分辨率，提高流体检测精度的问题。同时从装备及采集处理解释软件研发入手，实现从声波勘探到弹性波勘探的全方位转变，用于解决标量勘探精度不足的问题。

弹性波地震勘探技术以纵横波联合采集、超级计算为基础，实现多波数据处理解释、全波形反演、弹性波地震成像的软件优化和性能提升，解决弹性波勘探数据量巨大、计算量庞大的技术难关，使弹性波地震成像技术走向实用化。主要包括以下几种技术。

1. 高精度宽频横波可控震源

转换波或横波资料信噪比与频带宽度都低于纵波，急需突破装备制造、观测系统设计方法等基础技术。

2. 横波源配套处理解释技术

由于横波具有速度低、易受地层吸收影响、各向异性强等特点，且SV波和SH波的动力学特征差异较大，造成横波的响应机理比较复杂。所以四分量横波分离校正、波场分离、横波静校正、多波联合反演、纵横波匹配、纵横波联合解释等配套技术对横波源勘探效果影响较大。

3. 弹性波速度建模及成像技术

弹性波速度建模及成像是弹性波勘探中关键的一环，对于最大限度挖掘多分量信息、发挥矢量波场优势、提高成像精度至关重要。着重发展弹性波层析反演、全波形反演、叠前深度偏移、最小二乘偏移等关键技术。

4. 弹性波配套处理技术

弹性波地震数据矢量处理解释技术在配套性方面还存在诸多缺项，需要持续研发，由于弹性波处理计算量巨大，提高计算效率也是今后面临的挑战。例如，矢量去噪、振幅补偿、静校正、叠前属性反演。

第三节　新方法与新技术发展

追求更高精度、更高效率的地震勘探方法和技术是地震勘探技术发展的长远目标，国内外地球物理勘探学者们一直在做相关方法和理论的探索。

一、压缩感知（CS）地震勘探技术

2006年，斯坦福大学D. L. Donoho提出压缩感知（Compressed Sensing，CS），并给

出了通过追踪恢复数据的理论依据；2008 年，加拿大英属哥伦比亚大学的 G. Hennenfent 等给出了 Jitter 欠采样的稀疏促进反演地震波场重构效果，开始将压缩感知理论引入到地震勘探领域中，从而拉开了基于压缩感知的地震勘探技术的研究热潮，并有望引领地震勘探技术的发展方向。

在大多数情况下，地震数据是沿空间的两个方向进行规则采集，采集方案一直是在时间和空间方向上满足 Nyquist 采样定理。CS 提供了一种更宽泛的采样标准，通过随机采样和最优化数据重构的方式，可以用远少于 Nyquist 采样定理所要求的样本来重构完整的信号。

在过去几十年中，地震勘探中的记录数据呈指数级增长，主要表现在激发、接收点的数量和密度大幅增加上，另外，也表现在多波多分量勘探需记录多个分量的数据上。

与常规勘探技术相比，基于压缩感知的地震勘探技术能够大幅降低地震勘探野外数据采集的数量，采集完成后在室内重构出规则的目标数据。该项技术主要有以下几种应用场景：第一，获得更高空间采样带宽的数据，在投资和设备投入相同的情况下，通过设计更小点距和线距的非规则采集方案，最终重构出更高空间带宽（更高密度）的数据；第二，降低勘探成本，通过设计更少的非规则炮检点，在减少野外采集成本的同时，达到常规采集资料的成像效果；第三，扩大勘探面积，在投资和设备投入相同的情况下，通过非规则采集方案的设计，达到相同数量的炮检点覆盖更大的采集面积；第四，在复杂地表区，重构出缺失的炮检点数据。从数学上讲，CS 的本质是降维，用低维空间去研究高维空间；从信号上讲，CS 的本质是采样，从香农采样的频率相关到与稀疏度相关；从工程上讲，CS 本质是降低成本，从物理测量成本转移到数学计算成本，用数学计算来弥补实际采样的不足。

虽然压缩感知地震勘探技术还没有被业界完全接受，但它展现了提高地震采集效率、经济性以及最终数据处理品质的潜力。

二、分布式激发源宽频地震勘探（DSA）技术

2011 年，由荷兰 Delft 理工大学的 A. J. Berkhout 教授在 SEG 年会上提出分布式震源组合激发采集技术（Dispersed Source Arrays，DSA），其基本理念是多个不同的窄带源代替常规的单个宽频激发源进行混叠采集。从机械制造上来说这些窄频带的可控震源更容易实现，可以有针对性地制造出低频震源、中频震源和高频震源，通过不同频带的激发源相互配合来获得更宽频带的地震资料，从而获得更高分辨率的地震勘探成果。在野外地震资料采集时，不同频带的震源点空间分布密度也不一样。低频震源的激发点间隔可以大一些，中、高频震源的激发点间隔相应要小一些。由于不同震源的激发频带不同，野外采集时就可以打破原有的时间—距离规则，从而实现更高的采集效率。

DSA 采集技术理论基础已趋于成熟，国际上大的油公司已开展了野外试验［沙特阿美（ARAMCO）公司］，国内东方物探也开展了一些资料采集试验。目前，该技术的野外实现似乎难度不大，但是如何对这些资料进行有效的处理，从而获得分辨率更高的地震资料还需要进一步的研究。同时，DSA 采集技术与压缩感知技术的有效融合有可能进

发出革命性的力量，带来地震勘探技术的跨越性甚至颠覆性的发展。

三、井地联合勘探技术

井地联合地震（VSP）勘探不是一个新的概念，但是随着非常规油气勘探的需要，地质工程一体化技术的发展，对井中地震勘探和地面地震勘探的联合提出了新的、更加迫切的需求。众所周知，VSP 是一项成熟的地震勘探方法，早在 1927 年，美国就开展了单级、单分量模拟检波器井中接收勘探试验；1986 年，美国 AGIP 公司采集了全球第一块 3D-VSP 数据，作业级数 8 级；1993 年，美国 Sleefe 发布了带推靠臂的多级三分量高频检波器；2000 年后，CGG、GeoSpace、Avalon 等公司推出多级三分量接收系统，多级接收可达 8 级、24 级、80～100 级，提高了接收效率，可同时采集到纵波和横波资料。虽然井中地震采集经过多年发展，单次采集已经达到 80～100 级，仍然远远无法满足全井段覆盖等要求。随着电子检波器级数瓶颈愈发彰显，急需替代性高密度采样设备。2001 年，光纤光栅传感技术的发展，出现了光纤多级三分量接收技术；2010 年，光纤 DAS 技术开始应用，实现了全井段覆盖。有了光纤传感器就可以实现井中和地面高密度、低成本、高效率联合采集，井地联采充分利用工区多井 VSP 速度及井地联采各向异性参数约束建立精准的地震偏移速度场，形成井地联合的地震建模方法，充分结合 VSP 和地震数据波场进行速度迭代反演，提高速度提取精度和地面地震资料的成像精度，从而驱动地面成像更加保真、保幅及分辨率进一步提升。

随着非常规油气资源的勘探和开发，特别是致密油气、页岩油气的勘探和开发，井中地震、井地联采和微地震监测等方面的研究已经成为业界关注的重点和研究的热点。井中地震采集方面重点发展二维 / 三维多井同步联采、井地联合采集、高精度井中分布式光纤传感接收、基于 DAS 的时移 VSP 等技术；井中处理解释方面重点发展高精度成像、三维 VSP 处理解释、多井井地联合 VSP 处理解释、钻前井轨迹设计、随钻实时地震预测及地面 / 井中微地震监测等技术；科研攻关三维井地联合处理解释、VSP 全波成像、多井 DAS 立体地震成像等技术，试验探索随钻地震预测、井间地震等技术；集成推广光纤 / 三分量 Z-VSP 保真处理、Walkaway-VSP 成像、井地联合采集、微地震监测等技术。

四、地震勘探数字化转型与智能化发展

随着 5G、人工智能、云计算、大数据等信息技术的蓬勃发展，石油物探技术数字化和智能化已成为必然趋势。人工智能已经开始渗透到从采集、处理、解释、储层预测到油藏表征的全流程中，并取得初步应用成效，展现出迅猛的发展势头和广阔的发展前景。智能物探技术可显著提高地震勘探的工作效率和精度，降低勘探成本，也有利于克服人工交互操作和人为经验的主观性和不可靠性，提升解决复杂勘探问题的能力。

石油物探行业本质上是信息产业，其业务流程传统上分为三个阶段，即数据采集、数据处理和数据解释，数据是石油物探行业的产品也是重要资产。2021 年，赵改善给出了地震勘探数字化转型发展的 5 个步骤：（1）构建基于物联网的地球物理数据采集系统；（2）构建地学应用数字基础设施；（3）构建石油物探数字化技术开发与应用平台；

（4）构建数据资源共享与数字化服务生态系统；（5）发展石油物探业务应用无人机与机器人技术。

数字化转型将改变地震勘探业务发展的流程和组织实施模式，如数据采集与分析，自动化数据处理与解释等。地震勘探技术的数字化转型也面临着顶层设计、实施保障、技术平台建设以及关键核心技术突破等挑战，是一项系统工程，需要持续不断的努力和打造。

在智能化方面，“AI+ 物探”也已经成为了物探行业研究和发展的热门领域。特别是随着 5G 网络的逐步普及，基于信息化的人工智能技术将在物探行业得到大范围应用。人工智能在物探装备方面的发展和应用可能是今后发展比较迅速的，特别是在可控震源、无人机、地震仪器等方面。人们期望智能可控震源可以根据具体的工区地表条件、深层地震地质条件调整出力大小、频率范围、扫描时间、相位等参数。

在地震资料采集方面，高清立体地表数据与野外无人机相结合的数字孪生技术将为地震采集技术的智能化发展提供新的舞台，智能激发、智能质控与管理将是今后的发展方向；数字地震队将物联网、云计算等 IT 技术与物探采集方法相融合，对施工任务、野外人员、装备、HSE 等进行无线化、可视化数字管理，优化施工工序，简化作业程序，实现智能激发、实时质量控制、远程技术支持与指挥调度；运用无人机（陆上）进行装备的布设或飞行节点（海洋）自动定位和采集是未来勘探的重点方向。

在地震数据处理与解释方面，机器学习应用领域已经扩大到物探数据处理与综合解释、井孔与岩石物理数据分析、油藏表征与油气开发数据分析等方面。目前绝大多数研究和应用集中在地震数据处理与解释领域，如：地震构造解释（含断层解释、层位解释、岩丘顶底解释、河道或溶洞解释等）、噪声压制与信号增强、地震相识别、储层参数预测、地震反演、地震速度拾取与建模、初至拾取、地震数据重建与插值、微地震数据分析、综合解释等。

人工智能、机器学习和深度学习与地球物理的结合将是今后地球物理工作者需要关注三大方向。油气地球物理与深度学习等新技术相结合的最大困难在于，地球物理数据解释成果（特别是成功的实例）相对较少（也就是标签数据量小），各探区间地质、物探条件差异较大，相当长时间内这一现状还难以改观。能够克服这些实际困难的方法将脱颖而出。自动化智能化物探技术，将沿着“单个方法技术”（如全波形反演）、“采集、处理、解释中的某一技术环节”（如断层识别等）、“整个物探作业链”的一体智能化的路径迅速发展。

参考文献

白珊珊，李从庆，郭磊，等，2019. 节点地震采集系统发展现状 [J]. 地震地磁观测与研究，40（6）：130-138.

陈国良，孙广中，徐云，等，2008. 并行算法研究方法学 [J]. 计算机学报，31（9）：1493-1502.

陈国文，李正中，李洪革，等，2014. 宽方位角地震资料在裂缝性储层预测中的应用 [J]. 石油天然气学报，36（3）：6，60-64.

陈志刚，徐刚，代双和，等，2017. “两宽一高”地震资料的敏感方位油气检测技术在乍得潜山油藏描述的应用 [J]. 地球物理学进展，32（3）：1114-1120.

丁吉丰，裴江云，包燚，等，2017. “两宽一高”资料处理技术在大庆油田的应用 [J]. 石油地球物理勘探，52（S1），10-16.

杜克相，周明，2009. 压电地震检波器原理 [J]. 石油仪器，23（6）：16-17，20.

段鹏飞，程玖兵，陈三平，等，2013.TI 介质局部角度域射线追踪与叠前深度偏移成像 [J]. 地球物理学报，56（1）：269-279.

段卫星，邸志欣，张庆淮，等，2003.SK 地区目标地震勘探采集设计技术及应用效果 [J]. 石油地球物理勘探，38（2）：117-121.

段文胜，李飞，王彦春，等，2013. 面向宽方位地震处理的炮检距向量片技术 [J]. 石油地球物理勘探，48（2）：206-213.

耿建华，董良国，马在田，等，2011. 海底节点长期地震观测：油气田开发与 CO_2 地质封存过程监测 [J]. 地球科学进展，26（6）：669-677.

郭勇，2016. 可控震源高效采集噪声特点及其压制方法研究 [D]. 成都：西南石油大学 .

郭振波，孙鹏远，钱忠平，等，2019. 快速回转波近地表速度建模方法 [J]. 石油地球物理勘探，54（2）：261-267.

郝守玲，赵群，2004. 裂缝介质对 P 波方位各向异性的影响：物理模型研究 [J]. 勘探地球物理进展，27（3）：189-194.

何登发，贾承造，周新源，等，2005. 多旋回叠合盆地构造控油原理 [J]. 石油学报，26（3）：1-9.

何樵登，1986. 地震勘探原理和方法 [M]. 北京：地质出版社 .

胡文瑞，2017. 地质工程一体化是实现复杂油气藏效益勘探开发的必由之路 [J]. 中国石油勘探，22（1）：1-5.

黄磊，甘志强，夏颖，等，2017. 同步独立采集技术在复杂区域实现井炮高效采集的创新与应用 [C]. 中国石油学会 2017 年物探技术研讨会 .

黄志强，丁雅萍，陶知非，等，2015. 国内外可控震源振动器平板研究现状与发展方向 [J]. 石油矿场机械，44（6）：1-5.

靳恒杰，赵杰，田建辉，等，2020. 可控震源超高效混叠采集技术在阿曼 B72 探区的应用 [C].SPG/SEG 南京 2020 年国际地球物理会议 .

孔德政，刘新文，吕景峰，等，2017. 复杂山地山前带“两宽一高”井炮—可控震源联合地震采集技术应用实例 [J]. 非常规油气，4（1）：8-13.

匡立春，刘合，仁义丽，等，2021. 人工智能在石油勘探开发领域的应用现状与发展趋势 [J]. 石油勘探与开发，48（1）：1-11.

李爱山，印兴耀，张繁昌，等，2007. 叠前 AVA 多参数同步反演技术在含气储层预测中的应用 [J]. 石油物探，46（1）：64-68.

李桂芳，耿伟峰，张旭东，等，2018.GeoEast 纵波 VTI 各向异性速度分析［J］. 石油工业计算机应用，26（S1），11-15.
李国栋，汉泽西，2009. 地震检波器频率响应特性的研究［J］. 石油仪器，23（4）：11-13，100.
李合群，2011. 地层 Q 吸收在地震勘探中的应用研究［D］. 北京：中国地质大学（北京）.
李娜，2017. 基于 OVT 域的高密度宽方位地震资料处理技术［J］. 西部探矿工程，153-156
李培明，柯本喜，2004. 反射地震勘探静校正技术［M］. 北京：石油工业出版社 .
李庆忠，1993. 走向精确勘探的道路：高分辨率地震勘探系统工程剖析［M］. 北京：石油工业出版社 .
李庆忠，2001. 对宽方位角三维采集不要盲从［J］. 石油地球物理勘探，36（1）：122-125.
林大超，白春华，2007. 爆炸地震效应［M］. 北京：地质出版社 .
林依华，尹成，周熙襄，等，2000. 一种新的求解静校正的全局快速寻优法［J］. 石油地球物理勘探，35（1）：1-12.
凌云研究组，2003. 宽方位角地震勘探应用研究［J］. 石油地球物理勘探，38（4）：350-357.
刘康，邹启伟，柏桐，等，2017. 东部地区复杂地表低频可控震源高效采集配套技术及应用［C］. 中国石油学会 2017 年物探技术研讨会 .
陆基孟，王永刚，2011. 地震勘探原理［M］. 东营：中国石油大学社出版社 .
路保平，袁多，吴超，等，2020. 井震信息融合指导钻井技术［J］. 石油勘探与开发，47（6）：1227-1234.
罗宾，王克斌，曹孟起，等，2012. 地震资料叠前偏移成像［M］. 北京：石油工业出版社 .
罗福龙，2020. 地震仪器基础与应用［M］. 北京：石油工业出版社 .
罗国安，杜世通，1996. 小波变换及信号重建在压制面波中的应用［J］，石油地球物理勘探，31（3）：337-349.
罗省贤，李录明，1997. 几种叠前去噪方法［J］. 石油地球物理勘探，32（3）：411- 417.
罗卫东，张晓斌，赵晓红，等，2018. 山地高密度宽方位三维地震采集技术应用［C］.CPS/SEG 北京 2018 国际地球物理会议 .
吕公河，2009. 地震勘探检波器原理和特性及有关问题分析［J］. 石油物探，48（6）：531-543+15.
马坚伟，2018. 压缩感知走进地球物理勘探［ J ］. 石油物探，57（1）：24-27.
马在田，2004. 地震偏移成像广义空间分辨率的定量计算［J］. 油气地球物理，2（3）：1-14.
孟阳，许颖玉，李静叶，等 .2018. OVT 域地震资料属性分析技术在断裂精细识别中的应用［J］. 石油地球物理勘探，53（S2）：289-294.
牟永光，2005. 三维复杂介质地震数值模拟［M］. 北京：石油工业出版社 .
南风，2008. 西方地球物理公司推出地震采集新技术［J］. 小型油气藏，13（1）：43-43.
牛卫涛，朱斗星，郑建雄，等，2019. 多维数据微断裂解释技术在昭通页岩气示范区中的探索应用［C］. 中国石油学会 2019 年物探技术研讨会 .
齐宇，魏建新，狄帮让，等，2009. 横向各向同性介质纵波方位各向异性物理模型研究［J］. 石油地球物理勘探，44（6）：671-674.
钱荣钧，2010. 地震波分辨率的分类研究及偏移对分辨率的影响［J］. 石油地球物理勘探，45（2）：306-313，320.
曲英铭，李振春，韩文功，等，2016. 可控震源高效采集数据特征干扰压制技术［J］. 石油物探，55（3）：395-407.
撒利明，董世泰，李向阳，2012. 中国石油物探新技术研究及展望［J］. 石油地球物理勘探，47（6）：844，1014-1024.
佘德平，吴继敏，李佩，等，2006. 利用低频信号提高膏盐区深层成像质量［J］. 石油物探，45（3）：234-238.

石双虎，邓志文，段英杰，等，2013. 高效地震勘探数据采集智能化质控技术[J]. 石油地球物理勘探，48（S1）：7-11，46.
石油物探编辑部，2017. 写在“全波形反演”专题前面的话[J]. 石油物探，56（1）：1-2.
陶知非，2018. 应对当今地震勘探需求与挑战的高精度可控震源[J]. 天然气勘探与开发，41（3）：1-6.
王宏琳，2009. 地球物理计算机的变革[J]. 勘探地球物理进展，32（4）：233-238.
王华忠，2019.“两宽一高”油气地震勘探中的关键问题分析[J]. 石油物探，58（3）：313-324.
王华忠，蔡杰雄，孔祥宁，等，2010. 适于大规模数据的三维 Kirchhoff 积分法体偏移实现方案[J]. 地球物理学报，53（7）：1699-1709.
王狮虎，钱忠平，王成祥，等，2019. 海底地震数据积分法叠前时间域成像方法研究[J]. 地球物理学进展，54（3）：551-557.
王伟，王克斌，王家志，等，2019.5D 插值技术及其应用实例分析[C]. 中国石油协会 2019 年物探技术研讨会.
王霞，李丰，张延庆，等，2019. 五维地震数据规则化及其在裂缝表征中的应用[J]. 石油地球物理勘探，54（4）：844-852.
王霞，张延庆，李丰，等，2018. 方位统计法各向异性表征技术研究[C]. CPS/SEG 北京 2018 国际地球物理会议暨展览.
王增明，2003. 地震采集中检波器自然频率的试验分析[J]. 石油地球物理勘探，38（3）：308-316.
文渊，2015. 宽方位角地震属性的提取方法研究[D]. 成都：电子科技大学.
吴奇，梁兴，鲜成钢，等，2015. 地质工程一体化高效开发中国南方海相页岩气[J]. 中国石油勘探，20（4）：1-23.
吴如山，金胜汶，谢小碧，2001. 广义屏传播算子及其在地震波偏移成像方面的应用[J]. 石油地球物理勘探，36（6）：655-664.
谢小碧，何永清，李培明，2013. 地震照明分析及其在地震采集设计中的应用[J]. 地球物理学报，56（5）：1568-1581.
许胜利，林正良，费永涛，等，2005. 地震叠前线性干扰自动识别和压制技术[J]. 油气地质与采收率，12（2）：36-41.
阎世信，谢文导，1998. 三维地震观测方式应用的几点意见[J]. 石油地球物理勘探，33（6）：787-795.
杨勤勇，杨江峰，王咸彬，等，2021. 中国石化物探技术新进展及发展方向思考[J]. 中国石油勘探，26（1）：121-130.
姚逢昌，甘利灯，2000. 地震反演的应用与限制[J]. 石油勘探与开发，27（2）：53-56.
余飞君，毕广明，曹晓辉，等，2020. 基于可控震源高效采集的单炮智能化评价方法的研究与应用[J]. 石油工业技术监督，36（1）：29-33.
俞寿朋，1993. 高分辨率地震勘探[M]. 北京：石油工业出版社.
詹仕凡，陈茂山，李磊，等. 2015. OVT 域宽方位叠前地震属性分析方法[J]. 石油地球物理勘探，50（5）：956-966.
张德忠，2000. 陆上石油地震勘探技术进步 50 年[J]. 石油地球物理勘探，35（5）:545-558.
张红英，孙鹏远，钱忠平，等，2023. 一种计算地层横波速度的方法及装置 CN201611168685.6[P].
张建中，杨国辉，林文，等，2007. Fresnel 层析成像并行算法研究[J]. 计算机研究与发展，44（10）：1661-1666.
张金淼，2018. 海上双正交宽方位地震勘探技术研究与实践[J]. 中国海上油气，30（4）：66-75，211.
张军华，吕宁，田连玉，等，2005. 地震资料去噪方法综合评述[J]. 石油地球物理勘探，40（S1）：121-127+138.

张明友，吕明，2005. 近代信号处理理论与方法［M］. 北京：国防工业出版社 .

张颖，刘雯林，2005. 中国陆上石油地球物理核心技术发展战略研究［J］. 中国石油勘探，10（3）：38-45，70.

长春地质学院，成都地质学院，武汉地质学院，1980. 地震勘探：原理和方法［M］. 北京：地质出版社 .

赵邦六，董世泰，曾忠，等，2021. 中国石油“十三五”物探技术进展及“十四五”发展方向思考［J］. 中国石油勘探，26（1）：108-120.

赵波，俞寿朋，贺振华，等，1998. 蓝色滤波及其应用［J］. 矿物岩石，18（S1）：230-233.

赵波，俞寿朋，聂勋碧，等，1996. 谱模拟反褶积方法及其应用［J］. 石油地球物理勘探，31（1）：101-116.

赵改善，2009. 高性能计算在石油物探中的应用现状与前景［J］. 高性能计算发展与应用（29）：19-23.

赵改善，2021. 石油物探数字化转型之路：走向实时数据采集与自动化处理智能化解释时代［J］. 石油物探，60（2）：12-26.

周松，霍守东，胡立新，等，2018. 可控震源独立同步扫描高效地震采集资料噪声压制方法［J］. 石油物探，57（5）：691-696.

周兴元，1983. 应用同态理论估算地震子波［J］. 石油地球物理勘探，18（6）：510-521.

邹志辉，张翊孟，卞爱飞，等，2016. 常规检波器低频数据的评价与恢复及其在地震成像中的应用［J］. 石油地球物理勘探，51（5）：841-849，833.

祖绍环，2019. 多震源高效采集数据分离方法研究［D］. 北京：中国石油大学（北京）.

Akerberg P，Hampson G，Rickett J，et al.，2008. Simultaneous source separation by sparse radon transform［C］.78th Society of Exploration Geophysicists International Exposition and Annual Meeting，SEG Technical Program Expanded Abstracts，27（1）：2801-2805.

Aki K L，Richards P G，1980. Quantitative seismology［M］. San Francisco：W. H.Freeman and Co.

Alkhalifah，1995. Anisotropy processing in vertically inhomogeneous media［C］. SEG Expanded Abstracts，14：348-351.

Alkhalifah T，2000. An acoustic wave equation for anisotropic media［J］.Geophysics，65：1239-1250.

Alkhalifah T，2013. Residual extrapolation operators for efficient wavefield construction［J］.Geophysical Journal International，193：1027–1034.

Alkhalifah T，1998，Acoustic approximations for processing in transversely isotropic media［J］.Geophysics，63（2）：623–631.

Amine Ourabah，Jim Keggin，Chris Brooks，et al.，2015.Seismic Acquisition，what really matters?［C］. 85th Annual International Meeting，SEG，Expanded Abstracts：6-11.

Andreas Cordsen，2004. Acquisition footprint can confuse［C］. AAPG Bulletin，88（3）：26.

Barzilai A M Kenny，Thomas W，et al.，2001. An affordable，broadband seismometer：Improving the low frequency performance of geophones［D］. Stanford University.

Baysal E，Kosloff D D，Sherwood J W C，1983. Reverse time migration［J］.Geophysics，48：1514-1524.

Beylkin G，1985.Imaging of discontinuities in the inverse scattering problem by inversion of a causal generalized radon transform［J］.Journal of Mathematical Physics，26：99-108.

Berkhout A J，Blacquiere G，2011. Blended acquisition with dispersed source arrays，the next step in seismic acquisition［C］. 81th Annual International Meeting SEG：16-19.

Billette F J，Brandsberg-Dahl S，2005. The 2004 BP velocity benchmark［C］. 67th Annual International Conference and Exhibition，EAGE，Extended Abstracts，B035.

Biondi B，2003. Narrow-azimuth migration of marine streamer data［C］// Proceedings of the 73rd Annual

International Meeting, Society of Exploration Geophysicists, 897-900.

Bouska J, 2009. Distance separated simultaneous sweeping: Efficient 3D vibroseis acquisition in Oman[C].79th Annual International Meeting, SEG Technical Program Expanded Abstracts. Expanded Abstracts: 1-5.

Brenders A J, Pratt R G, 2007. Full waveform tomography for lithospheric imaging: results from a blind test in a realistic crustal model[J]. Geophysical Journal International, 168 (1).

Brockwell P J, Davis R A, 2009. Time series: theory and methods[M]. Econometrica: Journal of the Econometric Society: 1305-1323.

Calvert A, Jenner E, Jefferson R, et al., 2008. Preserving azimuthal velocity information: experiences with cross-spread noise attenuation and offset vector tile PreSTM[C]. SEG Technical Program Expanded Abstracts, 27: 207-211.

Carcione J M, Herman G C, Ten Kroode A P E, 2002.Seismic modeling[J]. Geophysics, 67: 1304-1325.

Castagna J P, Sun S, Siegfried R W, 2003. Instantaneous spectral analysis: Detection of low-frequency shadows associated with hydrocarbons[J]. The Leading Edge, 22: 120–127.

Cerveny V, 2001. Seismic Ray Theory[M]. Cambridge: Cambridge University Press.

Chen J, Schuster G T, 1999. Resolution limits of migrated images[J]. Geophysics, 64 (4): 1046-1053.

Claerbout J F, 1971. Towards a unified theory of reflection mapping[J] .Geophysics, 36 (4): 467-581.

Claerbout J F, 1985. Imaging the Earth's Interior[M]. Oxford: Blackwell Scientific Publications, Inc.

Claerbout J F, Doherty S M, 1972. Downward continuation of move-out corrected seismograms[J]. Geophysics, 37(5): 741-768.

Clayton R, Engquist B, 1977. Absorbing boundary conditions for acoustic and elastic wave equations[J]. Bulletin of the Seismological Society of America, 67: 1529–1540.

Cooke D A, Schneider W A, 1983. Generalized linear inversion of reflection seismic data[J]. Geophysics, 48 (6): 665-676.

Cordsen A, Galbraith M, 2002. Narrow-versus wide-azimuth land 3D seismic surveys[J]. The Leading Edge, 21 (8): 764-770.

Craft K L, Mallick S, Meister L J, et al., 1997. Azimuth alanisotropy analysis from P-wave seismic traveltime data[C]. Expanded Abstracts of 67th Annual Internat SEG Meeting: 1214-1217.

Dablain M A, 1986. The application of high-order differencing to the scalar wave equation[J].Geophysics, 51: 54–66.

Dai N, Wu W, Zhang W, et al., 2012. TTI RTM using variable grid in depth[C]. Presented at IPTC 2012: International Petroleum Technology Conference.

Daley P F, Hron E, 1979. Reflection and transmission coefficients for seismic waves in ellipsoidally anisotropic media [J]. Geophysics, 44(1): 27-38.

David H, 1991. Spatial resolution of acoustic imaging with the Born approximation[J]. Geophysics, 56 (8): 1185-1202.

Donoho D L, 2006. Compressed sensing[J].IEEE Transactions on Information Theory, 52 (4): 1289-1306.

Downton J E, 2005. Seismic Parameter Estimation from AVO Inversion[D]. Alberta: University of Calcary.

Ebrom D, Li X, Sukup D, 2000. Facilitating technologies for permanently instrumented oil fields[J]. The Leading Edge, 19 (3): 282-285.

Etgen J, 1986. High-order finite-difference reverse time migration with the 2-way non-reflecting wave equation[C]. Stanford Exploration Project Report SEP-48: 133-146.

Etgen J, 1989. Accurate wave equation modeling[C]. Stanford Exploration Project Report SEP-60: 131-148.

Etienne Robein, 2010. Seismic-A Review of the Techniques, their Principles, Merits and Limitations[J]. EAGE publications BV.

Fatti Jan L, George C Smith, Peter J Vail, et al., 1994. Detection of gas in sandstone reservoirs using AVO analysis : A 3-D seismic case history using the Geostack technique[J]. Geophysics, 59: 1362-1376.

Feng S, Toksoz M N, 1998. Scattering characteristics in heterogeneous fractured reservoirs from waveform estimation [J]. SEG Technical Program Expanded Abstracts, 17: 1636-1639.

Fletcher R, Du X, Fowler P, 2009. Reverse time migration in tilted transversely isotropic (TTI) media[J]. Geophysics, 74, WCA179-WCA187.

Fuck R F, Tsvankin I, 2005. Seismic signatures of two orthogonal sets of vertical microcorrugated fractures[C]. SEG Technical Program Expanded Abstracts, 24: 146-149.

Gabor D, 1947. Theory of communication [J]. Electrical Engineers, 94: 58.

Geoltrain S, Brac J, 1993. Can we image complex structures with first-arrival traveltime[J]. Geophysics, 58 (4): 564-575.

Godfrey R J, Kristiansen P, Armstrong B, et al., 1998. Imaging the Foinaven ghost[C]. SEG Technical Program Expanded Abstracts, 17: 1333-1335.

Goloshubin G M, Korneev V A, Vingalov V M, 2002. Seismic low-frequency effects from oil-saturated reservoir zones[C]. SEG Meeting, Salt Lake City.

Grechka Vladimir, Ilya Tsvankin, 1998. 3-D description of normal moveout in anisotropic inhomogeneous media [J]. Geophysics, 63 (3): 1079-1092.

Grimm R E, Lynn H B, Bates C R, et al., 1999. Detection and analysis of naturally fractured gas reservoirs : Multiazimuth seismic surveys in the Wind River basin, Wyoming[J]. Geophysics, 64 (4): 1277-1292.

Gutenberg B, 1955. Channel waves in the earth' s crust[J]. Geophysics, 20 (2): 283.

Gutenberg B, 1958. Velocity of seismic waves in the Earths mantle[J]. Transactions American Geophysical Union, 39 (3): 486.

Hampson D, Brian R, 1991. AVO Inversion : Theory and Practice : The Leading Edge 10, Special Section : Computers, 39-42.

Havskov J, Alguacil G, 2010. Instrumentation in Earthquake Seismology[M]. Berlin : Springer Netherlands.

Henley D C, 1999. Coherent noise attenuation in the radial trace domain introduction and demonstration[C]. Crewes Research Report, 11: 455-491.

Hennenfent G, Herrmann F J, 2008. Simply denoise : wavefield reconstruction via Jittered undersampling[J]. Geophysics, 2008, 73 (3): C19-V28.

Hill N R, 1990. Gaussian beam migration[J]. Geophysics, 55 (11): 1416-1428.

Hill N R, 2001. Prestack Gaussian-beam depth migration[J]. Geophysics, 66 (4): 1240-1250.

Howe D, Foster M, Allen T, et al., 2008a. Independent simultaneous sweeping-a method to increase the productivity of land seismic crews[C].78th Annual International Meeting, SEG Technical Program Expanded Abstracts, Expanded Abstracts, 2826-2830.

Howe D, Foster M, Allen T, et al. 2008b. Independent simultaneous sweeping in Libya-full scale implementation and new developments[C]. 78th Annual International Meeting, SEG Technical Program Expanded Abstracts. Expanded Abstracts : 109-111.

Huafeng Liu, Nanxun Dai, Fenglin Niu, et al., 2014. An explicit time evolution method for acoustic wave propagation[J] Geophysics, 79 (3): T117-T124.

Hubra P, 张宏乐, 1996. 可控震源地震资料中的谐波畸变及消除 [J]. 国外油气勘探, 8 (5): 604-608.

Huo S D, Luo Y, Kelamis P, 2009. Simultaneous sources separation via multi-directional vector-median filter[C].79th Annual International Meeting, SEG Technical Program Expanded Abstracts.Expanded Abstracts : 31-35.

Tsvankin I, Thomsen L, 1994. Nonhyperbolic reflection moveout in anisotropic media[J]. Geophysics, 59 (8): 1290-1304.

Igor R, Zvi K, 2011. Full-azimuth subsurface angle domain wavefield decomposition and imaging : Part 2: Local angle domain [J]. Geophysics, 76 (2): S51-S64.

Waters K H, 1978. Reflection Seismology[M]. New York : Wiley-Interscience.

Kapoor J, 2005, Benefits of low frequencies for subsalt imaging[J]. 75th Annual International Meeting, SEG, Expanded Abstracts, 1993–1996.

Knott C G, 1989. Relection and refraction of elastic waves, with seismological applications[J]. Phil.Mag (London), 48: 64-97, 567-567.

Kitchenside P W, 1992. 2-D anisotropic migration in the space-frequency domain[J]. Journal of seismic exploration, 2: 7-22.

Kim Y, Gruzinov I, Guo M H, et al., 2009. Source separation of simultaneous source OBC data[C].79th Annual International.

Koren Z, Ravve I, 2011. Full-azimuth subsurface angle domain wavefield decomposition and imaging, Part I : Directional and reflection image gathers[J]. Geophysics, 76 (1): S1-S13.

Lan F Jones, 2010. An Introduction to : Velocity Model Building[J]. EAGE, 112-135.

Leowenthal D, Lu L, Roberson R, et al., 1976. The wave equation applied to migration[J] .Geophysical Prospecting, 24 (3): 380-399.

Lesage A C, Zhou H M. Araya-Polo, et al., 2008. Hybrid Finite Difference-pseudospectral Method for 3D RTM in TTI Media[J]. 70th EAGE Conference & Exhibition, F042.

Li X P, Soellner W, Hubral P, et al., 1994. Elimination of harmonic distortion in vibroseis data[J]. Geophysics, 60 (2): 503-516.

Li X Y, 1999. Fracture detection using azimuthal variation of P-wave moveout from orthogonal seismic survey lines[J]. Geophysics, 64 (4): 1193-1201.

Li X, 2008. An introduction to common offset vector trace gathering[J]. CSEG Recorder, 33 (9): 28-34.

Li X P, W Sollner, Hubral P, 1995.Elimination of Harmonic distortion in vibroseis data[J].Geophysics, 60 (2): 503-516.

Liner C L, Underwood W D, Gobeli R, 1999, 3-D seismic survey design as an optimization problem[J]. The Leading Edge, 18 (9): 1054-1060.

Liner C L, Underwood W D, Gobeli R, 2012. 3-D seismic survey design as an optimization problem[C]. Seg Technical Program Expanded.

Liu F, Dai N, Niu F, et al., 2014. An explicit time evolution method for acoustic wave propagation[J]. Geophysics, 79 (3): T117-T124.

Liu W, Krebs J, Liu J, et al., 2004. Mitigation of uncertainty in velocity and anisotropy estimation for prestack depth imaging[C]. Expanded Abstracts of 74th SEG Meeting.

Ma Z, Jin S, Chen J, et al., 2002. Quantitative estimation of seismic imaging resolution[C]. Seg Technical Program Expanded Abstracts, 1: 2478.

Mallicks Frazer L N，1991. Reflection/Transmission coefficient sand azimuth alanisotropy inmarine seismic studies[J].Geophysical Joumal International，105：241-252.

McMechan G A，1983. Migration by extrapolation of time-dependent boundary values[J]. Geophysical Prospecting，31：413-420.

Meunier J，Bianchi T，2002. Harmonic noise reduction opens the way for array size reduction in Vibroseis operations[C].SEG Technical Program Expanded Abstracts，21：70-73.

Schonewille M，Klaedtke A，Vigner A，2009. Anti-alias anti-leakage Fourier transform[C]. 79th SEG Annual Meeting.

Schonewille M，Yan Z，Bayly M，et al.，2013.Matching pursuit Fourier interpolation using priors derived from a second data set[J]. SEG 83th Annual Meeting.

Galbraith M，2004. A new methodology for 3D survey design[J]. The Leading Edge，23（10）：1017-1023.

Miles Deborah R，Gary S G，Laurie E B，et al.，1988. Detecting Hydrocarbons in Reefs Using AVO Analysis：A Case History from Alberta[J]. Canada：SEG Technical Program Expanded Abstracts，753-755.

Morlet J，Arens G，Fourgeau E，et al.，1982.Wave Propagation and Sampling Theory Part I：Complex Signal and Scattering in Multilayered Media[J].Geophysics，47（2）：203-221.

Morlet J，Arens G，Fourgeau E，et al.，1982.Wave Propagation and Sampling Theory-part Ⅱ：Complex Signal and Scattering in Multilayered Media[J].Geophysics，47（2）：222-236.

Morrice D J，Kenyon A S，Beckett C J，2001. Optimizing operations in 3-D land seismic surveys[J]. Geophysics，66（6）：1818-1826.

Dai N，Wu W，Liu H，2014. Solutions to numerical dispersion error of time FD in RTM. SEG Technical Program Expanded Abstracts：4027-4031.

Dai N，Wu W，Zhang W，2011. TTI RTM using Variable Grid in Depth[C]. International Petroleum Technology Conference.

Nichols D E，1996. Maximum energy traveltimes calculated in the seismic frequency band[J]. Geophysics，61（1）：253-263.

Nicolaevich I A，Viktorovich S I，Vasilyevich G A，et al.，2013. Applying full-azimuth angle domain prestack migration and AVAZ inversion to study fractures in carbonate reservoirs in the Russian Middle Volga region[J]. First Break，31：79-83.

Norman S N，1997. Perceptions in seismic imaging Part 4：Resolution considerations in imaging propagation media as distinct from wavefields[J].Geophysics，16（10）：1412-1415.

Oldenburg D W，Scheuer S T，Levy S，1983. Recovery of the acoustic impedance from reflection seismograms[J]. Geophysics，48（10）：1318-1337.

Avseth P，Mukerji T，Mavko G，2010. Quantitative Seismic Interpretation[M]. Cambridge：Cambridge University Press.

Pestana R C，Stoffa P，2010. Time evolution of the wave equation using rapid expansion method[J]. Geophysics，75（4）：T121-T131.

Robein E，Hanitzsch C，2010. Benefits of pre-stack time migration in model building：a case history in the South Caspian Sea[J]. First Break，19（4）：183-190.

Robein E，2010.Seismic Imaging：A Review of the techniques，their principles，merits and limitations[C]. EAGE Publications.

Roche S，2001. Seismic data acquisition：The new millennium[J]. Geophysics，66（1）：54-54.

Ronen J, Claerbout J F, 1985. Surface-consistent residual statics estimation by stack-power maximization[J]. Geophysics, 50(12): 2759-2767.

Rothman D H, 1986. Automatic estimation of large residual statics[J]. Geophysics, 51(2): 332.

Ruger A, 1998.Variation of P-wave reflectivity with offset and azimuth in anisotropic media[J]. Geophysics, 63(3): 935-947.

Hou S, Wu W, Dai N X, et al., 2014. Analysis of Wide-Azimuth Angle Gathers for Fracture-induced Anisotropy[C]. 76th EAGE Conference and Exhibition, Session: Fracture Identification from Seismic Anisotropy.

Hou S, Li X Y, Dai N, 2014. Analysis of wide-azimuth angle gathers for fracture-induced anisotropy: Field data implementation[C]. SEG Technical Program Expanded Abstracts: 336-340.

Safar M H, 1985. On the lateral resolution achieved by Kirchhoff migration[J]. Geophysics, 50(7): 1091-1099.

Schneider W A, 1971. Developments in Seismic Data Processing and Analysis[J]. Geophysics, 36(6): 1043-1073.

Seggern D V, 1991. Depth imaging resolution of 3d seismic recording patterns[C]. SEG Technical Program Expanded Abstracts.

Seggern D V, Von D, 1994. Depth-imaging resolution of 3-D seismic recording patterns[J]. Geophysics, 59(4): 564-576.

Sena A G, 1991. Seismic travel time equations for azimuthally anisotropic and isotropic media: Estimation of interval elastic properties[J]. Geophysics, 56(12): 2090-2101.

Sengupta M K, 1987. Sensitivity Analysis of Amplitude Versus Offset (AVO) Method[C]. SEG Technical Program Expanded Abstracts: 621-623.

Sergio G, Russell E, 2007.Mirror imaging of OBS data[J]. First Break, 25(11): 37-42.

Seriff J, Kim W H, 1970. The effect of harmonic Distortion in the use of vibratory surface sources[J]. Geophysics, 35(2): 234-246.

Sheng Xu, Don Pham, 2004. Seismic data regularization with anti-leakage Fourier transform[C].66th EAGE Annual Meeting.

Shuey R T, 1985. A simplification of the Zoeppritz equations[J]. Geophysics, 50: 609-614.

Sirgue Pratt R G, 2004. Efficient waveform inversion and imaging: A strategy for selecting temporal frequencies[J]. Geophysics, 69(1): 231-248.

Song X, F, 2011. Fourier finite-difference wave propagation[J]. Geophysics, 76(5): T123-T129.

Song X, F, Ying L, 2013. Lowrank finite-differences and lowrank Fourier finite-differences for seismic wave extrapolation in the acoustic approximation[J]. Geophysical Journal International, 193: 960-969.

Soubaras R, Zhang Y, 2008. Two-step explicit marching method for reverse time migration[A]. 78th Annual International Meeting, SEG Expanded Abstracts: 2272-2276.

Stein J A, Wojslaw R, Langston T, et al., 2010. Wide-azimuth land processing: Fracture detection using offset vector tile technology[J]. The Leading Edge, 29(11): 1328-1337.

Stephen A H, Kendall J M, 2003. Fracture characterization at Valhall: Application of P-wave amplitude variation with offset and azimuth (AVOA) analysis to a 3D ocean-bottom data set [J]. Geophysics, 68(4): 1150-1160.

Steve R, 2001. Seismic data acquisition: The New Millennium[J]. Geophysics, 6(1): 54.

Stork C, 2013. Eliminating nearly all dispersion error from FD modeling and RTM with minimal cost increase[A]. 75th Conference & Exhibition, EAGE, Extended Abstracts, Tu11 07

Tal-Ezer H DKosloff, Koren Z, 1987. An accurate scheme for seismic forward modeling[J]. Geophysical Prospecting, 35: 479-490.

Taner M T, Koehler F, Sheriff R E, 1979. Complex seismic trace analysis[J]. Geophysics, 44, 1041–1063.

Tang B, Zhao B, Wu Y, 2010. An improved spectral modeling deconvolution[C]. SEG 2010 Annual Meeting Expanded Abstracts : 3668-3672.

Tarantola A, 1984 Inversion of seismic reflection data in the acoustic approximation[J]. Geophysics, 49: 1259-1266.

Tessmer E, 2011. Using the rapid expansion method for accurate time-stepping in modeling and reverse-time migration[J]. Geophysics, 76 (4): S177-S185.

Thomsen L, 1986. Weak elastic anisotropy[J]. Geophysics, 51 (10): 1954-1966.

Thomsen L, 1995. Elastic anisotropy due to aligned cracks in porous rock[J]. Geophysical Prospecting, 43 (6): 805-829.

Nguyen T, Winnett R, 2011. Seismic interpolation by optimally matched Fourier components[C]. 81st SEG Annual Meeting.

Tsvankin I T, 2001. Nonhyperbolic reflection moveout in anisotropic media[J]. Geophysics, 59: 290-1304 (1994)

Tsvankin I, 2005. Seismic Signatures and Analysis of Reflection Data in Anisotropic Media[M]. New York : Elsevier Science.

Vasconcelos I, Grechka V, 2006. Seismic characterization of multiple fracture sets at Rulison Field, Colorado [C]. 76th SEG Annual International Meeting, Expanded Abstracts, 1717-1721.

Vermeer G J O, 1998. Creating image gathers in the absence of proper common-offset gathers[J]. Exploration Geophysics, 29 (4): 636-642.

Vermeer G J O, 1999. Factors affecting spatial resolution[J]. Geophysics, 64 (3): 2067.

Vermeer G J O, 2002. 3D Seismic Survey Design[C]. Geophsical references series12, SEG : 1-2, 21-25.

Vermeer G J O, 2003. Responses to wide aimuth acquistion special section[J].The Leading Edge, 22 (1): 26-30.

Vermeer G J O, 2007. Reciprocal offset-vector tiles in various acquisition geometries[C]. SEG Technical Program Expanded Abstracts, 26: 61-65.

Vladimir G, Tsvankin I, 1998. 3-D description of normal moveout in anisotropic inhomogeneous media[J]. Geophysics, 63 (3): 1079-1092.

Wang X, Zhang Y, Li F, et al., 2017. A study on the regularization of OVG data and the 3D visualization method [C]. 79th EAGE Conference and Exhibition, Expanded Abstracts, Th A5 15.

Wang X, Sacchi M, 2009. Structure Constrained least-squares migration[C]. 79th SEG Annual International Meeting, Expanded Abstracts, 2763-2767.

Wang X, Li F, Zhang Y, Wang Y, et al., 2020. Study on Adaptive Extraction Method of Dominant Azimuth Seismic Data[C]. 82nd EAGE Conference and Exhibition, online, Geophysics3, Seismic Interpretation : Rock Physics & Inversion Applications.

Warner M, Stekl I, Umpleby A, 2008. 3D wavefield tomography : synthetic and field data examples[C].78th SEG : 3330-3334.

Weglein A, Matson K, Foster D, et al., 2000. Imaging and inversion at depth without a velocity model : Theory, concepts and initial evaluations[C].70th SEG, Expanded Abstract : 1016-1019.

Zhang W, Dai N, Zhou Z, 2014. Using WEMVA to Build Salt Geometry and Sub-Salt Velocity Model[C]. A Gulf of Mexico Test Case. 2014 SEG Annual Meeting.

Whitcombe D N, Connolly P A, Reagan R L, et al., 2002. Extended elastic impedance for fluid and lithology prediction[J]. Geophysics, 67 (1): 63-67.

White J E, Lindsay R B, 1967. Seismic Waves: Radiation, Transmission, and Attenuation[J]. Physics Today, 20 (2): 74-75.

Whitmore N D, 1983. Iterative depth migration by backward time propagation[C]. 53rd Annual International Meeting, SEG, Expanded Abstracts: 382–385.

Winkler K W, 1994. Laboratory observations of azimuthal velocity variations caused by borehole stress concentrations [C]. 64th SEG Annual International Meeting, Expanded Abstracts, 1133-1135.

Wu R, ToksoZ M N, 1987. Diffraction tomography and multisource holography applied to seismic imaging[J]. Geophysics, 52 (1): 11.

Wu Z, Alkhalifah T, 2014. The optimized expansion based low-rank method for wavefield extrapolation[J]. Geophysics, 79 (2): T51-T60.

Xu S, Lambare G, 2004. Fast migration/inversion with multiarrival ray fields: Part 1-Method, validation test, and application in two dimensions to the Marmousi model[J]. Geophysics, 69 (5): 1311-1319.

Yilmaz O Z, 1997. Seismic data process[C]. SEG.

Zhang H, Zhang Y, 2008. Reverse time migration in 3D heterogeneous TTI media[C].78th Annual International Meeting, SEG, Expanded Abstracts: 2196-2200.

Zhang W, Dai N, 2013. Multi-Stage Full Waveform Inversion-Based Velocity Model Building Workflow[C]. Society of Exploration Geophysicists. SEG Annual Meeting.

Zhang Y, Zou Z, Zhou H W, 2012. Estimating and recovering the low-frequency signals in geophone data[C]. Seg Technical Program Expanded.

Zhang Y, Zhang H, 2009. A stable TTI reverse time migration and its implementation[C].79th Annual International Meeting, SEG, Expanded Abstracts: 2794-2798.

Zhou H, Zhang G, Bloor R, 2006. An anisotropic acoustic wave equation for modeling and migration in 2D TTI media[C]. 76th Annual International Meeting, SEG, Expanded Abstracts: 194–198

Zhu T F, Gray S H, Wang D, 2007. Prestack Gaussian-beam depth migration in anisotropic media[J]. Geophysics, 72 (3): S133-S138.

Zhu T, 2005. Kinematic and dynamic raytracing in anisotropic media: theory and application[J].SEG Technical Program Expanded Abstracts, 24 (1): 96-99.

Zoeppritz K, 1919.Erdbeenwellen 8b, on the reflection and propagation ofseismic: waves[J].Gottinger Nachrichten, 1: 66-84.

Ziolkowski A M, Hanssen P, Gatliff R W, et al., 2002. Low Frequency Sub-Basalt Imaging[C].64th EAGE Conference & Exhibition.

Ziolkowski A P, Hanssen R, Gatliff R W, 2003. Use of low frequencies for sub-basalt imaging[J]. Geophysical Prospecting, 51: 169-182.